최신판

2023

1. 시험과목

- 필기 : 1. 구조설계 2. 측량 및 토질 3. 수자원설계
- 실기 : 토목설계 및 시공 실무

2. 관련학과

대학 및 전문대학에 개설되어 있는 토목공학, 농업토목, 해양토목 관련학과

3. 검정방법

- 필기 : 객관식 4지 택일형 과목당 20문항(과목당 30분)
- 실기 : 작업형(3시간 정도)

4. 합격기준

- 필기 : 100점을 만점으로 하여 과목당 40점 이상, 전 과목 평균 60점 이상
- 실기 : 100점을 만점으로 하여 60점 이상

CBT 모의고사 이용 가이드

• 인터넷에서 [예문사]를 검색하여 홈페이지에 접속합니다.
• PC, 휴대폰, 태블릿 등을 이용해 사용이 가능합니다.

STEP 1 회원가입 하기

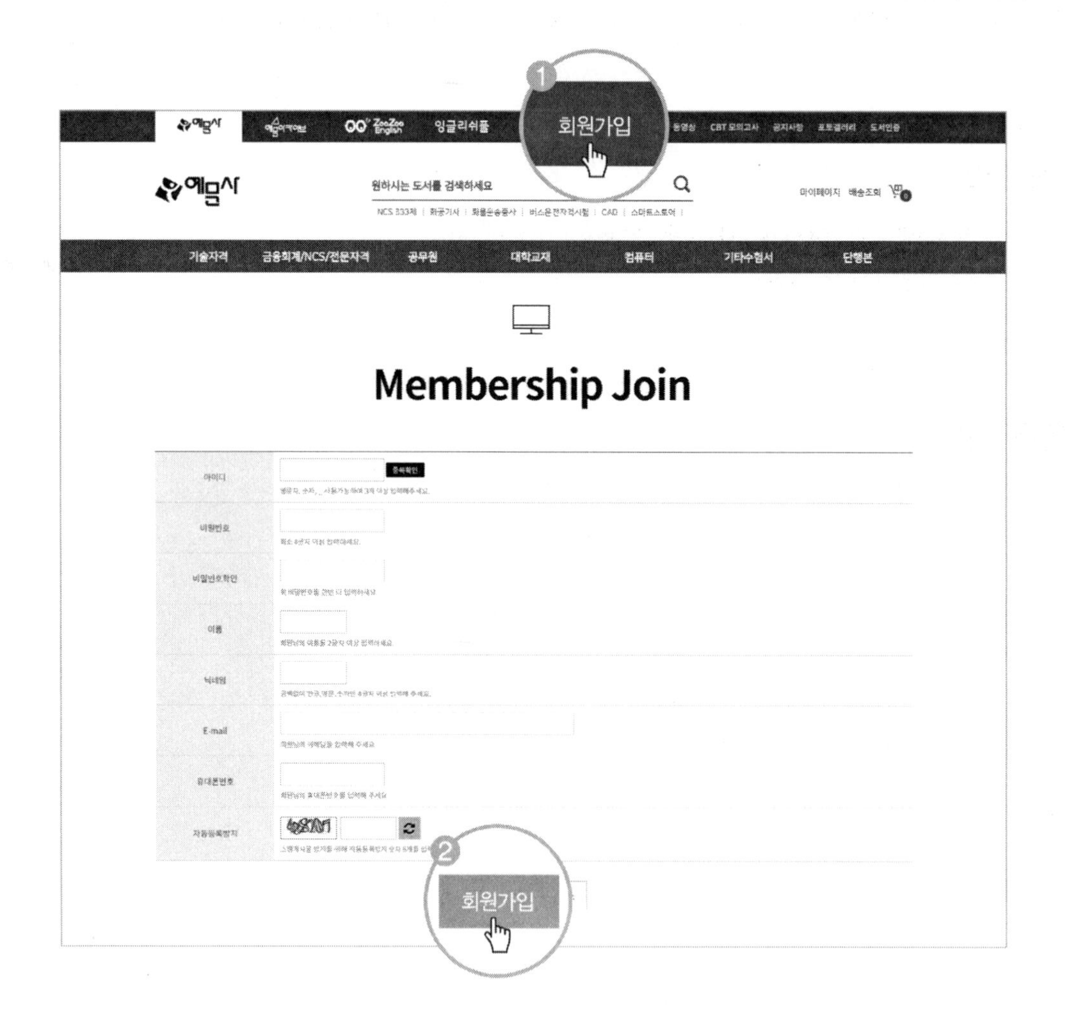

1. 메인 화면 상단의 [회원가입] 버튼을 누르면 가입 화면으로 이동합니다.
2. 입력을 완료하고 아래의 [회원가입] 버튼을 누르면 **인증절차 없이 바로 가입**이 됩니다.

STEP 2 시리얼 번호 확인 및 등록

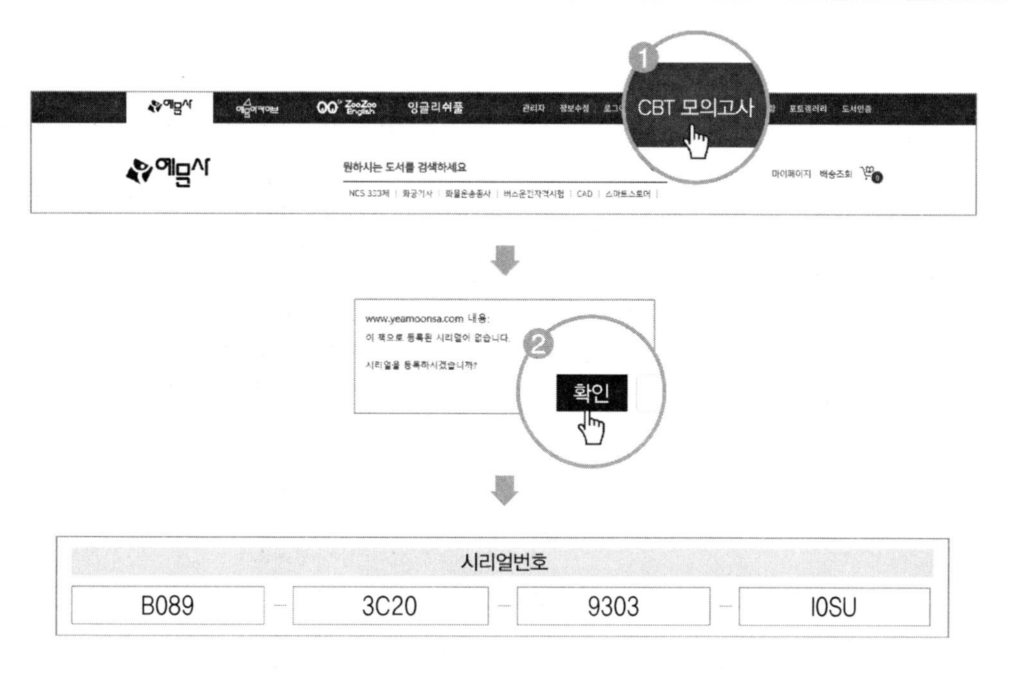

1. 로그인 후 메인 화면 상단의 [CBT 모의고사]를 누른 다음 **수강할 강좌를 선택**합니다.
2. 시리얼 등록 안내 팝업창이 뜨면 [확인]을 누른 뒤 **시리얼 번호를 입력**합니다.

STEP 3 등록 후 사용하기

1. 시리얼 번호 입력 후 [마이페이지]를 클릭합니다.
2. 등록된 CBT 모의고사는 [모의고사]에서 확인할 수 있습니다.

직무분야	토목	자격종목	토목산업기사	적용기간	2023.1.1 ~ 2025.12.31
○ 직무내용 : 도로, 공항, 철도, 하천, 교량, 댐, 터널, 상하수도, 사면, 항만 및 해양시설물 등 다양한 건설사업을 계획, 설계, 시공, 관리 등을 수행하는 직무이다.					
필기검정방법	객관식	문제수	60	시험시간	1시간 30분

필기과목명	문제수	주요항목	세부항목	세세항목
구조설계	20	1. 역학적인 개념 및 건설 구조물의 해석	1. 힘과 모멘트	1. 힘 2. 모멘트
			2. 단면의 성질	1. 단면 1차 모멘트와 도심 2. 단면 2차 모멘트 3. 단면 상승 모멘트 4. 회전반경 5. 단면계수
			3. 재료의 역학적 성질	1. 응력과 변형률 2. 탄성계수
			4. 정정구조물	1. 반력 2. 전단력 3. 휨모멘트
			5. 보의 응력	1. 휨응력 2. 전단응력
			6. 보의 처짐	1. 보의 처짐 2. 보의 처짐각 3. 기타 처짐 해법
			7. 기둥	1. 단주 2. 장주
		2. 철근콘크리트 및 강구조	1. 철근콘크리트	1. 설계일반 2. 설계하중 및 하중조합 3. 휨과 압축 4. 전단 5. 철근의 정착과 이음 6. 슬래브, 벽체, 기초, 옹벽 등의 구조물 설계
			2. 프리스트레스트 콘크리트	1. 기본개념 및 재료 2. 도입과 손실
			3. 강구조	1. 기본개념 2. 인장 및 압축부재 3. 휨부재 4. 접합 및 연결

필기과목명	문제수	주요항목	세부항목	세세항목
측량 및 토질	20	1. 측량학일반	1. 측량기준 및 오차	1. 측지학 개요 2. 좌표계와 측량원점 3. 국가기준점 4. 측량의 오차와 정밀도
		2. 기준점측량	1. 위성측위시스템(GNSS)	1. 위성측위시스템(GNSS) 개요 2. 위성측위시스템(GNSS) 활용
			2. 삼각측량	1. 삼각측량의 개요 2. 삼각측량의 방법 3. 수평각 측정 및 조정
			3. 다각측량	1. 다각측량 개요 2. 다각측량 외업 3. 다각측량 내업
			4. 수준측량	1. 정의, 분류, 용어 2. 야장기입법 3. 교호수준측량
		3. 응용측량	1. 지형측량	1. 지형도 표시법 2. 등고선의 일반개요 3. 등고선의 측정 및 작성 4. 공간정보의 활용
			2. 면적 및 체적 측량	1. 면적계산 2. 체적계산
			3. 노선측량	1. 노선측량 개요 및 방법(추가) 2. 중심선 및 종횡단 측량 3. 단곡선 계산 및 이용방법 4. 완화곡선의 종류 및 특성 5. 종곡선의 종류 및 특성
			4. 하천측량	1. 하천측량의 개요 2. 하천의 종횡단측량
		4. 토질역학	1. 흙의 물리적 성질과 분류	1. 흙의 기본성질 2. 흙의 구성 3. 흙의 입도분포 4. 흙의 소성특성 5. 흙의 분류
			2. 흙속에서의 물의 흐름	1. 투수계수 2. 물의 2차원 흐름 3. 침투와 파이핑

필기과목명	문제수	주요항목	세부항목	세세항목
			3. 지반 내의 응력분포	1. 지중응력 2. 유효응력과 간극수압 3. 모관현상
			4. 흙의 압밀	1. 압밀이론 2. 압밀시험 3. 압밀도
			5. 흙의 전단강도	1. 흙의 파괴이론과 전단강도 2. 흙의 전단특성 3. 전단시험 4. 간극수압계수
			6. 토압	1. 토압의 종류 2. 토압 이론
			7. 흙의 다짐	1. 흙의 다짐특성 2. 흙의 다짐시험
			8. 사면의 안정	1. 사면의 파괴거동
		5. 기초공학	1. 기초일반	1. 기초일반 2. 기초의 종류 및 특성
			2. 지반조사	1. 시추 및 시료 채취 2. 원위치 시험 및 물리탐사
			3. 얕은기초와 깊은기초	1. 지지력 2. 침하
			4. 연약지반개량	1. 사질토 지반개량공법 2. 점성토 지반개량공법 3. 기타 지반개량공법
수자원설계	20	1. 수리학	1. 물의 성질	1. 점성계수 2. 압축성 3. 표면장력 4. 증기압
			2. 정수역학	1. 압력의 정의 2. 정수압 분포 3. 정수력 4. 부력
			3. 동수역학	1. 오일러방정식과 베르누이식 2. 흐름의 구분 3. 연속방정식 4. 운동량방정식 5. 에너지 방정식

필기과목명	문제수	주요항목	세부항목	세세항목
			4. 관수로	1. 마찰손실 2. 기타손실 3. 관망 해석
			5. 개수로	1. 효율적 흐름 단면 2. 비에너지 및 도수 3. 점변 부등류 4. 오리피스 및 위어
		2. 상수도계획	1. 상수도 시설계획	1. 상수도의 구성 및 계통 2. 계획급수량의 산정 3. 수원 4. 수질기준
			2. 상수관로 시설	1. 도수, 송수계획 2. 배수, 급수계획 3. 펌프장 계획
			3. 정수장 시설	1. 정수방법 2. 정수시설 3. 배출수 처리시설
		3. 하수도계획	1. 하수도 시설계획	1. 하수도의 구성 및 계통 2. 하수의 배제방식 3. 계획하수량의 산정 4. 하수의 수질
			2. 하수관로 시설	1. 하수관로 계획 2. 펌프장 계획 3. 우수조정지 계획
			3. 하수처리장 시설	1. 하수처리 방법 2. 하수처리 시설 3. 오니(Sludge)처리 시설

Contents

2013년도 과년도문제해설

2014년도 과년도문제해설

2015년도 과년도문제해설

2016년도 과년도문제해설

2017년도 과년도문제해설

2018년도 과년도문제해설

2019년도 과년도문제해설

2020년도 과년도문제해설

※ 토목산업기사는 2020년 4회 시험부터 CBT(Computer-Based Test)로 전면 시행됩니다.

Industrial Engineer Civil Engineering

contents

토목산업기사
과년도 출제문제 및 해설

2013

Industrial Engineer Civil Engineering

과년도 출제문제 및 해설 (2013년 3월 10일 시행)

제1과목 응용역학

01. 다음 그림에서 힘들의 합력 R의 위치(x)는 몇 m인가?

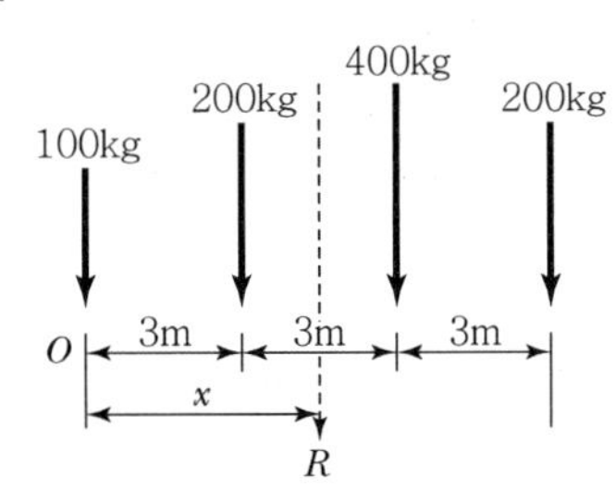

㉮ $5\frac{2}{3}$　　㉯ $5\frac{1}{3}$

㉰ $4\frac{2}{3}$　　㉱ $4\frac{1}{3}$

■해설 $\Sigma Fy(\downarrow \oplus) = 100+200+400+200 = R$

$R = 900$ kg ($\downarrow$)

$\Sigma M_{⓪}(\curvearrowright \oplus) = 100\times 0 + 200\times 3 + 400\times 6 + 200\times 9$

$= R\times x$

$x = \frac{4,800}{R} = \frac{4,800}{900} = 5\frac{1}{3}\text{m}(\rightarrow)$

02. 지름이 4cm인 원형 강봉을 10t의 힘으로 잡아당겼을 때 소성은 일어나지 않았고 탄성변형에 의해 길이가 1mm 증가하였다. 강봉에 축적된 탄성 변형에너지는 얼마인가?

㉮ 1.0t · mm　　㉯ 5.0t · mm

㉰ 10.0t · mm　　㉱ 20.0t · mm

■해설 $U = \frac{1}{2}P\delta = \frac{1}{2}\times 10\times 1 = 5\text{ t}\cdot\text{mm}$

03. 길이가 6m인 단순보의 중앙에 3t의 집중하중이 연직으로 작용하고 있다. 이때 단순보의 최대 처짐은 몇 cm인가?(단, 보의 $E=2.0\times 10^6$kg/cm², $I=15,000$cm⁴이다.)

㉮ 0.45　　㉯ 0.27

㉰ 0.15　　㉱ 0.09

■해설

$$y_{max} = \frac{Pl^3}{48EI} = \frac{(3\times 10^3)\times(6\times 10^2)^3}{48\times(2\times 10^6)\times 15,000} = 0.45\text{cm}$$

04. 지름 D, 길이 l 인 원형 기둥의 세장비는?

㉮ $\frac{4l}{D}$　　㉯ $\frac{8l}{D}$

㉰ $\frac{4D}{l}$　　㉱ $\frac{8D}{l}$

■해설

$$r_{min} = \sqrt{\frac{I_{min}}{A}} = \sqrt{\frac{\left(\frac{\pi D^4}{64}\right)}{\left(\frac{\pi D^2}{4}\right)}} = \frac{D}{4}$$

$$\lambda = \frac{l}{r_{min}} = \frac{l}{\left(\frac{D}{4}\right)} = \frac{4l}{D}$$

05. 직사각형 단면인 단순보의 단면계수가 2,000m³이고, 200,000t·m의 휨모멘트가 작용할 때 이 보의 최대 휨응력은?

㉮ 50t/m²　　㉯ 70t/m²

㉰ 85t/m²　　㉱ 100t/m²

■해설 $\sigma_{max} = \frac{M}{Z} = \frac{200,000}{2,000} = 100\text{t/m}^2$

|해답| 1.㉯ 2.㉯ 3.㉮ 4.㉮ 5.㉱

06. 양단이 고정되어 있는 지름 3cm 강봉을 처음 10℃에서 25℃까지 가열하였을 때 온도응력은?(단, 탄성계수는 2×10^6kg/cm², 선팽창계수는 1.2×10^{-5}이다.)

㉮ 280kg/cm²　　㉯ 360kg/cm²
㉰ 420kg/cm²　　㉱ 480kg/cm²

■해설 $\sigma_t = E\cdot\alpha\cdot\Delta t$
$= (2\times10^6)\times(1.2\times10^{-5})\times(25-10)$
$= 360\text{kg/cm}^2$

07. 그림과 같은 트러스의 부재 EF의 부재력은?

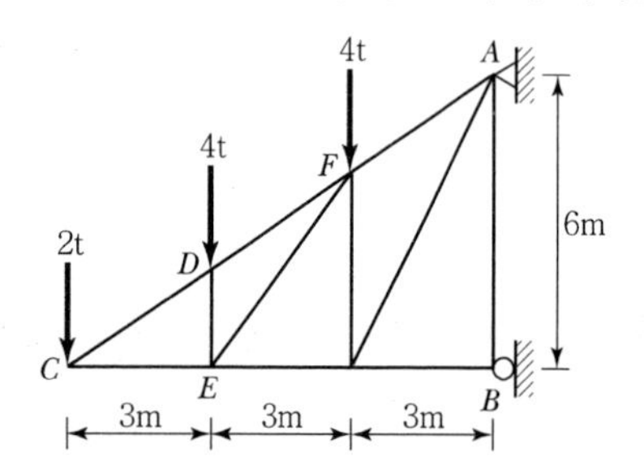

㉮ 4.5t　　㉯ 5.0t
㉰ 5.5t　　㉱ 6.0t

■해설

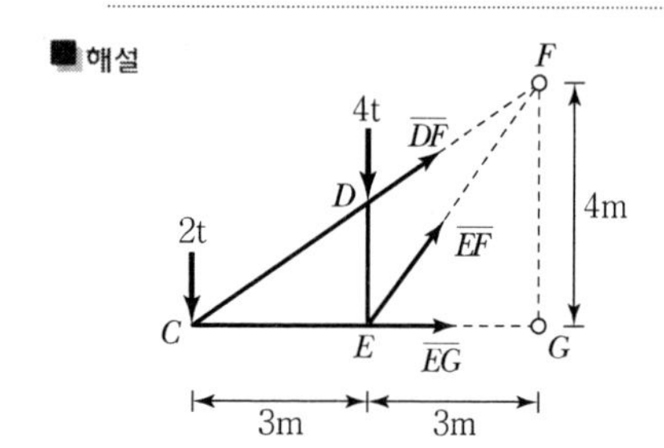

$\Sigma M_{Ⓒ} = 0(\curvearrowright\oplus)$

$4\times3-\left(\frac{4}{5}\overline{EF}\right)\times3=0$

$\overline{EF}=5\text{t}$ (인장)

08. 그림과 같은 단면의 도심거리 Y를 구한 값으로 옳은 것은?

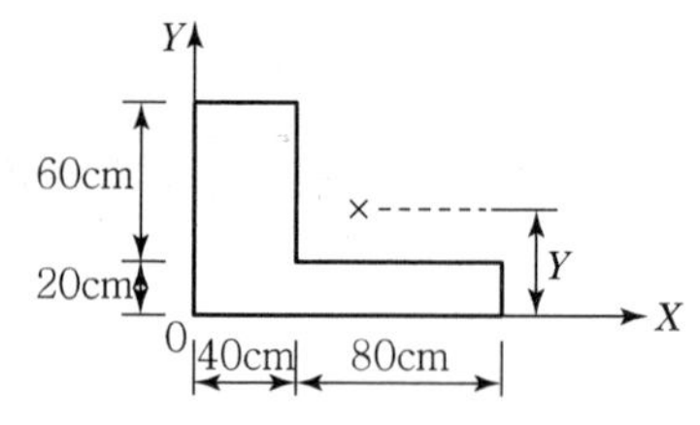

㉮ 50cm　　㉯ 40cm
㉰ 30cm　　㉱ 20cm

■해설

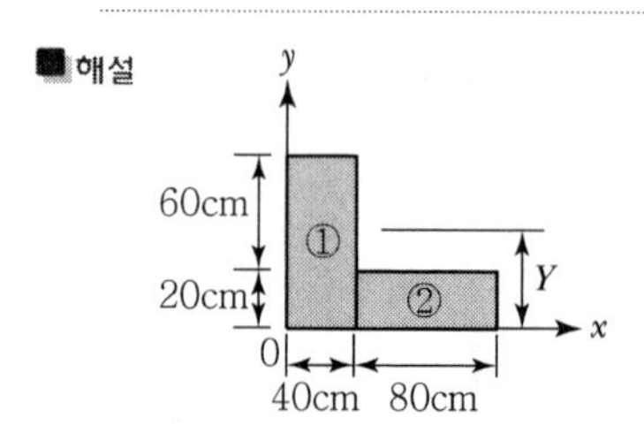

$Y=\dfrac{G_x}{A}=\dfrac{A_1y_1+A_2y_2}{(A_1+A_2)}$

$=\dfrac{(40\times80)\times40+(80\times20)\times10}{(40\times80+80\times20)}$

$= 30\text{cm}$

09. 반지름 r인 원형 단면의 보가 전단력 S를 받고 있을 때 이 단면에 발생하는 최대 전단응력의 크기는?

㉮ $\dfrac{3}{2}\cdot\dfrac{S}{\pi r^2}$　　㉯ $\dfrac{3}{4}\cdot\dfrac{S}{\pi r^2}$
㉰ $\dfrac{4}{3}\cdot\dfrac{S}{\pi r^2}$　　㉱ $\dfrac{2}{3}\cdot\dfrac{S}{\pi r^2}$

■해설 $\tau_{\max}=\alpha\cdot\dfrac{S}{A}$
$=\dfrac{4}{3}\cdot\dfrac{S}{(\pi r^2)}$

10. 그림과 같이 중량 300kg인 물체가 끈에 매달려 지지되어 있을 때, 끈 AB와 BC에 작용되는 힘은?

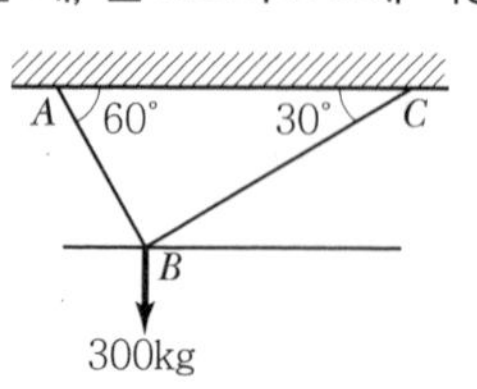

 |해답| 6.㉯ 7.㉯ 8.㉰ 9.㉰ 10.㉯

㉮ $AB=245$kg, $BC=180$kg
㉯ $AB=260$kg, $BC=150$kg
㉰ $AB=275$kg, $BC=240$kg
㉱ $AB=230$kg, $BC=210$kg

■ 해설

$$\frac{300}{\sin 90°}=\frac{\overline{AB}}{\sin 120°}=\frac{\overline{BC}}{\sin 150°}$$

①, ②

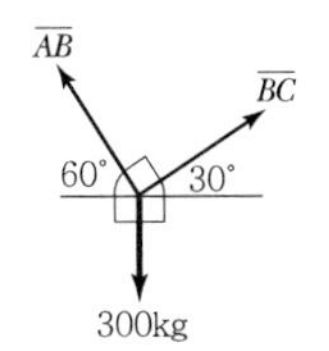

①의 관계로부터, $\overline{AB}=259.8$kg(인장)
②의 관계로부터, $\overline{BC}=150.0$kg(인장)

11. 길이 10m, 지름 0.5cm의 강선을 1cm 늘리려 한다면 필요한 힘은?(단, $E=2.0\times10^6$kg/cm²)

㉮ 215.6kg ㉯ 314.5kg
㉰ 392.7kg ㉱ 452.8kg

■ 해설 $\Delta l=\dfrac{Pl}{EA}$

$$P=\frac{\Delta l\cdot E\cdot A}{l}=\frac{1\times(2\times10^6)\times\left(\dfrac{\pi\times0.5^2}{4}\right)}{(10\times10^2)}$$

$=392.7$ kg

12. 변형에너지(Strain Energy)에 속하지 않는 것은?

㉮ 외력의 일(External Work)
㉯ 축방향 내력의 일
㉰ 휨모멘트에 의한 내력의 일
㉱ 전단력에 의한 내력의 일

■ 해설 변형에너지는 내력에 의한 일이다.

13. 그림 (A)의 양단힌지 기둥의 탄성좌굴하중이 10t이었다면, 그림 (B)기둥의 좌굴하중은?

㉮ 2.5t
㉯ 10t
㉰ 20t
㉱ 40t

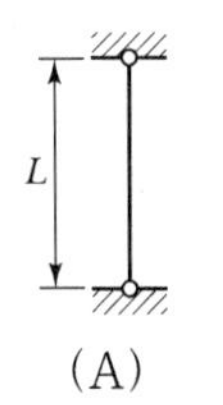

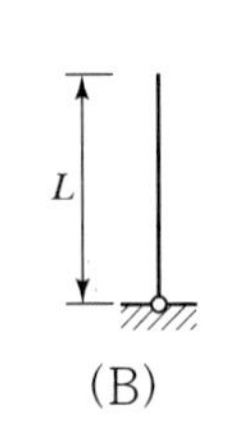

(A) (B)

■ 해설 $P_{cr}=\dfrac{\pi^2 EI}{(Kl)^2}=\dfrac{C}{K^2}\left(C=\dfrac{\pi^2 EI}{l^2}\text{라 두면}\right)$

$$P_{cr(A)}:P_{cr(B)}=\frac{C}{1^2}:\frac{C}{2^2}=4:1$$

$$P_{cr(B)}=\frac{1}{4}P_{cr(A)}=\frac{1}{4}\times10=2.5\text{t}$$

14. 다음 부정정보에서 지점 B의 수직 반력은 얼마인가?(단, EI는 일정함)

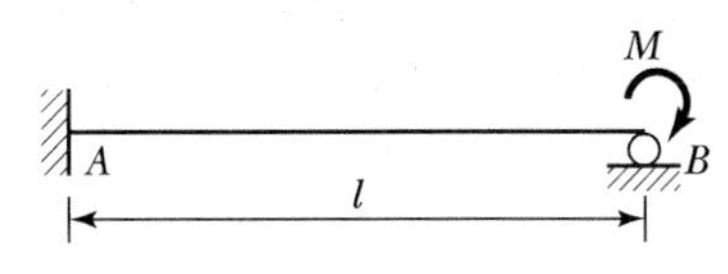

㉮ $\dfrac{M}{l}(\uparrow)$ ㉯ $1.3\dfrac{M}{l}(\uparrow)$

㉰ $1.4\dfrac{M}{l}(\uparrow)$ ㉱ $1.5\dfrac{M}{l}(\uparrow)$

■ 해설 $M_A=\dfrac{M}{2}$

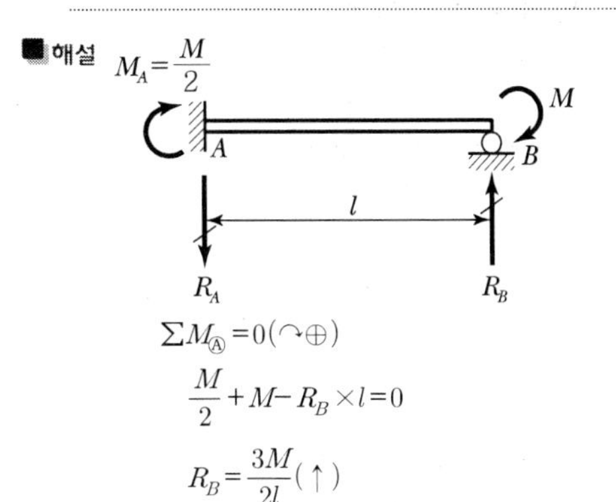

$\Sigma M_{Ⓐ}=0(\curvearrowright\oplus)$

$$\frac{M}{2}+M-R_B\times l=0$$

$$R_B=\frac{3M}{2l}(\uparrow)$$

15. 그림에서 음영된 삼각형 단면의 X축에 대한 단면 2차 모멘트는 얼마인가?

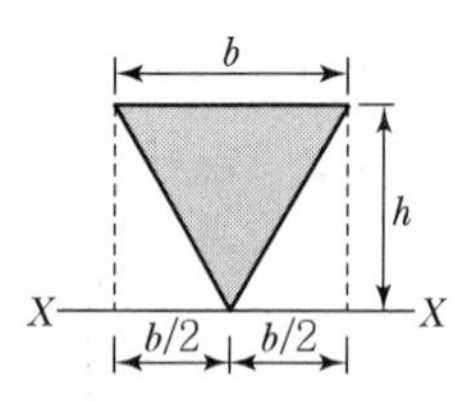

㉮ $\frac{bh^3}{4}$ ㉯ $\frac{bh^3}{5}$

㉰ $\frac{bh^3}{6}$ ㉱ $\frac{bh^3}{8}$

■해설 $I_X = \frac{bh^3}{4}$

16. 직사각형 단면의 단순보가 등분포하중 w를 받을 때 발생되는 최대처짐에 대한 설명으로 옳은 것은?

㉮ 보의 폭에 비례한다.
㉯ 보의 높이의 3승에 비례한다.
㉰ 보의 길이의 2승에 반비례한다.
㉱ 보의 탄성계수에 반비례한다.

■해설 $y_{\max} = \frac{5wl^4}{384EI} = \frac{5wl^4}{384E\left(\frac{bh^3}{12}\right)} = \frac{5wl^4}{32Ebh^3}$

17. 그림과 같은 보에서 D점의 전단력은?

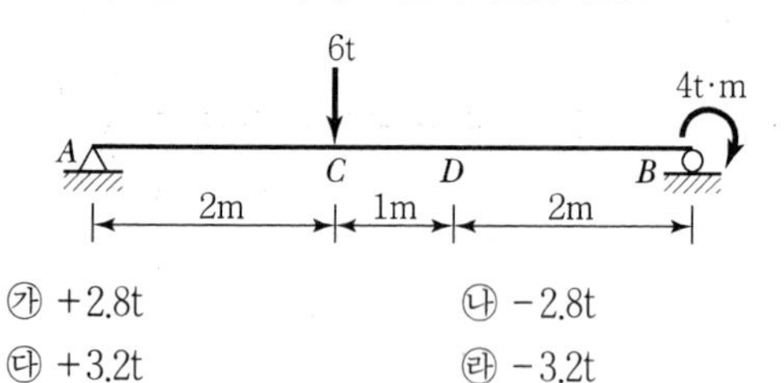

㉮ +2.8t ㉯ −2.8t

㉰ +3.2t ㉱ −3.2t

■해설 $\Sigma M_{Ⓑ} = 0(\curvearrowright\oplus)$

$R_A \times 5 - 6\times 3 + 4 = 0$

$R_A = 2.8t(\uparrow)$

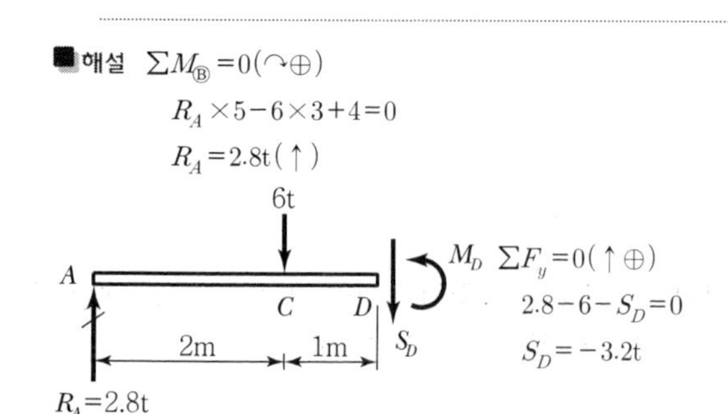

$\Sigma F_y = 0(\uparrow\oplus)$

$2.8 - 6 - S_D = 0$

$S_D = -3.2t$

18. 그림과 같은 게르버보의 C점에서 전단력의 절대값 크기는?

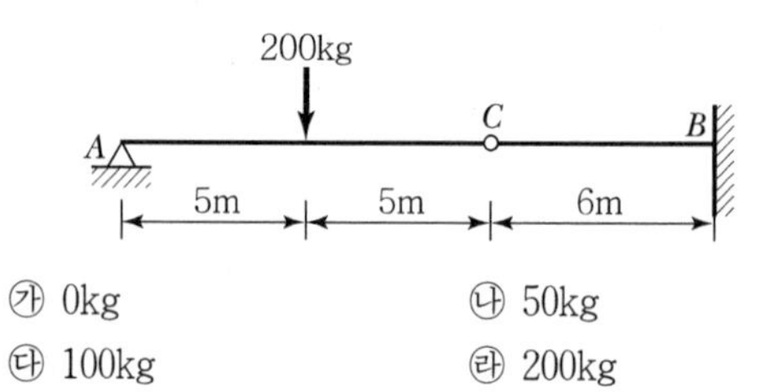

㉮ 0kg ㉯ 50kg

㉰ 100kg ㉱ 200kg

■해설

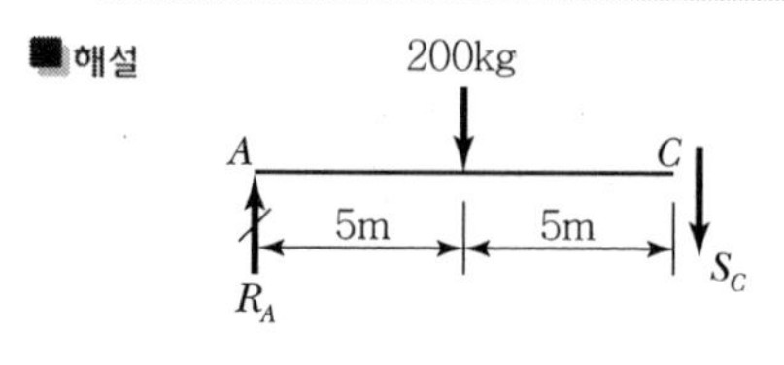

$\Sigma M_{Ⓐ} = 0(\curvearrowright\oplus)$

$200\times 5 + S_C \times 10 = 0$

$S_C = -100kg$

$|S_C| = 100kg$

19. 다음 그림과 같은 구조물의 부정정 차수는?

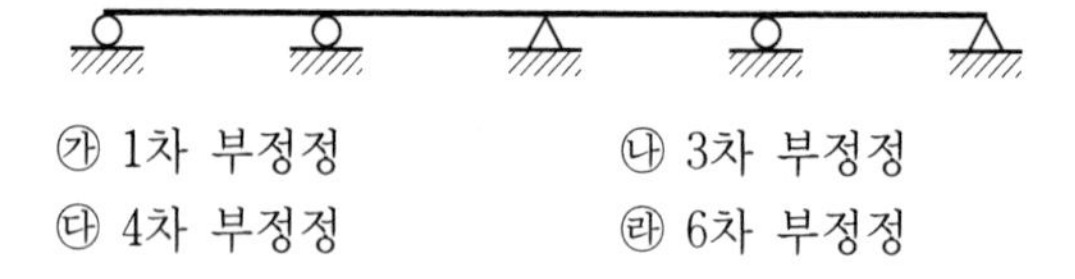

㉮ 1차 부정정 ㉯ 3차 부정정

㉰ 4차 부정정 ㉱ 6차 부정정

■해설 (보의 경우)

$N = r - 3 - j$

$= 7 - 3 - 0 = 4$차 부정정

■별해 (일반적인 경우)

$N = r + m + s - 2P$

$= 7 + 4 + 3 - 2\times 5 = 4$차 부정정

20. 그림과 같은 3활절 라멘에 일어나는 최대휨모멘트는?

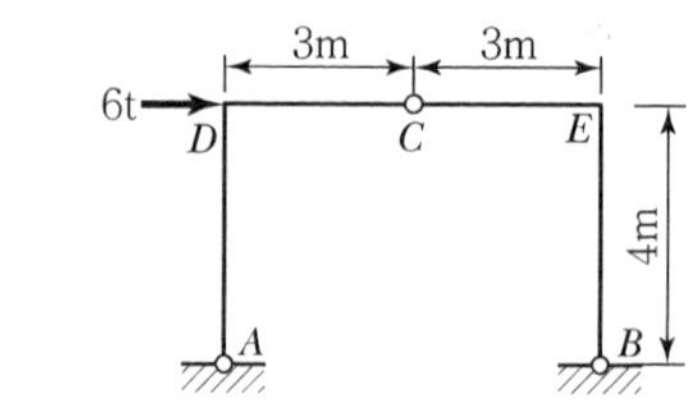

㉮ 9t · m
㉯ 12t · m
㉰ 15t · m
㉱ 18t · m

|해답| 16.㉱ 17.㉱ 18.㉰ 19.㉰ 20.㉯

해설

$\Sigma M_{Ⓐ} = 0(\curvearrowright\oplus)$, $6\times4 - V_B\times6 = 0$, $V_B = 4\text{tf}(\uparrow)$

$\Sigma F_y = 0(\uparrow\oplus)$, $-V_A + 4 = 0$, $V_A = 4\text{tf}(\downarrow)$

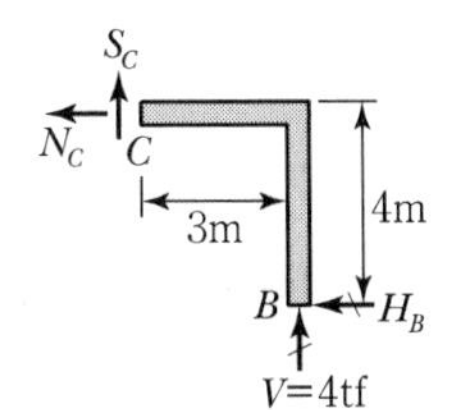

$\Sigma M_{Ⓒ} = 0(\curvearrowright\oplus)$

$H_b \times 4 - 4\times3 = 0$

$H_B = 3\text{tf}(\leftarrow)$

$\Sigma F_x = 0(\rightarrow\oplus)$, $-H_A + 6 - 3 = 0$, $H_A = 3\text{tf}(\leftarrow)$

(SFD) (BMD) (AFD)

제2과목 측량학

21. 100m^{2}의 정사각형 토지면적을 0.1m^{2}까지 정확하게 구하기 위하여 필요하고도 충분한 한 변의 측정거리는 몇 mm까지 측정하여야 하겠는가?

㉮ 1mm
㉯ 3mm
㉰ 5mm
㉱ 7mm

해설 면적과 거리의 정밀도 관계

① $\dfrac{\Delta A}{A} = 2\dfrac{\Delta L}{L}$

② $A = L^2$, $L = \sqrt{A} = \sqrt{100} = 10$

③ $\Delta L = \dfrac{\Delta A}{A} \cdot \dfrac{L}{2} = \dfrac{0.1}{100} \times \dfrac{10}{2} = 0.005\text{m}$

$= 5\text{mm}$

22. 삼각망의 변조건 조정에서 80°의 1″ 표차는?

㉮ 2.23×10^{-5} ㉯ 2.23×10^{-7}
㉰ 3.71×10^{-5} ㉱ 3.71×10^{-7}

해설 80°의 1″ 표차

관측각의 sin 값에 대수를 취해 계산한다.

$\log(\sin80°\,0'\,01'') - \log(\sin80°) = 3.71\times10^{-7}$

23. 수준측량에 관한 설명으로 옳지 않은 것은?

㉮ 우리나라에서는 인천만의 평균해면을 표고의 기준면으로 하고 있다.
㉯ 수준측량에서 고저의 오차는 거리의 제곱근에 비례한다.
㉰ 고차식은 중간점이 많을 때 가장 편리한 야장기입법이다.
㉱ 종단측량은 일반적으로 횡단측량보다 높은 정확도를 요구한다.

해설 ① 고차식 야장기입법 : 두 점 간의 고저차를 구할 때 주로 사용, 전시와 후시만 있는 경우
② 중간점이 많을 때는 기고식 야장기입법을 사용한다.

24. 수심 H인 하천의 유속측정에서 평균유속을 구하기 위한 1점의 관측위치로 가장 적당한 수면으로부터의 깊이는?

㉮ $0.2H$ ㉯ $0.4H$
㉰ $0.6H$ ㉱ $0.8H$

해설 ① 1점법 : $V_m = V_{0.6}$

② 2점법 : $V_m = \dfrac{1}{2}(V_{0.2} + V_{0.8})$

③ 3점법 : $V_m = \dfrac{1}{4}(V_{0.2} + 2V_{0.6} + V_{0.8})$

④ 4점법 : $V_m = \dfrac{1}{5}\left((V_{0.2} + V_{0.4} + V_{0.6} + V_{0.8}) + \dfrac{1}{2}\left(V_{0.2} + \dfrac{V_{0.8}}{2}\right)\right)$

25. 삼각형 내각을 관측할 때 1각의 표준오차가 ±15″인 장비를 사용한다면 삼각형 내각합의 표준오차는?

㉮ ±6.7″ ㉯ ±17.3″
㉰ ±26.0″ ㉱ ±45.0″

■해설 총합 허용오차
$E = \pm$오차$\sqrt{N}$, (N : 각의 수)
$= \pm 15'' \sqrt{3} = 25.98'' = 26''$

26. 초점거리 210mm, 사진크기 18cm×18cm의 카메라로 비행고도 6,300m에서 촬영한 평탄지역의 항공사진 1매에 찍힌 토지의 면적은?(단, 사진은 엄밀수직사진으로 가정한다.)

㉮ 약 29.16km² ㉯ 약 47.61km²
㉰ 약 52.04km² ㉱ 약 84.64km²

■해설 ① 축척$\left(\frac{1}{m}\right) = \frac{f}{H} = \frac{0.21}{6,300} = \frac{1}{30,000}$
② 면적$(A_0) = (ma)^2 = (30,000 \times 0.00018)^2$
$= 29.16\text{km}^2$

27. 도상에 표고를 숫자로 나타내는 방법으로 하천, 항만, 해안측량 등에서 수심측량을 하여 고저를 나타내는 경우에 주로 사용되는 것은?

㉮ 음영법 ㉯ 등고선법
㉰ 영선법 ㉱ 점고법

■해설 점고법
① 표고를 숫자를 이용해 표시한다.
② 해양, 항만, 하천 등의 지형도에 사용한다.

28. 단곡선 설치에서 교각 I=50°, 반지름 R=350m일 때 곡선길이($C.L.$)는?

㉮ 305.433m ㉯ 268.116m
㉰ 224.976m ㉱ 150.000m

■해설 곡선장(C.L) $= RI\frac{\pi}{180°}$
$= 350 \times 50° \times \frac{\pi}{180°}$
$= 305.433\text{m}$

29. 지형측량에서 등고선에 대한 설명 중 옳은 것은?

㉮ 계곡선은 가는 실선으로 나타낸다.
㉯ 간곡선은 가는 긴 파선으로 나타낸다.
㉰ 축척 1/25,000 지도에서 주곡선의 간격은 5m이다.
㉱ 축척 1/10,000 지도에서 조곡선의 간격은 2.5m이다.

■해설 등고선의 종류

구분	기호	등고선의 간격			
		$\frac{1}{5,000}$	$\frac{1}{10,000}$	$\frac{1}{25,000}$	$\frac{1}{50,000}$
주곡선	——— (실선)	5	5	10	20
간곡선	— — — (긴 파선)	2.5	2.5	5	10
조곡선	- - - - - - - - (파선)	1.25	1.25	2.5	5
계곡선	▬▬▬ (굵은 실선)	25	25	50	100

30. A와 B 두 사람이 같은 측점을 수준 측량한 표고가 67.236m±9mm와 67.249m±14mm를 각각 얻었다면 최확값은?

㉮ 67.236m ㉯ 67.240m
㉰ 67.243m ㉱ 67.249m

■해설 ① 경중률(P)은 오차(m)의 자승에 반비례한다.
$P_1 : P_2 = \frac{1}{{m_1}^2} : \frac{1}{{m_2}^2} = \frac{1}{9^2} : \frac{1}{14^2}$
$= 196 : 81$

② $h_o = \dfrac{P_1h_1 + P_2h_2}{P_1 + P_2}$

$= \dfrac{196 \times 67.236 + 81 \times 67.249}{196 + 81}$

$= 67.2398$

$≒ 67.240\text{m}$

31. 그림과 같은 표고를 갖는 지형을 평탄하게 정지 작업을 한다면 이 지역의 평균표고는?(단, 분할된 구역의 면적은 모두 동일하다.)

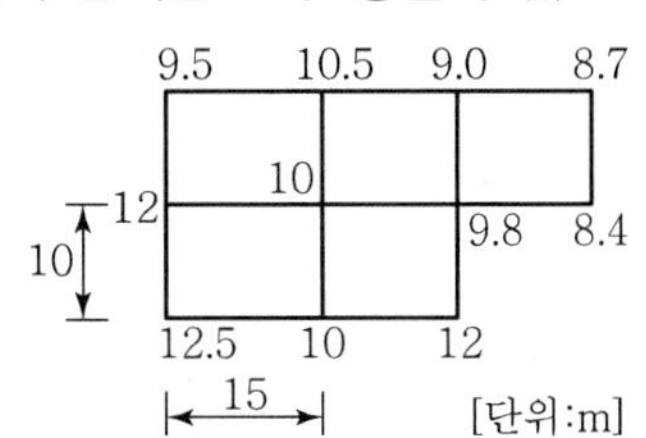

㉮ 10.218m　　㉯ 10.916m
㉰ 10.188m　　㉱ 10.175m

해설 ① $V = \dfrac{A}{4}(\Sigma h_1 + 2\Sigma h_2 + 3\Sigma h_3 + 4\Sigma h_4)$

② $\Sigma h_1 = 9.5 + 8.7 + 8.4 + 12 + 12.5 = 51.1$

$\Sigma h_2 = 10.5 + 9 + 10 + 12 = 41.5$

$\Sigma h_3 = 9.8$

$\Sigma h_4 = 10$

③ $V = \dfrac{10 \times 15}{4}(51.1 + 2 \times 41.5 + 3 \times 9.8 + 4 \times 10)$

$= 7631.25\text{m}^3$

④ 평균표고$(H_n) = \dfrac{V}{nA}$

$= \dfrac{7631.25}{5 \times 10 \times 15}$

$= 10.175\text{m}$

32. 도로 선형계획 시 교각이 25°, 반지름이 300m일 때와 교각이 20°, 반지름이 400m일 때의 외선장(E)의 차이는?

㉮ 6.284m
㉯ 7.284m
㉰ 2.113m
㉱ 1.113m

해설 ① 외할$(E) = R\left(\sec\dfrac{I}{2} - 1\right)$

② $E_1 = 300\left(\sec\dfrac{25°}{2} - 1\right) = 7.284\text{m}$

$E_2 = 400\left(\sec\dfrac{20°}{2} - 1\right) = 6.171\text{m}$

③ 외선장 차이 $= E_1 - E_2$

$= 7.284 - 6.171$

$= 1.113\text{m}$

33. 수준측량에서 전시와 후시를 등거리로 취하는 이유와 거리가 먼 것은?

㉮ 표척기울음 오차를 줄이기 위해
㉯ 시준선 오차를 없애기 위해
㉰ 대기굴절 오차를 없애기 위해
㉱ 지구곡률 오차를 없애기 위해

해설 전·후시 거리를 같게 하면 제거되는 오차
① 시준축 오차
② 양차(대기굴절오차, 지구곡률오차)

34. 노선측량에서 제1중앙종거(M_0)는 제3중앙종거(M_2)의 약 몇 배인가?

㉮ 2배
㉯ 4배
㉰ 8배
㉱ 16배

해설 중앙종거법은 $\dfrac{1}{4}$ 법

$M_0 = 4M_1 = 4^2M_2 = 16M_2$

35. 삼변측량에서 cos$A$를 구하는 식으로 옳은 것은?

㉮ $\dfrac{a^2+c^2-b^2}{2ac}$

㉯ $\dfrac{b^2+c^2-a^2}{2bc}$

㉰ $\dfrac{a^2+b^2-c^2}{2bc}$

㉱ $\dfrac{a^2-c^2+b^2}{2ac}$

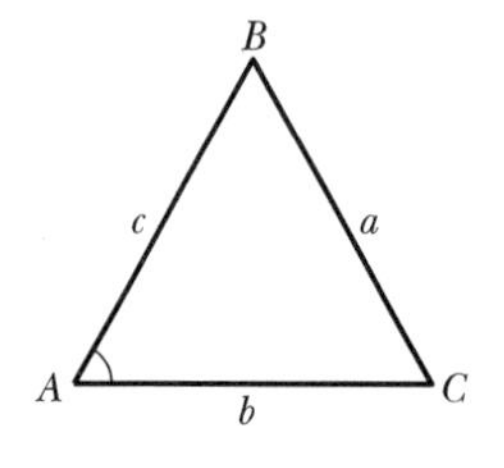

해설 제2코사인 정리

$\cos A=\dfrac{b^2+c^2-a^2}{2bc}$

$\cos B=\dfrac{c^2+a^2-b^2}{2ca}$

$\cos C=\dfrac{a^2+b^2-c^2}{2ab}$

36. 반지름 500m인 단곡선에서 시단현 15m에 대한 편각은?

㉮ 0°51′34″ ㉯ 1°4′27″
㉰ 1°13′33″ ㉱ 1°17′42″

해설 $편각(\delta)=\dfrac{l}{R}\times\dfrac{90°}{\pi}=\dfrac{15}{500}\times\dfrac{90°}{\pi}=0°\,51'\,34''$

37. 사진측량에 대한 설명으로 틀린 것은?

㉮ 과고감은 인공입체시하는 경우 영상이 과장되어 보이는 정도이다.
㉯ 역입체시란 입체시과정에서 본래의 고저가 반대로 나타나는 현상이다.
㉰ 지표면에 기복이 있을 경우, 연직으로 촬영하여도 축척은 동일하지 않으며 사진면에서 연직점을 중심으로 방사상의 변위가 생기는 것을 기복변위라고 한다.
㉱ 기복이 있는 지형에서는 정사투영인 사진과 중심투영인 지도 사이에 차이가 발생한다.

해설 ① 사진 : 중심투영
② 지도 : 정사투영

38. 방위각 100°에 대한 역방위는?

㉮ S80°W ㉯ N60°W
㉰ N80°W ㉱ S60°W

해설 100°는 2상한
① 역방위각=방위각+180°=100°+180°=280°
② 방위는 S80E, 역방위는 N80°W

39. 트래버스 측량에서 거리의 총합이 1,250m, 위거오차 −0.12m, 경거오차 +0.23m일 때 폐합비는?

㉮ $\dfrac{1}{4,970}$ ㉯ $\dfrac{1}{4,810}$
㉰ $\dfrac{1}{4,370}$ ㉱ $\dfrac{1}{3,970}$

해설 $폐합비=\dfrac{폐합오차}{전\ 측선의\ 길이}$

$=\dfrac{E}{\Sigma L}=\dfrac{\sqrt{{E_L}^2+{E_D}^2}}{\Sigma L}$

$\dfrac{E}{\Sigma L}=\dfrac{\sqrt{0.12^2+0.23^2}}{1,250}$

$=\dfrac{1}{4,818}≒\dfrac{1}{4,810}$

40. 평판측량을 실시한 결과, 측선길이가 500m이고 폐합오차가 18cm였다. 허용오차가 1/1,000라 할 때, 폐합오차의 처리로 옳은 것은?

㉮ 다시 측량한다.
㉯ 거리에 비례하여 배분한다.
㉰ 거리에 반비례하여 배분한다.
㉱ 그대로 사용한다.

해설 $폐합비=\dfrac{폐합오차}{전\ 측선의\ 길이}$

$=\dfrac{E}{\Sigma L}=\dfrac{\sqrt{{E_L}^2+{E_D}^2}}{\Sigma L}$

 |해답| 35.㉯ 36.㉮ 37.㉱ 38.㉰ 39.㉯ 40.㉯

제3과목 수리수문학

41. 수직 원형 Orifice의 중심에서 수심 H를 일정하게 유지했을 경우 일정한 유량 Q을 유출시키기 위한 Orifice의 직경 d은?(단, C : 유량계수, g : 중력가속도)

㉮ $d=\sqrt{\dfrac{4QC\sqrt{2gH}}{\pi}}$

㉯ $d=\sqrt{\dfrac{4Q\pi}{C\sqrt{2gH}}}$

㉰ $d=\sqrt{\dfrac{\pi C\sqrt{2gH}}{4Q}}$

㉱ $d=\sqrt{\dfrac{4Q}{\pi C\sqrt{2gH}}}$

해설 오리피스

㉠ 작은 오리피스의 유량

$Q=CA\sqrt{2gh}$

㉡ 오리피스의 직경 d의 산정

$Q=CA\sqrt{2gh}=C\times\dfrac{\pi d^2}{4}\times\sqrt{2gh}$

$\therefore\ d=\sqrt{\dfrac{4Q}{\pi C\sqrt{2gH}}}$

42. 반지름 a인 관수로에 물이 가득 차서 흐를 때 경심 R은?

㉮ $\dfrac{a}{4}$　　㉯ $\dfrac{a}{3}$

㉰ $\dfrac{a}{2}$　　㉱ a

해설 경심

㉠ 경심(동수반경)은 단면적을 윤변으로 나눈 것과 같다.

$R=\dfrac{A}{P}$

㉡ 원형만관의 경심산정

$R=\dfrac{A}{P}=\dfrac{\dfrac{\pi\times D^2}{4}}{\pi\times D}=\dfrac{D}{4}$

$\therefore R=\dfrac{D}{4}=\dfrac{2a}{4}=\dfrac{a}{2}$

43. 수리학적으로 유리한 단면에 대한 설명으로 옳은 것은?

㉮ 유수 단면적이 일정할 때 윤변과 경심이 최대가 되는 단면이다.

㉯ 유수 단면적이 일정할 때 윤변과 경심이 최소가 되는 단면이다.

㉰ 유수 단면적이 일정할 때 윤변이 최소이거나 경심이 최대인 단면이다.

㉱ 유수 단면적이 일정할 때 윤변이 최대이거나 경심이 최소인 단면이다.

해설 수리학적으로 유리한 단면

㉠ 수로의 경사, 조도계수, 단면이 일정할 때 유량이 최대로 흐를 수 있는 단면을 수리학적으로 유리한 단면 또는 최량수리단면이라 한다.

㉡ 수리학적으로 유리한 단면이 되기 위해서는 경심이 최대이거나, 윤변이 최소일 때 성립된다.

44. 폭 20m인 직사각형단면수로에 30.6m^3/sec의 유량이 0.8m의 수심으로 흐를 때 Froude 수와 흐름은?

㉮ 0.683, 상류　　㉯ 0.683, 사류

㉰ 1.464, 상류　　㉱ 1.464, 사류

해설 상류(常流)와 사류(射流)

㉠ 상류와 사류의 구분

$F_r=\dfrac{V}{C}=\dfrac{V}{\sqrt{gh}}$

여기서, V : 유속, C : 파의 전달속도

- $F_r<1$: 상류
- $F_r>1$: 사류
- $F_r=1$: 한계류

㉡ 상류와 사류의 계산

$V=\dfrac{Q}{A}=\dfrac{30.6}{20\times0.8}=1.9125\text{m/sec}$

$F_r=\dfrac{V}{C}=\dfrac{V}{\sqrt{gh}}=\dfrac{1.9125}{\sqrt{9.8\times0.8}}=0.683$

∴ 상류

45. 투수계수가 0.1cm/sec이고 지하수위의 동수경사가 $\frac{1}{10}$인 지하수 흐름의 속도는?

㉮ 0.005cm/sec ㉯ 0.01cm/sec
㉰ 0.5cm/sec ㉱ 1cm/sec

■해설 Darcy의 법칙
㉠ Darcy의 법칙
$V=K\cdot I=K\cdot \frac{h_L}{L}$
$Q=A\cdot V=A\cdot K\cdot I=A\cdot K\cdot \frac{h_L}{L}$로 구할 수 있다.
㉡ 유속의 산정
$V=K\cdot I=0.1\times 1/10=0.01\text{cm/sec}$

46. 다음 관계식 중 부정부등류를 표시한 것으로 옳은 것은?(단, t = 시간, l = 거리, v = 유속)

㉮ $\frac{\partial v}{\partial t}=0,\ \frac{\partial v}{\partial l}=0$
㉯ $\frac{\partial v}{\partial t}\neq 0,\ \frac{\partial v}{\partial l}=0$
㉰ $\frac{\partial v}{\partial t}\neq 0,\ \frac{\partial v}{\partial l}\neq 0$
㉱ $\frac{\partial v}{\partial t}=0,\ \frac{\partial v}{\partial l}\neq 0$

■해설 흐름의 분류
㉠ 정류와 부정류 : 시간에 따른 흐름의 특성이 변하지 않는 경우를 정류, 변하는 경우를 부정류라 한다.
• 정류 : $\frac{\partial v}{\partial t}=0,\ \frac{\partial p}{\partial t}=0,\ \frac{\partial \rho}{\partial t}=0$
• 부정류 : $\frac{\partial v}{\partial t}\neq 0,\ \frac{\partial p}{\partial t}\neq 0,\ \frac{\partial \rho}{\partial t}\neq 0$
㉡ 등류와 부등류 : 공간에 따른 흐름의 특성이 변하지 않는 경우를 등류, 변하는 경우를 부등류라 한다.
• 등류 : $\frac{\partial Q}{\partial l}=0,\ \frac{\partial v}{\partial l}=0,\ \frac{\partial h}{\partial l}=0$
• 부등류 : $\frac{\partial Q}{\partial l}\neq 0,\ \frac{\partial v}{\partial l}\neq 0,\ \frac{\partial h}{\partial l}\neq 0$
∴ 부정부등류는 $\frac{\partial v}{\partial t}\neq 0,\ \frac{\partial v}{\partial l}\neq 0$이다.

47. 관수로 내의 손실수두에 관한 설명으로 옳지 않은 것은?

㉮ 마찰 이외의 손실수두를 무시할 수 있는 것은 $l/D>3{,}000$일 때이다.(여기서, l : 길이, D : 관경)
㉯ 관수로 내의 모든 손실수두는 유속수두에 비례한다.
㉰ 관수로의 입구손실계수(f_i)와 출구손실계수(f_0)는 일반적으로 각각 0.5, 1.0으로 본다.
㉱ 마찰손실수두는 모든 손실수두 가운데 가장 큰 것으로 마찰손실계수에 유속수두를 곱한 것이다.

■해설 마찰손실수두
㉠ $\frac{l}{D}>3{,}000$이면 장관이라 하며 마찰 이외의 손실은 무시한다.
$\frac{l}{D}<3{,}000$이면 단관이라 하며 모든 손실을 고려한다.
㉡ 관수로 내의 모든 손실수두는 속도수두에 비례한다.
㉢ 수조로 연결된 관수로의 출구손실계수는 1.0을 적용하며, 일반적인 입구손실계수는 0.5값을 적용한다.
㉣ 마찰손실수두를 대 손실이라 하고 모든 손실수두 중 가장 큰 손실이며, 마찰손실계수에 속도수두와 길이와 직경의 비를 곱하여 산정한다.
$\left(h_l=f\frac{l}{D}\frac{V^2}{2g}\right)$

48. 원관 내 흐름이 포물선형 유속분포를 가질 때 관 중심선 상에서의 유속을 V_0, 전단응력을 τ_0, 관 벽면에서의 전단응력을 τ_s, 관 내의 평균유속을 V_m, 관 중심선에서 y만큼 떨어져 있는 곳의 유속을 V라 할 때 다음 중 옳지 않은 것은?

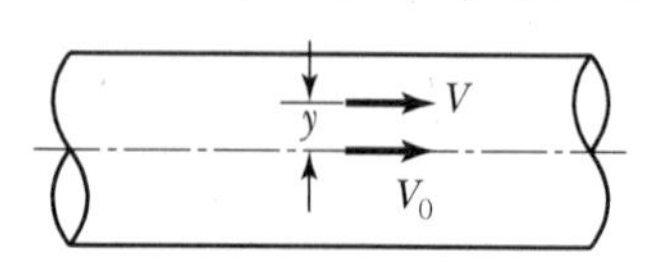

㉮ $V_0>V$ ㉯ $V_0=2V_m$
㉰ $\tau_s=2\tau_0$ ㉱ $\tau_s>\tau_0$

해설 원관 내 층류 흐름

㉠ 유속은 중앙에서 최대이고 관 벽면에서 0인 포물선 형태로 분포한다.

$\therefore V_0 > V$

㉡ 최대유속은 평균유속의 2배이다.

$V_0 = 2V_m$

㉢ 마찰응력은 관 벽면에서 최대가 되고 관 중심에서 0이 되는 직선 비례 형태로 분포한다.

$\therefore \tau_s > \tau_0$

49. 물이 3m/sec의 속도로 그림과 같은 원형 관을 흐를 때 관의 압력은?(단, 관 중심에서 에너지선(EL)까지의 높이는 1.2m이고, 무게 1kg=9.8N이다.)

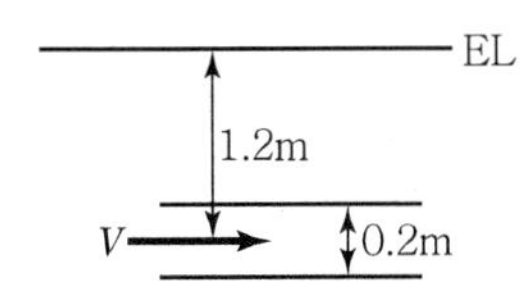

㉮ 5,400Pa　　㉯ 6,700Pa
㉰ 7,260Pa　　㉱ 8,300Pa

해설 베르누이 정리를 이용한 압력의 산정

㉠ 전수두

$$H = Z + \frac{P}{w} + \frac{V^2}{2g}$$

그림에 기준점에서 EL까지 수위가 주어졌으므로 위치수두를 생략하면

$$\rightarrow H = \frac{P}{w} + \frac{V^2}{2g}$$

㉡ 압력의 산정

$$H = \frac{P}{w} + \frac{V^2}{2g}$$

$$\therefore P = w(H - \frac{V^2}{2g}) = 1 \times (1.2 - \frac{3^2}{2 \times 9.8})$$

$$= 0.741\text{t/m}^2 = 0.0741\text{kg/cm}^2$$

$$= 7,258\text{Pa}$$

여기서, $1\text{kg/cm}^2 = 98066.5\text{Pa}$

50. 단위 폭에 대하여 유량 1m³/sec가 흐르는 직사각형 단면수로의 최소 비에너지 값은?(단, α = 1.1이다.)

㉮ 0.48m　　㉯ 0.72m
㉰ 0.57m　　㉱ 0.81m

해설 비에너지

㉠ 단위무게당의 물이 수로바닥면을 기준으로 갖는 흐름의 에너지 또는 수두를 비에너지라 한다.

$$H_e = h + \frac{\alpha v^2}{2g}$$

여기서, h : 수심, α : 에너지보정계수, v : 유속

㉡ 비에너지의 계산

최소 비에너지가 발생할 때의 수심은 한계수심이 나타난다.

한계수심의 계산 :

$$h_c = \left(\frac{\alpha Q^2}{gb^2}\right)^{\frac{1}{3}} = \left(\frac{1.1 \times 1^2}{9.8 \times 1^2}\right)^{\frac{1}{3}} = 0.482\text{m}$$

$$v = \frac{Q}{A} = \frac{1}{1 \times 0.482} = 2.075\text{m/sec}$$

$$H_e = h + \frac{\alpha v^2}{2g} = 0.482 + \frac{1.1 \times 2.075^2}{2 \times 9.8}$$

$$= 0.72\text{m}$$

51. 단면적이 200cm²인 90° 굽은 관(1/4 원의 형태)을 따라 유량 Q=0.05m³/sec의 물이 흐르고 있다. 이 굽은 면에 작용하는 힘(P)은?(단, 무게 1kg=9.8N)

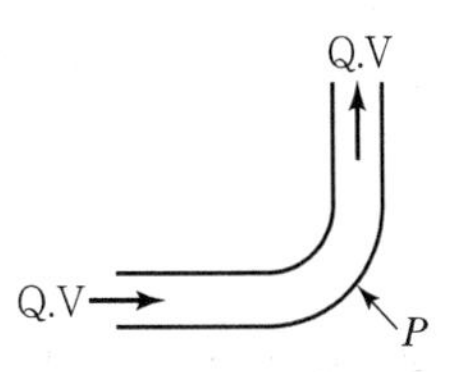

㉮ 157N　　㉯ 177N
㉰ 1,570N　　㉱ 1,770N

해설 운동량 방정식

㉠ 운동량 방정식

$$P = \frac{wQ}{g}(V_2 - V_1) \text{ : 운동량 방정식}$$

$$P = \frac{wQ}{g}(V_1 - V_2) \text{ : 판이 받는 힘(반력)}$$

여기서, V_1 : 입구부 유속, V_2 : 출구부 유속

㉡ 반력의 산정

$$V=\frac{Q}{A}=\frac{0.05}{200\times10^{-4}}=2.5\text{m/sec}$$

$$P_x=\frac{wQ}{g}(V_1-V_2)$$

$$=\frac{1\times0.05}{9.8}(2.5-0)=0.0128\text{t}$$

$$P_y=\frac{wQ}{g}(V_1-V_2)$$

$$=\frac{1\times0.05}{9.8}(0-2.5)=-0.0128\text{t}$$

$$\therefore\ P=\sqrt{P_x^2+P_y^2}=\sqrt{0.0128^2+(-0.0128)^2}$$

$$=0.0181\text{t}=18.1\text{kg}=177\text{N}$$

52. 부력에 대한 설명으로 옳지 않은 것은?

㉮ 부력은 수심에 비례하는 압력을 받는다.
㉯ 부체가 배제할 물의 무게와 같은 부력을 받는다.
㉰ 부력은 고체의 수중부분 부피와 같은 부피의 물 무게와 같다.
㉱ 유체에 떠 있는 물체는 그 자신의 무게와 같은 만큼의 유체를 배제한다.

해설 부력

㉠ 부력은 부체를 수면과 연직상향으로 떠받드는 힘을 말하며, 부력의 크기는 부체가 배제한 물의 무게와 같다.

$B=w_w\cdot V$(물에 잠긴 부분의 체적)

㉡ 부력은 고체의 수중부분 부피와 같은 부피의 물 무게와 같다.
㉢ 유체에 떠 있는 물체는 그 자신의 무게와 같은 만큼의 유체를 배제한다.

53. 물의 점성계수(粘性係數)에 대한 설명 중 옳은 것은?

㉮ 점성계수와 동점성계수는 반비례한다.
㉯ 수온이 낮을수록 점성계수는 크다.
㉰ 4℃에서의 점성계수가 가장 크다.
㉱ 수온에 관계없이 점성계수는 일정하다.

해설 점성계수

㉠ 점성계수(μ)와 동점성계수(ν)는 비례한다.

$$\nu=\frac{\mu}{\rho}$$

㉡ 점성계수, 동점성계수 모두 온도 0℃에서 그 값이 가장 크며, 온도가 상승하면 그 값은 적어진다.

54. 한계경사에 대한 설명으로 옳지 않은 것은?(단, α : 에너지보정계수, C : 평균유속계수(Chezy 계수), g : 중력가속도)

㉮ 한계경사는 $\frac{g}{\alpha}C^2$로 표시한다.
㉯ 지배 단면이 생기는 경사를 말한다.
㉰ 흐름이 상류에서 사류로 변하는 한계에서의 경사이다.
㉱ 수로의 조도계수가 클수록 한계경사는 일반적으로 작아진다.

해설 한계경사

㉠ 흐름이 상류(常流)에서 사류(射流)로 바뀔 때의 경사를 한계경사라 한다.

$$I_c=\frac{g}{\alpha C^2}$$

㉡ 흐름이 상류(常流)에서 사류(射流)로 바뀔 때의 단면을 지배단면이라 한다.

55. 레이놀즈의 실험장치(Reynolds 수)에 의해서 구별할 수 있는 흐름은?

㉮ 층류와 난류　　㉯ 정류와 부정류
㉰ 상류와 사류　　㉱ 등류와 부등류

해설 흐름의 상태

㉠ 층류와 난류
- 층류 : 유체 흐름이 점성에 의해 층상을 이루며 흐르는 흐름을 말한다.
- 난류 : 유체입자가 상하좌우운동을 하면서 흐르는 흐름을 말한다.

|해답| 52.㉮ 53.㉯ 54.㉱ 55.㉮

㉡ 층류와 난류의 구분

• $R_e = \dfrac{V \cdot D}{\nu}$

여기서, V : 유속, D : 직경, ν : 동점성계수

• $R_e < 2{,}000$: 층류
• $2{,}000 < R_e < 4{,}000$: 천이영역
• $R_e > 4{,}000$: 난류

∴ 레이놀즈의 실험장치에 의해서 구분할 수 있는 흐름은 층류와 난류이다.

56. 비중 0.87인 기름이 용기에 들어 있을 때, 이 기름 용기 속 자유표면으로부터 7m 깊이에 있는 지점의 계기압력은?(단, 무게 1kg=9.8N)

㉮ 51kPa　　㉯ 60kPa
㉰ 71kPa　　㉱ 80kPa

해설 수면과 평형인 면이 받는 압력

㉠ 수면과 평형인 면이 받는 압력

$P = whA$

㉡ 압력의 계산

$$P = whA = 0.87\text{t/m}^3 \times 7\text{m}$$
$$= 6.09\text{t/m}^2 = 0.609\text{kg/cm}^2$$
$$= 59{,}722.5\text{Pa} = 59.7\text{kPa} = 60\text{kPa}$$

여기서, $1\text{kg/cm}^2 = 98066.5\text{Pa}$
$1\text{kPa} = 1{,}000\text{Pa}$

57. 안지름이 0.1m인 관에서 관마찰손실수두가 속도수두와 같을 때 관의 길이는?(단, f=0.03이다.)

㉮ 1.33m　　㉯ 2.33m
㉰ 3.33m　　㉱ 4.33m

해설 마찰손실수두

㉠ 마찰손실수두

$$h_L = f\frac{l}{D}\frac{V^2}{2g}$$

㉡ 관의 길이의 산정

$$f\frac{l}{D}\frac{V^2}{2g} = \frac{V^2}{2g}$$

$$0.03\frac{l}{0.1}\frac{V^2}{2g} = \frac{V^2}{2g}$$

∴ l=3.33m이다.

58. 다음 중 베르누이의 정리를 응용하지 않은 것은?

㉮ 토리첼리의 정리
㉯ 피토관
㉰ 벤투리미터
㉱ 운동량 보존법칙

해설 Bernoulli 정리를 이용한 유량의 산정

㉠ Bernoulli 정리

$$z_1 + \frac{p_1}{w} + \frac{v_1^2}{2g} = z_2 + \frac{p_2}{w} + \frac{v_2^2}{2g}$$

㉡ 토리첼리 정리, 피토관 방정식, 벤투리미터는 모두 베르누이 정리를 응용하여 유도하였으며, 운동량 보존법칙은 베르누이 정리와는 무관하다.

59. 수심에 대한 측정오차(%)가 같을 때 사각형위어 : 삼각형위어 : 오리피스의 유량오차(%) 비는?

㉮ 2 : 1 : 3　　㉯ 1 : 3 : 5
㉰ 2 : 3 : 5　　㉱ 3 : 5 : 1

해설 수두측정오차와 유량오차의 관계

㉠ 수두측정오차와 유량오차의 관계

• 직사각형 위어 :

$$\frac{dQ}{Q} = \frac{\frac{3}{2}KH^{\frac{1}{2}}dH}{KH^{\frac{3}{2}}} = \frac{3}{2}\frac{dH}{H}$$

• 삼각형 위어 :

$$\frac{dQ}{Q} = \frac{\frac{5}{2}KH^{\frac{3}{2}}dH}{KH^{\frac{5}{2}}} = \frac{5}{2}\frac{dH}{H}$$

• 작은 오리피스 :

$$\frac{dQ}{Q} = \frac{\frac{1}{2}KH^{-\frac{1}{2}}dH}{KH^{\frac{1}{2}}} = \frac{1}{2}\frac{dH}{H}$$

㉡ 사각형위어, 삼각형위어, 오리피스의 유량오차 비는 3 : 5 : 1이다.

60. 지하수 흐름의 기본 방정식으로 이용되는 법칙은?

㉮ Chezy의 법칙 ㉯ Darcy의 법칙
㉰ Manning의 법칙 ㉱ Reynolds의 법칙

해설 Darcy의 법칙
㉠ 지하수 흐름의 기본방정식으로 Darcy의 법칙을 이용한다.
㉡ Darcy의 법칙

$$V = K \cdot I = K \cdot \frac{h_L}{L}$$

$Q = A \cdot V = A \cdot K \cdot I = A \cdot K \cdot \frac{h_L}{L}$로 구할 수 있다.

제4과목 철근콘크리트 및 강구조

61. 강도설계법에서 f_{ck}=30MPa일 때 등가높이 $a = \beta_1 c$ 중에서 β_1의 값은?

㉮ 0.836 ㉯ 0.85
㉰ 0.822 ㉱ 0.864

해설 $f_{ck} > 28$MPa인 경우 β_1의 값

$$\beta_1 = 0.85 - 0.007(f_{ck} - 28)$$
$$= 0.85 - 0.007(30 - 28) = 0.836 (\beta_1 \geq 0.65)$$

62. 일반 콘크리트에서 인장철근 D19(공칭직경 : 19.1mm)를 정착시키는 데 필요한 기본 정착길이 l_{db}는?(단, f_{ck}=21MPa, f_y=300MPa이다.)

㉮ 542mm ㉯ 751mm
㉰ 987mm ㉱ 1,125mm

해설 $\lambda = 1$(보통중량의 콘크리트인 경우)

$$l_{db} = \frac{0.6 d_b f_y}{\lambda \sqrt{f_{ck}}} = \frac{0.6 \times 19.1 \times 300}{1 \times \sqrt{21}} = 750.23\text{mm}$$

63. 1방향 슬래브의 정철근 및 부철근의 중심간격은 위험단면에서 아래 표와 같은 조건일 때 얼마 이하이어야 하는가?

슬래브 두께 : 200mm

㉮ 150mm ㉯ 200mm
㉰ 250mm ㉱ 300mm

해설 1방향 슬래브에서 정철근 및 부철근의 중심간격(위험단면의 경우)
① 슬래브 두께의 2배 이하=2×200=400mm 이하
② 300mm 이하
따라서, 1방향 슬래브의 위험단면에서 정철근 및 부철근의 중심간격은 최소값인 300mm 이하여야 한다.

64. 강교량에 주로 사용되는 판형(Plate Girder)의 보강재에 대한 설명 중 옳지 않은 것은?

㉮ 보강재는 복부판의 전단력에 따른 좌굴을 방지하는 역할을 한다.
㉯ 보강재는 단보강재, 중간보강재, 수평보강재가 있다.
㉰ 수평보강재는 복부판이 두꺼운 경우에 주로 사용된다.
㉱ 보강재는 지점 등의 이음부분에 주로 설치한다.

해설 판형에서 보강재는 복부판의 두께가 얇은 경우에 전단력에 의한 좌굴을 방지하기 위하여 설치된다.

65. b_w=300mm, d=500mm인 단철근 직사각형보가 균형단면이 되기 위한 중립축의 위치 c는?(단, f_y=300MPa)

㉮ 312.5mm ㉯ 333.3mm
㉰ 345.0mm ㉱ 365.0mm

해설 $$c = \frac{600}{600 + f_y} d = \frac{600}{600 + 300} \times 500 = 333.3\text{mm}$$

|해답| 60.㉯ 61.㉮ 62.㉯ 63.㉱ 64.㉰ 65.㉯

66. 프리스트레스트콘크리트에서 콘크리트의 건조 수축 변형률이 19×10^{-5}일 때 긴장재의 인장응력 감소는 얼마인가?(단, 긴장재의 탄성계수 $(E_{ps})=2.0\times10^5$MPa)

㉮ 38MPa ㉯ 41MPa
㉰ 42MPa ㉱ 45MPa

해설 $\Delta f_{ps}=E_p\varepsilon_{sh}=(2.0\times10^5)\times(19\times10^{-5})$
$=38$MPa

67. 철근콘크리트 구조물에서 피로에 대한 검토를 하지 않아도 되는 구조 부재는?

㉮ 단순보 ㉯ 연속보
㉰ 슬래브 ㉱ 기둥

해설 철근콘크리트 구조물에서 보와 슬래브의 피로는 휨과 전단에 대하여 검토하고, 기둥의 피로는 검토하지 않아도 좋다.

68. 인장을 받는 이형철근 및 이형철선의 최소 정착길이는?

㉮ 150mm ㉯ 200mm
㉰ 250mm ㉱ 300mm

해설 최소 정착길이
① 인장철근의 묻힘길이에 의한 정착 : $l_d\geq300$mm
② 압축철근의 묻힘길이에 의한 정착 : $l_d\geq200$mm
③ 표준갈고리에 의한 정착 : $l_{dh}\geq150$mm 또한 $\geq8_{db}$

69. 일반 콘크리트 부재의 해당 지속 하중에 대한 탄성처짐이 30mm이었다면 크리프 및 건조수축에 따른 추가적인 장기처짐을 고려한 최종 총 처짐량은?(단, 하중재하기간은 5년이고, 압축철근비 ρ'는 0.002이다.)

㉮ 80.8mm ㉯ 84.6mm
㉰ 89.4mm ㉱ 95.2mm

해설 $\xi=2.0$(하중 재하기간이 5년 이상인 경우)
$$\lambda=\frac{\xi}{1+50\rho'}=\frac{2}{1+(50\times0.002)}=1.82$$
$\delta_L=\lambda\delta_i=1.82\times30=54.6$mm
$\delta_T=\delta_i+\delta_L=30+54.6=84.6$mm

70. 직사각형 단면의 철근 콘크리트 보에 전단력과 휨만이 작용할 때 콘크리트가 받을 수 있는 설계 전단강도(ϕV_c)는 약 얼마인가?(단, $b_w=300$mm, $d=500$mm, $f_{ck}=28$MPa)

㉮ 99.2kN ㉯ 124.1kN
㉰ 132.3kN ㉱ 143.5kN

해설 $\lambda=1.0$ (보통 중량의 콘크리트인 경우)
$$\phi V_c=\phi\left(\frac{1}{6}\lambda\sqrt{f_{ck}}\,b_w d\right)$$
$$=0.75\left(\frac{1}{6}\times1\times\sqrt{28}\times300\times500\right)$$
$$=99.2\times10^3\text{N}=99.2\text{kN}$$

71. 그림과 같이 400mm×12mm의 강판을 홈 용접하려 한다. 500kN의 인장력이 작용하면 용접부에 일어나는 응력은 얼마인가?(단, 전단면을 유효길이로 한다.)

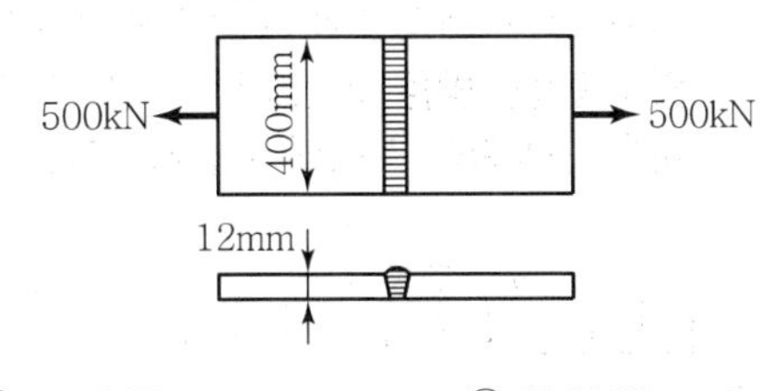

㉮ 92.2MPa ㉯ 98.2MPa
㉰ 101.2MPa ㉱ 104.2MPa

해설 $$f=\frac{P}{A}=\frac{500\times10^3}{12\times400}=104.2\text{N/mm}^2=104.2\text{MPa}$$
홈 용접부의 인장응력은 용접부의 경사각도와 관계없고, 다만 하중과 하중이 재하된 수직단면과 관계있다.

72. 프리스트레스트콘크리트에서 긴장을 할 때 긴장재의 허용 인장응력에 대한 설명으로 옳은 것은?(단, f_{pu} : PS강재의 인장강도, f_{py} : PS강재의 항복강도)

㉮ $0.82f_{pu}$ 또는 $0.92f_{py}$ 중 작은 값 이하로 하여야 한다.

㉯ $0.82f_{pu}$ 또는 $0.85f_{py}$ 중 작은 값 이하로 하여야 한다.

㉰ $0.80f_{pu}$ 또는 $0.94f_{py}$ 중 작은 값 이하로 하여야 한다.

㉱ $0.92f_{pu}$ 또는 $0.80f_{py}$ 중 작은 값 이하로 하여야 한다.

해설 긴장재(PS강재)의 허용응력

적용범위	허용응력
긴장할 때 긴장재의 인장응력	$0.8f_{pu}$와 $0.94f_{py}$ 중 작은 값 이하
프리스트레스 도입 직후 긴장재의 인장응력	$0.74f_{pu}$와 $0.82f_{py}$ 중 작은 값 이하
접착구와 커플러(Coupler)의 위치에서 프리스트레스 도입 직후 포스트텐션 긴장재의 인장응력	$0.7f_{pu}$ 이하

73. 지간 6m인 그림과 같은 단순보에 계수하중 w = 30kN/m(자중포함)가 작용하고 있다. PS강재를 단면도심에 배치할 때 보의 하면에서 0.5MPa의 압축응력을 받을 수 있도록 한다면 PS강재에 얼마의 긴장력이 작용되어야 하는가?

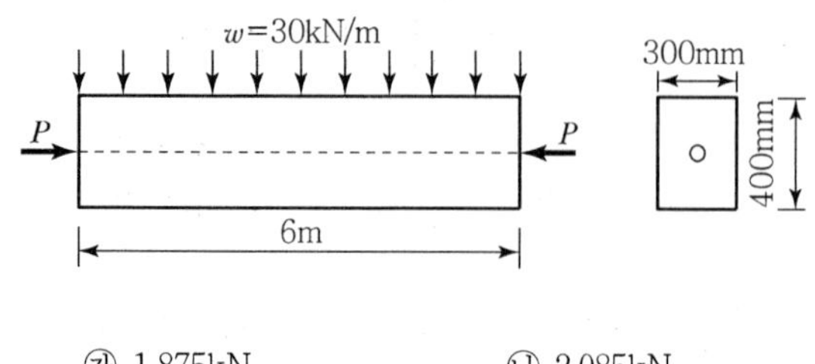

㉮ 1,875kN　　㉯ 2,085kN

㉰ 2,325kN　　㉱ 2,883kN

해설 $f_b = \dfrac{P}{A} - \dfrac{M}{Z}$

$$P = f_b \cdot A + \frac{M}{Z/A} = f_b(bh) + \frac{3wL^2}{4h}$$

$$= 0.5\times(300\times400) + \frac{3\times30\times6{,}000^2}{4\times400}$$

$$= 2{,}085\times10^3\text{N} = 2{,}085\text{kN}$$

74. 단철근 직사각형보의 단면의 폭 b = 400mm, 유효깊이 d = 800mm, A_s = 2,000mm²일 때 철근비(ρ)는?

㉮ 0.003　　㉯ 0.004

㉰ 0.005　　㉱ 0.006

해설 $\rho = \dfrac{A_s}{bd} = \dfrac{2{,}000}{400\times800} = 0.00625$

75. 보 또는 1방향 슬래브는 휨균열을 제어하기 위하여 휨철근의 배치에 대한 규정으로 인장연단에 가장 가까이 배치되는 휨철근의 중심간격 s를 제한하고 있다. 철근의 응력(f_s)이 210MPa이며, 휨철근의 표면과 콘크리트 표면 사이의 최소두께(c_c)가 40mm로 설계된 휨철근의 중심간격 s는 얼마 이하인가?(단, 건조환경에 노출되는 경우는 제외한다.)

㉮ 275mm　　㉯ 300mm

㉰ 325mm　　㉱ 350mm

해설 k_{cr}(철근의 노출 조건을 고려한 계수)의 값

① 건조환경 : 280

② 그 외의 환경 : 210

$$s_1 = 375\left(\frac{k_{cr}}{f_s}\right) - 2.5C_c$$

$$= 375\left(\frac{210}{210}\right) - 2.5\times40 = 275\text{mm}$$

$$s_2 = 300\left(\frac{k_{cr}}{f_s}\right) = 300\left(\frac{210}{210}\right) = 300\text{mm}$$

$$s = [s_1,\ s_2]_{\min} = [275\text{mm}, 300\text{mm}]_{\min}$$

$$= 275\text{mm}$$

|해답| 72.㉰ 73.㉯ 74.㉱ 75.㉮

76. 철근콘크리트 보에 스터럽을 배근하는 가장 주된 이유는?

㉮ 보에 작용하는 전단응력에 의한 균열을 막기 위하여
㉯ 콘크리트와 철근의 부착을 잘되게 하기 위하여
㉰ 압축측의 좌굴을 방지하기 위하여
㉱ 인장철근의 응력을 분포시키기 위하여

■해설 철근콘크리트 보에 스터럽을 배근하는 주된 이유는 전단응력(사인장응력)에 의한 균열을 제어하기 위함이다.

77. 강도감소계수(ϕ)에 대한 설명으로 틀린 것은?

㉮ 인장지배단면의 경우 0.85를 적용한다.
㉯ 비틀림 모멘트의 경우 0.75를 적용한다.
㉰ 띠철근으로 보강된 철근콘크리트 부재의 압축지배단면의 경우 0.70을 적용한다.
㉱ 포스트텐션 정착구역의 경우 0.85를 적용한다.

■해설 압축지배단면 부재의 강도감소계수(ϕ)
① 나선 철근으로 보강된 부재 : 0.70
② 그 외의 부재 : 0.65

78. 강도설계법에서 휨모멘트 또는 휨모멘트와 축력을 동시에 받는 부재의 콘크리트 압축연단의 극한변형률은 얼마로 가정하는가?

㉮ 0.001　　㉯ 0.002
㉰ 0.003　　㉱ 0.004

■해설 강도설계법에서 휨모멘트 또는 휨모멘트와 축력을 동시에 받는 부재의 콘크리트 압축연단의 극한변형률은 0.003으로 가정한다.

79. 아래 표의 조건과 같은 단철근 직사각형보의 공칭모멘트강도(M_n)는?

b_w=300mm,　d=600mm,　A_s=1,200mm²,
f_{ck}=27MPa,　f_y=300MPa

㉮ 206.6kN·m　　㉯ 214.1kN·m
㉰ 227.4kN·m　　㉱ 301.2kN·m

■해설
$$a=\frac{f_yA_s}{0.85f_{ck}b_w}=\frac{300\times1,200}{0.85\times27\times300}=52.29\text{mm}$$
$$M_n=A_sf_y\left(d-\frac{a}{2}\right)=1,200\times300\times\left(600-\frac{52.29}{2}\right)$$
$$=206.59\times10^6\text{N}\cdot\text{mm}$$
$$=206.59\text{kN}\cdot\text{m}$$

80. D13철근을 U형 스터럽으로 가공하여 300mm 간격으로 부재축에 직각이 되게 설치한 전단 철근의 강도 V_s는?(단, f_y=400MPa, d=600mm, D13철근의 단면적은 127mm²)

㉮ 101.6kN　　㉯ 203.2kN
㉰ 406.4kN　　㉱ 812.8kN

■해설
$$V_s=\frac{A_v\,f_y\,d}{s}=\frac{(2\times127)\times400\times600}{300}$$
$$=203.2\times10^3\text{N}=203.2\text{kN}$$

제5과목 토질 및 기초

81. 어느 점토의 압밀계수 C_v=1.640×10⁻⁴cm²/sec, 압축계수(a_v)=2.820×10⁻²cm²/kg일 때 이 점토의 투수계수는?(단, 간극비 e=1.0)

㉮ 8.014×10^{-9}cm/sec
㉯ 6.646×10^{-9}cm/sec
㉰ 4.624×10^{-9}cm/sec
㉱ 2.312×10^{-9}cm/sec

■ 해설

$$K = C_v \cdot m_v \cdot r_w = C_v \cdot \frac{a_v}{1+e} \cdot r_w$$

$$= 1.640 \times 10^{-4} \times \frac{2.820 \times 10^{-2} \times 10^{-3}}{1+1.0} \times 1$$

$$= 2.312 \times 10^{-9} \text{cm/sec}$$

82. 모래의 내부마찰각 ϕ와 N치와의 관계를 나타낸 Dunham의 식 $\phi = \sqrt{12N} + C$에서 상수 C의 값이 가장 큰 경우는?

㉮ 토립자가 모나고 입도분포가 좋을 때
㉯ 토립자가 모나고 균일한 입경일 때
㉰ 토립자가 둥글고 입도분포가 좋을 때
㉱ 토립자가 둥글고 균일한 입경일 때

■ 해설
- 토립자가 모나고 입도가 양호한 경우
  $\phi = \sqrt{12 \cdot N} + 25$
- 토립자가 모나고 입도가 불량한 경우
  $\phi = \sqrt{12 \cdot N} + 20$
- 토립자가 둥글고 입도가 양호한 경우
  $\phi = \sqrt{12 \cdot N} + 20$
- 토립자가 둥글고 입도가 불량한 경우
  $\phi = \sqrt{12 \cdot N} + 15$

83. 점토의 예민비(銳敏比)를 알기 위해 행하는 시험은?

㉮ 직접전단시험　㉯ 삼축압축시험
㉰ 일축압축시험　㉱ 표준관입시험

■ 해설 예민비는 교란되지 않은 시료의 일축압축강도와 교란시킨 같은 흙의 일축압축 강도의 비를 말한다.

84. 점토질 지반에 있어서 강성기초의 접지압 분포에 관한 다음 설명 가운데 옳은 것은?

㉮ 기초의 중앙 부분에서 최대의 응력이 발생한다.
㉯ 기초의 모서리 부분에서 최대의 응력이 발생한다.
㉰ 기초부분의 응력은 어느 부분이나 동일하다.
㉱ 기초 밑면에서의 응력은 토질에 관계없이 일정하다.

■ 해설

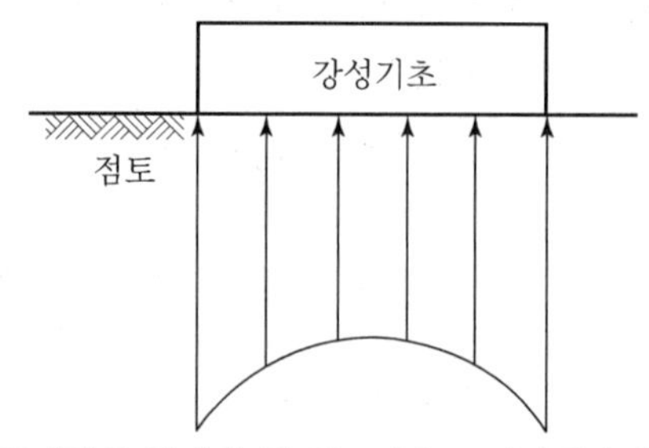

점토지반의 접지압 분포는 기초 모서리에서 최대 응력이 발생한다.

85. 다음 그림에서 느슨한 모래의 전단거동 특성으로 옳은 것은?

㉮ ①
㉯ ②
㉰ ③
㉱ ④

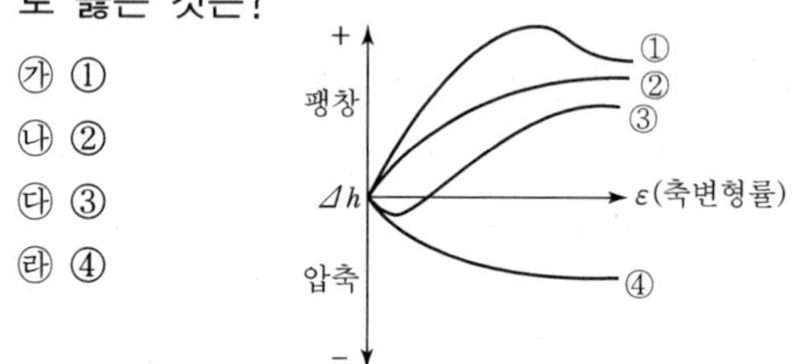

■ 해설 전단 실험 시 토질의 상태변화

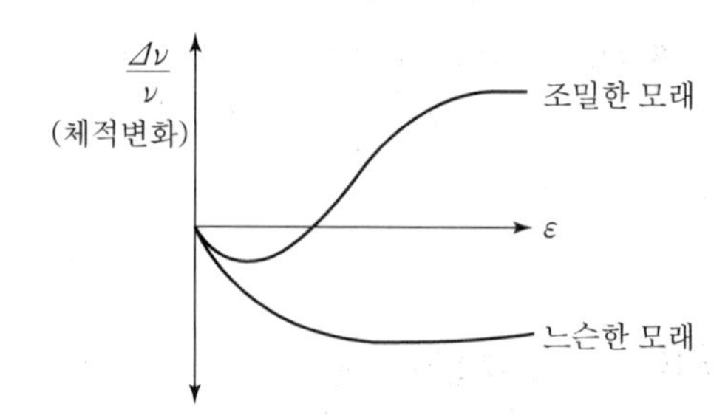

느슨한 모래는 전단파괴에 도달하기 전에 체적이 감소하고 조밀한 모래는 체적이 증가된다.

86. 흙을 공학적 분류방법으로 분류할 때 필요한 요소가 아닌 것은?

㉮ 입도분포　㉯ 액성한계
㉰ 소성지수　㉱ 수축한계

■ 해설 통일분류법은 입도분포, 액성한계, 소성지수 등을 주요 인자로 한 분류법이다.

87. 어떤 퇴적지반의 수평방향 투수계수가 4.0×10^{-3}cm/sec, 수직방향 투수계수가 3.0×10^{-3}cm/sec일 때 등가투수계수는 얼마인가?

㉮ 3.46×10^{-3}cm/sec　㉯ 5.0×10^{-3}cm/sec
㉰ 6.0×10^{-3}cm/sec　㉱ 6.93×10^{-3}cm/sec

해설 평균투수계수(이방성)

$$K' = \sqrt{K_h \times K_V} = \sqrt{(4.0\times10^{-3})\times(3.0\times10^{-3})} = 3.46\times10^{-3}\text{cm/sec}$$

88. 어느 흙에 대하여 직접 전단시험을 하여 수직응력이 3.0kg/cm²일 때 2.0kg/cm²의 전단강도를 얻었다. 이 흙의 점착력이 1.0kg/cm²이면 내부마찰각은 약 얼마인가?

㉮ 15°　㉯ 18°
㉰ 21°　㉱ 24°

해설 $S(\tau_f) = C + \sigma\tan\phi$에서 $2 = 1 + 3\tan\phi$

$$\phi = \tan^{-1}\frac{2-1}{3} = 18°$$

89. 다음의 토질시험 중 불교란시료를 사용해야 하는 시험은?

㉮ 입도분석시험
㉯ 압밀시험
㉰ 액성 · 소성한계시험
㉱ 흙입자의 비중시험

해설 불교란 시료로 실시하는 시험은 압밀시험과 전단시험이다.

90. 무게 100kg인 해머로 2m 높이에서 말뚝을 박았더니 침하량이 2cm이었다. 이 말뚝의 허용 지지력을 Sander 공식으로 구한 값은?(단, 안전율 F_s=8을 적용한다.)

㉮ 1.25t　㉯ 2.5t
㉰ 5t　㉱ 10t

해설 Sander 공식(안전율 $F_s = 8$)

허용 지지력 $Q_a = \dfrac{Q_u}{F_s} = \dfrac{W_H \cdot H}{8 \cdot S} = \dfrac{100\times200}{8\times2} = 1{,}250\text{kg} = 1.25\text{t}$

91. 그림에서 모관수에 의해 $A-A$면까지 완전히 포화되었다고 가정하면 $B-B$면에서의 유효응력은 얼마인가?

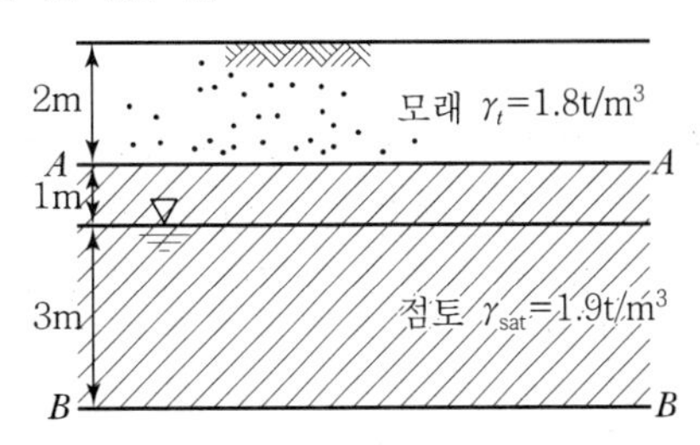

㉮ 6.3t/m²　㉯ 7.2t/m²
㉰ 8.2t/m²　㉱ 12.2t/m²

해설
- $\sigma = r_t \cdot H_1 + r_{sat} \cdot H_2 = 1.8\times2 + 1.9\times4 = 11.2\text{t/m}^2$
- $u = r_w \cdot h_w = 1\times3 = 3\text{t/m}^2$

$\therefore\ \sigma' = \sigma - u = 11.2 - 3 = 8.2\text{t/m}^2$

92. 흙의 다짐에 관한 설명 중 틀린 것은?

㉮ 사질토는 흙의 건조밀도－함수비 곡선의 경사가 완만하다.
㉯ 최대 건조밀도는 사질토가 크고, 점성토가 작다.
㉰ 모래질 흙은 진동 또는 진동을 동반하는 다짐방법이 유효하다.
㉱ 건조밀도－함수비곡선에서 최적함수비와 최대건조밀도를 구할 수 있다.

해설
- 다짐 E 크면 $\gamma_{d\max}$ 증가, OMC 감소 양입도, 조립토, 급한 경사
- 다짐 E 작으면 $\gamma_{d\max}$ 감소, OMC 증가 빈입도, 세립토, 완만한 경사

∴ 사질토(조립토)는 흙의 건조밀도－함수비 곡선의 경사가 급하다.

|해답| 87.㉮ 88.㉯ 89.㉯ 90.㉮ 91.㉰ 92.㉮

93. 어떤 모래지반에서 단위시간에 흙속을 통과하는 물의 부피를 구하는 공식 $q=kiA=vA$에 의해 물의 유출속도 v=2cm/sec를 얻었다. 이 흙에서의 실제 침투속도 v_s는?(단, 간극률이 40%인 모래지반이다.)

㉮ 0.8cm/sec ㉯ 3.2cm/sec
㉰ 5.0cm/sec ㉱ 7.6cm/sec

해설 $V_s=\frac{V}{n}=\frac{2}{0.4}=5\text{cm/sec}$

94. 어떤 점토를 연직으로 4m 굴착하였다. 이 점토의 일축압축강도가 4.8t/m²이고, 단위중량이 1.6t/m³일 때 굴착고에 대한 안전율은 얼마인가?

㉮ 1.2 ㉯ 1.5
㉰ 2.0 ㉱ 3.0

해설 $F_s=\frac{H_c}{H}=\frac{\frac{4\cdot C}{\gamma}\tan\left(45°+\frac{\phi}{2}\right)}{H}$

ϕ=0인 점토는

$F_s=\frac{\frac{4\cdot C}{\gamma}}{H}=\frac{\frac{4\times2.4}{1.6}}{4}=1.5$

$\left(C=\frac{q_u}{2}=\frac{4.8}{2}=2.4\text{t/m}^2\right)$

95. 다짐시험의 조건이 아래의 표와 같을 때 다짐에너지(E_c)를 구하면?

- 몰드의 부피(V) : 1,000cm³
- 래머의 무게(W) : 2.5kg
- 래머의 낙하높이(h) : 30cm
- 다짐 층수(N_l) : 3층
- 각 층당 다짐횟수(N_b) : 25회

㉮ 5.625kg · cm/cm³ ㉯ 6.273kg · cm/cm³
㉰ 7.021kg · cm/cm³ ㉱ 7.835kg · cm/cm³

해설 $E_c=\frac{W_\gamma\cdot H\cdot N_b\cdot N_L}{V}=\frac{2.5\times30\times25\times3}{1,000}$
$=5.625\text{kg}\cdot\text{cm/cm}^3$

96. 말뚝의 지지력을 결정하기 위해 엔지니어링 뉴스 공식을 사용할 때 적용하는 안전율은?

㉮ 6 ㉯ 8
㉰ 10 ㉱ 12

해설 엔지니어링 뉴스 공식 안전율은 6이다.

97. 연경도 지수에 대한 설명으로 틀린 것은?

㉮ 소성지수는 흙이 소성상태로 존재할 수 있는 함수비의 범위를 나타낸다.
㉯ 액성지수는 자연상태인 흙의 함수비에서 소성한계를 뺀 값을 소성지수로 나눈 값이다.
㉰ 액성지수 값이 1보다 크면 단단하고 압축성이 작다.
㉱ 컨시스턴시지수는 흙의 안정성 판단에 이용하며, 지수값이 클수록 고체상태에 가깝다.

해설

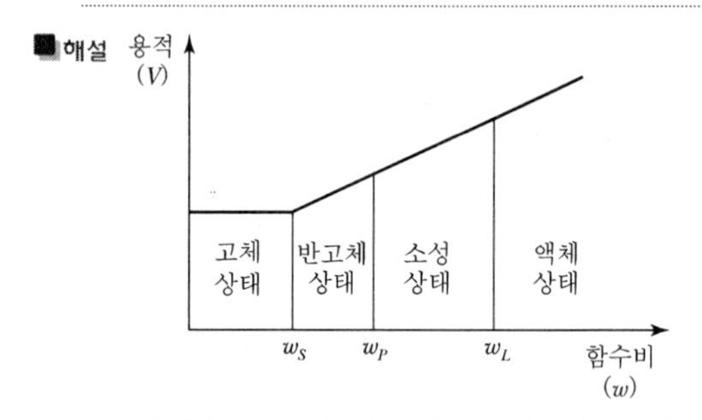

액성지수 값이 1보다 크면 연약하고 압축성이 크다.

98. 다음의 지반 개량공법 중에서 점성토 지반에 사용하지 않는 것은?

㉮ 샌드 드레인공법
㉯ 바이브로 플로테이션공법
㉰ 프리로딩공법
㉱ 페이퍼 드레인공법

 |해답| 93.㉰ 94.㉯ 95.㉮ 96.㉮ 97.㉰ 98.㉯

■해설 ① 연약점성토 지반 개량공법
- 치환공법
- 프리로딩(여성토)공법
- 압성토(부재)공법
- 샌드 드레인공법
- 페이퍼 드레인공법
- 팩 드레인공법
- 생석회 말뚝공법

② 바이브로 플로테이션공법 : 연약 사질토지반 개량공법

99. 다음 통일분류법에 의한 흙의 분류 중 압축성이 가장 큰 것은?

㉮ SP ㉯ SW
㉰ CL ㉱ CH

■해설 CH : 고압축성의 점토

100. 표준관입시험의 N값에 대한 설명으로 옳은 것은?

㉮ 질량(63.5±0.5)kg의 드라이브 해머를 (560±10) mm에서 타격하여 샘플러를 지반에 200mm 박아 넣는 데 필요한 타격횟수
㉯ 질량 (53.5±0.5)kg의 드라이브 해머를 (760±10) mm에서 타격하여 샘플러를 지반에 200mm 박아 넣는 데 필요한 타격횟수
㉰ 질량 (63.5±0.5)kg의 드라이브 해머를 (760±10) mm에서 타격하여 샘플러를 지반에 300mm 박아 넣는 데 필요한 타격횟수
㉱ 질량 (53.5±0.5)kg의 드라이브 해머를 (560±10) mm에서 타격하여 샘플러를 지반에 300mm 박아 넣는 데 필요한 타격횟수

■해설 표준관입시험(SPT)
64kg 해머로 76cm 높이에서 30cm 관입될 때까지의 타격횟수를 N치라 한다.

제6과목 상하수도공학

101. 수원의 구비요건으로 옳지 않은 것은?

㉮ 수질이 좋아야 한다.
㉯ 수량이 풍부해야 한다.
㉰ 가능한 한 낮은 곳에 위치하여야 한다.
㉱ 상수소비지에서 가까운 곳에 위치하여야 한다.

■해설 수원선정 시 고려사항
㉠ 수질이 좋아야 한다.
㉡ 수량이 풍부하여야 한다.
㉢ 적정 수압을 확보할 수 있어야 한다.
㉣ 정수장보다 가능한 높은 곳에 위치하여 자연유하식을 이용할 수 있도록 한다.
㉤ 상수 소비지에서 가까운 곳에 위치하는 것이 좋다.

102. 다음 중에서 일반적으로 하천부지의 하상 밑이나 그 부근 땅속에서 상수를 취수하는 시설물은?

㉮ 취수탑 ㉯ 취수언
㉰ 취수문 ㉱ 집수매거

■해설 집수매거
지하수의 종류에는 천층수, 심층수, 복류수, 용천수가 있으며, 복류수는 하천이나 호소 또는 연안부의 모래, 자갈층에 함유되어 있는 물을 말한다. 또한 복류수를 취수하기 위한 시설로 다공질 유공관인 집수매거를 사용한다. 복류수의 수질은 양호하여 대개 침전지를 생략하고 사용이 가능하다.

103. 생하수내에서 질소는 주로 어느 형태로 존재하는가?

㉮ N_2와 NO_3
㉯ N_2와 NH_3
㉰ 유기성 질소화합물과 N_2
㉱ 유기성 질소화합물과 NH_3

■해설 질소의 존재형태
생하수 내 질소는 유기성 질소(Organic-N) 및 암모니아성 질소(NH_3-N)의 형태로 존재하며 산소 조건에서 질산화가 진행되고 무산소 조건에서 탈질산화가 진행된다.

|해답| 99.㉱ 100.㉰ 101.㉰ 102.㉱ 103.㉱

104. 일반적인 급속여과시스템의 정수처리 흐름도로서 옳은 것은?

㉮ 플록형성지 → 혼화지 → 약품침전지 → 급속여과지
㉯ 플록형성지 → 혼화지 → 급속여과지 → 약품침전지
㉰ 혼화지 → 플록형성지 → 약품침전지 → 급속여과지
㉱ 혼화지 → 플록형성지 → 급속여과지 → 약품침전지

해설 정수처리 시스템
㉠ 완속여과 시스템
보통침전지 → 완속여과지 → 소독
㉡ 급속여과 시스템
약품혼화지 → 플록형성지 → 약품침전지 → 급속여과지 → 소독

105. 양정변화에 대하여 수량의 변동이 적고 또 수량변동에 대해 동력의 변화도 적으므로 우수용의 양수펌프 등 주위변동이 큰 곳에 적합한 펌프는?

㉮ 왕복펌프 ㉯ 사류펌프
㉰ 원심력펌프 ㉱ 축류펌프

해설

펌프의 종류	특징
원심력 펌프	• 양정 20m 이상의 고양정 펌프이다. • 임펠러 회전에 의해 발생된 원심력을 수압력으로 전환하여 사용한다. • 안내날개의 유무에 따라 터빈펌프와 볼류트펌프로 나누어진다. • 상하수도용으로 가장 많이 이용된다.
사류 펌프	• 양정 3~12m의 중양정 펌프이다. • 원심력작용과 양력작용 모두를 사용하는 펌프이다. • 양정(수위)변화에 대처가 용이하다.
축류 펌프	• 양정 4m 이하의 저양정 펌프이다. • 양력작용을 사용한다.

∴ 양정변화에 대처가 용이하여 우수펌프로 가장 많이 이용하는 것은 사류펌프이다.

106. 급수방식에 대한 설명으로 옳지 않은 것은?

㉮ 급수방식에는 직렬식, 저수조식 및 직결·저수조 병용식이 있다.
㉯ 직결식에는 직결직압식과 직결가압식이 있다.
㉰ 급수관으로부터 수돗물을 일단 저수조에 받아서 급수하는 방식을 저수조식이라 한다.
㉱ 수도의 단수 시에도 물을 반드시 확보해야 하는 경우는 직결식을 적용하는 것이 바람직하다.

해설 급수방식
㉠ 급수방식에는 직결식, 저수조식, 병용식이 있다.
㉡ 직결식은 배수관의 수압이 소요압에 충분한 경우 사용한다.
㉢ 저수조식은 배수관의 수압이 소요압에 충분하지 않은 경우, 단수시에도 급수를 지속해야 하는 경우, 항상 일정수량이 필요한 경우, 일시에 많은 수량이 필요한 경우에 설치한다.

107. 하수도 시설계획에서 오수관거, 우수관거 및 합류관거의 이상적인 유속 범위는?

㉮ 0.1~0.3m/sec ㉯ 0.3~0.8m/sec
㉰ 1.0~1.8m/sec ㉱ 3.0~4.0m/sec

해설 하수관의 유속 및 경사
㉠ 하수관로 내의 유속은 하류로 갈수록 빠르게 하며, 경사는 하류로 갈수록 완만하게 한다.
㉡ 관로의 유속기준
관로의 유속은 침전과 마모방지를 위해 최소유속과 최대유속을 한정하고 있다.
• 오수 및 차집관 : 0.6~3.0m/sec
• 우수 및 합류관 : 0.8~3.0m/sec
• 이상적 유속 : 1.0~1.8m/sec
∴ 이상적 유속의 범위는 1.0~1.8m/sec이다.

108. 도수거의 구조와 형식에 대한 설명으로 옳지 않은 것은?

㉮ 한랭지에 설치될 도수거는 개거로 하는 것이 바람직하다.
㉯ 지층의 변화점, 수로교, 둑, 통문 등의 전후에는 신축조인트를 설치한다.

㉰ 개거 및 암거에는 30~50m 간격으로 시공조인트를 겸한 신축조인트를 설치한다.
㉱ 개거와 암거는 구조상 안전하고 충분한 수밀성과 내구성을 가지고 있어야 한다.

해설 도수관의 구조와 형식
㉠ 신축이음
온도변화에 따른 관로의 수축작용으로 인하여 관벽에 균열이 발생하거나 수로교 전후에 부등침하의 가능성에 대비하여 신축이음을 실시한다. 신축이음은 일반적으로 관수로의 경우 20~30m, 개수로의 경우에는 30~50m 간격으로 설치한다.
㉡ 도수관의 구조와 형식
- 한랭지에 설치될 도수거는 암거로 하는 것이 바람직하다.
- 지층의 변화점, 수로교, 둑, 통문 등의 전후에는 신축조인트를 설치한다.
- 개거 및 암거에는 30~50m 간격으로 시공조인트를 겸한 신축조인트를 설치한다.
- 개거와 암거는 구조상 안전하고 충분한 수밀성과 내구성을 가지고 있어야 한다.

109. 하천에 오수가 유입될 경우 최초의 분해지대에서 BOD가 감소하는 원인은?

㉮ 미생물의 번식　㉯ 유기물질의 침전
㉰ 온도의 변화　㉱ 탁도의 증가

해설 Whipple의 자정 4단계

지대(zone)	변화 과정
분해지대	• 오염에 약한 고등생물은 오염에 강한 미생물에 의해 교체 번식된다. • 호기성 미생물의 번식으로 BOD 감소가 나타나는 지대이다.
활발한 분해지대	용존산소가 거의 없어 부패상태에 가까운 지대이다.
회복지대	용존산소가 점차적으로 증가하는 지대이다.
정수지대	물이 깨끗해져 동물과 식물이 다시 번식하기 시작하는 지대이다.

∴ 최초의 분해지대에서 BOD가 감소하는 원인은 미생물의 번식 때문이다.

110. 강우강도 $I=\frac{4,000}{(t+30)}$ mm/hr[t : 분], 유역면적 5km^2, 유입시간 420초, 유출계수 0.8, 하수관거 길이 1km, 관내유속 1.2m/sec인 경우의 최대우수유출량을 합리식으로 구하면?

㉮ 873m^3/sec　㉯ 87.3m^3/sec
㉰ 873m^3/hr　㉱ 87.3m^3/hr

해설 우수유출량의 산정
㉠ 합리식의 적용 확률연수는 10~30년을 원칙으로 한다.

$$Q=\frac{1}{3.6}CIA$$

여기서, Q : 우수량(m^3/sec)
C : 유출계수(무차원)
I : 강우강도(mm/hr)
A : 유역면적(km^2)

㉡ 강우강도의 산정

$$I=\frac{4,000}{t+30}=\frac{4,000}{20.89+30}=78.6\text{mm/hr}$$

여기서, $t=t_1$(유입시간)$+$ t_2(유하시간)

$$=\frac{420}{60}+\frac{1,000}{1.2\times60}=20.89\text{min}$$

㉢ 계획우수유출량의 산정

$$Q=\frac{1}{3.6}CIA$$
$$=\frac{1}{3.6}\times0.8\times78.6\times5=87.3\text{m}^3/\text{sec}$$

111. 표준활성슬러지법의 공정도로 옳은 것은?

㉮ 1차 침전지 → 소독조 → 침사지 → 2차 침전지 → 포기조 → 방류
㉯ 침사지 → 1차 침전지 → 2차 침전지 → 소독조 → 포기조 → 방류
㉰ 포기조 → 1차 침전지 → 침사지 → 2차 침전지 → 소독조 → 방류
㉱ 침사지 → 1차 침전지 → 포기조 → 2차 침전지 → 소독조 → 방류

해설 표준활성슬러지법
㉠ 원리 : 포기조에 유입하는 하수 중의 유기물을 각종 호기성 미생물에 의해 유기물이 분해되고 폭기에 의한 교반작용으로 하수 중의 부유물과 콜로이드상 물질을 응집시켜 하수처리에 효과

적인 활성슬러지 floc이 형성되며 이 활성슬러지를 이용해서 하수를 정화하는 방식이다.

㉡ 활성슬러지법 공정도
스크린 → 침사지 → 1차 침전지 → 포기조 → 2차 침전지 → 소독조 → 방류

112. 계획 1일 평균급수량이 400L이고 계획 1일 최대급수량이 500L일 경우에 계획첨두율은?

㉮ 1.56 ㉯ 1.25
㉰ 0.8 ㉱ 0.64

■해설 계획첨두율

㉠ 일평균급수량에 대한 일최대급수량의 비율을 첨두율 또는 계획첨두율이라 한다.

㉡ 계획첨두율의 산정

$$계획첨두율 = \frac{일최대급수량}{일평균급수량} = \frac{500}{400} = 1.25$$

113. 다음 중 유리잔류염소에 해당되는 것은?

㉮ $HOCl$ ㉯ $NHCl_2$
㉰ ClO_2 ㉱ Cl^-

■해설 염소의 살균력

㉠ 염소의 살균력은 $HOCl > OCl^- >$ 클로라민순이다.

㉡ 염소와 암모니아성 질소가 결합하면 클로라민이 생성된다.

㉢ 낮은 pH에서는 $HOCl$ 생성이 많고 높은 pH에서는 OCl^- 생성이 많으므로, 살균력은 온도가 높고 낮은 pH에서 강하다.

∴ 염소가 물과 만나 발생하는 $HOCl$(차아염소산)과 OCl^-(차아염소산이온)을 유리염소, 이들이 수중에 잔류하면 유리잔류염소라 한다.

114. 하수관거의 길이가 1.8km인 하수관 내에 하수가 2m/sec로 이동시 유달 시간은?(단, 유입시간은 5분이다.)

㉮ 10분 ㉯ 15분
㉰ 20분 ㉱ 25분

■해설 유달시간

㉠ 유달시간은 유입시간과 유하시간을 더한 것을 말한다.

$$t = t_1(유입시간) + t_2(유하시간) = t_1 + \frac{l}{v}$$

㉡ 유달시간의 계산

$$t = t_1 + \frac{l}{v} = 5\text{min} + \frac{1,800}{2 \times 60} = 20\text{min}$$

115. 포기조 내에서 MLSS를 일정하게 유지하기 위한 방법으로 가장 적절한 것은?

㉮ 폭기율을 조정한다.
㉯ 하수 유입량을 조정한다.
㉰ 슬러지 반송률을 조정한다.
㉱ 슬러지를 바닥에 침전시킨다.

■해설 활성슬러지법의 반송

활성슬러지법은 쉽게 침전이 가능한 입자성 유기물은 1차 침전지에서 침전 분리시키며, 쉽게 침전되지 않는 입자성 부유물질과 용해성 물질은 포기조 내에서 미생물의 먹이가 되어 새로운 세포로 생산되거나 미생물의 표면에 부착 혹은 흡수되어 2차 침전지에 유입된다. 2차 침전지에서는 미생물이 floc을 형성하여 부착된 물질과 함께 침전한다. 위와 같은 과정이 연속적으로 유지되기 위해서는 포기조 내에 일정 양의 미생물이 유지되어야 한다. 이러한 목적으로 2차 침전지에서 침전한 일부 슬러지는 다시 포기조로 반송시킨다.

∴ 반송슬러지를 포기조로 다시 보내는 목적은 포기조의 미생물(MLSS) 농도를 유지하기 위함이다.

116. 1,000m³/day 유량의 오수가 침전지에 유입되고 있다. 이 침전지에서 10m/day 이상의 침전속도를 갖는 입자를 100% 제거하려 한다면 이 침전지의 부피는?(단, 침전지의 계획 유효수심은 3m이다.)

㉮ 100m³ ㉯ 200m³
㉰ 300m³ ㉱ 400m³

해설 수면적 부하

㉠ 입자가 100% 제거되기 위한 입자의 침강속도를 수면적 부하(표면부하율)라 한다.

$$V_0 = \frac{Q}{A} = \frac{h}{t}$$

㉡ 침전지 면적의 산정

$$V_0 = \frac{Q}{A}$$

$$\therefore A = \frac{Q}{V_0} = \frac{1,000}{10} = 100\text{m}^2$$

㉢ 침전지 부피의 산정

$V = A \times h = 100 \times 3 = 300\text{m}^3$

117. 펌프의 비교회전도(N_s)에 대한 설명으로 옳지 않은 것은?

㉮ N_s가 클수록 높은 곳까지 양정할 수 있다.
㉯ N_s가 클수록 유량은 많고 양정은 작은 펌프이다.
㉰ 유량과 양정이 동일하면 회전수가 클수록 N_s가 커진다.
㉱ N_s가 같으면 펌프의 크기에 관계없이 대체로 형식과 특성이 같다.

해설 비교회전도

㉠ 비교회전도란 펌프나 송풍기 등의 형식을 나타내는 지표로 펌프의 경우 1m³/min의 유량을 1m 양수하는 데 필요한 회전수(N_s)를 말한다.

$$N_s = N\frac{Q^{\frac{1}{2}}}{H^{\frac{3}{4}}}$$

여기서, N : 표준회전수, Q : 토출량, H : 양정

㉡ 비교회전도의 특징

- N_s가 작아지면 양정은 크고 유량은 적은 고양정, 고효율펌프로 가격은 비싸다.
- 유량과 양정이 동일하다면 표준회전수(N)가 클수록 N_s가 커진다.
- N_s가 클수록 유량은 많고 양정은 적은 저양정, 저효율 펌프가 된다.
- N_s는 펌프 형식을 나타내는 지표로 N_s가 동일하면 펌프의 크고 작음에 관계없이 동일 형식의 펌프로 본다.

∴ N_s가 크면 저양정, 저효율 펌프로 높은 곳까지 양수할 수 없다.

118. 알칼리도가 부족한 원수의 응집을 위하여 주입하는 약품은?(단, 정수의 경도증가는 피한다.)

㉮ $Al_2(SO_4)_3 + CaO$
㉯ $Al_2(SO_4)_3 + Na_2CO_3$
㉰ $Al_2(SO_4)_3$
㉱ $FeCl_3$

해설 응집제의 알칼리도

㉠ 원수에 알칼리도가 지나치게 많으면 응집제의 주입량을 증가시키므로 비경제적이다. 반면 원수에 알칼리도가 지나치게 부족하면 콜로이드를 중화시키기 위한 (+)배전의 금속 수산화물을 충분히 얻을 수 없다. 이럴 경우 원수에 미리 소석회나 소다회(탄산나트륨)와 같은 알칼리제를 가해 알칼리 성분을 보충해야 한다.

㉡ 황산알루미늄과 소석회를 사용할 경우
$Al_2(SO_4)_3 + 3Ca(OH)_2 = 2Al(OH)_3 + 3CaSO_4$

㉢ 황산알루미늄과 소다회를 사용할 경우
$Al_2(SO_4)_3 + 3Na_2CO_3 + 3H_2O$
$= 2Al(OH)_3 + 3Na_2SO_4 + 3CO_2$

∴ 알칼리도가 부족한 원수에 응집을 위해 주입하는 약품은 황산알루미늄($Al_2(SO_4)_3$)과 소다회($3Na_2CO_3$)이다.

119. 계획배수량은 원칙적으로 해당 배수구역의 계획시간 최대배수량으로 하고, 이 계획시간 최대배수량은 $q = K \times \frac{Q}{24}$로 구한다. 이때 Q에 해당되는 것은?

㉮ 1일 평균 사용수량
㉯ 계획 1일 최대급수량
㉰ 계획 1일 평균급수량
㉱ 계획 시간 최대급수량

■해설 급수량의 산정

㉠ 급수량의 종류

종류	내용
계획 1일 최대급수량	수도시설 규모 결정의 기준이 되는 수량=계획 1일 평균급수량 × 1.5(중·소도시), 1.3(대도시, 공업도시)
계획 1일 평균급수량	재정계획 수립에 기준이 되는 수량 =계획 1일 최대급수량 × 0.7(중·소도시), 0.85(대도시, 공업도시)
계획시간 최대급수량	배수 본관의 구경 결정에 사용= 계획 1일 최대급수량/24 × 1.3(대도시, 공업도시), 1.5(중·소도시), 2.0(농촌, 주택단지)

㉡ 계획시간 최대급수량의 산정

계획시간 최대급수량 = 계획 1일 최대급수량 /24 × 1.3(대도시, 공업도시), 1.5(중·소도시), 2.0(농촌, 주택단지)

∴ $q = K \times \frac{Q}{24}$의 형태로 만든다면 Q는 계획 1일 최대급수량이다.

120. 합류식 하수관거의 설계 시 사용하는 유량은?

㉮ 계획우수량+계획시간 최대오수량의 3배

㉯ 계획우수량+계획시간 최대오수량

㉰ 계획시간 최대오수량의 3배

㉱ 계획 1일 최대오수량

■해설 계획하수량의 결정

㉠ 오수 및 우수관거

종류		계획하수량
합류식		계획시간 최대오수량에 계획우수량을 합한 수량
분류식	오수관거	계획시간 최대오수량
	우수관거	계획우수량

㉡ 차집관거

우천 시 계획오수량 또는 계획시간 최대오수량의 3배를 기준으로 설계한다.

∴ 합류식 하수관거의 설계기준은 계획시간 최대오수량+계획우수량이다.

Industrial Engineer Civil Engineering

과년도 출제문제 및 해설

(2013년 6월 2일 시행)

제1과목 응용역학

01. 다음 보에서 $D-B$ 구간의 전단력은?

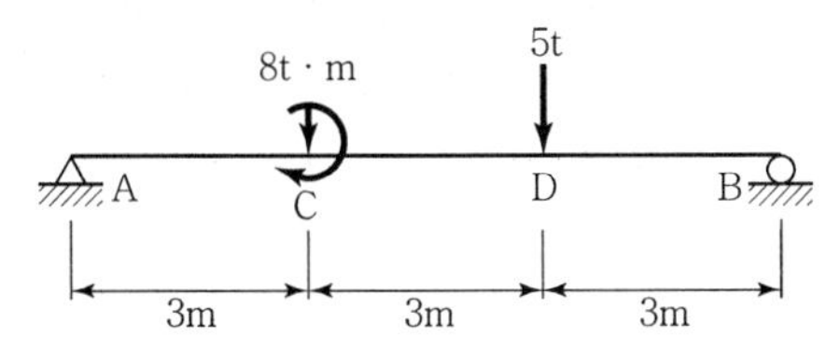

㉮ 0.78t　　㉯ −3.65t
㉰ −4.22t　　㉱ 5.05t

■해설 $\Sigma M_{Ⓐ}=0(\curvearrowright\oplus)$

$8+5\times6-R_B\times9=0$

$R_B=4.22\text{t}(\uparrow)$

S_X, M_X, X, B, x, $(0\leq x\leq 3\text{m})$, $R_B=4.22\text{t}$

$\Sigma F_y=0(\uparrow\oplus)$

$S_x+4.22=0$

$S_x=-4.22\text{t}$

02. 길이 1.5m, 지름 3cm의 원형 단면을 가진 1단고정, 타단 자유인 기둥의 좌굴하중을 Euler의 공식으로 구하면?(단, $E=2.1\times10^6$kg/cm²)

㉮ 915kg　　㉯ 785kg
㉰ 826kg　　㉱ 697kg

■해설 $I=\dfrac{\pi d^4}{64}=\dfrac{\pi\times3^4}{64}=3.976\text{cm}^4$

$P_{cr}=\dfrac{\pi^2EI}{(\kappa l)^2}=\dfrac{\pi^2\times(2.1\times10^6)\times3.976}{\{2\times(1.5\times10^2)\}^2}$

$=915.6\text{kg}$

03. 다음 그림과 같은 구조물에서 이 보의 단면이 받는 최대전단응력의 크기는?

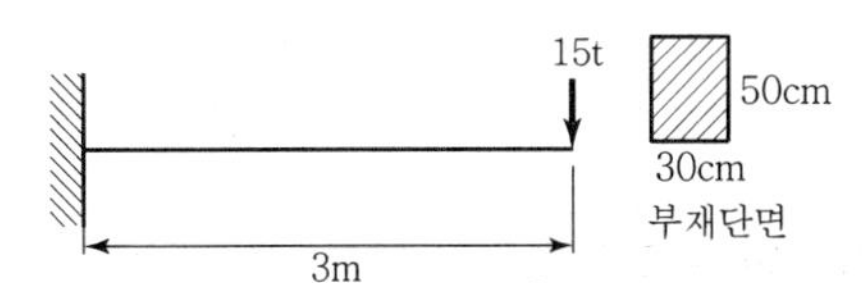

㉮ 10kg/cm²　　㉯ 15kg/cm²
㉰ 20kg/cm²　　㉱ 25kg/cm²

■해설 $S_{\max}=15\text{t}$

$\tau_{\max}=\alpha\dfrac{S_{\max}}{A}=\alpha\cdot\dfrac{S_{\max}}{bh}=\dfrac{3}{2}\cdot\dfrac{(15\times10^3)}{30\times50}$

$=15\text{kg/cm}^2$

04. 다음 그림과 같은 양단고정인 기둥의 이론적인 유효세장비(λ_e)는 약 얼마인가?

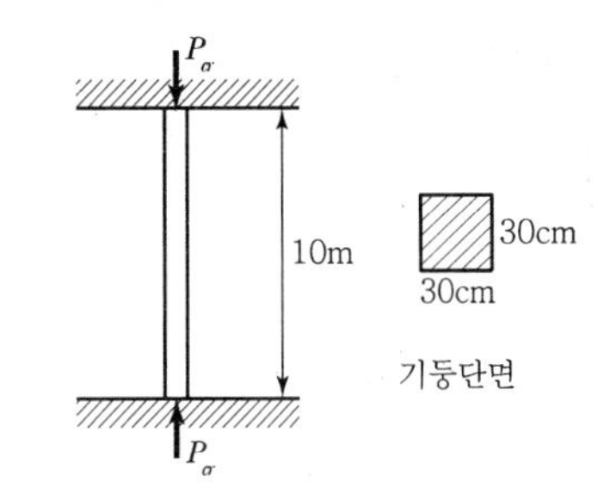

㉮ 38　　㉯ 48
㉰ 58　　㉱ 68

■해설

$r_{\min}=\sqrt{\dfrac{I_{\min}}{A}}=\sqrt{\dfrac{\left(\dfrac{bh^3}{12}\right)}{(bh)}}$

$=\dfrac{h}{2\sqrt{3}}=\dfrac{30}{2\sqrt{3}}$

$=8.66\text{cm}$

$\lambda=\dfrac{l}{r_{\min}}=\dfrac{(10\times10^2)}{8.66}=115.47$

$\lambda_e=k\lambda=0.5\times115.47=57.7$

|해답| 1.㉰ 2.㉮ 3.㉯ 4.㉰

05. 푸아송비(Poisson's Ratio)가 0.2일 때 푸아송수는?

㉮ 2　　㉯ 3
㉰ 5　　㉱ 8

해설 $m=\frac{1}{\nu}=\frac{1}{0.2}=5$

06. 아래 그림과 같은 부정정 보에서 C점에 작용하는 휨 모멘트는?

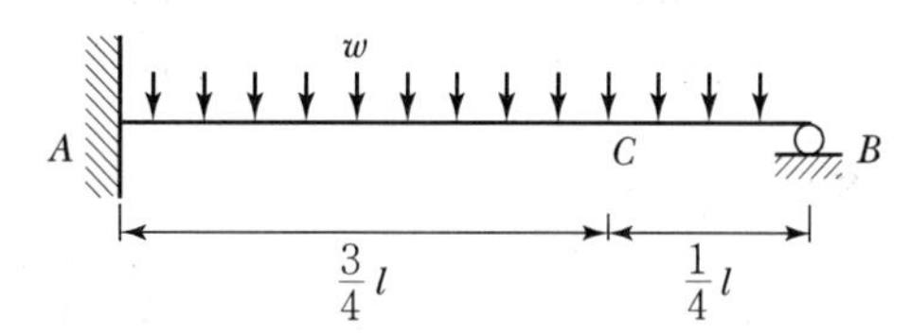

㉮ $\frac{1}{16}wl^2$　　㉯ $\frac{1}{12}wl^2$
㉰ $\frac{3}{32}wl^2$　　㉱ $\frac{5}{24}wl^2$

해설

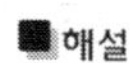
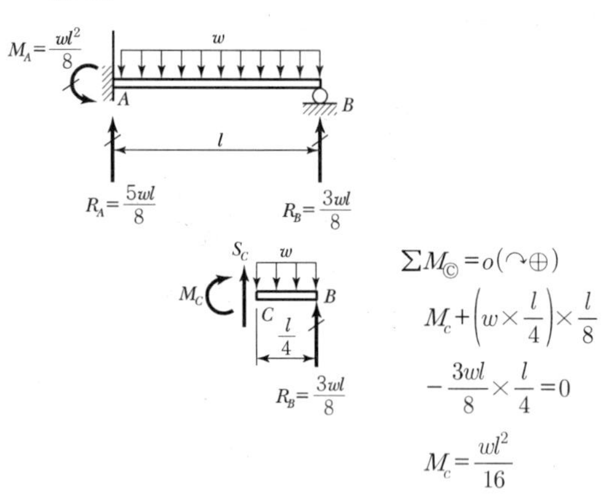

$\Sigma M_{©}=o(\curvearrowright\oplus)$

$M_c+\left(w\times\frac{l}{4}\right)\times\frac{l}{8}$

$-\frac{3wl}{8}\times\frac{l}{4}=0$

$M_c=\frac{wl^2}{16}$

07. 그림과 같은 연속보에서 B점의 지점 반력은?

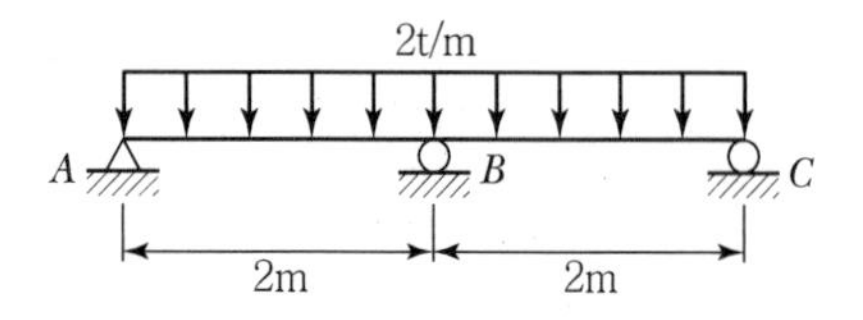

㉮ 5t　　㉯ 2.67t
㉰ 1.5t　　㉱ 1t

해설 $R_B=\frac{5wl}{4}=\frac{5\times2\times2}{4}=5\text{t}(\uparrow)$

08. 지름 d=3cm인 강봉을 P=10t의 축방향력으로 당길 때 봉의 횡방향 수축량은?(단, 푸아송비 $\nu=\frac{1}{3}$, 탄성계수 $E=2\times10^6$kg/cm²)

㉮ 0.7cm　　㉯ 0.07cm
㉰ 0.007cm　　㉱ 0.0007cm

해설

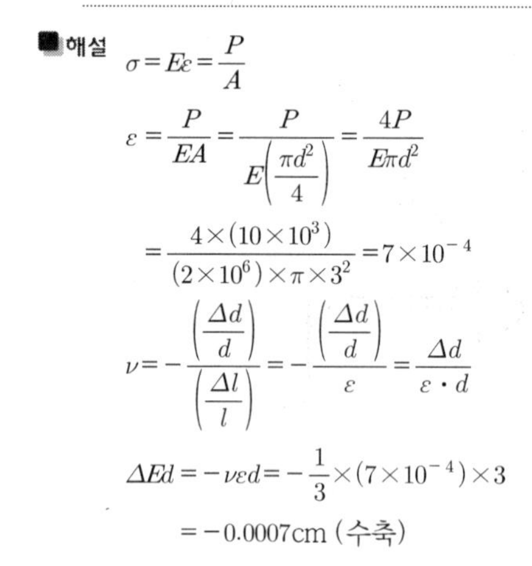

$\sigma=E\varepsilon=\frac{P}{A}$

$\varepsilon=\frac{P}{EA}=\frac{P}{E\left(\frac{\pi d^2}{4}\right)}=\frac{4P}{E\pi d^2}$

$=\frac{4\times(10\times10^3)}{(2\times10^6)\times\pi\times3^2}=7\times10^{-4}$

$\nu=-\frac{\left(\frac{\Delta d}{d}\right)}{\left(\frac{\Delta l}{l}\right)}=-\frac{\left(\frac{\Delta d}{d}\right)}{\varepsilon}=\frac{\Delta d}{\varepsilon\cdot d}$

$\Delta Ed=-\nu\varepsilon d=-\frac{1}{3}\times(7\times10^{-4})\times3$

$=-0.0007\text{cm}$ (수축)

09. 그림과 같은 라멘에서 C점의 휨모멘트는?

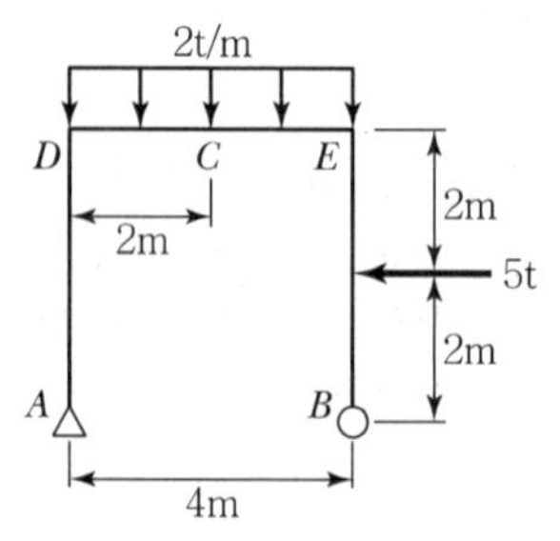

㉮ −11t·m　　㉯ −14t·m
㉰ −17t·m　　㉱ −20t·m

|해답| 5.㉰ 6.㉮ 7.㉮ 8.㉱ 9.㉮

■ 해설 $\Sigma M_{Ⓐ}=0(\curvearrowright\oplus)$

$(2\times4)\times2-5\times2-R_B\times4=0$

$R_B=1.5\text{t}(\uparrow)$

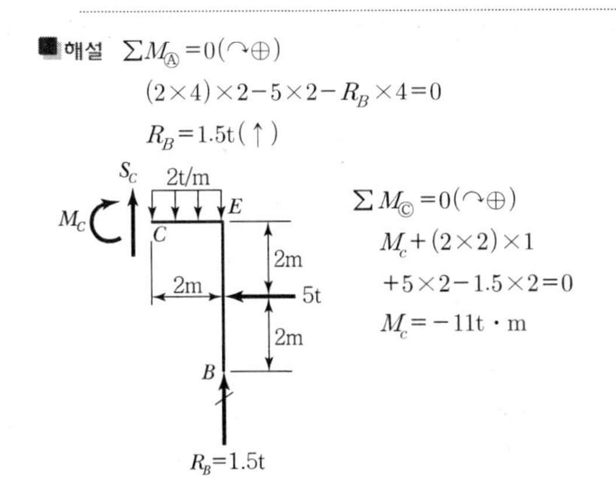

10. 다음 그림의 캔틸레버에서 A점의 휨 모멘트는?

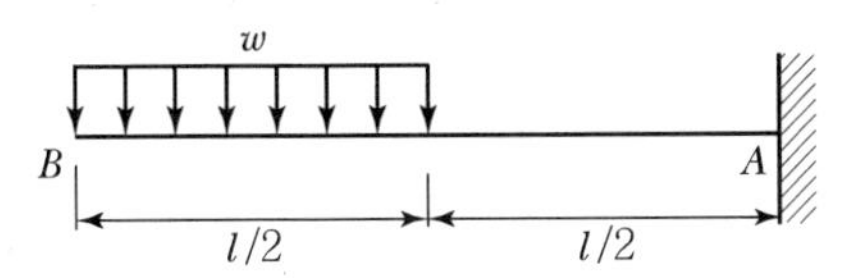

㉮ $-\frac{wl^2}{8}$　　㉯ $-\frac{2wl^2}{8}$

㉰ $-\frac{3wl^2}{4}$　　㉱ $-\frac{3wl^2}{8}$

■ 해설

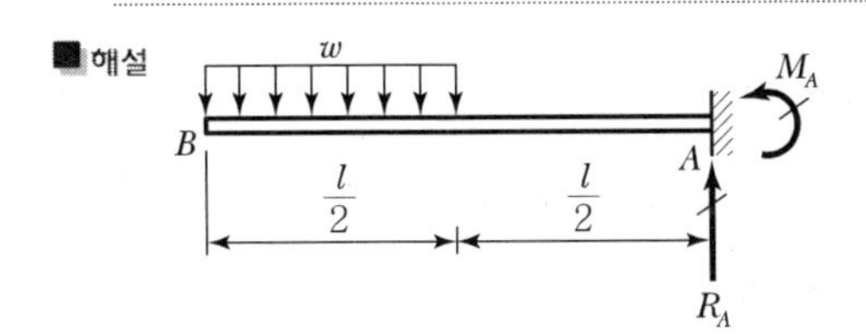

$\Sigma M_{Ⓐ}=0(\curvearrowright\oplus)$

$-\left(w\times\frac{l}{2}\right)\times\left(\frac{1}{2}\cdot\frac{l}{2}+\frac{l}{2}\right)-M_A=0$

$M_A=-\frac{3wl^2}{8}$

11. 밑변 6cm, 높이 12cm인 삼각형의 밑변에 대한 단면 2차 모멘트의 값은?

㉮ 216cm^4　　㉯ 288cm^4

㉰ 864cm^4　　㉱ $1,728\text{cm}^4$

■ 해설

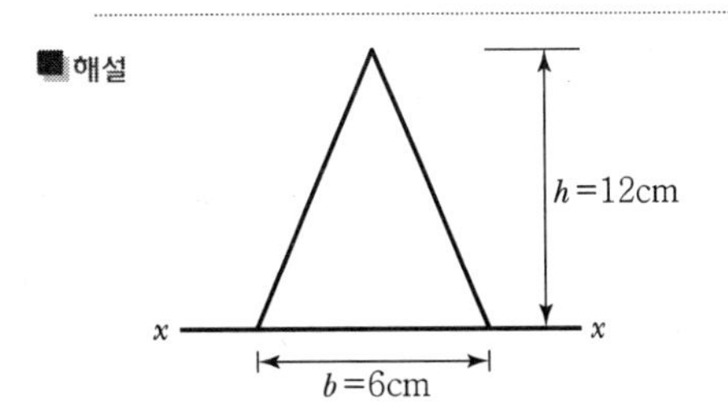

$I_x=\frac{bh^3}{12}=\frac{6\times12^3}{12}=864\text{cm}^4$

12. 휨모멘트 M을 받는 보에 생기는 탄성 변형에너지를 옳게 표시한 것은?(단, 휨강성은 EI이고, A는 단면적이다.)

㉮ $\int\frac{M^2}{EI}dx$　　㉯ $\int\frac{M^2}{2EI}dx$

㉰ $\int\frac{M^2}{Ea}dx$　　㉱ $\int\frac{M^2}{2EA}dx$

■ 해설 $U=\int\frac{M^2}{2EI}dx$

13. 집중하중을 받고 있는 다음 단순보의 C점에서 휨모멘트에 의하여 발생하는 최대 수직응력(σ)은?

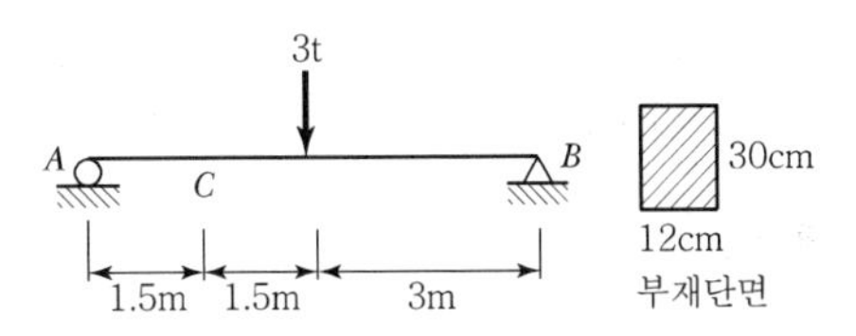

㉮ 500kg/cm^2　　㉯ 250kg/cm^2

㉰ 125kg/cm^2　　㉱ 62.5kg/cm^2

■ 해설 $R_A=R_B=\frac{P}{2}=\frac{3}{2}=1.5\text{t}(\uparrow)$

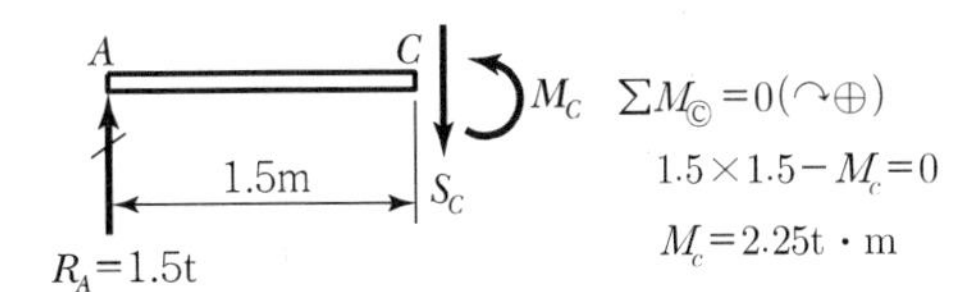

$$\sigma_{c,\max} = \frac{M_c}{Z} = \frac{M_c}{\left(\frac{bh^2}{6}\right)} = \frac{6M_c}{bh^2}$$

$$= \frac{6\times(2.25\times10^5)}{12\times30^2} = 125\text{kg/cm}^2$$

14. 힘의 3요소에 대한 설명으로 옳은 것은?

㉮ 벡터량으로 표시한다.
㉯ 스칼라량으로 표시한다.
㉰ 벡터량과 스칼라량으로 표시한다.
㉱ 벡터량과 스칼라량으로 표시할 수 없다.

해설 힘은 크기, 방향, 작용점, 이들 3요소를 갖는 벡터량으로 표시한다.

15. 그림과 같이 무게 1,000kg의 물체가 두 부재 AC 및 BC로써 지지되어 있을 때 각 부재에 작용하는 장력 T는?

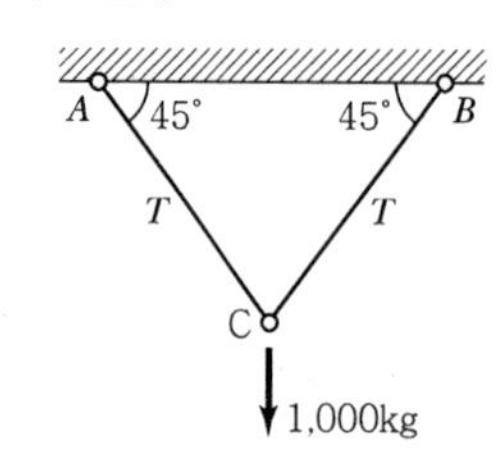

㉮ 696kg ㉯ 707kg
㉰ 796kg ㉱ 807kg

해설

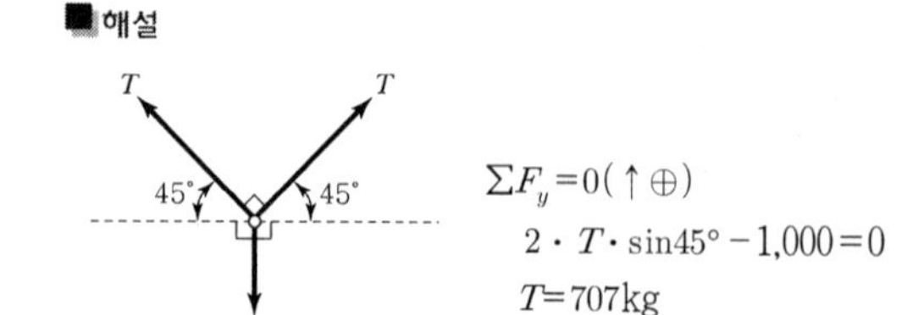

$\Sigma F_y = 0(\uparrow\oplus)$

$2\cdot T\cdot\sin45° - 1,000 = 0$

$T = 707\text{kg}$

별해

$$\frac{T}{\sin135°} = \frac{1,000}{\sin90°}$$

$$T = \frac{1,000}{\sin90°}\times\sin135° = 707\text{kg}$$

16. 두 개의 집중하중이 그림과 같이 작용할 때 최대 처짐각은?

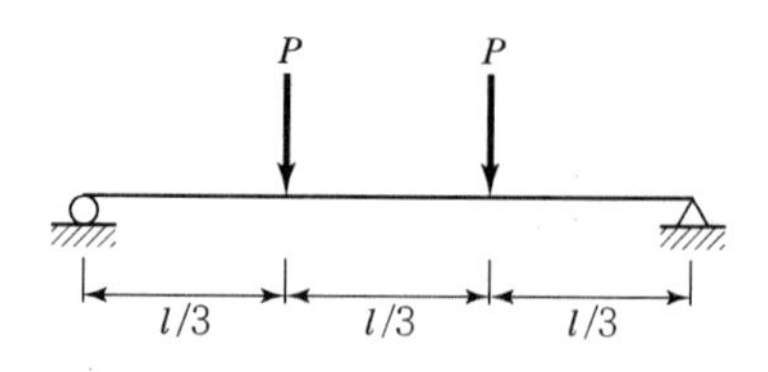

㉮ $\dfrac{Pl^2}{6EI}$ ㉯ $\dfrac{Pl^2}{4EI}$

㉰ $\dfrac{Pl^2}{9EI}$ ㉱ $\dfrac{Pl^2}{12EI}$

해설 〈실제보〉

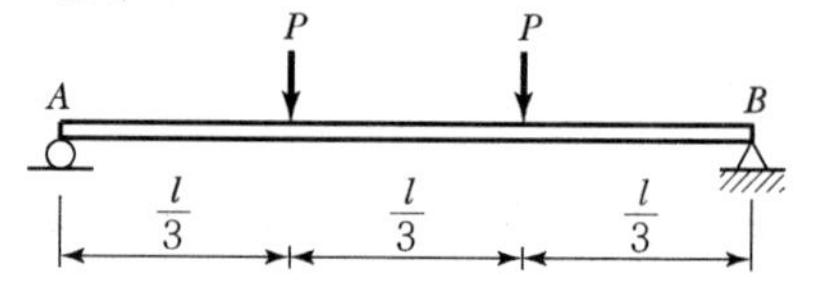

〈공액보〉

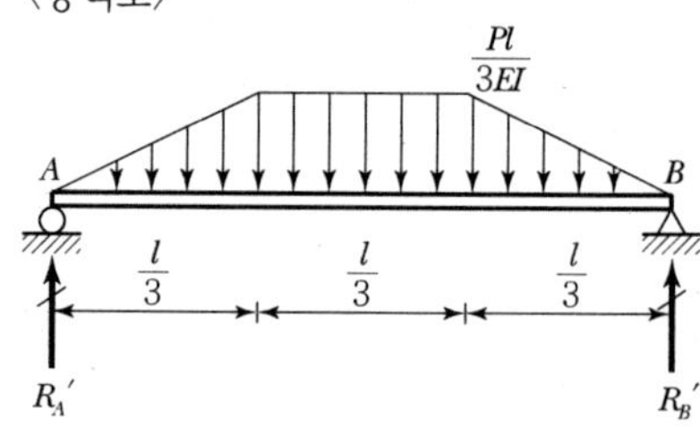

$\Sigma M_{Ⓑ} = 0(\curvearrowright\oplus)$

$$R_A'\times l - \left\{2\left(\frac{1}{2}\cdot\frac{Pl}{3EI}\cdot\frac{l}{3}\right)+\left(\frac{Pl}{3EI}\cdot\frac{l}{3}\right)\right\}\left(\frac{l}{2}\right) = 0$$

$$R_A' = \frac{Pl^2}{9EI}$$

실제보의 최대 처짐각($\theta_{\max}$)은 공액보의 최대 전단력($S_{\max}'$)이다.

$$\theta_{\max} = S_{\max}' = R_A' = \frac{Pl^2}{9EI}$$

17. 그림과 같은 라멘(Rahmen)을 판별하면?

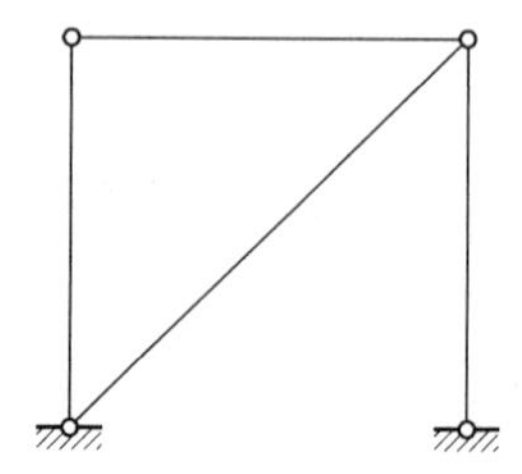

 |해답| 14.㉮ 15.㉯ 16.㉰ 17.㉯

㉮ 불안정 ㉯ 정정
㉰ 1차 부정정 ㉱ 2차 부정정

■ 해설 일반적인 경우
$N=r+m+s-2P$
$=4+4+0-2\times4=0$ (정정)

18. 직경 D인 원형 단면의 단면계수는?

㉮ $\frac{\pi D^3}{16}$ ㉯ $\frac{\pi D}{16}$
㉰ $\frac{\pi D}{32}$ ㉱ $\frac{\pi D^3}{32}$

■ 해설
$$Z=\frac{I}{y_{\max}}=\frac{\left(\frac{\pi D^4}{64}\right)}{\left(\frac{D}{2}\right)}=\frac{\pi D^3}{32}$$

19. 다음 트러스에서 경사재인 A 부재의 부재력은?

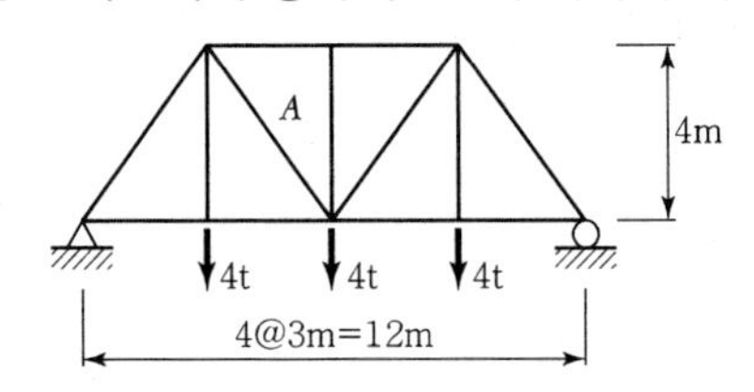

㉮ 2.5t(인장) ㉯ 2t(인장)
㉰ 2.5t(압축) ㉱ 2t(압축)

■ 해설 $\sum M_{©}=0(\curvearrowright\oplus)$
$R_B\times12-4\times9-4\times6-4\times3=0$
$R_B=6t(\uparrow)$

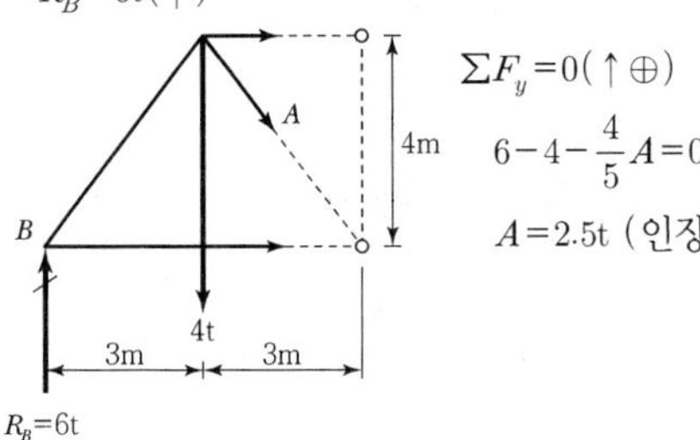

$\sum F_y=0(\uparrow\oplus)$
$6-4-\frac{4}{5}A=0$
$A=2.5t$ (인장)

20. 지름이 5cm, 길이가 200cm인 탄성체 강봉을 15mm만큼 늘어나게 하려면 얼마의 힘이 필요한가?(단, 탄성계수 $E=2.1\times10^6$kg/cm²)

㉮ 약 2,061t ㉯ 약 206t
㉰ 약 3,091t ㉱ 약 309t

■ 해설 $\Delta l=\frac{Pl}{EA}$
$$P=\frac{\Delta l\cdot E\cdot A}{l}=\frac{1.5\times(2.1\times10^6)\times\left(\frac{\pi\times5^2}{4}\right)}{200}$$
$=309,251\text{kg}=309\text{t}$

제2과목 측량학

21. 기하학적 측지학의 3차원 위치결정 요소로 옳은 것은?

㉮ 위도, 경도, 높이
㉯ 위도, 경도, 방향각
㉰ 위도, 경도, 자오선 수차
㉱ 위도, 경도, 진북 방위각

■ 해설 3차원 위치 결정 요소(측지좌표)는 경도, 위도, 높이이다.

22. 삼각측량의 목적으로 가장 적합한 것은?

㉮ 각 삼각형의 면적을 도출하기 위함이다.
㉯ 미지점의 좌표 및 위치를 알기 위함이다.
㉰ 세부측량을 실시하기 위한 보조점을 만들기 위함이다.
㉱ sine 법칙을 이용하여 각 점 간의 거리를 산출하기 위함이다.

■ 해설 삼각측량은 기준이 되는 삼각점의 위치를 삼각법으로 정밀하게 결정하기 위한 측량방법으로 높은 정밀도를 기대할 수 있다.

23. 그림과 같은 3개의 각 x_1, x_2, x_3를 같은 정밀도로 측정한 결과, $x_1 = 31°38'18''$, $x_2 = 33°04'31''$, $x_3 = 64°42'34''$이었다면 $\angle AOB$의 보정된 값은?

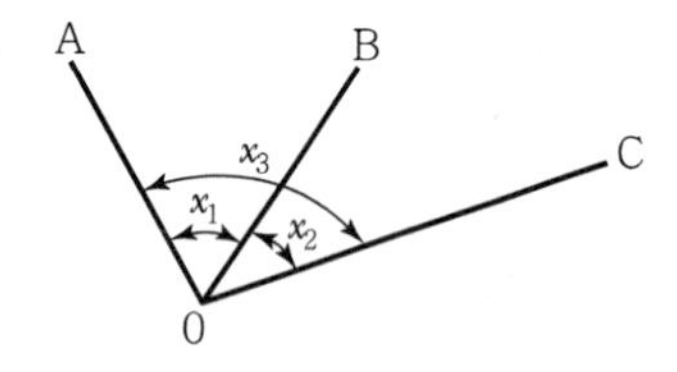

㉮ 31° 38′ 13″
㉯ 31° 38′ 15″
㉰ 31° 38′ 18″
㉱ 31° 38′ 23″

해설 ① 조건식 $X_3 = X_1 + X_2 - 15''$
② X_3가 15″ 작으므로, X_1, X_2는 (−) 보정해주며 X_3는 (+) 보정한다.
③ 조정량 $= \dfrac{15''}{3} = 5''$
④ $\angle AOB$의 보정값 $= 31°38'18'' - 5''$
$= 31°38'13''$

24. 수위관측소의 설치장소 선정시 고려하여야 할 사항에 대한 설명으로 옳지 않은 것은?

㉮ 수위가 교각이나 기타 구조물에 의한 영향을 받지 않는 장소일 것
㉯ 홍수 때는 관측소가 유실, 이동 및 파손될 염려가 없는 장소일 것
㉰ 잔류, 역류 및 저수가 풍부한 장소일 것
㉱ 하상과 하안이 안전하고 퇴적이 생기지 않는 장소일 것

해설 잔류 및 역류가 없고, 수위 변화가 적은 곳

25. 노선측량에서 노선을 선정할 때 유의해야 할 사항으로 옳지 않은 것은?

㉮ 배수가 잘 되는 곳으로 한다.
㉯ 노선 선정시 가급적 직선이 좋다.
㉰ 절토 및 성토의 운반거리를 가급적 짧게 한다.
㉱ 가급적 성토 구간이 길고, 토공량이 많아야 한다.

해설 ① 노선 선정 시 가능한 직선으로 하며 경사는 완만하게 한다.
② 절 · 성토량이 같고 절토의 운반거리를 짧게 한다.
③ 배수가 잘되는 곳을 선정한다.

26. 평판의 설치에 있어서 고려하지 않아도 되는 것은?

㉮ 수평 맞추기
㉯ 외심 맞추기
㉰ 구심 맞추기
㉱ 방향 맞추기

해설 평판의 정치
① 정준 : 수평 맞추기
② 구심 : 중심 맞추기
③ 표정 : 방향 맞추기

27. 교호수준측량으로 소거할 수 있는 오차가 아닌 것은?

㉮ 시준축 오차
㉯ 관측자의 과실
㉰ 기차에 의한 오차
㉱ 구차에 의한 오차

해설 교호수준측량으로 소거되는 오차
① 시준축 오차
② 대기굴절 오차(기차)
③ 지구곡률 오차(구차)

 |해답| 23.㉮ 24.㉰ 25.㉱ 26.㉯ 27.㉯

28. 완화곡선 중 주로 고속도로에 사용되는 것은?

㉮ 3차 포물선
㉯ 클로소이드(Clothoid) 곡선
㉰ 반파장 사인(Sine) 체감곡선
㉱ 렘니스케이트(Lemniscate) 곡선

해설 ㉮ 3차 포물선 : 철도
㉯ 클로소이드 곡선 : 도로
㉰ 반파장 sine 곡선 : 고속철도
㉱ 램니스케이트 곡선 : 시가지 지하철

29. 초점거리 150mm의 카메라로 해면고도 2,600m의 비행기에서 평균 해발 500m의 평지를 촬영할 때 사진의 축척은?

㉮ 1 : 12,000　　㉯ 1 : 13,333
㉰ 1 : 14,000　　㉱ 1 : 17,333

해설 ① 축척$\left(\frac{1}{m}\right)=\frac{1}{H\pm\Delta h}$
② $\frac{1}{m}=\frac{0.15}{2,600-500}=\frac{1}{14,000}$

30. 축척 1 : 1,000의 지형도를 이용하여 축척 1 : 5,000 지형도를 제작하려고 한다. 1 : 5,000 지형도 1장의 제작을 위해서는 1 : 1,000 지형도 몇 장이 필요한가?

㉮ 25매　　㉯ 20매
㉰ 10매　　㉱ 5매

해설 ① 면적은 축적$\left(\frac{1}{\mathrm{m}}\right)^2$에 비례
② 매수$=\left(\frac{5,000}{1,000}\right)^2=25$매

31. 면적이 8,100m²인 정사각형의 토지를 1 : 3,000 축척으로 도면을 작성할 때, 도면에서의 한 변의 길이는?

㉮ 3cm　　㉯ 5cm
㉰ 10cm　　㉱ 15cm

해설 ① $L^2=A$, $L=\sqrt{8,100}=90\mathrm{m}$
② 도면길이$=L\times\frac{1}{m}=\frac{90}{3,000}=0.03\mathrm{m}=3\mathrm{cm}$

32. 토적곡선을 작성하는 목적으로 거리가 먼 것은?

㉮ 토량의 배분
㉯ 토량의 운반거리 산출
㉰ 토공기계 선정
㉱ 중심선 설치

해설 토적곡선은 토공에 필요하며 토량의 배분, 토공기계 선정, 토량의 운반거리 산출에 쓰인다.

33. 등고선의 성질에 대한 설명으로 옳은 것은?

㉮ 도면 내에서 등고선이 폐합되는 경우 동굴이나 절벽을 나타낸다.
㉯ 동일 경사에서의 등고선 간의 간격은 높은 곳에서 좁아지고 낮은 곳에서는 넓어진다.
㉰ 등고선은 능선 또는 계곡선과 직각으로 만난다.
㉱ 높이가 다른 두 등고선은 산정이나 분지를 제외하고는 교차하지 않는다.

해설 ① 등고선은 도면 내·외에서 폐합하는 폐곡선이다.
② 등고선은 절벽, 동굴에서는 교차한다.
③ 경사가 같을 때 등고선의 간격은 같고 평행하다.

34. 지자기측량을 위한 관측의 요소가 아닌 것은?

㉮ 편각　　㉯ 복각
㉰ 자오선수차　　㉱ 수평분력

해설 지자기측량 3요소
편각, 복각, 수평분력

|해답| 28.㉯ 29.㉰ 30.㉮ 31.㉮ 32.㉱ 33.㉰ 34.㉰

35. 그림과 같이 A점에서 편심점 B'점을 시준하여 T_B'를 관측했을 때 B점의 방향각 T_B를 구하기 위한 보정량 x의 크기를 구하는 식으로 옳은 것은?

㉮ $\rho''\dfrac{e\sin\phi}{S}$

㉯ $\rho''\dfrac{e\cos\phi}{S}$

㉰ $\rho''\dfrac{S\sin\phi}{e}$

㉱ $\rho''\dfrac{S\cos\phi}{e}$

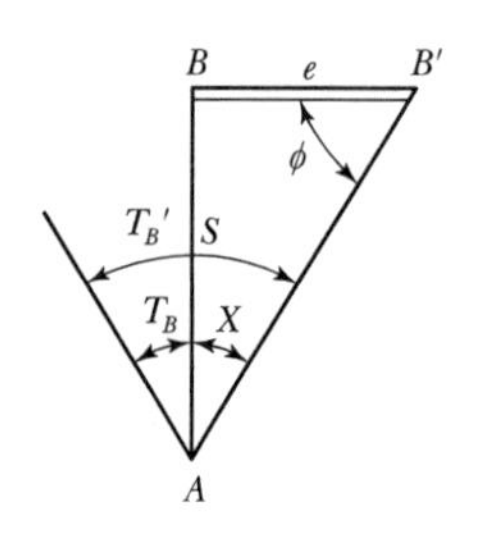

해설 ① $\dfrac{e}{\sin x}=\dfrac{s}{\sin\phi}$, $\sin x=\dfrac{e}{s}\sin\phi$

② $x=\sin^{-1}\left(\dfrac{e}{s}sin\phi\right)$, 또는 $\rho''\dfrac{e}{s}sin\phi$

36. 직접수준측량에서 유의하여야 할 사항에 대한 설명으로 옳지 않은 것은?

㉮ 표척은 관측 정도에 미치는 영향이 크기 때문에 반드시 수직으로 세운다.

㉯ 반드시 왕복측량을 하고 관측값의 차가 허용오차 내에 있도록 한다.

㉰ 시준거리는 전·후시가 되도록 같게 한다.

㉱ 상공의 시계가 15° 이상 확보되어야 한다.

해설 ① 왕복측량을 원칙으로 한다.
② 왕복측량이라도 노선거리는 다르게 한다.
③ 레벨 세우는 횟수는 짝수로 한다.
④ 표적을 수직으로 세운다.
⑤ 전·후시를 같게 한다.
⑥ 읽음 값은 5 mm 단위로 읽는다.

37. 완화곡선 설치에 관한 설명으로 옳지 않은 것은?

㉮ 완화곡선의 반지름은 무한대로부터 시작하여 점차 감소되고 소요의 원곡선에 연결된다.

㉯ 완화곡선의 접선은 시점에서 직선에 접하고 종점에서 원호에 접한다.

㉰ 완화곡선의 시점에서 캔트는 0이고 소요의 원곡선에 도달하면 어느 높이에 달한다.

㉱ 완화곡선의 곡률은 곡선의 어느 부분에서도 그 값이 같다.

해설 완화곡선의 곡률은 곡선길이에 비례한다.(시점에서 점차 커져 종점에서 원곡선의 곡률과 같다.)

38. 주점 기선장이 사진에서 6.9cm일 때 사진크기가 23cm×23cm인 항공사진의 중복도는?

㉮ 30%　　㉯ 50%

㉰ 60%　　㉱ 70%

해설 ① 주점길이$(b_0)=a\left(1-\dfrac{P}{100}\right)$

② $P=\left(1-\dfrac{b_0}{a}\right)\times100=\left(1-\dfrac{6.9}{23}\right)\times100=70\%$

39. $\overline{AB}$ 측선의 방위각이 50° 30′이고 그림과 같이 트래버스 측량을 한 결과, $\overline{CD}$ 측선의 방위각은?

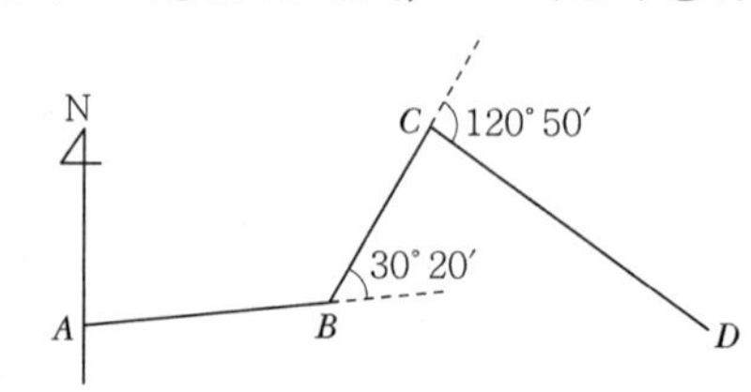

㉮ 131° 00′　　㉯ 141° 00′

㉰ 151° 00′　　㉱ 161° 00′

해설 편각 측정 시
① 임의 측선의 방위각=전 측선의 방위각±편각
(우편각 ⊕, 좌편각 ⊖)
② $\overline{AB}$ 방위각=50° 30′
$\overline{BC}$ 방위각=50° 30′ −30° 20′=20° 10′
$\overline{CD}$ 방위각=20° 10′+120° 50′ =141° 00′

 |해답| 35.㉮ 36.㉱ 37.㉱ 38.㉱ 39.㉯

40. 반지름 150m의 단곡선을 설치하기 위하여 교각을 측정한 값이 57° 36′일 때 접선장(T.L)과 곡선장(C.L)은?

㉮ 접선장=82.46m, 곡선장=150.80m
㉯ 접선장=82.46m, 곡선장=75.40m
㉰ 접선장=236.36m, 곡선장=75.40m
㉱ 접선장=236.36m, 곡선장=150.80m

해설 ① 접선장 (T.L) $= R\tan\frac{I}{2}$

$= 150 \times \tan\frac{57° 36'}{2}$

$= 82.46\text{m}$

② 곡선장 (C.L) $= RI\frac{\pi}{180°}$

$= 150 \times 57° 36' \times \frac{\pi}{180°}$

$= 150.80\text{m}$

제3과목 수리수문학

41. 다음 중 차원이 틀리게 표시된 것은?

㉮ 점성계수 $\mu=[ML^{-1}T^{-1}]$
㉯ 운동량 $M=[MLT^{-1}]$
㉰ 표면장력 $T=[MT^{-1}]$
㉱ 에너지 $E=[ML^2T^{-2}]$

해설 차원

㉠ 물리량의 크기를 힘(F), 질량(M), 길이(L), 시간(T)의 지수형태로 표기한 값을 차원이라 한다.

㉡ 물리량들의 차원

구분	LFT계 차원	LMT계 차원
점성계수	FTL^{-2}	$ML^{-1}T^{-1}$
운동량	FT	MLT^{-1}
표면장력	FL^{-1}	MT^{-2}
에너지	FL	ML^2T^{-2}

42. Darcy-Weis Bach의 마찰손실 수두공식 $h_L = f \cdot \frac{l}{D} \cdot \frac{v^2}{2g}$에서 층류인 경우 f는?(단, R_e는 레이놀즈수(Reynolds Number)이다.)

㉮ $\frac{R_e}{64}$ ㉯ $\frac{64}{R_e}$
㉰ $\frac{1}{R_e}$ ㉱ $\frac{32}{R_e}$

해설 마찰손실계수

㉠ R_e 수와의 관계

• 원관 내 층류 : $f=\frac{64}{R_e}$

• 불완전층류 및 난류의 매끈한 관

$f=0.3164R_e^{-\frac{1}{4}}$

㉡ 조도계수 n과의 관계

$f=\frac{124.5n^2}{D^{\frac{1}{3}}}$

㉢ Chezy 유속계수 C와의 관계

$f=\frac{8g}{C^2}$

43. 직사각형 단면수로에 물이 흐를 경우 한계수심(h_C)과 비에너지(H_e)의 관계식으로 옳은 것은?

㉮ $h_C=\frac{2}{3}H_e$ ㉯ $h_C=\frac{3}{4}H_e$
㉰ $h_C=\frac{4}{5}H_e$ ㉱ $h_C=\frac{5}{6}H_e$

해설 비에너지

㉠ 단위무게당의 물이 수로바닥면을 기준으로 갖는 흐름의 에너지 또는 수두를 비에너지라 한다.

$H_e = h + \frac{\alpha v^2}{2g}$

여기서, h : 수심
α : 에너지보정계수
v : 유속

㉡ 일정한 유량이 흐를 때 비에너지 최소일 때의 수심을 한계수심이라 한다.

$h_C = \frac{2}{3}H_e$ (직사각형 단면)

44. 수심 2m, 폭 4m의 직사각형 단면 개수로의 유량을 Manning의 평균유속 공식을 사용하여 구한 값은?(단, 수로경사 $i=\frac{1}{100}$, 수로의 조도계수 $n=0.025$)

㉮ $32.0\text{m}^3/\text{sec}$ ㉯ $64.0\text{m}^3/\text{sec}$
㉰ $128.0\text{m}^3/\text{sec}$ ㉱ $160.0\text{m}^3/\text{sec}$

해설 개수로의 유량
Manning 공식을 이용한 개수로 유량의 산정

$$Q=AV=(BH)\times\frac{1}{n}\times R^{\frac{2}{3}}\times I^{\frac{1}{2}}$$
$$=(4\times2)\times\frac{1}{0.025}\times(\frac{4\times2}{4+2\times2})^{\frac{2}{3}}\times(\frac{1}{100})^{\frac{1}{2}}$$
$$=32\text{m}^3/\text{sec}$$

45. 수리학의 완전유체(完全流體)에 대한 설명으로 옳은 것은?

㉮ 불순물이 포함되어 있지 않은 유체를 말한다.
㉯ 온도가 변해도 밀도가 변하지 않는 유체를 말한다.
㉰ 비압축성이고 동시에 비점성인 유체이다.
㉱ 자연계에 존재하는 물을 말한다.

해설 유체의 종류
㉠ 이상유체(=완전유체)
비점성·비압축성 유체
㉡ 실제유체
점성·압축성 유체

46. 하천수를 펌프로 양수하여 이용하고자 한다. 유량 $Q(\text{m}^3/\text{sec})$, 양정 $H(\text{m})$, 모든 손실수두의 합을 $\Sigma h_L(\text{m})$, 그리고 펌프의 효율을 η라 할 때, 소요동력(kW)를 결정하는 식은?

㉮ $13.33Q(H+\Sigma h_L)\eta$
㉯ $9.8Q(H+\Sigma h_L)\eta$
㉰ $\frac{13.33Q(H+\Sigma h_L)}{\eta}$
㉱ $\frac{9.8Q(H+\Sigma h_L)}{\eta}$

해설 동력의 산정
㉠ 수차의 출력($H_e=H-\Sigma h_L$)
- $P=9.8QH_e\eta(\text{kW})$
- $P=13.3QH_e\eta(\text{HP})$

㉡ 양수에 필요한 동력($H_e=H+\Sigma h_L$)
- $P=\frac{9.8QH_e}{\eta}(\text{kW})$
- $P=\frac{13.3QH_e}{\eta}(\text{HP})$

∴ 동력은 $P=\frac{9.8Q(H+\Sigma h_L)}{\eta}(\text{kW})$이다.

47. 관수로에 있어서 마찰손실수두 $h_L=f\cdot\frac{l}{D}\cdot\frac{V^2}{2g}$를 유량 Q와 경심 R을 사용한 식으로 변형한 것으로 옳은 것은?

㉮ $\frac{f}{16}\cdot\frac{l}{\pi^2g}\cdot\frac{Q^2}{R^5}$
㉯ $\frac{f}{32}\cdot\frac{l}{\pi^2g}\cdot\frac{Q^2}{R^5}$
㉰ $\frac{f}{64}\cdot\frac{l}{\pi^2g}\cdot\frac{Q^2}{R^5}$
㉱ $\frac{f}{128}\cdot\frac{l}{\pi^2g}\cdot\frac{Q^2}{R^5}$

해설 관수로 마찰손실수두
㉠ 마찰손실수두(h_L)
$$h_L=f\frac{l}{D}\frac{V^2}{2g}$$
㉡ 원형관의 경심(R)
$$R=\frac{D}{4}$$
$$\therefore D=4R$$
㉢ 손실수두의 표현
$$h_L=f\frac{l}{D}\frac{V^2}{2g}=f\frac{l}{D}\frac{1}{2g}\left(\frac{Q}{A}\right)^2$$
$$=f\frac{l}{D}\frac{1}{2g}\frac{16Q^2}{\pi^2D^4}=\frac{16flQ^2}{2g\pi^2D^5}$$
여기에 $D=4R$의 관계를 대입
$$\therefore h_L=\frac{16flQ^2}{2g\pi^2D^5}=\frac{16flQ^2}{2{,}048g\pi^2R^5}$$
$$=\frac{flQ^2}{128g\pi^2R^5}$$

48. 직사각형 위어(Weir)의 월류수심의 측정에 2%의 오차가 있다면 유량에는 몇 %의 오차가 발생하는가?(단, 유량 계산은 프란시스(Francis) 공식을 사용하고 월류 시 단면수축은 없는 것으로 가정한다.)

㉮ 1% ㉯ 2%
㉰ 3% ㉱ 4%

해설 수두측정오차와 유량오차의 관계

㉠ 수두측정오차와 유량오차의 관계

• 직사각형 위어 :

$$\frac{dQ}{Q}=\frac{\frac{3}{2}KH^{\frac{1}{2}}dH}{KH^{\frac{3}{2}}}=\frac{3}{2}\frac{dH}{H}$$

• 삼각형 위어 :

$$\frac{dQ}{Q}=\frac{\frac{5}{2}KH^{\frac{3}{2}}dH}{KH^{\frac{5}{2}}}=\frac{5}{2}\frac{dH}{H}$$

• 작은 오리피스 :

$$\frac{dQ}{Q}=\frac{\frac{1}{2}KH^{-\frac{1}{2}}dH}{KH^{\frac{1}{2}}}=\frac{1}{2}\frac{dH}{H}$$

㉡ 직사각형 위어의 유량오차와 수심오차의 계산

$$\frac{dQ}{Q}=\frac{3}{2}\frac{dH}{H}=\frac{3}{2}\times 2\%=3\%$$

49. 부체가 수면에 의해 전달되는 면에서 최심부까지의 수심을 무엇이라 하는가?

㉮ 부심 ㉯ 흘수
㉰ 부력 ㉱ 부양면

해설 흘수

부체가 수면에 의해 절단되는 부양면으로부터 부체 최심부까지의 깊이를 흘수(Draft)라 한다.

50. 동류의 정의로 옳은 것은?

㉮ 흐름특성이 어느 단면에서나 같은 흐름
㉯ 단면에 따라 유속 등의 흐름특성이 변하는 흐름
㉰ 한 단면에 있어서 유적, 유속, 흐름의 방향이 시간에 따라 변하지 않는 흐름
㉱ 한 단면에 있어서 유량이 시간에 따라 변하는 흐름

해설 흐름의 분류

㉠ 정류와 부정류 : 시간에 따른 흐름의 특성이 변하지 않는 경우를 정류, 변하는 경우를 부정류라 한다.

• 정류 : $\frac{\partial v}{\partial t}=0,\ \frac{\partial p}{\partial t}=0,\ \frac{\partial \rho}{\partial t}=0$

• 부정류 : $\frac{\partial v}{\partial t}\neq 0,\ \frac{\partial p}{\partial t}\neq 0,\ \frac{\partial \rho}{\partial t}\neq 0$

㉡ 등류와 부등류 : 공간에 따른 흐름의 특성이 변하지 않는 경우를 등류, 변하는 경우를 부등류라 한다.

• 등류 : $\frac{\partial Q}{\partial l}=0,\ \frac{\partial v}{\partial l}=0,\ \frac{\partial h}{\partial l}=0$

• 부등류 : $\frac{\partial Q}{\partial l}\neq 0,\ \frac{\partial v}{\partial l}\neq 0,\ \frac{\partial h}{\partial l}\neq 0$

∴ 등류는 어느 단면에서나 유속, 유량, 수심 등의 흐름의 특성이 변하지 않는 흐름을 말한다.

51. 길이 7m, 직경 4m인 원주가 수평으로 놓여있을 경우 원주의 중심까지 물이 차 있다면 이 원주에 작용하는 전수압은?(단, 물의 단위중량 γ= 9,800N/m³)

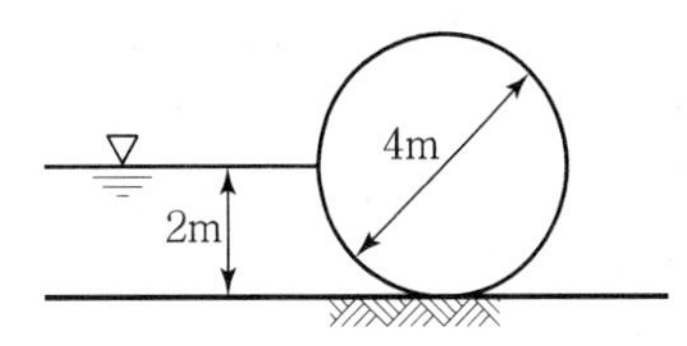

㉮ 205.5kN ㉯ 225.5kN
㉰ 245.5kN ㉱ 255.5kN

해설 곡면이 받는 전수압

㉠ 수평분력

$P_H=wh_GA$(투영면적)

㉡ 연직분력

$P_V=W$(무게)$=wV$

㉢ 합력의 계산

$P=\sqrt{P_H^2+P_V^2}$

㉣ 전수압의 계산

$$P_H=wh_GA=9{,}800\times\frac{2}{2}\times(2\times 7)$$
$$=137{,}200\text{N}=137.2\text{kN}$$

$$P_V = wV = 9{,}800 \times \left(\frac{\pi \times 4^2}{4} \times \frac{1}{4}\right) \times 7$$
$$= 215{,}404\text{N} = 215.4\text{kN}$$
$$\therefore\ P = \sqrt{137.2^2 + 215.4^2} = 255.4\text{kN}$$

52. 10m/s로 움직이는 수직 평판에 동일한 방향으로 25m/s로 분류가 충돌하고 있을 때 평판에 미치는 힘은?(단, 분류의 지름은 10mm이다.)

㉮ 11.76N ㉯ 17.67N
㉰ 27.44N ㉱ 31.36N

해설 운동량 방정식
㉠ 운동량 방정식
- $F = \rho Q(V_2 - V_1)$: 운동량 방정식
- $F = \rho Q(V_1 - V_2)$: 판이 받는 힘(반력)

㉡ 이동평판에 운동량 방정식 적용
$$F = \frac{w}{g}A(V-U)^2$$
$$= \frac{1}{9.8} \times \frac{\pi \times 0.01^2}{4} \times (25-10)^2$$
$$= 0.0018\text{t} = 1.8\text{kg} = 17.7\text{N}$$

53. 두 개의 수조를 연결하는 길이 3.7m의 수평관 속에 모래가 가득 차 있다. 두 수조의 수위차를 2.5m, 투수계수를 0.5m/sec라고 하면 모래를 통과할 때의 평균 유속은?

㉮ 0.104m/sec ㉯ 0.207m/sec
㉰ 0.338m/sec ㉱ 0.446m/sec

해설 Darcy의 법칙
㉠ Darcy의 법칙
$$V = K \cdot I = K \cdot \frac{h_L}{L}$$
$Q = A \cdot V = A \cdot K \cdot I = A \cdot K \cdot \dfrac{h_L}{L}$로 구할 수 있다.

㉡ 유속의 산정
$V = K \cdot I = 0.5 \times 2.5/3.7 = 0.338\text{m/sec}$

54. 동일한 단면과 수로 경사에 대하여 최대 유량이 흐르는 조건으로 옳은 것은?

㉮ 윤변이 최대이거나 경심이 최소일 때
㉯ 수심이 최대이거나 수로폭이 최소일 때
㉰ 수심이 최소이거나 경심이 최대일 때
㉱ 윤변이 최소이거나 경심이 최대일 때

해설 수리학적 유리한 단면
㉠ 일정한 단면적에 유량이 최대로 흐를 수 있는 단면을 수리학적 유리한 단면이라 한다.
㉡ 경심(R)이 최대이거나 윤변(P)이 최소인 단면

55. 지하수의 흐름은 Darcy의 법칙을 이용하여 표현할 수 있다. 이때 지하수의 흐름과 가장 잘 일치되는 경우는?

㉮ 층류인 경우 ㉯ 난류인 경우
㉰ 상류인 경우 ㉱ 사류인 경우

해설 Darcy의 법칙
㉠ Darcy의 법칙
$$V = K \cdot I = K \cdot \frac{h_L}{L}$$
$Q = A \cdot V = A \cdot K \cdot I = A \cdot K \cdot \dfrac{h_L}{L}$로 구할 수 있다.

㉡ 특징
- Darcy의 법칙은 지하수의 층류 흐름에 대한 마찰저항공식이다.
- Darcy의 법칙은 정상류 흐름의 층류에만 적용된다.(특히, $R_e < 4$일 때 잘 적용된다.)
- $V = K \cdot I$로 지하수의 유속은 동수경사와 비례관계를 가지고 있다.

56. 그림과 같이 내경이 60mm, H=3m의 호스에 직경 20mm의 노즐을 붙였다. 이때 유속계수 C_v = 0.98라면 노즐로부터 분류하는 실제 유속은?

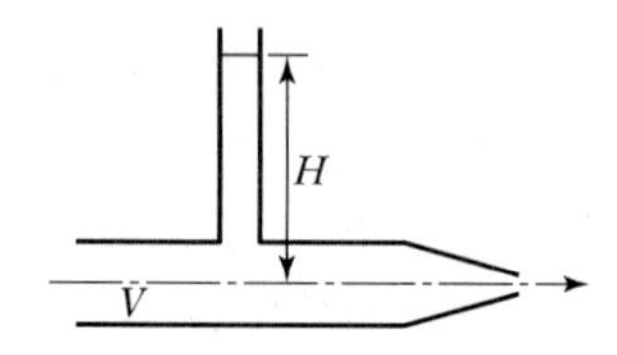

 |해답| 52.㉯ 53.㉰ 54.㉱ 55.㉮ 56.㉯

㉮ 6.56m/sec ㉯ 7.56m/sec
㉰ 8.56m/sec ㉱ 9.56m/sec

해설 노즐

㉠ 정의
호스 선단에 붙여서 물을 사출할 수 있도록 한 점근 축소관을 노즐이라 한다.

㉡ 노즐의 유량

실제 유속 : $V = C_v\sqrt{\dfrac{2gh}{1-\left(\dfrac{Ca}{A}\right)^2}}$

실제 유량 : $Q = Ca\sqrt{\dfrac{2gh}{1-\left(\dfrac{Ca}{A}\right)^2}}$

㉢ 유속의 산정

- $V = C_v\sqrt{\dfrac{2gh}{1-\left(\dfrac{Ca}{A}\right)^2}}$
$= 0.98\times\sqrt{\dfrac{2\times9.8\times3}{1-\left(\dfrac{0.98\times0.000314}{0.002826}\right)^2}}$
$= 7.56\text{m/sec}$
- $a = \dfrac{\pi\times0.02^2}{4} = 0.000314\text{m}^2$
- $A = \dfrac{\pi\times0.06^2}{4} = 0.002826\text{m}^2$

57. 폭이 10m인 직사각형 수로에서 유량 $10\text{m}^3/\text{s}$가 1m의 수심으로 흐를 때 한계유속은?(단, 에너지 보정계수 α =1.1이다.)

㉮ 3.96m/s ㉯ 2.87m/s
㉰ 2.07m/s ㉱ 1.89m/s

해설 한계유속

㉠ 한계수심을 통과할 때의 유속을 한계유속이라 한다.

㉡ 한계수심의 산정

$$h_c = \left(\frac{\alpha Q^2}{gb^2}\right)^{\frac{1}{3}} = \left(\frac{1.1\times10^2}{9.8\times10^2}\right)^{\frac{1}{3}} = 0.48\text{m}$$

㉢ 직사각형단면의 한계유속

$$V_c = \sqrt{\frac{gh_c}{\alpha}} = \sqrt{\frac{9.8\times0.48}{1.1}} = 2.07\text{m/sec}$$

58. 지름이 각각 10cm와 20cm인 관이 서로 연결되어 있다. 20cm인 관에서의 유속이 2m/s일 때 10cm 관에서의 유속은?

㉮ 0.8m/sec ㉯ 8m/sec
㉰ 0.6m/sec ㉱ 6m/sec

해설 연속방정식

㉠ 질량보존의 법칙에 의해 만들어진 방정식이다.

㉡ 검사구간 도중에 질량의 유입이나 유출이 없다고 하면 구간 내 어느 곳에서나 질량유량은 같다.
$Q = A_1V_1 = A_2V_2$(체적유량)

㉢ 유속의 산정

$$V_1 = \frac{A_2}{A_1}V_2 = \frac{D_2^2}{D_1^2}V_2 = \frac{0.2^2}{0.1^2}\times2$$
$$= 8\text{m/sec}$$

59. 베르누이 정리에 대한 설명으로 옳지 않은 것은?

㉮ $Z + \dfrac{P}{\omega} + \dfrac{V^2}{2g}$의 수두가 일정하다.
㉯ 정류의 흐름을 말하며, 두 단면에서의 에너지 관계가 일정함을 말한다.
㉰ 동수경사선이 에너지선보다 위에 있다.
㉱ 동수경사선과 에너지선을 설명할 수 있다.

해설 Bernoulli 정리

㉠ Bernoulli 정리
검사구간 내에서 에너지의 유입이나 유출이 없다고 하면 어느 단면에서나 총 에너지(총 수두)는 항상 일정하다는 내용이다.

$$z + \frac{p}{w} + \frac{v^2}{2g} = H(\text{일정})$$

㉡ Bernoulli 정리의 가정
- 하나의 유선에서만 성립된다.
- 정류흐름이다.
- 이상유체를 가정

㉢ 해석
- 위치수두와 압력수두의 합$\left(\dfrac{P}{w_o} + Z\right)$을 연결한 선을 동수경사선이라 한다.
- 총 수두$\left(z + \dfrac{p}{w} + \dfrac{v^2}{2g}\right)$를 연결한 선을 에너지선이라 한다.
- 동수경사선은 에너지선에서 속도수두$\left(\dfrac{v^2}{2g}\right)$만큼 아래에 존재한다.

60. 밀폐된 용기 내 정수 중의 한 점에 압력을 가하면 그 압력은 물속의 모든 곳에 동일하게 전달된다는 원리는?

㉮ 파스칼(Pascal)의 원리
㉯ 아르키메데스(Archimedes)의 원리
㉰ 베르누이(Bernoulli)의 원리
㉱ 레이놀즈(Reynolds)의 원리

■해설 파스칼의 원리
밀폐된 용기의 정수 중의 한 점에 압력을 가하면 그 압력은 크기와 방향에 관계없이 모든 곳에 동일하게 전달된다는 것이 파스칼의 원리(Pascal's law)이다. 이 원리를 이용하여 적은 힘으로 큰 힘을 얻을 수 있는 장치인 수압기를 만들었다.

제4과목 철근콘크리트 및 강구조

61. 강재의 연결부 구조 사항으로 옳지 않은 것은?

㉮ 부재의 변형에 따른 영향을 고려하지 않는다.
㉯ 응력 집중이 없어야 한다.
㉰ 응력의 전달이 확실해야 한다.
㉱ 각 재편에 가급적 편심이 없어야 한다.

■해설 강재 연결부의 요구사항
① 부재 사이에 응력 전달이 확실해야 한다.
② 가급적 편심이 발생하지 않도록 연결한다.
③ 연결부에서 응력집중이 없어야 한다.
④ 부재의 변형에 따른 영향을 고려하여야 한다.
⑤ 잔류응력이나 2차 응력을 일으키지 않아야 한다.

62. 슬래브의 설계에서 직접설계법을 사용하고자 할 때 제한사항으로 틀린 것은?

㉮ 각 방향으로 3경간 이상 연속되어야 한다.
㉯ 슬래브 판들은 단변 경간에 대한 장변 경간의 비가 2 이하인 직사각형이어야 한다.
㉰ 연속한 기둥 중심선을 기준으로 기둥의 어긋남은 그 방향 경간의 10% 이하이어야 한다.
㉱ 모든 하중은 모멘트하중으로서 슬래브판 전체에 등분포되어야 하며, 활하중은 고정하중의 1/2 이상이어야 한다.

■해설 2방향 슬래브의 설계에서 직접설계법을 적용할 경우, 모든 하중은 연직하중으로 슬래브판 전체에 등분포되는 것으로 간주하고, 활하중의 크기는 고정하중의 2배 이하여야 한다.

63. 강도 설계에 의한 나선철근 기둥의 설계 축하중강도(ϕP_n)는 얼마인가?(단, 기둥의 A_g = 200,000mm², $A_{st} = 6 - D35$ =5,700mm², f_{ck} = 21MPa, f_y =300MPa, 압축지배단면이다.)

㉮ 2,957kN　　㉯ 3,000kN
㉰ 3,081kN　　㉱ 3,201kN

■해설
$$P_d = \phi P_n = \phi\alpha\{0.85 f_{ck}(A_g - A_{st}) + f_y A_{st}\}$$
$$= 0.70 \times 0.85 \times \{0.85 \times 21 \times (200{,}000 - 5{,}700) + 300 \times 5{,}700\}$$
$$= 3{,}081 \times 10^3\text{N} = 3{,}081\text{kN}$$

64. PSC 해석의 기본개념 중 아래의 표에서 설명하는 개념은?

프리스트레싱의 작용과 부재에 작용하는 하중을 비기도록 하자는 데 목적을 둔 개념으로 등가하중의 개념이라고도 한다.

㉮ 균등질 보의 개념
㉯ 내력 모멘트의 개념
㉰ 하중평형의 개념
㉱ 변형률의 개념

65. 고정하중(D)과 활하중(L)이 작용하는 경우 소요강도(U)를 얻는 일반적인 식은?

㉮ $1.2D+1.8L$　　㉯ $1.2D+1.6L$
㉰ $1.4D+1.8L$　　㉱ $1.4D+1.6L$

■해설 $V=1.2D+1.6U$

|해답| 60.㉮ 61.㉮ 62.㉱ 63.㉰ 64.㉰ 65.㉯

66. 전단을 받는 철근콘크리트 보 단면의 설계에 기본이 되는 것은?(단, V_u : 단면의 계수전단력, V_c : 콘크리트가 부담하는 공칭전단강도, V_s : 전단철근이 부담하는 공칭전단강도, ϕ : 강도감소계수)

㉮ $V_u \geq \phi(V_c + V_s)$
㉯ $V_u \leq \phi(V_c + V_s)$
㉰ $V_s \geq \phi(V_c + V_u)$
㉱ $V_s \leq \phi(V_c + V_u)$

■해설 $V_u \leq V_d = \phi V_n = \phi(V_c + V_s)$

67. 강도설계법에서 그림과 같은 단철근 직사각형 보에 수직스터럽(Stirrup)의 간격을 300mm로 할 때 최소 전단철근의 단면적은 얼마인가?(단, f_{ck} = 21MPa, f_y = 300MPa)

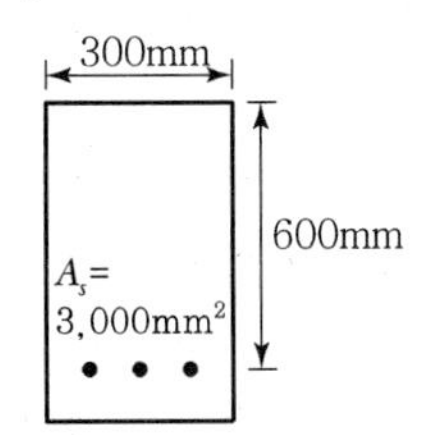

㉮ 50mm²　　㉯ 105mm²
㉰ 190mm²　　㉱ 225mm²

■해설
$$A_{v,\min} = \left[0.0625\sqrt{f_{ck}}\frac{b_w s}{f_y},\ 0.35\frac{b_w s}{f_y}\right]_{\max}$$
$$= \left[0.0625 \times \sqrt{21} \times \frac{300 \times 300}{300},\ 0.35 \times \frac{300 \times 300}{300}\right]_{\max}$$
$$= [86,\ 105]_{\max} = 105\text{mm}^2$$

68. 철근콘크리트 보에 전단력과 휨만이 작용할 때 콘크리트가 받을 수 있는 설계 전단 강도(ϕV_c)는 약 얼마인가?(단, b_w = 300mm, d = 500mm, f_{ck} = 24MPa, f_y = 350MPa)

㉮ 78.4kN　　㉯ 84.7kN
㉰ 91.9kN　　㉱ 102.3kN

■해설
$$\phi V_c = \phi\left(\frac{1}{6}\lambda\sqrt{f_{ck}}\,b_w d\right)$$
$$= 0.75\left(\frac{1}{6} \times 1 \times \sqrt{24} \times 300 \times 500\right)$$
$$= 91.9 \times 10^3\text{N} = 91.9\text{kN}$$

69. 강도설계법의 기본가정에 대한 설명으로 틀린 것은?

㉮ 콘크리트의 응력은 변형률에 비례한다고 본다.
㉯ 콘크리트의 인장 강도는 휨계산에서 무시한다.
㉰ 항복강도 f_y 이하에서 철근의 응력은 그 변형률의 E_s배로 본다.
㉱ 압축 측 연단에서 콘크리트의 극한 변형률은 0.003으로 본다.

■해설 강도설계법에 대한 기본가정 사항
① 철근 및 콘크리트의 변형률은 중립축으로부터의 거리에 비례한다.
② 압축 측 연단에서 콘크리트의 최대 변형률은 0.003으로 가정한다.
③ f_y 이하의 철근 응력은 그 변형률의 E_s배로 취한다. f_y에 해당하는 변형률보다 더 큰 변형률에 대한 철근의 응력은 변형률에 관계없이 f_y와 같다고 가정한다.
④ 극한강도 상태에서 콘크리트의 응력은 변형률에 비례하지 않는다.
⑤ 콘크리트의 압축응력분포는 등가직사각형 응력분포로 가정해도 좋다.
⑥ 콘크리트의 인장응력은 무시한다.

70. 단철근 직사각형보에 하중이 작용하여 10mm의 탄성처짐이 발생하였다. 모든 하중이 5년 이상의 장기하중으로 작용한다면 총 처짐량은 얼마인가?

㉮ 20mm　　㉯ 30mm
㉰ 35mm　　㉱ 45mm

|해답| 66.㉯ 67.㉯ 68.㉰ 69.㉮ 70.㉯

■해설 $\xi=2.0$ (하중재하 기간이 5년 이상인 경우)

$A_s'=0 \rightarrow \rho'=0$ (단철근 보인 경우)

$$\lambda=\frac{\xi}{1+50\rho'}=\frac{2}{1+(50\times 0)}=2$$

$\delta_L=\lambda \cdot \delta_i=2\times 10=20\text{mm}$

$\delta_T=\delta_i+\delta_L=10+20=30\text{mm}$

71. 옹벽의 저판에 대한 구조해석 내용으로 틀린 것은?

㉮ 저판의 뒷굽판은 정확한 방법이 사용되지 않는 한, 뒷굽판 상부에 재하되는 모든 하중을 지지하도록 설계하여야 한다.

㉯ 캔틸레버식 옹벽의 저판은 전면벽과의 접합부를 이동단으로 간주한 단순보로 가정하여 단면을 설계하여야 한다.

㉰ 부벽식 옹벽의 저판은 정밀한 해석이 사용되지 않는 한, 부벽 사이의 거리를 경간으로 가정한 고정보로 설계할 수 있다.

㉱ 부벽식 옹벽의 저판은 정밀한 해석이 사용되지 않는 한, 부벽 사이의 거리를 경간으로 가정한 연속보로 설계할 수 있다.

■해설 캔틸레버식 옹벽의 저판은 전면벽과의 접합부를 고정단으로 간주한 캔틸레버보로 가정하여 단면을 설계할 수 있다.

72. 철근콘크리트의 성립요건에 대한 설명으로 틀린 것은?

㉮ 철근과 콘크리트의 부착강도가 크다.

㉯ 부착면에서 철근과 콘크리트의 변형률은 같다.

㉰ 철근의 열팽창계수는 콘크리트의 열팽창계수보다 매우 크다.

㉱ 압축은 콘크리트가, 인장은 철근이 부담한다.

■해설 철근콘크리트의 성립요건

① 철근과 콘크리트의 부착력이 크다.

② 콘크리트 속의 철근은 부식되지 않는다.

③ 철근과 콘크리트의 열팽창계수가 거의 같다.

73. 보에 사용하는 철근의 공칭 지름이 35mm이고 굵은 골재의 최대치수가 25mm이다. 이때 주철근의 수평 순간격은 얼마 이상이어야 하는가?

㉮ 25mm ㉯ 29.4mm

㉰ 33.3mm ㉱ 35mm

■해설 보에서 휨철근의 수평 순간격

① 25mm 이상

② 철근의 공칭지름 이상=35mm 이상

③ 굵은 골재 최대치수의 $\frac{4}{3}$배 이상

$=25\times\frac{4}{3}=33.33\text{mm}$ 이상

따라서, 주철근의 수평 순간격은 최대값인 35mm 이상이어야 한다.

74. 유효 프리스트레스 응력을 결정하기 위하여 고려하여야 하는 프리스트레스의 손실원인이 아닌 것은?

㉮ 포스트텐션의 긴장재와 덕트 사이의 마찰

㉯ 정착장치의 활동

㉰ 콘크리트의 탄성수축

㉱ 콘크리트 응력의 릴랙세이션

■해설 프리스트레스의 손실원인

1. 도입 시 손실(즉시손실)
   ① 정착장치의 활동
   ② PS 강재의 마찰
   ③ 콘크리트의 탄성 변형
2. 도입 후 손실(시간손실)
   ① 콘크리트의 건조수축
   ② 콘크리트의 크리프
   ③ PS 강재의 릴랙세이션

|해답| 71.㉯ 72.㉰ 73.㉱ 74.㉱

75. 아래 그림과 같은 단면의 직사각형 단철근 보에서 필요한 최소 철근량(A_{smin})으로 옳은 것은? (단, f_{ck} =28MPa, f_y =400MPa)

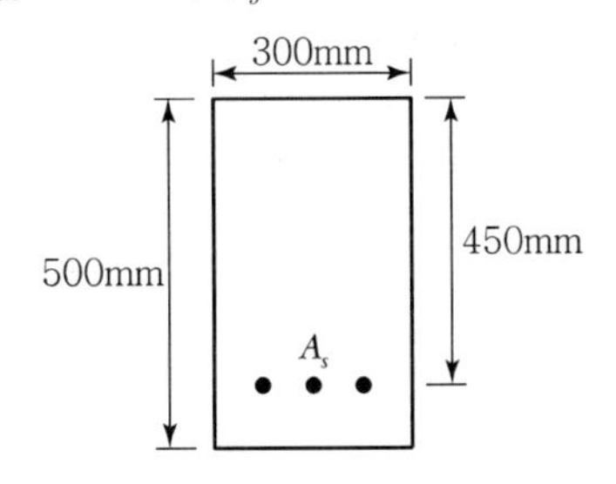

㉮ $447mm^2$　　㉯ $473mm^2$
㉰ $525mm^2$　　㉱ $586mm^2$

해설

$$\rho_1 = \frac{0.25\sqrt{f_{ck}}}{f_y} = \frac{0.25\times\sqrt{28}}{400} = 0.0033$$

$$\rho_2 = \frac{1.4}{f_y} = \frac{1.4}{400} = 0.0035$$

$$\rho_{\min} = [\rho_1,\ \rho_2]_{\max} = 0.0035$$

$$A_{s,\min} = \rho_{\min}bd = 0.0035\times300\times450 = 472.5mm^2$$

76. 보의 길이 l =35m, 활동량 Δl =5mm, 긴장재의 탄성계수 E_{ps} =200,000MPa일 때 프리스트레스 감소량 Δf_p는?(단, 일단 정착임)

㉮ 12.5MPa　　㉯ 21.4MPa
㉰ 28.6MPa　　㉱ 36.8MPa

해설 $\Delta f_{pa} = E_p\varepsilon_p$

$$= E_p\frac{\Delta l}{l} = (2\times10^5)\times\frac{5}{(35\times10^3)} = 28.6MPa$$

77. 그림과 같은 T형 단면의 보에서 등가직사각형 응력블록의 깊이(a)는?(단, f_{ck} =28MPa, f_y =400MPa, A_s =3,855mm²)

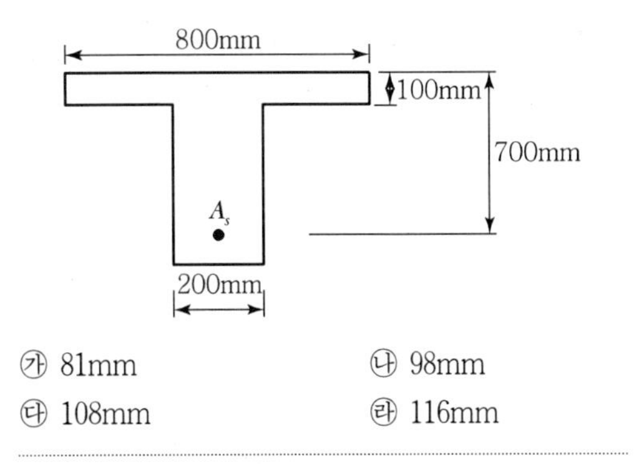

㉮ 81mm　　㉯ 98mm
㉰ 108mm　　㉱ 116mm

해설 T형 보의 판별

폭이 b=800mm인 직사각형 단면보에 대한 등가사각형 깊이

$$a = \frac{f_yA_s}{0.85f_{ck}b} = \frac{400\times3,855}{0.85\times28\times800} = 81mm$$

t_f =100mm

$a<t_f$이므로 폭이 b=800mm인 직사각형 단면보로 해석한다.

따라서, 등가사각형 깊이는 a=81mm이다.

78. 철근과 콘크리트의 부착에 대한 설명으로 틀린 것은?

㉮ 콘크리트의 압축강도가 증가하면 부착강도가 커진다.
㉯ 거친 표면으로 된 철근이 부착강도가 크다.
㉰ 피복두께가 클수록 부착강도가 크다.
㉱ 같은 철근량일 경우 철근의 직경이 큰 것을 사용하여 개수를 줄이면 부착강도가 커진다.

해설 부착에 영향을 주는 요인

① 고강도 콘크리트일수록 부착에 유리하다.
② 피복두께가 클수록 부착에 유리하다.
③ 원형 철근보다 이형 철근이 부착에 유리하다.
④ 약간 녹이 슬어 거친 표면을 갖는 철근이 부착에 유리하다.
⑤ 블리딩(Bleeding) 현상 때문에 수평철근보다 수직철근, 수평철근이라도 상부철근보다 하부철근이 부착에 유리하다.
⑥ 동일한 철근비를 사용할 경우 지름이 작은 철근이 부착에 유리하다.

79. 단철근 직사각형 보에서 아래 조건과 같을 때 균형 단면이 되기 위한 중립축의 거리(c) 값은?

f_y =300MPa, d =750mm

㉮ 205mm ㉯ 350mm
㉰ 405mm ㉱ 500mm

해설
$$c=\frac{600}{600+f_y}d$$
$$=\frac{600}{600+300}\times750=500\text{mm}$$

80. 다음 그림과 같이 용접이음을 했을 경우 전단응력은?

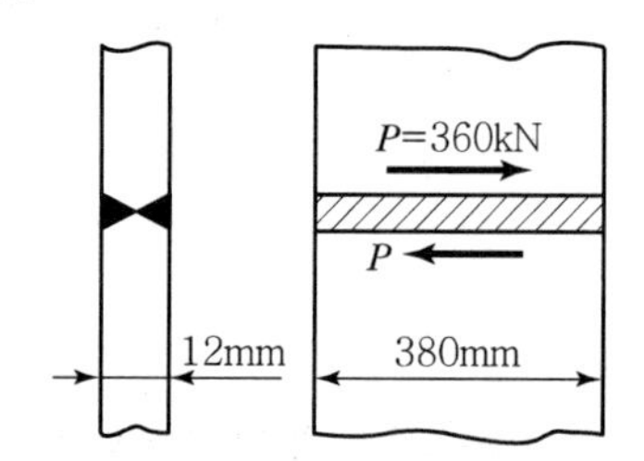

㉮ 78.9MPa ㉯ 67.5MPa
㉰ 57.5MPa ㉱ 45.9MPa

해설
$$v=\frac{P}{A}=\frac{360\times10^3}{12\times380}=78.9\text{MPa}$$

제5과목 토질 및 기초

81. 어떤 모래지반의 입도시험 결과 토질입자가 둥글고 입도가 균등한 경우 이 흙의 내부마찰각은?(단, 이 모래지반의 N값은 24이고, Dunham 식을 사용)

㉮ 32° ㉯ 30°
㉰ 28° ㉱ 26°

해설
- 토립자가 모나고 입도가 양호한 경우
  $\phi=\sqrt{12\cdot N}+25$
- 토립자가 모나고 입도가 불량한 경우
  $\phi=\sqrt{12\cdot N}+20$
- 토립자가 둥글고 입도가 양호한 경우
  $\phi=\sqrt{12\cdot N}+20$
- 토립자가 둥글고 입도가 불량한 경우
  $\therefore \phi=\sqrt{12\cdot N}+15=\sqrt{12\times24}+15=32°$

82. 지하수위가 지표면과 일치되고 내부마찰각이 30°, 포화단위중량(γ_{sat})이 2.0t/m³이며 점착력이 0인 사질토로 된 반무한 사면이 15°로 경사져 있다. 이때 이 사면의 안전율은?

㉮ 1.00 ㉯ 1.08
㉰ 2.00 ㉱ 2.15

해설
$$F_s=\frac{r_{sub}}{r_{sat}}\cdot\frac{\tan\phi}{\tan i}=\frac{1}{2}\times\frac{\tan30°}{\tan15°}=1.08$$

83. 길이 10m인 나무말뚝을 사질토 중에 박아 넣을 때 Drop Hammer 중량 800kg, 낙하고 3.0m, 최종관입량 2cm일 때의 말뚝의 허용지지력을 Sander 공식으로 구하면 얼마인가?

㉮ 12t ㉯ 120t
㉰ 15t ㉱ 150t

해설
$$Q_a=\frac{Q_u}{F_s}=\frac{W_H\cdot H}{8\cdot S}$$
$$=\frac{800\times300}{8\times2}=15,000\text{kg}=15\text{t}$$

84. 유선망을 이용하여 구할 수 없는 것은?

㉮ 간극수압 ㉯ 침투수량
㉰ 동수경사 ㉱ 투수계수

해설 유선망은 제체 및 투수성 지반 내에서의 침투수류의 방향과 제체에서의 수류의 등위선을 그림으로 나타낸 것으로 분사현상 및 파이핑 추정, 침투속도, 침투유량, 간극수압 추정 등에 쓰인다.

 |해답| 79.㉱ 80.㉮ 81.㉮ 82.㉯ 83.㉰ 84.㉱

85. 두께 10m의 점토층 상·하에 모래층이 있다. 점토층의 평균압밀계수가 $0.11cm^2/min$일 때 최종 침하량의 50%의 침하가 일어나는 데 며칠이 걸리겠는가?(단, 시간계수는 0.197을 적용한다.)

㉮ 996일 ㉯ 448일
㉰ 311일 ㉱ 224일

해설
$$t_{50} = \frac{T_v \cdot H^2}{C_v} = \frac{0.197 \times \left(\frac{1,000}{2}\right)^2}{0.11}$$
$= 447,727.27$분
$$\therefore 447,727.27 \times \frac{1}{60 \times 24} = 311\text{일}$$

86. 모래 치환법에 의한 현장 흙의 밀도시험 결과 흙을 파낸 부분의 체적이 $1,800cm^3$이고 질량이 3.87kg이었다. 함수비가 10.8%일 때 건조단위 밀도는?

㉮ $1.94g/cm^3$
㉯ $2.94g/cm^3$
㉰ $1.84g/cm^3$
㉱ $2.84g/cm^3$

해설
$$\gamma_t = \frac{W}{V} = \frac{3,870}{1,800} = 2.15g/cm^3$$
$$\gamma_d = \frac{\gamma_t}{1+w} = \frac{2.15}{1+0.108} = 1.94g/cm^3$$

87. 사질지반에 40cm×40cm 재하판으로 재하시험한 결과 $16t/m^2$의 극한지지력을 얻었다. 2m ×2m의 기초를 설치하면 이론상 지지력은 얼마나 되겠는가?

㉮ $16t/m^2$ ㉯ $32t/m^2$
㉰ $40t/m^2$ ㉱ $80t/m^2$

해설 사질토 지반의 지지력은 재하판 폭에 비례한다.
$0.4 : 16 = 2 : q_u$
$\therefore q_u = 80t/m^2$

88. Terzaghi의 지지력 공식에서 고려되지 않는 것은?

㉮ 흙의 내부 마찰각
㉯ 기초의 근입깊이
㉰ 침하량
㉱ 기초의 폭

해설 Terzaghi 극한 지지력 공식
$$q_u = \alpha \cdot c \cdot N_c + \beta \cdot \gamma_1 \cdot B \cdot N_r + \gamma_2 \cdot D_f \cdot N_q$$
여기서, α, β : 형상계수
N_c, N_r, N_q : 지지력계수(ϕ함수)
c : 점착력
γ_1, γ_2 : 단위중량
B : 기초폭
D_f : 근입깊이

89. 투수계수에 대한 설명으로 틀린 것은?

㉮ 투수계수는 속도와 같은 단위를 갖는다.
㉯ 불포화된 흙의 투수계수는 높으며, 포화도가 증가함에 따라 급속히 낮아진다.
㉰ 점성토에서 확산이중층의 두께는 투수계수에 영향을 미친다.
㉱ 점토질 흙에서는 흙의 구조가 투수계수에 중대한 역할을 한다.

해설 포화도가 클수록 투수계수는 증가한다.

90. 포화된 점토시료에 대해 삼축압축시험으로 얻어진 점착력, 내부마찰각은 각각 $0.2kg/cm^2$, 20°이다. 전단파괴 시 연직응력 $40kg/cm^2$, 간극수압 $10kg/cm^2$이면 전단강도는 얼마인가?

㉮ $5.5kg/cm^2$ ㉯ $11.1kg/cm^2$
㉰ $16.6kg/cm^2$ ㉱ $22.1kg/cm^2$

해설 $S(\tau_f) = C + \sigma\tan\phi$에서
$S(\tau_f) = C + (\sigma - u)\tan\phi$
$= 0.2 + (40 - 10)\tan 20°$
$= 11.1kg/cm^2$

91. 어떤 모래층에서 수두가 3m일 때 한계동수경사가 1.0이었다. 모래층의 두께가 최소 얼마를 초과하면 분사현상이 일어나지 않겠는가?

㉮ 1.5m　　㉯ 3.0m
㉰ 4.5m　　㉱ 6.0m

해설

$$F_s = \frac{i_c}{i} = \frac{i_c}{\frac{\Delta h}{L}} = \frac{1}{\frac{3}{L}} = 1$$

$\therefore L = 3\text{m}$

92. 어떤 흙의 최대 및 최소 건조단위중량이 1.8t/m³과 1.6t/m³이다. 현장에서 이 흙의 상대밀도(Relative Density)가 60%라면 이 시료의 현장 상대다짐도(Relative Compaction)는?

㉮ 82%　　㉯ 87%
㉰ 91%　　㉱ 95%

해설

$$D_r = \frac{\gamma_d - \gamma_{d\min}}{\gamma_{\max} - r_{d\min}} \times \frac{\gamma_{d\max}}{\gamma_d} \times 100$$

$$60 = \frac{\gamma_d - 1.6}{1.8 - 1.6} \times \frac{1.8}{\gamma_d} \times 100$$

$$0.6 = \frac{1.8\gamma_d - 2.88}{0.2\gamma_d}$$

$\therefore \gamma_d = 1.71\text{t/m}^3$

따라서 상대다짐도는

$$R \cdot C = \frac{\gamma_d}{\gamma_{d\max}} \times 100 = \frac{1.71}{1.8} \times 100 = 95\%$$

93. 흙의 입경가적곡선에 대한 설명으로 틀린 것은?

㉮ 입경가적곡선에서 균등한 입경의 흙은 완만한 구배를 나타낸다.
㉯ 균등계수가 증가되면 입도분포도 넓어진다.
㉰ 입경가적곡선에서 통과백분율 10%에 대응하는 입경을 유효입경이라 한다.
㉱ 입도가 양호한 흙의 곡률계수는 1~3 사이에 있다.

해설 입경가적곡선에서 빈입도는 경사가 급하다.

94. 다음 그림에서 흙속 6cm 깊이에서의 유효응력은?(단, 포화된 흙의 γ_{sat} =1.9g/cm³이다.)

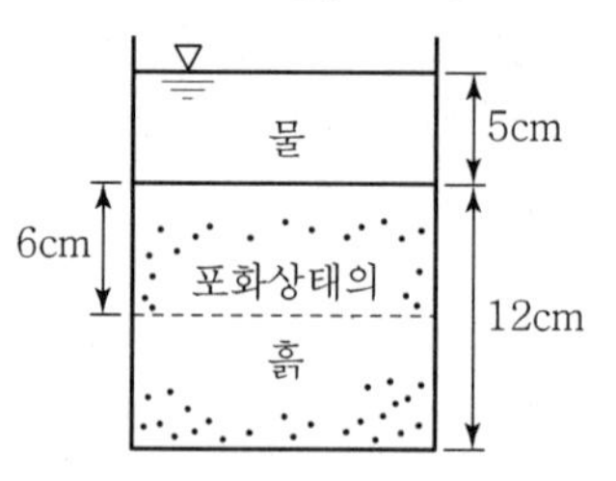

㉮ 15.8g/cm²　　㉯ 11.0g/cm²
㉰ 10.4g/cm²　　㉱ 5.4g/cm²

해설

- $\sigma = r_w \cdot H_1 + r_{sat} \cdot H_2 = 1 \times 5 + 1.9 \times 6 = 16.4\text{g/cm}^2$
- $u = r_w \cdot h_w = 1 \times 11 = 11\text{g/cm}^2$

$\therefore \sigma' = \sigma - u = 16.4 - 11 = 5.4\text{g/cm}^2$

95. 봉소(蜂巢)구조나 면모구조를 가장 형성하기 쉬운 흙은?

㉮ 모래질 흙　　㉯ 실트질 모래흙
㉰ 점토질 흙　　㉱ 점토질 모래흙

해설
- 봉소구조 : 실트나 점토와 같은 세립토가 물속으로 침강하여 생긴 구조
- 면모구조 : 점토입자로서 간극과 투수성이 크고 압축성이 크다.

96. 현장 습윤단위 중량(γ_t)이 1.7t/m³, 내부마찰각(ϕ)이 10°, 점착력(c)이 0.15kg/cm²인 지반에서 연직으로 굴착 가능한 깊이는?

㉮ 0.4m　　㉯ 2.7m
㉰ 3.5m　　㉱ 4.2m

해설

$$H_c = \frac{4 \cdot c}{\gamma} \tan\left(45° + \frac{\phi}{2}\right) = \frac{4 \times 1.5}{1.7} \tan\left(45° + \frac{10°}{2}\right) = 4.2\text{m}$$

$(c = 0.15\text{kg/cm}^2 = 1.5\text{t/m}^2)$

|해답| 91.㉯ 92.㉱ 93.㉮ 94.㉱ 95.㉰ 96.㉱

97. 점토지반의 단기간 안정을 검토하는 경우에 알맞은 시험법은?

㉮ 비압밀 비배수 전단시험
㉯ 압밀 배수 전단시험
㉰ 압밀 급속 전단시험
㉱ 압밀 비배수 전단시험

해설 비압밀 비배수 실험(UU-Test)
- 단기안정검토-성토 직후 파괴
- 초기재하 시, 전단 시 공극수 배출 없음
- 기초 지반을 구성하는 점토층이 시공 중 압밀이나 함수비의 변화가 없는 조건

98. 예민비가 큰 점토에 대한 설명으로 옳은 것은?

㉮ 입자의 모양이 둥근 점토
㉯ 흙을 다시 이겼을 때 강도가 증가하는 점토
㉰ 입자가 가늘고 긴 형태의 점토
㉱ 흙을 다시 이겼을 때 강도가 감소하는 점토

해설
- 예민비는 교란되지 않은 시료의 일축압축강도와 교란시킨 흙의 일축압축 강도의 비
- 예민비가 크다는 것은 흙을 다시 이겻을 때 강도가 감소하는 시료이다.

99. 말뚝의 지지력 공식 중 정역학적 방법에 의한 공식은 다음 중 어느 것인가?

㉮ Meyerhof의 공식
㉯ Hiley공식
㉰ Enginerring-News공식
㉱ sander공식

해설 정역학적 공식선단 지지력과 주면 마찰력의 합계
- Meyerhof
- Terzaghi

동역학적 공식항타공식
- Hiley
- Engineering-News
- Sander

100. 저항체를 땅속에 삽입해서 관입, 회전, 인발 등의 저항을 측정하여 토층의 상태를 탐사하는 원위치 시험을 무엇이라 하는가?

㉮ 사운딩　　㉯ 오거보링
㉰ 테스트 피트　　㉱ 샘플러

해설 사운딩(Sounding)
Rod 선단의 저항체를 땅속에 넣어 관입, 회전, 인발 등의 저항으로 토층의 강도 및 밀도 등을 체크하는 방법의 원위치시험

제6과목 상하수도공학

101. 상수도시설 중 도수시설에 대한 설명으로 옳은 것은?

㉮ 취수 후의 원수를 정수시설까지 수송하는 데 필요한 제반 시설
㉯ 물의 수요 변동을 흡수하고, 정수를 일정 이상의 압력으로 수요자에게 공급하는 시설
㉰ 급수관에서 분기하여 정수를 가정, 공장, 사업소 등에 끌어들여, 직접 수요자에게 물을 공급하는 시설로써 수요자가 부담하여 설치하는 시설
㉱ 정수를 후속의 배수시설까지 수송하기 위한 시설

해설 상수도 구성요소
㉠ 수원 → 취수 → 도수(침사지) → 정수(착수정 → 약품혼화지 → 침전지 → 여과지 → 소독지 → 정수지) → 송수 → 배수(배수지, 배수탑, 고가탱크, 배수관) → 급수
㉡ 수원, 취수, 도수, 정수, 송수 등의 설계는 계획 1일 최대급수량을 기준으로 한다.
㉢ 계획취수량은 계획 1일 최대급수량을 기준으로 5~10 정도 여유 있게 취수한다.
㉣ 배수관의 직경 결정, 펌프의 직경 결정 등은 계획 시간 최대급수량을 기준으로 한다.
∴ 도수시설은 취수한 원수를 정수시설까지 수송하는 관로를 말한다.

102. 하수의 예비포기 효과와 관계가 없는 것은?

㉮ 하수가 혐기성 상태로 되는 것을 방지
㉯ 펌프양수 시 흡수정 바닥에 부유물의 침전 방지
㉰ 부유 물질의 플록 형성
㉱ 비교적 큰 부유 협잡물의 제거

■해설 예비포기
예비포기는 유입하수가 유지 등을 포함하여 Scum의 발생 소지가 많을 경우 설치하는데, 포기조에서 Scum 발생을 감소시키는 효과 외에 침사지 유출수의 혐기화 방지, 펌프양수 시 흡수정 바닥에 부유물 침전 방지, 부유물질 플럭형성 또는 냄새 발생량을 감소시킬 수 있는 장점이 있다. 또한 여기에 잉여슬러지를 반송할 수도 있는데 이때 1차 침전지의 침전효율을 향상시킬 수 있다.

103. 활성슬러지법의 최종침전지에서 슬러지가 잘 침전되지 않고 부풀어 오르는 현상은?

㉮ 벌킹(Bulking)
㉯ 질산화(Nitrification)
㉰ 탈질산화(Denitrification)
㉱ 소화(Digestion)

■해설 슬러지 팽화(Bulking)
㉠ 활성슬러지의 침강성이 악화되어 잘 침전되지 않거나 부풀어 오르는 현상을 슬러지 팽화(Bulking)라 한다.
㉡ 슬러지 팽화의 원인
- 슬러지 배출량의 조절 불량
- 유입하수량 및 수질의 과도한 변동
- 부적절한 온도
- 질소 및 인의 부족
- 영양염류의 부족
- 낮은 용존산소 및 낮은 pH

104. 수심 4m이고 체류시간이 2시간인 침사지의 표면부하율은?

㉮ $24m^3/m^2 \cdot day$
㉯ $36m^3/m^2 \cdot day$
㉰ $48m^3/m^2 \cdot day$
㉱ $56m^3/m^2 \cdot day$

■해설 수면적 부하
㉠ 입자가 100% 제거되기 위한 입자의 침강속도를 수면적 부하(표면부하율)라 한다.

$$V_0 = \frac{Q}{A} = \frac{h}{t}$$

㉡ 표면부하율의 산정

$$V_0 = \frac{h}{t} = \frac{4}{2} = 2m^3/m^2 \cdot hr$$
$$= 48m^3/m^2 \cdot day$$

105. 상수도시설 중 아래의 사항이 설명하고 있는 것은?

- 원수와 동시에 유입된 모래를 침강, 제거하기 위한 시설이다.
- 위치는 가능한 한 취수구에 근접하여 제내지에 설치한다.
- 형상은 장방형으로 하고 유입부 및 유출부를 각각 점차 확대·축소시킨 형태로 한다.

㉮ 취수탑 ㉯ 침사지
㉰ 집수매거 ㉱ 취수틀

■해설 침사지
㉠ 원수와 함께 유입한 모래를 침강, 제거하기 위하여 취수구에 근접한 제내지에 설치하는 시설을 침사지라고 한다.
㉡ 형상은 직사각형이나 정사각형 등으로 하고 침사지의 지수는 2지 이상으로 하며 수밀성 있는 철근콘크리트 구조로 한다.
㉢ 유입부는 편류를 방지하도록 점차 확대, 축소를 고려하며, 길이가 폭의 3~8배를 표준으로 한다.
㉣ 침사지 용량 : 계획취수량의 10~20분
㉤ 침사지의 유효수심 : 3~4m
㉥ 침사지 내의 평균유속 : 2~7cm/sec

106. 자연유하식 도수관의 허용 최대 평균유속은?

㉮ 0.3m/s ㉯ 1.0m/s
㉰ 3.0m/s ㉱ 10.0m/s

■해설 평균유속의 한도
㉠ 도수관의 평균유속의 한도는 침전 및 마모 방지를 위해 최소유속과 초대유속의 한도를 두고 있다.
㉡ 적정 유속의 범위
0.3~3m/sec

107. 분류식 하수관거 계통(Separated System)의 특징에 대한 설명으로 옳지 않은 것은?

㉮ 오수는 처리장으로 도달, 처리된다.
㉯ 우수관과 오수관이 잘못 연결될 가능성이 있다.
㉰ 관거매설비가 큰 것이 단점이다.
㉱ 강우시 오수가 처리되지 않은 채 방류되는 단점이 있다.

■해설 하수의 배제방식

분류식	합류식
• 수질오염 방지면에서 유리하다. • 청천 시에도 퇴적의 우려가 없다. • 강우 초기 노면 배수 효과가 없다. • 시공이 복잡하고 오접합의 우려가 있다. • 우천 시 수세효과를 기대할 수 없다. • 공사비가 많이 든다.	• 구배 완만, 매설깊이가 적으며 시공성이 좋다. • 초기 우수에 의한 노면배수처리가 가능하다. • 관경이 크므로 검사가 편리하고 환기가 잘된다. • 건설비가 적게 든다. • 우천 시 수세효과가 있다. • 청천 시 관내 침전, 효율 저하가 발생한다.

∴ 강우 시 오수가 처리되지 않은 채 방류되는 단점을 갖는 방식은 합류식이다.

108. 호기성 소화가 혐기성 소화에 비하여 좋은 점에 대한 설명으로 옳지 않은 것은?

㉮ 최초 공사비 절감
㉯ 상징수의 수질 양호
㉰ 악취 발생 감소
㉱ 소화슬러지의 탈수 우수

■해설 혐기성 소화와 호기성 소화의 비교

호기성 소화	혐기성 소화
• 시설비가 적게 든다. • 운전이 용이하다. • 비료가치가 크다. • 동력이 소요된다. • 소규모 활성슬러지 처리에 적합하다. • 처리수 수질이 양호하다.	• 시설비가 많이 든다. • 온도, 부하량 변화에 적응시간이 길다. • 병원균을 죽이거나 통제할 수 있다. • 영양소 소비가 적다. • 슬러지 생산이 적다. • CH_4과 같은 유용한 가스를 얻는다.

∴ 소화슬러지의 탈수가 우수한 방식은 혐기성 소화이다.

109. 여과지에서 처리되는 수량이 1,500m^3/day이고 여과지 면적이 200m^2일 경우 여과속도는?

㉮ 3.5m/day ㉯ 7.5m/day
㉰ 15.5m/day ㉱ 30.5m/day

■해설 여과지의 여과속도

㉠ 여과지의 여과속도

$$V = \frac{Q}{A}$$

㉡ 여과지 속도의 산정

$$V = \frac{Q}{A} = \frac{1,500}{200} = 7.5\text{m/day}$$

110. 수원에 대한 설명 중 틀린 것은?

㉮ 천층수는 지표면에서 깊지 않은 곳에 위치함으로써 공기의 투과가 양호하므로 산화작용이 활발하게 진행된다.
㉯ 심층수는 대지의 정화작용으로 무균 또는 거의 이에 가까운 것이 보통이다.
㉰ 용천수는 지하수가 자연적으로 지표로 솟아나온 것으로 그 성질은 대개 지표수와 비슷하다.
㉱ 복류수는 대체로 수질이 양호하며 정수공정에서 침전지를 생략하는 경우도 있다.

■해설 지하수의 종류별 특징

㉠ 천층수는 제1불투수층 위를 흐르는 물로 이 구간을 통기대라 하며, 공기투과가 양호하여 산화작용이 활발하게 일어나는 것이 특징이다.
㉡ 심층수는 제2불투수층 위를 흐르는 물로 대지의 정화작용에 의해 이곳의 물은 무균상태에 가까운 것이 특징이다.
㉢ 용천수는 심층수와 함께 포화대를 흐르다 지반의 약한 곳을 뚫고 나온 물로 그 성질은 심층수와 비슷하다.
㉣ 복류수는 하천이나 호소의 바닥의 모래나 자갈 속에 있는 물로 , 대체로 수질이 양호하며 정수처리 시 간이정수처리(침전지 생략) 후 사용이 가능하다.

111. 상수원수에 포함된 암모니아성 질소를 양이온 교환법에 의하여 제거하려고 한다. 양이온 교환수지의 암모니아 이온교환 능력이 1,000g당량/m^3일 때 암모니아성 질소가 5ppm, 유량이 10,000m^3/day인 원수를 처리하기 위한 양이온 교환수지의 용적(m^3/day)은?(단, 암모니아 이온(NH_4^+)의 분자량은 18이다.)

㉮ 1.5m^3/day　　㉯ 2.8m^3/day
㉰ 3.2m^3/day　　㉱ 4.0m^3/day

■해설 이온교환수지의 용적
㉠ 전체 유량에 포함된 암모니아성 질소의 양

$$\frac{5mg/l \times 10^{-3}(g)}{10^{-3}(m^3)} \times 10,000m^3/day = 50,000g/day$$

㉡ 이온교환능력을 고려한 양이온 교환수지의 용적

$$50,000g/day \times \frac{1}{1,000}m^3/g = 50m^3/day$$

㉢ 암모니아 이온의 분자량을 고려한 양이온 교환수지의 용적

$$50m^3/day \times \frac{1}{18} = 2.8m^3/day$$

112. 강우강도 $I = \frac{280}{\sqrt{t}+0.28}$ mm/hr, 배수면적이 15,000m^2, 유출계수가 0.7인 지역에 강우지속시간 t가 5분일 때 유출량 Q은?

㉮ 0.325m^3/sec　　㉯ 0.65m^3/sec
㉰ 3.25m^3/sec　　㉱ 6.5m^3/sec

■해설 우수유출량의 산정
㉠ 합리식의 적용 확률연수는 10~30년을 원칙으로 한다.

$$Q = \frac{1}{360}CIA$$

여기서, Q : 우수량(m^3/sec)
C : 유출계수(무차원)
I : 강우강도(mm/hr)
A : 유역면적(ha)

㉡ 강우강도의 산정

$$I = \frac{280}{\sqrt{t}+0.28} = \frac{280}{\sqrt{5}+0.28} = 111.3mm/hr$$

㉢ 계획우수유출량의 산정

- $Q = \frac{1}{360}CIA = \frac{1}{360} \times 0.7 \times 111.3 \times 1.5 = 0.325m^3/sec$
- 1ha = 10,000m^2

113. 하수도계획의 목표연도는 원칙적으로 몇 년을 기준으로 하는가?

㉮ 5년　　㉯ 10년
㉰ 20년　　㉱ 30년

■해설 하수도 목표연도
하수도 계획의 목표연도는 시설의 내용연수, 건설기간 등을 고려하여 20년을 원칙으로 한다.

114. 정수시설의 설계기준이 되는 계획정수량의 기준이 되는 것은?

㉮ 계획 1일 최소급수량
㉯ 계획 1일 평균급수량
㉰ 계획 1일 최대급수량
㉱ 계획 시간최대급수량

■해설 급수량의 선정

종류	내용
계획 1일 최대급수량	수도시설 규모 결정의 기준이 되는 수량 =계획 1일 평균급수량 ×1.5(중·소도시), 1.3(대도시, 공업도시)
계획 1일 평균급수량	재정계획수립에 기준이 되는 수량 =계획 1일 최대급수량 × 0.7(중·소도시), 0.8(대도시, 공업도시)
계획 시간 최대급수량	배수 본관의 구경 결정에 사용=계획 1일 최대급수량/24×1.3(대도시, 공업도시), 1.5(중·소도시), 2.0(농촌, 주택단지)

∴ 계획 정수량의 설계기준은 계획 1일 최대급수량이다.

115. (　) 안에 적당한 용어가 순서대로 나열된 것은?

> 펌프를 선정하려면 먼저 필요한 (　), (　)를(을) 결정한 다음, 특성곡선을 이용하여 (　)를(을) 정하고 가장 적당한 형식을 선정한다.

㉮ 토출량, 전양정, 회전수
㉯ 구경, 양정, 회전수
㉰ 동수두, 정수두, 토출량
㉱ 전양정, 회전수, 동수두

■ 해설 펌프의 선정
펌프 선정의 가장 중요한 요건은 토출량과 양정으로 펌프 선정에 있어서 가장 먼저 토출량과 전양정을 결정하고, 펌프특성곡선을 이용하여 회전수를 결정한 후에 적당한 형식을 선정하면 된다.

116. 계획 1일 평균오수량은 계획 1일 최대오수량의 약 몇 %를 표준으로 하는가?

㉮ 70~80%　　㉯ 40~50%
㉰ 30~40%　　㉱ 10~20%

■ 해설 오수량의 산정

종류	내용
계획오수량	계획오수량은 생활오수량, 공장폐수량, 지하수량으로 구분할 수 있다.
지하수량	지하수량은 1인 1일 최대오수량의 10~20%를 기준으로 한다.
계획 1일 최대오수량	• 1인 1일 최대오수량 × 계획급수인구+(공장폐수량, 지하수량, 기타 배수량) • 하수처리 시설의 용량 결정의 기준이 되는 수량
계획 1일 평균오수량	• 계획 1일 최대오수량의 70(중·소도시)~80%(대·공업도시) • 하수처리장 유입하수의 수질을 추정하는 데 사용되는 수량
계획 시간 최대오수량	• 계획 1일 최대오수량의 1시간당 수량에 1.3~1.8배를 표준으로 한다. • 오수관거 및 펌프설비 등의 크기를 결정하는 데 사용되는 수량

∴ 계획 1일 평균오수량은 계획 1일 최대오수량의 70~80%를 표준으로 한다.

117. 하수관로의 접합방법 중 수리학적으로 양호하며 특별한 경우를 제외하고는 원칙적으로 사용되는 방법은?

㉮ 계단접합
㉯ 수면접합
㉰ 관저접합
㉱ 관중심접합

■ 해설 관거의 접합방법

종류	특징
수면 접합	수리학적으로 가장 좋은 방법으로 관내 수면을 일치시키는 방법이다.
관정 접합	관거의 내면 상부를 일치시키는 방법으로 굴착깊이가 증대되고, 공사비가 증가된다.
관중심 접합	관중심을 일치시키는 방법으로 별도의 수위계산이 필요 없는 방법이다.
관저 접합	관거의 내면 바닥을 일치시키는 방법으로 수리학적으로 불리한 방법이다.
단차 접합	지세가 아주 급한 경우 토공량을 줄이기 위해 사용하는 방법이다.
계단 접합	지세가 매우 급한 경우 관거의 기울기와 토공량을 줄이기 위해 사용하는 방법이다.

∴ 수리학적으로 가장 유리하며, 특별한 경우를 제외하고 원칙적으로 사용하는 방법은 수면접합이다.

118. 지반고가 50m인 지역에 하수관을 매설하려고 한다. 하수관의 지름이 300mm일 때, 최소 흙두께를 고려한 관로 시점부의 관저고(관 하단부의 표고)는?

㉮ 49.7m　　㉯ 49.5m
㉰ 49.0m　　㉱ 48.7m

■ 해설 관로의 매설깊이
㉠ 관로의 최소 흙두께는 1m를 표준으로 한다.
㉡ 관저고의 산정
관 시점부의 관 하단부 표고의 산정은 최소 흙두께 1m에 관의 직경 0.3m를 지반고 50m에서 빼주면 48.7m가 된다.

119. 펌프의 성능상태에서 비속도(N_s) 값의 정의로 옳은 것은?

㉮ 물을 1m 양수하는 데 필요한 회전수
㉯ 1HP의 동력으로 물을 1m 양수하는 데 필요한 회전수
㉰ 물을 $1m^3$/min의 유량으로 1m 양수하는 데 필요한 회전수
㉱ 1HP의 동력으로 물을 $1m^3$/min 양수하는 데 필요한 회전수

해설 비교회전도

㉠ 비교회전도란 펌프나 송풍기 등의 형식을 나타내는 지표로 펌프의 경우 1m³/min의 유량을 1m 양수하는 데 필요한 회전수(N_s)를 말한다.

$$N_s = N\frac{Q^{\frac{1}{2}}}{H^{\frac{3}{4}}}$$

여기서, N : 표준회전수
Q : 토출량
H : 양정

㉡ 비교회전도의 특징

- N_s가 작아지면 양정은 크고 유량은 적은 고양정, 고효율펌프로 가격은 비싸다.
- 유량과 양정이 동일하다면 표준회전수(N)가 클수록 N_s가 커진다.
- N_s가 클수록 유량은 많고 양정은 적은 저양정, 저효율 펌프가 된다.
- N_s는 펌프 형식을 나타내는 지표로 N_s가 동일하면 펌프의 크고 작음에 관계없이 동일 형식의 펌프로 본다.

∴ N_s는 1m³/min의 물을 1m 양수하는 데 필요한 회전수를 의미한다.

120. 취수지점의 선정에 고려하여야 할 사항으로 옳지 않은 것은?

㉮ 계획수취량을 안정적으로 취수할 수 있어야 한다.
㉯ 강 하구로서 염수의 혼합이 충분하여야 한다.
㉰ 장래에도 양호한 수질을 확보할 수 있어야 한다.
㉱ 구조상의 안정을 확보할 수 있어야 한다.

해설 취수지점 선정 시 고려사항

㉠ 수리권 확보가 가능한 곳
㉡ 수도시설의 건설 및 유지관리가 용이하며 안전하고 확실한 곳
㉢ 수도시설의 건설비 및 유지관리비가 저렴한 곳
㉣ 장래의 확장을 고려할 때 유리한 곳
∴ 강 하구의 염수가 혼합되면 상수원 취수에는 부적합하다.

 |해답| 120.㉯

Industrial Engineer Civil Engineering

과년도 출제문제 및 해설 (2013년 9월 28일 시행)

제1과목 응용역학

01. 그림과 같은 단순보에 등분포 하중이 작용할 때 이 보의 단면에 발생하는 최대 휨응력은?

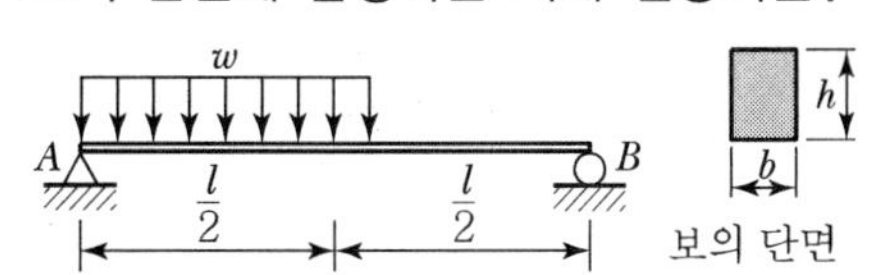

㉮ $\dfrac{3wl^2}{64bh^2}$ ㉯ $\dfrac{23wl^2}{64bh^2}$

㉰ $\dfrac{25wl^2}{64bh^2}$ ㉱ $\dfrac{27wl^2}{64bh^2}$

해설

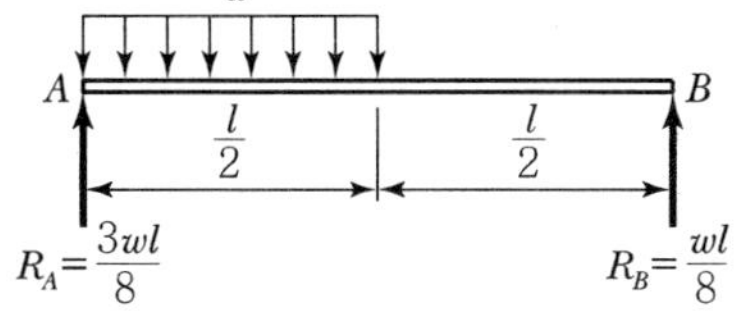

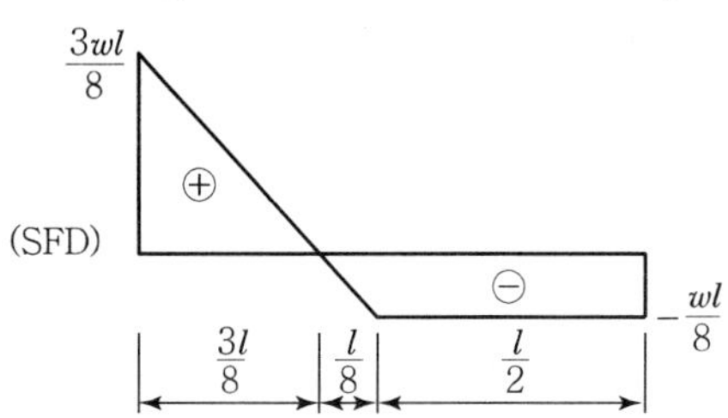

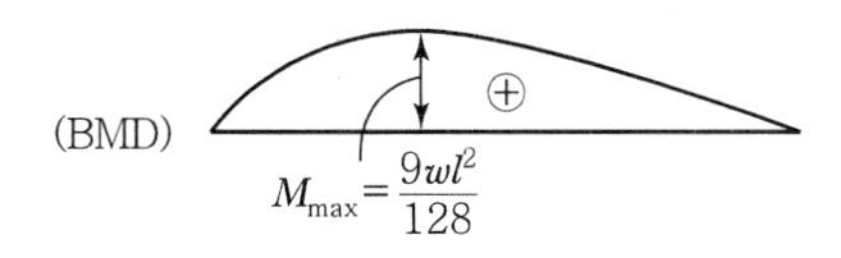

$$\sigma_{max} = \frac{M_{max}}{Z} = \frac{6}{bh^2} \cdot \frac{9wl^2}{128} = \frac{27wl^2}{64bh^2}$$

02. 다음과 같은 부재에 발생할 수 있는 최대 전단응력은?

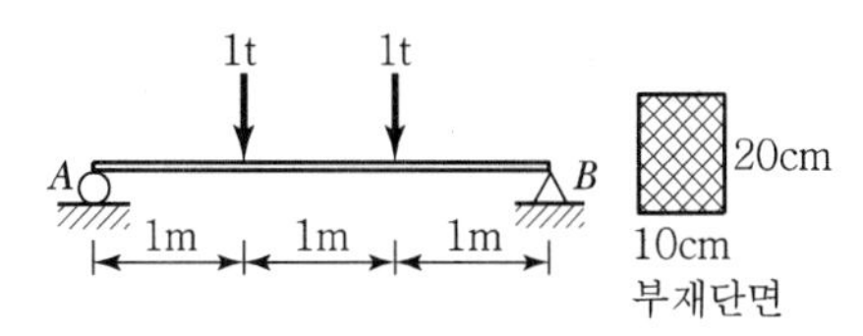

㉮ 7.5kg/cm² ㉯ 8.0kg/cm²

㉰ 8.5kg/cm² ㉱ 9.0kg/cm²

해설 $S_{max} = R = 1t$ (단순보에서 최대 전단력은 지점반력이다.)

$$\tau_{max} = \alpha \cdot \frac{S_{max}}{A} = \frac{3}{2} \cdot \frac{S_{max}}{bh} = \frac{3\times(1\times10^3)}{2\times10\times20}$$

$$= 7.5\text{kg/cm}^2$$

03. 그림과 같은 보에서 C점의 휨모멘트는?

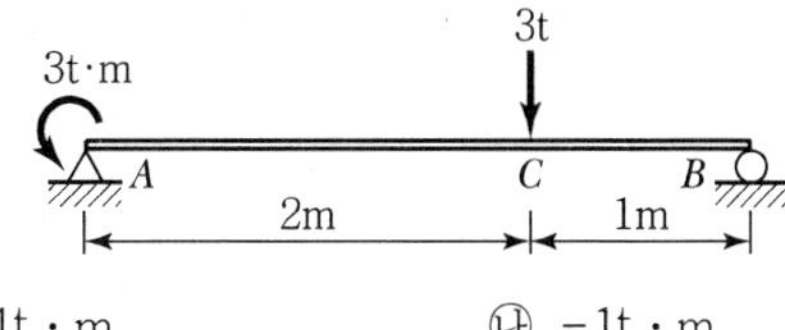

㉮ 1t · m ㉯ −1t · m

㉰ 2t · m ㉱ −2t · m

해설 $\Sigma M_{Ⓐ} = 0(\curvearrowright\oplus)$

$-3 + 3\times2 - R_B \times 3 = 0$

$R_B = 1t(\uparrow)$

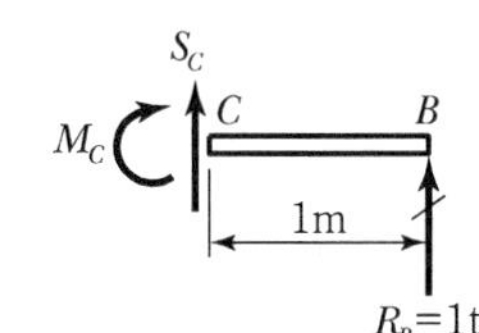

$\Sigma M_{Ⓒ} = 0(\curvearrowright\oplus)$

$M_c - 1\times1 = 0$

$M_c = 1t \cdot m$

04. 단면이 10×10cm인 정사각형이고, 길이 1m인 강재에 10t의 압축력을 가했더니 1mm가 줄어들었다. 이 강재의 탄성계수는?

㉮ $50t/cm^2$　　㉯ $100t/cm^2$
㉰ $150t/cm^2$　　㉱ $200t/cm^2$

해설
$$\Delta l = \frac{Pl}{EA}$$
$$E = \frac{P \cdot l}{\Delta l \cdot A} = \frac{10 \times 100}{0.1 \times (10 \times 10)} = 100t/cm^2$$

05. 그림의 구조물에서 유효성계수를 고려한 부재 AC의 모멘트 분배율 DF_{AC}는 얼마인가?

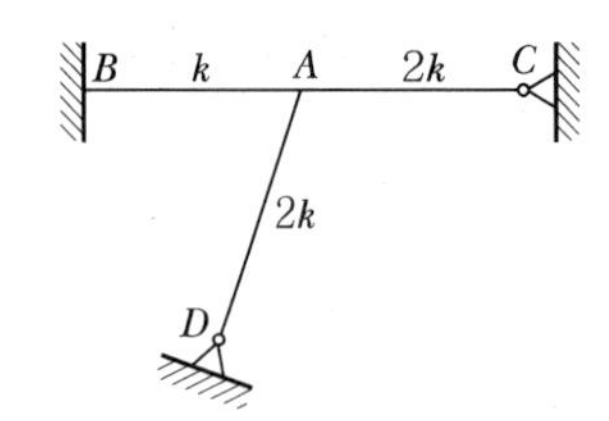

㉮ 0.253　　㉯ 0.375
㉰ 0.407　　㉱ 0.567

해설
$$K_{AB} : K_{AC} : K_{AD} = K : 2K \times \frac{3}{4} : 2K \times \frac{3}{4}$$
$$= 2 : 3 : 3$$
$$DF_{AC} = \frac{K_{AC}}{\Sigma K_i} = \frac{3}{2+3+3} = \frac{3}{8} = 0.375$$

06. 다음 그림과 같은 단순보에서 지점 A로부터 2m 되는 C단면에 발생하는 최대 전단응력은 얼마인가?(단, 이 보의 단면은 폭 10cm, 높이 20cm의 직사각형 단면이다.)

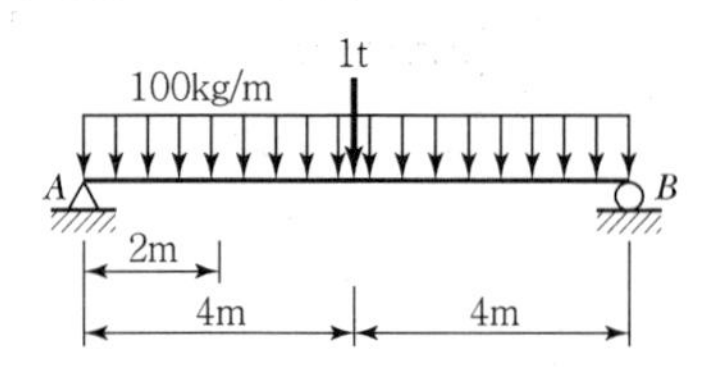

㉮ $3.50kg/cm^2$　　㉯ $4.75kg/cm^2$
㉰ $5.25kg/cm^2$　　㉱ $6.00kg/cm^2$

해설 $\Sigma M_{Ⓑ} = 0(\curvearrowright \oplus)$
$$R_A \times 8 - (100 \times 8) \times 4 - 1{,}000 \times 4 = 0$$
$$R_A = 900\text{kg}(\uparrow)$$

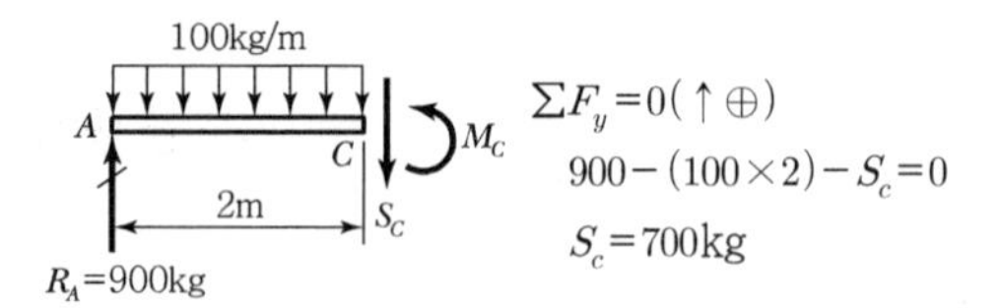

$$\Sigma F_y = 0(\uparrow \oplus)$$
$$900 - (100 \times 2) - S_c = 0$$
$$S_c = 700\text{kg}$$

$$\tau_{c,\max} = \alpha \cdot \frac{S_c}{A}$$
$$= \frac{3}{2} \cdot \frac{S_c}{bh} = \frac{3}{2} \cdot \frac{700}{10 \times 20} = 5.25\ \text{kg/cm}^2$$

07. 재질과 단면적과 길이가 같은 장주에서 양단활절 기둥의 좌굴하중과 양단고정 기둥의 좌굴하중의 비는?

㉮ 1 : 16　　㉯ 1 : 8
㉰ 1 : 4　　㉱ 1 : 2

해설
$$P_{cr} = \frac{\pi^2 EI}{(kl)^2} = \frac{C}{k^2}\left(C = \frac{\pi^2 EI}{l^2}\text{라 두면}\right)$$
$$P_{cr}\text{ (양단활절)} : P_{cr}\text{ (양단고정)} = \frac{C}{1^2} : \frac{C}{0.5^2}$$
$$= 1 : 4$$

08. 아래 그림과 같은 라멘의 부정정 차수는?

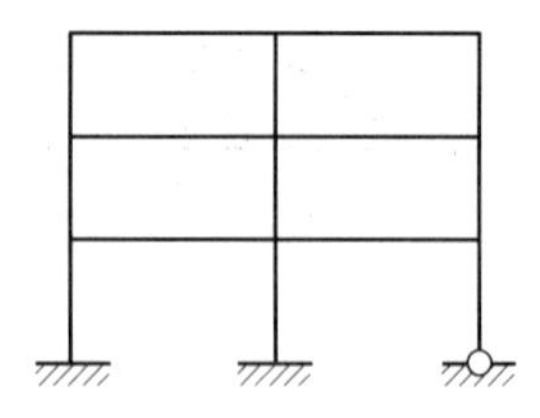

㉮ 16차　　㉯ 17차
㉰ 18차　　㉱ 19차

해설 (일반적인 경우)
$$N = r + m + s - 2P$$
$$= 8 + 15 + 18 - 2 \times 12 = 17\text{차 부정정}$$

|해답| 4.㉯ 5.㉯ 6.㉰ 7.㉰ 8.㉯

■ 별해 (라멘의 경우)

$N=3B-j-2R-H$

$=3\times6-0-2\times0-2\times1=17$차 부정정

09. 1방향 편심을 갖는 한 변이 30cm인 정사각형 단주에서 100t의 편심하중이 작용할 때, 단면에 인장력이 생기지 않기 위한 편심(e)의 한계는 기둥의 중심에서 얼마가 떨어진 곳인가?

㉮ 5.0cm ㉯ 6.7cm

㉰ 7.7cm ㉱ 8.0cm

■ 해설 $k_x=\dfrac{h}{6}=\dfrac{30}{6}=5\text{cm}$

10. 그림과 같은 음영 부분의 단면적 A인 단면에서 도심 y를 구한 값은?

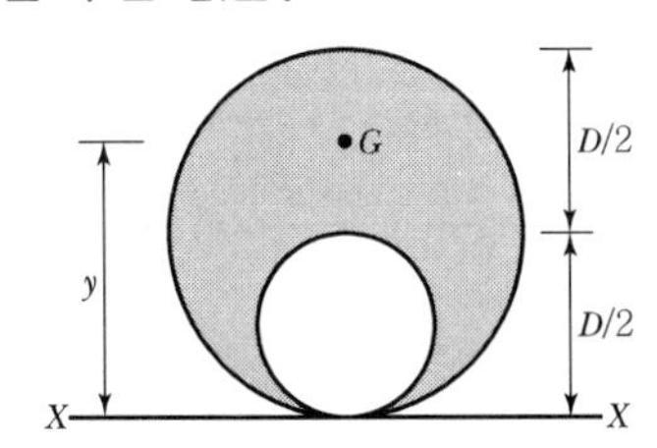

㉮ $\dfrac{5D}{12}$ ㉯ $\dfrac{6D}{12}$

㉰ $\dfrac{7D}{12}$ ㉱ $\dfrac{8D}{12}$

■ 해설 $G_x=G_{x1}$(큰 원) $-\,G_{x2}$(작은 원)

$$y_o=\frac{G_x}{A}=\frac{\left(\dfrac{\pi D^2}{4}\right)\left(\dfrac{D}{2}\right)-\left\{\dfrac{\pi\left(\dfrac{D}{2}\right)^2}{4}\right\}\left(\dfrac{D}{4}\right)}{\left(\dfrac{\pi D^2}{4}\right)-\left\{\dfrac{\pi\left(\dfrac{D}{2}\right)^2}{4}\right\}}$$

$$=\frac{7D}{12}$$

11. 다음 그림과 같은 봉(棒)이 천장에 매달려 B, C, D점에서 하중을 받고 있다. 전 구간의 축강도 EA가 일정할 때 이 같은 하중하에서 BC 구간이 늘어나는 길이는?

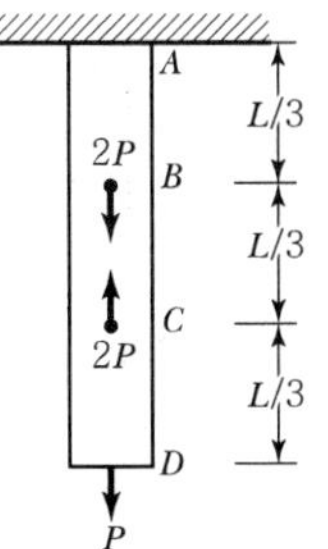

㉮ $-\dfrac{2PL}{3EA}$

㉯ $-\dfrac{PL}{3EA}$

㉰ $-\dfrac{3PL}{2EA}$

㉱ 0

■ 해설

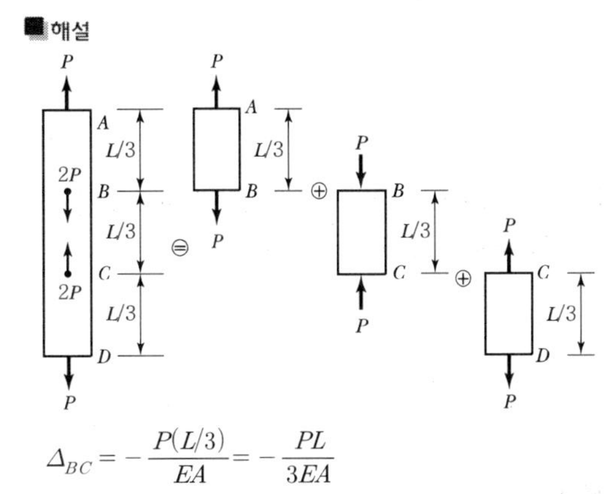

$$\Delta_{BC}=-\frac{P(L/3)}{EA}=-\frac{PL}{3EA}$$

12. 다음의 트러스에서 부재 D_1의 응력은?

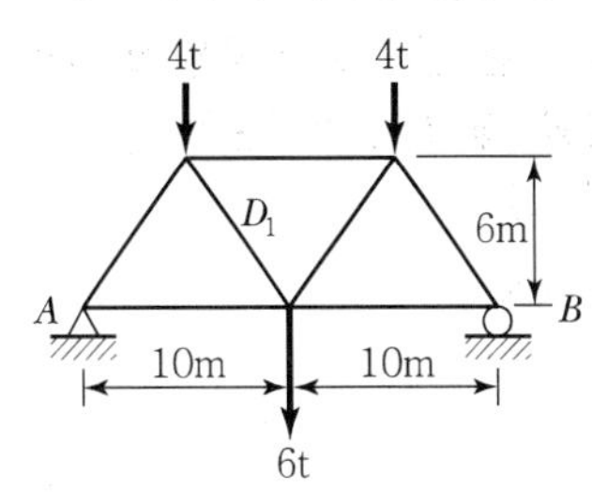

㉮ 3.4t(인장) ㉯ 3.6t(인장)

㉰ 4.24t(인장) ㉱ 3.91t(인장)

■ 해설 $\Sigma M_{Ⓑ}=0(\curvearrowright\oplus)$

$R_A\times20-4\times15-6\times10-4\times5=0$

$R_A=7\text{t}(\uparrow)$

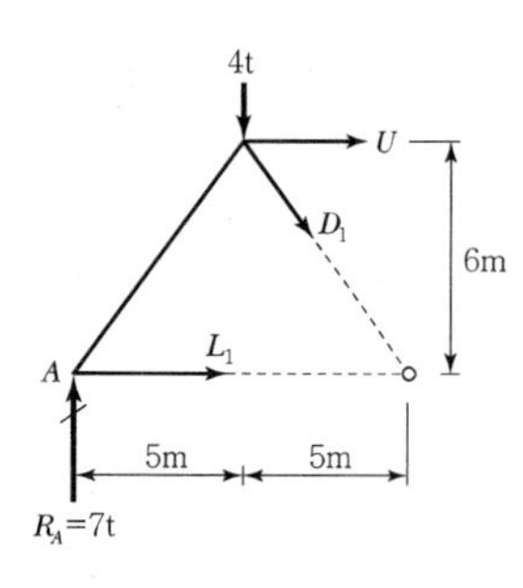

$\Sigma F_y = 0(\uparrow \oplus)$

$$7-4-D_1\frac{6}{\sqrt{5^2+6^2}}=0$$

$$D_1=\frac{\sqrt{61}}{2}=3.905\text{t (인장)}$$

13. 어떤 재료의 탄성계수가 E, 푸아송비가 ν일 때 이 재료의 전단 탄성계수 G는?

㉮ $G=\dfrac{E}{1+\nu}$　　㉯ $G=\dfrac{E}{2(1+\nu)}$

㉰ $G=\dfrac{E}{1-\nu}$　　㉱ $G=\dfrac{E}{2(1-\nu)}$

■해설 $G=\dfrac{E}{2(1+\nu)}$

14. 단면 폭 20cm, 높이 30cm이고, 길이 6m의 나무로 된 단순보의 중앙에 2t의 집중하중이 작용할 때 최대처짐은?(단, $E=1.0\times10^5$kg/cm^{2}이다.)

㉮ 0.5cm　　㉯ 1.0cm

㉰ 1.5cm　　㉱ 2.0cm

■해설 $y_{\max}=\dfrac{Pl^3}{48EI}=\dfrac{Pl^3}{48E\left(\dfrac{bh^3}{12}\right)}=\dfrac{Pl^3}{4Ebh^3}$

$$=\frac{(2\times10^3)\times(6\times10^2)^3}{4\times(1\times10^5)\times20\times30^3}=2\text{cm}$$

15. 부정정 구조물의 해석법인 처짐각법에 대한 설명으로 틀린 것은?

㉮ 보와 라멘에 모두 적용할 수 있다.

㉯ 고정단 모멘트를 계산하여야 한다.

㉰ 모멘트 분배율의 계산이 필요하다.

㉱ 지점침하나 부재가 회전했을 경우에도 사용할 수 있다.

■해설 모멘트 분배율은 모멘트 분배법을 사용할 때 필요하다.

16. 다음 그림과 같은 원의 X축에 대한 단면 2차모멘트는?

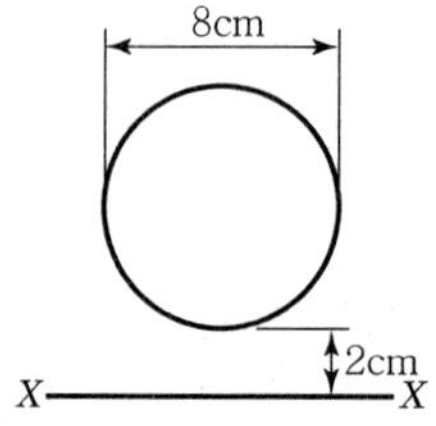

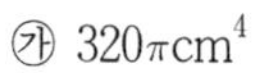
㉮ $320\pi\text{cm}^4$

㉯ $480\pi\text{cm}^4$

㉰ $640\pi\text{cm}^4$

㉱ $720\pi\text{cm}^4$

■해설 $I_x=I_{xo}+Ay_o^{\,2}$

$$=\frac{\pi\times8^4}{64}+\frac{\pi\times8^2}{4}\times6^2=640\pi\text{cm}^4$$

17. 5t과 8t인 두 힘의 합력(R)이 10t일 때 두 힘 사이의 각 α는?

㉮ 82.1°

㉯ 83.8°

㉰ 51.3°

㉱ 67.0°

■해설 $R^2=P_1^2+P_2^2+2P_1P_2\cos\alpha$

$$\alpha=\cos^{-1}\left(\frac{R^2-P_1^{\,2}-P_2^{\,2}}{2P_1P_2}\right)$$

$$=\cos^{-1}\left(\frac{10^2-8^2-5^2}{2\times8\times5}\right)=82.1°$$

|해답| 13.㉯ 14.㉱ 15.㉰ 16.㉰ 17.㉮

18. 양단이 고정되어 있는 길이 10m의 강(鋼)이 15℃에서 40℃로 온도상승할 때 응력은?(단, $E=2.1\times10^6$kg/cm², 선팽창계수 $\alpha=0.00001$/℃)

㉮ 475kg/cm²
㉯ 500kg/cm²
㉰ 525kg/cm²
㉱ 538kg/cm²

해설 $\sigma_t=E\cdot\alpha\cdot\Delta t$
$=(2.1\times10^6)\times(0.00001)\times(40-15)$
$=525$kg/cm²

19. 단일 집중하중 P가 길이 l인 캔틸레버 보의 자유단 끝에 작용할 때 최대 처짐의 크기는?(단, EI는 일정하다.)

㉮ $\dfrac{Pl^2}{2EI}$ ㉯ $\dfrac{Pl^3}{2EI}$
㉰ $\dfrac{Pl^2}{3EI}$ ㉱ $\dfrac{Pl^3}{3EI}$

해설 $y_{\max}=\dfrac{Pl^3}{3EI}$

20. 에너지 불변의 법칙을 옳게 기술한 것은?

㉮ 탄성체에 외력이 작용하면 이 탄성체에 생기는 외력의 일과 내력이 한 일의 크기는 같다.
㉯ 탄성체에 외력이 작용하면 외력의 일과 내력이 한 일의 크기의 비가 일정하게 변화한다.
㉰ 외력의 일과 내력의 일이 일으키는 휨모멘트의 값은 변하지 않는다.
㉱ 외력과 내력에 의한 처짐비는 변하지 않는다.

제2과목 측량학

21. 하폭이 큰 하천의 홍수 시 표면유속 측정에 가장 적합한 방법은?

㉮ 표면부자에 의한 측정
㉯ 수중부자에 의한 측정
㉰ 막대부자에 의한 측정
㉱ 유속계에 의한 측정

해설 표면부자는 홍수 시 표면유속을 관측할 때 사용한다.

22. 절토면의 형상이 그림과 같을 때 절토면적은?

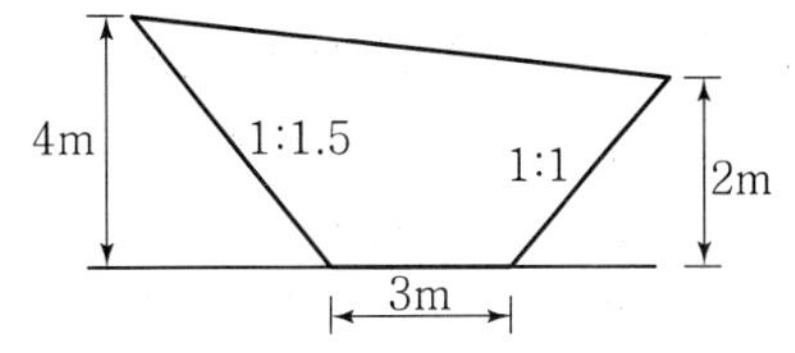

㉮ 12.0m² ㉯ 13.5m²
㉰ 16.5m² ㉱ 19.0m²

해설 절토면적$(A)=\dfrac{1}{2}(4+2)\times11-\dfrac{1}{2}(4\times6+2\times2)$
$=19\text{cm}^2$

23. 트래버스측량에서는 각 관측의 정밀도와 거리관측의 정밀도가 균형을 이루어야 한다. 거리 100m에 대한 관측오차가 ±2mm일 때 각 관측 오차는?

㉮ ±2″ ㉯ ±4″
㉰ ±6″ ㉱ ±8″

해설 ① $\dfrac{\Delta l}{l}=\dfrac{\theta''}{\rho''}$
② $\theta''=\dfrac{\Delta l}{l}\rho''=\pm\dfrac{0.002}{100}\times206265''=\pm4''$

24. 수준측량에서 정오차에 해당되는 것은?

㉮ 관측 중의 기상변화
㉯ 야장기록의 오기
㉰ 표척눈금의 불완전
㉱ 기포관의 둔감

해설 정오차
① 표척의 0점 오차
② 표척눈금부정 오차
③ 대기굴절 오차
④ 지구곡률 오차
⑤ 표척기울기 오차
⑥ 시준축 오차

25. 등고선에 대한 설명으로 틀린 것은?

㉮ 등고선은 능선 또는 계곡선과 직교한다.
㉯ 등고선은 최대경사선 방향과 직교한다.
㉰ 등고선은 지표의 경사가 급할수록 간격이 좁다.
㉱ 등고선은 어떤 경우라도 서로 교차하지 않는다.

해설 절벽이나 동굴에서 교차한다.

26. 촬영고도가 3,500m이고 초점거리가 153mm인 사진기에서 촬영된 사진 상에서 주점으로부터 거리가 75.3mm인 곳에 나타난 높이 300m인 굴뚝의 기복변위량은?

㉮ 3.7mm　　㉯ 5.3mm
㉰ 5.9mm　　㉱ 6.5mm

해설 기복변위
① $\dfrac{\Delta r}{r}=\dfrac{h}{H}$
② $\Delta r=\dfrac{h}{H}\times r$
$=\dfrac{300}{3,500}\times 0.0753=0.006454\text{m}=6.5\text{mm}$

27. 측선 AB를 기준으로 하여 C 방향의 협각을 관측하였더니 257° 36′ 37″이었다. 그런데 B점에 편위가 있어 그림과 같이 실제 관측한 점이 B′이었다면 정확한 협각은 얼마인가?(단, BB′=20cm, ∠B′BA=150°, AB=2km)

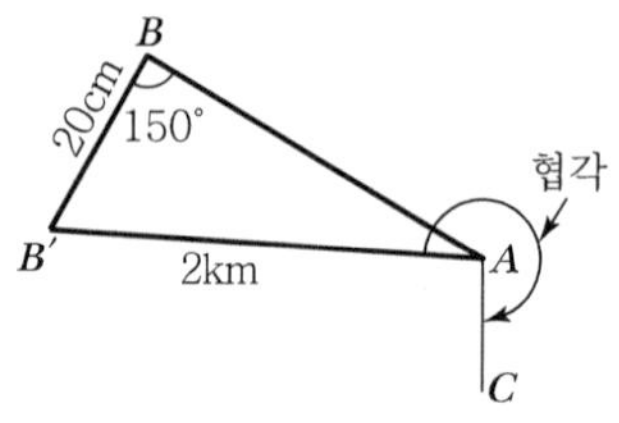

㉮ 257° 36′ 17″　　㉯ 257° 36′ 27″
㉰ 257° 36′ 37″　　㉱ 257° 36′ 47″

해설 ① $\dfrac{2,000}{\sin 150°}=\dfrac{0.2}{\sin x}$
$\sin x=\dfrac{0.2}{2,000}\times\sin 150°$
② $x=\sin^{-1}\left(\dfrac{0.2}{2,000}\times\sin 150°\right)=0°0'10.31''$
여기서, x는 ∠BAB′
③ 정확한 협각 = 관측한 협각 − x
$=257°\,36'\,37''-0°\,0'\,10.31''$
$\fallingdotseq 257°\,36'\,27''$

28. 그림과 같이 원곡선을 설치하고자 할 때 교점(P)에 장애물이 있어 ∠ACD=150°, ∠COD=90° 및 CD의 거리 400m를 관측하였다. C 점으로부터 곡선 시점 A까지의 거리는?(단, 곡선의 반지름은 500m로 한다.)

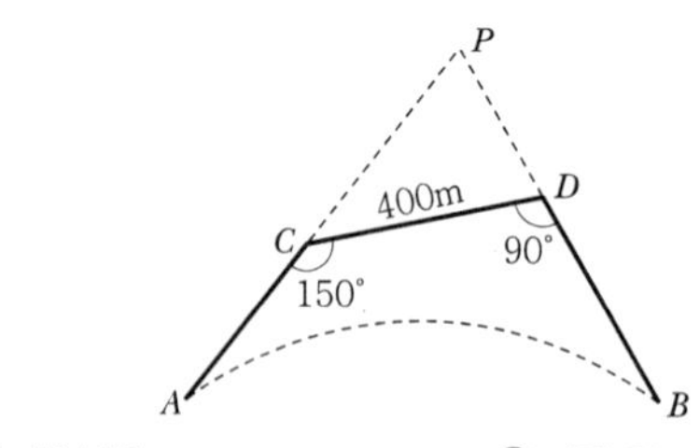

㉮ 404.15m　　㉯ 425.88m
㉰ 453.15m　　㉱ 461.88m

해설 ① 교각$(I)=30°+90°=120°$
② $\overline{\text{CP}}=\dfrac{400}{\sin 60°}\cdot\sin 90°=461.88\text{m}$

③ 접선장(T.L) $= R\tan\frac{I}{2}$

$= 500 \times \tan\frac{120}{2}$

$= 866.03\text{m}$

④ AC거리 $= \text{T.L} - \overline{\text{CP}}$

$= 866.03 - 461.88$

$= 404.15\text{m}$

29. 도로설계에 있어서 곡선의 반지름과 설계속도가 모두 2배가 되면 캔트(Cant)의 크기는 몇 배가 되는가?

㉮ 2배 ㉯ 4배
㉰ 6배 ㉱ 8배

해설 ① 캔트$(C) = \frac{SV^2}{gR}$

② R이 2배이면 $C = \frac{1}{2}$배, V가 2배이면 $C = 4$배이므로 R과 V가 2배이면 캔트(C)=2배이다.

30. B.M.의 표고가 98.760m일 때, B점의 지반고는?(단, 단위 : m)

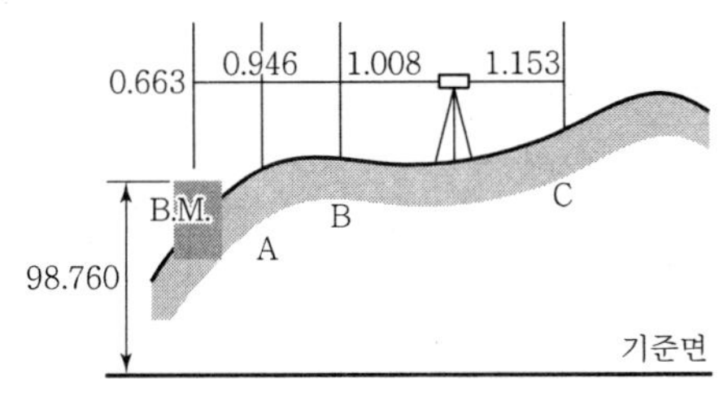

측점	관측값	측점	관측값
B.M.	0.663	B	1.008
A	0.946	C	1.153

㉮ 98.270m ㉯ 98.415m
㉰ 98.477m ㉱ 99.768m

해설 $H_B = \text{B.M} + 0.663 - 1.008$

$= 98.760 + 0.663 - 1.008 = 98.415\text{m}$

31. A점과 B점의 표고가 각각 102m, 123m이고 AB의 거리가 14m일 때 110m 등고선은 A점으로부터 몇 m의 거리에 있는가?

㉮ 16.3m ㉯ 12.3m
㉰ 8.3m ㉱ 5.3m

해설

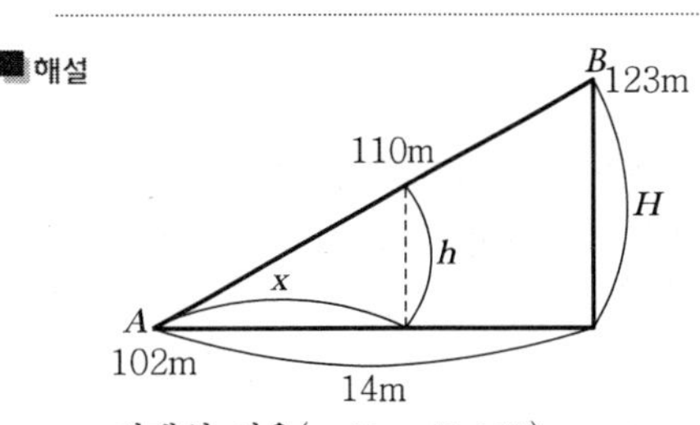

비례식 이용$(x : h = D : H)$

① $x : (110\text{-}102) = 14 : (123\text{-}102)$

② $x = \frac{8 \times 14}{11} = 5.3\text{m}$

32. 트래버스측량의 오차 조정으로 컴퍼스 법칙을 사용하는 경우로 옳은 것은?

㉮ 각 관측과 거리 관측의 정밀도가 거의 같을 경우
㉯ 각 관측의 정밀도가 거리 관측의 정밀도보다 좋은 경우
㉰ 거리 관측의 정밀도가 각 관측의 정밀도보다 좋은 경우
㉱ 각 관측과 거리 관측의 정밀도가 현저하게 나쁜 경우

해설 폐합 오차 조정

① 컴퍼스 법칙 : $\frac{\Delta L}{L} = \frac{\theta''}{\rho''}$인 경우

② 트랜싯 법칙 : $\frac{\Delta L}{L} < \frac{\theta''}{\rho''}$인 경우

33. 초점거리가 210mm인 카메라로 표고 570m 지형을 축척 1/25,000으로 촬영한 연직사진의 촬영 고도는?

㉮ 5,050m ㉯ 5,250m
㉰ 5,820m ㉱ 6,020m

■해설 ① $\frac{1}{m}=\frac{f}{H-570}=\frac{1}{25,000}$

② $H=f\cdot m+570$

$=0.21\times25,000+570=5,820\text{m}$

34. 매개변수(A)가 90m인 클로소이드 곡선상의 시점에서 곡선길이(L)가 30m일 때 곡선의 반지름(R)은?

㉮ 120m　㉯ 150m
㉰ 270m　㉱ 300m

■해설 ① 매개변수$(A^2)=R\cdot L$

② $R=\frac{A^2}{L}=\frac{90^2}{30}=270\text{m}$

35. 줄자를 사용하여 2점 간의 거리를 실측하였더니 45m이고 이에 대한 보정치가 4.05×10^{-3}m이다. 사용한 줄자의 표준온도가 10℃라 하면 실측시의 온도는?(단, 선 팽창계수=1.8×10^{-5}/℃)

㉮ 5℃　㉯ 10℃
㉰ 15℃　㉱ 20℃

■해설 온도보정

① $C_t=\alpha\cdot L\cdot(t-t_o)$

$t=\frac{C_t}{\alpha L}+t_0$

② $t=\frac{4.05\times10^{-3}}{1.8\times10^{-5}\times45}+10$

$=15℃$

36. 축척이 1/5,000인 도면상에서 택지개발지구의 면적을 구하였더니 34.98cm²였다면 실면적은?

㉮ 1,749m²　㉯ 87,450m²
㉰ 14,900m²　㉱ 8,745,000m²

■해설 실제면적= 도상면적$\times M^2$

$=\left(34.98\times\frac{1}{100^2}\right)\times5,000^2=87,450\text{m}^2$

37. 우리나라의 노선측량에서 고속도로에 주로 이용되는 완화곡선은?

㉮ 클로소이드 곡선
㉯ 렘니스케이트 곡선
㉰ 2차 포물선
㉱ 3차 포물선

■해설 ① 클로소이드 곡선 : 고속도로
② 3차 포물선 : 철도
③ 렘니스케이트 곡선 : 시가지 지하철
④ 반파장 sine 곡선 : 고속철도

38. 직사각형의 면적을 구하기 위해 거리를 관측한 결과, 가로=50±0.01m, 세로=100.00±0.02m 이었다면 면적과 발생 오차는?

㉮ 5,000±1.41m²　㉯ 5,000±0.02m²
㉰ 5,000±0.0141m²　㉱ 5,000±0.0002m²

■해설 면적관측 시 오차

① $M=\pm\sqrt{(L_2m_1)^2+(L_1m_2)^2}$

$=\pm\sqrt{(100\times0.01)^2+(50\times0.02)^2}$

$=\pm1.41\text{m}^2$

② $A_0=A\pm M$

$=100\times50\pm M$

$=5,000\pm1.41\text{m}^2$

39. 평판측량 방법 중 기지점에 평판을 세워 미지점에 대한 방향선만을 그어 미지점의 위치를 결정할 수 있는 방법은?

㉮ 전진법　㉯ 방사법
㉰ 승강법　㉱ 교회법

|해답| 34.㉰ 35.㉰ 36.㉯ 37.㉮ 38.㉮ 39.㉱

해설 ① 교회법은 기지점에 평판을 세워 미지점을 시준하여 교차점으로부터 점의 위치를 구한다.
② 기계를 세우는 위치에 따라 전방교회법, 측방교회법, 후방교회법이 있다.

40. 유심삼각망에 관한 설명으로 옳은 것은?

㉮ 삼각망 중 가장 정밀도가 높다.
㉯ 대규모 농지, 단지 등 방대한 지역의 측량에 적합하다.
㉰ 기선을 확대하기 위한 기선삼각망측량에 주로 사용된다.
㉱ 하천, 철도, 도로와 같이 측량구역의 폭이 좁고 긴 지형에 적합하다.

해설 유심삼각망
① 넓은 지역의 측량에 적합하다(농지, 공단, 택지 조성 등).
② 동일 측점수에 비해 포함 면적이 넓다.
③ 정밀도는 단열삼각망보다 높고 사변형망보다 낮다.

제3과목 수리수문학

41. 원형 오리피스의 지름을 d라 할 때 수축단면(Vena Contracta)의 위치는?

㉮ 오리피스로부터 $\frac{d}{2}$ 정도의 위치에서 발생한다.
㉯ 오리피스로부터 $\frac{d}{3}$ 정도의 위치에서 발생한다.
㉰ 오리피스로부터 $\frac{d}{4}$ 정도의 위치에서 발생한다.
㉱ 오리피스로부터 $\frac{d}{5}$ 정도의 위치에서 발생한다.

해설 수축단면적
오리피스를 통과한 분류가 최대로 수축되는 단면적을 수축단면적(Vena Contracta)이라 하며, 수축단면적의 발생위치는 오리피스 직경(D)의 1/2 지점에서 발생된다.

42. 내경이 1,200mm인 송수관이 수두 100m의 수압에 견딜 수 있도록 하기 위한 강관의 최소 두께는?(단, 강관의 허용인장응력은 137.3MPa (1,400kg/cm^2)이다.)

㉮ 2.7mm　㉯ 3.5mm
㉰ 4.3mm　㉱ 5.2mm

해설 강관의 두께
㉠ 강관의 두께

$$t=\frac{PD}{2\sigma_{ta}}$$

여기서, t : 강관의 두께
P : 압력
D : 관의 직경
σ_{ta} : 허용인장응력

㉡ 강관의 두께 산정

$$P=wh=1\times100=100\text{t/m}^2=10\text{kg/cm}^2$$

$$t=\frac{PD}{2\sigma_{ta}}=\frac{10\times120}{2\times1,400}=0.43\text{cm}=4.3\text{mm}$$

43. 폭이 2m이고 수심이 1m인 직사각형 단면수로에서 수리반경(경심)은?

㉮ 0.3m　㉯ 0.5m
㉰ 1m　㉱ 2m

해설 경심
㉠ 경심(동수반경)은 단면적을 윤변으로 나눈 것과 같다.

$$R=\frac{A}{P}$$

㉡ 직사각형 단면의 경심 산정

$$R=\frac{A}{P}=\frac{BH}{B+2H}=\frac{2\times1}{2+2\times1}=0.5\text{m}$$

44. 부체에 관한 설명 중 틀린 것은?

㉮ 수면으로부터 부체의 최심부(가장 깊은 곳)까지의 수심을 흘수라 한다.
㉯ 경심은 부력의 작용선과 물체의 중심선의 교점이다.
㉰ 수중에 있는 물체는 그 물체가 배제한 배수량만큼 가벼워진다.

㉣ 수면에 떠 있는 물체의 경우 경심이 중심보다 위에 있을 때는 불안정한 상태이다.

해설 부력 관련 일반사항

㉠ 부양면으로부터 부체 최심부까지의 깊이를 흘수(Draft)라 한다.

㉡ 부력의 작용선과 물체의 중심선의 교차점을 경심(Meta Center)이라 한다.

㉢ 수중의 물체는 그 물체가 배제한 물의 무게만큼의 부력을 받으므로 그만큼 가벼워진다.

㉣ 수중의 물체는 경심이 중심보다 위에 존재하면 안정하고, 아래에 존재하면 불안정하다.

45. [LMT]계로 나타낸 차원 중 옳은 것은?

㉮ 동점성계수 : $[LT^{-2}]$

㉯ 일(에너지) : $[MLT^{-2}]$

㉰ 표면 장력 : $[MT]$

㉱ 힘 : $[MLT^{-2}]$

해설 차원

㉠ 물리량의 크기를 힘(F), 질량(M), 길이(L), 시간(T)의 지수형태로 표기한 값을 차원이라 한다.

㉡ 물리량들의 차원

구분	LFT계 차원	LMT계 차원
동점성계수	L^2T^{-1}	L^2T^{-1}
일(에너지)	FL	ML^2T^{-2}
표면장력	FL^{-1}	MT^{-2}
힘	F	MLT^{-2}

46. 폭 10m인 직사각형 단면수로에 유량 $16m^3/sec$가 수심 80cm로 흐를 때 비에너지는?(단, 에너지 보정계수 $\alpha=1.1$)

㉮ 0.82m ㉯ 1.02m

㉰ 1.52m ㉱ 2.02m

해설 비에너지

㉠ 단위무게당의 물이 수로 바닥면을 기준으로 갖는 흐름의 에너지 또는 수두를 비에너지라 한다.

$$H_e = h + \frac{\alpha v^2}{2g}$$

여기서, h : 수심, α : 에너지보정계수, v : 유속

㉡ 비에너지의 계산

$$v = \frac{Q}{A} = \frac{16}{10\times0.8} = 2\text{m/sec}$$

$$H_e = h + \frac{\alpha v^2}{2g} = 0.8 + \frac{1.1\times2^2}{2\times9.8}$$

$$= 1.02\text{m}$$

47. 수로폭 4m, 수심 1.5m인 직사각형 수로에서 유량 $24m^3/sec$가 흐를 때 프루드수(Froude Number)와 흐름의 상태는?

㉮ 1.04, 사류 ㉯ 1.04, 상류

㉰ 0.74, 사류 ㉱ 0.74, 상류

해설 흐름의 상태

㉠ 상류(常流)와 사류(射流)의 구분

$$F_r = \frac{V}{C} = \frac{V}{\sqrt{gh}}$$

여기서, V : 유속, C : 파의 전달속도

- $F_r<1$: 상류
- $F_r>1$: 사류
- $F_r=1$: 한계류

㉡ 상류와 사류의 계산

$$V = \frac{Q}{A} = \frac{24}{4\times1.5} = 4\text{m/sec}$$

$$F_r = \frac{V}{C} = \frac{V}{\sqrt{gh}} = \frac{4}{\sqrt{9.8\times1.5}} = 1.04$$

∴ 사류

48. 지름이 800mm인 원관 내에 1.20m/sec의 유속으로 물이 흐르고 있다. 관길이 600m에 대한 마찰손실수두는?(단, 마찰손실계수(f)는 0.04)

㉮ 2.2m ㉯ 2.6m

㉰ 3.0m ㉱ 3.4m

해설 관수로 마찰손실수두

㉠ 마찰손실수두

$$h_L = f\frac{l}{D}\frac{V^2}{2g}$$

|해답| 45.㉱ 46.㉯ 47.㉮ 48.㉮

㉡ 마찰손실수두의 산정

$$h_L = f\frac{l}{D}\frac{V^2}{2g} = 0.04\times\frac{600}{0.8}\times\frac{1.2^2}{2\times9.8}$$
$$= 2.2\text{m}$$

49. 압력 P=980Pa(0.01kg/cm²)일 때 이를 수두로 나타낸 값은?

㉮ 0.01m ㉯ 0.1m
㉰ 0.15m ㉱ 0.2m

해설 압력의 표현

㉠ 압력의 크기

$$P = wh$$

㉡ 수두의 산정

$$P = 0.01\text{kg/cm}^2 = 0.1\text{t/m}^2$$
$$h = \frac{P}{w} = \frac{0.1}{1} = 0.1\text{m}$$

50. 흐르는 유체에 대한 내부마찰력(전단응력)의 크기를 규정하는 뉴턴의 점성식에 영향을 주는 요소로만 짝지어진 것은?

㉮ 점성계수, 속도경사
㉯ 온도, 점성계수
㉰ 압력, 속도, 동점성계수
㉱ 각 변형률, 동점성계수

해설 Newton의 점성법칙

㉠ Newton의 점성법칙

$$\tau = -\mu\frac{du}{dy}$$

여기서, μ : 점성계수, $\frac{du}{dy}$: 속도경사

㉡ 점성법칙의 함수는 점성계수와 속도경사가 관여한다.

51. 안지름 200mm의 관에 대한 조도계수 n=0.012일 때, 마찰손실계수(f)는?

㉮ 0.0255 ㉯ 0.0307
㉰ 0.0410 ㉱ 0.0442

해설 마찰손실계수

㉠ R_e 수와의 관계

- 원관 내 층류 : $f = \frac{64}{R_e}$
- 불완전층류 및 난류의 매끈한 관

$$f = 0.3164R_e^{-\frac{1}{4}}$$

㉡ 조도계수 n과의 관계

$$f = \frac{124.6n^2}{D^{\frac{1}{3}}}$$

㉢ Chezy 유속계수 C와의 관계

$$f = \frac{8g}{C^2}$$

㉣ 마찰손실계수의 산정

$$f = \frac{124.6n^2}{D^{\frac{1}{3}}} = \frac{124.6\times0.012^2}{0.2^{\frac{1}{3}}} = 0.0307$$

52. 용적이 5.8m³인 액체의 중량이 62.3N(6.35ton)일 때, 비중은?

㉮ 0.950 ㉯ 1.095
㉰ 1.117 ㉱ 1.195

해설 ① 비중

어떤 물체의 단위중량을 물의 단위중량으로 나눈 값이다.

$$S = \frac{w}{w_w}$$

여기서, w : 물체의 단위중량, w_w : 물의 단위중량

㉡ 단위중량

어떤 물체의 단위체적당 중량을 단위중량이라 한다.

$$w = \frac{W}{V}$$

여기서, W : 물체의 무게, V : 물체의 체적

㉢ 비중의 산정

$$w = \frac{W}{V} = \frac{6.35}{5.8} = 1.095\text{t/m}^3$$
$$S = \frac{w}{w_w} = \frac{1.095\text{t/m}^3}{1\text{t/m}^3} = 1.095$$

53. Darcy의 법칙을 지하수에 적용시킬 때 가장 잘 일치하는 경우는?

㉮ 층류인 경우　㉯ 난류인 경우
㉰ 사류인 경우　㉱ 상류인 경우

해설 Darcy의 법칙

㉠ Darcy의 법칙

$V=K \cdot I=K \cdot \frac{h_L}{L}$

$Q=A \cdot V=A \cdot K \cdot I=A \cdot K \cdot \frac{h_L}{L}$로 구할 수 있다.

㉡ 특징

- Darcy의 법칙은 지하수의 층류흐름에 대한 마찰저항공식이다.
- 투수계수는 물의 점성계수에 따라서도 변화한다.

$K=D_s^2 \frac{\rho g}{\mu} \frac{e^3}{1+e} C$

여기서, μ : 점성계수

- Darcy의 법칙은 정상류흐름에 층류에만 적용된다.(특히, $R_e<4$일 때 잘 적용된다.)
- $V=K \cdot I$로 지하수의 유속은 동수경사와 비례관계를 가지고 있다.

54. 물의 흐름에서 단면과 유속 등 유동특성이 시간에 따라 변하지 않는 흐름은?

㉮ 층류　㉯ 난류
㉰ 정류　㉱ 등류

해설 흐름의 분류

㉠ 정류와 부정류 : 시간에 따른 흐름의 특성이 변하지 않는 경우를 정류, 변하는 경우를 부정류라 한다.

- 정류 : $\frac{\partial v}{\partial t}=0,\ \frac{\partial p}{\partial t}=0,\ \frac{\partial \rho}{\partial t}=0$
- 부정류 : $\frac{\partial v}{\partial t} \neq 0,\ \frac{\partial p}{\partial t} \neq 0,\ \frac{\partial \rho}{\partial t} \neq 0$

㉡ 등류와 부등류 : 공간에 따른 흐름의 특성이 변하지 않는 경우를 등류, 변하는 경우를 부등류라 한다.

- 등류 : $\frac{\partial Q}{\partial l}=0,\ \frac{\partial v}{\partial l}=0,\ \frac{\partial h}{\partial l}=0$
- 부등류 : $\frac{\partial Q}{\partial l} \neq 0,\ \frac{\partial v}{\partial l} \neq 0,\ \frac{\partial h}{\partial l} \neq 0$

∴ 물의 유동특성이 시간에 따라 변하지 않는 흐름을 정류라 한다.

55. 도수에 대한 설명으로 틀린 것은?

㉮ 도수란 흐름이 사류에서 상류로 변화할 때 수면이 불연속적으로 상승하는 현상을 말한다.
㉯ 도수 전후의 수심에 대한 비는 흐름의 프루드수만의 함수로 표현할 수 있다.
㉰ 도수 전후의 비력은 같다.($M_1=M_2$)
㉱ 도수 전후에 구조물이 없는 경우 비에너지는 같다.($E_1=E_2$)

해설 도수

㉠ 흐름이 사류(射流)에서 상류(常流)로 바뀔 때 물이 뛰는 현상을 도수라 한다.

㉡ 도수 후의 수심은 프루드수만의 함수로 표현할 수 있다.

도수 후의 수심 :

$h_2=-\frac{h_1}{2}+\frac{h_1}{2}\sqrt{1+8{F_{r1}}^2}$

여기서, F_r : 프루드수

㉢ 도수 전후의 비력은 같다.($M_1=M_2$)

㉣ 도수 전후에 구조물이 없는 경우 비에너지는 같지 않다.($E_1 \neq E_2$)

56. 오리피스에서 유출되는 실제유량은 $Q=C_a a \cdot C_v \sqrt{2gh}$로 표현된다. 이때 수축계수 C_a로 옳은 것은?(단, a_0 : 수축단면의 단면적, a : 오리피스의 단면적, V : 실제유속, V_0 : 이론유속)

㉮ $\frac{a}{a_0}$　㉯ $\frac{V_0}{V}$
㉰ $\frac{a_0}{a}$　㉱ $\frac{V}{V_0}$

해설 오리피스의 계수

㉠ 유속계수(C_v) : 실제유속과 이론유속의 차를 보정해주는 계수로, 실제유속과 이론유속의 비로 나타낸다.

C_v = 실제유속/이론유속 ≒ 0.97~0.99

|해답| 53.㉮ 54.㉰ 55.㉱ 56.㉰

㉡ 수축계수(C_a) : 수축단면적과 오리피스단면적의 차를 보정해주는 계수로 수축단면적과 오리피스단면적의 비로 나타낸다.

C_a = 수축 단면의 단면적/오리피스의 단면적 ≒ 0.64

㉢ 유량계수(C) : 실제유량과 이론유량의 차를 보정해주는 계수로 실제유량과 이론유량의 비로 나타낸다.

C = 실제유량/이론유량 = $C_c \times C_v$ ≒ 0.62

㉣ 수축계수의 산정

$$C_a = \frac{a_0}{a}$$

57. 두께 b인 피압대수층으로부터 양수량 QaQ로 양수했을 때 평형 상태로 도달하였다. 이때 원래 지하수의 수심 h_0, 양수 시 우물의 수심 h_w, 영향원의 반지름 r_0, 우물의 반지름이 r_w이었다면 이 대수층의 투수계수 k는?

㉮ $\dfrac{2\pi bQ(h_0-h_w)}{\ln(r_0/r_w)}$ ㉯ $\dfrac{Q\ln(r_0/r_w)}{2\pi b(h_0-h_w)}$

㉰ $\dfrac{\ln(r_0/r_w)}{2\pi bQ(h_0-h_w)}$ ㉱ $\dfrac{2\pi b(h_0-h_w)}{Q\ln(r_0/r_w)}$

해설 우물의 수리

㉠ 우물의 수리

종류	내용
깊은 우물(심정호)	우물의 바닥이 불투수층까지 도달한 우물을 말한다. $Q=\dfrac{\pi K(H^2-{h_0}^2)}{2.3\log(R/r_0)}$
얕은 우물(천정호)	우물의 바닥이 불투수층까지 도달하지 못한 우물을 말한다. $Q=4Kr_0(H-h_0)$
굴착정	피압대수층의 물을 양수하는 우물을 굴착정이라 한다. $Q=\dfrac{2\pi aK(H-h_0)}{2.3\log(R/r_0)}$
집수암거	복류수를 취수하는 우물을 집수암거라 한다. $Q=\dfrac{Kl}{R}(H^2-h^2)$

㉡ 굴착정의 투수계수의 산정

$$K=\frac{Q\ln(r_0/r_w)}{2\pi b(h_0/h_w)}$$

58. 고수조에서 저수조로 관로에 의해서 송수할 때 관로의 일부가 동수경사선보다 높은 부분이 있을 경우가 있다. 이와 같은 관로를 무엇이라 하는가?

㉮ 관망 ㉯ 분기관

㉰ 사이폰 ㉱ 피토관

해설 사이폰

수로의 일부가 동수경사선 위로 돌출되어 부압을 갖는 관의 형태를 사이폰(Shiphon)이라 한다.

59. Hagen-Poiseuille의 법칙에 의해 관을 흐르는 층류의 유량에 대한 관계식은?(단, 관은 원관이며 R는 관의 반지름, h_l은 손실수두, l은 관의 길이, μ는 유체의 점성계수, ω_0은 유체의 단위중량, Q는 유량이다.)

㉮ $Q=\dfrac{\pi\omega_0\mu}{8lh_l}R^4$ ㉯ $Q=\dfrac{\omega_0\mu}{4lh_l}R^2$

㉰ $Q=\dfrac{\omega_0 h_l}{4l\mu}R^2$ ㉱ $Q=\dfrac{\pi\omega_0 h_l}{8l\mu}R^4$

해설 Hagen-Poiseuille 법칙

㉠ 관수로에서 유량을 정의한 것을 Hagen-Poiseuille 법칙이라 한다.

㉡ Hagen-Poiseuille 법칙

$$Q=\frac{wh_l\pi R^4}{8\mu l}$$

60. 그림과 같이 단면적이 A_1, A_2인 두 관이 연결되어 있고 관 내 두 점의 수두차가 H일 때 유량을 계산하는 식은?

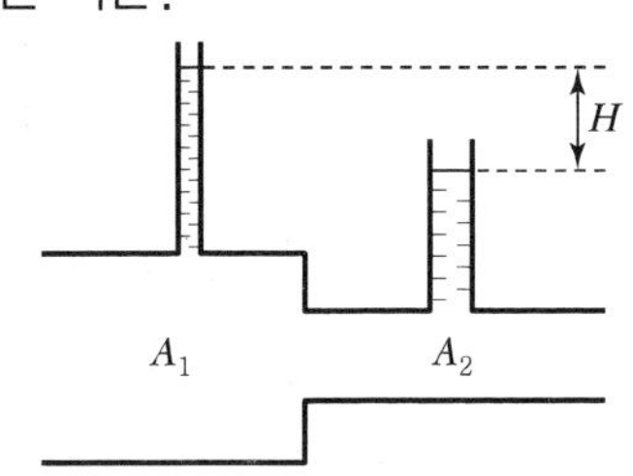

㉮ $Q=\frac{A_1-A_2}{\sqrt{A_1^2-A_2^2}}\sqrt{2gH}$

㉯ $Q=\frac{A_1\cdot A_2}{\sqrt{A_1^2+A_2^2}}\sqrt{2gH}$

㉰ $Q=\frac{A_1-A_2}{\sqrt{A_1^2+A_2^2}}\sqrt{2gH}$

㉱ $Q=\frac{A_1\cdot A_2}{\sqrt{A_1^2-A_2^2}}\sqrt{2gH}$

해설 벤투리미터

㉠ 관 내에 축소부를 두어 축소 전과 축소 후의 압력차를 측정하여 관수로의 유량을 측정하는 기구를 말한다.

㉡ 벤투리미터의 유량

$$Q=\frac{A_1\cdot A_2}{\sqrt{A_1^2-A_2^2}}\sqrt{2gH}$$

제4과목 철근콘크리트 및 강구조

61. 그림에 나타난 직사각형 단철근 보가 공칭 휨강도 M_n에 도달할 때 압축 측 콘크리트가 부담하는 압축력(C)은?(단, 철근 D22 4본의 단면적은 1,548mm², f_{ck}=28MPa, f_y=350MPa이다.)

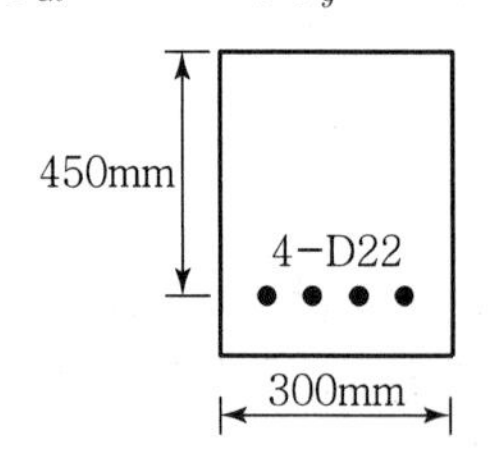

㉮ 542kN　　㉯ 637kN
㉰ 724kN　　㉱ 833kN

해설 $a=\frac{f_yA_s}{0.85f_{ck}b}=\frac{350\times1,548}{0.85\times28\times300}=75.9\text{mm}$

$C=0.85f_{ck}ab=0.85\times28\times75.9\times300$
$=542\times10^3\text{N}=542\text{kN}$

62. f_{ck}=21MPa, f_y=300MPa일 때 강도설계법으로 인장을 받는 이형철근(D32 : d_b=31.8mm, A_b=794.2mm²)의 기본정착길이 l_{db}를 구한 값은?

㉮ 1,249mm　　㉯ 574mm
㉰ 762mm　　㉱ 1,000mm

해설 $l_{db}=\frac{0.6d_bf_y}{\lambda\sqrt{f_{ck}}}=\frac{0.6\times31.8\times300}{1\times\sqrt{21}}=1,249\text{mm}$

63. 철근콘크리트 보의 사인장 응력은 중립축과 약 몇 도의 각을 이루고 작용하는가?

㉮ 15°　　㉯ 30°
㉰ 45°　　㉱ 60°

해설 철근콘크리트 보의 사인장 응력은 중립축과 45°의 경사각을 이루고 작용한다.

64. 프리스트레스의 손실원인은 크게 프리스트레스를 도입할 때 일어나는 손실과 프리스트레스 도입 후 일어나는 손실로 구분할 수 있다. 다음 중 프리스트레스를 도입할 때 일어나는 손실원인이 아닌 것은?

㉮ 콘크리트의 탄성변형
㉯ PS 강재와 쉬스 사이의 마찰
㉰ 콘크리트의 건조수축
㉱ 정착단의 활동

해설 프리스트레스의 손실원인

1. 도입 시 손실(즉시손실)
   ① 정착장치의 활동
   ② PS 강재의 마찰
   ③ 콘크리트의 탄성 변형
2. 도입 후 손실(시간손실)
   ① 콘크리트의 건조수축
   ② 콘크리트의 크리프
   ③ PS 강재의 릴랙세이션

|해답| 61.㉮ 62.㉮ 63.㉰ 64.㉰

65. 옹벽에서 활동에 대한 저항력은 옹벽에 작용하는 수평력의 최소 몇 배 이상이어야 옹벽이 안정하다고 보는가?

㉮ 1.5배　　㉯ 1.8배
㉰ 2.0배　　㉱ 2.5배

■해설 옹벽의 안정조건

① 전도 : $\dfrac{\Sigma M_r(\text{저항모멘트})}{\Sigma M_a(\text{전도모멘트})} \geq 2.0$

② 활동 : $\dfrac{f(\Sigma W)(\text{활동에 대한 저항력})}{\Sigma H(\text{옹벽에 작용하는 수평력})} \geq 1.5$

③ 침하 : $\dfrac{q_a(\text{지반의 허용지지력})}{q_{\max}(\text{지반에 작용하는 최대 압력})} \geq 1.0$

66. 다음 그림과 같은 단철근 직사각형보의 균형철근량을 계산하면?(단, $f_{ck}=21\text{MPa}$, $f_y=300\text{MPa}$)

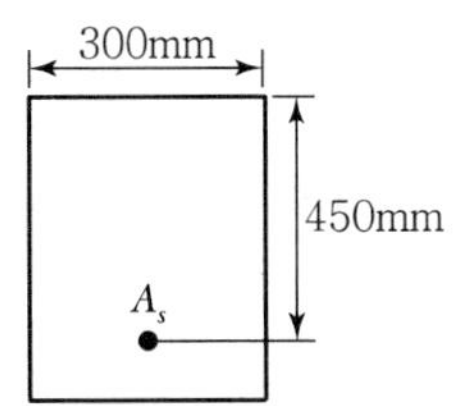

㉮ $5{,}090\text{mm}^2$　　㉯ $5{,}173\text{mm}^2$
㉰ $4{,}550\text{mm}^2$　　㉱ $5{,}055\text{mm}^2$

■해설 $\beta_1=0.85(f_{ck}\leq 28\text{MPa인 경우})$

$$\rho_b=0.85\beta_1\cdot\frac{f_{ck}}{f_y}\cdot\frac{600}{600+f_y}$$
$$=0.85\times0.85\times\frac{21}{300}\times\frac{600}{600\times300}$$
$$=0.0337$$
$$A_{s,\,b}=\rho_b\cdot b\cdot d$$
$$=0.0337\times300\times450=4{,}550\text{mm}^2$$

67. 다음 중 집중하중을 분포시키거나 균열을 제어할 목적으로 주철근과 직각에 가까운 방향으로 배치한 보조철근은?

㉮ 사인장철근　　㉯ 배력철근
㉰ 비틀림철근　　㉱ 조립용 철근

■해설 배력철근을 배근하는 이유

① 응력을 고르게 분포시켜 균열폭 최소화
② 주철근의 위치 확보
③ 건조수축이나 온도 변화에 따른 콘크리트의 수축 감소

68. 철근콘크리트 깊은 보 및 깊은 보의 전단설계에 관한 설명으로 잘못된 것은?

㉮ 순경간(l_n)이 부재 깊이의 4배 이하이거나 하중이 받침부로부터 부재 깊이의 2배 거리 이내에 작용하는 보를 깊은 보라 한다.
㉯ 수직전단철근의 간격은 $d/5$ 이하 또한 300mm 이하로 하여야 한다.
㉰ 수평전단철근의 간격은 $d/5$ 이하 또한 300mm 이하로 하여야 한다.
㉱ 깊은 보에서는 수평전단철근이 수직전단철근보다 전단보강 효과가 더 크다.

■해설 깊은 보에서는 수직전단철근이 수평전단철근보다 전단보강 효과가 크다.

69. 강도설계법에서 콘크리트가 부담하는 공칭전단강도를 구하는 식은 다음 중 어느 것인가?(단, 전단력과 휨모멘트만을 받는 부재로 생각한다.)

㉮ $V_c=\dfrac{1}{2}\lambda\sqrt{f_{ck}}\,b_w\cdot d$

㉯ $V_c=\dfrac{2}{3}\lambda\sqrt{f_{ck}}\,b_w\cdot d$

㉰ $V_c=3.5\lambda\sqrt{f_{ck}}\,b_w\cdot d$

㉱ $V_c=\dfrac{1}{6}\lambda\sqrt{f_{ck}}\,b_w\cdot d$

■해설 $V_c=\dfrac{1}{6}\lambda\sqrt{f_{ck}}\,b_w\cdot d$

70. 강판을 리벳(Rivet)이음할 때 지그재그로 리벳을 체결한 재편의 순폭은 총 폭으로부터 고려하는 단면의 최초의 리벳 구멍에 대하여 그 지름을 공제하고 이하 순차적으로 다음 식을 각 리벳 구멍으로 공제하는데 이때의 식은 다음 중 어느 것인가?(단, g : 리벳선 간의 거리, d : 리벳 구멍의 지름, P : 리벳 피치)

㉮ $d-\dfrac{g^3}{4P}$　　㉯ $d-\dfrac{P^2}{4g}$

㉰ $d-\dfrac{4P}{g^2}$　　㉱ $d-\dfrac{4g}{P^2}$

■해설 $w=d-\dfrac{P^2}{4g}$

71. 그림과 같은 맞대기 용접이음의 유효길이는 얼마인가?

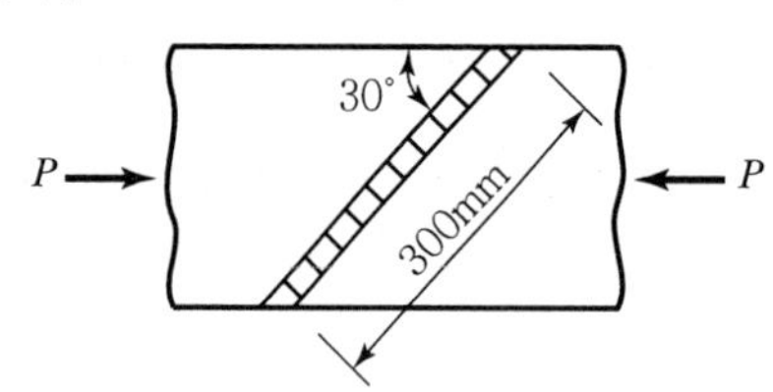

㉮ 150mm　　㉯ 300mm

㉰ 400mm　　㉱ 600mm

■해설 $l_e=l\cdot\sin\alpha=300\times\sin30°=150\text{mm}$

72. 콘크리트의 블리딩(Bleeding)과 레이턴스(Laitance)에 대한 설명 중에서 옳지 않은 것은?

㉮ 블리딩은 콘크리트 속의 물입자가 모세관 현상으로 인하여 표면으로 상승하는 것을 말한다.

㉯ 레이턴스란 블리딩으로 인하여 콘크리트 표면에 얇게 형성된 막을 말한다.

㉰ 블리딩은 골재나 철근 하부에 공극을 만들고, 이 공극 때문에 골재와 시멘트, 수평철근과 콘크리트의 부착이 약해진다.

㉱ 레이턴스는 콘크리트 강도에 영향을 주지 않기 때문에 수평시공 이음을 할 때 제거하지 않아도 된다.

■해설 레이턴스는 콘크리트 강도에 영향을 주기 때문에 수평 시공 이음을 할 때 제거하여야 한다.

73. 보통콘크리트 부재의 해당 지속 하중에 대한 탄성처짐이 3cm이었다면 크리프 및 건조수축에 따른 추가적인 장기처짐을 고려한 최종 총 처짐량은 얼마인가?(단, 하중재하기간은 10년이고, 압축철근비 ρ는 0.005이다.)

㉮ 7.8cm　　㉯ 6.8cm

㉰ 5.8cm　　㉱ 4.8cm

■해설 $\xi=2.0$(하중재하기간이 5년 이상인 경우)

$\lambda=\dfrac{\xi}{1+50\rho'}=\dfrac{2.0}{1+(50\times0.005)}=1.6$

$\delta_L=\lambda\cdot\delta_i=1.6\times3=4.8\text{cm}$

$\delta_T=\delta_i+\delta_L=3+4.8=7.8\text{cm}$

74. 그림과 같은 인장을 받는 표준 갈고리에서 정착길이란 어느 것을 말하는가?

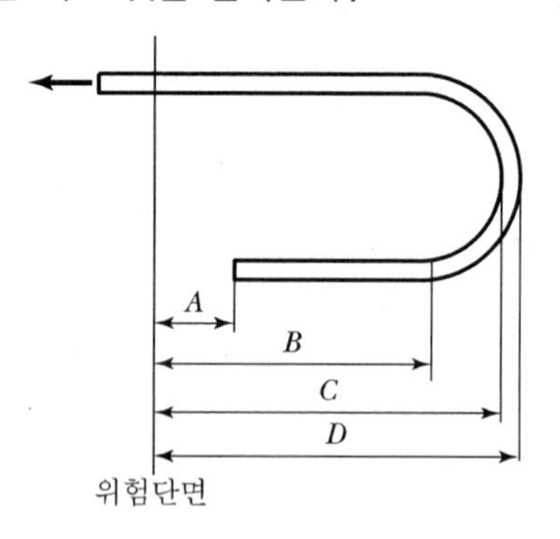

㉮ A　　㉯ B

㉰ C　　㉱ D

75. 포스트텐션 공법 중 대체적으로 현장에서 많이 이용되는 콘을 사용한 쐐기에 의한 방법은?

㉮ Magnel 방식 ㉯ Freyssinet 방식
㉰ Dywidag 방식 ㉱ B.B.R.V. 방식

76. PSC 보의 휨 강도 계산 시 긴장재의 응력 f_{ps}의 계산은 강재 및 콘크리트의 응력 변형률 관계로부터 정확히 계산할 수도 있으나 시방서에서는 f_{ps}를 계산하기 위한 근사적 방법을 제시하고 있는데 그 이유는 무엇인가?

㉮ PSC 구조물은 균열에 취약하므로 균열을 방지하기 위함이다.
㉯ PSC 보를 과보강 PSC 보로부터 저보강 PSC 보의 파괴상태로 유도하기 위함이다.
㉰ PS 강재의 응력은 항복응력 도달 이후에도 파괴 시까지 점진적으로 증가하기 때문이다.
㉱ PSC 구조물은 강재가 항복한 이후 파괴까지 도달함에 있어 강도의 증가량이 거의 없기 때문이다.

77. 아래 조건에서 슬래브와 보가 일체로 타설된 대칭 T형 보의 유효폭은 얼마인가?

- 플랜지 두께=100mm
- 복부 폭=300mm
- 슬래브 중심 간 거리=1,600mm
- 보의 경간=6.0m

㉮ 1,500mm ㉯ 1,600mm
㉰ 1,900mm ㉱ 2,000mm

해설 T형 보(대칭 T형 보)의 플랜지 유효폭(b_e)
① $16t_f+bw=16\times100+300=1,900\text{mm}$
② 양쪽 슬래브의 중심 간 거리=1,600mm
③ 보 경간의 $\frac{1}{4}=\frac{6\times10^3}{4}=1,500\text{mm}$
위 값 중에서 최소값을 취하면 $b_e=1,500\text{mm}$이다.

78. 슬래브의 전단에 대한 위험단면을 설명한 것으로 옳은 것은?

㉮ 2방향 슬래브의 전단에 대한 위험단면은 지점으로부터 d 만큼 떨어진 주변
㉯ 2방향 슬래브의 전단에 대한 위험단면은 지점으로부터 $2d$ 만큼 떨어진 주변
㉰ 1방향 슬래브의 전단에 대한 위험단면은 지점으로부터 d 만큼 떨어진 주변
㉱ 1방향 슬래브의 전단에 대한 위험단면은 지점으로부터 $d/2$ 만큼 떨어진 주변

해설 슬래브의 전단에 대한 위험단면의 위치
① 1방향 슬래브 : 지점에서 d 만큼 떨어진 곳
② 2방향 슬래브 : 지점에서 $\frac{d}{2}$ 만큼 떨어진 곳

79. 강도설계법에서 그림과 같은 T형 보의 사선 친 플랜지 단면에 작용하는 압축력과 균형을 이루는 가상 압축철근의 단면적은 얼마인가?(단, f_{ck}=21MPa, f_y=380Mpa이다.)

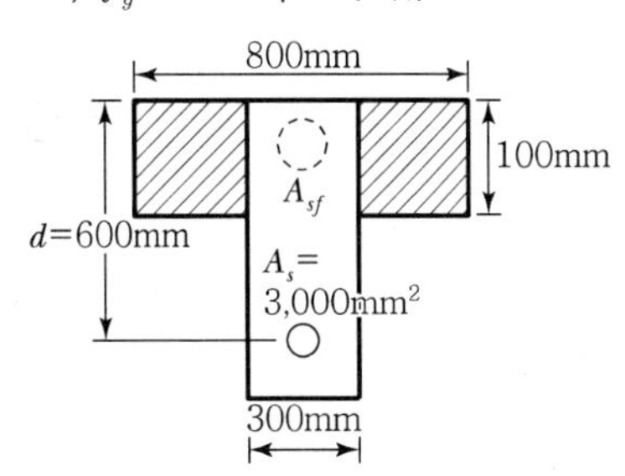

㉮ $2,011\text{mm}^2$ ㉯ $2,349\text{mm}^2$
㉰ $4,021\text{mm}^2$ ㉱ $3,525\text{mm}^2$

해설
$$A_{sf}=\frac{0.85f_{ck}(b-b_w)t_f}{f_y}$$
$$=\frac{0.85\times21\times(800-300)\times100}{380}=2,349\text{mm}^2$$

80. 다음 띠철근 기둥이 받을 수 있는 최대 설계 축하중강도($\phi P_{n(\max)}$)는 얼마인가?(단, f_{ck} =20MPa, f_y =300MPa, A_{st} =4,000mm²이며 단주임)

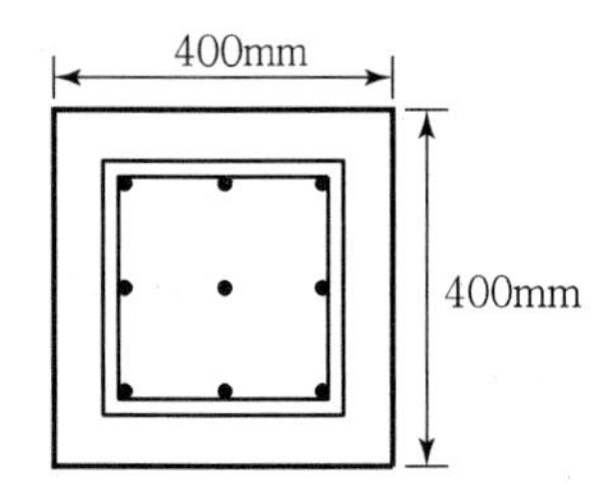

㉮ 2,655kN
㉯ 2,406kN
㉰ 2,157kN
㉱ 2,003kN

■해설 $\phi P_n = \phi\alpha\{0.85f_{ck}(A_g - A_{st}) + f_y A_{st}\}$
$= 0.65 \times 0.8 \times \{0.85 \times 20 \times (400^2 - 4,000) + 300 \times 4,000\}$
$= 2,003 \times 10^3 \text{N} = 2,003\text{kN}$

제5과목 토질 및 기초

81. 유선망의 특징에 관한 다음 설명 중 옳지 않은 것은?

㉮ 각 유로의 침투수량은 같다.
㉯ 유선과 등수두선은 서로 직교한다.
㉰ 유선망으로 되는 사각형은 이론상으로 정사각형이다.
㉱ 침투속도 및 동수경사는 유선망의 폭에 비례한다.

■해설 Darcy 법칙에서 침투속도
$V = K \cdot i = K \cdot \dfrac{\Delta h}{L}$
∴ 침투속도 및 동수경사는 유선망의 폭에 반비례한다.

82. 사질토의 정수위 투수시험을 하여 다음의 결과를 얻었다. 이 흙의 투수계수는?(단, 시료의 단면적은 78.54cm², 수두차는 15cm, 투수량은 400cm³, 투수시간은 3분, 시료의 길이는 12cm이다.)

㉮ 3.15×10^{-3}cm/sec　㉯ 2.26×10^{-2}cm/sec
㉰ 1.78×10^{-2}cm/sec　㉱ 1.36×10^{-1}cm/sec

■해설 $K = \dfrac{Q \cdot L}{A \cdot h \cdot t} = \dfrac{400 \times 12}{78.54 \times 15 \times (3 \times 60)}$
$= 2.26 \times 10^{-2}$cm/sec

83. 포화점토의 일축압축 시험 결과 자연상태 점토의 일축압축 강도와 흐트러진 상태의 일축압축 강도가 각각 1.8kg/cm², 0.4kg/cm²였다. 이 점토의 예민비는?

㉮ 0.72　㉯ 0.22
㉰ 4.5　㉱ 6.4

■해설 $S_t = \dfrac{q_u}{q_r} = \dfrac{1.8}{0.4} = 4.5$

84. 다음 중 흙의 전단강도를 감소시키는 요인이 아닌 것은?

㉮ 공극수압의 증가
㉯ 수분 증가에 의한 점토의 팽창
㉰ 수축, 팽창 등으로 인하여 생긴 미세한 균열
㉱ 함수비 감소에 따른 흙의 단위중량 감소

■해설 전단강도 감소 요인은 흙의 단위중량과는 관계가 없다.

85. 직경 30cm 재하판으로 측정된 지지력계수 K_{30}이 12.32kg/cm³이면 직경 75cm 재하판으로 측정된 지지력계수 K_{75}는?

㉮ 8.2kg/cm³　㉯ 5.6kg/cm³
㉰ 18.5kg/cm³　㉱ 4.5kg/cm³

|해답| 80.㉱ 81.㉱ 82.㉯ 83.㉰ 84.㉱ 85.㉯

해설 $K_{75}=\dfrac{K_{40}}{1.5}=\dfrac{K_{30}}{2.2}$ 에서

$K_{75}=\dfrac{12.32}{2.2}=5.6\text{kg/cm}^3$

86. 다음의 유효응력에 관한 설명 중 옳은 것은?

㉮ 전응력은 일정하고 간극수압이 증가된다면, 흙의 체적은 감소하고 강도는 증가된다.
㉯ 유효응력은 전응력에 간극수압을 더한 값이다.
㉰ 토립자의 접촉면을 통해 전달되는 응력을 유효응력이라 한다.
㉱ 공학적 성질이 동일한 2종류 흙의 유효응력이 동일하면 공학적 거동이 다르다.

해설 유효응력은 토립자의 전단면에 작용하는 유효수직응력이다.

87. 압밀곡선($e-\log P$)에서 처녀압축곡선의 기울기는 무엇을 의미하는가?

㉮ 압축계수 ㉯ 용적변화율
㉰ 압밀계수 ㉱ 압축지수

해설 압축지수(C_c)는 압밀곡선($e-\log P$)에서 직선부분의 기울기를 말하여 무차원의 값이다.

88. Rankine의 주동토압계수에 관한 설명 중 틀린 것은?

㉮ 주동토압계수는 내부마찰각이 크면 작아진다.
㉯ 주동토압계수는 내부마찰 크기와 관계가 없다.
㉰ 주동토압계수는 수동토압계수보다 작다.
㉱ 정지토압계수는 주동토압계수보다 크고 수동토압계수보다 작다.

해설 주동토압계수 $K_A=\tan^2\left(45°-\dfrac{\phi}{2}\right)$

$=\dfrac{1-\sin\phi}{1+\sin\phi}$

∴ 주동토압계수는 내부마찰각 크기에 따라 결정된다.

89. 다음 그림에서 A점의 전수두는?

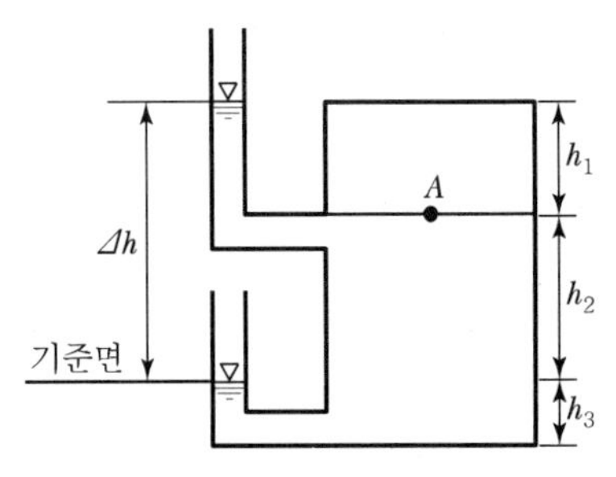

㉮ h_1 ㉯ $\Delta h+h_3$
㉰ h_2+h_3 ㉱ h_1+h_2

해설 전수두=위치수두+압력수두
(위치수두$=h_2$, 압력수두$=h_1$)
∴ 전수두$=h_1+h_2$

90. 다음 중 댐의 사면이 가장 불안정한 경우는 어느 때인가?

㉮ 사면의 수위가 천천히 하강할 때
㉯ 사면이 포화상태에 있을 때
㉰ 사면의 수위가 급격히 하강할 때
㉱ 사면이 습윤상태에 있을 때

해설 일반적으로 댐의 사면이 위험한 경우는 수위 급강하 시 간극수의 영향으로 인해 사면이 가장 불안정하다.

91. 말뚝의 지지력 공식 중 엔지니어링 뉴스(Engineering News) 공식에 대한 설명으로 옳은 것은?

㉮ 정역학적 지지력 공식이다.
㉯ 동역학적 지지력 공식이다.
㉰ 군항의 지지력 공식이다.
㉱ 전달파를 이용한 지지력 공식이다.

해설 엔지니어링 뉴스 공식은 말뚝의 지지력 공식 중 동역학적(항타공식) 지지력 공식이다.

|해답| 86.㉰ 87.㉱ 88.㉯ 89.㉱ 90.㉰ 91.㉯

92. 다음 중 흙의 포화단위중량을 나타낸 식은?(단, e : 공극비, S : 포화도, G_s : 비중, γ_w : 물의 단위중량)

㉮ $\dfrac{G_s+e}{1+e}\gamma_w$ ㉯ $\dfrac{G_s+Se}{1+e}\gamma_w$

㉰ $\dfrac{G_s}{1+e}\gamma_w$ ㉱ $\dfrac{G_s-e}{1+e}\gamma_w$

■해설 포화단위중량

$$\gamma_{sat}=\frac{G_s+e}{1+e}\gamma_w$$

93. 현장 다짐도 90%란 무엇을 의미하는가?

㉮ 실내다짐 최대건조 밀도에 대한 90% 밀도를 말한다.

㉯ 롤러로 다진 최대밀도에 대한 90% 밀도를 말한다.

㉰ 현장함수비의 90% 함수비에 대한 다짐밀도를 말한다.

㉱ 포화도가 90%인 때의 다짐밀도를 말한다.

■해설 상대다짐도

$$R\cdot C=\frac{\gamma_d(\text{현장})}{\gamma_{d\max}(\text{실험실})}\times 100(\%)$$

94. 흙 시료의 소성한계 측정은 몇 번 체를 통과한 것을 사용하는가?

㉮ 40번 체 ㉯ 80번 체

㉰ 100번 체 ㉱ 200번 체

■해설 액성한계, 소성한계, 소성지수는 NO.40번 체(0.42mm)를 통과한 체를 사용한다.

95. 점성토 개량 공법 중 이용도가 가장 낮은 공법은?

㉮ Paper-Drain 공법

㉯ Pre-Loading 공법

㉰ Sand-Drain 공법

㉱ Soil-Cement 공법

■해설 연약 점성토지반 개량공법(압밀배수원리)
- 프리로딩(Preloading)공법
- 샌드 드레인(Sand Drain)공법
- 페이퍼 드레인(Paper Drain)공법
- 팩 드레인(Pack Drain)공법
- 위크드레인(Wick Drain)공법

96. 말뚝기초에서 부마찰력(Negative Skin Fric-tion)에 대한 설명으로 옳지 않은 것은?

㉮ 지하수위 저하로 지반이 침하할 때 발생한다.

㉯ 지반이 압밀진행 중인 연약점토 지반인 경우에 발생한다.

㉰ 발생이 예상되면 대책으로 말뚝 주면에 역청 등으로 코팅하는 것이 좋다.

㉱ 말뚝 주면에 상방향으로 작용하는 마찰력이다.

■해설 부마찰력
연약층의 침하에 의하여 하향의 주면마찰력이 발생하여 지지력이 감소하고 도리어 하중이 증가하는 주면마찰력으로 상대변위의 속도가 빠를수록 부마찰력은 크다.

97. 얕은 기초의 극한 지지력을 결정하는 Terzaghi의 이론에서 하중 Q가 점차 증가하여 기초가 아래로 침하할 때 다음 설명 중 옳지 않은 것은?

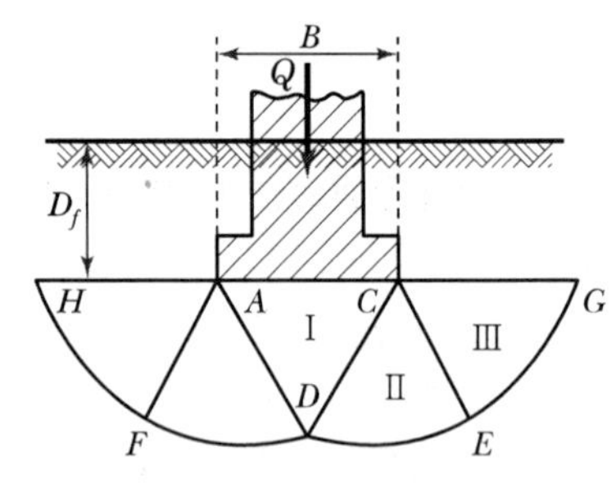

㉮ I의 △ACD 구역은 탄성영역이다.

㉯ II의 △CDE 구역은 방사방향의 전단영역이다.

㉰ III의 △CEG 구역은 Rankine의 주동영역이다.

㉱ 원호 DE와 FD는 대수 나선형의 곡선이다.

■해설 직접 기초의 전반전단 파괴 형상
I영역 : 탄성영역(수평면과 이루는 각 ϕ)
II영역 : 전단영역(대수나선형)
III영역 : 수동영역(수평면과 이루는 각 $45°-\frac{\phi}{2}$)

 |해답| 92.㉮ 93.㉮ 94.㉮ 95.㉱ 96.㉱ 97.㉰

98. 점토지반에서 N치로 추정할 수 있는 사항이 아닌 것은?

㉮ 컨시스턴시
㉯ 일축압축강도
㉰ 상대밀도
㉱ 기초지반의 허용지지력

해설 N값으로부터 추정/산정되는 사항

사질지반	점성지반	일반사항
상대밀도, 내부마찰각, 침하에 대한 허용지지력, 탄성계수, 지지력계수	연경도(Consistency), 일축압축강도, 파괴에 대한 극한지지력 또는 허용지지력	지반의 극한 지지력, 말뚝의 연직 지지력, 지반 반력 계수, 횡파 속도

99. 일축압축시험에서 파괴면과 수평면이 이루는 각은 52° 이었다. 이 흙의 내부마찰각(ϕ)은 얼마이고 일축압축강도가 0.76kg/cm²일 때 점착력(C)은 얼마인가?

㉮ $\phi=7°$, $c=0.38\text{kg/cm}^2$
㉯ $\phi=14°$, $c=0.30\text{kg/cm}^2$
㉰ $\phi=14°$, $c=0.38\text{kg/cm}^2$
㉱ $\phi=7°$, $c=0.30\text{kg/cm}^2$

해설 ① $\theta=45°+\dfrac{\phi}{2}$에서

$$52°=45°+\frac{\phi}{2}$$

$$\therefore \phi=14°$$

② $q_u=2\cdot c\cdot \tan\left(45°+\dfrac{\phi}{2}\right)$에서

$$0.76=2\times C\times\tan\left(45°+\frac{14°}{2}\right)$$

$$\therefore c=0.3\text{kg/cm}^2$$

100. 샘플러 튜브(Sampler Tube)의 면적비(C_a)를 9%라 하고 외경(D_w)을 6cm라 하면 끝의 내경(D_e)은 약 얼마인가?

㉮ 3.61cm　　㉯ 4.82cm
㉰ 5.75cm　　㉱ 6.27cm

해설 $Ar=\dfrac{{D_w}^2-{D_e}^2}{{D_e}^2}\times100(\%)$에서

$$Ar=\frac{6^2-{D_e}^2}{{D_e}^2}\times100$$

$$0.09=\frac{36-{D_e}^2}{{D_e}^2}$$

$$\therefore D_e=5.75\text{cm}$$

제6과목 상하수도공학

101. 해수의 담수화 방법으로 거리가 먼 것은?

㉮ 증기압축법　　㉯ 침전법
㉰ 전기투석법　　㉱ 투과기화법

해설 해수의 담수화 방법
㉠ 증기압축법
㉡ 전기투석법
㉢ 투과기화법

102. 현재 인구가 20만 명이고 연평균 인구증가율이 4.5%인 도시의 10년 후 추정 인구는?(단, 등비급수법에 의한다.

㉮ 324,571명　　㉯ 310,594명
㉰ 290,000명　　㉱ 226,202명

해설 급수인구 추정법
㉠ 급수인구 추정법의 종류별 특징

종류	특징
등차 급수법	• 연평균 인구 증가가 일정하다고 보는 방법 • 발전성이 적은 읍, 면에 적용하며 과소평가의 우려가 있다. • $P_n=P_0+nq$
등비 급수법	• 연평균 인구증가율이 일정하다고 보는 방법 • 성장단계에 있는 도시에 적용하며, 과대평가될 우려가 있는 방법 • $P_n=P_0(1+r)^n$

종류	특징
로지스틱 곡선법	• 증가율이 증가하다 감소하는 경향을 보이는 방법, 도시 인구동태와 잘 일치 • 포화인구를 추정해야 하며, 포화인구추정법이라고도 한다. • $y=\frac{K}{1+e^{a-bx}}$
지수 함수 곡선법	• 등비급수법이 복리법에 의한 일정비율 증가식이라면 인구가 연속적으로 변한다는 원리하에 아주 짧은 기간의 분석에 적합한 방법이다. • $P_n=P_0+A_n^a$

㉡ 급수인구의 추정

$P_n=P_0(1+r)^n$

$=200{,}000\times(1+0.045)^{10}=310{,}594$명

103. 집수매거(Infiltration Galleries)에 대한 설명으로 옳은 것은?)

㉮ 복류수를 취수하기 위하여 지중(地中)에 매설한 유공관거 설비
㉯ 관로의 수두를 감소시키기 위한 설비
㉰ 배수지의 유입수 수위조절과 양수를 위한 설비
㉱ 피압지하수를 취수하기 위하여 지하의 대수층까지 삽입한 관거설비

■해설 집수매거

㉠ 복류수를 취수하기 위해 매설하는 다공질 유공관을 집수매거라 한다.
㉡ 집수매거는 복류수의 흐름방향에 대하여 수직으로 설치하는 것이 취수상 유리하지만, 수량이 풍부한 곳에서는 흐름방향에 대해 수평으로 설치하는 경우도 있다.
㉢ 집수매거의 경사는 1/500 이하의 완구배가 되도록 하며, 매거 내의 유속은 유출단에서 유속이 1m/sec 이하가 되도록 함이 좋다.
㉣ 집수공에서 유입속도는 토사의 침입을 방지하기 위해 3cm/sec 이하로 한다.

104. 유입시간이 5분, 관거의 길이가 300m, 관거 내 평균유속이 25m/min일 때 유달시간은?

㉮ 5분 ㉯ 12분
㉰ 17분 ㉱ 19분

■해설 유달시간

㉠ 유달시간은 유입시간과 유하시간을 더한 것을 말한다.

$t=t_1(\text{유입시간})+t_2(\text{유하시간})=t_1+\frac{l}{v}$

㉡ 유달시간의 계산

$t=t_1+\frac{l}{v}=5\text{min}+\frac{300}{25}=17\text{min}$

105. 활성슬러지법에서 MLSS가 의미하는 것은?

㉮ 폐수 중의 고형물
㉯ 방류수 중의 부유물질
㉰ 포기조 중의 부유물질
㉱ 침전지 상등수 중의 부유물질

■해설 MLSS

MLSS(Mixed Liquor Suspended Solid)는 포기조 내 혼합액의 부유물질을 말한다.

106. 최종 침전지의 용량이 5m×25m×2m이고, 하수처리장의 유입유량이 650m³/day라고 하면 침전지의 체류시간은?(단, 슬러지의 반송률은 60%임)

㉮ 3.57시간 ㉯ 4.48시간
㉰ 5.77시간 ㉱ 6.59시간

■해설 체류시간

㉠ 수리학적 체류시간(HRT)

$t=\frac{V}{Q}$

㉡ 반송을 고려한 체류시간

$t=\frac{V}{Q(1+r)}$

여기서, r : 반송률

㉢ 체류시간의 산정

$t=\frac{V}{Q(1+r)}=\frac{5\times25\times2}{\frac{650}{24}\times(1+0.6)}$

$=5.77$시간

 |해답| 103.㉮ 104.㉰ 105.㉯ 106.㉰

107. 도시하수가 하천으로 직접 유입되는 경우에 일어나는 현상으로 옳지 않은 것은?

㉮ BOD의 증가 ㉯ SS의 증가
㉰ DO의 증가 ㉱ 세균수의 증가

해설 도시하수의 유입
도시하수가 하천으로 유입되면 하천수의 수질은 오염이 진행되므로 BOD 증가, SS 증가, 세균수 증가, DO 감소 등의 현상이 나타난다.

108. 취수구에 유입되는 계획취수량 Q, 유입수심 H, 유입속도 V일 때 취수구의 폭 B를 구하기 위한 계산식은?

㉮ $B=Q\times H/V$ ㉯ $B=Q\times V/H$
㉰ $B=Q/(H\times V)$ ㉱ $B=Q/(H+V)$

해설 취수구의 폭
㉠ 유량
$Q=AV=(BH)V$
㉡ 취수구 폭의 산정
$$B=\frac{Q}{(H\times V)}$$

109. 명반(Alum)을 사용하여 상수를 침전 처리하는 경우 약품주입 후 응집조에서 완속교반을 하는 이유는?

㉮ 명반을 용해시키기 위하여
㉯ 플록(Floc)을 공기와 접촉시키기 위하여
㉰ 플록(Floc)이 잘 부서지도록 하기 위하여
㉱ 플록(Floc)의 크기를 증가시키기 위하여

해설 응집반응
응집지는 크게 약품혼화지와 Floc 형성지로 구분된다. 그 이유는 교반속도 차이로 약품혼화지에서는 응집제가 잘 혼합되도록 급속교반을 하고 Floc 형성지에서는 Floc의 크기를 증가시키기 위해 완속교반을 실시하기 때문이다.

110. 정수시설의 응집제 중 액체로서 액체 자체가 가수분해되어 중합체로 되어 있으므로 일반적으로 황산알루미늄보다 적정주입 pH의 범위가 넓으며 알칼리도의 감소가 적은 것은?

㉮ 폴리염화알루미늄
㉯ 황산반토
㉰ 분할활성탄
㉱ 황산제1철

해설 폴리염화알루미늄
응집제의 하나로 Alum을 고분자화하여 성능을 보완한 것이며, 황산알루미늄보다 응집이 매우 빠르고 입자의 침강속도 또한 빠르다. 저온 고탁도 시에도 우수한 성능을 나타내며 pH의 하락 폭이 적은 것이 특징이다. 하지만 폴리염화알루미늄은 고가로 경제성이 떨어진다.

111. 하수처리장의 계획에 있어서 처리시설은 일반적으로 무엇을 기준으로 계획하는가?

㉮ 계획 1일 최대 오수량
㉯ 계획 1일 평균 오수량
㉰ 계획 1시간 최대 오수량
㉱ 계획 1시간 평균 오수량

해설 오수량의 산정

종류	내용
계획오수량	계획오수량은 생활오수량, 공장폐수량, 지하수량으로 구분할 수 있다.
지하수량	지하수량은 1인 1일 최대오수량의 10~20%를 기준으로 한다.
계획 1일 최대오수량	• 1인 1일 최대오수량×계획급수인구+(공장폐수량, 지하수량, 기타 배수량) • 하수처리 시설의 용량 결정의 기준이 되는 수량
계획 1일 평균오수량	• 계획 1일 최대오수량의 70(중·소도시)~80%(대·공업도시) • 하수처리장 유입하수의 수질을 추정하는 데 사용되는 수량
계획 시간 최대오수량	• 계획 1일 최대오수량의 1시간당 수량에 1.3~1.8배를 표준으로 한다. • 오수관거 및 펌프설비 등의 크기를 결정하는 데 사용되는 수량

∴ 하수처리시설 용량 결정의 기준이 되는 양은 계획 1일 최대오수량이다.

112. 정수장에서 배수지로 공급하는 시설은 무슨 시설로 분류되는가?

㉮ 도수시설 ㉯ 송수시설
㉰ 배수시설 ㉱ 급수시설

해설 상수도 구성요소
㉠ 수원 → 취수 → 도수(침사지) → 정수(착수정 → 약품혼화지 → 침전지 → 여과지 → 소독지 → 정수지) → 송수 → 배수(배수지, 배수탑, 고가탱크, 배수관) → 급수
㉡ 수원, 취수, 도수, 정수, 송수 등의 설계에는 계획 1일 최대급수량을 기준으로 한다.
㉢ 계획취수량은 계획 1일 최대급수량을 기준으로 5~10% 정도 여유 있게 취수한다.
㉣ 배수관의 직경 결정, 펌프의 직경 결정 등은 계획 시간 최대급수량을 기준으로 한다.
∴ 정수장에서 배수지로 공급하는 시설은 송수시설이다.

113. 오수관거에서 계획하수량에 대하여 부유물 침전 등을 막기 위해 규정된 최소 유속은?

㉮ 3.0m/sec ㉯ 1.2m/sec
㉰ 0.6m/sec ㉱ 0.2m/sec

해설 하수관의 유속 및 경사
㉠ 하수관로 내의 유속은 하류로 갈수록 빠르게 하며, 경사는 하류로 갈수록 완만하게 한다.
㉡ 관로의 유속기준
- 오수 및 차집관 : 0.6~3.0m/s
- 우수 및 합류관 : 0.8~3.0m/s
- 이상적 유속 : 1.0~1.8m/s

∴ 오수관의 최소유속은 0.6m/sec이다.

114. 하수관거 접합에 관한 설명으로 옳지 않은 것은?

㉮ 2개의 관거가 합류하는 경우 두 관의 중심교각은 가급적 60° 이하로 한다.
㉯ 접속 관거의 계획수위를 일치시켜 접속하는 방법을 수면접합이라 한다.
㉰ 2개의 관거가 곡선을 갖고 접하는 경우에는 곡률반지름은 내경의 5배 이상으로 하는 것이 바람직하다.
㉱ 2개의 관거 접합 시 관저접합을 원칙으로 한다.

해설 관거의 접합방법
㉠ 관거의 접합방법별 특징

종류	특징
수면 접합	수리학적으로 가장 좋은 방법으로 관 내 수면을 일치시키는 방법
관정 접합	관거의 내면 상부를 일치시키는 방법으로 굴착깊이가 증대되고, 공사비가 증가된다.
관중심 접합	관 중심을 일치시키는 방법으로 별도의 수위계산이 필요없는 방법이다.
관저 접합	관거의 내면 바닥을 일치시키는 방법으로 굴착깊이는 얕아지지만, 수리학적으로 불리한 방법이다.
단차 접합	지세가 아주 급한 경우 토공량을 줄이기 위해 사용하는 방법이다.
계단 접합	지세가 매우 급한 경우 관거의 기울기와 토공량을 줄이기 위해 사용하는 방법이다.

㉡ 접합 시 고려사항
- 관거의 관경이 변화하는 경우 또는 2개의 관거가 합류하는 경우의 접합방법은 원칙적으로 수면접합 또는 관정접합으로 한다.
- 2개의 관거가 곡선을 갖고 합류하는 경우의 곡률반경은 내경의 5배 이상이 되도록 해야 한다.
- 2개의 관거가 합류하는 경우의 중심교각은 되도록 60° 이하로 한다.
- 지표의 경사가 급한 경우에는 관경변화에 대한 유무에 관계없이 원칙적으로 지표의 경사에 따라서 단차접합 또는 계단접합으로 한다.

∴ 2개의 관거 접합 시 수면접합 또는 관정접합을 원칙으로 하고 있다.

115. SVI(Sludge Volume Index)에 대한 설명으로 옳지 않은 것은?

㉮ 측정시료는 2차 침전지에서 채취한다.
㉯ 활성슬러지의 침강성을 나타내는 지표이다.
㉰ SVI는 50~150의 범위가 적당하다.
㉱ 활성슬러지의 팽화 여부를 확인하는 지표로 사용한다.

해설 슬러지 용적지표(SVI)
㉠ 정의 : 포기조 내 혼합액 1L를 30분간 침전시킨 후 1g의 MLSS가 차지하는 침전 슬러지의 부피(mL)를 슬러지용적지표(Sludge Volume Index)라 한다.

㉡ 특징
- 슬러지 침강성을 나타내는 지표로, 슬러지 팽화(Bulking)의 발생 여부를 확인하는 지표로 사용한다.
- SVI가 높아지면 MLSS 농도가 적어진다.
- SVI = 50~150 : 슬러지 침전성 양호
- SVI = 200 이상 : 슬러지 팽화 발생
- SVI는 폭기시간, BOD 농도, 수온 등에 영향을 받는다.

㉢ 슬러지 밀도지수(SDI)

$$SDI = \frac{1}{SVI} \times 100\%$$

∴ SVI의 측정 시료는 포기조에서 채취한다.

116. 송수시설의 계획송수량의 원칙적 기준이 되는 것은?

㉮ 계획 1일 평균급수량
㉯ 계획 1일 최대급수량
㉰ 계획 시간 평균급수량
㉱ 계획 시간 최대급수량

■해설 상수도의 구성요소
㉠ 수원 → 취수 → 도수(침사지) → 정수(착수정 → 약품혼화지 → 침전지 → 여과지 → 소독지 → 정수지) → 송수 → 배수(배수지, 배수탑, 고가탱크, 배수관) → 급수
㉡ 수원, 취수, 도수, 정수, 송수 등의 설계에는 계획 1일 최대급수량을 기준으로 한다.
㉢ 계획취수량은 계획 1일 최대급수량을 기준으로 5~10 정도 여유 있게 취수한다.
㉣ 배수관의 직경결정, 펌프의 직경결정 등은 계획 시간 최대급수량을 기준으로 한다.
∴ 송수시설의 계획송수량은 계획 1일 최대급수량을 기준으로 한다.

117. 펌프의 특성곡선은 펌프의 토출유량과 무엇의 관계를 나타낸 그래프인가?

㉮ 양정, 비속도, 수격압력
㉯ 양정, 효율, 축동력
㉰ 양정, 손실수두, 수격압력
㉱ 양정, 효율, 공동현상

■해설 펌프 특성곡선
펌프의 회전속도를 일정하게 고정하고 토출관의 밸브를 조절하여 토출량을 변화시킬 때 토출량(Q)의 변화에 따른 양정(H), 효율(η), 축동력(P)의 변화를 최대효율점에 대한 비율로 나타낸 곡선을 펌프 특성곡선이라 한다.

118. 완속여과와 급속여과에 대한 설명으로 옳지 않은 것은?

㉮ 완속여과는 모래층과 모래층 표면에 증식하는 미생물막에 의해 수중의 불순물을 포착하여 산화 분해하는 정수방법이다.
㉯ 급속여과는 원수 중의 현탁물질을 약품친전시킨 후 분리하는 방법이다.
㉰ 완속여과는 유입수의 수질이 비교적 양호한 경우에 사용할 수 있다.
㉱ 대규모 처리 시에는 급속여과가 적당하나 완속여과에 비해 시설면적이 매우 넓다.

■해설 완속여과지와 급속여과지의 비교
㉠ 완속여과지와 급속여과지의 모래 품질

항목	완속여과 모래	급속여과 모래
여과속도	4~5m/day	120~150m/day
유효경	0.3~0.45mm	0.45~1.0mm
균등계수	2.0 이하	1.7 이하
모래층 두께	70~90cm	60~120cm
최대경	2mm 이하	2mm 이내
최소경	0.18mm 이상	0.3mm 이상
세균 제거율	98~99.5%	95~98%
비중	2.55~2.65%	

㉡ 완속여과지와 급속여과지의 특징
- 완속여과는 모래층과 모래층 표면에서 증식하는 미생물막에 의해 수중의 불순물을 포착하여 산화 분해하는 정수방법이다.
- 급속여과는 원수 중의 현탁물질을 약품침전시킨 후 분리하는 방법이다.
- 완속여과는 비교적 양호한 원수에 알맞은 방법이다.
- 대규모 처리 시에는 급속여과가 적당하고, 용지면적도 여과속도가 빠른 급속여과가 더 적게 소요된다.

119. 염소소독과 비교한 자외선소독의 장점이 아닌 것은?

㉮ 인체에 위해성이 없다.
㉯ 잔류효과가 크다.
㉰ 화학적 부작용이 적어 안전하다.
㉱ 접촉시간이 짧다.

해설 자외선소독
자외선소독은 화학적 부작용이 적어 안전하며, 설치가 용이하고 접촉시간이 짧은 장점을 가진다. 하지만 자외선 조사 시 탁도 · 색도 및 SS가 높을 경우 이들 물질은 자외선의 투과를 방해하여 소독효과가 떨어지며, 램프 교체 등의 유지비용이 많이 들고, 램프의 주기적 세척이 요구된다. 또한 잔류성이 없어 상수나 중수도에 사용할 경우에는 후염소처리시설이 필요하다.

120. 우수조정지의 표준적인 구조형식에 해당되지 않는 것은?

㉮ 댐식(제방높이 15m 미만)
㉯ 굴착식
㉰ 지하식
㉱ 탑식

해설 우수조정지
㉠ 설치목적
도시화나 도시지역의 확대로 기존 관로의 용량이 부족하거나 관로의 능력 저하에도 불구하고 하류의 시설 및 관로 등의 능력을 높이기 곤란한 경우에 우수조정지를 설치한다.
㉡ 설치장소
- 하수관거의 용량이 부족한 곳
- 방류수로의 유하 능력이 부족한 곳
- 하류지역의 펌프장 능력이 부족한 곳

㉢ 구조형식
- 댐식
- 지하식
- 굴착식

|해답| 119.㉯ 120.㉱

Industrial Engineer Civil Engineering

contents

토목산업기사 과년도 출제문제 및 해설

2014

Industrial Engineer Civil Engineering

과년도 출제문제 및 해설 (2014년 3월 2일 시행)

제1과목 응용역학

01. 그림과 같은 구형 단면보에서 휨모멘트 4.5t · m가 작용한다면 상단에서 5cm 떨어진 $a-a$ 단면에서의 휨응력은?

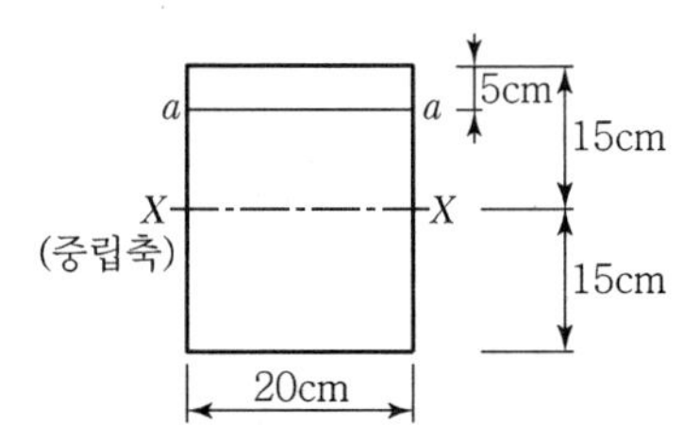

① 92.3kg/cm² ② 100kg/cm²
③ 112.6kg/cm² ④ 121.4kg/cm²

해설 $M=4.5\text{t}\cdot\text{m}=4.5\times10^5\text{kg}\cdot\text{cm}$

$y=10\text{cm}$

$I=\dfrac{20\times30^3}{12}=4.5\times10^4\text{cm}^4$

$\sigma_{a-a}=\dfrac{My}{I}=\dfrac{(4.5\times10^5)\times10}{(4.5\times10^4)}=100\text{kg/cm}^2$

02. 다음과 같은 단순보에서 A점의 반력(R_A)으로 옳은 것은?

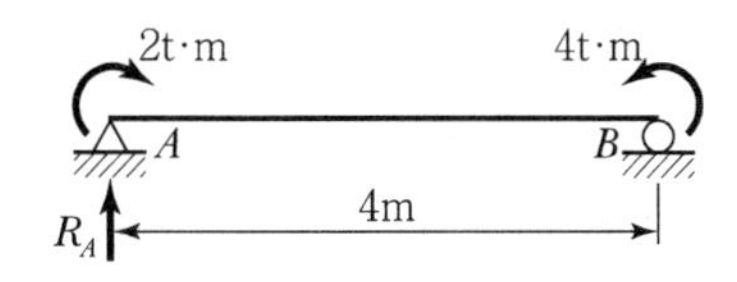

① 0.5t(↓) ② 2.0t(↓)
③ 0.5t(↑) ④ 2.0t(↑)

해설 $\Sigma M_{Ⓑ}=0(\curvearrowright\oplus)$

$R_A\times4+2-4=0$

$R_A=0.5\text{t}(\uparrow)$

03. 다음 그림에서와 같은 평행력(平行力)에 있어서 P_1, P_2, P_3, P_4의 합력의 위치는 O점에서 얼마의 거리에 있겠는가?

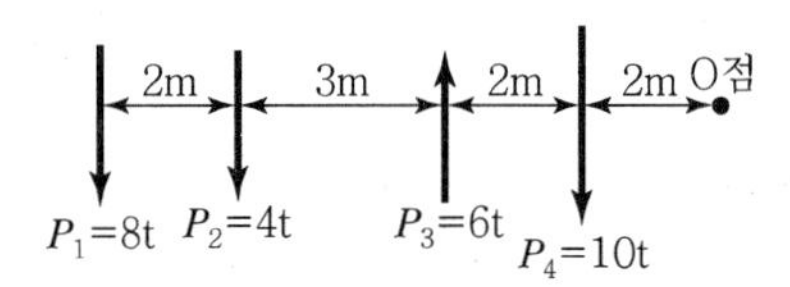

① 4.8m ② 5.4m
③ 5.8m ④ 6.0m

해설 $\Sigma F_y(\downarrow\oplus)=8+4-6+10=R$

$R=16\text{t}(\downarrow)$

$\Sigma M_{Ⓞ}(\curvearrowleft\oplus)=8\times9+4\times7-6\times4+10\times2=R\times x$

$x=\dfrac{96}{R}=\dfrac{96}{16}=6\text{m}(\leftarrow)$

04. 다음 3힌지 라멘에 A점의 수평반력(H_A)은?

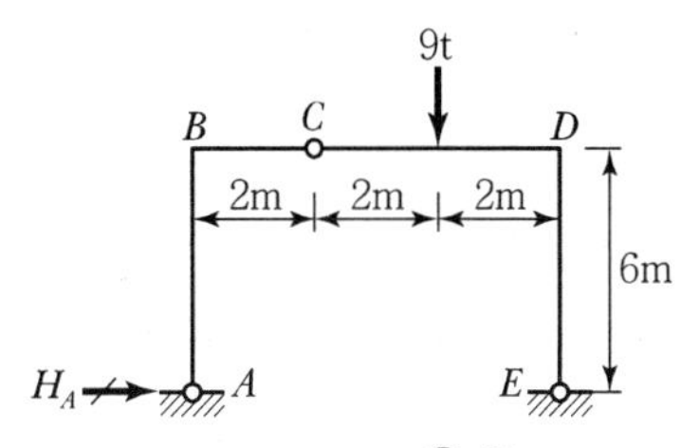

① 1t ② 2t
③ 3t ④ 4t

해설 $\Sigma M_{Ⓔ}=0(\curvearrowright\oplus)$

$V_A\times6-9\times2=0$

$V_A=3\text{t}(\uparrow)$

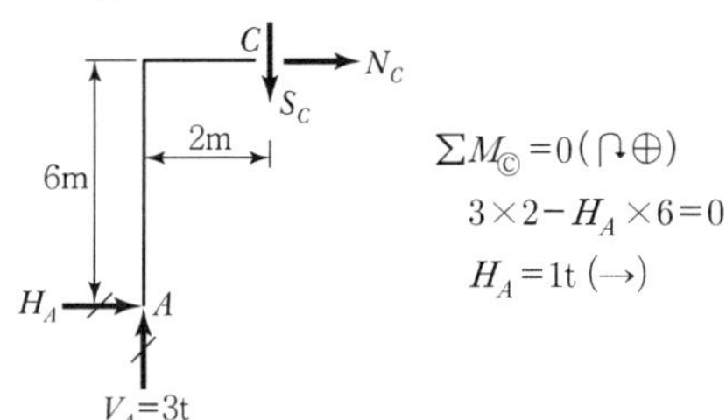

$\Sigma M_{Ⓒ}=0(\curvearrowright\oplus)$

$3\times2-H_A\times6=0$

$H_A=1\text{t}\ (\rightarrow)$

|해답| 1.② 2.③ 3.④ 4.①

05. 다음 단순보의 지점 A에서의 처짐각 θ_A는 얼마인가?(단, EI는 일정하다.)

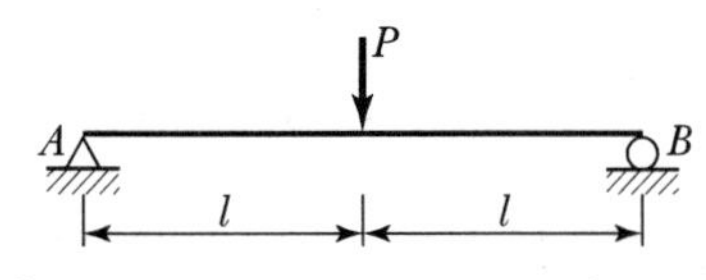

① $\dfrac{Pl^2}{6EI}$　② $\dfrac{Pl^2}{16EI}$

③ $\dfrac{Pl^2}{8EI}$　④ $\dfrac{Pl^2}{4EI}$

해설 $\theta_A = \dfrac{P(2l)^2}{16EI} = \dfrac{Pl^2}{4EI}$

06. 지름 D인 원형단면에 전단력 S가 작용할 때 최대 전단응력의 값은?

① $\dfrac{4S}{3\pi D^2}$　② $\dfrac{2S}{3\pi D^2}$

③ $\dfrac{16S}{3\pi D^2}$　④ $\dfrac{3S}{4\pi D^2}$

해설 $\tau_{\max} = \alpha\dfrac{S}{A} = \dfrac{4}{3}\cdot\dfrac{S}{\left(\dfrac{\pi D^2}{4}\right)} = \dfrac{16S}{3\pi D^2}$

07. 스팬 l인 양단 고정보의 중앙에 집중하중 P가 작용할 때 고정단의 모멘트의 크기는?

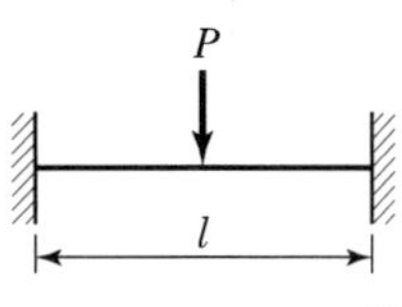

① $\dfrac{Pl}{2}$　② $\dfrac{Pl}{4}$

③ $\dfrac{Pl}{8}$　④ $\dfrac{Pl}{16}$

해설 $M = -\dfrac{Pl}{8}$

08. 단면적이 3cm²인 강봉이 아래의 그림과 같은 힘을 받을 때 이 강봉의 늘어난 길이는?(단, 강봉의 탄성계수 $E = 2.0\times10^6$kg/cm²)

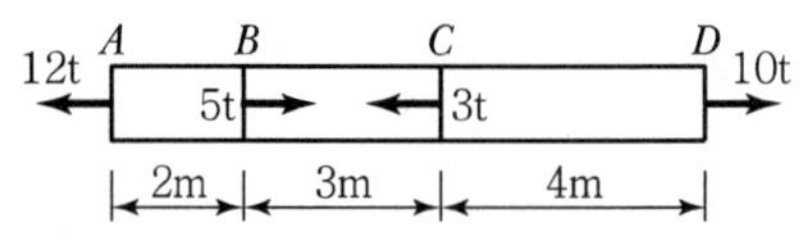

① 1.13cm　② 1.42cm

③ 1.68cm　④ 1.76cm

해설

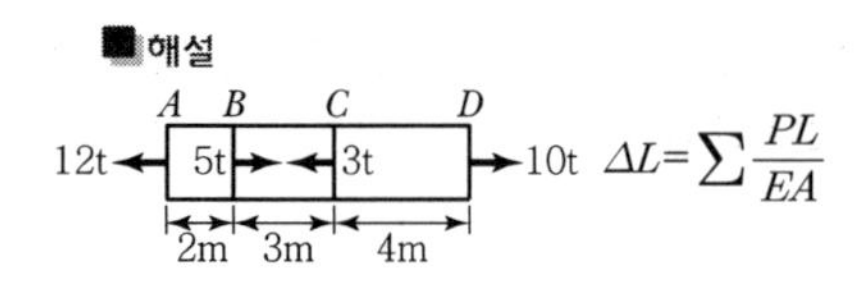

$\Delta L = \sum\dfrac{PL}{EA}$

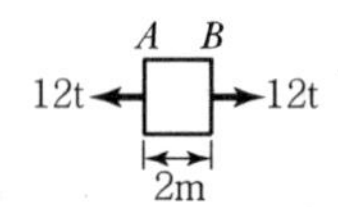

$\Delta L_{AB} = \dfrac{(12\times10^3)\times(2\times10^2)}{(2.0\times10^6)\times3} = 0.4\text{cm}$

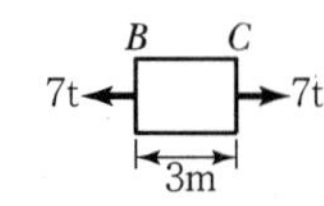

$\Delta L_{BC} = \dfrac{(7\times10^3)\times(3\times10^2)}{(2.0\times10^6)\times3} = 0.35\text{cm}$

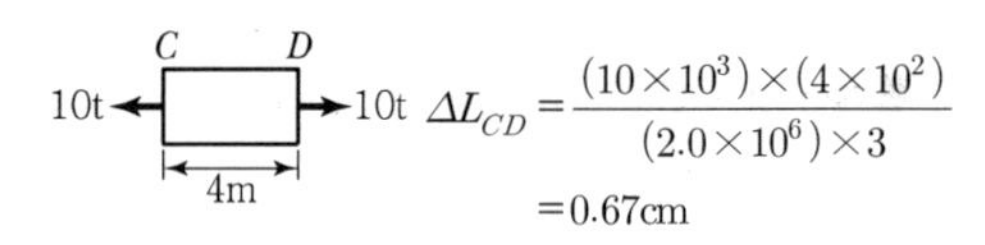

$\Delta L_{CD} = \dfrac{(10\times10^3)\times(4\times10^2)}{(2.0\times10^6)\times3} = 0.67\text{cm}$

$\Delta L = \Delta L_{AB} + \Delta L_{BC} + \Delta L_{CD}$
$= 0.4 + 0.35 + 0.67$
$= 1.42\text{cm}$

09. 다음 중 부정정 구조의 해법이 아닌 것은?

① 처짐각법
② 변위일치법
③ 모멘트 분배법
④ 공액보법

해설 (1) 부정정 구조물의 해법
① 연성법(하중법)
㉠ 변형일치법(변위일치법)
㉡ 3연 모멘트법 등
② 강성법(변위법)
㉠ 처짐각법(요각법)
㉡ 모멘트 분배법 등

 |해답| 5.④ 6.③ 7.③ 8.② 9.④

(2) 처짐을 구하는 방법
① 이중적분법
② 모멘트 면적법
③ 탄성하중법
④ 공액보법
⑤ 단위하중법 등

10. 그림과 같은 구조물은 몇 차 부정정 구조물인가?

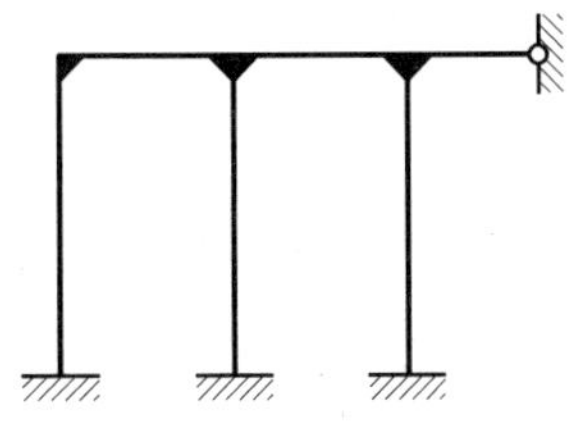

① 7차 ② 8차
③ 9차 ④ 11차

해설 일반적인 경우
$N=Y+m+S-2P$
$=11+6+5-2\times7=8$차 부정정

별해 라멘의 경우
$N=B\times3-j=3\times3-1=8$차 부정정

11. 기둥에서 단면의 핵이란 단주(短柱)에서 인장응력이 발생되지 않도록 재하되는 편심거리로 정의된다. 반지름 20cm인 원형 단면의 핵거리(e)는?

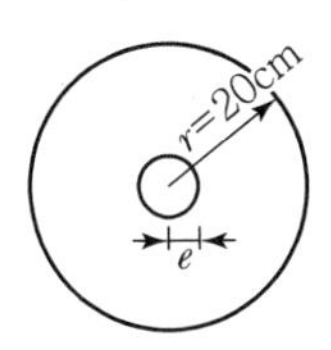

① 2.5cm ② 4cm
③ 5cm ④ 7.5cm

해설 $e=\frac{D}{8}=\frac{r}{4}=\frac{20}{4}=5\text{cm}$

12. 그림과 같은 보에서 C점의 처짐을 구하면?(단, $EI=2\times10^9\text{kg}\cdot\text{cm}^2$이다.)

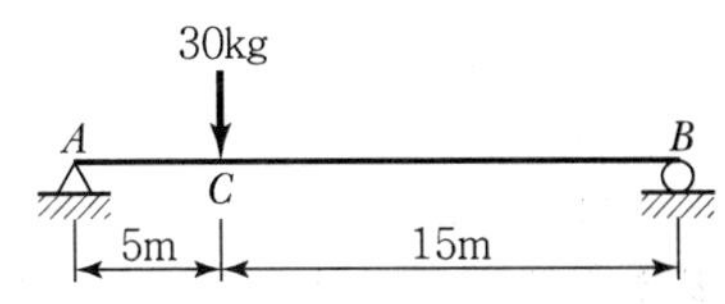

① 0.821cm ② 1.406cm
③ 1.641cm ④ 2.812cm

해설 $y_c=\frac{Pa^2b^2}{3EIl}=\frac{30\times(500)^2\times(1,500)^2}{3\times(2\times10^9)\times(2,000)}$
$=1.406\text{cm}$

13. 정사각형의 중앙에 지름 20cm의 원이 있는 그림과 같은 도형에서 빗금 친 부분의 X축에 대한 단면 2차 모멘트를 구한 값은?

① $205,479\text{cm}^4$
② $215,479\text{cm}^4$
③ $225,479\text{cm}^4$
④ $235,479\text{cm}^4$

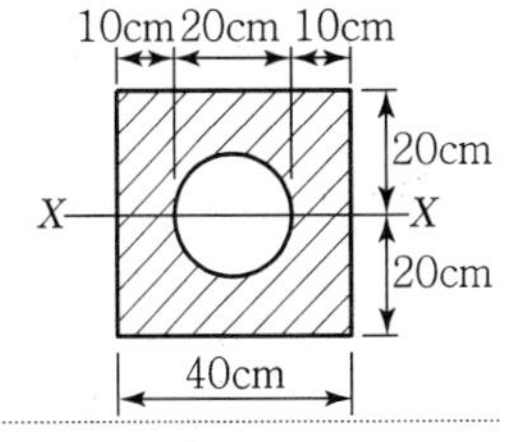

해설 $I_x=\frac{40\times40^3}{12}-\frac{\pi\times20^4}{64}=205,479\text{cm}^4$

14. 그림에서 (A)의 장주(長柱)가 4t에 견딜 수 있다면 (B)의 장주가 견딜 수 있는 하중은?

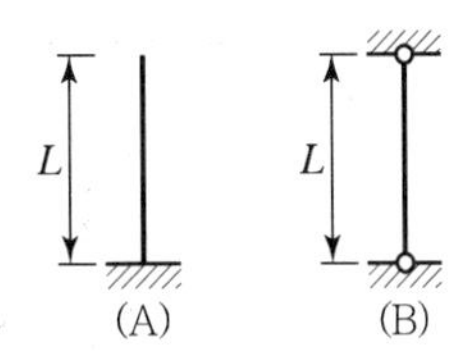

① 4t ② 8t
③ 16t ④ 64t

해설 $P_{cr}=\frac{\pi^2EI}{(kl)^2}=\frac{C}{k^2}\left(C=\frac{\pi^2EI}{l^2}\text{라 가정하면}\right)$

$P_{cr(a)}:P_{cr(b)}=\frac{C}{2^2}:\frac{C}{1^2}=1:4$

$P_{cr(b)}=4P_{cr(a)}=4\times4=16\text{t}$

15. 탄성 에너지에 대한 설명으로 옳은 것은?

① 응력에 반비례하고 탄성계수에 비례한다.
② 응력의 제곱에 반비례하고 탄성계수에 비례한다.
③ 응력에 비례하고 탄성계수의 제곱에 비례한다.
④ 응력의 제곱에 비례하고 탄성계수에 반비례한다.

■ 해설 $U=\dfrac{P^2 l}{2EA}=\dfrac{P^2 lA}{2EA^2}=\dfrac{\sigma^2 lA}{2E}$

16. 모든 도형에서 도심을 지나는 축에 대한 단면 1차 모멘트 값의 범위로 옳은 설명은?

① 0이다.
② 0보다 크다.
③ 0보다 적다.
④ 0에서 1 사이의 값을 갖는다.

■ 해설

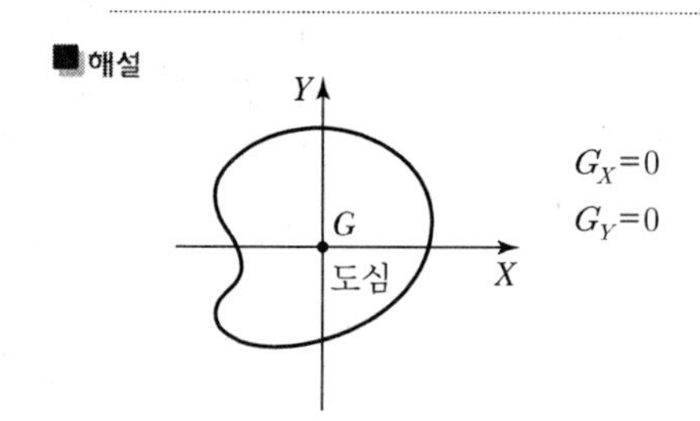

17. 무게 12톤인 아래 그림과 같은 구조물을 밀어넘길 수 있는 수평 집중하중 P는?

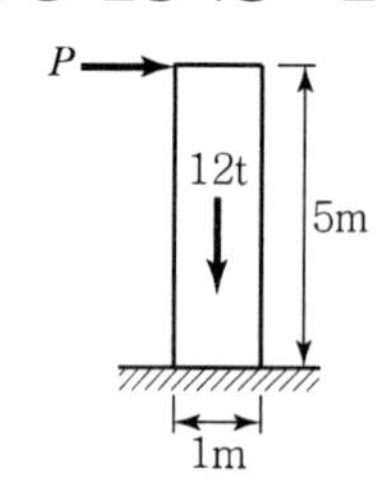

① 1.2t ② 1.8t
③ 2.2t ④ 2.8t

■ 해설 $P\times 5>12\times 0.5$

$P>\dfrac{12\times 0.5}{5}=1.2\text{t}$

18. 그림과 같이 ABC의 중앙점에 10t의 하중을 달았을 때 정지하였다면 장력 T의 값은 몇 t인가?

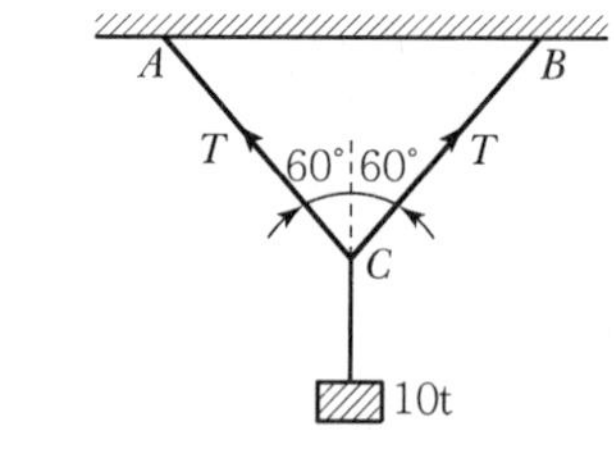

① 10 ② 8.66
③ 5 ④ 15

■ 해설

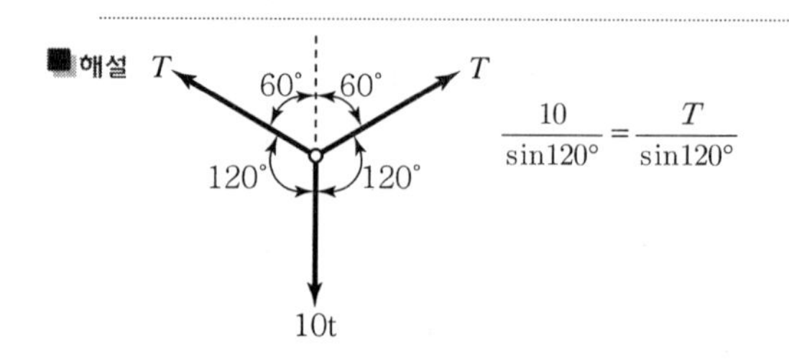

$\dfrac{10}{\sin 120°}=\dfrac{T}{\sin 120°}$

19. 다음 단순보에서 지점의 반력을 계산한 값으로 옳은 것은?

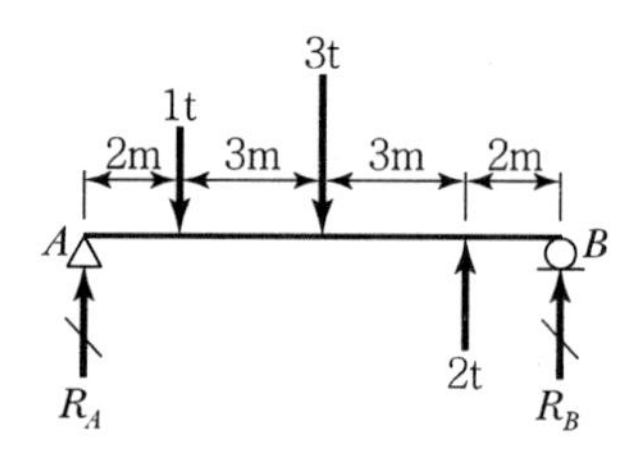

① $R_A=1.0\text{t}$, $R_B=1.0\text{t}$
② $R_A=1.9\text{t}$, $R_B=0.1\text{t}$
③ $R_A=1.4\text{t}$, $R_B=0.6\text{t}$
④ $R_A=0.1\text{t}$, $R_B=1.9\text{t}$

■ 해설 $\Sigma M_{Ⓑ}=0(\curvearrowright\oplus)$

$R_A\times 10-1\times 8-3\times 5-2\times 2=0$

$R_A=1.9\text{t}(\uparrow)$

$\Sigma F_y=0(\uparrow\oplus)$

$R_A-1-3+2+R_B=0$

$R_B=2-R_A=2-1.9=0.1\text{t}(\uparrow)$

 |해답| 15.④ 16.① 17.① 18.① 19.②

20. 그림과 같은 트러스에서 사재(斜材) D의 부재력은?

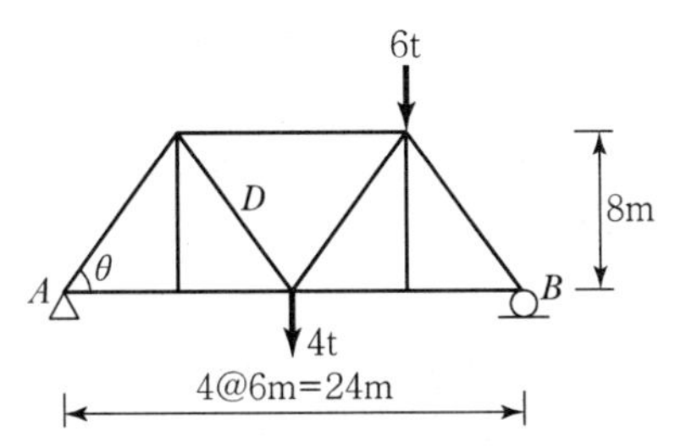

① 3.112t　　② 4.375t
③ 5.465t　　④ 6.522t

해설 $\Sigma M_{Ⓑ}=0$(↻⊕)

$R_A\times 24-4\times 12-6\times 6=0$

$R_A=3.5\text{t}(\uparrow)$

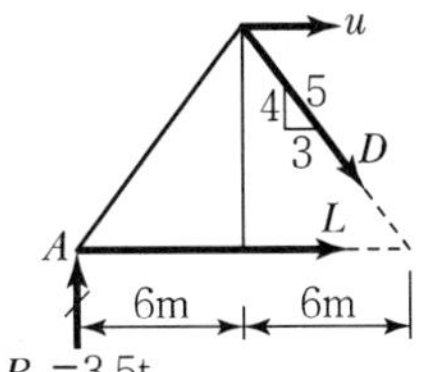

$\Sigma F_y=0(\uparrow\oplus)$

$3.5-D\times\frac{4}{5}=0$

$D=4.375\text{t}$(인장)

제2과목 **측량학**

21. 곡선 설치에서 교각이 35°, 원곡선 반지름이 500m일 때 도로 기점으로부터 곡선 시점까지의 거리가 315.45m이면 도로 기점으로부터 곡선 종점까지의 거리는?

① 593.38m　　② 596.88m
③ 620.88m　　④ 625.36m

해설
- C.L(곡선장) $=\frac{\pi}{180}RI$

$=\frac{\pi}{180}\times 500\times 35°=305.43\text{m}$

- EC 거리=BC 거리+C.L

$=315.45+305.43=620.88\text{m}$

22. 사진측량의 특징에 대한 설명으로 옳지 않은 것은?

① 연속 촬영을 통해 움직이는 대상물의 상태 변화 감지가 가능하다.
② 기상에 관계없이 위치 결정이 가능하다.
③ 접근이 곤란한 지역의 대상물 측량이 가능하다.
④ 다양한 목적에 따라 축척 변경이 용이하다.

해설 사진측량은 기상조건 및 태양고도 등에 영향을 받는다.

23. 지형도 제작에 주로 사용되는 측량방법으로 가장 거리가 먼 것은?

① 항공사진측량에 의한 방법
② GPS 측량에 의한 방법
③ 토털스테이션을 이용한 방법
④ 시거측량에 의한 방법

해설 지형도 제작에 사용되는 측량방법
- 항공사진측량
- GPS 측량
- 토털스테이션 이용 측량
- 수치지형모델
- 평판측량

24. 거리측량의 오차를 $\frac{1}{10^5}$까지 허용한다면 지구상에 평면으로 간주할 수 있는 거리는?(단, 지구의 곡률반지름은 6,300km로 가정)

① 약 22km　　② 약 44km
③ 약 59km　　④ 약 69km

해설
- $\frac{\Delta L}{L}=\frac{L^2}{12R^2}$
- $\frac{1}{10^5}=\frac{L^2}{12\times 6{,}370^2}$

$L=\sqrt{\frac{12\times 6{,}370^2}{10^5}}=69.78\text{km}$

25. 하천측량의 고저측량에 해당되지 않는 것은?

① 종단측량 ② 유량관측
③ 횡단측량 ④ 심천측량

■해설 고저측량
• 종단측량
• 횡단측량
• 심천측량

26. 그림과 같은 삼각망에서 각방정식의 수는?

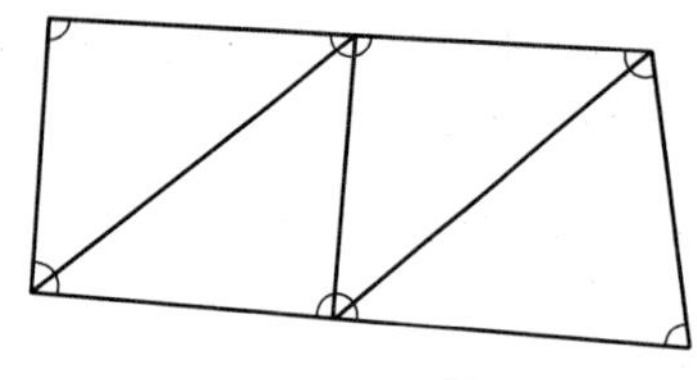

① 2 ② 4
③ 6 ④ 9

■해설 각조건식 수$=S-P+1=9-6+1=4$
(S : 변의 수, P : 삼각점 수)

27. 2점 간의 거리를 관측한 결과가 아래 표와 같을 때, 최확값은?

구분	관측값	측정횟수
A	150.18m	3
B	150.25m	3
C	150.22m	5
D	150.20m	4

① 150.18m ② 150.21m
③ 150.23m ④ 150.25m

■해설 • 경중률은 측정횟수에 비례한다.
$P_A : P_B : P_C : P_D = 3 : 3 : 5 : 4$
• 최확값
$=150+\dfrac{P_A l_A + P_B l_B + P_C l_C + P_D l_D}{P_A + P_B + P_C + P_D}$
$=150+\dfrac{3\times0.18+3\times0.25+5\times0.22+4\times0.20}{3+3+5+4}$
$=150+0.212=150.21\text{m}$

28. 삼각측량의 선점을 위한 고려사항으로 옳지 않은 것은?

① 삼각점은 측량구역 내에서 한쪽에 편중되지 않도록 고른 밀도로 배치하는 것이 좋다.
② 배치는 정삼각형의 형태로 하는 것이 좋다.
③ 삼각점은 발견이 쉽고 견고한 지점, 항공사진 상에 판별될 수 있는 위치에 선정하는 것이 좋다.
④ 측점의 수는 될 수 있는 대로 많게 하고, 이동이 편리한 구조로 설치하는 것이 좋다.

■해설 선점 시 측점의 수는 가능한 적을수록 좋다.

29. 각 점의 좌표가 표와 같을 때, $\triangle ABC$의 면적은?

점명	X(m)	Y(m)
A	7	5
B	8	10
C	3	3

① 9m^2 ② 12m^2
③ 15m^2 ④ 18m^2

■해설

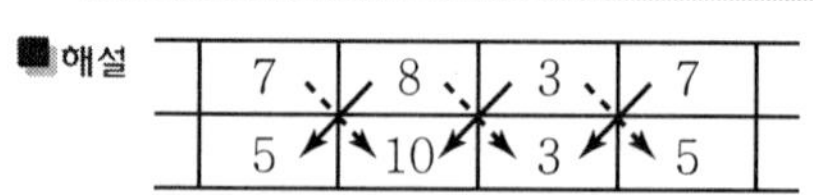

• 배면적$(2A)$
$=(\sum\swarrow\otimes)-(\sum\searrow\otimes)$
$=(40+30+21)-(70+24+15)=18\text{m}^2$
• 면적$(A)=\dfrac{\text{배면적}}{2}=\dfrac{18}{2}=9\text{m}^2$

30. 평면직각좌표에서 삼각점의 좌표가 X(N)$=-4{,}500.36$m, Y(E)$=-654.25$m일 때 좌표원점을 중심으로 한 삼각점의 방위각은?

① 8°16′30″
② 81°44′12″
③ 188°16′18″
④ 261°44′26″

해설
- $\tan\theta = \frac{Y}{X}$

  $\theta = \tan^{-1}\left(\frac{-654.25}{-4,500.36}\right) = 8°16'17.6''$
- X(−값), Y(−값)이므로 3상한
- 방위각 $= 180° + \theta = 188 + 8°16'17.6''$

  $≒ 188°16'18''$

31. 지반고 120.50m인 A점에 기계고 1.23m의 토털 스테이션을 세워 수평거리 90m 떨어진 B점에 세운 높이 1.95m의 타깃을 시준하면서 부(−)각 30°를 얻었다면 B점의 지반고는?

① 65.36m　② 67.82m
③ 171.74m　④ 175.64m

해설 $H_B = H_A + IH - D\tan\alpha - \Delta h$

$= 120.50 + 1.23 - 90 \times \tan 30° - 1.95$

$= 67.818 ≒ 67.82\text{m}$

32. 수준측량에서 도로의 종단측량과 같이 중간시가 많은 경우에 현장에서 주로 사용하는 야장기입법은?

① 기고식　② 고차식
③ 승강식　④ 회귀식

해설 기고식은 중간점이 많고 길고 좁은 지형에 편리하다.

33. 원곡선에 의한 종단곡선 절치에서 상향 경사 2%, 하향 경사 3% 사이에 곡선반지름 R= 200m로 설치할 때, 종단곡선의 길이는?

① 5m　② 10m
③ 15m　④ 20m

해설 종단곡선 길이$(L) = R\left(\frac{m}{100} - \frac{n}{100}\right)$

$= 200\left(\frac{2}{100} + \frac{3}{100}\right)$

$= 10\text{m}$

34. 면적 1km^{2}인 지역이 도상면적 16cm^{2}의 도면으로 제작되었을 경우 이 도면의 축척은?

① $\frac{1}{2,500}$　② $\frac{1}{6,250}$
③ $\frac{1}{25,000}$　④ $\frac{1}{62,500}$

해설
- 면적비=축척비의 자승$\left(\frac{1}{M}\right)^2$
- $\left(\frac{1}{M}\right)^2 = \frac{\text{도상면적}}{\text{실제면적}}$

  $= \frac{4 \times 4\text{cm}}{100,000 \times 100,000\text{cm}}$
- $\frac{1}{M} = \frac{4}{100,000} = \frac{1}{25,000}$

35. 평판측량 방법 중 측량지역 내에 장애물이 없어 시준이 용이한 소지역에 주로 사용하는 방법으로 평판을 한 번 세워서 방향과 거리를 관측하여 여러 점들의 위치를 결정할 수 있는 방법은?

① 편각법
② 교회법
③ 전진법
④ 방사법

해설 방사법은 장애물이 적고 넓게 시준할 때 사용하며 평판을 한 번 세워 다수의 점을 관측할 수 있다.

36. 도로의 단곡선 계산에서 노선기점으로부터 교점까지의 추가거리와 교각을 알고 있을 때 곡선시점의 위치를 구하기 위해서 계산되어야 하는 요소는?

① 접선장(T.L)
② 곡선장(C.L)
③ 중앙종거(M)
④ 접선에 대한 지거(Y)

해설 BC 거리 $= IP - TL$

37. 항공사진에서 건물의 높이를 결정하기 위하여 건물의 최상단과 최하단의 시차차를 측정하니 0.04mm였다면 건물의 높이는?(단, 촬영고도 3,000m, 주점기선장은 15.96mm였다.)

① 6.5m ② 7.0m
③ 7.5m ④ 8.0m

해설
- 시차차$(\Delta P) = \frac{h}{H} \cdot P_r = \frac{h}{H} \cdot b_0$
- $h = \frac{H}{b_0}\Delta P = \frac{3,000,000}{15.96} \times 0.04 = 7518.79\text{mm}$
  $= 7.5\text{m}$

38. 산지에서 동일한 각관측의 정확도로 폐합트래버스를 관측한 결과 관측점 수가 11개이고 측각오차는 1′15″이었다면 어떻게 처리해야 하는가?(단, 산지의 오차한계는 $\pm 90''\sqrt{n}$을 적을 적용한다.)

① 오차가 1′ 이상이므로 재측하여야 한다.
② 관측각의 크기에 반비례하여 배분한다.
③ 관측각의 크기에 비례하여 배분한다.
④ 관측각의 크기에 상관없이 등분하여 배분한다.

해설
- 산지허용범위 $\pm 90''\sqrt{n} = 90''\sqrt{11} = 4'58.5''$
- 측각오차(1′15″) < 허용오차(4′58.5″)이므로 각의 크기에 상관없이 등배분한다.

39. 축척 1 : 25,000 지형도에서 어느 산정으로부터 산 밑까지의 수평거리가 5.6cm이고, 산정의 표고가 335.75m, 산 밑의 표고가 102.50m였다면 경사는?

① $\frac{1}{3}$ ② $\frac{1}{4}$
③ $\frac{1}{6}$ ④ $\frac{1}{7}$

해설
경사$(i) = \frac{H}{D} = \frac{335.75 - 102.50}{0.056 \times 25,000}$
$= \frac{223.25}{1,400}$
$≒ \frac{1}{6}$

40. 노선측량의 완화곡선에 대한 설명 중 옳지 않은 것은?

① 완화곡선의 접선은 시점에서 원호에, 종점에서 직선에 접한다.
② 완화곡선의 반지름은 시점에서 무한대, 종점에서 원곡선 R로 된다.
③ 클로소이드의 조합형식에는 S형, 복합형, 기본형 등이 있다.
④ 모든 클로소이드는 닮은꼴이며, 클로소이드 요소는 길이의 단위를 가진 것과 단위가 없는 것이 있다.

해설 완화곡선의 접선은 시점에서 직선에, 종점에서 원호에 접한다.

제3과목 수리수문학

41. 길이 100m의 관에서 양단의 압력 수두차가 20m인 조건에서 0.5m³/s를 송수하기 위한 관경은?(단, 마찰손실계수 f =0.03)

① 21.5cm ② 23.5cm
③ 29.5cm ④ 31.5cm

해설 직경의 산정
㉠ 마찰손실수두
$$h_l = f\frac{l}{D}\frac{V^2}{2g}$$
㉡ 직경 D에 관해서 정리
$$D = \left(\frac{8flQ^2}{h_l g\pi^2}\right)^{\frac{1}{5}} = \left(\frac{8 \times 0.03 \times 100 \times 0.5^2}{20 \times 9.8 \times \pi^2}\right)^{\frac{1}{5}}$$
$= 0.315\text{m} = 31.5\text{cm}$

42. 초속 V_0의 사출수가 도달하는 수평 최대 거리는?

① 최대 연직높이의 1.2배이다.
② 최대 연직높이의 1.5배이다.
③ 최대 연직높이의 2.0배이다.
④ 최대 연직높이의 3.0배이다.

 |해답| 37.③ 38.④ 39.③ 40.① 41.④ 42.③

해설 사출수의 도달거리

㉠ 수평거리

$$L=\frac{V_0^2\sin 2\theta}{g}$$

㉡ 연직거리

$$H=\frac{V_0^2\sin^2\theta}{2g}$$

㉢ 최대 수평거리와 최대 연직거리의 관계
최대 수평거리는 $\theta=45°$일 때이므로

$$L_{max}=\frac{V_0^2}{g}$$

최대 연직거리는 $\theta=90°$일 때이므로

$$H_{max}=\frac{V_0^2}{2g}$$

$$\therefore\ L_{max}=2H_{max}$$

43. 수리학적으로 유리한 단면의 조건으로 옳은 것은?

① 경심(R)이 최소이어야 한다.
② 윤변(P)이 최대가 되어야 한다.
③ 경심(R)과 윤변(P)의 곱이 최대가 되어야 한다.
④ 경심(R)이 최대가 되거나 윤변(P)이 최소가 되어야 한다.

해설 수리학적으로 유리한 단면

㉠ 수로의 경사, 조도계수, 단면이 일정할 때 유량이 최대로 흐를 수 있는 단면을 수리학적으로 유리한 단면 또는 최량수리단면이라 한다.
㉡ 수리학적으로 유리한 단면이 되기 위해서는 경심(R)이 최대이거나, 윤변(P)이 최소일 때 성립된다.

44. 유체 내부의 임의의 점(x, y, z)에서의 시간 t에 대한 속도성분을 각각 u, v, w로 표시하면, 정류이며 비압축성인 유체에 대한 연속방정식으로 옳은 것은?(단, ρ는 유체의 밀도이다.)

① $\dfrac{\partial u}{\partial x}+\dfrac{\partial v}{\partial y}+\dfrac{\partial w}{\partial z}=0$

② $\dfrac{\partial \rho u}{\partial x}+\dfrac{\partial \rho v}{\partial y}+\dfrac{\partial \rho w}{\partial z}=0$

③ $\dfrac{\partial \rho}{\partial t}+\rho\left(\dfrac{\partial u}{\partial x}+\dfrac{\partial v}{\partial y}+\dfrac{\partial w}{\partial z}\right)=0$

④ $\dfrac{\partial \rho}{\partial t}+\dfrac{\partial(\rho u)}{\partial x}+\dfrac{\partial(\rho v)}{\partial y}+\dfrac{\partial(\rho w)}{\partial z}=0$

해설 3차원 연속방정식

㉠ 3차원 부정류 비압축성 유체의 연속방정식

$$\frac{\partial(\rho u)}{\partial x}+\frac{\partial(\rho v)}{\partial y}+\frac{\partial(\rho w)}{\partial z}=-\frac{\partial \rho}{\partial t}$$

㉡ 3차원 정상류 비압축성 유체의 연속방정식
정상류 : $\dfrac{\partial \rho}{\partial t}=0$
비압축성 : ρ=constant ∴ 생략 가능

$$\therefore\ \frac{\partial u}{\partial x}+\frac{\partial v}{\partial y}+\frac{\partial w}{\partial z}=0$$

45. 삼각형 위어(Weir)에서 유량에 비례하는 것은? (단, H는 위어의 월류수심이다.)

① $H^{\frac{5}{2}}$ ② H^2
③ $H^{\frac{3}{2}}$ ④ $H^{\frac{1}{2}}$

해설 삼각위어의 유량

삼각위어는 소규모 유량의 정확한 측정이 필요할 때 사용하는 위어이다.

$$Q=\frac{8}{15}C\tan\frac{\theta}{2}\sqrt{2g}\,h^{\frac{5}{2}}$$

∴ 삼각위어의 유량은 $H^{\frac{5}{2}}$에 비례한다.

46. 얇은 철사나 바늘을 조심해서 물 위에 놓으면 가라앉지 않고 뜬다. 이와 같이 바늘이 물 위에 뜨는 이유와 관계되는 것은?

① 부력 ② 점성력
③ 마찰력 ④ 표면장력

해설 표면장력

㉠ 유체입자 간의 응집력으로 인해 그 표면적을 최소화하려는 장력이 작용한다. 이를 표면장력이라 한다.

$$T=\frac{PD}{4}$$

㉡ 가느다란 철사나 바늘을 물 위에 놓으면 가라앉지 않고 뜬다. 이는 표면장력 때문이다.

47. Manning 공식의 조도계수 n과 마찰손실계수 f와의 관계식으로 옳은 것은?(단, 지름 D인 원관인 경우)

① $12.7n^2D^{\frac{1}{3}}$ ② $124.5n^2D^{-\frac{1}{3}}$
③ $12.7nD^{-\frac{1}{3}}$ ④ $124.5nD^{\frac{1}{3}}$

■해설 마찰손실계수
㉠ R_e수와의 관계
- 원관 내 층류 : $f = \frac{64}{R_e}$
- 불완전 층류 및 난류의 매끈한 관 : $f = 0.3164R_e^{-\frac{1}{4}}$

㉡ 조도계수 n과의 관계
$$f = \frac{124.5\text{n}^2}{D^{\frac{1}{3}}} = 124.5\text{n}^2D^{-\frac{1}{3}}$$
㉢ Chezy 유속계수 C와의 관계
$$f = \frac{8g}{C^2}$$

48. 지름이 D인 관수로에서 만관으로 흐를 때 경심 R은?

① D ② $D/2$
③ $D/4$ ④ $2D$

■해설 경심
㉠ 경심(동수반경)은 단면적을 윤변으로 나눈 것과 같다.
$$R = \frac{A}{P}$$
㉡ 원형 만관의 경심 산정
$$R = \frac{A}{P} = \frac{\frac{\pi \times D^2}{4}}{\pi \times D} = \frac{D}{4}$$

49. 개수로에서 한계수심에 대한 설명으로 옳은 것은?

① 최대 비에너지에 대한 수심이다.
② 최소 비에너지에 대한 수심이다.
③ 상류 흐름에 대한 수심이다.
④ 사류 흐름에 대한 수심이다.

■해설 한계수심
㉠ 한계수심의 정의
- 유량이 일정할 때 비에너지가 최소일 때의 수심을 한계수심이라 한다.
- 비에너지가 일정할 때 유량이 최대로 흐를 때의 수심을 한계수심이라 한다.
- 유량이 일정할 때 비력 최소일 때의 수심을 한계수심이라 한다.

㉡ 한계수심과 비에너지의 관계
- 직사각형 단면 : $H_c = \frac{2}{3}H_e$
- 포물선형 단면 : $H_c = \frac{3}{4}H_e$
- 삼각형 단면 : $H_c = \frac{4}{5}H_e$

50. 면적이 A인 평판(平板)이 수면으로부터 h가 되는 깊이에 수평으로 놓여 있을 경우 이 면에 작용하는 전수압은?(단, 물의 단위 중량은 w이다.)

① $P = whA$ ② $P = wh^2A$
③ $P = \frac{1}{2}wh^2A$ ④ $P = \frac{1}{2}whA$

■해설 수면과 평행한 면이 받는 전수압
수심 h인 수중에 작용하는 정수압은 $p = wh$로 나타낼 수 있으므로, 이 점에 수평으로 놓여 있는 면적 A의 수평면에 작용하는 전수압은 $P = pA = whA$로 나타낼 수 있다.

51. 흐름에 대한 설명으로 옳은 것은?

① 하나의 단면을 지나는 유량이 시간에 따라 변하지 않는 흐름을 등류라 하고, 홍수 시 흐름을 부등류라 한다.

② 인공수로와 같이 수심이나 수로 폭이 어느 단면에서나 동일한 경우 수로 내의 유속은 일정하므로 정류라 하고, 수로단면적이 같지 않을 때 부정류라 한다.
③ 유체의 흐름이 흐름방향만 이동되고 직각방향에는 이동이 없는 흐름을 난류라 한다.
④ 층류상태의 흐름은 개수로나 관수로에서보다 지하수에서 쉽게 볼 수 있다.

해설 흐름의 특성

- 일정 단면을 지나는 흐름이 시간에 따라 흐름의 특성(유량, 유속, 압력, 밀도 등)이 변하지 않는 흐름을 정류, 변하는 흐름을 부정류라고 한다.
- 인공수로와 같은 곳에서 단면(거리)에 따라 흐름의 특성(수심, 유량, 유속 등)이 변하지 않는 흐름을 등류, 변하는 흐름을 부등류라고 한다.
- 유체입자가 점성에 의해 층상을 이루며 정연하게 흐르는 흐름을 층류, 유체입자의 직각방향 흐름이 발생하는 것을 난류라 한다.
- 지하수의 흐름의 해석에 주로 Darcy의 법칙을 사용하며 이는 층류(특히, $R_e < 4$)에만 적용한다.

52. Dupuit의 침윤선(浸潤線) 공식의 유량은?(단, 직사각형 단면 제방 내부의 투수인 경우이며, 제방의 저면은 불투수층이고 q : 단위폭당 유량, L : 침윤거리, h_1, h_2 : 상하류의 수위, k : 투수계수)

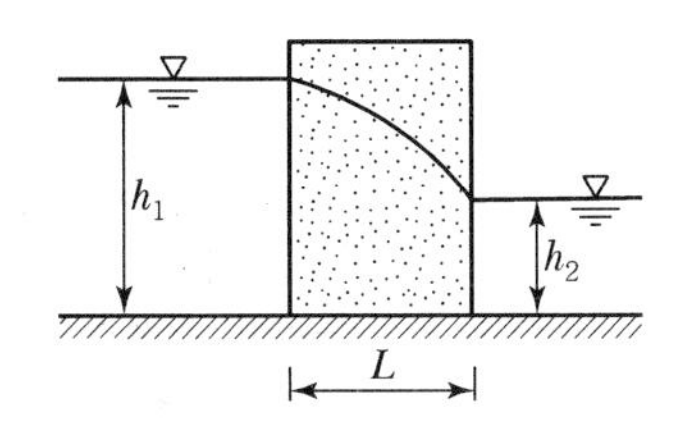

① $q=\dfrac{k}{2L}(h_1{}^2-h_2{}^2)$

② $q=\dfrac{k}{2L}(h_1{}^2+h_2{}^2)$

③ $q=\dfrac{k}{L}(h_1{}^2-h_2{}^2)$

④ $q=\dfrac{k}{L}(h_1{}^2+h_2{}^2)$

해설 Dupuit의 침윤선 공식

Dupuit의 침윤선 공식을 이용하여 제방 내 침투유량을 산정한다.

$$q=\frac{k}{2L}(h_1^2-h_2{}^2)$$

53. 그림과 같은 배의 무게가 882kN일 때 이 배가 운항하는 데 필요한 최소수심은?(단, 물의 비중=1, 무게 1kg=9.8N)

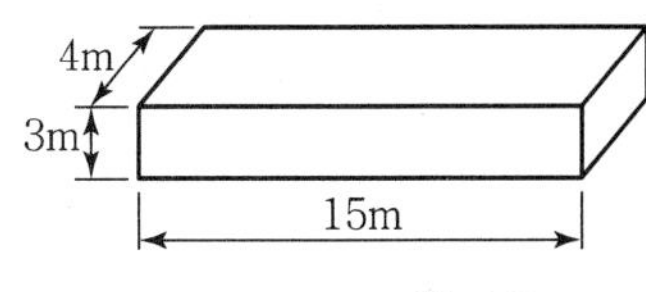

① 1.2m ② 1.5m
③ 1.8m ④ 2.0m

해설 흘수

㉠ 부양면에서 부체 최심부까지의 깊이를 흘수(draft)라 한다.
㉡ 흘수의 산정

882kN = 882,000N = 90,000kg = 90t

$\left(1N=\dfrac{1}{9.8}\text{kg}\right)$

W(무게) = B(부력)

$90t = 1\times(4\times15\times D)$ ∴ 흘수 D=1.5m

54. 베르누이(Bernoulli) 정리가 성립될 수 있는 조건이 아닌 것은?

① 임의의 두 점은 같은 유선 위에 있다.
② 마찰을 고려한 실제유체이다.
③ 비압축성 유체의 흐름이다.
④ 흐름은 정류이다.

해설 Bernoulli 정리

㉠ Bernoulli 정리

$$z_1+\frac{p_1}{w}+\frac{v_1^2}{2g}=H(\text{일정})$$

㉡ Bernoulli 정리 성립가정
- 하나의 유선에서만 성립된다.
- 정상류 흐름이다.
- 이상유체(비점성, 비압축성)에만 성립된다.

55. 수조에서 수심 4m인 곳에 2개의 원형 오리피스를 만들어 10L/s의 물을 흐르게 하기 위한 지름은?(단, C=0.62)

① 2.96cm ② 3.04cm
③ 3.41cm ④ 3.62cm

해설 오리피스의 유량

㉠ 오리피스의 유량

$$Q = Ca\sqrt{2gh}$$

㉡ 직경의 산정

$$a = \frac{Q}{C\sqrt{2gh}} = \frac{0.005}{0.62\times\sqrt{2\times9.8\times4}}$$

$$= 9.11\times10^{-4}\text{m}^2$$

$$D = \left(\frac{4\times9.11\times10^{-4}}{3.14}\right)^{\frac{1}{2}} = 0.0341\text{m}$$

$$= 3.41\text{cm}$$

56. 개수로에서 도수가 발생하게 될 때 도수 전의 수심이 0.5m, 유속이 7m/s이면 도수 후의 수심(h)은?

① 0.5m ② 1.0m
③ 1.5m ④ 2.0m

해설 도수

㉠ 흐름이 사류(射流)에서 상류(常流)로 바뀔 때 표면에 소용돌이가 발생하면서 수심이 급격하게 증가하는 현상을 도수라 한다.

㉡ 도수 후의 수심

$$h_2 = -\frac{h_1}{2} + \frac{h_1}{2}\sqrt{1+8F_{r1}^2}$$

$$= -\frac{0.5}{2} + \frac{0.5}{2}\sqrt{1+8\times3.16^2} = 2.0\text{m}$$

$$F_{r1} = \frac{V_1}{\sqrt{gh_1}} = \frac{7}{\sqrt{9.8\times0.5}} = 3.16$$

57. 물의 성질에 대한 설명으로 옳지 않은 것은?

① 물의 점성계수는 수온이 높을수록 작아진다.
② 동점성계수는 수온에 따라 변하며 온도가 낮을수록 그 값은 크다.
③ 물은 일정한 체적을 갖고 있으나 온도와 압력의 변화에 따라 어느 정도 팽창 또는 수축을 한다.
④ 물의 단위중량은 0℃에서 최대이고 밀도는 4℃에서 최대이다.

해설 물의 물리적 성질

㉠ 물의 점성계수는 0℃에서 최대이며, 수온이 증가하면 그 값이 작아진다.

㉡ 동점성계수는 0℃에서 최대이며, 수온이 증가하면 그 값이 작아진다.

㉢ 물은 일정한 체적을 갖고 있으나 온도와 압력의 변화에 따라 어느 정도 팽창 또는 수축을 한다. 이를 물의 압축성이라 한다.

㉣ 물의 단위중량과 밀도는 온도 4℃에서 최대이고, 온도의 증감에 따라 그 값은 감소한다.

58. 지하수의 유수 이동에 적용되는 다르시(Darcy)의 법칙은?(단, v : 유속, k : 투수계수, I : 동수경사, h : 수심, R : 동수반경, C : 유속계수)

① $v = -kI$ ② $v = C\sqrt{RI}$
③ $v = -kCI$ ④ $v = -kh$

해설 Darcy의 법칙

㉠ Darcy의 법칙

$$V = K\cdot I = K\cdot\frac{h_L}{L}$$

$$Q = A\cdot V = A\cdot K\cdot I = A\cdot K\cdot\frac{h_L}{L}$$ 로 구할 수 있다.

㉡ 특징

- Darcy의 법칙은 지하수의 층류흐름에 대한 마찰저항공식이다.
- 투수계수는 물의 점성계수에 따라서도 변화한다.

$$K = D_s^2\frac{\rho g}{\mu}\frac{e^3}{1+e}C$$

여기서, μ : 점성계수

- Darcy의 법칙은 정상류흐름에 층류에만 적용된다.(특히, R_e <4일 때 잘 적용된다.)
- $V = K\cdot I$로 지하수의 유속은 동수경사와 비례관계를 가지고 있다.

|해답| 55.③ 56.④ 57.④ 58.①

59. 에너지선에 대한 설명으로 옳은 것은?

① 유선 상의 각 점에서의 압력수두와 위치수두의 합을 연결한 선이다.
② 유체의 흐름방향을 결정한다.
③ 이상유체 흐름에서는 수평기준면과 평행하다.
④ 유량이 일정한 흐름에서는 동수경사선과 평행하다.

■ 해설 에너지선과 동수경사선

㉠ 에너지선
기준면에서 총 수두까지의 높이를 연결한 선, 즉 전수두를 연결한 선을 말한다.

㉡ 동수경사선
기준면에서 위치수두와 압력수두의 합을 연결한 선을 말한다.

㉢ 에너지선과 동수경사선의 관계
이상유체의 경우 에너지선과 수평기준면은 평행하다.
동수경사선은 에너지선보다 속도수두만큼 아래에 위치한다. 흐름구간에서 유속과 수위가 균일한 등류인 경우에는 동수경사선과 에너지선이 평행하다.

60. 프루드(Froude) 수와 한계경사 및 흐름의 상태 중 상류일 조건으로 옳은 것은?(단, F_r : 프루드 수, I : 수면경사, I_c : 한계경사, V : 유속, V_c : 한계유속, y : 수심, y_c : 한계수심)

① $V > V_c$　② $F_r > 1$
③ $I < I_c$　④ $y < y_c$

■ 해설 흐름의 상태 구분

㉠ 상류(常流)와 사류(射流)
개수로 흐름과 같이 중력에 의해 움직이는 흐름에서는 관성력과 중력의 비가 흐름의 특성을 좌우한다. 개수로 흐름은 물의 관성력과 중력의 비인 프루드 수(Froude Number)를 기준으로 상류, 사류, 한계류 등으로 구분한다.

- 상류(常流) : 하류(下流)의 흐름이 상류(上流)에 영향을 미치는 흐름을 말한다.
- 사류(射流) : 하류(下流)의 흐름이 상류(上流)에 영향을 미치지 못하는 흐름을 말한다.

㉡ 여러 가지 조건으로 흐름의 상태 구분

구분	상류(常流)	사류(射流)
F_r	$F_r < 1$	$F_r > 1$
I_c	$I < I_c$	$I > I_c$
y_c	$y > y_c$	$y < y_c$
V_c	$V < V_c$	$V > V_c$

제4과목 철근콘크리트 및 강구조

61. 다음에서 설명하고 있는 프리스트레스트 콘크리트의 개념은?

> 콘크리트에 프리스트레스를 도입하면 콘크리트가 탄성체로 전환된다는 생각으로서, 가장 널리 통용되고 있는 PSC의 기본적인 개념이다.

① 내력 모멘트의 개념
② 외력 모멘트의 개념
③ 균등질 보의 개념
④ 하중 평형의 개념

62. 그림과 같은 판형(Plate Girder)의 각부 명칭으로 틀린 것은?

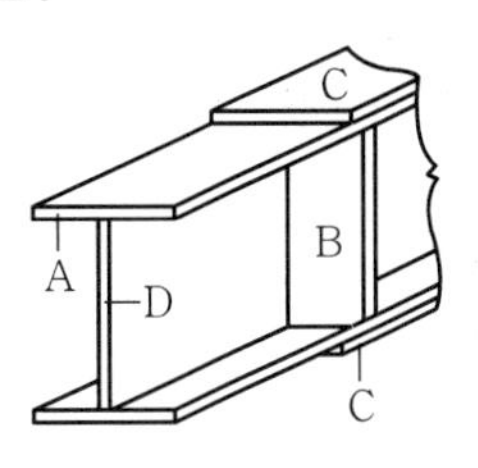

① A－상부판(Flange)
② B－보강재(Stiffener)
③ C－덮개판(Cover Plate)
④ D－횡구(Bracing)

■ 해설 D－복부(Web)

63. PSC에서 콘크리트의 응력해석에서 균열 발생 전 해석상의 가정으로 옳지 않은 것은?

① 콘크리트와 PS강재 및 보강철근을 탄성체로 본다.
② RC에 적용되는 강도이론을 그대로 적용한다.
③ 콘크리트의 전단면을 유효하다고 본다.
④ 단면의 변형률은 중립축에서의 거리에 비례한다고 본다.

64. 단면이 300×500mm이고, 100mm²의 PS 강선 6개를 강선군의 도심과 부재단면의 도심축이 일치하도록 배치된 프리텐션 PC 보가 있다. 강선의 초기 긴장력이 1,000MPa일 때 콘크리트의 탄성변형에 의한 프리스트레스의 감소량은? (단, $n=6$)

① 42MPa ② 36MPa
③ 30MPa ④ 24MPa

해설

$$\Delta f_{pe}=nf_{ci}=n\frac{P_i}{A_g}=n\frac{A_p f_{pi}}{bh}$$
$$=6\times\frac{(6\times100)\times1,000}{300\times500}=24\text{MPa}$$

65. 그림에 나타난 직사각형 단철근 보는 과소철근 단면이다. 공칭 휨강도 M_n에 도달할 때 인장철근의 변형률은 얼마인가?(단, 철근 D22 4본의 단면적은 1,548mm², $f_{ck}=28$MPa, $f_y=350$MPa 이다.)

① 0.003
② 0.007
③ 0.091
④ 0.012

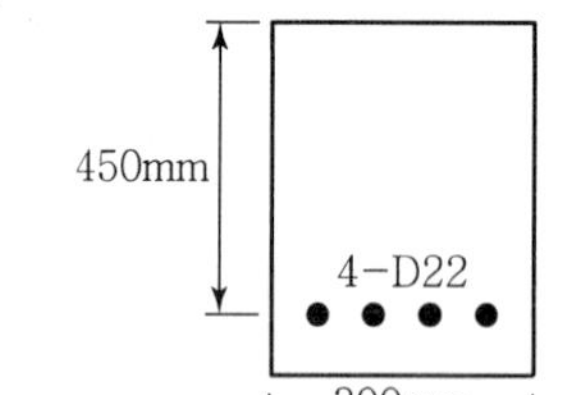

해설

$$a=\frac{A_s f_y}{0.85f_{ck}b}=\frac{1,548\times350}{0.85\times28\times300}=75.9\text{mm}$$

$\beta_1=0.85(f_{ck}\le 28\text{MPa}$인 경우$)$

$$\varepsilon_t=\frac{d_t\beta_1-a}{a}\varepsilon_c=\frac{450\times0.85-75.9}{75.9}\times0.003$$
$$=0.012$$

66. 강도설계법에 의해 휨설계를 할 경우 $f_{ck}=40$ MPa인 경우 β_1의 값은?

① 0.85 ② 0.812
③ 0.766 ④ 0.65

해설 $f_{ck}>28$MPa인 경우 β_1의 값

$$\beta_1=0.85-0.007(f_{ck}-28)$$
$$=0.85-0.007(40-28)=0.766(\beta_1\ge0.65)$$

67. 다음 그림은 필렛(Fillet) 용접한 것이다. 목두께 a를 표시한 것으로 옳은 것은?

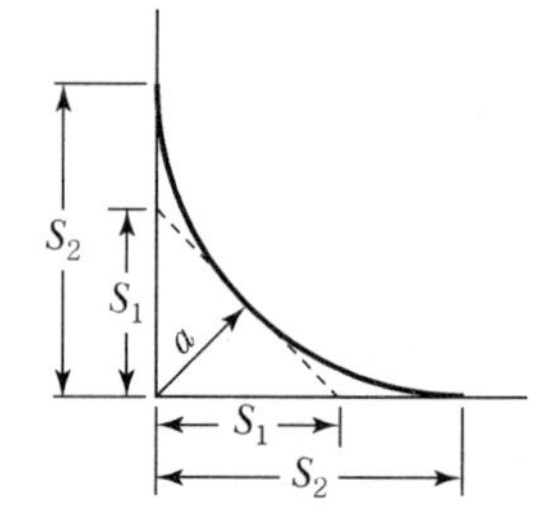

① $a=S_2\times0.707$ ② $a=S_1\times0.707$
③ $a=S_2\times0.606$ ④ $a=S_1\times0.606$

해설

$$a=S_1\times\frac{\sqrt{2}}{2}=S_1\times0.707$$

68. 철근콘크리트 부재를 설계할 때 철근의 설계기준 항복강도 f_y는 다음 어느 값을 초과하지 않아야 하는가?

① 400MPa ② 500MPa
③ 550MPa ④ 600MPa

해설 철근콘크리트 부재를 설계할 때 철근의 설계기준 항복강도(f_y)

- 휨철근의 설계기준항복강도 : 600MPa 이하
- 전단 철근의 설계기준항복강도 : 500MPa 이하

|해답| 63.② 64.④ 65.④ 66.③ 67.② 68.④

69. 경간이 8m인 캔틸레버 보에서 처짐을 계산하지 않는 경우 보의 최소 두께로서 옳은 것은? (단, 보통중량 콘크리트를 사용한 경우로서 $f_{ck}=28$MPa, $f_y=400$MPa이다.)

① 1,000mm ② 800mm
③ 600mm ④ 500mm

해설 처짐을 고려하지 않아도 되는 부재의 최소두께(h)

부재	캔틸레버	단순지지	일단연속	양단연속
보	$\frac{l}{8}$	$\frac{l}{16}$	$\frac{l}{18.5}$	$\frac{l}{21}$
1방향 슬래브	$\frac{l}{10}$	$\frac{l}{20}$	$\frac{l}{24}$	$\frac{l}{28}$

표에서 l은 경간으로서 단위는 mm이다. 또한 표의 값은 f_y=400MPa인 철근을 사용한 부재에 대한 값이고, $f_y \neq$ 400MPa이면

표의 값에 $\left(0.43+\frac{f_y}{700}\right)$을 곱해준다.

따라서, f_y=400MPa, l=8m인 캔틸레버 보의 처짐을 계산하지 않아도 되는 최소 두께(h)는 다음과 같다.

$$h=\frac{l}{8}=\frac{(8\times10^3)}{8}=10^3\text{mm}$$

70. 철근콘크리트가 성립하는 이유에 대한 설명으로 틀린 것은?

① 철근과 콘크리트와의 부착력이 크다.
② 콘크리트 속에 묻힌 철근은 부식하지 않는다.
③ 철근과 콘크리트의 탄성계수는 거의 같다.
④ 철근과 콘크리트는 온도에 대한 팽창계수가 거의 같다.

해설 철근콘크리트의 성립 요건
- 콘크리트와 철근 사이의 부착강도가 크다.
- 콘크리트와 철근의 열팽창계수가 거의 같다.
  $\alpha_c=(1.0\sim1.3)\times10^{-5}/℃$
  $\alpha_s=1.2\times10^{-5}/℃$
- 콘크리트 속에 묻힌 철근은 부식되지 않는다.

71. 휨부재에서 $f_{ck}=28$MPa, $f_y=400$MPa일 때 인장철근 $D29$(공칭지름 28.6mm, 공칭단면적 642mm^2)의 기본정착길이(l_{db})는 약 얼마인가?

① 1,200mm ② 1,250mm
③ 1,300mm ④ 1,350mm

해설 $\lambda=1$(보통 중량의 콘크리트인 경우)

$$l_{db}=\frac{0.6d_bf_y}{\lambda\sqrt{f_{ck}}}=\frac{0.6\times28.6\times400}{1\times\sqrt{28}}=1297.2\text{mm}$$

72. 그림에 나타난 직사각형 단철근보의 공칭 전단강도 V_n을 계산하면?(단, 철근 D10을 수직스터럽(Stirrup)으로 사용하며, 스터럽 간격은 200mm, 철근 D10 1본의 단면적은 71mm^2, $f_{ck}=28$MPa, $f_y=350$MPa이다.)

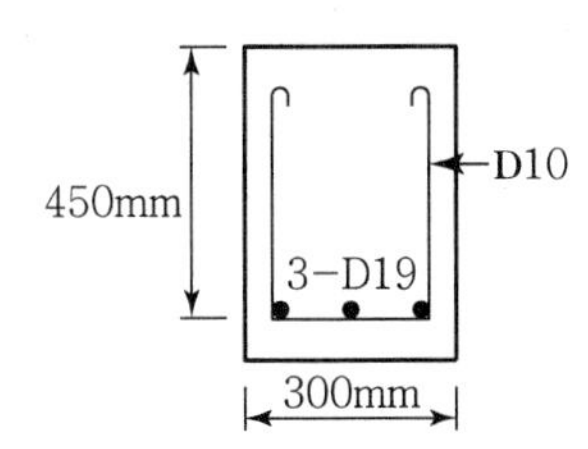

① 119kN ② 176kN
③ 231kN ④ 287kN

해설 $\lambda=1$(보통 중량의 콘크리트인 경우)

$$V_n=V_c+V_s$$
$$=\frac{1}{6}\lambda\sqrt{f_{ck}}b_wd+\frac{A_vf_yd}{s}$$
$$=\frac{1}{6}\times1\times\sqrt{28}\times300\times450+\frac{(2\times71)\times350\times450}{200}$$
$$=230.9\times10^3\text{N}=230.9\text{kN}$$

73. 인장력을 받는 이형철근의 겹침이음길이는 A급과 B급으로 분류한다. 여기서 A급 이음의 조건으로 옳은 것은?

① 배치된 철근량이 이음부 전체 구간에서 해석결과 요구되는 소요철근량의 2배 이상이고 소요 겹침이음 길이 내 겹침이음된 철근량이 전체 철근량의 1/2 이하인 경우

② 배치된 철근량이 이음부 전체 구간에서 해석결과 요구되는 소요철근량의 2배 이하이고 소요 겹침이음 길이 내 겹침이음된 철근량이 전체 철근량의 1/2 이하인 경우
③ 배치된 철근량이 이음부 전체 구간에서 해석결과 요구되는 소요철근량의 2배 이상이고 소요 겹침이음 길이 내 겹침이음된 철근량이 전체 철근량의 1/2 이상인 경우
④ 배치된 철근량이 이음부 전체 구간에서 해석결과 요구되는 소요철근량의 2배 이하이고 소요 겹침이음 길이 내 겹침이음된 철근량이 전체 철근량의 1/2 이상인 경우

해설 이형인장철근의 최소 겹침이음 길이
- A급 이음 : $1.0l_d$(배근된 철근량이 소요철근량의 2배 이상이고, 겹침이음된 철근량이 총 철근량의 1/2 이하인 경우)
- B급 이음 : $1.3l_d$(A급 이외의 이음)
- 최소 겹침이음 길이는 300mm 이상이어야 하며, l_d는 정착길이로서 $\frac{소요A_s}{배근A_s}$의 보정계수는 적용되지 않는다.

74. 옹벽의 설계에 대한 일반적인 설명으로 틀린 것은?

① 활동에 대한 저항력은 옹벽에 작용하는 수평력이 1.5배 이상이어야 한다.
② 전도에 대한 저항휨모멘트는 횡토압에 의한 전도모멘트의 2.0배 이상이어야 한다.
③ 캔틸레버식 옹벽의 전면벽은 저판에 지지된 캔틸레버로 설계할 수 있다.
④ 뒷부벽은 직사각형보로 설계하여야 한다.

해설 부벽식 옹벽에서 부벽의 설계
- 앞부벽 : 직사각형 보로 설계
- 뒷부벽 : T형 보로 설계

75. 그림과 같은 직사각형 단면에서 등가 직사각형 응력블록의 깊이(a)는?(단, $f_{ck}=21$MPa, $f_y=400$MPa이다.)

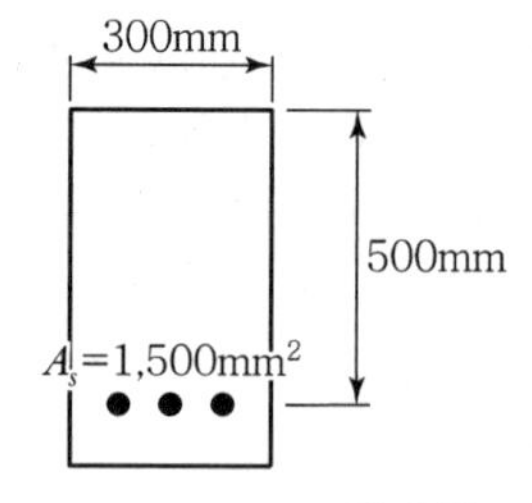

① 107mm ② 112mm
③ 118mm ④ 125mm

해설 $a=\frac{f_yA_s}{0.85f_{ck}b}=\frac{400\times1,500}{0.85\times21\times300}=112\text{mm}$

76. 그림과 같은 PSC보의 지간 중앙점에서 강선을 꺾었을 때 이 중앙점에서 상향력 u의 값은?

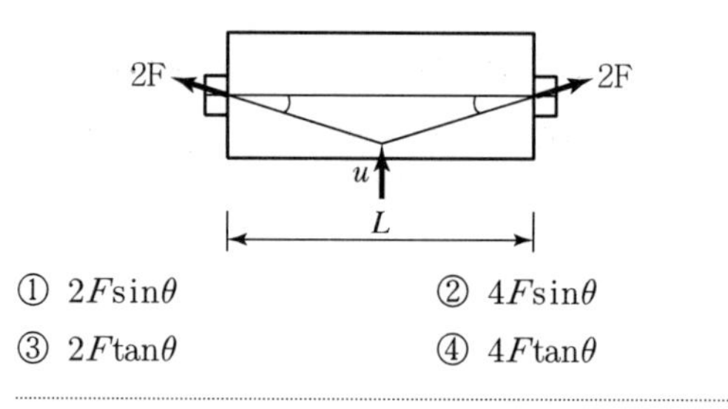

① $2F\sin\theta$ ② $4F\sin\theta$
③ $2F\tan\theta$ ④ $4F\tan\theta$

해설 $U=2(2F)\sin\theta=4F\sin\theta$

77. 철근콘크리트의 전단철근에 관한 다음 설명 중 틀린 것은?

① $\frac{2}{3}\sqrt{f_{ck}}b_wd \geq V_s > \frac{1}{3}\sqrt{f_{ck}}b_wd$의 경우에 수직 스터럽의 간격은 $d/5$ 이하, 또 200m 이하로 한다.
② $V_s \leq \frac{1}{3}\sqrt{f_{ck}}b_wd$의 경우에 수직 스터럽의 간격은 $d/2$ 이하, 또 600mm 이하로 한다.
③ $\frac{1}{2}\phi V_c < V_u \leq \phi V_c$의 구간에 최소전단철근을 배치한다.
④ 전단설계는 $V_u \leq \phi V_n$의 관계식에 기초한다.

 |해답| 74.④ 75.② 76.② 77.①

해설 수직 스터럽의 간격(S)

- $V_S \le \frac{1}{3}\sqrt{f_{ck}}b_w d$인 경우

  $S \le \frac{d}{2}$, $S \le 600\text{mm}$

- $\frac{1}{3}\sqrt{f_{ck}}b_w d < V_S \le \frac{2}{3}\sqrt{f_{ck}}b_w d$인 경우

  $S \le \frac{d}{4}$, $S \le 300\text{mm}$

78. 철근콘크리트 구조 부재의 설계에 대한 일반적인 설명으로 틀린 것은?

① 철근콘크리트의 파괴는 균형상태로 설계함이 바람직하다.
② 단면설계 시 고정하중(자중)을 먼저 적당히 가정하고 계산값과 차가 적을 때까지 반복한다.
③ 철근콘크리트보는 연성파괴가 되도록 과소철근단면으로 설계한다.
④ 정모멘트(+M)와 부모멘트(−M)를 받는 부재는 복철근으로 설계한다.

해설 철근콘크리트 보는 연성파괴가 되도록 과소철근보로 설계한다.

79. 강도설계법으로 그림과 같은 단철근 T형 단면을 설계할 때의 설명 중 옳은 것은?(단, $f_{ck}=21$ MPa, $f_y=400$MPa, $A_s=6{,}000$mm²이다.)

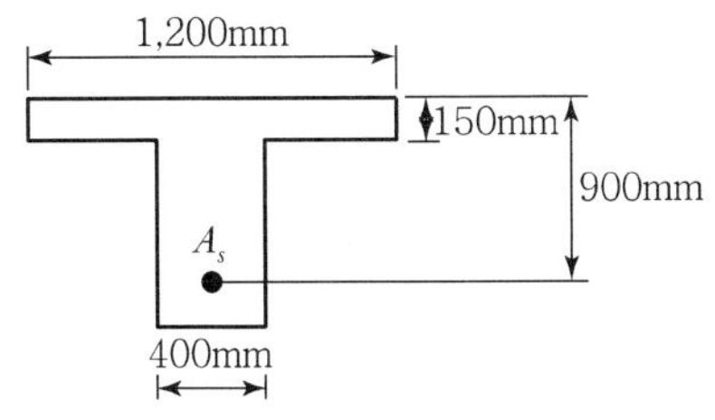

① 폭이 1,200mm인 직사각형 단면보로 계산한다.
② 폭이 400mm인 직사각형 단면보로 계산한다.
③ T형 단면보로 계산한다.
④ T형 단면보나 직사각형 단면보나 상관없이 같은 값이 나온다.

해설 T형 보의 판별

폭이 1,200mm인 직사각형 단면보에 대한 등가사각형 깊이(a)

$$a=\frac{A_s f_y}{0.85 f_{ck} b}$$

$$=\frac{6{,}000\times400}{0.85\times21\times1{,}200}=112.05\text{mm}$$

$t_f=150\text{mm}$

$a<t_f$이므로 $b=1{,}200\text{mm}$인 직사각형 단면보로 해석한다.

80. 경간 10m인 대칭 T형 보에서 양쪽 슬래브의 중심 간 거리가 2,100mm, 플랜지 두께는 100mm, 복부의 폭(b_n)은 400mm일 때 플랜지의 유효폭은?

① 2,500mm ② 2,250mm
③ 2,100mm ④ 2,000mm

해설 T형 보(대칭 T형 보)에서 플랜지의 유효 폭(b_e)

- $16t_f+b_w=(16\times100)+400=2{,}000\text{mm}$
- 양쪽 슬래브의 중심 간 거리 $=2{,}100\text{mm}$
- 보 경간의 $\frac{1}{4}=(10\times10^3)\times\frac{1}{4}=2{,}500\text{mm}$

위 값 중에서 최소값을 취하면 $b_e=2{,}000\text{mm}$이다.

제5과목 **토질 및 기초**

81. 어떤 점토지반($\phi=0°$)을 연직으로 굴착하였더니 높이 5m에서 파괴되었다. 이 흙의 단위중량이 1.8t/m³이라면 이 흙의 점착력은?

① 2.25t/m² ② 2.0t/m²
③ 1.80t/m² ④ 1.45t/m²

해설 $H_c=\frac{4\cdot C}{r}\tan\left(45°+\frac{\phi}{2}\right)$에서,

$$5=\frac{4\times C}{1.8}\tan\left(45°+\frac{0°}{2}\right)$$

$$\therefore\ C=\frac{5\times1.8}{4}=2.25\text{t/m}^2$$

82. 아래 표의 Terzaghi의 극한 지지력 공식에 대한 설명으로 틀린 것은?

$$q_u = \alpha c N_c + \beta \gamma_1 B N_\gamma + \gamma_2 D_f N_q$$

① α, β는 기초형상계수이다.
② 원형 기초에서 B는 원의 직경이다.
③ 정사각형 기초에서 α의 값은 1.3이다.
④ N_c, N_γ, N_q는 지지력계수로서 흙의 점착력에 의해 결정된다.

■ 해설 테르자기의 극한지지력 공식

$q_u = \alpha \cdot c \cdot N_c + \beta \cdot r_1 \cdot B \cdot N_r + r_2 \cdot D_f \cdot N_q$

형상계수	원형 기초	정사각형 기초	연속기초
α	1.3	1.3	1.0
β	0.3	0.4	0.5

N_c, N_r, N_q는 지지력계수로서 흙의 내부마찰각에 의해 결정된다.

83. 흙의 다짐에서 최적 함수비는?

① 다짐에너지가 커질수록 커진다.
② 다짐에너지가 커질수록 작아진다.
③ 다짐에너지에 상관없이 일정하다.
④ 다짐에너지와 상관없이 클 때도 있고 작을 때도 있다.

■ 해설 • 다짐 E 크면 $\gamma_{d\max}$ 증가, OMC 감소 양입도, 조립토, 급한 경사
• 다짐 E 작으면 $\gamma_{d\max}$ 감소, OMC 증가 빈입도, 세립토, 완만한 경사
∴ 다짐에너지가 클수록 최적함수비(OMC)는 감소한다.

84. 점토의 예민비(Sensitivity Ratio)는 다음 시험 중 어떤 방법으로 구하는가?

① 삼축압축시험 ② 일축압축시험
③ 직접전단시험 ④ 베인시험

■ 해설 예민비는 교란되지 않은 시료의 일축압축강도와 교란시킨 같은 흙의 일축압축 강도의 비를 말한다.

85. 다음 그림에서 점토 중앙 단면에 작용하는 유효압력은?

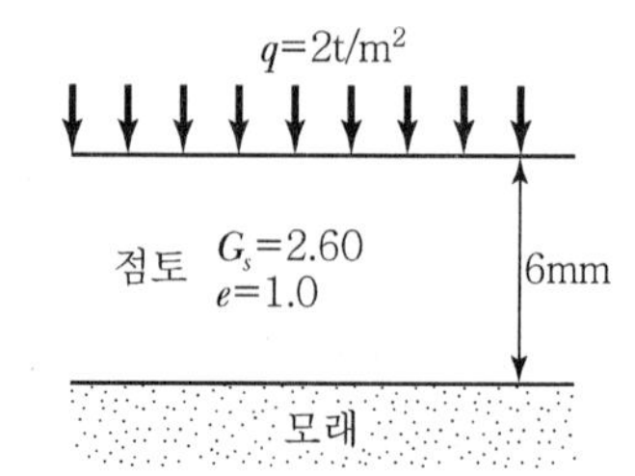

① 1.2t/m² ② 2.5t/m²
③ 2.8t/m² ④ 4.4t/m²

■ 해설 ① $\gamma_{sub} = \dfrac{G_s - 1}{1+e} r_w = \dfrac{2.60-1}{1+1.0} \times 1 = 0.8\text{t/m}^3$

② 점토층 중앙 단면에 작용하는 유효응력

$\sigma' = \gamma_{sub} \cdot \dfrac{H}{2} = 0.8 \times \dfrac{6}{2} = 2.4\text{t/m}^2$

$\therefore \sigma' + q = 2.4 + 2 = 4.4\text{t/m}^2$

86. 건조한 흙의 직접 전단시험 결과 수직응력이 4kg/cm²일 때 전단저항은 3kg/cm²이고 점착력은 0.5kg/cm²이었다. 이 흙의 내부마찰각은?

① 30.2° ② 32°
③ 36.8° ④ 41.2°

■ 해설 전단강도 $\tau = c + \sigma' \tan\phi$

$3.0 = 0.5 + 4.0\tan\phi$

$\tan\phi = \dfrac{3.0-0.5}{4.0} = 0.625$

$\therefore \phi = \tan^{-1}0.625 = 32°$

87. 포화점토에 대해 베인전단시험을 실시하였다. 베인의 직경과 높이는 각각 7.5cm와 15cm이고 시험 중 사용한 최대회전모멘트는 300kg · cm이다. 점성토의 비배수 전단강도(c_u)는?

① 1.94kg/cm² ② 1.62t/m²
③ 1.94t/m² ④ 1.62kg/cm²

 |해답| 82.④ 83.② 84.② 85.④ 86.② 87.③

■해설

$$C=\frac{M_{\max}}{\pi D^2\cdot\left(\frac{H}{2}+\frac{D}{6}\right)}$$

$$=\frac{300}{\pi\times 7.5^2\times(\frac{15}{2}+\frac{7.5}{6})}$$

$=0.194\text{kg/cm}^2$

$=1.94\text{t/m}^2$

88. 모관 상승속도가 가장 느리고, 상승고는 가장 높은 흙은 다음 중 어느 것인가?

① 점토 ② 실트
③ 모래 ④ 자갈

■해설 모관상승속도가 느리고, 모관상승고는 높은 흙의 순서는 점토 > 실트 > 모래 > 자갈

89. 모래 등과 같은 점성이 없는 흙의 전단강도 특성에 대한 설명 중 잘못된 것은?

① 조밀한 모래는 변형의 증가에 따라 간극비가 계속 감소하는 경향을 나타낸다.
② 느슨한 모래의 전단과정에서는 응력의 피크점이 없이 계속 응력이 증가하여 최대 전단응력에 도달한다.
③ 조밀한 모래의 전단과정에서는 전단응력의 피크(Peak)점이 나타난다.
④ 느슨한 모래의 전단과정에서는 전단파괴될 때까지 체적이 계속 감소한다.

■해설

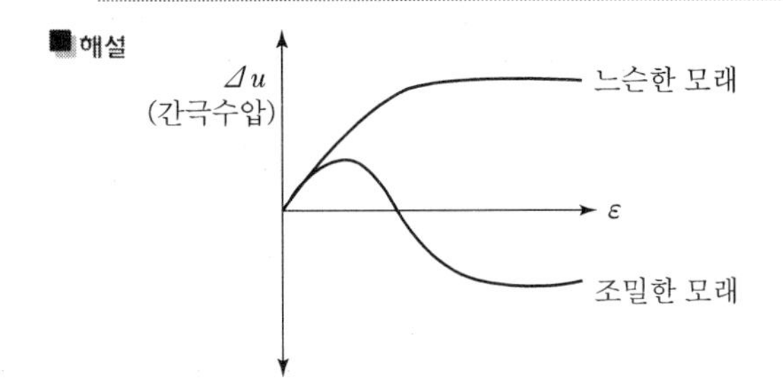

∴ 조밀한 모래는 변형의 증가에 따라 간극비가 계속 감소하다가 증가하는 경향을 나타낸다.

90. 포화도가 100%인 시료의 체적이 1,000cm³이었다. 노건조 후에 무게를 측정한 결과 물의 무게(W_w)가 400g이었다면 이 시료의 간극률(n)은 얼마인가?

① 15% ② 20%
③ 40% ④ 60%

■해설

① $S_r=\frac{V_w}{V_v}\times 100=100\%,\ \ V_w=V_v$

② $\gamma_w=\frac{W_w}{V_w}=1\text{g/cm}^3,\ \ W_w=V_w$

$\therefore V_w=400\text{cm}^3$

③ $n=\frac{V_v}{V}\times 100,$

$n=\frac{V_w}{V}\times 100=\frac{400}{1,000}\times 100=40\%$

91. 압밀계수가 $0.5\times10^{-2}\text{cm}^2/\text{sec}$이고, 일면배수 상태의 5m 두께 점토층에서 90% 압밀이 일어나는 데 소요되는 시간은?(단, 90% 압밀도에서의 시간계수(T)는 0.848이다.)

① $2.12\times10^7\text{sec}$
② $4.24\times10^7\text{sec}$
③ $6.36\times10^7\text{sec}$
④ $8.48\times10^7\text{sec}$

■해설 $t_{90}=\frac{T_v\cdot H^2}{C_v}=\frac{0.848\times(500)^2}{0.5\times10^{-2}}$

$=42,400,000$초

$=4.24\times10^7$초

92. 유선망(流線網)에서 사용되는 용어를 설명한 것으로 틀린 것은?

① 유선 : 흙 속에서 물입자가 움직이는 경로
② 등수두선 : 유선에서 전수두가 같은 점을 연결한 선
③ 유선망 : 유선과 등수두선의 조합으로 이루어지는 그림
④ 유로 : 유선과 등수두선이 이루는 통로

■해설 유선망의 특성
- 유선 : 흙 속을 침투한 물이 흐르는 경로를 연결한 선
- 등수두선 : 전수두가 같은 점을 연결한 선
- 유로(N_f) : 인접한 2개의 유선 사이에 통로로서 유선과 유선이 이루는 통로

93. 기초의 구비조건에 대한 설명으로 틀린 것은?

① 기초는 상부하중을 안전하게 지지해야 한다.
② 기초의 침하는 절대 없어야 한다.
③ 기초는 최소 동결깊이보다 깊은 곳에 설치해야 한다.
④ 기초는 시공이 가능하고 경제적으로 만족해야 한다.

■해설 기초의 필요조건
- 최소의 근입깊이를 가져야 한다.
- 지지력에 대해 안정해야 한다.
- 침하에 대해 안정해야 한다.
(침하량이 허용값 이내이어야 한다.)

94. 다음 중 사질지반의 개량공법에 속하지 않는 것은?

① 다짐 말뚝공법
② 다짐 모래 말뚝공법
③ 생석회 말뚝공법
④ 폭파다짐공법

■해설 생석회 말뚝공법은 연약점성토지반개량공법이다.

95. 다음의 기초형식 중 직접기초가 아닌 것은?

① 말뚝기초 ② 독립기초
③ 연속기초 ④ 전면기초

■해설 말뚝기초는 깊은기초이다.

96. 아래 그림과 같이 정수두 투수시험을 실시하였다. 30분 동안 침투한 유량이 500cm³일 때 투수계수는?

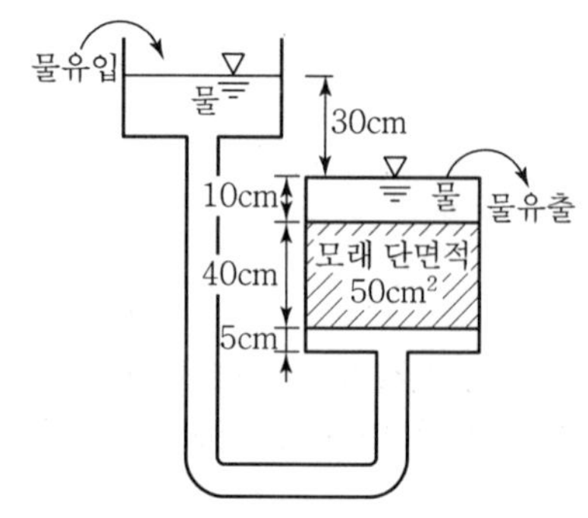

① 6.13×10^{-3}cm/sec
② 7.41×10^{-3}cm/sec
③ 9.26×10^{-3}cm/sec
④ 10.02×10^{-3}cm/sec

■해설 정수위 투수시험 투수계수는

$$K=\frac{Q\cdot L}{A\cdot h\cdot t}=\frac{500\times40}{50\times30\times(30\times60)}=7.41\times10^{-3}\text{cm/sec}$$

97. 사면 안정해석법에 대한 설명으로 틀린 것은?

① 해석법은 크게 마찰원법과 분할법으로 나눌 수 있다.
② Fellenius 방법은 주로 단기안정해석에 이용된다.
③ Bishop 방법은 주로 장기안정해석에 이용된다.
④ Bishop 방법은 절편의 양측에 작용하는 수평방향의 합력이 0이라고 가정하여 해석한다.

■해설

Fellenius법	Bishop법
• $\phi=0$ 해석법 • 전응력해석(간극수압 무시) • 사면의 단기안정 해석	• C, ϕ 해석법 • 유효응력 해석 • 사면의 장기 안정해석

Bishop 방법은 절편의 양측에 작용하는 연직방향의 합력이 0이라고 가정하여 해석한다.

 |해답| 93.② 94.③ 95.① 96.② 97.④

98. 어떤 흙의 직접 전단 시험에서 수직하중 50kg 일 때 전단력이 23kg이었다. 수직응력(σ)과 전단응력(τ)은 얼마인가?(단, 공시체의 단면적은 20cm²이다.)

① $\sigma=1.5\text{kg/cm}^2$, $\tau=0.90\text{kg/cm}^2$
② $\sigma=2.0\text{kg/cm}^2$, $\tau=1.05\text{kg/cm}^2$
③ $\sigma=2.5\text{kg/cm}^2$, $\tau=1.15\text{kg/cm}^2$
④ $\sigma=1.0\text{kg/cm}^2$, $\tau=0.65\text{kg/cm}^2$

해설 1면 전단시험

$$\sigma=\frac{P}{A}=\frac{50}{20}=2.5\text{kg/cm}^2$$

$$\tau=\frac{S}{A}=\frac{23}{20}=1.15\text{kg/cm}^2$$

99. 현장에서 습윤단위중량을 측정하기 위해 표면을 평활하게 한 후 시료를 굴착하여 무게를 측정하니 1,230g이었다. 이 구멍의 부피를 측정하기 위해 표준사로 채우는 데 1,037g이 필요하였다. 표준사의 단위중량이 1.45g/cm³이면 이 현장 흙의 습윤단위중량은?

① 1.72g/cm³ ② 1.61g/cm³
③ 1.48g/cm³ ④ 1.29g/cm³

해설 ① 표준모래의 단위중량

$\gamma=\frac{W}{V}$에서, $1.45=\frac{1,037}{V}$

$\therefore V=715.17\text{cm}^3$

② 현장 흙의 습윤단위중량

$$\gamma_t=\frac{W}{V}=\frac{1,230}{715.17}=1.72\text{g/cm}^3$$

100. 실내다짐시험 결과 최대건조 단위무게가 1.56 t/m³이고, 다짐도가 95%일 때 현장건조 단위무게는 얼마인가?

① 1.64t/m³ ② 1.60t/m³
③ 1.48t/m³ ④ 1.36t/m³

해설

$$R\cdot C=\frac{r_d}{r_{d\max}}\times100(\%)$$

$$95=\frac{r_d}{1.56}\times100$$

$$\therefore r_d=1.48\text{t/m}^3$$

제6과목 상하수도공학

101. 도수 관로의 매설깊이는 관종 등에 따라 다르지만 일반적으로 관경 1,000mm 이상은 몇 cm 이상으로 하여야 하는가?

① 90cm ② 100cm
③ 150cm ④ 180cm

해설 관로의 매설위치와 깊이

㉠ 매설깊이 결정 시 고려사항
- 수압
- 매설토의 하중
- 차량 등에 의한 윤하중
- 동결깊이
- 지하수위의 부상

㉡ 매설깊이
- 직경 900mm 이하는 120cm 이상으로 매설
- 직경 1,000mm 이상은 150cm 이상으로 매설
- 한랭지에서는 동결심도보다 20cm 이상 깊게 매설

102. 유량이 3,000m³/day인 처리수에 5.0mg/L의 비율로 염소를 주입하였더니 잔류 염소량이 0.2mg/L 이었다. 이 처리수의 염소요구량은?

① 14.4kg/day ② 19.4kg/day
③ 20.4kg/day ④ 24.4kg/day

해설 염소요구량

㉠ 염소요구량
- 염소요구량 = 요구농도×유량×1/순도
- 염소요구농도 = 주입농도 − 잔류농도

㉡ 염소요구량의 계산
- 염소요구농도 = 주입농도 − 잔류농도
  = 5.0 − 0.2 = 4.8mg/L
- 염소요구량
  $=4.8\times10^{-3}(\text{kg/m}^3)\times3,000(\text{m}^3/\text{day})$
  $=14.4\text{kg/day}$

103. 도시하수가 하천으로 유입될 때 하천 내에서 발생하는 변화로 틀린 것은?

① 부유물의 증가　　② COD의 증가
③ BOD의 증가　　④ DO의 증가

해설 도시하수의 유입으로 인한 변화
도시하수가 하천으로 유입되면 다음과 같은 변화가 발생한다.
- 부유물의 증가
- BOD의 증가
- COD의 증가
- DO의 감소

104. 어느 하수의 최종 BOD가 250mg/L이고 탈산소계수 K_1(상용대수) 값이 0.2/day라면 BOD_5는?

① 225mg/L　　② 210mg/L
③ 190mg/L　　④ 180mg/L

해설 BOD 소모량
㉠ BOD 소모량
$$E = L_a(1-10^{-kt})$$
여기서, E : BOD 소모량, L_a : 최종 BOD
k : 탈산소 계수, t : 시간(day)

㉡ BOD_5의 산정
$$E = L_a(1-10^{-kt}) = 250\times(1-10^{-0.2\times5}) = 225\text{mg/L}$$

105. 하수관거의 길이가 1.8km인 하수관거 내에서 우수가 1.5m/s의 유속으로 흐르고, 유입시간이 8분일 때 유달시간은?

① 8분　　② 18분
③ 28분　　④ 38분

해설 유달시간
㉠ 유달시간은 유입시간과 유하시간을 더한 것을 말한다.
$$t = t_1(\text{유입시간}) + t_2(\text{유하시간}) = t_1 + \frac{l}{v}$$
㉡ 유달시간의 계산
$$t = t_1 + \frac{l}{v} = 8\text{min} + \frac{1,800}{1.5\times60} = 28\text{min}$$

106. 지름 300mm, 길이 100m인 주철관을 사용하여 $0.15\text{m}^3/\text{s}$의 물을 20m 높이에 양수하기 위한 펌프의 소요 동력은?(단, 펌프의 효율은 70%이다.)

① 21kW
② 42kW
③ 60kW
④ 86kW

해설 동력의 산정
㉠ 양수에 필요한 동력($H_e = h + \Sigma h_L$)
$$P = \frac{9.8QH_e}{\eta}(\text{kW})$$
$$P = \frac{13.3QH_e}{\eta}(\text{HP})$$
㉡ 주어진 조건의 양수동력의 산정
$$P = \frac{9.8QH_e}{\eta} = \frac{9.8\times0.15\times20}{0.7} = 42\text{kW}$$

107. 유량이 $10\text{m}^3/\text{s}$, BOD 30mg/L인 하천에 유량 $300\text{m}^3/\text{day}$, BOD 100mg/L인 하수가 유입되고 있다. 하류의 완전 혼합지점에서 BOD 농도는?

① 10mg/L　　② 20mg/L
③ 30mg/L　　④ 40mg/L

해설 BOD 혼합농도 계산
$$C_m = \frac{Q_1\cdot C_1 + Q_2\cdot C_2}{Q_1+Q_2}$$
$$= \frac{864,000\times30 + 300\times100}{864,000+300} = 30.02\text{mg/L}$$
$$Q_1 = 10\text{m}^3/\text{s} = 864,000\text{m}^3/\text{day}$$

108. 하수도 관거의 접합방법 중 유수의 흐름은 원활하지만, 굴착깊이가 증가되어 공사비가 증대되고 펌프로 배수하는 지역에서는 양정이 높게 되는 단점이 있는 방법은?

① 관중심접합
② 관저접합
③ 관정접합
④ 수면접합

해설 관거의 접합방법

종류	특징
수면접합	수리학적으로 가장 좋은 방법으로 관내 수면을 일치시키는 방법
관정접합	관거의 내면 상부를 일치시키는 방법으로 굴착깊이가 증대되고, 공사비가 증가된다.
관중심접합	관중심을 일치시키는 방법으로 별도의 수위계산이 필요 없는 방법이다.
관저접합	관거의 내면 바닥을 일치시키는 방법으로 수리학적으로 불리한 방법이다.
단차접합	지세가 아주 급한 경우 토공량을 줄이기 위해 사용하는 방법이다.
계단접합	지세가 매우 급한 경우 관거의 기울기와 토공량을 줄이기 위해 사용하는 방법이다.

∴ 굴착깊이가 증가되고, 펌프 배수지역에서는 양정이 높게 되는 방법은 관정접합이다.

109. 다음 중 완속여과의 효과와 거리가 가장 먼 것은?

① 철의 제거
② 경도 제거
③ 색도 제거
④ 망간의 제거

해설 완속여과
완속여과의 실시로 철이나 망간, 색도 등의 제거 효과를 기대할 수는 있으나, 경도의 제거 시에는 석회소다법이나 이온교환법을 실시하여야 한다.

110. 분류식 하수관거 계통에 비교하여 합류식 하수관거 계통의 특징에 대한 설명으로 옳지 않은 것은?

① 검사 및 관리가 비교적 용이하다.
② 청천 시 관 내에 오염물이 침전되기 쉽다.
③ 하수처리장에서 오수 처리비용이 많이 소요된다.
④ 오수와 우수를 별개의 관거계통으로 건설하는 것보다 건설비용이 크게 소요된다.

해설 하수의 배제방식

분류식	합류식
• 수질오염 방지 면에서 유리하다. • 청천 시에도 퇴적의 우려가 없다. • 강우 초기에는 노면배수 효과가 없다. • 시공이 복잡하고 오접합의 우려가 있다. • 우천 시 수세효과를 기대할 수 없다. • 공사비가 많이 든다.	• 구배가 완만하고, 매설깊이가 적으며 시공성이 좋다. • 초기 우수에 의한 노면배수처리가 가능하다. • 관경이 크므로 검사가 편리하며, 환기가 잘된다. • 건설비가 적게 든다. • 우천 시 수세효과가 있다. • 청천 시 관 내가 침전되고, 효율이 저하된다.

∴ 오수관과 우수관을 따로 매설해야 하는 분류식이 합류식보다 건설비가 많이 소요된다.

111. 도시화에 의한 우수유출량의 증대로 하수관거 및 방류수로의 유하능력이 부족한 곳에 설치하여 하류지역의 우수 유출이나 침수 방지에 효과적인 기능을 발휘하는 시설은?

① 토구 ② 침사지
③ 우수받이 ④ 우수조정지

해설 우수조정지
㉠ 우수조정지
도시화나 도시지역의 확대로 기존 관로의 용량이 부족하거나 관로의 능력 저하에도 불구하고 하류의 시설 및 관로 등의 능력을 높이기 곤란한 경우에 우수조정지를 설치하며, 우수조정지의 크기는 합리식에 의하여 산정한다.
㉡ 설치장소
• 하수관거의 용량이 부족한 곳
• 방류수로의 유하능력이 부족한 곳
• 하류지역의 펌프장 능력이 부족한 곳
㉢ 구조형식
• 댐식
• 지하식
• 굴착식
∴ 도시지역의 우수를 조절하는 대표적인 시설은 우수조정지이다.

112. 슬러지 농축조에서 함수율 98%인 생 슬러지를 투입하여 함수율 96%의 농축 슬러지를 얻었다면, 농축 슬러지의 부피는?(단, 생 슬러지의 부피는 V로 가정한다.)

① $\frac{1}{2}V$　② $\frac{1}{3}V$
③ $\frac{1}{4}V$　④ $\frac{1}{5}V$

해설 농축 후의 슬러지 부피
㉠ 슬러지 부피
$V_1(100-P_1) = V_2(100-P_2)$
여기서, V_1, P_1 : 농축, 탈수 전의 함수율, 부피
V_2, P_2 : 농축, 탈수 후의 함수율, 부피

㉡ 탈수 후의 슬러지 부피 산출
$$V_2 = \frac{(100-P_1)}{(100-P_2)}V_1 = \frac{(100-98)}{(100-96)} \times 1 = \frac{1}{2}V$$

113. 하천이나 호소 또는 연안부의 모래 · 자갈층에 함유되는 지하수로 대체로 양호한 수질을 얻을 수 있어 그대로 수원으로 사용되기도 하는 것은?

① 용천수　② 심층수
③ 천층수　④ 복류수

해설 지하수의 종류별 특징
㉠ 용천수 : 심층수와 함께 포화대를 흐르다 지반의 약한 곳을 뚫고 나온 물로 그 성질은 심층수와 비슷하다.
㉡ 심층수 : 제2불투수층 위를 흐르는 물로 대지의 정화작용에 의해 이곳의 물은 무균상태에 가까운 것이 특징이다.
㉢ 천층수 : 제1불투수층 위를 흐르는 물로 이 구간을 통기대라 하며, 공기투과가 양호하여 산화작용이 활발하게 일어나는 것이 특징이다.
㉣ 복류수 : 하천이나 호소의 바닥의 모래나 자갈 속에 있는 물로 대체로 수질이 양호하며 정수처리 시 간이정수처리(침전지 생략) 후 사용이 가능하다.

114. 저수조식(탱크식) 급수방식이 바람직한 경우에 대한 설명으로 옳지 않은 것은?

① 역류에 의하여 배수관의 수질을 오염시킬 우려가 없는 경우
② 배수관의 수압이 소요압력에 비해 부족할 경우
③ 항시 일정한 급수량을 필요로 할 경우
④ 일시에 많은 수량을 사용할 경우

해설 급수방식
㉠ 직결식
- 배수관의 수압이 충분히 확보된 경우에 사용한다.
- 소규모 저층건물에 사용한다.
- 수압조절이 불가능하다.

㉡ 탱크식(저수조식)
- 배수관의 소요압이 부족한 곳에 설치한다.
- 일시에 많은 수량이 필요한 곳에 설치한다.
- 항상 일정수량이 필요한 곳에 설치한다.
- 단수 시에도 급수가 지속되어야 하는 곳에 설치한다.

∴ 탱크식을 설치하는 경우가 아닌 것은 역류에 의한 수질오염의 우려가 있는 경우이다.

115. 상수도관 내의 수격현상(Water Hammer)을 경감시키는 방안으로 적합하지 않은 것은?

① 펌프의 급정지를 피한다.
② 에어챔버(Air-Chamber)를 설치한다.
③ 운전 중 관 내 유속을 최대로 유지한다.
④ 관로에 압력조정 수조(Surge Tank)를 설치한다.

해설 수격작용
㉠ 펌프의 급정지, 급가동 또는 밸브를 급폐쇄하면 관로 내 유속의 급격한 변화가 발생하여 이상압력이 발생하는 현상을 수격작용이라 한다. 수격작용은 관로 내의 물의 관성에 의해 발생한다.
㉡ 방지책
- 펌프의 급정지, 급가동을 피한다.
- 부압 발생방지를 위해 조압수조(Surge Tank), 공기밸브(Air Valve)를 설치한다.
- 압력상승 방지를 위해 역지밸브(Check Valve), 안전밸브(Safety Valve), 압력수조(Air Chamber)를 설치한다.
- 펌프에 플라이휠(Fly Wheel)을 설치한다.

 |해답| 112.① 113.④ 114.① 115.③

• 펌프의 토출 측 관로에 급폐식 혹은 완폐식 역지밸브를 설치한다.
• 펌프 설치위치를 낮게 하고 흡입양정을 적게 한다.

∴ 관 내 유속을 크게 하면 수격작용의 발생을 증가시킨다.

116. 어느 도시의 총 인구가 5만 명이고, 급수인구는 4만 명일 때 1년간 총 급수량이 200만m^3였다. 이 도시의 급수보급률(%)과 1인 1일 평균급수량(m^3/인 · 일)은?

① 125%, 0.110m^3/인 · 일
② 125%, 0.137m^3/인 · 일
③ 80%, 0.110m^3/인 · 일
④ 80%, 0.137m^3/인 · 일

해설 급수보급률

㉠ 급수보급률은 총 인구에 대한 급수인구의 비율을 말한다.

$$급수보급률 = \frac{급수인구}{총\ 인구} \times 100\% = \frac{40,000}{50,000} \times 100 = 80\%$$

㉡ 1인 1일 평균급수량

$$1인\ 1일\ 평균급수량 = \frac{연간급수량}{365 \times 급수인구} = \frac{2,000,000}{365 \times 40,000} = 0.137m^3/인 \cdot 일$$

117. 하수관거 설계 시 계획오수량을 산정할 때 지하수량은 1인 1일 최대오수량의 어느 정도로 가정하여 산정하는가?

① 10~20%　② 20~30%
③ 30~40%　④ 40~50%

해설 오수량의 산정

종류	내용
계획오수량	계획오수량은 생활오수량, 공장폐수량, 지하수량으로 구분할 수 있다.
지하수량	지하수량은 1인 1일 최대오수량의 10~20%를 기준으로 한다.
계획 1일 최대오수량	• 1인 1일 최대오수량×계획급수인구+(공장폐수량, 지하수량, 기타 배수량) • 하수처리 시설의 용량 결정의 기준이 되는 수량
계획 1일 평균오수량	• 계획 1일 최대오수량의 70(중 · 소도시)~80%(대 · 공업도시) • 하수처리장 유입하수의 수질을 추정하는 데 사용되는 수량
계획시간 최대오수량	• 계획 1일 최대오수량의 1시간당 수량의 1.3~1.8배를 표준으로 한다. • 오수관거 및 펌프설비 등의 크기를 결정하는 데 사용되는 수량

∴ 계획오수량의 지하수량은 1인 1일 최대오수량의 10~20%를 기준으로 한다.

118. 침전지에서 침전효율을 크게 하기 위한 조건으로서 옳은 것은?

① 유량을 적게 하거나 표면적을 크게 한다.
② 유량을 많게 하거나 표면적을 크게 한다.
③ 유량을 적게 하거나 표면적을 적게 한다.
④ 유량을 많게 하거나 표면적을 적게 한다.

해설 침전지 제거 효율

㉠ 침전지 제거 효율

$$E = \frac{V_s}{V_o} = \frac{V_s}{\frac{Q}{A}} = \frac{V_s}{\frac{h}{t}}$$

여기서, V_s : 침강속도
V_o : 수면적 부하

㉡ 침전지 제거 효율을 크게 하려면 유량을 적게 하거나 표면적을 크게 하면 된다.

119. 접촉산화법의 특징에 대한 설명으로 틀린 것은?

① 생물상이 다양하여 처리효과가 안정적이다.
② 유입기질의 변동에 유연한 대처가 곤란하다.
③ 반송슬러지가 필요하지 않으므로 운전관리가 용이하다.
④ 고부하에서 운전하면 생물막이 비대화되어 접촉재가 막히는 경우가 발생한다.

해설 접촉산화법

㉠ 정의 : 접촉산화법은 생물막을 이용한 처리방식의 한가지로서 반응조 내의 접촉재 표면에

발생·부착된 호기성 미생물의 대사활동에 의해 하수를 처리하는 방식이다.

㉡ 특징
- 반송슬러지가 필요하지 않으므로 운전관리가 용이하다.
- 비표면적이 큰 접촉재를 사용하며, 부착생물량을 다량으로 부유할 수 있기 때문에 유입 기질의 변동에 유연히 대응할 수 있다.
- 생물상이 다양하여 처리효과가 안정적이다.
- 슬러지의 산화화가 기대되어, 잉여슬러지양이 감소한다.
- 부착생물량을 임의로 조정할 수 있어서 조작 조건의 변경에 대응하기 쉽다.
- 접촉재가 조 내에 있기 때문에, 부착생물량의 확인이 어렵다.
- 고부하에서 운전하면 생물막이 비대화되어 접촉재가 막히는 경우가 발생한다.

∴ 접촉산화법은 생물상이 다양하여 처리효율이 높고, 유입기질의 변동에(분해속도가 낮은 기질 제거) 유연히 대응할 수 있다.

120. 계획취수량의 기준이 되는 수량으로 옳은 것은?

① 계획 1일 평균급수량
② 계획 1일 최대급수량
③ 계획 시간 최대급수량
④ 계획 1일 1인 평균급수량

해설 급수량의 선정

㉠ 급수량의 종류

종류	내용
계획 1일 최대급수량	수도시설 규모 결정의 기준이 되는 수량 =계획 1일 평균급수량×1.5(중·소도시), 1.3(대도시, 공업도시)
계획 1일 평균급수량	재정계획수립에 기준이 되는 수량 =계획 1일 최대급수량×0.7(중·소도시), 0.8(대도시, 공업도시)
계획 시간 최대급수량	배수 본관의 구경결정에 사용 =계획 1일 최대급수량/24×1.3(대도시, 공업도시), 1.5(중소도시), 2.0(농촌, 주택단지)

㉡ 상수도시설의 설계용량

취수, 도수, 정수, 송수시설의 설계기준은 계획 1일 최대급수량으로 한다. 배수시설의 설계기준은 계획시간 최대급수량으로 한다.

 |해답| 120.②

Industrial Engineer Civil Engineering

과년도 출제문제 및 해설 (2014년 5월 25일 시행)

제1과목 응용역학

01. P_1, P_2가 0(Zero)으로부터 작용하였다. B점의 처짐이 P_1으로 인하여 δ_1, P_2로 인하여 δ_2가 생겼다면 P_1이 하는 일은?

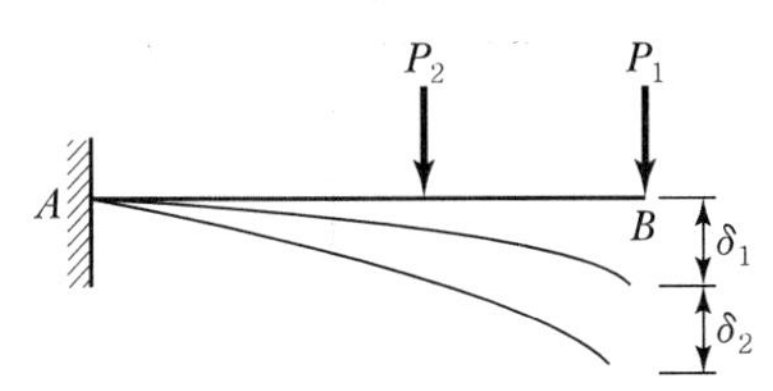

① $\frac{1}{2}P_1\delta_1+\frac{1}{2}P_2\delta_2$

② $\frac{1}{2}P_1\delta_1+\frac{1}{2}P_1\delta_2$

③ $\frac{1}{2}P_1\delta_1+P_2\delta_2$

④ $\frac{1}{2}P_1\delta_1+P_1\delta_2$

■ 해설 $W_{P_1}=\frac{1}{2}P_1\delta_1+P_1\delta_2$

02. 그림과 같은 단면의 X축에 대한 단면 1차 모멘트는 얼마인가?

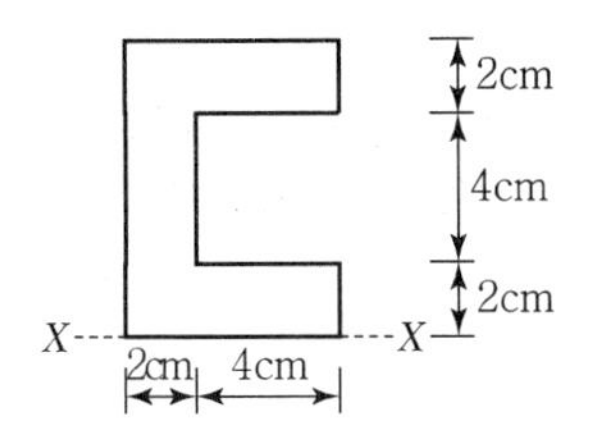

① 128cm³ ② 138cm³

③ 148cm³ ④ 158cm³

■ 해설 $G_x=\{(6\times8)\times4\}-\{(4\times4)\times4\}$

$=128\text{cm}^3$

03. 그림과 같은 I형 단면에서 중립축 $X-X$에 대한 단면 2차 모멘트는?

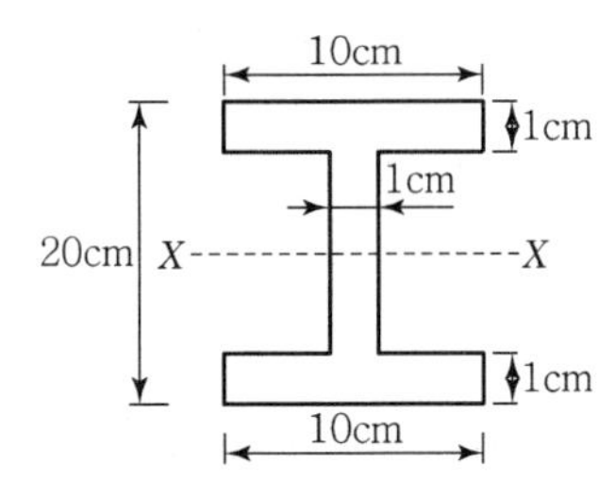

① 4,374.00cm⁴

② 6,666.67cm⁴

③ 2,292.67cm⁴

④ 3,574.76cm⁴

■ 해설 $I_X=\frac{10\times20^3}{12}-\frac{9\times18^3}{12}$

$=2,292.67\text{cm}^4$

04. 아래 그림과 같은 보의 단면에 발생하는 최대 휨 응력은?

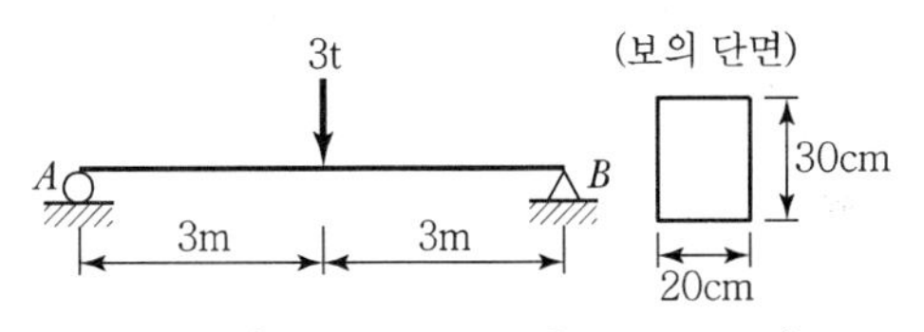

① 150kg/cm² ② 200kg/cm²

③ 250kg/cm² ④ 300kg/cm²

■ 해설 $\sigma_{\max}=\frac{M_{\max}}{Z}=\frac{\left(\frac{Pl}{4}\right)}{\left(\frac{bh^2}{6}\right)}=\frac{3Pl}{2bh^2}$

$=\frac{3\times(3\times10^3)\times(6\times10^2)}{2\times20\times30^2}$

$=150\text{kg/cm}^2$

05. 중심축하중을 받는 장주에서 좌굴하중은 Euler 공식 $P_{cr}=n\frac{\pi^2 EI}{l^2}$로 구한다. 여기서 n은 기둥의 지지 상태에 따르는 계수인데 다음 중에서 n 값이 틀린 것은 어느 것인가?

① 일단고정, 일단 자유단일 때 $n=\frac{1}{4}$
② 일단 고정, 일단 힌지일 때, $n=3$
③ 양단 고정일 때, $n=4$
④ 양단 힌지일 때, $n=1$

해설 $P_{cr}=\frac{\pi^2 EI}{(kl)^2}=\frac{n\pi^2 EI}{l^2}$

경제조건	k	n
고정 - 자유	2.0	$\frac{1}{4}$
단순 - 단순	1.0	1
고정 - 단순	0.7	2
고정 - 고정	0.5	4

06. 그림과 같은 보에서 C점의 전단력은?

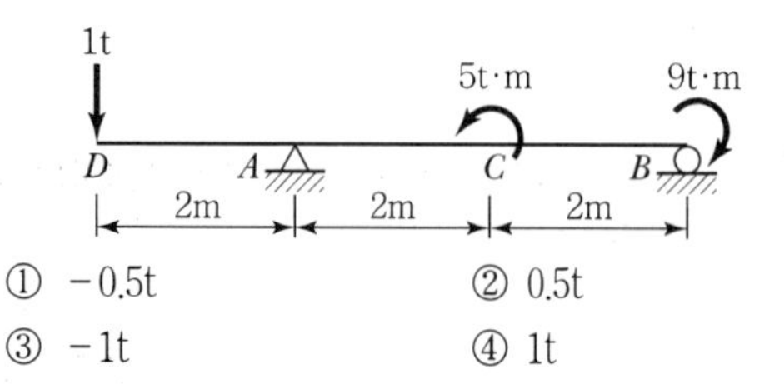

① −0.5t　② 0.5t
③ −1t　④ 1t

해설 $\Sigma M_{Ⓑ}=0(\curvearrowright\oplus)$
$R_A\times 4-1\times 6-5+9=0$
$R_A=0.5\text{t}(\uparrow)$

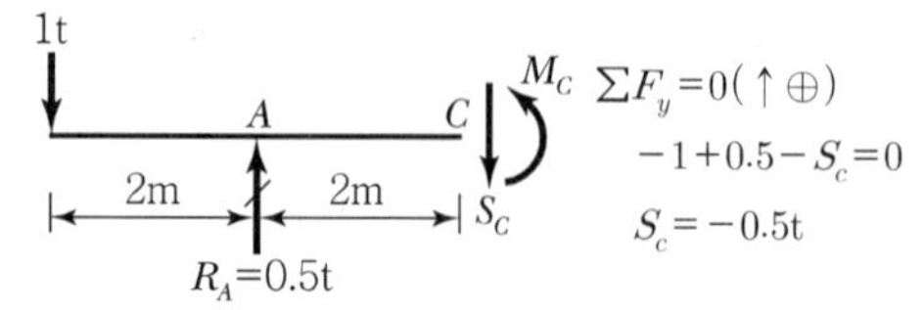

$\Sigma F_y=0(\uparrow\oplus)$
$-1+0.5-S_c=0$
$S_c=-0.5\text{t}$

07. 다음 그림과 같은 구조물에서 부재 AB가 받는 힘은 약 얼마인가?

① 200kg
② 215kg
③ 235kg
④ 283kg

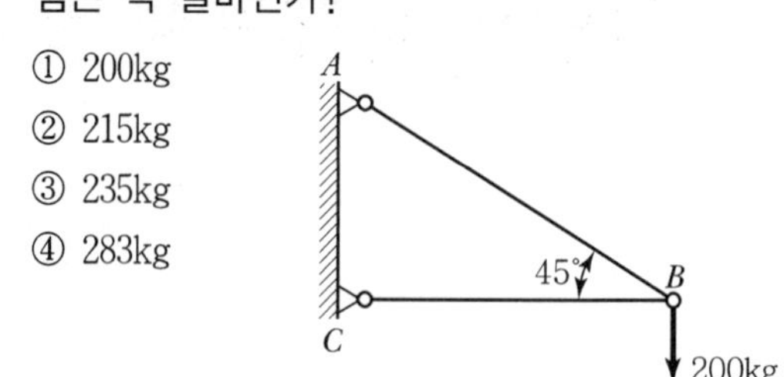

해설

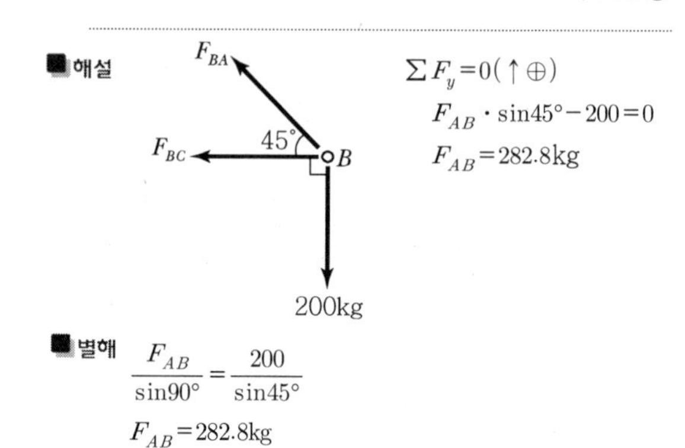

$\Sigma F_y=0(\uparrow\oplus)$
$F_{AB}\cdot\sin 45°-200=0$
$F_{AB}=282.8\text{kg}$

별해 $\frac{F_{AB}}{\sin 90°}=\frac{200}{\sin 45°}$
$F_{AB}=282.8\text{kg}$

08. 등분포하중(w)이 재하된 단순보의 최대 처짐에 대한 설명 중 틀린 것은?

① 하중 w에 비례한다.
② 탄성계수 E에 반비례한다.
③ 지간 l의 제곱에 반비례한다.
④ 단면 2차 모멘트 I에 반비례한다.

해설 $\delta_{\max}=\frac{5wl^4}{384EI}$

09. 길이 1m, 지름 1.5cm의 강봉을 8t으로 당길 때 이 강봉은 얼마나 늘어나겠는가?(단, $E=2.1\times10^6$ kg/cm²)

① 2.2mm　② 2.6mm
③ 2.8mm　④ 3.1mm

해설 $\Delta l=\frac{Pl}{EA}=\frac{Pl}{E\left(\frac{\pi D^2}{4}\right)}=\frac{4Pl}{E\pi D^2}$

$=\frac{4\times(8\times10^3)\times(1\times10^2)}{(2.1\times10^6)\times\pi\times1.5^2}=0.216\text{cm}$

$=2.16\text{mm}$

 |해답| 5.② 6.① 7.④ 8.③ 9.①

10. 단순보에 있어서 원형 단면에 분포되는 최대 전단응력은 평균 전단응력(V/A)의 몇 배가 되는가?

① 1.0배 ② $\frac{4}{3}$배
③ $\frac{2}{3}$배 ④ 1.5배

■ 해설 $\alpha = \frac{\tau_{\max}}{\tau_{ave}} = \frac{4}{3}$

단면	α
□	$\frac{3}{2}$
△	$\frac{3}{2}$
○	$\frac{4}{3}$

11. 아래의 표에서 설명하는 부정정 구조물의 해법은?

> 요각법이라고도 불리우는 이 방법은 부재의 변형, 즉 탄성곡선의 기울기를 미지수로 하여 부정정 구조물을 해석하는 방법이다.

① 모멘트분배법 ② 최소일의 방법
③ 변위일치법 ④ 처짐각법

12. 지름이 6cm, 길이가 100cm의 둥근 막대가 인장력을 받아서 0.5cm 늘어나고 동시에 지름이 0.006cm만큼 줄었을 때 이 재료의 포아송 비(ν) 얼마인가?

① 5 ② 2
③ 0.5 ④ 0.2

■ 해설

$$\nu = -\frac{\left(\frac{\Delta D}{D}\right)}{\left(\frac{\Delta l}{l}\right)} = -\frac{l \cdot \Delta D}{D \cdot \Delta l}$$

$$= -\frac{100 \times (-0.006)}{6 \times 0.5}$$

$$= 0.2$$

13. 그림과 같은 단주에서 편심하중이 작용할 때 발생하는 최대인장응력은?(단, 편심거리(e)는 10cm)

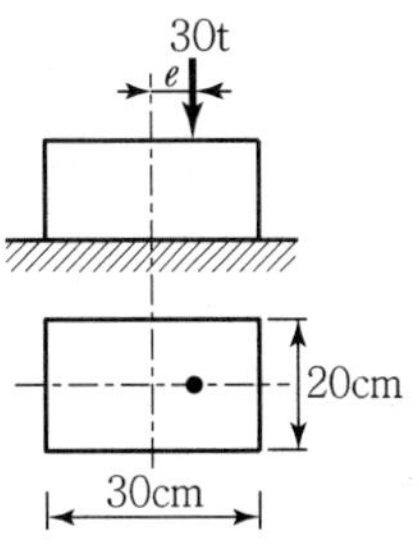

① 30kg/cm² ② 50kg/cm²
③ 70kg/cm² ④ 90kg/cm²

■ 해설

$$\sigma_{t,\max} = -\frac{P}{A}\left(1 - \frac{e_x}{k_x}\right)$$

$$= -\frac{P}{bh}\left(1 - \frac{6e_x}{h}\right)$$

$$= -\frac{(30 \times 10^3)}{20 \times 30}\left(1 - \frac{6 \times 10}{30}\right)$$

$= 50\text{kg/cm}^2$ (인장)

14. 다음 중 처짐을 구하는 방법과 가장 관계가 먼 것은?

① 탄성하중법
② 3연 모멘트법
③ 모멘트 면적법
④ 탄성곡선의 미분방정식 이용법

■ 해설 (1) 부정정 구조물의 해법
① 연성법(하중법)
㉠ 변형일치법(변위일치법)
㉡ 3연 모멘트법 등
② 강성법(변위법)
㉠ 처짐각법(요각법)
㉡ 모멘트 분배법 등

(2) 처짐을 구하는 방법
① 이중적분법
② 모멘트 면적법
③ 탄성하중법
④ 공액보법
⑤ 단위하중법 등

15. 그림과 같은 구조물에서 C점의 휨모멘트값은?

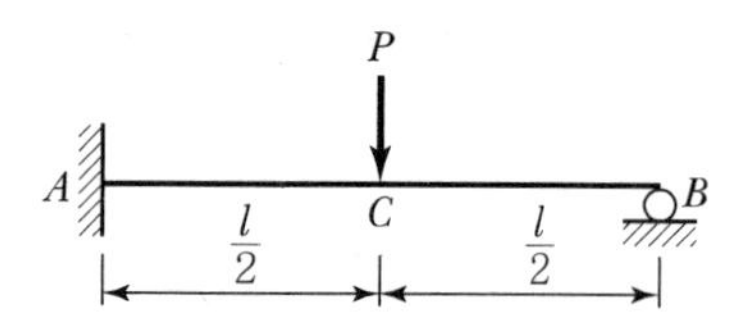

① $\dfrac{Pl}{4}$ ② $\dfrac{11Pl}{16}$

③ $\dfrac{5Pl}{32}$ ④ $\dfrac{11Pl}{32}$

해설

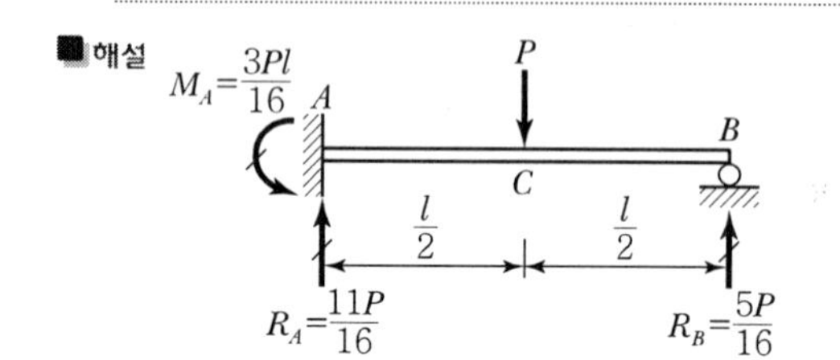

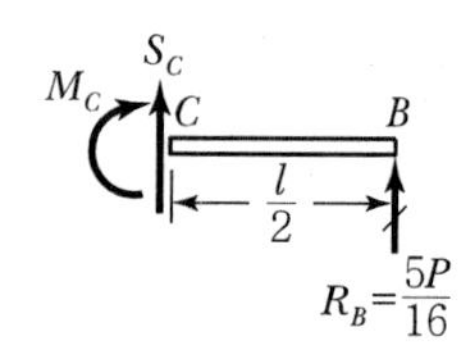

$\Sigma M_{©}=0(\curvearrowright\oplus)$

$M_c-\dfrac{5P}{16}\times\dfrac{l}{2}=0$

$M_c=\dfrac{5Pl}{32}$

16. 다음 그림의 트러스에서 DE의 부재력은?

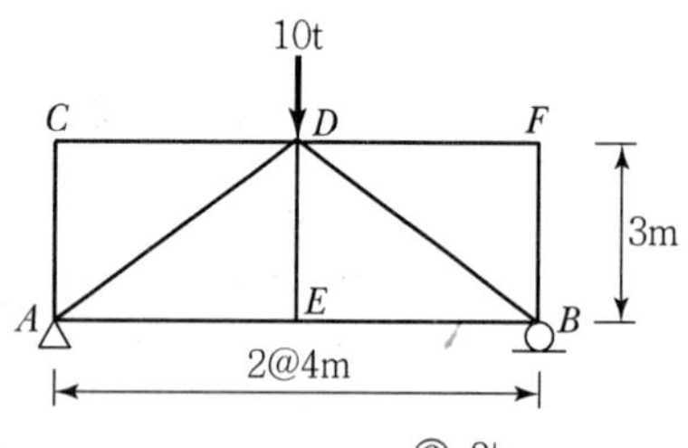

① 0t ② 2t

③ 5t ④ 10t

해설

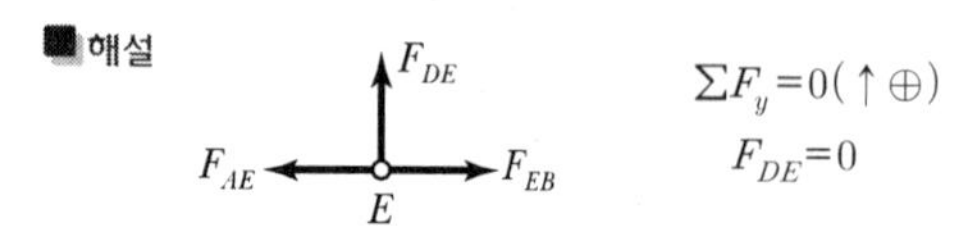

$\Sigma F_y=0(\uparrow\oplus)$

$F_{DE}=0$

17. 다음의 라멘 구조에서 A점의 수평반력 H_A는 얼마인가?

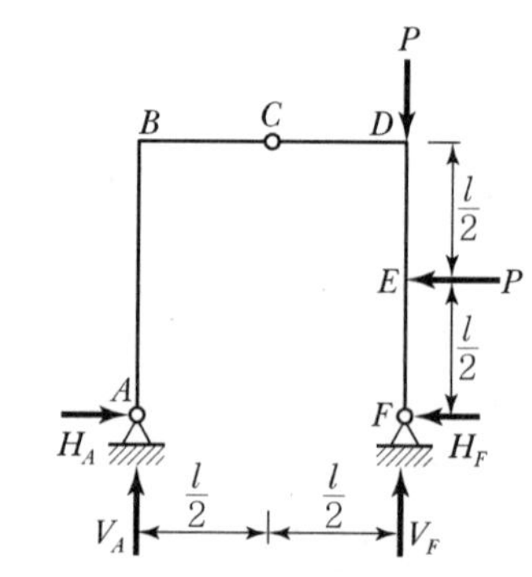

① $\dfrac{P}{2}(\leftarrow)$ ② $\dfrac{P}{4}(\leftarrow)$

③ $\dfrac{P}{2}(\rightarrow)$ ④ $\dfrac{P}{4}(\rightarrow)$

해설 $\Sigma M_{Ⓕ}=0(\curvearrowright\oplus)$

$V_A\times l+P\times 0-P\times\dfrac{l}{2}=0$

$V_A=\dfrac{P}{2}(\uparrow)$

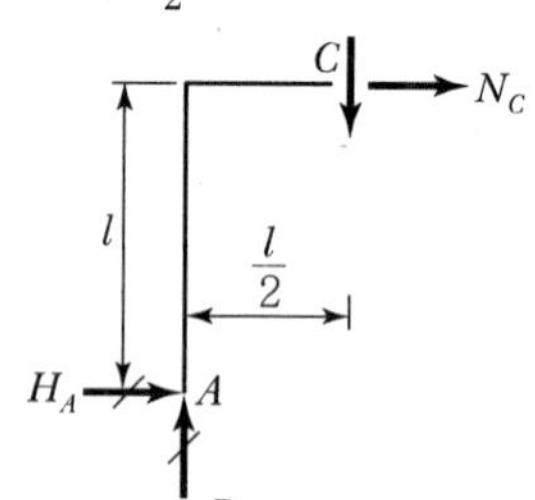

$\Sigma M_{©}=0(\curvearrowright\oplus)$

$\dfrac{P}{2}\times\dfrac{l}{2}-H_A\times l=0$

$H_A=\dfrac{P}{4}(\rightarrow)$

18. 다음 보의 지점 A에서 모멘트 하중 M_o를 가할 때 타단 B의 고정단모멘트의 크기는?

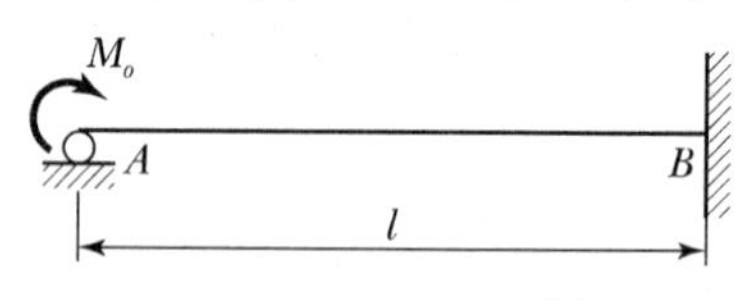

① M_o ② $\dfrac{M_o}{2}$

③ $\dfrac{M_o}{3}$ ④ $\dfrac{M_o}{4}$

해설

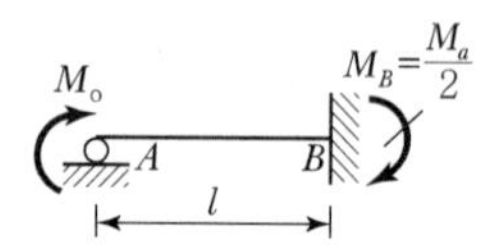

 |해답| 15.③ 16.① 17.④ 18.②

19. 다음 그림에서 지점 A의 반력이 영(零)이 되기 위해 C점에 작용시킬 집중하중의 크기(P)는?

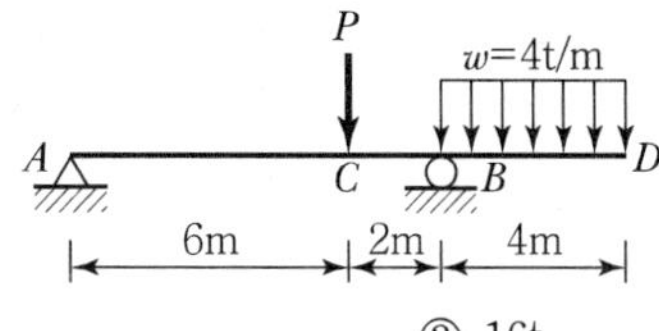

① 12t ② 16t
③ 20t ④ 24t

해설 $\Sigma M_{Ⓑ}=0(\curvearrowright\oplus)$
$-P\times2+(4\times4)\times2=0$
$P=16\text{t}$

20. 그림과 같은 내민보에서 A지점에서 5m 떨어진 C점의 전단력 V_c와 휨모멘트 M_c는?

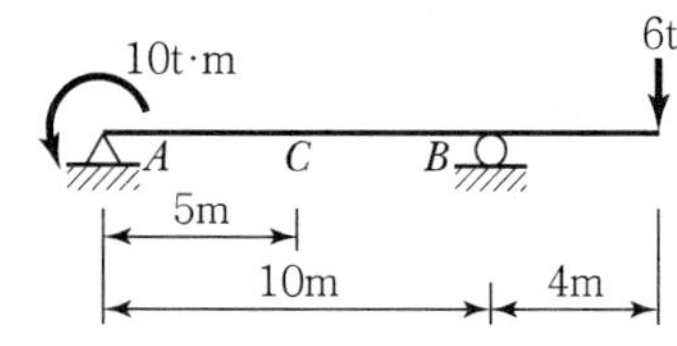

① $V_c=-1.4\text{t},\ M_c=-17\text{t}\cdot\text{m}$
② $V_c=-1.8\text{t},\ M_c=-24\text{t}\cdot\text{m}$
③ $V_c=1.4\text{t},\ M_c=-24\text{t}\cdot\text{m}$
④ $V_c=1.8\text{t},\ M_c=-17\text{t}\cdot\text{m}$

해설 $\Sigma M_{Ⓑ}=0(\curvearrowright\oplus)$
$R_A\times10-10+6\times4=0$
$R_A=-1.4\text{t}(\downarrow)$

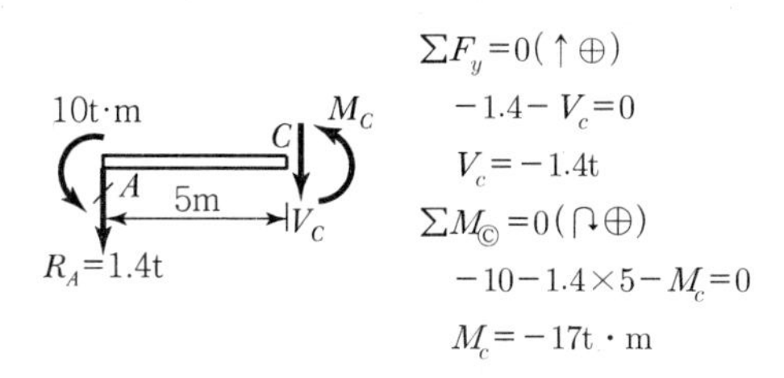

$\Sigma F_y=0(\uparrow\oplus)$
$-1.4-V_c=0$
$V_c=-1.4\text{t}$
$\Sigma M_{Ⓒ}=0(\curvearrowright\oplus)$
$-10-1.4\times5-M_c=0$
$M_c=-17\text{t}\cdot\text{m}$

제2과목 측량학

21. 거리관측의 정밀도와 각관측의 정밀도가 같다고 할 때 거리관측의 허용오차를 1/3,000로 하면 각관측의 허용오차는?

① 4″ ② 41″
③ 1′9″ ④ 1′23″

해설
- $\dfrac{\Delta L}{L}=\dfrac{\theta''}{\rho''}$
- $\theta''=\dfrac{\Delta L}{L}\rho''=\dfrac{1}{3{,}000}\times206{,}265''$
$=68.755''\fallingdotseq1'9''$

22. 그림과 같은 단열삼각망의 조정각이 $\alpha_1=40°$, $\beta_1=60°$, $\gamma_1=80°$, $\alpha_2=50°$, $\beta_2=30°$, $\gamma_2=100°$일 때, $\overline{CD}$의 길이는?(단, $\overline{AB}$ 기선 길이는 600m이다.)

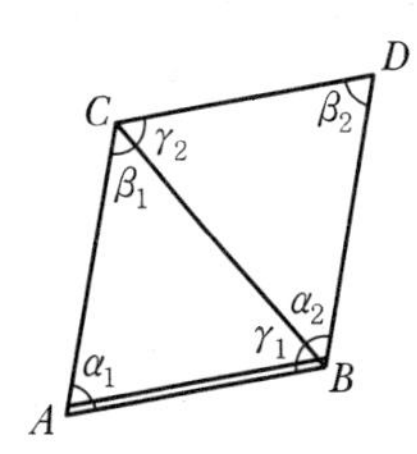

① 323.4m ② 400.7m
③ 568.6m ④ 682.3m

해설 Sine 정리 이용
- $\overline{BC}=\dfrac{\sin40°}{\sin60°}\times600=445.34\text{m}$
- $\overline{CD}=\dfrac{\sin50°}{\sin30°}\times445.34=682.3\text{m}$

23. 전진법에 의해 5각형의 토지를 측량하였다. 측점 A를 출발하여 B, C, D, E, A에 돌아왔을 때 폐합오차가 20cm이다. 측점 D의 오차분배량은?(단, AB=60m, BC=50m, CD=40m, DE=30m, EA=40m이다.)

① 0.036m ② 0.072m
③ 0.108m ④ 0.136m

해설 비례식을 이용

$(\Sigma L) : E = L_D : E_D$

$220 : 0.2 = 150 : E_D$

$E_D = \frac{150 \times 0.2}{220} = 0.136\text{m}$

24. 축척 1 : 25,000인 지형도상에서 면적을 측정한 결과가 84cm^2이었을 때 실제면적은?

① 62.5km^2 ② 5.25km^2

③ 4.25km^2 ④ 3.25km^2

해설 실제면적 = 도상면적 × M^2

$= \left(84 \times \frac{1}{100^2}\right) \times 25,000^2$

$= 5,250,000\text{m}^2$

$= 5.25\text{km}^2$

25. 클로소이드 매개변수(Parameter) A가 커질 경우에 대한 설명으로 옳은 것은?

① 곡선이 완만해진다.

② 자동차의 고속 주행이 어려워진다.

③ 곡선이 급커브가 된다.

④ 접선각(τ)이 비례하여 커진다.

해설 매개변수 $A^2 = R \cdot L (A = \sqrt{R \cdot L})$
A가 커지면 반지름 R이 커지므로 곡선이 완만해진다.

26. 구면삼각형에 대한 설명으로 옳지 않은 것은?

① 구면삼각형은 좁은 지역을 측량할 때 고려한다.

② 구면삼각형 내각의 합은 180°를 넘는다.

③ 구과량은 구면삼각형의 면적에 비례한다.

④ 구과량은 평면삼각형 내각의 합과 구면삼각형 내각의 합에 대한 차이다.

해설 대지(측지)측량은 구과량을 고려한 곡면으로 보고 측량한다(곡률을 고려한다).

27. 항공사진의 기본변위에 대한 설명으로 틀린 것은?

① 지표면의 기복에 의해 발생한다.

② 기복변위량은 촬영고도에 반비례한다.

③ 기복변위량은 초점거리에 비례한다.

④ 사진면에서 등각점의 상하방향으로 변위가 발생한다.

해설 기복변위는 대상물이 기복이 있어 연직촬영 시에도 축척이 동일하지 않고 사진 면에 연직점을 중심으로 변위가 발생한다.

28. 촬영고도 750m의 밀착사진에서 비고 15m에 대한 시차차의 크기는?(단, 카메라의 초점거리 15cm, 사진의 크기 23×23cm, 사진의 종중복도는 60%로 한다.)

① 4.84mm

② 3.84mm

③ 2.84mm

④ 1.84mm

해설 • 시차차(ΔP)

$= \frac{h}{H} \cdot P_r = \frac{h}{H} b_o = \frac{15}{750} \times 0.092$

$= 0.00184 = 1.84\text{mm}$

• $b_o = a\left(1 - \frac{P}{100}\right) = 0.23 \times \left(1 - \frac{60}{100}\right)$

$= 0.092\text{m}$

29. 교각 $I = 60°$, 반지름 $R = 200\text{m}$인 단곡선의 중앙종거는?

① 26.8m

② 30.9m

③ 100.0m

④ 115.5m

해설 중앙종거(M) $= R\left(1 - \cos\frac{I}{2}\right)$

$= 200\left(1 - \cos\frac{60°}{2}\right)$

$= 26.8\text{m}$

 |해답| 24.② 25.① 26.① 27.④ 28.④ 29.①

30. 하천측량에 관한 설명으로 옳지 않은 것은?

① 홍수 유속의 측정에 알맞은 것은 막대기 부자이다.
② 심천측량을 하여 지형을 표시하는 방법에는 점고법이 이용된다.
③ 횡단측량은 1km마다의 거리표를 기준으로 하며 우안을 기준으로 한다.
④ 무제부에서의 측량범위는 홍수가 영향을 주는 구역보다 약간 넓게 한다.

해설 횡단측량은 200m마다 거리표를 기준으로 하며 양안을 기준으로 한다.

31. 다각측량에서 A점의 좌표가 (100, 200)이고 측선 AB의 방위각이 240°, 길이가 100m일 때 B점의 좌표는?(단, 좌표의 단위는 m이다.)

① (−50, 113.4)
② (50, 113.4)
③ (−50, 13.4)
④ (50, −113.4)

해설 $X_B = X_A +$ 위거(L_{AB}), $Y_B = Y_A +$ 경거(D_{AB})

- $X_B = 100 + 100 \cdot \cos 240° = 50\text{m}$
- $Y_B = 200 + 100 + \sin 240° = 113.39\text{m}$

32. GPS 측량으로 측점의 표고를 구하였더니 89.123m였다. 이 지점의 지오이드 높이가 40.150m라면 실제 표고(정표고)는?

① 129.273m
② 48.973m
③ 69.048m
④ 89.123m

해설 실제표고(정표고) = 89.123 − 40.150
= 48.973m

33. 토공량을 계산하기 위해 대상구역을 사각형으로 분할하여 각 교점에 대한 성토고를 계산한 결과 그림과 같다면 성토량은?

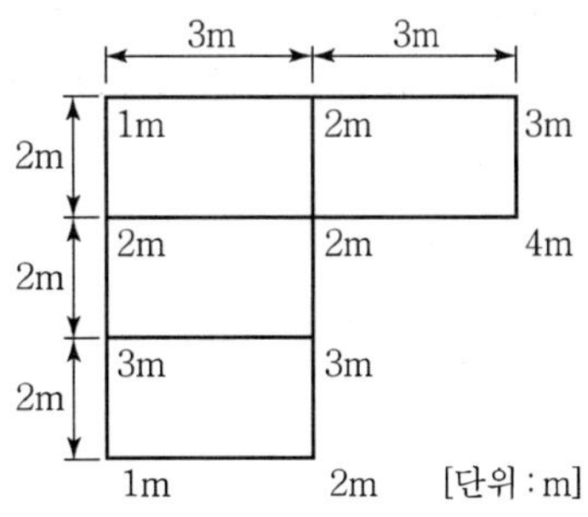

① 54.5m³ ② 55.5m³
③ 58.5m³ ④ 60m³

해설
- $V = \frac{A}{4}(\Sigma h_1 + 2\Sigma h_2 + 3\Sigma h_3)$
- $\Sigma h_1 = 1+3+4+2+1 = 11$
  $\Sigma h_2 = 2+2+3+3 = 10$
  $\Sigma h_3 = 2$
- $V = \frac{2\times3}{4}[11 + (2\times10) + (3\times2)] = 55.5\text{m}^3$

34. 측지학 및 측지측량에 대한 설명 중 옳지 않은 것은?

① 측지학이란 지구 내부의 특성, 지구의 형상, 지구 표면의 상호위치 관계를 정하는 학문이다.
② 기하학적 측지학에는 천문측량, 위성측지, 높이 결정 등이 있다.
③ 지오이드는 평균해수면으로 위치에너지가 1인 면이다.
④ 측지측량이란 지구의 곡률을 고려하는 측량으로서 거리 허용오차를 $1/10^6$로 했을 경우 반지름 11km 이내를 평면으로 취급한다.

해설 지오이드의 위치에너지는 0이다.($h=0$)

35. 교호수준측량을 실시하여 A점 근처에 레벨을 세우고, A점을 관측하여 1.57m, 강 건너편 B점을 관측하여 2.15m를 얻고, B점 근처에 레벨을 세워 B점의 관측값 1.25m, A점의 관측값 0.69m를 얻었다. A점의 지반고가 100m라면 B점의 지반고는?

① 98.86m ② 99.43m
③ 100.57m ④ 101.14m

■해설
- $\Delta H = \frac{(a_1 - b_1) + (a_2 - b_2)}{2}$
$= \frac{(1.57 - 2.15) + (0.69 - 1.25)}{2}$
$= -0.57\text{m}$
- $H_B = H_A - \Delta H = 100 - 0.57 = 99.43\text{m}$

36. 지형측량에서 등고선 간의 최단거리를 잇는 선이 의미하는 것은?

① 분수선 ② 등경사선
③ 최대경사선 ④ 경사변환선

■해설 최대경사선은 등고선에 직각으로 교차한다.

37. 노선의 종단측량 결과는 종단면도에 표시하고 그 내용을 기록하게 된다. 이때 포함되지 않는 내용은?

① 지반고와 계획고의 차
② 측점의 추가거리
③ 계획선의 경사
④ 용지 폭

■해설 종단면도 기재 사항
- 측점
- 거리, 누가거리
- 지반고, 계획고
- 성토고, 절토고
- 구배

38. 노선측량, 하천측량, 철도측량 등에 많이 사용하며 동일한 도달거리에 대하여 측점 수가 가장 적으므로 측량이 간단하고 경제적이나 정확도가 낮은 삼각망은?

① 사변형 삼각망 ② 유심 삼각망
③ 기선 삼각망 ④ 단열 삼각망

■해설 단열삼각망은 폭이 좁고 긴 지역에 이용하며 거리에 비해 관측 수가 적으나 측량이 신속하고 비용이 적게 든다. 조건식이 적어 정밀도가 낮다.

39. 완화곡선의 극각(σ)이 45° 일 때 클로소이드 곡선, 렘니스케이트 곡선, 3차 포물선 중 가장 곡률이 큰 곡선은?

① 클로소이드 곡선
② 렘니스케이트 곡선
③ 3차 포물선
④ 완화곡선은 종류에 상관없이 곡률이 모두 같다.

■해설 클로소이드 곡선의 곡률이 가장 크다.

완화곡선의 종류

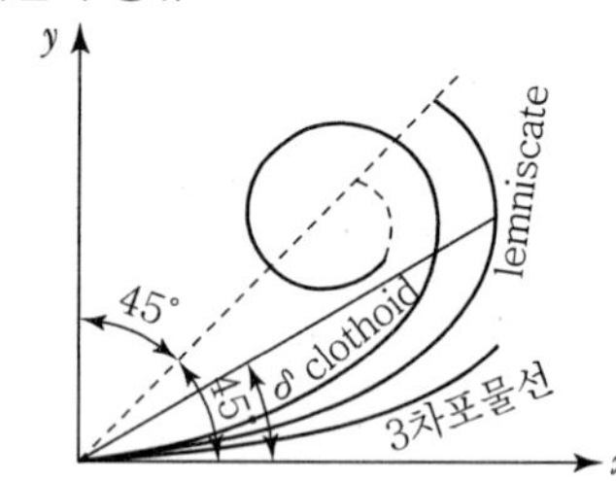

- 클로소이드 : 곡률반경이 곡선길이에 반비례, 도로에 사용
- 렘니스케이트 : 곡률반경이 현의 길이에 반비례, 지하철에 사용
- 3차 포물선 : 곡률반경이 현의 길이에 반비례, 철도에 사용

40. 수준측량에서 경사거리 S, 연직각이 α일 때 두 점 간의 수평거리 D는?

① $D = S\sin\alpha$ ② $D = S\cos\alpha$
③ $D = S\tan\alpha$ ④ $D = S\cot\alpha$

■해설

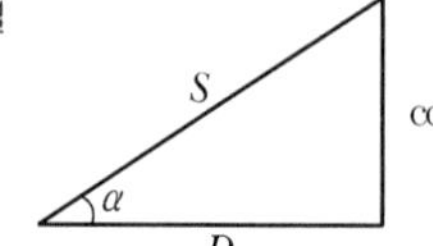

$\cos\alpha = \frac{D}{S}$, $D = S\cos\alpha$

 |해답| 35.② 36.③ 37.④ 38.④ 39.① 40.②

제3과목 수리수문학

41. 폭 4m, 수심 2m인 직사각형 수로에 등류가 흐르고 있을 때 조도계수 $n = 0.02$라면 Chezy의 평균유속계수 C는?

① 0.05　　② 0.5
③ 5　　④ 50

해설 Chezy 식과 Manning 식의 관계

㉠ Chezy 식과 Manning 식의 관계는 다음과 같다.

$$C\sqrt{RI} = \frac{1}{n}R^{\frac{2}{3}}I^{\frac{1}{2}}$$

$$\rightarrow C\sqrt{RI} = \frac{1}{n}R^{\frac{1}{6}}R^{\frac{1}{2}}I^{\frac{1}{2}}$$

$$\therefore C = \frac{1}{n}R^{\frac{1}{6}}$$

㉡ C의 산정

$$C = \frac{1}{n}R^{\frac{1}{6}} = \frac{1}{0.02}\times 0.75^{\frac{1}{6}} = 47.66$$

$$R = \frac{Bh}{B+2h} = \frac{4\times 2}{4+2\times 2} = 0.75\text{m}$$

42. A저수지에서 1km 떨어진 B저수지에 유량 8m³/s를 송수한다. 저수지의 수면차를 10m로 하기 위한 관의 직경은?(단, 마찰손실만을 고려하고 마찰손실 계수는 $f = 0.03$이다.)

① 2.15m　　② 1.92m
③ 1.74m　　④ 1.52m

해설 직경의 산정

㉠ 마찰손실수두

$$h_l = f\frac{l}{D}\frac{V^2}{2g}$$

㉡ 직경 D에 관해서 정리

$$D = \left(\frac{8flQ^2}{h_l g\pi^2}\right)^{\frac{1}{5}} = \left(\frac{8\times 0.03\times 1{,}000\times 8^2}{10\times 9.8\times \pi^2}\right)^{\frac{1}{5}}$$

$$= 1.74\text{m}$$

43. 관수로에서 최대유속이 $V_{\max}$이고 평균유속이 V_m이라고 하면, 최대유속 $V_{\max}$와 평균유속 V_m의 관계에 가장 가까운 것은?(단, 층류로 흐르는 경우)

① 평균유속 V_m은 최대유속 $V_{\max}$의 1/2이다.
② 평균유속 V_m은 최대유속 $V_{\max}$의 1/3이다.
③ 평균유속 V_m은 최대유속 $V_{\max}$의 1/4이다.
④ 평균유속 V_m은 최대유속 $V_{\max}$의 1/6이다.

해설 원관 내 층류 흐름

㉠ 관수로의 유속분포는 중앙에서 최대이고 관 벽면에서 0인 포물선으로 분포한다.

㉡ 최대유속은 평균유속의 2배이다.

$$V_{\max} = 2V_m$$

∴ 평균유속 V_m은 최대유속 $V_{\max}$의 1/2이다.

44. 그림과 같은 수로에 유량이 11m³/s로 흐를 때 비에너지는?(단, 에너지보정계수 $\alpha = 1$)

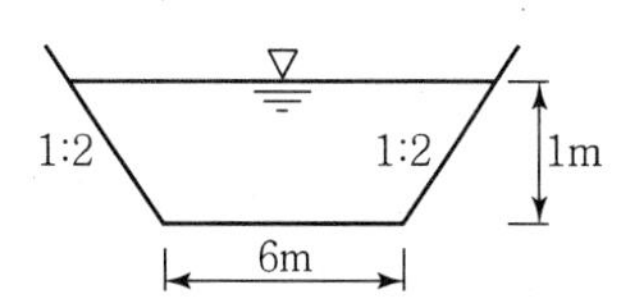

① 1.156m　　② 1.165m
③ 1.106m　　④ 1.096m

해설 비에너지

㉠ 단위무게당의 물이 수로바닥면을 기준으로 갖는 흐름의 에너지 또는 수두를 비에너지라 한다.

$$H_e = h + \frac{\alpha v^2}{2g}$$

여기서, h : 수심
α : 에너지보정계수
v : 유속

㉡ 비에너지의 계산

$$v = \frac{Q}{A} = \frac{11}{(6\times 1)+(\frac{1}{2}\times 2\times 1\times 2)}$$

$$= 1.375\text{m/sec}$$

$$H_e = h + \frac{\alpha v^2}{2g} = 1 + \frac{1\times 1.375^2}{2\times 9.8} = 1.095\text{m}$$

45. 힘의 차원을 MLT계로 표시한 것으로 옳은 것은?

① $[MLT^{-2}]$ ② $[MLT^{-1}]$
③ $[ML^{-2}T^{2}]$ ④ $[ML^{-1}T^{-2}]$

해설 차원

㉠ 물리량의 크기를 힘(F), 질량(M), 길이(L), 시간(T)의 지수형태로 표기한 값을 차원이라 한다.

㉡ 힘의 차원

LFT계 차원 : F

LMT계 차원 : MLT^{-2}

46. 지하수에서 Darcy의 법칙에 대한 설명으로 옳지 않은 것은?

① 투수계수는 물의 점섬계수와 토사의 공극률 등에 따라 변하는 계수이다.
② 지하수의 평균유속은 동수경사에 반비례한다.
③ Darcy법칙에서 투수계수의 차원은 속도의 차원과 같다.
④ Darcy법칙은 층류로 취급했으며 실험에 의하면 대략적으로 레이놀즈수(R_e) < 4에서 주로 성립한다.

해설 Darcy의 법칙

㉠ Darcy의 법칙

$$V = K \cdot I = K \cdot \frac{h_L}{L}$$

$$Q = A \cdot V = A \cdot K \cdot I = A \cdot K \cdot \frac{h_L}{L}$$

로 구할 수 있다.

㉡ 특징

- Darcy의 법칙은 지하수의 층류흐름에 대한 마찰저항공식이다.
- 투수계수는 물의 점성계수와 토사의 공극률에 따라서도 변화한다.

$$K = D_s^2 \frac{\rho g}{\mu} \frac{e^3}{1+e} C$$

여기서, μ : 점성계수
e : 공극률

- Darcy의 법칙은 정상류흐름에 층류에만 적용된다.(특히, R_e < 4일 때 잘 적용된다.)
- $V = K \cdot I$로 지하수의 유속은 동수경사와 비례관계를 가지고 있다.
- 투수계수의 차원은 속도의 차원(LT^{-1})을 갖는다.

47. 완전유체일 때 에너지선과 기준수평면과의 관계는?

① 위치에 따라 변한다.
② 흐름에 따라 변한다.
③ 서로 평행하다.
④ 압력에 따라 변한다.

해설 에너지선과 동수경사선

㉠ 에너지선

기준면에서 총수두까지의 높이를 연결한 선, 즉 전수두를 연결한 선을 말한다.

㉡ 동수경사선

기준면에서 위치수두와 압력수두의 합을 연결한 선을 말한다.

㉢ 에너지선과 동수경사선의 관계

- 이상유체의 경우 에너지선과 수평기준면은 평행한다.
- 동수경사선은 에너지선보다 속도수두만큼 아래에 위치한다.
- 흐름구간에서 유속과 수위가 균일한 등류인 경우에는 동수경사선과 에너지선이 평행하다.

48. 그림은 어떤 개수로에 일정한 유량이 흐르는 경우에 대한 비에너지(H_e) 곡선을 나타낸 것이다. 동일 단면에 다른 크기의 유량이 흐르는 경우, 3점(A, B, C)의 흐름상태를 순서대로 바르게 나타낸 것은?

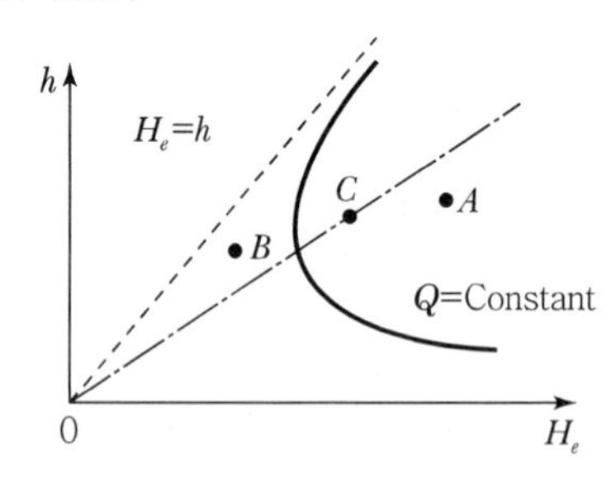

① 사류, 한계류, 상류
② 상류, 사류, 한계류
③ 사류, 상류, 한계류
④ 상류, 한계류, 사류

 |해답| 45.① 46.② 47.③ 48.③

해설 비에너지와 수심의 관계

㉠ 유량이 일정할 때 비에너지가 최소일 경우의 수심을 한계수심(실선)이라 한다.

㉡ 한계수심을 기준으로 위쪽의 흐름을 상류(常流), 아래쪽의 흐름을 사류(射流)라 한다.

∴ 실선 C의 흐름은 한계류, C를 기준으로 위쪽 B의 흐름은 상류, 아래쪽 A의 흐름은 사류이다. A, B, C의 순으로 나열하면 사류, 상류, 한계류이다.

49. 개수로의 흐름을 상류와 사류로 구분할 때 기준으로 사용할 수 없는 것은?

① 프루드 수(Froude Number)
② 한계유속(Critical Velocity)
③ 한계수심(Critical Depth)
④ 레이놀즈수(Reynolds Number)

해설 흐름의 상태 구분

㉠ 상류(常流)와 사류(射流)

개수로 흐름과 같이 중력에 의해 움직이는 흐름에서는 관성력과 중력의 비가 흐름의 특성을 좌우한다. 개수로 흐름은 물의 관성력과 중력의 비인 프루드 수(Froude Number)를 기준으로 상류, 사류, 한계류 등으로 구분한다.

- 상류(常流) : 하류(下流)의 흐름이 상류(上流)에 영향을 미치는 흐름을 말한다.
- 사류(射流) : 하류(下流)의 흐름이 상류(上流)에 영향을 미치지 못하는 흐름을 말한다.

㉡ 여러 가지 조건으로 흐름의 상태 구분

구분	상류(常流)	사류(射流)
F_r	$F_r<1$	$F_r>1$
I_c	$I<I_c$	$I>I_c$
y_c	$y>y_c$	$y<y_c$
V_c	$V<V_c$	$V>V_c$

∴ 흐름을 상류와 사류로 나눌 수 없는 기준은 레이놀즈수이다.

50. 깊은 우물(심정호)에 대한 설명으로 옳은 것은?

① 불투수층에서 50m 이상 도달한 우물
② 집수 우물 바닥이 불투수층까지 도달한 우물
③ 집수 깊이가 100m 이상인 우물
④ 집수 우물 바닥이 불투수층을 통과하여 새로운 대수층에 도달한 우물

해설 우물의 수리

종류	내용
깊은 우물(심정호)	우물의 바닥이 불투수층까지 도달한 우물을 말한다. $Q=\dfrac{\pi K(H^2-h_0^2)}{2.3\log(R/r_0)}$
얕은 우물(천정호)	우물의 바닥이 불투수층까지 도달하지 못한 우물을 말한다. $Q=4Kr_0(H-h_0)$
굴착정	피압대수층의 물을 양수하는 우물을 굴착정이라 한다. $Q=\dfrac{2\pi aK(H-h_0)}{2.3\log(R/r_0)}$
집수암거	복류수를 취수하는 우물을 집수암거라 한다. $Q=\dfrac{Kl}{R}(H^2-h^2)$

∴ 깊은 우물(심정호)은 우물의 바닥이 불투수층까지 도달한 우물을 말한다.

51. 물이 들어 있고 뚜껑이 없는 수조가 9.8m/s²으로 수직상향 가속되고 있을 때 수심 2m에서의 압력은?(단, 무게 1kg=9.8N)

① 78.4kPa　② 39.2kPa
③ 19.6kPa　④ 0kPa

해설 연직가속도를 받는 경우

㉠ 연직 상방향 가속도를 받는 경우

$$P=wh(1+\frac{\alpha}{g})$$

㉡ 연직 하방향 가속도를 받는 경우

$$P=wh(1-\frac{\alpha}{g})$$

㉢ 연직 상방향 가속도를 받는 경우 압력의 계산

$$P=wh(1+\frac{\alpha}{g})=1\times2\times(1+\frac{9.8}{9.8})$$
$$=4\text{t/m}^2=0.4\text{kg/cm}^2=39.2\text{kPa}$$
$$(1\text{kg/cm}^2=98.0665\text{kPa})$$

52. 그림과 같이 물이 수문의 최상단까지 차 있을 때, 높이 6m, 폭 1m의 수문에 작용하는 전수압의 작용점(h_c)은?

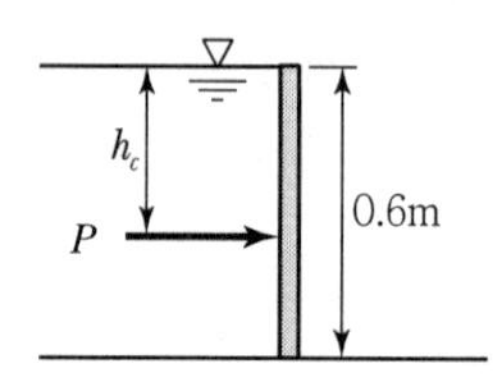

① 3m ② 3.5m
③ 4m ④ 4.3m

■해설 수면과 연직인 면이 받는 압력
㉠ 수면과 연직인 면이 받는 압력
• 전수압 : $P = wh_G A$
• 작용점의 위치 : $h_c = h_G + \frac{I}{h_G A}$
㉡ 작용점 위치의 계산

$$h_c = h_G + \frac{I}{h_G A} = 3 + \frac{\frac{1\times6^3}{12}}{3\times(1\times6)} = 4\text{m}$$

53. 물에 대한 성질을 설명한 것 중 틀린 것은?

① 물의 밀도는 4℃에서 가장 크며 4℃보다 작거나 높아지면 밀도는 점점 감소한다.
② 물의 압축률(C_w)과 체적탄성계수(E_w)는 서로 역수의 관계가 있다.
③ 물의 점성계수는 수온(℃)이 높을수록 그 값이 커지고 수온이 낮을수록 작아진다.
④ 물은 특별한 경우를 제외하고는 일반적으로 비압축성 유체로 취급한다.

■해설 물의 물리적 성질
• 물의 밀도는 온도 4℃에서 가장 크며 온도의 증감에 따라 그 값은 감소한다.
• 물의 압축률(C_w)과 체적탄성계수(E_b)는 역수의 관계를 갖는다.

$$C_w = \frac{1}{E_b}$$

• 물의 점성계수는 수온 0℃에서 그 값이 가장 크며, 수온이 증가하면 그 값은 작아진다.
• 실제 유체는 조금의 점성과 압축성을 갖고 있지만, 특별한 경우를 제외하고는 이상유체(비점성, 비압축성)로 간주하고 해석한다.

54. 물이 흐르는 동일한 직경의 관로에서 두 단면의 위치수두가 각각 50cm 및 20cm, 압력이 각각 1.2kg/cm² 및 0.9kg/cm²일 때 두 단면 사이의 손실수두는?(단, 무게 1kg=9.8N, 기타 조건은 동일하다.)

① 5.5m ② 3.3m
③ 2.0m ④ 1.2m

■해설 Bernoulli 정리
㉠ Bernoulli 정리

$$z_1 + \frac{P_1}{w} + \frac{V_1^2}{2g} = z_2 + \frac{P_2}{w} + \frac{V_2^2}{2g}$$

㉡ 손실수두를 고려한 Bernoulli 정리

$$z_1 + \frac{P_1}{w} + \frac{V_1^2}{2g} = z_2 + \frac{P_2}{w} + \frac{V_2^2}{2g} + h_l$$

㉢ 연속방정식

$$Q = A_1 V_1 = A_2 V_2$$

㉣ 손실수두의 산정
문제 조건에서 동일한 직경의 단면이므로 면적 $A_1 = A_2$

$$\therefore\ V_1 = V_2,\ \frac{V_1^2}{2g} = \frac{V_2^2}{2g}$$

$$z_1 + \frac{P_1}{w} = z_2 + \frac{P_2}{w} + h_l$$

$$\therefore\ 0.5 + \frac{12}{1} = 0.2 + \frac{9}{1} + h_l$$

$$\therefore\ h_l = 3.3\text{m}$$

55. 베르누이(Bernoulli) 방정식에 대한 설명으로 틀린 것은?

① 압축성 유체에 대해서 적용된다.
② 정상류 상태에서 적용된다.
③ 유체의 점성으로 인한 효과는 무시한다.
④ 압력, 속도, 위치에 대해서 수두로 표현한다.

■해설 Bernoulli 정리
㉠ Bernoulli 정리

$$z_1 + \frac{p_1}{w} + \frac{v_1^2}{2g} = H(\text{일정})$$

㉡ Bernoulli 정리 성립가정
• 하나의 유선에서만 성립된다.
• 정상류 흐름이다.
• 이상유체(비점성, 비압축성)에만 성립된다.

 |해답| 52.③ 53.③ 54.② 55.①

56. 직사각형 수로에서 폭 3.2m, 평균유속 1.5m/s, 유량 12m^3/s라 하면 수로의 수심은?

① 2.5m ② 3.0m
③ 3.5m ④ 4.0m

해설 수심의 산정

㉠ 유량

$Q = AV = (Bh)A$

㉡ 수심의 산정

$h = \frac{Q}{BV} = \frac{12}{3.2 \times 1.5} = 2.5\text{m}$

57. 내경 15cm의 관에 10℃의 물이 유속 3.2m/s로 흐르고 있을 때 흐름의 상태는?(단, 10℃ 물의 동점성 계수(ν)=0.0131cm^2/s이다.)

① 층류 ② 한계류
③ 난류 ④ 부정류

해설 흐름의 상태

㉠ 층류와 난류의 구분

$R_e = \frac{VD}{\nu}$

여기서, V : 유속, D : 관의 직경
ν : 동점성 계수

- $R_e < 2{,}000$: 층류
- $2{,}000 < R_e < 4{,}000$: 천이영역
- $R_e > 4{,}000$: 난류

㉡ 층류와 난류의 계산

$R_e = \frac{VD}{\nu} = \frac{320 \times 15}{0.0131} = 366,412$ ∴ 난류

58. 그림과 같은 오리피스를 통과하는 유량은?(단, 오리피스 단면적 A = 0.2m^2, 손실계수 C= 0.78이다.)

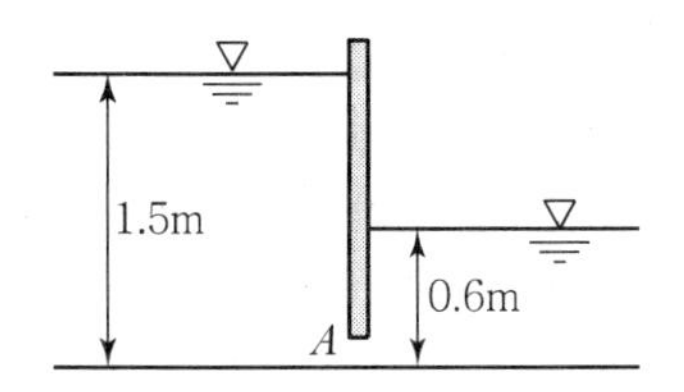

① 0.36m^3/s ② 0.46m^3/s
③ 0.56m^3/s ④ 0.66m^3/s

해설 완전수중오리피스

㉠ 완전수중오리피스

$Q = CA\sqrt{2gH}$

$H = h_1 - h_2$

㉡ 완전수중오리피스의 유량계산

$Q = CA\sqrt{2gH}$

$= 0.78 \times 0.2 \times \sqrt{2 \times 9.8 \times (1.5 - 0.6)}$

$= 0.66\text{m}^3/\text{sec}$

59. 두 개의 평행한 평판 사이에 점성유체가 흐를 때 전단응력에 대한 설명으로 옳은 것은?

① 전 단면에 걸쳐 일정하다.
② 포물선 분포의 형상을 갖는다.
③ 벽면에서는 0이고, 중심까지 직선적으로 변화한다.
④ 중심에서는 0이고, 중심으로부터의 거리에 비례하여 증가한다.

해설 관수로의 흐름 특성

- 관수로에서 유속분포는 중앙에서 최대이고 중앙에서 0인 포물선으로 분포한다.
- 관수로에서 전단응력 분포는 관벽에서 최대이고 중앙에서 0인 직선비례 한다.

60. 유량 Q, 유속 V, 단면적 A, 도심거리 h_G라 할 때 충력치(M)의 값은?(단, 충력치는 비력이라고도 하며, η : 운동량 보정계수, g : 중력가속도, W : 물의 중량, w : 물의 단위중량)

① $\eta\frac{Q}{g} + Wh_G$

② $\eta\frac{Q}{g}V + h_G A$

③ $\eta\frac{gV}{Q} + h_G A$

④ $\eta\frac{Q}{g}V + \frac{1}{2}w^2$

|해답| 56.① 57.③ 58.④ 59.④ 60.②

해설 비력

개수로 어떤 단면에서 수로바닥을 기준으로 물의 단위시간, 단위중량당의 운동량(동수압과 정수압의 합)을 말한다.

$M = \eta \dfrac{Q}{g} V + h_G A$

제4과목 철근콘크리트 및 강구조

61. 상부철근(정착길이 아래 300mm를 초과되게 굳지 않은 콘크리트를 친 수평철근)으로 사용되는 인장이형철근의 정착길이를 구하려고 한다. f_{ck}=21MPa, f_y=300MPa를 사용한다면 상부철근으로서의 보정계수를 사용할 때 정착길이는 얼마 이상이어야 하는가?(단, D29 철근으로 공칭지름은 28.6mm, 공칭단면적은 642mm²이고, 기타의 보정계수는 적용하지 않는다.)

① 1,461mm ② 1,123mm
③ 987mm ④ 865mm

해설
- 인장이형철근의 기본 정착길이

$l_{db} = \dfrac{0.6 d_b f_y}{\sqrt{f_{ck}}} = \dfrac{0.6 \times 28.6 \times 300}{\sqrt{21}}$

$= 1,123.4\text{mm}$

- 보정계수

상부철근 : $\alpha = 1.3$

- 인장이형철근의 정착길이

$l_d = l_{db} \times \alpha = 1,123.4 \times 1.3$

$= 1460.42\text{mm}\,(l_d \geq 300\text{mm} - \text{O.K.})$

62. 콘크리트 설계기준강도가 24MPa, 철근의 항복강도가 300MPa로 설계된 지간 5m인 단순지지 1방향 슬래브가 있다. 처짐을 계산하지 않은 경우의 최소 두께는?

① 200mm ② 215mm
③ 250mm ④ 500mm

해설 단순지지 1방향 슬래브의 처짐을 계산하지 않아도 되는 최소 두께(h)

- $f_y = 400\text{MPa}$인 경우 : $h = \dfrac{l}{20}$
- $f_y \neq 400\text{MPa}$인 경우 : $h = \dfrac{l}{20}\left(0.43 + \dfrac{f_y}{700}\right)$

따라서, $f_y = 300\text{MPa}$인 경우, 단순지지 1방향 슬래브의 최소 두께(h)는 다음과 같다.

$h = \dfrac{l}{20}\left(0.43 + \dfrac{f_y}{700}\right) = \dfrac{(5 \times 10^3)}{20}\left(0.43 + \dfrac{300}{700}\right)$

$= 214.6\text{mm}$

63. 아래 그림과 같은 단철근 직사각형 보에서 필요한 최소 철근량($A_{s,\min}$)으로 옳은 것은?(단, $f_{ck} = 28$MPa, $f_y = 400$MPa)

① 364mm²
② 397mm²
③ 420mm²
④ 468mm²

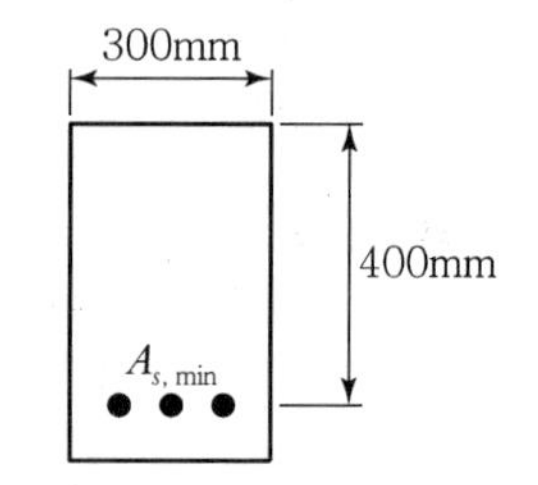

해설

$\rho_1 = \dfrac{0.25\sqrt{f_{ck}}}{f_y} = \dfrac{0.25 \times \sqrt{28}}{400} = 0.0033$

$\rho_2 = \dfrac{1.4}{f_y} = \dfrac{1.4}{400} = 0.0035$

$\rho_{\min} = [\rho_1,\ \rho_2]_{\max} = 0.0035$

$A_{s,\min} = \rho_{\min} b_w d = 0.0035 \times 300 \times 400 = 420\text{mm}^2$

64. 프리스트레스트 콘크리트 해석상의 가정에 대한 설명으로 틀린 것은?(단, 균열발생 전의 단면응력을 해석할 경우)

① 단면의 변형률은 중립축으로부터의 거리에 반비례한다.
② 콘크리트의 총 단면을 유효하다고 본다.
③ 긴장재를 부착시키기 전의 단면의 계산에 있어서는 덕트의 단면적을 공제한다.
④ 콘크리트와 PS 강재 및 보강철근의 탄성체로 본다.

 |해답| 61.① 62.② 63.③ 64.①

■ 해설 균열발생 전의 프리스트레스트 콘크리트의 단면 응력을 해석할 경우 단면의 변형률은 중립축으로부터의 거리에 비례한다고 가정한다.

65. 아래 그림과 같은 판형에서 Stiffener(보강재)의 사용목적은?

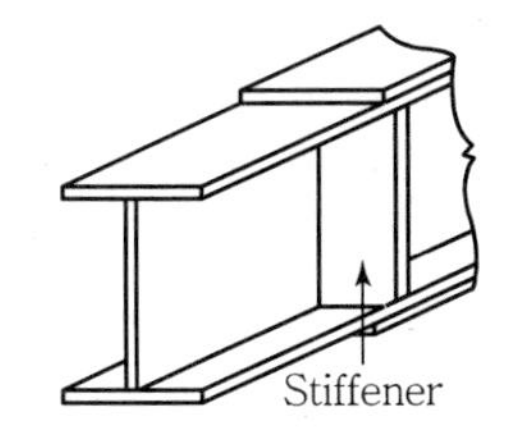

① Web Plate의 좌굴을 방지하기 위하여
② Flange Angle의 간격을 넓게 하기 위하여
③ Flange의 강성을 보강하기 위하여
④ 보 전체의 비틀림에 대한 강도를 크게 하기 위하여

■ 해설 판형(Plate Girder)에서 수직 보강재(Stiffener)는 전단력에 의해 발생하는 복부판(Web Plate)의 좌굴을 방지하기 위하여 설치한다.

66. 압축이형철근의 정착에 대한 설명으로 틀린 것은?

① 정착길이는 기본정착길이에 적용 가능한 모든 보정계수를 곱하여 구한다.
② 정착길이는 항상 200mm 이상이어야 한다.
③ 해석결과 요구되는 철근량을 초과하여 배근한 경우의 보정계수는 (소요A_s/배근A_s)이다.
④ 표준 갈고리를 갖는 압축이형철근의 보정계수는 0.80이다.

■ 해설 압축철근의 정착에는 갈고리의 효과가 별로 없으므로 사용되지 않는다.

67. PSC에서 프리텐션 방식의 장점이 아닌 것은?

① PS 강재를 곡선으로 배치하기 쉽다.
② 정착장치가 필요하지 않다.
③ 제품의 품질에 대한 신뢰도가 높다.
④ 대량 제조가 가능하다.

■ 해설 프리텐션 방식에서는 PS 강재를 곡선으로 배치하기 어렵다.

68. 단철근 직사각형 보에서 f_y=300MPa, d=800mm이고, 균형단면일 때의 중립축거리 c는?

① 402mm ② 447mm
③ 482mm ④ 533mm

■ 해설
$$C_b=\frac{600}{600+f_y}d=\frac{600}{600+300}\times 800=533.3\text{mm}$$

69. 강도설계법에서 단철근 직사각형 보가 $f_{ck}=21$ MPa, $f_y=300$MPa일 때 균형철근비는?

① 0.34 ② 0.034
③ 0.044 ④ 0.0044

■ 해설 $\beta_1=0.85\,(f_{ck}\le 28\text{MPa}$인 경우)
$$\rho_b=0.85\beta_1\frac{f_{ck}}{f_y}\frac{600}{600+f_y}$$
$$=0.85\times0.85\times\frac{21}{300}\times\frac{600}{600+300}=0.0337$$

70. 옹벽설계 시의 안정 조건이 아닌 것은?

① 전도에 대한 안정
② 지반 지지력에 대한 안정
③ 활동에 대한 안정
④ 마찰력에 대한 안정

■ 해설 옹벽의 안정조건
- 전도 : $\dfrac{\Sigma M_r(\text{저항 모멘트})}{\Sigma M_a(\text{전도 모멘트})}\ge 2.0$
- 활동 : $\dfrac{f(\Sigma W)(\text{활동에 대한 저항력})}{\Sigma H(\text{옹벽에 작용하는 수평력})}\ge 1.5$
- 침하 : $\dfrac{q_a(\text{지반의 허용지지력})}{q_{\max}(\text{지반에 작용하는 최대압력})}\ge 1.0$

|해답| 65.① 66.④ 67.① 68.④ 69.② 70.④

71. 대칭 T형 보에서 플랜지 두께(t)는 100mm, 복부 폭(b_w)은 400mm, 보의 경간이 6m이고 슬래브의 중심 간 거리가 3m일 때 플랜지 유효 폭은 얼마인가?

① 1,000mm ② 1,500mm
③ 2,000mm ④ 3,000mm

■해설 T형 보(대칭 T형 보)에서 플랜지의 유효 폭(b_e)
- $16t_f + b_w = (16 \times 100) + 400 = 2,000\text{mm}$
- 양쪽 슬래브의 중심간 거리 $= 3 \times 10^3$
$= 3,000\text{mm}$
- 보 경간의 $\frac{1}{4} = (6 \times 10^3) \times \frac{1}{4} = 1,500\text{mm}$

위 값 중에서 최소값을 취하면 $b_e = 1,500\text{mm}$이다.

72. 인장을 받는 이형철근의 겹침이음에서 B급 이음에 해당되면 이때 규정에 따라 계산된 인장 이형철근의 정착길이(l_d)의 몇 배 이상의 겹침이음을 두어야 하는가?

① 1.1배 ② 1.2배
③ 1.3배 ④ 1.4배

■해설 이형 인장철근의 최소 겹침이음 길이
① A급 이음 : $1.0l_d$
② B급 이음 : $1.3l_d$

73. 강도설계법에서 계수하중 U를 사용하여 구조물 설계 시 안전을 도모하는 이유와 가장 거리가 먼 것은?

① 구조해석할 때의 가정으로 인한 것을 보완하기 위해
② 하중의 변경에 대비하기 위하여
③ 활하중 작용 시의 충격 흡수를 위해서
④ 예상하지 않은 초과 하중 때문에

■해설 활화중 작용 시 충격효과를 고려하기 위한 것은 충격계수이다.

74. 압축연단에서 중립축까지의 거리(c)가 500mm인 철근콘크리트 보가 있다. 콘크리트의 설계기준강도 f_{ck}가 60MPa인 고강도 콘크리트로 보를 제작할 때 이 보에서 계산될 수 있는 최대 응력 사각형의 높이 a는 얼마인가?

① 275mm ② 325mm
③ 375mm ④ 425mm

■해설 1. $f_{ck} > 28\text{MPa}$인 경우 β_1의 값
$\beta_1 = 0.85 - 0.007(f_{ck} - 28)$
$= 0.85 - 0.007(60 - 28) = 0.626$
그러나, $\beta_1 \geq 0.65$이어야 하므로 $\beta_1 = 0.65$이다.

2. a 결정
$a = \beta_1 c = 0.65 \times 500 = 325\text{mm}$

75. 다음 그림의 고장력 볼트 마찰이음에서 필요한 볼트 수는 몇 개인가?(단, 볼트는 M24($=\phi$ 24mm), F10T를 사용하며, 마찰이음의 허용력은 56kN이다.)

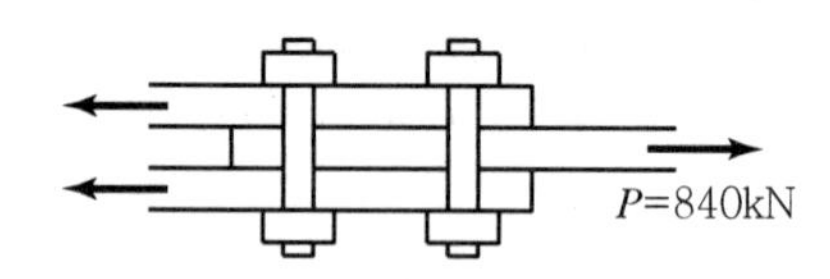

① 5개 ② 6개
③ 7개 ④ 8개

■해설 $n = \frac{P}{P_a} = \frac{840}{2 \times 56} = 7.5 ≒ 8$개(올림에 의하여)

76. 전단설계의 원칙에 대한 설명으로 틀린 것은?

① 공칭전단강도(V_n)에 강도감소계수를 곱한 값이 계수전단력(V_u)보다 크게 설계하여야 한다.
② 공칭전단강도(V_n)는 콘크리트에 의한 전단강도에서 전단철근에 의한 공칭전단강도(V_s)를 뺀 값이다.
③ 공칭전단강도(V_n)를 결정할 때, 부재에 개구부가 있는 경우에는 그 영향을 고려하여야 한다.

 |해답| 71.② 72.③ 73.③ 74.② 75.④ 76.②

④ 콘크리트에 의한 전단강도(V_c)를 결정할 때, 구속된 부재에서 크리프와 건조수축으로 인한 축방향 인장력을 고려하여야 한다.

해설 $V_n = V_c + V_s$

77. 다음 중 전단철근에 대한 설명으로 틀린 것은?

① 철근콘크리트 부재의 경우 주인장 철근에 45° 이상의 각도로 설치되는 스트럽을 전단철근으로 사용할 수 있다.
② 철근콘크리트 부재의 경우 주인장 철근에 30° 이상의 각도로 구부린 굽힘철근을 전단철근으로 사용할 수 있다.
③ 전단철근의 설계기준항복강도는 500MPa를 초과할 수 없다.
④ 전단철근으로 사용하는 스트럽과 기타 철근 또는 철선은 콘크리트 압축연단부터 거리 $d/2$만큼 연장하여야 한다.

해설 전단철근으로 사용하는 스트럽과 기타 철근 또는 철선은 콘크리트 압축연단에서 d 거리까지 직접 연장되거나 겹침이음 길이가 $1.3l_d$ 이상으로 연장되어야 하며, 철근의 설계기준 항복강도를 발휘할 수 있도록 정착되어야 한다.

78. 아래 그림과 같은 단면의 보에서 해당 지속 하중에 대한 탄성 처짐이 30mm였다면 크리프 및 건조 수축에 따른 추가적인 장기 처짐을 고려한 최종 전체 처짐량은 몇 mm인가?(단, 하중 재하 기간은 10년으로, $\xi = 2.0$이다.)

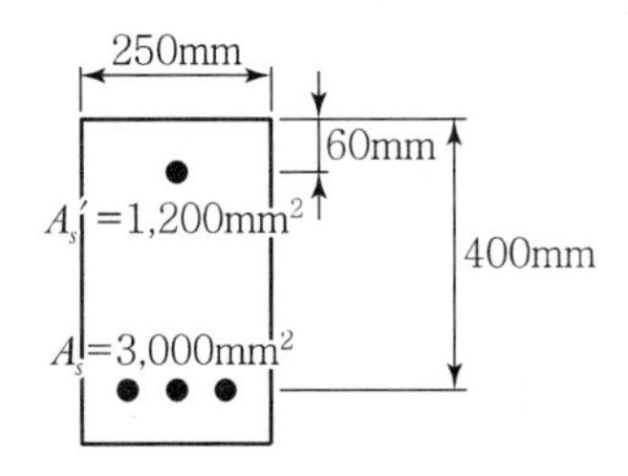

① 42.6mm　　② 54.7mm
③ 67.5mm　　④ 78.3mm

해설

$$\rho' = \frac{A_s'}{bd} = \frac{1,200}{250 \times 400} = 0.012$$

$$\lambda = \frac{\xi}{1+50\rho'} = \frac{2.0}{1+(50\times 0.012)} = 1.25$$

$$\delta_L = \lambda\delta_i = 1.25 \times 30 = 37.5\text{mm}$$

$$\delta_T = \delta_i + \delta_L = 30 + 37.5 = 67.5\text{mm}$$

79. 아래 그림과 같은 단면의 보에서 콘크리트가 부담하는 공칭전단강도(V_c)는?(단, $f_{ck} = 28$MPa, $f_y = 400$MPa, $A_s = 1,540\text{mm}^2$)

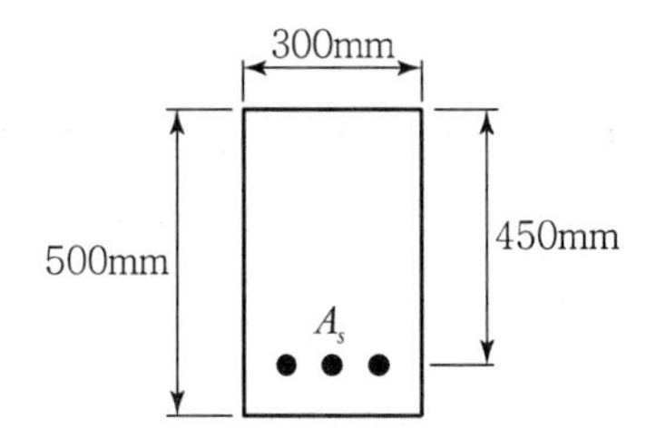

① 103.78kN　　② 119.06kN
③ 132.29kN　　④ 156.62kN

해설 $\lambda = 1.0$(보통 중량의 콘크리트인 경우)

$$V_c = \frac{1}{6}\lambda\sqrt{f_{ck}}\,b_w d = \frac{1}{6} \times 1 \times \sqrt{28} \times 300 \times 450$$

$$= 119.06 \times 10^3\text{N} = 119.06\text{kN}$$

80. 프리텐션 PSC 부재의 단면이 300mm× 500mm이고 100mm^2의 PS 강선 5개가 단면의 도심에 배치되어 있다. 초기 프리스트레스가 1,000MPa이고 $n=6$일 때 콘크리트의 탄성수축에 의한 프리스트레스 감소량은?

① 15MPa　　② 18MPa
③ 20MPa　　④ 23MPa

해설

$$\Delta f_{pe} = nf_{ci} = n\frac{P_i}{A_g} = n\frac{A_p f_\pi}{bh}$$

$$= 6 \times \frac{(5\times 100)\times 1,000}{300 \times 500} = 20\text{MPa}$$

제5과목 토질 및 기초

81. 직경 60mm, 높이 20mm인 점토시료의 습윤중량이 250g, 건조로에서 건조시킨 후의 중량이 200g이었다. 함수비는?

① 20% ② 25%
③ 30% ④ 40%

해설 $w = \dfrac{W_w}{W_s} \times 100 = \dfrac{250-200}{200} \times 100 = 25\%$

82. 다짐에 관한 다음 사항 중 옳지 않은 것은?

① 최대 건조단위 중량은 사질토에서 크고 점성토일수록 작다.
② 다짐 에너지가 클수록 최적 함수비는 커진다.
③ 양입도에서는 빈입도보다 최대 건조단위중량이 크다.
④ 다짐에 영향을 주는 것은 토질, 함수비, 다짐방법 및 에너지 등이다.

해설 다짐E가 크면 $r_{d\max}$ 증가하고 OMC는 감소한다.

83. 현장에서 직접 연약한 점토의 전단강도를 측정하는 방법으로 흙이 전단될 때의 회전저항 모멘트를 측정하여 점토의 점착력(비배수강도)을 측정하는 시험방법은?

① 표준관입시험
② 더치콘(Dutch Cone)
③ 베인시험(Vane Test)
④ CBR Test

해설 Vane 시험
정적인 사운딩으로 깊이 10m 미만의 연약점성토 지반에 대한 회전저항모멘트를 측정하여 비배수 전단강도(점착력)를 측정하는 시험

84. 어떤 유선망도에서 상하류의 수두차가 3m, 투수계수가 2.0×10^{-3}cm/sec, 등수두면의 수가 9개, 유로의 수가 6개일 때 단위폭 1m당 침투량은?

① $0.0288\text{m}^3/\text{hr}$ ② $0.1440\text{m}^3/\text{hr}$
③ $0.3240\text{m}^3/\text{hr}$ ④ $0.3436\text{m}^3/\text{hr}$

해설
$$Q = K \cdot H \cdot \frac{N_f}{N_d}$$
$$= 2.0\times10^{-3}\times(10^{-2}\times60\times60)\times3\times\frac{6}{9}$$
$$= 0.1440\text{m}^3/\text{hr}$$

85. 높이 6m의 옹벽이 그림과 같이 수중 속에 있다. 이 옹벽에 작용하는 전 주동토압은 얼마인가?

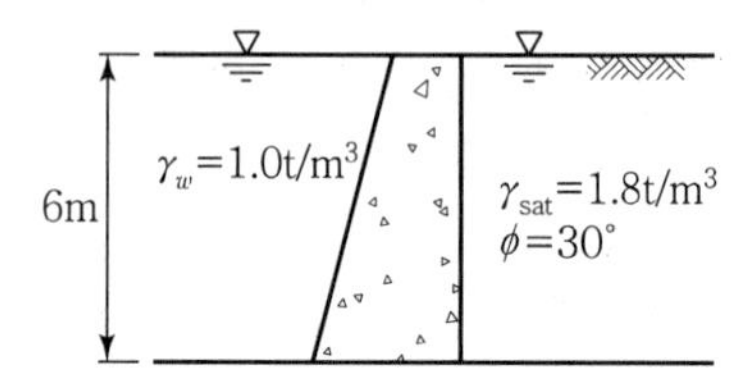

① 4.8t/m ② 22.8t/m
③ 10.8t/m ④ 28.8t/m

해설
$$P_A = \frac{1}{2}\cdot K_A \cdot \gamma$$
$$= \frac{1}{2}\times0.333\times(1.8-1.0)\times6^2$$
$$= 4.8\text{t/m}$$
(같은 수두의 양쪽 수압은 상쇄)

86. 다음 중 흙 속의 전단강도를 감소시키는 요인이 아닌 것은?

① 공극수압의 증가
② 흙다짐의 불충분
③ 수분증가에 따른 점토의 팽창
④ 지반에 약액 등의 고결제 주입

해설 지반에 약액 등의 고결제를 주입하면 지반의 개량효과로 전단강도가 증가됨

 |해답| 81.② 82.② 83.③ 84.② 85.① 86.④

87. 두께 2m의 포화 점토층의 상하가 모래층으로 되어 있을 때 이 점토층이 최종 침하량의 90%의 침하를 일으킬 때까지 걸리는 시간은?(단, 압밀계수(c_v)는 1.0×10^{-5}cm²/sec, 시간계수(T_{90})는 0.848이다.)

① 0.788×10^9sec ② 0.197×10^9sec
③ 3.392×10^9sec ④ 0.848×10^9sec

해설

$$t_{90}=\frac{T_v\cdot H^2}{C_v}=\frac{0.848\times\left(\frac{200}{2}\right)^2}{1.0\times10^{-5}}$$
$$=0.848\times10^9\text{sec}$$

88. 말뚝기초의 지지력에 관한 설명으로 틀린 것은?

① 부의 마찰력은 아래 방향으로 작용한다.
② 말뚝선단부의 지지력과 말뚝 주변 마찰력의 합이 말뚝의 지지력이 된다.
③ 점성토 지반에는 동역학적 지지력 공식이 잘 맞는다.
④ 재하시험 결과를 이용하는 것이 신뢰도가 큰 편이다.

해설 사질토 지반에서는 동역학적 지지력 공식이, 점성토 지반에서는 정역학적 지지력 공식이 잘 맞는다.

89. 직접전단시험에서 수직응력이 10kg/cm²일 때 전단저항이 5kg/cm²이었고, 수직응력을 20kg/cm²로 증가하였더니 전단저항이 7kg/cm²이었다. 이 흙의 점착력 값은?

① 2kg/cm² ② 3kg/cm²
③ 5kg/cm² ④ 7kg/cm²

해설 $S(\tau_f)=C+\sigma\tan\phi$에서

$5=C+10\tan\phi$ ··············· ①
$7=C+20\tan\phi$ ··············· ②

연립방정식 ①×2−②

$10=2C+20\tan\phi$
$-)\ 7=C+20\tan\phi$
$3=C$

$\therefore C=3\text{kg/cm}^2$

90. 지반의 전단파괴 종류에 속하지 않는 것은?

① 극한 전단파괴
② 전반 전단파괴
③ 국부 전단파괴
④ 관입 전단파괴

해설 기초 지반의 파괴형상
- 전반 전단파괴
- 국부 전단파괴
- 관입 전단파괴

91. 습윤단위무게(γ_t)는 1.8t/m³, 점착력(c)은 0.2kg/cm², 내부마찰각(ϕ)은 25°인 지반을 연직으로 3m 굴착하였다. 이 지반의 붕괴에 대한 안전율은 얼마인가?(단, 안정계수 $N_s=6.3$이다.)

① 2.33 ② 2.0
③ 1.0 ④ 0.45

해설 직립사면 안전율

$$F_s=\frac{H_c}{H}=\frac{\frac{4C}{\gamma}\tan(45°+\frac{\phi}{2})}{H}$$
$$=\frac{\frac{4\times2}{1.8}\tan(45°+\frac{25°}{2})}{3}=2.33$$

혹은, $F_s=\dfrac{H_c}{H}=\dfrac{N_s\cdot\frac{C}{\gamma}}{H}$

$$=\frac{6.3\times\frac{2}{1.8}}{3}=2.33$$

92. 흐트러지지 않은 시료의 정규압밀점토의 압축지수(C_c) 값은?(단, 액성한계는 45%이다.)

① 0.25 ② 0.27
③ 0.30 ④ 0.315

해설 압축지수(불교란 시료)

$C_c=0.009(LL-10)=0.009\times(45-10)=0.315$

93. 현장도로 토공에서 모래치환에 의한 흙의 단위무게시험을 했다. 파낸 구멍의 부피가 1,980 cm^3이었고 이 구멍에서 파낸 흙무게가 3,420g이었다. 이 흙의 토질시험결과 함수비가 10%, 비중이 2.7, 최대 건조단위무게가 1.65g/cm^3이었을 때 이 현장의 다짐도는?

① 약 85%　　② 약 87%
③ 약 91%　　④ 약 95%

해설 현장 흙의 습윤단위중량

$$\gamma_t = \frac{W}{V} = \frac{3,420}{1,980} = 1.73\text{g/cm}^3$$

현장 흙의 건조단위중량

$$\gamma_d = \frac{\gamma_t}{1+w} = \frac{1.73}{1+0.1} = 1.57\text{g/cm}^3$$

상대 다짐도

$$R \cdot C = \frac{\gamma_d}{\gamma_{d\max}} \times 100 = \frac{1.57}{1.65} \times 100 = \text{약}95\%$$

94. 조립토의 투수계수는 일반적으로 그 흙의 유효입경과 어떠한 관계가 있는가?

① 제곱에 비례한다.
② 제곱에 반비례한다.
③ 3제곱에 비례한다.
④ 3제곱에 반비례한다.

해설

$$K = D_s^{\,2} \cdot \frac{\gamma_w}{\eta} \cdot \frac{e^3}{1+e} \cdot C$$

∴ 투수계수는 유효입경 제곱에 비례한다.

95. 간극률 50%, 비중이 2.50인 흙에 있어서 한계동수경사는?

① 1.25　　② 1.50
③ 0.50　　④ 0.75

해설

$$i_c = \frac{G_s - 1}{1+e} = \frac{2.5-1}{1+1} = 0.75$$

$$\therefore\ e = \frac{n}{1-n} = \frac{0.5}{1-0.5} = 1$$

96. 다음 중에서 동해가 가장 심하게 발생하는 토질은?

① 점토　　② 실트
③ 콜로이드　　④ 모래

해설 동상의 조건

- 물의 공급이 충분
- 0℃ 이하 온도 지속
- 동상을 받기 쉬운 흙 존재(실트질 흙)

97. 그림에서 수두차 h가 최소 얼마 이상일 때 모래시료에 분사현상이 발생하겠는가?(단, 모래의 비중 $G_s = 2.7$, 공극률 $n = 50\%$, 모래시료 높이 15cm로 가정)

① 12.75cm
② 13.45cm
③ 14.30cm
④ 15.40cm

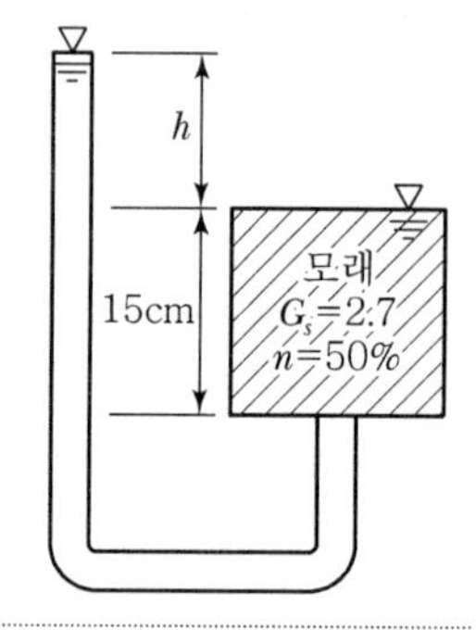

해설 분사현상 안전율

$$F_s = \frac{i_c}{i} = \frac{\dfrac{G_s-1}{1+e}}{\dfrac{\Delta h}{L}} = \frac{\dfrac{2.7-1}{1+1}}{\dfrac{\Delta h}{15}} = \frac{0.85}{\dfrac{\Delta h}{15}} = 1$$

$$\therefore\ \Delta h = 12.75\text{cm}$$

$$\left(e = \frac{n}{1-n} = \frac{0.5}{1-0.5} = 1\right)$$

98. 아래 그림에서 점토 중앙 단면에 작용하는 유효응력은 얼마인가?

q=3t/m^2
지표면
4m　점토 G_s=2.6 or e=2.0
모래

 |해답| 93.④ 94.① 95.④ 96.② 97.① 98.④

① 1.25t/m² ② 2.37t/m²
③ 3.25t/m² ④ 4.06t/m²

■해설 ① $\gamma_{sub}=\frac{G_s-1}{1+e}\gamma_w=\frac{2.6-1}{1+2.0}\times 1=0.53\text{t/m}^3$

② $\sigma'=\gamma_{sub}\cdot\frac{H}{2}=5.3\times\frac{4}{2}=1.06\text{t/m}^2$

③ $q=3\text{t/m}^2$

$\therefore \sigma'+q=1.06+3=4.06\text{t/m}^2$

99. 점토광물 중에서 3층 구조로 구조결합 사이에 치환성 양이온이 있어서 활성이 크고, Sheet 사이에 물이 들어가 팽창 · 수축이 크고 공학적 안정성은 제일 약한 점토광물은?

① Kaolinite
② Illite
③ Montmorillonite
④ Vermiculite

■해설 • Kaolinite : 2층 구조로 수소결합, 결합력이 크며, 공학적으로 가장 안정적인 구조이며 활성이 작음
• Illite : 3층 구조, 결합력이 중간 정도이며 활성도 중간
• Montmorillonite : 팽창 · 수축이 크며, 공학적 안정성이 제일 약하고 활성이 큼

100. 흐트러진 흙을 자연상태의 흙과 비교하였을 때 잘못된 설명은?

① 투수성이 크다.
② 간극이 크다.
③ 전단강도가 크다.
④ 압축성이 크다.

■해설

구분	흐트러진 흙	자연 상태의 흙
투수성	투수성이 크다.	투수성이 작다.
간극	간극이 크다.	간극이 작다.
전단강도	전단강도가 작다.	전단강도가 크다.
압축성	압축성이 크다.	압축성이 작다.

제6과목 상하수도공학

101. 배수관망 계산 시 Harcy Cross법을 사용하는 데 바탕이 되는 가정 사항이 아닌 것은?

① 마찰 이외의 손실은 고려하지 않는다.
② 각 폐합 관로 내에서의 손실수두 합은 0(Zero)이다.
③ 관의 교차점에서 유량은 정지하지 않고 모두 유출된다.
④ 관의 교차점에서의 수압은 관의 지름에 비례한다.

■해설 상수도 관망설계
㉠ 상수도 관망설계에 가장 많이 이용되는 공식은 Hazen－William공식을 사용하며, Hardy－Cross의 시행착오법을 적용한다.
㉡ Hardy－Cross의 시행착오법
• 각 폐합 관로 내에서의 손실수두의 합은 0이다.
• 각 관에 유입된 유량은 그 관에 정지하지 않고 모두 유출한다.
• 마찰 이외의 손실은 고려하지 않는다.

102. 유량 0.05m³/s의 물을 40m 높이로 양수하려고 한다. 양수 시 발생되는 총 손실수두가 5m라면 이 펌프의 소요동력은?(단, 펌프의 효율은 85%이다.)

① 약 15kW ② 약 26kW
③ 약 34kW ④ 약 45kW

■해설 동력의 산정
㉠ 양수에 필요한 동력($H_e=h+\Sigma h_L$)

$$P=\frac{9.8QH_e}{\eta}(\text{kW})$$

$$P=\frac{13.3QH_e}{\eta}(\text{HP})$$

㉡ 주어진 조건의 양수동력의 산정

$$P=\frac{9.8QH_e}{\eta}=\frac{9.8\times0.05\times(40+5)}{0.85}$$
$$=26\text{kW}$$

103. 펌프에 관한 설명으로 틀린 것은?

① 일반적으로 용량이 클수록 효율은 떨어진다.
② 흡입구경은 유량과 흡입구의 유속에 의해 결정된다.
③ 토출구경은 흡입구경, 전양정, 비교회전도 등을 고려하여 정한다.
④ 침수 우려가 있는 곳에는 입축형 또는 수중형을 설치한다.

해설 펌프 일반사항

- 일반적으로 펌프는 용량이 클수록 고효율이다.
- 흡입구경은 유량과 흡입구 유속에 의해 결정된다.

$$D = 146\sqrt{\frac{Q}{V}}$$

- 토출구경은 흡입구경, 전양정, 비교회전도 등을 고려하여 결정한다.
- 침수우려가 있는 곳에는 입축형 또는 수중형을 설치한다.

104. 수원을 크게 지표수, 지하수, 기타로 분류할 때, 지표수에 포함되지 않는 것은?

① 하천수 ② 호소수
③ 복류수 ④ 댐물

해설 수원의 종류

- 천수 : 비, 눈, 우박 등
- 지표수 : 하천수, 호소수, 저수지수
- 지하수 : 천층수, 심층수, 복류수, 용천수

105. 취수구를 상하에 설치하여 수위에 따라 좋은 수질을 선택, 취수할 수 있으며, 수심이 일정 이상 되는 지점에 설치하면 연간 안정적인 취수가 가능한 시설은?

① 취수보 ② 취수탑
③ 취수문 ④ 취수관거

해설 취수탑

최소수심 2m 이상인 곳에 설치하며, 취수구를 상하에 설치하여 수위변화에 대처가 용이하고 원수의 선택적 취수가 가능한 지표수 취수시설을 취수탑이라 한다.

106. 하천이나 호소에서 부영양화(Eutrophication)의 주된 원인 물질은?

① 질소 및 인 ② 탄소 및 유황
③ 중금속 ④ 염소 및 질산화물

해설 부영양화

- 가정하수, 공장폐수 등이 하천이나 호수에 유입되었을 때 질소(N)나 인(P)과 같은 영양염류농도가 증가된다. 이로 인해 조류 및 식물성 플랑크톤의 과도한 성장을 일으키고, 이로 인해 물에 맛과 냄새가 유발되고 저수지의 수질이 악화되는 현상을 부영양화 현상이라 한다. 이때 성장한 조류는 바닥에 퇴적하여 죽게 되고 유입하천에서 부하된 유기물도 바닥에 퇴적하게 되는데 이 퇴적물의 분해로 인해 생기는 영양염류가 다시 조류의 영양소로 섭취되어 부영양화가 일어날 수 있다.
- 부영양화는 수심이 낮은 곳에서 발생되며 한 번 발생되면 회복이 어렵다.
- 물의 투명도가 낮아지며, COD농도가 높게 나타난다.

∴ 부영양화의 주된 원인물질은 질소나 인의 유입으로 발생한다.

107. 깊이 3m, 표면적 400m²인 어떤 침전지에서 1,200 m³/h의 유량이 유입된다. 독립침전임을 가정할 때 100% 제거할 수 있는 입자의 최소 침강속도는?

① 2.0m/h ② 2.5m/h
③ 3.0m/h ④ 3.5m/h

해설 수면적부하

㉠ 입자가 100% 제거되기 위한 입자의 침강속도를 수면적부하(표면부하율)라 한다.

$$V_0 = \frac{Q}{A} = \frac{h}{t}$$

㉡ 수면부하율의 산정

$$V_0 = \frac{Q}{A} = \frac{1,200}{400} = 3\text{m}^3/\text{m}^2 \cdot \text{hr}$$

 |해답| 103.① 104.③ 105.② 106.① 107.③

108. 활성슬러지 공정의 2차 침전지를 설계하는 데 다음과 같은 기준을 사용하였다. 이 침전지의 수리학적 체류시간은?(단, 유입수량 = 5,000m^3/day, 표면부하율 = 30m^3/m^2day, 수심 5.4m)

① 2.8시간 ② 3.5시간
③ 4.3시간 ④ 5.2시간

해설 체류시간

㉠ 입자가 100% 제거되기 위한 입자의 침강속도를 수면적부하(표면부하율)라 한다.

$$V_0 = \frac{Q}{A} = \frac{h}{t}$$

㉡ 체류시간의 산정

$$t = \frac{h}{V_0} = \frac{5.4}{30} = 0.18\text{day} = 0.18 \times 24$$
$$= 4.32\text{hr}$$

109. 분류식 하수배제방식에 대한 설명으로 옳지 않은 것은?

① 강우 시의 오수 처리에 유리하다.
② 합류식보다 관거의 부설비가 많이 소요된다.
③ 분류식은 오수관과 우수관을 별도로 설치한다.
④ 합류식보다 우수처리비용이 많이 소요된다.

해설 하수의 배제방식

분류식	합류식
• 수질오염 방지 면에서 유리하다. • 청천 시에도 퇴적의 우려가 없다. • 강우 초기 노면 배수 효과가 없다. • 시공이 복잡하고 오접합의 우려가 있다. • 우천 시 수세효과를 기대할 수 없다. • 공사비가 많이 든다.	• 구배가 완만하고, 매설 깊이가 적으며 시공성이 좋다. • 초기 우수에 의한 노면 배수처리가 가능하다. • 관경이 크므로 검사 편리, 환기가 잘된다. • 건설비가 적게 소요된다. • 우천 시 수세효과가 있다. • 청천 시 관내 침전, 효율 저하가 발생한다.

∴ 분류식은 우수의 자연방류로 우수의 처리비용이 들지 않는다.

110. 관거별 계획하수량을 결정할 때 고려하여야 할 사항으로 틀린 것은?

① 오수관거는 계획 시간 최대오수량으로 한다.
② 우수관거는 계획우수량으로 한다.
③ 합류식 관거는 계획 1일 최대오수량에 계획우수량을 합한 것으로 한다.
④ 차집관거는 우천 시 계획오수량으로 한다.

해설 계획하수량의 결정

㉠ 오수 및 우수관거

종류		계획하수량
합류식		계획시간 최대오수량에 계획우수량을 합한 수량
분류식	오수관거	계획시간 최대오수량
	우수관거	계획우수량

㉡ 차집관거

우천시 계획오수량 또는 계획시간 최대오수량의 3배를 기준으로 설계한다.

∴ 합류식 하수관거의 설계기준은 계획시간 최대오수량 + 계획우수량이다.

111. 정수처리과정의 소독방법 중 오존살균의 장점에 해당하지 않는 것은?

① 물에 있어서 이상한 맛, 냄새, 색을 효과적으로 감소시킨다.
② 살균력이 강력해서 살균속도가 크다.
③ 염소살균에 비해서 잔류효과가 크다.
④ 소독의 과정 및 그 후에 취기물질이 더 이상 발생하지 않는다.

해설 오존살균의 특징

장점	단점
• 살균효과가 염소보다 뛰어나다. • 유기물질의 생분해성을 증가시킨다. • 맛, 냄새물질과 색도제거의 효과가 우수 • 철, 망간의 제거능력 크다.	• 고가이다. • 잔류효과가 없다. • 자극성이 강해 취급에 주의를 요한다.

∴ 오존살균의 가장 큰 단점은 지속성이 없으므로 소독의 잔류효과는 없다.

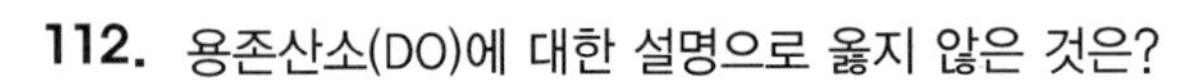

112. 용존산소(DO)에 대한 설명으로 옳지 않은 것은?

① 오염된 물은 용존산소량이 적다.
② BOD가 큰 물은 용존산소도 많다.
③ 용존산소량이 적은 물은 혐기성 분해가 일어나기 쉽다.
④ 용존산소가 극히 적은 물은 어류의 생존에 적합하지 않다.

해설 DO

㉠ 물속에 녹아 있는 산소의 양을 용존산소라 한다.
㉡ 특징
- 오염된 물은 용존산소량이 적다.
- BOD가 큰 물은 용존산소량이 적다.
- 교란상태가 크면 용존산소량은 많다.
- 용존산소량이 적은 물은 혐기성 분해가 일어나기 쉽다.
- 용존산소량이 극히 적은 물은 어류의 생존에 적합하지 않다.

113. 관경이 다른 하수관의 접합방법 중 시공 시 하수의 흐름은 원활하나 굴착깊이가 커지는 접합방법은?

① 수면접합 ② 관정접합
③ 관중심접합 ④ 관저접합

해설 관거의 접합방법

종류	특징
수면접합	수리학적으로 가장 좋은 방법으로 관내 수면을 일치시키는 방법
관정접합	관거의 내면 상부를 일치시키는 방법으로 굴착깊이가 증대되고, 공사비가 증가된다.
관중심 접합	관중심을 일치시키는 방법으로 별도의 수위계산이 필요 없는 방법이다.
관저접합	관거의 내면 바닥을 일치시키는 방법으로 수리학적으로 불리한 방법이다.
단차접합	지세가 아주 급한 경우 토공량을 줄이기 위해 사용하는 방법이다.
계단접합	지세가 매우 급한 경우 관거의 기울기와 토공량을 줄이기 위해 사용하는 방법이다.

∴ 유수의 흐름은 원활하지만 굴착 깊이가 깊어지는 방법은 관정 접합이다.

114. 침전지의 침전효율을 높이기 위한 사항으로서 틀린 것은?

① 침전지의 표면적을 크게 한다.
② 침전지 내 유속을 크게 한다.
③ 유입부에 정류벽을 설치한다.
④ 지(池)의 길이에 비하여 폭을 좁게 한다.

해설 침전지 제거 효율

㉠ 침전지 제거 효율

$$E=\frac{V_s}{V_o}=\frac{V_s}{\frac{Q}{A}}=\frac{V_s}{\frac{h}{t}}$$

여기서, V_s : 침강속도, V_o : 수면적 부하

㉡ 침전지 제거 효율을 크게 하기 위한 조건으로는 유량을 적게 하거나 표면적을 크게 하면 된다.

115. 배수면적이 0.05km^2, 하수관거의 길이 480m, 유입시간이 4분, 유출계수 C=0.6, 재현기간 7년에 대한 강우강도 I=3,250/(t+18.2)mm/h, 하수관 내 유속이 27m/min인 경우 이 하수관거 내의 우수량은?(단, t의 단위 : 분)

① 0.68m^3/s ② 2.45m^3/s
③ 3.65m^3/s ④ 6.77m^3/s

해설 우수유출량의 산정

㉠ 합리식의 적용 확률연수는 10~30년을 원칙으로 한다.

$$Q=\frac{1}{3.6}CIA$$

여기서, Q : 우수량(m^3/sec)
C : 유출계수(무차원)
I : 강우강도(mm/hr)
A : 유역면적(km^2)

㉡ 강우강도의 산정

$$I=\frac{3,250}{t+18.2}=\frac{3,250}{21.8+18.2}=81.25\text{mm/hr}$$

여기서, $t=t_1(\text{유입시간})+t_2(\text{유하시간})=4+\frac{480}{27}=21.8\text{min}$

㉢ 계획우수유출량의 산정

$$Q=\frac{1}{3.6}CIA=\frac{1}{3.6}\times0.6\times81.25\times0.05=0.68\text{m}^3/\text{sec}$$

116. 급수인구 추정법에서 등비급수법에 해당되는 식은?(단, P_n = n년 후 추정 인구, P_0 = 현재 인구, n = 경과 연수, a, b = 상수, k = 포화인구, r = 연 평균증가율)

① $P_n = P_0 + rn^a$

② $P_n = \dfrac{k}{1+e^{(a-b^n)}}$

③ $P_n = P_0 + nr$

④ $P_n = P_0(1+r)^n$

해설 급수인구 추정법

종류	특징
등차급수법	• 연평균 인구 증가가 일정하다고 보는 방법 • 발전성이 적은 읍, 면에 적용하며 과소 평가의 우려가 있다. • $P_n = P_0 + nq$
등비급수법	• 연평균 인구증가율이 일정하다고 보는 방법 • 성장단계에 있는 도시에 적용하며, 과대평가될 우려가 있다. • $P_n = P_0(1+r)^n$
로지스틱 곡선법	• 증가율이 증가하다 감소하는 경향을 보이는 방법, 도시 인구동태와 잘 일치 • 포화인구를 추정해야 하며, 포화인구 추정법이라고도 한다. • $y = \dfrac{K}{1+e^{a-bx}}$
지수함수 곡선법	• 등비급수법이 복리법에 의한 일정비율 증가식이라면 인구가 연속적으로 변한다는 원리하에 아주 짧은 기간의 분석에 적합한 방법이다. • $P_n = P_0 + A_n^a$

117. 슬러지 개량방법으로 거리가 먼 것은?

① 소각처리 ② 열처리
③ 약품 첨가 ④ 세정

해설 슬러지 개량

슬러지 개량은 탈수효율을 높이기 위한 전처리과정으로 약품, 열처리, 세정의 방법 등이 있다.

118. 자연 유하식 관로를 설치할 때, 수두를 분할하여 수압을 조절하기 위한 목적으로 설치하는 부대설비는?

① 양수정 ② 분수전
③ 수로교 ④ 접합정

해설 접합정

㉠ 수로의 수압이나 유속을 감소시킬 목적으로 관로의 도중에 접합정을 설치한다.

㉡ 설치장소
- 관로의 분기점
- 관로의 합류점
- 정수압의 조정이 필요한 곳
- 동수경사의 조정이 필요한 곳

119. 우수조정지에 대한 설명으로 옳지 않은 것은?

① 하수관거의 유하능력이 부족한 곳에 설치한다.
② 용량은 방류하천의 유하능력을 고려하여 결정한다.
③ 합류식 하수도에만 설치한다.
④ 우천 시의 우수를 저장하여 침수를 방지할 수 있다.

해설 우수조정지

㉠ 우수조정지

도시화나 도시지역의 확대로 기존 관로의 용량이 부족하거나 관로의 능력 저하에도 불구하고 하류의 시설 및 관로 등의 능력을 높이기 곤란한 경우에 우수조정지를 설치하며, 우수조정지의 크기는 합리식에 의하여 산정한다.

㉡ 설치장소
- 하수관거의 용량이 부족한 곳
- 방류수로의 유하능력이 부족한 곳
- 하류지역의 펌프장 능력이 부족한 곳

㉢ 구조형식
- 댐식
- 지하식
- 굴착식

∴ 우수조정지는 합류식과 분류식 모두에 설치할 수 있다.

|해답| 116.④ 117.① 118.④ 119.③

120. 하수소독방법의 선정 시 고려할 사항으로 틀린 것은?

① 소독방법은 방류수역의 이수특성, 경제성, 효율성을 종합적으로 검토하여 선정한다.
② 염소계 소독방법 이외의 방법을 선정할 경우에는 THM 문제를 해소할 수 있는 대책을 강구하여야 한다.
③ 오존소독방법을 선정할 경우에는 잔여오존 해소대책 및 경제성 비교에 신중을 기하여야 한다.
④ 자외선 소독을 선정할 경우에는 처리장의 시설 용량을 감안하여 시설비 및 유지관리비가 적게 소요되는 방식을 채택하여야 한다.

해설 하수소독방법 선정 시 고려사항

- 소독방법은 방류수역의 이수특성, 경제성, 효율성을 종합적으로 검토하여 선정한다.
- THM은 염소소독을 실시할 때 발생될 수 있는 물질로 염소 이외의 소독방법을 고려한다면 THM의 문제는 고려하지 않아도 된다.
- 오존소독방법을 선정할 경우에는 잔여오존 해소대책 및 경제성 비교에 신중을 기하여야 한다.
- 자외선소독을 선정할 경우에는 처리장의 시설 용량을 감안하여 시설비 및 유지관리비가 적게 소요되는 방식을 채택하여야 한다.

 |해답| 120.②

Industrial Engineer Civil Engineering

과년도 출제문제 및 해설 (2014년 9월 20일 시행)

제1과목 응용역학

01. 그림과 같은 라멘에서 A점의 휨모멘트 반력은?

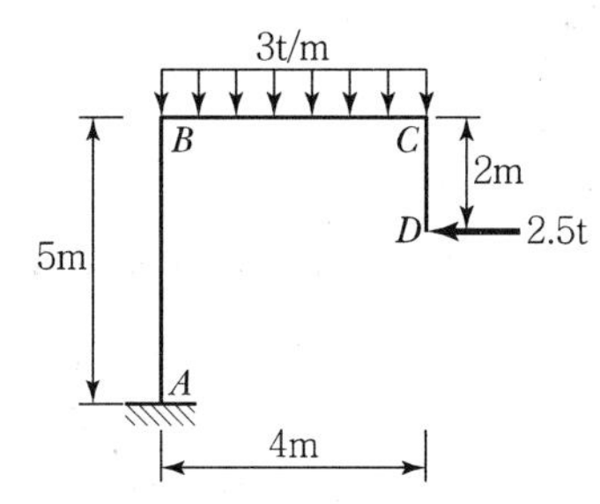

① $-9.5\text{t}\cdot\text{m}$ ② $-12.5\text{t}\cdot\text{m}$
③ $-14.5\text{t}\cdot\text{m}$ ④ $-16.5\text{t}\cdot\text{m}$

■해설 $\Sigma M_{Ⓐ}=0(\curvearrowright\oplus)$

$(3\times4)\times2-2.5\times3+M_A=0$

$M_A=-16.5\text{t}\cdot\text{m}(\curvearrowleft)$

02. 반지름이 r인 원형 단면의 단주에서 도심에서의 핵거리 e는?

① $\frac{r}{2}$

② $\frac{r}{4}$

③ $\frac{r}{6}$

④ $\frac{r}{8}$

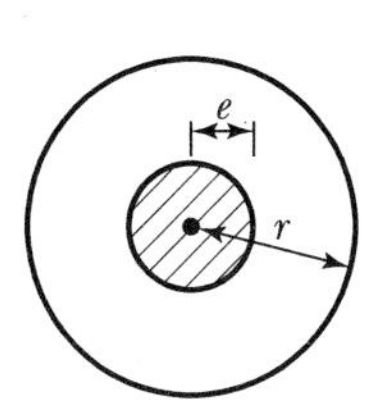

■해설 원형 단면의 핵거리(e)

$e=\frac{D}{8}=\frac{(2r)}{8}=\frac{r}{4}$

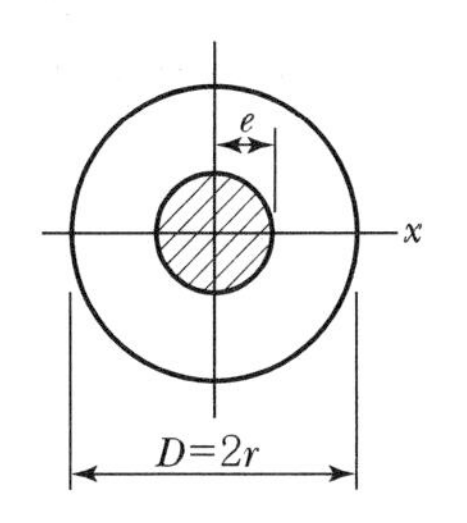

03. 단순보에 하중이 작용할 때 다음 설명 중 옳지 않은 것은?

① 등분포하중이 만재될 때 중앙점의 처짐각이 최대가 된다.
② 등분포하중이 만재될 때 최대처짐은 중앙점에서 일어난다.
③ 중앙에 집중하중이 작용할 때의 최대처짐은 하중이 작용하는 곳에서 생긴다.
④ 중앙에 집중하중이 작용하면 양지점에서의 처짐각이 최대로 된다.

■해설 단순보에 등분포하중이 만재될 때 양지점에서의 처짐각이 최대가 된다.

04. 단면이 30cm×30cm인 정사각형 단면의 보에 1.8t의 전단력이 작용할 때 이 단면에 작용하는 최대 전단응력은?

① 1.5kg/cm^2 ② 3.0kg/cm^2
③ 4.5kg/cm^2 ④ 6.0kg/cm^2

■해설 $\tau_{\max}=\alpha\frac{S}{A}=\frac{3}{2}\frac{S}{bh}$

$=\frac{3}{2}\times\frac{(1.8\times10^3)}{30\times30}=3\text{kg/cm}^2$

05. 그림과 같은 단순보에서 최대 휨모멘트가 발생하는 위치는?(단, A점으로부터의 거리 X로 나타낸다.)

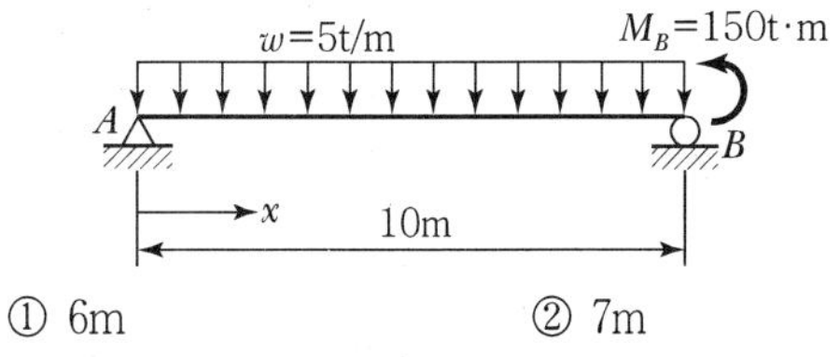

① 6m ② 7m
③ 8m ④ 9m

■ 해설 $\Sigma M_{Ⓑ}=0(\curvearrowright\oplus)$

$R_A \times 10-(5\times 10)\times 5-150=0$

$R_A=40\text{t}(\uparrow)$

w=5t/m, M_x, A, X, x, S_x, R_A=40t

$\Sigma F_y=0(\uparrow\oplus)$

$40\times 5x-S_x=0$

$S_x=40-5x$

최대 휨모멘트($M_{\max}$)는 $S_x=0$인 곳에서 발생한다.

$S_x=40-5x=0 \rightarrow x=8\text{m}$

따라서, $M_{\max}$는 A점으로부터 8m 떨어진 곳에서 발생한다.

06. 그림과 같이 2차 포물선 $0AB$가 이루는 면적의 y축으로부터 도심 위치는?

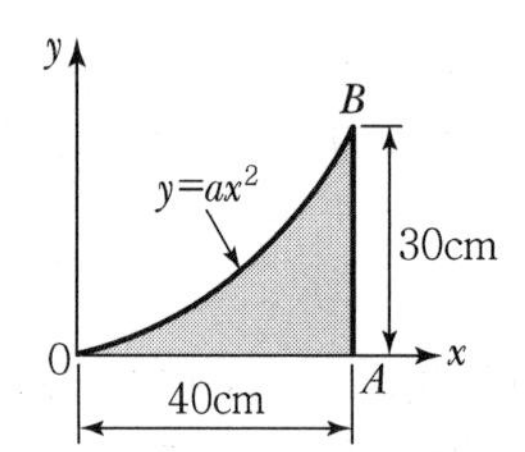

① 30cm　　② 31cm

③ 32cm　　④ 33cm

■ 해설

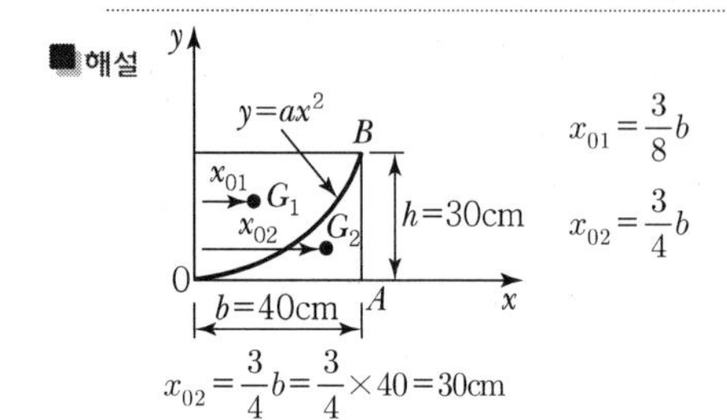

$x_{01}=\frac{3}{8}b$

$x_{02}=\frac{3}{4}b$

$x_{02}=\frac{3}{4}b=\frac{3}{4}\times 40=30\text{cm}$

07. 아래 그림과 같은 3힌지 라멘의 지점반력 H_A는?

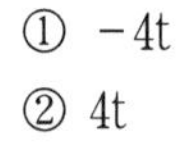

① -4t

② 4t

③ -8t

④ 8t

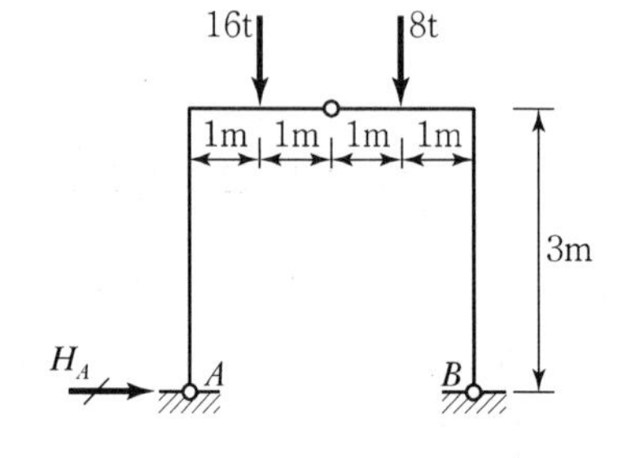

■ 해설 $\Sigma M_{Ⓑ}=0(\curvearrowright\oplus)$

$V_A\times 4-16\times 3-8\times 1=0$

$V_A=14\text{t}(\uparrow)$

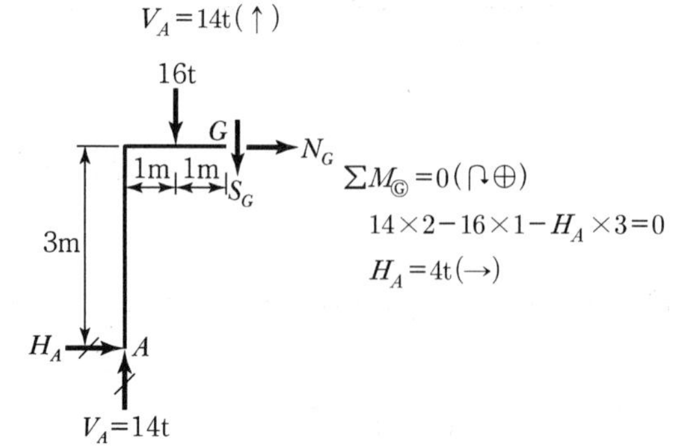

$\Sigma M_{Ⓒ}=0(\curvearrowright\oplus)$

$14\times 2-16\times 1-H_A\times 3=0$

$H_A=4\text{t}(\rightarrow)$

08. 단면의 성질에 대한 다음 설명 중 잘못된 것은?

① 단면2차 모멘트의 값은 항상 "0"보다 크다.

② 단면2차 극모멘트의 값은 항상 극을 원점으로 하는 두 직교좌표축에 대한 단면2차 모멘트의 합과 같다.

③ 단면1차 모멘트의 값은 항상 "0"보다 크다.

④ 단면의 주축에 관한 단면 상승 모멘트의 값은 항상 "0"이다.

■ 해설 단면1차 모멘트의 값은 설정된 축에 대한 단면의 도심의 위치에 따라서, 양(+)의 값, 음(−)의 값, 그리고 '0'이 될 수 있다.

$G_x=\int_A y\,dA=Ay_0$

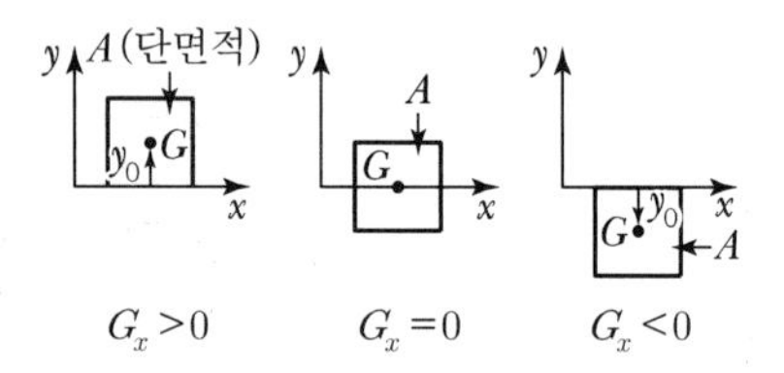

09. 직경 20mm, 길이 2m인 봉에 20t의 인장력을 작용시켰더니 길이가 2.08m, 직경이 19.8mm로 되었다면 포아송비는 얼마인가?

① 0.5　　② 2

③ 0.25　　④ 4

 |해답| 6.① 7.② 8.③ 9.③

■ 해설 $\Delta L = L' - L = 2.08 - 2 = 0.08\text{m} = 80\text{mm}$ (신장)

$\Delta D = D' - D = 19.8 - 20 = -0.2\text{mm}$ (수축)

$$\nu = -\frac{\dfrac{\Delta D}{D}}{\dfrac{\Delta L}{L}} = -\frac{L \cdot \Delta D}{D \cdot \Delta L} = -\frac{(2\times10^3)\times(-0.2)}{20\times80}$$

$= 0.25$

10. 다음 그림과 같이 양단이 고정된 강봉이 상온에서 20℃만큼 온도가 상승했다면 강봉에 작용하는 압축력의 크기는?(단, 강봉의 단면적 A = 50cm², E=2.0×10⁶kg/cm², 열팽창계수 α =1.0×10⁻⁵(1℃에 대해서)이다.)

① 10t
② 15t
③ 20t
④ 25t

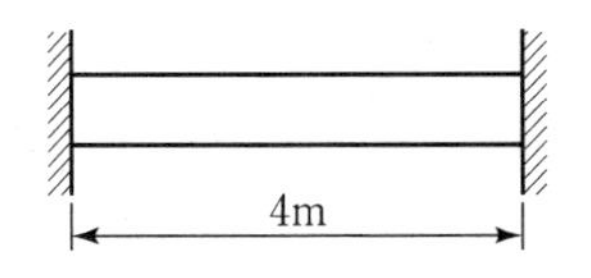

■ 해설 $P_{\Delta t} = \sigma_{\Delta t} \cdot A = (E \cdot \alpha \cdot \Delta t) \cdot A$

$= \{(2.0\times10^6)\times(1.0\times10^{-5})\times20\}\times50$

$= 20\times10^3\text{kg} = 20\text{t}$

11. 단면적이 10cm²인 강봉이 그림과 같은 힘을 받을 때 이 강봉의 늘어난 길이는?(단, E=2.0×10⁶ kg/cm²)

① 0.05cm
② 0.04cm
③ 0.03cm
④ 0.02cm

■ 해설

$$\Delta L = \Sigma\frac{PL}{AE}$$

$$\Delta L_1 = \frac{(10\times10^3)\times25}{10\times(2\times10^6)}$$

$= 0.0125\text{cm}$

$$\Delta L_2 = \frac{(6\times10^3)\times50}{10\times(2\times10^6)}$$

$= 0.015\text{cm}$

$$\Delta L_3 = \frac{(10\times10^3)\times25}{10\times(2\times10^6)}$$

$= 0.0125\text{cm}$

$\Delta L = \Delta L_1 + \Delta L_2 + \Delta L_3 = 0.04\text{cm}$

12. 단면이 원형(지름 D)인 보에 휨모멘트 M이 작용할 때 이 보에 작용하는 최대 휨응력은?

① $\dfrac{12M}{\pi D^3}$ ② $\dfrac{16M}{\pi D^3}$

③ $\dfrac{32M}{\pi D^3}$ ④ $\dfrac{64M}{\pi D^3}$

■ 해설

$$Z = \frac{I_x}{y_1} = \frac{\dfrac{\pi D^4}{64}}{\dfrac{D}{2}} = \frac{\pi D^3}{32}$$

$$\sigma_{\max} = \frac{M}{Z} = \frac{32M}{\pi D^3}$$

13. 축 방향력만을 받는 부재로 된 구조물은?

① 단순보
② 트러스
③ 연속보
④ 라멘

■ 해설 부재의 종류와 단면력

부재	단면력
트러스, 줄, 철사	축방향력
기둥(편심=0)	
기둥(편심≠0)	축방향력, 휨모멘트
보	전단력, 휨모멘트
라멘, 아치	축방향력, 휨모멘트, 전단력

14. 그림과 같은 캔틸레버 보에서 B점의 처짐은? (단, M_c는 C점에 작용하며, 휨강성계수는 EI이다.)

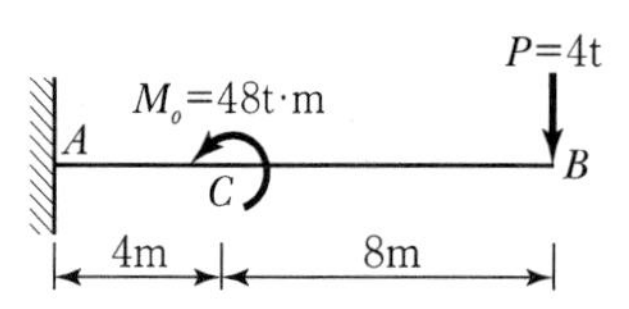

① $\dfrac{384\text{t}\cdot\text{m}^3}{EI}$　② $\dfrac{724\text{t}\cdot\text{m}^3}{EI}$

③ $\dfrac{1{,}024\text{t}\cdot\text{m}^3}{EI}$　④ $\dfrac{1{,}428\text{t}\cdot\text{m}^3}{EI}$

해설

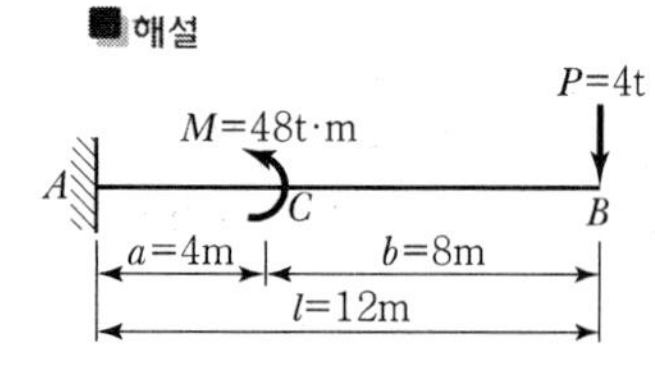

⑪

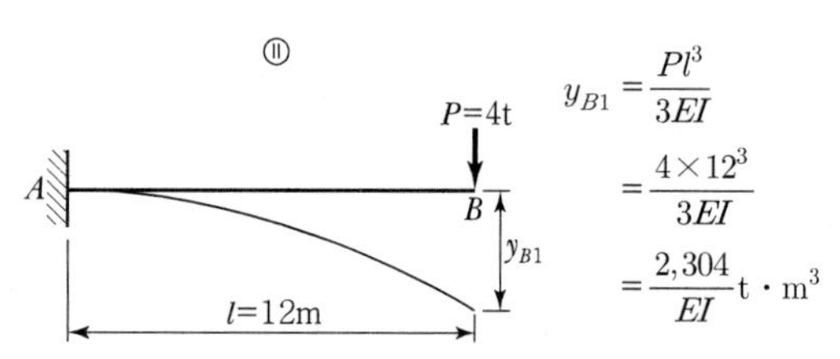

$$y_{B1}=\frac{Pl^3}{3EI}=\frac{4\times12^3}{3EI}=\frac{2{,}304}{EI}\text{t}\cdot\text{m}^3$$

⊕

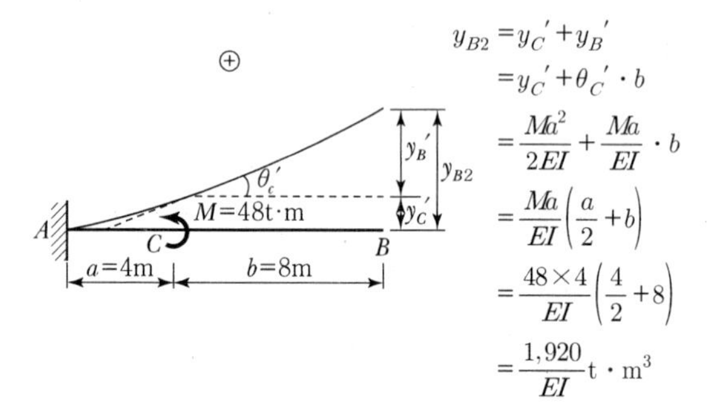

$$y_{B2}=y_C'+y_B'=y_C'+\theta_C'\cdot b=\frac{Ma^2}{2EI}+\frac{Ma}{EI}\cdot b=\frac{Ma}{EI}\left(\frac{a}{2}+b\right)=\frac{48\times4}{EI}\left(\frac{4}{2}+8\right)=\frac{1{,}920}{EI}\text{t}\cdot\text{m}^3$$

$$y_B=y_{B1}-y_{B2}=\frac{1}{EI}(2{,}304-1{,}920)=\frac{384}{EI}\text{t}\cdot\text{m}^3$$

15. 다음과 같은 그림에서 AB부재의 부재력은?

① 4.3t
② 5.0t
③ 7.5t
④ 10.0t

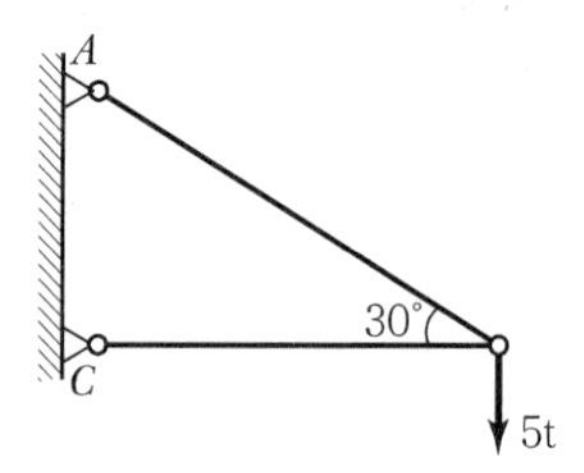

해설

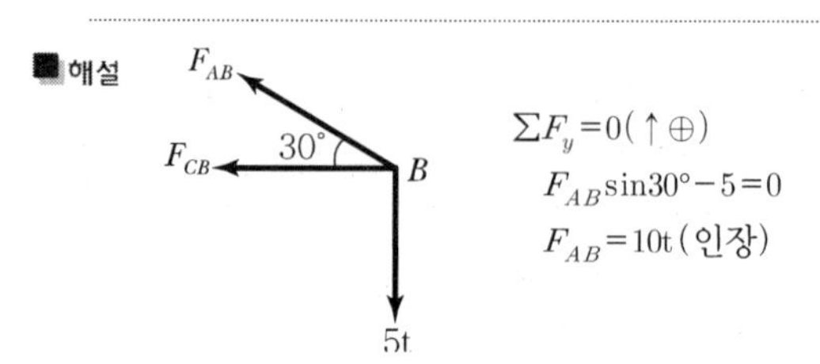

$\Sigma F_y=0(\uparrow\oplus)$

$F_{AB}\sin30°-5=0$

$F_{AB}=10\text{t}$(인장)

16. 다음 중 부정정 구조물의 해법으로 틀린 것은?

① 3연 모멘트정리　② 처짐각법

③ 변위일치의 방법　④ 모멘트 면적법

해설 (1) 부정정 구조물의 해법
① 연성법(하중법)
㉠ 변형일치법(변위일치법)
㉡ 3연 모멘트법 등
② 강성법(변위법)
㉠ 처짐각법(요각법)
㉡ 모멘트 분배법 등

(2) 처짐을 구하는 방법
① 이중적분법
② 모멘트 면적법
③ 탄성하중법
④ 공액보법
⑤ 단위하중법 등

17. 다음의 2경간 연속보에서 지점 C에서의 수직 반력은 얼마인가?

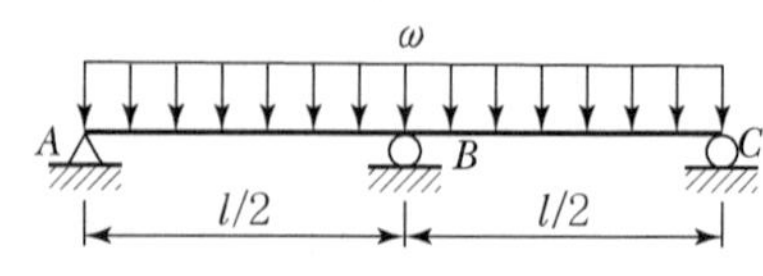

① $\dfrac{3wl}{32}$　② $\dfrac{wl}{16}$

③ $\dfrac{5wl}{32}$　④ $\dfrac{3wl}{16}$

 |해답| 14.① 15.④ 16.④ 17.④

■ 해설

$$R_{A_y} = \frac{3w\left(\frac{l}{2}\right)}{8} = \frac{3wl}{16}(\uparrow)$$

18. 그림과 같은 내민보의 자유단 A점에서의 처짐 δ_A는 얼마인가?(단, EI는 일정하다.)

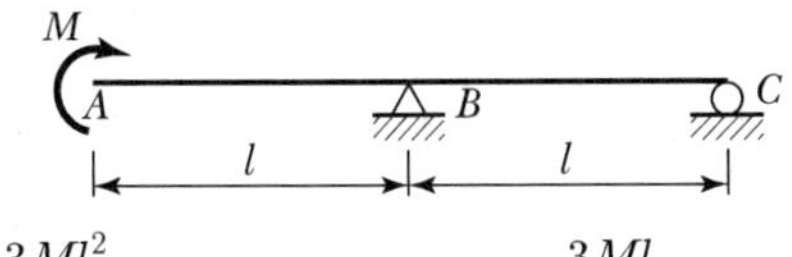

① $\dfrac{3Ml^2}{4EI}(\uparrow)$　② $\dfrac{3Ml}{4EI}(\uparrow)$

③ $\dfrac{5Ml^2}{6EI}(\uparrow)$　④ $\dfrac{5Ml}{6EI}(\uparrow)$

■ 해설 공액보법 적용

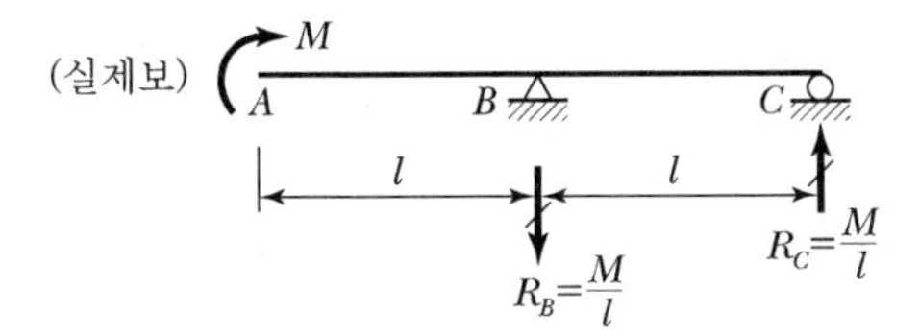

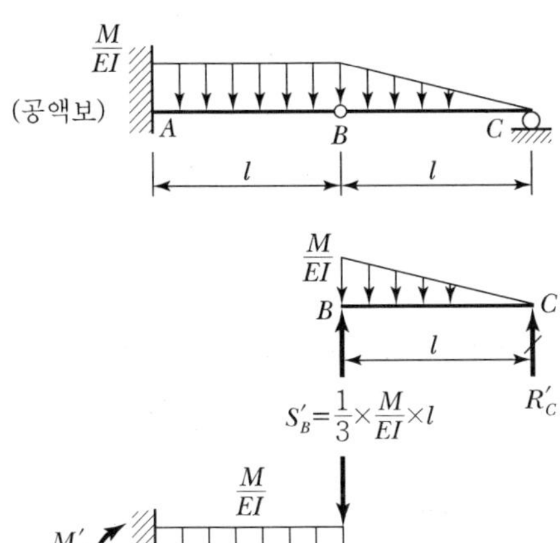

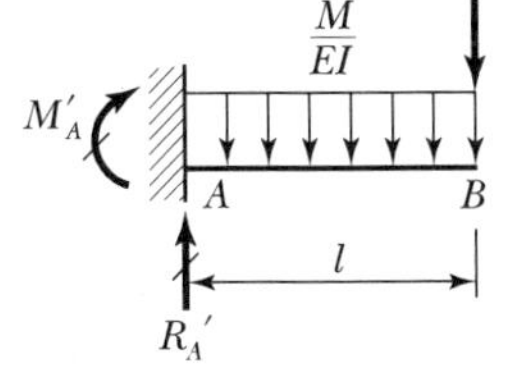

$\Sigma M_{Ⓐ} = 0(\curvearrowright\oplus)$

$$M_A' + \left(\frac{M}{EI} \times l\right) \times \frac{l}{2} + \frac{Ml}{3EI} \times l = 0$$

$$M_A' = -\frac{5Ml^2}{6EI}$$

$$y_A = M_A' = -\frac{5Ml^2}{6EI} = \frac{5Ml^2}{6EI}(\uparrow)$$

19. 장주의 좌굴하중(P)을 나타내는 아래의 식에서 양단 고정인 장주인 경우 n 값으로 옳은 것은? (단, E : 탄성계수, A : 단면적, λ : 세장비)

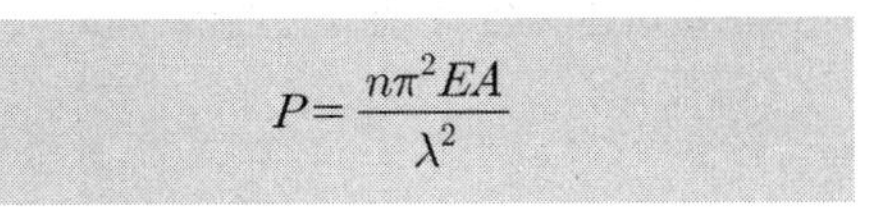

$$P = \frac{n\pi^2 EA}{\lambda^2}$$

① 4　② 2

③ 1　④ $\dfrac{1}{4}$

■ 해설 $P_{cr} = \dfrac{n\pi^2 EI}{l^2} = \dfrac{n\pi^2 EA}{\lambda^2}$

경계 조건	n
고정 - 고정	4
고정 - 단순	2
단순 - 단순	1
고정 - 자유	$\frac{1}{4}$

20. 다음 중 힘의 3요소가 아닌 것은?

① 크기　② 방향

③ 작용점　④ 모멘트

■ 해설 힘의 3요소
크기, 방향, 작용점

제2과목 **측량학**

21. 항공기 및 기구 등에 탑재된 측량용 사진기로 연속촬영된 중복사진을 정성적 및 정량적으로 해석하는 측량방법은?

① 원격탐측　② 지상사진측량

③ 수중사진측량　④ 항공사진측량

■ 해설 항공사진측량은 항공기에 탑재된 사진기로 연속 중복 촬영한 사진으로 정량적 해석하고 정성적 분석하는 측량방법이다.

22. 그림과 같은 삼각형의 정점 A, B, C의 좌표가 $A(50,20)$, $B(20, 50)$, $C(70, 70)$일 때, 정점 A를 지나며 $\triangle ABC$의 넓이를 $m : n$=4 : 3으로 분할하는 P점의 좌표는?(단, 좌표의 단위는 m이다.)

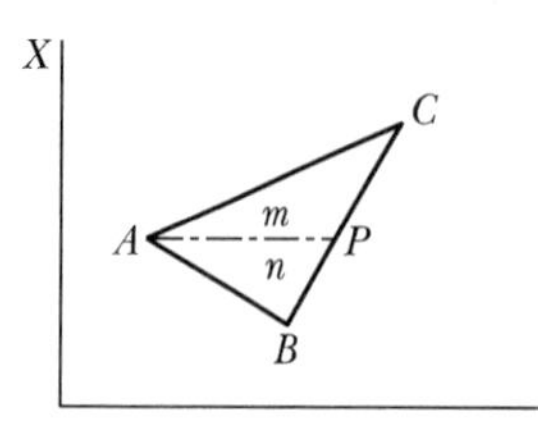

① (58.6, 41.4) ② (41.4, 58.6)
③ (50.6, 63.4) ④ (50.4, 65.6)

■해설
- $\overline{AB} = \sqrt{(50-20)^2+(50-20)^2} = 42.426$
- $\overline{BC} = \sqrt{(70-20)^2+(70-50)^2} = 53.852$
- $\overline{AC} = \sqrt{(70-50)^2+(70-20)^2} = 53.852$
- $\overline{PC} = \dfrac{4}{4+3}\overline{BC} = \dfrac{4}{7}\times 53.852 = 30.773$
- $\overline{BP} = \dfrac{3}{4+3}\overline{BC} = \dfrac{3}{7}\times 53.852 = 23.079$
- $30.773 = \sqrt{(70-X)^2+(70-Y)^2}$
- $23.079 = \sqrt{(X-20)^2+(Y-50)^2}$
- $X = 41.4$, $Y = 58.6$

23. 삼각측량을 통해 삼각망의 내각을 측정하니 각각 다음과 같은 각도를 얻었다면 각 내각의 최확값은?

- ∠A=32°13′29″
- ∠B=55°32′19″
- ∠C=92°14′30″

① ∠A=32°13′24″, ∠B=55°32′12″, ∠C=92°14′24″
② ∠A=32°13′23″, ∠B=55°32′12″, ∠C=92°14′25″
③ ∠A=32°13′23″, ∠B=55°32′13″, ∠C=92°14′24″
④ ∠A=32°13′24″, ∠B=55°32′13″, ∠C=92°14′23″

■해설
- 오차 = 180° − 내각의 합
  = 180° − 180°0′18″
  = −18″
- 각의 크기에 관계없이 등배분한다.
- $-\dfrac{18''}{3} = -6''$
- ∠A, ∠B, ∠C에서 각각 −6″

24. 축척 1 : 50,000 지형도의 도곽 구성은?

① 경위도 10′ 차의 경위선에 의하여 구획되는 지역으로 한다.
② 경위도 15′ 차의 경위선에 의하여 구획되는 지역으로 한다.
③ 경위도 15′, 위도 10′ 차의 경위선에 의하여 구획되는 지역으로 한다.
④ 경위도 10′, 위도 15′ 차의 경위선에 의하여 구획되는 지역으로 한다.

■해설 도곽은 지도의 내용을 둘러싸고 있는 구획선을 말한다.
- $\dfrac{1}{5,000}$은 위경도 1′30″
- $\dfrac{1}{25,000}$은 위경도 7′30″
- $\dfrac{1}{50,000}$은 위경도 15′

25. 곡선반지름 R=250m, 곡선길이 L=40m인 클로소이드에서 매개변수 A는?

① 20m
② 50m
③ 100m
④ 120m

■해설
- $A^2 = R \cdot L$
- $A = \sqrt{RL} = \sqrt{250\times 40} = 100\text{m}$

26. 교호수준측량의 결과가 그림과 같을 때, A점의 표고가 55.423m라면 B점의 표고는?

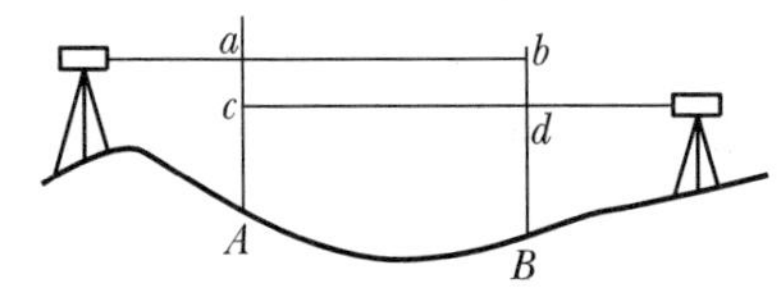

[a=2.665m, b=3.965m, c=0.530m, d=1.816m]

① 52.930m ② 54.130m
③ 54.132m ④ 54.137m

해설

- $\Delta H = \dfrac{(a_1+a_2)-(b_1+b_2)}{2}$
$= \dfrac{(2.665+0.53)-(3.965+1.816)}{2}$
$= -1.293$
- $H_B = H_A - \Delta H = 55.423 - 1.293 = 54.13\text{m}$

27. 양수표의 설치장소로 적합하지 않은 곳은?

① 상·하류 최소 300m 정도가 곡선인 장소
② 교각이나 기타 구조물에 의한 수위변동이 없는 장소
③ 홍수 시 유실 또는 이동이 없는 장소
④ 지천의 합류점에서 상당히 상류에 위치한 장소

해설 상·하류의 약 100m 정도는 직선인 장소

28. 수치영상자료는 대개 8비트로 표현된다. Pixel 값의 밝기값(Grey Level) 범위로 옳은 것은?

① 0~63
② 1~64
③ 0~255
④ 1~256

해설 기본적인 영상자료는 정사각형 형태의 격자망을 이루며 이를 Pixel(화소)이라고 한다. 각각에 저장된 태양광선의 밝기는 기본적으로 256단계의 밝기값을 가지며, 이 값은 0~255 사이의 정수값으로 파일에 저장된다.

29. 그림과 같은 지역의 면적은?

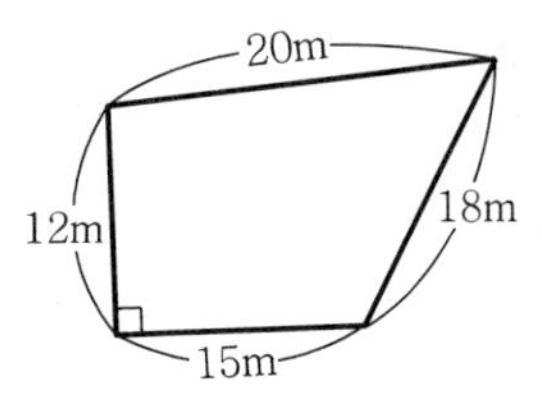

① 246.5m² ② 268.4m²
③ 275.2m² ④ 288.9m²

해설

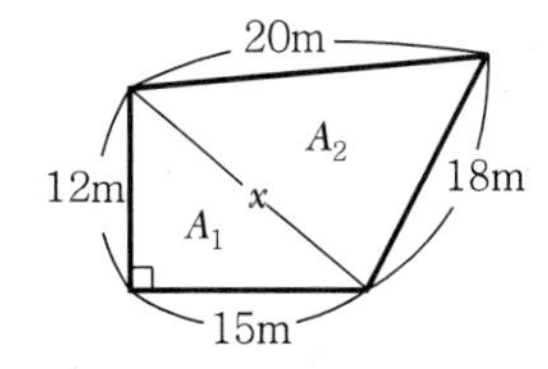

- $A_1 = \dfrac{1}{2} \times 12 \times 15 = 90\text{m}^2$
- $x = \sqrt{12^2+15^2} = 19.209\text{m} \fallingdotseq 19.21\text{m}$
- A_2는 헤론의 공식 이용
$S = \dfrac{a+b+x}{2} = \dfrac{20+18+19.21}{2}$
$= 28.605\text{m}$
$A_2 = \sqrt{(S(S-a)(S-b)(S-x))}$
$= \sqrt{(28.605 \cdot (28.605-20) \cdot (28.605-18) \cdot (28.605-19.21))}$
$= 156.603\text{m}^2$
- $A = A_1 + A_2 = 90 + 156.603 = 246.6\text{m}^2$
$\fallingdotseq 246.5\text{m}^2$

30. 캔트(C)인 원곡선에서 곡선반지름을 3배로 하면 변화된 캔트(C')는?

① $\dfrac{C}{9}$ ② $\dfrac{C}{3}$
③ $3C$ ④ $9C$

해설

- 캔트(C) $= \dfrac{SV^2}{Rg}$
- 곡선반지름 R을 3배로 하면 캔트(C')는 $\dfrac{1}{3}$배

31. 비행고도가 3,000m이고 사진(I)의 주점기선장이 74mm, 사진(II)의 주점기선장이 76mm일 때, 시차차가 1.8mm인 구조물의 높이는?

① 20.5m ② 34.7m
③ 50.4m ④ 72.0m

해설
- $\frac{\Delta P}{b_o} = \frac{h}{H}$
- $h = \frac{\Delta P \cdot H}{b_o} = \frac{1.8 \times 3{,}000{,}000}{\frac{74+76}{2}}$

$= 72{,}000\text{mm} = 72\text{m}$

32. 어떤 측선의 배횡거를 구하는 방법으로 옳은 것은?

① 전 측선의 배횡거+전 측선의 경거+그 측선의 경거
② 전 측선의 횡거+전 측선의 경거+그 측선의 횡거
③ 전 측선의 횡거+전 측선의 경거+그 측선의 경거
④ 전 측선의 배횡거+전 측선의 경거+그 측선의 횡거

해설 임의 측선의 배횡거=전 측선의 배횡거+전 측선의 경거+그 측선의 경거

33. 삼각점에서 행해지는 모든 각 관측 및 조정에 대한 설명으로 옳지 않은 것은?

① 한 측점의 둘레에 있는 모든 각을 합한 것은 360°가 되어야 한다.
② 삼각망 중 어느 한 변의 길이는 계산순서에 관계없이 동일해야 한다.
③ 삼각형 내각의 합은 180°가 되어야 한다.
④ 각 관측방법은 단측법을 사용하여 최대한 정확히 한다.

해설 각 관측방법은 각 관측법을 사용한다.

34. 클로소이드 곡선에 대한 설명으로 옳은 것은?

① 곡선의 반지름 R, 곡선길이 L, 매개변수 A의 사이에는 $RL = A^2$의 관계가 성립한다.
② 곡선의 반지름에 비례하여 곡선길이가 증가하는 곡선이다.
③ 곡선길이가 일정할 때 곡선의 반지름이 크면 접선각도 커진다.
④ 곡선 반지름과 곡선길이가 같은 점을 동경이라 한다.

해설
- 클로소이드 곡선은 곡률($\frac{1}{R}$)은 곡선장에 비례
- 매개변수 $A^2 = RL$
- 곡선길이가 일정할 때 곡선 반지름이 크면 접선각은 작아진다.

35. 축척 1 : 10,000 지형도 상에서 주곡선 1개 간격의 두 점 A점과 B점 사이에 수평거리 2.0cm인 도로를 설계하려 할 때 도로의 경사는?

① 2.5% ② 5%
③ 15% ④ 20%

해설
- $\frac{1}{10{,}000}$ 지형도의 주곡선 간격 5m
- 경사$(i) = \frac{H}{D} \times 100\%$

$= \frac{5}{0.02 \times 10{,}000} \times 100\%$

$= 2.5\%$

36. 우리나라에서 현재 사용 중인 투영법과 평면 직각좌표에 대한 설명으로 옳은 것은?

① 중앙자오선의 축척계수가 0.9996인 UTM 투영이다.
② 중앙자오선의 축척계수가 1.0000인 UTM 투영이다.
③ 중앙자오선의 축척계수가 0.9996인 TM 투영이다.
④ 중앙자오선의 축척계수가 1.0000인 TM 투영이다.

|해답| 31.④ 32.① 33.④ 34.① 35.① 36.④

■해설 • TM투영은 우리나라와 같이 남북방향으로 길기 때문에 동서방향으로 투영오차가 크고 남북방향으로 투영오차가 적은 TM투영법을 사용하며, 축척계수는 1이다(원통에 지구를 투영한 것).
• UTM투영 좌표계를 종횡으로 분할하여 영역 안에 맞는 투영법으로 축척계수는 0.9996이다.

37. 수준측량에 대한 설명으로 옳지 않은 것은?

① 측량은 전시로 시작하여 후시로 종료하게 된다.
② 표척을 전후로 기울여 최소 읽음값을 관측한다.
③ 수준측량은 왕복측량을 원칙으로 한다.
④ 이기점(Turning Point)은 중요하므로 1mm 단위까지 읽도록 한다.

■해설 후시로 시작하여 전시로 종료한다.

38. 접선과 현이 이루는 각을 이용하여 곡선을 설치하는 방법으로 정확도가 비교적 높은 단곡선 설치법은?

① 지거설치법 ② 중앙종거법
③ 편각설치법 ④ 현편거법

■해설 편각 설치법은 접선과 현이 이루는 각(편각)을 이용하여 곡선을 설치하는 방법으로 정밀도가 높아 가장 많이 사용한다.

39. 기선측량을 실시하여 150.1234m를 관측하였다. 기선 양단의 평균표고가 350m일 때 표고 보정에 의해 계산된 기준면 상의 투영거리는?(단, 지구의 곡률반지름 $R=6,370$km이다.)

① 150.0000m ② 150.1152m
③ 150.1234m ④ 150.1316m

■해설 • 평균해면상 보정

$$C=-\frac{LH}{R}=-\frac{150.1234\times350}{6,370,000}$$
$$=-0.00825\text{m}$$

• 투영거리=관측길이−보정값

$$=150.1234-0.00825=150.1152\text{m}$$

40. 트래버스 측량의 특징에 대한 설명으로 옳지 않은 것은?

① 삼각측량에 비하여 복잡한 시가지나 지형의 기복이 심해 시준이 어려운 지역의 측량에 적합하다.
② 도로, 수로, 철도와 같이 폭이 좁고 긴 지역의 측량에 편리하다.
③ 국가평면기준점 결정에 이용되는 측량방법이다.
④ 거리와 각을 관측하여 모든 점의 위치를 결정하는 측량이다.

■해설 기준이 되는 측점을 연결하는 기선의 길이와 방향을 관측하여 측점의 위치를 구하는 측량이다.

제3과목 수리수문학

41. 지름이 40cm인 주철관에 동수경사 1/100로 물이 흐를 때 유량은?(단, 조도계수 $n=0.013$이다.)

① 0.208m³/s ② 0.253m³/s
③ 0.184m³/s ④ 1.654m³/s

■해설 유량의 산정
㉠ 유량

$$Q=AV=\frac{\pi D^2}{4}\times\frac{1}{n}R^{\frac{2}{3}}I^{\frac{1}{2}}$$

㉡ 유량의 산정

$$Q=\frac{\pi D^2}{4}\times\frac{1}{n}R^{\frac{2}{3}}I^{\frac{1}{2}}$$
$$=\frac{\pi\times0.4^2}{4}\times\frac{1}{0.013}\times\left(\frac{0.4}{4}\right)^{\frac{2}{3}}\times\left(\frac{1}{100}\right)^{\frac{1}{2}}$$
$$=0.208\text{m}^3/\text{sec}$$

42. 체적이 10m³인 물체가 물속에 잠겨 있다. 물속에서의 물체의 무게가 13t이었다면 물체의 비중은?

① 2.6 ② 2.3
③ 1.6 ④ 1.3

■해설 물의 물리적 성질

㉠ 물속에서의 물체의 무게(W')

$W' = W$(공기 중의 무게) $- B$(부력)

$\therefore\ W = W' + B = 13 + 1\times10 = 23\text{t}$

㉡ 물의 단위중량

$$w = \frac{W}{V} = \frac{23}{10} = 2.3\text{t/m}^3$$

㉢ 비중

비중은 자신의 단위중량을 물의 단위중량으로 나눈 값과 같다.

$$S = \frac{w}{w_w} = \frac{2.3\text{t/m}^3}{1\text{t/m}^3} = 2.3$$

43. Darcy의 법칙에 대한 설명으로 틀린 것은?

① 정상류 흐름에서 적용될 수 있다.
② 층류 흐름에서만 적용 가능하다.
③ Reynolds 수가 클수록 안심하고 적용할 수 있다.
④ 평균유속이 손실수두와 비례관계를 가지고 있는 흐름에 적용될 수 있다.

■해설 Darcy의 법칙

㉠ Darcy의 법칙

$$V = K\cdot I = K\cdot\frac{h_L}{L}$$

$$Q = A\cdot V = A\cdot K\cdot I = A\cdot K\cdot\frac{h_L}{L}$$

로 구할 수 있다.

㉡ 특징

- Darcy의 법칙은 지하수의 층류흐름에 대한 마찰저항 공식이다.
- 투수계수는 물의 점성계수와 토사의 공극률에 따라서도 변화한다.

$$K = D_s^{\ 2}\frac{\rho g}{\mu}\frac{e^3}{1+e}C$$

여기서, μ : 점성계수
e : 공극률

- Darcy의 법칙은 정상류흐름에 층류에만 적용된다.(특히, $R_e < 4$일 때 잘 적용된다.)
- $V = K\cdot I$로 지하수의 유속은 동수경사와 비례관계를 가지고 있다.

44. 수심이 3m, 유속이 2m/s인 개수로의 비에너지 값은?(단, 에너지 보정계수는 1.1이다.)

① 1.22m ② 2.22m
③ 3.22m ④ 4.22m

■해설 비에너지

㉠ 단위무게당의 물이 수로 바닥면을 기준으로 갖는 흐름의 에너지 또는 수두를 비에너지라 한다.

$$H_e = h + \frac{\alpha v^2}{2g}$$

여기서, h : 수심
α : 에너지 보정계수
v : 유속

㉡ 비에너지의 계산

$$H_e = h + \frac{\alpha v^2}{2g} = 3 + \frac{1.1\times2^2}{2\times9.8} = 3.22\text{m}$$

45. 직사각형 위어(Weir)로 유량을 측정할 때 수두 H를 측정함에 있어 1%의 오차가 생길 경우, 유량에 생기는 오차는?

① 0.5% ② 1.0%
③ 1.5% ④ 2.5%

■해설 수두측정오차와 유량오차의 관계

㉠ 수두측정오차와 유량오차의 관계

- 직사각형 위어 :

$$\frac{dQ}{Q} = \frac{\frac{3}{2}KH^{\frac{1}{2}}dH}{KH^{\frac{3}{2}}} = \frac{3}{2}\frac{dH}{H}$$

- 삼각형 위어 :

$$\frac{dQ}{Q} = \frac{\frac{5}{2}KH^{\frac{3}{2}}dH}{KH^{\frac{5}{2}}} = \frac{5}{2}\frac{dH}{H}$$

- 작은 오리피스 :

$$\frac{dQ}{Q} = \frac{\frac{1}{2}KH^{-\frac{1}{2}}dH}{KH^{\frac{1}{2}}} = \frac{1}{2}\frac{dH}{H}$$

㉡ 유량오차의 계산

$$\frac{dQ}{Q} = \frac{3}{2}\frac{dH}{H} = \frac{3}{2}\times1\% = 1.5\%$$

46. 다음 중 물의 압축성과 관계없는 것은?

① 온도 ② 압력
③ 정류 ④ 공기 함유량

해설 압축성
- 유체덩어리에 압력을 가하면 체적이 줄어들었다가 압력을 제거하면 원상태로 되돌아오려는 성질을 압축성이라 한다.
- 압축성은 체적변화와 관련이 있는 것으로 온도, 압력, 공기 함유량은 체적변화와 밀접한 관련이 있고 가장 관계가 없는 것은 정류이다.

47. Manning의 평균유속 공식 중 마찰손실계수 f로 옳은 것은?(단, g : 중력가속도, C : Chezy의 평균유속계수, n : Manning의 조도계수, D : 관의 지름)

① $f=\dfrac{8g}{C}$ ② $f=\dfrac{124.5n^2}{D^{1/3}}$
③ $f=\dfrac{124.5n}{D^3}$ ④ $f=\sqrt{\dfrac{C}{8g}}$

해설 마찰손실계수
㉠ R_e 수와의 관계
- 원관 내 층류 : $f=\dfrac{64}{R_e}$
- 불완전층류 및 난류의 매끈한 관 : $f=0.3164R_e^{-\frac{1}{4}}$

㉡ 조도계수 n과의 관계
$f=\dfrac{124.5n^2}{D^{\frac{1}{3}}}$

㉢ Chezy 유속계수 C와의 관계
$f=\dfrac{8g}{C^2}$

48. 층류에서 속도 분포는 포물선을 그리게 된다. 이때 전단응력의 분포 형태는?

① 포물선 ② 쌍곡선
③ 직선 ④ 반원

해설 원형 관수로의 흐름 특성
- 유속은 중앙에서 최대이며, 벽에서 0인 포물선 분포한다.
- 마찰응력(전단응력)분포는 벽에서 최대이며, 중앙에서 0인 직선 비례한다.

49. 부체의 중심을 G, 부심을 C, 경심을 M이라 할 때 불안정한 상태를 표시한 것은?

① $\overline{CM}=\overline{CG}$일 때
② M이 G보다 위에 있을 때
③ M과 G가 연직축 상에 있을 때
④ M이 G보다 아래에 있고 C보다 위에 있을 때

해설 부체의 안정조건
㉠ 경심(M)을 이용하는 방법
- 경심(M)이 중심(G)보다 위에 존재 : 안정
- 경심(M)이 중심(G)보다 아래에 존재 : 불안정

㉡ 경심고($\overline{MG}$)를 이용하는 방법
$\overline{MG}=\overline{MC}-\overline{GC}$
- $\overline{MG}<0$: 안정
- $\overline{MG}<0$: 불안정

㉢ 경심고 일반식을 이용하는 방법
$\overline{MG}=\dfrac{I}{V}-\overline{GC}$
- $\dfrac{I}{V}>\overline{GC}$: 안정
- $\dfrac{I}{V}<\overline{GC}$: 불안정

∴ 부체가 불안정되기 위해서는 M이 G보다 아래에 있고 C보다 위에 있어야 한다.

50. 10℃의 물방울 지름이 3mm일 때 내부와 외부의 압력차는?(단, 10℃에서의 표면장력은 0.076 g/cm이다.)

① 1.01g/cm^2 ② 2.02g/cm^2
③ 3.03g/cm^2 ④ 4.04g/cm^2

|해답| 46.③ 47.② 48.③ 49.④ 50.①

해설 표면장력

㉠ 유체입자 간의 응집력으로 인해 그 표면적을 최소화시키려는 힘을 표면장력이라 한다.

$T = \frac{PD}{4}$

㉡ 압력차의 산정

$P = \frac{4T}{D} = \frac{4 \times 0.076}{0.3} = 1.01\text{g/cm}^2$

51. 도수(Hydraulic Jump)현상에 관한 설명으로 옳지 않은 것은?

① 운동량 방정식으로부터 유도할 수 있다.
② 상류에서 사류로 급변할 경우 발생한다.
③ 도수로 인한 에너지 손실이 발생한다.
④ 파상도수와 완전도수는 Froude 수로 구분한다.

해설 도수

㉠ 흐름이 사류(射流)에서 상류(常流)로 바뀔 때 물이 뛰는 현상을 도수라 한다.

㉡ 도수 후의 수심

$h_2 = -\frac{h_1}{2} + \frac{h_1}{2}\sqrt{1 + 8{F_{r1}}^2}$

㉢ 도수로인한 에너지손실

$\Delta E = \frac{(h_2 - h_1)^3}{4h_1h_2}$

㉣ 완전도수와 파상도수

- 파상도수 : $1 < F_r < \sqrt{3}$
- 완전도수 : $F_r > \sqrt{3}$

52. 지하수의 유속공식 $V = K \cdot I$에서 K의 크기와 관계가 없는 것은?

① 물의 점성계수 ② 흙의 입경
③ 흙의 공극률 ④ 지하수위

해설 Darcy의 법칙

㉠ Darcy의 법칙

$V = K \cdot I = K \cdot \frac{h_L}{L}$

$Q = A \cdot V = A \cdot K \cdot I = A \cdot K \cdot \frac{h_L}{L}$

로 구할 수 있다.

㉡ 특징

- Darcy의 법칙은 지하수의 층류흐름에 대한 마찰저항공식이다.
- 투수계수는 물의 점성계수와 토사의 공극률에 따라서도 변화한다.

$K = D_s^2 \frac{\rho g}{\mu} \frac{e^3}{1+e} C$

여기서, μ : 점성계수, e : 공극률
D_s : 흙입자의 입경

∴ 투수계수와 관련 없는 것은 지하수위이다.

- Darcy의 법칙은 정상류흐름에 층류에만 적용된다.(특히, $R_e < 4$일 때 잘 적용된다.)
- $V = K \cdot I$로 지하수의 유속은 동수경사와 비례관계를 가지고 있다.

53. 오리피스에 있어서 에너지 손실은 어떻게 보정할 수 있는가?

① 이론유속에 유속계수를 곱한다.
② 실제유속에 유속계수를 곱한다.
③ 이론유속에 유량계수를 곱한다.
④ 실제유속에 유량계수를 곱한다.

해설 에너지 손실

㉠ 유속계수(C_v) : 실제유속과 이론유속의 차를 보정해주는 계수로, 실제유속과 이론유속의 비로 나타낸다.

C_v = 실제유속/이론유속 ≒ 0.97 ~ 0.99

실제유속 = C_v × 이론유속

㉡ 오리피스에 있어서 에너지 손실은 이론유속에 유속계수를 곱하여 실제유속으로 환산하여 준다.

54. 정상적인 흐름 내의 1개의 유선 상의 유체입자에 대하여 그 속도수두 $\frac{V^2}{2g}$, 압력수두 $\frac{P}{\omega_o}$, 위치수두 Z에 대한 동수경사로 옳은 것은?

① $\frac{V^2}{2g} + \frac{P}{\omega_o}$ ② $\frac{V^2}{2g} + Z + \frac{P}{\omega_o}$
③ $\frac{V^2}{2g} + Z$ ④ $\frac{P}{\omega_o} + Z$

 |해답| 51.② 52.④ 53.① 54.④

■해설 에너지선과 동수경사선

㉠ 에너지선

기준면에서 총수두까지의 높이$\left(z+\frac{p}{w}+\frac{v^2}{2g}\right)$를 연결한 선, 즉 전수두를 연결한 선을 말한다.

㉡ 동수경사선

기준면에서 위치수두와 압력수두의 합$\left(z+\frac{p}{w}\right)$을 연결한 선을 말한다.

㉢ 에너지선과 동수경사선의 관계

- 이상유체의 경우 에너지선과 수평기준면은 평행하다.
- 동수경사선은 에너지선보다 속도수두만큼 아래에 위치한다.
- 흐름구간에서 유속과 수위가 균일한 등류인 경우에는 동수경사선과 에너지선이 평행하다.

55. 면적이 A인 평판이 수면으로부터 h가 되는 깊이에 수평으로 놓여 있을 경우 이 평판에 작용하는 전수압 P는?(단, 물의 단위중량은 w이다.)

① $P=whA$　② $P=wh^2A$

③ $P=w^2hA$　④ $P=whA^2$

■해설 수면과 평행한 면이 받는 전수압

수심 h인 수중에 작용하는 정수압은 $p=wh$로 나타낼 수 있으므로, 이 점에 수평으로 놓여 있는 면적 A의 수평면에 작용하는 전수압은 $P=pA=whA$로 나타낼 수 있다.

56. 단위시간에 있어서 속도 변화가 V_1에서 V_2로 되며 이때 질량 m인 유체의 밀도를 ρ라 할 때 운동량 방정식은?(단, Q=유량, ω=유체의 단위중량, g=중력가속도)

① $F=\frac{\omega Q}{\rho}(V_2-V_1)$

② $F=\omega Q(V_2-V_1)$

③ $F=\frac{Qg}{\omega}(V_2-V_1)$

④ $F=\frac{\omega}{g}Q(V_2-V_1)$

■해설 운동량 방정식

유수에 의한 작용 반작용의 힘을 구하는 운동량방정식과 반력은 다음 식을 적용한다.

$P=\frac{wQ}{g}(V_2-V_1)$: 운동량 방정식

$P=\frac{wQ}{g}(V_1-V_2)$: 판이 받는 힘(반력)

여기서, V_1 : 입구부 유속

V_2 : 출구부 유속

57. 그림과 같은 두 개의 수조($A_1=2\text{m}^2$, $A_2=4\text{m}^2$)를 한 변의 길이가 10cm인 정사각형 단면(a_1)의 Orifice로 연결하여 물을 유출시킬 때 두 수조의 수면이 같아지려면 얼마의 시간이 걸리는가?(단, $h_1=5\text{m}$, $h_2=3\text{m}$, 유량계수 $C=0.62$이다.)

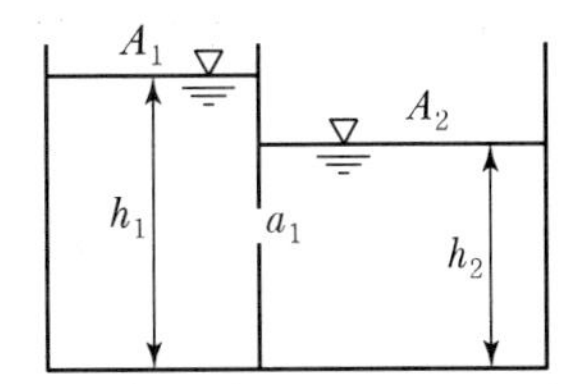

① 130초　② 137초

③ 150초　④ 157초

■해설 수조의 배수시간

㉠ 자유유출의 경우

$$t=\frac{2A}{Ca\sqrt{2g}}(h_1^{\frac{1}{2}}-h_2^{\frac{1}{2}})$$

㉡ 수중유출의 경우

$$t=\frac{2A_1A_2}{Ca\sqrt{2g}(A_1+A_2)}(h_1^{\frac{1}{2}}-h_2^{\frac{1}{2}})$$

if) 두 수조의 수면이 같아지는 데 걸리는 시간은 $h_2=0$

$$t=\frac{2A_1A_2}{Ca\sqrt{2g}(A_1+A_2)}h_1^{\frac{1}{2}}$$

㉢ 수조의 배수시간 계산

$$t=\frac{2A_1A_2}{Ca\sqrt{2g}(A_1+A_2)}\left(h_1^{\frac{1}{2}}-h_2^{\frac{1}{2}}\right)$$

$$=\frac{2\times2\times4}{0.62\times0.01\times\sqrt{2\times9.8}\times(2+4)}\times2^{\frac{1}{2}}$$

$$=137.4\text{sec}$$

58. 내경 2cm의 관 내를 수온 20℃의 물이 25cm/s의 유속을 갖고 흐를 때 이 흐름의 상태는?(단, 20℃일 때의 물의 동점성계수 $\nu=0.01\text{cm}^2/\text{s}$)

① 층류　　② 난류
③ 상류　　④ 불완전 층류

■해설 흐름의 상태
㉠ 층류와 난류의 구분
$$R_e=\frac{VD}{\nu}$$
여기서, V : 유속
D : 관의 직경
ν : 동점성계수
- $R_e<2{,}000$: 층류
- $2{,}000<R_e<4{,}000$: 천이영역
- $R_e>4{,}000$: 난류

㉡ 층류와 난류의 계산
$$R_e=\frac{VD}{\nu}=\frac{25\times2}{0.01}=5{,}000$$
∴ 난류

59. 상류(常流)로 흐르는 수로에 댐을 만들었을 경우 그 상류(上流)에 생기는 수면곡선은?

① 배수 곡선
② 저하 곡선
③ 수리 특성 곡선
④ 홍수 추적 곡선

■해설 부등류의 수면형
㉠ $dx/dy>0$이면 흐름방향으로 수심이 증가함을 뜻하며 이 유형의 곡선을 배수곡선(Backwater Curve)이라 하고, 댐 상류부에서 볼 수 있는 곡선이다.
㉡ $dx/dy<0$이면 수심이 흐름방향으로 감소함을 뜻하며 이를 저하곡선(Dropdown Curve)이라 하며, 위어 등에서 볼 수 있는 곡선이다.
∴ 상류(常流)로 흐르는 수로에 댐을 만들었을 때 그 상류(上流)에 생기는 수면곡선은 배수곡선이다.

60. 폭 1m인 판을 접어서 직사각형 개수로를 만들었을 때 수리상 유리한 단면의 단면적은?

① 0.111m^2　　② 0.120m^2
③ 0.125m^2　　④ 0.135m^2

■해설 수리학적 유리한 단면
㉠ 일정한 단면적에 유량이 최대로 흐를 수 있는 단면을 수리학적 유리한 단면이라 한다.
경심(R)이 최대이거나 윤변(P)이 최소인 단면 직사각형의 경우 $B=2H$, $R=\dfrac{H}{2}$이다.
㉡ 단면의 산정
폭 1m의 판을 접어서 직사각형 단면을 만들려면 $B=2H$의 조건을 만족해야 하므로 $B=0.5\text{m}$, $H=0.25\text{m}$이어야 한다.
∴ $A=BH=0.5\times0.25=0.125\text{m}^2$

제4과목 철근콘크리트 및 강구조

61. f_{ck}가 38MPa일 때 직사각형 응력분포의 깊이를 나타내는 β_1의 값은 얼마인가?

① 0.78　　② 0.92
③ 0.80　　④ 0.75

■해설 $f_{ck}>28\text{MPa}$인 경우 β_1의 값
$\beta_1=0.85-0.007(f_{ck}-28)$
$=0.85-0.007(38-28)=0.78(\beta_1\geq0.65)$

62. $b_w=200\text{mm}$, a=90mm인 강도설계의 단철근 직사각형 보에서 f_{ck}가 21MPa이고 유효깊이(d)가 500mm라면 공칭 휨 모멘트강도(M_n)는 얼마인가?(단, 이 보는 균형보이다.)

① 102.3kN·m　　② 113.5kN·m
③ 134.7kN·m　　④ 146.2kN·m

 |해답| 58.② 59.① 60.③ 61.① 62.④

■해설 $M_n = C \cdot z$

$= 0.85 f_{ck} ab\left(d - \frac{a}{2}\right)$

$= 0.85 \times 21 \times 90 \times 200 \times \left(500 - \frac{90}{2}\right)$

$= 146.2 \times 10^6 \mathrm{N \cdot mm} = 146.2 \mathrm{kN \cdot m}$

63. 인장 부재의 볼트 연결부를 설계할 때 고려되지 않는 항목은?

① 지압응력
② 볼트의 전단응력
③ 부재의 항복응력
④ 부재의 좌굴응력

■해설 볼트 연결부 설계 시 고려사항
- 지압응력
- 볼트의 전단응력
- 부재의 항복응력

64. 다음 단면의 균열 모멘트 M_{cr}의 값은?(단, $f_{ck} = 24$ MPa, 콘크리트의 파괴계수 $f_r = 3.09$MPa)

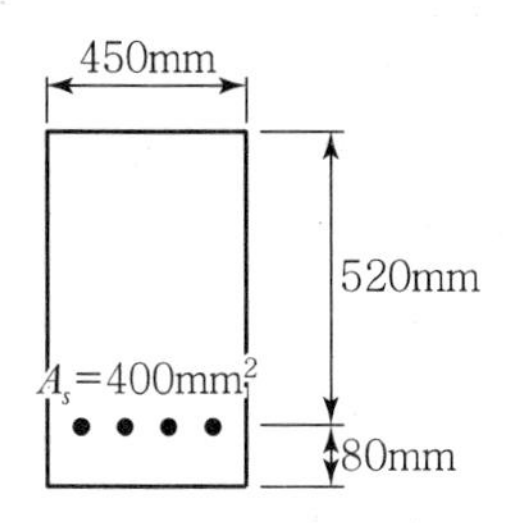

① 16.8kN · m ② 41.58kN · m
③ 83.43kN · m ④ 110.88kN · m

■해설 $Z = \frac{bh^2}{6} = \frac{450 \times 600^2}{6}$

$= 27 \times 10^6 \mathrm{mm^3}$

$M_{cr} = f_r \cdot Z = 3.09 \times (27 \times 10^6)$

$= 83.43 \times 10^6 \mathrm{N \cdot mm}$

$= 83.43 \mathrm{kN \cdot m}$

65. 전단철근으로 사용될 수 있는 것이 아닌 것은?

① 스터럽과 굽힘철근의 조합
② 부재축에 직각인 스터럽
③ 부재의 축에 직각으로 배치된 용접철망
④ 주인장 철근에 15°의 각도로 구부린 굽힘철근

■해설 전단철근의 종류
㉠ 주인장 철근에 수직으로 설치하는 스터럽
㉡ 주인장 철근에 45° 또는 그 이상 경사로 설치하는 스터럽
㉢ 주인장 철근에 30° 또는 그 이상의 경사로 구부리는 굽힘철근
㉣ ㉠과 ㉢ 또는 ㉡와 ㉢을 병용하는 경우
㉤ 나선철근 또는 용접철망

66. 그림과 같은 단면의 도심에 PS 강재가 배치되어 있다. 초기 프리스트레스 힘 1,500kN을 작용시켰다. 20%의 손실을 가정하여 콘크리트의 하연 응력이 0이 되도록 하려면 이때의 휨모멘트값은 얼마인가?(단, 자중은 무시함)

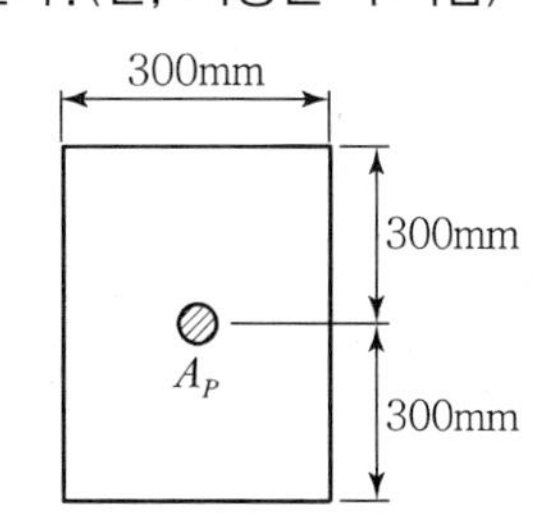

① 120kN · m ② 230kN · m
③ 313kN · m ④ 431kN · m

■해설 $f_b = \frac{P_e}{A} - \frac{M}{Z} = \frac{0.8P_i}{bh} - \frac{6M}{bh^2} = 0$

$M = \frac{0.8P_i h}{6} = \frac{0.8 \times 1{,}500 \times 0.6}{6} = 120 \mathrm{kN \cdot m}$

67. 아래 그림과 같은 맞대기 용접의 용접부에 생기는 인장응력은?

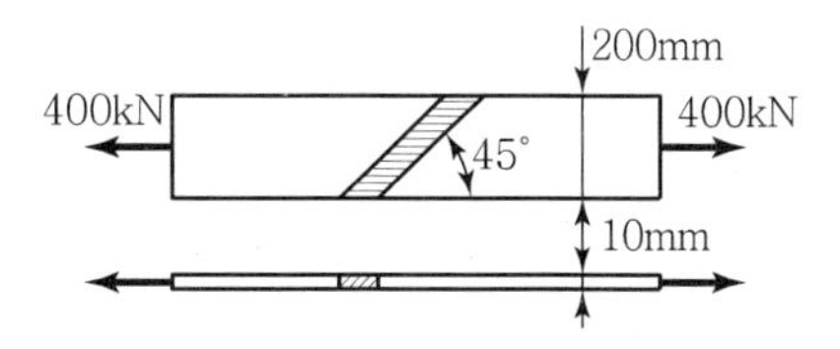

① 180MPa ② 141MPa
③ 200MPa ④ 223MPa

■해설 $f=\frac{P}{A}=\frac{400\times10^3}{200\times10}=200\text{N/mm}^2=200\text{MPa}$

68. 옹벽의 안정조건에 대한 설명으로 틀린 것은?

① 활동에 대한 저항력은 옹벽에 작용하는 수평력의 1.5배 이상이어야 한다.
② 지반에 유발되는 최대 지반반력이 지반의 허용지지력의 1.5배 이상이어야 한다.
③ 전도 및 지반지지력에 대한 안정조건은 만족하지만, 활동에 대한 안정조건만을 만족하지 못할 경우에는 활동방지벽 혹은 횡방향 앵커 등을 설치하여 활동저항력을 증대시킬 수 있다.
④ 전도에 대한 저항휨모멘트는 횡토압에 의한 전도휨모멘트의 2.0배 이상이어야 한다.

■해설 옹벽의 안정조건
- 전도 : $\frac{\Sigma M_r(\text{저항 모멘트})}{\Sigma M_a(\text{전도 모멘트})}\geq 2.0$
- 활동 : $\frac{f(\Sigma W)(\text{활동에 대한 저항력})}{\Sigma H(\text{옹벽에 작용하는 수평력})}\geq 1.5$
- 침하 : $\frac{q_a(\text{지반의 허용지지력})}{q_{max}(\text{지반에 작용하는 최대압력})}\geq 1.0$

69. 길이가 3m인 캔틸레버보의 자중을 포함한 계수하중이 100kN/m일 때 위험단면에서 전단 철근이 부담해야 할 전단력(V_s)은 약 얼마인가?(단, $f_{ck}=24$MPa, $f_y=300$MPa, $b_w=300$mm, $d=500$mm)

① 158.2kN ② 193.7kN
③ 210.9kN ④ 252.8kN

■해설 $V_u=w_u(l-d)=100\times(3-0.5)=250\text{kN}$

$V_c=\frac{1}{6}\lambda\sqrt{f_{ck}}b_w d=\frac{1}{6}\times1\times\sqrt{24}\times300\times500$

$=122,474\text{N}=122.5\text{kN}$

$\phi(V_c+V_s)\geq V_u$

$V_s\geq\frac{V_u}{\phi}-V_c=\frac{250}{0.75}-122.5=210.8\text{kN}$

70. 프리스트레스트 콘크리트의 강도 개념을 설명한 것으로 옳은 것은?

① 프리스트레스가 도입되면 콘크리트 부재에 대한 해석이 탄성이론으로 가능하다는 개념
② PSC보를 RC보처럼 생각하여, 콘크리트는 압축력을 받고 긴장재는 인장력을 받게 하여 두 힘의 우력 모멘트로 외력에 의한 휨모멘트에 저항시킨다는 개념
③ 프리스트레싱에 의한 작용과 부재에 작용하는 하중을 평형이 되도록 하자는 개념
④ 선형탄성이론에 의한 개념이며, 콘크리트와 긴장재의 계산된 응력이 허용응력 이하로 되도록 설계하는 개념

■해설 PSC의 설계 개념 중에서 PSC보를 RC보처럼 생각하여 압축은 콘크리트가 받고 인장은 긴장재가 받게 하여 두 힘에 의한 우력이 외력모멘트에 저항한다는 개념을 강도 개념 또는 내력모멘트 개념이라고 한다.

71. 철근의 피복두께에 대한 설명으로 틀린 것은?

① 주철근의 표면에서 콘크리트의 표면까지의 최단거리이다.
② 부착응력을 확보한다.
③ 침식이나 염해 또는 화학작용으로부터 철근을 보호한다.
④ 철근이 산화되지 않도록 한다.

■해설 철근의 피복두께
최외단에 배근된 철근의 표면으로부터 콘크리트의 표면까지의 최단거리를 말한다.

72. 단철근 직사각형 보의 자중이 15kN/m이고 활하중이 23kN/m일 때 계수 휨모멘트는 얼마인가?(단, 이 보는 지간 8m인 단순보이다.)

① 416.2kN·m ② 438.4kN·m
③ 452.4kN·m ④ 511.2kN·m

■ 해설 $W_u = 1.2W_D + 1.6W_L = 1.2 \times 15 + 1.6 \times 23$
$= 54.8\text{kN/m}$
$M_u = \dfrac{W_u l^2}{8} = \dfrac{54.8 \times 8^2}{8} = 438.4\text{kN} \cdot \text{m}$

73. 강도설계법에서 강도감소계수에 관한 규정 중 틀린 것은?

① 인장지배 단면 : 0.85
② 나선철근으로 보강된 철근콘크리트 부재의 압축지배 단면 : 0.70
③ 전단력 : 0.75
④ 콘크리트의 지압력 : 0.70

■ 해설 콘크리트의 지압력에 대한 강도감소계수는 0.65이다.

74. 아래 그림과 같은 복철근 직사각형 단면의 보에서 등가 직사각형 응력블록의 깊이(a)는?(단, $A_s = 4,765\text{mm}^2$, $A_s' = 1,927\text{mm}^2$, $f_{ck} = 28$ MPa, $f_y = 350$MPa이고 파괴 시 압축철근이 항복한다고 가정한다.)

① 127.4mm
② 139.1mm
③ 145.7mm
④ 152.5mm

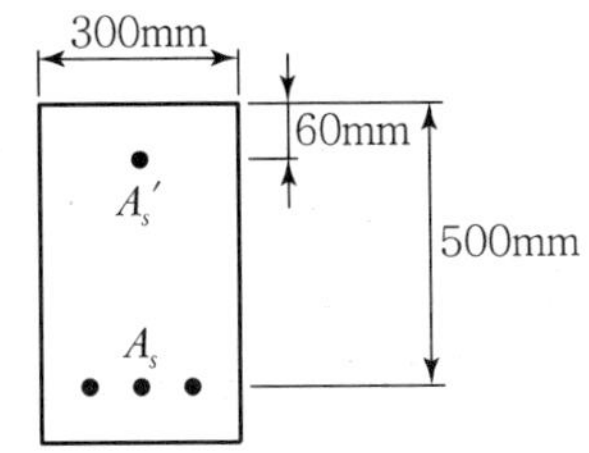

■ 해설 $a = \dfrac{(A_s - A_s')f_y}{0.85 f_{ck} b} = \dfrac{(4,765 - 1,927) \times 350}{0.85 \times 28 \times 300}$
$= 139.1\text{mm}$

75. 강도설계 시에 콘크리트가 부담하는 공칭 전단강도 V_c는 약 얼마인가?(단, $f_{ck} = 24$MPa, 부재의 폭 300mm, 부재의 유효깊이 500mm이며 전단과 휨만을 받는 것으로 한다.)

① 100kN ② 110kN
③ 118kN ④ 122kN

■ 해설 $\lambda = 1$(보통 중량의 콘크리트인 경우)
$V_c = \dfrac{1}{6}\lambda\sqrt{f_{ck}}\, b_w d$
$= \dfrac{1}{6} \times 1 \times \sqrt{24} \times 300 \times 500 = 122.47 \times 10^3\text{N}$
$= 122.47\text{kN}$

76. $D-25$(공칭직경 : 25.4mm)를 사용하는 압축 이형철근의 기본정착길이는?(단, $f_{ck} = 27$MPa, $f_y = 400$ MPa이다.)

① 357mm ② 489mm
③ 745mm ④ 1,174mm

■ 해설 $l_{db} = \dfrac{0.25 d_b f_y}{\sqrt{f_{ck}}}$
$= \dfrac{0.25 \times 25.4 \times 400}{\sqrt{27}}$
$= 488.8\text{mm}$
$0.043 d_b f_y = 0.043 \times 25.4 \times 400 = 436.9\text{mm}$
$l_{db} \geq 0.043 d_b f_y$ − O.K

77. 프리스트레스의 손실 원인 중 프리스트레스 도입 후에 시간의 경과에 따라 생기는 것은?

① 콘크리트의 탄성변형
② 정착단의 활동
③ 콘크리트의 크리프
④ PS 강재와 쉬스 사이의 마찰

■ 해설 ㉠ 프리스트레스 도입시 손실(즉시 손실)
• 콘크리트의 탄성수축
• PS 강재와 쉬스 사이의 마찰
• 정착장치의 활동
㉡ 프리스트레스 도입후 손실(시간 손실)
• PS 강재의 릴랙세이션
• 콘크리트의 크리프
• 콘크리트의 건조수축

78. 강도설계법에 관한 기본가정으로 틀린 것은?

① 압축 측 콘크리트의 변형률은 등가깊이 $a=\beta_1 c$까지 직사각형 분포이다.
② 콘크리트의 압축연단 최대 변형률은 0.003으로 한다.
③ 콘크리트의 인장강도는 휨 계산에서 무시한다.
④ 항복강도 f_y 이하에서의 철근 응력은 그 변형률의 E_s배를 취한다.

해설 강도설계법에 대한 기본가정 사항

- 철근 및 콘크리트의 변형률은 중립축으로부터의 거리에 비례한다.
- 압축 측 연단에서 콘크리트의 최대 변형률은 0.003으로 가정한다.
- f_y 이하의 철근 응력은 그 변형률의 E_s배로 취한다. f_y에 해당하는 변형률보다 더 큰 변형률에 대한 철근의 응력은 변형률에 관계없이 f_y와 같다고 가정한다.
- 극한강도상태에서 콘크리트의 응력은 변형률에 비례하지 않는다.
- 콘크리트의 압축응력분포는 등가직사각형 응력 분포로 가정해도 좋다.
- 콘크리트의 인장응력은 무시한다.

79. 강도설계법에서 $f_{ck}=21$MPa, $f_y=300$MPa일 때 다음 그림과 같은 보의 등가 직사각형 응력 블록의 깊이 a는?(단, $A_s=2{,}400$mm²이다.)

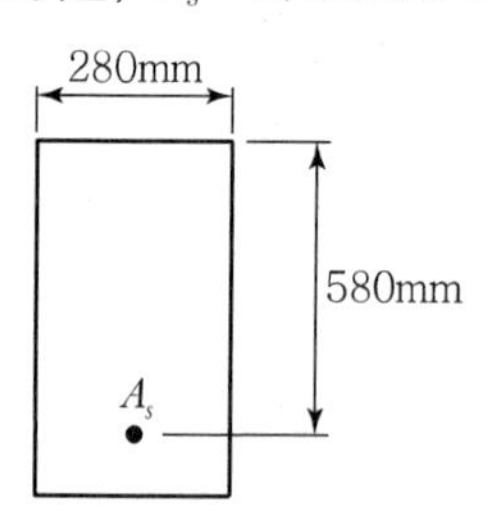

① 264mm ② 248mm
③ 144mm ④ 127mm

해설 $a=\dfrac{f_y A_s}{0.85 f_{ck} b}=\dfrac{300\times 2{,}400}{0.85\times 21\times 280}=144\text{mm}$

80. 아래 그림과 같이 경간 $L=9$m인 연속 슬래브에서 빗금 친 반 T형 보의 유효 폭(b)은?

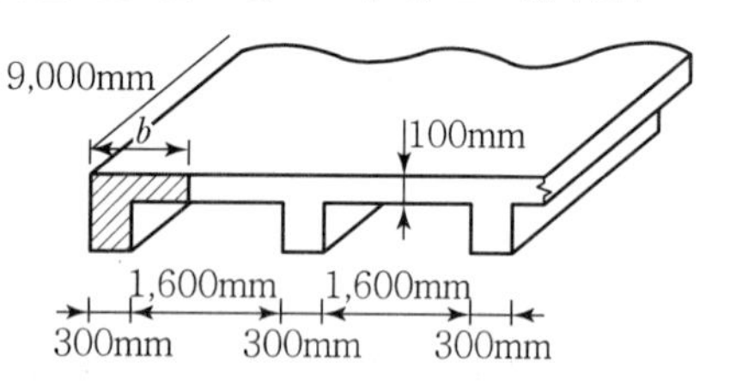

① 900mm ② 1,050mm
③ 1,100mm ④ 1,200mm

해설 반 T형 보에서 플랜지의 유효 폭(b_e)

- $6t_f+b_w=(6\times 100)+300=900\text{mm}$
- 인접보와의 내측간 거리 $\frac{1}{2}+b_w$
  $=\left(1{,}600\times\frac{1}{2}\right)+300=1{,}100\text{mm}$
- 보경간의 $\frac{1}{12}+b_w$
  $=\left(9\times 10^3\times\frac{1}{12}\right)+300=1{,}050\text{mm}$

위 값 중에서 최소값을 취하면 $b_e=900\text{mm}$이다.

제5과목 토질 및 기초

81. 어느 흙의 자연함수비가 그 흙의 액성한계보다 높다면 그 흙은 어떤 상태인가?

① 소성상태에 있다. ② 액체상태에 있다.
③ 반고체상태에 있다. ④ 고체상태에 있다.

해설 애터버그 한계

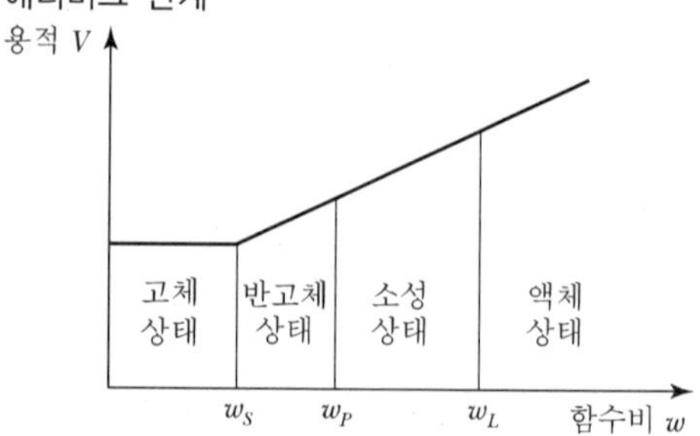

∴ 자연함수비가 액성한계 보다 높다면 그 흙은 액체상태에 있다.

82. 점성토 지반에 있어서 강성기초의 접지압 분포에 관한 다음 설명 중 옳은 것은?

① 기초의 모서리 부분에서 최대 응력이 발생한다.
② 기초의 중앙부에서 최대 응력이 발생한다.
③ 기초의 밑면 부분에서는 어느 부분이나 동일하다.
④ 기초의 모서리 및 중앙부에서 최대 응력이 발생한다.

해설 점토지반 접지압 분포
기초 모서리에서 최대응력 발생

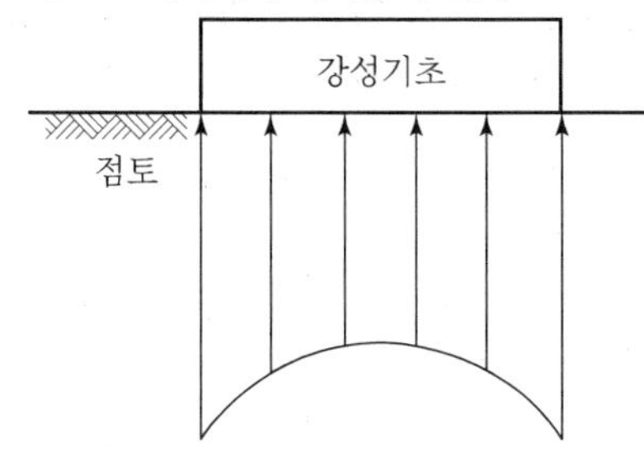

83. 정규압밀점토에 대하여 구속응력 2kg/cm²로 압밀배수 삼축압축시험을 실시한 결과 파괴 시 축차응력이 4kg/cm²이었다. 이 흙의 내부마찰각은?

① 20° ② 25°
③ 30° ④ 45°

해설 내부마찰각 $\phi = \sin^{-1} = \dfrac{\sigma_1 - \sigma_3}{\sigma_1 + \sigma_3}$

$= \sin^{-1} = \dfrac{6-2}{6+2}$

$= 30°$

$(\sigma_1 = \sigma_3 + \sigma = 2+4 = 6)$

84. 그림과 같은 흙댐의 유선망을 작도하는 데 있어서 경계조건으로 틀린 것은?

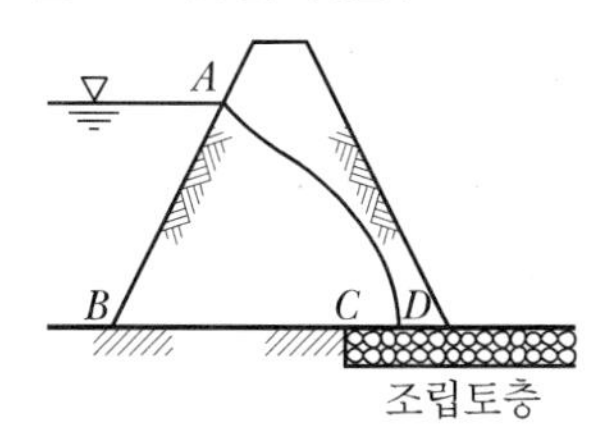

① $\overline{AB}$는 등수두선이다.
② $\overline{BC}$는 유선이다.
③ $\overline{AD}$는 유선이다.
④ $\overline{CD}$는 침유선이다.

해설 경계조건 중 $\overline{CD}$는 최하부 유선이고 침윤선은 표면유선인 $\overline{AC}$이다.

85. 다음 그림에 보인 바와 같이 지하수위면은 지표면 아래 2.0m의 깊이에 있고 흙의 단위중량은 지하수위면 위에서 1.9t/m³, 지하수위면 아래에서 2.0t/m³이다. 요소 A가 받는 연직 유효응력은?

① 19.8t/m²
② 19.0t/m²
③ 13.8t/m²
④ 13.0t/m²

2m
10m
A

해설 $\sigma' = \sigma - u = r_t \cdot H_1 + r_{sub} \cdot H_2$
$= 1.9 \times 2 + (2.0-1) \times 10 = 13.8\text{t/m}^2$

86. 모래 치환법에 의한 현장 흙의 단위무게 실험결과가 아래와 같다. 현장 흙의 건조단위중량은?

- 실험구멍에서 파낸 흙의 중량 1,600g
- 실험구멍에서 파낸 흙의 함수비 20%
- 실험구멍에 채워진 표준모래의 중량 1,350g
- 실험구멍에 채워진 표준모래의 단위중량 1.35g/cm³

① 0.93g/cm³ ② 1.13g/cm³
③ 1.33g/cm³ ④ 1.53g/cm³

해설 ① $\gamma = \dfrac{W}{V}$에서, $1.35 = \dfrac{1,350}{V}$

∴ 실험구멍의 체적 $V = 1,000\text{cm}^3$

② $\gamma_t = \dfrac{W}{V} = \dfrac{1,600}{1,000} = = 1.6\text{g/cm}^3$

③ $\gamma_d = \dfrac{\gamma_t}{1+w} = \dfrac{1.6}{1+0.2} = 1.33\text{g/cm}^3$

|해답| 82.① 83.③ 84.④ 85.③ 86.③

87. 그림에서 주동토압의 크기를 구한 값은?(단, 흙의 단위중량은 1.8t/m³이고 내부마찰각은 30°이다.)

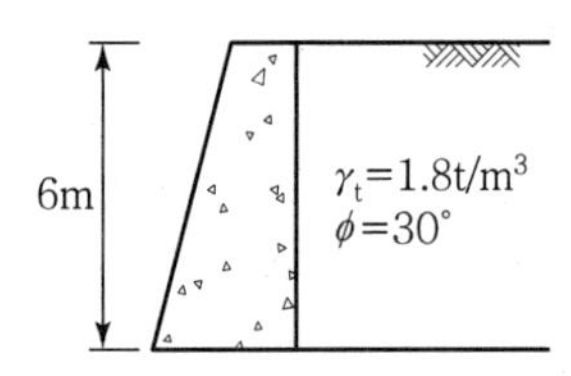

① 5.6t/m ② 10.8t/m
③ 15.8t/m ④ 23.6t/m

해설 ① $K_A = \tan^2\left(45° - \frac{\phi}{2}\right)$

$= \frac{1-\sin\phi}{1+\sin\phi} = \frac{1-\sin 30°}{1+\sin 30°} = 0.333$

② $P_A = \frac{1}{2} \cdot K_A \cdot \gamma \cdot H^2$

$= \frac{1}{2} \times 0.333 \times 1.8 \times 6^2$

$= 10.8\text{t/m}$

88. 압밀계수를 구하는 목적은?

① 압밀침하량을 구하기 위하여
② 압축지수를 구하기 위하여
③ 선행압밀하중을 구하기 위하여
④ 압밀침하속도를 구하기 위하여

해설 $C_v = \frac{T_v \cdot H^2}{t}$

∴ 압밀침하속도를 구하기 위하여 압밀계수를 구한다.

89. 평판재하시험이 끝나는 다음 조건 중 옳지 않은 것은?

① 침하량이 15mm에 달할 때
② 하중 강도가 현장에서 예상되는 최대 접지 압력을 초과할 때
③ 하중 강도가 그 지반의 항복점을 넘을 때
④ 흙의 함수비가 소성한계에 달할 때

해설 침하 측정은 침하가 15mm에 달하거나 하중강도가 현장에서 예상되는 가장 큰 접지압력의 크기 또는 지반의 항복점을 넘을 때까지 실시한다.

90. 2면 직접전단실험에서 전단력이 30kg, 시료의 단면적이 10cm²일 때의 전단응력은?

① 1.5kg/cm² ② 3kg/cm²
③ 6kg/cm² ④ 7.5kg/cm²

해설 2면 직접전단실험

$\tau = \frac{S}{2A} = \frac{30}{2\times 10} = 1.5\text{kg/cm}^2$

91. 그림에서 모래층에 분사현상이 발생되는 경우는 수두 h가 몇 cm 이상일 때 일어나는가?(단, $G_s=2.68$, $n=60\%$)

① 20.16cm
② 10.52cm
③ 13.73cm
④ 18.05cm

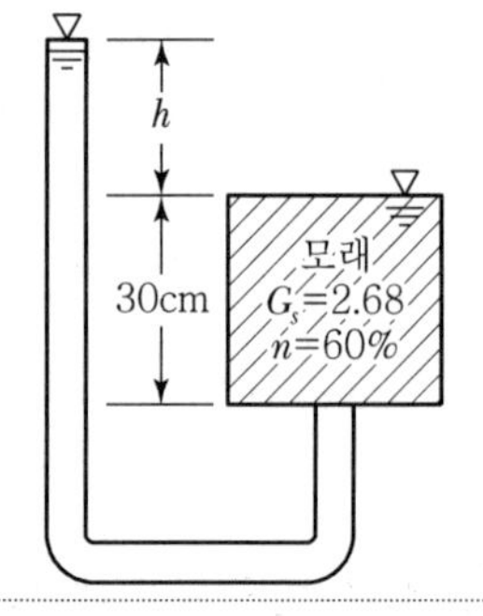

해설 분사현상 안전율

$F_s = \frac{i_c}{i} = \frac{\frac{G_s - 1}{1+e}}{\frac{\Delta h}{L}}$

$F_s = \frac{\frac{2.68-1}{1+1.5}}{\frac{\Delta h}{30}} = \frac{0.672}{\frac{\Delta h}{30}} = 1$

∴ $\Delta h = 0.672 \times 30 = 20.16\text{cm}$

$\left(e = \frac{n}{1-n} = \frac{0.6}{1-0.6} = 1.5\right)$

92. 영공기간극곡선(Zero Air Void Curve)은 다음 중 어떤 토질시험 결과로 얻어지는가?

① 액성한계시험 ② 다짐시험
③ 직접전단시험 ④ 압밀시험

해설 영공극곡선은 $S_r=100\%$, $A=0\%$일 때의 다짐곡선을 영공기 간극곡선 또는 포화곡선이라 한다.

 |해답| 87.② 88.④ 89.④ 90.① 91.① 92.②

93. 흙의 동해(凍害)에 관한 다음 설명 중 옳지 않은 것은?

① 동상현상은 빙층(Ice Lens)의 생장이 주된 원인이다.
② 사질토는 모관상승높이가 작아서 동상이 잘 일어나지 않는다.
③ 실트는 모관상승높이가 작아서 동상이 잘 일어나지 않는다.
④ 점토는 모관상승높이는 크지만 동상이 잘 일어나는 편은 아니다.

해설
- 동상을 받기 쉬운 흙 존재(실트질 흙)
- 0℃ 이하가 오래 지속되어야 한다.
- 물의 공급이 충분해야 한다.

94. 사질토 지반에서 직경 30cm의 평판재하시험 결과 30t/m²의 압력이 작용할 때 침하량이 5mm라면, 직경 1.5m의 실제 기초에 30t/m²의 하중이 작용할 때 침하량의 크기는?

① 28mm ② 50mm
③ 14mm ④ 25mm

해설 사질토층의 재하시험에 의한 즉시침하

$$S_F = S_P \cdot \left\{\frac{2 \cdot B_F}{B_F + B_P}\right\}^2 = 5 \times \left\{\frac{2 \times 1.5}{1.5 + 0.3}\right\}^2$$

$= 14\text{mm}$

95. 말뚝의 직경이 50cm, 지중에 관입된 말뚝의 길이가 10m 인 경우, 무리말뚝의 영향을 고려하지 않아도 되는 말뚝의 최소간격은?

① 2.37m ② 2.75m
③ 3.35m ④ 3.75m

해설 $D_o = 1.5\sqrt{r \cdot L} = 1.5 \times \sqrt{0.25 \times 10} = 2.37\text{m}$

① $S > D_o$ =단항
② $S < D_o$ =군항

96. 부피 100cm³의 시료가 있다. 젖은 흙의 무게가 180g인데 노 건조 후 무게를 측정하니 140g이었다. 이 흙의 간극비는?(단, 이 흙의 비중은 2.65이다.)

① 1.472 ② 0.893
③ 0.627 ④ 0.470

해설 $\gamma_d = \dfrac{W}{V} = \dfrac{G_s}{1+e} r_w$ 에서,

$$\gamma_d = \frac{140}{100} = \frac{2.65}{1+e} \times 1 = 1.4\text{g/cm}^3$$

$$\therefore\ e = \frac{G_s \cdot \gamma_w}{\gamma_d} - 1 = \frac{2.65 \times 1}{1.4} - 1$$

$= 0.893$

97. 입도시험 결과 균등계수가 6이고 입자가 둥근 모래흙의 강도시험 결과 내부마찰각이 32° 이었다. 이 모래지반의 N치는 대략 얼마나 되겠는가?(단, Dunham 식 사용)

① 12 ② 18
③ 22 ④ 24

해설 Dunham 공식
- 토립자가 모나고 입도가 양호한 경우
  $\phi = \sqrt{12 \cdot N} + 25$
- 토립자가 모나고 입도가 불량한 경우
  $\phi = \sqrt{12 \cdot N} + 20$
- 토립자가 둥글고 입도가 양호한 경우
  $\phi = \sqrt{12 \cdot N} + 20$

$\phi = \sqrt{12 \cdot N} + 15$
$32° = \sqrt{12 \cdot N} + 15$
$\therefore N = 24$

98. 다음 중 지지력이 약한 지반에서 가장 적합한 기초형식은?

① 복합확대기초 ② 독립확대기초
③ 연속확대기초 ④ 전면기초

해설 전면기초(Mat Foundation)
지지력이 약한 지반에서 가장 적합한 기초형식으로서 구조물 아래의 전체 또는 대부분을 한 장의 슬래브로 지지한 기초

|해답| 93.③ 94.③ 95.① 96.② 97.④ 98.④

99. 어떤 흙의 전단실험결과 c=1.8kg/cm², ϕ=35°, 토립자에 작용하는 수직응력이 σ=3.6kg/cm²일 때 전단강도는?

① 4.89kg/cm² ② 4.32kg/cm²
③ 6.33kg/cm² ④ 3.86kg/cm²

■해설 전단강도
$S(\tau_f) = C + \sigma\tan\phi = 1.8 + 3.6\tan35° = 4.32\text{kg/cm}^2$

100. 연약점토지반(ϕ=0)의 단위중량 1.6t/m³, 점착력 2t/m²이다. 이 지반을 연직으로 2m 굴착하였을 때 연직사면의 안전율은?

① 1.5 ② 2.0
③ 2.5 ④ 3.0

■해설 ① $H_c = \frac{4 \cdot c}{r}\tan(45° + \frac{\phi}{2})$
$= \frac{4 \times 2}{1.6}\tan(45° + \frac{0°}{2})$
$= 5\text{m}$
② $F_s = \frac{H_c}{H} = \frac{5}{2} = 2.5$

제6과목 **상하수도공학**

101. 탁도가 30mg/L인 원수를 Alum($Al_2(SO_4)_3 \cdot 18H_2O$) 25mg/L를 주입하여 응집처리할 때 1,000m³/day 처리에 대한 Alum 주입량은?

① 25kg/day ② 30kg/day
③ 35kg/day ④ 55kg/day

■해설 응집제 주입량의 결정
㉠ 응집제 주입량
주입량=주입농도×유량
㉡ 응집제 주입량의 계산
주입량
$= 25 \times 10^{-3}(\text{kg/m}^3) \times 1{,}000(\text{m}^3/\text{day})$
$= 25\text{kg/day}$

102. 합류식 관거에서의 계획하수량으로 옳은 것은?

① 계획 시간 최대오수량
② 계획 오수량
③ 계획 평균오수량
④ 계획 시간 최대오수량+계획 우수량

■해설 계획하수량의 결정
㉠ 오수 및 우수관거

종류		계획하수량
합류식		계획 시간 최대오수량에 계획 우수량을 합한 수량
분류식	오수관거	계획 시간 최대오수량
	우수관거	계획우수량

㉡ 차집관거
우천시 계획오수량 또는 계획시간 최대오수량의 3배를 기준으로 설계한다.
∴ 합류식 하수관거의 설계기준은 계획 시간 최대오수량+계획우수량이다.

103. 유입하수량 30,000m³/day, 유입 BOD 200mg/L, 유입 SS 150mg/L이고, BOD 제거율이 95%, SS 제거율이 90%일 경우 유출 BOD와 유출 SS의 농도는 각각 얼마인가?

① 10mg/L, 15mg/L ② 10mg/L, 30mg/L
③ 16mg/L, 15mg/L ④ 16mg/L, 30mg/L

■해설 BOD, SS 농도
㉠ 유출 BOD 농도
• 유출 BOD 농도=유입 BOD 농도×(1－제거율)
• 유출 BOD 농도=200×(1－0.95)=10mg/L
㉡ 유출 SS 농도
• 유출 SS 농도=유입 SS 농도×(1－제거율)
• 유출 SS 농도=150×(1－0.9)=15mg/L

104. 그림에서 간선하수거 DA의 길이는 600m이고 유역 내 가장 먼 지점 E에서 간선하수거의 입구 D까지 우수가 유하하는 데 걸리는 시간은 5분이다. 간선하수거 내 유속이 1m/s라면 유달시간은?

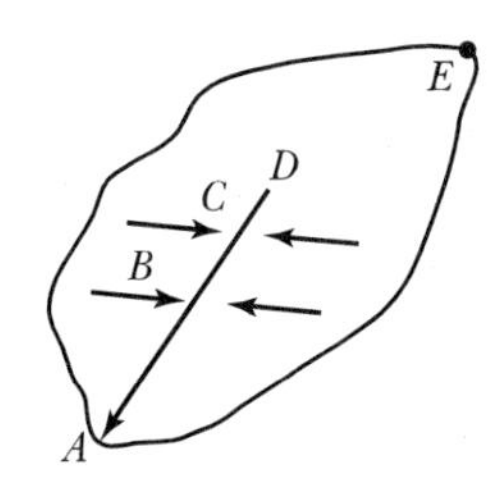

① 5분　　② 11분
③ 15분　　④ 20분

해설 유달시간

㉠ 유달시간은 유입시간과 유하시간을 더한 것을 말한다.

$t = t_1(\text{유입시간}) + t_2(\text{유하시간}) = t_1 + \frac{l}{v}$

㉡ 유달시간의 계산

$t = t_1 + \frac{l}{v} = 5\text{min} + \frac{600}{1 \times 60} = 15\text{min}$

105. 하수도 기본계획 수립 시의 조사사항으로 가장 거리가 먼 것은?

① 계획인구 및 포화인구밀도
② 배수지의 크기 및 계통
③ 하수배제방식
④ 오수량

해설 하수도 기본계획 수립시 고려사항

- 하수도 계획구역 및 배수계통
- 목표연도 및 계획인구, 포화인구의 밀도
- 하수의 배제방식
- 주요간선펌프장 및 하수처리장의 위치
- 오수량, 지하수량, 우수유출량의 조사
- 지형 및 지질조사

106. 하천을 수원으로 하는 경우에 하천에 직접 설치할 수 있는 취수시설과 가장 거리가 먼 것은?

① 취수탑
② 취수틀
③ 집수매거
④ 취수문

해설 하천수의 취수시설

종류	특징
취수관	• 수중에 관을 매설하여 취수하는 방식 • 수위와 하상변동에 영향을 많이 받는 방법으로 수위와 하상이 안정적인 곳에 적합
취수문	• 하안에 콘크리트 암거구조로 직접 설치하는 방식 • 취수문은 양질의 견고한 지반에 설치한다. • 수위와 하상변동에 영향을 많이 받는 방법으로 수위와 하상이 안정적인 곳에 적합 • 수문의 크기는 모래의 유입을 작게 하도록 설계하며, 수문에서의 유입속도는 1m/sec 이하로 한다.
취수탑	• 대량 취수의 목적으로 취수탑에 여러 개의 취수구를 설치하여 취수하는 방식 • 최소 수심이 2m 이상인 장소에 설치한다. • 연간 하천의 수위변화가 큰 지점에서도 안정적인 취수를 할 수 있다.
취수보	• 수위변화가 큰 취수지 등에서도 취수량을 안정하게 취수할 수 있다. • 대량 취수가 적합하며, 안정한 취수가 가능하다.

∴ 지표수 취수시설이 아닌 것은 집수매거이다.

107. 상수도 배수시설에 대한 설명으로 옳은 것은?

① 계획배수량은 해당 배수구역의 계획 1일 최대 급수량을 의미한다.
② 소규모의 수도 및 배수량이 적은 지역에서는 소화용수량은 무시한다.
③ 배수지에서의 배수는 펌프가압식을 원칙으로 한다.
④ 대용량 배수지 설치보다 다수의 배수지를 분산시키는 편이 안정급수 관점에서 효과적이다.

해설 배수시설

- 배수지는 계획배수량에 대하여 잉여수를 저장하였다가 수요 급증시 부족량을 보충하는 조절지의 역할과 급수구역에 소정의 수압을 유지하기 위한 시설이다.
- 배수시설의 설계용량은 계획 시간 최대급수량을 기준으로 한다.
- 소규모의 수도 및 배수량이 적은 지역에서는 소화용수량을 고려하여 결정한다.
- 배수지는 가능한 한 급수구역의 중앙에 위치하고 적당한 수두를 얻을 수 있는 곳이 좋으며, 수두가 확보된 곳은 자연유하방식을 원칙으로 한다.

- 대용량 배수지의 설치보다는 수두차이가 많이 나는 곳에서는 다수의 배수지를 분산시키는 것이 안정급수 관점에서 효과적이다.

108. 하수관거의 각종 단면형상에 대한 설명 중 옳지 않은 것은?

① 원형 하수관거는 수리학적으로 유리하며 내경 3m 정도까지 공장제품을 상용할 수 있어 공사기간이 단축된다.

② 직사각형 단면의 관거는 구조 계산이 복잡하고 공사기간이 길어진다.

③ 말굽형 단면은 수리학적으로 유리한 것이 장점이나 시공성이 열악한 것이 단점이다.

④ 계란형 단면은 수직방향의 시공에 정확도가 요구되므로 면밀한 시공이 필요하다.

해설 하수관 단면형상

- 원형관거는 수리학적으로 유리하고 구조계산이 쉽다. 공장제품을 이용하여 공기를 단축할 수 있지만 지하수 침투량이 많아지는 단점이 있다.
- 직사각형 관거는 만류가 되기 전까지는 수리학적으로 유리하고 구조계산이 간단하다. 현장타설의 경우에는 공기가 길어지는 단점이 있다.
- 말굽형 단면은 상부 아치작용에 의해 역학적으로 대단히 우수하고 수리학적으로는 유리하다. 단점으로는 시공성이 어렵고 공기가 길어진다.
- 계란형 단면은 유량이 적은 곳에서는 수리학적으로 유리하며 수직방향의 시공에 정확도가 요구되므로 면밀한 시공이 필요하다.

109. 급속여과지의 여과면적, 지수 및 형상에 대한 설명으로 옳지 않은 것은?

① 여과면적은 계획정수량을 여과속도로 나누어 구한다.

② 1지의 여과면적은 150m^2 이하로 한다.

③ 지수는 예비지를 포함하여 2지 이상으로 한다.

④ 형상은 원형을 표준으로 한다.

해설 급속여과지

- 여과면적은 계획정수량을 여과속도로 나누어 구한다.

$$A = \frac{Q}{V}$$

- 1지의 여과면적은 150m^2 이하로 한다.
- 지수는 예비지를 포함하여 2지 이상으로 한다.
- 형상은 길이와 폭의 비가 5 : 1 이하의 장방형 직사각형을 일반적으로 한다.

110. 정수시설의 계획정수량을 결정하는 기준이 되는 것은?

① 계획 시간 최대급수량

② 계획 1일 최대급수량

③ 계획 시간 평균급수량

④ 계획 1일 평균급수량

해설 급수량의 선정

㉠ 급수량의 종류

종류	내용
계획 1일 최대급수량	수도시설 규모 결정의 기준이 되는 수량 =계획 1일 평균급수량×1.5(중·소도시), 1.3(대도시, 공업도시)
계획 1일 평균급수량	재정계획 수립에 기준이 되는 수량 =계획 1일 최대급수량×0.7(중·소도시), 0.8(대도시, 공업도시)
계획 시간 최대급수량	배수 본관의 구경 결정에 사용 =계획 1일 최대급수량/24×1.3(대도시, 공업도시), 1.5(중소도시), 2.0(농촌, 주택단지)

㉡ 상수도시설의 설계용량

- 취수, 도수, 정수, 송수시설의 설계기준은 계획 1일 최대급수량으로 한다.
- 배수시설의 설계기준은 계획 시간 최대급수량으로 한다.

 |해답| 108.② 109.④ 110.②

111. MLSS 2,000mg/L의 포기조 혼합액을 메스실린더에 1L를 정확히 취한 뒤 30분간 정치하였다. 이때 계면 위치가 320mL를 가리켰다면, 이 슬러지의 *SVI*는?

① 160mL/g ② 260mL/g
③ 440mL/g ④ 640mL/g

해설 슬러지 용적지표(*SVI*)

㉠ 정의 : 폭기조 내 혼합액 1L를 30분간 침전시킨 후 1g의 *MLSS*가 차지하는 침전 슬러지의 부피(mL)를 슬러지용적지표(Sludge Volume Index)라 한다.

㉡ *SVI*

- $SVI = \frac{SV(\mathrm{mL/L}) \times 10^3}{MLSS(\mathrm{mg/L})}$
- $SVI = \frac{SV(\%) \times 10^4}{MLSS(\mathrm{mg/L})}$

㉢ *SVI*의 산정

$$SVI = \frac{SV(\mathrm{mL/L}) \times 10^3}{MLSS(\mathrm{mg/L})} = \frac{320 \times 10^3}{2,000} = 160$$

112. 정수시설에서 배출수 처리단계 중 가장 첫 단계에 속하는 것은?

① 처분시설
② 농축단계
③ 조정단계
④ 탈수단계

해설 배출수 처리시설

정수장에서 배출수 처리시설의 계통은 다음과 같다.

조정 → 농축 → 탈수 → 건조 → 처분

113. 상수도에서의 관수로의 관경 설계 시 일반적으로 가장 많이 사용되는 공식은?

① Horton 공식
② Manning 공식
③ Kutter 공식
④ Hazen－Williams 공식

해설 상수도 관망설계

㉠ 상수도 관망설계에 가장 많이 이용되는 공식은 Hazen－William 공식이며, Hardy－Cross의 시행착오법을 적용한다.

㉡ Hardy－Cross의 시행착오법

- 각 폐합 관로 내에서의 손실수두의 합은 0이다.
- 각 관에 유입된 유량은 그 관에 정지하지 않고 모두 유출한다.
- 마찰 이외의 손실은 고려하지 않는다.

114. 관경이 500mm인 하수관거를 직선부에 설치하고자 한다. 맨홀의(Manhole) 최대간격은?

① 50m ② 75m
③ 100m ④ 150m

해설 맨홀

㉠ 맨홀의 설치목적

하수관거의 청소, 점검, 장애물의 제거, 보수를 위한 기계 및 사람의 출입을 가능하게 하고, 통풍 및 환기, 접합을 위해 설치한 시설을 말한다.

㉡ 맨홀의 설치간격

관경 (mm)	300 이하	600 이하	1,000 이하	1,500 이하	1,650 이상
최대간격 (m)	50	75	100	150	200

㉢ 맨홀의 설치 장소

- 관거의 기점, 방향, 경사, 관경이 변하는 곳
- 단차가 발생하고, 관거가 합류하는 곳
- 관거의 유지관리상 필요한 곳

∴ 관경 600mm 이하의 맨홀의 간격은 75m이다.

115. 취수장에서부터 가정에 이르는 상수도계통을 옳게 나열한 것은?

① 취수시설 → 정수시설 → 도수시설 → 송수시설 → 배수시설 → 급수시설
② 취수시설 → 도수시설 → 송수시설 → 정수시설 → 배수시설 → 급수시설
③ 취수시설 → 도수시설 → 정수시설 → 송수시설 → 배수시설 → 급수시설
④ 취수시설 → 도수시설 → 송수시설 → 배수시설 → 정수시설 → 급수시설

|해답| 111.① 112.③ 113.④ 114.② 115.③

■해설 상수도 구성요소

- 수원 → 취수 → 도수(침사지) → 정수(착수정 → 약품혼화지 → 침전지 → 여과지 → 소독지 → 정수지) → 송수 → 배수(배수지, 배수탑, 고가탱크, 배수관) → 급수
- 수원, 취수, 도수, 정수, 송수 등의 설계에는 계획 1일 최대급수량을 기준으로 한다.
- 계획취수량은 계획 1일 최대급수량을 기준으로 5~10정도 여유 있게 취수한다.
- 배수관의 직경결정, 펌프의 직경결정 등은 계획시간 최대급수량을 기준으로 한다.

116. 관거 접합방법 중 다른 방법에 비해 흐름은 원활하나 하류의 굴착 깊이가 커지는 것은?

① 관정접합
② 수면접합
③ 관중심접합
④ 관저접합

■해설 관거의 접합방법

종류	특징
수면접합	수리학적으로 가장 좋은 방법으로 관 내 수면을 일치시키는 방법이다.
관정접합	관거의 내면 상부를 일치시키는 방법으로 굴착 깊이가 증대되고, 공사비가 증가된다.
중심접합	관 중심을 일치시키는 방법으로 별도의 수위계산이 필요 없는 방법이다.
관저접합	관거의 내면 바닥을 일치시키는 방법으로 수리학적으로 불리한 방법이다.
단차접합	지세가 아주 급한 경우 토공량을 줄이기 위해 사용하는 방법이다.
계단접합	지세가 매우 급한 경우 관거의 기울기와 토공량을 줄이기 위해 사용하는 방법이다.

∴ 흐름은 원활하나 하류의 굴착 깊이가 커지는 방법은 관정접합이다.

117. 상수도에서 맛 · 냄새의 주된 원인에 해당하는 것은?

① pH
② 온도
③ 용존산소
④ 조류(Algae)

■해설 조류

물속에 영양염류인 질소(N), 인(P)이 유입되면 조류나 식물성 플랑크톤이 왕성한 번식을 하게 된다. 이때 번식한 조류의 영향으로 물에 맛과 냄새가 유발된다.

118. 활성슬러지변법 중 생물반응조의 체류시간(HRT)이 일반적으로 가장 긴 것은?

① 산화구법
② 장기포기법
③ 계단식 포기법
④ 순환식 질산화탈질법

■해설 활성슬러지법의 변법

㉠ 표준활성슬러지법의 유입부 과부하, 유출부 저부하의 문제점을 해결하기 위해 다음과 같은 변법들이 있다.

㉡ 활성슬러지법의 변법
- 접촉안정법
- 장시간 폭기법
- 계단식 폭기법
- 산화구법

㉢ 변법의 체류시간

방법	수리학적 체류시간(HRT)
산화구법	24~48
계단식 폭기법	4~6
장시간 폭기법	18~24
접촉안정법	5시간 이상

∴ 변법의 체류시간이 가장 긴 경우는 산화구법이다.

119. 상수도의 펌프장에서 펌프를 병렬로 연결시켜 사용하여야 하는 경우는?

① 양정이 낮은 경우
② 양정이 대단히 큰 경우
③ 양수량의 변화가 작고 양정의 변화가 큰 경우
④ 양수량의 변화가 크고 양정의 변화가 적은 경우

■ 해설 펌프의 운전특성

구분	내용
직렬 운전	• 펌프의 운전점은 단독운전의 경우보다 양정을 2배로 한다. • 양정의 변화가 크고 양수량의 변화가 적은 경우 적용한다.
병렬 운전	• 펌프의 운전점은 단독 운전의 경우보다 양수량의 2배 이하로 한다. • 양정의 변화가 작고 양수량의 변화가 큰 경우 적용한다.

∴ 병렬운전의 경우는 양정의 변화가 작고 양수량의 변화가 큰 경우 적용한다.

120. 가정하수, 공장폐수 및 우수를 혼합해서 수송하는 하수관거는?

① 가정하수관거(Sanitary Sewer)
② 우수관거(storm Sewer)
③ 합류식 하수관거(Combined Sewer)
④ 분류식 하수관거(Separate Sewer)

■ 해설 하수의 배제방식

분류식	합류식
• 수질오염 방지면에서 유리하다. • 청천 시에도 퇴적의 우려가 없다. • 강우 초기 노면배수효과가 없다. • 시공이 복잡하고 오접합의 우려가 있다. • 우천 시 수세효과를 기대할 수 없다. • 공사비가 많이 든다.	• 구배가 완만하고, 매설깊이가 적으며 시공성이 좋다. • 초기 우수에 의한 노면배수 처리가 가능하다. • 관경이 크므로 검사가 편리하고, 환기가 잘된다. • 건설비가 적게 든다. • 우천 시 수세효과가 있다. • 청천 시 관 내 침전이 발생하고, 효율이 저하된다.

∴ 오수(가정하수, 공장폐수)와 우수를 혼합해서 수송하는 방식은 합류식이다.

Industrial Engineer Civil Engineering

contents

토목산업기사
과년도 출제문제 및 해설

2015

Industrial Engineer Civil Engineering

과년도 출제문제 및 해설 (2015년 3월 8일 시행)

제1과목 응용역학

01. 그림과 같은 구조물에서 BC 부재가 받는 힘은 얼마인가?

① 1.8t
② 2.4t
③ 3.75t
④ 5.0t

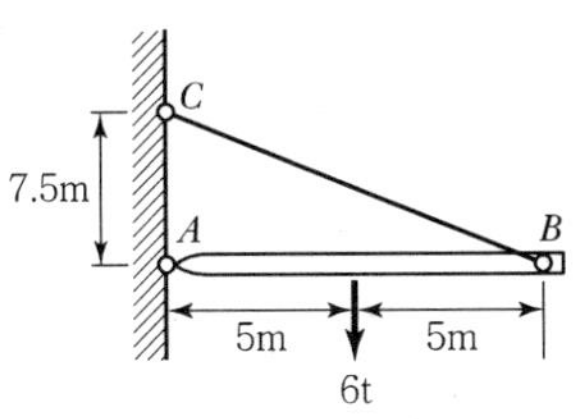

해설

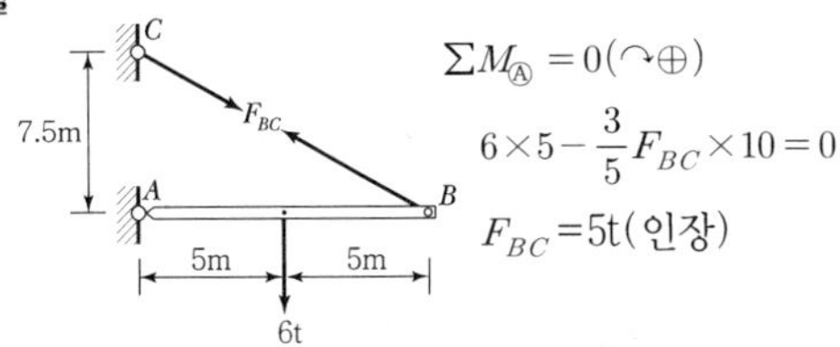

$\Sigma M_{Ⓐ} = 0(\curvearrowright\oplus)$

$6\times5-\dfrac{3}{5}F_{BC}\times10=0$

$F_{BC}=5\text{t}$(인장)

주의 ㉠ AB부재는 Beam 부재 → 내력 : 축력, 전단력, 휨모멘트
㉡ BC부재는 Truss 부재(또는 케이블) → 내력 : 축력

02. 그림과 같은 3힌지(Hinge) 아치에 하중이 작용할 때, 지점 A의 수평반력 H_A는?

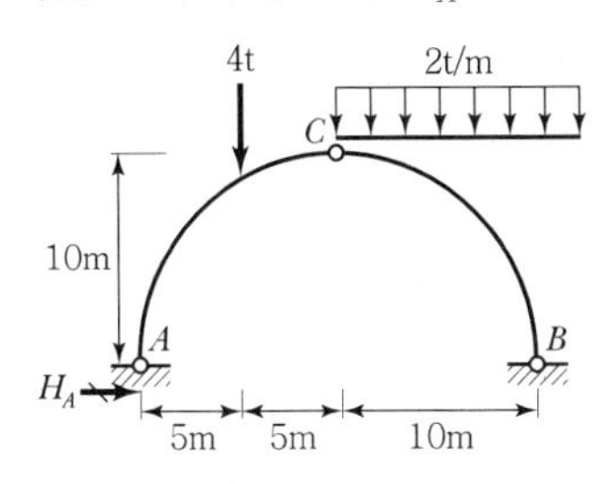

① 6t ② 8t
③ 10t ④ 12t

해설 $\Sigma M_{Ⓑ} = 0(\curvearrowright\oplus)$

$V_A\times20-4\times15-(2\times10)\times5=0$

$V_A=8\text{t}(\uparrow)$

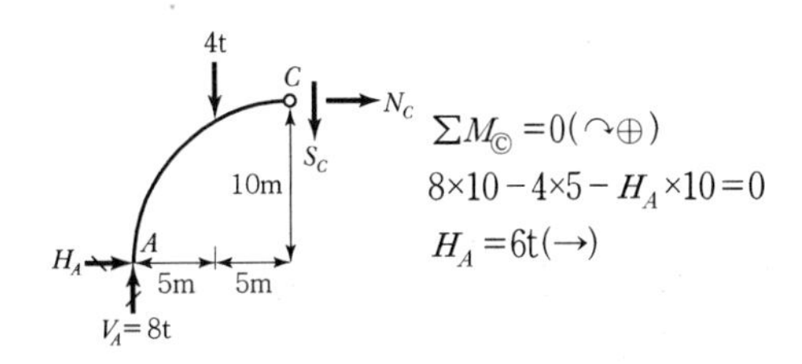

$\Sigma M_{Ⓒ} = 0(\curvearrowright\oplus)$

$8\times10-4\times5-H_A\times10=0$

$H_A=6\text{t}(\rightarrow)$

03. 길이 $l=3\text{m}$인 단순보가 등분포 하중 $W=0.4$ t/m을 받고 있다. 이 보의 단면은 폭 12cm, 높이 20cm의 사각형 단면이고 탄성계수 $E=1.0\times10^5$ kg/cm²이다. 이 보의 최대 처짐량을 구하면 몇 cm인가?

① 0.53cm ② 0.36cm
③ 0.27cm ④ 0.18cm

해설

$$y_{\max}=\frac{5wl^4}{384EI}=\frac{5wl^4}{384E\left(\dfrac{bh^3}{12}\right)}=\frac{5wl^4}{32Ebh^3}$$

$$=\frac{5\times(0.4\times10)\times(3\times10^2)^4}{32\times(1.0\times10^5)\times12\times20^3}=0.527\text{cm}$$

04. 그림과 같은 트러스에서 부재 AC의 부재력은?

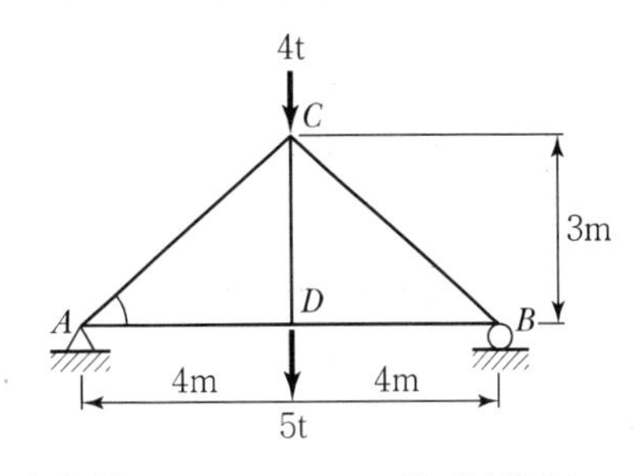

① 4t(인장) ② 4t(압축)
③ 7.5t(인장) ④ 7.5t(압축)

해설 $\Sigma M_{Ⓑ} = 0(\curvearrowright\oplus)$

$R_A\times8-(4+5)\times4=0$

$R_A=4.5\text{t}(\uparrow)$

• 절점 A에서 절점법 사용

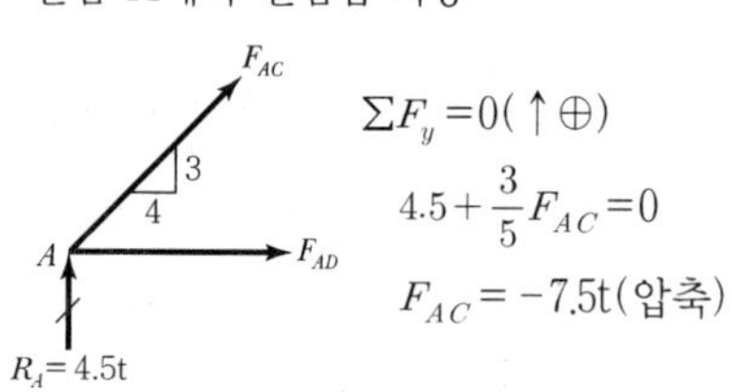

$\Sigma F_y = 0(\uparrow \oplus)$

$4.5 + \frac{3}{5}F_{AC} = 0$

$F_{AC} = -7.5\text{t}$(압축)

05. 그림과 같은 사각형 단면을 가지는 기둥의 핵 면적은?

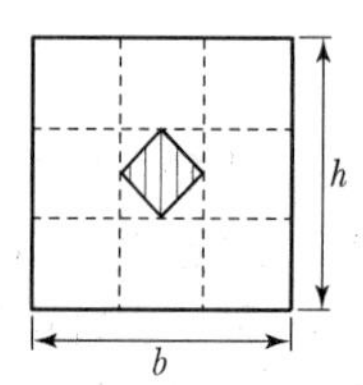

① $\frac{bh}{9}$　　② $\frac{bh}{18}$

③ $\frac{bh}{16}$　　④ $\frac{bh}{36}$

■ 해설

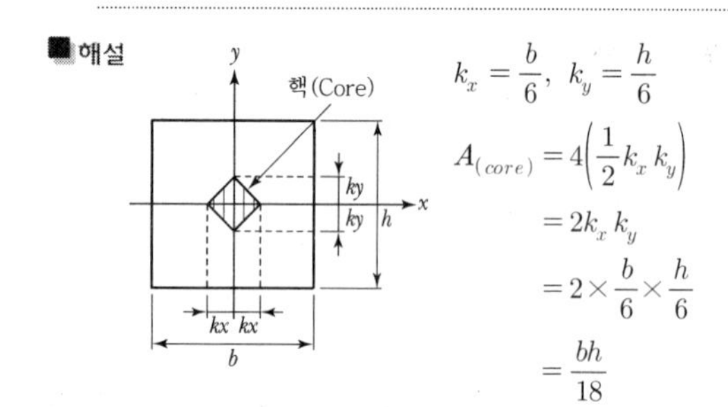

$k_x = \frac{b}{6},\ k_y = \frac{h}{6}$

$A_{(core)} = 4\left(\frac{1}{2}k_x k_y\right)$

$= 2k_x k_y$

$= 2 \times \frac{b}{6} \times \frac{h}{6}$

$= \frac{bh}{18}$

06. 아래 그림의 보에서 C점의 수직처짐량은?

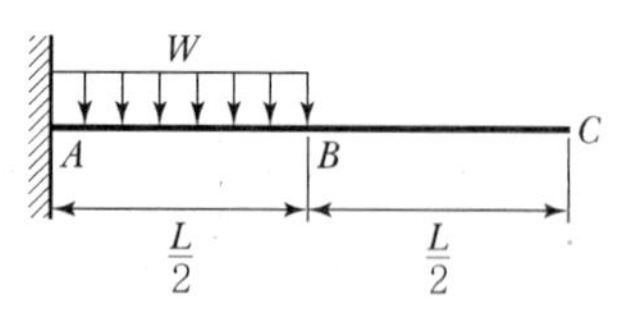

① $\frac{7wL^4}{384EI}$　　② $\frac{5wL^4}{384EI}$

③ $\frac{7wL^4}{192EI}$　　④ $\frac{5wL^4}{192EI}$

■ 해설 $\Sigma M_{Ⓐ} = 0(\curvearrowright \oplus)$

$\left(w \times \frac{L}{2}\right) \times \left(\frac{L}{2} \times \frac{1}{2}\right) - M_A = 0$

$M_A = -\frac{wL^2}{8}$

$M_A = \frac{wL}{8}$, w, A, B, C, $L/2$, $L/2$

($\frac{M}{EI}$도) $\frac{wL^2}{8EI}$, x, $(\frac{L}{2} + \frac{L}{2} \times \frac{3}{4}) = \frac{7L}{8}$

$y_c = \left(\frac{1}{3} \times \frac{wL^2}{8EI} \times \frac{L}{2}\right) \times \left(\frac{7L}{8}\right) = \frac{7wL^4}{384EI}$

07. 다음 그림의 보에서 C점에 $\varDelta_C$=0.2cm의 처짐이 발생하였다. 만약 D점의 P를 C점에 작용시켰을 경우 D점에 생기는 처짐 $\varDelta_D$의 값은?

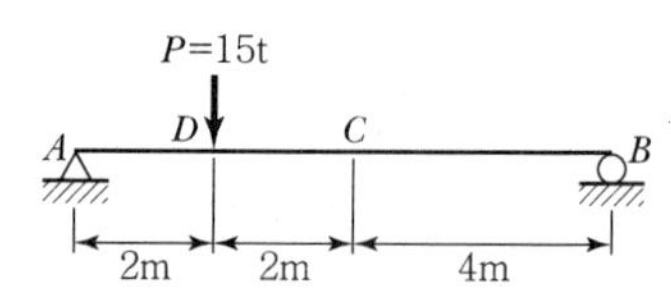

① 0.1cm　　② 0.2cm

③ 0.4cm　　④ 0.6cm

■ 해설 $P_D \delta_{DC} = P_C \delta_{CD}$에서 $P_C = P_D$이므로

$\delta_{DC} = \delta_{CD} = 0.2\text{cm}$

08. 그림 (A)와 같은 장주가 10t의 하중에 견딜 수 있다면 (B)의 장주가 견딜 수 있는 하중의 크기는?(단, 기둥은 등질, 등단면이다.)

① 2.5t
② 20t
③ 40t
④ 80t

L　　L

(A)　　(B)

■ 해설 $P_{cr} = \frac{\pi^2 EI}{(kL)^2} = \frac{c}{k^2}$　($c = \frac{\pi^2 EI}{L^2}$라고 가정)

$P_{cr(A)} : P_{cr(B)} = \frac{c}{2^2} : \frac{c}{1^2} = 1 : 4$

$P_{cr(B)} = 4P_{cr(A)} = 4 \times 10 = 40\text{t}$

 |해답| 5.② 6.① 7.② 8.③

09. 다음 중 단면계수의 단위로서 옳은 것은?

① cm　　② cm^2
③ cm^3　　④ cm^4

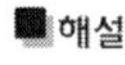

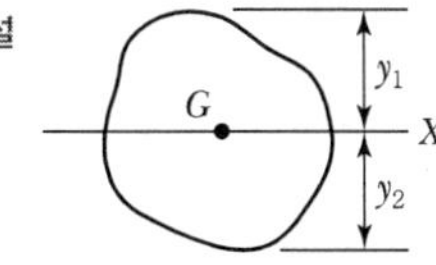

$$Z_c = \frac{I_x}{y_1} = \frac{[L^4]}{[L]} = [L^3]$$

$$Z_t = \frac{I_x}{y_2} = \frac{[L^4]}{[L]} = [L^3]$$

10. 다음 중 지점(Support)의 종류에 해당되지 않는 것은?

① 이동지점　　② 자유지점
③ 회전지점　　④ 고정지점

■해설 지점(Support)
부재의 지지대 또는 받침부를 의미하는 것으로 부재에 있어서 변위가 구속된 곳을 지점이라 한다. 따라서 자유단(Free End)에서는 모든 변위(2차원 평면에 있어서 발생될 수 있는 변위는 지면에 대하여 수직·수평 방향의 이동변위와 회전변위 3가지가 있다.)가 발생될 수 있으므로 자유단은 지점으로 분류될 수 없다.

11. 길이 6m인 단순보에 그림과 같이 집중하중 7t, 2t이 작용할 때 최대 휨모멘트는 얼마인가?

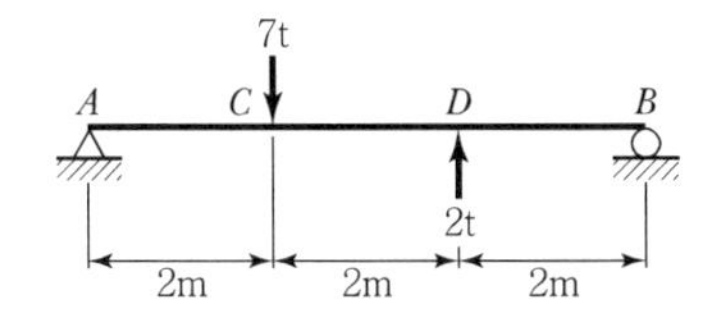

① 10.5t·m　　② 8t·m
③ 7.5t·m　　④ 7t·m

■해설 $\Sigma M_{Ⓑ} = 0(\curvearrowright \oplus)$

$R_A \times 6 - 7 \times 4 + 2 \times 2 = 0,\ R_A = 4t(\uparrow)$

$\Sigma F_y = 0(\uparrow \oplus)$

$R_A - 7 + 2 + R_B = 0$

$R_B = 5 - R_A = 5 - 4 = 1t(\uparrow)$

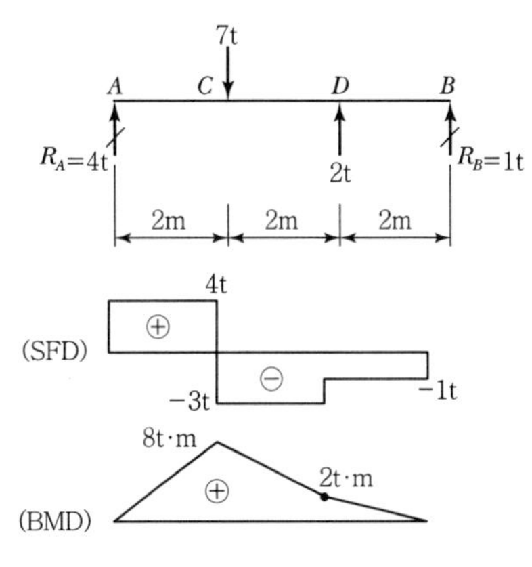

따라서 최대 휨모멘트(M_{max})는 전단력이 '0'인 곳, 즉 C점에서 발생하며 그 크기는 M_{max} =8t·m이다.

12. 부정정 구조물의 해석법인 처짐각법에 대한 설명으로 틀린 것은?

① 보와 라멘에 모두 적용할 수 있다.
② 고정단 모멘트(Fixed end Moment)를 계산해야 한다.
③ 지점 침하나 부재가 회전했을 경우에도 사용할 수 있다.
④ 모멘트 분배율의 계산이 필요하다.

■해설 모멘트 분배율은 모멘트 분배법을 사용할 때 필요하다.

13. 반지름이 r인 원형단면보에 휨모멘트 M이 작용할 때 최대 휨응력은?

① $\dfrac{64M}{\pi r^3}$　　② $\dfrac{32M}{\pi r^3}$
③ $\dfrac{4M}{\pi r^3}$　　④ $\dfrac{M}{\pi r^3}$

■해설

$$Z = \frac{I}{y_1} = \frac{\left(\frac{\pi r^4}{4}\right)}{(r)} = \frac{\pi r^3}{4}$$

$$\sigma_{max} = \frac{M}{Z} = \frac{M}{\left(\frac{\pi r^3}{4}\right)} = \frac{4M}{\pi r^3}$$

14. 지름 2cm, 길이 1m, 탄성계수 10,000kg/cm^{2}의 철선에 무게 10kg의 물건을 매달았을 때 철선의 늘어나는 양은?

① 0.32mm ② 0.73mm
③ 1.07mm ④ 1.34mm

해설

$$\Delta l = \frac{Pl}{EA}$$
$$= \frac{(10)\times(1\times10^2)}{(10^4)\times\left(\frac{\pi\times2^2}{4}\right)} = 0.032\text{cm} = 0.32\text{mm}$$

15. 그림과 같은 직사각형 단면에 전단력 $S=4.5$t이 작용할 때 중립축에서 5cm 떨어진 $a-a$면에서의 전단응력은?

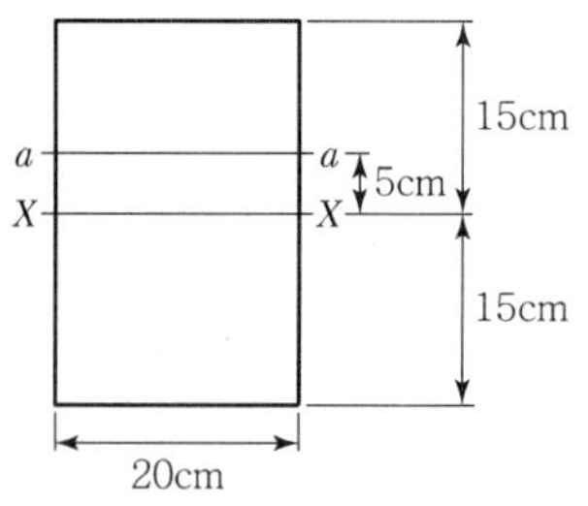

① 7kg/cm^2
② 8kg/cm^2
③ 9kg/cm^2
④ 10kg/cm^2

해설

$$G_{a-a} = \{20\times(15-5)\}\times\{15-\frac{(15-5)}{2}\}$$
$$= (20\times10)\times(10) = 2,000\text{cm}^3$$
$$I_{x-x} = \frac{20\times30^3}{12} = 45,000\text{cm}^4$$
$$\tau_{a-a} = \frac{S\cdot G_{a-a}}{I_{x-x}\cdot b}$$
$$= \frac{(4.5\times10^3)\times2,000}{45,000\times20} = 10\text{kg/cm}^2$$

16. 반경 3cm인 반원의 도심을 통하는 $X-X$축에 대한 단면 2차 모멘트값은?

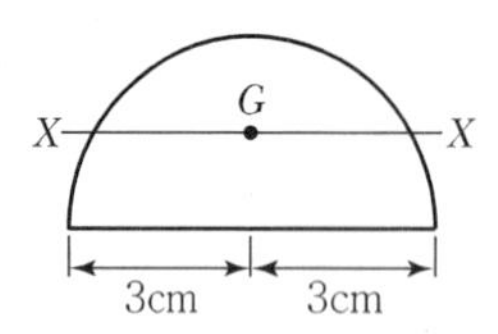

① 4.89cm^4 ② 6.89cm^4
③ 8.89cm^4 ④ 10.89cm^4

해설

$$I_x = \left(\frac{\pi}{8}-\frac{8}{9\pi}\right)r^4 = \left(\frac{\pi}{8}-\frac{8}{9\pi}\right)\times3^4 = 8.89\text{cm}^4$$

17. 그림과 같은 구조물은 몇 차 부정정 구조물인가?

① 3
② 4
③ 5
④ 6

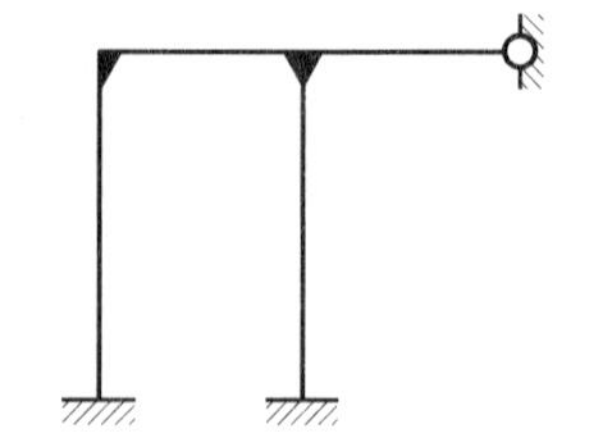

해설 일반적인 경우

$N = r+m+s-2p$
$= 8+4+3-2\times5 = 5$차 부정정

여기서, N : 부정정차수
r : 반력수
m : 부재수
s : 강접합수
p : 지점 또는 절점수

별해 라멘과 유사하게 고려하면

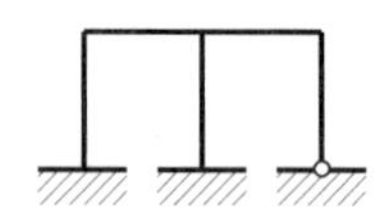

$N = B\times3-j = 2\times3-1 = 5$차 부정정

여기서, B : 상자수
j : (내부힌지수)+(Roller 수×2)+(Hinge 수)

18. 탄성계수 E와 전단탄성계수 G의 관계를 옳게 표시한 식은?(단, ν는 Poisson's비, m은 Poisson's 수이다.)

① $E=\frac{G}{2(1+\nu)}$ ② $E=2(1+\nu)G$
③ $E=\frac{2G}{1+m}$ ④ $E=0.5(1+m)G$

해설

$$G=\frac{E}{2(1+\nu)}=\frac{E}{2\left(1+\frac{1}{m}\right)}=\frac{mE}{2(m+1)}$$
$$E=2(1+\nu)G=\frac{2(m+1)G}{m}$$

 |해답| 14.① 15.④ 16.③ 17.③ 18.②

19. 다음과 같은 단순보에 모멘트 하중이 작용할 때 지점 B에서의 수직반력은?(단, (-)는 하향)

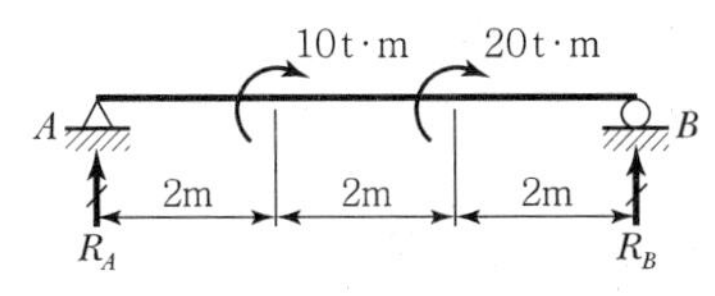

① 5t ② −5t
③ 10t ④ −10t

해설 $\Sigma M_{Ⓐ}=0(\curvearrowright\oplus)$

$10+20-R_B\times 6=0$

$R_B=5\text{t}(\uparrow)$

20. 직경 3cm의 강봉을 7,000kg으로 잡아 당길 때 막대기의 직경이 줄어드는 양은?(단, 포아송 비는 1/4, 탄성계수 $E=2\times 10^6\text{kg/cm}^2$)

① 0.00375cm ② 0.00475cm
③ 0.000375cm ④ 0.000475cm

해설
$$\sigma=\frac{P}{A}=E\varepsilon$$
$$\varepsilon=\frac{P}{EA}=\frac{7{,}000}{(2\times 10^6)\times\left(\frac{\pi\times 3^2}{4}\right)}=0.0005$$
$$\nu=-\frac{\left(\frac{\Delta D}{D}\right)}{\left(\frac{\Delta l}{l}\right)}=-\frac{\left(\frac{\Delta D}{D}\right)}{\varepsilon}=-\frac{\Delta D}{D\cdot\varepsilon}$$
$$\Delta D=-\nu\cdot D\cdot\varepsilon$$
$$=-\frac{1}{4}\times 3\times 0.0005=-0.000375\text{cm}(\text{수축량})$$

제2과목 **측량학**

21. 노선의 길이가 2.5km인 결합트래버스 측량에서 폐합비를 1/2,500로 제한할 때 허용되는 최대 폐합차는?

① 0.2m ② 0.4m
③ 0.5m ④ 1.0m

해설
• 폐합비$\left(\frac{1}{M}\right)=\frac{\text{폐합오차}}{\text{총 길이}}$

• 폐합오차$=\frac{2{,}500}{2{,}500}=1\text{m}$

22. 반지름 35km 이내 지역을 평면으로 가정하여 측량했을 경우 거리관측값의 정밀도는?(단, 지구반지름은 6,370km이다.)

① 약 $\frac{1}{10^4}$ ② 약 $\frac{1}{10^5}$
③ 약 $\frac{1}{10^6}$ ④ 약 $\frac{1}{10^7}$

해설
$$\text{정밀도}\left(\frac{\Delta L}{L}\right)=\frac{L^2}{12R^2}=\frac{70^2}{12\times 6{,}370^2}\fallingdotseq\frac{1}{10^5}$$

23. 노선 중심선에 따른 횡단측량 결과, 1km+340m 지점은 흙쌓기 면적 50m²이고, 1km+360m 지점은 흙깍기 면적 15m²으로 계산되었다. 양단면 평균법을 사용한 두 지점 간의 토량은?

① 흙깍기 토량 49.4m³
② 흙깍기 토량 494m³
③ 흙쌓기 토량 350m³
④ 흙쌓기 토량 494m³

해설
$$\text{양단 평균법}(V)=\frac{A_1+A_2}{2}\cdot L$$
$$=\frac{-50+15}{2}\times 20$$
$$=-300\text{m}^3(\text{성토})$$

24. 클로소이드의 기본식은 $A^2=R\cdot L$을 사용한다. 이때 매개변수(Parameter) A값을 A^2으로 쓰는 이유는?

① 클로소이드의 나선형을 2차 곡선 형태로 구성하기 위하여
② 도로에서의 완화곡선(클로소이드)은 2차원이기 때문에
③ 양 변의 차원(Dimension)을 일치시키기 위하여
④ A값의 단위가 2차원이기 때문에

|해답| 19.① 20.③ 21.④ 22.② 23.③ 24.③

■해설 매개변수 A값을 A^2로 하는 이유는 양변의 차원을 일치시키기 위함이다.

25. 하천측량에서 평균유속을 구하기 위한 방법에 대한 설명으로 옳지 않은 것은?(단, 수면에서 수심의 20%, 40%, 60%, 80% 되는 곳의 유속을 각각 $V_{0.2}$, $V_{0.4}$, $V_{0.6}$, $V_{0.8}$이라 한다.)

① 1점법은 $V_{0.6}$을 평균유속으로 취하는 방법이다.
② 2점법은 $V_{0.2}$, $V_{0.6}$을 산술평균하여 평균유속으로 취하는 방법이다.
③ 3점법은 $\frac{1}{4}(V_{0.2}+2V_{0.6}+V_{0.8})$로 계산하여 평균유속을 취하는 방법이다.
④ 4점법은 $\frac{1}{5}\left[(V_{0.2}+V_{0.4}+V_{0.6}+V_{0.8})+\frac{1}{2}\left(V_{0.2}+\frac{V_{0.8}}{2}\right)\right]$로 계산하여 평균유속을 취하는 방법이다.

■해설 $2점법(V_n)=\frac{V_{0.2}+V_{0.8}}{2}$

26. 트래버스측량을 한 전체 연장이 2.5km이고 위거오차가 +0.48m, 경거오차가 −0.36m였다면 폐합비는?

① 1/1,167　② 1/2,167
③ 1/3,167　④ 1/4,167

■해설 $폐합비=\frac{폐합오차}{전측선의\ 길이}=\frac{E}{\Sigma L}$
$=\frac{\sqrt{0.48^2+(-0.36)^2}}{2,500}=\frac{1}{4,166.66}$
$≒\frac{1}{4,167}$

27. $R=80\text{m}$, $L=20\text{m}$인 클로소이드의 종점 좌표를 단위클로소이드 표에서 찾아보니 $x=0.499219$, $y=0.020810$이었다면 실제 X, Y좌표는?

① $X=19.969\text{m}$, $Y=0.832\text{m}$
② $X=9.984\text{m}$, $Y=0.416\text{m}$
③ $X=39.936\text{m}$, $Y=1.665\text{m}$
④ $X=798.750\text{m}$, $Y=33.296\text{m}$

■해설
- $\tan\theta=\frac{0.020810}{0.499219}$
  $\theta=\tan^{-1}\left(\frac{0.020810}{0.499219}\right)=2°23'13.2''$
- $X=20\times\cos 2°23'13.2''=19.982$
  $Y=20\times\sin 2°23'13.2''=0.8329$

28. 방대한 지역의 측량에 적합하며 동일 측점 수에 대하여 포괄면적이 가장 넓은 삼각망은?

① 유심 삼각망　② 사변형 삼각망
③ 단열 삼각망　④ 복합 삼각망

■해설 유심삼각망
- 넓은 지역의 측량에 적합하다.
- 동일 측점 수에 비해 포괄면적이 넓다.
- 정밀도는 단열<유심<사변형 순이다.

29. 한 변이 36m인 정삼각형($\triangle ABC$)의 면적을 BC변에 평행한 선($\overline{de}$)으로 면적비 $m:n=1:1$로 분할하기 위한 $\overline{Ad}$의 거리는?

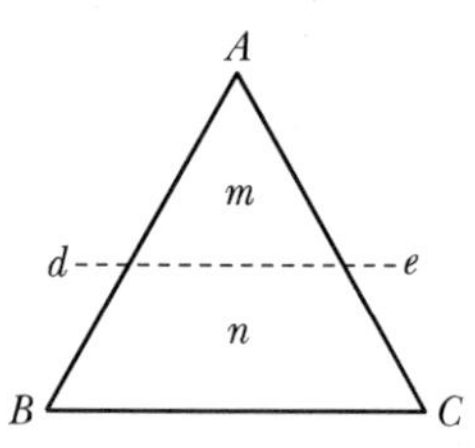

① 18.0m　② 21.0m
③ 25.5m　④ 27.5m

■해설
- 비례식 이용
  $\Delta Ade : m=\Delta ABC : m+n$
- $\frac{m}{m+n}=\left(\frac{\overline{Ad}}{\overline{AB}}\right)^2$
- $\overline{Ad}=\overline{AB}\sqrt{\frac{m}{m+n}}=36\times\sqrt{\frac{1}{1+1}}$
  $=25.45\text{m}$

 |해답| 25.② 26.④ 27.① 28.① 29.③

30. 사변형 삼각망은 보통 어느 측량에 사용되는가?

① 하천 조사측량을 하기 위한 골조측량
② 광대한 지역의 지형도를 작성하기 위한 골조측량
③ 복잡한 지형측량을 하기 위한 골조측량
④ 시가지와 같은 정밀을 필요로 하는 골조측량

해설 사변형망
- 조건식 수가 가장 많아 정밀도가 가장 높다.
- 조정이 복잡하고 시간과 비용이 많이 든다.
- 중요한 기선 삼각망에 사용한다.

31. 교점(I.P.)의 위치가 기점으로부터 추가거리 325.18 m이고, 곡선반지름(R) 200m, 교각(I) 41°00′인 단곡선을 편각법으로 설치하고자 할 때, 곡선시점(B.C.)의 위치는?(단, 중심말뚝 간격은 20m이다.)

① No.3＋14.777m　② No.4＋5.223m
③ No.12＋10.403m　④ No.13＋9.596m

해설
- $TL = R\tan\frac{I}{2} = 200\times\tan\frac{41°}{2} = 74.777\text{m}$
- $\overline{BC}$거리 = IP(추가거리) − TL
  = 325.18 − 74.777 = 250.403m
  = N_{12} + 10.403m

32. 평판을 설치할 때 오차에 가장 큰 영향을 주는 것은?

① 방향 맞추기(표정)
② 중심 맞추기(구심)
③ 수평 맞추기(정준)
④ 높이 맞추기(표고)

해설 정준, 구심, 표정(방향 맞추기) 중 표정이 오차에 미치는 영향이 가장 크다.

33. 입체시에 의한 과고감에 대한 설명으로 옳지 않은 것은?

① 촬영기선이 긴 경우가 짧은 경우보다 커진다.
② 입체시를 할 경우 눈의 높이가 낮은 경우가 높은 경우보다 커진다.
③ 촬영고도가 낮은 경우가 높은 경우보다 커진다.
④ 초점거리가 짧은 경우가 긴 경우보다 커진다.

해설 과고감은 지표면의 기복을 과장하여 나타낸 것으로 평탄한 곳은 사진판독에 도움을 주나 사면의 경사는 실제보다 급하게 보이므로 오판에 주의한다.

34. 축척이 1 : 25,000인 지형도 1매를 1 : 5,000 축척으로 재편집할 때 제작되는 지형도의 매 수는?

① 25매　② 20매
③ 15매　④ 10매

해설
- 면적은 축척$\left(\frac{1}{m}\right)^2$에 비례
- 매수$=\left(\frac{25,000}{5,000}\right)^2=25$매

35. 지형측량방법 중 기준점 측량에 해당되지 않는 것은?

① 수준측량　② 삼각측량
③ 트래버스측량　④ 스타디아측량

해설 스타디아측량은 정밀도가 낮은 간접거리, 고저차 세부측량이다.

기준점 측량
- 삼각측량 • 삼변측량
- 트래버스측량 • 수준측량 등

36. 비행고도 4,600m에서 초점거리 184mm 사진기로 촬영한 수직항공사진에서 길이 150m 교량은 얼마의 크기로 표현되는가?

① 6.0mm　② 7.5mm
③ 8.0mm　④ 8.5mm

해설
- 축척$\left(\frac{1}{m}\right)=\frac{f}{H}=\frac{0.184}{4,600}=\frac{1}{25,000}$
- 축척$\left(\frac{1}{m}\right)=\frac{\text{도상거리}}{\text{실제거리}}$

도상거리$=\frac{\text{실제거리}}{m}=\frac{150}{25,000}$
$=0.0006\text{m}=6.0\text{mm}$

37. 평야지대의 어느 한 측점에서 중간 장애물이 없는 21km 떨어진 어떤 측점을 시준할 때 어떤 측점에 세울 측표의 최소 높이는 얼마 이상이어야 하는가?(단, 기차는 무시하고, 지구곡률반지름은 6,370km이다.)

① 5m ② 15m
③ 25m ④ 35m

해설 $\Delta h = \dfrac{D^2}{2R}(1-K) = \dfrac{21^2}{2\times 6,370} = 0.035\text{km} = 35\text{m}$

38. 캔트(Cant)의 크기가 C인 곡선에서 곡선반지름과 설계속도를 모두 2배로 하면 새로운 캔트의 크기는?

① $\dfrac{1}{2}C$ ② $2C$
③ $4C$ ④ $8C$

해설
- 캔트$(C) = \dfrac{SV^2}{Rg}$
- 곡선반지름과 속도 모두 2배로 하면 캔트(C)는 2배가 된다.

39. 어떤 노선을 수준측량하여 기고식 야장을 작성하였다. 측점 1, 2, 3, 4의 지반고 값으로 틀린 것은?

[단위 : m]

측점	후시	전시		기계고	지반고
		이기점	중간점		
0	3.121			126.688	123.567
1			2.586		
2	2.428	4.065			
3			0.664		
4		2.321			

① 측점 1 : 124.102m ② 측점 2 : 122.623m
③ 측점 3 : 124.384m ④ 측점 4 : 122.730m

해설
- 측점 1 = 126.688 − 2.586 = 124.102m
- 측점 2 = 126.688 − 4.065 = 122.623m
- 측점 3 = 125.051 − 0.664 = 124.387m
- 측점 4 = 125.051 − 2.321 = 122.730m

40. 수준측량에서 담장 PQ가 있어, P점에서 표척을 QP 방향으로 거꾸로 세워 아래 그림과 같은 결과를 얻었다. A점의 표고 $H_A = 51.25\text{m}$일 때 B점의 표고는?

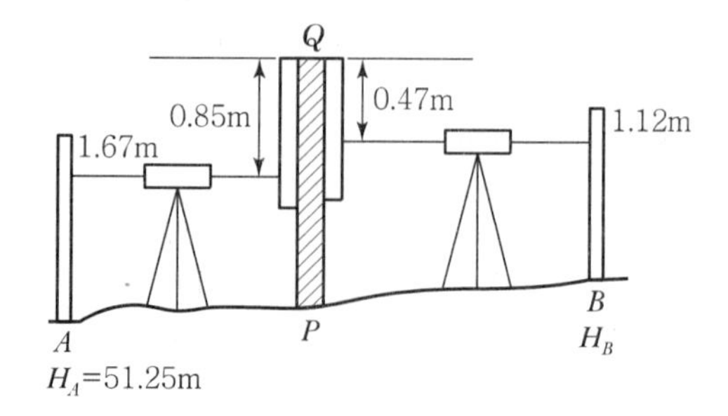

① 50.32m ② 52.18m
③ 53.30m ④ 55.36m

해설 $H_B = H_A + 1.67 + 0.085 - 0.47 - 1.12$
$= 51.25 + 1.67 + 0.85 - 0.47 - 1.12 = 52.18\text{m}$

제3과목 수리수문학

41. 유량 14.13m³/s를 송수하기 위하여 안지름 3m의 주철관 980m를 설치할 경우, 적당한 관로의 경사는?(단, $f = 0.03$)

① 1/600 ② 1/490
③ 1/200 ④ 1/100

해설 경사의 산정

㉠ 유속의 산정

$$V = \frac{Q}{A} = \frac{14.13}{\dfrac{\pi \times 3^2}{4}} = 2\text{m/sec}$$

㉡ 경사의 산정

$$I\left(=\frac{h_L}{l}\right) = f\frac{1}{D}\frac{V^2}{2g}$$

$$= 0.03 \times \frac{1}{3} \times \frac{2^2}{2\times 9.8} = \frac{1}{490}$$

42. 수면의 높이가 일정한 저수지의 일부에 길이 30m의 월류 위어를 만들어 $40m^3/s$의 물을 취수하기 위한 위어 마루로부터의 상류 측 수심(H)은?(단, C=1.0이고, 접근 유속은 무시한다.)

① 0.70m ② 0.75m
③ 0.80m ④ 0.85m

해설 광정위어
㉠ 정상부 폭이 넓은 위어를 광정위어라 한다.

$$Q=1.7CbH^{\frac{3}{2}}$$

여기서, H : h(월류수심)+h_a(접근유속수두)
㉡ 접근유속수두를 무시한 수심의 산정

$$H=\left(\frac{Q}{1.7Cb}\right)^{\frac{2}{3}}=\left(\frac{40}{1.7\times1\times30}\right)^{\frac{2}{3}}$$
$$=0.85\text{m}$$

43. 정류에 대한 설명으로 옳지 않은 것은?

① 어느 단면에서 지속적으로 유속이 균일해야 한다.
② 흐름의 상태가 시간에 관계없이 일정하다.
③ 유선과 유적선이 일치한다.
④ 유선에 따라 유속이 일정하게 변한다.

해설 흐름의 특성
㉠ 일정 단면을 지나는 흐름이 시간에 따라 흐름의 특성(유량, 유속, 압력, 밀도 등)이 변하지 않는 것을 정류, 변하는 것을 부정류라고 한다.
㉡ 인공수로와 같은 곳에서 단면(거리)에 따라 흐름의 특성(수심, 유량, 유속 등)이 변하지 않는 것을 등류, 변하는 것을 부등류라고 한다.
㉢ 정류의 특성
- 흐름의 상태가 시간에 관계없이 일정하다.
- 유선과 유적선이 일치한다.
- 유선에 따라서는 유속이 일정하게 변한다.

44. Darcy-Weisbach의 마찰손실 공식에 대한 다음 설명 중 틀린 것은?

① 마찰손실수두는 관경에 반비례한다.
② 마찰손실수두는 관의 조도에 반비례한다.
③ 마찰손실수두는 물의 점성에 비례한다.
④ 마찰손실수두는 관의 길이에 비례한다.

해설 관수로 마찰손실수두
㉠ 관수로의 마찰손실수두는 다음 식으로 산정한다.

$$h_l=f\frac{l}{D}\frac{V^2}{2g}$$

㉡ 특징
- 관수로의 길이에 비례한다.
- 관의 조도계수에 비례한다. $\left(f=\dfrac{124.5n^2}{D^{\frac{1}{3}}}\right)$
- 관경에 반비례한다.
- 마찰손실수두는 물의 점성에 비례해서 커진다.

45. 다음 중 사류의 조건이 아닌 것은?(단, h_c : 한계수심, V_c : 한계유속, I_c : 한계경사, F_r : Froude Number, h : 수심, V : 유속, I : 경사)

① $F_r>1$ ② $h<h_c$
③ $V>V_c$ ④ $I<I_c$

해설 흐름의 상태 구분
㉠ 상류(常流)와 사류(射流)
개수로 흐름과 같이 중력에 의해 움직이는 흐름에서는 관성력과 중력의 비가 흐름의 특성을 좌우한다. 개수로 흐름은 물의 관성력과 중력의 비인 프루드 수(Froude number)를 기준으로 상류, 사류, 한계류 등으로 구분한다.
- 상류(常流) : 하류(下流)의 흐름이 상류(上流)에 영향을 미치는 흐름을 말한다.
- 사류(射流) : 하류(下流)의 흐름이 상류(上流)에 영향을 미치지 못하는 흐름을 말한다.

㉡ 여러 가지 조건으로 흐름의 상태 구분

구분	상류(常流)	사류(射流)
F_r	$F_r<1$	$F_r>1$
I_c	$I<I_c$	$I>I_c$
y_c	$y>y_c$	$y<y_c$
V_c	$V<V_c$	$V>V_c$

∴ 사류조건에서는 $I>I_c$이어야 한다.

|해답| 42.④ 43.① 44.② 45.④

46. 수면 아래 30m 지점의 압력을 수은주 높이로 표시한 것으로 옳은 것은?(단, 수은의 비중=13.596)

① 0.285m ② 2.21m
③ 22.1m ④ 28.5m

해설 압력의 크기

㉠ 압력의 크기
$P=wh$

㉡ 수은주의 높이
$P=wh=1\times30=30t/\text{m}^2$

$\therefore h=\dfrac{P}{w}=\dfrac{30}{13.596}=2.21\text{m}$

47. 수리학적으로 유리한 단면에 관한 설명 중 옳지 않은 것은?

① 동수반지름(경심)을 최대로 하는 단면이다.
② 일정한 단면적에 최대 유량을 흐르게 하는 단면이다.
③ 가장 유리한 단면은 직각 이등변삼각형이다.
④ 직사각형 수로에서는 수로 폭이 수심의 2배인 단면이다.

해설 수리학적으로 유리한 단면

㉠ 수로의 경사, 조도계수, 단면이 일정할 때 유량이 최대로 흐를 수 있는 단면을 수리학적으로 유리한 단면 또는 최량수리단면이라 한다.

㉡ 수리학적으로 유리한 단면은 경심(R)이 최대이거나, 윤변(P)이 최소일 때 성립된다.
$R_{\max}$ 또는 $P_{\min}$

㉢ 직사각형 단면에서 수리학적으로 유리한 단면이 되기 위한 조건은 $B=2H$, $R=\dfrac{H}{2}$ 이다.

48. 부체의 경심(M), 부심(C), 무게중심(G)에 대하여 부체가 안정되기 위한 조건은?

① $\overline{MG}>0$ ② $\overline{MG}=0$
③ $\overline{MG}<0$ ④ $\overline{MG}=\overline{CG}$

해설 부체의 안정조건

㉠ 경심(M)을 이용하는 방법
- 경심(M)이 중심(G)보다 위에 존재 : 안정
- 경심(M)이 중심(G)보다 아래에 존재 : 불안정

㉡ 경심고($\overline{MG}$)를 이용하는 방법
- $\overline{MG}=\overline{MC}-\overline{GC}$
- $\overline{MG}>0$: 안정
- $\overline{MG}<0$: 불안정

㉢ 경심고 일반식을 이용하는 방법
- $\overline{MG}=\dfrac{I}{V}-\overline{GC}$
- $\dfrac{I}{V}>\overline{GC}$: 안정
- $\dfrac{I}{V}<\overline{GC}$: 불안정

∴ 부체가 안정되기 위해서는 $\overline{MG}>0$이어야 안정된다.

49. 그림과 같은 불투수층에 도달하는 집수암거의 집수량은?(단, 투수계수는 k, 암거의 길이는 ℓ 이며 양쪽 측면에서 유입됨)

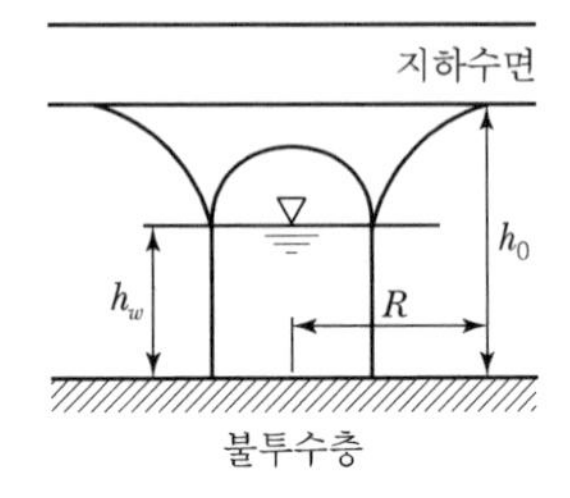

① $\dfrac{k\ell}{R}(h_0^2-h_w^2)$ ② $\dfrac{k\ell}{2R}(h_0^2-h_w^2)$

③ $\dfrac{\pi k(h_0^2-h_w^2)}{2.3\log R}$ ④ $\dfrac{2\pi k(h_0^2-h_w^2)}{2.3\log R}$

해설 우물의 양수량

종류	내용
깊은 우물 (심정호)	우물의 바닥이 불투수층까지 도달한 우물을 말한다. $Q=\dfrac{\pi K(H^2-h_o^2)}{\ln(R/r_o)}=\dfrac{\pi K(H^2-h_o^2)}{2.3\log(R/r_o)}$
얕은 우물 (천정호)	우물의 바닥이 불투수층까지 도달하지 못한 우물을 말한다. $Q=4Kr_o(H-h_o)$

 |해답| 46.② 47.③ 48.① 49.①

굴착정	피압대수층의 물을 양수하는 우물을 굴착정이라 한다. $Q=\dfrac{2\pi aK(H-h_o)}{\ln(R/r_o)}=\dfrac{2\pi aK(H-h_o)}{2.3\log(R/r_o)}$
집수암거	복류수를 취수하는 우물을 집수암거라 한다. $Q=\dfrac{Kl}{R}(H^2-h^2)$

∴ 집수암거의 양수량은 $Q=\dfrac{Kl}{R}(h_0^2-h_w^2)$

50. 유관(Stream Tube)에 대한 설명으로 옳은 것은?

① 한 개의 유선(流線)으로 이루어지는 관을 말한다.
② 어떤 폐곡선(閉曲線)을 통과하는 여러 개의 유선으로 이루어지는 관을 말한다.
③ 개방된 곡선을 통과하는 유선으로 이루어지는 평면을 말한다.
④ 임의의 여러 유선으로 이루어지는 유동체를 말한다.

■해설 유관
유관(Stream Tube)이란 여러 개의 유선이 모여 만든 하나의 가상 관을 말한다.

51. 내경 2cm의 관 내를 수온 20℃의 물이 25m/s의 유속으로 흐를 때 흐름의 상태는?(단, 20℃의 동점성계수는 0.01cm²/s이다.)

① 사류 ② 상류
③ 층류 ④ 난류

■해설 흐름의 상태
㉠ 층류와 난류의 구분

$$R_e=\frac{VD}{\nu}$$

여기서, V : 유속, D : 관의 직경, ν : 동점성계수

- $R_e<2{,}000$: 층류
- $2{,}000<R_e<4{,}000$: 천이영역
- $R_e>4{,}000$: 난류

㉡ 층류와 난류의 계산

$$R_e=\frac{VD}{\nu}=\frac{25\times 2}{0.01}=5{,}000$$

∴ 난류

52. 물의 성질에 대한 설명으로 옳지 않은 것은?

① 압력이 증가하면 물의 압축계수(C_w)는 감소하고 체적탄성계수(E_w)는 증가한다.
② 내부마찰력이 큰 것은 내부마찰력이 작은 것보다 그 점성계수의 값이 크다.
③ 물의 점성계수는 수온(℃)이 높을수록 그 값이 커진다.
④ 공기에 접촉하는 액체의 표면장력은 온도가 상승하면 감소한다.

■해설 물의 성질
㉠ 압력이 증가하면 체적탄성계수는 증가하고 압축계수는 감소한다.

- 체적탄성계수 : $E_w=\dfrac{\Delta P}{\dfrac{\Delta V}{V}}$
- 압축계수 : $C_w=\dfrac{1}{E_w}$

㉡ 내부마찰력이 큰 것은 내부마찰력이 작은 것보다 그 점성계수의 값이 크다.

$$\tau=\mu\frac{dv}{dy}$$

㉢ 물의 점성계수는 수온이 높을수록 그 값이 적어진다.
㉣ 표면장력은 온도가 상승하면 감소한다.

53. 층류와 난류를 구분할 수 있는 것은?

① Reynolds수 ② 한계구배
③ 한계수심 ④ Mach수

■해설 흐름의 상태
층류와 난류의 구분은 Reynolds수로 할 수 있다.

$$R_e=\frac{VD}{\nu}$$

여기서, V : 유속
D : 관의 직경
ν : 동점성계수

- $R_e<2{,}000$: 층류
- $2{,}000<R_e<4{,}000$: 천이영역
- $R_e>4{,}000$: 난류

54. 도수(跳水)에 관한 설명으로 옳지 않은 것은?

① 상류에서 사류로 변화될 때 발생된다.
② 사류에서 상류로 변화될 때 발생된다.
③ 도수 전후의 충력치(비력)는 동일하다.
④ 도수로 인해 때로는 막대한 에너지 손실도 유발된다.

해설 도수

㉠ 흐름이 사류(射流)에서 상류(常流)로 바뀔 때 표면에 소용돌이가 발생하면서 수심이 급격하게 증가하는 현상을 도수라 한다.
㉡ 도수의 특징
- 도수 전후의 충력치는 동일하다.
- 도수는 막대한 에너지 손실을 유발한다.

55. 오리피스에서 유출되는 실제유량은 $Q = C_a \cdot C_v \cdot A \cdot V$로 표현한다. 이때 수축계수 C_a는?(단, A_0는 수맥의 최소 단면적, A는 오리피스의 단면적, V는 실제유속, V_O는 이론유속)

① $C_a = \dfrac{A_O}{A}$ ② $C_a = \dfrac{V_O}{V}$

③ $C_a = \dfrac{A}{A_O}$ ④ $C_a = \dfrac{V}{V_O}$

해설 오리피스의 계수

㉠ 유속계수(C_v) : 실제유속과 이론유속의 차를 보정해주는 계수로, 실제유속과 이론유속의 비로 나타낸다.
C_v = 실제유속/이론유속≒0.97~0.99
㉡ 수축계수(C_a) : 수축단면적과 오리피스단면적의 차를 보정해주는 계수로 수축단면적과 오리피스단면적의 비로 나타낸다.
C_a = 수축 단면의 단면적/오리피스의 단면적 ≒ 0.64
$\therefore\ C_a = \dfrac{A_0}{A}$
㉢ 유량계수(C) : 실제유량과 이론유량의 차를 보정해주는 계수로 실제유량과 이론유량의 비로 나타낸다.
C = 실제유량/이론유량 = $C_a \times C_v$≒0.62

56. 그림과 같이 직경 8cm인 분류가 35m/s의 속도로 관의 벽면에 부딪힌 후 최초의 흐름 방향에서 150° 수평방향 변화를 하였다. 관의 벽면이 최초의 흐름 방향으로 10m/s의 속도로 이동할 때, 관벽면에 작용하는 힘은?(단, 무게 1kg=9.8N)

① 3.6kN
② 5.4kN
③ 6.1kN
④ 8.5kN

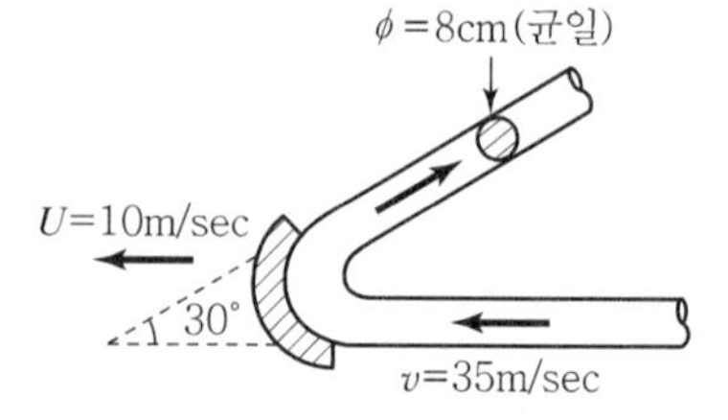

해설 운동량 방정식

㉠ 단일날개의 유량

$$Q = AV = \frac{\pi D^2}{4}(V-U)$$
$$= \frac{\pi \times 0.08^2}{4}(35-10) = 0.1256\text{m}^3/\text{sec}$$

㉡ x방향 분력

$$F_x = \frac{w}{g}Q(V-U)(1-\cos\theta)$$
$$= \frac{1}{9.8} \times 0.1256 \times (35-10)(1-\cos 150)$$
$$= 0.6t$$

㉢ y방향 분력

$$F_y = \frac{w}{g}Q(V-U)\sin\theta$$
$$= \frac{1}{9.8} \times 0.1256 \times (35-10)\sin 150$$
$$= 0.16t$$

㉣ 합력의 산정

$$F = \sqrt{F_x^2 + F_y^2} = \sqrt{0.6^2 + 0.16^2}$$
$$= 0.62t = 6.1\text{kN}$$

57. 다음의 비력(M)곡선에서 한계수심을 나타내는 것은?

① h_1
② h_2
③ h_3
④ $h_3 - h_1$

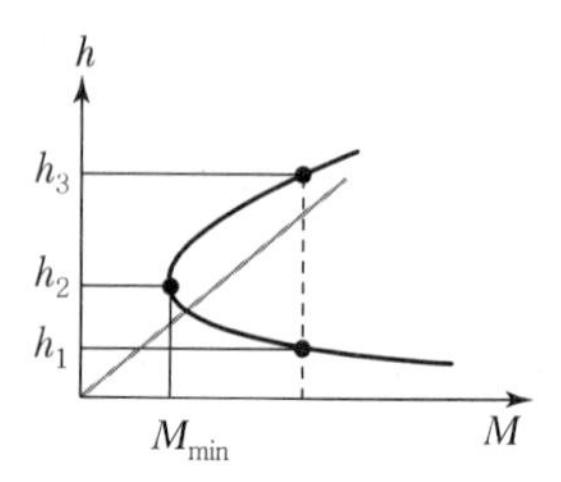

해설 한계수심

㉠ 한계수심의 정의

- 유량이 일정할 때 비에너지가 최소일 경우의 수심을 한계수심이라 한다.
- 비에너지가 일정할 때 유량이 최대로 흐를 경우의 수심을 한계수심이라 한다.
- 유량이 일정할 때 비력이 최소일 경우의 수심을 한계수심이라 한다.

㉡ 그림에서의 한계수심

그림에서는 비력이 최소가 되는 h_2가 한계수심이 된다.

58. 모세관 현상에 의해서 물이 관내로 올라가는 높이(h)와 관의 직경(D)과의 관계로 옳은 것은?

① $h \propto D^2$ ② $h \propto D$

③ $h \propto 1/D$ ④ $h \propto 1/D^2$

해설 모세관 현상

유체입자 간의 응집력과 유체입자와 관벽 사이의 부착력으로 인해 수면이 상승하는 현상을 모세관 현상이라 한다.

$$h = \frac{4T\cos\theta}{wD}$$

∴ 모세관현상에서 수심(h)과 직경(D)의 관계는 $h \propto D^{\frac{1}{2}}$ 이다.

59. 절대속도 U[m/s]로 움직이고 있는 판에 같은 방향으로 절대속도 V[m/s]의 분류가 흘러 판에 충돌하는 힘을 계산하는 식으로 옳은 것은? (단, w_0는 물의 단위중량, A는 통수 단면적)

① $F = \frac{w_0}{g}A(V-U)^2$

② $F = \frac{w_0}{g}A(V+U)^2$

③ $F = \frac{w_0}{g}A(V-U)$

④ $F = \frac{w_0}{g}A(V+U)$

해설 운동량 방정식

㉠ 운동량 방정식

- $F = \rho Q(V_2 - V_1)$: 운동량 방정식
- $F = \rho Q(V_1 - V_2)$: 판이 받는 힘(반력)

㉡ 절대속도 U로 움직이는 이동평판에 운동량 방정식의 적용

$$F = \frac{w_0}{g}A(V-U)^2$$

60. 다음 중 지하수 수리에서 Darcy 법칙이 가장 잘 적용될 수 있는 Reynolds 수(Re)의 범위로 옳은 것은?

① Re<2,000 ② Re<500

③ Re<45 ④ Re<4

해설 Darcy의 법칙

㉠ Darcy의 법칙

- $V = K \cdot I = K \cdot \frac{h_L}{L}$
- $Q = A \cdot V = A \cdot K \cdot I = A \cdot K \cdot \frac{h_L}{L}$

㉡ 특징

- Darcy의 법칙은 지하수의 층류흐름에 대한 마찰저항공식이다.
- 투수계수는 물의 점성계수에 따라서도 변화한다.

$$K = D_s^2 \frac{\rho g}{\mu} \frac{e^3}{1+e} C$$

여기서, μ : 점성계수

- Darcy의 법칙은 정상류흐름에 층류에만 적용된다.(특히, $R_e < 4$일 때 잘 적용된다.)

제4과목 철근콘크리트 및 강구조

61. 그림과 같은 단철근 직사각형 단면보에서 등가직사각형 응력블록의 깊이(a)는?(단, f_y = 350MPa, f_{ck} = 28MPa)

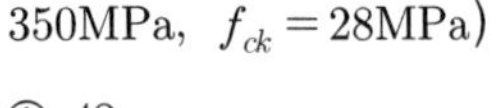

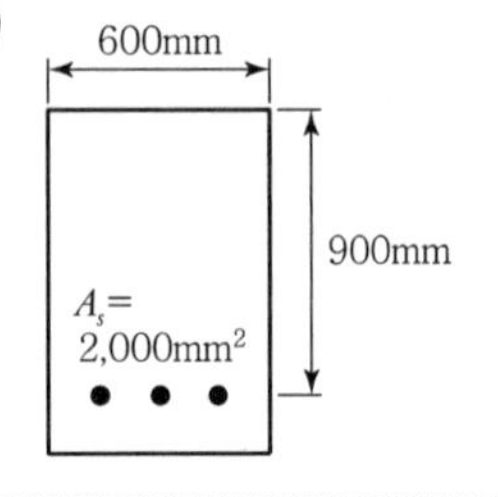

① 42mm
② 49mm
③ 52mm
④ 59mm

해설 $a = \dfrac{f_y A_s}{0.85 f_{ck} b} = \dfrac{350 \times 2{,}000}{0.85 \times 28 \times 600} = 49\text{mm}$

62. 그림과 같은 지간 6m인 단순보의 직사각형 단면에 계수하중 w = 30kN/m이 작용한다. 하연의 콘크리트 응력이 0이 될 때 PS 강재에 작용하는 긴장력은?(단, PS 강재는 도면의 도심에 위치함)

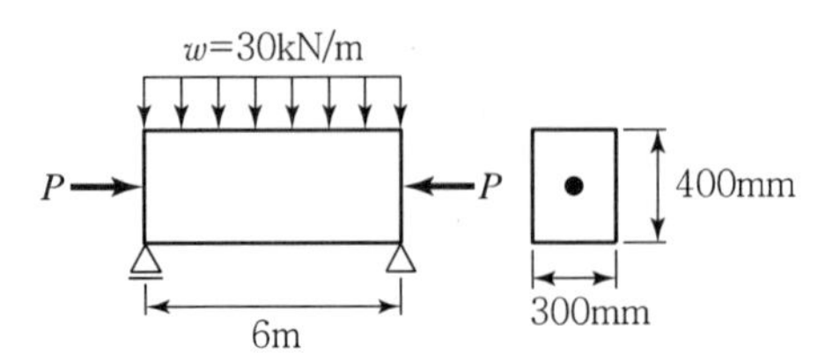

① 1,654kN ② 1,957kN
③ 2,025kN ④ 3,152kN

해설 w = 30kN/m = 30N/mm

$$f_b = \frac{P}{A} - \frac{M}{Z}$$

$$= \frac{P}{(bh)} - \frac{\left(\frac{wl^2}{8}\right)}{\left(\frac{bh^2}{6}\right)} = \frac{P}{bh} - \frac{3wl^2}{4bh^2} = 0$$

$$P = \frac{3wl^2}{4h}$$

$$= \frac{3 \times 30 \times (6 \times 10^3)^2}{4 \times 400} = 2{,}025 \times 10^3\text{N} = 2{,}025\text{kN}$$

63. 다음 프리스트레스의 손실 원인 중 프리스트레스 도입 후 시간의 경과에 따라 생기는 것은?

① 마찰
② 정착단의 활동
③ 콘크리트의 탄성수축
④ 콘크리트의 크리프

해설 프리스트레스 손실 원인
(1) 프리스트레스 도입시 손실(즉시 손실)
- 정착단의 활동에 의한 손실
- PS강재와 쉬스 사이의 마찰에 의한 손실
- 콘크리트의 탄성변형에 의한 손실

(2) 프리스트레스 도입후 손실(시간 손실)
- 콘크리트의 프리프에 의한 손실
- 콘크리트의 건조수축에 의한 손실
- PS강재의 릴랙세이션에 의한 손실

64. 복철근 단면으로 설계해야 할 경우를 설명한 것으로 틀린 것은?

① 구조물의 연성을 극대화시킬 필요가 있을 때
② 정(+), 부(−) 모멘트를 번갈아가며 받을 때
③ 처짐을 극소화시켜야 할 때
④ 균형보 개념으로 계산된 보의 유효 깊이가 실제 설계된 보의 유효 깊이보다 작을 때

해설 복철근 단면보를 사용하는 경우
- 크리프, 건조수축 등으로 인하여 발생되는 장기처짐을 최소화하기 위한 경우
- 파괴시 압축응력의 깊이를 감소시켜 연성을 증대시키기 위한 경우
- 철근의 조립을 쉽게 하기 위한 경우
- 정(+), 부(−) 모멘트를 번갈아 받는 경우
- 보의 단면 높이가 제한되어 단철근 보의 설계 휨강도가 계수 휨하중보다 작은 경우

65. 그림과 같은 독립확대기초에서 전단에 대한 위험단면의 둘레길이는 얼마인가?(단, 2방향 작용에 의하여 펀칭전단이 발생하는 경우)

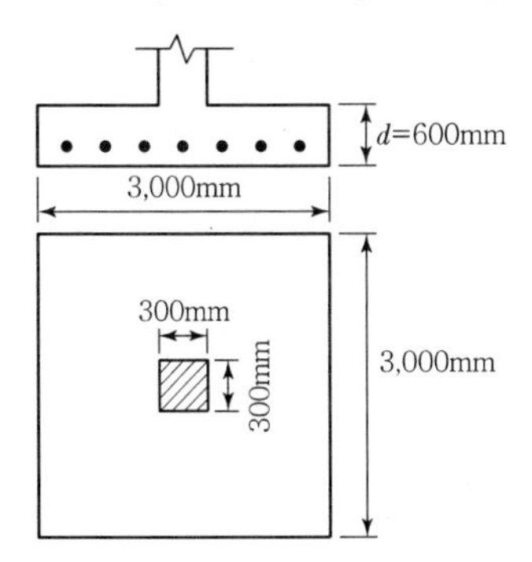

① 1,600mm ② 2,800mm
③ 3,600mm ④ 4,800mm

해설 전단에 대한 위험 단면

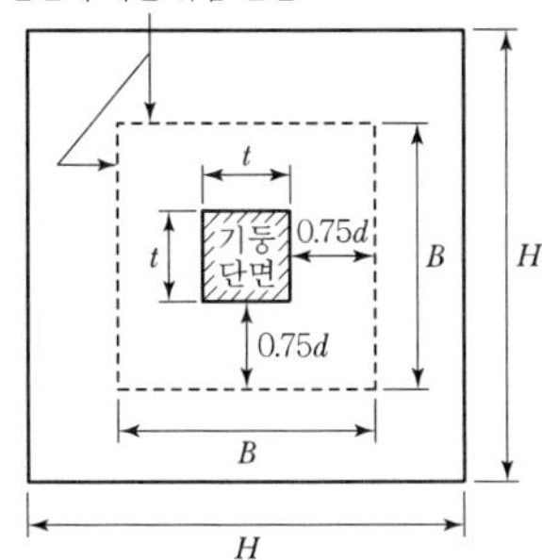

$B = t + 1.5d = 300 + 1.5 \times 600$
$= 1,200\text{mm}$

$b' = 4B = 4 \times 1,200$
$= 4,800\text{mm}$

66. 위험단면에서 1방향 슬래브의 정모멘트 철근 및 부모멘트 철근의 중심 간격 규정으로 옳은 것은?

① 슬래브 두께의 2배 이하이어야 하고, 또한 300 mm 이하로 하여야 한다.
② 슬래브 두께의 2배 이하이어야 하고, 또한 400 mm 이하로 하여야 한다.
③ 슬래브 두께의 3배 이하이어야 하고, 또한 300 mm 이하로 하여야 한다.
④ 슬래브 두께의 3배 이하이어야 하고, 또한 400 mm 이하로 하여야 한다.

해설 1방향 슬래브의 정철근 및 부철근의 중심 간격
- 최대 휨모멘트가 발생하는 단면의 경우
  - 슬래브 두께의 2배 이하 300mm 이하
- 기타 단면의 경우
  - 슬래브 두께의 3배 이하 450mm 이하

67. 길이 10m의 PS강선을 인장대에서 긴장 정착할 때 인장력의 감소량은 얼마인가?(단, 프리텐션 방식을 사용하며 긴장장치에서의 활동량은 $\Delta l =$ 3mm이고, 긴장재의 단면적 $A_p = 5\text{mm}^2$, $E_p = 2.0 \times 10^5\text{MPa}$이다.)

① 200N ② 300N
③ 400N ④ 500N

해설 $\Delta f_{Pa} = E_P \cdot \varepsilon_P = E_P \dfrac{\Delta l}{l}$

$= (2 \times 10^5) \times \dfrac{3}{(10 \times 10^3)} = 60\text{MPa}$

$\Delta P = \Delta f_{Pa} \cdot A_P = 60 \cdot 5 = 300\text{N}$

68. 아래 그림과 같은 강판에서 순폭은?(단, 강판에서의 구멍 지름(d)은 25mm이다.)

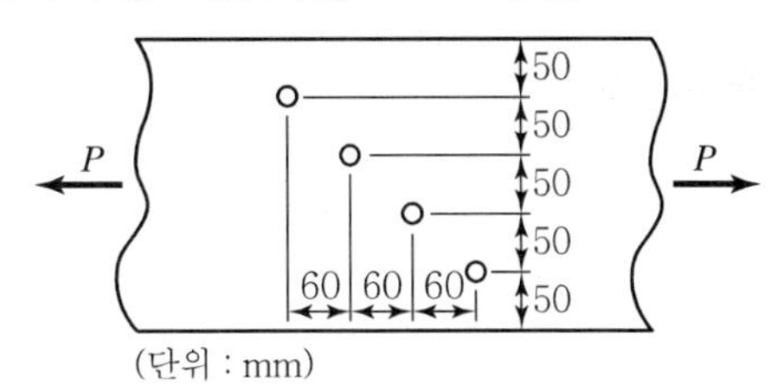

① 150mm ② 175mm
③ 204mm ④ 225mm

해설 $\dfrac{S^2}{4g} = \dfrac{60^2}{4 \times 50} = 18$

$d_h\,(=25\text{mm}) > \dfrac{S^2}{4g}\,(=18\text{mm})$이므로 강판의 순폭은 다음과 같다.

$b_{n4} = b_g - 4d_h + 3\dfrac{S^2}{4g}$
$= (5 \times 50) - (4 \times 25) + (3 \times 18)$
$= 204\text{mm}$

69. 다음 철근 중 철근콘크리트 부재의 전단철근으로 사용할 수 없는 것은?

① 주인장 철근에 45°의 각도로 설치되는 스터럽
② 주인장 철근에 30°의 각도로 설치되는 스터럽
③ 주인장 철근에 30°의 각도로 구부린 굽힘철근
④ 주인장 철근에 45°의 각도로 구부린 굽힘철근

해설 전단철근의 종류
㉠ 주인장 철근에 90°로 배치된 스터럽
㉡ 주인장 철근에 45° 또는 그 이상의 경사로 배치된 스터럽
㉢ 주인장 철근에 30° 또는 그 이상의 경사로 구부린 굽힘철근
㉣ ㉠과 ㉢ 또는 ㉡와 ㉢을 병행
㉤ 용접철망 또는 나선철근

70. 철근의 이음에 대한 설명으로 틀린 것은?

① 이음이 부재의 한 단면에 집중되도록 하는 것이 좋다.
② 철근은 이어대지 않는 것을 원칙으로 한다.
③ 최대 인장응력이 작용하는 곳에서는 이음을 하지 않는 것이 좋다.
④ D35를 초과하는 철근은 겹침이음할 수 없다.

해설 철근이음의 일반 사항
- 이어대지 않는 것을 원칙으로 한다.
- 최대 인장응력이 작용하는 곳에서는 이음을 하지 않는 것이 좋다.
- 지름 35mm를 초과하는 철근은 겹침이음을 해서는 안 된다.
- 철근다발의 겹침이음은 다발 내의 각 철근에 요구되는 겹침이음 길이에 따라 결정하고, 다발 내 각 철근의 겹침이음 길이는 서로 중첩되어서는 안 된다.
- 겹침이음으로 이어진 철근의 순간격은 겹침이음 길이의 $\frac{1}{5}$ 이하, 150mm 이하라야 한다.

71. 그림에 나타난 직사각형 단철근 보에서 전단철근이 부담하는 전단력(V_s)은 약 얼마인가?(단, 철근 D13을 수직스터럽(Stirrup)으로 사용하며, 스터럽 간격은 200mm이다. 철근 D13 1본의 단면적은 127mm², $f_{ck}=28\text{MPa}$, $f_y=350\text{MPa}$)

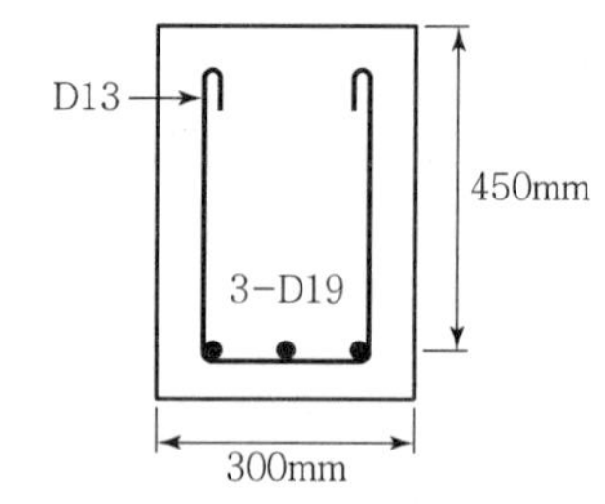

① 125kN ② 150kN
③ 200kN ④ 250kN

해설 $V_s=\dfrac{A_V f_y d}{S}$

$=\dfrac{(2\times127)\times350\times450}{200}$

$=200\times10^3\text{N}=200\text{kN}$

72. 아래 그림과 같은 단철근 직사각형 보의 균형철근비 ρ_b의 값은?(단, $f_{ck}=21\text{MPa}$, $f_y=280\text{MPa}$이다.)

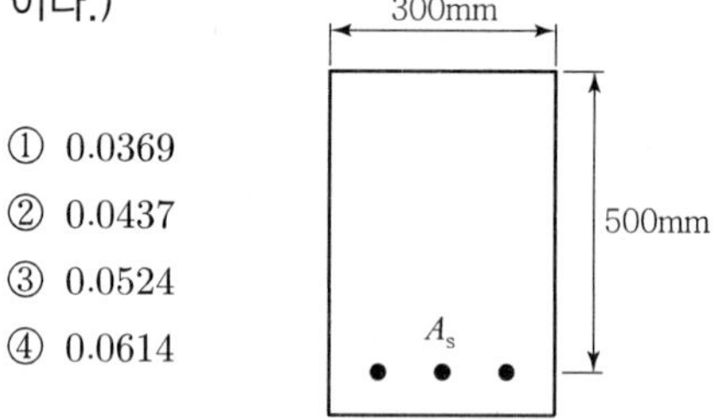

① 0.0369
② 0.0437
③ 0.0524
④ 0.0614

해설 $\beta_1=0.85$($f_{ck}\le28\text{MPa}$인 경우)

$\rho_b=0.85\beta_1\dfrac{f_{ck}}{f_y}\dfrac{600}{600+f_y}$

$=0.85\times0.85\times\dfrac{21}{280}\times\dfrac{600}{600+280}=0.0369$

73. 다음 필렛 용접의 전단 응력은 얼마인가?

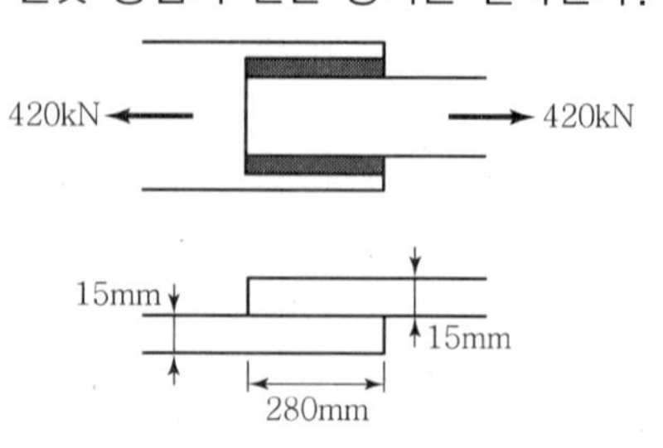

① 67.7MPa ② 70.7MPa
③ 72.7MPa ④ 75.7MPa

 |해답| 69.② 70.① 71.③ 72.① 73.②

■ 해설 $a = 0.707S = 0.707 \times 15 = 10.605\text{mm}$

$$v = \frac{P}{\Sigma al} = \frac{(420 \times 10^3)}{2 \times (10.605 \times 280)} = 70.7\text{N/mm}^2 = 70.7\text{MPa}$$

74. 전체 깊이가 900mm를 초과하는 휨부재 복부의 양 측면에 부재 축방향으로 배치하는 철근은?

① 수직스터럽
② 표피철근
③ 배력철근
④ 옵셋굽힘철근

75. 고정하중 10kN/m, 활하중 20kN/m의 등분포하중을 받는 경간 10m의 단순지지보에서 하중계수와 하중조합을 고려한 계수모멘트는?

① 325kN · m ② 430kN · m
③ 485kN · m ④ 550kN · m

■ 해설 $W_u = 1.2D + 1.6L$

$= (1.2 \times 10) + (1.6 \times 20) = 44\text{kN/m}$

$$M_u = \frac{W_u l^2}{8} = \frac{44 \times 10^2}{8} = 550\text{kN} \cdot \text{m}$$

76. $f_{ck} = 27\text{MPa}$, $f_y = 400\text{MPa}$로 만들어지는 보에서 인장이형 철근으로 D29(공칭지름 28.6mm)를 사용한다면 기본정착길이는?(단, 사용한 콘크리트는 보통 중량 콘크리트이다.)

① 1,321mm
② 1,387mm
③ 1,423mm
④ 1,486mm

■ 해설 인장 이형철근의 기본 정착길이

$\lambda = 1$(보통 중량의 콘크리트를 사용한 경우)

$$l_{db} = \frac{0.6 d_b f_y}{\lambda\sqrt{f_{ck}}} = \frac{0.6 \times 28.6 \times 400}{1 \times \sqrt{27}} = 1,321\text{mm}$$

77. 강도설계법에서 보에 대한 등가직사각형 응력블록의 깊이 $a = \beta_1 c$에서 f_{ck}가 38MPa일 경우 β_1의 값은?

① 0.717 ② 0.766
③ 0.78 ④ 0.815

■ 해설 $f_{ck} > 28\text{MPa}$인 경우 β_1의 값

$\beta_1 = 0.85 - 0.007(f_{ck} - 28)$

$= 0.85 - 0.007(38 - 28)$

$= 0.78(\beta_1 > 0.65 - \text{O.K.})$

78. 전단설계에서 계수전단력이 87kN이고 이때 이를 지지할 철근콘크리트 보의 설계전단강도 $\phi V_c = 120\text{kN}$이라면 전단설계에 필요한 사항으로 옳은 것은?

① 실험에 의하여 보강의 필요 유무를 결정한다.
② 전단철근 보강이 필요 없다.
③ 최소전단철근만 보강한다.
④ 보 단면을 재설계한다.

■ 해설 $\frac{1}{2}\phi V_c (= 60\text{kN}) < V_u (= 87\text{kN})$

$< \phi V_c (= 120\text{kN})$

이므로 최소전단철근량을 배치한다.

79. 강도설계법에서 강도감소계수(ϕ)를 사용하는 목적으로 틀린 것은?

① 구조해석할 때의 가정 및 계산의 단순화로 인해 야기될지 모르는 초과하중의 영향에 대비하기 위해서
② 재료 강도와 치수가 변동할 수 있으므로 부재의 강도 저하 확률에 대비한 여유를 위해서
③ 부정확한 설계 방정식에 대비한 여유를 위해서
④ 주어진 하중조건에 대한 부재의 연성도와 소요 신뢰도를 반영하기 위해서

■ 해설 구조해석할 때의 가정 및 계산의 단순화로 인해 야기될지 모르는 초과하중의 영향에 대비하기 위해서 고려되는 것은 하중계수이다.

|해답| 74.② 75.④ 76.① 77.③ 78.③ 79.①

80. 강도설계법에서의 기본 가정을 설명한 것으로 틀린 것은?

① 철근과 콘크리트의 변형율은 중립축으로부터의 거리에 비례한다.
② 항복강도 f_y 이하에서의 철근의 응력은 그 변형율의 E_s배로 한다.
③ 콘크리트의 인장강도는 휨계산에서 무시한다.
④ 콘크리트의 응력은 변형율에 탄성계수 E_c를 곱한 것으로 한다.

■해설 강도설계법에 대한 기본가정 사항
- 철근 및 콘크리트의 변형율은 중립축으로부터의 거리에 비례한다.
- 압축측 연단에서 콘크리트의 최대 변형율은 0.003으로 가정한다.
- f_y 이하의 철근 응력은 그 변형율의 E_s배로 취한다. f_y에 해당하는 변형율보다 더 큰 변형율에 대한 철근의 응력은 변형율에 관계없이 f_y와 같다고 가정한다.
- 극한강도상태에서 콘크리트의 응력은 변형율에 비례하지 않는다.
- 콘크리트의 압축응력분포는 등가직사각형 응력분포로 가정해도 좋다.
- 콘크리트의 인장응력은 무시한다.

제5과목 토질 및 기초

81. 어떤 점토 사면에 있어서 안정계수가 4이고, 단위중량이 1.5t/m³, 점착력이 0.15kg/cm²일 때 한계고는?

① 4m ② 2.3m
③ 2.5m ④ 5m

■해설
한계고$(H_c) = \dfrac{N_s \cdot c}{\gamma_t} = \dfrac{4\times 1.5}{1.5} = 4\text{m}$
$(c = 0.15\text{kg/cm}^2 = 1.5\text{t/m}^2)$

82. 흙의 건조단위중량이 1.60g/cm³이고 비중이 2.64인 흙의 간극비는?

① 0.42 ② 0.60
③ 0.65 ④ 0.64

■해설
$$\gamma_d = \frac{G_s}{1+e}\gamma_w$$
$$\therefore e = \frac{G_s}{\gamma_d}\gamma_w - 1 = \frac{2.64}{1.60}\times 1 - 1 = 0.65$$

83. 다음의 흙 중에서 2차 압밀량이 가장 큰 흙은?

① 모래 ② 점토
③ Silt ④ 유기질토

■해설 2차 압밀은 유기질이 많은 흙에서 일어난다.

84. 다음 중 얕은 기초는?

① Footing 기초 ② 말뚝 기초
③ Caisson 기초 ④ Pier 기초

■해설 기초의 종류

얕은(직접) 기초	깊은 기초
• 확대(Footing) 기초 • 전면(Mat) 기초	• 말뚝기초 • 피어(Pier) 기초 • 케이슨 기초

85. 주동토압계수를 K_a, 수동토압계수를 K_p, 정지토압계수를 K_o라 할 때 그 크기의 순서로 옳은 것은?

① $K_a > K_o > K_p$
② $K_p > K_o > K_a$
③ $K_o > K_a > K_p$
④ $K_o > K_p > K_a$

 |해답| 80.④ 81.① 82.③ 83.④ 84.① 85.②

■ 해설 토압계수의 크기

$K_p > K_0 > K_a$

(수동토압계수 > 정지토압계수 > 주동토압계수)

86. 다음 투수층에서 피에조미터를 꽂은 두 지점 사이의 동수경사(i)는 얼마인가?(단, 두 지점 간의 수평거리는 50m이다.)

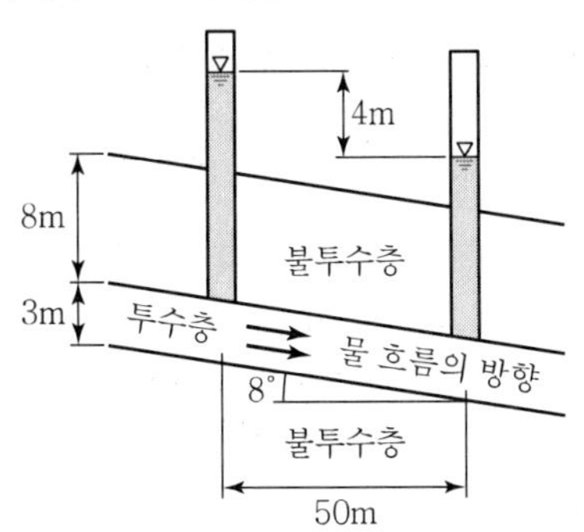

① 0.063 ② 0.079

③ 0.126 ④ 0.162

■ 해설 $동수경사(i) = \frac{h}{L} = \frac{4}{50.5} = 0.079$

$\left(\cos 8° = \frac{50}{L},\ L = \frac{50}{\cos 8°} = 50.5\text{m}\right)$

87. 도로지반의 평판재하 실험에서 1.25mm 침하될 때 하중강도가 2.5kg/cm²이면 지지력계수 K는?

① 2kg/cm³ ② 20kg/cm³

③ 1kg/cm³ ④ 10kg/cm³

■ 해설 $지지력계수(K) = \frac{q}{y} = \frac{2.5}{0.125} = 20\text{kg/cm}^3$

88. 평판재하시험이 끝나는 조건에 대한 설명으로 잘못된 것은?

① 침하량이 15mm에 달할 때

② 하중강도가 현장에서 예상되는 최대 접지압을 초과할 때

③ 하중강도가 그 지반의 항복점을 넘을 때

④ 완전히 침하가 멈출 때

■ 해설 평판재하시험이 끝나는 조건

- 침하량이 15mm에 달할 때
- 하중강도가 예상되는 최대 접지압력을 초과할 때
- 하중강도가 그 지반의 항복점을 넘을 때

89. 현장에서 채취한 흐트러지지 않은 포화 점토시료에 대해 일축압축강도 q_u =0.8kg/cm²의 값을 얻었다. 이 흙의 점착력은?

① 0.2kg/cm²

② 0.25kg/cm²

③ 0.3kg/cm²

④ 0.4kg/cm²

■ 해설 $일축압축강도(q_u) = 2c\tan\left(45° + \frac{\phi}{2}\right)$

$q_u = 2c(점토,\ \phi = 0)$

$\therefore\ c = \frac{q_u}{2} = \frac{0.8}{2} = 0.4\text{kg/cm}^2$

90. 전단응력을 증가시키는 외적인 요인이 아닌 것은?

① 간극수압의 증가

② 지진, 발파에 의한 충격

③ 인장응력에 의한 균열의 발생

④ 함수량 증가에 의한 단위중량 증가

■ 해설

전단응력(강도, τ)을 증가시키는 요인	전단응력(강도, τ)을 감소시키는 요인
• 함수비 증가에 따른 흙의 단위중량 증가 • 지반에 고결제(약액) 주입 • 인장응력에 의한 균열 발생 (인장응력 발생 부분에 압축 잔류응력 발생) • 지진, 발파에 의한 충격	• 간극수압의 증가 • 흙다짐 불량, 동결 융해 • 수분증가에 따른 점토의 팽창 • 수축, 팽창, 인장에 의한 미세균열

91. 다음 그림과 같은 샘플러(Sampler)에서 면적비는? (단, D_s =7.2cm, D_e =7.0cm, D_w =7.5cm)

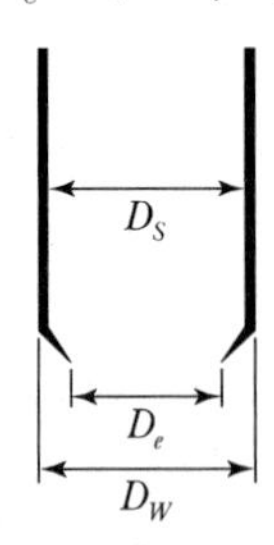

① 5.9% ② 12.7%
③ 5.8% ④ 14.8%

해설

$$\text{면적비}(A_R) = \frac{D_w^2 - D_e^2}{D_e^2} \times 100(\%)$$
$$= \frac{7.5^2 - 7.0^2}{7.0^2} \times 100(\%) = 14.8\%$$

92. 어떤 점성토에 수직응력 40kg/cm²를 가하여 전단시켰다. 전단면상의 간극수압이 10kg/cm²이고 유효응력에 대한 점착력, 내부마찰각이 각각 0.2kg/cm², 20°이면 전단강도는?

① 6.4kg/cm² ② 10.4kg/cm²
③ 11.1kg/cm² ④ 18.4kg/cm²

해설 $S(\tau_f) = c + \sigma' \tan\phi = c + (\sigma - u)\tan\phi$
$= 0.2 + (40 - 10)\tan 20°$
$= 11.1\text{kg/cm}^2$

93. 그림과 같은 지표면에 10t의 집중하중이 작용했을 때 작용점의 직하 3m 지점에서 이 하중에 의한 연직응력은?

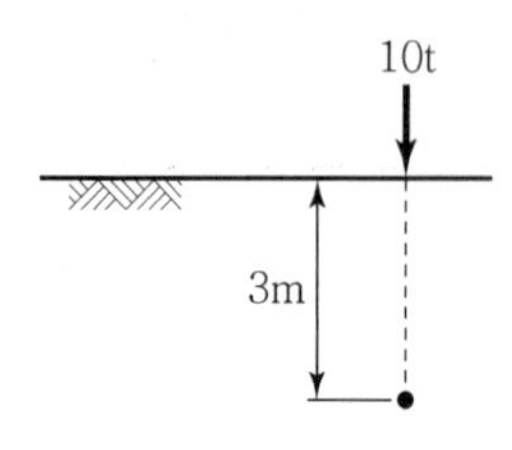

① 0.422t/m² ② 0.53t/m²
③ 0.641t/m² ④ 0.708t/m²

해설 $\Delta\sigma = \frac{Q}{Z^2} I_\sigma = \frac{10}{3^2} \times \frac{3}{2\pi} = 0.531\text{t/m}^2$

94. 함수비 20%의 자연상태의 흙 2,400g을 함수비 25%로 하고자 한다면 추가해야 할 물의 양은?

① 100g ② 120g
③ 400g ④ 500g

해설 ㉠ 함수비 20%일 때 물의 양

$$\omega = \frac{W_w}{W_s} \times 100 = \frac{W_w}{W - W_w} \times 100$$
$$0.20 = \frac{W_w}{2,400 - W_w} \times 100$$
$W_w = 400\text{g}$

㉡ 함수비 25%일 때 물의 양
$20\% : 400\text{kg} = 25\% : W_w$
$\therefore W_w = 500\text{g}$

㉢ 추가해야 할 물의 양
$500 - 400 = 100\text{g}$

95. 어느 흙댐의 동수구배가 0.8, 흙의 비중이 2.65, 함수비 40%인 포화토인 경우 분사현상에 대한 안전율은?

① 0.8 ② 1.0
③ 1.2 ④ 1.4

해설

$$F_s = \frac{i_c}{i} = \frac{\frac{G_s - 1}{1+e}}{\frac{h}{L}} = \frac{\frac{2.65-1}{1+1.06}}{0.8} = 1.0$$
$$\left(G_s \omega = Se,\ \therefore e = \frac{G_s \cdot \omega}{S} = \frac{2.65 \times 0.4}{1} = 1.06\right)$$

96. 그림과 같이 2개 층으로 구성된 지반에 대해 수평방향 등가투수계수는?

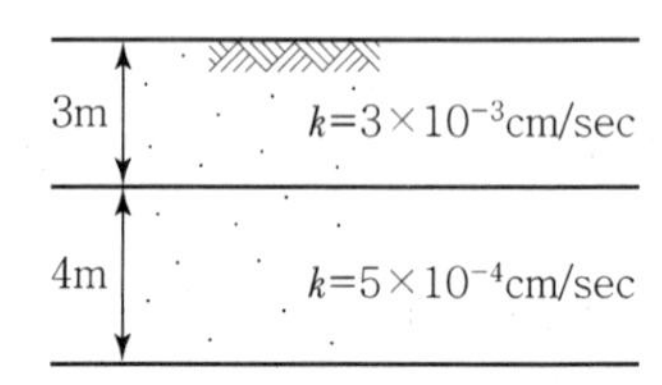

① 3.89×10^{-3}cm/sec ② 7.78×10^{-3}cm/sec
③ 1.57×10^{-3}cm/sec ④ 3.14×10^{-3}cm/sec

해설 수평 방향 등가투수계수(K_h)

$$k_h = \frac{k_1H_1 + k_2H_2}{H_1 + H_2}$$
$$= \frac{(3\times10^{-3}\times300)+(5\times10^{-4}\times400)}{300+400}$$
$$= 1.57\times10^{-3}\text{cm/sec}$$

97. 다음 중 점성토 지반의 개량공법으로 부적당한 것은?

① 치환공법
② Sand Drain 공법
③ 바이브로 플로테이션 공법
④ 다짐모래말뚝공법

해설 바이브로 플로테이션 공법은 사질토 지반의 개량공법

98. 다짐에 대한 설명으로 틀린 것은?

① 조립토는 세립토보다 최적함수비가 작다.
② 조립토는 세립토보다 최대 건조밀도가 높다.
③ 조립토는 세립토보다 다짐곡선의 기울기가 급하다.
④ 다짐에너지가 클수록 최대 건조밀도는 낮아진다.

해설 다짐에너지가 커지면 $\gamma_{d\max}$는 증가하고 OMC는 작아진다.

99. 10개의 무리 말뚝기초에 있어서 효율이 0.8, 단항으로 계산한 말뚝 1개의 허용지지력이 10t일 때 군항의 허용지지력은?

① 50t ② 80t
③ 100t ④ 125t

해설 군항(무리말뚝)의 허용지지력(R_{ag})
$= R_a \cdot N \cdot E$
$= 10\times10\times0.8 = 80$t

100. 다음 중 얕은 기초의 지지력에 영향을 미치지 않는 것은?

① 지반의 경사 ② 기초의 깊이
③ 기초의 두께 ④ 기초의 형상

해설 얕은 기초의 지지력에 영향을 미치는 것
- 기초의 형상
- 기초의 깊이
- 지반의 경사

제6과목 상하수도공학

101. 응집제로서 가격이 저렴하고 탁도, 세균, 조류 등의 거의 모든 현탁성 물질 또는 부유물의 제거에 유효하며, 무독성 때문에 대량으로 주입할 수 있으며 부식성이 없는 결정을 갖는 응집제는?

① 황산알루미늄
② 암모늄 명반
③ 황산 제1철
④ 폴리염화 알루미늄

해설 응집제
㉠ 정의
응집제는 응집대상 물질인 콜로이드의 하전을 중화시키거나 상호 결합시키는 역할을 한다.
㉡ 황산알루미늄
- 탁도, 색도, 세균, 조류 등 거의 모든 현탁물 또는 부유물에 적합하다.
- 저렴, 무독성 때문에 대량첨가가 가능하고 거의 모든 수질에 적합하다.
- 결정은 부식성, 자극성이 없고 취급이 용이하다.
- 철염에 비하여 생성한 플록이 가볍고 적정 pH 폭이 좁은 것이 단점이다.

102. 하수관거의 관정부식(Crown Corrosion)의 주된 원인물질은?

① N화합물　② S화합물
③ Ca화합물　④ Fe화합물

■해설 관정부식

㉠ 정의 : 콘크리트관의 경우 하수 내에 존재하거나 유기물 분해 시 존재하는 산에 의해 관 정상부에 부식이 발생되는 것을 말한다.

㉡ 부식진행 : 단백질, 유기물, 황화합물 등이 혐기성 상태에서 분해되어 황화수소(H_2S) 발생 → 황화수소가 호기성 미생물에 의해 아황산가스(SO_2, SO_3) 발생 → 아황산가스가 관정부의 물방울에 녹아 황산(H_2SO_4)이 된다. → 황산이 콘크리트관의 성분인 철, 칼슘, 알루미늄과 반응하여 황산염으로 변하여 관을 부식시킨다.

㉢ 방지대책 : 유속 증가로 퇴적방지, 용존산소 농도 증가로 혐기성 상태 예방, 살균제 주입, 라이닝, 역청제 도포로 황산염의 발생 방지

∴ 관정부식의 주된 원인물질은 황(S)화합물이다.

103. 하수도의 구성에 대한 설명으로 옳지 않은 것은?

① 배제방식은 합류식과 분류식으로 대별할 수 있다.
② 처리시설은 물리적, 생물학적, 화학적 시설로 대별할 수 있다.
③ 방류시설은 자연유하와 펌프시설에 의한 강제유하로 구분할 수 있다.
④ 슬러지 처리방법에는 침전, 여과, 소독 등이 주로 사용된다.

■해설 하수도의 구성

- 하수의 배제방식은 합류식과 분류식으로 대별할 수 있다.
- 하수처리시설은 물리적, 생물학적, 화학적 시설로 대별할 수 있다.
- 방류시설은 자연유하와 펌프시설에 의한 강제유하로 구분할 수 있다.
- 슬러지 처리방법은 농축, 소화, 개량, 탈수, 건조 및 소각, 처분시설로 구성된다.

104. 배수면적 0.35km², 강우강도 $I=\dfrac{5,200}{t+40}$ mm/h, 유입시간 7분, 유출계수 C=0.7, 하수관 내 유속 1m/s, 하수관길이 500m인 경우 우수관의 통수 단면적은?(단, t 의 단위는 [분]이고, 계획우수량은 합리식에 의함)

① 8.5m²　② 6.4m²
③ 5.1m²　④ 4.2m²

■해설 우수유출량의 산정

㉠ 합리식의 적용 확률연수는 10~30년을 원칙으로 한다.

$$Q=\frac{1}{3.6}CIA$$

여기서, Q : 우수량(m³/sec)
C : 유출계수(무차원)
I : 강우강도(mm/hr)
A : 유역면적(km²)

㉡ 유달시간의 계산

$$t=t_1+\frac{l}{v}=7\text{min}+\frac{500}{1\times60}=15.3\text{min}$$

㉢ 강우강도의 산정

$$I=\frac{5,200}{t+40}=\frac{5,200}{15.3+40}=94.03\text{mm/hr}$$

㉣ 계획우수유출량의 산정

$$Q=\frac{1}{3.6}CIA=\frac{1}{3.6}\times0.7\times94.03\times0.35$$
$$=6.4\text{m}^3/\text{sec}$$

㉤ 통수단면적의 산정

$$A=\frac{Q}{V}=\frac{6.4}{1}=6.4\text{m}^2$$

105. 수원의 구비조건으로 옳지 않은 것은?

① 수질이 좋아야 한다.
② 가능한 한 높은 곳에 위치한 것이 좋다.
③ 계절적으로 수량 변동이 큰 것이 유리하다.
④ 소비지로부터 가까운 곳에 위치하여야 한다.

■해설 수원의 구비조건

- 수량이 풍부한 곳
- 수질이 양호한 곳
- 계절적으로 수량 및 수질의 변동이 적은 곳
- 가능한 한 자연유하식을 이용할 수 있는 곳
- 주위에 오염원이 없는 곳
- 소비지로부터 가까운 곳

∴ 수원은 계절적으로 수량 및 수질의 변동이 적은 곳이 좋다.

106. 상수의 도수방식에 관한 설명으로 옳지 않은 것은?

① 도수방식은 지형과 지세 등에 따라 자연유하식, 펌프가압식 및 병용식이 있다.

② 도수방식은 취수시설과 정수시설간의 표고, 노선의 입지조건 등을 종합적으로 고려하여 결정한다.

③ 수로의 형식은 관수로식과 개수로식이 있지만, 펌프가압식에서는 개수로식을 택한다.

④ 자연유하식은 지형과 지세가 비교적 평탄하고 시점과 종점 간의 유효낙차가 충분한 경우에 주로 이용된다.

해설 도수방식

도수방식에는 지형과 지세에 따라 자연유하식, 펌프가압식 및 병용식이 있다. 수로의 형식에는 관수로식과 개수로식이 있으며 펌프가압식은 관수로식을 채택한다.

107. 상수관망의 해석에 사용되는 방법과 가장 밀접한 관련이 있는 것은?

① 뉴턴 법칙

② 토리첼리의 정리

③ 하디크로스법

④ 베르누이정리

해설 상수도 관망설계

㉠ 상수도 관망설계에 가장 많이 이용되는 공식은 Hazen-William 공식이며, Hardy-Cross의 시행착오법을 적용한다.

㉡ Hardy-Cross의 시행착오법
- 각 폐합 관로 내에서의 손실수두의 합은 0이다.
- 각 관에 유입된 유량은 그 관에 정지하지 않고 모두 유출한다.
- 마찰 이외의 손실은 고려하지 않는다.

108. 상수도 계통도의 순서로 옳은 것은?

① 집수 및 취수 → 도수 → 정수 → 송수 → 배수 → 급수

② 집수 및 취수 → 배수 → 정수 → 송수 → 도수 → 급수

③ 집수 및 취수 → 도수 → 정수 → 급수 → 배수 → 송수

④ 집수 및 취수 → 배수 → 정수 → 급수 → 도수 → 송수

해설 상수도 구성요소
- 수원 → 취수 → 도수(침사지) → 정수(착수정 → 약품혼화지 → 침전지 → 여과지 → 소독지 → 정수지) → 송수 → 배수(배수지, 배수탑, 고가탱크, 배수관) → 급수
- 수원, 취수, 도수, 정수, 송수 등의 설계에는 계획 1일 최대급수량을 기준으로 한다.
- 계획취수량은 계획 1일 최대급수량을 기준으로 5~10정도 여유 있게 취수한다.
- 배수관의 직경결정, 펌프의 직경결정 등은 계획시간 최대급수량을 기준으로 한다.

∴ 상수도 구성요소는 집수 및 취수-도수-정수-송수-배수-급수로 이루어진다.

109. 염소소독에 대한 설명으로 옳지 않은 것은?

① 유리잔류염소란 염소를 물에 주입하여 가수분해된 차아염소산(HOCl)을 말한다.

② 결합잔류염소는 유리염소보다 소독효과가 우수하다.

③ 차아염소산(HOCl)은 낮은 pH에서 많이 발생하고 살균력은 차아염소산이온(OCl^-)보다 강하다.

④ 결합잔류염소란 유기성 질소화합물을 포함한 물에 염소를 주입할 때 발생되는 클로라민을 말한다.

해설 염소의 살균력
- 염소의 살균력은 HOCl>OCl^->클로라민 순이다.
- 염소와 암모니아성 질소가 결합하면 클로라민이 생성된다.
- 낮은 pH에서는 HOCl 생성이 많고 높은 pH에서는 OCl^- 생성이 많으므로, 살균력은 온도가 높고 낮은 pH에서 강하다.

∴ 결합잔류염소(클로라민)는 유리염소(HOCl, OCl^-)보다 소독력이 떨어진다.

110. 펌프와 부속설비의 설치에 관한 설명으로 옳지 않은 것은?

① 펌프의 흡입관은 공기가 갇히지 않도록 배관한다.
② 필요에 따라 축봉용, 내각용, 윤활용 등의 급수 설비를 설치한다.
③ 펌프의 운전상태를 알기 위하여 펌프 흡입 측에는 압력계를, 토출 측에는 진공계를 설치한다.
④ 흡상식 펌프에서 풋밸브(Foot Valve)를 설치하지 않을 경우에는 마중물용의 진공펌프를 설치한다.

해설 펌프의 부속설비

- 흡입관은 연결부나 기타 부분으로부터 절대로 공기가 흡입되지 않도록 한다. 또한 흡입관 속에는 공기가 모여서 고이는 곳이 없도록 하고, 굴곡부도 적게 한다.
- 펌프의 축봉용, 냉각용 및 윤활용 등의 급수장치와 실내 배수펌프를 필요에 따라 설치한다.
- 펌프의 흡입 측 및 토출 측에는 반드시 진공계 및 압력계를 설치한다.
- 흡상식 펌프에서 풋밸브를 설치하지 않을 경우에는 마중물용의 진공펌프를 설치한다.

111. 슬러지 부피지수(SVI)가 150인 활성슬러지법에 의한 처리조건에서 슬러지 밀도지표(SDI)는?

① 0.67　　② 6.67
③ 66.67　　④ 666.67

해설 슬러지 용적지표(SVI)

㉠ 정의 : 폭기조 내 혼합액 $1l$를 30분간 침전시킨 후 1g의 MLSS가 차지하는 침전 슬러지의 부피(ml)를 슬러지 용적지표(Sludge Volume Index)라 한다.

$$SVI = \frac{SV(ml/l) \times 10^3}{MLSS(mg/l)}$$

㉡ 특징

- 슬러지 침강성을 나타내는 지표로, 슬러지 팽화(Bulking)의 발생 여부를 확인하는 지표로 사용한다.
- SVI가 높아지면 MLSS 농도가 적어진다.
- SVI=50~150 : 슬러지 침전성 양호
- SVI=200이상 : 슬러지 팽화 발생
- SVI는 폭기시간, BOD 농도, 수온 등에 영향을 받는다.

㉢ 슬러지 밀도지수(SDI)

$$SDI = \frac{1}{SVI} \times 100\% = \frac{1}{150} \times 100 = 0.67\%$$

112. 정수장 급속여과지에서 여과모래의 유효경이 0.45~0.7mm의 범위인 경우에 모래층의 표준 두께는?

① 1~5cm　　② 10~20cm
③ 40~50cm　　④ 60~70cm

해설 완속여과지와 급속여과지의 비교

항목	완속여과 모래	급속여과 모래
여과속도	4~5m/day	120~150m/day
유효경	0.3~0.45mm	0.45~1.0mm
균등계수	2.0 이하	1.7 이하
모래층 두께	70~90cm	60~120cm
최대경	2mm 이하	2mm 이내
최소경		0.3mm 이상
세균 제거율	98~99.5%	95~98%
비중	2.55~2.65	

∴ 급속여과지의 모래층 두께의 범위에 속하는 것은 60~70cm이다.

113. 상수도시설 중 침사지에 대한 설명으로 옳지 않은 것은?

① 침사지의 길이는 폭의 3~8배를 표준으로 한다.
② 침사지 내에서의 평균유속은 10~20cm/s를 표준으로 한다.
③ 침사지의 위치는 가능한 한 취수구에 가까워야 한다.
④ 유입 및 유출구에는 제수밸브 혹은 슬루스게이트를 설치한다.

해설 침사지

- 원수와 함께 유입한 모래를 침강, 제거하기 위하여 취수구에 근접한 제내지에 설치하는 시설을 침사지라고 한다.
- 형상은 직사각형이나 정사각형 등으로 하고 침사지의 지수는 2지 이상으로 하며 수밀성 있는 철근콘크리트 구조로 한다.
- 유입부는 편류를 방지하도록 점차 확대, 축소를 고려하며, 길이가 폭의 3~8배를 표준으로 한다.

• 체류시간은 계획취수량의 10~20분
• 침사지의 유효수심은 3~4m
• 침사지 내의 평균유속은 2~7cm/sec

114. 활성슬러지법에서 MLSS에 대한 설명으로 옳은 것은?

① 방류수 중의 부유물질
② 폐수 중의 부유물질
③ 폭기조 중의 부유물질
④ 반송슬러지 중의 부유물질

해설 MLSS
MLSS(Mixed Liquor Suspended Solid)는 폭기조 내 혼합액의 부유물질을 말한다.

115. 펌프에 대한 설명으로 옳지 않은 것은?

① 펌프는 가능한 한 최고효율점 부근에서 운전하도록 대수 및 용량을 정한다.
② 펌프의 설치대수는 유지관리상 편리하도록 될 수 있는 대로 적게 하고 동일 용량의 것으로 한다.
③ 과잉운전방지와 과잉운전에 따른 에너지소비량이 절감될 수 있도록 한다.
④ 펌프는 용량이 작을수록 효율이 높으므로 가능한 한 소용량의 것으로 한다.

해설 펌프대수 결정 시 고려사항
• 펌프는 가능한 한 최고효율점에서 운전하도록 대수 및 용량을 결정한다.
• 펌프는 대용량(고효율) 펌프를 사용한다.
• 펌프의 대수는 유지관리상 가능한 한 적게 하고 동일 용량의 것을 사용한다.
• 예비대수는 가능한 한 대수를 적게 하고 소용량의 것으로 한다.

116. 오수관거 설계 시 계획시간 최대오수량에 대한 최소 및 최대유속은?

① 최소 : 0.6m/s, 최대 : 3.0m/s
② 최소 : 0.6m/s, 최대 : 5.0m/s
③ 최소 : 0.8m/s, 최대 : 3.0m/s
④ 최소 : 0.8m/s, 최대 : 5.0m/s

해설 하수관의 유속 및 경사
㉠ 하수관로 내의 유속은 하류로 갈수록 빠르게 하며, 경사는 하류로 갈수록 완만하게 한다.
㉡ 관로의 유속기준
관로의 유속은 침전과 마모방지를 위해 최소유속과 최대유속을 한정하고 있다.
• 오수 및 차집관 : 0.6~3.0m/sec
• 우수 및 합류관 : 0.8~3.0m/sec
• 이상적 유속 : 1.0~1.8m/sec
∴ 오수관의 최소유속은 0.6m/s, 최대유속은 3.0m/s이다.

117. 우리나라 하수도 계획의 목표 연도는 원칙적으로 몇 년을 기준으로 하는가?

① 20년 ② 15년
③ 10년 ④ 5년

해설 하수도 목표 연도
하수도 계획의 목표 연도는 시설의 내용 연수, 건설기간 등을 고려하여 20년을 원칙으로 한다.

118. 토압계산 시 널리 사용되는 마스톤(Marston)공식에서 관이 받는 하중(W), 매설토의 깊이와 종류에 의하여 결정되는 상수(C), 매설토의 단위중량(γ), 폭요소(B)와의 관계식으로 옳은 것은?(단, B : 폭요소로서 관의 상부 90° 부분에서의 관매설을 위하여 굴토한 도랑의 폭)

① $W = C\gamma B$ ② $W = \dfrac{C\gamma}{B}$
③ $W = C\gamma B^2$ ④ $W = \dfrac{CB}{\gamma}$

해설 관거의 보호
관거의 외압의 산정은 Marston공식을 따른다.
• $W = C_1 \cdot r \cdot B^2$
• $B = \dfrac{3}{2}d + 30(\text{cm})$

여기서, W : 관이 받는 하중(t/m)
r : 매설토의 밀도(t/m^3)
C_1 : 상수
B : 폭요소(m)
d : 관의 내경(cm)

119. 유입하수량 $10,000m^3/day$, 유입 BOD 농도 120mg/L, 폭기조 내 MLSS 농도 2,000mg/L, BOD부하 0.5kgBOD/kgMLSS · day일 때 폭기조의 용적은?

① $240m^3$ ② $600m^3$
③ $1,000m^3$ ④ $1,200m^3$

■해설 BOD 슬러지 부하(F/M비)

㉠ MLSS 단위무게당 1일 가해지는 BOD량을 BOD슬러지 부하라고 한다.

$$F/M = \frac{1일BOD량}{MLSS무게} = \frac{BOD농도 \times Q}{MLSS농도 \times V}$$

㉡ 폭기조 체적의 계산

$$폭기조\ 체적(V) = \frac{BOD농도 \times Q}{MLSS농도 \times F/M}$$

$$= \frac{120 \times 10,000}{2,000 \times 0.5} = 1,200m^3$$

120. 하수배제 방식에 대한 설명으로 옳은 것은?

① 합류식 하수배제 방식은 강우 초기에 도로 위의 오염물질이 직접 하천으로 유입된다.
② 합류식 하수관거는 청천 시(晴天時) 관거 내 퇴적량이 분류식 하수관거에 비하여 많다.
③ 분류식 하수관거는 관거 내의 검사가 편리하고 환기가 잘되는 이점이 있다.
④ 분류식 하수관거에는 우천 시 일정한 유량 이상이 되면 오수가 월류한다.

■해설 하수의 배제방식

분류식	합류식
• 수질오염 방지 면에서 유리하다. • 청천 시에도 퇴적의 우려가 없다. • 강우 초기 노면 배수 효과가 없다. • 시공이 복잡하고 오접합의 우려가 있다. • 우천 시 수세효과를 기대할 수 없다. • 공사비가 많이 든다.	• 구배 완만, 매설깊이가 적으며 시공성이 좋다. • 초기 우수에 의한 노면 배수처리가 가능하다. • 관경이 크므로 검사 편리, 환기가 잘된다. • 건설비가 적게 든다. • 우천 시 수세효과가 있다. • 청천 시 관내 침전, 효율 저하가 발생한다.

∴ 합류식은 청천 시에 관내 퇴적이 발생되고 효율이 저하된다.

 |해답| 119.④ 120.②

Industrial Engineer Civil Engineering

과년도 출제문제 및 해설 (2015년 5월 31일 시행)

제1과목 응용역학

01. 길이 10m, 지름 30mm의 철근이 5mm 늘어나기 위해서는 약 얼마의 하중이 필요한가?(단, $E=2\times10^6$kg/cm²이다.)

① 5,148kg ② 6,215kg
③ 7,069kg ④ 8,132kg

해설 $\Delta l=\frac{Pl}{EA}$

$P=\frac{\Delta lEA}{l}$

$=\frac{0.5\times(2\times10^6)\times\left(\frac{\pi\times3^2}{4}\right)}{(10\times10^2)}$

$=7{,}069$kg

02. 다음 중 정정구조물의 처짐 해석법이 아닌 것은?

① 모멘트 면적법 ② 공액보법
③ 가상일의 원리 ④ 처짐각법

해설 (1) 부정정 구조물의 해법
㉠ 연성법(하중법)
- 변형일치법(변위일치법)
- 3연모멘트법 등

㉡ 강성법(변위법)
- 처짐각법(요각법)
- 모멘트분배법 등

(2) 처짐을 구하는 방법
- 이중적분법
- 모멘트면적법
- 탄성하중법
- 공액보법
- 단위하중법 등

03. 구조 계산에서 자동차나 열차의 바퀴와 같은 하중은 주로 어떤 형태의 하중으로 계산하는가?

① 집중하중 ② 등분포하중
③ 모멘트하중 ④ 등변분포하중

해설 구조 계산에서 자동차나 열차의 바퀴와 같은 하중은 주로 집중하중으로 고려한다.

04. 아래 그림과 같은 트러스에서 부재 AB의 부재력은?

① 3.25t(인장)
② 3.75t(인장)
③ 4.25t(인장)
④ 4.75t(인장)

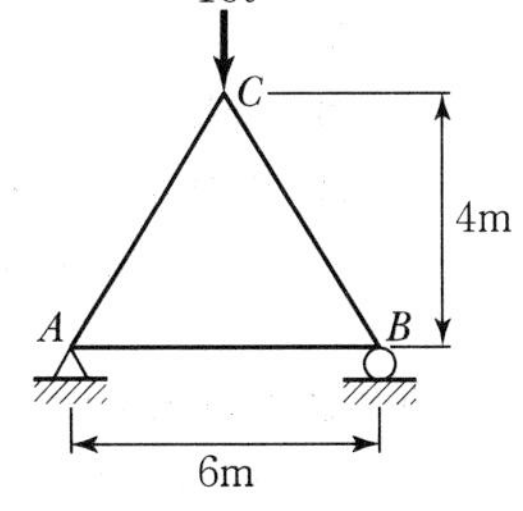

해설 $\Sigma M_{Ⓑ}=0(\curvearrowright\oplus)$

$R_A\times6-10\times3=0$

$R_A=5\text{t}(\uparrow)$

- 절점 A에서 절점법 사용

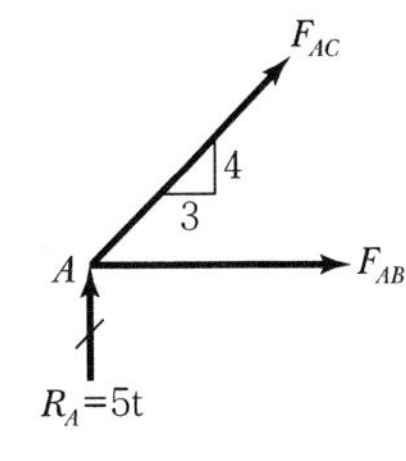

$\Sigma F_y=0(\uparrow\oplus)$

$5+\frac{4}{5}F_{AC}=0$

$F_{AC}=-\frac{25}{4}$(압축)

$\Sigma F_x=0(\rightarrow\oplus)$

$F_{AB}+\frac{3}{5}F_{AC}=0$

$F_{AB}+\frac{3}{5}\left(-\frac{25}{4}\right)=0$

$F_{AB}=\frac{15}{4}\text{t}=3.75\text{t}$(인장)

|해답| 1.③ 2.④ 3.① 4.②

05. 지름이 D이고 길이가 $50 \times D$인 원형단면으로 된 기둥의 세장비를 구하면?

① 200 ② 150
③ 100 ④ 50

■ 해설

$$\gamma_{\min} = \sqrt{\frac{I_{\min}}{A}} = \sqrt{\frac{\left(\frac{\pi D^4}{64}\right)}{\left(\frac{\pi D^2}{4}\right)}} = \frac{D}{4}$$

$$\lambda = \frac{l}{\gamma_{\min}} = \frac{50D}{\left(\frac{D}{4}\right)} = 200$$

06. 트러스를 정적으로 1차 응력을 해석하기 위한 가정사항으로 틀린 것은?

① 절점을 잇는 직선은 부재축과 일치한다.
② 외력은 절점과 부재내부에 작용하는 것으로 한다.
③ 외력의 작용선은 트러스와 동일 평면 내에 있다.
④ 각 부재는 마찰이 없는 핀 또는 힌지로 결합되어 자유로이 회전할 수 있다.

■ 해설 트러스 해석에 있어서 외력은 절점에만 작용하는 것으로 가정한다.

07. 재질 및 단면이 같은 다음의 2개의 외팔보에서 자유단의 처짐을 같게 하는 $P1/P2$의 값으로 옳은 것은?

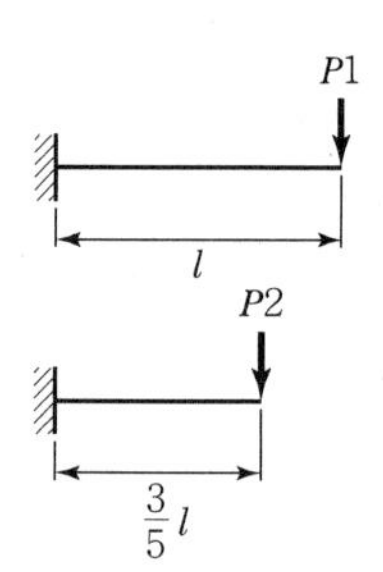

① 0.216 ② 0.325
③ 0.437 ④ 0.546

■ 해설

$$\delta_1 = \frac{P_1(l)^3}{3EI} = P_1\left(\frac{l^3}{3EI}\right)$$

$$\delta_2 = \frac{P_2\left(\frac{3}{5}l\right)^3}{3EI} = P_2\left(\frac{3}{5}\right)^3 \cdot \left(\frac{l^3}{3EI}\right)$$

$$\delta_1 = \delta_2$$

$$P_1\left(\frac{l^3}{3EI}\right) = P_2\left(\frac{3}{5}\right)^3 \cdot \left(\frac{l^3}{3EI}\right)$$

$$\frac{P_1}{P_2} = \left(\frac{3}{5}\right)^3 = \frac{27}{125} = 0.216$$

08. 정정 구조물에 비해 부정정 구조물이 갖는 장점을 설명한 것 중 틀린 것은?

① 설계모멘트의 감소로 부재가 절약된다.
② 외관이 우아하고 아름답다.
③ 부정정구조물은 그 연속성 때문에 처짐의 크기가 작다.
④ 지점침하 등으로 인해 발생하는 응력이 작다.

■ 해설 정정구조물에 비해 부정정구조물은 지점침하 등으로 인해 발생하는 응력이 크다.

09. 아래 그림과 같은 캔틸레버 보에서 A점의 처짐은?(단, EI는 일정하다.)

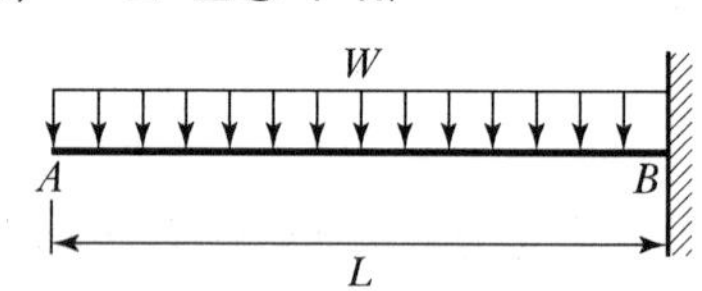

① $\frac{5wL^4}{384EI}$ ② $\frac{wL^4}{48EI}$
③ $\frac{wL^4}{8EI}$ ④ $\frac{wL^4}{4EI}$

■ 해설 $\delta_A = \frac{WL^4}{8EI}$

10. 지름이 4cm인 원형 강봉을 10t의 힘으로 잡아 당겼을 때 소성은 일어나지 않았고 탄성변형에 의해 길이가 1mm 증가하였다. 강봉에 축적된 탄성 변형에너지는 얼마인가?

① 1.0t · mm ② 5.0t · mm
③ 10.0t · mm ④ 20.0t · mm

■ 해설 $U = \frac{1}{2}P\delta = \frac{1}{2} \times 10 \times 1 = 5\text{t} \cdot \text{mm}$

 |해답| 5.① 6.② 7.① 8.④ 9.③ 10.②

11. 다음 그림과 같은 직사각형 단면의 단면계수는?

① 800cm^3
② $1,000\text{cm}^3$
③ $1,200\text{cm}^3$
④ $1,400\text{cm}^3$

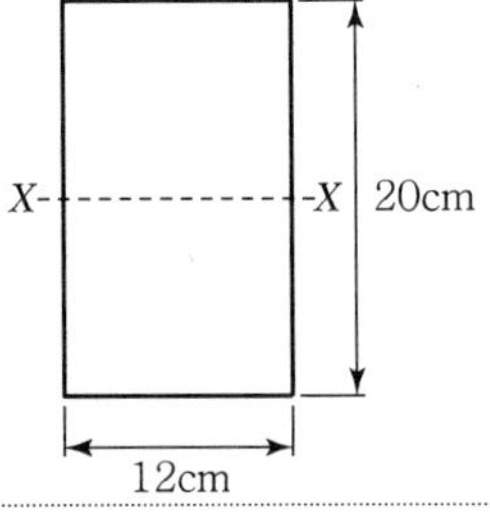

■ 해설

$$Z=\frac{I_X}{y_1}=\frac{\left(\frac{bh^3}{12}\right)}{\left(\frac{h}{2}\right)}$$

$$=\frac{bh^2}{6}=\frac{12\times 20^2}{6}=800\text{cm}^3$$

12. 아래 그림과 같은 내민보에서 지점 A에 발생하는 수직반력 R_A는?

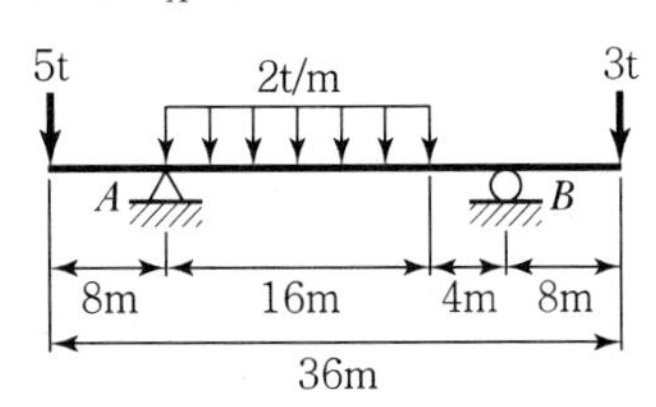

① 15t　　② 20t
③ 25t　　④ 30t

■ 해설 $\Sigma M_{Ⓑ}=0(\curvearrowright\oplus)$

$-5\times28-(2\times16)\times12+3\times8+R_A\times20=0$

$R_A=25\text{t}(\uparrow)$

13. 재료의 역학적성질 중 탄성계수를 E, 전단탄성계수를 G, 포아송수를 m이라 할 때 각 성질의 상호관계식으로 옳은 것은?

① $G=\dfrac{m}{2E(m+1)}$　　② $G=\dfrac{mE}{2(m+1)}$

③ $G=\dfrac{m}{2(m+E)}$　　④ $G=\dfrac{E}{2(m+1)}$

■ 해설 $G=\dfrac{E}{2(1+\nu)}=\dfrac{E}{2\left(1+\dfrac{1}{m}\right)}=\dfrac{mE}{2(m+1)}$

14. 그림과 같은 단순보에 연행하중이 작용할 경우 절대 최대 휨모멘트는 얼마인가?

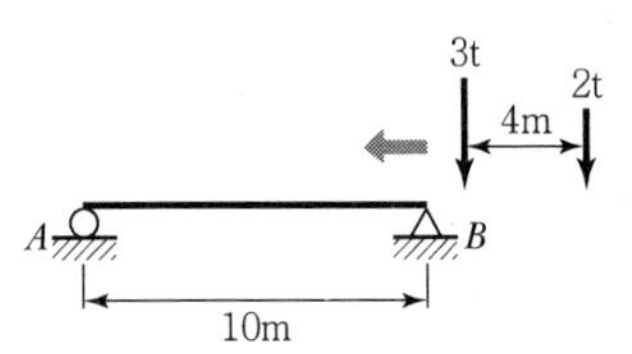

① 6.50t · m　　② 7.04t · m
③ 8.04t · m　　④ 8.82t · m

■ 해설 (1) 절대 최대 휨모멘트가 발생하는 위치와 하중배치

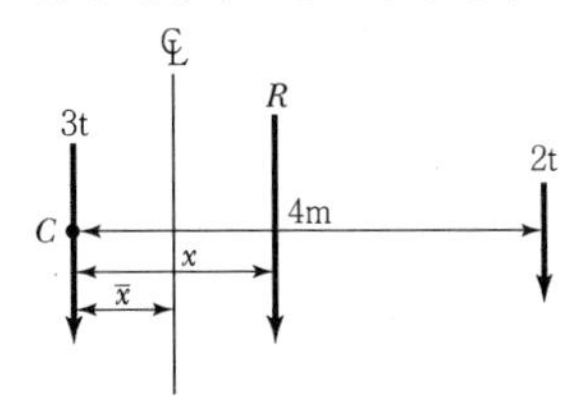

㉠ 이동 하중군의 합력크기(R)

$\Sigma F_y(\downarrow\oplus)=3+2=R,\ R=5\text{t}$

㉡ 이동하중군의 합력위치(x)

$\Sigma M_{Ⓒ}(\curvearrowright\oplus)=2\times4=R\times x$

$x=\dfrac{8}{R}=\dfrac{8}{5}=1.6\text{m}$

㉢ 절대 최대 휨모멘트가 발생하는 위치($\bar{x}$)

$\bar{x}=\dfrac{x}{2}=\dfrac{1.6}{2}=0.8\text{m}$

따라서, 절대 최대 휨모멘트는 3t의 재하위치가 보 중앙으로부터 좌측으로 0.8m 떨어진 곳(A점으로부터 4.2m 떨어진 곳)일 때 3t의 재하위치에서 발생한다.

(2) 절대 최대 휨모멘트

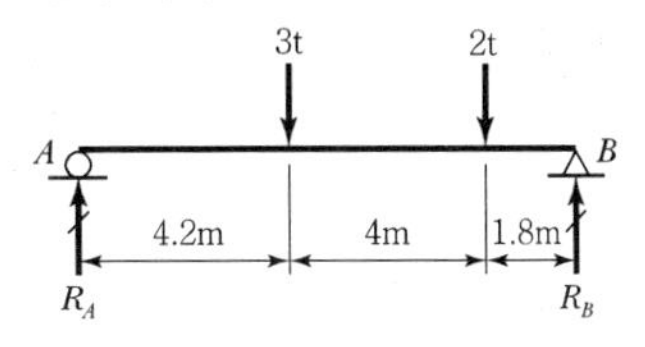

$\Sigma M_{Ⓑ}=0(\curvearrowright\oplus)$

$R_A\times10-3\times5.8-2\times1.8=0$

$R_A=2.1\text{t}(\uparrow)$

$\Sigma M_{Ⓒ}=0(\curvearrowright\oplus)$

$2.1\times4.2-M_{\max}=0$

$M_{\max}=8.82\text{t}\cdot\text{m}$

15. 그림과 같은 3활절 라멘에 일어나는 최대휨모멘트는?

① 9t · m
② 12t · m
③ 15t · m
④ 18t · m

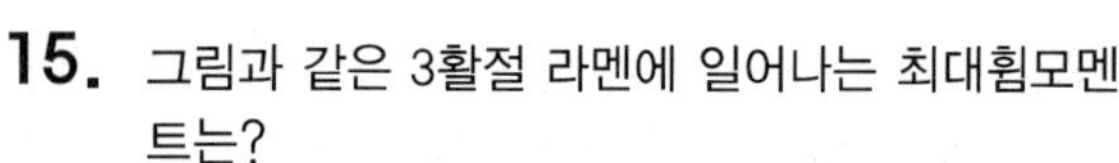

■ 해설 $\Sigma M_{Ⓐ}=0(\curvearrowright\oplus)$, $6\times4-V_B\times6=0$,
$V_B=4\text{tf}(\uparrow)$

$\Sigma F_y=0(\uparrow\oplus)$, $-V_A+4=0$, $V_A=4\text{tf}(\downarrow)$

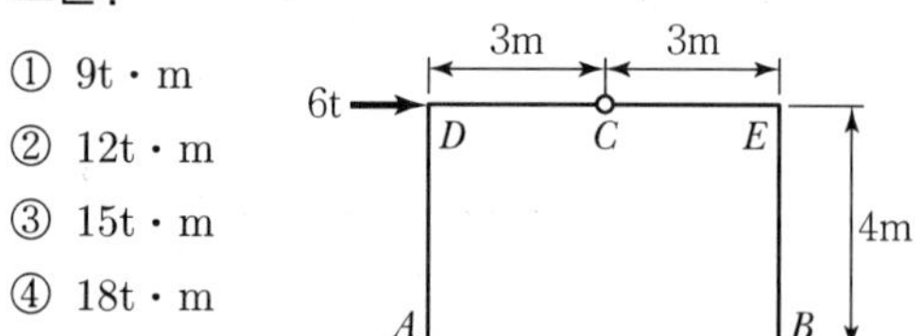

$\Sigma M_{Ⓒ}=0(\curvearrowright\oplus)$
$H_B\times4-4\times3=0$
$H_B=3\text{tf}(\leftarrow)$

$\Sigma F_x=0(\rightarrow\oplus)$, $-H_A+6-3=0$,
$H_A=3\text{tf}(\leftarrow)$

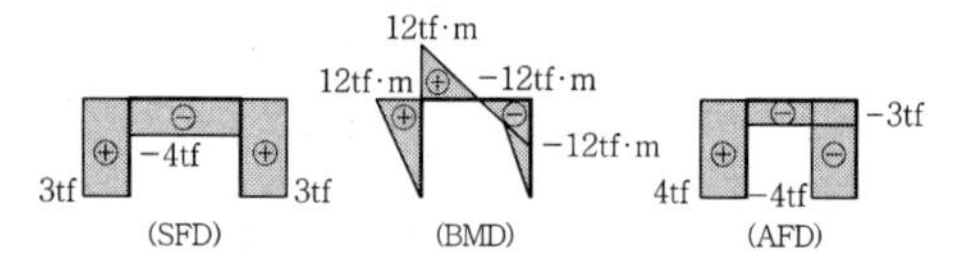

16. 반지름 r인 원형단면보에 휨모멘트 M이 작용할 때 최대 휨응력은?

① $\dfrac{4M}{\pi r^3}$ ② $\dfrac{8M}{\pi r^3}$

③ $\dfrac{16M}{\pi r^3}$ ④ $\dfrac{64M}{\pi r^3}$

■ 해설

$$Z=\frac{I}{y_1}=\frac{\left(\frac{\pi r^4}{4}\right)}{r}=\frac{\pi r^3}{4}$$

$$\sigma_{\max}=\frac{M}{Z}=\frac{M}{\left(\frac{\pi r^3}{4}\right)}=\frac{4M}{\pi r^3}$$

17. 직경 50mm, 길이 2m의 봉이 힘을 받아 길이가 2mm 늘어나고, 직경은 0.015mm가 줄어들었다면, 이 봉의 포아송비는 얼마인가?

① 0.24 ② 0.26
③ 0.28 ④ 0.30

■ 해설

$$\nu=-\frac{\left(\frac{\Delta D}{D}\right)}{\left(\frac{\Delta l}{l}\right)}=-\frac{l\cdot\Delta D}{D\cdot\Delta l}$$

$$=-\frac{(2\times10^3)\times(-0.015)}{(50)\times(2)}$$

$$=0.3$$

18. 다음 도형에서 $X-X$축에 대한 단면 2차 모멘트는?

① 376cm^4
② 432cm^4
③ 484cm^4
④ 538cm^4

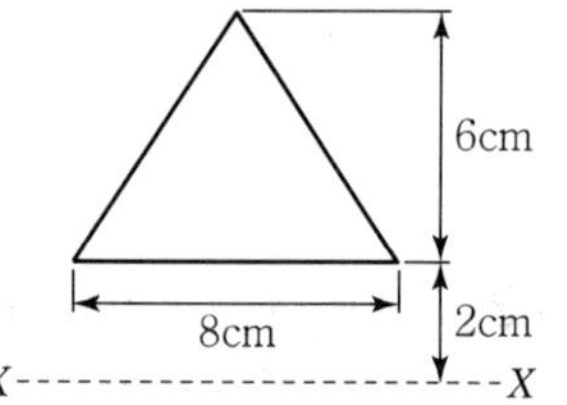

■ 해설 $I_X=I_o+Ay_o^2$

$$=\frac{bh^3}{36}+\frac{bh}{2}\cdot y_o^2$$

$$=\frac{8\times6^3}{36}+\frac{8\times6}{2}\times\left(\frac{1}{3}\times6+2\right)^2$$

$$=432\text{cm}^4$$

19. 아래 그림과 같은 단순보에 발생하는 최대 전단응력($\tau_{\max}$)은?

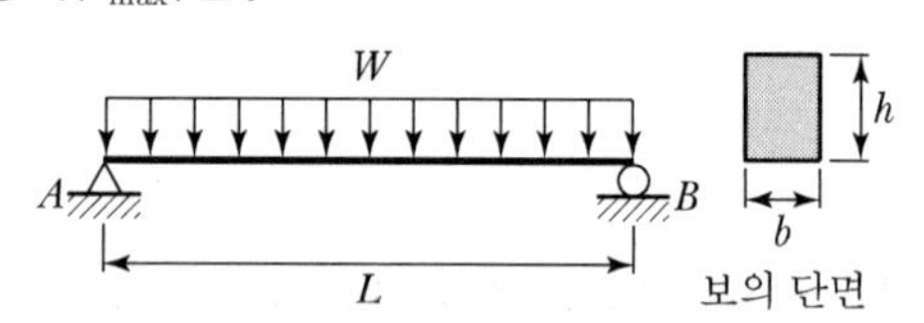

① $\dfrac{4wL}{9bh}$ ② $\dfrac{wL}{2bh}$

③ $\dfrac{9wL}{16bh}$ ④ $\dfrac{3wL}{4bh}$

■ 해설

$$\tau_{\max}=\alpha\cdot\frac{S_{\max}}{A}=\frac{3}{2}\cdot\frac{\left(\frac{wL}{2}\right)}{(bh)}=\frac{3wL}{4bh}$$

 |해답| 15.② 16.① 17.④ 18.② 19.④

20. 지름이 D인 원형 단면의 단주에서 핵(Core)의 직경은?

① $\frac{D}{2}$ ② $\frac{D}{3}$
③ $\frac{D}{4}$ ④ $\frac{D}{6}$

해설

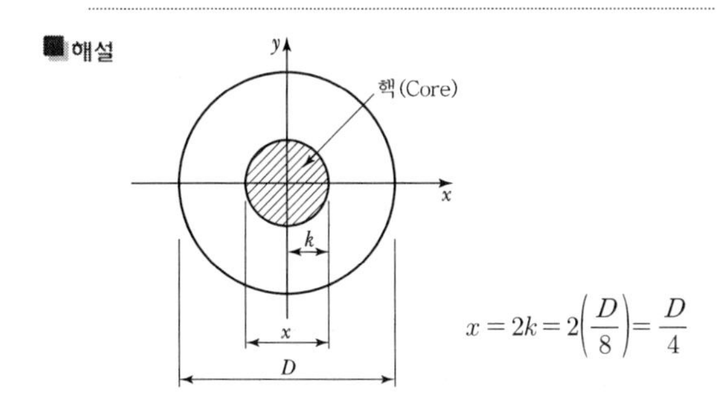

$x = 2k = 2\left(\frac{D}{8}\right) = \frac{D}{4}$

제2과목 측량학

21. 측량에서 관측된 값에 포함되어 있는 오차를 조정하기 위해 최소제곱법을 이용하게 되는데 이를 통하여 처리되는 오차는?

① 과실 ② 정오차
③ 우연오차 ④ 기계적오차

해설
- 우연(부정)오차는 최소제곱법을 이용하여 처리할 수 있다.
- 우연(부정)오차는 원인이 불분명하여 제거할 수 없으며 확률론에 의해 추정할 수 있다.

22. 초점거리 150mm의 사진기로 해면으로부터 2,000m 상공에서 촬영한 어느 산정의 사진축척이 1 : 10,000일 때 이 산정의 높이는?

① 300m ② 500m
③ 800m ④ 1,200m

해설
- 축척$\left(\frac{1}{M}\right) = \frac{f}{H \pm \Delta h}$
- $\frac{1}{10,000} = \frac{0.15}{2,000 - \Delta h}$

$\Delta h = 2,000 - 1,500 = 500\text{m}$

23. 하천의 연직선 내의 평균유속을 구할 때 3점법을 사용하는 경우, 평균유속(V_m)을 구하는 식은?(단, V_n : 수면으로부터 수심의 n에 해당되는 지점의 관측유속)

① $V_m = \frac{1}{2}(V_{0.2} + V_{0.8})$

② $V_m = \frac{1}{3}(V_{0.2} + V_{0.6} + V_{0.8})$

③ $V_m = \frac{1}{4}(V_{0.2} + V_{0.6} + 2V_{0.8})$

④ $V_m = \frac{1}{4}(V_{0.2} + 2V_{0.6} + V_{0.8})$

해설
- 1점법 $V_m = V_{0.6}$
- 2점법 $V_m = \frac{1}{2}(V_{0.2} + V_{0.8})$
- 3점법 $V_m = \frac{1}{2}(V_{0.2} + 2V_{0.6} + V_{0.8})$

24. 토공작업을 수반하는 종단면도에 계획선을 넣을 때 고려하여야 할 사항으로 옳지 않은 것은?

① 계획선은 될 수 있는 한 요구에 맞게 한다.
② 절토는 성토로 이용할 수 있도록 운반거리를 고려하여야 한다.
③ 경사와 곡선을 병설해야 하고 단조로움을 피하기 위하여 가능한 한 많이 설치한다.
④ 절토량과 성토량은 거의 같게 한다.

해설 경사와 곡선은 병설할 수 없고 제한 내에 있도록 하여야 한다.

25. 사진판독의 요소와 거리가 먼 것은?

① 색조, 모양
② 질감, 크기
③ 과고감, 상호위치관계
④ 촬영고도, 화면거리

해설 사진판독 요소
색조, 모양, 질감, 형상, 크기, 음영, 상호위치관계, 과고감

26. 축척 1 : 1,000의 도면에서 면적을 측정한 결과 5cm²였다. 이 도면이 전체적으로 1% 신장되어 있었다면 실제면적은?

① 510m² ② 505m²
③ 495m² ④ 490m²

해설 실제면적(A_0)
$= m^2 \times$측정면적(A)
$= (1{,}000)^2 \times 5 \times \left(1 - \frac{1}{100}\right)^2$
$= 4{,}900{,}500\text{cm}^2 = 490\text{m}^2$

27. 타원체에 관한 설명으로 옳은 것은?

① 어느 지역의 측량좌표계의 기준이 되는 지구타원체를 준거타원체(또는 기준타원체)라 한다.
② 실제 지구와 가장 가까운 회전타원체를 지구타원체라 하며, 실제 지구의 모양과 같이 굴곡이 있는 곡면이다.
③ 타원의 주축을 중심으로 회전하여 생긴 지구물리학적 형상을 회전타원체라 한다.
④ 준거타원체는 지오이드와 일치한다.

해설 • 타원체는 실제 지구와 가까우나 지구 같은 굴곡은 없다.
• 회전타원체는 타원을 중심으로 회전하여 생긴 기하학적 형상이다.
• 준거 타원체는 지오이드와 거의 일치한다.

28. 삼각망 중 조건식이 가장 많아 가장 높은 정확도를 얻을 수 있는 것은?

① 단열삼각망
② 사변형삼각망
③ 유심다각망
④ 트래버스망

해설 • 사변형망은 정밀도가 가장 높으나 조정이 복잡하고 시간과 경비가 많이 소요된다.
• 삼각망의 정밀도는 사변형 > 유심 > 단열 순이다.

29. 축척 1 : 2,500의 도면에 등고선 간격을 2m로 할 때 육안으로 식별할 수 있는 등고선과 등고선 사이의 최소거리가 0.4mm라 하면 등고선으로 표시할 수 있는 최대 경사각은?

① 52.1° ② 63.4°
③ 72.8° ④ 81.6°

해설 • 경사각$(\tan\theta) = \frac{H}{D}$
• $\theta = \tan^{-1}\left(\frac{2{,}000}{0.4 \times 2{,}500}\right) = 63°26'5.82''$

30. 체적계산에 있어서 양 단면의 면적이 $A_1 = 80\text{m}^2$, $A_2 = 40\text{m}^2$, 중간 단면적 $A_m = 70\text{m}^2$이다. A_1, A_2 단면 사이의 거리가 30m이면 체적은?(단, 각주공식 사용)

① 2,000m³ ② 2,060m³
③ 2,460m³ ④ 2,640m³

해설 • 각주공식$(V) = \frac{L}{6}(A_1 + 4A_m + A_2)$
• $V = \frac{30}{6}(80 + 4 \times 70 + 40) = 2{,}000\text{m}^3$

31. 노선측량에서 평면곡선으로 공통 접선의 반대 방향에 반지름(R)의 중심을 갖는 곡선 형태는?

① 복심곡선 ② 포물선곡선
③ 반향곡선 ④ 횡단곡선

해설

단곡선	복심곡선	반향곡선
O, R, R	O_2, O_1, R_1, R_2	O_2, R_2, R_1, O_1

32. 우리나라의 축척 1 : 50,000 지형도에 있어서 등고선의 주곡선 간격은?

① 5m ② 10m
③ 20m ④ 100m

 |해답| 26.④ 27.① 28.② 29.② 30.① 31.③ 32.③

■ 해설 등고선 간격

구분	1 : 5,000	1 : 10,000	1 : 25,000	1 : 50,000
주곡선	5m	5m	10m	20m
계곡선	25m	25m	50m	100m
간곡선	2.5m	2.5m	5m	10m
조곡선	1.25m	1.25m	2.5m	5m

33. 교각 $I=90°$, 곡선반지름 $R=200\text{m}$ 인 단곡선에서 노선기점으로부터 교점까지의 거리가 520m일 때 노선기점으로부터 곡선시점까지의 거리는?

① 280m　② 320m
③ 390m　④ 420m

■ 해설
- $\text{TL}=R\tan\frac{I}{2}=200\times\tan\frac{90°}{2}=200\text{m}$
- BC거리 = IP − TL = 520 − 200 = 320m

34. 그림과 같은 터널의 천정에 대한 수준측량 결과에서 C점의 지반고는?(단, $b_1=2.324\text{m}$, $f_1=3.246\text{m}$, $b_2=2.787\text{m}$, $f_2=2.938\text{m}$, A점 지반고 $=32.243\text{m}$)

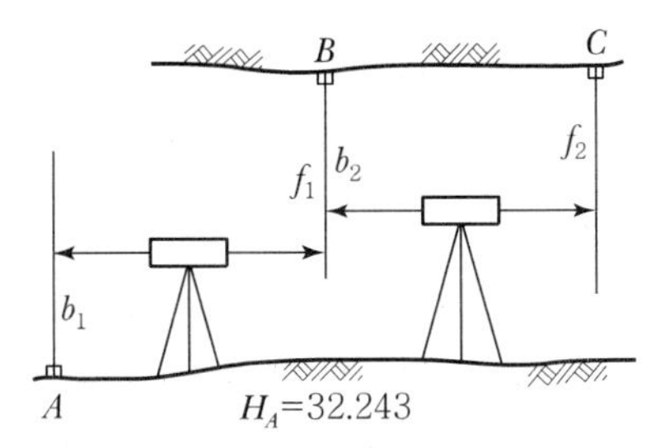

① 31.170m　② 32.088m
③ 33.316m　④ 37.964m

■ 해설 $H_c=H_A+b_1+f_1-b_2+f_2$
$=32.243+2.324+3.246-2.787+2.938$
$=37.964\text{m}$

35. 삼각측량을 위한 삼각점의 위치선정에 있어서 피해야 할 장소로서 중요도가 가장 적은 것은?

① 편심관측을 하여야 하는 곳
② 나무를 벌목하여야 하는 곳
③ 습지와 같은 연약지반인 곳
④ 측표의 높이를 높게 설치하여야 되는 곳

■ 해설 삼각점의 위치
- 지반이 단단하고 견고한 곳
- 시통이 잘 되어야 하고 전망이 좋은 곳 (후속측량)
- 평야, 산림지대는 시통을 위해 벌목이나 높은 측표작업이 필요하므로 작업이 곤란하다.

36. 그림과 같은 결합 트래버스의 관측 오차를 구하는 공식은?(단, $[\alpha]=\alpha_1+\alpha_2+\cdots\cdots+\alpha_{n-1}+\alpha_n$)

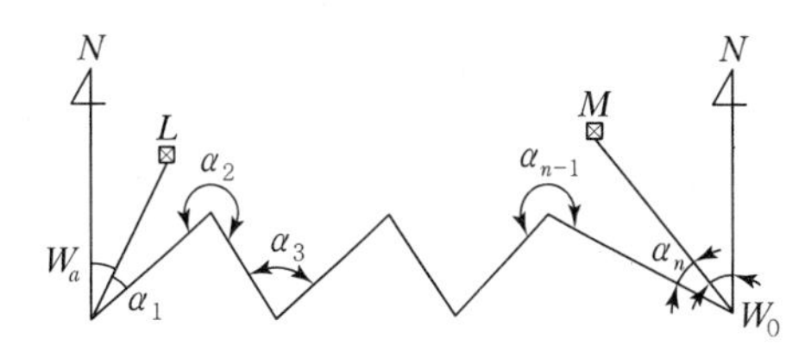

① $(W_a-W_b)+[\alpha]-180°(n+1)$
② $(W_a-W_b)+[\alpha]-180°(n-1)$
③ $(W_a-W_b)+[\alpha]-180°(n-2)$
④ $(W_a-W_b)+[\alpha]-180°(n-3)$

■ 해설
- L과 M이 모두 바깥쪽$(n+1)$
- L과 M이 하나는 안에 하나는 바깥쪽 $(n-1)$
- L과 M이 모두 안쪽에 $(n-3)$

37. 캔트(Cant) 계산에서 속도 및 반지름을 모두 2배로 증가시키면 캔트는?

① 1/2로 감소한다.　② 2배로 증가한다.
③ 4배로 증가한다.　④ 8배로 증가한다.

■ 해설
- 캔트$(C)=\frac{SV^2}{Rg}$
- 속도와 반지름을 2배로 하면 캔트(C)는 2배가 된다.

38. 방위각 260°의 역방위는 얼마인가?

① N80°E ② N80°W
③ S80°E ④ S80°W

■해설 260°는 3상한
- 역방위각=방위각+180°=260°+180°=80°
- 방위는 S80°W, 역방위는 N80°E

39. 아래와 같은 수준측량 성과에서 측점 4의 지반고는?(단위 : m)

측점	후시	기계고	전시		지반고
			이기점	중간점	
1	1.500				100
2				2.300	
3	1.200		2.600		
4			1.400		
계					

① 98.7m ② 98.9m
③ 100.1m ④ 100.3m

■해설
- 측점 1 지반고=100m
- 측점 2 지반고=101.5−2.3=99.2m
- 측점 3 지반고=101.5−2.6=98.9m
- 측점 4 지반고=100.1−1.4=98.7m

40. 트래버스측량에서 발생된 폐합오차를 조정하는 방법 중의 하나인 컴퍼스 법칙(Compass Rule)의 오차배분방법에 대한 설명으로 옳은 것은?

① 트래버스 내각의 크기에 비례하여 배분한다.
② 트래버스 외각의 크기에 비례하여 배분한다.
③ 각 변의 위·경거에 비례하여 배분한다.
④ 각 변의 측선길이에 비례하여 배분한다.

■해설 컴퍼스 법칙의 오차배분은 각 변 측선길이에 비례하여 배분한다.

제3과목 **수리수문학**

41. 유체의 기본성질에 대한 설명으로 틀린 것은?

① 압축률과 체적탄성계수는 비례관계에 있다.
② 압력변화와 체적변화율의 비를 체적탄성계수라 한다.
③ 액체와 기체의 경계면에 작용하는 분자 인력을 표면장력이라 한다.
④ 액체 내부에서 유체분자가 상대적인 운동을 할 때, 이에 저항하는 전단력이 작용한다. 이 성질을 점성이라 한다.

■해설 유체의 기본성질
㉠ 압력변화와 체적변화율의 비를 체적탄성계수라 하며, 압축률과 체적탄성계수는 반비례관계에 있다.
- 체적탄성계수 : $E_w = \dfrac{\Delta P}{\dfrac{\Delta V}{V}}$
- 압축계수 : $C_w = \dfrac{1}{E_w}$

㉡ 유체입자 간의 응집력으로 인해 그 표면적을 최소화하려는 장력이 작용한다. 이를 표면장력이라 한다.
㉢ 액체 내부에서 유체분자가 상대적인 운동을 할 때 이에 저항하는 전단력이 작용한다. 이 성질을 점성이라 한다.

42. 그림에서 (a), (b) 바닥이 받는 총수압을 각각 P_a, P_b라 표시할 때 두 총수압의 관계로 옳은 것은?(단, 바닥 및 상면의 단면적은 그림과 같고, (a), (b)의 높이는 같다.)

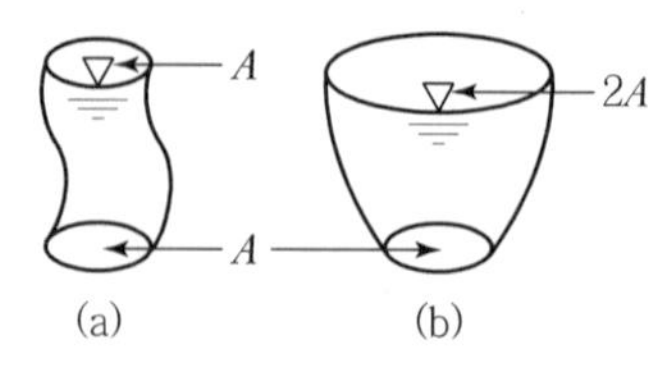

① $P_a = 2P_b$ ② $P_a = P_b$
③ $2P_a = P_b$ ④ $4P_a = P_b$

해설 압력의 산정

㉠ 수면과 평형인 면이 받는 정수압의 크기

$P = whA$

㉡ 그림에서 (a), (b) 바닥에서 받는 압력의 크기 정수압의 크기에 관여하는 인자는 수심과 면적으로 그림 (a), (b)는 수심과 바닥 면적이 동일하므로 압력의 크기는 같다.

$\therefore P_a = P_b$

43. 그림과 같은 사다리꼴 수로에 등류가 흐를 때 유량은?(단, 조도계수 n=0.013, 수로경사 $i = \frac{1}{1,000}$, 측벽의 경사=1 : 1이며, Manning공식 이용)

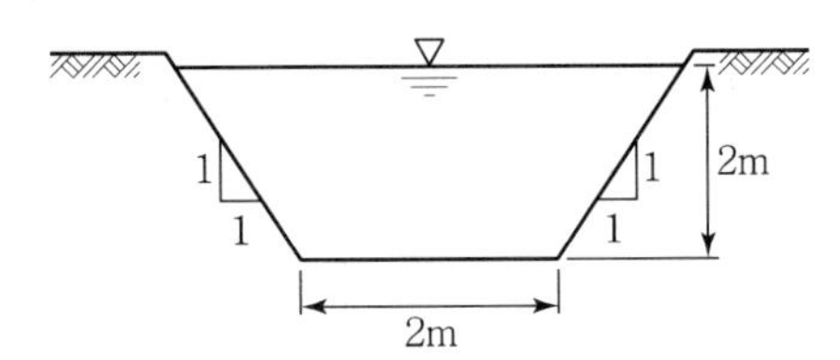

① 16.21m³/s
② 18.16m³/s
③ 20.04m³/s
④ 22.16m³/s

해설 개수로 단면의 유량

㉠ 면적의 산정

$$A = \frac{1}{2}(2+6) \times 2 = 8\text{m}^2$$

㉡ 유속의 산정

$$V = \frac{1}{n} R^{\frac{2}{3}} I^{\frac{1}{2}}$$

$$= \frac{1}{0.013} \times \left(\frac{8}{2+2\times 2.83}\right)^{\frac{2}{3}} \times \left(\frac{1}{1,000}\right)^{\frac{1}{2}}$$

$$= 2.5\text{m/sec}$$

㉢ 유량의 산정

$$Q = AV = 8 \times 2.5 = 20\text{m}^3/\text{sec}$$

44. 그림과 같이 불투수층까지 미치는 암거에서의 용수량(湧水量) Q는?(단, 투수계수 k=0.009m/s)

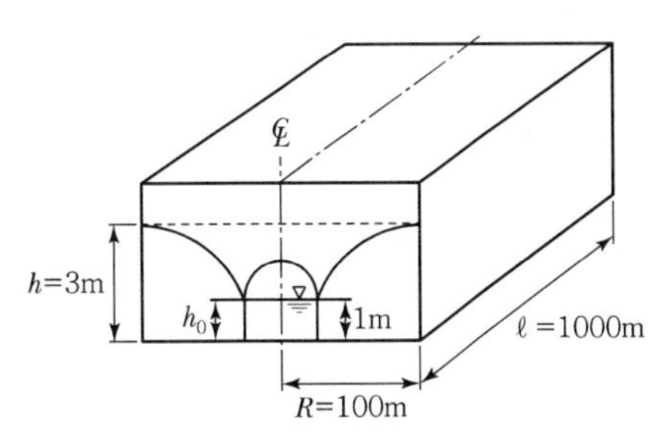

① 0.36m³/s ② 0.72m³/s
③ 36m³/s ④ 72m³/s

해설 우물의 수리

㉠ 우물의 양수량

종류	내용
깊은 우물 (심정호)	우물의 바닥이 불투수층까지 도달한 우물을 말한다. $Q = \frac{\pi K(H^2 - h_o^2)}{\ln(R/r_o)} = \frac{\pi K(H^2 - h_o^2)}{2.3\log(R/r_o)}$
얕은 우물 (천정호)	우물의 바닥이 불투수층까지 도달하지 못한 우물을 말한다. $Q = 4Kr_o(H - h_o)$
굴착정	피압대수층의 물을 양수하는 우물을 굴착정이라 한다. $Q = \frac{2\pi aK(H - h_o)}{\ln(R/r_o)} = \frac{2\pi aK(H - h_o)}{2.3\log(R/r_o)}$
집수 암거	복류수를 취수하는 우물을 집수암거라 한다. $Q = \frac{Kl}{R}(H^2 - h^2)$

㉡ 집수암거의 용수량

$$Q = \frac{Kl}{R}(H^2 - h^2)$$

$$= \frac{0.009 \times 1,000}{100} \times (3^2 - 1^2)$$

$$= 0.72\text{m}^3/\text{sec}$$

45. 그림은 두 개의 수조를 연결하는 등단면 단일관 수로이다. 관의 유속을 나타낸 식은?(단, f : 마찰손실계수, f_o=1.0, f_i=0.5, $\frac{L}{D}$ < 3,000)

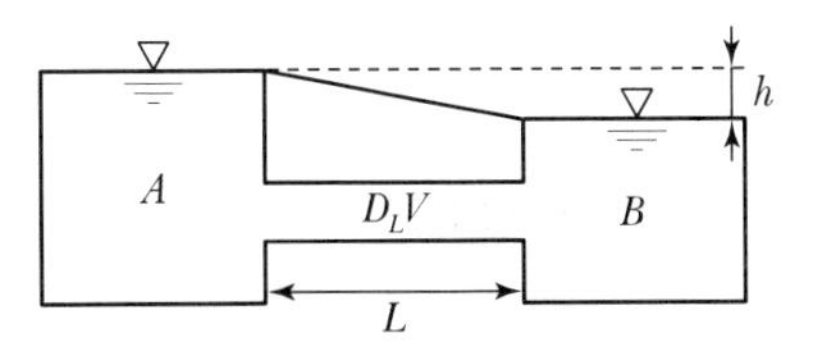

① $V=\sqrt{2gH}$

② $V=\sqrt{\dfrac{2gH}{f}\cdot\left(\dfrac{L}{D}\right)}$

③ $V=\sqrt{\dfrac{2gh}{1.5+f\left(\dfrac{L}{D}\right)}}$

④ $V=\sqrt{\dfrac{2gH}{1.0+f\left(\dfrac{L}{D}\right)}}$

해설 단일관수로의 유량

㉠ 단일관수로의 유속

$$V=\sqrt{\frac{2gh}{f_i+f_o+f\cdot\dfrac{l}{d}}}$$

㉡ 유속의 산정

$$V=\sqrt{\frac{2gh}{f_i+f_o+f\cdot\dfrac{l}{d}}}=\sqrt{\frac{2gh}{1.5+f\dfrac{l}{D}}}$$

46. Darcy의 법칙을 층류에만 적용하여야 하는 이유는?

① 유속과 손실수두가 비례하기 때문이다.
② 지하수 흐름은 항상 층류이기 때문이다.
③ 투수계수의 물리적 특성 때문이다.
④ 레이놀즈수가 크기 때문이다.

해설 Darcy의 법칙

㉠ Darcy의 법칙

- $V=K\cdot I=K\cdot\dfrac{h_L}{L}$
- $Q=A\cdot V=A\cdot K\cdot I=A\cdot K\cdot\dfrac{h_L}{L}$

㉡ 특징

Darcy의 법칙은 유속과 압력경사가 비례하는 법칙으로 난류의 경우는 흐름의 유속이 압력경사의 m곱에 비례하지만 레이놀즈수가 10 이하인 층류에서는 유속은 대개 압력경사에 정비례한다.

47. 지름 100cm의 원형단면 관수로에 물이 만수되어 흐를 때의 동수반경(Hydraulic Radius)은?

① 50cm ② 75cm
③ 25cm ④ 20cm

해설 경심(동수반경)

㉠ 경심

$$R=\frac{A}{P}$$

㉡ 원형 관의 경심

$$R=\frac{A}{P}=\frac{\dfrac{\pi D^2}{4}}{\pi D}=\frac{D}{4}$$

$$\therefore\ R=\frac{D}{4}=\frac{100}{4}=25\text{cm}$$

48. 그림과 같은 오리피스에서 유출되는 유량은? (단, 이론 유량을 계산한다.)

① $0.12\text{m}^3/\text{s}$
② $0.22\text{m}^3/\text{s}$
③ $0.32\text{m}^3/\text{s}$
④ $0.42\text{m}^3/\text{s}$

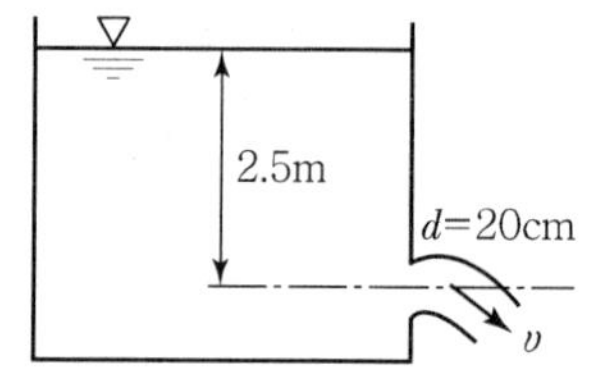

해설 오리피스의 유량

㉠ 오리피스의 유량

$Q=Ca\sqrt{2gh}$

㉡ 유량의 산정

$$Q=Ca\sqrt{2gh}$$
$$=\frac{\pi\times0.2^2}{4}\times\sqrt{2\times9.8\times2.5}$$
$$=0.22\text{m}^3/\text{sec}$$

49. 그림과 같은 완전수중오리피스에서 유속을 구하려고 할 때 사용되는 수두는?

① H_2-H_1
② H_1-H_0
③ H_2-H_0
④ $H_1+\dfrac{H_2}{2}$

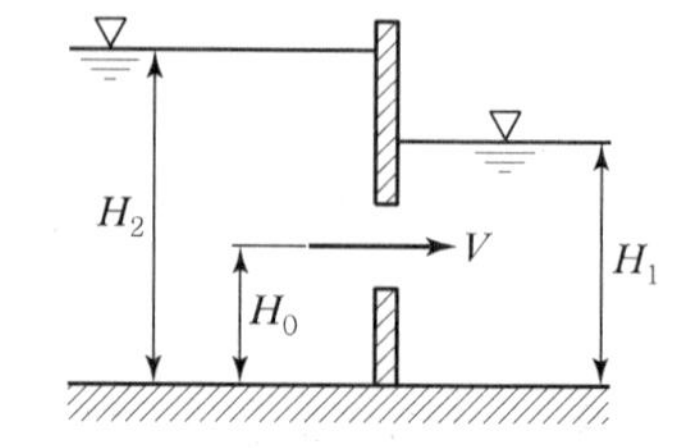

해설 완전수중오리피스

완전수중오리피스에서의 유량은 다음 식으로 구한다.

$Q = CA\sqrt{2gH}$

여기서, H는 수위차($H = H_2 - H_1$)를 적용한다.

50. 개수로의 특성에 대한 설명으로 옳지 않은 것은?

① 배수곡선은 완경사 흐름의 하천에서 장애물에 의해 발생한다.

② 상류에서 사류로 바뀔 때 한계수심이 생기는 단면을 지배단면이라 한다.

③ 사류에서 상류로 바뀌어도 흐름의 에너지선은 변하지 않는다.

④ 한계수심으로 흐를 때의 경사를 한계경사라 한다.

해설 개수로 흐름의 특성

㉠ 배수곡선은 완경사 구간에서 댐 등의 장애물에 의해 발생한다.

㉡ 상류에서 사류로 바뀔 때의 수심이 한계수심이며, 이 때의 단면을 지배단면이라 한다.

㉢ 사류에서 상류로 바뀔 때 도수와 함께 에너지 손실이 발생되며 에너지선도 변하게 된다.

㉣ 한계수심으로 흐를 때의 경사를 한계경사, 유속을 한계유속이라 한다.

51. 유체의 연속방정식에 대한 설명으로 옳은 것은?

① 뉴턴(Newton)의 제2법칙을 만족시키는 방정식이다.

② 에너지와 일의 관계를 나타내는 방정식이다.

③ 유선 상 두 점 간의 단위체적당의 운동량에 관한 방정식이다.

④ 질량 보존의 법칙을 만족 시키는 방정식이다.

해설 연속방정식

㉠ 질량 보존의 법칙에 의해 만들어진 방정식이다.

㉡ 검사구간 도중에 질량의 유입이나 유출이 없다고 하면 구간 내 어느 곳에서나 질량유량은 같다.

$Q = A_1 V_1 = A_2 V_2$ (체적유량)

52. 베르누이 정리를 압력의 항으로 표시할 때, 동압력(Dynamic Pressure) 항에 해당되는 것은?

① P ② $\rho g z$

③ $\frac{1}{2}\rho V^2$ ④ $\frac{V^2}{2g}$

해설 Bernoulli 정리

㉠ Bernoulli 정리

$z + \frac{p}{w} + \frac{v^2}{2g} = H$(일정)

㉡ Bernoulli 정리를 압력의 항으로 표시
: 각 항에 ρg를 곱한다.

$\rho g z + p + \frac{\rho v^2}{2} = H$(일정)

여기서, $\rho g z$: 위치압력, p : 정압력, $\frac{\rho v^2}{2}$: 동압력

㉢ Bernoulli 정리 성립 가정

- 하나의 유선에서만 성립된다.
- 정상류 흐름이다.
- 이상유체(비점성, 비압축성)에만 성립된다.

53. 유량이 일정한 직사각형 수로의 흐름에서 한계류일 경우, 한계수심(y_c)과 최소비에너지($E_{\min}$)의 관계로 적절한 것은?

① $y_c = E_{\min}$ ② $y_c = \frac{1}{2}E_{\min}$

③ $y_c = \frac{\sqrt{3}}{2}E_{\min}$ ④ $y_c = \frac{2}{3}E_{\min}$

해설 비에너지

㉠ 단위무게당의 물이 수로바닥면을 기준으로 갖는 흐름의 에너지 또는 수두를 비에너지라 한다.

$E = y + \frac{\alpha v^2}{2g}$

여기서, y : 수심, α : 에너지보정계수, v : 유속

㉡ 비에너지와 한계수심의 관계

직사각형 단면의 비에너지와 한계수심의 관계는 다음과 같다.

$y_c = \frac{2}{3}E_{\min}$

54. 직사각형 단면수로에서 폭 B=2m, 수심 H=6m이고, 유량 Q=10m³/s일 때 Froude 수와 흐름의 종류는?

① 0.217, 사류 ② 0.109, 사류
③ 0.217, 상류 ④ 0.109, 상류

해설 흐름의 상태

㉠ 상류(常流)와 사류(射流)의 구분

$$F_r = \frac{V}{C} = \frac{V}{\sqrt{gh}}$$

여기서, V : 유속, C : 파의 전달속도

- $F_r < 1$: 상류(常流)
- $F_r > 1$: 사류(射流)
- $F_r = 1$: 한계류

㉡ 상류(常流)와 사류(射流)의 계산

- $V = \frac{Q}{A} = \frac{10}{2 \times 6} = 0.83\text{m/sec}$
- $F_r = \frac{V}{\sqrt{gh}} = \frac{0.83}{\sqrt{9.8 \times 6}} = 0.108$

∴ 상류

55. 에너지선과 동수경사선이 항상 평행하게 되는 흐름은?

① 등류 ② 부등류
③ 난류 ④ 상류

해설 에너지선과 동수경사선

㉠ 에너지선
기준면에서 총수두까지의 높이를 연결한 선, 즉 전수두를 연결한 선을 말한다.

㉡ 동수경사선
기준면에서 위치수두와 압력수두의 합을 연결한 선을 말한다.

㉢ 에너지선과 동수경사선의 관계

- 이상유체의 경우 에너지선과 수평기준면은 평행한다.
- 동수경사선은 에너지선보다 속도수두만큼 아래에 위치한다.
- 흐름구간에서 유속과 수위가 균일한 등류인 경우에는 동수경사선과 에너지선이 평행하다.

56. 부체의 안정성을 판단할 때 관계가 없는 것은?

① 경심(Metacenter)
② 수심(Water Depth)
③ 부심(Center of Buoyancy)
④ 무게중심(Center of Gravity)

해설 부체의 안정조건

㉠ 경심(M)을 이용하는 방법

- 경심(M)이 중심(G)보다 위에 존재 : 안정
- 경심(M)이 중심(G)보다 아래에 존재 : 불안정

㉡ 경심고($\overline{MG}$)를 이용하는 방법

- $\overline{MG} = \overline{MC} - \overline{GC}$
- $\overline{MG} > 0$: 안정
- $\overline{MG} < 0$: 불안정

㉢ 경심고 일반식을 이용하는 방법

- $\overline{MG} = \frac{I}{V} - \overline{GC}$
- $\frac{I}{V} > \overline{GC}$: 안정
- $\frac{I}{V} < \overline{GC}$: 불안정

∴ 부체의 안정조건에 필요한 인자는 경심, 부심, 중심이다.

57. 레이놀즈수가 1,500인 관수로 흐름에 대한 마찰손실계수 f의 값은?

① 0.030 ② 0.043
③ 0.054 ④ 0.066

해설 마찰손실계수

㉠ 원관 내 층류(R_e <2,000)

$$f = \frac{64}{R_e}$$

㉡ 불완전 층류 및 난류(R_e >2,000)

$$f = \phi\left(\frac{1}{R_e}, \frac{e}{d}\right)$$

- f는 R_e와 상대조도(ε/d)의 함수이다.
- 매끈한 관의 경우 f는 R_e만의 함수이다.
- 거친 관의 경우 f는 상대조도(ε/d)만의 함수이다.

 |해답| 54.④ 55.① 56.② 57.②

㉢ 마찰손실계수의 산정

$$f=\frac{64}{R_e}=\frac{64}{1,500}=0.043$$

58. 폭 1.2m인 양단수축 직사각형 위어 정상부로부터의 평균수심이 42cm일 때 Francis의 공식으로 계산한 유량은?(단, 접근유속은 무시한다.)

[참고 : Francis의 공식]
$Q=1.84(b-nh/10)h^{3/2}$

① $0.427m^3/s$ ② $0.462m^3/s$
③ $0.504m^3/s$ ④ $0.559m^3/s$

■해설 Francis 공식
㉠ 직사각형 위어의 월류량 산정은 Francis 공식을 이용한다.

$$Q=1.84\,b_0\,h^{\frac{3}{2}}$$

여기서, $b_0=b-0.1nh$(n=2 : 양단수축, n=1 : 일단수축, n=0 : 수축이 없는 경우)

㉡ 월류량의 산정

$$Q=1.84(b-0.1nh)h^{\frac{3}{2}}$$
$$=1.84(1.2-0.1\times2\times0.42)\times0.42^{\frac{3}{2}}$$
$$=0.559m^3/sec$$

59. 그림과 같이 수평으로 놓은 원평관의 안지름이 A에서 50cm이고 B에서 25cm로 축소되었다가 다시 C에서 50cm로 되었다. 물이 340L/s의 유량으로 흐를 때 A와 B의 압력차(P_A-P_B)는?(단, 에너지 손실은 무시한다.)

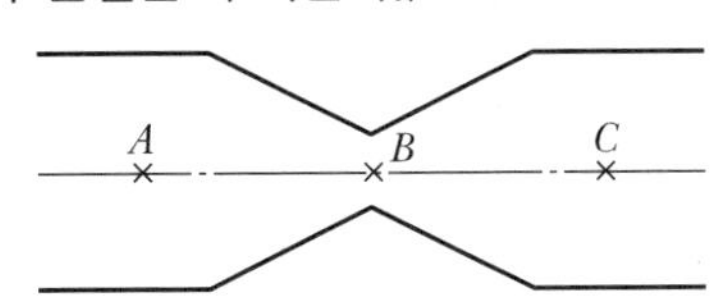

① $0.225N/cm^2$ ② $2.25N/cm^2$
③ $22.5N/cm^2$ ④ $225N/cm^2$

■해설 압력차의 산정
㉠ 유속의 산정

- $V_1=\dfrac{Q}{A_1}=\dfrac{0.34}{\dfrac{\pi\times0.5^2}{4}}=1.73m/sec$
- $V_2=\dfrac{Q}{A_2}=\dfrac{0.34}{\dfrac{\pi\times0.25^2}{4}}=6.93m/sec$

㉡ 1, 2단면에 Bernoulli 정리를 적용하면

$$\frac{P_1}{w}+\frac{V_1^2}{2g1}=\frac{P_2}{w}+\frac{V_2^2}{2g}$$
$$\therefore\ \frac{P_1-P_2}{w}=\frac{1}{2g}(V_2^2-V_1^2)$$
$$=\frac{1}{2\times9.8}(6.93^2-1.73^2)=2.3m$$
$$\therefore\ P_1-P_2=2.3t/m^2=0.23kg/cm^2$$
$$=2.25N/cm^2$$

60. 어떤 액체의 밀도가 $1.0\times10^{-5}N\cdot S^2/cm^4$이라면 이 액체의 단위 중량은?

① $9.8\times10^{-3}N/cm^3$
② $1.02\times10^{-3}N/cm^3$
③ $1.02N/cm^3$
④ $9.8N/cm^3$

■해설 단위중량과 밀도의 관계
㉠ 단위중량과 밀도의 관계

$$w=\rho g$$

㉡ 단위중량의 산정

$$w=\rho g=1.0\times10^{-5}\times980$$
$$=9.8\times10^{-3}N/cm^3$$

제4과목 철근콘크리트 및 강구조

61. 다음 그림에서 인장력 $P = 400\text{kN}$이 작용할 때 용접이음부의 응력은 얼마인가?

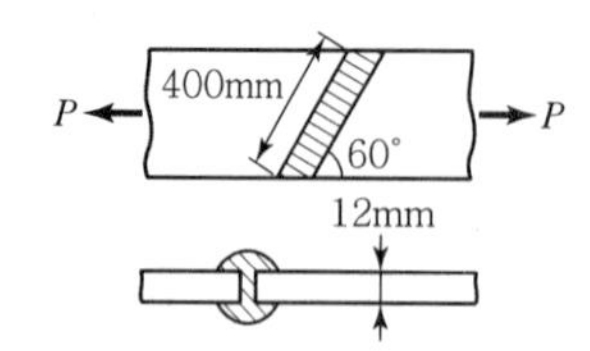

① 96.2MPa ② 101.2MPa
③ 105.3MPa ④ 108.6MPa

■해설 $l_e = l\sin\alpha = 400\times\sin60° = 346.4\text{mm}$

$$f = \frac{P}{A} = \frac{P}{l_e \cdot t} = \frac{(400\times10^3)}{346.4\times12}$$
$= 96.2\text{N/mm}^2 = 96.2\text{MPa}$

62. 다음 중 유효깊이의 정의로 옳은 것은?

① 콘크리트의 인장 연단부터 모든 인장철근군의 도심까지 거리
② 콘크리트의 압축 연단부터 모든 인장철근군의 도심까지 거리
③ 콘크리트의 인장 연단부터 최외단 인장철근의 도심까지의 거리
④ 콘크리트의 압축 연단부터 최외단 인장철근의 도심까지 거리

■해설
- 유효깊이(d) : 콘크리트의 압축연단부터 인장철근군의 도심까지의 거리
- 최외단 인장철근의 유효깊이(d_t) : 콘크리트 압축연단부터 최외단 인장철근의 도심까지 거리
- 압축철근의 유효깊이(d') : 콘크리트 압축연단부터 압축철근군의 도심까지 거리

63. 프리스트레스트 콘크리트에서 강재의 프리스트레스 도입시 발생되는 즉시 손실에 해당되지 않는 것은?

① 정착장치의 활동에 의한 손실
② PS 강재와 긴장 덕트의 마찰에 의한 손실
③ PS 강재의 릴랙세이션 손실
④ 콘크리트의 탄성 수축에 의한 손실

■해설 프리스트레스의 손실 원인
(1) 프리스트레스 도입시 손실(즉시손실)
- 정착 장치의 활동에 의한 손실
- PS강재와 쉬스(덕트) 사이의 마찰에 의한 손실
- 콘크리트의 탄성변형에 의한 손실

(2) 프리스트레스 도입 후 손실(시간손실)
- 콘크리트의 크리프에 의한 손실
- 콘크리트의 건조수축에 의한 손실
- PS강재의 릴랙세이션에 의한 손실

64. b_w =250mm, d =500mm, 압축연단에서 중립축까지의 거리(c) =200mm, f_{ck} =24MPa의 단철근 직사각형 균형보에서 콘크리트의 공칭 휨강도(M_n)는?

① 305.8kN·m ② 359.8kN·m
③ 364.3kN·m ④ 423.3kN·m

■해설 $\beta_1 = 0.85$($f_{ck} \le 28\text{MPa}$인 경우)
$a = \beta_1 C = 0.85\times200 = 170\text{mm}$
$$M_n = 0.85 f_{ck} ab\left(d - \frac{a}{2}\right)$$
$$= 0.85\times24\times170\times250\times\left(500 - \frac{170}{2}\right)$$
$= 359.8\times10^6\text{N}\cdot\text{mm} = 359.8\text{kN}\cdot\text{m}$

65. 휨 부재에서 철근의 정착에 대한 위험단면에 해당되지 않는 것은?

① 지간내의 최대 응력점
② 인장철근이 끝난점
③ 인장철근의 절곡점
④ 지점에서 d만큼 떨어진 점

■해설 휨부재에서 철근정착의 위험단면
- 인장철근이 절단된 점
- 인장철근이 절곡된 점
- 최대 응력점

 |해답| 61.① 62.② 63.③ 64.② 65.④

66. 나선철근과 띠철근 기둥에서 축방향 철근의 순간격에 대한 설명으로 옳은 것은?

① 25mm 이상, 또한 철근 공칭지름의 0.5배 이상으로 하여야 한다.

② 30mm 이상, 또한 철근 공칭지름의 1배 이상으로 하여야 한다.

③ 40mm 이상, 또한 철근 공칭지름의 1.5배 이상으로 하여야 한다.

④ 50mm 이상, 또한 철근 공칭지름의 2.5배 이상으로 하여야 한다.

해설 나선철근과 띠철근 기둥에서 축방향 철근의 순간격은 40mm 이상, 또한 철근 공칭지름의 1.5배 이상으로 하여야 한다.

67. 아래 표와 같은 하중을 받는 지간 5m의 단순보를 설계할 때 계수휨모멘트(M_u)는?(단, 하중계수와 하중조합을 고려할 것)

- 자중을 포함한 고정하중(D) : 20kN/m
- 활하중(L) : 30kN/m

① 225kN · m ② 307kN · m

③ 342kN · m ④ 387kN · m

해설 $W_u = 1.2D + 1.6L$

$= (1.2\times20) + (1.6\times30) = 72\text{kN/m}$

$$M_u = \frac{W_u l^2}{8} = \frac{72\times5^2}{8} = 225\text{kN}\cdot\text{m}$$

68. 이형철근이 인장을 받을 때 기본 정착길이(l_{db})를 구하는 식으로 옳은 것은?(단, 보통중량 콘크리트이고, d_b는 철근의 공칭지름)

① $\dfrac{0.6d_bf_y}{\sqrt{f_{ck}}}$ ② $0.6d_bf_y\sqrt{f_{ck}}$

③ $\dfrac{0.25d_bf_y}{\sqrt{f_{ck}}}$ ④ $0.25d_bf_y\sqrt{f_{ck}}$

해설 이형철근의 기본 정착길이

- 인장 이형철근의 기본 정착길이 $l_{db} = \dfrac{0.6d_bf_y}{\lambda\sqrt{f_{ck}}}$
- 압축 이형철근의 기본 정착길이
  $l_{db} = \dfrac{0.25d_bf_y}{\lambda\sqrt{f_{ck}}} \geq 0.043d_bf_y$

69. 그림과 같은 단순 PSC보에서 지간중앙의 절곡점에서 상향력(U)과 외력(P)이 비기기 위한 PS강선 프리스트레스힘(F)의 크기는 얼마인가?(단, 손실은 무시한다.)

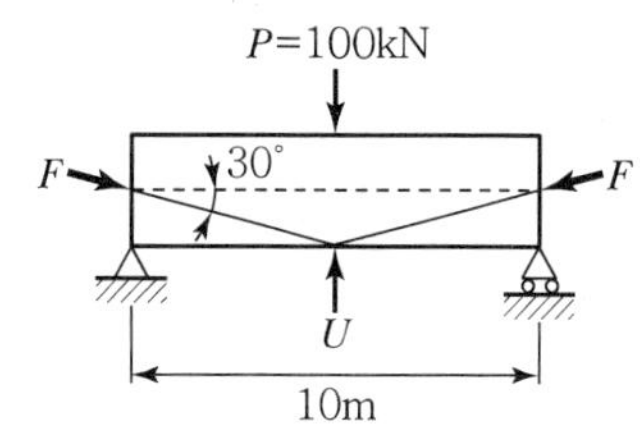

① 30kN ② 50kN

③ 70kN ④ 100kN

해설 $U = 2F\sin\theta = P$

$$F = \frac{P}{2\sin\theta} = \frac{100}{2\times\sin30°} = 100\text{kN}$$

70. 용접변형(Distortion)을 방지하기 위한 방법 중 틀린 것은?

① 용접길이를 가능하면 적게 설계한다.

② 용접변형이 작게 되는 이음을 선택한다.

③ 용접금속중량을 충분히 크게 하고, 용접속도를 천천히 한다.

④ 대칭용접이 되도록 용접시 용접순서를 선택한다.

해설 용접변형을 방지하기 위한 방법
- 용접길이를 가능하면 적게 설계한다.
- 용접변형이 작게 되는 이음을 선택한다.
- 대칭용접이 되도록 용접시 용접순서를 선택한다.

|해답| 66.③ 67.① 68.① 69.④ 70.③

71. 철근콘크리트 부재에 사용할 수 있는 전단철근에 대한 설명으로 틀린 것은?

① 주인장 철근에 30° 이상의 각도로 설치되는 스터럽은 전단철근으로 사용할 수 있다.
② 주인장 철근에 30° 이상의 각도로 구부린 굽힘철근은 전단철근으로 사용할 수 있다.
③ 스터럽과 굽힘철근의 조합은 전단철근으로 사용할 수 있다.
④ 전단철근의 설계기준항복강도는 500MPa을 초과할 수 없다.

해설 (1) 전단철근의 종류
㉠ 주인장 철근에 90°로 배치된 스터럽
㉡ 주인장 철근에 45° 또는 그 이상의 경사로 배치된 스터럽
㉢ 주인장 철근에 30° 또는 그 이상의 경사로 구분된 굽힘철근
㉣ ㉠과 ㉢ 또는 ㉡과 ㉢을 병용
㉤ 용접철망 또는 나선철근

(2) 철근의 설계기준항복강도
㉠ 휨철근 : $f_y \leq 600$Mpa
㉡ 전단철근 : $f_{yt} \leq 500$Mpa
(단, 용접이형철망 : $f_{yt} \leq 600$Mpa)

72. 강도설계법의 가정으로 틀린 것은?

① 철근과 콘크리트의 변형율은 중립축으로부터의 거리에 비례한다.
② 압축측 연단에서 콘크리트의 극한 변형율은 0.003으로 가정한다.
③ 휨응력 계산에서 콘크리트의 인장강도는 무시한다.
④ 극한강도 상태에서 콘크리트의 응력은 그 변형율에 비례한다.

해설 강도설계법에 대한 기본가정 사항
- 철근 및 콘크리트의 변형율은 중립축으로부터의 거리에 비례한다.
- 압축측 연단에서 콘크리트의 최대 변형율은 0.003으로 가정한다.
- f_y 이하의 철근 응력은 그 변형율의 E_s배로 취한다. f_y에 해당하는 변형율보다 더 큰 변형율에 대한 철근의 응력은 변형율에 관계없이 f_y와 같다고 가정한다.
- 극한강도상태에서 콘크리트의 응력은 변형율에 비례하지 않는다.
- 콘크리트의 압축응력분포는 등가직사각형 응력분포로 가정해도 좋다.
- 콘크리트의 인장응력은 무시한다.

73. PS강재가 가져야 할 일반적인 성질로 틀린 것은?

① 적당한 연성과 인성이 있어야 한다.
② 어느 정도의 피로강도를 가져야 한다.
③ 직선성이 좋아야 한다.
④ 항복비가 작아야 한다.

해설 PS강재에 요구되는 성질
- 인장강도가 높아야 한다.
- 항복비(항복점 응력의 인장강도에 대한 백분율)가 커야 한다.
- 릴랙세이션(Relaxation)이 작아야 한다.
- 적당한 연성과 인성이 있어야 한다.
- 응력부식에 대한 저항성이 커야 한다.
- 어느 정도의 피로강도를 가져야 한다.
- 직선성이 좋아야 한다.

74. 철근콘크리트 구조물에서 피로에 대한 검토를 하지 않아도 되는 구조 부재는?

① 기둥 ② 단순보
③ 연속보 ④ 슬래브

해설 보와 슬래브의 피로는 휨과 전단에 대하여 검토하고, 기둥의 피로는 검토하지 않아도 좋다.

75. 휨부재 단면에서 인장철근에 대한 최소철근량을 규정한 이유로 옳은 것은?

① 부재의 취성파괴를 유도하기 위하여
② 부재의 급작스런 파괴를 방지하기 위하여
③ 사용 철근량을 줄이기 위하여
④ 콘크리트 단면을 최소화하기 위하여

 |해답| 71.① 72.④ 73.④ 74.① 75.②

해설 휨부재 단면에서 인장철근에 대한 최소 철근량을 규정하는 이유는 콘크리트가 갑작스럽게 파괴되는 취성파괴를 방지하고 연성파괴를 확보하기 위함이다.

76. 아래 그림과 같은 보에 D13(1본 단면적 127mm²)철근으로 수직스터럽을 250mm의 간격으로 설치하였다면, 전단철근에 의한 전단강도는(V_s)는? (단, $f_{ck}=28\text{MPa}$, $f_y=400\text{MPa}$)

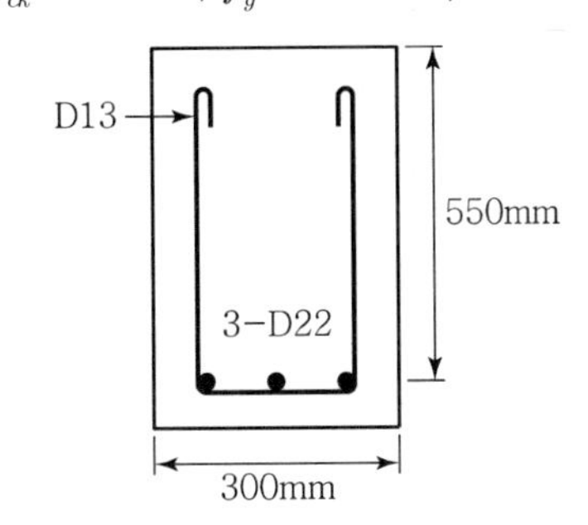

① 164.8kN ② 186.3kN
③ 208.6kN ④ 223.5kN

해설
$$V_s=\frac{A_V f_y d}{S}$$
$$=\frac{(2\times127)\times400\times550}{250}$$
$$=223.5\times10^3\text{N}=223.5\text{kN}$$

77. 일반 콘크리트 부재의 해당 지속 하중에 대한 탄성처짐이 30mm이었다면 크리프 및 건조수축에 따른 추가적인 장기처짐을 고려한 최종 총 처짐량은?(단, 하중재하기간은 5년이고, 압축철근비 ρ'는 0.002이다.)

① 80.8mm ② 84.6mm
③ 89.4mm ④ 95.2mm

해설 $\xi=2.0$(하중재하기간이 5년 이상인 경우)
$$\lambda=\frac{\xi}{1+50\rho'}=\frac{2}{1+(50\times0.002)}=1.82$$
$$\delta_L=\lambda\delta_i=1.82\times30=54.6\text{mm}$$
$$\delta_T=\delta_i+\delta_L=30+54.6=84.6\text{mm}$$

78. 그림과 같은 직사각형 보에서 압축상단에서 중립축까지의 거리(c)는 얼마인가?(단, 철근 D22 4본의 단면적은 1,548mm², $f_{ck}=35\text{MPa}$, $f_y=350\text{MPa}$이다.)

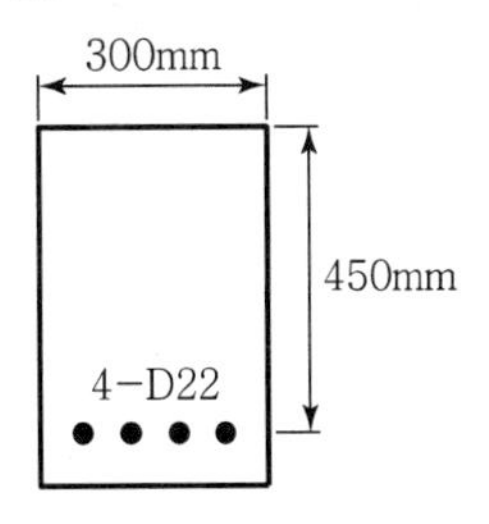

① 60.7mm ② 71.4mm
③ 75.8mm ④ 80.9mm

해설 $f_{ck}<28\text{MPa}$인 경우 β_1의 값
$$\beta_1=0.85-0.007(f_{ck}-28)$$
$$=0.85-0.007(35-28)$$
$$=0.801(\beta_1\geq0.65-\text{O.K.})$$
$$c=\frac{f_y A_s}{0.85 f_{ck} b\beta_1}=\frac{350\times1,548}{0.85\times35\times300\times0.801}$$
$$=75.8\text{mm}$$

79. 폭 300mm, 유효깊이는 500mm의 단철근 직사각형보에서 콘크리트의 설계전단강도(ϕV_c)는? (단, $f_{ck}=28\text{MPa}$이고, 전단과 휨만을 받는 부재이다.)

① 75.4kN ② 89.3kN
③ 99.2kN ④ 113.1kN

해설 $\lambda=1$(보통 중량의 콘크리트를 사용한 경우)
$$\phi V_C=\phi\frac{1}{6}\lambda\sqrt{f_{ck}}bd$$
$$=0.75\times\frac{1}{6}\times1\times\sqrt{28}\times300\times500$$
$$=99.2\times10^3\text{N}=99.2\text{kN}$$

80. 단철근 직사각형 보에서 $f_{ck}=28\text{MPa}$, $f_y=400\text{MPa}$일 때 균형철근비(ρ_b)는 약 얼마인가?

① 0.02572 ② 0.03035
③ 0.04317 ④ 0.05243

|해답| 76.④ 77.② 78.③ 79.③ 80.②

■ 해설 $\beta_1 = 0.85(f_{ck} \le 28\text{MPa}$인 경우)

$$\rho_b = 0.85\beta_1 \frac{f_{ck}}{f_y} \frac{600}{600+f_y}$$

$$= 0.85 \times 0.85 \times \frac{28}{400} \times \frac{600}{600+400} = 0.03035$$

제5과목 토질 및 기초

81. 다음은 지하수 흐름의 기본 방정식인 Laplace 방정식을 유도하기 위한 기본 가정이다. 틀린 것은?

① 물의 흐름은 Darcy의 법칙을 따른다.
② 흙과 물은 압축성이다.
③ 흙은 포화되어 있고 모세관 현상은 무시한다.
④ 흙은 등방성이고 균질하다.

■ 해설 흙과 물은 비압축성으로 가정한다.

82. 압밀비배수 전단시험에 대한 설명으로 옳은 것은?

① 시험 중 간극수를 자유로 출입시킨다.
② 시험 중 전응력을 구할 수 없다.
③ 시험 전 압밀할 때 비배수로 한다.
④ 간극수압을 측정하면 압밀배수와 같은 전단강도 값을 얻을 수 있다.

■ 해설 압밀비배수(cu) 시험은 전단 시험 시 간극수를 배출하지 않으며 시험 중 전응력을 구할 수 있다.

83. 다음 중에서 정지토압 P_o, 주동토압 P_a, 수동토압 P_p의 크기 순서가 옳은 것은?

① $P_p < P_o < P_a$　　② $P_o < P_a < P_p$
③ $P_o < P_p < P_a$　　④ $P_a < P_o < P_p$

■ 해설 P_a(주동토압) $< P_0$(정지토압) $< P_p$(수동토압)

84. 다음 그림과 같은 모래지반에서 X－X단면의 전단강도는?(단, $\phi = 30°$, $c = 0$)

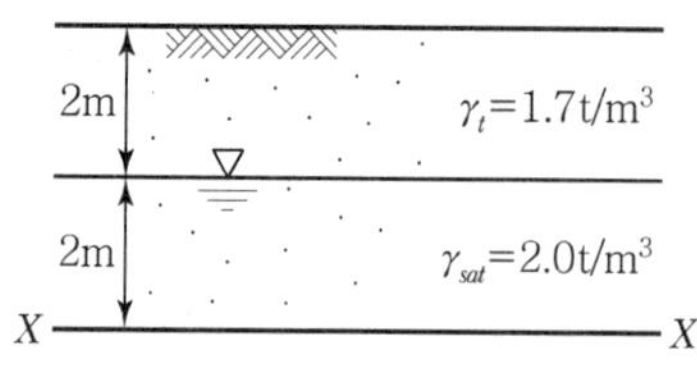

① 1.56t/m²　　② 2.14t/m²
③ 3.12t/m²　　④ 4.27t/m²

■ 해설 전단강도$(S) = c + \sigma' \tan\phi$

$$= 0 + 0.54\tan 30° = 3.12\text{t/m}^2$$

$(\sigma' = 1.7 \times 2 + (2.0-1) \times 2 = 5.4\text{t/m}^2)$

85. 다음의 연약지반 처리공법에서 일시적인 공법은?

① 웰 포인트 공법
② 치환공법
③ 컴포저 공법
④ 샌드 드레인 공법

■ 해설 일시적인 연약지반 처리공법
㉠ Well Point 공법
㉡ 동결 공법
㉢ 대기압 공법(진공 압밀 공법)

86. 선행압밀하중은 다음 중 어느 곡선에서 구하는가?

① 압밀하중$(\log p)$－간극비(e) 곡선
② 압밀하중(p)－간극비(e) 곡선
③ 압밀시간$(\sqrt{t})$－압밀침하량(d) 곡선
④ 압밀하중$(\log t)$－압밀침하량(d) 곡선

■ 해설 선행압밀하중
㉠ 시료가 과거에 받았던 최대의 압밀하중
㉡ 하중$(\log P)$과 간극비(e) 곡선으로 구한다.

|해답| 81.② 82.④ 83.④ 84.③ 85.① 86.①

87. 다음 점토질 흙 위에 강성이 큰 사각형 독립 기초가 놓여졌을 때 기초 바닥면에서의 응력의 상태를 설명한 것 중 옳은 것은?

① 기초 밑면에서의 응력은 일정하다.
② 기초의 중앙부분에서 최대 응력이 발생한다.
③ 기초의 모서리 부분에서 최대 응력이 발생한다.
④ 기초 밑면에서의 응력은 점토질과 모래질의 흙 모두 동일하다.

해설 강성기초의 접지압
㉠ 점토지반 : 기초 모서리에서 최대 응력 발생
㉡ 모래지반 : 기초 중앙부에서 최대 응력 발생

88. 흙이 동상작용을 받았다면 이 흙은 동상작용을 받기 전에 비해 함수비는?

① 증가한다.
② 감소한다.
③ 동일하다.
④ 증가할 때도 있고, 감소할 때도 있다.

해설 동상작용을 받으면 흙 입자의 팽창으로 수분이 증가되어 함수비도 증가된다.

89. 체적이 19.65cm³인 포화토의 무게가 36g이다. 이 흙이 건조되었을 때 체적과 무게는 각각 13.50cm³과 25g이었다. 이 흙의 수축한계는 얼마인가?

① 7.4%　② 13.4%
③ 19.4%　④ 25.4%

해설

$$\text{수축한계}(w_s) = \omega - \left[\frac{V_s - V_0}{W_0} \times \gamma_w \times 100\right]$$
$$= 0.44 - \left[\frac{19.65 - 13.50}{25} \times 1\right] = 0.194$$
$$= 19.4\%$$
$$\left(\omega = \frac{W_w}{W_s} \times 100 = \frac{36-25}{25} \times 100 = 44\%\right)$$

90. 다음 중 표준관입시험으로 구할 수 없는 것은?

① 사질토의 투수계수
② 점성토의 비배수점착력
③ 점성토의 일축압축강도
④ 사질토의 내부마찰각

해설 표준관입시험(SPT)의 N값으로 추정할 수 있는 것
㉠ 사질지반
- 상대밀도
- 내부마찰각
- 지지력계수

㉡ 점성지반
- 연경도
- 일축압축강도
- 허용지지력 및 비배수점착력

91. 토층 두께 20m의 견고한 점토지반 위에 설치된 건축물의 침하량을 관측한 결과 완성 후 어떤 기간이 경과하여 그 침하량은 5.5cm에 달한 후 침하는 정지되었다. 이 점토 지반 내에서 건축물에 의해 증가되는 평균압력이 0.6kg/cm²이라면 이 점토층의 체적압축계수(m_v)는?

① 4.58×10^{-3}cm²/kg　② 3.25×10^{-3}cm²/kg
③ 2.15×10^{-2}cm²/kg　④ 1.15×10^{-2}cm²/kg

해설 $\Delta H = m_v \cdot \Delta P \cdot H$

$5.5 = m_v \times 0.6 \times 2{,}000$

$\therefore\ m_v = 4.58 \times 10^{-3}\text{cm}^2/\text{kg}$

92. 원주상의 공시체에 수직응력이 1.0kg/cm², 수평응력이 0.5kg/cm²일 때 공시체의 각도 30° 경사면에 작용하는 전단응력은?

① 0.17kg/cm²　② 0.22kg/cm²
③ 0.35kg/cm²　④ 0.43kg/cm²

해설

$$\tau = \frac{\sigma_1 - \sigma_3}{2}\sin 2\theta$$
$$= \frac{1.0 - 0.5}{2}\sin(2 \times 30°)$$
$$= 0.22\text{kg/cm}^2$$

93. 5m×10m의 장방형 기초 위에 $q=6\text{t/m}^2$의 등분포하중이 작용할 때 지표면 아래 5m에서의 증가 유효수직응력을 2 : 1 분포법으로 구한 값은?

① 1t/m^2 ② 2t/m^2
③ 3t/m^2 ④ 4t/m^2

■ 해설

$$\Delta\sigma_Z = \frac{qBL}{(B+Z)(L+Z)} = \frac{6\times5\times10}{(5+5)\times(10+5)} = 2\text{t/m}^2$$

94. 다음 중 사면의 안정해석방법이 아닌 것은?

① 마찰원법
② 비숍(Bishop)의 방법
③ 펠레니우스(Fellenius) 방법
④ 카사그란데(Casagrande)의 방법

■ 해설 사면의 안정해석
㉠ 질량법(마찰원법)
㉡ 절편법
- Fellenius 법
- Bishop 법
- Spencer 법

95. 통일분류법에 의한 흙의 분류에서 조립토와 세립토를 구분할 때 기준이 되는 체의 호칭번호와 통과율로 옳은 것은?

① No.4(4.75mm)체, 35%
② No.10(2mm)체, 50%
③ No.200(0.075mm)체, 35%
④ No.200(0.075mm)체, 50%

■ 해설
- 조립토 : No.200 체 통과량 $\leq 50\%$
- 세립토 : No.200 체 통과량 $> 50\%$

96. Terzaghi의 극한지지력 공식에 대한 다음 설명 중 틀린 것은?

① 사질지반은 기초 폭이 클수록 지지력은 증가한다.
② 기초 부분에 지하수위가 상승하면 지지력은 증가한다.
③ 기초 바닥 위쪽의 흙은 등가의 상재하중으로 대치하여 식을 유도하였다.
④ 점토지반에서 기초 폭은 지지력에 큰 영향을 끼치지 않는다.

■ 해설 기초 부분에 지하수위가 상승하면 흙의 단위중량의 감소($\gamma_t \rightarrow \gamma_{sub}$)로 지지력은 감소한다.

97. 어느 모래층의 간극률이 20%, 비중이 2.65이다. 이 모래의 한계동수경사는?

① 1.32 ② 1.38
③ 1.42 ④ 1.48

■ 해설

$$i_c = \frac{G_s - 1}{1+e} = \frac{2.65-1}{1+0.25} = 1.32$$

$$\left(e = \frac{n}{1-n} = \frac{0.2}{1-0.2} = 0.25\right)$$

98. 표준관입시험에 대한 아래 설명에서 (   )에 적합한 것은?

> 질량 63.5±0.5kg의 드라이브 해머를 76±1cm 자유낙하시키고 보링로드 머리부에 부착한 노킹블록을 타격하여 보링로드 앞 끝에 부착한 표준 관입시험용 샘플러를 지반에 (   )mm 박아 넣는 데 필요한 타격 횟수를 N값이라고 한다.

① 200 ② 250
③ 300 ④ 350

■ 해설 표준관입시험(SPT)
64kg 해머로 76cm 높이에서 보링구멍 밑의 교란되지 않은 흙 속에 30cm 관입될 때까지의 타격 횟수를 N치라 한다.

 |해답| 93.② 94.④ 95.④ 96.② 97.① 98.③

99. 그림과 같은 다짐곡선을 보고 설명한 것으로 틀린 것은?

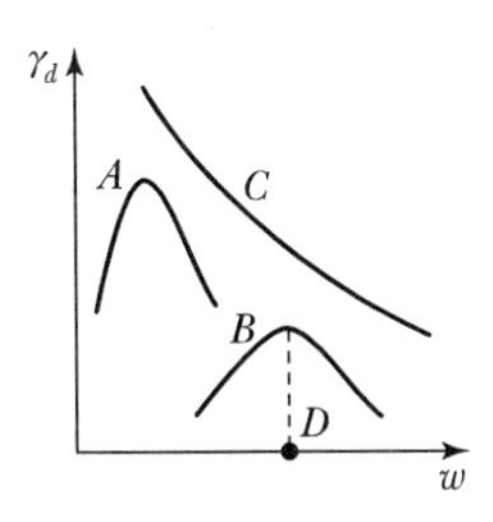

① A는 일반적으로 사질토이다.
② B는 일반적으로 점성토이다.
③ C는 과잉 간극 수압곡선이다.
④ D는 최적 함수비를 나타낸다.

해설 영공기 간극곡선은 포화도 $S_r=100\%$인 공기함유율 $A=0\%$일 때의 곡선으로 영공극곡선 또는 포화곡선이라고도 하며, 다짐곡선의 오른쪽에 평행에 가깝게 위치한다.

100. 흙의 다짐시험에서 다짐에너지를 증가시킬 때 일어나는 변화로 옳은 것은?

① 최적함수비와 최대건조밀도가 모두 증가한다.
② 최적함수비와 최대건조밀도가 모두 감소한다.
③ 최적함수비는 증가하고 최대건조밀도는 감소한다.
④ 최적함수비는 감소하고 최대건조밀도는 증가한다.

해설 다짐에너지를 증가시키면 최대건조단위중량($\gamma_{d\max}$)은 증가, 최적함수비(OMC)는 감소한다.

제6과목 상하수도공학

101. 지름이 0.2m, 길이 50m의 주철관으로 하수유량 2.4m³/min을 15m의 높이까지 양수하기 위한 펌프의 축동력은?(단, 전체 손실수두는 1.0m 이고, 펌프의 효율은 85%)

① 9.9kW　　② 7.4kW
③ 6.3kW　　④ 5.4kW

해설 동력의 산정

㉠ 양수에 필요한 동력($H_e=h+\Sigma h_L$)

- $P=\dfrac{9.8QH_e}{\eta}$ (kW)
- $P=\dfrac{13.3QH_e}{\eta}$ (HP)

㉡ 주어진 조건의 양수동력 산정

- $Q=\dfrac{2.4}{60}=0.04\text{m}^3/\text{s}$
- $P=\dfrac{9.8QH_e}{\eta}=\dfrac{9.8\times0.04\times(15+1)}{0.85}$
$=7.4\text{kW}$

102. 2,000ton/d의 하수를 처리할 수 있는 원형방사류식 침전지에서 체류시간은?(단, 평균수심 3m, 직경 8m)

① 1.6hr　　② 1.7hr
③ 1.8hr　　④ 1.9hr

해설 수리학적 체류시간(HRT)

㉠ 체류시간

$$t=\frac{V}{Q}$$

여기서, V : 체적, Q : 유량

㉡ 체류시간의 산정

$$t=\frac{V}{Q}=\frac{\dfrac{\pi\times8^2}{4}\times3}{\dfrac{2,000}{24}}=1.8\text{hr}$$

103. 계획취수량의 결정에 대한 설명으로 옳은 것은?

① 계획1일평균급수량에 10% 정도 증가된 수량으로 결정한다.
② 계획1일최대급수량에 10% 정도 증가된 수량으로 결정한다.
③ 계획1일평균급수량에 30% 정도 증가된 수량으로 결정한다.
④ 계획1일최대급수량에 30% 정도 증가된 수량으로 결정한다.

해설 상수도 구성요소

- 수원 → 취수 → 도수(침사지) → 정수(착수정 → 약품혼화지 → 침전지 → 여과지 → 소독지 → 정수지) → 송수 → 배수(배수지, 배수탑, 고가탱크, 배수관) → 급수
- 수원, 취수, 도수, 정수, 송수 등의 설계에는 계획 1일 최대급수량을 기준으로 한다.
- 계획취수량은 계획 1일 최대급수량을 기준으로 5~10정도 여유 있게 취수한다.
- 배수관의 직경결정, 펌프의 직경결정 등은 계획시간 최대급수량을 기준으로 한다.

104. 공동현상(Cavitation)의 방지책에 대한 설명으로 옳지 않은 것은?

① 펌프 회전수를 높여 준다.
② 손실수두를 작게 한다.
③ 펌프의 설치 위치를 낮게 한다.
④ 흡입관의 손실을 작게 한다.

해설 공동현상(Cavitation)

㉠ 펌프의 관내 압력이 포화증기압 이하가 되면 기화현상이 발생되어 유체 중에 공동이 생기는 현상을 공동현상이라 한다. 공동현상이 발생되지 않으려면 이용할 수 있는 유효흡입수두가 펌프가 필요로 하는 유효흡입수두보다 커야 하며, 그 차이 값이 1m보다 크도록 하는 것이 좋다.

㉡ 악현상
- 소음, 진동 발생
- 펌프의 성능 저하
- 관 내부의 침식

㉢ 방지책
- 펌프의 설치 위치를 낮춘다.
- 펌프의 회전수를 줄인다(임펠러 속도를 적게 한다).
- 흡입관의 손실을 줄인다(직경(D)을 크게 한다).
- 흡입양정의 표준을 −5m까지로 제한한다.

∴ 공동현상을 방지하려면 펌프의 회전수를 적게 해야 한다.

105. 상수도에서 펌프가압으로 배수할 경우에 펌프의 급정지, 급기동 등으로 수격작용이 일어날 경우 배수관의 손상을 방지하기 위하여 설치하는 밸브는?

① 안전밸브　　② 배수밸브
③ 가압밸브　　④ 자동지밸브

해설 관로 내 밸브의 특징

종류	특징
제수밸브 (Gate Valve)	유지관리 및 사고 시 수량조절 위해 설치, 시점, 종점, 분기점, 합류점에 설치
공기밸브 (Air Valve)	배수 시 배수의 원활을 목적으로 관의 돌출부에 설치
역지밸브 (Check Valve)	펌프압송 중 정전으로 인한 물의 역류를 방지하는 목적으로 설치
안전밸브 (Safety Valve)	관내 이상수압의 발생으로 인한 수격작용 방지를 목적으로 설치
니토밸브 (Drain Valve)	청소 및 정체수 배출의 목적으로 관내 오목부에 설치

∴ 수격작용을 방지하기 위한 밸브는 안전밸브이다.

106. 하수관거의 각 관거별 계획하수량 산정기준으로 옳지 않은 것은?

① 우수관거는 계획우수량으로 한다.
② 차집관거는 우천 시 계획우수량으로 한다.
③ 오수관거는 계획시간 최대오수량으로 한다.
④ 합류식 관거는 계획시간 최대오수량에 계획우수량을 합한 것으로 한다.

|해답| 103.② 104.① 105.① 106.②

■해설 계획하수량의 결정

㉠ 오수 및 우수관거

종류		계획하수량
합류식		계획시간 최대오수량에 계획우수량을 합한 수량
분류식	오수관거	계획시간 최대오수량
	우수관거	계획우수량

㉡ 차집관거

우천 시 계획오수량 또는 계획시간 최대오수량의 3배를 기준으로 설계한다.

∴ 차집관거는 우천 시 계획오수량을 기준으로 설계한다.

107. 어느 도시의 인구가 500,000명이고, 1인당 폐수 발생량이 300L/d, 1인당 배출 BOD가 60g/d인 경우, 발생 폐수의 BOD 농도는?

① 150mg/L ② 200mg/L
③ 250mg/L ④ 300mg/L

■해설 BOD 농도

㉠ BOD량

BOD량=BOD농도×Q

$$\therefore \text{BOD농도} = \frac{\text{BOD량}}{Q}$$

㉡ BOD 농도의 산정

- $Q = 300 \times 10^{-3} \times 500{,}000 = 150{,}000\text{m}^3/\text{day}$
- $\text{BOD량} = 60 \times 10^{-3} \times 500{,}000 = 30{,}000\text{kg/day}$

$$\therefore \text{BOD농도} = \frac{\text{BOD량}}{\text{Q}} = \frac{30{,}000 \times 10^3}{150{,}000} = 200\text{mg}/l$$

108. 하수펌프장 시설이 필요한 경우로 가장 거리가 먼 것은?

① 방류하수의 수위가 방류수면의 수위보다 항상 낮은 경우
② 종말처리장의 방류구 수면을 방류하는 하해(河海)의 고수위보다 높게 할 경우
③ 지지대에서 자연유하식을 취하면 공사비의 증대와 공사의 위험이 따르는 경우
④ 관거의 매설깊이가 낮고 유량 조정이 필요 없는 경우

■해설 하수펌프장

하수펌프장은 저지대 혹은 방류수면이 낮은 경우 등에 설치하며, 관거의 매설깊이가 낮고 유량조정이 필요 없는 경우에는 설치하지 않는다.

109. 다음 중 상수의 일반적인 정수과정 순서로서 옳은 것은?

① 침전 → 응집 → 소독 → 여과
② 침전 → 여과 → 응집 → 소독
③ 응집 → 여과 → 침전 → 소독
④ 응집 → 침전 → 여과 → 소독

■해설 상수도 구성요소

- 수원 → 취수 → 도수(침사지) → 정수(착수정 → 약품혼화지 → 침전지 → 여과지 → 소독지 → 정수지) → 송수 → 배수(배수지, 배수탑, 고가탱크, 배수관) → 급수
- 수원, 취수, 도수, 정수, 송수 등의 설계에는 계획 1일 최대급수량을 기준으로 한다.
- 계획취수량은 계획 1일 최대급수량을 기준으로 5~10정도 여유 있게 취수한다.
- 배수관의 직경결정, 펌프의 직경결정 등은 계획시간 최대급수량을 기준으로 한다.

∴ 상수의 일반적인 정수과정은 응집-침전-여과-소독 순으로 진행된다.

110. 급속여과에 대한 설명 중 틀린 것은?

① 탁질의 제거가 완속여과보다 우수하여 탁한 원수의 여과에 적합하다.
② 여과속도는 120~150m/d를 표준으로 한다.
③ 여과지 1지의 여과면적은 250m² 이상으로 한다.
④ 급속여과지의 형식에는 중력식과 압력식이 있다.

■ 해설 급속여과

㉠ 급속여과는 여과수를 비교적 빠른 속도로 사층에 통과시켜 여재에 부착시키거나 여층의 체거름 작용에 의해 탁질의 제거를 기대하는 작용이다.

㉡ 급속여과의 특징
- 급속여과의 형식에는 중력식과 압력식이 있다.
- 탁질의 제거가 완속여과보다 우수하여 탁한 원수의 여과에 적합하다.
- 여과속도는 급속여과가 120~150m/d이고, 완속여과는 4~5m/d이다.
- 급속여과지 1지의 여과면적은 150m² 이하로 하며, 예비지를 포함하여 최소 2지 이상으로 한다.

111. 함수율 99%인 침전 슬러지를 농축하여 함수율 94%로 만들었다. 원 슬러지(함수율 99%)의 유입량이 1,500m³일 때 농축 후 슬러지의 양은? (단, 농축 전·후 슬러지의 비중은 모두 1.0으로 가정)

① 200m³/d ② 250m³/d
③ 750m³/d ④ 960m³/d

■ 해설 농축 후의 슬러지 부피

㉠ 슬러지 부피

$$V_1(100-P_1)=V_2(100-P_2)$$

여기서, V_1, P_1 : 농축, 탈수 전의 함수율, 부피
V_2, P_2 : 농축, 탈수 후의 함수율, 부피

㉡ 농축 후의 슬러지 부피 산출

$$V_2=\frac{(100-P_1)}{(100-P_2)}V_1=\frac{(100-99)}{(100-94)}\times 1,500$$
$$=250\text{m}^3/\text{d}$$

112. 다음의 정수처리 공정별 설명으로 틀린 것은?

① 침전지는 응집된 플록을 침전시키는 시설이다.
② 여과지는 침전지에서 처리된 물을 여재를 통하여 여과하는 시설이다.
③ 플록형성지는 플록형성을 위해 응집제를 주입하는 시설이다.
④ 소독의 주목적은 미생물의 사멸이다.

■ 해설 정수처리 공정

플록형성지는 약품혼화지에서 응집제가 주입된 후 응집제 효과에 의해 플록의 크기를 증가시키는 곳이다.

113. 우수관과 오수관의 최소유속을 비교한 설명으로 옳은 것은?

① 우수관의 최소유속이 오수관의 최소유속보다 크다.
② 오수관의 최소유속이 우수관의 최소유속보다 크다.
③ 세척방법에 따라 최소유속은 달라진다.
④ 최소유속에는 차이가 없다.

■ 해설 하수관의 유속 및 경사

㉠ 하수관로 내의 유속은 하류로 갈수록 빠르게 하며, 경사는 하류로 갈수록 완만하게 한다.

㉡ 관로의 유속기준

관로의 유속은 침전과 마모방지를 위해 최소유속과 최대유속을 한정하고 있다.
- 오수 및 차집관 : 0.6~3.0m/sec
- 우수 및 합류관 : 0.8~3.0m/sec
- 이상적 유속 : 1.0~1.8m/sec

∴ 우수관의 최소유속이 오수관의 최소유속보다 크다.

114. 수원의 구비조건으로 옳지 않은 것은?

① 수질이 양호해야 한다.
② 최대갈수기에도 계획수량의 확보가 가능해야 한다.
③ 오염 회피를 위하여 도심에서 멀리 떨어진 곳일수록 좋다.
④ 수리권의 획득이 용이하고, 건설비 및 유지관리가 경제적이어야 한다.

■ 해설 수원의 구비조건
- 수량이 풍부한 곳
- 수질이 양호한 곳
- 계절적으로 수량 및 수질의 변동이 적은 곳
- 가능한 한 자연유하식을 이용할 수 있는 곳

|해답| 111.② 112.③ 113.① 114.③

• 주위에 오염원이 없는 곳
• 소비지로부터 가까운 곳
∴ 수원의 위치는 관거 부설 측면에서 보면 소비지로부터 가까운 곳이 유리하다.

115. 합류식 하수배제 방식과 분류식 하수배제 방식에 대한 설명으로 옳지 않은 것은?

① 합류식은 우천 시 일정량 이상이 되면 월류현상이 발생한다.
② 분류식은 오수를 오수관으로 처분하므로 방류수역의 오염을 줄일 수 있다.
③ 도시의 여건상 분류식 채용이 어려우면 합류식으로 한다.
④ 합류식은 강우 발생 시 오수가 우수에 의해 희석되므로 하수처리장 운영에 도움이 된다.

해설 하수의 배제방식

분류식	합류식
• 수질오염 방지 면에서 유리하다. • 청천 시에도 퇴적의 우려가 없다. • 강우 초기 노면배수 효과가 없다. • 시공이 복잡하고 오접합의 우려가 있다. • 우천 시 수세효과를 기대할 수 없다. • 공사비가 많이 든다.	• 구배 완만, 매설깊이가 적으며 시공성이 좋다. • 초기 우수에 의한 노면배수처리가 가능하다. • 관경이 크므로 검사 편리, 환기가 잘된다. • 건설비가 적게 든다. • 우천 시 수세효과가 있다. • 청천 시 관내 침전, 효율 저하가 발생한다.

∴ 합류식은 강우 발생 시 오수와 우수가 동시에 하수처리장으로 유입되므로 하수처리장에 과부하가 발생된다.

116. 총인구 20,000명인 어느 도시의 급수인구는 18,600명이며 일 년간 총 급수량이 1,860,000톤이었다. 급수보급률과 1인 1일당 평균급수량(L)으로 옳은 것은?

① 93%, 274L ② 93%, 295L
③ 107%, 274L ④ 107%, 295L

해설 급수보급률

㉠ 급수보급률은 총인구에 대한 급수인구의 비율을 말한다.

$$\text{급수보급률} = \frac{\text{급수인구}}{\text{총인구}} \times 100\%$$
$$= \frac{18,600}{20,000} \times 100 = 93\%$$

㉡ 1인 1일 평균급수량

$$\text{1인 1일 평균급수량} = \frac{\text{연간급수량}}{365 \times \text{급수인구}}$$
$$= \frac{1,860,000}{365 \times 18,600}$$
$$= 0.274\text{m}^3/\text{인}\cdot\text{일}$$
$$= 274l/\text{인}\cdot\text{일}$$

117. 송수관에 대한 설명으로 옳은 것은?

① 배수지에서 수도계량기까지의 관
② 취수장과 정수장 사이의 관
③ 배수지에서 주도로까지의 관
④ 정수장과 배수지 사이의 관

해설 상수도 구성요소

㉠ 수원 → 취수 → 도수(침사지) → 정수(착수정 → 약품혼화지 → 침전지 → 여과지 → 소독지 → 정수지) → 송수 → 배수(배수지, 배수탑, 고가탱크, 배수관) → 급수
㉡ 수원, 취수, 도수, 정수, 송수 등의 설계에는 계획 1일 최대급수량을 기준으로 한다.
㉢ 계획취수량은 계획 1일 최대급수량을 기준으로 5~10 정도 여유 있게 취수한다.
㉣ 배수관과 펌프의 직경결정 등은 계획시간 최대급수량을 기준으로 한다.
∴ 송수관은 정수장과 배수지를 연결한 관이다.

118. 계획 1일 최대오수량과 계획 1일 평균오수량 사이에는 일정한 관계가 있다. 계획 1일 평균오수량은 대체로 계획 1일 최대오수량의 몇 %를 기준으로 하는가?

① 45~60% ② 60~75%
③ 70~80% ④ 80~90%

■해설 급수량의 종류

종류	내용
계획 1일 최대급수량	수도시설 규모 결정의 기준이 되는 수량 = 계획 1일 평균급수량 × 1.5(중 · 소도시), 1.3(대도시, 공업도시)
계획 1일 평균급수량	재정계획 수립에 기준이 되는 수량 = 계획 1일 최대급수량 × 0.7(중 · 소도시), 0.8(대도시, 공업도시)
계획시간 최대급수량	배수 본관의 구경 결정에 사용 = 계획 1일 최대급수량/24 × 1.3(대도시, 공업도시), 1.5(중소도시), 2.0(농촌, 주택단지)

∴ 계획 1일 평균급수량은 계획 1일 최대급수량의 70~80%를 기준으로 하고 있다.

119. 집수매거(Infiltration Galleries)의 유출단에서 매거 내 평균유속의 최대 기준은?

① 0.5m/s ② 1m/s
③ 1.5m/s ④ 2m/s

■해설 집수매거
- 복류수를 취수하기 위해 매설하는 다공질 유공관을 집수매거라 한다.
- 집수매거는 복류수의 흐름방향에 대하여 수직으로 설치하는 것이 취수상 유리하지만, 수량이 풍부한 곳에서는 흐름방향에 대해 수평으로 설치하는 경우도 있다.
- 집수매거의 경사는 1/500 이하의 완구배가 되도록 하며, 매거 내의 유속은 유출단에서 유속이 1m/sec 이하가 되도록 하는 것이 좋다.
- 집수공에서 유입속도는 토사의 침입을 방지하기 위해 3cm/sec 이하로 한다.

120. 하수처리방법의 선정기준과 가장 거리가 먼 것은?

① 유입하수의 수량 및 수질부하
② 수질환경기준 설정 현황
③ 처리장 입지조건
④ 불명수 유입량

■해설 하수처리 방법의 선정
하수처리 방법의 선정을 위해 유입하수의 수량 및 수질상태, 수질환경 기준, 처리장 입지조건 등은 고려하여야 하나 불명수 유입량은 거리가 멀다.

Industrial Engineer Civil Engineering

과년도 출제문제 및 해설

(2015년 9월 19일 시행)

제1과목 응용역학

01. 다음 인장부재의 변위를 구하는 식으로 옳은 것은?(단, 단면적은 A, 탄성계수는 E)

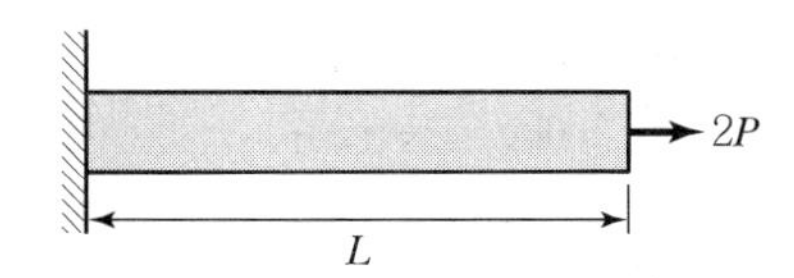

① $\dfrac{PL}{EA}$　② $\dfrac{2PL}{EA}$

③ $\dfrac{3PL}{EA}$　④ $\dfrac{4PL}{EA}$

■ 해설 $\Delta l = \dfrac{(2P)L}{EA} = \dfrac{2PL}{EA}$

02. 지간 5m, 높이 30cm, 폭 20cm의 단면을 갖는 단순보에 등분포 하중 w =400kg/m가 만재하여 있을 때 최대 처짐은?(단, E=1×10^{5}kg/cm^2)

① 4.71cm　② 2.67cm

③ 1.27cm　④ 0.72cm

■ 해설 $w=400\text{kg/m}=4\text{kg/cm}$

$$y_{\max} = \frac{5wl^4}{384EI} = \frac{5wl^4}{384E\left(\dfrac{bh^3}{12}\right)} = \frac{5wl^4}{32Ebh^3}$$

$$= \frac{5\times4\times(5\times10^2)^4}{32\times(1\times10^5)\times20\times30^3} = 0.72\text{cm}$$

03. 그림과 같은 1차 부정정 구조물의 A지점의 반력은?(단, EI는 일정하다.)

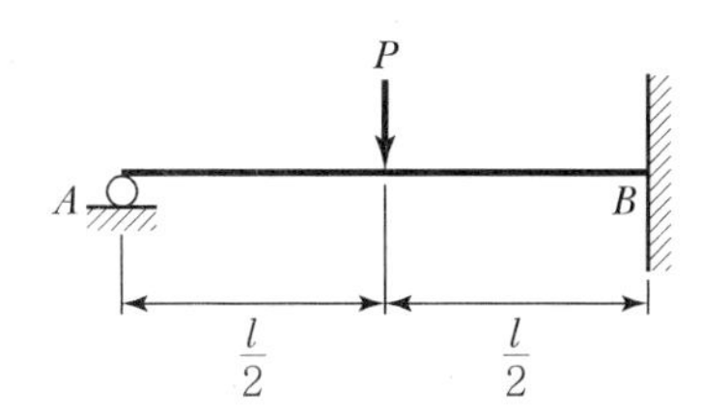

① $\dfrac{5P}{16}$　② $\dfrac{11P}{16}$

③ $-\dfrac{3P}{16}$　④ $\dfrac{5P}{32}$

■ 해설 $R_{Ay} = \dfrac{5P}{16}$

04. 트러스를 해석하기 위한 기본가정 중 옳지 않은 것은?

① 부재들은 마찰이 없는 힌지로 연결되어 있다.

② 부재 양단의 힌지 중심을 연결한 직선은 부재축과 일치한다.

③ 모든 외력은 절점에 집중하중으로 작용한다.

④ 하중 작용으로 인한 트러스 각 부재의 변형을 고려한다.

■ 해설 트러스 해석에 있어서 트러스의 부재력을 산출할 경우 하중으로 인한 트러스의 변형은 고려하지 않는 것으로 가정한다.

05. 폭 12cm, 높이 20cm인 직사각형 단면의 최소 회전반지름 r은?

① 5.81cm　② 3.46cm

③ 6.92cm　④ 7.35cm

■ 해설

$$r_{\min} = \sqrt{\frac{I_{\min}}{A}} = \sqrt{\frac{\left(\dfrac{hb^3}{12}\right)}{bh}} = \frac{b}{2\sqrt{2}} = \frac{12}{2\sqrt{3}}$$

$=3.46\text{cm}$

06. 일단 고정 타단 자유로 된 장주의 좌굴하중이 10t일 때 양단 힌지이고 기타 조건은 같은 장주의 좌굴하중은?

|해답| 1.② 2.④ 3.① 4.④ 5.② 6.③

① 2.5t ② 20t
③ 40t ④ 160t

■해설 $P_{cr} = \dfrac{\pi^2 EI}{(kl)^2} = \dfrac{c}{k^2}$ $\left(c = \dfrac{\pi^2 EI}{l^2}\text{라고 가정}\right)$

$P_{cr(\text{고정}-\text{자유})} : P_{cr(\text{힌지}-\text{힌지})} = \dfrac{c}{2^2} : \dfrac{c}{1^2} = 1:4$

$P_{cr(\text{힌지}-\text{힌지})} : 4P_{cr(\text{고정}-\text{자유})} = 4\times10 = 40\text{t}$

07. 다음 그림과 같이 직교좌표계 위에 있는 사다리꼴 도형 OABC 도심의 좌표($\bar{x}$, $\bar{y}$)는?(단, 좌표의 단위는 cm)

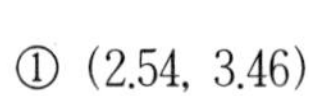

① (2.54, 3.46)
② (2.77, 3.31)
③ (3.34, 3.21)
④ (3.54, 2.74)

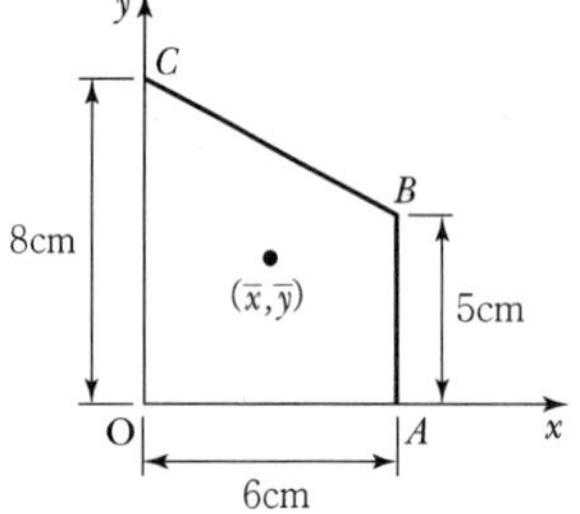

■해설

$A_1 = \dfrac{1}{2}\times6\times3 = 9\text{cm}^2$

$A_2 = 6\times5 = 30\text{cm}^3$

$G_{y1} = A_1 \cdot x_1 = 9\times\dfrac{6}{3} = 18\text{cm}^3$

$G_{y2} = A_2 \cdot x_2 = 30\times\dfrac{6}{2} = 90\text{cm}^3$

$G_{x1} = A_1 \cdot y_1 = 9\times\left(5+\dfrac{3}{3}\right) = 54\text{cm}^3$

$G_{x2} = A_2 \cdot y_2 = 30\times\dfrac{5}{2} = 75\text{cm}^3$

$\bar{x} = \dfrac{G_y}{A} = \dfrac{G_{y_1}+G_{y_2}}{A_1+A_2} = \dfrac{18+90}{9+30} = 2.77\text{cm}$

$\bar{y} = \dfrac{G_x}{A} = \dfrac{G_{x_1}+G_{x_2}}{A_1+A_2} = \dfrac{54+75}{9+30} = 3.31\text{cm}$

$(\bar{x}, \bar{y}) = (2.77, 3.31)$

08. 그림과 같이 네 개의 힘이 평형 상태에 있다면 A점에 작용하는 힘 P와 AB 사이의 거리 x는?

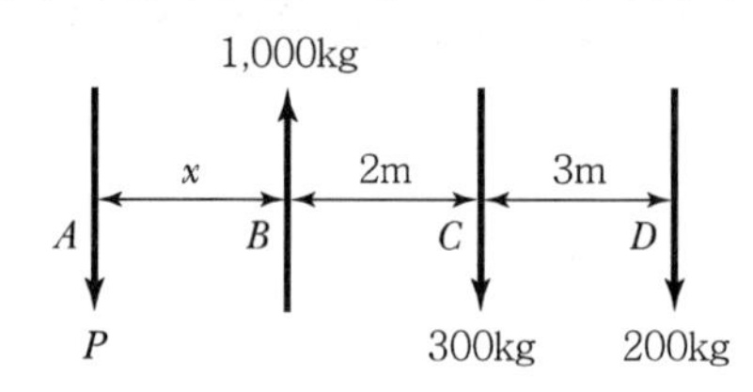

① P=400kg, x=2.5m
② P=400kg, x=3.6m
③ P=500kg, x=2.5m
④ P=500kg, x=3.2m

■해설 $\Sigma F_y = 0(\uparrow\oplus)$

$-P + 1{,}000 - 300 - 200 = 0$

$P = 500\text{kg}$

$\Sigma M_{Ⓑ} = 0(\curvearrowright\oplus)$

$-P\times x + 300\times2 + 200\times5 = 0$

$x = \dfrac{1{,}600}{P} = \dfrac{1{,}600}{500} = 3.2\text{m}$

09. P=12t의 무게를 매달은 아래 그림과 같은 구조물에서 T_1이 받는 힘은?

① 10.39t(인장)
② 10.39t(압축)
③ 6t(인장)
④ 6t(압축)

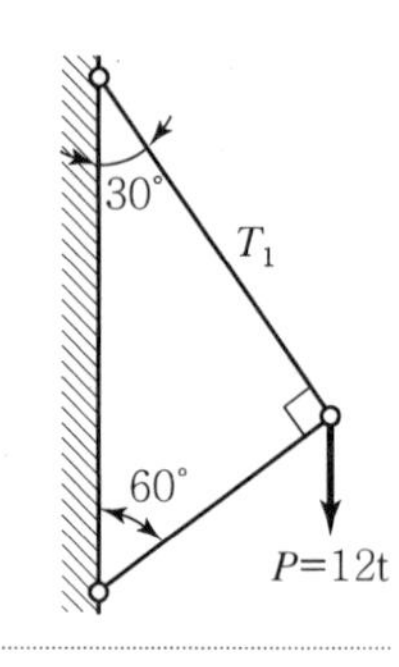

■해설

$\dfrac{T_1}{\sin60°} = \dfrac{12}{\sin90°}$

$T_1 = \dfrac{\sin60°}{\sin90°}\times12 = 10.39\text{t}(\text{인장})$

10. 단면적 A=20cm², 길이 L=100cm인 강봉에 인장력 P=8t을 가하였더니 길이가 1cm 늘어났다. 이 강봉의 포아송수 m=3이라면 전단탄성계수 G는?

① 15,000kg/cm² ② 45,000kg/cm²
③ 75,000kg/cm² ④ 95,000kg/cm²

해설

$$E=\frac{P\cdot l}{A\cdot \Delta l}=\frac{(8\times10^3)\times100}{20\times1}=40,000\text{kg/cm}^2$$

$$\nu=\frac{1}{m}=\frac{1}{3}$$

$$G=\frac{E}{2(1+\nu)}=\frac{40,000}{2\left(1+\frac{1}{3}\right)}=15,000\text{kg/cm}^2$$

11. 다음과 같은 단주에서 편심거리 e에 P=30t이 작용할 때 단면에 인장력이 생기지 않기 위한 e의 한계는?

① 3.3cm
② 5cm
③ 6.7cm
④ 10cm

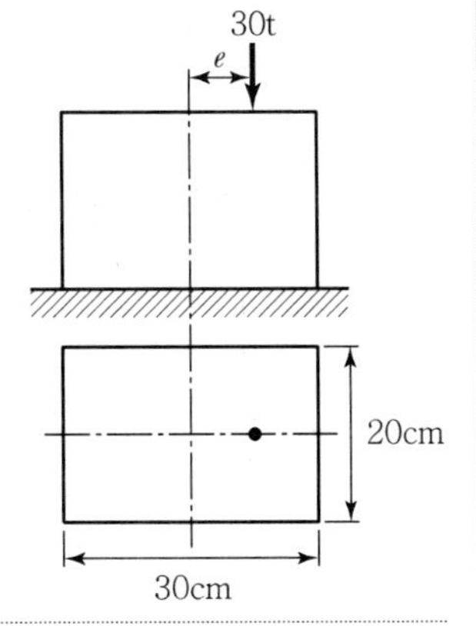

해설

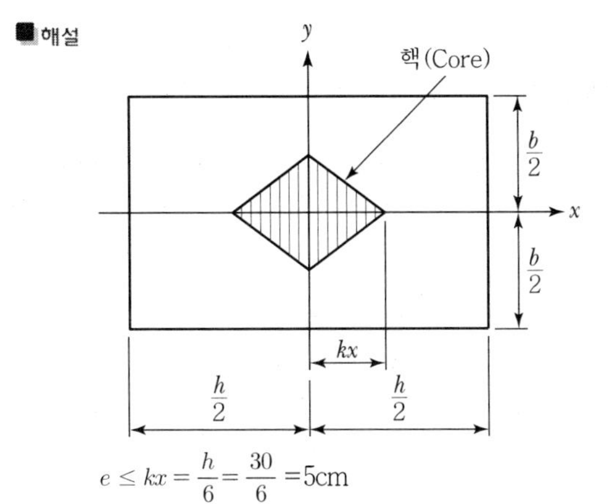

$$e\le kx=\frac{h}{6}=\frac{30}{6}=5\text{cm}$$

12. 다음 그림에서 지점 C의 반력이 영(零)이 되기 위해 B점에 작용시킬 집중하중의 크기는?

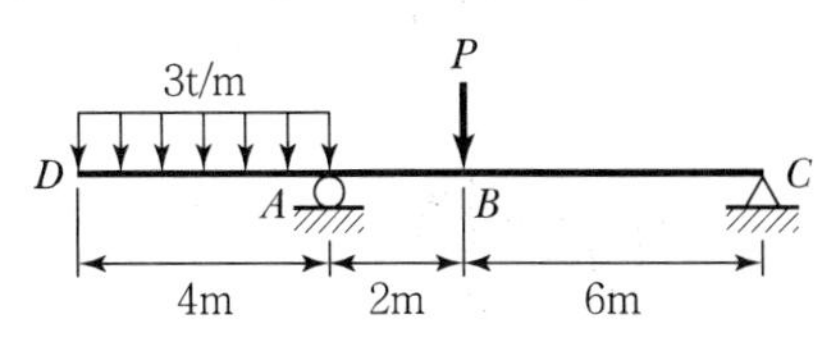

① 8t ② 10t
③ 12t ④ 14t

해설 $\Sigma M_{Ⓐ}=0(\curvearrowright\oplus)$

$-(3\times4)\times2+P\times2=0$

$P=12\text{t}$

13. 그림과 같은 연속보 B점의 휨모멘트 M_B의 값은?

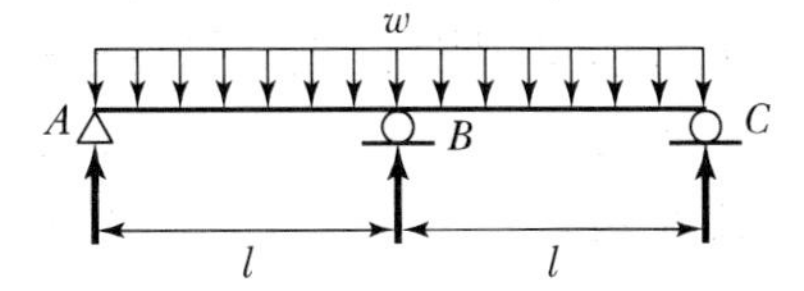

① $-\frac{wl^2}{24}$ ② $-\frac{wl^2}{16}$
③ $-\frac{wl^2}{12}$ ④ $-\frac{wl^2}{8}$

해설 $M_B=-\frac{wl^2}{8}$

14. 다음 그림과 같은 내민보에서 C점의 전단력(V_c)과 모멘트(M_c)는 각각 얼마인가?

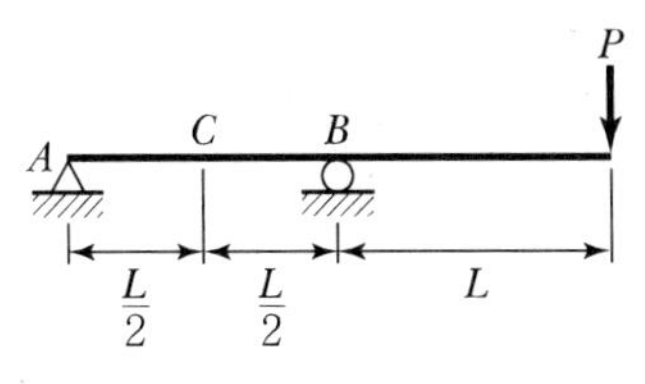

① $V_c=P,\ M_c=-\frac{PL}{2}$

② $V_c=-P,\ M_c=-\frac{PL}{2}$

③ $V_c=2P,\ M_c=PL$

④ $V_c=-P,\ M_c=\frac{PL}{2}$

■해설 $\Sigma M_{Ⓑ}=0(\curvearrowright\oplus)$

$R_A\times L+P\times L=0$

$R_A=-P(\downarrow)$

$\Sigma F_y=0(\uparrow\oplus)$

$-P-V_c=0$

$V_c=-P$

$\Sigma M_{Ⓒ}=0(\curvearrowright\oplus)$

$-P\times\dfrac{L}{2}-M_c=0$

$M_c=-\dfrac{PL}{2}$

15. 지간이 10m이고, 폭 20cm, 높이 30cm인 직사각형 단면의 단순보에서 전지간에 등분포하중 w=2t/m가 작용할 때 최대전단응력은?

① 25kg/cm² ② 30kg/cm²
③ 35kg/cm² ④ 40kg/cm²

■해설 w=2t/m=20kg/cm

$$\tau_{\max}=\alpha\cdot\frac{S_{\max}}{A}=\frac{3}{2}\cdot\frac{\left(\frac{wl}{2}\right)}{(bh)}=\frac{3wl}{4bh}$$

$$=\frac{3\times20\times(10\times10^2)}{4\times20\times30}=25\text{kg/cm}^2$$

16. "여러 힘의 모멘트는 그 합력의 모멘트와 같다."라는 것은 무슨 원리인가?

① 가상(假想)일의 원리
② 모멘트 분배법
③ Varignon의 원리
④ 모어(Mohr)의 정리

17. 다음 중 부정정 트러스를 해석하는 데 적합한 방법은?

① 모멘트 분배법
② 처짐각법
③ 가상일의 원리
④ 3연 모멘트법

■해설 가상일의 원리는 부정정트러스를 해석하는 데 적합한 방법이다.

18. 그림과 같은 3힌지 라멘에 등분포 하중이 작용할 경우 A점의 수평반력은?

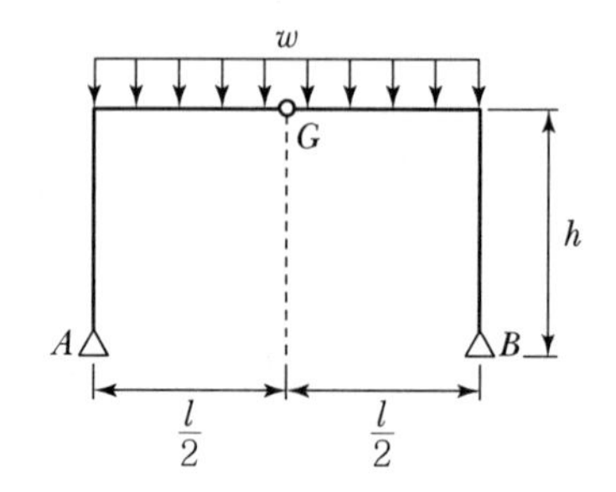

① 0 ② $\dfrac{wl^2}{8}(\rightarrow)$

③ $\dfrac{wl^2}{4h}(\rightarrow)$ ④ $\dfrac{wl^2}{8h}(\rightarrow)$

■해설 $\Sigma M_{Ⓑ}=0(\curvearrowright\oplus)$

$V_A\times l-(w\times l)\times\dfrac{l}{2}=0,\ \ V_A=\dfrac{wl}{2}(\uparrow)$

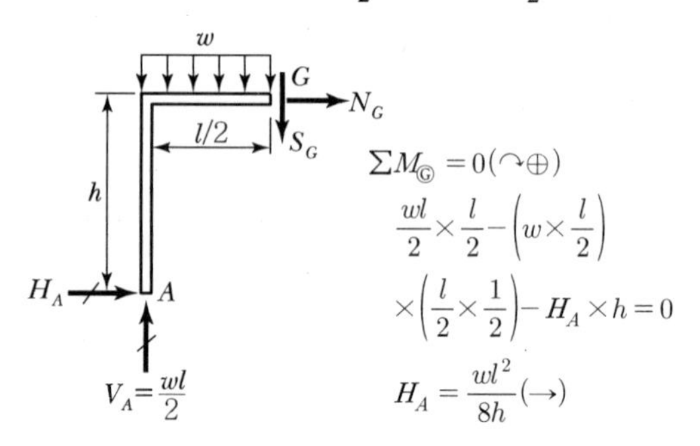

$\Sigma M_{Ⓒ}=0(\curvearrowright\oplus)$

$\dfrac{wl}{2}\times\dfrac{l}{2}-\left(w\times\dfrac{l}{2}\right)\times\left(\dfrac{l}{2}\times\dfrac{1}{2}\right)-H_A\times h=0$

$H_A=\dfrac{wl^2}{8h}(\rightarrow)$

19. 아래의 표에서 설명하는 것은?

> 탄성곡선상의 임의의 두 점 A와 B를 지나는 접선이 이루는 각은 두 점 사이의 휨모멘트도의 면적을 휨강도 EI로 나눈 값과 같다.

① 제 1 공액보의 정리
② 제 2 공액보의 정리
③ 제 1 모멘트 면적 정리
④ 제 2 모멘트 면적 정리

 |해답| 15.① 16.③ 17.③ 18.④ 19.③

20. 다음과 같은 단순보에서 최대 휨응력은?(단, 단면은 폭 40cm, 높이 50cm의 직사각형이다.)

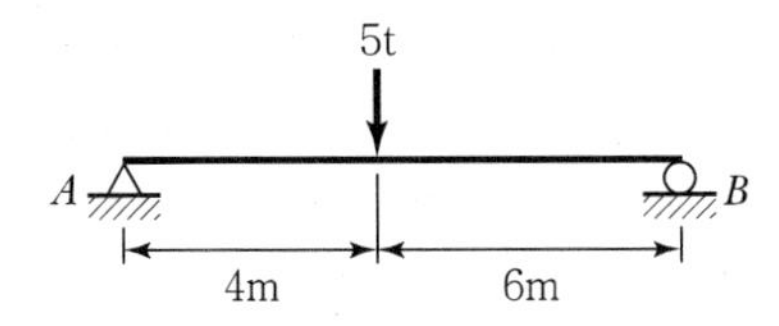

① 72kg/cm² ② 87kg/cm²
③ 135kg/cm² ④ 150kg/cm²

■ 해설

$$\sigma_{max} = \frac{M_{max}}{Z} = \frac{\left(\frac{Pab}{l}\right)}{\left(\frac{bh^2}{6}\right)} = \frac{6Pab}{bh^2 l}$$

$$= \frac{6\times(5\times10^3)\times(4\times10^2)\times(6\times10^2)}{40\times50^2\times(10\times10^2)}$$

$= 72\text{kg/cm}^2$

제2과목 **측량학**

21. 그림에서 B점의 지반고는?(단, H_A = 39.695m)

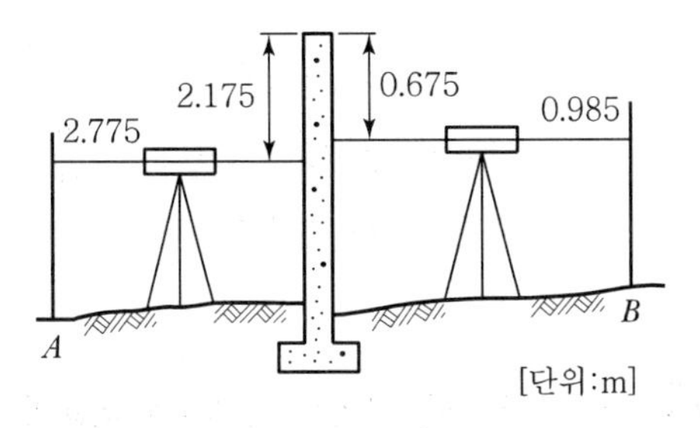

① 39.405m ② 39.985m
③ 42.985m ④ 46.305m

■ 해설 $H_B = H_A + 2.775 + 2.175 - 0.675 - 0.985$
$= 39.695 + 2.775 + 2.175 - 0.675 - 0.985$
$= 42.985\text{m}$

22. 완화곡선 중 주로 고속도로에 사용되는 것은?

① 3차 포물선
② 클로소이드(Clothoid) 곡선
③ 반파장 싸인(Sine) 체감곡선
④ 렘니스케이트(Lemniscate) 곡선

■ 해설
• 클로소이드 곡선 : 도로
• 3차 포물선 : 철도
• 렘니스케이트 곡선 : 시가지 지하철
• 반파장 Sine 곡선 : 고속철도

23. 기초터파기 공사를 하기 위해 가로, 세로, 깊이를 줄자로 관측하여 다음과 같은 결과를 얻었다. 토공량과 여기에 포함된 오차는?

가로 40±0.05m, 세로 20±0.03m, 깊이 15±0.02m

① 6,000±28.4m³ ② 6,000±48.9m³
③ 12,000±28.4m³ ④ 12,000±48.9m³

■ 해설 ㉠ 체적(V) = 40×20×15 = 12,000m³
㉡ 오차(M)

$$= \pm\sqrt{(20\times15)^2\times0.05^2+(40\times15)^2\times0.03^2}$$
$$+\sqrt{(40\times20)^2\times0.02^2}$$
$= \pm 28.4\text{m}^3$

㉢ ㉠+㉡ = 12,000±28.4m³

24. 수준측량에서 전시와 후시의 거리를 같게 하여도 제거되지 않는 오차는?

① 시준선과 기포관축이 평행하지 않을 때 생기는 오차
② 표척 눈금의 읽음오차
③ 광선의 굴절오차
④ 지구곡률 오차

■ 해설 전 · 후시 거리를 같게 하면 제거되는 오차
• 시준축 오차 • 양차(기차, 구차)

25. 축척 1 : 1,200 지형도 상에서 면적을 측정하는데 축척을 1 : 1,000으로 잘못 알고 면적을 산출한 결과 12,000m²를 얻었다면 정확한 면적은?

① 8,333m² ② 12,368m²
③ 15,806m² ④ 17,280m²

■ 해설
• 면적비 = 축척비의 자승$\left(\frac{1}{M}\right)^2$

• $\left(\frac{1,200}{1,000}\right)^2 = \frac{A}{12,000}$

$A = \left(\frac{1,200}{1,000}\right)^2 \times 12,000 = 17,280\text{m}^2$

26. 지형도를 작성할 때 지형 표현을 위한 원칙과 거리가 먼 것은?

① 기복을 알기 쉽게 할 것
② 표현을 간결하게 할 것
③ 정량적 계획을 엄밀하게 할 것
④ 기호 및 도식을 많이 넣어 세밀하게 할 것

해설 지형의 표시 방법에는 자연적 도법과 부호적 도법이 있으며 자연적 도법은 태양광선에 의한 명암법을 이용하여 입체감을 느끼게 하는 것이고, 부호적 도법은 일정한 부호를 사용하여 지형을 세부적으로 정확히 나타내는 방법이다.
• 자연적 도법 : 영선법(우모법), 명암법(음영법)
• 부호적 도법 : 점고법, 채색법, 등고선법

27. 경중률에 대한 설명으로 틀린 것은?

① 관측횟수에 비례한다.
② 관측거리에 반비례한다.
③ 관측값의 오차에 비례한다.
④ 사용기계의 정밀도에 비례한다.

해설 경중률은 오차의 자승에 반비례한다.

28. 폐합다각측량에서 각 관측보다 거리 관측 정밀도가 높을 때 오차를 배분하는 방법으로 옳은 것은?

① 해당 측선 길이에 비례하여 배분한다.
② 해당 측선 길이에 반비례하여 배분한다.
③ 해당 측선의 위, 경거의 크기에 비례하여 배분한다.
④ 해당 측선의 위, 경거의 크기에 반비례하여 배분한다.

해설 각관측보다 거리 관측의 정밀도가 높을 경우 해당 측선의 위, 경거의 크기에 비례하여 배분한다.

29. 평균유속 관측방법 중 3점법을 사용하기 위한 관측 유속으로 짝지어진 것은?(단, h는 전체 수심)

① 수면에서 $0.1h$, $0.4h$, $0.9h$ 지점의 유속
② 수면에서 $0.1h$, $0.4h$, $0.8h$ 지점의 유속
③ 수면에서 $0.2h$, $0.4h$, $0.8h$ 지점의 유속
④ 수면에서 $0.2h$, $0.6h$, $0.8h$ 지점의 유속

해설 3점법

$$V_m = \frac{V_{0.2} + 2V_{0.6} + V_{0.8}}{4}$$

30. 촬영고도 3,000m에서 초점거리 15cm의 카메라로 평지를 촬영한 밀착사진의 크기가 23cm×23cm이고 종중복도가 57%, 횡중복도가 30%일 때 이 연직사진의 유효 모델 면적은?

① 5.4km^2　　② 6.4km^2
③ 7.4km^2　　④ 8.4km^2

해설 • 축척$\left(\frac{1}{m}\right) = \frac{f}{H} = \frac{0.15}{3,000} = \frac{1}{20,000}$

• 유효면적(A_0)

$= A\left(1-\frac{p}{100}\right)\left(1-\frac{q}{100}\right)$

$= (20,000 \times 0.23)^2\left(1-\frac{57}{100}\right)\left(1-\frac{30}{100}\right)$

$= 6,369,160\text{m}^2 = 6.4\text{km}^2$

31. A점에서 출발하여 다시 A점에 되돌아오는 다각측량을 실시하여 위거오차 20cm, 경거오차 30cm가 발생하였다. 전 측선길이가 800m일 때 다각측량의 정밀도는?

① $\frac{1}{1,000}$　　② $\frac{1}{1,730}$
③ $\frac{1}{2,220}$　　④ $\frac{1}{2,630}$

해설 폐합비$\left(\frac{1}{M}\right) = \frac{\text{폐합오차}}{\text{전 측선의 길이}} = \frac{E}{\Sigma L}$

$\frac{1}{M} = \frac{\sqrt{0.2^2 + 0.3^2}}{800} \fallingdotseq \frac{1}{2,220}$

32. 그림과 같이 A점에서 B점에 대하여 장애물이 있어 시준을 못하고 B′점을 시준하였다. 이때 B점의 방향각 T_B를 구하기 위한 보정각(x)을 구하는 식으로 옳은 것은?(단, e<1.0m, p=206,265″, S=4km)

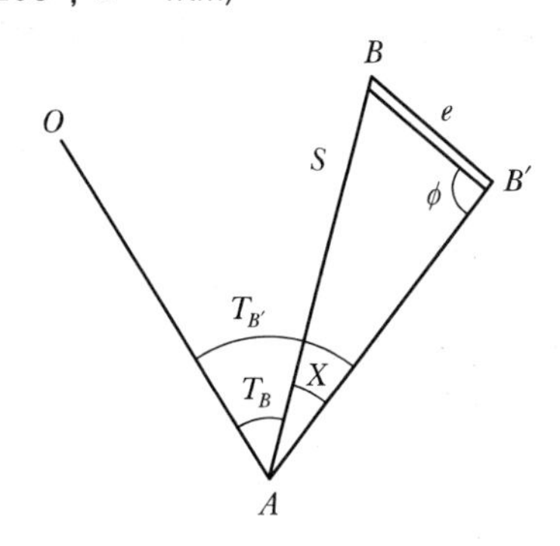

① $x=\rho\frac{e}{S}\sin\phi$ ② $x=\rho\frac{e}{S}\cos\phi$
③ $x=\rho\frac{S}{e}\sin\phi$ ④ $x=\rho\frac{S}{e}\cos\phi$

해설
- $\frac{e}{\sin x}=\frac{S}{\sin\phi}$

  $\sin x=\frac{e}{S}\sin\phi$
- $x=\frac{e}{S}\sin\phi\rho''=\sin^{-1}\left(\frac{e\sin\phi}{S}\right)$

33. 원곡선에서 장현 L과 그 중앙 종거 M을 관측하여 반지름 R을 구하는 식으로 옳은 것은?

① $\frac{L^2}{8M}$ ② $\frac{L^2}{4M}$
③ $\frac{L^2}{2M}$ ④ $\frac{L^2}{M}$

해설 중앙종거와 곡률반경

$R=\frac{L^2}{8M}+\frac{M}{2}$(값이 작아서 무시), $R=\frac{L^2}{8M}$

34. 교점(I.P.)의 위치가 기점으로부터 143.25m일 때 곡선반지름 150m, 교각 58°14′24″인 단곡선을 설치하고자 한다면 곡선시점의 위치는?(단, 중심말뚝 간격 20m)

① No.2+3.25 ② No.2+19.69
③ No.3+9.69 ④ No.4+3.56

해설
- 접선장(TL) $=R\tan\frac{I}{2}$

  $=150\times\tan\frac{58°14'24''}{2}=83.56\text{m}$
- 곡선시점(BC)=IP−TL=143.25−83.56=59.69m
- BC 측점번호=No.2+19.69m

35. 평판을 설치할 때 고려하여야 할 조건과 거리가 먼 것은?

① 수평 맞추기 ② 교회 맞추기
③ 중심 맞추기 ④ 방향 맞추기

해설 평판의 정치
- 정준 : 수평 맞추기
- 구심 : 중심 맞추기
- 표정 : 방향 맞추기

36. 등고선에 관한 설명으로 틀린 것은?

① 간곡선은 계곡선보다 가는 실선으로 나타낸다.
② 주곡선 간격이 10m이면 간곡선 간격은 5m이다.
③ 계곡선은 주곡선보다 굵은 실선으로 나타낸다.
④ 계곡선 간격은 주곡선 간격의 5배이다.

해설 간곡선은 긴 파선으로 표시한다.

37. 사진측량의 특징에 대한 설명으로 옳지 않은 것은?

① 기상의 영향을 받지 않고 전천후 측량을 수행할 수 있다.
② 광범위한 지역에 대한 동시 측량이 가능하다.
③ 정성적 측량이 가능하다.
④ 축척 변경이 용이하다.

해설 사진측량은 기상조건 및 태양 고도 등의 영향을 받는다.

38. 철도에 완화곡선을 설치하고자 할 때 캔트(Cant)의 크기 결정과 직접적인 관계가 없는 것은?

① 레일간격 ② 곡선반지름
③ 원곡선의 교각 ④ 주행속도

해설 캔트$(C) = \dfrac{SV^2}{Rg}$
(S : 궤간, V : 속도, R : 곡률반경)

39. 어떤 측선의 길이를 3군으로 나누어 관측하여 표와 같은 결과를 얻었을 때, 측선 길이의 최확값은?

관측군	관측값(m)	측정횟수
Ⅰ	100.350	2
Ⅱ	100.340	5
Ⅲ	100.353	3

① 100.344m ② 100.346m
③ 100.348m ④ 100.350m

해설 • 경중률은 측정 횟수에 비례한다.
$P_I : P_{II} : P_{III} = 2 : 5 : 3$
• 최확값$= \dfrac{P_I L_I + P_{II} L_{II} + P_{III} L_{III}}{P_I + P_{II} + P_{III}}$
$= \dfrac{2\times0.35+5\times0.34+3\times0.353}{2+5+3} + 100$
$= 100.3459\text{m} ≒ 100.346\text{m}$

40. 삼각측량에서 B점의 좌표 X_B=50.000m, Y_B=200.000m, BC의 길이 25.478m, BC의 방위각 77°11′56″일 때 C점의 좌표는?

① X_C=55.645m, Y_C=175.155m
② X_C=55.645m, Y_C=224.845m
③ X_C=74.845m, Y_C=194.355m
④ X_C=74.845m, Y_C=205.645m

해설 • $X_C = X_B + \overline{BC}\cos\alpha$
$= 50 + 25.478 \times \cos 77°11′56″ = 55.645\text{m}$
• $Y_C = Y_B + \overline{BC}\sin\alpha$
$= 200 + 25.478 \times \sin 77°11′56″$
$= 224.845\text{m}$

제3과목 수리수문학

41. 유량 147.6L/s를 송수하기 위하여 내경 0.4m의 관을 700m 설치하였을 때의 관로 경사는?(단, 조도계수 n=0.012, Manning 공식 적용)

① $\dfrac{3}{700}$ ② $\dfrac{2}{700}$
③ $\dfrac{3}{500}$ ④ $\dfrac{2}{500}$

해설 경사의 산정
㉠ Manning 공식
$V = \dfrac{1}{n} R^{\frac{2}{3}} I^{\frac{1}{2}}$
㉡ 경사의 산정
• $Q = AV = \dfrac{\pi D^2}{4} \times \dfrac{1}{n} R^{\frac{2}{3}} I^{\frac{1}{2}}$
• $I = \left(\dfrac{Qn}{AR^{\frac{2}{3}}}\right)^2 = \left(\dfrac{0.1476\times0.012}{\dfrac{\pi\times0.4^2}{4}\times\left(\dfrac{0.4}{4}\right)^{\frac{2}{3}}}\right)^2$
$= 4.28\times10^{-3} = \dfrac{3}{700}$

42. 등류의 마찰속도 u_*를 구하는 공식으로 옳은 것은?(단, H : 수심, I : 수면경사, g : 중력가속도)

① $u_* = \sqrt{gHI}$
② $u_* = gHI$
③ $u_* = gH^2I$
④ $u_* = gHI^2$

해설 마찰속도
㉠ 마찰속도는 다음 식으로 나타낸다.
$u_* = \sqrt{\dfrac{\tau_0}{\rho}} = \sqrt{\dfrac{wRI}{\rho}} = \sqrt{gRI}$
$(\because\ w = \rho \cdot g)$
㉡ 광폭수로에서는 $(R ≒ H)$이므로
$u_* = \sqrt{gRI} = \sqrt{gHI}$

 |해답| 38.③ 39.② 40.② 41.① 42.①

43. 한계 프루드수(Froude Number)를 사용하여 구분할 수 있는 흐름 특성은?

① 등류와 부등류 ② 정류와 부정류
③ 층류와 난류 ④ 상류와 사류

해설 흐름의 상태

㉠ 층류와 난류의 구분

$$R_e = \frac{VD}{\nu}$$

여기서, V : 유속, D : 관의 직경, ν : 동점성계수

- $R_e < 2,000$: 층류
- $2,000 < R_e < 4,000$: 천이영역
- $R_e < 4,000$: 난류

㉡ 상류(常流)와 사류(射流)의 구분

$$F_r = \frac{V}{C} = \frac{V}{\sqrt{gh}}$$

여기서, V : 유속, C : 파의 전달속도

- $F_r < 1$: 상류(常流)
- $F_r > 1$: 사류(射流)
- $F_r = 1$: 한계류

∴ F_r 수로 구분할 수 있는 흐름은 상류와 사류이다.

44. 그림과 같이 지름 3m, 길이 8m인 수문에 작용하는 수평분력의 작용점까지 수심(h_c)은?

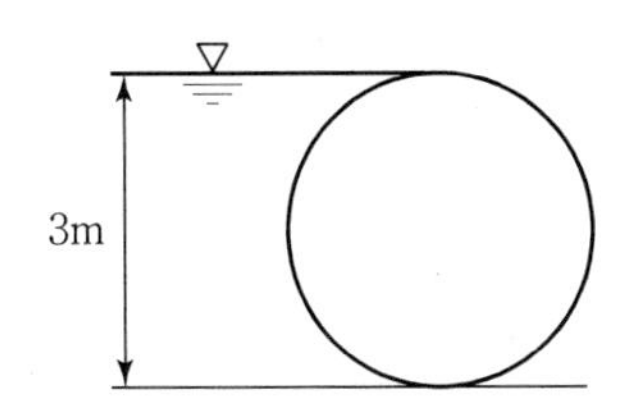

① 2.00m ② 2.12m
③ 2.34m ④ 2.43m

해설 곡면에 작용하는 전수압

곡면에 작용하는 전수압은 수평분력과 연직분력으로 나누어 해석한다.

㉠ 수평분력

$P_H = wh_G A$(투영면적)

㉡ 연직분력

곡면을 밑면으로 하는 물기둥 체적의 무게와 같다.

$P_V = W$(물기둥 체적의 무게)$= wV$

㉢ 합력의 계산

$$P = \sqrt{{P_H}^2 + {P_V}^2}$$

㉣ 수평분력 작용점까지의 거리는 투영 면적의 작용점과 같다.

$$\therefore h_c = \frac{2}{3}h = \frac{2}{3} \times 3 = 2\text{m}$$

45. 2초에 10m를 흐르는 물의 속도수두는?

① 1.18m ② 1.28m
③ 1.38m ④ 1.48m

해설 속도수두

㉠ Bernoulli 정리

$$z + \frac{p}{w} + \frac{v^2}{2g} = H(\text{일정})$$

여기서, z : 위치수두, $\frac{p}{w}$: 압력수두, $\frac{v^2}{2g}$: 속도수두

㉡ 속도수두의 산정

$$\frac{v^2}{2g} = \frac{5^2}{2 \times 9.8} = 1.28\text{m}$$

46. 지름 20cm, 길이가 100m인 관수로 흐름에서 손실수두가 0.2m라면 유속은?(단, 마찰손실계수 $f = 0.03$이다.)

① 0.61m/s ② 0.57m/s
③ 0.51m/s ④ 0.48m/s

해설 평균유속의 산정

㉠ Chezy 유속계수의 산정

$$C = \sqrt{\frac{8g}{f}} = \sqrt{\frac{8 \times 9.8}{0.03}} = 51.12$$

㉡ 평균유속의 산정

$$V = C\sqrt{RI} = 51.12 \times \sqrt{\frac{0.2}{4} \times \frac{0.2}{100}}$$

$$= 0.51\text{m/sec}$$

47. 대수층의 두께 2m, 폭 1.2m이고 지하수 흐름의 상·하류 두 점 사이의 수두차는 1.5m, 두 점 사이의 평균거리 300m, 지하수 유량이 2.4m³/d일 때 투수계수는?

① 200m/d ② 225m/d
③ 267m/d ④ 360m/d

해설 Darcy의 법칙

㉠ Darcy의 법칙

- $V = K \cdot I = K \cdot \dfrac{h_L}{L}$
- $Q = A \cdot V = A \cdot K \cdot I = A \cdot K \cdot \dfrac{h_L}{L}$

㉡ 투수계수의 산정

$$K = \frac{Q}{AI} = \frac{2.4}{(2\times 1.2)\times \dfrac{1.5}{300}} = 200\text{m/day}$$

48. 관망 문제해석에서 손실수두를 유량의 함수로 표시하여 사용할 경우 지름이 D인 원형 단면관에 대하여 $h_L = kQ^2$으로 표시할 수 있다. 관의 특성 제원에 따라 결정되는 상수 k의 값은?(단, f는 마찰손실계수이고, l은 관의 길이이며, 다른 손실은 무시함)

① $\dfrac{0.0827f \cdot l}{D^3}$ ② $\dfrac{0.0827l \cdot D}{f}$
③ $\dfrac{0.0827f \cdot l}{D^5}$ ④ $\dfrac{0.0827f \cdot D}{l^2}$

해설 손실수두의 산정

㉠ 마찰손실수두 : $h_L = f\dfrac{l}{D}\dfrac{V^2}{2g}$

㉡ 상수 k의 결정

$$h_L = f\frac{l}{D}\frac{V^2}{2g} = f\frac{l}{D}\frac{1}{2g}\left(\frac{Q}{A}\right)^2 = \frac{8flQ^2}{g\pi^2 D^5} = kQ^2$$

$$\therefore\ k = \frac{0.0827fl}{D^5}$$

49. 직경 20cm인 원형 오리피스로 0.1m³/s의 유량을 유출시키려 할 때 필요한 수심(오리피스 중심으로부터 수면까지의 높이)은?(단, 유량계수 C=0.6)

① 1.24m ② 1.44m
③ 1.56m ④ 2.00m

해설 오리피스의 유량

㉠ 오리피스의 유량 : $Q = Ca\sqrt{2gh}$

㉡ 수심의 산정

- $h = \dfrac{Q^2}{C^2a^2 2g} = \dfrac{0.1}{0.6^2\times 0.0314^2\times 2\times 9.8} = 1.44\text{m}$
- $a = \dfrac{\pi D^2}{4} = \dfrac{\pi\times 0.2^2}{4} = 0.0314\text{m}^2$

50. 굴착정의 유량 공식으로 옳은 것은?(여기서, C : 피압대수층의 두께, K : 투수계수, h : 압력수면의 높이, h_o : 우물 안의 수심, R : 영향원의 반지름, r_o : 우물의 반지름)

① $\dfrac{2\pi CK(h-h_o)}{\ln\left(\dfrac{R}{r_o}\right)}$ ② $\dfrac{2\pi CK(h-h_o)}{\ln\left(\dfrac{r_o}{R}\right)}$

③ $\dfrac{2\pi CK(h+h_o)}{\ln\left(\dfrac{r_o}{R}\right)}$ ④ $\dfrac{2\pi CK(h+h_o)}{\ln\left(\dfrac{R}{r_o}\right)}$

해설 우물의 양수량

종류	내용
깊은 우물 (심정호)	바닥이 불투수층까지 도달한 우물을 말한다. $Q = \dfrac{\pi K(H^2-h_o^2)}{\ln(R/r_o)} = \dfrac{\pi K(H^2-h_o^2)}{2.3\log(R/r_o)}$
얕은 우물 (천정호)	바닥이 불투수층까지 도달하지 못한 우물을 말한다. $Q = 4Kr_o(H-h_o)$
굴착정	피압대수층의 물을 양수하는 우물을 말한다. $Q = \dfrac{2\pi aK(H-h_o)}{\ln(R/r_o)} = \dfrac{2\pi aK(H-h_o)}{2.3\log(R/r_o)}$
집수암거	복류수를 취수하는 우물을 말한다. $Q = \dfrac{Kl}{R}(H^2-h^2)$

 |해답| 47.① 48.③ 49.② 50.①

∴ 굴착정의 양수량 공식은 $Q=\dfrac{2\pi CK(h-h_o)}{\ln(R/r_o)}$ 이다.

51. 물의 성질에 대한 설명으로 옳지 않은 것은?(단, C_w : 물의 압축률, E_w : 물의 체적탄성률, 0℃에서 일정한 수온 상태)

① 물의 압축률이란 압력변화에 대한 부피의 감소율을 단위부피당으로 나타낸 것이다.
② 기압이 증가함에 따라 E_w는 감소하고 C_w는 증가한다.
③ C_w와 E_w의 상관식은 $C_w=1/E_w$이다.
④ E_w는 C_w 값보다 대단히 크다.

해설 물의 성질

㉠ 체적탄성계수와 압축계수(압축률)
- 체적탄성계수 : $E_w=\dfrac{\Delta P}{\dfrac{\Delta V}{V}}$
- 압축계수 : $C_w=\dfrac{1}{E_w}=\dfrac{4\sim5}{100,000}/1$기압

㉡ 특징
- 물의 압축률이란 압력변화에 대한 부피의 감소율을 단위부피당으로 나타낸 것이다.
- 기압이 증가함에 따라 E_w는 증가하고 C_w는 감소한다.
- C_w와 E_w의 상관식은 $C_w=\dfrac{1}{E_w}$이다.
- E_w는 C_w 값보다 대단히 크다.

52. 지름이 20cm인 A관에서 지름이 10cm인 B관으로 축소되었다가 다시 지름이 15cm인 C관으로 단면이 변화되었다. B관의 평균유속이 3m/s일 때 A관과 C관의 유속은?(단, 유체는 비압축성이며, 에너지 손실은 무시한다.)

① A관의 유속 $V_A=0.75$m/s, C관의 유속 $V_C=2.00$m/s
② A관의 유속 $V_A=1.50$m/s, C관의 유속 $V_C=1.33$m/s
③ A관의 유속 $V_A=0.75$m/s, C관의 유속 $V_C=1.33$m/s
④ A관의 유속 $V_A=1.50$m/s, C관의 유속 $V_C=0.75$m/s

해설 연속방정식

㉠ 질량 보존의 법칙에 의해 만들어진 방정식이다.
㉡ 검사구간에서의 도중에 질량의 유입이나 유출이 없다고 하면 구간 내 어느 곳에서나 질량유량은 같다.
$Q=A_AV_A=A_BV_B=A_CV_C$
㉢ 유속의 산정
- $V_A=\dfrac{A_B}{A_A}V_B=\dfrac{0.1^2}{0.2^2}\times3=0.75\text{m/sec}$
- $V_C=\dfrac{A_B}{A_C}V_B=\dfrac{0.1^2}{0.15^2}\times3=1.33\text{m/sec}$

53. 개수로에 대한 설명으로 옳은 것은?

① 동수경사선과 에너지경사선은 항상 평행하다.
② 에너지경사선은 자유수면과 일치한다.
③ 동수경사선은 에너지경사선과 항상 일치한다.
④ 동수경사선과 자유수면은 일치한다.

해설 에너지선과 동수경사선

㉠ 에너지선
기준면에서 총 수두까지의 높이를 연결한 선, 즉 전수두를 연결한 선을 말한다.
㉡ 동수경사선
기준면에서 위치수두와 압력수두의 합을 연결한 선을 말한다.
㉢ 에너지선과 동수경사선의 관계
- 이상유체의 경우 에너지선과 수평기준면은 평행하다.
- 동수경사선은 에너지선보다 속도수두만큼 아래에 위치한다.
- 흐름구간에서 유속과 수위가 균일한 등류인 경우에는 동수경사선과 에너지선이 평행하다.
- 동수경사선과 자유수면은 일치한다.

|해답| 51.② 52.③ 53.④

54. 한계수심 h_c와 비에너지 h_e의 관계로 옳은 것은?(단, 광폭 직사각형 단면인 경우)

① $h_c = \frac{1}{2}h_e$　② $h_c = \frac{1}{3}h_e$
③ $h_c = \frac{2}{3}h_e$　④ $h_c = 2h_e$

해설 비에너지
㉠ 단위무게당의 물이 수로 바닥면을 기준으로 갖는 흐름의 에너지 또는 수두를 비에너지라 한다.

$h_e = h + \frac{\alpha v^2}{2g}$

여기서, h : 수심, α : 에너지보정계수, v : 유속

㉡ 비에너지와 한계수심의 관계
직사각형 단면의 비에너지와 한계수심의 관계는 다음과 같다.

$h_c = \frac{2}{3}h_e$

55. 뉴턴 유체(Newtonian Fluid)에 대한 설명으로 옳은 것은?

① 전단속도$\left(\frac{dv}{dy}\right)$의 크기에 따라 선형으로 점도가 변한다.
② 전단응력(τ)과 전단속도$\left(\frac{dv}{dy}\right)$의 관계는 원점을 지나는 직선이다.
③ 물이나 공기 등 보통의 유체는 비뉴턴 유체이다.
④ 유체가 압력의 변화에 따라 밀도의 변화를 무시할 수 없는 상태가 된 유체를 의미한다.

해설 Newton의 전단응력
㉠ 전단응력

$\tau = \mu \frac{dv}{dy}$

여기서, τ : 전단응력, μ : 점성계수, $\frac{dv}{dy}$: 속도구배

㉡ 특징
- 전단응력(τ)과 전단속도$\left(\frac{dv}{dy}\right)$의 관계는 원점을 지나는 직선이다.
- 물이나 공기 등 보통의 유체(실제유체)는 뉴턴 유체이다.

56. 4각 위어의 유량(Q)과 수심(h)의 관계가 $Q \propto h^{3/2}$일 때, 3각 위어의 유량(Q)과 수심(h)의 관계로 옳은 것은?

① $Q \propto h^{1/2}$　② $Q \propto h^{3/2}$
③ $Q \propto h^2$　④ $Q \propto h^{5/2}$

해설 삼각위어의 유량
삼각위어는 소규모 유량의 정확한 측정이 필요할 때 사용하는 위어이다.

$Q = \frac{8}{15} C \tan\frac{\theta}{2} \sqrt{2g}\, h^{\frac{5}{2}}$

∴ 삼각위어의 유량은 $Q \propto h^{\frac{5}{2}}$에 비례한다.

57. 다음 설명 중 옳지 않은 것은?

① 베르누이 정리는 에너지 보존의 법칙을 의미한다.
② 연속방정식은 질량보존의 법칙을 의미한다.
③ 부정류(Unsteady Flow)란 시간에 대한 변화가 없는 흐름이다.
④ Darcy 법칙의 적용은 레이놀즈수에 대한 제한을 받는다.

해설 수리학 일반사항
- 베르누이 정리는 에너지 보존의 법칙에 의해 유도되었다.
- 연속방정식은 질량보존의 법칙에 의해 유도되었다.
- 부정류란 시간에 따라 흐름의 특성이 변하는 흐름을 의미한다.
- Darcy의 법칙은 층류(특히 $R_e < 4$)에만 적용된다.

58. 단면적 2.5cm², 길이 1.5m인 강철봉이 공기 중에서 무게가 28N이었다면 물(비중=1.0) 속에서 강철봉의 무게는?

① 2.37N　② 2.43N
③ 23.72N　④ 24.32N

 |해답| 54.③ 55.② 56.④ 57.③ 58.④

■ 해설 물의 물리적 성질

㉠ 물속에서의 물체의 무게(W')

$W' = W$(공기 중의 무게) $- B$(부력)

㉡ 물속에서의 물체의 무게 산정

$W' = 2,860 - 1 \times 2.5 \times 150 = 2,485\text{g}$

$= 2.485\text{kg} = 24.35\text{N}$

59. 정수압의 성질에 대한 설명으로 옳지 않은 것은?

① 정수압은 수중의 가상면에 항상 직각방향으로 존재한다.

② 대기압을 압력의 기준(0)으로 잡은 정수압은 반드시 절대압력으로 표시된다.

③ 정수압의 강도는 단위면적에 작용하는 압력의 크기로 표시한다.

④ 정수 중의 한 점에 작용하는 수압의 크기는 모든 방향에서 같은 크기를 갖는다.

■ 해설 정수압의 성질

- 정수압은 정수 중 모든 면에 직각방향으로 작용한다.
- 대기압을 압력의 기준(0)으로 잡은 정수압은 반드시 계기압력으로 표시된다.
- 정수압의 강도는 단위면적에 작용하는 압력의 크기로 표시한다.
- 정수 중의 한 점에 작용하는 압력의 크기는 모든 방향에서 크기가 같다.

60. 레이놀즈수가 갖는 물리적인 의미는?

① 점성력에 대한 중력의 비(중력/점성력)

② 관성력에 대한 중력의 비(중력/관성력)

③ 점성력에 대한 관성력의 비(관성력/점성력)

④ 관성력에 대한 점성력의 비(점성력/관성력)

■ 해설 흐름의 상태

㉠ 층류와 난류의 구분

$$R_e = \frac{VD}{\nu}$$

여기서, V : 유속, D : 관의 직경, ν : 동점성계수

- $R_e < 2,000$: 층류
- $2,000 < R_e < 4,000$: 천이영역
- $R_e > 4,000$: 난류

㉡ 레이놀즈수가 갖는 물리적 의미

관수로 흐름에서 관성력과 점성의 비가 흐름의 특성을 좌우한다.

제4과목 철근콘크리트 및 강구조

61. 다음 중 '피복두께'에 대한 설명으로 적합한 것은?

① 콘크리트 표면과 그에 가장 가까이 배치된 주철근 표면 사이의 콘크리트 두께

② 콘크리트 표면과 그에 가장 가까이 배치된 부철근 표면 사이의 콘크리트 두께

③ 콘크리트 표면과 그에 가장 가까이 배치된 가외철근 표면 사이의 콘크리트 두께

④ 콘크리트 표면과 그에 가장 가까이 배치된 철근 표면 사이의 콘크리트 두께

■ 해설 최외단에 배치된 주철근 또는 보조철근의 표면으로부터 콘크리트의 표면까지의 최단거리를 철근의 피복두께라 한다.

62. 그림과 같이 경간 20m인 PSC 보가 프리스트레스 힘(P) 1,000kN을 받고 있을 때 중앙단면에서의 상향력(U)을 구하면?

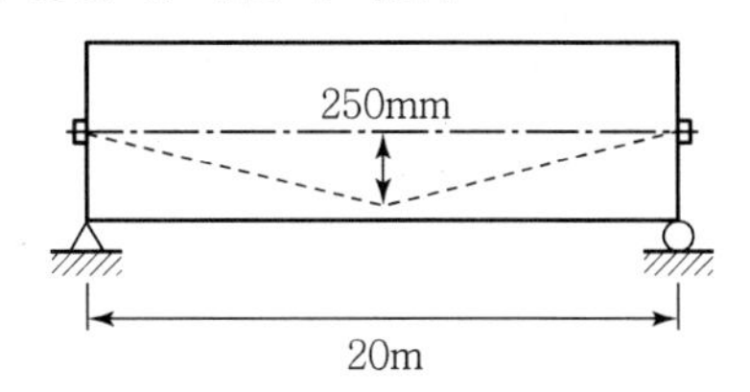

① 30kN ② 40kN

③ 50kN ④ 60kN

■ 해설 $\sin\theta = \dfrac{0.25}{\sqrt{10^2 + 0.25^2}} = 0.025$

$U = 2P\sin\theta = 2 \times 1,000 \times 0.025 = 50\text{kN}$

63. 보의 휨파괴에 대한 설명 중 틀린 것은?

① 과소철근보는 철근이 먼저 항복하게 되지만 철근은 연성이 크기 때문에 파괴는 단계적으로 일어난다.

② 과다철근보는 철근량이 많기 때문에 더욱 느린 속도로 파괴되고 위험예측이 가능하다.

③ 인장철근이 항복강도 f_y에 도달함과 동시에 콘크리트도 극한변형율에 도달하여 파괴되는 보를 균형철근보라 한다.

④ 인장으로 인한 파괴시 중립축은 위로 이동한다.

해설 과다 철근보는 철근량이 많기 때문에 파괴가 압축측 콘크리트의 파쇄에 의하여 일어나므로 갑작스럽게 파괴가 진행되고 위험예측이 어렵다.

64. 다음 중 일반적인 철근의 정착 방법 종류가 아닌 것은?

① 묻힘길이에 의한 정착

② 갈고리에 의한 정착

③ 약품에 의한 정착

④ 철근의 가로 방향에 T형이 되도록 철근을 용접해 붙이는 정착

해설 철근의 정착 방법

㉠ 묻힘길이에 의한 정착

㉡ 갈고리에 의한 정착

㉢ 기타 방법에 의한 정착

- 철근의 가로방향에 따로 철근을 용접하는 방법
- 특별한 정착장치를 사용하는 방법

65. b_w=300mm, d=500mm이고, A_s=3－D25(=1,520mm^2)가 1열로 배치된 단철근 직사각형 단면의 설계휨강도(ϕM_n)는?(단, f_{ck}=24MPa, f_y=400MPa이고, 이 단면은 인장지배단면이다.)

① 207.9kN·m ② 232.7kN·m

③ 256.2kN·m ④ 294.8kN·m

해설 $a=\dfrac{f_y A_s}{0.85 f_{ck} b}=\dfrac{400\times1,520}{0.85\times24\times300}=99.3\text{mm}$

$$M_n=f_y A_s\left(d-\frac{a}{2}\right)$$
$$=400\times1,520\times\left(500-\frac{99.3}{2}\right)$$
$$=273.8\times10^6\text{N}\cdot\text{mm}=273.8\text{kN}\cdot\text{m}$$

$\phi=0.85$(인장지배단면인 경우)

$\phi M_n=0.85\times273.8=232.7\text{kN}\cdot\text{m}$

66. 강도 설계법에서 1방향 슬래브(Slab)의 구조 세목에 관한 사항 중 틀린 것은?

① 1방향 슬래브의 두께는 최소 100mm 이상이어야 한다.

② 슬래브의 정모멘트 철근 및 부모멘트 철근의 중심 간격은 위험단면에서는 슬래브 두께의 2배 이하이어야 하고, 또한 300mm 이하로 하여야 한다.

③ 슬래브의 정모멘트 철근 및 부모멘트 철근의 중심 간격은 위험단면 이외의 단면에서는 슬래브 두께의 3배 이하이어야 하고, 또한 600mm 이하로 하여야 한다.

④ 1방향 슬래브에서는 정모멘트 철근 및 부모멘트 철근에 직각방향으로 수축·온도철근을 배치하여야 한다.

해설 1방향 슬래브에서 정철근 및 부철근의 중심간격

- 최대 휨모멘트가 생기는 단면의 경우
  슬래브두께의 2배 이하, 300mm 이하
- 기타 단면의 경우
  슬래브두께의 3배 이하, 450mm 이하

67. 보통 강재의 용접에서 용접봉을 사용할 경우 용접자세에 대하여 적당한 것은?

① 상향 용접자세

② 하향 용접자세

③ 횡방향 용접자세

④ 눈높이와 같은 자세

해설 보통강재의 용접에서 용접봉을 사용할 경우의 용접자세는 하향 용접자세가 적당하다.

 |해답| 63.② 64.③ 65.② 66.③ 67.②

68. 깊은 보는 주로 어느 작용에 의하여 전단력에 저항하는가?

① 장부작용(Dowel Action)
② 골재 맞물림(Aggregate Interaction)
③ 전단마찰(Shear Friction)
④ 아치작용(Arch Action)

해설 깊은 보는 주로 아치작용에 의하여 전단력에 저항한다.

69. 강도설계법에서 전단 보강 철근의 공칭 전단강도 V_s가 $(2\sqrt{f_{ck}}/3)b_w d$를 초과하는 경우에 대한 설명으로 옳은 것은?

① 전단철근을 $\frac{d}{4}$이하, 600mm 이하로 배치해야 한다.
② 전단철근을 $\frac{d}{2}$이하, 300mm 이하로 배치해야 한다.
③ 전단철근을 $\frac{d}{4}$이하, 300mm 이하로 배치해야 한다.
④ $b_w d$의 단면을 변경하여야 한다.

해설 $V_s > \frac{2}{3}\lambda\sqrt{f_{ck}}b_w d$이면 콘크리트의 단면을 증가시켜야 한다.

70. b_w=300mm, d=400mm이고, A_s=2,400mm^2, A_s'=1,200mm^{2}인 복철근직사각형단면의 보에서 하중이 작용할 경우 탄성처짐량이 1.5mm였다. 5년 후 총 처짐량은 얼마인가?

① 2.0mm ② 2.5mm
③ 3.0mm ④ 3.5mm

해설 ξ=2.0(하중재하기간이 5년 이상인 경우)

$$\rho' = \frac{A_s'}{b_w d} = \frac{1,200}{300\times400} = 0.01$$

$$\lambda = \frac{\xi}{1+50\rho'} = \frac{2}{1+(50\times0.01)} = 1.33$$

$$\delta_L = \lambda\delta_i = 1.33\times1.5 = 2\text{mm}$$

$$\delta_T = \delta_i + \delta_L = 1.5+2 = 3.5\text{mm}$$

71. 강도설계법으로 철근콘크리트 부재의 설계시에 사용되는 강도감소계수가 잘못된 것은?

① 인장지배단면 : 0.85
② 전단력을 받는 부재 : 0.70
③ 무근 콘크리트의 휨모멘트 : 0.55
④ 압축지배 단면 중 나선 철근으로 보강된 철근콘크리트 부재 : 0.70

해설 전단력에 대한 강도감소계수(ϕ)는 ϕ=0.75이다.

72. PSC 부재의 프리스트레스 감소원인 중 프리스트레스를 도입한 후 시간의 경과에 의해 발생하는 것은?

① PS강재의 릴랙세이션으로 인한 손실
② PS강재와 쉬스의 마찰로 인한 손실
③ 정착장치의 활동으로 인한 손실
④ 콘크리트의 탄성변형으로 인한 손실

해설 프리스트레스의 손실 원인

(1) 프리스트레스 도입시 손실(즉시손실)
- 정착 장치의 활동에 의한 손실
- PS강재와 쉬스(덕트) 사이의 마찰에 의한 손실
- 콘크리트의 탄성변형에 의한 손실

(2) 프리스트레스 도입 후 손실(시간손실)
- 콘크리트의 크리프에 의한 손실
- 콘크리트의 건조수축에 의한 손실
- PS강재의 릴랙세이션에 의한 손실

73. 복철근 단면으로 설계해야 할 경우를 설명한 것으로 틀린 것은?

① 경제성을 우선적으로 고려해야 할 경우
② 정(+), 부(−)의 모멘트를 번갈아 받는 구조의 경우
③ 처짐의 증가를 방지해야 할 경우

|해답| 68.④ 69.④ 70.④ 71.② 72.① 73.①

④ 구조상의 사정으로 보의 높이가 제한을 받는 경우

해설 복철근보를 사용하는 경우
- 크리프, 건조수축 등으로 인하여 발생되는 장기 처짐을 최소화하기 위한 경우
- 파괴 시 압축응력의 깊이를 감소시켜 연성을 증대시키기 위한 경우
- 철근의 조립을 쉽게 하기 위한 경우
- 정(+), 부(−) 모멘트를 번갈아 받는 경우
- 보의 단면 높이가 제한되어 단철근 단면보의 설계 휨강도가 계수 휨하중보다 작은 경우

74. 철근의 간격제한에 대한 설명으로 틀린 것은?

① 동일평면에서 평행한 철근 사이의 수평 순간격은 25mm 이상, 철근의 공칭지름 이상으로 하여야 한다.
② 상단과 하단에 2단 이상으로 배치된 경우 상하 철근은 동일연직면 내에 배치되어야 하고, 이때 상하 철근의 순간격은 25mm 이상으로 하여야 한다.
③ 나선철근 또는 띠철근이 배근된 압축부재에서 축방향 철근의 순간격은 40mm 이상, 또한 철근 공칭지름의 1.5배 이상으로 하여야 한다.
④ 벽체 또는 슬래브에서 휨 주철근의 간격은 벽체나 슬래브 두께의 5배 이하로 하여야 하고, 또한 800mm 이하로 하여야 한다.

해설 벽체 또는 슬래브에서 휨 주철근의 간격은 벽체나 슬래브 두께의 3배 이하로 하여야 하고, 또한 450mm 이하로 하여야 한다.

75. 단면이 300×500mm이고, 150mm²의 PS 강선 6개를 강선군의 도심과 부재단면의 도심축이 일치하도록 배치된 프리텐션 PC 부재가 있다. 강선의 초기 긴장력이 1,000MPa일 때 콘크리트의 탄성변형에 의한 프리스트레스의 감소량은? (단, $n=6$)

① 36MPa ② 30MPa
③ 6MPa ④ 4.8MPa

해설

$$\Delta f_{pe} = n f_{cs} = n\frac{Pi}{A_g} = n\frac{f_{pi} \cdot A_p}{bh}$$
$$= 6\times\frac{1,000\times(6\times150)}{300\times500} = 36\text{MPa}$$

76. 다음 중 용접이음을 한 경우 용접부의 결함을 나타내는 용어가 아닌 것은?

① 언더컷(Undercut) ② 필렛(Fillet)
③ 크랙(Crack) ④ 오버랩(Overlap)

77. $f_{ck}=24$MPa, $f_y=300$MPa, $b_w=400$mm, $d=500$mm인 직사각형 철근콘크리트보에서 콘크리트가 부담하는 공칭전단강도(V_c)는 얼마인가?

① 105.7kN ② 110.1kN
③ 142.7kN ④ 163.3kN

해설 $\lambda=1$ (보통 중량의 콘크리트)

$$V_c = \frac{1}{6}\lambda\sqrt{f_{ck}}\,b_w d = \frac{1}{6}\times1\times\sqrt{24}\times400\times500$$
$$=163.3\times10^3\text{N}=163.3\text{kN}$$

78. 다음 그림과 같은 직사각형 단철근 보에서 강도설계법을 사용할 때 콘크리트의 등가직사각형 응력블록의 깊이(a)는 얼마인가?(단, $f_{ck}=21$MPa, $f_y=300$MPa)

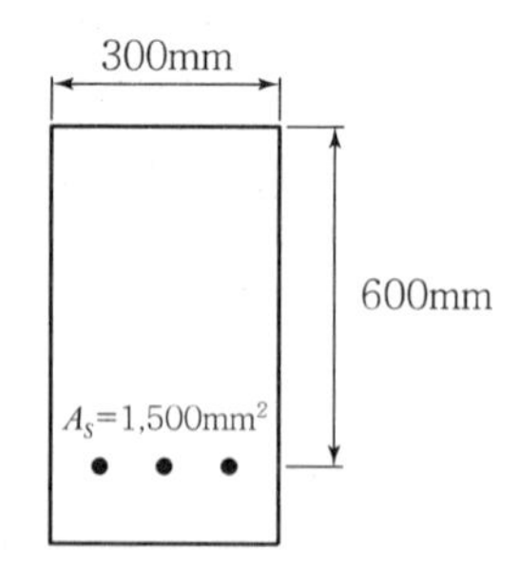

① 84mm ② 102mm
③ 153mm ④ 200mm

 |해답| 74.④ 75.① 76.② 77.④ 78.①

■해설 $a=\dfrac{f_y A_s}{0.85 f_{ck} b}=\dfrac{300\times 1,500}{0.85\times 21\times 300}=84\text{mm}$

79. $f_{ck}=24\text{MPa}$, $f_y=300\text{MPa}$일 때 다음 그림과 같은 보의 균형 철근량은?

① 5,254mm²
② 5,842mm²
③ 6,936mm²
④ 7,254mm²

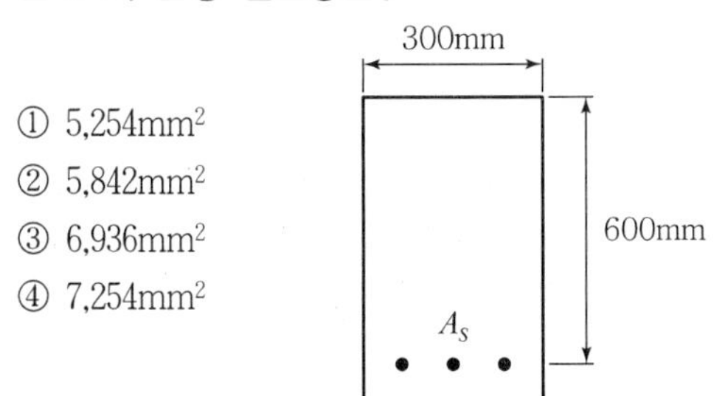

■해설 $\beta_1=0.85(f_{ck}\le 28\text{MPa}$인 경우)

$\rho_b=0.85\beta_1\dfrac{f_{ck}}{f_y}\dfrac{600}{600+f_y}$

$=0.85\times 0.85\times\dfrac{24}{300}\times\dfrac{600}{600+300}=0.038533$

$A_{s,b}=\rho_b bd=0.038533\times 300\times 600=6,936\text{mm}^2$

80. D-25(공칭직경 : 25.4mm)를 사용하는 압축이형철근의 기본정착길이는?(단, $f_{ck}=30\text{MPa}$, $f_y=400\text{MPa}$)

① 413mm ② 447mm
③ 464mm ④ 487mm

■해설 $\lambda=1$(보통 중량의 콘크리트를 사용한 경우)

$l_{db}=\dfrac{0.25 d_b f_y}{\lambda\sqrt{f_{ck}}}=\dfrac{0.25\times 25.4\times 400}{1\times\sqrt{30}}=464\text{mm}$

$0.043 d_b f_y=0.043\times 25.4\times 400=437\text{mm}$

$l_{db}\ge 0.043 d_b f_y$ - O.K

제5과목 토질 및 기초

81. 흙의 투수계수에 관한 설명으로 틀린 것은?

① 흙의 투수계수는 흙 유효입경의 제곱에 비례한다.
② 흙의 투수계수는 물의 점성계수에 비례한다.
③ 흙의 투수계수는 물의 단위중량에 비례한다.
④ 흙의 투수계수는 형상계수에 따라 변화한다.

■해설 $K=D_s^2\cdot\dfrac{\gamma_w}{\mu}\cdot\dfrac{e^3}{1+e}\cdot C$

흙의 투수계수(K)는 물의 점성계수(μ)에 반비례한다.

82. 어떤 흙의 비중이 2.65, 간극률이 36%일 때 다음 중 분사현상이 일어나지 않을 동수경사는?

① 1.9
② 1.2
③ 1.1
④ 0.9

■해설 분사 현상이 안 일어날 조건

$i<i_c=\dfrac{G_s-1}{1+e}=\dfrac{2.65-1}{1+0.56}$

$=1.05\left(e=\dfrac{n}{1-n}=\dfrac{0.36}{1-0.36}=0.56\right)$

$\therefore\ i<1.05$

83. 어떤 퇴적지반의 수평방향 투수계수가 4.0×10^{-3}cm/sec, 수직방향 투수계수가 3.0×10^{-3}cm/sec일 때 등가투수계수는 얼마인가?

① 3.46×10^{-3}cm/sec
② 5.0×10^{-3}cm/sec
③ 6.0×10^{-3}cm/sec
④ 6.93×10^{-3}cm/sec

■해설 이방성인 경우 평균투수계수

$K=\sqrt{K_v\times K_h}=\sqrt{(4.0\times 10^{-3})\times(3\times 10^{-3})}$

$=3.46\times 10^{-3}$cm/sec

84. 현장 토질조사를 위하여 베인 테스트(Vane Test)를 행하는 경우가 종종 있다. 이 시험은 다음 중 어느 경우에 많이 쓰이는가?

① 연약한 점토의 점착력을 알기 위해서
② 모래질 흙의 다짐도를 측정하기 위하여
③ 모래질 흙의 내부마찰각을 알기 위해서
④ 모래질 흙의 투수계수를 측정하기 위하여

해설 베인 시험(Vane Test)
정적인 사운딩으로 깊이 10m 미만의 연약 점성토 지반에 대한 회전저항 모멘트를 측정하여 비배수 전단강도(점착력)를 확인하는 시험

85. 어떤 흙의 중량이 450g이고 함수비가 20%인 경우 이 흙을 완전히 건조시켰을 때의 중량은 얼마인가?

① 360g　② 425g
③ 400g　④ 375g

해설
$$\omega = \frac{W_w}{W_s}\times 100 = \frac{W - W_s}{W_s}\times 100$$
$$0.2 = \frac{450 - W_s}{W_s}\times 100$$
$$\therefore\ W_s = 375\text{g}$$

86. 유효입경이 0.1mm이고, 통과 백분율 80%에 대응하는 입경이 0.5mm, 60%에 대응하는 입경이 0.4mm, 40%에 대응하는 입경이 0.3mm, 20%에 대응하는 입경이 0.2mm일 때 이 흙의 균등계수는?

① 2　② 3
③ 4　④ 5

해설
$$\text{균등계수}(C_u) = \frac{D_{60}}{D_{10}} = \frac{0.4}{0.1} = 4$$

87. 흙의 다짐 시험에 대한 설명으로 옳은 것은?

① 다짐 에너지가 크면 최적 함수비가 크다.
② 다짐 에너지와 관계없이 최대 건조단위중량은 일정하다.
③ 다짐 에너지와 관계없이 최적 함수비는 일정하다.
④ 몰드 속에 있는 흙의 함수비는 다짐 에너지에 거의 영향을 받지 않는다.

해설
- 다짐에너지가 크면 $\gamma_{d\max}$ ↑, OMC ↓
- 몰드 속에 있는 흙의 함수비는 다짐에너지에 영향을 받지 않는다.

88. 지표면이 수평이고 옹벽의 뒷면과 흙과의 마찰각이 0°인 연직옹벽에서 Coulomb의 토압과 Rankine의 토압은?

① Coulomb의 토압은 항상 Rankine의 토압보다 크다.
② Coulomb의 토압은 Rankine의 토압보다 클 때도 있고 작을 때도 있다.
③ Coulomb의 토압과 Rankine의 토압은 같다.
④ Coulomb의 토압은 항상 Rankine의 토압보다 작다.

해설 벽 마찰각을 무시하면 Coulomb의 토압과 Rankine의 토압은 같다.

89. 연약지반에 말뚝을 시공한 후, 부주면 마찰력이 발생되면 말뚝의 지지력은?

① 증가된다.
② 감소된다.
③ 변함이 없다.
④ 증가할 수도 있고 감소할 수도 있다.

해설 부마찰력이 일어나면 지지력은 감소한다.

 |해답| 84.① 85.④ 86.③ 87.④ 88.③ 89.②

90. 말뚝의 분류 중 지지상태에 따른 분류에 속하지 않는 것은?

① 다짐 말뚝　② 마찰 말뚝
③ Pedestal 말뚝　④ 선단지지 말뚝

해설 말뚝의 지지방법에 의한 분류
㉠ 선단 지지 말뚝
㉡ 마찰 말뚝
㉢ 다짐(하부 지반 지지) 말뚝

91. 다음 중 표준관입시험으로부터 추정하기 어려운 항목은?

① 극한 지지력　② 상대밀도
③ 점성토의 연경도　④ 투수성

해설 표준관입시험(SPT)으로 추정할 수 있는 사항
㉠ 사질지반
- 상대밀도
- 내부 마찰각
- 지지력 계수

㉡ 점성지반
- 연경도
- 일축압축 강도
- 허용지지력 및 비배수 점착력

92. 흙댐에서 수위가 급강하한 경우 사면안정해석을 위한 강도정수 값을 구하기 위하여 어떠한 조건의 삼축압축시험을 하여야 하는가?

① Quick 시험　② CD 시험
③ CU 시험　④ UU 시험

해설 압밀 비배수 실험(CU-Test)
- 압밀 후 파괴되는 경우
- 초기 재하 시-간극수 배출, 전단 시-간극수 배출 없음
- 수위 급강하 시 흙댐에 안전문제 발생
- 압밀 진행에 따른 전단강도 증가 상태를 추정
- 유효응력항으로 표시

93. 단위중량이 1.6t/m^3인 연약점토($\phi = 0°$) 지반에서 연직으로 2m까지 보강 없이 절취할 수 있다고 한다. 이때, 이 점토지반의 점착력은?

① 0.4t/m^2　② 0.8t/m^2
③ 1.4t/m^2　④ 1.8t/m^2

해설 $H_c = \dfrac{4c}{\gamma}\tan\left(45° + \dfrac{\phi}{2}\right)$

$2 = \dfrac{4 \times c}{1.6}\tan\left(45° + \dfrac{0°}{2}\right)$

∴ 점착력$(c) = 0.8\text{t/m}^2$

94. 어떤 점토시료를 일축압축시험한 결과 수평면과 파괴면이 이루는 각이 48°였다. 점토시료의 내부마찰각은?

① 3°　② 6°
③ 18°　④ 30°

해설 파괴면과 수평면이 이루는 각도(θ)

$\theta = 45° + \dfrac{\phi}{2}$

$48° = 45° + \dfrac{\phi}{2}$　∴ $\phi = 6°$

95. 어떤 점토의 액성한계 값이 40%이다. 이 점토의 불교란 상태의 압축지수 C_c를 Skempton 공식으로 구하면 얼마인가?

① 0.27　② 0.29
③ 0.36　④ 0.40

해설 $C_c = 0.009(W_L - 10) = 0.009(40 - 10) = 0.27$

96. 어떤 흙의 최대 몇 최소 건조단위중량이 1.8t/m^3과 1.6t/m^3이다. 현장에서 이 흙의 상대밀도(Relative Density)가 60%라면 이 시료의 현장 상대다짐도(Relative Compaction)는?

① 82%　② 87%
③ 91%　④ 95%

■ 해설 • 상대밀도(D_r)

$$D_r = \frac{\gamma_{d\max}}{\gamma_d} \times \frac{\gamma_d - \gamma_{d\min}}{\gamma_{d\max} - \gamma_{d\min}}$$

$$0.6 = \left(\frac{1.8}{\gamma_d} \times \frac{\gamma_d - 1.6}{1.8 - 1.6}\right) \times 100$$

$$\therefore \ \gamma_d = 1.71\text{t/m}^3$$

• 상대 다짐도$= \dfrac{\gamma_d}{\gamma_{d\max}} \times 100 = \dfrac{1.71}{1.8} \times 100 = 95\%$

97. 자연상태 흙의 일축압축강도가 0.5kg/cm²이고 이 흙을 교란시켜 일축압축강도 시험을 하니 강도가 0.1kg/cm²였다. 이 흙의 예민비는 얼마인가?

① 50 ② 10
③ 5 ④ 1

■ 해설 예민비$(S_t) = \dfrac{q_u}{q_{ur}} = \dfrac{0.5}{0.1} = 5$

98. 직경 30cm의 평판을 이용하여 점토 위에서 평판재하시험을 실시하고 극한 지지력 15t/m² 를 얻었다고 할 때 직경이 2m인 원형 기초의 총 허용하중을 구하면?(단, 안전율은 3을 적용한다.)

① 8.3ton
② 15.7ton
③ 24.2ton
④ 32.6ton

■ 해설 • 극한 하중=극한 지지력×기초단면적

$$= 15 \times \frac{\pi \cdot 2^2}{4} = 47.12\text{t}$$

(점성토 지반의 지지력은 재하판의 폭과 무관)

• 허용하중$= \dfrac{\text{극한 하중}}{\text{안전율}} = \dfrac{47.12}{3} = 15.7\text{t}$

99. 지표면에 집중하중이 작용할 때, 연직응력 증가량에 관한 설명으로 옳은 것은?(단, Boussinesq 이론을 사용, E는 Young 계수이다.)

① E에 무관하다.
② E에 정비례한다.
③ E의 제곱에 정비례한다.
④ E의 제곱에 반비례한다.

■ 해설 • 연직응력 증가량$(\sigma_Z) = \dfrac{Q}{Z^2} I_\sigma$

• E(Young 계수, 탄성계수)와는 무관관하다.

100. 2t의 무게를 가진 낙추로서 낙하고 2m로 말뚝을 박을 때 최종적으로 1회 타격당 말뚝의 침하량이 20mm였다. 이때 Sander 공식에 의한 말뚝의 허용지지력은?

① 10t ② 20t
③ 67t ④ 25t

■ 해설 Sander 공식(안전율 $F=8$)

극한 지지력 $R_u = \dfrac{W_H \cdot H}{S}$

허용지지력 $R_a = \dfrac{R_u}{F} = \dfrac{W_H \cdot H}{8 \cdot s}$

$$= \frac{2 \times 200}{8 \times 2} = 25\text{t}$$

제6과목 상하수도공학

101. 펌프에 대한 설명으로 틀린 것은?

① 수격현상은 펌프의 급정지 시 발생한다.
② 손실수두가 작을수록 실양정은 전양정과 비슷해진다.
③ 비속도(비교회전도)가 클수록 같은 시간에 많은 물을 송수할 수 있다.
④ 흡입구경은 토출량과 흡입구의 유속에 의해 결정된다.

■ 해설 펌프 일반사항

㉠ 수격현상은 펌프의 급정지, 급가동 시 발생한다.

|해답| 97.③ 98.② 99.① 100.④ 101.③

㉡ 펌프의 양정
전양정=실양정+손실수두의 합
∴ 손실수두가 작을수록 실양정과 전양정은 비슷해진다.

㉢ 비교회전도는 $1m^3/min$의 물을 1m 끌어올리는데 돌아가는 회전수이다. 따라서 비교회전도가 적을수록 고양정(고효율)펌프로, 비교회전도가 클수록 같은 시간에 많은 물을 송수하는 것은 아니다.

㉣ 흡입구경은 토출량과 흡입구의 유속에 의해 결정된다.

$$D=146\sqrt{\frac{Q}{V}}$$

102. 계획오수량 산정방법에 대한 설명으로 틀린 것은?

① 생활오수량의 1인 1일 최대오수량은 상수도계획상의 1인 1일 최대급수량을 감안하여 결정한다.
② 지하수량은 1인 1일 평균오수량의 5~10%로 한다.
③ 계획 시간 최대오수량은 계획 1일 최대오수량의 1시간당 수량의 1.3~1.8배를 표준으로 한다.
④ 합류식에서 우천 시 계획오수량은 원칙적으로 계획 시간 최대오수량의 3배 이상으로 한다.

■해설 오수량의 산정

종류	내용
계획오수량	계획오수량은 생활오수량, 공장폐수량, 지하수량으로 구분할 수 있다.
지하수량	지하수량은 1인 1일 최대오수량의 10~20%를 기준으로 한다.
계획 1일 최대오수량	• 1인 1일 최대오수량×계획급수인구+(공장폐수량, 지하수량, 기타 배수량) • 하수처리시설 용량 결정의 기준이 되는 수량
계획 1일 평균오수량	• 계획 1일 최대오수량의 70(중·소도시)~80%(대·공업도시) • 하수처리장 유입하수의 수질을 추정하는 데 사용되는 수량
계획 시간 최대오수량	• 계획 1일 최대오수량의 1시간당 수량에 1.3~1.8배를 표준으로 한다. • 오수관거 및 펌프설비 등의 크기를 결정하는 데 사용되는 수량

∴ 계획오수량의 지하수량은 1인 1일 최대오수량의 10~20%를 기준으로 한다.

103. 상수의 응집침전에서 응집제의 주입률을 시험하는 시험법은?

① Sedimentation Test
② Column Test
③ Water Quality Test
④ Jar Test

■해설 응집교반실험
응집교반실험(Jar-Test)은 적정 응집제 주입량 및 최적 pH를 결정하는 실험이다.

104. 계획급수량에 대한 설명으로 옳지 않은 것은?

① 계획 1일 평균급수량은 계획 1일 최대급수량의 50%이다.
② 계획 1일 최대급수량은 계획 1일 평균급수량×계획첨두율로 나타낼 수 있다.
③ 계획 1일 평균급수량은 계획 1인 평균급수량×계획급수인구로 나타낼 수 있다.
④ 계획 1일 최대급수량을 구하기 위한 첨두율은 소규모의 도시일수록 급수량의 변동폭이 커서 값이 커진다.

■해설 계획급수량

종류	내용
계획 1일 최대급수량	수도시설 규모 결정의 기준이 되는 수량 = 계획 1일 평균급수량×1.5(중·소도시), 1.3(대도시, 공업도시)
계획 1일 평균급수량	재정계획 수립에 기준이 되는 수량 = 계획 1일 최대급수량×0.7(중·소도시), 0.8(대도시, 공업도시)
계획 시간 최대급수량	배수 본관의 구경 결정에 사용 = 계획 1일 최대급수량/24×1.3(대도시, 공업도시), 1.5(중소도시), 2.0(농촌, 주택단지)

∴ 계획 1일 평균급수량은 계획 1일 최대급수량의 70~80%를 기준으로 한다.

105. 펌프의 임펠러 입구에서 정압이 그 수온에 상당하는 포화증기압 이하가 되면 그 부분의 물이 증발해서 공동이 생기거나 흡입관으로부터 공기가 흡입되어 공동이 생기는 현상은?

① Characteristic Curves ② Specific Speed
③ Positive Head ④ Cavitation

■해설 공동현상(Cavitation)
㉠ 펌프의 관 내 압력이 포화증기압 이하가 되면 기화현상이 발생되어 유체 중에 공동이 생기는 현상을 공동현상이라 한다. 공동현상을 방지하려면 이용할 수 있는 유효흡입수두가 펌프가 필요로 하는 유효흡입수두보다 커야 하며, 그 차이 값이 1m보다 크도록 하는 것이 좋다.
㉡ 악현상
- 소음, 진동 발생
- 펌프의 성능 저하
- 관 내부의 침식
㉢ 방지책
- 펌프의 설치 위치를 낮춘다.
- 펌프의 회전수를 줄인다(임펠러 속도를 적게 한다).
- 흡입관의 손실을 줄인다(직경 D를 크게 한다).
- 흡입양정의 표준을 −5m까지로 제한한다.

106. Talbot 공식의 a(분자상수) 값이 1,800, b(분모상수) 값이 15일 때, 지속시간 15분에 대한 강우강도는?

① 2.64mm/h ② 9.92mm/h
③ 10.67mm/h ④ 60.00mm/h

■해설 강우강도
㉠ 강우강도
단위 시간당 내리는 비의 양을 강우강도라 한다.
㉡ Talbot의 강우강도식

$$I=\frac{a}{t+b}=\frac{1,800}{15+15}=60\text{mm/hr}$$

107. 하수관거의 유속 및 경사에 대한 설명으로 옳지 않은 것은?

① 유속은 일반적으로 하류로 유하함에 따라 점차 크게 한다.
② 경사는 하류로 감에 따라 점차 작아지도록 한다.
③ 유속이 느리면 관거의 바닥에 오물이 침전하여 세척비 등 유지관리비가 많이 든다.
④ 유속이 빠르면 관거 손상의 우려가 작아지므로 내용연수가 길어진다.

■해설 하수관의 유속 및 경사
㉠ 하수관로 내의 유속은 하류로 갈수록 빠르게 하며, 경사는 하류로 갈수록 완만하게 한다.
㉡ 관로의 유속기준
관로의 유속은 침전과 마모 방지를 위해 최소유속과 최대유속을 한정하고 있다.
- 오수 및 차집관 : 0.6~3.0m/sec
- 우수 및 합류관 : 0.8~3.0m/sec
- 이상적 유속 : 1.0~1.8m/sec

∴ 유속이 빠르면 관거 마모로 관거 손상이 우려된다.

108. 슬러지 반송비가 0.4, 반송슬러지의 농도가 1%일 때 포기조 내의 MLSS 농도는?

① 1,234mg/L ② 2,857mg/L
③ 3,325mg/L ④ 4,023mg/L

■해설 슬러지 반송률
㉠ 반송슬러지의 물질수지 방정식

$$X(Q+Q_r)=X_rQ_r$$

여기서, Q : 유입유량
Q_r : 반송유량
X : 포기조 내 MLSS 농도
X_r : 반송슬러지 농도

㉡ X에 관해서 정리
$X(1+r)=X_r\cdot r$이므로

$$X=\frac{X_r\cdot r}{1+r}=\frac{0.01\times0.4}{1+0.4}\times10^6$$
$$=2,857\text{mg/L}$$

109. 처리수량이 5,000m³/d인 정수장에서 8mg/L의 농도로 염소를 주입하였다. 잔류염소농도가 0.3mg/L이었다면 염소요구량은?(단, 염소의 순도는 75%이다.)

① 38.5kg/d ② 51.3kg/d
③ 63.3kg/d ④ 69.5kg/d

해설 염소요구량

㉠ 염소요구량
- 염소요구량 = 요구농도 × 유량 × 1/순도
- 염소요구농도 = 주입농도 − 잔류농도

㉡ 염소요구량의 계산
- 염소요구농도 = 주입농도 − 잔류농도
  $= 8.0 - 0.3 = 7.7\text{mg/L}$
- 염소요구량 $= 7.7 \times 10^{-3} \times 5{,}000$
  $= 38.5\text{kg/day} \times \dfrac{1}{0.75}$
  $= 51.3\text{kg/day}$

110. 다음 중 맛과 냄새의 제거에 주로 사용되는 것은?

① PAC(고분자 응집제) ② 황산반토
③ 활성탄 ④ $CuSO_4$

해설 활성탄 처리

㉠ 활성탄 처리
활성탄은 No.200 체를 기준으로 하여 분말활성탄과 입상활성탄으로 분류하며 제거효과, 유지관리, 경제성 등을 비교·검토하여 선정한다.

㉡ 적용
일반적으로 응급적이며 단기간 사용할 경우에는 분말활성탄 처리가 적합하며 연간 연속하거나 비교적 장기간 사용할 경우에는 입상활성탄 처리가 유리하다.

㉢ 특징
- 물의 맛과 냄새를 유발하는 조류의 제거에 효과적이다.
- 장기간 처리 시 탄층을 두껍게 할 수 있으며 재생할 수 있어 입상활성탄 처리가 경제적이다.
- 입상활성탄 처리는 장기간 사용으로 원생동물이 번식할 우려가 있다.
- 입상활성탄 처리를 적용할 때는 여과지를 만들 필요가 있다.

111. 하천에 오염원 투여 시 시간 또는 거리에 따른 오염지표(BOD, DO, N)와 미생물의 변화 4단계(Whipple의 4단계)의 순서로 옳은 것은?

> ㉠ 분해지대
> ㉡ 활발한 분해지대(부패지대)
> ㉢ 회복지대
> ㉣ 정수지대(청수지대)

① ㉠-㉡-㉢-㉣ ② ㉠-㉢-㉡-㉣
③ ㉡-㉠-㉢-㉣ ④ ㉡-㉢-㉠-㉣

해설 Whipple의 자정 4단계

지대(zone)	변화 과정
분해지대	• 오염에 약한 고등생물은 오염에 강한 미생물에 의해 교체 번식된다. • 호기성 미생물의 번식으로 BOD 감소가 나타나는 지대이다.
활발한 분해지대	용존산소가 거의 없어 부패상태에 가까운 지대이다.
회복지대	용존산소가 점차적으로 증가하는 지대이다.
정수지대	물이 깨끗해져 동물과 식물이 다시 번식하기 시작하는 지대이다.

∴ ㉠-㉡-㉢-㉣의 순서이다.

112. 분류식 하수관거 계통(Separated System)의 특징에 대한 설명으로 옳지 않은 것은?

① 오수는 처리장으로 도달, 처리된다.
② 우수관과 오수관이 잘못 연결될 가능성이 있다.
③ 관거매설비가 큰 것이 단점이다.
④ 강우 시 오수가 처리되지 않은 채 방류되는 단점이 있다.

해설 하수의 배제방식

분류식	합류식
• 수질오염 방지 면에서 유리하다. • 청천 시에도 퇴적의 우려가 없다. • 강우 초기에는 노면 배수 효과가 없다. • 시공이 복잡하고 오접합의 우려가 있다. • 우천 시 수세효과를 기대할 수 없다. • 공사비가 많이 든다.	• 구배 완만, 매설깊이가 적으며 시공성이 좋다. • 초기 우수에 의한 노면 배수처리가 가능하다. • 관경이 크므로 검사 편리, 환기가 잘된다. • 건설비가 적게 든다. • 우천 시 수세효과가 있다. • 청천 시 관 내 침전효율이 저하된다.

∴ 분류식은 전 오수의 확실한 처리가 가능하여 위생적으로는 우수하나, 오수관과 우수관을 동시에 매설해야 하므로 관거 부설비가 많이 든다.

113. 급수방식을 직결식과 저수조식으로 구분할 때, 저수조식의 적용이 바람직한 경우가 아닌 것은?

① 일시에 다량의 물을 사용하거나 사용수량의 변동이 클 경우
② 배수관의 수압이 급수장치의 사용수량에 대하여 충분한 경우
③ 배수관의 압력변동에 관계없이 상시 일정한 수량과 압력을 필요로 하는 경우
④ 재해 시나 사고 등에 의한 수도의 단수나 감수 시에도 물을 반드시 확보해야 할 경우

해설 급수방식
㉠ 직결식
- 배수관의 수압이 충분히 확보된 경우에 사용한다.
- 소규모 저층건물에 사용한다.
- 수압 조절이 불가능하다.

㉡ 탱크식(저수조식)
- 배수관의 소요압이 부족한 곳에 설치한다.
- 일시에 많은 수량이 필요한 곳에 설치한다.
- 항상 일정수량이 필요한 곳에 설치한다.
- 단수 시에도 급수가 지속되어야 하는 곳에 설치한다.

∴ 배수관의 수압이 사용수량에 대하여 충분한 경우에는 직결식을 사용한다.

114. 하천의 자정작용 중에서 가장 큰 작용을 하는 것은?

① 침전　② 투과
③ 화학적 작용　④ 생물학적 작용

해설 자정작용
- 자연수에 유입된 오염물질에 의하여 악화된 수질이 시간의 경과에 따라 물리적, 화학적, 생물학적 작용에 의해 스스로 정화되어 수질이 다시 회복되는 작용을 자정작용이라 하며, 정도를 나타내는 계수를 자정계수라 한다.
- 자정작용에 가장 중요한 지위를 차지하는 작용은 생물학적 작용이다.

115. 우수조정지를 설치하는 위치로서 적절하지 않은 것은?

① 오수발생량이 많은 곳
② 하류관거 유하능력이 부족한 곳
③ 방류수로 유하능력이 부족한 곳
④ 하류지역 펌프장 능력이 부족한 곳

해설 우수조정지
㉠ 우수조정지
도시화나 도시지역의 확대로 기존 관로의 용량이 부족하거나 관로의 능력 저하에도 불구하고 하류의 시설 및 관로 등의 능력을 높이기 곤란한 경우에 우수조정지를 설치하며, 우수조정지의 크기는 합리식에 의하여 산정한다.

㉡ 설치장소
- 하수관거의 용량이 부족한 곳
- 방류수로의 유하능력이 부족한 곳
- 하류지역의 펌프장 능력이 부족한 곳

㉢ 구조형식
- 댐식　• 지하식　• 굴착식

116. 5,000m³/d의 화학 침전 처리수를 여과지에서 여과속도 5m³/m²·h로 여과하고 있다. 역세척은 1일 8회, 1회 역세척 시간은 15분일 경우 1지에 소요되는 이론적인 여과 면적은?(단, 여과지 수는 5지이다.)

① 8.333m²　② 9.091m²
③ 20.647m²　④ 41.667m²

해설 여과지 면적 계산
㉠ 여과지 면적
$$A=\frac{Q}{V}$$
㉡ 여과지 면적 계산
- 유량 : $Q=\frac{5,000}{24}=208.33\text{m}^3/\text{hr}$
- 여과지 전체 면적
$$A=\frac{Q}{V}=\frac{208.33}{5}=41.67\text{m}^2$$
- 역세척 시간
$t=15\text{min}\times 8\text{회}=120\text{min}=2\text{hr}$
- 역세척 시간을 고려한 이론적 여과 면적
$$a=\frac{A}{n}=\frac{41.67}{5}\times\frac{24}{22}=9.091\text{m}^2$$

 |해답| 113.② 114.④ 115.① 116.②

117. 하수관거가 갖추어야 할 특성에 대한 설명으로 옳지 않은 것은?

① 외압에 대한 강도가 충분하고 파괴에 대한 저항이 커야 한다.
② 유량의 변동에 대해서 유속의 변동이 큰 수리특성을 지닌 단면형이 좋다.
③ 산 및 알칼리의 부식성에 대해서 강해야 한다.
④ 이음 및 시공이 용이하고, 그 수밀성과 신축성이 높아야 한다.

해설 하수관의 구비조건
- 외압에 대한 강도가 충분하고 파괴에 대한 저항력이 클 것
- 관거 내면이 매끈하고 조도계수가 작아야 한다.
- 유량변동에 따른 유속변동이 적은 수리특성을 가진 단면일 것
- 이음 및 시공이 용이하고 수밀성과 신축성이 좋아야 한다.

118. 취수시설을 선정할 때 수원(水源)이 하천, 호소, 댐(저수지)인 경우에 적용할 수 있으며 보통 대량취수에 적합하고 비교적 안정된 취수가 가능한 것은?

① 취수탑 ② 깊은 우물
③ 취수틀 ④ 취수관거

해설 하천수의 취수시설

종류	특징
취수관	• 수중에 관을 매설하여 취수하는 방식 • 수위와 하상변동에 영향을 많이 받는 방법으로 수위와 하상이 안정적인 곳에 적합
취수문	• 하안에 콘크리트 암거구조로 직접 설치하는 방식 • 취수문은 양질의 견고한 지반에 설치한다. • 수위와 하상변동에 영향을 많이 받는 방법으로 수위와 하상이 안정적인 곳에 적합 • 수문의 크기는 모래의 유입을 작게 하도록 설계하며, 수문에서의 유입속도는 1m/sec 이하로 한다.
취수탑	• 대량 취수의 목적으로 취수탑에 여러 개의 취수구를 설치하여 취수하는 방식 • 최소 수심이 2m 이상인 장소에 설치한다. • 연간 하천의 수위변화가 큰 지점에서도 안정적인 취수를 할 수 있다.
취수보	• 수위변화가 큰 취수지 등에서도 취수량을 안정하게 취수할 수 있다. • 대량 취수가 적합하며, 안정한 취수가 가능하다.

∴ 대량 취수에 적합하고 안정적인 취수가 가능한 시설은 취수탑이다.

119. 활성슬러지법 중 아래와 같은 특징을 갖는 방법은?

> • 1차 침전지를 생략하고, 유기물 부하를 낮게 하여 잉여슬러지의 발생을 제한하는 방법으로 잉여슬러지의 발생량이 표준활성슬러지법에 비해 적다.
> • 질산화가 진행되면서 pH의 저하가 발생한다.

① 계단식 포기법 ② 심층 포기법
③ 장시간 포기법 ④ 산화구법

해설 장시간 포기법
- 장시간 포기법의 미생물의 성장단계는 내생호흡단계에 해당하며 슬러지 발생량은 매우 적고, 처리수는 비교적 양호하다.
- 타 방법에 비하여 소량의 포기로도 가능하며, 비교적 소형 처리장에 주로 이용되고 1차 침전지는 생략이 가능하다.
- 질산화가 진행되면서 pH의 저하가 발생된다.

120. 하수처리장 부지 선정에 관한 설명으로 옳지 않은 것은?

① 홍수로 인한 침수 위험이 없어야 한다.
② 방류수가 충분히 희석, 혼합되어야 하며 상수도 수원 등에 오염되지 않는 곳을 선택한다.
③ 처리장의 부지는 장래 확장을 고려해서 넓게 하며 주거 및 상업지구에 인접한 곳이어야 한다.
④ 오수 또는 폐수가 하수처리장까지 가급적 자연유하식으로 유입하고 또한 자연유하로 방류되는 곳이 좋다.

해설 하수처리장의 부지선정
- 홍수로 인한 침수 위험이 없어야 한다.
- 방류수가 충분히 희석, 혼합되어야 하며 상수도 수원 등에 오염되지 않는 곳을 선택한다.
- 처리장의 부지는 장래 확장을 고려하여 넓게 하며, 주거 및 상업지구에 인접한 곳은 피한다.
- 오수 또는 폐수가 하수처리장까지 가급적 자연유하식으로 유입하고 또한 자연유하로 방류되는 곳이 좋다.

|해답| 117.② 118.① 119.③ 120.③

contents

Industrial Engineer Civil Engineering

토목산업기사
과년도 출제문제 및 해설

2016

과년도 출제문제 및 해설 (2016년 3월 6일 시행)

제1과목 응용역학

01. 아래 그림과 같은 단순보의 양 지점에 같은 크기의 휨모멘트(M)가 작용할 때 A점의 처짐각은? (단, R_A는 지점 A에서 발생하는 수직반력이다.)

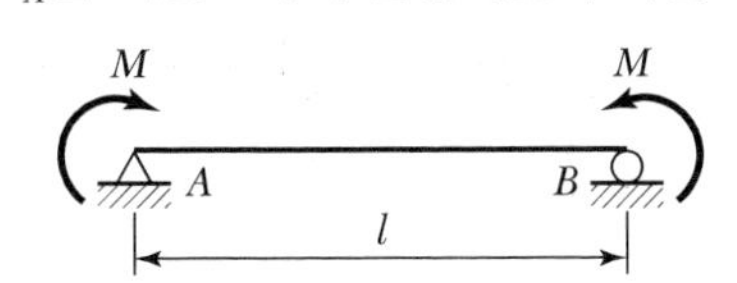

① $\frac{R_A l}{2EI}$　② $\frac{R_A l}{3EI}$

③ $\frac{Ml}{2EI}$　④ $\frac{Ml}{3EI}$

■ 해설

$$\theta_A = \frac{l}{6EI}(2M_A + M_B) = \frac{l}{6EI}(2M + M) = \frac{Ml}{2EI}$$

02. 일반적인 보에서 휨모멘트에 의해 최대 휨응력이 발생되는 위치는 다음 어느 곳인가?

① 부재의 중립축에서 발생
② 부재의 상단에서만 발생
③ 부재의 하단에서만 발생
④ 부재의 상·하단에서 발생

■ 해설

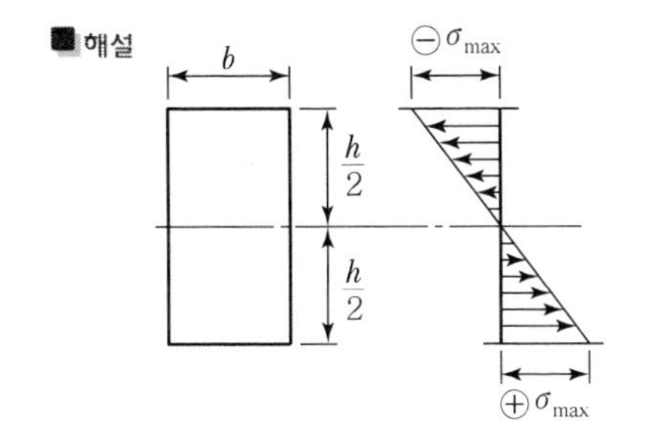

03. 그림과 같이 $a \times 2a$의 단면을 갖는 기둥에 편심거리 $\frac{a}{2}$만큼 떨어져서 P가 작용할 때 기둥에 발생할 수 있는 최대 압축응력은?(단, 기둥은 단주이다.)

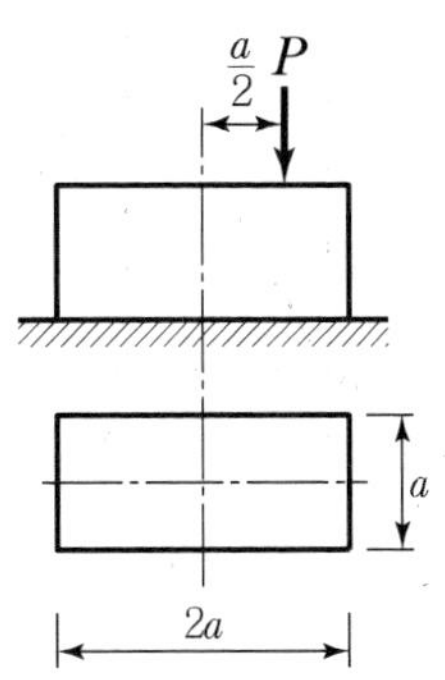

① $\frac{4P}{7a^2}$　② $\frac{7P}{8a^2}$

③ $\frac{13P}{2a^2}$　④ $\frac{5P}{4a^2}$

■ 해설

$$\sigma_{\max} = -\frac{P}{A}\left(1 + \frac{e_x}{k_x}\right) = -\frac{P}{bh}\left(1 + \frac{6e_x}{h}\right) = -\frac{P}{a \times 2a}\left(1 + \frac{6 \times \left(\frac{a}{2}\right)}{2a}\right) = -\frac{5P}{4a^2}$$

04. 직사각형 단면의 단순보가 등분포하중 w를 받을 때 발생되는 최대처짐에 대한 설명으로 옳은 것은?

① 보의 폭에 비례한다.
② 보의 높이의 3승에 비례한다.
③ 보의 길이의 2승에 반비례한다.
④ 보의 탄성계수에 반비례한다.

|해답| 1.③ 2.④ 3.④ 4.④

해설
$$y_{\max} = \frac{5wl^4}{384EI} = \frac{5wl^4}{384E\left(\frac{bh^3}{12}\right)} = \frac{5wl^4}{32Ebh^3}$$

05. 다음 삼각형(ABC) 단면에서 y축으로부터 도심까지의 거리는?

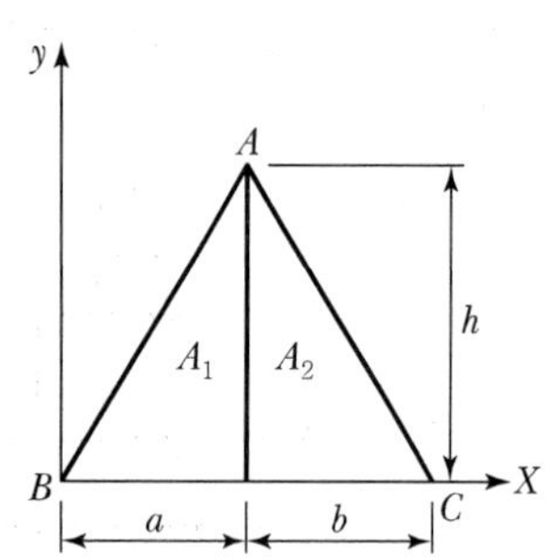

① $\frac{2a+b}{3}$ ② $\frac{a+2b}{2}$
③ $\frac{2a+b}{2}$ ④ $\frac{a+2b}{3}$

해설
$$x_0 = \frac{G_y}{A} = \frac{\left\{\left(\frac{1}{2}ah\right)\left(\frac{2}{3}a\right)\right\} + \left\{\left(\frac{1}{2}bh\right)\left(a+\frac{b}{3}\right)\right\}}{\left(\frac{1}{2}ah\right)+\left(\frac{1}{2}bh\right)}$$
$$= \frac{2a+b}{3}$$

06. 그림과 같은 구조물에서 부재 AB가 받는 힘의 크기는?

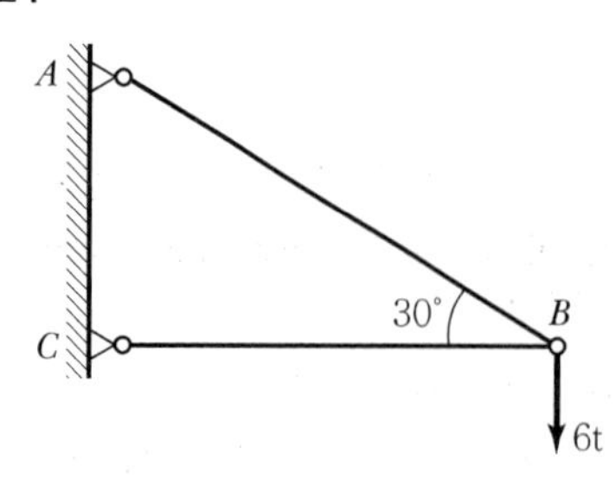

① 3t ② 6t
③ 12t ④ 18t

해설

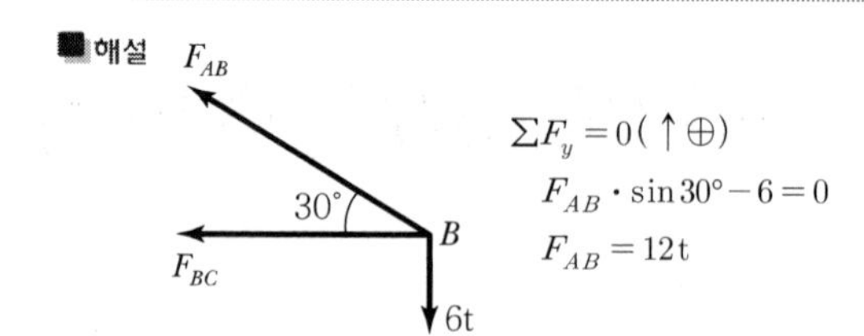

$\Sigma F_y = 0(\uparrow \oplus)$
$F_{AB} \cdot \sin 30° - 6 = 0$
$F_{AB} = 12\text{t}$

07. 다음 보에서 반력 R_A는?

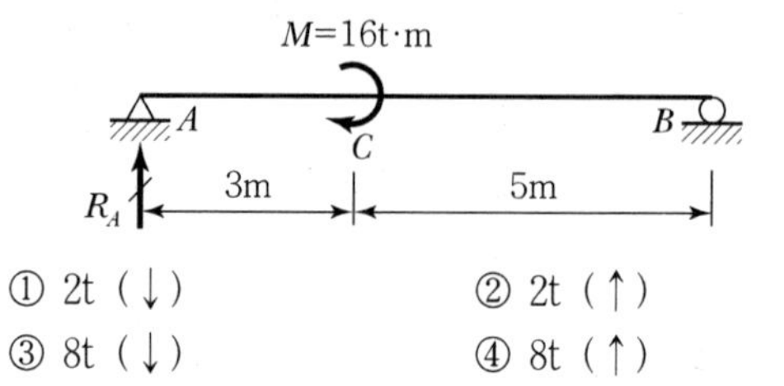

① 2t (↓) ② 2t (↑)
③ 8t (↓) ④ 8t (↑)

해설 $\Sigma M_{Ⓑ} = 0(\curvearrowright \oplus)$
$R_A \times 8 + 16 = 0$
$R_A = -2\text{t}(\downarrow)$

08. 그림과 같은 3-Hinge 아치의 수평반력 H_A는 몇 ton인가?

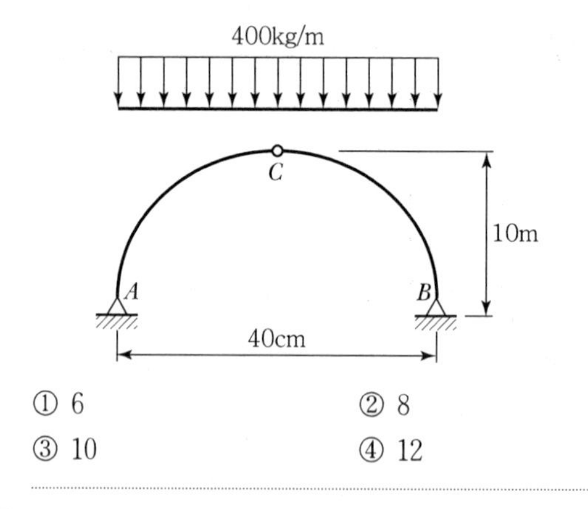

① 6 ② 8
③ 10 ④ 12

해설 $\Sigma M_{Ⓑ} = 0(\curvearrowright \oplus)$
$V_A \times 40 - (400 \times 40) \times 20 = 0$
$V_A = 8{,}000\text{kg}(\uparrow)$

 |해답| 5.① 6.③ 7.① 8.②

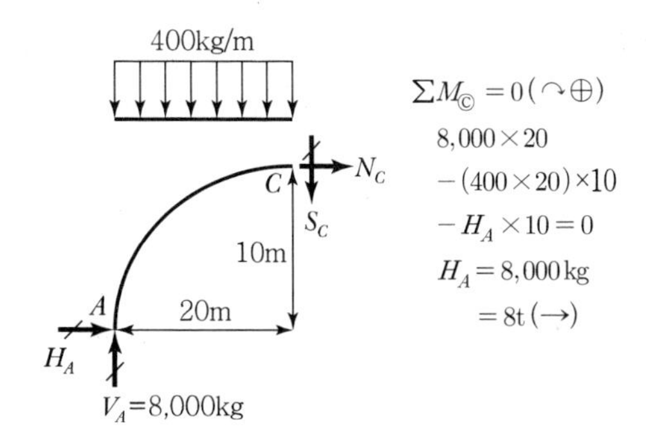

09. 아래 그림과 같은 삼각형에서 x−x 축에 대한 단면 2차 모멘트는?

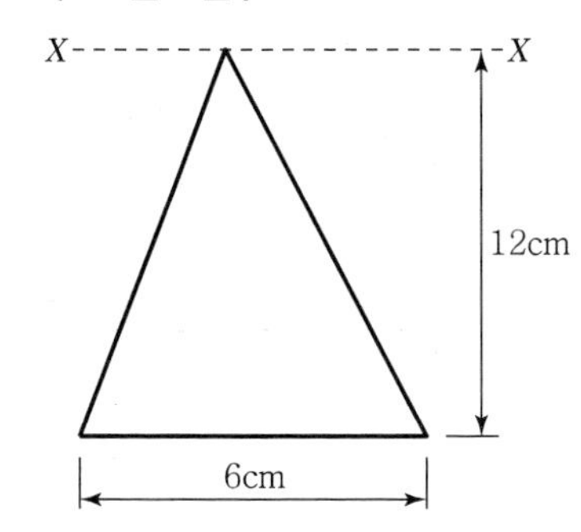

① 2,592cm⁴　② 2,845cm⁴
③ 3,114cm⁴　④ 3,426cm⁴

해설 $I_X = \frac{bh^3}{4} = \frac{6\times 12^3}{4} = 2,592\,\text{cm}^4$

10. 기둥의 해석 및 단주와 장주의 구분에 사용되는 세장비에 대한 설명으로 옳은 것은?

① 기둥단면의 최소 폭을 부재의 길이로 나눈 값이다.
② 기둥단면의 단면 2차 모멘트를 부재의 길이로 나눈 값이다.
③ 기둥부재의 길이를 단면의 최소회전반경으로 나눈 값이다.
④ 기둥단면의 길이를 단면 2차 모멘트로 나눈 값이다.

해설 $\lambda = \frac{l}{r_{\min}}$

11. 변형률이 0.015일 때 응력이 1,200kg/cm²이면 탄성계수(E)는?

① 6×10^4kg/cm²　② 7×10^4kg/cm²
③ 8×10^4kg/cm²　④ 9×10^4kg/cm²

해설 $E = \frac{\sigma}{\varepsilon} = \frac{1,200}{0.015} = 8\times 10^4\,\text{kg/cm}^2$

12. 30cm×50cm인 단면의 보에 6t의 전단력이 작용할 때 이 단면에 일어나는 최대 전단응력은?

① 3kg/cm²　② 6kg/cm²
③ 9kg/cm²　④ 12kg/cm²

해설 $\tau_{\max} = \alpha\frac{S}{A} = \frac{3}{2}\frac{S}{bh} = \frac{3}{2}\cdot\frac{(6\times 10^3)}{30\times 50}$
$= 6\,\text{kg/cm}^2$

13. 아래 그림과 같은 단순보에서 최대 휨모멘트는?

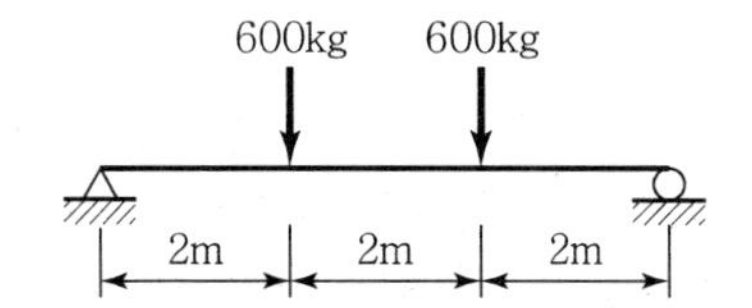

① 1,380kg · m　② 1,056kg · m
③ 1,260kg · m　④ 1,200kg · m

해설 구조물과 하중이 대칭이므로
$R_A = R_B = \frac{600+600}{2} = 600\,\text{kg}$이다.

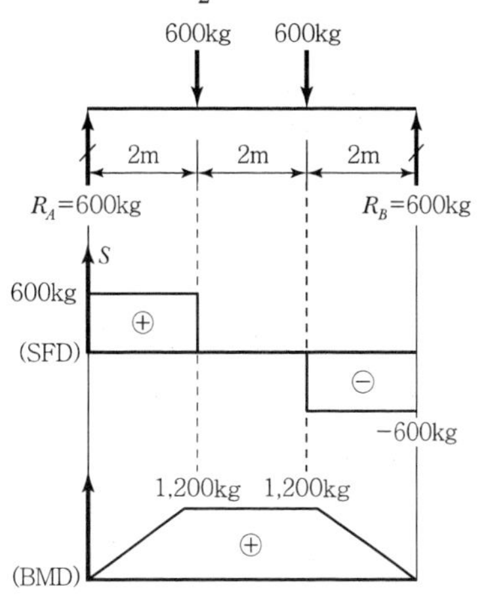

$M_{\max} = 1,200\,\text{kg}\cdot\text{m}$

14. 푸아송비(Poisson's Ratio)가 0.2일 때 푸아송수는?

① 2　② 3
③ 5　④ 8

■해설 $m=\frac{1}{\nu}=\frac{1}{0.2}=5$

15. 다음 설명 중 옳지 않은 것은?

① 도심축에 대한 단면 1차 모멘트는 0(零)이다.
② 주축은 서로 45° 혹은 90°를 이룬다.
③ 단면 1차 모멘트는 단면의 도심을 구할 때 사용된다.
④ 단면 2차 모멘트의 부호는 항상(+)이다.

■해설 주축은 서로 90°를 이룬다.

16. 길이 l, 직경 d인 원형 단면봉이 인장하중 P를 받고 있다. 응력이 단면에 균일하게 분포한다고 가정할 때, 이 봉에 저장되는 변형에너지를 구한 값으로 옳은 것은?(단, 봉의 탄성계수 E이다.)

① $\frac{4P^2l}{\pi d^2E}$　② $\frac{2P^2l}{\pi d^2E}$
③ $\frac{4Pl^2}{\pi d^2E}$　④ $\frac{2Pl^2}{\pi d^2E}$

■해설 $U=\frac{P^2l}{2EA}=\frac{P^2l}{2E\left(\frac{\pi d^2}{4}\right)}=\frac{2P^2l}{\pi d^2E}$

17. 변형에너지(Strain Energy)에 속하지 않는 것은?

① 외력의 일(External Work)
② 축방향 내력의 일
③ 휨모멘트에 의한 내력의 일
④ 전단력에 의한 내력의 일

■해설 변형에너지는 내력에 의한 일이다.

18. 그림과 같은 라멘은 몇 차 부정정인가?

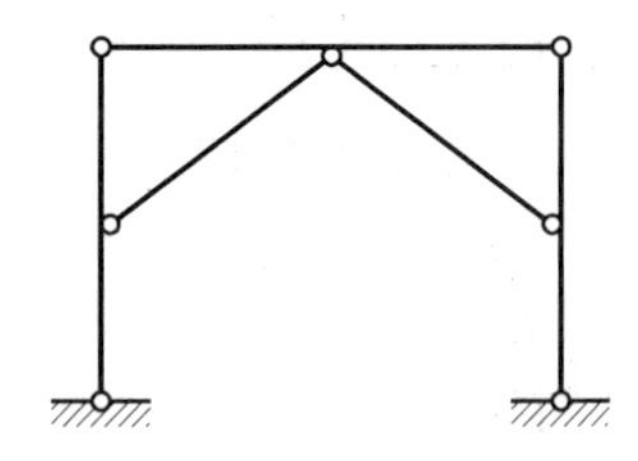

① 1차 부정정　② 2차 부정정
③ 3차 부정정　④ 4차 부정정

■해설 $N=r+m+s-2P$
$=4+8+3-2\times7=1$차 부정정

19. 그림과 같은 연속보에서 B점의 지점 반력은?

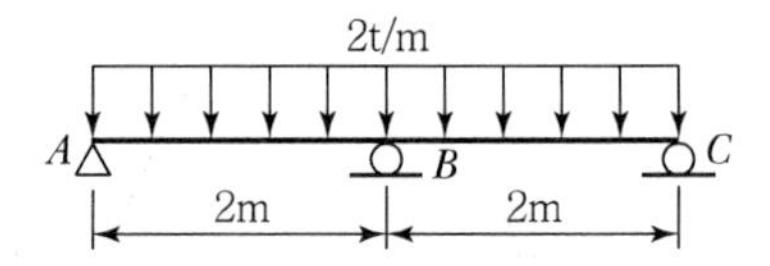

① 5t　② 2.67t
③ 1.5t　④ 1t

■해설 $R_{By}=\frac{5wl}{4}=\frac{5\times2\times2}{4}=5\text{t}(\uparrow)$

20. 동일 평면 상의 한 점에 여러 개의 힘이 작용하고 있을 때, 여러 개의 힘의 어떤 점에 대한 모멘트의 합은 그 합력의 동일점에 대한 모멘트와 같다는 것은 다음 중 어떤 정리인가?

① Mohr의 정리　② Lami의 정리
③ Castigliano의 정리　④ Varignon의 정리

제2과목 측량학

21. GPS 위성의 기하학적 배치상태에 따른 정밀도 저하율을 뜻하는 것은?

① 다중경로(Multipath)
② DOP

 |해답| 14.③ 15.② 16.② 17.① 18.① 19.① 20.④ 21.②

③ A/S

④ 사이클 슬립(Cycle Slip)

■해설 DOP(Dilution of Precision)
위성의 기하학적 배치상태에 따라 측위의 정확도가 달라지는데 이를 DOP라 한다.
DOP(정밀도 저하율)는 값이 작을수록 정확하며 1이 가장 정확하고 5까지는 실용상 지장이 없다.

22. 두 점 간의 고저차를 레벨에 의하여 직접 관측할 때 정확도를 향상시키는 방법이 아닌 것은?

① 표척을 수직으로 유지한다.

② 전시와 후시의 거리를 가능한 한 같게 한다.

③ 최소 가시거리가 허용되는 한 시준거리를 짧게 한다.

④ 기계가 침하되거나 교통에 방해가 되지 않는 견고한 지반을 택한다.

■해설 시준거리가 짧을 때에는 정밀도가 긴 경우에 비하여 낮다.

23. 측선 AB를 기선으로 삼각측량을 실시한 결과가 다음과 같을 때 측선 AC의 방위각은?

- A의 좌표(200.000m, 224.210m)
  B의 좌표(100.000m, 100.000m)
- ∠A=37°51′41″, ∠B=41°41′38″,
  ∠C=100°26′41″

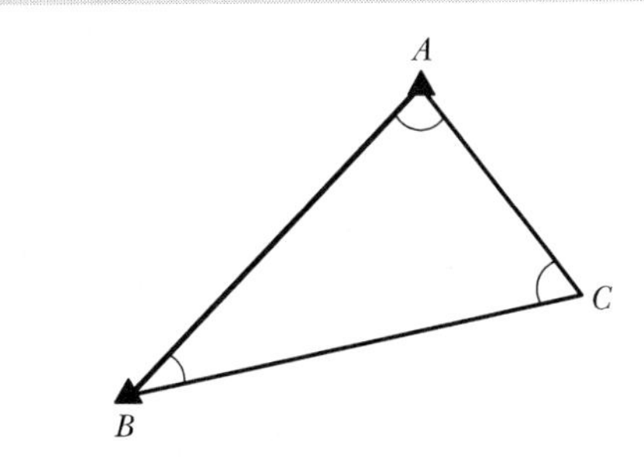

① 0°58′33″ ② 76°41′55″

③ 180°58′33″ ④ 193°18′05″

■해설 ① BA의 방위각

$= \tan\alpha = \dfrac{\Delta y}{\Delta x}$

$= \dfrac{y_A - y_B}{x_A - x_B} = \dfrac{224.210 - 100}{200 - 100}$

$= 1.2421$

$\alpha = \tan^{-1} 1.2421 = 51°3'46.33''$

② AC의 방위각

$= BA$ 방위각$+180° -$ 교각

$= 51°9'46.33'' + 180° = 37°51'41''$

$= 193°18'5.33''$

24. 정확도가 가장 높으나 조정이 복잡하고 시간과 비용이 많이 요구되는 삼각망은?

① 단열 삼각망 ② 개방형 삼각망

③ 유심 삼각망 ④ 사변형 삼각망

■해설 ① 사변형망은 정밀도가 가장 높으나 조정이 복잡하고 시간과 경비가 많이 소요된다.
② 삼각망의 정밀도는 사변형 > 유심 > 단열 순이다.

25. 항공사진측량에서 사진지표로 구할 수 있는 것은?

① 주점 ② 표정점

③ 연직점 ④ 부점

■해설 사진지표는 사진의 네 모서리 또는 네 변의 중앙에 있는 표지, 대각선 방향의 지표를 연결한 두 개의 선분은 사진의 주점에서 교차한다.

26. 축척 1 : 1,000에서의 면적을 관측하였더니 도상면적이 3cm²였다. 그런데 이 도면 전체가 가로, 세로 모두 1%씩 수축되어 있었다면 실제면적은?

① 29.4m² ② 30.6m²

③ 294m² ④ 306m²

해설 실제 면적$(A_0) = \text{m}^2 \times$측정면적$(A)$

$$= (1{,}000)^2 \times 3 \times \left(1 + \frac{1}{100}\right)^2$$

$$= 3{,}060{,}300\text{cm}^2 = 306\text{m}^2$$

27. 50m의 줄자를 이용하여 관측한 거리가 165m였다. 관측 후 표준 줄자와 비교하니 2cm 늘어난 줄자였다면, 실제의 거리는?

① 164.934m ② 165.006m
③ 165.066m ④ 165.122m

해설 $L_0 = L\left(1 \pm \frac{\Delta l}{l}\right) = 165\left(1 + \frac{0.02}{50}\right) = 165.066\text{m}$

28. 그림과 같은 지형도에서 저수지(빗금친 부분)의 집수면적을 나타내는 경계선으로 가장 적합한 것은?

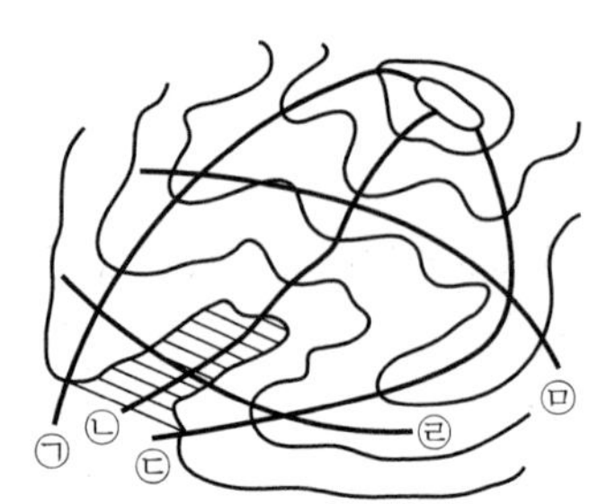

① ㉠과 ㉢ 사이 ② ㉠과 ㉡ 사이
③ ㉡과 ㉢ 사이 ④ ㉣과 ㉤ 사이

해설 ㉠과 ㉢은 능선이며, ㉡은 계곡선이다.
㉠과 ㉢이 집수면적을 나타내는 경계선으로 적합하다.

29. 원곡선 설치에 이용되는 식으로 틀린 것은?(단, R : 곡선반지름, I : 교각[단위 : 도(°)])

① 접선길이 $TL = R\tan\frac{I}{2}$

② 곡선길이 $CL = \frac{\pi}{180°}RI$

③ 중앙종거 $M = R\left(\cos\frac{I}{2} - 1\right)$

④ 외할 $E = R\left(\sec\frac{I}{2} - 1\right)$

해설 중앙종거$(M) = R\left(1 - \cos\frac{I}{2}\right)$

30. 1 : 50,000 지형도에서 표고 521.6m인 A점과 표고 317.3m인 B점 사이에 주곡선의 개수는?

① 7개 ② 11개
③ 21개 ④ 41개

해설 ① $\frac{1}{50{,}000}$ 도면의 주곡선 간격은 20m
② $\Delta H = 521.6 - 317.3 = 204.3\text{m}$
주곡선 수$= \frac{204.3}{20} = 10.215 ≒ 11$개
③ 320~520까지 20간격으로 11개

31. 수준측량에서 사용되는 용어에 대한 설명으로 틀린 것은?

① 전시란 표고를 구하려는 점에 세운 표척의 눈금을 읽는 것을 말한다.
② 후시란 미지점에 세운 표척의 눈금을 읽는 것을 말한다.
③ 이기점이란 전시와 후시의 연결점이다.
④ 중간점이란 전시만을 취하는 점이다.

해설 후시는 기지점에 세운 표척의 눈금을 읽는 것

32. 종단 및 횡단측량에 대한 설명으로 옳은 것은?

① 종단도의 종축척과 횡축척은 일반적으로 같게 한다.
② 일반적으로 횡단측량은 종단측량보다 높은 정확도가 요구된다.
③ 노선의 경사도 형태를 알려면 종단도를 보면 된다.
④ 노선의 횡단측량을 종단측량보다 먼저 실시하여 횡단도를 작성한다.

|해답| 27.③ 28.① 29.③ 30.② 31.② 32.③

■ 해설 종단면도를 보면 노선의 경사형태를 알 수 있고, 계획선을 넣을 때 절토와 성토량을 거의 같게 하여야 하며 그에 따른 운반거리도 고려하여야 한다.

33. 트래버스 측량에서 각 관측 결과가 허용오차 이내일 경우 오차처리방법으로 옳은 것은?

① 각 관측 정확도가 같을 때는 각의 크기에 관계없이 등분배한다.
② 각 관측 경중률에 관계없이 등분배한다.
③ 변 길이에 비례하여 배분한다.
④ 각의 크기에 비례하여 분배한다.

■ 해설 각 관측 시 관측 정도가 같다고 보고 관측오차를 등배분한다.

34. 종단면도를 이용하여 유토곡선(Mass Curve)을 작성하는 목적과 가장 거리가 먼 것은?

① 토량의 배분
② 교통로 확보
③ 토공장비의 선정
④ 토량의 운반거리 산출

■ 해설 토적곡선은 토공에 필요하며 토량의 배분, 토공기계선정, 토량운반거리산출에 쓰인다.

35. 노선측량의 순서로 옳은 것은?

① 도상계획 – 예측 – 실측 – 공사 측량
② 예측 – 도상계획 – 실측 – 공사 측량
③ 도상계획 – 실측 – 예측 – 공사 측량
④ 예측 – 공사측량 – 도상계획 – 실측

■ 해설 노선측량 순서

① 노선선정 ② 계획조사측량
③ 실시설계측량 ④ 세부측량
⑤ 용지측량 ⑥ 공사측량

36. A, B 두 사람이 어느 2점 간의 고저측량을 하여 다음과 같은 결과를 얻었다면 2점 간의 고저차에 대한 최확값은?

- A의 관측값 : 38.65±0.03m
- B의 관측값 : 38.58±0.02m

① 38.58m ② 38.60m
③ 38.62m ④ 38.63m

■ 해설 ① 경중률은 오차제곱에 반비례

$$P_A : P_B = \frac{1}{3^2} : \frac{1}{2^2} = \frac{1}{9} : \frac{1}{4} = 4 : 9$$

② $$h_0 = \frac{P_A H_A + P_B H_B}{P_A + P_B} = \frac{4 \times 38.65 + 9 \times 38.58}{4+9} = 38.602\text{m}$$

37. 초점거리 20cm인 카메라로 비행고도 6,500m에서 표고 500m인 지점을 촬영한 사진의 축척은?

① 1 : 25,000 ② 1 : 30,000
③ 1 : 35,000 ④ 1 : 40,000

■ 해설 $$\text{축척}\left(\frac{1}{M}\right) = \frac{f}{H \pm \Delta h} = \frac{0.2}{6{,}500 - 500} = \frac{1}{30{,}000}$$

38. 도로기점으로부터 교점까지의 거리가 850.15m이고, 접선장이 125.15m일 때 시단현의 길이는?

① 5.15m ② 10.15m
③ 15.00m ④ 20.00m

■ 해설 ① 시단현 길이(l_1) = BC점부터 BC 다음 말뚝까지의 거리
② BC 거리 = $IP - TP$ = 850.15 − 125.15 = 725m
③ BC 거리 = No36 + 5m
④ 시단현 길이(l_1) = 15m

39. 다각측량에서 경거 · 위거를 계산해야 하는 이유로서 거리가 먼 것은?

① 오차 및 정밀도 계산
② 좌표계산
③ 오차배분
④ 표고계산

해설 표고계산은 수준측량이다.

40. 하천 단면의 유속 측정에서 수면으로부터의 깊이가 0.2h, 0.4h, 0.6h, 0.8h인 지점의 유속이 각각 0.562m/s, 0.512m/s, 0.497m/s, 0.364m/s일 때 평균유속이 0.480m/s이었다. 이 평균유속을 구한 방법은?(단, h : 하천의 수심)

① 1점법 ② 2점법
③ 3점법 ④ 4점법

해설 3점법의 평균유속(V_m)

$$V_m = \frac{V_{0.2} + 2V_{0.6} + V_{0.8}}{4}$$
$$= \frac{0.562 + 2 \times 0.497 + 0.364}{4}$$
$$= 0.48\text{m/s}$$

제3과목 **수리학**

41. 그림과 같은 병렬관수로에서 $d_1 : d_2 = 3 : 1$, $\ell_1 : \ell_2 = 1 : 3$이며 $f_1 = f_2$일 때 $\frac{V_1}{V_2}$는?

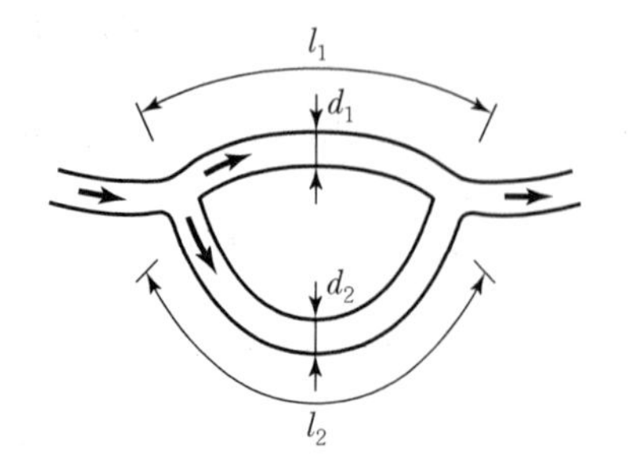

① $\frac{1}{2}$ ② 1
③ 2 ④ 3

해설 병렬관수로 해석

㉠ 병렬관수로의 해석
각 관로의 손실수두의 합은 같다.
$\therefore h_{L1} = h_{L2}$

㉡ 손실수두의 산정
- $h_{L1} = f_1 \frac{l_1}{d_1} \frac{V_1^2}{2g}$
- $h_{L2} = f_2 \frac{l_2}{d_2} \frac{V_2^2}{2g}$

㉢ 유속비의 산정
$$\frac{f_1 \frac{l_1}{d_1} \frac{V_1^2}{2g}}{f_2 \frac{l_2}{d_2} \frac{V_2^2}{2g}}$$
여기서, $d_1 : d_2 = 3 : 1$, $l_1 : l_2 = 1 : 3$, $f_1 = f_2$ 이므로
$$\therefore \left(\frac{V_1}{V_2}\right)^2 = 9$$
$$\therefore \left(\frac{V_1}{V_2}\right) = 3$$

42. 안지름 0.5m, 두께 20mm의 수압관이 15N/cm² 의 압력을 받고 있을 때, 관벽에 작용하는 인장응력은?

① 46.8N/cm² ② 93.7N/cm²
③ 140.6N/cm² ④ 187.5N/cm²

해설 강관의 두께

㉠ 강관의 두께
$$t = \frac{PD}{2\sigma_{ta}}$$
여기서, t : 강관의 두께
P : 압력
D : 관의 직경
σ_{ta} : 허용인장응력

㉡ 인장응력의 두께 산정
$$\sigma_{ta} = \frac{PD}{2t} = \frac{15 \times 50}{2 \times 2} = 187.5\text{N/cm}^2$$

43. 그림과 같은 콘크리트 케이슨이 바닷물에 떠 있을 때 흘수는?(단, 콘크리트 비중은 2.4이며, 바닷물의 비중은 1.025이다.)

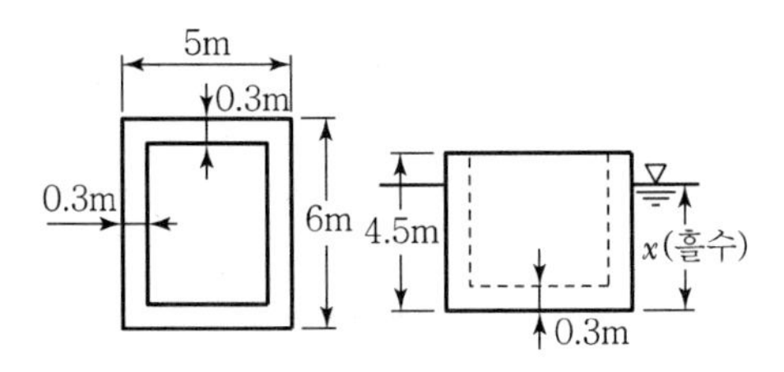

① $x=2.35$m ② $x=2.55$m
③ $x=2.75$m ④ $x=2.95$m

해설 부체의 평형조건

㉠ 부체의 평형조건
- W(무게) $= B$(부력)
- $w \cdot V = w_w \cdot V'$

여기서, w : 물체의 단위중량
V : 부체의 체적
w_w : 물의 단위중량
V' : 물에 잠긴 만큼의 체적

㉡ 흘수의 산정
- W(무게) $= B$(부력)
- $2.4 \times \{(5\times6\times4.5)-(4.4\times5.4\times4.2)\}$
  $= 1.025(5\times6\times D)$

$\therefore\ D = 2.75$m

44. 물의 밀도 ρ, 점성계수 μ, 그리고 동점성계수 ν 사이의 관계식으로 옳은 것은?

① $\rho = \dfrac{\nu}{\mu}$ ② $\rho = \dfrac{\mu}{(\nu-1)}$
③ $\nu = \dfrac{\mu}{\rho}$ ④ $\nu = \dfrac{\rho}{\mu}$

해설 물의 물리적 성질

㉠ 점성계수

$$\mu = \frac{\tau}{\frac{dv}{dy}}$$

㉡ 동점성계수

$$\nu = \frac{\mu}{\rho}$$

45. 관수로에 물이 흐르고 있을 때 유속을 구하기 위하여 적용할 수 있는 식은?

① Torricelli 정리
② 파스칼의 원리
③ 운동량 방정식
④ 물의 연속방정식

해설 연속방정식

㉠ 질량보존의 법칙에 의해 만들어진 방정식이다.
㉡ 검사구간 내 질량의 유입이나 유출이 없다고 하면 구간 내 어느 곳에서나 질량유량은 같다.
$Q = A_1 V_1 = A_2 V_2$(체적유량)

∴ 연속방정식을 이용하여 관 내 유량을 산정한다.

46. 그림과 같은 역사이폰의 A, B, C, D점에서 압력수두를 각각 P_A, P_B, P_C, P_D라 할 때 다음 사항 중 옳지 않은 것은?(단, 점선은 동수경사선으로 가정한다.)

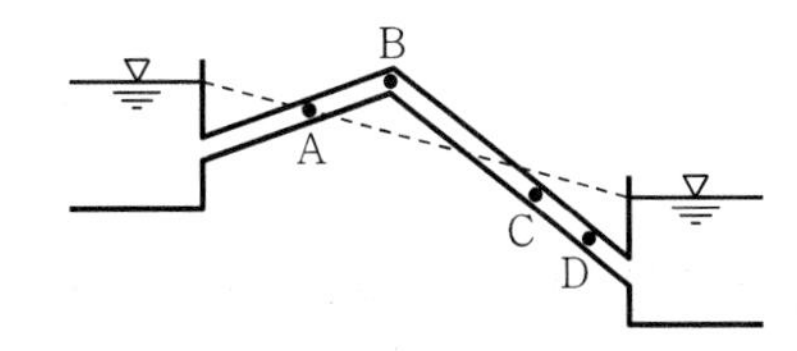

① $P_C > P_D$
② $P_B < 0$
③ $P_C > 0$
④ $P_A = 0$

해설 사이폰

㉠ 수로의 일부가 동수경사선 위로 돌출되어 부압을 갖는 관의 형태를 사이폰(siphon)이라 한다.
㉡ 동수경사선 아래는 정압을 받고 동수경사선 위쪽에서는 부압을 받는다.

$\therefore\ P_C < P_D$

47. 양쪽의 수위가 다른 저수지를 벽으로 차단하고 있는 상태에서 벽의 오리피스를 통하여 ①에서 ②로 물이 흐르고 있을 때 하류 측에서의 유속은?

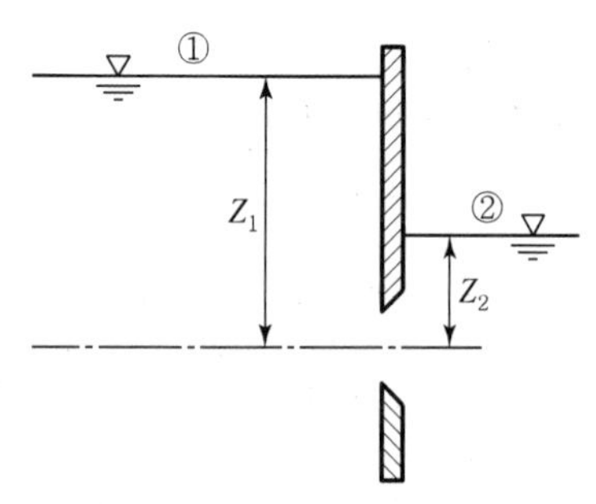

① $\sqrt{2gz_1}$　　② $\sqrt{2gz_2}$
③ $\sqrt{2g(z_1 - z_2)}$　　④ $\sqrt{2g(z_1 + z_2)}$

해설 완전수중오리피스
㉠ 완전수중오리피스
- $Q = CAV = CA\sqrt{2gH}$
- $H = h_1 - h_2$

㉡ 완전수중오리피스의 유속
$\therefore V = \sqrt{2g(z_1 - z_2)}$

48. 유속은 20m/s, 수평면과의 각 60°로 사출된 분수가 도달하는 최대 연직높이는?(단, 공기 및 기타 저항은 무시한다.)

① 12.3m　　② 13.3m
③ 14.3m　　④ 15.3m

해설 사출수의 도달거리
㉠ 사출수의 도달거리
- 수평거리 : $L = \frac{V_o^{\,2}\sin 2\theta}{g}$
- 연직거리 : $H = \frac{V_o^{\,2}\sin^2\theta}{2g}$

㉡ 도달높이의 산정
$H = \frac{V_o^{\,2}\sin^2\theta}{2g} = \frac{20^2 \times (\sin 60°)^2}{2 \times 9.8}$
$= 15.3\text{m}$

49. 그림에서 곡면 AB에 작용하는 전수압의 수평분력은?(단, 곡면의 폭은 1m이고, γ는 물의 단위중량임)

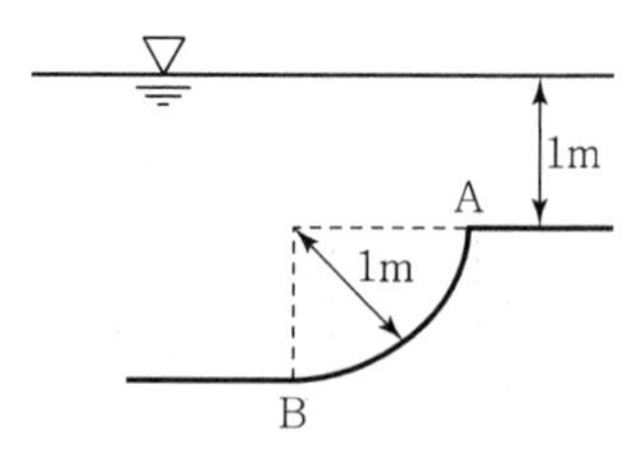

① $4.7\gamma \text{m}^3$　　② $3.5\gamma \text{m}^3$
③ $3\gamma \text{m}^3$　　④ $1.5\gamma \text{m}^3$

해설 곡면에 작용하는 전수압
곡면에 작용하는 전수압은 수평분력과 연직분력으로 나누어 해석한다.
㉠ 수평분력
$P_H = wh_G A$(투영면적)
㉡ 연직분력
곡면을 밑면으로 하는 물기둥의 체적 무게와 같다.
$P_V = W$(물기둥 체적의 무게) $= wV$
㉢ 합력의 계산
$P = \sqrt{P_H^2 + P_V^2}$
㉣ 수평분력의 산정
$P_H = \gamma h_G A = \gamma \times (1 + \frac{1}{2}) \times (1 \times 1)$
$= 1.5\gamma \text{m}^3$

50. Darcy의 법칙에 대한 설명으로 옳은 것은?

① 점성계수를 구하는 법칙이다.
② 지하수의 유속은 동수경사에 비례한다는 법칙이다.
③ 관수로의 흐름에 대한 상사법칙이다.
④ 개수로의 흐름에 대한 상사법칙이다.

해설 Darcy의 법칙
㉠ Darcy의 법칙
$V = K \cdot I = K \cdot \frac{h_L}{L}$
$Q = A \cdot V = A \cdot K \cdot I = A \cdot K \cdot \frac{h_L}{L}$
∴ Darcy의 법칙은 지하수 유속은 동수경사에 비례한다는 법칙이다.

 |해답| 47.③ 48.④ 49.④ 50.②

㉡ 특징
- Darcy의 법칙은 지하수의 층류흐름에 대한 마찰저항공식이다.
- 투수계수는 물의 점성계수에 따라서도 변화한다.

$$K = D_s^{\,2} \frac{\rho g}{\mu} \frac{e^3}{1+e} C$$

여기서, μ : 점성계수
- Darcy의 법칙은 정상류 흐름의 층류에만 적용된다.(특히, $R_e < 4$일 때 잘 적용된다.)

51. 사다리꼴 수로에서 수리학상 가장 경제적인 단면의 조건은?(단, R : 동수반경, B : 수면폭, H : 수심)

① $R=2H$ ② $B=2H$
③ $R=H/2$ ④ $B=H$

해설 수리학적으로 유리한 단면
㉠ 수로의 경사, 조도계수, 단면이 일정할 때 유량이 최대로 흐를 수 있는 단면을 수리학적으로 유리한 단면 또는 최량수리단면이라 한다.
㉡ 수리학적으로 유리한 단면은 경심(R)이 최대이거나, 윤변(P)이 최소일 때 성립된다.
R_{max} 또는 P_{min}
㉢ 직사각형 단면에서 수리학적으로 유리한 단면이 되기 위한 조건은 $B=2H$, $R=\frac{H}{2}$이다.
㉣ 사다리꼴 단면에서는 정삼각형 3개가 모인 단면이 가장 유리한 단면이 된다.
$\therefore\ b=l,\ \theta=60°,\ R=\frac{H}{2}$

52. 유체의 흐름이 일정한 방향이 아니고 무작위하게 3차원 방향으로 이동하면서 흐르는 흐름은?

① 층류 ② 난류
③ 정상류 ④ 등류

해설 흐름의 상태
㉠ 층류와 난류의 정의
- 유체입자가 점성에 의해 층상을 이루며 정연하게 흐르는 흐름을 층류라고 한다.
- 유체입자가 3차원 방향으로 상하좌우 운동을 하면서 흐르는 흐름을 난류라고 한다.

㉡ 층류와 난류의 구분

$$R_e = \frac{VD}{\nu}$$

여기서, V : 유속
D : 관의 직경
ν : 동점성계수

- $R_e < 2{,}000$: 층류
- $2{,}000 < R_e < 4{,}000$: 천이영역
- $R_e > 4{,}000$: 난류

53. 대수층이 두께 3.8m, 폭 1.5m일 때 지하수의 유량은?(단, 상 · 하류 두 지점 사이의 수두차 1.6m, 수평거리 520m, 투수계수 K=300m/d)

① 4.28m³/d ② 5.26m³/d
③ 6.38m³/d ④ 7.46m³/d

해설 Darcy의 법칙
㉠ Darcy의 법칙

$$V = K \cdot I = K \cdot \frac{h_L}{L}$$

$$Q = A \cdot V = A \cdot K \cdot I = A \cdot K \cdot \frac{h_L}{L}$$

㉡ 지하수 유량의 산정

$$Q = A \cdot K \cdot \frac{h_L}{L}$$

$$= (3.8 \times 1.5) \times 300 \times \frac{1.6}{520} = 5.26\text{m}^3/\text{d}$$

54. 모세관현상에 의하여 상승한 액체기둥은 어떤 힘들이 평형을 이루어서 정지상태를 유지하고 있는가?

① 부착력에 의한 상방향의 힘과 중력에 의한 하방향의 힘
② 표면장력에 의한 상방향의 힘과 중력에 의한 하방향의 힘
③ 표면장력에 의한 상방향의 힘과 응집력에 의한 하방향의 힘
④ 응집력에 의한 상방향의 힘과 부착력에 의한 하방향의 힘

■ 해설 모세관현상

㉠ 유체입자 간의 표면장력(입자 간의 응집력과 유체입자와 관 벽사이의 부착력)으로 인해 수면이 상승하는 현상을 모세관현상이라 한다.

$h=\dfrac{4T\cos\theta}{wD}$

㉡ 모세관현상으로 인한 유체입자의 정지상태는 상방향으로 작용하는 표면장력과 하방향으로 작용하는 중력의 힘이 평형을 이루기 때문이다.

55. 관수로의 마찰손실수두에 관한 설명으로 틀린 것은?

① 관의 조도에 반비례한다.
② 관수로의 길이에 정비례한다.
③ 층류에서는 레이놀즈수에 반비례한다.
④ 관내의 직경에 반비례한다.

■ 해설 관수로 마찰손실수두

㉠ 관수로의 마찰손실수두는 다음 식에 의해 산정한다.

$h_l=f\dfrac{l}{D}\dfrac{V^2}{2g}$

㉡ 특징

- 관수로의 길이에 비례한다.
- 관의 조도계수에 비례한다. ($f=\dfrac{124.5n^2}{D^{\frac{1}{3}}}$)
- 관경에 반비례한다.
- 마찰손실수두는 물의 점성에 비례해서 커진다.

56. 그림과 같은 피토관에서 A점의 유속을 구하는 식으로 옳은 것은?

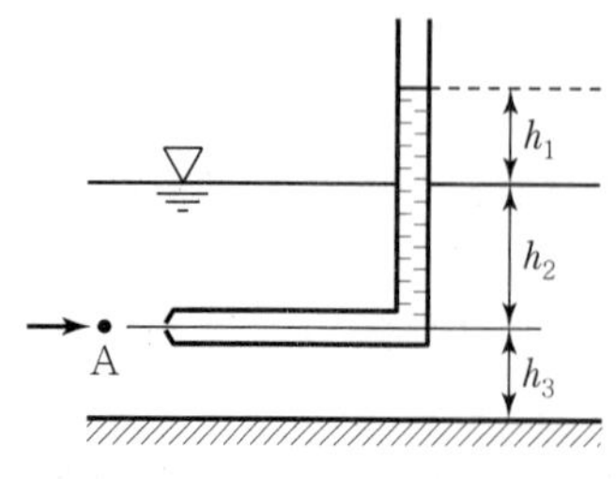

① $V=\sqrt{2gh_1}$
② $V=\sqrt{2gh_2}$
③ $V=\sqrt{2gh_3}$
④ $V=\sqrt{2g(h_1+h_2)}$

■ 해설 피토관 방정식

베르누이정리를 이용하여 임의 단면의 유속을 산정할 수 있는 피토관 방정식을 유도한다.

$V=\sqrt{2gh_1}$

57. 직각 삼각위어(weir)에서 월류 수심이 1m이면 유량은?(단, 유량계수 C=0.59이다.)

① 1.0m³/s ② 1.4m³/s
③ 1.8m³/s ④ 2.2m³/s

■ 해설 삼각위어의 유량

㉠ 삼각형 위어

삼각위어는 소규모 유량의 정확한 측정이 필요할 때 사용하는 위어이다.

$Q=\dfrac{8}{15}C\tan\dfrac{\theta}{2}\sqrt{2g}\,h^{\frac{5}{2}}$

㉡ 직각삼각형 위어의 유량

$Q=\dfrac{8}{15}C\tan\dfrac{\theta}{2}\sqrt{2g}\,h^{\frac{5}{2}}$

$=\dfrac{8}{15}\times0.59\times\tan\dfrac{90}{2}\times\sqrt{2\times9.8}\times1^{\frac{5}{2}}$

$=1.4\text{m}^3/\text{s}$

58. 폭 3m인 직사각형 단면 수로에서 최소비에너지가 2m일 때 발생할 수 있는 최대유량은?

① 9.83m³/s ② 11.7m³/s
③ 13.3m³/s ④ 14.4m³/s

■ 해설 유량의 산정

㉠ 비에너지와 한계수심의 관계

직사각형 단면의 비에너지와 한계수심의 관계는 다음과 같다.

$h_c=\dfrac{2}{3}h_e$

$\therefore\ h_c=\dfrac{2}{3}\times2=1.33\text{m}$

㉡ 직사각형 단면의 한계수심

$$h_c = \left(\frac{\alpha Q^2}{gb^2}\right)^{\frac{1}{3}}$$

$$\therefore\ 1.33 = \left(\frac{1\times Q^2}{9.8\times 3^2}\right)^{\frac{1}{3}}$$

$$\therefore\ Q = 14.4\text{m}^3/\text{s}$$

59. 그림과 같은 원형관에 물이 흐를 경우 1, 2, 3 단면에 대한 설명으로 옳은 것은?(단, D_1 = 30cm, D_2 =10cm, D_3 =20cm이며 에너지손실은 없다고 가정한다.)

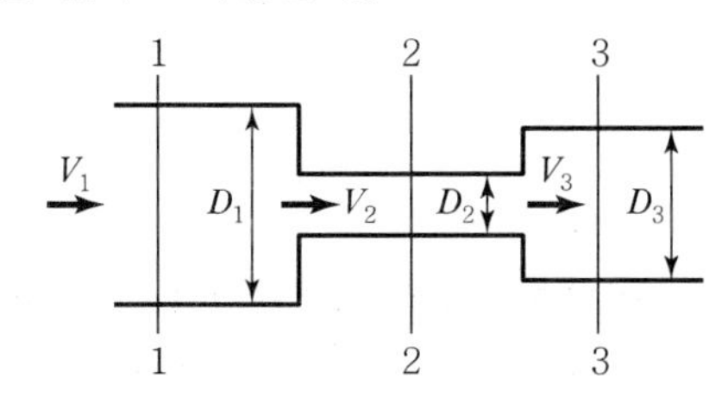

① 유속은 $V_2 > V_3 > V_1$이 되며 압력은 1단면>3단면>2단면이다.
② 유속은 $V_1 > V_3 > V_2$이 되며 압력은 2단면>3단면>1단면이다.
③ 유속은 $V_2 < V_3 < V_1$이 되며 압력은 3단면>1단면>2단면이다.
④ 1, 2, 3단면의 유속과 압력은 같다.

해설 관 흐름의 해석

㉠ 연속방정식

$$Q = A_1 V_1 = A_2 V_2 = A_3 V_3$$

$\therefore$ $A_1 > A_3 > A_2$이므로 $V_2 > V_3 > V_1$의 순이다.

㉡ Bernoulli 정리

$$z_1 + \frac{p_1}{w} + \frac{v_1^2}{2g} = z_2 + \frac{p_2}{w} + \frac{v_2^2}{2g} = z_3 + \frac{p_3}{w} + \frac{v_3^2}{2g}$$

$\therefore$ 수평관이므로 $z_1 = z_2 = z_3$이고, $V_2 > V_3 > V_1$으므로 압력은 1단면>3단면>2단면의 순이다.

60. 직사각형 단면의 개수로에 흐르는 한계유속을 표시한 것은?(단, V_c : 한계유속, h_c : 한계수심, α : 에너지보정계수)

① $V_c = \left(\frac{gh_c}{\alpha}\right)^{1/2}$
② $V_c = \left(\frac{\alpha h_c}{g}\right)^{1/2}$
③ $V_c = \left(\frac{\alpha h_c^2}{g}\right)^{1/3}$
④ $V_c = \left(\frac{gh_c^2}{\alpha}\right)^{1/3}$

해설 한계유속

직사각형 단면의 한계유속은 다음 식으로 구한다.

$$V_c = \sqrt{\frac{g\,h_c}{\alpha}}$$

여기서, V_c : 한계유속
g : 중력가속도
h_c : 한계수심
α : 에너지보정계수

제4과목 철근콘크리트 및 강구조

61. 사용 고정하중(D)과 활하중(L)을 작용시켜서 단면에서 구한 휨모멘트는 각각 M_D=10kN·m, M_L=20kN·m이었다. 주어진 단면에 대해서 현행 콘크리트구조기준에 의거 최대 소요강도를 구하면?

① 33kN · m
② 39.6kN · m
③ 40.8kN · m
④ 44kN · m

해설

$$M_{u1} = 1.4M_D = 1.4\times 10 = 14\text{kN}\cdot\text{m}$$

$$M_{u2} = 1.2M_D + 1.6M_L = 1.2\times 10 + 1.6\times 20 = 44\text{kN}\cdot\text{m}$$

$$M_u = [M_{u1},\ M_{u2}]_{\max} = 44\text{kN}\cdot\text{m}$$

62. 압축 측 연단의 콘크리트 변형률이 0.003에 도달할 때, 최외단 인장철근의 순인장변형률이 0.005 이상인 단면의 강도감소계수는?(단, $f_y \le$ 400MPa)

① 0.85
② 0.75
③ 0.70
④ 0.65

■해설 $\varepsilon_{t,l}=0.005(f_y \leq 400\text{MPa}$인 경우)
$\varepsilon_t \geq \varepsilon_{t,l}(=0.005)$ - 인장지배 단면
인장지배단면의 강도감소계수(ϕ)는 0.85이다.

63. 강도설계법의 기본 가정 중 옳지 않은 것은?

① 휨응력 계산에서 콘크리트의 인장강도는 무시한다.
② 콘크리트의 압축응력 분포도는 사각형, 사다리꼴, 포물선 또는 기타 다른 형상으로 가정할 수 있다.
③ 철근과 콘크리트의 변형률은 중립축으로부터의 거리에 비례한다.
④ 콘크리트와 철근이 모두 후크(Hooke)의 법칙을 따른다고 가정한다.

■해설 극한 강도 상태에서 콘크리트는 후크의 법칙을 따르지 않는다.

64. 철근콘크리트 1방향 슬래브에 대한 설명으로 틀린 것은?

① 마주보는 두 변에만 지지되는 슬래브는 1방향 슬래브로 설계하여야 한다.
② 4변이 지지되고 장변의 길이가 단변의 길이의 2배를 초과하는 경우 1방향 슬래브로 해석한다.
③ 슬래브의 두께는 최소 50mm 이상으로 하여야 한다.
④ 슬래브의 정모멘트 철근 및 부모멘트 철근의 중심간격은 위험단면에서는 슬래브 두께의 2배 이하이어야 하고, 또한 300mm 이하로 하여야 한다.

■해설 1방향 슬래브의 두께는 최소 100mm 이상이어야 한다.

65. 다음 그림과 같이 용접이음을 했을 경우 전단응력은?

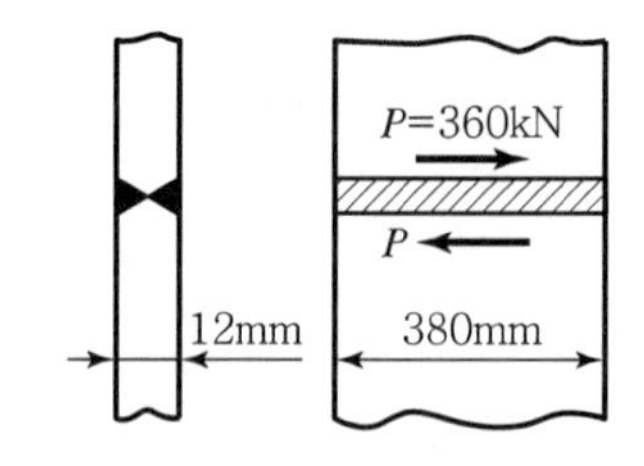

① 78.9MPa ② 67.5MPa
③ 57.5MPa ④ 45.9MPa

■해설 $v=\dfrac{P}{A}=\dfrac{(360\times10^3)}{(380\times12)}=78.9\text{N/mm}^2$
$=78.9\text{MPa}$

66. 프리스트레스의 감소원인이 아닌 것은?

① 콘크리트의 건조수축과 크리프
② PS 강재의 항복강도
③ 콘크리트의 탄성변형
④ PS 강재의 미끄러짐과 마찰

■해설 PSC 부재에서 프리스트레스의 손실원인
• 즉시손실 : 탄성변형, 정착단 활동, 마찰
• 시간손실 : 크리프, 건조수축, 릴렉세이션

67. 강교량에 주로 사용되는 판형(Plate Girder)의 보강재에 대한 설명으로 옳지 않은 것은?

① 보강재는 복부판의 전단력에 따른 좌굴을 방지하는 역할을 한다.
② 보강재에는 단보강재, 중간보강재, 수평보강재가 있다.
③ 수평보강재는 복부판이 두꺼운 경우에 주로 사용된다.
④ 보강재는 지점 등의 이음부분에 주로 설치한다.

■해설 판형에서 보강재는 판의 두께가 얇은 경우에 발생하는 좌굴을 방지하기 위하여 설치한다.

 |해답| 63.④ 64.③ 65.① 66.② 67.③

68. 옹벽의 안정조건 중 활동에 대한 안정에 관한 설명으로 옳은 것은?

① 활동에 대한 저항력은 옹벽에 작용하는 수평력의 1.5배 이상이어야 한다.
② 전도에 대한 저항 휨모멘트는 횡토압에 의한 전도모멘트의 1.5배 이상이어야 한다.
③ 옹벽에 작용하는 수평력은 활동에 대한 저항력의 2.0배 이상이어야 한다.
④ 횡토압에 의한 전도모멘트는 전도에 대한 저항 휨모멘트의 2.0배 이상이어야 한다.

해설 옹벽의 안정조건

- 전도 : $\dfrac{\Sigma M_r(\text{저항모멘트})}{\Sigma M_0(\text{전도모멘트})} \geq 2.0$
- 활동 : $\dfrac{f(\Sigma W)(\text{활동에 대한 저항력})}{\Sigma H(\text{옹벽에 작용하는 수평력})} \geq 1.5$
- 침하 : $\dfrac{q_a(\text{지반의 허용지지력})}{q_{\max}(\text{지반에 작용하는 최대압력})} \geq 1.0$

69. 단면 형상은 T형보이지만 설계 계산은 직사각형보와 같이 하는 경우는?

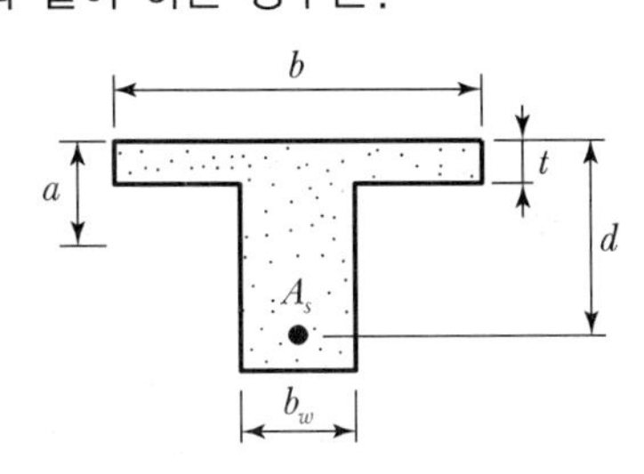

① $b_w \leq t$　　② $b_w > t$
③ $a \leq t$　　④ $a > t$

해설 T형보의 판별

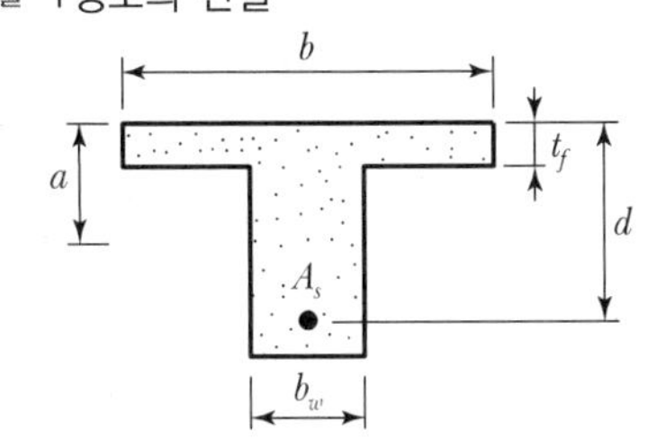

폭이 b인 직사각형 단면의 등가사각형 깊이(a)

$a = \dfrac{f_y A_s}{0.85 f_{ck} b}$

- $a \leq t_f$ – 직사각형 보
- $a > t_f$ – T형보

70. 그림과 같은 단순보에서 자중을 포함하여 계수하중이 30kN/m 작용하고 있다. 이 보의 위험단면에서 전단력은?

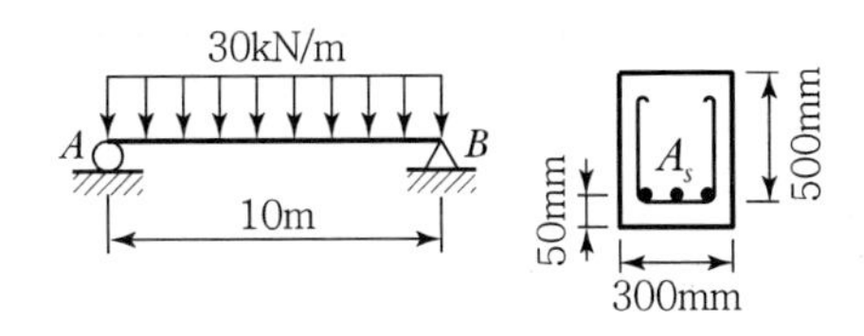

① 90kN　　② 115kN
③ 120kN　　④ 135kN

해설 $V_u = W_u\left(\dfrac{l}{2} - d\right) = 30\left(\dfrac{10}{2} - 0.5\right) = 135\text{kN}$

71. 아래 그림과 같은 단철근 직사각형보에서 등가직사각형 응력블록의 깊이(a)는?(단, A_s =3,176mm², f_{ck} =28MPa, f_y =400MPa)

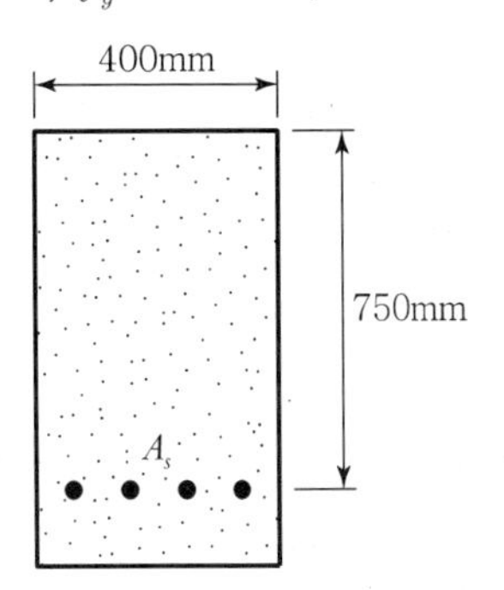

① 133mm　　② 167mm
③ 214mm　　④ 256mm

해설 $a = \dfrac{f_y A_s}{0.85 f_{ck} b} = \dfrac{400 \times 3,176}{0.85 \times 28 \times 400} = 133.4\text{mm}$

|해답| 68.① 69.③ 70.④ 71.①

72. 나선철근으로 둘러싸인 압축부재의 축방향 주철근의 최소 개수는?

① 4개　　② 6개
③ 7개　　④ 8개

해설 철근콘크리트 기둥에서 축방향 철근의 최소 개수

기둥종류	단면모양	축방향 철근의 최소 개수
띠철근 기둥	삼각형	3개
	사각형, 원형	4개
나선철근 기둥	원형	6개

73. 표준갈고리를 갖는 인장 이형철근의 정착길이(l_{dh})에 대한 설명으로 옳은 것은?(단, d_b : 철근의 공칭지름)

① 정착길이(l_{dh})는 항상 $8d_b$ 이상 또한 150mm 이상이어야 한다.
② 정착길이(l_{dh})는 항상 $8d_b$ 이상 또한 300mm 이상이어야 한다.
③ 정착길이(l_{dh})는 항상 $16d_b$ 이상 또한 150mm 이상이어야 한다.
④ 정착길이(l_{dh})는 항상 $16d_b$ 이상 또한 300mm 이상이어야 한다.

해설 표준갈고리를 갖는 인장 이형철근의 정착길이(l_{dh})는 항상 $8d_b$ 이상 또한 150mm 이상이어야 한다.

74. 단면의 폭 400mm, 보의 유효깊이 600mm, 콘크리트의 설계기준강도 25MPa로 설계된 전단철근이 있는 보가 있다. 이 보의 콘크리트가 받을 수 있는 전단력(V_c)은?

① 50kN　　② 100kN
③ 150kN　　④ 200kN

해설 $\lambda=1$(보통중량의 콘크리트인 경우)

$$V_c=\frac{1}{6}\lambda\sqrt{f_{ck}}\,b_w d$$
$$=\frac{1}{6}\times 1\times\sqrt{25}\times 400\times 600$$
$$=200\times 10^3\text{N}=200\text{kN}$$

75. PS 강재에 요구되는 성질이 아닌 것은?

① 인장강도가 클 것
② 릴렉세이션이 적을 것
③ 취성이 좋을 것
④ 응력부식에 대한 저항성이 클 것

해설 PS강재에 요구되는 성질
- 인장강도가 높아야 한다.
- 항복비(항복점 응력의 인장강도에 대한 백분율)가 커야 한다.
- 릴랙세이션(Relaxation)이 작아야 한다.
- 적당한 연성과 인성이 있어야 한다.
- 응력부식에 대한 저항성이 커야 한다.
- 어느 정도의 피로강도를 가져야 한다.
- 직선성이 좋아야 한다.

76. 복철근 단면으로 설계하는 이유에 대한 설명으로 틀린 것은?

① 처짐을 억제하여야 할 경우
② 연성을 극소화시켜야 할 경우
③ 정(+), 부(−) 모멘트가 한 단면에서 반복되는 경우
④ 보의 높이가 제한되어 단철근 단면으로는 설계모멘트를 감당할 수 없을 경우

해설 복철근 직사각형 단면보를 사용하는 경우
- 크리프 건조수축 등으로 인하여 발생되는 장기처짐을 최소화하기 위한 경우
- 파괴 시 압축응력의 깊이를 감소시켜 연성을 증대시키기 위한 경우
- 철근의 조립을 쉽게 하기 위한 경우
- 정(+), 부(−) 모멘트를 번갈아 받는 경우
- 보의 단면 높이가 제한되어 단철근 직사각형 단면보의 설계 휨강도가 계수 휨하중보다 작은 경우

|해답| 72.② 73.① 74.④ 75.③ 76.②

77. 단철근 직사각형보를 균형보로 설계할 때 콘크리트의 압축 측 연단에서 중립축까지의 거리가 250mm이고, 콘크리트 설계기준압축강도(f_{ck})가 38MPa이라면, 등가응력 직사각형의 깊이(a)는?

① 156mm ② 174mm
③ 195mm ④ 213mm

해설 • f_{ck}>28MPa인 경우 β_1의 값

$$\beta_1 = 0.85 - 0.007(f_{ck} - 28) = 0.85 - 0.007(38 - 28) = 0.78$$

• $a = \beta_1 c = 0.78 \times 250 = 195\text{mm}$

78. 다음과 같은 단면을 갖는 프리텐션 보에 초기 긴장력 P_i=250kN이 작용할 때, 콘크리트 탄성변형에 의한 프리스트레스 감소량은?(단, n=7이고, 보의 자중은 무시한다.)

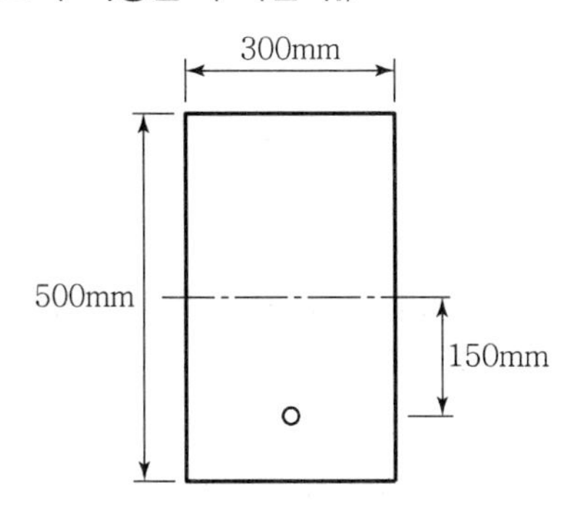

① 24.3MPa ② 29.5MPa
③ 34.3MPa ④ 38.1MPa

해설 $\Delta f_{pe} = nf_{cs}$

$$= n\left(\frac{P_i}{A_c} + \frac{P_i e_p}{I_c} e_p\right)$$

$$= 7\left\{\frac{(250\times10^3)}{(300\times500)} + \frac{(250\times10^3)\times150}{\left(\dfrac{300\times500^3}{12}\right)}\times150\right\}$$

$$= 24.3\text{MPa}$$

79. 경간이 6m, 폭 300mm, 유효깊이 500mm인 단철근 직사각형 단순보가 전단철근 없이 지지할 수 있는 최대 전단강도 V_u는?(단, 자중의 영향은 무시하며 f_{ck}=21MPa)

① 35.0kN ② 43.0kN
③ 55.0kN ④ 65.0kN

해설 λ=1(보통중량의 콘크리트인 경우)

$$V_u \le \frac{1}{2}\phi V_c$$

$$= \frac{1}{2}\phi\left(\frac{1}{6}\lambda\sqrt{f_{ck}}\, b_w d\right)$$

$$= \frac{1}{2}\times0.75\times\left(\frac{1}{6}\times1\times\sqrt{21}\times300\times500\right)$$

$$= 42.9\times10^3\text{N} = 42.9\text{kN}$$

80. 일반 콘크리트에서 인장철근 D22(공칭직경 : 22.2 mm)를 정착시키는 데 필요한 기본 정착길이(l_{db})는?(단, f_{ck}=28MPa, f_y=400MPa이다.)

① 300mm ② 765mm
③ 1,007mm ④ 1,204mm

해설 λ=1(보통중량의 콘크리트인 경우)

$$l_{db} = \frac{0.6 d_b f_y}{\lambda\sqrt{f_{ck}}} = \frac{0.6\times22.2\times400}{1\times\sqrt{28}}$$

$$= 1,006.9\text{mm}$$

제5과목 토질 및 기초

81. 말뚝의 부마찰력에 대한 설명으로 틀린 것은?

① 말뚝이 연약지반을 관통하여 견고한 지반에 박혔을 때 발생한다.
② 지반에 성토나 하중을 가할 때 발생한다.
③ 지하수위 저하로 발생한다.
④ 말뚝의 타입 시 항상 발생하며 그 방향은 상향이다.

■해설 부마찰력은 하향으로 작용하는 주면 마찰력이다.

82. 내부마찰각 $\phi = 0°$인 점토에 대하여 일축압축 시험을 하여 일축압축 강도 $q_u = 3.2\text{kg/cm}^2$을 얻었다면 점착력 c는?

① 1.2kg/cm²
② 1.6kg/cm²
③ 2.2kg/cm²
④ 6.4kg/cm²

■해설
- 일축압축 강도$(q_u) = 2c\tan\left(45° + \dfrac{\phi}{2}\right)$
- 점토는 내부마찰력 $\phi = 0$
- $q_u = 2c$

$\therefore$ 점착력$(c) = \dfrac{q_u}{2} = \dfrac{3.2}{2} = 1.6\text{kg/cm}^2$

83. 말뚝의 허용지지력을 구하는 Sander의 공식은?(단, R_a : 허용지지력, S : 관입량, W_H : 해머의 중량, H : 낙하고)

① $R_a = \dfrac{W_H \cdot H}{8S}$

② $R_a = \dfrac{W_H \cdot H}{4S}$

③ $R_a = \dfrac{W_H \cdot S}{4H}$

④ $R_a = \dfrac{W_H \cdot H}{8+S}$

■해설 Sander 공식(안전율=8)
- 극한 지지력$(Q_u) = \dfrac{W_H \cdot H}{S}$
- 허용지지력$(Q_a) = \dfrac{W_H \cdot H}{8S}$

84. 충분히 다진 현장에서 모래 치환법에 의해 현장 밀도 실험을 한 결과 구멍에서 파낸 흙의 무게가 1,536g, 함수비가 15%였고 구멍에 채워진 단위중량이 1.70g/cm³인 표준모래의 무게가 1,411g이었다. 이 현장이 95% 다짐도가 된 상태가 되려면 이 흙의 실내실험실에서 구한 최대 건조단위 중량$(\gamma_{d\max})$은?

① 1.69g/cm³ ② 1.79g/cm³
③ 1.85g/cm³ ④ 1.93g/cm³

■해설 다짐도$(R) = \dfrac{\gamma_d}{\gamma_{\max}} \times 100$
- $\gamma_t = \dfrac{W}{V} = \dfrac{1536}{830} = 1.851\text{g/cm}^3$
- $\gamma_s = \dfrac{W_s}{V_s}$, $V_s = \dfrac{W_s}{\gamma_s} = \dfrac{1411}{1.70} = 830\text{cm}^3$
- $\gamma_d = \dfrac{\gamma_t}{1+\omega} = \dfrac{1.851}{1+0.15} = 1.609\text{g/cm}^3$

$\therefore \gamma_{d\max} = \dfrac{\gamma_d}{R} \times 100 = \dfrac{1.609}{95} \times 100 = 1.694\text{g/cm}^3$

85. 포화도 75%, 함수비 25%, 비중 2.70일 때 간극비는?

① 0.9 ② 8.1
③ 0.08 ④ 1.8

■해설 $G_s \cdot \omega = S \cdot e$

$\therefore e = \dfrac{G_s \cdot \omega}{S} = \dfrac{2.70 \times 0.25}{0.75} = 0.9$

86. 흙의 입도시험에서 얻어지는 유효입경(有效粒經 : D_{10})이란?

① 10mm체 통과분을 말한다.
② 입도분포곡선에서 10% 통과 백분율을 말한다.
③ 입도분포곡선에서 10% 통과 백분율에 대응하는 입경을 말한다.
④ 10번체 통과 백분율을 말한다.

■해설 유효입경(D_{10})
입경가적곡선(입도분포곡선)에서 통과 백분율 10%에 대응하는 입경을 말한다.

 |해답| 82.② 83.① 84.① 85.① 86.③

87. 유선망의 특징에 관한 다음 설명 중 옳지 않은 것은?

① 각 유로의 침투수량은 같다.
② 유선과 등수두선은 서로 직교한다.
③ 유선망으로 되는 사각형은 이론상으로 정사각형이다.
④ 침투속도 및 동수경사는 유선망의 폭에 비례한다.

해설 침투속도 및 동수경사는 유선망의 폭에 반비례한다.

88. 흙에 대한 일반적인 설명으로 틀린 것은?

① 점성토가 교란되면 전단강도가 작아진다.
② 점성토가 교란되면 투수성이 커진다.
③ 불교란시료의 일축압축강도와 교란시료의 일축압축강도와의 비를 예민비라 한다.
④ 교란된 흙이 시간경과에 따라 강도가 회복되는 현상을 딕소트로피(Thixotropy)현상이라 한다.

해설 점성토가 교란되면 투수성이 작아진다.

89. 여러 종류의 흙을 같은 조건으로 다짐시험을 하였을 경우 일반적으로 최적함수비가 가장 작은 흙은?

① GW　② ML
③ SP　④ CH

해설 입도가 양호한 자갈(GW)은 최적함수비가 가장 작아지고 최대건조밀도는 커진다.

90. 가로 2m, 세로 4m의 직사각형 케이슨이 지중 16m까지 관입되었다. 단위면적당 마찰력 $f=0.02t/m^2$일 때 케이슨에 작용하는 주면마찰력(Skin Friction)은?

① 2.75t　② 1.92t
③ 3.84t　④ 1.28t

해설 주면 마찰력(Q_f)

$$Q_f=(\Sigma P_s \times \Delta L)\times f_s$$
$$=(2\times 16\times 2)+(4\times 16\times 2)\times 0.02$$
$$=3.84t$$

(P_s : 말뚝 단면의 윤변)

91. 압밀계수(c_v)의 단위로서 옳은 것은?

① cm/sec　② cm^2/kg
③ kg/cm　④ cm^2/sec

해설

$$압밀계수(C_v)=\frac{T_v \times H^2}{t}(cm^2/sec)$$

92. 말뚝의 평균 지름이 140cm, 관입깊이가 15m일 때 군말뚝의 영향을 고려하지 않아도 되는 말뚝의 최소 간격은?

① 약 3m　② 약 5m
③ 약 7m　④ 약 9m

해설 $D_0=1.5\sqrt{r\times l}=1.5\sqrt{0.7\times 15}=4.86m \fallingdotseq 5m$

93. 일축압축강도가 $0.32kg/cm^2$, 흙의 단위중량이 $1.6t/m^3$이고, $\phi=0$인 점토지반을 연직 굴착할 때 한계고는?

① 2.3m　② 3.2m
③ 4.0m　④ 5.2m

해설

$$한계고(H_c)=\frac{2q_u}{\gamma_t}=\frac{2\times 0.32}{1.6}=4m$$

|해답| 87.④ 88.② 89.① 90.③ 91.④ 92.② 93.③

94. 표준관입시험에 관한 설명으로 틀린 것은?

① 해머의 질량은 63.5kg이다.
② 낙하고는 85cm이다.
③ 표준관입시험용 샘플러를 지반에 30cm 박아 넣는 데 필요한 타격 횟수를 N값이라고 한다.
④ 표준관입시험값 N은 개략적인 기초 지지력 측정에 이용되고 있다.

해설 표준관입시험(SPT)의 낙하고는 76cm이다.

95. 정지토압 P_o, 주동토압 P_a, 수동토압 P_p의 크기 순서가 올바른 것은?

① $P_a < P_o < P_p$
② $P_o < P_p < P_a$
③ $P_o < P_a < P_p$
④ $P_p < P_o < P_a$

해설 ㉠ 토압 크기 순서 $P_p > P_o > P_a$
㉡ 토압계수 크기 순서 $K_p > K_o > K_a$

96. 모래의 내부 마찰각 ϕ와 N치와의 관계를 나타낸 Dunham의 식 $\phi = \sqrt{12N} + C$에서 상수 C의 값이 가장 큰 경우는?

① 토립자가 모나고 입도분포가 좋을 때
② 토립자가 모나고 균일한 입경일 때
③ 토립자가 둥글고 입도분포가 좋을 때
④ 토립자가 둥글고 균일한 입경일 때

해설

C 값	상태
15	입자가 둥글고 입도가 불량
20	입자가 둥글고 입도가 양호 입도가 모나고 입도가 불량
25	입도가 모나고 입도가 양호

97. 분사현상(quick sand action)에 관한 그림이 아래와 같을 때 수두차 h를 최소 얼마 이상으로 하면 모래시료에 분사 현상이 발생하겠는가? (단, 모래의 비중 2.60, 간극률 50%)

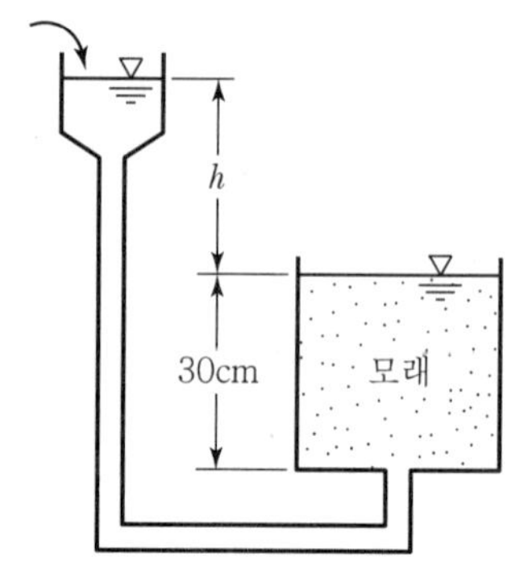

① 6cm ② 12cm
③ 24cm ④ 30cm

해설
$$F = \frac{i_c}{i} = 1$$
$$= \frac{\frac{G_s - 1}{1+e}}{\frac{h}{L}} = \frac{\frac{2.6-1}{1+1}}{\frac{h}{30}} = \frac{0.8}{\frac{h}{30}} = 1$$
$\therefore h = 0.24\text{m} = 24\text{cm}$

98. 그림과 같은 모래지반의 토질시험결과 내부 마찰각 $\phi = 30°$, 점착력 $c = 0$일 때 깊이 4m 되는 A점에서의 전단강도는?

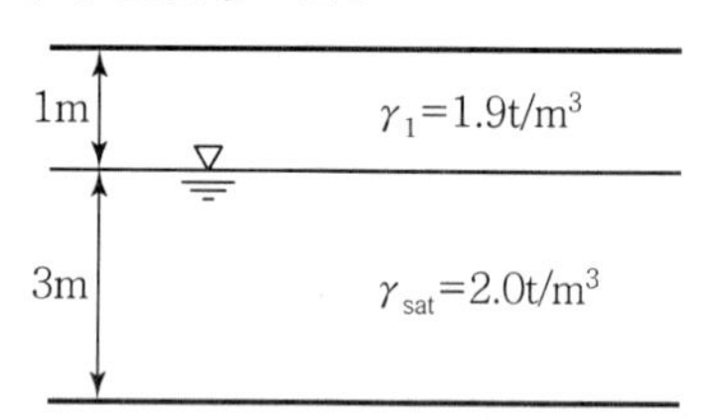

① 1.25t/m² ② 1.72t/m²
③ 2.17t/m² ④ 2.83t/m²

해설 전단강도$(S) = c + \sigma' \tan\phi$
㉠ $c = 0$
㉡ σ'(유효응력)$= \gamma_t \times H_1 + \gamma_{sub} \times H_2$
$= (1.9 \times 1) + (2-1) \times 3$
$= 4.9\text{t/m}^2$
$\therefore S = 0 + 4.9\tan 30° = 2.83\text{t/m}^2$

 |해답| 94.② 95.① 96.① 97.③ 98.④

99. 동해(凍害)는 흙의 종류에 따라 그 정도가 다르다. 다음 중 가장 동해가 심한 것은?

① Colloid ② 점토
③ Silt ④ 굵은 모래

해설 동해가 가장 심하게 발생하는 토질은 실트(silt)
(실트 > 점토 > 모래 > 자갈)

100. 아래 그림과 같은 수중 Z지반에서 지점의 유효 연직응력은?

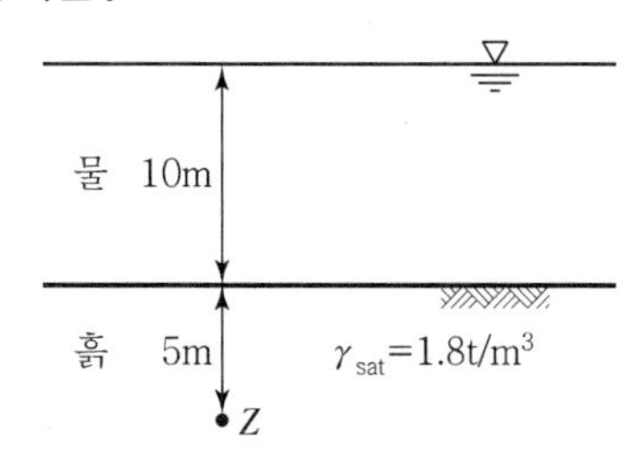

① 2t/m^2 ② 4t/m^2
③ 9t/m^2 ④ 14t/m^2

해설 $\sigma_Z' = \sigma_{sub} \times h$
$= (1.8-1) \times 5$
$= 4\text{t/m}^2$

제6과목 상하수도공학

101. 계획우수량의 고려 사항에 관한 설명으로 틀린 것은?

① 우수유출량의 산정을 위한 합리식에서는 I는 관거의 동수경사를 나타낸다.
② 하수관거의 확률년수는 10~30년을 원칙으로 한다.
③ 유달시간은 유입시간과 유하시간을 합한 것이다.
④ 총 유하시간은 관거 구간마다의 거리와 계획유량에 대한 유속으로부터 구한 구간당 유하시간을 합계하여 구한다.

해설 우수유출량의 산정
㉠ 합리식의 적용 확률연수는 10~30년을 원칙으로 한다.

$$Q = \frac{1}{3.6} CIA$$

여기서, Q : 우수량 (m^3/sec)
C : 유출계수(무차원)
I : 강우강도(mm/hr)
A : 유역면적(km^2)

㉡ 유달시간

$$t = t_1 + t_2 = t_1 + \frac{l}{v}$$

102. 상수의 소독방법 중 염소살균과 오존살균에 대한 설명으로 옳지 않은 것은?

① 오존의 살균력은 염소보다 우수하다.
② 오존살균은 배오존처리설비가 필요하다.
③ 오존살균은 염소살균에 비하여 잔류성이 강하다.
④ 염소살균은 발암물질인 트리할로메탄(THM)을 생성시킬 가능성이 있다.

해설 염소살균 및 오존살균의 특징
㉠ 염소살균의 특징
- 가격이 저렴하고, 조작이 간단하다.
- 산화제로도 이용이 가능하며, 살균력이 매우 강하다.
- 지속성이 있다.
- THM 생성 가능성이 있다.

㉡ 오존살균의 특징

장점	단점
• 살균효과가 염소보다 뛰어나다. • 유기물질의 생분해성을 증가시킨다. • 맛, 냄새물질과 색도 제거의 효과가 우수하다. • 철, 망간의 제거능력이 크다.	• 고가이다. • 잔류효과가 없다. • 자극성이 강해 취급에 주의를 요한다.

∴ 오존살균은 염소살균에 비하여 잔류성이 약하다.

103. 하천에 오수가 유입될 때 하천의 자정작용 중 최초의 분해지대에서 BOD가 감소하는 주원인은?

① 유기물의 침전　② 탁도의 증가
③ 온도의 변화　④ 미생물의 번식

해설 Whipple의 자정 4단계

지대(zone)	변화 과정
분해지대	• 오염에 약한 고등생물은 오염에 강한 미생물에 의해 교체 번식된다. • 호기성 미생물의 번식으로 BOD 감소가 나타나는 지대이나.
활발한 분해지대	용존산소가 거의 없어 부패상태에 가까운 지대이다.
회복지대	용존산소가 점차적으로 증가하는 지대이다.
정수지대	물이 깨끗해져 동물과 식물이 다시 번식하기 시작하는 지대이다.

∴ 분해지대에서 미생물 번식으로 BOD가 감소한다.

104. 상수 원수의 냄새, 맛 제거에 이용되는 일반적인 방법이 아닌 것은?

① 오존처리
② 입상활성탄 처리
③ 폭기(aeration)
④ 마이크로스트레이너(microstrainer)

해설 맛과 냄새의 제거
물에 맛, 냄새가 있을 경우에는 이를 제거하기 위하여 맛, 냄새의 종류에 따라 폭기, 염소처리, 분말 또는 입상활성탄처리, 오존처리 및 오존·입상활성탄 처리를 한다.

105. 고도정수처리가 아닌 일반정수처리 공정에서 잘 제거되지 않는 물질은?

① 세균　② 탁도
③ 질산성 질소　④ 암모니아성 질소

해설 질산성 질소
수중에 존재하는 질소성분이 호기조건에서 질산화가 이루어지면서 질산성 질소가 발생하게 된다. 이 질산성 질소는 이온교한, 생물학적 탈질법, 화학적 산화, 역삼투나 전기투석 등의 공정으로 제거가 가능하다.

106. 수원의 구비요건으로 틀린 것은?

① 수질이 좋아야 한다.
② 수량이 풍부하여야 한다.
③ 정수장보다 가능한 한 낮은 곳에 위치하여야 한다.
④ 상수 소비지에서 가까운 곳에 위치하는 것이 좋다.

해설 수원의 구비요건
㉠ 수량이 풍부한 곳
㉡ 수질이 양호한 곳
㉢ 계절적으로 수량 및 수질의 변동이 적은 곳
㉣ 가능한 한 자연유하식을 이용할 수 있는 곳
㉤ 주위에 오염원이 없는 곳
㉥ 소비지로부터 가까운 곳
∴ 자연유하식이 되려면 정수장보다 가능한 한 높은 곳에 위치하여야 한다.

107. 계획 1일 평균급수량이 400L, 시간최대급수량이 25L일 때, 계획 1일 최대급수량이 500L일 경우에 계획첨두율은?

① 1.50　② 1.25
③ 1.2　④ 20.0

해설 첨두율
㉠ 첨두부하율은 일최대급수량을 결정하기 위한 요소로 일최대급수량을 일평균급수량으로 나눈 값이다.
첨두부하율 = 일최대급수량/일평균급수량
∴ 첨두부하율 = 일최대급수량/일평균급수량
= 500/400 = 1.25
㉡ 첨두부하는 해당 지자체의 과거 3년 이상의 일일 공급량을 분석하여 산출하고, 또한 첨두부하는 해마다 그 당시의 기온, 가뭄상황 등에 따라 다르게 나타날 수 있으므로 해당 지역의 과거 자료를 이용하여 첨두부하를 결정한다.

|해답| 103.④ 104.④ 105.③ 106.③ 107.②

108. 도수관에 설치되는 공기밸브에 대한 설명 중 틀린 것은?

① 관로의 종단도 상에서 상향돌출부의 상단에 설치한다.

② 관로 중 제수밸브 사이에 공기밸브를 설치할 경우 낮은 쪽 제수밸브 바로 위에 설치한다.

③ 매설관에 설치하는 공기밸브에는 밸브실을 설치한다.

④ 공기밸브에는 보수용의 제수밸브를 설치한다.

해설 공기밸브

㉠ 관로의 종단도 상에서 상향 돌출부의 상단에 설치해야 하지만 제수밸브의 중간에 상향 돌출부가 없는 경우에는 높은 쪽의 제수밸브 바로 앞에 설치한다.

㉡ 공기밸브에는 보수용의 제수밸브를 설치한다.

㉢ 매설관에 설치하는 공기밸브에는 밸브실을 설치하며, 밸브실의 구조는 견고하고 밸브를 관리하기 용이한 구조로 한다.

㉣ 한랭지에서는 적절한 동결방지대책을 강구한다.

109. Ripple법에 의하여 저수지 용량을 결정하려고 한다. 그림에서 필요저수용량을 표시한 구간은?(단, 직선 $\overline{AB}$, $\overline{CD}$는 $\overline{OX}$에 평행하고 누가수량차는 E가 F보다 크다.)

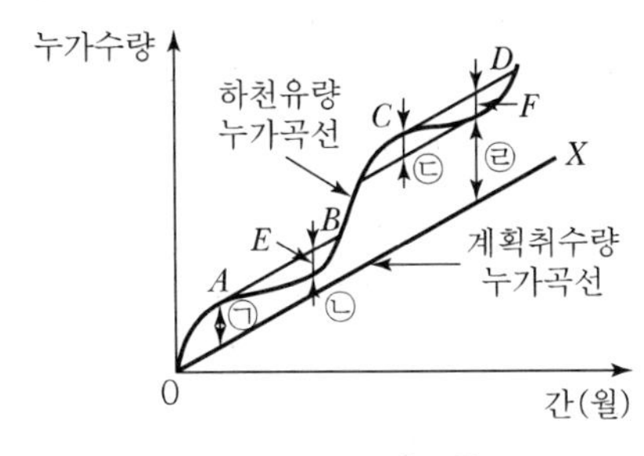

① ㉠　　② ㉡

③ ㉢　　④ ㉣

해설 유량누가곡선법

㉠ 해당 지역의 유입량누가곡선과 유출량누가곡선을 이용하여 저수지용량과 저수시작점 등을 결정할 수 있는 방법으로 이론법 또는 Ripple's method이라고도 한다.

㉡ 그림에서 하천유량 누가곡선의 정점에 계획취수량 누가곡선과 평행이 되도록 접선을 그어 하천유량 누가곡선의 골에 수직의 발을 내려 그 크기가 가장 큰 것이 저수지 용량이 된다. 따라서 그림에서는 ㉡이 저수지 용량이 된다.

110. 하수관에서는 95%가량 차서 흐를 때가 가득 차서 흐를 때보다 유량이 10%가량 더 많고 이때가 최대 유량이라고 한다면 직경 200mm, 관저 기울기 0.005인 하수관로의 최대 유량은?(단, Manning 공식을 사용하고 $n=0.013$)

① $91.8\text{m}^3/\text{h}$　　② $83.5\text{m}^3/\text{h}$

③ $76.4\text{m}^3/\text{h}$　　④ $71.2\text{m}^3/\text{h}$

해설 최대유량의 산정

㉠ 만관의 유량 산정

$$Q=AV=\frac{\pi D^2}{4}\frac{1}{n}R^{\frac{2}{3}}I^{\frac{1}{2}}$$

$$=\frac{\pi\times0.2^2}{4}\times\frac{1}{0.013}\times\left(\frac{0.2}{4}\right)^{\frac{2}{3}}\times0.005^{\frac{1}{2}}$$

$$=0.023\text{m}^3/\text{sec}$$

㉡ 최대유량의 산정

$$Q=0.023\times1.1=0.025\text{m}^3/\text{sec}$$

$$=91.8\text{m}^3/\text{h}$$

111. 취수원의 성층현상에 관한 설명으로 틀린 것은?

① 수심에 따른 수온 변화가 가장 큰 원인이다.

② 수온의 변화에 따른 물의 밀도 변화가 근본원인이다.

③ 여름철에 두드러진 현상이다.

④ 영양염류의 유입이 원인이다.

해설 성층현상

성층현상은 수심별 기온 변화의 원인으로 순환대, 변천대, 정체대 등의 층을 이루는 현상으로 계절적으로는 여름, 겨울철에 발생한다. 따라서 영양염류의 유입은 성층현상과 전혀 관련이 없다.

112. 송수관의 유속에 대하여 ( )에 알맞은 수로 짝지어진 것은?

> 자연유하식인 경우에는 허용최대한도를 ( )m/s로 하고, 송수관의 평균유속의 최소한도는 ( )m/s로 한다.

① 3.0, 0.3 ② 3.0, 0.6
③ 6.0, 0.3 ④ 6.0, 0.6

해설 평균유속의 한도

㉠ 도·송수관의 평균유속의 한도는 침전 및 마모 방지를 위해 최소유속과 최대유속의 한도를 두고 있다.

㉡ 적정유속의 범위
0.3~3m/sec

113. 계획취수량의 기준이 되는 것은?

① 계획시간 최대배수량
② 계획 1일 평균배수량
③ 계획시간 최대급수량
④ 계획 1일 최대급수량

해설 상수도 구성요소

㉠ 수원 → 취수 → 도수(침사지) → 정수(착수정 → 약품혼화지 → 침전지 → 여과지 → 소독지 → 정수지) → 송수 → 배수(배수지, 배수탑, 고가탱크, 배수관) → 급수

㉡ 수원, 취수, 도수, 정수, 송수 등의 설계에는 계획 1일 최대급수량을 기준으로 한다.

㉢ 계획취수량은 계획 1일 최대급수량을 기준으로 5~10% 정도 여유 있게 취수한다.

㉣ 배수관의 직경결정, 펌프의 직경결정 등은 계획시간 최대급수량을 기준으로 한다.

114. 슬러지의 혐기성 소화에 대한 설명으로 옳지 않은 것은?

① 온도, pH의 영향을 쉽게 받는다.
② 호기성 처리보다 분해속도가 느리다.
③ 호기성 처리에 비해 유지비가 경제적이다.
④ 정상적인 소화 시 가장 많이 발생되는 가스는 CO_2이다.

해설 혐기성 소화와 호기성 소화의 비교

호기성 소화	혐기성 소화
• 시설비가 적게 든다. • 운전이 용이하다. • 비료가치가 크다. • 동력이 소요된다. • 소규모 활성슬러지 처리에 적합하다. • 처리수 수질이 양호하다.	• 시설비가 많이 든다. • 온도, 부하량 변화에 적응시간이 길다. • 병원균을 죽이거나 통제할 수 있다. • 영양소 소비가 적다. • 슬러지 생산이 적다. • CH_4과 같은 유용한 가스를 얻는다.

∴ 혐기성 소화는 온도, pH 등의 운전조건 변화에 영향을 많이 받으며, 호기성에 비하여 초기 설치비는 많이 소요되나 유지관리비는 저렴하다. 또한 소화 시 발생되는 가스는 메탄(CH_4)이 가장 많고, 그 다음은 이산화탄소(CO_2)가 차지한다.

115. 하수량 40,000m³/d, BOD농도 300mg/L인 하수를 체류시간 6시간의 활성슬러지 방식인 폭기조에서 처리하려고 한다. 폭기조를 2개조 운영하려고 할 경우 1개조의 폭기조 용적은?

① 2,500m³
② 3,500m³
③ 5,000m³
④ 7,000m³

해설 수리학적 체류시간

㉠ 수리학적 체류시간(HRT)

$$HRT = \frac{V}{Q}$$

여기서, V : 폭기조 체적, Q : 하수량

㉡ 폭기조 체적의 산정

$$V = Q \times HRT = \frac{40,000}{24} \times 6 = 10,000\text{m}^3$$

∴ 폭기조 1개당 용적은 $\frac{10,000}{2} = 5,000\text{m}^3$

116. 하수처리장 계획 시 고려할 사항으로 옳지 않은 것은?

① 처리시설은 계획시간 최대오수량을 기준으로 하여 계획한다.
② 처리장의 부지면적은 확장 및 향후 고도처리계획 등을 예상하여 계획한다.
③ 처리장위치는 방류수역의 물 이용상황 및 주변의 환경조건을 고려하여 정한다.
④ 처리시설은 이상 수위에서도 침수되지 않는 지반고에 설치하거나 방호시설을 설치한다.

해설 하수처리장 계획 시 고려사항
하수처리장의 처리시설은 계획 1일 최대오수량을 기준으로 설계하며, 처리장 내 관거는 계획시간 최대급수량을 기준으로 설계한다.

117. 하수관거시설 중 연결관에 대한 설명으로 옳지 않은 것은?

① 연결관의 경사는 1% 이상으로 한다.
② 연결관의 최소관경은 150mm로 한다.
③ 연결위치는 본관의 중심선보다 아래로 한다.
④ 본관연결부는 본관에 대하여 60° 또는 90°로 한다.

해설 연결관
연결관은 받이에 접수된 오수와 우수를 하수 본관에 연결시키는 하수관으로 연결관의 연결위치는 본관의 중심선 위쪽에 위치시킨다.

118. 하수관거에서 관정부식(crown corrosion)의 주된 원인물질은?

① 황화합물 ② 질소화합물
③ 철화합물 ④ 인화합물

해설 관정부식
㉠ 정의 : 콘크리트관의 경우 하수 내에 존재하거나 유기물 분해 시 존재하는 산에 의해 관 정상부에 부식이 발생되는 것을 말한다.
㉡ 부식진행 : 단백질, 유기물, 황화합물 등이 혐기성 상태에서 분해되어 황화수소(H_2S) 발생 → 황화수소가 호기성 미생물에 의해 아황산가스(SO_2, SO_3) 발생 → 아황산가스가 관정부의 물방울에 녹아 황산(H_2SO_4)이 된다 → 황산이 콘크리트관의 성분인 철, 칼슘, 알루미늄과 반응하여 황산염으로 변하면서 관을 부식시킨다.
㉢ 방지대책 : 유속 증가로 퇴적방지, 용존산소 농도 증가로 혐기성 상태 예방, 살균제 주입, 라이닝, 역청제 도포로 황산염의 발생 방지
∴ 관정부식의 주된 원인물질은 황(S)화합물이다.

119. 펌프장 설계 시 검토하여야 할 비정상 현상으로 아래에서 설명하고 있는 것은?

> 만관 내에 흐르고 있는 물의 속도가 급격히 변화하여 압력 변화가 발생하는 현상이다. 이에 의한 압력 상승 및 압력 강하의 크기는 유속의 변화정도, 관로 상황, 유속, 펌프의 성능 등에 따라 다르지만, 펌프, 밸브, 배관 등에 이상 압력이 걸려 진동, 소음을 유발하고, 펌프 및 전동기가 역회전하는 경우도 있으므로 충분한 검토가 필요하다.

① 서징(surging)
② 캐비테이션(cavitation)
③ 수격작용(water hammer)
④ 팽화현상(bulking)

해설 수격작용
㉠ 펌프의 급정지, 급가동 또는 밸브를 급폐쇄하면 관로 내 유속의 급격한 변화가 발생하여 이상 압력이 발생하는 현상을 수격작용이라 한다. 수격작용은 관로 내 물의 관성에 의해 발생한다.
㉡ 방지책
- 펌프의 급정지, 급가동을 피한다.
- 부압 발생 방지를 위해 조압수조(surge tank), 공기밸브(air valve)를 설치한다.
- 압력 상승 방지를 위해 역지밸브(check valve), 안전밸브(safety valve), 압력수조(air chamber)를 설치한다.
- 펌프에 플라이휠(fly wheel)을 설치한다.
- 펌프의 토출 측 관로에 급폐식 혹은 완폐식 역지밸브를 설치한다.
- 펌프 설치위치를 낮게 하고 흡입양정을 적게 한다.

|해답| 116.① 117.③ 118.① 119.③

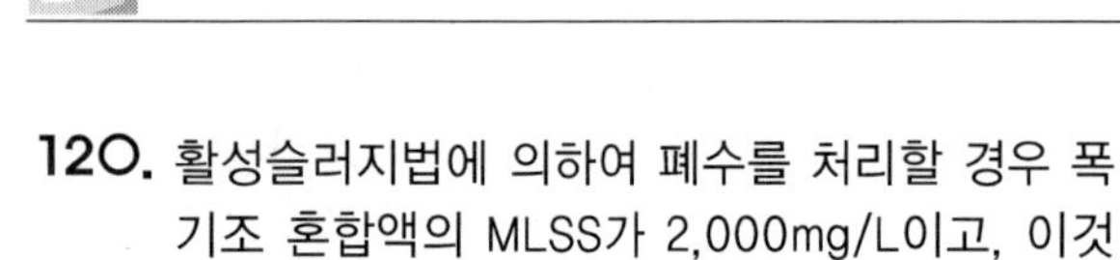

120. 활성슬러지법에 의하여 폐수를 처리할 경우 폭기조 혼합액의 MLSS가 2,000mg/L이고, 이것을 30분간 정체시킨 침전슬러지량이 시료의 30%라면 슬러지지표(SVI)는?

① 50　　② 100

③ 150　　④ 200

해설 슬러지 용적지표(SVI)

폭기조 내 혼합액 1ℓ를 30분간 침전시킨 후 1g의 MLSS가 차지하는 침전 슬러지의 부피(ml)를 슬러지용적지표(sludge volume index)라 한다.

$$SVI = \frac{SV(\%) \times 10^4}{MLSS(\text{mg}/l)} = \frac{30 \times 10^4}{2,000} = 150$$

 |해답| 120.③

Industrial Engineer Civil Engineering

과년도 출제문제 및 해설 (2016년 5월 8일 시행)

제1과목 응용역학

01. 그림과 같은 역계에서 합력 R의 위치 x의 값은?

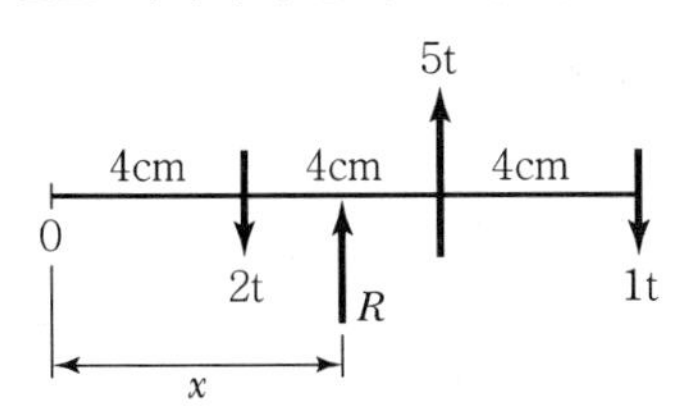

① 6cm ② 8cm
③ 10cm ④ 12cm

■ 해설 $\Sigma F_y(\uparrow\oplus)$, $-2+5-1=R$, $R=2\text{t}(\uparrow)$
$\Sigma M_{⓪}(\curvearrowright\oplus)$,
$(2\times4)-(5\times8)+(1\times12)=-Rx$
$x=-\dfrac{(-20)}{R}=\dfrac{20}{2}=10\text{cm}(\rightarrow)$

02. 그림과 같이 ABC의 중앙점에 10t의 하중을 달았을 때 정지하였다면 장력 T의 값은 몇 t인가?

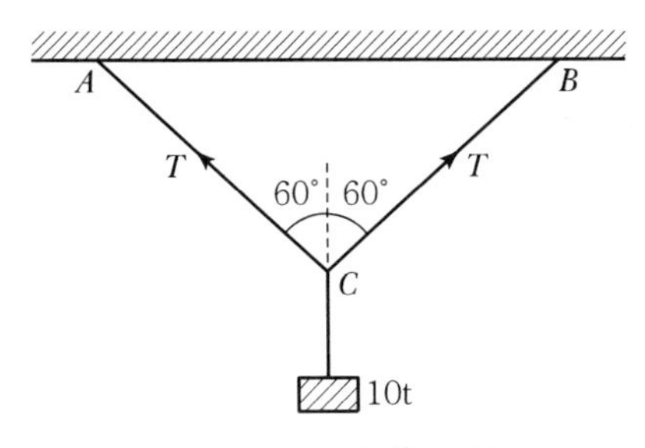

① 10 ② 8.66
③ 5 ④ 15

■ 해설

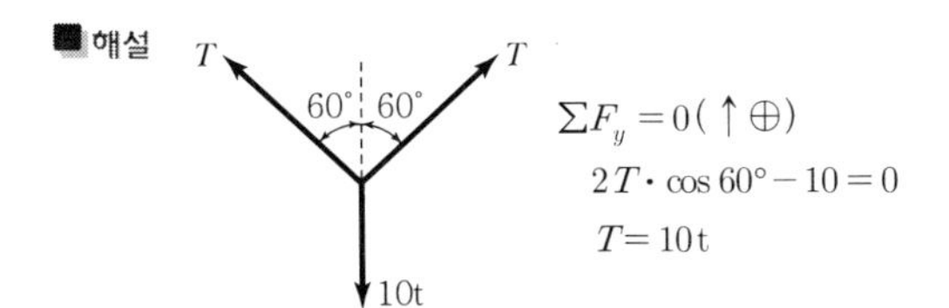

$\Sigma F_y=0(\uparrow\oplus)$
$2T\cdot\cos60°-10=0$
$T=10\text{t}$

03. 그림과 같은 라멘에서 C점의 휨모멘트는?

① $-11\text{t}\cdot\text{m}$
② $-14\text{t}\cdot\text{m}$
③ $-17\text{t}\cdot\text{m}$
④ $-20\text{t}\cdot\text{m}$

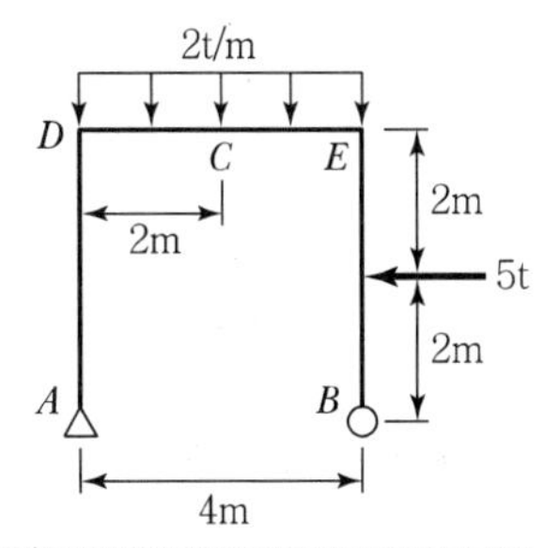

■ 해설 $\Sigma M_{Ⓐ}=0(\curvearrowright\oplus)$
$(2\times4)\times2-5\times2-V_B\times4=0$
$V_B=1.5\text{t}(\uparrow)$

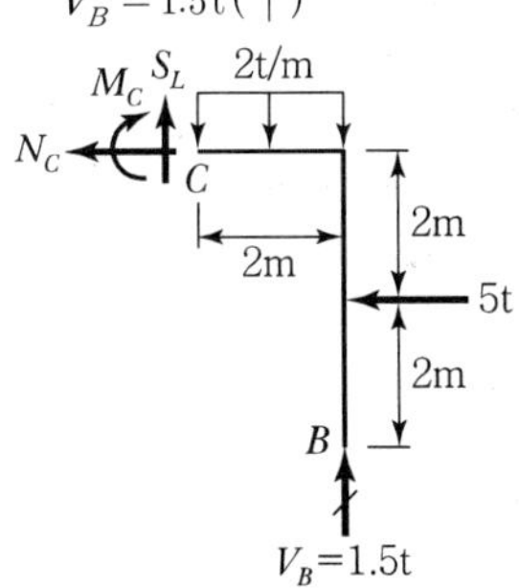

$\Sigma M_{Ⓒ}=0(\curvearrowright\oplus)$
$M_C+(2\times2)\times1+5\times2-1.5\times2=0$
$M_C=-11\text{t}\cdot\text{m}$

04. 축방향력 N, 단면적 A, 탄성계수 E일 때 축방향 변형에너지를 나타내는 식은?

① $\displaystyle\int_0^{\ell}\frac{N^2}{2EA}dx$ ② $\displaystyle\int_0^{\ell}\frac{N}{2EA}dx$

③ $\displaystyle\int_0^{\ell}\frac{N^2}{EA}dx$ ④ $\displaystyle\int_0^{\ell}\frac{N}{EA}dx$

■ 해설 축방향력에 의한 변형에너지
$U=\displaystyle\int_0^{\ell}\frac{N^2}{2EA}dx$

|해답| 1.③ 2.① 3.① 4.①

05. 다음의 트러스에서 부재 D_1의 응력은?

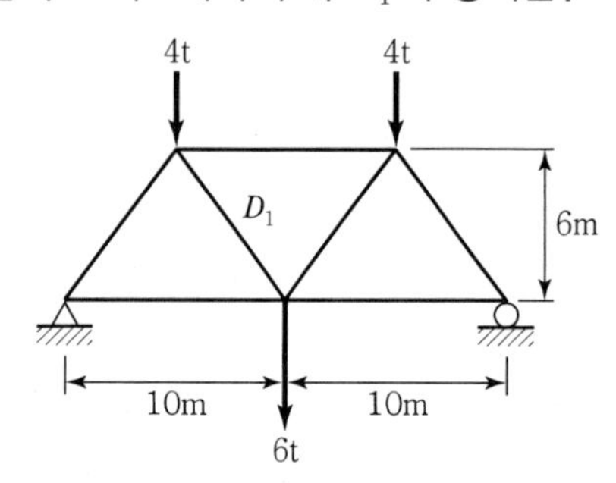

① 3.4t(인장)　　② 3.6t(인장)

③ 4.24t(인장)　　④ 3.91t(인장)

해설 구조물과 하중이 대칭이므로

$R_A = R_B = \dfrac{4+6+4}{2} = 7\text{t}(\uparrow)$이다.

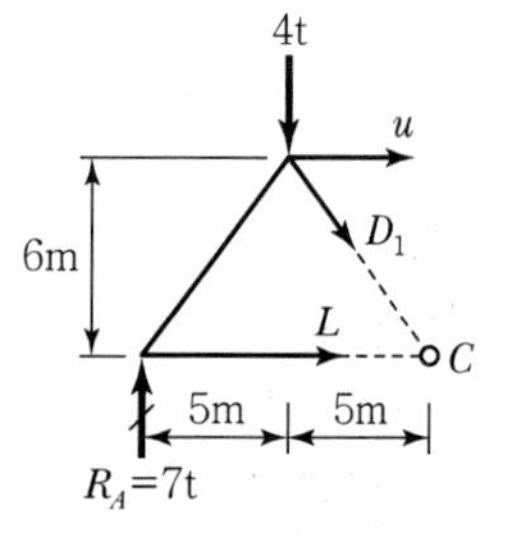

$\Sigma F_y = 0(\uparrow\oplus)$

$7-4-D_1\dfrac{6}{\sqrt{61}}=0$

$D_1 = \dfrac{\sqrt{61}}{2} = 3.91\text{t}$(인장)

06. 아래의 그림과 같은 단순보의 중앙점의 휨모멘트는?

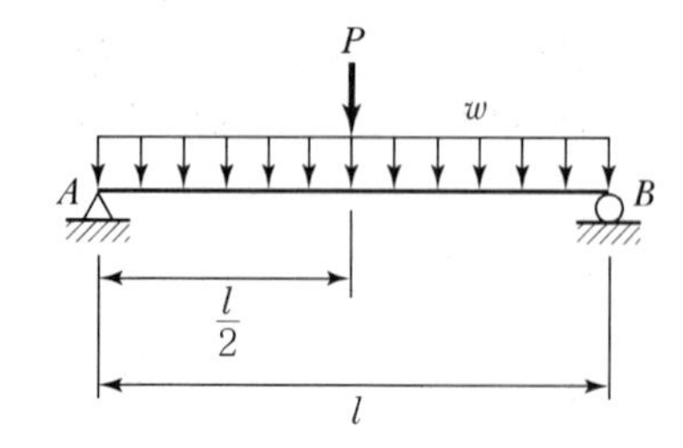

① $\dfrac{Pl}{2}+\dfrac{wl^2}{8}$　　② $\dfrac{Pl}{2}+\dfrac{wl^2}{4}$

③ $\dfrac{Pl}{4}+\dfrac{wl^2}{8}$　　④ $\dfrac{Pl}{4}+\dfrac{wl^2}{4}$

해설 $M_C = \dfrac{Pl}{4}+\dfrac{wl^2}{8}$

07. 지름 30cm인 단면의 보에 9t의 전단력이 작용할 때 이 단면에 일어나는 최대 전단응력은 약 얼마인가?

① 9kg/cm^2　　② 12kg/cm^2

③ 15kg/cm^2　　④ 17kg/cm^2

해설 $\tau_{max} = \alpha\dfrac{S}{A} = \dfrac{4}{3}\dfrac{S}{\left(\dfrac{\pi D^2}{4}\right)} = \dfrac{16S}{3\pi D^2}$

$= \dfrac{16\times(9\times10^3)}{3\times\pi\times30^2} = 16.98\text{kg/cm}^2$

08. 아래 그림과 같은 보에서 지점 A의 수직반력(R_A)은?

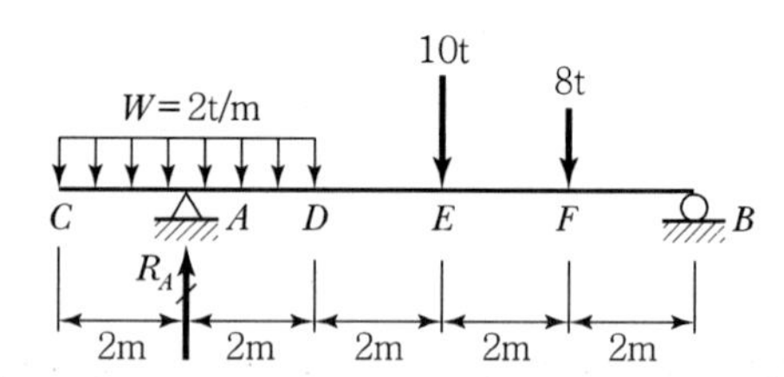

① 10t(↑)　　② 15t(↑)

③ 18t(↑)　　④ 22t(↑)

해설 $\Sigma M_{Ⓑ} = 0(\curvearrowright\oplus)$

$-(2\times4)\times8+R_A\times8-10\times4-8\times2=0$

$R_A = 15\text{t}(\uparrow)$

09. 그림과 같은 1차 부정정보의 부재 중에서 B지점을 제외한 모멘트가 0이 되는 곳은 A점에서 얼마 떨어진 곳인가?(단, 자중은 무시한다.)

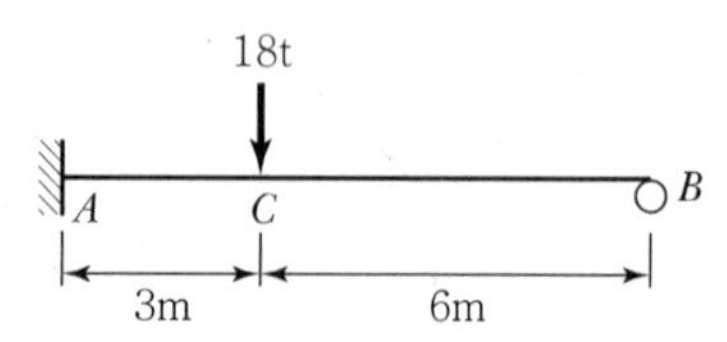

① 3m　　② 2.50m
③ 1.96m　　④ 1.50m

해설

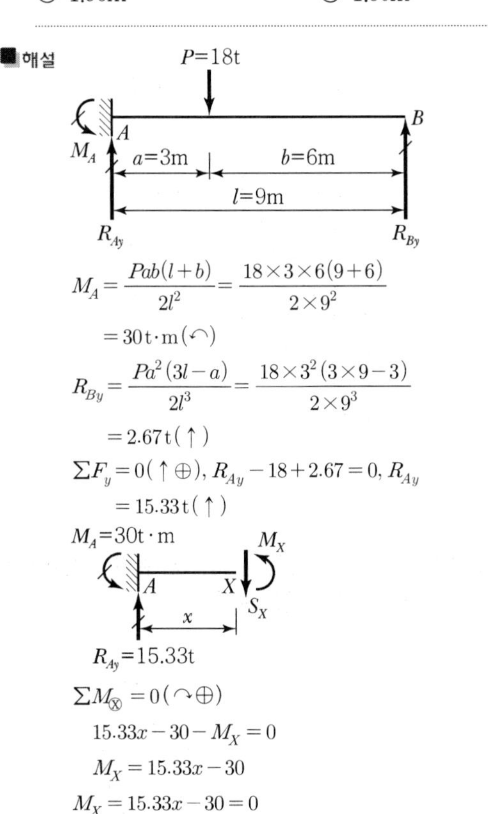

$M_A = \frac{Pab(l+b)}{2l^2} = \frac{18 \times 3 \times 6(9+6)}{2 \times 9^2}$
$= 30\text{t}\cdot\text{m}(\curvearrowleft)$

$R_{By} = \frac{Pa^2(3l-a)}{2l^3} = \frac{18 \times 3^2(3 \times 9 - 3)}{2 \times 9^3}$
$= 2.67\text{t}(\uparrow)$

$\Sigma F_y = 0(\uparrow \oplus),\ R_{Ay} - 18 + 2.67 = 0,\ R_{Ay}$
$= 15.33\text{t}(\uparrow)$

$\Sigma M_{\otimes} = 0(\curvearrowright \oplus)$
$15.33x - 30 - M_X = 0$
$M_X = 15.33x - 30$
$M_X = 15.33x - 30 = 0$
$x = 1.96\text{m}(\rightarrow)(0 \le x \le 3\text{m})$

10. 다음 그림과 같은 구조물에서 이 보의 단면이 받는 최대전단응력의 크기는?

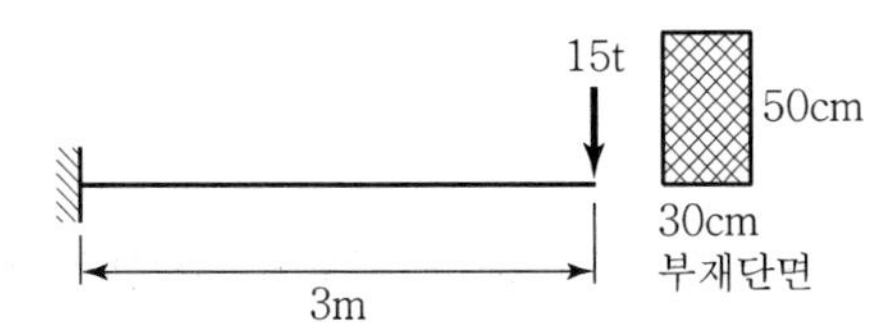

① 10kg/cm²　　② 15kg/cm²
③ 20kg/cm²　　④ 25kg/cm²

해설

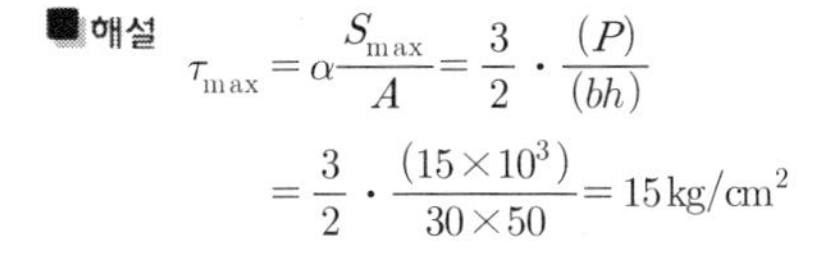

$\tau_{max} = \alpha \frac{S_{max}}{A} = \frac{3}{2} \cdot \frac{(P)}{(bh)}$
$= \frac{3}{2} \cdot \frac{(15 \times 10^3)}{30 \times 50} = 15\text{kg/cm}^2$

11. 그림과 같은 라멘(Rahmen)을 판별하면?

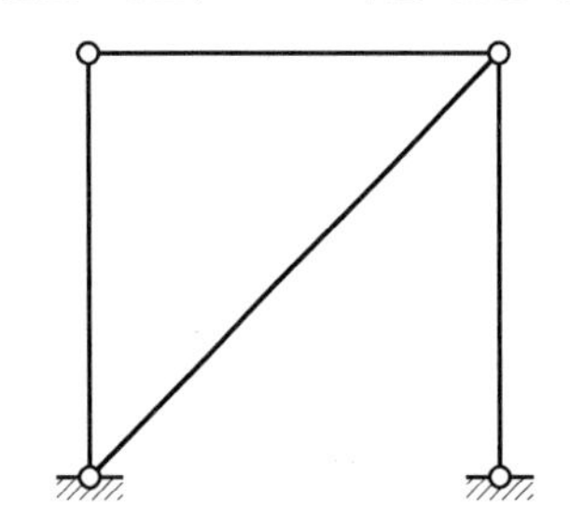

① 불안정　　② 정정
③ 1차 부정정　　④ 2차 부정정

해설 $N = r + m + S - 2P$
$= 4 + 4 + 0 - 2 \times 4 = 0$(정정구조물)

12. 전체 길이 l인 단순보의 지간 중앙에 집중하중 P가 수직으로 작용하는 경우 최대 처짐은?(단, EI는 일정하다.)

① $\frac{Pl^3}{8EI}$　　② $\frac{Pl^3}{24EI}$
③ $\frac{Pl^3}{48EI}$　　④ $\frac{Pl^3}{384EI}$

해설 $y_{max} = \frac{Pl^3}{48EI}$

13. 단면 상승모멘트의 단위로서 옳은 것은?

① cm　　② cm²
③ cm³　　④ cm⁴

해설 $I_{xy} = \int_A xy\,dA = I_{XY} + x_0 y_0 A,\ [L^4]$

14. 단면적 A인 도형의 중립축에 대한 단면 2차 모멘트를 I_G라 하고 중립축에서 y만큼 떨어진 축에 대한 단면 2차 모멘트를 I라 할 때 I로 옳은 것은?

① $I = I_G + Ay^2$　　② $I = I_G + A^2y$

③ $I=I_G-Ay^2$ ④ $I=I_G-A^2y$

■해설 $I=\int_A y^2\,dA=I_G+Ay^2$

15. 지름 d=2cm인 강봉을 P=10t의 축방향력으로 인장시킬 때 봉의 횡방향 수축량은?(단, 푸아송비 $\nu=\frac{1}{3}$, $E=2\times10^6$kg/cm²)

① 0.0006cm ② 0.0011cm
③ 0.0071cm ④ 0.0832cm

■해설
$$\varepsilon=\frac{P}{EA}=\frac{(10\times10^3)}{(2\times10^6)\left(\frac{\pi\times2^2}{4}\right)}=0.0016$$
$$\nu=-\frac{\left(\frac{\Delta d}{d}\right)}{\left(\frac{\Delta l}{\ell}\right)}=-\frac{\left(\frac{\Delta d}{d}\right)}{\varepsilon}=-\frac{\Delta d}{d\varepsilon}$$
$$\Delta d=-\nu\varepsilon d$$
$$=-\frac{1}{3}\times0.0016\times2 \fallingdotseq -0.0011\,\text{cm}$$

16. 그림과 같은 보에서 D점의 전단력은?

① +2.8t ② −2.8t
③ +3.2t ④ −3.2t

■해설 $\Sigma M_{Ⓐ}=0(\curvearrowright\oplus)$
$6\times2+4-R_{By}\times5=0$
$R_{By}=3.2\text{t}(\uparrow)$

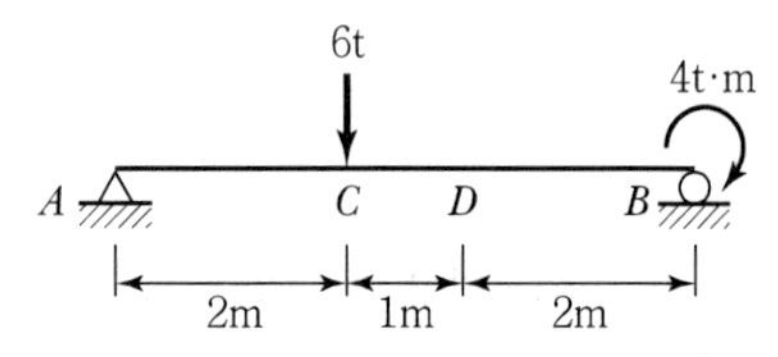

$\Sigma F_y=0(\uparrow\oplus)$
$S_D+3.2=0$
$S_D=-3.2\text{t}$

17. 다음 중 부정정구조물의 해법으로 적합하지 않은 것은?

① 3연 모멘트정리 ② 변위일치법
③ 처짐각법 ④ 모멘트 면적법

■해설 ㉠ 부정정 구조물 해법
- 연성법(하중법) : 변위일치법, 3연 모멘트법
- 강성법(변위법) : 처짐각법, 모멘트 분배법

㉡ 처짐을 구하는 방법
- 이중적분법
- 모멘트 면적법
- 탄성하중법
- 공액보법
- 단위하중법 등

18. 아래 그림과 같은 원형 단주의 단면에서 핵(Core)의 반지름(e)는?

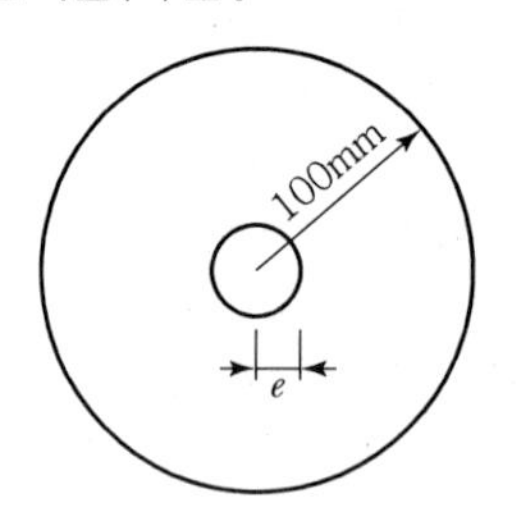

① 15mm ② 25mm
③ 50mm ④ 65mm

■해설 $e=\frac{D}{8}=\frac{2R}{8}=\frac{R}{4}=\frac{100}{4}=25\,\text{mm}$

19. 지름이 D인 원형단면보에 휨모멘트 M이 작용할 때 최대 휨응력은?

① $\frac{16M}{\pi D^3}$ ② $\frac{6M}{\pi D^3}$
③ $\frac{32M}{\pi D^3}$ ④ $\frac{64M}{\pi D^3}$

■해설
$$Z=\frac{I}{y_1}=\frac{\left(\frac{\pi D^4}{64}\right)}{\left(\frac{D}{2}\right)}=\frac{\pi D^3}{32}$$

 |해답| 15.② 16.④ 17.④ 18.② 19.③

$$\sigma_{max} = \frac{M}{Z} = \frac{M}{\left(\frac{\pi D^3}{32}\right)} = \frac{32M}{\pi D^3}$$

20. 재질, 단면적, 길이가 같은 장주에서 양단활절 기둥의 좌굴하중과 양단고정 기둥의 좌굴하중과의 비는?

① 1 : 16　② 1 : 8
③ 1 : 4　④ 1 : 2

해설 $P_{cr} = \frac{\pi^2 EI}{(Kl)^2} = \frac{c}{K^2}$ $\left(c = \frac{\pi^2 EI}{l^2}\right.$라 두면$)$

$P_{cr(양단힌지)} : P_{cr(양단고정)} = \frac{c}{1^2} : \frac{c}{0.5^2} = 1 : 4$

제2과목 측량학

21. 촬영고도 700m에서 촬영한 사진 상에 굴뚝의 윗부분이 주점으로부터 72mm 떨어져 나타나 있으며, 굴뚝의 변위가 6.98mm일 때 굴뚝의 높이는?

① 33.93m　② 36.10m
③ 67.86m　④ 72.20m

해설 ① 시차$(\Delta P) = \frac{h}{H} b_0$

② $h = \frac{H}{b_0} \Delta P = \frac{700}{0.072} \times 0.00698 = 67.86\text{m}$

22. A점 좌표(X_A=212.32m, Y_A=113.33m), B점 좌표(X_B=313.38m, Y_B=12.27m), AP 방위각 T_{AP}=80°일 때 $\angle PAB(=\theta)$의 값은?

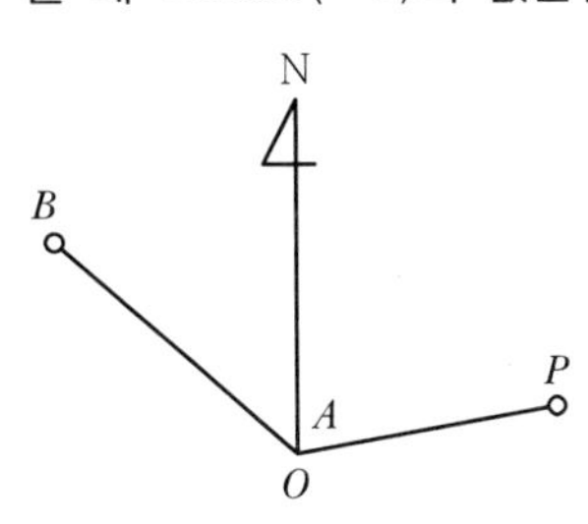

① 235°　② 325°
③ 135°　④ 115°

해설 ① $\angle PAB = AB$ 방위각$- T_{AP}$

② AB 방위각

$= \tan^{-1}\left(\frac{Y_B - Y_A}{X_B - X_A}\right)$

$= \tan^{-1}\left(\frac{12.27 - 113.33}{313.38 - 212.32}\right)$

= 45°(4상한)

③ AB의 방위각은 4상한이므로
360° − 45° = 315°

④ $\angle PAB$ = 315° − 80° = 235°

23. 매개변수(A)가 90m인 클로소이드 곡선 상의 시점에서 곡선길이(L)가 30m일 때 곡선의 반지름(R)은?

① 120m　② 150m
③ 270m　④ 300m

해설 ① $A^2 = RL$

② $R = \frac{A^2}{L} = \frac{90^2}{30} = 270\text{m}$

24. 삼각점 표석에서 반석과 주석에 관한 내용 중 틀린 것은?

① 반석과 주석의 재질은 주로 금속을 이용한다.
② 반석과 주석의 십자선 중심은 동일 연직선 상에 있다.
③ 반석과 주석의 설치를 위해 인조점을 설치한다.
④ 반석과 주석의 두부상면은 서로 수평이 되도록 설치한다.

해설 반석과 주석의 재질은 석재이다.

25. 국토지리정보원에서 발행하는 1 : 50,000 지형도 1매에 포함되는 지역의 범위는?

① 위도 10′, 경도 10′
② 위도 10′, 경도 15′
③ 위도 15′, 경도 10′
④ 위도 15′, 경도 15′

해설 ① 1 : 50,000 지도는 가로세로 각각 15′이다.
② 1 : 25,000 지도는 가로세로 각각 7′30″이다.

26. 평판측량방법 중 측량지역 내에 장애물이 없어 시준이 용이한 소지역에 주로 사용하는 방법으로 평판을 한 번 세워서 방향과 거리를 관측하여 여러 점들의 위치를 결정할 수 있는 방법은?

① 편각법 ② 교회법
③ 전진법 ④ 방사법

해설 방사법
장애물이 적고 넓게 시준할 경우 평판을 한 번 세워 다수의 점을 관측할 수 있다.

27. 도로의 단곡선 계산에서 노선기점으로부터 교점까지의 추가거리와 교각을 알고 있을 때 곡선 시점의 위치를 구하기 위해서 계산되어야 하는 요소는?

① 접선장(TL)
② 곡선장(CL)
③ 중앙종거(M)
④ 접선에 대한 지거(Y)

해설 곡선시점(BC 거리) $= IP - TL$

28. 지상고도 3,000m의 비행기 위에서 초점거리 150mm인 사진기로 촬영한 항공사진에서 길이가 30m인 교량의 길이는?

① 1.3mm ② 2.3mm
③ 1.5mm ④ 2.5mm

해설 ① 축척$\left(\frac{1}{M}\right) = \frac{f}{H} = \frac{0.15}{3,000} = \frac{1}{20,000}$
② 도상거리=실제 거리×축척
$= 30 \times \frac{1}{20,000} = 0.0015\text{m}$
$= 1.5\text{mm}$

29. 다음 중 물리학적 측지학에 속하지 않는 것은?

① 지구의 극운동 및 자전운동
② 지구의 형상해석
③ 하해측량
④ 지구조석측량

해설 하해측량은 기하학적 측지학에 속한다.

30. 수평각을 관측하는 경우, 조정 불완전으로 인한 오차를 최소로 하기 위한 방법으로 가장 좋은 것은?

① 관측방법을 바꾸어 가면서 관측한다.
② 여러 번 반복 관측하여 평균값을 구한다.
③ 정·반위 관측을 실시하여 평균한다.
④ 관측값을 수학적인 방법을 이용하여 조정한다.

해설 오차처리방법
① 정·반위 관측=시준축, 수평축, 시준축의 편심오차
② A, B버니어의 읽음값의 평균=내심오차
③ 분도원의 눈금 부정확 : 대회관측

31. 완화곡선 설치에 관한 설명으로 옳지 않은 것은?

① 완화곡선의 반지름은 무한대로부터 시작하여 점차 감소되고 종점에서 원곡선의 반지름과 같게 된다.
② 완화곡선의 접선은 시점에서 직선에 접하고 종점에서 원호에 접한다.

 |해답| 25.④ 26.④ 27.① 28.③ 29.③ 30.③ 31.④

③ 완화곡선의 시점에서 캔트는 0이고 소요의 원곡선에 도달하면 어느 높이에 달한다.
④ 완화곡선의 곡률은 곡선 전체에서 동일한 값으로 유지된다.

해설 완화곡선의 곡률은 시점에서 0, 종점에서 $\frac{1}{R}$이다.

32. 레벨 측량에서 레벨을 세우는 횟수를 짝수로 하여 소거할 수 있는 오차는?

① 망원경의 시준축과 수준기축이 평행하지 않아 생기는 오차
② 표척의 눈금이 부정확하여 생기는 오차
③ 표척의 이음매가 부정확하여 생기는 오차
④ 표척의 0(Zero) 눈금의 오차

해설 표척눈금 영점오차의 경우 기계를 짝수로 설치함으로써 소거한다.

33. 그림과 같은 표고를 갖는 지형을 평탄하게 정지작업을 하였을 때 평균표고는?

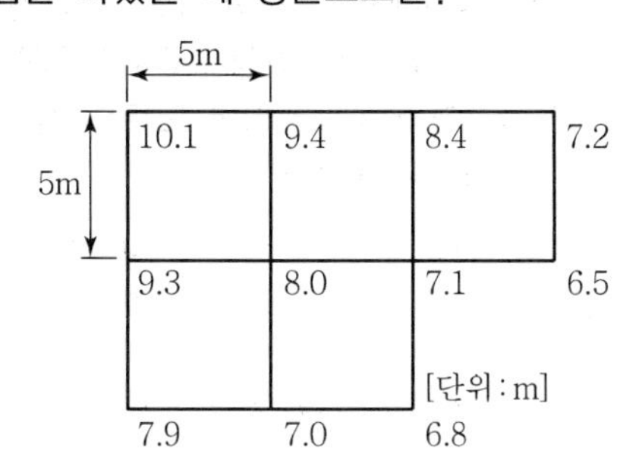

① 7.973m ② 8.000m
③ 8.027m ④ 8.104m

해설 ① $V=\frac{A}{4}(\Sigma h_1+2\Sigma h_2+3\Sigma h_3+4\Sigma h_4)$

② $\Sigma h_1=10.1+7.2+6.5+6.8+7.9=38.5$
$\Sigma h_2=9.4+8.4+7.0+9.3=34.1$
$\Sigma h_3=7.1$
$\Sigma h_4=8.0$

③ $V=\frac{5\times5}{4}(38.5+2\times34.1+3\times7.1+4\times8.0)=1{,}000\text{m}^3$

④ 평균표고$(H_n)=\frac{V}{nA}=\frac{1{,}000}{5\times5\times5}=8\text{m}$

34. 삼각망 조정의 조건에 대한 설명으로 옳지 않은 것은?

① 1점 주위에 있는 각의 합은 180°이다.
② 검기선의 측정한 방위각과 계산된 방위각이 동일하다.
③ 임의 한 변의 길이는 계산경로가 달라도 일치한다.
④ 검기선은 측정한 길이와 계산된 길이가 동일하다.

해설 1점 주위에 있는 각의 합은 360°이다.(점조건)

35. 수위 관측소의 위치 선정 시 고려사항으로 옳지 않은 것은?

① 평시에는 홍수 때보다 수위표를 쉽게 읽을 수 있는 곳
② 지천의 합류점 및 분류점으로 수위의 변화가 뚜렷한 곳
③ 하안과 하상이 안전하고 세굴이나 퇴적이 없는 곳
④ 유속의 크기가 크지 않고 흐름이 직선인 곳

해설 지천의 합류, 분류점에서 수위의 변화가 없는 곳에 설치

36. 동일 지점 간 거리 관측을 3회, 5회, 7회 실시하여 최확값을 구하고자 할 때 각 관측값에 대한 보정값의 비(3회 : 5회 : 7회)로 옳은 것은?

① $\frac{1}{3^2}:\frac{1}{5^2}:\frac{1}{7^2}$ ② $\frac{1}{3}:\frac{1}{5}:\frac{1}{7}$
③ $3:5:7$ ④ $3^2:5^2:7^2$

■해설 각 관측의 경중률이 다른 경우 경중률에 반비례하여 배분한다.(관측 횟수에 반비례하여 배분한다.)

37. 교호수준 측량을 실시하여 다음의 결과를 얻었다. A점의 표고가 25.020m일 때 B점의 표고는?(단, $a_1=2.42$m, $a_2=0.68$m, $b_1=3.88$m, $b_2=2.11$m)

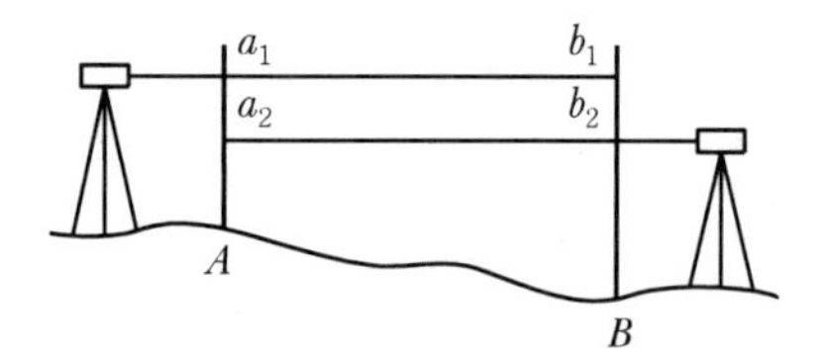

① 23.065m ② 23.575m
③ 26.465m ④ 26.975m

■해설 ① $\Delta H=\dfrac{(a_1+a_2)-(b_1+b_2)}{2}$
$=\dfrac{(2.42+0.68)-(3.88+2.11)}{2}$
$=-1.445$m
② $H_B=H_A\pm\Delta H=25.02-1.445=23.575$m

38. 그림과 같이 ΔABC의 토지를 한 변 BC에 평행한 DE로 분할하여 면적의 비율이 ΔADE : $\square BCED$=2 : 3이 되게 하려고 한다면 AD의 길이는?(단, AB의 길이는 50m)

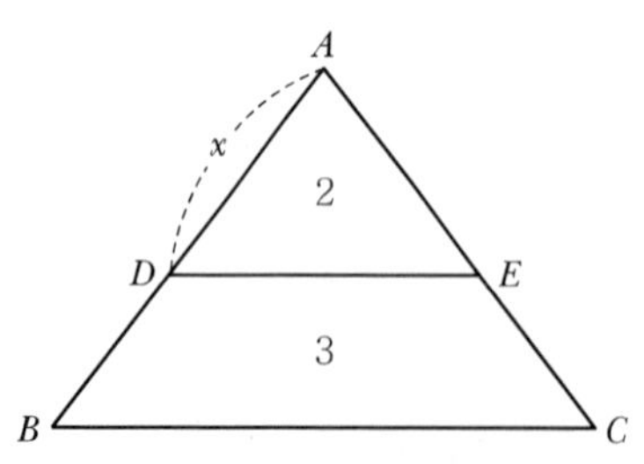

① 32.52m ② 31.62m
③ 30m ④ 20m

■해설 ① 비례식 이용
$\Delta ADE : m=\Delta ABC : m+n$
② $\dfrac{m}{m+n}=\left(\dfrac{\text{AD}}{\text{AB}}\right)^2$
③ $\overline{AD}=\overline{AB}\sqrt{\dfrac{m}{m+n}}$
$=50\times\sqrt{\dfrac{2}{2+3}}$
$=31.62$

39. 축척 1 : 25,000 지형도에서 5% 경사의 노선을 선정하려면 등고선(주곡선) 사이에 취해야 할 도상거리는?

① 8mm ② 12mm
③ 16mm ④ 20mm

■해설 ① 1 : 25,000 지도에서 주곡선 간격 10m
② 경사$(i)=\dfrac{H}{D}\times 100=5\%$이므로
수평거리는 200m
③ 도상수평거리
$=\dfrac{D}{M}=\dfrac{200}{25,000}=0.008\text{m}=8\text{mm}$

40. 곡선 설치에서 교각이 35°, 원곡선 반지름이 500m일 때 도로 기점으로부터 곡선 시점까지의 거리가 315.45m이면 도로 기점으로부터 곡선 종점까지의 거리는?

① 593.38m ② 596.88m
③ 620.88m ④ 625.36m

■해설 ① EC 거리$=BC$ 거리$+CL$
② $CL=R\cdot I\cdot\dfrac{\pi}{180°}$
$=500\times 35°\times\dfrac{\pi}{180°}=305.43$m
③ EC 거리$=315.45+305.43=620.88$m

제3과목 **수리학**

41. 단면적이 200cm²인 90° 굽어진 관(1/4 원의 형태)을 따라 유량 Q=0.05m³/s의 물이 흐르고 있다. 이 굽어진 면에 작용하는 힘(P)은?(단, 무게 1kg=9.8N)

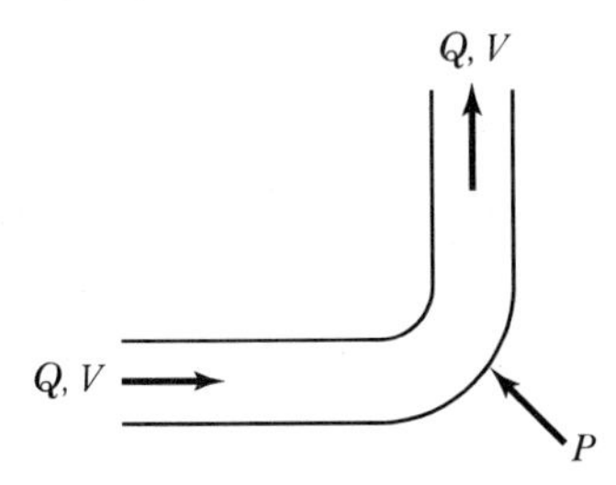

① 157N ② 177N
③ 1,570N ④ 1,770N

■해설 운동량방정식
㉠ 운동량 방정식
- $F=\rho Q(V_2-V_1)$: 운동량 방정식
- $F=\rho Q(V_1-V_2)$: 판이 받는 힘(반력)

㉡ 유속의 산정
$$V=\frac{Q}{A}=\frac{0.05}{200\times10^{-4}}=2.5\text{m/s}$$
㉢ x방향 분력
$$F_x=\frac{wQ}{g}(V_1-V_2)=\frac{1\times0.05}{9.8}\times(2.5-0)=0.013\text{t}$$
㉣ y방향 분력
$$F_y=\frac{wQ}{g}(V_1-V_2)=\frac{1\times0.05}{9.8}\times(0-2.5)=-0.013\text{t}$$
㉤ 합력의 산정
$$F=\sqrt{F_x^2+F_y^2}=\sqrt{0.013^2+(-0.013)^2}=0.018\text{t}=18\text{kg}=176.4\text{N}$$

42. 수평으로부터 상향으로 60°를 이루고 20m/s로 사출되는 분수의 최대 연직 도달높이는?(단, 공기 및 기타의 저항은 무시함)

① 15.3m ② 17.2m
③ 19.6m ④ 21.4m

■해설 사출수의 도달거리
㉠ 사출수의 도달거리
- 수평거리 : $L=\dfrac{V_o^{\,2}\sin2\theta}{g}$
- 연직거리 : $H=\dfrac{V_o^{\,2}\sin^2\theta}{2g}$

㉡ 도달높이의 산정
$$H=\frac{V_o^{\,2}\sin^2\theta}{2g}=\frac{20^2\times(\sin60°)^2}{2\times9.8}=15.3\text{m}$$

43. 직사각형 단면의 개수로에서 한계유속(V_c)과 한계수심(h_c)의 관계로 옳은 것은?

① $V_c\propto h_c$ ② $V_c\propto h_c^{\ -1}$
③ $V_c\propto h_c^{\ 1/2}$ ④ $V_c\propto h_c^{\ 2}$

■해설 한계유속
㉠ 직사각형 단면의 한계유속
$$V_c=\sqrt{\frac{g\,h_c}{\alpha}}$$
여기서, V_c : 한계유속, g : 중력가속도
h_c : 한계수심, α : 에너지보정계수

㉡ 한계유속과 한계수심의 관계
$$V_c\propto h_c^{\frac{1}{2}}$$

44. 비에너지와 수심의 관계 그래프에서 한계수심보다 수심이 작은 흐름은?

① 사류 ② 상류
③ 한계류 ④ 난류

■해설 한계수심
㉠ 한계수심의 정의
- 유량이 일정할 때 비에너지가 최소일 때의 수심을 한계수심이라 한다.
- 비에너지가 일정할 때 유량이 최대로 흐를 때의 수심을 한계수심이라 한다.
- 유량이 일정할 때 비력이 최소일 때의 수심을 한계수심이라 한다.

㉡ 한계수심과 수심의 관계
- $h > h_c$: 상류(常流)
- $h < h_c$: 사류(射流)

45. 부체가 안정되기 위한 조건으로 옳은 것은?(단, C=부심, G=중심, M=경심)

① $\overline{CM} = \overline{CG}$　② $\overline{CM} < \overline{CG}$
③ $\overline{CM} < 2\overline{CG}$　④ $\overline{CM} > \overline{CG}$

해설 부체의 안정조건
㉠ 경심(M)을 이용하는 방법
- 경심(M)이 중심(G)보다 위에 존재 : 안정
- 경심(M)이 중심(G)보다 아래에 존재 : 불안정

㉡ 경심고($\overline{MG}$)를 이용하는 방법
- $\overline{MG} = \overline{MC} - \overline{GC}$
- $\overline{MG} > 0$: 안정
- $\overline{MG} < 0$: 불안정

㉢ 경심고 일반식을 이용하는 방법
- $\overline{MG} = \dfrac{I}{V} - \overline{GC}$
- $\dfrac{I}{V} > \overline{GC}$: 안정
- $\dfrac{I}{V} < \overline{GC}$: 불안정

∴ 부체가 안정되기 위해서는 $\overline{MC} > \overline{GC}$이어야 안정된다.

46. 지하수에서 Darcy의 법칙이 실측값과 가장 잘 일치하는 경우의 지하수 흐름은?

① 난류　② 층류
③ 사류　④ 한계류

해설 Darcy의 법칙
㉠ Darcy의 법칙

$$V = K \cdot I = K \cdot \frac{h_L}{L}$$

$$Q = A \cdot V = A \cdot K \cdot I = A \cdot K \cdot \frac{h_L}{L}$$

㉡ 특징
- Darcy의 법칙은 지하수의 층류흐름에 대한 마찰저항공식이다.
- 투수계수는 물의 점성계수에 따라서도 변화한다.

$$K = D_s^2 \frac{\rho g}{\mu} \frac{e^3}{1+e} C$$

여기서, μ : 점성계수
- Darcy의 법칙은 정상류 흐름의 층류에만 적용된다.(특히, $R_e < 4$일 때 잘 적용된다.)

47. 두 단면 간의 거리가 1km, 손실수두가 5.5m, 관의 지름이 3m라고 하면 관 벽의 마찰력은?(단, 무게 1kg=9.8N)

① 65.5N/m²　② 26.0N/m²
③ 80.9N/m²　④ 40.4N/m²

해설 전단응력
㉠ 전단응력(마찰응력)

$$\tau = wRI = w\frac{D}{4}\frac{h}{l}$$

㉡ 마찰력의 산정

$$\tau = wRI = w\frac{D}{4}\frac{h}{l} = 1 \times \frac{3}{4} \times \frac{5.5}{1{,}000}$$

$$= 0.004125\text{t/m}^2 = 4.125\text{kg/m}^2 = 40.4\text{N/m}^2$$

48. 두 개의 수조를 연결하는 길이 3.7m의 수평관 속에 모래가 가득 차 있다. 두 수조의 수위차를 2.5m, 투수계수를 0.5m/s라고 하면 모래를 통과할 때의 평균 유속은?

① 0.104m/s　② 0.207m/s
③ 0.338m/s　④ 0.446m/s

해설 Darcy의 법칙
㉠ Darcy의 법칙

$$V = K \cdot I = K \cdot \frac{h_L}{L}$$

$$Q = A \cdot V = A \cdot K \cdot I = A \cdot K \cdot \frac{h_L}{L}$$

㉡ 유속의 산정

$$V = K \cdot I = K \cdot \frac{h_L}{L} = 0.5 \times \frac{2.5}{3.7}$$

$$= 0.338\text{m/s}$$

49. 관수로에 대한 설명으로 옳은 것은?

① 관내의 유체마찰력은 관 벽면에서 가장 크고 관 중심에서는 0이다.
② 관내의 유속은 관 벽으로부터 관 중심으로 1/3 떨어진 지점에서 최대가 된다.
③ 유체마찰력의 크기는 관 중심으로부터의 거리에 반비례한다.
④ 관의 최대유속은 평균유속의 3배이다.

해설 관수로 흐름의 특성
㉠ 관수로에서 유속분포는 중앙에서 최대이고 관 벽에서 0인 포물선 분포를 하고 있다.
㉡ 관수로에서 전단응력 분포는 관 벽에서 최대이고 중앙에서 0인 직선 비례한다.

50. 관의 길이가 80m, 관경 400mm인 주철관으로 $0.1m^3/s$의 유량을 송수할 때 손실수두는?(단, Chezy의 평균 유속계수 C=70이다.)

① 1.565m ② 0.129m
③ 0.103m ④ 0.092m

해설 손실수두의 산정
㉠ 유속의 산정

$$V=\frac{Q}{A}=\frac{0.1}{\frac{\pi\times0.4^2}{4}}=0.8\text{m/s}$$

㉡ 손실수두의 산정

$$V=C\sqrt{RI}=C\sqrt{\frac{D}{4}\times\frac{h_L}{l}}$$

$$\therefore\ 0.8=70\times\sqrt{\frac{0.4}{4}\times\frac{h_L}{80}}$$

$$\therefore\ h_L=0.104\text{m}$$

51. 수로의 취입구에 폭 3m의 수문이 있다. 문을 h 올린 결과, 그림과 같이 수심이 각각 5m와 2m가 되었다. 그때 취수량이 $8m^3/s$이었다고 하면 수문의 개방 높이 h는?(단, C=0.60)

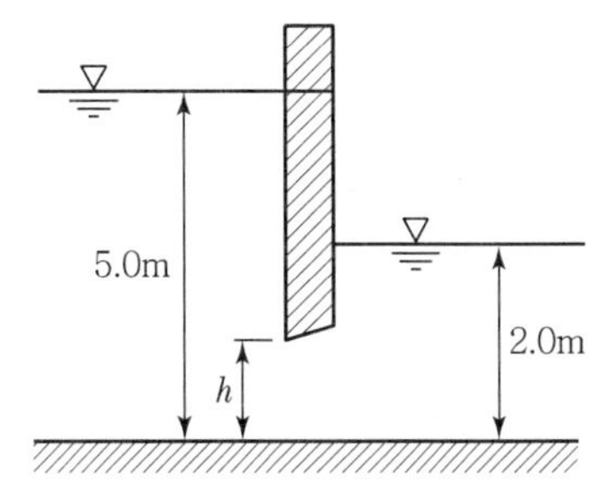

① 0.36m ② 0.58m
③ 0.67m ④ 0.73m

해설 수문
㉠ 수문의 유량
- $Q=CA\sqrt{2gH}$
- $H=h_1-h_2$

㉡ 수문의 개방높이의 산정

$$8=0.6\times(3\times h)\times\sqrt{2\times9.8\times(5-2)}$$

$$\therefore\ h=0.58\text{m}$$

52. Bernoulli 정리의 적용 조건이 아닌 것은?

① Bernoulli 방정식이 적용되는 임의의 두 점은 같은 유선 상에 있다.
② 정상상태의 흐름이다.
③ 압축성 유체의 흐름이다.
④ 마찰이 없는 흐름이다.

해설 Bernoulli 정리
㉠ Bernoulli 정리

$$z+\frac{p}{w}+\frac{v^2}{2g}=H(\text{일정})$$

㉡ Bernoulli 정리 성립 가정
- 하나의 유선에서만 성립된다.
- 정상류 흐름이다.
- 이상유체(비점성, 비압축성)에만 성립된다.

53. 어떠한 경우라도 전단응력 및 인장력이 발생하지 않으며 전혀 압축되지도 않고, 마찰저항 h_L=0인 유체는?

① 소성유체 ② 점성유체
③ 탄성유체 ④ 완전유체

|해답| 49.① 50.③ 51.② 52.③ 53.④

■해설 유체의 종류
㉠ 이상유체(=완전유체)
비점성, 비압축성 유체
㉡ 실제유체
점성, 압축성 유체
∴ 점성도 고려하지 않고 압축성도 고려하지 않으므로 이상유체(완전유체)이다.

54. 등류의 정의로 옳은 것은?

① 흐름 특성이 어느 단면에서나 같은 흐름
② 단면에 따라 유속 등의 흐름 특성이 변하는 흐름
③ 한 단면에 있어서 유적, 유속, 흐름의 방향이 시간에 따라 변하지 않는 흐름
④ 한 단면에 있어서 유량이 시간에 따라 변하는 흐름

■해설 흐름의 분류
㉠ 정류와 부정류 : 시간에 따른 흐름의 특성이 변하지 않는 경우를 정류, 변하는 경우를 부정류라 한다.
• 정류 : $\frac{\partial v}{\partial t}=0,\ \frac{\partial p}{\partial t}=0,\ \frac{\partial \rho}{\partial t}=0$
• 부정류 : $\frac{\partial v}{\partial t}\neq 0,\ \frac{\partial p}{\partial t}\neq 0,\ \frac{\partial \rho}{\partial t}\neq 0$
㉡ 등류와 부등류 : 공간에 따른 흐름의 특성이 변하지 않는 경우를 등류, 변하는 경우를 부등류라 한다.
• 등류 : $\frac{\partial Q}{\partial l}=0,\ \frac{\partial v}{\partial l}=0,\ \frac{\partial h}{\partial l}=0$
• 부등류 : $\frac{\partial Q}{\partial l}\neq 0,\ \frac{\partial v}{\partial l}\neq 0,\ \frac{\partial h}{\partial l}\neq 0$
∴ 등류는 흐름 특성이 어느 단면에서나 같은 흐름을 말한다.

55. 그림과 같이 높이 2m인 물통에 물이 1.5m만큼 담겨져 있다. 물통이 수평으로 4.9m/s^2의 일정한 가속도를 받고 있을 때 물통의 물이 넘쳐흐르지 않기 위한 물통의 최소 길이는?

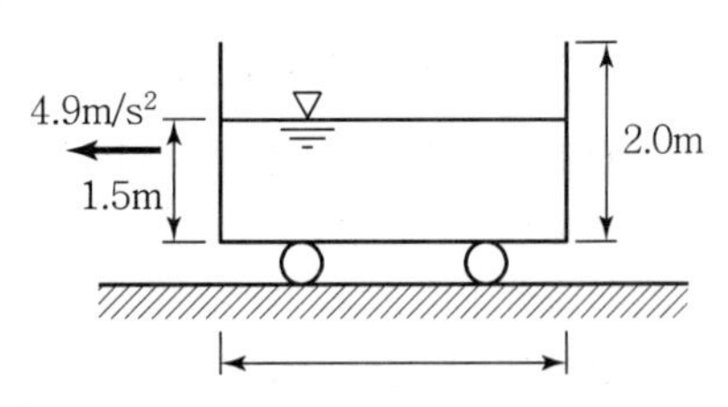

① 2.0m ② 2.4m
③ 2.8m ④ 3.0m

■해설 수평가속도를 받는 경우
㉠ 수면상승고
$$z=-\frac{\alpha}{g}x$$
㉡ 수평길이 계산
• 상승최대높이는 2m－1.5m＝0.5m(z값)
• z값으로부터 x의 계산
$$0.5=-\frac{4.9}{9.8}\times x$$
∴ $x=-1$m(중앙을 중심으로 좌표개념)
• x값은 중앙을 중심으로 $\frac{1}{2}L$이므로 전체 길이 L은 2m이다.

56. 삼각위어의 유량공식으로 옳은 것은?(단, 위어의 각 : θ, 유량계수 : C, 월류 수심 : H)

① $Q=\frac{8}{15}C\tan\frac{\theta}{2}\sqrt{2g}\,H^{\frac{5}{2}}$
② $Q=\frac{1}{15}C\tan\frac{\theta}{2}\sqrt{2gH}$
③ $Q=\frac{4}{15}C\tan\frac{\theta}{2}\sqrt{2gH}$
④ $Q=\frac{2}{3}C\tan\frac{\theta}{2}\sqrt{2g}\,H^{\frac{1}{3}}$

■해설 삼각위어의 유량
삼각위어는 소규모 유량을 정확하게 측정할 때 사용하는 위어이다.
$$Q=\frac{8}{15}C\tan\frac{\theta}{2}\sqrt{2g}\,h^{\frac{5}{2}}$$

57. 층류와 난류에 관한 설명으로 옳지 않은 것은?

① 층류 및 난류는 레이놀즈(Reynolds)수의 크기로 구분할 수 있다.

② 층류란 직선상의 흐름으로 직각방향의 속도성분이 없는 흐름을 말한다.

③ 층류인 경우는 유체의 점성계수가 흐름에 미치는 영향이 유체의 속도에 의한 영향보다 큰 흐름이다.

④ 관수로에서 한계 레이놀즈수의 값은 약 4,000 정도이고 이것은 속도의 차원이다.

해설 흐름의 상태

㉠ 층류와 난류의 구분

$$R_e = \frac{VD}{\nu}$$

여기서, V : 유속
D : 관의 직경
ν : 동점성계수

- $R_e < 2{,}000$: 층류
- $2{,}000 < R_e < 4{,}000$: 천이영역
- $R_e > 4{,}000$: 난류

㉡ 해석

- 레이놀즈수의 크기로 층류와 난류를 구분할 수 있다.
- 층류는 점성으로 인해 층상을 이루며 흐르는 흐름으로 직각방향의 속도성분은 없는 흐름이다.
- 층류는 유체의 흐름의 성질인 관성보다 점성이 커서 흐름을 지배하는 경우이다.
- 한계레이놀즈수는 2,000을 기준으로 층류와 난류로 구분하고, 무차원이다.

58. 수심이 3m, 하폭이 20m, 유속이 4m/s인 직사각형 단면 개수로에서 비력은?(단, 운동량 보정계수 η=1.1)

① 107.2m³ ② 158.3m³
③ 197.8m³ ④ 215.2m³

해설 충력치(비력)

㉠ 충력치는 개수로 어떤 단면에서 수로바닥을 기준으로 한 물의 단위시간, 단위중량당의 운동량(동수압과 정수압의 합)을 말한다.

$$M = \eta \frac{Q}{g} V + h_G A$$

㉡ 비력의 계산

$$M = \eta \frac{Q}{g} V + h_G A$$
$$= 1.1 \times \frac{240}{9.8} \times 4 + \frac{3}{2} \times (20 \times 3)$$
$$= 197.8\text{m}^3$$

59. 직사각형 단면 개수로의 수리상 유리한 형상의 단면에서 수로의 수심이 2m라면 이 수로의 경심(R)은?

① 0.5m ② 1m
③ 2m ④ 4m

해설 수리학적으로 유리한 단면

㉠ 수로의 경사, 조도계수, 단면이 일정할 때 유량이 최대로 흐를 수 있는 단면을 수리학적으로 유리한 단면 또는 최량수리단면이라 한다.

㉡ 수리학적으로 유리한 단면은 경심(R)이 최대이거나, 윤변(P)이 최소일 때 성립된다.
R_{max} 또는 P_{min}

㉢ 직사각형 단면에서 수리학적으로 유리한 단면이 되기 위한 조건은 $B=2H$, $R=\frac{H}{2}$이다.

$$\therefore R = \frac{H}{2} = \frac{2}{2} = 1\text{m}$$

60. 물의 성질에 관한 설명 중 틀린 것은?

① 물은 압축성을 가지며 온도, 압력 및 물에 포함되어 있는 공기의 양에 따라 다르다.

② 물의 단위중량이란 단위체적당 무게로 담수, 해수를 막론하고 항상 동일하다.

③ 물의 밀도는 단위체적당 질량으로 비질량(比質量)이라고도 한다.

④ 물의 비중은 그 질량에 최대밀도가 생기게 하는 온도에서 그것과 같은 체적을 갖는 순수한 물의 질량과의 비이다.

해설 물의 성질

물의 단위중량은 단위체적당 무게로 담수는 1t/㎥이고 해수에서는 1.0251t/㎥으로 값이 다르다.

제4과목 철근콘크리트 및 강구조

61. 강도설계법의 기본가정에 대한 설명으로 틀린 것은?

① 콘크리트의 응력은 변형률에 비례한다고 본다.
② 콘크리트의 인장강도는 휨계산에서 무시한다.
③ 항복강도 f_y 이하에서 철근의 응력은 그 변형률의 E_s배로 본다.
④ 압축 측 연단에서 콘크리트의 극한 변형률은 0.003으로 본다.

해설 극한 강도 상태에서 콘크리트의 응력은 변형률에 비례하지 않는다.

62. 배력철근을 배치하는 이유로서 잘못된 것은?

① 하중을 고르게 분포시켜 균열 폭을 최소화하기 위함이다.
② 주철근의 부착력을 확보하기 위함이다.
③ 온도 변화에 의한 균열을 방지하기 위함이다.
④ 건조 수축에 의한 균열을 방지하기 위함이다.

해설 배력철근의 기능
- 응력을 고루 분산시켜 콘크리트의 균열폭을 최소화시킨다.
- 건조수축 또는 온도변화에 따른 콘크리트의 수축을 억제한다.
- 주철근의 위치를 확보한다.

63. 단철근 직사각형보에서 f_y=300MPa, d=600mm일 때 중립축 거리 c는?(단, 강도설계법에 의한 균형보임)

① 400mm ② 447mm
③ 483mm ④ 537mm

해설 $C_b = \dfrac{600}{600+f_y}d = \dfrac{600}{600+300} \times 600 = 400\text{mm}$

64. 아래 그림과 같은 보에서 콘크리트가 부담할 수 있는 공칭전단강도(V_c)는?(단, f_{ck}=28MPa, f_y=400MPa이고, 보통중량 콘크리트를 사용한 경우)

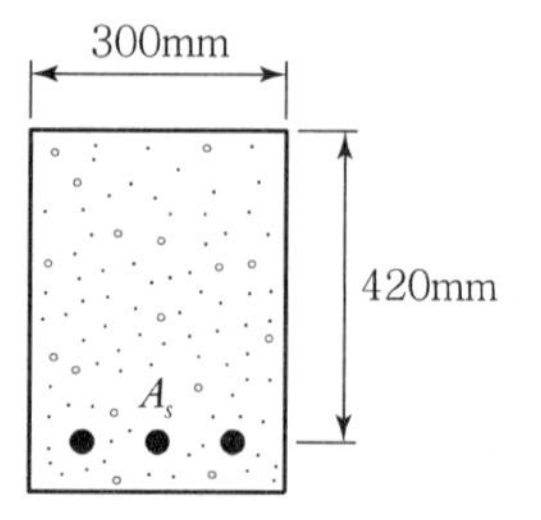

① 111.1kN ② 134.6kN
③ 165.2kN ④ 193.4kN

해설 $\lambda=1$(보통중량의 콘크리트인 경우)

$$V_c = \frac{1}{6}\lambda\sqrt{f_{ck}}\,b_w d$$
$$= \frac{1}{6}\times 1\times\sqrt{28}\times 300\times 420$$
$$= 111.1\times 10^3\text{N} = 111.1\text{kN}$$

65. 균형철근량보다 적은 인장철근량을 가진 보가 휨에 의해 파괴되는 경우에 대한 설명으로 옳은 것은?

① 취성파괴를 한다.
② 연성파괴를 한다.
③ 사용철근량이 균형철근량보다 적은 경우는 보로서 의미가 없다.
④ 중립축이 인장 측으로 내려오면서 철근이 먼저 파괴한다.

해설 균형철근량보다 적은 인장철근을 가진 과소철근보는 콘크리트 압축 측 연단의 변형률이 극한 변형률 0.03에 도달하기 전에 인장 측 철근이 먼저 항복상태에 도달하여 연성파괴가 일어나는 보이다.

 |해답| 61.① 62.② 63.① 64.① 65.②

66. 철근콘크리트 보에 스터럽을 배근하는 가장 주된 이유는?

① 보에 작용하는 전단응력에 의한 균열을 막기 위하여
② 콘크리트와 철근의 부착을 잘 되게 하기 위하여
③ 압축 측의 좌굴을 방지하기 위하여
④ 인장철근의 응력을 분포시키기 위하여

해설 철근콘크리트 보에서 스터럽은 보에 작용하는 전단응력에 의한 균열을 제어하기 위하여 배근한다.

67. 압축지배단면으로서 띠철근으로 보강된 철근콘크리트부재에 적용하는 강도감소계수(ϕ)는?

① 0.80 ② 0.75
③ 0.70 ④ 0.65

해설 압축지배단면으로서 띠철근으로 보강된 철근콘크리트 부재에 적용되는 강도감수계수(ϕ)는 0.65이다.

68. 길이가 10m인 PSC보에서 포스트텐션 공법으로 설계할 때 강선에 1,000MPa의 인장력을 가했더니 강선이 2.0mm 풀렸다. 이때 프리스트레스의 감소량은?(단, $E_p = 2.0 \times 10^5$MPa이고 일단 정착이다.)

① 20MPa ② 30MPa
③ 40MPa ④ 50MPa

해설
$$\Delta f_{pa} = E_p \varepsilon_p = E_p \cdot \frac{\Delta l}{l}$$
$$= (2 \times 10^5) \times \frac{2}{(10 \times 10^3)} = 40\text{MPa}$$

69. 강재의 연결부 구조사항으로 옳지 않은 것은?

① 응력 집중이 없어야 한다.
② 응력의 전달이 확실해야 한다.
③ 각 재편에 가급적 편심이 없어야 한다.
④ 부재의 변형에 따른 영향을 고려하지 않는다.

해설 강재 연결부의 요구사항
- 부재 사이에 응력 전달이 확실해야 한다.
- 가급적 편심이 발생하지 않도록 연결한다.
- 연결부에서 응력집중이 없어야 한다.
- 부재의 변형에 따른 영향을 고려하여야 한다.
- 잔류응력이나 2차응력을 일으키지 않아야 한다.

70. 고정하중 10kN/m, 활하중 20kN/m의 등분포하중을 받는 경간 8m의 단순지지보에서 하중계수와 하중조합을 고려한 계수모멘트는?

① 352kN · m ② 408kN · m
③ 449kN · m ④ 497kN · m

해설
$$W_u = 1.2W_D + 1.6W_L$$
$$= (1.2 \times 10) + (1.6 \times 20) = 44\text{kN/m}$$
$$M_u = \frac{W_u l^2}{8} = \frac{44 \times 8^2}{8} = 352\text{kN} \cdot \text{m}$$

71. $A_s' = 1{,}400\text{mm}^2$로 배근된 그림과 같은 복철근보의 탄성처짐이 10mm라 할 때 1년 후 장기처짐을 고려한 총 처짐량은?(단, 1년 후 지속하중 재하에 따른 계수 $\xi = 1.4$이다.)

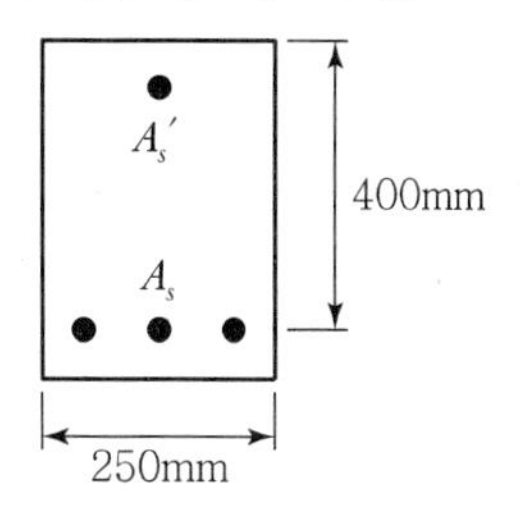

① 10mm ② 13.25mm
③ 16.43mm ④ 18.24mm

해설
$$\rho' = \frac{A_s'}{bd} = \frac{1{,}400}{250 \times 400} = 0.014$$
$$\lambda = \frac{\xi}{1 + 50\rho'} = \frac{1.4}{1 + (50 \times 0.014)} = 0.82$$
$$\delta_L = \lambda \delta_i = 0.82 \times 10 = 8.2\text{mm}$$
$$\delta_T = \delta_i + \delta_L = 10 + 8.2 = 18.2\text{mm}$$

72. $f_{ck}=28\text{MPa}$, $f_y=400\text{MPa}$인 경우 표준갈고리를 갖는 인장이형철근의 기본정착길이(l_{hb})로 옳은 것은?(단, 사용 철근은 D25(공칭지름=25.4mm)이고, 도막되지 않은 철근이고, 사용하는 콘크리트는 보통중량 콘크리트이다.)

① 389mm ② 423mm
③ 461mm ④ 514mm

해설 $\lambda=1$(보통중량의 콘크리트인 경우)
$\beta=1$(도막되지 않은 철근인 경우)

$$l_{hb}=\frac{0.24\beta d_b f_y}{\lambda\sqrt{f_{ck}}}=\frac{0.24\times1\times25.4\times400}{1\times\sqrt{28}}$$
$$=460.8\text{mm}$$

73. 철근의 겹침이음에서 A급 이음의 조건에 대한 설명으로 옳은 것은?

① 배근된 철근량이 이음부 전체 구간에서 해석결과 요구되는 소요 철근량의 2배 이상이고 소요 겹침이음 길이 내 겹침이음된 철근량이 전체 철근량의 1/3 이상인 경우
② 배근된 철근량이 이음부 전체 구간에서 해석결과 요구되는 소요 철근량의 2배 이하이고 소요 겹침이음 길이 내 겹침이음된 철근량이 전체 철근량의 1/2 이상인 경우
③ 배근된 철근량이 이음부 전체 구간에서 해석결과 요구되는 소요 철근량의 2배 이상이고 소요 겹침이음 길이 내 겹침이음된 철근량이 전체 철근량의 1/2 이하인 경우
④ 배근된 철근량이 이음부 전체 구간에서 해석결과 요구되는 소요 철근량의 2배 이하이고 소요 겹침이음 길이 내 겹침이음된 철근량이 전체 철근량의 1/3 이하인 경우

해설 이형인장철근의 최소 겹침 이음 길이
- A급 이음 : $1.0l_d$(배근된 철근량이 소요철근량의 2배이상이고, 겹침이음된 철근량이 총 철근량의 $\frac{1}{2}$ 이하인 경우)
- B급 이음 : $1.3l_d$(A급 이외의 이음)

74. 다음의 프리스트레스 손실 원인 중 도입할 때 일어나는 손실(즉시 손실)이 아닌 것은?

① 콘크리트의 탄성수축에 의한 손실
② PS강재의 릴렉세이션에 의한 손실
③ 긴장재와 시스의 마찰에 의한 손실
④ 정착장치에서 긴장재의 활동에 의한 손실

해설 PSC 부재에서 프리스트레스의 손실 원인
- 즉시 손실 : 탄성변형, 정착단 활동, 마찰
- 시간 손실 : 크리프, 건조수축, 릴렉세이션

75. 플랜지의 유효폭이 b이고 복부의 폭이 b_w인 복철근 T형 단면보에서 중립축이 복부내에 있고 부(−)의 휨 모멘트를 받아 복부의 아래쪽이 압축을 받게 될 때의 응력 계산방법으로 옳은 것은?

① 폭이 b인 T형보로 계산
② 폭이 b_w인 직사각형보로 계산
③ 폭이 b_w인 T형보로 계산
④ 폭이 b인 직사각형보로 계산

해설

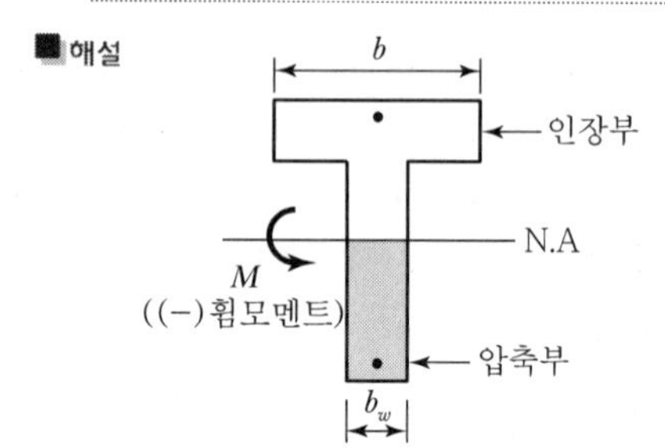

콘크리트 단면에 (−)휨모멘트가 작용하면 중립축 하단이 압축부가 된다. 따라서 그림에서와 같이 콘크리트의 압축을 받는 단면이 직사각형 단면이므로 폭이 b_w인 복철근 직사각형 단면보로 해석한다.

76. 길이 6m의 단순 철근콘크리트보에서 처짐을 계산하지 않아도 되는 보의 최소 두께는 얼마인가?(단, 보통콘크리트(m_c=2,300kg/m³)를 사용하며, $f_{ck}=21\text{MPa}$, $f_y=400\text{MPa}$)

① 356mm ② 403mm
③ 375mm ④ 349mm

 |해답| 72.③ 73.③ 74.② 75.② 76.③

■해설 ㉠ 단순지지된 철근콘크리트 보에서 처짐을 계산하지 않아도 되는 보의 최소두께($h_{\min}$)

- $f_y = 400\text{MPa} : h_{\min} = \dfrac{l}{16}$
- $f_y \neq 400\text{MPa} : h_{\min} = \dfrac{l}{16}\left(0.43 + \dfrac{f_y}{700}\right)$

㉡ f_y=400MPa이므로 최소두께($h_{\min}$)는 다음과 같다.

$$h_{\min} = \frac{l}{16} = \frac{(6\times10^3)}{16} = 375\text{mm}$$

77. 강판을 리벳 이음할 때 지그재그(Zigzag)형으로 리벳을 배치할 경우 재편의 순폭은 최초의 리벳구멍에 대하여 그 지름을 빼고 다음 것에 대하여는 다음 중 어느 식을 사용하여 빼주는가?(단, g : 리벳선간거리, p : 리벳의 피치)

① $d - \dfrac{g^2}{4p}$　② $d - \dfrac{4p^2}{g}$

③ $d - \dfrac{p^2}{4g}$　④ $d - \dfrac{4g}{p^2}$

■해설 $W = d - \dfrac{p^2}{4g}$

78. b_w=200mm, d=500mm인 단철근 직사각형보의 균형철근량은?(단, f_{ck}=24MPa, f_y=400MPa)

① 2,372mm²　② 2,601mm²

③ 3,271mm²　④ 3,583mm²

■해설 $\beta_1 = 0.85$($f_{ck} \leq 28\text{MPa}$인 경우)

$$\rho_b = 0.85\beta_1 \frac{f_{ck}}{f_y}\frac{600}{600+f_y}$$

$$= 0.85\times0.85\times\frac{24}{400}\times\frac{600}{600+400} = 0.02601$$

$$A_{s,b} = \rho_b bd$$

$$= 0.02601\times200\times500$$

$$= 2{,}601\text{mm}^2$$

79. 유효깊이가 800mm인 철근콘크리트보에 수직 스터럽을 설치하고자 한다. 전단철근이 부담하는 전단력 V_s가 $\dfrac{\sqrt{f_{ck}}}{3}b_w \cdot d$를 초과한다면 수직 스터럽의 최대간격은?(단, f_{ck} : 콘크리트의 설계기준강도, b_w : 보의 폭, d : 보의 유효깊이)

① 800mm　② 600mm

③ 400mm　④ 200mm

■해설 $V_s > \dfrac{1}{3}\lambda\sqrt{f_{ck}}\,b_w d$이고 수직스터럽을 사용한 경우 전단철근의 간격(s)

- $s \leq 300\text{mm}$
- $s \leq \dfrac{d}{4} = \dfrac{800}{4} = 200\text{mm}$

따라서 전단철근의 간격(s)은 최소값인 200mm 이하라야 한다.

80. 그림과 같이 등분포하중을 받는 단순보에 PS강재를 e=50mm만큼 편심시켜서 직선으로 작용시킬 때, 보중앙 단면의 하연 응력은 얼마인가?(단, 자중은 무시한다.)

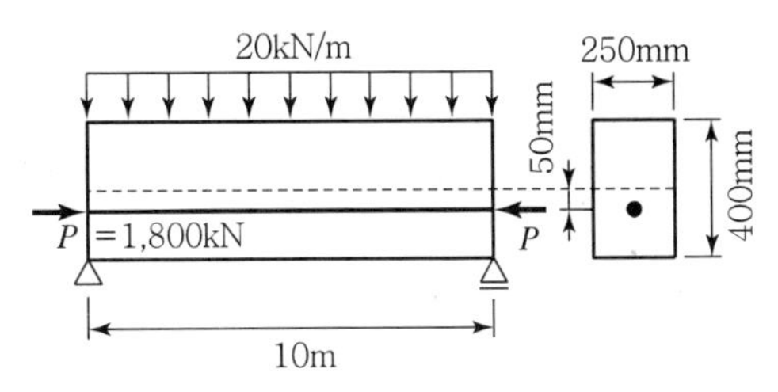

① 69MPa(압축)　② 42MPa(압축)

③ 33MPa(인장)　④ 6MPa(인장)

■해설 $f_b = \dfrac{P}{A} + \dfrac{P\cdot e}{Z} - \dfrac{M}{Z} = \dfrac{P}{bh}\left(1+\dfrac{6e}{h}\right) - \dfrac{3wL^2}{4bh^2}$

$$= \frac{(1{,}800\times10^3)}{250\times400}\left(1+\frac{6\times50}{400}\right)$$

$$- \frac{3\times20\times(10\times10^3)^2}{4\times250\times400^2}$$

$$= 31.5 - 37.5 = -6\text{MPa}(\text{인장})$$

제5과목 토질 및 기초

81. 흙의 다짐효과에 대한 설명으로 옳은 것은?

① 부착성이 양호해지고 흡수성이 증가한다.
② 투수성이 증가한다.
③ 압축성이 커진다.
④ 밀도가 커진다.

해설 다짐효과
㉠ 투수성 감소
㉡ 압축성 감소
㉢ 흡수성 감소
㉣ 부착력 및 밀도 증가

82. 어떤 흙의 건조단위중량 γ_d =1.65g/cm³이고, 비중은 2.73일 때 이 흙의 간극률은?

① 31.2%　　② 35.5%
③ 39.4%　　④ 42.6%

해설
$$\text{간극률}(n) = \frac{e}{1+e} \times 100$$
$$\left(\gamma_d = \frac{G_s}{1+e}\gamma_w,\quad \therefore e = \frac{\gamma_w}{\gamma_d}G_s - 1 = \frac{1}{1.65} \times 2.73 - 1 = 0.65\right)$$
$$\therefore n = \frac{0.65}{1+0.65} \times 100 = 39.4\%$$

83. 도로포장 두께 설계 시 필요한 시험은?

① 표준관입시험
② CBR 시험
③ 콘 관입시험
④ 현장베인시험

해설 도로 포장 두께 설계
- CBR 시험(아스팔트)
- PBT 시험(콘크리트)

84. 내부 마찰각이 영(零, zero)인 점토질 흙의 일축압축시험 시 압축 강도가 4kg/cm²이었다면 이 흙의 점착력은?

① 1kg/cm²　　② 2kg/cm²
③ 3kg/cm²　　④ 4kg/cm²

해설
$$c = \frac{q_u}{2}(\phi = 0) = \frac{4}{2} = 2\text{kg/cm}^2$$

85. 말뚝기초의 부의 주면마찰력에 대한 설명으로 잘못된 것은?

① 말뚝 선단부에 큰 압력부담을 주게 된다.
② 연약지반에 말뚝을 박고 그 위에 성토를 하였을 때 발생한다.
③ 말뚝 주위의 흙이 말뚝을 아래 방향으로 끄는 힘을 말한다.
④ 부의 주면마찰력이 일어나면 지지력은 증가한다.

해설 부(주면) 마찰력이 일어나면 지지력은 감소한다.

86. 연약지반개량공사에서 성토하중에 의해 압밀된 후 다시 추가하중을 재하한 직후의 안정검토를 할 경우 삼축압축시험 중 어떠한 시험이 가장 좋은가?

① CD시험
② UU시험
③ CU시험
④ 급속전단시험

해설 압밀비배수시험(CU 시험)
① 점토지반이 성토하중에 의해 압밀 후 급속히 파괴가 예상 시
② 제방, 흙댐에서 수위가 급 강하 시 안정 검토
③ Pre-loading(압밀진행) 후 갑자기 파괴 예상 시

 |해답| 81.④ 82.③ 83.② 84.② 85.④ 86.③

87. 다음 설명 중 동상(凍上)에 대한 대책으로 틀린 것은?

① 지하수위와 동결 심도 사이에 모래, 자갈층을 형성하여 모세관 현상으로 인한 물의 상승을 막는다.
② 동결 심도 내의 silt질 흙을 모래나 자갈로 치환한다.
③ 동결 심도 내의 흙에 염화칼슘이나 염화나트륨 등을 섞어 빙점을 낮춘다.
④ 아이스 렌스(ice lense) 형성이 될 수 있도록 충분한 물을 공급한다.

■ 해설 아이스 렌스(Ice Lense)가 생성되지 않도록 지표면을 단열시키고 물의 공급을 줄이면 동상현상이 방지된다.

88. 점토층이 소정의 압밀도에 도달 소요시간이 단면배수일 경우 4년이 걸렸다면 양면배수일 때는 몇 년이 걸리겠는가?

① 1년 ② 2년
③ 4년 ④ 16년

■ 해설
• 소요시간$\left(t=\dfrac{T_v \cdot H^2}{C_v}\right)$과 배수거리($H$)의 관계

$t_1 : t_2 = H^2 : \left(\dfrac{H}{2}\right)^2$

$\therefore\ t_2 = \dfrac{1}{4}t_1 = \dfrac{1}{4}\times 4 = 1$년

89. 토질조사방법 중 Sounding에 대한 설명으로 옳은 것은?

① 표준관입시험(SPT)은 정적인 Sounding 방법이다.
② Sounding은 Boring이나 시굴보다도 확실하게 지반구성을 알 수 있다.
③ Sounding은 원위치 시험으로서 의의가 있으며 예비조사에 많이 사용된다.
④ 동적인 Sounding 방법은 주로 점성토 지반에서 사용된다.

■ 해설 ① 표준관입시험(SPT)은 동적인 Sounding방법이다.
② Boring은 Sounding보다 확실하게 지반 구성을 알 수 있다.
④ 동적 사운딩은 사질토에 적합하다.

90. 비중 2.65, 간극률 50%인 경우에 Quick Sand 현상을 일으키는 한계동수경사는?

① 0.325 ② 0.825
③ 0.512 ④ 1.013

■ 해설
한계동수경사$(i_c) = \dfrac{G_s - 1}{1+e} = \dfrac{2.65-1}{1+1} = 0.825$

$\left(e = \dfrac{n}{1-n} = \dfrac{0.5}{1-0.5} = 1\right)$

91. 그림과 같은 지반에서 A점의 주동에 의한 수평방향의 전응력 σ_h는 얼마인가?

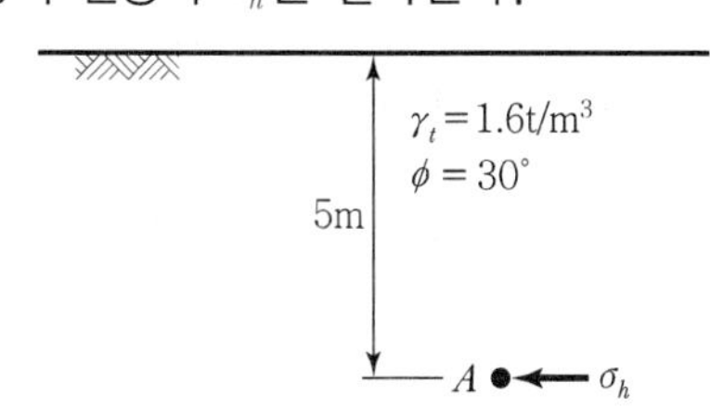

① 8.0t/m²
② 1.65t/m²
③ 2.67t/m²
④ 4.84t/m²

■ 해설 수평응력$(\sigma_h) = \sigma_v \times K_a$
㉠ $\sigma_v = \gamma_t \times Z = 1.6\times 5 = 8\text{t/m}^2$
㉡ 주동토압계수(K_a)
$= \tan^2\left(45 - \dfrac{\phi}{2}\right) = \tan^2\left(45 - \dfrac{30}{2}\right)$
$= 0.333$
$\therefore\ \sigma_h = \sigma_v \times K_a = 8\times 0.333 = 2.67\text{t/m}^2$

92. 어떤 시료가 조밀한 상태에 있는가, 느슨한 상태에 있는가를 나타내는 데 쓰이며, 주로 모래와 같은 조립토에서 사용되는 것은?

① 상대밀도
② 건조밀도
③ 포화밀도
④ 수중밀도

■해설 ㉠ 상대밀도(D_r) : 사질토가 느슨한 상태인지, 조밀한 상태인지 나타내는 데 쓰인다.

㉡ $D_r = \left(\frac{\gamma_{\max}}{\gamma_d} \times \frac{\gamma_d - \gamma_{d\min}}{\gamma_{d\max} - \gamma_{d\min}}\right) \times 100\%$

93. 말뚝의 정재하시험에서 하중 재하방법이 아닌 것은?

① 사하중을 재하하는 방법
② 반복하중을 재하하는 방법
③ 반력말뚝의 주변 마찰력을 이용하는 방법
④ Earth Anchor의 인발저항력을 이용하는 방법

■해설 말뚝 정재하시험의 재하방법
㉠ 사하중을 재하하는 방법
㉡ 반력 말뚝을 이용하는 방법
㉢ 반력 Anchor를 이용하는 방법

94. 다음 중 현장 타설 콘크리트 말뚝기초 공법이 아닌 것은?

① 프랭키(Franky) 말뚝공법
② 레이몬드(Raymond) 말뚝공법
③ 페데스탈(Pedestal) 말뚝공법
④ PHC 말뚝공법

■해설 현장 타설 콘크리트 말뚝
㉠ 프랭키 파일(Franky Pile)
㉡ 페데스탈 파일(Pedestal Pile)
㉢ 레이몬드 파일(Raymond Pile)

95. 다음 중 직접전단시험의 특징이 아닌 것은?

① 배수조건에 대한 완벽한 조절이 가능하다.
② 시료의 경계에 응력이 집중된다.
③ 전단면이 미리 정해진다.
④ 시험이 간단하고 결과 분석이 빠르다.

■해설 직접전단시험은 배수 조절이 곤란하여 간극수압 측정이 곤란하다.

96. 테르자기(Terzaghi) 압밀이론에서 설정한 가정으로 틀린 것은?

① 흙은 균질하고 완전히 포화되어 있다.
② 흙입자와 물의 압축성은 무시한다.
③ 흙 속의 물의 이동은 Darcy의 법칙을 따르며 투수계수는 일정하다.
④ 흙의 간극비는 유효응력에 비례한다.

■해설 압력과 간극비의 관계는 이상적으로 직선적 변화를 한다.

97. 어떤 점토를 연직으로 4m 굴착하였다. 이 점토의 일축압축강도가 4.8t/m²이고, 단위중량이 1.6t/m³일 때 굴착고에 대한 안전율은 얼마인가?

① 1.2 ② 1.5
③ 2.0 ④ 3.0

■해설 안전율(F_s) $= \frac{H_c}{H} = \frac{6}{4} = 1.5$

$\left[\text{한계고}(H_c) = 2 \times \frac{2q_u}{\gamma_t} = \frac{2 \times 4.8}{1.6} = 6\text{m}\right]$

98. 지름 30cm인 재하판으로 측정한 지지력계수 $K_{30} = 6.6\text{kg/cm}^3$일 때 지름 75cm인 재하판의 지지력계수 K_{75}은?

① 3.0kg/cm³ ② 3.5kg/cm³
③ 4.0kg/cm³ ④ 4.5kg/cm³

 |해답| 92.① 93.② 94.④ 95.① 96.④ 97.② 98.①

■해설 재하판 크기에 따른 지지력 계수

$K_{30} = 2.2K_{75}$

$\therefore\ K_{75} = \frac{1}{2.2}K_{30} = \frac{1}{2.2}\times 6.6 = 3.0\text{kg/cm}^3$

99. 연약지반 개량공법 중 프리로딩(preloading) 공법은 다음 중 어떤 경우에 채용하는가?

① 압밀계수가 작고 점성토층의 두께가 큰 경우
② 압밀계수가 크고 점성토층의 두께가 얇은 경우
③ 구조물 공사기간에 여유가 없는 경우
④ 2차 압밀비가 큰 흙의 경우

■해설 압밀계수가 크고 압밀토층 두께가 얇은 경우에 효과적인 공법이다.

100. 평균 기온에 따른 동결지수가 520℃/days였다. 이 지방의 정수 C=4일 때 동결깊이는?(단, 데라다 공식을 이용)

① 22.8cm ② 45.6cm
③ 91.2cm ④ 130cm

■해설 동결깊이(Z)

$= C\sqrt{F} = \text{토질정수}\sqrt{\text{동결지수(℃}\cdot\text{days)}}$

$= 4\sqrt{520}$

$= 91.2\text{cm}$

제6과목 상하수도공학

101. 활성슬러지법에서 유입하수의 BOD_5가 180mg/L, SS가 200mg/L, 폭기조 체류시간 6시간, 폭기조의 MLSS가 2,000mg/L일 때 BOD－SS부하(F/M비)는?

① 0.02kg/kg · MLSS · d
② 0.36kg/kg · MLSS · d
③ 0.40kg/kg · MLSS · d
④ 0.76kg/kg · MLSS · d

■해설 BOD 슬러지부하(F/M비)

㉠ MLSS 단위무게당 1일 가해지는 BOD량을 BOD 슬러지부하라고 한다.

$\text{F/M} = \frac{\text{1일 BOD량}}{\text{MLSS 무게}} = \frac{\text{BOD 농도}\times Q}{\text{MLSS 농도}\times V}$

$= \frac{\text{BOD 농도}}{\text{MLSS 농도}\times t}$

㉡ 포기조 체적의 계산

$\text{F/M} = \frac{BOD\text{ 농도}}{MLSS\text{ 농도}\times t} = \frac{180}{2{,}000\times\frac{6}{24}}$

$= 0.36\text{kg}\cdot\text{BOD/kg}\cdot\text{MLSS}\cdot\text{day}$

102. 취수시설 중 취수문에 대한 시설기준으로 ( )에 알맞은 것은?

> 취수문을 통한 유입속도가 ( ) 이하가 되도록 취수문의 크기를 정하여야 한다.

① 0.08m/s ② 0.8m/s
③ 1.8m/s ④ 2.8m/s

■해설 하천수의 취수시설

종류	특징
취수관	• 수중에 관을 매설하여 취수하는 방식 • 수위와 하상변동에 영향을 많이 받는 방법으로 수위와 하상이 안정적인 곳에 적합
취수문	• 하안에 콘크리트 암거구조로 직접 설치하는 방식 • 취수문은 양질의 견고한 지반에 설치한다. • 수위와 하상변동에 영향을 많이 받는 방법으로 수위와 하상이 안정적인 곳에 적합 • 수문의 크기는 모래의 유입을 작게 하도록 설계하며, 수문에서의 유입속도는 1m/sec 이하로 한다.
취수탑	• 대량 취수의 목적으로 취수탑에 여러 개의 취수구를 설치하여 취수하는 방식 • 최소 수심이 2m 이상인 장소에 설치한다. • 연간 하천의 수위변화가 큰 지점에서도 안정적인 취수를 할 수 있다.
취수보	• 수위변화가 큰 취수지 등에서도 취수량을 안정하게 취수할 수 있다. • 대량 취수가 적합하며, 안정한 취수가 가능하다.

∴ 취수문의 유입속도는 0.8m/s 이하가 되도록 한다.

103. 하수관거의 경사와 유속에 대한 설명으로 틀린 것은?

① 관거의 경사는 하류로 갈수록 감소시켜야 한다.
② 유속이 너무 크면 관거를 손상시키고 내용년수를 줄어들게 한다.
③ 유속을 너무 크게 하면 경사가 급하게 되어 굴착 깊이가 점차 깊어져서 시공이 곤란하고 공사비용이 증대된다.
④ 오수관거의 최대유속은 계획시간 최대오수량에 대하여 1.0m/s로 한다.

해설 하수관의 유속 및 경사
㉠ 하수관로 내 유속은 하류로 갈수록 빠르게, 경사는 하류로 갈수록 완만하게 해야 한다.
㉡ 관로의 유속기준
관로의 유속은 침전과 마모방지를 위해 최소유속과 최대유속을 한정하고 있다.
- 오수 및 차집관 : 0.6~3.0m/sec
- 우수 및 합류관 : 0.8~3.0m/sec
- 이상적 유속 : 1.0~1.8m/sec

104. 계획급수 인구를 추정하기 위한 방법이 아닌 것은?

① 연평균 인구증감수와 증감률에 의한 방법
② 이론곡선식(logistic curve)에 의한 방법
③ 베기곡선식에 의한 방법
④ 이동평균법에 의한 방법

해설 급수인구 추정법

종류	특징
등차 급수법	• 연평균 인구 증가가 일정하다고 보는 방법 • 발전성이 적은 읍, 면에 적용하며 과소평가의 우려가 있다. • $P_n = P_0 + nq$
등비 급수법	• 연평균 인구증가율이 일정하다고 보는 방법 • 성장단계에 있는 도시에 적용하며, 과대평가될 우려가 있다. • $P_n = P_0(1+r)^n$
로지스틱 곡선법	• 증가율이 증가하다 감소하는 경향을 보이는 방법, 도시 인구동태와 잘 일치 • 포화인구를 추정해야 하며, 포화인구추정법이라고도 한다. • $y = \dfrac{K}{1+e^{a-bx}}$
지수 함수 곡선법	• 등비급수법이 복리법에 의한 일정비율 증가식이라면 인구가 연속적으로 변한다는 원리하에 아주 짧은 기간의 분석에 적합한 방법이다. • $P_n = P_0 + A_n^a$

∴ 급수인구 추정방법이 아닌 것은 이동평균법에 의한 방법이다.

105. 상수도의 구성 순서로 옳은 것은?

① 수원 – 송수 – 정수 – 취수 – 도수 – 배수
② 수원 – 취수 – 송수 – 정수 – 도수 – 배수
③ 수원 – 취수 – 도수 – 정수 – 송수 – 배수
④ 수원 – 배수 – 취수 – 도수 – 정수 – 송수

해설 상수도 구성요소
㉠ 수원 → 취수 → 도수(침사지) →정수(착수정 → 약품혼화지 → 침전지 → 여과지 → 소독지 → 정수지) → 송수 → 배수(배수지, 배수탑, 고가탱크, 배수관) → 급수
㉡ 수원, 취수, 도수, 정수, 송수 등의 설계에는 계획 1일 최대급수량을 기준으로 한다.
㉢ 계획취수량은 계획 1일 최대급수량을 기준으로 5~10% 정도 여유 있게 취수한다.
㉣ 배수관의 직경결정, 펌프의 직경결정 등은 계획시간 최대급수량을 기준으로 한다.

106. 상수 염소소독의 부산물로서 위해성에 대한 문제가 있는 물질은?

① 클로라민 ② 유리잔류염소
③ 트리할로메탄(THM) ④ 결합잔류염소

해설 트리할로메탄(THM)
염소소독을 실시하면 THM의 생성 가능성이 존재한다. THM은 응집침전과 활성탄 흡착으로 어느 정도 제거가 가능하며 현재 THM은 수도법상 발암물질로 규정되어 있다.

 |해답| 103.④ 104.④ 105.③ 106.③

107. 배수지(配水池)에 대한 설명으로 틀린 것은?

① 배수지는 가능한 한 급수지역의 중앙 가까이 설치한다.
② 배수지의 유효수심이 너무 깊으면 구조 면이나 시공 면에서 내진성과 수밀성에 문제가 생긴다.
③ 배수지의 유효용량은 급수구역의 계획 1일 최대 급수량의 24시간분 이상을 표준으로 한다.
④ 배수지는 붕괴의 우려가 있는 비탈의 상부나 하부 가까이는 피해야 한다.

해설 배수지

㉠ 배수지는 계획배수량에 대하여 잉여수를 저장하였다가 수요 급증 시 부족량을 보충하는 조절지의 역할과 급수구역에 소정의 수압을 유지하기 위한 시설이다.

㉡ 배수지
- 배수지는 가능한 한 급수구역의 중앙에 위치하고 적당한 수두를 얻을 수 있는 곳이어야 한다.
- 배수지의 높이는 관말단부에서 최소 1.5kg/cm^2 (수두 15m)의 동수압이 확보될 수 있는 높이에 위치해야 한다.
- 유효용량 : 계획 1일 최대급수량의 8~12시간 분, 최소 6시간분
- 유효수심 : 3~6m

108. 하수슬러지의 혐기성 소화에 의한 슬러지 분해과정으로 옳은 것은?

① 산 생성 단계 → 메탄 생성 단계 → 가수분해 단계
② 산 생성 단계 → 가수분해 단계 → 메탄 생성 단계
③ 가수분해 단계 → 메탄 생성 단계 → 산 생성 단계
④ 가수분해 단계 → 산 생성 단계 → 메탄 생성 단계

해설 혐기성 소화

㉠ 개요 : 유기물이 혐기성 분해하는 과정은 크게 2단계로 산 생성 단계와 메탄 생성단계로 나뉜다. 하지만 세분화하면 3단계, 4단계로도 나누어진다.

㉡ 경로(4단계)
- 1단계(가수분해 단계) : 탄수화물, 지방, 단백질이 효소에 의해 가용성 유기물인 당류(글루코스), 아미노산으로 전환
- 2단계(산 생성 단계) : 산형성균이 가수분해된 당류, 아미노산, 글리세린 등을 분해시켜 유기산과 알코올, 알데히드로를 생성
- 3단계(초산 생성 단계) : 산 생성 단계에서 생긴 아세트산을 제외한 물질들을 초산생성균에 의해 초산으로 변화
- 4단계(메탄 생성 단계) : 메탄 생성균에 의해 유기산이 CH_4, CO_2, NH_3, H_2O로 바뀐다. 메탄 생성은 초산에서 72% 생성되며 나머지 28%는 수소와 CO_2가 반응하여 생성

∴ 슬러지 분해과정을 세 단계로 나눌 때는 가수분해단계 → 산 생성 단계 → 메탄 생성 단계로 나눌 수 있다.

109. 원수조정지에 대한 설명으로 옳지 않은 것은?

① 정수시설과 배수시설 사이에 설치한다.
② 용량은 갈수 시나 수질사고 등을 고려하여 적절한 용량으로 한다.
③ 필요에 따라 펌프 및 그 외의 부속설비를 설치한다.
④ 필요에 따라서 오염방지 및 위험방지를 위한 조치를 강구하도록 한다.

해설 원수조정지

원수조정지는 갈수 시나 수질사고 등을 고려하여 설치하는 시설로 정수시설 마지막 단계에 설치하는 시설이다.

110. 펌프의 캐비테이션(공동현상) 방지 대책으로 옳지 않은 것은?

① 펌프의 설치 위치를 가능한 한 높게 한다.
② 흡입관의 손실을 가능한 한 작게 한다.
③ 펌프의 회전속도를 낮게 선정한다.
④ 한쪽 흡입펌프보다는 양쪽 흡입펌프를 적용한다.

해설 공동현상(cavitation)

㉠ 펌프의 관내 압력이 포화증기압 이하가 되면 기화현상이 발생되어 유체 중에 공동이 생기는 현상을 공동현상이라 한다. 공동현상이 발생되지 않으려면 이용할 수 있는 유효흡입수두가 펌프가 필요로 하는 유효흡입수두보다 커야 하며, 그 차이 값이 1m보다 크도록 하는 것이 좋다.

㉡ 악현상
- 소음, 진동 발생
- 펌프의 성능 저하

|해답| 107.③ 108.④ 109.① 110.①

- 관 내부의 침식

㉢ 방지책
- 펌프의 설치 위치를 낮춘다.
- 펌프의 회전수를 줄인다(임펠러 속도를 적게 한다).
- 흡입관의 손실을 줄인다(직경 D를 크게 한다).
- 흡입양정의 표준을 -5m까지로 제한한다.

∴ 공동현상을 방지하려면 펌프의 설치위치를 낮춘다.

111. 우리나라의 상수도 시설을 기본계획할 때 계획(목표)년도는 몇 년을 표준으로 하는가?

① 2~3년 ② 15~20년
③ 30~40년 ④ 50년 이상

해설 계획 목표연도
상수도 시설의 계획 목표연도는 나라마다 다소 다르지만 우리나라는 그간의 실적 및 자료를 근거로 15~20년 후로 결정한다.

112. 계획오수량을 결정하기 위한 항목에 포함되지 않는 것은?

① 우수량 ② 공장폐수량
③ 생활오수량 ④ 지하수량

해설 오수량의 산정

종류	내용
계획오수량	계획오수량은 생활오수량, 공장폐수량, 지하수량으로 구분할 수 있다.
지하수량	지하수량은 1인 1일 최대오수량의 10~20%를 기준으로 한다.
계획 1일 최대오수량	• 1인 1일 최대오수량×계획급수인구+(공장폐수량, 지하수량, 기타 배수량) • 하수처리 시설의 용량 결정의 기준이 되는 수량
계획 1일 평균오수량	• 계획 1일 최대오수량의 70(중·소도시)~80%(대·공업도시) • 하수처리장 유입하수의 수질을 추정하는 데 사용되는 수량
계획시간 최대오수량	• 계획 1일 최대오수량의 1시간당 수량에 1.3~1.8배를 표준으로 한다. • 오수관거 및 펌프설비 등의 크기를 결정하는 데 사용되는 수량

∴ 계획오수량 산정에 포함되지 않는 것은 우수량이다.

113. 하수배제 방식 중 합류식 하수관거에 대한 설명으로 옳지 않은 것은?

① 일정량 이상이 되면 우천 시 오수가 월류한다.
② 기존의 측구를 폐지할 경우 도로폭을 유효하게 이용할 수 있다.
③ 하수처리장에 유입하는 하수의 수질변동이 비교적 작다.
④ 대구경관거가 되면 좁은 도로에서의 매설에 어려움이 있다.

해설 하수의 배제방식

분류식	합류식
• 수질오염 방지 면에서 유리하다. • 청천 시에도 퇴적의 우려가 없다. • 강우 초기 노면 배수 효과가 없다. • 시공이 복잡하고 오접합의 우려가 있다. • 우천 시 수세효과를 기대할 수 없다. • 공사비가 많이 든다.	• 구배 완만, 매설깊이가 적으며 시공성이 좋다. • 초기 우수에 의한 노면 배수처리가 가능하다. • 관경이 크므로 검사가 편리하고, 환기가 잘된다. • 건설비가 적게 든다. • 우천 시 수세효과가 있다. • 청천 시 관내 침전, 효율 저하가 발생한다.

∴ 합류식은 오수와 우수가 동시에 유입되므로 유입 하수의 수질변동이 크다.

114. 하수처리장의 BOD 제거율이 1차 침전지에서는 35%이고, 2차 침전지에서는 85%라면 전체 BOD 제거율은?

① 70% ② 75%
③ 85% ④ 90%

해설 BOD 제거율
㉠ 1차 처리시설(제거율 35%)
- 유입 BOD : 100%
- 제거된 BOD : 35%
- 유출 BOD : $100-35=65$%

㉡ 2차 처리시설(제거율 85%)
- 유입 BOD : 65%

- 제거된 BOD : 55.25%(∵ 65×0.85=55.25%)
- 유출 BOD : 65−55.25=9.75%

∴ BOD 전체 제거율은 90.25%로 약 90%가 제거되었다.

115. 하수관거 내의 침전물에서 방출하는 가스 중 관정부식의 주요 원인이 되는 것은?

① CH_4　　② H_2S
③ Cl^-　　④ CO_2

■해설 관정부식
㉠ 정의 : 콘크리트관의 경우 하수 내에 존재하거나 유기물 분해 시 존재하는 산에 의해 관 정상부에 부식이 발생되는 것을 말한다.
㉡ 부식진행 : 단백질, 유기물, 황화합물 등이 혐기성 상태에서 분해되어 황화수소(H_2S) 발생 → 황화수소가 호기성 미생물에 의해 아황산가스(SO_2, SO_3) 발생 → 아황산가스가 관정부의 물방울에 녹아 황산(H_2SO_4)이 된다 → 황산이 콘크리트관의 성분인 철, 칼슘, 알루미늄과 반응하여 황산염으로 변하여 관을 부식시킨다.
㉢ 방지대책 : 유속 증가로 퇴적방지, 용존산소 농도 증가로 혐기성 상태 예방, 살균제 주입, 라이닝, 역청제 도포로 황산염의 발생 방지
∴ 관정부식의 주된 원인물질은 황화수소(H_2S)이다.

116. 펌프의 양수량을 조절하는 방식이 아닌 것은?

① 펌프의 회전 방향을 변경하는 방법
② 토출밸브의 개폐 정도를 변경하는 방법
③ 펌프의 회전수를 변화하는 방법
④ 펌프의 운전대수를 증감하는 방법

■해설 펌프의 양수량 조절방법
㉠ 펌프의 회전수와 운전대수 조절
㉡ 토출밸브의 개폐 정도 변경
㉢ 왕복펌프 플랜지 스트로크를 변경하는 방법

117. 어느 지역에 내린 강수가 하수관거에 유입되는 시간이 7min이고 하수관거의 길이는 540m이며 관내의 유속이 0.9m/s이라면 하수관거 내의 유달시간은?

① 607min　　② 600min
③ 17min　　④ 10min

■해설 우수유출량의 산정
㉠ 합리식의 적용 확률연수는 10~30년을 원칙으로 한다.

$$Q=\frac{1}{3.6}CIA$$

여기서, Q : 우수량 (m^3/sec)
C : 유출계수(무차원)
I : 강우강도(mm/hr)
A : 유역면적(km^2)

㉡ 유달시간의 계산

$$t=t_1+\frac{l}{v}=7\text{min}+\frac{540}{0.9\times60}=17\text{min}$$

118. 배출수 처리시설 중 농축조 용량의 표준으로 옳은 것은?

① 계획슬러지량의 3~6시간분
② 계획슬러지량의 6~12시간분
③ 계획슬러지량의 12~24시간분
④ 계획슬러지량의 24~48시간분

■해설 농축조
㉠ 농축조는 배출하는 슬러지의 농도를 높이는 일을 수행하는 곳이다.
㉡ 설계제원
- 용량 : 계획슬러지량의 24~48시간분을 표준
- 고형물부하 : 10~20kg/m^2day
- 유효수심 : 3.5~4m

119. 정수장의 처리수량이 35,000m^3/d이다. 여과속도를 150m/d, 여과지 수를 5로 계획하고자 할 때, 여과지 1지의 면적은?

① 46.7m^2　　② 53.6m^2
③ 57.7m^2　　④ 65.4m^2

■해설 여과지 면적

㉠ 여과지 면적

$$A = \frac{Q}{V}$$

㉡ 여과지 면적의 산정

$$A = \frac{Q}{V} = \frac{35,000}{150 \times 5} = 46.7\text{m}^2$$

120. 호수의 부영양화 현상을 일으키는 주된 물질로 짝지어진 것은?

① 산소, 탄소 ② 인, 질소
③ 수은, 니켈 ④ 카드뮴, 납

■해설 부영양화

㉠ 가정하수, 공장폐수 등이 하천이나 호수에 유입되었을 때 질소(N)나 인(P)과 같은 영양염류 농도가 증가된다. 이로 인해 조류 및 식물성 플랑크톤이 과도하게 성장하고, 물에 맛과 냄새가 유발되고 저수지의 수질이 악화되는 현상을 부영양화라 한다. 이때 성장한 조류는 바닥에 퇴적하여 죽게 되고 유입하천에서 부하된 유기물도 바닥에 퇴적하게 되는데 이 퇴적물이 분해로 인해 생기는 영양염류가 다시 조류의 영양소로 섭취되어 부영양화가 일어날 수 있다.

㉡ 부영양화는 수심이 낮은 곳에서 나타나며 한 번 발생되면 회복이 어렵다.

㉢ 물의 투명도가 낮아지며, COD 농도가 높게 나타난다.

∴ 부영양화의 원인물질은 영양염류인 질소와 인이다.

Industrial Engineer Civil Engineering

과년도 출제문제 및 해설 (2016년 10월 1일 시행)

제1과목 응용역학

01. 그림과 같은 10m의 단순보에서 최대 휨응력은?

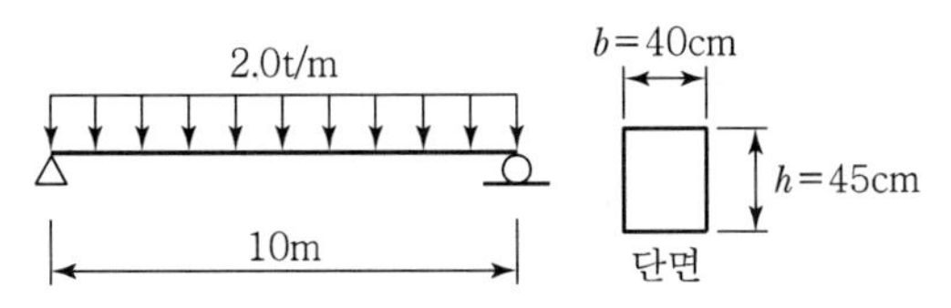

① 180.19kg/cm²
② 185.19kg/cm²
③ 190.19kg/cm²
④ 195.19kg/cm²

■ 해설

$$\sigma_{\max} = \frac{M_{\max}}{Z} = \frac{\left(\frac{wl^2}{8}\right)}{\left(\frac{bh^2}{6}\right)} = \frac{3wl^2}{4bh^2}$$

$$= \frac{3\times(2\times10)\times(10\times10^2)^2}{4\times40\times45^2}$$

$$= 185.19\,\text{kg/cm}^2$$

02. 다음과 같은 단순보에서 A점의 반력(R_A)으로 옳은 것은?

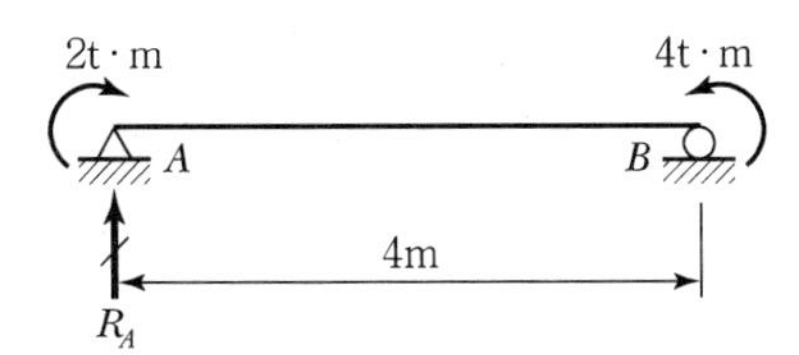

① 0.5t (↓) ② 2.0t (↓)
③ 0.5t (↑) ④ 2.0t (↑)

■ 해설 $\Sigma M_{Ⓑ} = 0(\curvearrowright\oplus)$

$R_A \times 4 + 2 - 4 = 0$

$R_A = 0.5\,\text{t}(\uparrow)$

03. 아래 그림과 같은 단순보에 발생하는 최대 처짐은?

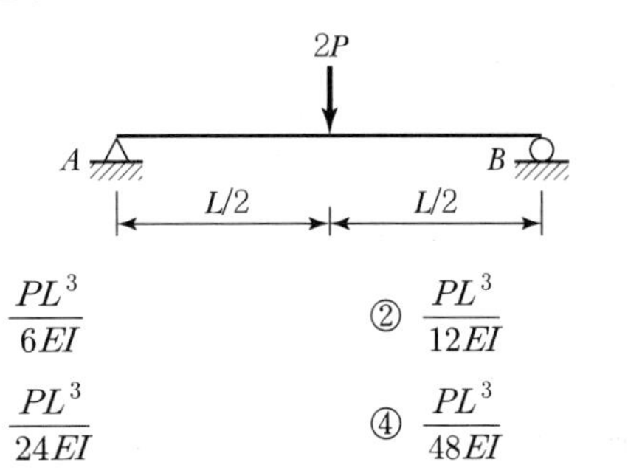

① $\dfrac{PL^3}{6EI}$ ② $\dfrac{PL^3}{12EI}$

③ $\dfrac{PL^3}{24EI}$ ④ $\dfrac{PL^3}{48EI}$

■ 해설 $y_{\max} = \dfrac{(2P)L^3}{48EI} = \dfrac{PL^3}{24EI}$

04. 다음 중 처짐을 구하는 방법과 가장 관계가 먼 것은?

① 3연 모멘트법
② 탄성하중법
③ 모멘트 면적법
④ 탄성곡선의 미분방정식 이용법

■ 해설 ㉠ 부정정 구조물 해법
- 연성법(하중법) : 변위일치법, 3연 모멘트법
- 강성법(변위법) : 처짐각법, 모멘트 분배법

㉡ 처짐을 구하는 방법
- 이중적분법
- 모멘트면적법
- 탄성하 중법
- 공액보법
- 단위하중법 등

05. 지름 0.2cm, 길이 1m의 강선이 100kg의 하중을 받을 때 늘어난 길이는 얼마인가?(단, $E=2.0\times10^6$kg/cm²)

① 0.04cm
② 0.08cm
③ 0.12cm
④ 0.16cm

해설

$$\Delta\ell=\frac{Pl}{EA}=\frac{(100)\times(1\times10^2)}{(2.0\times10^6)\times\left(\dfrac{\pi\times0.2^2}{4}\right)}$$

$$=0.16\,\text{cm}$$

06. 반지름이 2cm인 원형단면의 도심을 지나는 축에 대한 단면 2차 모멘트를 구하면?

① πcm^4　② $4\pi\text{cm}^4$
③ $16\pi\text{cm}^4$　④ $64\pi\text{cm}^4$

해설

$$I_G=\frac{\pi r^4}{4}=\frac{\pi\times2^4}{4}=4\pi\,\text{cm}^4$$

07. 다음 그림의 캔틸레버에서 A점의 휨 모멘트는?

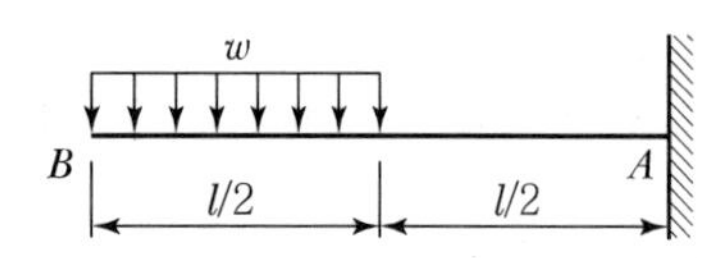

① $-\dfrac{wl^2}{8}$　② $-\dfrac{2wl^2}{8}$
③ $-\dfrac{3wl^2}{4}$　④ $-\dfrac{3wl^2}{8}$

해설

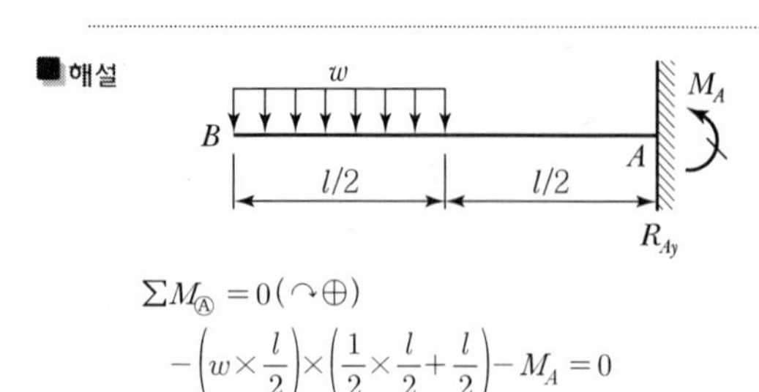

$$\Sigma M_{Ⓐ}=0(\curvearrowright\oplus)$$

$$-\left(w\times\frac{l}{2}\right)\times\left(\frac{1}{2}\times\frac{l}{2}+\frac{l}{2}\right)-M_A=0$$

$$M_A=-\frac{3wl^2}{8}$$

08. 다음 그림의 트러스에서 DE의 부재력은?

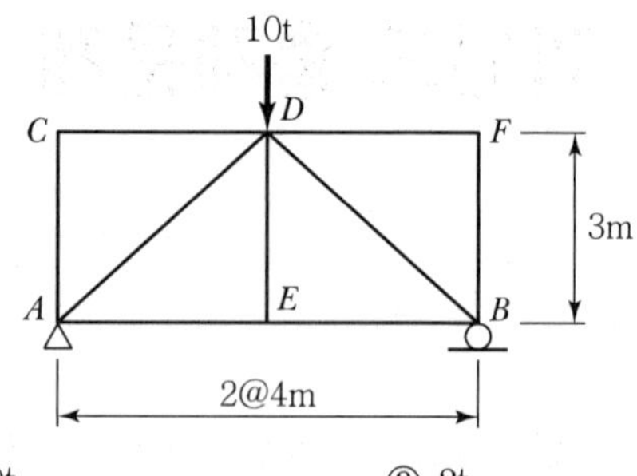

① 0t　② 2t
③ 5t　④ 10t

해설 $\Sigma F_y=0(\uparrow\oplus)$

$F_{DE}=0$

09. 다음 그림과 같이 한 점에 작용하는 세 힘의 합력의 크기는 얼마인가?

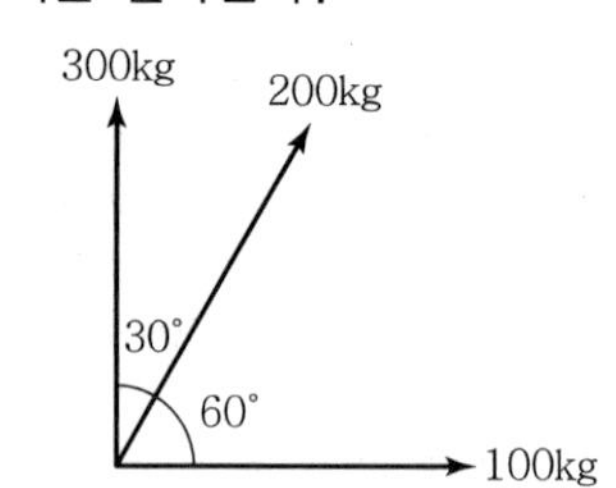

① 374.2kg　② 426.4kg
③ 513.7kg　④ 597.4kg

해설 $\Sigma F_x(\rightarrow\oplus)=200\times\cos60°+100=200\,\text{kg}$

$\Sigma F_y(\uparrow\oplus)=300+200\times\sin60°=473.2\,\text{kg}$

$R=\sqrt{(\Sigma F_x)^2+(\Sigma F_y)^2}$

$=\sqrt{(200)^2+(473.2)^2}=513.7\,\text{kg}$

 |해답| 5.④ 6.② 7.④ 8.① 9.③

10. 연행 하중이 절대 최대 휨 모멘트가 생기는 위치에 왔을 때, 지점 A에서 하중 1t까지의 거리(x)는?

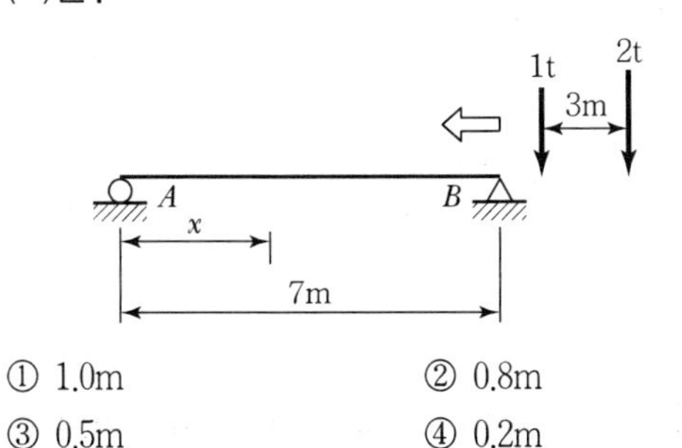

① 1.0m ② 0.8m
③ 0.5m ④ 0.2m

해설 ㉠ 절대 최대 휨모멘트가 발생하는 위치

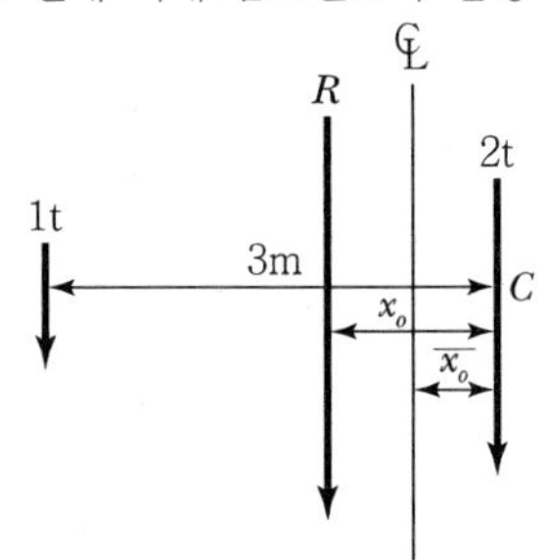

- 이동 하중군의 합력 크기(R)

  $\Sigma F_y(\downarrow \oplus) = 1 + 2 = R$

  $R = 3\text{t}$

- 이동 하중군의 합력 위치(x_o)

  $\Sigma M_{©}(\curvearrowleft \oplus) = 1 \times 3 = R \times x_o$

  $x_o = \dfrac{3}{R} = \dfrac{3}{3} = 1\text{m}$

- 절대 최대 휨모멘트가 발생하는 위치($\overline{x_o}$)

  $\overline{x_o} = \dfrac{x_o}{2} = \dfrac{1}{2} = 0.5\text{m}$

  절대 최대 휨모멘트는 2t의 재하위치가 보 중앙으로부터 우측으로 0.5m 떨어진 곳(B점으로부터 3m 떨어진 곳)일 때, 2t의 재하 위치에서 발생한다.

㉡ 절대 최대 휨모멘트가 발생하는 하중배치

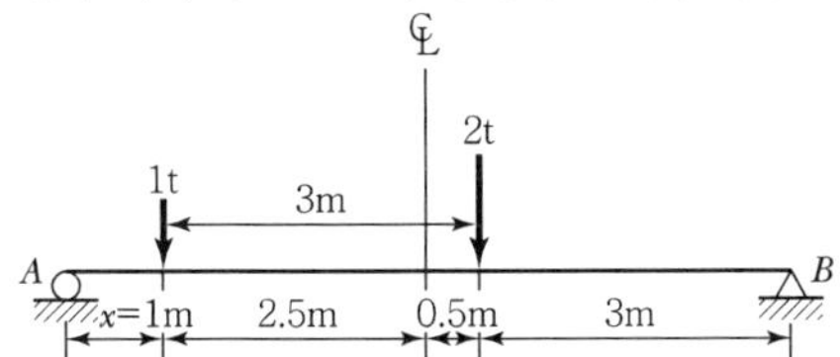

따라서 절대 최대 휨모멘트가 발생할 경우 1t의 재하 위치는 지점 A로부터 우측으로 1m 떨어진 곳이다.

11. 다음 그림과 같은 봉(棒)이 천장에 매달려 B, C, D점에서 하중을 받고 있다. 전구 간의 축강도 EA가 일정할 때 이 같은 하중하에서 BC 구간이 늘어나는 길이는?

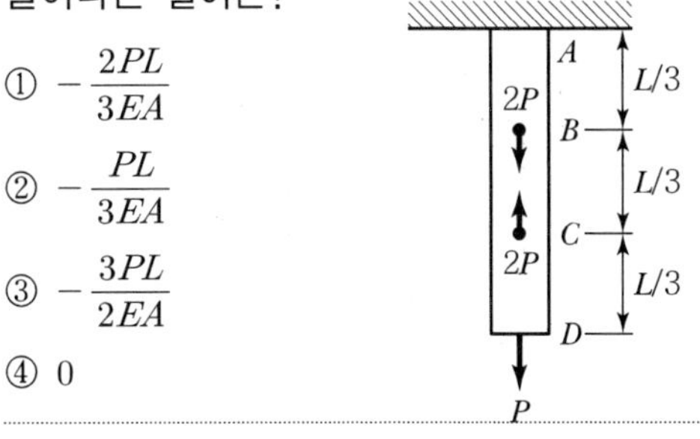

① $-\dfrac{2PL}{3EA}$

② $-\dfrac{PL}{3EA}$

③ $-\dfrac{3PL}{2EA}$

④ 0

해설

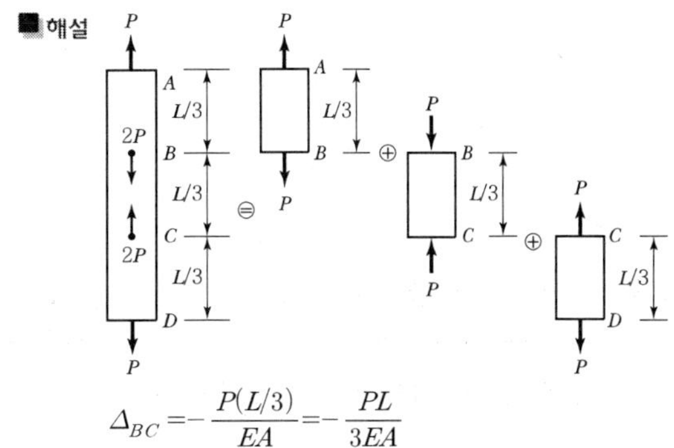

$$\Delta_{BC} = -\frac{P(L/3)}{EA} = -\frac{PL}{3EA}$$

12. 아래 그림과 같은 단면에서 도심의 위치 $\bar{y}$로 옳은 것은?

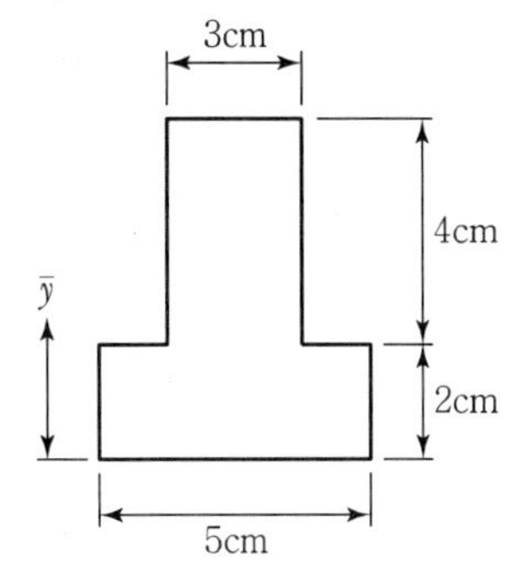

① 2.21cm ② 2.64cm
③ 2.96cm ④ 3.21cm

■ 해설

$$\bar{y}=\frac{G_x}{A}=\frac{G_{x①}+G_{x②}}{A_①+A_②}$$

$$=\frac{\left\{(3\times4)\times\left(\frac{1}{2}\times4+2\right)\right\}+\left\{(5\times2)\times\left(\frac{1}{2}\times2\right)\right\}}{(3\times4)+(5\times2)}$$

$$=2.64\text{cm}$$

13. 그림 (a)와 같은 장주가 10t의 하중에 견딜 수 있다면 (b)의 장주가 견딜 수 있는 하중의 크기는?(단, 기둥은 등질, 등단면이다.)

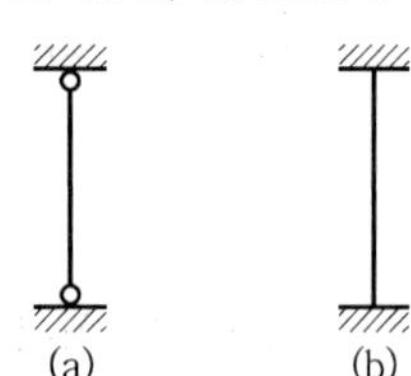

① 10t ② 20t
③ 30t ④ 40t

■ 해설 $P_{cr}=\frac{\pi^2 EI}{(kL)^2}=\frac{c}{k^2}\left(c=\frac{\pi^2 EI}{L^2}\text{라 가정하면}\right)$

$P_{cr(a)}:P_{cr(b)}=\frac{c}{1^2}:\frac{c}{0.5^2}=1:4$

$P_{cr(b)}=4P_{cr(a)}=4\times10=40\text{t}$

14. 그림과 같은 구조물의 부정정 차수는?

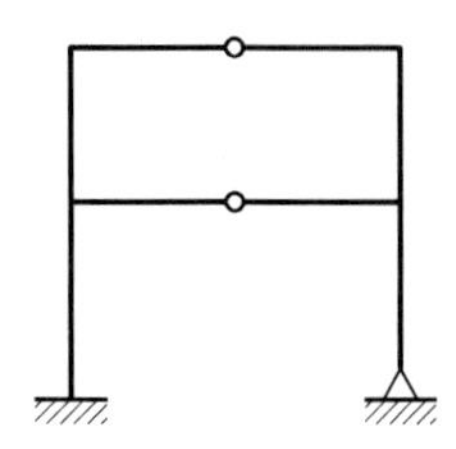

① 2차 ② 3차
③ 4차 ④ 5차

■ 해설 (라멘) $N=B\times3-j$
$=2\times3-(2+1)=3$차 부정정

■ 별해 (일반식) $N=r+m+S-2P$
$=5+8+6-2\times8=3$차 부정정

15. 그림과 같이 지름 $2R$인 원형단면의 단주에서 핵지름 k의 값은?

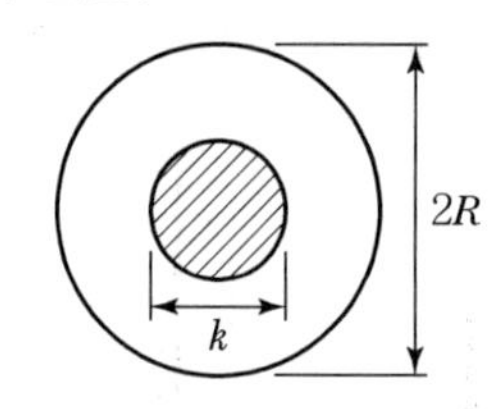

① $\frac{R}{4}$ ② $\frac{R}{3}$
③ $\frac{R}{2}$ ④ R

■ 해설 $k=2k_x=2\times\frac{D}{8}=2\times\frac{(2R)}{8}=\frac{R}{2}$

16. 폭이 20cm, 높이가 30cm인 단면의 보에 4t의 전단력이 작용할 때 이 단면에 일어나는 최대전단응력은?

① 4kg/cm² ② 6kg/cm²
③ 8kg/cm² ④ 10kg/cm²

■ 해설 $\tau_{\max}=\alpha\frac{S}{A}=\frac{3}{2}\cdot\frac{S}{bh}$

$=\frac{3}{2}\cdot\frac{(4\times10^3)}{20\times30}=10\text{kg/cm}^2$

 |해답| 13.④ 14.② 15.③ 16.④

17. 아래의 표에서 설명하는 부정정 구조물의 해법은?

> 요각법이라고도 불리는 이 방법은 부재의 변형, 즉 탄성곡선의 기울기를 미지수로 하여 부정정 구조물을 해석하는 방법이다.

① 모멘트 분배법 ② 최소일의 방법
③ 변위일치법 ④ 처짐각법

18. 트러스 해석 시 가정을 설명한 것 중 틀린 것은?

① 하중으로 인한 트러스의 변형을 고려하여 부재력을 산출한다.
② 하중과 반력은 모두 트러스의 격점에만 작용한다.
③ 부재의 도심축은 직선이며 연결핀의 중심을 지난다.
④ 부재들은 양단에서 마찰이 없는 핀으로 연결된다.

해설 트러스 해석 시 트러스의 부재력을 산출할 경우 하중으로 인한 트러스의 변형은 고려하지 않는다.

19. 바리뇽(Varignon)의 정리에 대한 설명으로 옳은 것은?

① 여러 힘의 한 점에 대한 모멘트의 합과 합력의 그 점에 대한 모멘트는 우력 모멘트로서 작용한다.
② 여러 힘의 한 점에 대한 모멘트 합은 합력의 그 점 모멘트보다 항상 작다.
③ 여러 힘의 임의 한 점에 대한 모멘트의 합은 합력의 그 점에 대한 모멘트와 같다.
④ 여러 힘의 한 점에 대한 모멘트를 합하면 합력의 그 점에 대한 모멘트보다 항상 크다.

20. 그림과 같은 라멘에서 하중 4t을 받는 C점의 휨 모멘트는?

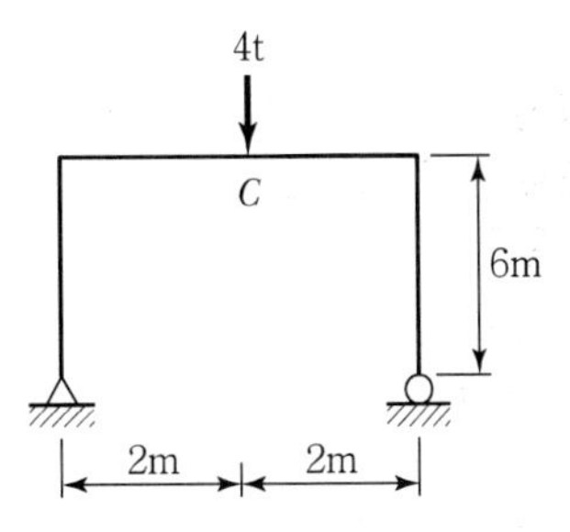

① 3t · m ② 4t · m
③ 5t · m ④ 6t · m

해설

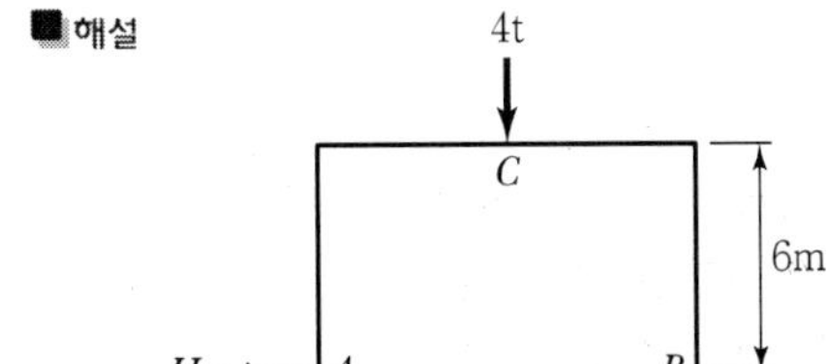

$\Sigma M_{Ⓐ} = 0(\curvearrowright \oplus)$

$4 \times 2 - V_B \times 4$

$V_B = 2t(\uparrow)$

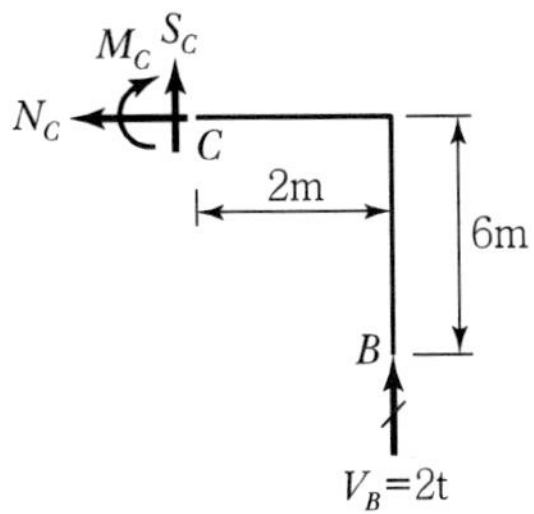

$\Sigma M_{Ⓒ} = 0(\curvearrowright \oplus)$

$M_C - 2 \times 2 = 0$

$M_C = 4t \cdot m$

제2과목 **측량학**

21. 곡선부에서 차량의 뒷바퀴가 앞바퀴보다 안쪽으로 주행하는 현상을 보완하기 위해 설치하는 것은?

① 길어깨(Shoulder) ② 확폭(Slack)
③ 편경사(Cant) ④ 차폭(Width)

■해설 곡선부에서 폭이 직선부보다 넓어야 하므로 철도 궤간에서는 슬랙, 도로에서는 확폭을 한다.

22. 깊이가 10m인 하천의 평균유속을 구하기 위해 유속측량을 하여 다음의 결과를 얻었다. 3점법에 의한 평균유속은?(단, V_m : 수면에서부터 수심의 m인 곳의 유속)

- $V_{0.0}$=5m/s
- $V_{0.2}$=6m/s
- $V_{0.4}$=5m/s
- $V_{0.6}$=4m/s
- $V_{0.8}$=3m/s

① 4.17m/s ② 4.25m/s
③ 4.75m/s ④ 4.83m/s

■해설
$$3점법(V_m) = \frac{V_{0.2}+2V_{0.6}+V_{0.8}}{4} = \frac{6+2\times4+3}{4} = 4.25\text{m/s}$$

23. 클로소이드 매개변수(Parameter) A가 커질 경우에 대한 설명으로 옳은 것은?

① 자동차의 고속 주행에 유리하다.
② 집선각(τ)이 비례하여 커진다.
③ 곡선반지름이 작아진다.
④ 곡선이 급커브가 된다.

■해설 매개변수 $A^2 = R\cdot L(A=\sqrt{R\cdot L})$
A가 커지면 반지름 R이 커지므로 곡선이 완만해진다.

24. 어느 지역의 측량 결과가 그림과 같다면 이 지역의 전체 토량은?(단, 각 구역의 크기는 같다.)

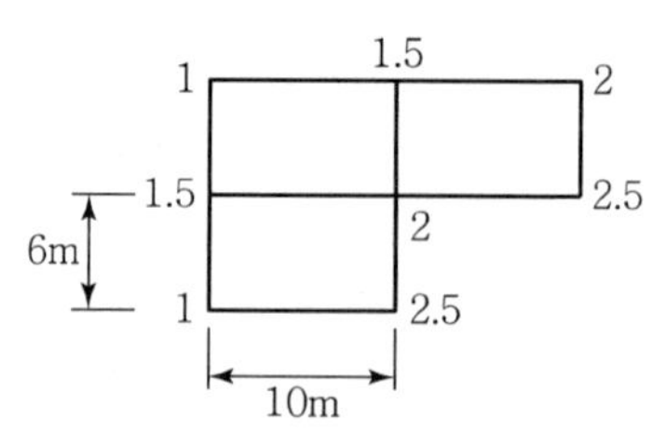

(표고의 단위 : m)

① 200m³ ② 253m³
③ 315m³ ④ 353m³

■해설
① $V=\frac{A}{4}(\Sigma h_1+2\Sigma h_2+3\Sigma h_3+4\Sigma h_4)$
② $h_1=1+2+2.5+2.5+1=9$
$h_2=1.5+1.5=3$
$h_3=2$
③ $V=\frac{6\times10}{4}(9+2\times3+3\times2)=315\text{m}^3$

25. 건설공사 및 도시계획 등의 일반측량에서는 변장 2.5km 이상의 삼각측량을 별도로 실시하지 않고 국가기본삼각점의 성과를 이용하는 것이 좋은 이유로 가장 거리가 먼 것은?

① 정확도의 확보
② 측량 경비의 절감
③ 측량 성과의 기준 통일
④ 측량시간의 예측 가능

■해설 국가기본삼각점은 측량의 정확도 확보 및 효율성 제고를 위하여 전 국토를 대상으로 주요 지점마다 정한 측량의 기본이 되는 측량기준점이다.

26. 평판측량방법 중 기지점에 평판을 세워 미지점에 대한 방향선만을 그어 미지점의 위치를 결정할 수 있는 방법은?

① 전진법 ② 방사법
③ 승강법 ④ 교회법

 |해답| 21.② 22.② 23.① 24.③ 25.④ 26.④

해설 기지점에 평판을 세워 미지점에 대한 방향선을 이용하여 미지점의 위치를 구하는 방법은 교회법이다.

27. 지구 전체를 경도 6°씩 60개의 횡대로 나누고, 위도 8°씩 20개(남위 80°~북위 84°)의 횡대로 나타내는 좌표계는?

① UPS 좌표계 ② 평면직각 좌표계
③ UTM 좌표계 ④ WGS 84 좌표계

해설 ① UTM 경도 : 경도 6°마다 61지대로 구분
② UTM 위도 : 남위 80°~북위 80°까지 8°씩 20등분

28. 종중복도가 60%인 단 촬영경로로 촬영한 사진의 지상 유효면적은?(단, 촬영고도 3,000m, 초점거리 150mm, 사진 크기 210mm×210mm)

① 15.089km² ② 10.584km²
③ 7.056km² ④ 5.889km²

해설 ① 축척$\left(\frac{1}{m}\right)=\frac{f}{H}=\frac{0.15}{3,000}=\frac{1}{20,000}$

② 유효면적(A_0)

$$A\left(1-\frac{p}{100}\right)=(ma)^2\left(1-\frac{p}{100}\right)$$
$$=(20,000\times0.21)^2\times\left(1-\frac{60}{100}\right)$$
$$=7,056,000\text{m}^2=7.056\text{km}^2$$

29. 촬영고도 6,000m에서 촬영한 항공사진에서 주점기선 길이가 10cm이고, 굴뚝의 시차차가 1.5mm였다면 이 굴뚝의 높이는?

① 80m ② 90m
③ 100m ④ 110m

해설 ① 시차(ΔP)$=\frac{h}{H}b_0$

② $h=\frac{H}{b_0}\Delta P=\frac{6,000}{0.1}\times0.0015=90\text{m}$

30. 직각좌표 상에서 각 점의 (x, y)좌표가 A(−4, 0), B(−8, 6), C(9, 8), D(4, 0)인 4점으로 둘러싸인 다각형의 면적은?(단, 좌표의 단위는 m이다.)

① 87m² ② 100m²
③ 174m² ④ 192m²

해설 간편법

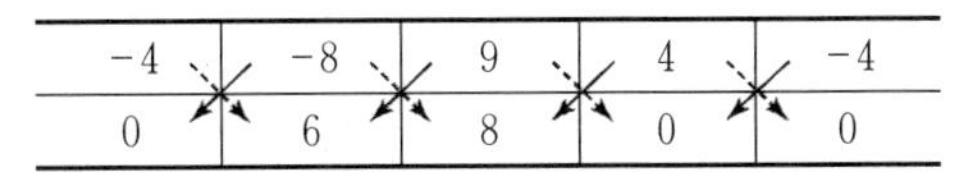

① 배면적$=(\Sigma\swarrow\otimes)-(\Sigma\searrow\otimes)$
$=(0+54+32+0)-(-24-64-0-0)$
$=86+88=174\text{m}^2$

② 면적$=\frac{\text{배면적}}{2}=\frac{174}{2}=87\text{m}^2$

31. 완화곡선에 대한 설명 중 옳지 않은 것은?

① 완화곡선의 접선은 시점에서 원호에, 종점에서 직선에 접한다.
② 곡선의 반지름은 완화곡선의 시점에서 무한대, 종점에서 원곡선의 반지름으로 된다.
③ 완화곡선에 연한 곡선반경의 감소율은 캔트의 증가율과 같다.
④ 종점의 캔트는 원곡선의 캔트와 같다.

해설 완화곡선의 접선은 시점에서 직선에 종점에서 원호에 접한다.

32. 1 : 25,000 지형도 상에서 산정에서 산자락의 어느 지점까지의 수평거리를 측정하니 48mm이었다. 산정의 표고는 492m, 측정 지점의 표고는 12m일 때 두 지점 간의 경사는?

① $\frac{1}{2.5}$ ② $\frac{1}{4}$
③ $\frac{1}{9.2}$ ④ $\frac{1}{10}$

해설 경사(i)$=\frac{H}{D}=\frac{492-12}{0.048\times25,000}=\frac{480}{1,200}=\frac{1}{2.5}$

|해답| 27.③ 28.③ 29.② 30.① 31.① 32.①

33. 그림과 같이 0점에서 같은 정확도로 각을 관측하여 오차를 계산한 결과 $x_3-(x_1+x_2)=-36''$의 식을 얻었을 때 관측값 x_1, x_2, x_3에 대한 보정값 V_1, V_2, V_3는?

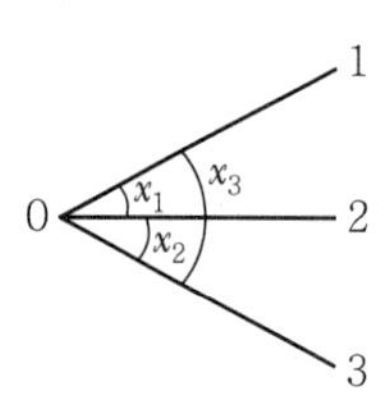

① $V_1=-9''$, $V_2=-9''$, $V_3=+18''$
② $V_1=-12''$, $V_2=-12''$, $V_3=+12''$
③ $V_1=+9''$, $V_2=+9''$, $V_3=-18''$
④ $V_1=+12''$, $V_2=+12''$, $V_3=-12''$

해설 ① 조건식 $x_3-(x_1+x_2)=-36''$
② (x_1+x_2)가 $36''$ 크므로, x_1, x_2는 $(-)$보정 x_3는 $(+)$보정
③ 보정량$=\dfrac{36''}{3}=12''$
④ x, $x_2=-12''$, $x_3=+12''$

34. 갑, 을 두 사람이 A, B 두 점 간의 고저차를 구하기 위하여 서로 다른 표척으로 왕복측량한 결과가 갑은 38.994m±0.008m, 을은 39.003m±0.004m일 때, 두 점 간 고저차의 최확값은?

① 38.995m ② 38.999m
③ 39.001m ④ 39.003m

해설 ① 경중률은 오차 제곱에 반비례
$$P_A:P_B=\frac{1}{8^2}:\frac{1}{4^2}=\frac{1}{64}:\frac{1}{16}=1:4$$
② $$h_6=\frac{P_AH_A+P_BH_B}{P_A+P_B}$$
$$=\frac{1\times38.994+4\times39.003}{1+4}=39.001\text{m}$$

35. 그림과 같이 원곡선을 설치하고자 할 때 교점(P)에 장애물이 있어 $\angle ACD=150°$, $\angle CDB=90°$ 및 CD의 거리 400m를 관측하였다. C점으로부터 곡선 시점 A까지의 거리는?(단, 곡선의 반지름은 500m로 한다.)

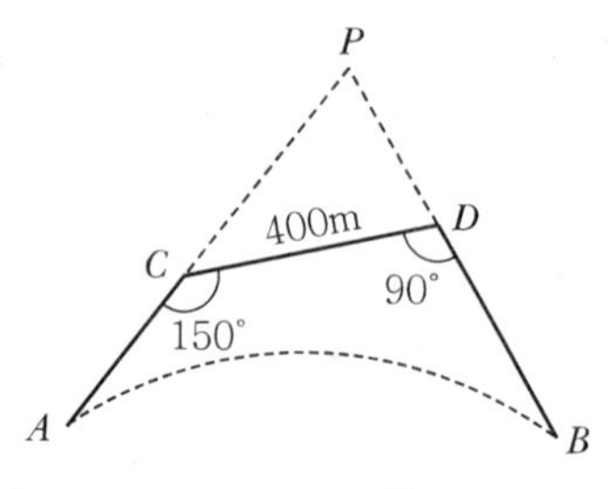

① 404.15m ② 425.88m
③ 453.15m ④ 461.88m

해설 ① 교각(I)
$=\angle PCD+\angle PDC=30°+90°=120°$
② $\dfrac{\overline{CP}}{\sin90°}=\dfrac{400}{\sin60°}$ $\overline{CP}=461.88\text{m}$
③ 접선장(TL)
$=R\tan\dfrac{I}{2}$
$=500\times\tan\dfrac{120°}{2}=866.03\text{m}$
④ $\overline{AC}$ 거리
$=TL-\overline{CP}=866.03-461.88=404.15\text{m}$

36. 수준측량에서 전시와 후시의 시준거리를 같게 함으로써 소거할 수 있는 오차는?

① 시준축이 기포관축과 평행하지 않기 때문에 발생하는 오차
② 표척을 연직방향으로 세우지 않아 발생하는 오차
③ 표척 눈금의 오독으로 발생하는 오차
④ 시차에 의해 발생하는 오차

해설 전후 거리를 같게 하면 제거되는 오차
① 시준축 오차
② 양차(기차, 구차)

 |해답| 33.② 34.③ 35.① 36.①

37. 등고선의 성질에 대한 설명으로 옳은 것은?

① 도면 내에서 등고선이 폐합되는 경우 동굴이나 절벽을 나타낸다.
② 동일 경사에서의 등고선 간의 간격은 높은 곳에서 좁아지고 낮은 곳에서는 넓어진다.
③ 등고선은 능선 또는 계곡선과 직각으로 만난다.
④ 높이가 다른 두 등고선은 산정이나 분지를 제외하고는 교차하지 않는다.

해설 등고선은 능선(분수선), 계곡선(합수선)과 직교한다.

38. A점으로부터 폐합 다각측량을 실시하여 A점으로 되돌아 왔을 때 위거와 경거의 오차는 각각 20cm, 25cm였다. 모든 측선 길이의 합이 832.12m이라 할 때 다각측량의 폐합비는?

① 약 1/2,200 ② 약 1/2,600
③ 약 1/3,300 ④ 약 1/4,200

해설

$$\text{폐합비} = \frac{\text{폐합오차}}{\text{총 길이}} = \frac{\sqrt{0.2^2 + 0.25^2}}{832.12} = \frac{0.32}{833.12} \fallingdotseq \frac{1}{2,600}$$

39. 3km의 거리를 30m의 줄자로 측정하였을 때 1회 측정의 부정오차가 ±4mm였다면 전체 거리에 대한 부정오차는?

① ±13mm ② ±40mm
③ ±130mm ④ ±400mm

해설 ① 총부정오차$(M) = \pm\delta\sqrt{n}$,
δ : 1회 측정 시 오차, n : 횟수
② $M = \pm 4\sqrt{100} = 40\text{mm}$

40. 그림과 같은 단열삼각망의 조정각이 $\alpha_1 = 40°$, $\beta_1 = 60°$, $\gamma_1 = 80°$, $\alpha_2 = 50°$, $\beta_2 = 30°$, $\gamma_2 = 100°$일 때, $\overline{CD}$의 길이는?(단, $\overline{AB}$기선 길이 600m이다.)

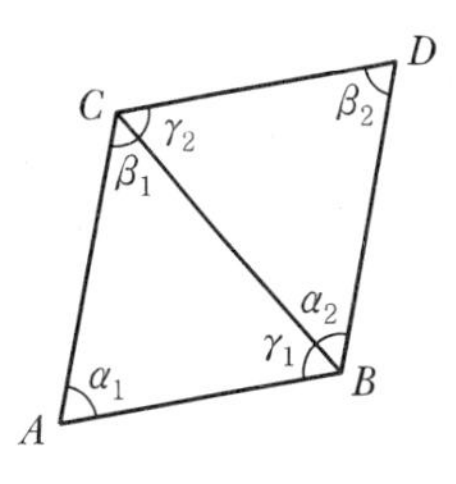

① 323.4m ② 400.7m
③ 568.6m ④ 682.3m

해설 ① $\dfrac{600}{\sin\beta_1} = \dfrac{\overline{BC}}{\sin\alpha_1}$

$\overline{BC} = \dfrac{\sin 40°}{\sin 60°} \times 600 = 445.34\text{m}$

② $\dfrac{\overline{BC}}{\sin\beta_2} = \dfrac{\overline{CD}}{\sin\alpha_2}$

$\overline{CD} = \dfrac{\sin 50°}{\sin 30°} \times 445.34 = 682.3\text{m}$

제3과목 수리학

41. 정수압의 성질에 대한 설명으로 옳지 않은 것은?

① 정수압은 작용하는 면에 수직으로 작용한다.
② 정수 내의 1점에 있어서 수압의 크기는 모든 방향에 대하여 동일하다.
③ 정수압의 크기는 수두에 비례한다.
④ 같은 깊이의 정수압 크기는 모든 액체에서 동일하다.

해설 정수역학 개요

㉠ 정수 중 한 점에 작용하는 압력은 모든 면에 직각으로 작용한다.
㉡ 정수 중 한 점에 작용하는 압력의 크기는 모든 방향에서 그 크기가 같다.
㉢ 정수압의 크기

$P = wh$

여기서 w : 단위중량, h : 수심

∴ 정수압의 크기는 수심에 비례한다.
㉣ 수심이 같아도 액체의 단위중량이 다르면 정수압의 크기는 동일하지 않다.

|해답| 37.③ 38.② 39.② 40.④ 41.④

42. 밑면이 7.5m×3m이고 깊이가 4m인 빈 상자의 무게가 4×10⁵N이다. 이 상자를 물에 띄웠을 때 수면 아래로 잠기는 깊이는?

① 3.54m ② 2.32m
③ 1.81m ④ 0.75m

해설 부체의 평형조건

㉠ 부체의 평형조건

- W(무게) $= B$(부력)
- $w \cdot V = w_w \cdot V'$

여기서, w : 물체의 단위중량
V : 부체의 체적
w_w : 물의 단위중량
V' : 물에 잠긴 만큼의 체적

㉡ 잠긴 깊이(흘수)의 산정

- $\dfrac{4\times10^5}{9.8\times1,000} = 1\times(7.5\times3\times D)$

$\therefore D = 1.81\text{m}$

- $1\text{N} = \dfrac{1}{9.8}\text{kg}$

43. Darcy의 법칙을 지하수에 적용시킬 때 다음 어느 경우가 잘 일치되는가?

① 층류인 경우 ② 난류인 경우
③ 상류인 경우 ④ 사류인 경우

해설 Darcy의 법칙

㉠ Darcy의 법칙

$$V = K \cdot I = K \cdot \frac{h_L}{L}$$

$$Q = A \cdot V = A \cdot K \cdot I = A \cdot K \cdot \frac{h_L}{L}$$

㉡ 특징

- Darcy의 법칙은 지하수의 층류흐름에 대한 마찰저항공식이다.
- 투수계수는 물의 점성계수에 따라서도 변화한다.

$$K = D_s^2 \frac{\rho g}{\mu} \frac{e^3}{1+e} C$$

여기서, μ : 점성계수

- Darcy의 법칙은 정상류 흐름의 층류에만 적용된다.(특히, $R_e < 4$일 때 잘 적용된다.)

44. 에너지선에 대한 설명으로 옳은 것은?

① 유체의 흐름방향을 결정한다.
② 이상유체 흐름에서는 수평기준면과 평행하다.
③ 유량이 일정한 흐름에서는 동수경사선과 평행하다.
④ 유선 상의 각 점에서의 압력수두와 위치수두의 합을 연결한 선이다.

해설 에너지선과 동수경사선

㉠ 에너지선

기준면에서 총수두까지의 높이$\left(z + \dfrac{p}{w} + \dfrac{v^2}{2g}\right)$를 연결한 선, 즉 전수두를 연결한 선을 말한다.

㉡ 동수경사선

기준면에서 위치수두와 압력수두의 합$\left(z + \dfrac{p}{w}\right)$을 연결한 선을 말한다.

∴ 이상유체의 흐름이라면 손실이 발생하지 않으므로 에너지선과 수평기준면은 평행하게 된다.

45. 개수로의 설계와 수공 구조물의 설계에 주로 적용되는 수리학적 상사법칙은?

① Reynolds 상사법칙
② Froude 상사법칙
③ Weber 상사법칙
④ Mach 상사법칙

해설 수리모형의 상사법칙

종류	특징
Reynolds의 상사법칙	점성력이 흐름을 주로 지배하고, 관수로 흐름의 경우에 적용
Froude의 상사법칙	중력이 흐름을 주로 지배하고, 개수로 흐름의 경우에 적용
Weber의 상사법칙	표면장력이 흐름을 주로 지배하고, 수두가 아주 적은 위어 흐름의 경우에 적용
Cauchy의 상사법칙	탄성력이 흐름을 주로 지배하고, 수격작용의 경우에 적용

∴ 개수로 설계와 수공구조물 설계는 중력이 흐름을 지배하므로 Froude의 상사법칙을 적용한다.

 |해답| 42.③ 43.① 44.② 45.②

46. U자관에서 어떤 액체 15cm의 높이와 수은 5cm의 높이가 평형을 이루고 있다면 이 액체의 비중은?(단, 수은의 비중은 13.6이다.)

① 3.45　② 5.43
③ 5.34　④ 4.53

해설 U자형 액주계

㉠ 임의의 액체와 수은이 평행을 이루는 곳에 수평선을 그어 임의의 두 점 A와 B점을 잡는다.
$P_A = P_B$

㉡ 압력차의 산정
$P_A = wh,\ P_B = w_s h$
$\therefore\ wh = w_s h$
$\therefore\ w \times 15 = 13.6 \times 5$
$\therefore\ w = 4.53\text{t/m}^3,\ S = 4.53$

47. 관수로에서 Reynolds 수가 300일 때 추정할 수 있는 흐름의 상태는?

① 상류　② 사류
③ 층류　④ 난류

해설 흐름의 상태

㉠ 층류와 난류의 구분은 Reynolds 수로 할 수 있다.
$$R_e = \frac{VD}{\nu}$$
여기서, V : 유속
D : 관의 직경
ν : 동점성계수

㉡ 층류와 난류의 구분
- $R_e < 2{,}000$: 층류
- $2{,}000 < R_e < 4{,}000$: 천이영역
- $R_e > 4{,}000$: 난류

∴ Reynolds 수 300 이하는 층류이다.

48. 수로 폭 4m, 수심 1.5m인 직사각형 단면 수로에 유량 $24\text{m}^3/\text{s}$가 흐를 때, 프루드수(Froude number)와 흐름의 상태는?

① 1.04, 상류　② 1.04, 사류
③ 0.74, 상류　④ 0.74, 사류

해설 흐름의 상태

㉠ 상류(常流)와 사류(射流)의 구분
$$F_r = \frac{V}{C} = \frac{V}{\sqrt{gh}}$$
여기서, V : 유속, C : 파의 전달속도
- $F_r < 1$: 상류
- $F_r > 1$: 사류
- $F_r = 1$: 한계류

㉡ 상류와 사류의 계산
- $V = \dfrac{Q}{A} = \dfrac{24}{4 \times 1.5} = 4\text{m/sec}$
- $F_r = \dfrac{V}{\sqrt{gh}} = \dfrac{4}{\sqrt{9.8 \times 1.5}} = 1.04$

∴ 사류

49. 긴 관로의 유량조절 밸브를 갑자기 폐쇄시킬 때, 관로 내 물의 질량과 운동량 때문에 정상적인 동수압보다 몇 배의 큰 압력 상승이 일어나는 현상은?

① 공동현상　② 도수현상
③ 수격작용　④ 배수현상

해설 수격작용

㉠ 펌프의 급정지, 급가동 또는 밸브를 급폐쇄하면 관로 내 유속이 급격히 변하여 관내의 물의 질량과 운동량 때문에 관 벽에 큰 힘을 가하게 되어 정상적인 동수압보다 몇 배의 큰 압력 상승이 일어난다. 이러한 현상을 수격작용이라 한다.

㉡ 방지책
- 펌프의 급정지, 급가동을 피한다.
- 부압 발생 방지를 위해 조압수조(surge tank), 공기밸브(air valve)를 설치한다.
- 압력 상승 방지를 위해 역지밸브(check valve), 안전밸브(safety valve), 압력수조(air chamber)를 설치한다.
- 펌프에 플라이휠(fly wheel)을 설치한다.
- 펌프의 토출 측 관로에 급폐식 혹은 완폐식 역지밸브를 설치한다.
- 펌프 설치위치를 낮게 하고 흡입양정을 적게 한다.

50. 직사각형 단면 개수로의 수리학적으로 유리한 형상의 단면에서 수로 수심이 1.5m였다면, 이 수로의 경심은?

① 0.75m ② 1.0m
③ 2.25m ④ 3.0m

■해설 수리학적으로 유리한 단면

㉠ 일정한 단면적에 유량이 최대로 흐를 수 있는 단면을 수리학적으로 유리한 단면이라 한다.
- 경심(R)이 최대이거나 윤변(P)이 최소인 단면
- 직사각형의 경우 $B=2H,\ R=\frac{H}{2}$ 이다.

㉡ 경심의 산정

$$R=\frac{H}{2}=\frac{1.5}{2}=0.75\text{m}$$

51. 직사각형 단면의 개수로에서 비에너지의 최소값이 E_{min} =1.5m이라면 단위 폭당의 유량은?

① 1.75m³/s ② 2.73m³/s
③ 3.13m³/s ④ 4.25m³/s

■해설 유량의 산정

㉠ 비에너지와 한계수심의 관계

직사각형 단면의 비에너지와 한계수심의 관계는 다음과 같다.

$$h_c=\frac{2}{3}h_e$$

$$\therefore\ h_c=\frac{2}{3}\times1.5=1\text{m}$$

㉡ 직사각형 단면의 한계수심

$$h_c=\left(\frac{\alpha Q^2}{gb^2}\right)^{\frac{1}{3}}$$

$$\therefore\ 1=\left(\frac{1\times Q^2}{9.8\times1^2}\right)^{\frac{1}{3}}$$

$$\therefore\ Q=3.13\text{m}^3/\text{s}$$

52. 유량 Q, 유속 V, 단면적 A, 도심거리 h_G라 할 때 충력치(M)의 값은?(단, 충력치는 비력이라고도 하며, η : 운동량 보정계수, g : 중력가속도, W : 물의 중량, w : 물의 단위중량)

① $\eta\frac{Q}{g}+Wh_GA$ ② $\eta\frac{Q}{g}V+h_GA$
③ $\eta\frac{gV}{Q}+h_GA$ ④ $\eta\frac{Q}{g}V+\frac{1}{2}w^2$

■해설 충력치(비력)

충력치는 개수로 어떤 단면에서 수로바닥을 기준으로 한 물의 단위시간, 단위중량당의 운동량(동수압과 정수압의 합)을 말한다.

$$M=\eta\frac{Q}{g}V+h_GA$$

53. 그림과 같은 오리피스를 통과하는 유량은?(단, 오리피스 단면적 A =0.2m², 손실계수 C=0.78 이다.)

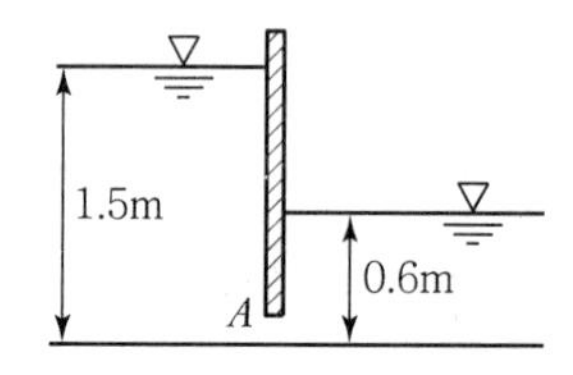

① 0.36m³/s ② 0.46m³/s
③ 0.56m³/s ④ 0.66m³/s

■해설 완전수중오리피스

㉠ 완전수중오리피스
- $Q=CA\sqrt{2gH}$
- $H=h_1-h_2$

㉡ 완전수중오리피스의 유량계산

$$Q=CA\sqrt{2gH}$$
$$=0.78\times0.2\times\sqrt{2\times9.8\times(1.5-0.6)}$$
$$=0.66\text{m}^3/\text{sec}$$

54. 동점성계수인 ν를 나타내는 단위로 옳은 것은?

① Poise ② mega
③ Stokes ④ Gal

■해설 동점성계수

㉠ 점성계수를 밀도로 나눈 값을 동점성계수라고 한다.

$$\nu=\frac{\mu}{\rho}$$

 |해답| 50.① 51.③ 52.② 53.④ 54.③

㉡ 동점성계수의 단위
$1Stokes = 1cm^2/sec$

55. 관수로 내의 흐름을 지배하는 주된 힘은?

① 인력 ② 중력
③ 자기력 ④ 점성력

■해설 관수로 일반
㉠ 자유수면이 없으면서 물이 가득 차서 흐르는 흐름을 관수로라고 한다.
㉡ 관수로 흐름을 지배하는 힘은 압력과 점성력이다.

56. 지하수의 흐름에 대한 Darcy의 법칙은?(단, V : 지하수의 유속, K : 투수계수, Δh : 길이 Δl에 대한 손실수두)

① $V = K\left(\frac{\Delta h}{\Delta l}\right)^2$ ② $V = K\left(\frac{\Delta h}{\Delta l}\right)$
③ $V = K\left(\frac{\Delta h}{\Delta l}\right)^{-1}$ ④ $V = K\left(\frac{\Delta h}{\Delta l}\right)^{-2}$

■해설 Darcy의 법칙
㉠ Darcy의 법칙

$$V = K \cdot I = K \cdot \frac{h_L}{L}$$

$$Q = A \cdot V = A \cdot K \cdot I = A \cdot K \cdot \frac{h_L}{L}$$

$$\therefore V = KI = K\left(\frac{\Delta h}{\Delta l}\right)$$

㉡ 특징
• Darcy의 법칙은 지하수의 층류흐름에 대한 마찰저항공식이다.
• 투수계수는 물의 점성계수에 따라서도 변화한다.

$$K = D_s^2 \frac{\rho g}{\mu} \frac{e^3}{1+e} C$$

여기서, μ : 점성계수
• Darcy의 법칙은 정상류 흐름의 층류에만 적용된다.(특히, R_e <4일 때 잘 적용된다.)

57. 수축단면에 관한 설명으로 옳은 것은?

① 오리피스의 유출수맥에서 발생한다.
② 상류에서 사류로 변화할 때 발생한다.
③ 사류에서 상류로 변화할 때 발생한다.
④ 수축단면에서의 유속을 오리피스의 평균유속이라 한다.

■해설 수축단면
오리피스를 통과할 때 유출수맥에서 최대로 수축되는 단면적을 수축단면이라 한다.

58. 그림과 같이 흐름의 단면을 A_1에서 A_2로 급히 확대할 경우의 손실수두(h_{se})를 나타내는 식은?

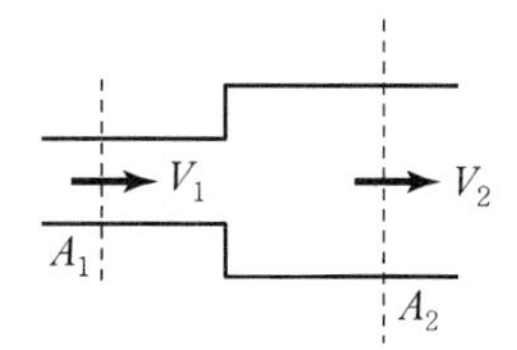

① $h_{se} = \left(1 - \frac{A_1}{A_2}\right)^2 \frac{V_1^2}{2g}$

② $h_{se} = \left(1 - \frac{A_1}{A_2}\right)^2 \frac{V_2^2}{2g}$

③ $h_{se} = \left(1 + \frac{A_2}{A_1}\right)^2 \frac{V_1^2}{2g}$

④ $h_{se} = \left(1 + \frac{A_2}{A_1}\right)^2 \frac{V_2^2}{2g}$

■해설 단면급확대 손실수두
㉠ 단면급확대 손실계수

$$f_{se} = \left(1 - \frac{A_1}{A_2}\right)^2$$

㉡ 단면급확대 손실수두

$$h_{se} = f_{se} \frac{V_1^2}{2g}$$

$$\therefore h_{se} = \left(1 - \frac{A_1}{A_2}\right)^2 \frac{V_1^2}{2g}$$

59. 안지름 15cm의 관에 10℃의 물이 유속 3.2m/s로 흐르고 있을 때 흐름의 상태는?(단, 10℃ 물의 동점성계수(ν)=0.0131cm²/s)

① 층류 ② 한계류
③ 난류 ④ 부정류

해설 흐름의 상태

㉠ 층류와 난류의 구분은 Reynolds 수로 할 수 있다.

$$R_e = \frac{VD}{\nu}$$

여기서, V : 유속
D : 관의 직경
ν : 동점성계수

㉡ 층류와 난류의 구분
- $R_e < 2{,}000$: 층류
- $2{,}000 < R_e < 4{,}000$: 천이영역
- $R_e > 4{,}000$: 난류

㉢ 흐름 상태 구분

$$R_e = \frac{VD}{\nu} = \frac{320\times15}{0.0131} = 366{,}412$$

∴ 난류

60. 지름이 변하면서 위치도 변하는 원형 관로에 1.0m³/s의 유량이 흐르고 있다. 지름이 1.0m인 구간에서는 압력이 34.3kPa(0.35kg/cm²)이라면, 그보다 2m 더 높은 곳에 위치한 지름 0.7m인 구간의 압력은?(단, 마찰 및 미소손실은 무시한다.)

① 11.8kPa ② 14.7kPa
③ 17.6kPa ④ 19.6kPa

해설 압력의 산정

㉠ 유속의 산정
- $V_1 = \frac{Q}{A_1} = \frac{1}{\frac{\pi\times1^2}{4}} = 1.27\text{m/s}$
- $V_2 = \frac{Q}{A_2} = \frac{1}{\frac{\pi\times0.7^2}{4}} = 2.6\text{m/s}$

㉡ 압력의 산정

$$z_1 + \frac{p_1}{w} + \frac{v_1^2}{2g} = z_2 + \frac{p_2}{w} + \frac{v_2^2}{2g}$$

$$\therefore \frac{3.5}{1} + \frac{1.27^2}{2\times9.8} = 2 + \frac{p_2}{1} + \frac{2.6^2}{2\times9.8}$$

$$\therefore p_2 = 1.235\text{t/m}^2 = 12.1\text{kPa} \fallingdotseq 11.8\text{kPa}$$

제4과목 철근콘크리트 및 강구조

61. 철근콘크리트 부재의 철근의 간격제한에 대한 일반적인 설명으로 틀린 것은?

① 나선철근 또는 띠철근이 배근된 압축부재에서 축방향 철근의 순간격은 40mm 이상, 또한 철근 공칭 지름의 1.5배 이상으로 하여야 한다.
② 벽체 또는 슬래브에서 휨 주철근의 간격은 벽체나 슬래브 두께의 3배 이하로 하여야 하고, 또한 450mm 이하로 하여야 한다.
③ 상단과 하단에 2단 이상으로 배근된 경우 상하 철근은 동일 연직면 내에 배치되어야 하고, 이때 상하 철근의 순간격은 25mm 이상으로 하여야 한다.
④ 동일 평면에서 평행한 철근 사이의 수평 순간격은 50mm 이상, 또한 철근의 공칭지름 이상으로 하여야 한다.

해설 동일한 평면에서 평행한 철근 사이의 수평 순간격은 25mm 이상, 또한 철근의 공칭지름 이상으로 하여야 한다.

62. 다음 그림에서 주철근의 배근이 잘못된 것은?

①
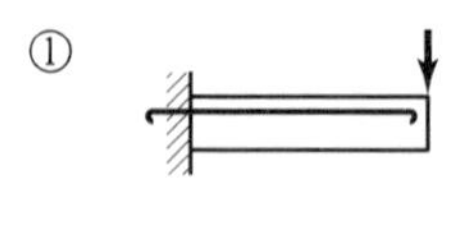

②
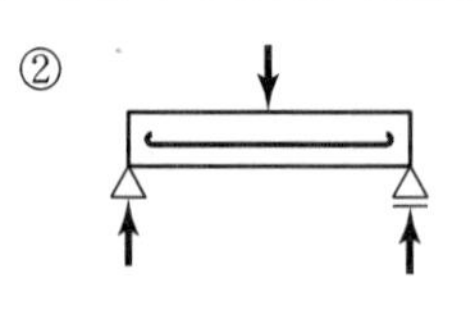

③
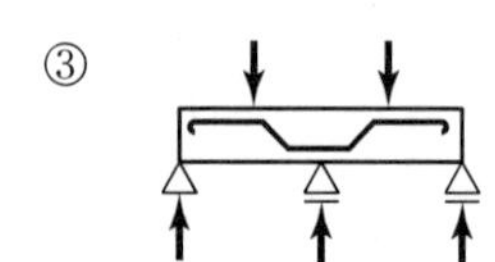

④
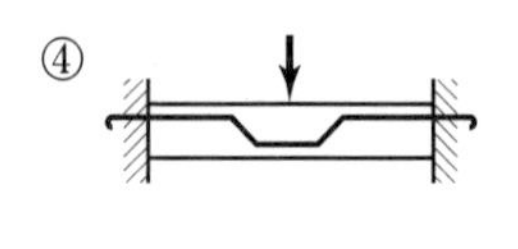

■ 해설

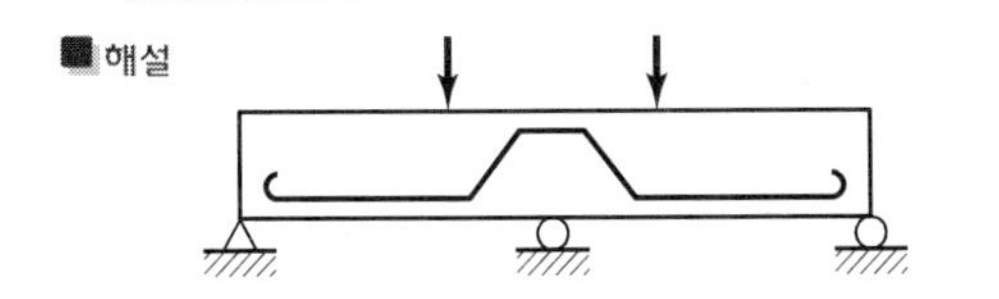

63. 뒷부벽식 옹벽을 설계할 때 뒷부벽에 대한 설명으로 옳은 것은?

① T형보로 설계하여야 한다.
② 캔틸레버보로 설계하여야 한다.
③ 직사각형보로 설계하여야 한다.
④ 3변 지지된 2방향 슬래브로 설계하여야 한다.

■ 해설 부벽식 옹벽에서 부벽의 설계
- 앞부벽 : 직사각형보로 설계
- 뒷부벽 : T형보로 설계

64. 그림과 같은 맞대기 용접이음의 유효길이는 얼마인가?

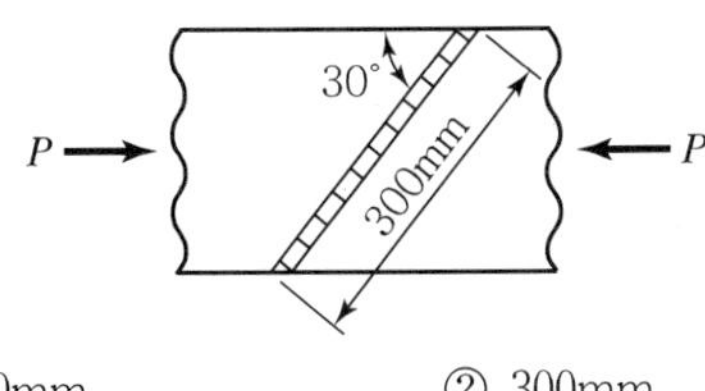

① 150mm　② 300mm
③ 400mm　④ 600mm

■ 해설 $l_e = l\sin\alpha = 300\times\sin 30° = 150\text{mm}$

65. 다음 사항 중 프리스트레스트 콘크리트의 장점이 아닌 것은?

① 구조물의 자중이 가볍고 복원성이 우수하다.
② 철근콘크리트에 비하여 강성이 크고 진동이 적다.
③ 부재에 확실한 강도와 안전율을 갖게 할 수 있다.
④ 설계하중하에서는 균열이 생기지 않으므로 내구성이 크다.

■ 해설 프리스트레스트 콘크리트는 철근콘크리트에 비하여 단면이 작기 때문에 변형이 크게 일어나고 진동하기 쉽다.

66. 슬래브의 설계에서 직접설계법을 사용하고자 할 때 제한사항으로 틀린 것은?

① 각 방향으로 3경간 이상 연속되어야 한다.
② 슬래브판들은 단변 경간에 대한 장변 경간의 비가 2 이하인 직사각형이어야 한다.
③ 연속한 기둥 중심선을 기준으로 기둥의 어긋남은 그 방향 경간의 10% 이하이어야 한다.
④ 모든 하중은 모멘트하중으로서 슬래브판 전체에 등분포되어야 하며, 활하중은 고정하중의 1/2 이상이어야 한다.

■ 해설 슬래브의 설계에서 직접설계법을 적용할 경우 활하중은 고정하중의 2배 이하이어야 한다.

67. 그림과 같은 복철근 직사각형 보 단면이 압축부에 3－D22($A_s{'}$＝1,161mm²)의 철근과 인장부에 6－D32(A_s＝4,765mm²)의 철근을 갖고 있을 때의 등가 압축응력의 깊이(a)는?(단, f_{ck}＝28MPa, f_y＝400MPa이다.)

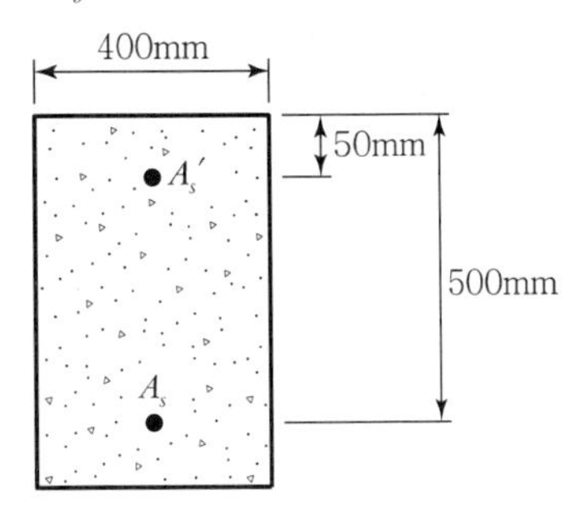

① 151.43mm　② 159.25mm
③ 164.72mm　④ 178.56mm

■ 해설
$$a = \frac{(A_s - A_s{'})f_y}{0.85 f_{ck}\, b} = \frac{(4,765 - 1,161)\times 400}{0.85\times 28\times 400} = 151.43\text{mm}$$

68. 단철근 직사각형보에서 f_y=400MPa, f_{ck}=24MPa일 때, 강도설계법에 의한 균형철근비는?

① 0.0187 ② 0.0214
③ 0.0260 ④ 0.0321

해설 $\beta_1 = 0.85(f_{ck} \le 28\text{MPa})$

$$\rho_b = 0.85\beta_1 \frac{f_{ck}}{f_y} \frac{600}{600+f_y}$$

$$= 0.85 \times 0.85 \times \frac{24}{400} \times \frac{600}{600 \times 400} = 0.02601$$

69. 휨부재에서 f_{ck}=28MPa, f_y=400MPa일 때 인장철근 D29(공칭지름 28.6mm, 공칭단면적 642mm²)의 기본정착길이(l_{db})는 약 얼마인가?

① 1,200mm ② 1,250mm
③ 1,300mm ④ 1,350mm

해설 $\lambda=1$(보통중량의 콘크리트인 경우)

$$l_{db} = \frac{0.6d_b f_y}{\lambda\sqrt{f_{ck}}} = \frac{0.6 \times 28.6 \times 400}{1 \times \sqrt{28}} = 1,297\text{mm}$$

70. D13철근을 U형 스터럽으로 가공하여 350mm 간격으로 부재축에 직각이 되게 설치한 전단철근의 강도 V_s는?(단, f_y=400MPa, d=600mm, D13철근의 단면적은 127mm²)

① 87.1kN ② 125.3kN
③ 174.2kN ④ 204.7kN

해설
$$V_s = \frac{A_v f_y d}{s} = \frac{(2 \times 127) \times 400 \times 600}{350}$$
$$= 174.2 \times 10^3\text{N} = 174.2\text{kN}$$

71. PS강재를 긴장할 때 강재의 인장응력은 다음 어느 값을 초과하면 안 되는가?(단, f_{pu} : 긴장재의 설계기준인장강도, f_{py} : 긴장재의 설계기준항복강도)

① $0.80f_{pu}$ 또는 $0.82f_{py}$ 중 작은 값
② $0.80f_{pu}$ 또는 $0.94f_{py}$ 중 작은 값
③ $0.74f_{pu}$ 또는 $0.82f_{py}$ 중 작은 값
④ $0.74f_{pu}$ 또는 $0.94f_{py}$ 중 작은 값

해설 긴장재(PS강재)의 허용응력

적용범위	허용응력
긴장할 때 긴장재의 인장응력	$0.8f_{pu}$와 $0.94f_{py}$ 중 작은 값 이하
프리스트레스 도입 직후 긴장재의 인장응력	$0.74f_{pu}$와 $0.82f_{py}$ 중 작은 값 이하
접착구와 커플러(Coupler)의 위치에서 프리스트레스 도입 직후 포스트텐션 긴장재의 인장응력	$0.7f_{pu}$ 이하

72. 슬래브 중심 간 거리 1.8m, 플랜지 두께 100mm, T형 단면 복부 폭 350mm, 지간 10m인 대칭 T형 단면 보의 플랜지 유효폭은 얼마인가?

① 1.65m ② 1.8m
③ 2.2m ④ 2.5m

해설 T형보(대칭 T형보)의 플랜지 유효폭(b_e)

- $16t_f + b_w = 16 \times 100 + 350 = 1,950\text{mm}$
- 슬래브 중심 간 거리 $= 1.8 \times 10^3 = 1,800\text{mm}$
- 보 경간의 $\frac{1}{4} = (10 \times 10^3) \times \frac{1}{4} = 2,500\text{mm}$

위 값 중에서 최소값을 취하면
$b_e = 1,800\text{mm} = 1.8\text{m}$이다.

73. 철근콘크리트 구조물의 강도설계법에서 사용되는 강도감소계수에 대한 다음 설명 중 틀린 것은?

① 인장지배 단면에 대한 강도감소계수는 0.85이다.
② 압축지배 단면 중 나선철근으로 보강된 철근콘크리트 부재의 강도감소계수는 0.65이다.
③ 전단력에 대한 강도감소계수는 0.75이다.
④ 무근콘크리트의 휨모멘트에 대한 강도감소계수는 0.55이다.

해설 압축지배단면 중 나선철근으로 보강된 철근콘크리트 부재의 강도감소계수는 0.70이다.

74. 깊은 보(Deep Beam)에 대한 설명으로 옳은 것은?

① 순경간(l_n)이 부재 깊이의 3배 이하이거나 하중이 받침부로부터 부재 깊이의 0.5배 거리 이내에 작용하는 보
② 순경간(l_n)이 부재 깊이의 4배 이하이거나 하중이 받침부로부터 부재 깊이의 2배 거리 이내에 작용하는 보
③ 순경간(l_n)이 부재 깊이의 5배 이하이거나 하중이 받침부로부터 부재 깊이의 4배 거리 이내에 작용하는 보
④ 순경간(l_n)이 부재 깊이의 6배 이하이거나 하중이 받침부로부터 부재 깊이의 5배 거리 이내에 작용하는 보

해설 깊은보(Deep Beam)
순경간이 부재 깊이의 4배 이하이거나 하중이 받침부로부터 부재 깊이의 2배 거리 이내에 작용하는 보

75. 철근콘크리트의 성립요건에 대한 설명으로 틀린 것은?

① 철근과 콘크리트의 부착강도가 크다.
② 압축은 콘크리트가 인장은 철근이 부담한다.
③ 부착면에서 철근과 콘크리트의 변형률은 같다.
④ 철근의 열팽창계수는 콘크리트의 열팽창계수보다 매우 크다.

해설 철근콘크리트의 성립요건
- 철근과 콘크리트의 부착력이 크다.
- 콘크리트 속의 철근은 부식되지 않는다.
- 철근과 콘크리트의 열팽창계수가 거의 같다.

76. 강도설계법에 의해서 전단철근을 사용하지 않고 계수하중에 의한 전단력 40kN을 지지할 수 있는 직사각형보의 최소 단면적($b_w \times d$)은 얼마인가?(단, $f_{ck}=28\text{MPa}$)

① 102,143mm^2 ② 112,512mm^2
③ 120,949mm^2 ④ 134,242mm^2

해설 $\lambda=1$(보통중량의 콘크리트인 경우)

$$V_u \le \frac{1}{2}\phi V_c = \frac{1}{2}\phi\left(\frac{1}{6}\lambda\sqrt{f_{ck}}\,b_w d\right)$$

$$b_w d \ge \frac{12V_u}{\phi\lambda\sqrt{f_{ck}}} = \frac{12\times(40\times10^3)}{0.75\times1\times\sqrt{28}} = 120{,}948.6\text{mm}^2$$

77. 판형에서 보강재(Stiffener)의 사용목적은?

① 보 전체의 비틀림에 대한 강도를 크게 하기 위함이다.
② 복부판의 전단에 대한 강도를 높이기 위함이다.
③ Flange Angle의 간격을 넓게 하기 위함이다.
④ 복부판의 좌굴을 방지하기 위함이다.

해설 판형에서 보강재는 복부판의 두께가 얇은 경우에 발생하는 좌굴을 방지하기 위하여 설치한다.

78. 다음 중 극한하중 상태에서 급격한 취성파괴 대신 연성파괴를 나타내는 보는?

① 과소철근보
② 과다철근보
③ 균형철근보
④ 과소철근보, 균형철근보

해설 균형철근량보다 적은 인장철근을 가진 과소철근보는 콘크리트 압축 측 연단의 변형률이 극한 변형률 0.03에 도달하기 전에 인장 측 철근이 먼저 항복상태에 도달하여 연성파괴가 일어나는 보이다.

79. 인장 이형철근의 정착길이는 기본정착길이(l_{ab})에 보정계수를 곱한다. 상부 수평 철근의 보정계수(α)는?

① 1.3　② 1.0
③ 0.8　④ 0.75

해설 상부 수평 철근의 보정계수(α)는 α=1.3이다.

80. 강도설계법에서 휨모멘트와 축력을 동시에 받는 부재의 콘크리트 압축연단의 극한 변형률은 얼마로 가정하는가?

① 0.001　② 0.002
③ 0.003　④ 0.004

해설 강도설계법에서 콘크리트 압축연단의 극한 변형률은 0.003이다.

제5과목 토질 및 기초

81. 흙의 분류 중에서 유기질이 가장 많은 흙은?

① CH　② CL
③ MH　④ Pt

해설 이탄(Pt)은 유기질이 가장 많다.

82. 어떤 점토시료의 압밀시험에서 시료의 두께가 20cm라고 할 때, 압밀도 50%에 도달할 때까지의 시간을 구하면?(단, 시료의 압밀계수는 2.3×10^{-3}cm²/sec이고, 양면배수조건이다.)

① 10.24시간　② 5.12시간
③ 2.38시간　④ 1.19시간

해설

$$t_{50}=\frac{T_v H^2}{C_v}=\frac{0.197\times\left(\frac{20}{2}\right)^2}{2.3\times10^{-3}}$$

$=8565.22$초$/60\times60\times24$

$=2.38$시간

83. 표준관입시험(SPT) 결과 N치가 25이었고, 그때 채취한 교란시료로 입도시험을 한 결과 입자가 모나고, 입도분포가 불량할 때 Dunham 공식에 의해서 구한 내부 마찰각은?

① 약 32°　② 약 37°
③ 약 40°　④ 약 42°

해설 $\phi=\sqrt{12N}+20$(토립자가 모나고 입도가 불량)

$=\sqrt{12\times25}+20=37°$

84. 사면안정 해석방법 중 절편법에 대한 설명으로 옳지 않은 것은?

① 절편의 바닥면은 직선이라고 가정한다.
② 일반적으로 예상 활동파괴면을 원호라고 가정한다.
③ 흙 속에 간극수압이 존재하는 경우에도 적용이 가능하다.
④ 지층이 여러 개의 층으로 구성되어 있는 경우 적용이 불가능하다.

해설 절편법은 지층이 여러 개의 층(이질토층)인 경우 적용한다.

85. 아래 그림과 같은 지반의 점토 중앙 단면에 작용하는 유효응력은?

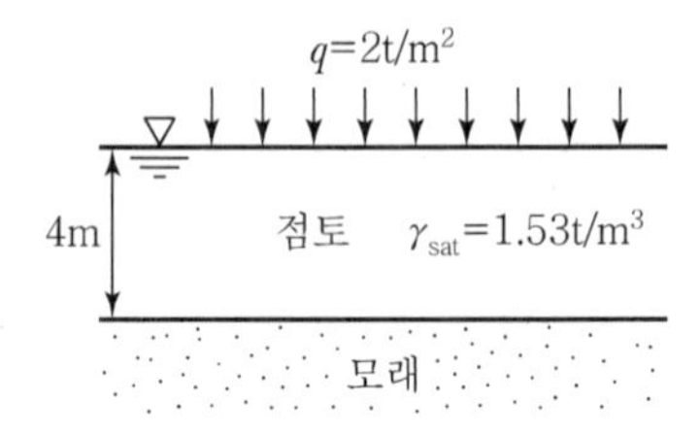

① 3.06t/m²　② 3.27t/m²
③ 3.53t/m²　④ 3.71t/m²

해설 $\sigma'=(\gamma_{sat}-1)\times\left(\frac{H}{2}\right)+q$

$=(1.53-1)\times\left(\frac{4}{2}\right)+2=3.06\text{t/m}^2$

86. 연약지반 개량공법 중에서 일시적인 공법에 속하는 것은?

① Sand drain 공법　② 치환공법
③ 약액주입공법　④ 동결공법

해설 일시적 지반개량공법(연약지반)
㉠ Well Point 공법
㉡ 동결공법
㉢ 대기압공법(진공압밀공법)

87. 다음 토질 시험 중 도로의 포장 두께를 정하는데 많이 사용되는 것은?

① 표준관입시험　② CBR 시험
③ 다짐시험　④ 삼축압축시험

해설 ㉠ 아스팔트 포장두께 결정 : CBR 시험
㉡ 콘크리트 포장두께 결정 : PBT 시험

88. 건조밀도가 1.55g/cm³, 비중이 2.65인 흙의 간극비는?

① 0.59　② 0.64
③ 0.71　④ 0.78

해설
$$\gamma_d = \frac{G_s \gamma_w}{1+e}$$
$$\therefore e = \frac{\gamma_w}{\gamma_d} G_s - 1 = \left(\frac{1}{1.55} \times 2.65\right) - 1 = 0.71$$

89. 예민비가 큰 점토란 다음 중 어떠한 것을 의미하는가?

① 점토를 교란시켰을 때 수축비가 큰 시료
② 점토를 교란시켰을 때 수축비가 적은 시료
③ 점토를 교란시켰을 때 강도가 증가하는 시료
④ 점토를 교란시켰을 때 강도가 많이 감소하는 시료

해설 예민비가 큰 점토는 교란시켰을 때 강도가 많이 감소한다.

90. 흙 속의 물이 얼어서 빙층(ice lens)이 형성되기 때문에 지표면이 떠오르는 현상은?

① 연화현상
② 동상현상
③ 분사현상
④ 다이러턴시(Dilatancy)

해설 동상현상
㉠ 흙속의 물이 얼어서 빙층(Ice Lens)이 형성되기 때문에 지표면이 떠오르는 현상
㉡ 하층으로부터 물의 공급이 충분할 때 잘 일어난다.
㉢ 동상작용을 받으면 흙 입자의 팽창으로 수분이 증가되어 함수비도 증가된다.

91. 흙의 단위 무게가 1.60t/m³, 점착력 0.32kg/cm², 내부 마찰각 30°일 때 이 토층을 연직으로 절취할 수 있는 깊이는?

① 13.86m　② 12.54m
③ 10.32m　④ 9.76m

해설
$$\text{한계고}(H_c) = 2Z_c = 2 \times \frac{2c}{\gamma_t}\tan\left(45° + \frac{\phi}{2}\right)$$
$$= 2 \times \frac{2 \times 3.2}{1.6}\tan\left(45° + \frac{30}{2}\right) = 13.86\text{m}$$

92. 3.0×3.6m인 직사각형 기초의 저면에 0.8m 및 1.0m 간격으로 지름 30cm, 길이 12m인 말뚝 9개를 무리말뚝으로 배치하였다. 말뚝 1개의 허용지지력을 25ton으로 보았을 때 무리말뚝 전체의 허용지지력을 구하면?(단, 무리말뚝의 효율(E)은 0.543이다.)

① 122.2ton　② 146.6ton
③ 184ton　④ 225ton

■해설 무리말뚝(군항)의 허용지지력(R_{ag})

$R_{ag} = R_a \cdot N \cdot E = 25 \times 9 \times 0.543 ≒ 122.2\text{ton}$

93. 채취된 시료의 교란 정도는 면적비를 계산하여 통상 면적비가 몇 % 이하이면 잉여토의 혼입이 불가능한 것으로 보고 불교란시료로 간주하는가?

① 5% ② 7%
③ 10% ④ 15%

■해설 면적비(A_R) 판정 조건

㉠ 불교란 시료로 간주 : $A_R \le 10\%$
㉡ 교란 시료로 간주 : $A_R > 10\%$

94. 건조한 흙의 직접 전단시험 결과 수직응력이 4kg/cm²일 때 전단저항은 3kg/cm²이고 점착력은 0.5kg/cm²이었다. 이 흙의 내부 마찰각은?

① 30.2° ② 32°
③ 36.8° ④ 41.2°

■해설 $S(\tau_f) = c + \sigma' \cdot \tan\phi$

$3 = 0.5 + 4\tan\phi$

$\therefore \tan\phi = \frac{2.5}{4}, \quad \phi = \tan^{-1}\left(\frac{2.5}{4}\right) = 32°$

95. 다음 중 흙의 전단강도를 감소시키는 요인이 아닌 것은?

① 간극수압의 증가
② 수분 증가에 의한 점토의 팽창
③ 수축 팽창 등으로 인하여 생긴 미세한 균열
④ 함수비 감소에 따른 흙의 단위중량 감소

■해설 전단 강도를 감소시키는 요인

- 간극수압의 증가
- 흙다짐 불량, 동결융해
- 수분 증가에 따른 점토의 팽창
- 수축, 팽창, 인장에 의한 미세균열

96. 비중이 2.50, 함수비 40%인 어떤 포화토의 한계동수경사를 구하면?

① 0.75 ② 0.55
③ 0.50 ④ 0.10

■해설 한계동수경사$(i_c) = \frac{G_s - 1}{1+e} = \frac{2.5-1}{1+1} = 0.75$

$\left(G_s\,\omega = S\,e \quad \therefore e = \frac{G_s\,\omega}{S} = \frac{2.50 \times 0.4}{1} = 1\right)$

97. 흙을 다질 때 그 효과에 대한 설명으로 틀린 것은?

① 흙의 역학적 강도와 지지력이 증가한다.
② 압축성이 작아진다.
③ 흡수성이 증가한다.
④ 투수성이 감소한다.

■해설 다짐효과

㉠ 투수성의 저하
㉡ 압축성의 감소
㉢ 흡수성 감소
㉣ 전단강도의 증가 및 지지력의 증대
㉤ 부착력 및 밀도 증가

98. 어떤 모래층에서 수두가 3m일 때 한계동수경사가 1.0이었다. 모래층의 두께가 최소 얼마를 초과하면 분사현상이 일어나지 않겠는가?

① 1.5m ② 3.0m
③ 4.5m ④ 6.0m

■해설 •분사현상이 일어나지 않을 경우

$i \ge i_c$

$\frac{h}{L} \ge i_c$

$\therefore L \ge \frac{h}{i_c} = \frac{3}{1} = 3$

 |해답| 93.③ 94.② 95.④ 96.① 97.③ 98.②

99. 점성토지반의 성토 및 굴착 시 발생하는 Heaving 방지대책으로 틀린 것은?

① 지반개량을 한다.
② 표토를 제거하여 하중을 적게 한다.
③ 널말뚝의 근입장을 짧게 한다.
④ Trench Cut 및 부분 굴착을 한다.

해설 Heaving 방지대책
㉠ 흙막이 근입 깊이를 깊게 한다.
㉡ 표토를 제거(하중을 줄임)한다.
㉢ 굴착면에 하중을 증가시킨다.
㉣ 부분굴착(Trench Cut)을 한다.
㉤ 지반 개량(양질의 재료)을 한다.

100. Sand Drain 공법의 주된 목적은?

① 압밀침하를 촉진시키는 것이다.
② 투수계수를 감소시키는 것이다.
③ 간극수압을 증가시키는 것이다.
④ 지하수위를 상승시키는 것이다.

해설 샌드 드레인(Sand Drain) 공법의 목적
점성토층의 배수거리를 짧게 하여 압밀침하를 촉진

제6과목 상하수도공학

101. 하수도의 관거시설 중 역사이펀에 관한 설명으로 틀린 것은?

① 역사이펀실에는 수문설비 및 이토실을 설치한다.
② 역사이펀 관거는 일반적으로 복수로 한다.
③ 역사이펀의 양측에 수직으로 역사이펀실을 설치한다.
④ 역사이펀 관거 내의 유속은 상류 측 관거 내의 유속보다 작게 한다.

해설 역사이펀
㉠ 정의
하수관거 시공 중 하천, 궤도, 지하철 등의 장애물을 횡단하는 경우 설치하는 시설
㉡ 설계 시 고려사항
- 관내 유속은 상층부보다 20~30% 증가시킨다.
- 상·하류 복월실에는 진흙받이(이토실)를 설치한다.
- 역사이펀의 입구, 출구는 손실수두를 줄이기 위해 종구(bell mouth)형으로 설치한다.
- 역사이펀 관거는 일반적으로 복수로 설치한다.
- 역사이펀의 구조는 장애물 양측의 역사이펀실을 설치하고 이것을 역사이펀 관거로 연결한다.

102. 상수도의 정수처리 중 맛, 냄새가 있는 경우에 이를 제거하기 위한 방법이 아닌 것은?

① 불소주입
② 오존처리
③ 염소처리
④ 입상 활성탄처리

해설 맛과 냄새의 제거
물에 맛, 냄새가 있을 경우에는 이를 제거하기 위하여 맛, 냄새의 종류에 따라 폭기, 염소처리, 분말 또는 입상활성탄처리, 오존처리 및 오존·입상활성탄 처리를 한다.

103. 강우강도 $I=\dfrac{3,500}{t+10}$ mm/hr, 유역면적 $2km^2$, 유입시간 5분, 유출계수 0.7, 하수관 내 유속 1m/s일 때 관길이 600m인 하수관에 유출되는 우수량은?

① $27.2m^3/s$
② $54.4m^3/s$
③ $272.2m^3/s$
④ $544.4m^3/s$

해설 우수유출량의 산정
㉠ 합리식의 적용 확률연수는 10~30년을 원칙으로 한다.

$$Q=\frac{1}{3.6}CIA$$

여기서, Q : 우수량(m^3/sec), C : 유출계수(무차원)
I : 강우강도(mm/hr), A : 유역면적(km^2)

㉡ 유달시간의 계산

$$t=t_1+t_2=5+\frac{600}{1\times 60}=5+10=15\text{min}$$

㉢ 강우강도의 산정

$$I = \frac{3,500}{t+10} = \frac{3,500}{15+10} = 140\text{mm/hr}$$

㉣ 계획우수유출량의 산정

$$Q = \frac{1}{3.6}CIA = \frac{1}{3.6} \times 0.7 \times 140 \times 2$$
$$= 54.44\text{m}^3/\text{sec}$$

104. 배수관을 망상(그물모양)으로 배치하는 방식의 특징이 아닌 것은?

① 고장의 경우 단수의 우려가 적다.
② 관내의 물이 정체하지 않는다.
③ 관로해석이 편리하고 정확하다.
④ 수압분포가 균등하고 화재 시에 유리하다.

■해설 배수관망의 배치방식

격자식	수지상식
• 단수 시 대상지역이 좁다. • 수압 유지가 용이하다. • 화재 시 사용량 대처가 용이하다. • 수리계산이 복잡하다. • 건설비가 많이 든다.	• 수리계산이 간단하다. • 건설비가 적게 든다. • 물의 정체가 발생된다. • 단수지역이 발생된다. • 수량의 상호 보완이 어렵다.

∴ 격자식은 관로해석의 수리계산이 복잡하다.

105. 하수도계획의 기본적 사항에 대한 설명으로 틀린 것은?

① 하수도계획의 목표연도는 원칙적으로 10년으로 한다.
② 하수의 배제방식에는 분류식과 합류식이 있으며, 지역특성과 방류수역의 여건 등을 고려하여 결정한다.
③ 하수도의 계획구역은 처리구역과 배수구역으로 구분하여 고려사항을 충분히 검토하여 결정한다.
④ 하수도계획은 구상, 조사, 예측, 시설계획 등의 절차로 수립한다.

■해설 하수도 계획 목표연도

하수도 계획의 목표연도는 시설의 내용연수, 건설기간 등을 고려하여 20년을 원칙으로 한다.

106. 수분 98%인 슬러지 30m³을 농축하여 수분 94%로 했을 때의 슬러지양은?

① 10m³ ② 12m³
③ 15m³ ④ 18m³

■해설 농축 후의 슬러지 부피

㉠ 슬러지 부피

$$V_1(100-P_1) = V_2(100-P_2)$$

여기서, V_1, P_1 : 농축, 탈수 전의 함수율, 부피
V_2, P_2 : 농축, 탈수 후의 함수율, 부피

㉡ 농축 후의 슬러지 부피 산출

$$V_2 = \frac{(100-P_1)}{(100-P_2)}V_1 = \frac{(100-98)}{(100-94)} \times 30$$
$$= 10\text{m}^3$$

107. 펌프를 선택할 때 고려해야 할 사항으로 가장 거리가 먼 것은?

① 양정 ② 펌프의 특성
③ 동력 ④ 펌프의 무게

■해설 펌프 선정 시 고려사항

펌프 선정 시 고려사항은 펌프의 특성, 펌프의 동력, 펌프의 효율, 펌프의 양정 등이다.

108. 급속여과법과 비교할 때, 완속여과법의 특징으로 옳은 것은?

① 넓은 부지가 필요하며 시공비가 많이 든다.
② 모래층의 오염물질을 제거하기 위한 역세척이 반드시 필요하다.
③ 약품사용과 동력 소비에 따른 유지관리비가 많이 든다.
④ 여과를 할 때 손실수두가 크다.

■해설 완속여과법의 특징

㉠ 정의

보통침전지를 통과한 물을 모래층 상층부의 여재표면에 증식한 미생물군에 의해 수중의 불순물을 포착, 산화하는 방식이다.

㉡ 특징
- 여과속도가 느리므로 넓은 부지가 필요하며, 건설비가 많이 든다.
- 완속여과지의 유지관리는 여재 표면의 모래를 제거하고 다른 모래를 보충한다.
- 유지관리비가 저렴하고, 관리가 용이하다.
- 여과 작업을 진행할 때 급속여과에 비하여 손실수두가 적다.

109. 합류식에서 우천 시 계획오수량은 원칙적으로 계획시간 최대오수량의 몇 배 이상으로 하는가?

① 1.5배 ② 2배
③ 3배 ④ 4배

해설 계획하수량의 결정

㉠ 오수 및 우수관거

종류		계획하수량
합류식		계획시간 최대오수량에 계획우수량을 합한 수량
분류식	오수관거	계획시간 최대오수량
	우수관거	계획우수량

㉡ 차집관거
우천 시 계획오수량 또는 계획시간 최대오수량의 3배를 기준으로 설계한다.
∴ 우천 시 계획오수량은 계획시간 최대오수량의 3배를 기준으로 한다.

110. 송수시설에서 계획송수량의 기준이 되는 것은?

① 계획시간 평균급수량
② 계획 1일 최대급수량
③ 계획 1일 평균급수량
④ 계획시간 최대급수량

해설 상수도 구성요소

㉠ 수원 → 취수 → 도수(침사지) →정수(착수정→약품혼화지 → 침전지 → 여과지 → 소독지 → 정수지) → 송수 → 배수(배수지, 배수탑, 고가탱크, 배수관) → 급수
㉡ 수원, 취수, 도수, 정수, 송수 등의 설계에는 계획 1일 최대급수량을 기준으로 한다.
㉢ 계획취수량은 계획 1일 최대급수량을 기준으로 5~10% 정도 여유 있게 취수한다.
㉣ 배수관의 직경결정, 펌프의 직경결정 등은 계획시간 최대급수량을 기준으로 한다.
∴ 송수시설은 계획 1일 최대급수량을 기준으로 한다.

111. 하수처리장에서 하천에 방류되는 방수류가 BOD 30mg/L, 유량 20,000m³/day이고, 방류되기 전 하천의 BOD와 유량이 3mg/L, 0.4m³/s일 때 방류수가 하천에 완전, 혼합된다면 합류지점의 BOD 농도는?

① 약 13mg/L ② 약 23mg/L
③ 약 30mg/L ④ 약 33mg/L

해설 BOD 혼합농도 계산

- $C_m = \dfrac{Q_1 \cdot C_1 + Q_2 \cdot C_2}{Q_1 + Q_2}$

  $= \dfrac{34,560 \times 3 + 20,000 \times 30}{34,560 + 20,000} = 12.9\text{mg/L}$
- $Q_1 = 0.4 \times 24 \times 3,600 = 34,560\text{m}^3/\text{day}$

112. 급수용 저수지의 유효저수량을 결정하기 위한 Ripple 곡선이다. 다음 중 저수지의 수위가 가장 높아지는 때는?

① O
② L
③ M
④ N

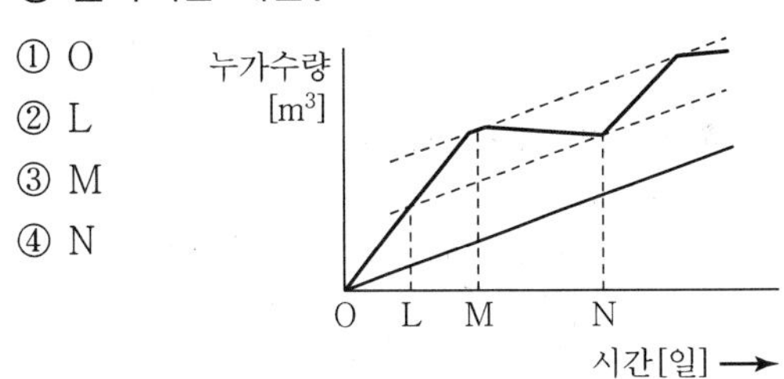

해설 유량누가곡선법

㉠ 해당 지역의 유입량누가곡선과 유출량누가곡선을 이용하여 저수지용량과 저수시작점 등을 결정할 수 있는 방법으로 이론법 또는 Ripple's method이라고도 한다.
㉡ 저수지 수위가 가장 높아지는 때는 유입량누가곡선의 돌출부이므로 그림에서는 M점에 해당된다.

113. 그림은 사류펌프(N_s=850)의 표준특성곡선이다. 축동력을 나타내는 곡선은?

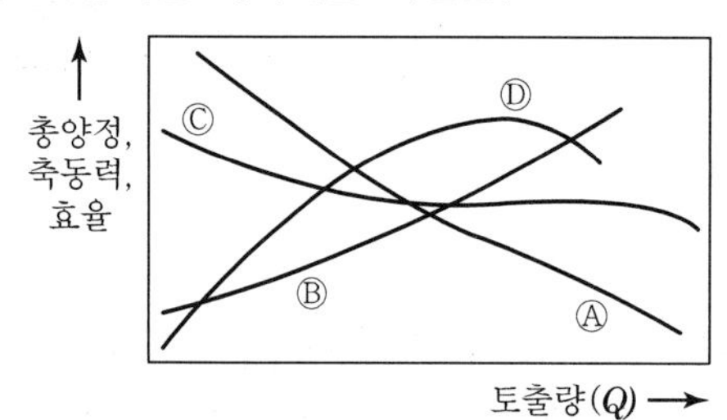

① Ⓐ ② Ⓑ
③ Ⓒ ④ Ⓓ

해설 펌프특성곡선
㉠ 펌프의 회전속도를 일정하게 고정하고 토출관의 밸브를 조절하여 토출량을 변화시킬 때 토출량(Q)의 변화에 따른 양정(H), 효율(η), 축동력(P)의 변화를 최대효율점에 대한 비율로 나타낸 곡선을 펌프특성곡선이라 한다.
㉡ 사류펌프는 원심력과 양력작용을 모두 사용하는 펌프로 유출량과 동력의 관계는 Ⓒ의 관계를 나타낸다.

114. 하수도 관거의 최소 흙두께(매설깊이)의 원칙적인 기준은?

① 1.0m ② 1.5m
③ 2.0m ④ 2.5m

해설 하수관로의 매설깊이
오수관로의 최소 흙두께는 1.0m를 표준으로 하고, 우수 및 합류관거는 차도에서는 1.2m, 보도에서는 1m를 표준으로 하고 있다.
∴ 하수관로의 최소 흙두께는 1m를 표준으로 한다.

115. $K_2Cr_2O_7$은 강력한 산화제로서 COD 측정에 이용된다. 수질 검사에서 $K_2Cr_2O_7$의 소비량이 많다는 것이 의미하는 것은?

① 물의 경도가 높다. ② 부유물이 많다.
③ 대장균이 많다. ④ 유기물이 많다.

해설 중크롬산칼륨
COD는 수중의 유기물을 과망간산칼륨($KMnO_4$)이나 중크롬산칼륨($K_2Cr_2O_2$)을 이용하여 화학적으로 산화시킬 때 소모되는 산화제의 양을 산소량으로 환산한 값이다. 따라서 중크롬산칼륨($K_2Cr_2O_7$)의 소모량이 많다는 것은 물속에 유기물이 많다는 것을 의미한다.

116. 활성슬러지법에서 MLSS가 의미하는 것은?

① 폐수 중의 고형물
② 방류수 중의 부유물질
③ 폭기조 중의 부유물질
④ 침전지 상등수 중의 부유물질

해설 MLSS
활성슬러지법에서 MLSS(Mixed Liquor Suspended Solid)는 폭기조 내 혼합액의 부유물질을 말한다.

117. 상수도의 배수시설에 관한 설명으로 틀린 것은?

① 배수시설에는 배수지, 배수탑, 고가탱크 등이 있다.
② 배수탑과 고가탱크는 배수구역 내 배수지를 설치할 적당한 높은 장소가 없을 때 설치한다.
③ 배수지의 유효수심은 3~6m 정도를 표준으로 하여야 한다.
④ 배수지의 유효용량은 배수구역의 계획 1일 평균급수량의 6시간분을 표준으로 한다.

해설 배수시설
㉠ 배수지는 계획배수량에 대하여 잉여수를 저장하였다가 수요 급증 시 부족량을 보충하는 조절지의 역할과 급수구역에 소정의 수압을 유지하기 위한 시설이다.
㉡ 배수시설에는 배수지, 배수탑, 고가탱크, 배수관 등이 있다.
㉢ 배수지는 가능한 한 급수구역의 중앙에 위치하고 적당한 수두를 얻을 수 있는 곳이 좋으며, 배수탑과 고가탱크는 배수지를 설치할 적당한 높은 장소가 없을 때 설치한다.
㉣ 배수지의 유효수심은 3~6m를 표준으로 한다.
㉤ 배수지의 유효용량은 계획 1일 최대급수량의 8~12시간분을 표준으로 하며, 최소 6시간분 이상으로 한다.

 |해답| 113.③ 114.① 115.④ 116.③ 117.④

118. 원수를 음용이나 공업용 등 용도에 알맞게 처리하는 과정은?

① 취수　　② 정수
③ 도수　　④ 배수

해설 정수
자연 상태의 원수를 음용이나 공업용 등 용도에 맞게 처리하는 과정을 정수라고 한다.

119. 정수시설 중 응집지의 플록형성지에서 계획정수량에 대한 표준 플록형성시간(체류시간)은?

① 10~30분　　② 20~40분
③ 30~50분　　④ 1시간 이상

해설 floc 형성지
㉠ floc 형성지에서는 floc의 크기를 증가시키기 위하여 완속교반을 실시한다.
㉡ floc 형성지에서 floc 형성시간은 계획정수량의 20~40분을 표준으로 한다.

120. 하천수 취수시설 중 수위변화에 대응할 수 있고 수위에 따라 좋은 수질을 선택하여 취수할 수 있으며 최소 수심 2m 이상을 유지하여야 취수가 능한 것은?

① 취수관거　　② 취수문
③ 집수정　　④ 취수탑

해설 하천수의 취수시설

종류	특징
취수관	• 수중에 관을 매설하여 취수하는 방식 • 수위와 하상변동에 영향을 많이 받는 방법으로 수위와 하상이 안정적인 곳에 적합
취수문	• 하안에 콘크리트 암거구조로 직접 설치하는 방식 • 취수문은 양질의 견고한 지반에 설치한다. • 수위와 하상변동에 영향을 많이 받는 방법으로 수위와 하상이 안정적인 곳에 적합 • 수문의 크기는 모래의 유입을 작게 하도록 설계하며, 수문에서의 유입속도는 1m/sec 이하로 한다.
취수탑	• 대량 취수의 목적으로 취수탑에 여러 개의 취수구를 설치하여 취수하는 방식 • 최소 수심이 2m 이상인 장소에 설치한다. • 연간 하천의 수위변화가 큰 지점에서도 안정적인 취수를 할 수 있다.
취수보	• 수위변화가 큰 취수지 등에서도 취수량을 안정하게 취수할 수 있다. • 대량 취수가 적합하며, 안정한 취수가 가능하다.

∴ 수위변화에 대응이 쉽고, 원수의 선택적 취수가 가능한 방법은 취수탑이다.

Industrial Engineer Civil Engineering

contents

토목산업기사 과년도 출제문제 및 해설

2017

Industrial Engineer Civil Engineering

과년도 출제문제 및 해설 (2017년 3월 5일 시행)

제1과목 응용역학

01. 단면의 성질 중에서 폭 b, 높이가 h인 직사각형 단면의 단면 1차 모멘트 및 단면 2차 모멘트에 대한 설명으로 잘못된 것은?

① 단면의 도심축을 지나는 단면 1차 모멘트는 0이다.

② 도심축에 대한 단면 2차 모멘트는 $\frac{bh^3}{12}$이다.

③ 직사각형 단면의 밑변축에 대한 단면 1차 모멘트는 $\frac{bh^2}{6}$이다.

④ 직사각형 단면의 밑변축에 대한 단면 2차 모멘트는 $\frac{bh^3}{3}$이다.

■ 해설

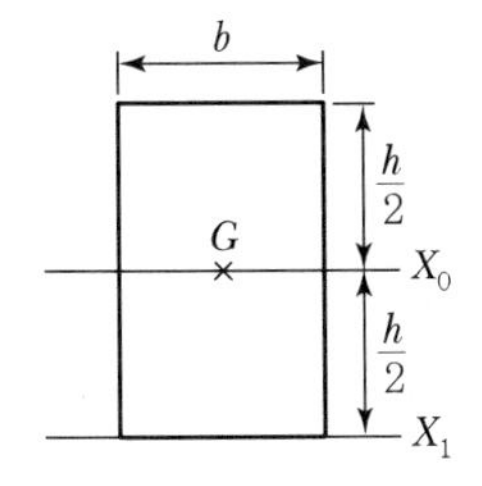

1. X_0축

$G_{X_0} = 0$

$I_{X_0} = \frac{bh^3}{12}$

2. X_1축

$G_{X_1} = (bh) \times \frac{h}{2} = \frac{bh^2}{2}$

$I_{X_1} = \frac{bh^3}{3}$

02. 그림과 같은 연속보에 대한 부정정 차수는?

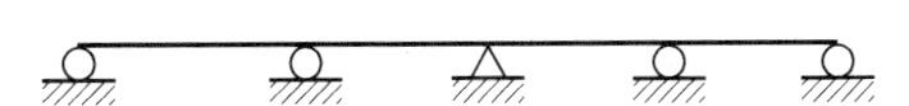

① 1차 부정정 ② 2차 부정정

③ 3차 부정정 ④ 4차 부정정

■ 해설 보인 경우

$N = r - 3 - j = 6 - 3 - 0 = 3$차

03. 그림과 같은 등분포 하중에서 최대 휨모멘트가 생기는 위치에서 휨응력이 1,200kg/cm²라고 하면 단면계수는?

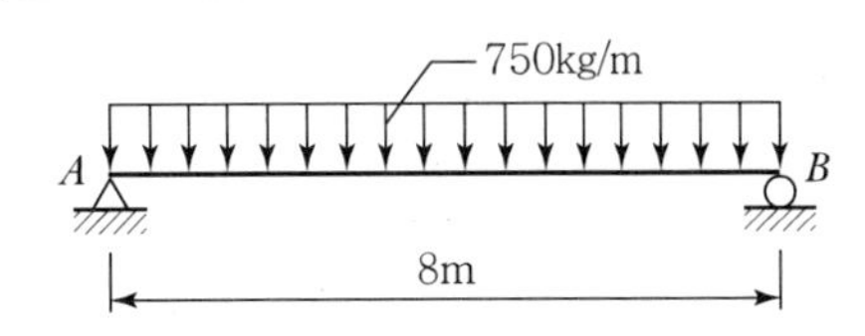

① 350cm³ ② 400cm³

③ 450cm³ ④ 500cm³

■ 해설

$M_{max} = \frac{wl^2}{8} = \frac{750 \times 8^2}{8} = 6{,}000\text{kg} \cdot \text{m}$

$Z = \frac{M_{max}}{\sigma_{max}} = \frac{6{,}000 \times 10^2}{1{,}200} = 500\text{cm}^3$

04. 외력을 받으면 구조물의 일부나 전체의 위치가 이동될 수 있는 상태를 무엇이라 하는가?

① 안정 ② 불안정

③ 정정 ④ 부정정

05. 평면응력을 받는 요소가 다음과 같이 응력을 받고 있다. 최대 주응력을 구하면?

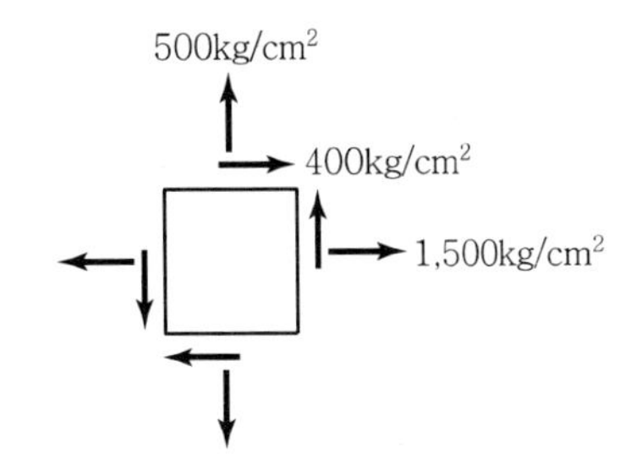

① 640kg/cm² ② 1,640kg/cm²

③ 3,600kg/cm² ④ 1,360kg/cm²

■ 해설 $\sigma_x = 1{,}500\text{kg/cm}^2$, $\sigma_y = 500\text{kg/cm}^2$,

$\tau_{xy} = 400\text{kg/cm}^2$

$$\sigma_{max} = \frac{\sigma_x + \sigma_y}{2} + \sqrt{\left(\frac{\sigma_x - \sigma_y}{2}\right)^2 + {\tau_{xy}}^2}$$

$$= \frac{1,500 + 500}{2} + \sqrt{\left(\frac{1,500 - 500}{2}\right)^2 + 400^2}$$

$$= 1,640\text{kg/cm}^2$$

06. 그림과 같은 단면의 도심축($x-x$축)에 대한 단면 2차 모멘트는?

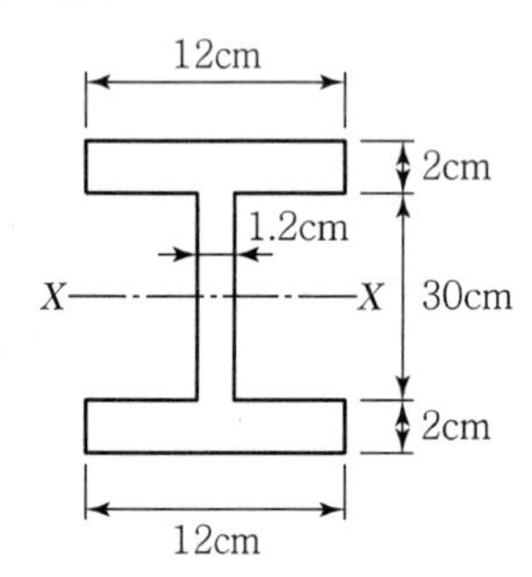

① $15,004\text{cm}^4$　② $14,004\text{cm}^4$
③ $13,004\text{cm}^4$　④ $12,004\text{cm}^4$

해설

$$I_X = \frac{12 \times 34^3}{12} - \frac{10.8 \times 30^3}{12} = 15,004\text{cm}^4$$

07. 그림의 트러스에서 CD 부재가 받는 부재응력은?

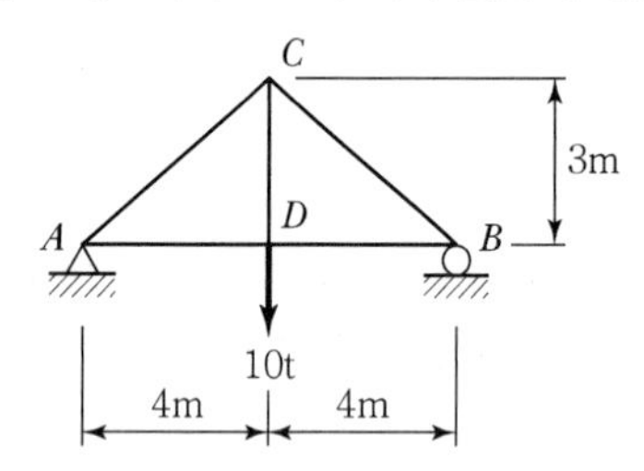

① 6.7t(인장)　② 8.3t(압축)
③ 10t(인장)　④ 10t(압축)

해설 절점법

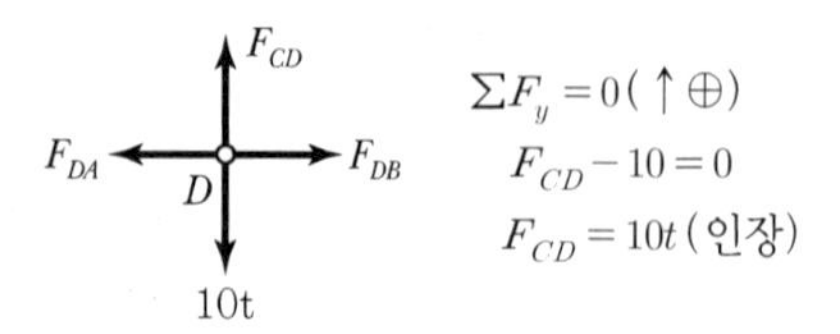

$\Sigma F_y = 0(\uparrow \oplus)$

$F_{CD} - 10 = 0$

$F_{CD} = 10t$ (인장)

08. 폭이 30cm, 높이가 50cm인 직사각형 단면의 단순보에 전단력 6t이 작용할 때 이 보에 발생하는 최대전단응력은?

① 2kg/cm^2
② 4kg/cm^2
③ 5kg/cm^2
④ 6kg/cm^2

해설

$$\tau_{max} = \alpha\frac{S}{A} = \frac{3}{2} \times \frac{(6 \times 10^3)}{30 \times 50} = 6\text{kg/cm}^2$$

09. 그림과 같은 캔틸레버보에서 휨모멘트에 의한 탄성 변형에너지는?(단, EI는 일정하다.)

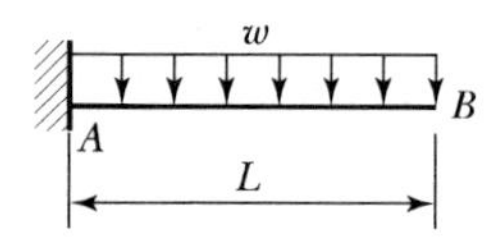

① $\dfrac{w^2L^5}{40EI}$
② $\dfrac{w^2L^5}{90EI}$
③ $\dfrac{w^2L^5}{240EI}$
④ $\dfrac{w^2L^5}{384EI}$

해설

$\Sigma M_{ⓧ} = 0(\curvearrowright \oplus)$

$M_X + (wx)\dfrac{x}{2} = 0$

$M_X = -\dfrac{w}{2}x^2$

$$U = \int_0^L \frac{{M_x}^2}{2EI}dx$$

$$= \frac{1}{2EI}\int_0^L \left(-\frac{w}{2}x^2\right)^2 dx = \frac{1}{2EI}\int_0^L \left(\frac{w^2}{4}x^4\right)dx$$

$$= \frac{1}{2EI}\left[\frac{w^2}{20}x^5\right]_0^L = \frac{w^2L^5}{40EI}$$

10. 다음 부정정보에서 지점 B의 수직 반력은 얼마인가?(단, EI는 일정함)

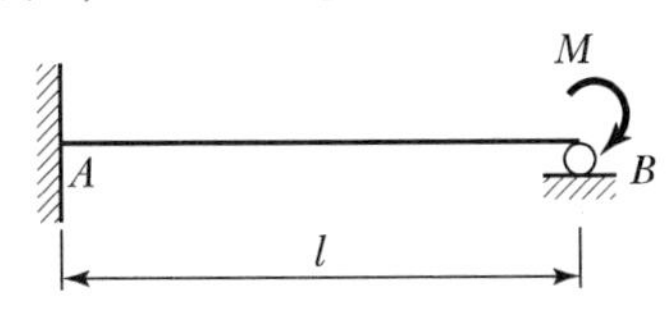

① $\frac{M}{l}(\uparrow)$

② $1.3\frac{M}{l}(\uparrow)$

③ $1.4\frac{M}{l}(\uparrow)$

④ $1.5\frac{M}{l}(\uparrow)$

해설 $M_A = \frac{M}{2}$ (전달모멘트)

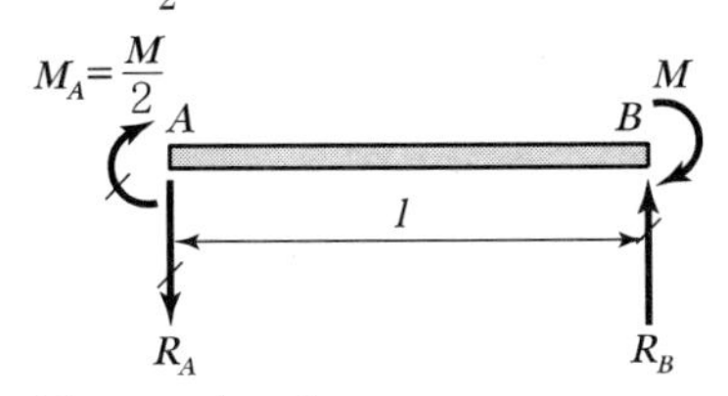

$\Sigma M_{Ⓐ} = 0(\curvearrowright\oplus)$

$\frac{M}{2}+M-R_B\times l=0$

$R_B = \frac{3}{2}\frac{M}{l}(\uparrow)$

11. 아래 그림과 같은 단순보에서 지점 B의 반력은?

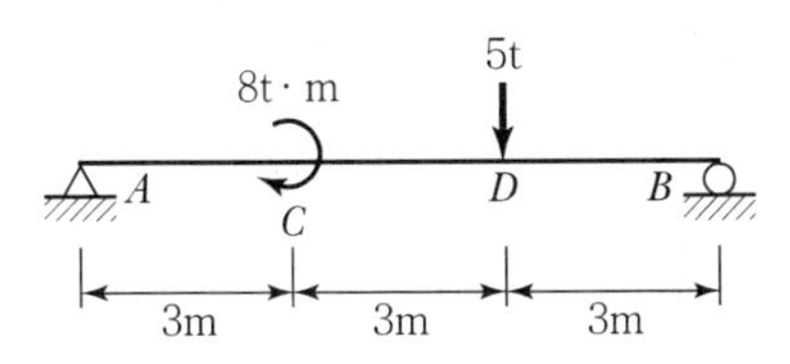

① 3.4t(↑) ② 4.2t(↑)

③ 5t(↑) ④ 6t(↑)

해설 $\Sigma M_{Ⓐ} = 0(\curvearrowright\oplus)$

$8+5\times6-R_B\times9=0$

$R_B = 4.2t(\uparrow)$

12. 동일한 재료 및 단면을 사용한 다음 기둥 중 좌굴하중이 가장 작은 기둥은?

① 양단 고정의 길이가 2L인 기둥

② 양단 힌지의 길이가 L인 기둥

③ 일단 자유 타단 고정의 길이가 0.5L인 기둥

④ 일단 힌지 타단 고정의 길이가 1.5L인 기둥

해설 $P_{cr} = \frac{\pi^2 EI}{(kl)^2} = \frac{C}{(kl)^2}$ ($C=\pi^2 EI$라 두면)

$P_{cr㉮} : P_{cr㉯} : P_{cr㉰} : P_{cr㉱}$

$= \frac{C}{(0.5\times2L)^2} : \frac{C}{(1\times L)^2}$

$: \frac{C}{(2\times0.5L)^2} : \frac{C}{(0.7\times1.5L)^2}$

$= \frac{C}{L^2} : \frac{C}{L^2} : \frac{C}{L^2} : \frac{0.907C}{L^2}$

$P_{cr㉮} = P_{cr㉯} = P_{cr㉰} > P_{cr㉱}$

13. 다음 그림과 같은 단순보에서 전단력이 0이 되는 점은 A점에서 얼마만큼 떨어진 곳인가?

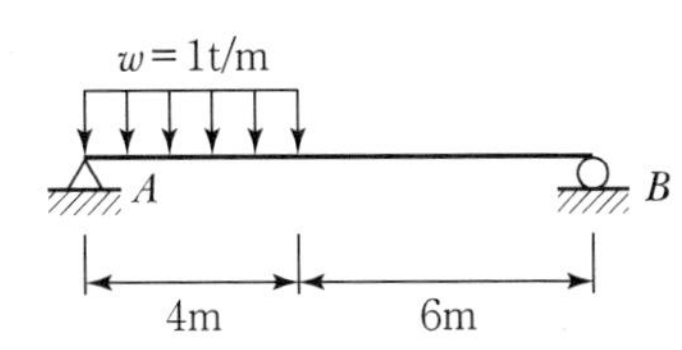

① 3.2m ② 3.5mm

③ 4.2m ④ 4.5m

해설 $\Sigma M_{Ⓑ} = 0(\curvearrowright\oplus)$

$R_A\times10-(1\times4)\times\left(4\times\frac{1}{2}+6\right)=0$

$R_A = 3.2t(\uparrow)$

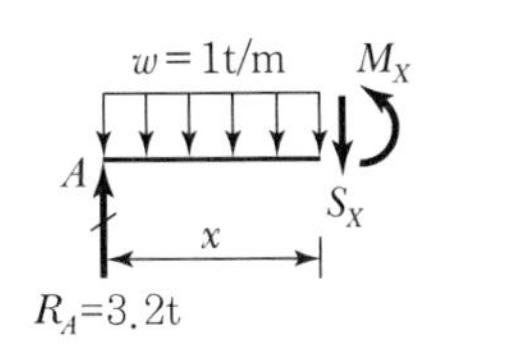

$\Sigma F_y = 0(\uparrow\oplus)$

$3.2-(1\times x)-S_X=0$

$S_X = 3.2-x$

$S_X = 0 = 3.2-x$

$x = 3.2\text{m}$

14. 트러스의 응력해석에서 가정 조건으로 옳지 않은 것은?

① 모든 부재는 축 응력만 받는다.
② 모든 절점에는 마찰이 작용하지 않는다.
③ 모든 하중은 절점에만 작용한다.
④ 모든 부재는 휨 응력을 받는다.

해설 트러스 부재의 해석에 있어서 모든 부재는 축방향력만 받는 것으로 가정한다.

15. 그림과 같이 단순보의 B점에 모멘트 M이 작용할 때 A점에서의 처짐각(θ_A)은?

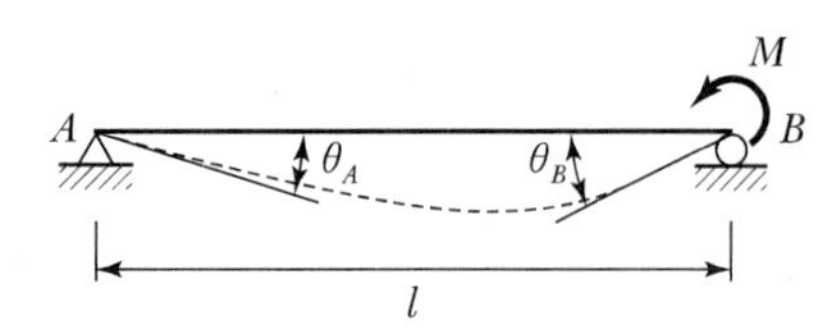

① $\dfrac{Ml}{3EI}$　② $\dfrac{Ml}{6EI}$
③ $\dfrac{Ml}{12EI}$　④ $\dfrac{Ml}{2EI}$

해설 $\theta_A = \dfrac{l}{6EI}(2M_A + M_B) = \dfrac{l}{6EI}(0+M) = \dfrac{Ml}{6EI}$

16. 단면이 10cm×10cm인 정사각형이고, 길이 1m인 강재에 10t의 압축력을 가했더니 길이가 0.1cm 줄어들었다. 이 강재의 탄성계수는?

① 10,000kg/cm²
② 100,000kg/cm²
③ 50,000kg/cm²
④ 500,000kg/cm²

해설 $\Delta l = \dfrac{Pl}{EA}$

$E = \dfrac{Pl}{\Delta l \cdot A} = \dfrac{(10\times10^3)\times(1\times10^2)}{(0.1)\times(10\times10)}$

$= 10^5 \text{kg/cm}^2$

17. EI(E는 탄성계수, I는 단면 2차 모멘트)가 커짐에 따른 보의 처짐은?

① 커진다.
② 작아진다.
③ 커질 때도 있고 작아질 때도 있다.
④ EI는 처짐에 관계하지 않는다.

해설 $\delta = \dfrac{\alpha}{EI}$

여기서, δ : 보의 처짐
EI : 보의 휨강성
α : 보에 작용하는 하중, 보의 지간, 그리고 경계조건에 의해 결정되는 값

18. 오일러 좌굴하중 $P_{cr} = \dfrac{\pi^2 EI}{L^2}$를 유도할 때의 가정사항 중 틀린 것은?

① 하중은 부재축과 나란하다.
② 부재는 초기 결함이 없다.
③ 양단이 핀 연결된 기둥이다.
④ 부재는 비선형 탄성 재료로 되어 있다.

해설 오일러 좌굴하중을 유도할 때 부재는 선형 탄성 재료로 되어 있는 것으로 가정한다.

19. 지름 10cm, 길이 25cm인 재료에 축방향으로 인장력을 작용시켰더니 지름은 9.98cm로, 길이는 25.2cm로 변하였다. 이 재료의 포아송(Poisson)의 비는?

① 0.25　② 0.45
③ 0.50　④ 0.75

해설 $\Delta l = l' - l = 25.2 - 25 = 0.2\text{cm}$

$\Delta d = d' - d = 9.98 - 10 = -0.02\text{cm}$

$\nu = -\dfrac{\left(\dfrac{\Delta d}{d}\right)}{\left(\dfrac{\Delta l}{l}\right)} = -\dfrac{l \cdot \Delta d}{\Delta l \cdot d}$

$= -\dfrac{25\times(-0.02)}{0.2\times10} = 0.25$

 |해답| 14.④ 15.② 16.② 17.② 18.④ 19.①

20. 그림과 같이 부재의 자유단이 옆의 벽과 1mm 떨어져 있다. 부재의 온도가 현재보다 20℃ 상승할 때 부재 내에 생기는 열응력의 크기는? (단, E=20,000kg/cm², α=10^{-5}/℃이다.)

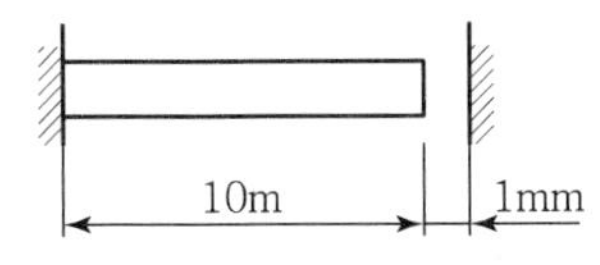

① 1kg/cm²　② 2kg/cm²
③ 3kg/cm²　④ 4kg/cm²

■ 해설

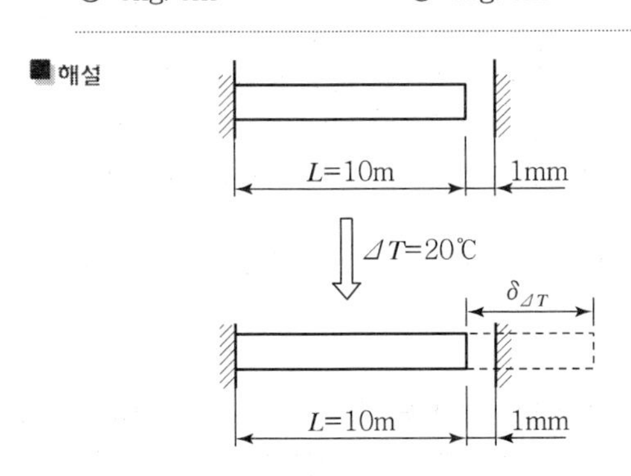

$$\sigma_{\Delta T} = E \cdot \varepsilon_{\Delta T} = E \cdot \frac{\delta_{\Delta T} - 0.1}{L}$$
$$= \frac{E(\alpha \cdot \Delta T \cdot L - 0.1)}{L}$$
$$= \frac{20,000 \times \{10^{-5} \times 20 \times (10 \times 10^2) - 0.1\}}{10 \times 10^2}$$
$$= 2\text{kg/cm}^2$$

제2과목 **측량학**

21. 초점거리 120mm, 비행고도 2,500m로 촬영한 연직사진에서 비고 300m인 작은 산의 축척은?

① 약 1/17,500　② 약 1/18,400
③ 약 1/35,000　④ 약 1/45,000

■ 해설 축척$\left(\frac{1}{M}\right) = \frac{f}{H \pm \Delta h}$

$$= \frac{0.12}{2,500 - 300} = \frac{0.12}{2,200} \fallingdotseq \frac{1}{18,400}$$

22. 도로설계에 있어서 캔트(Cant)의 크기가 C인 곡선의 반지름과 설계속도를 모두 2배로 증가시키면 새로운 캔트의 크기는?

① $2C$　② $4C$
③ $C/2$　④ $C/4$

■ 해설 캔트(C)$= \frac{SV^2}{Rg}$에서

R과 V를 2배로 하면 C는 2배가 된다.

23. 축척 1 : 1,000의 지형도를 이용하여 축척 1 : 5,000 지형도를 제작하려고 한다. 1 : 5,000 지형도 1장의 제작을 위해서는 1 : 1,000 지형도 몇 장이 필요한가?

① 5매　② 10매
③ 20매　④ 25매

■ 해설 ㉠ 면적은 축척$\left(\frac{1}{m}\right)^2$에 비례

㉡ 매수$=\left(\frac{5,000}{1,000}\right)^2 = 25$매

24. 다음 표는 폐합트레버스 위거, 경거의 계산 결과이다. 면적을 구하기 위한 CD측선의 배횡거는?

측선	위거(m)	경거(m)
AB	+67.21	+89.35
BC	−42.12	+23.45
CD	−69.11	−45.22
DA	+44.02	−67.58

① 360.15m　② 311.23m
③ 202.15m　④ 180.38m

■ 해설 ㉠ 첫 측선의 배횡거는 첫 측선의 경거와 같다.
㉡ 임의 측선의 배횡거는 전 측선의 배횡거+전 측선의 경거+그 측선의 경거이다.
㉢ 마지막 측선의 배횡거는 마지막 측선의 경거와 같다.(부호 반대)

- AB측선의 배횡거
  =89.35m
- BC측선의 배횡거
  =89.35+89.35+23.45
  =202.15m

• CD측선의 배횡거
$=202.15+23.45-45.22$
$=180.38\text{m}$

25. 매개변수 $A=60\text{m}$인 클로소이드의 곡선길이가 30m일 때 종점에서의 곡선반지름은?

① 60m ② 90m
③ 120m ④ 150m

해설 ㉠ $A^2=R\cdot L$
㉡ $R=\dfrac{A^2}{L}=\dfrac{60^2}{30}=120\text{m}$

26. 하천측량 중 유속의 관측을 위하여 2점법을 사용할 때 필요한 유속은?

① 수면에서 수심의 20%와 60%인 곳의 유속
② 수면에서 수심의 20%와 80%인 곳의 유속
③ 수면에서 수심의 40%와 60%인 곳의 유속
④ 수면에서 수심의 40%와 80%인 곳의 유속

해설 2점법$(V_m)=\dfrac{V_{0.2}+V_{0.8}}{2}$

27. 그림과 같은 지역의 토공량은?(단, 각 구역의 크기는 동일하다.)

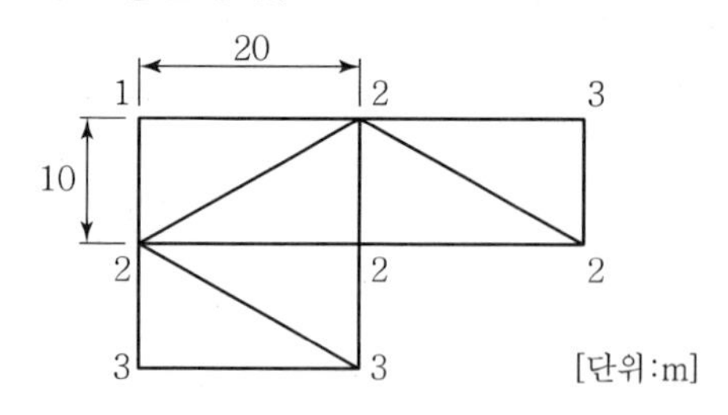

① 600m³ ② 1,200m³
③ 1,300m³ ④ 2,600m³

해설 삼각형 분할
$V=\dfrac{A}{3}(\Sigma h_1+2\Sigma h_2+3\Sigma h_3\cdots)$
㉠ $\Sigma h_1=1+3+3=7$
㉡ $\Sigma h_2=3+2=5$
㉢ $\Sigma h_3=2$
㉣ $\Sigma h_4=2+2=4$
㉤ $V=\dfrac{\frac{10\times20}{2}}{3}(7+2\times5+3\times2+4\times4)$
$=1,300\text{m}^3$

28. 거리측량에서 발생하는 오차 중에서 착오(과오)에 해당되는 것은?

① 줄자의 눈금이 표준자와 다를 때
② 줄자의 눈금을 잘못 읽었을 때
③ 관측 시 줄자의 온도가 표준온도와 다를 때
④ 관측 시 장력이 표준장력과 다를 때

해설 착오는 관측자의 과실이나 실수에 의해 생기는 오차

29. 디지털카메라로 촬영한 항공사진측량의 일반적인 특징에 대한 설명으로 옳은 것은?

① 기상 상태에 관계없이 측량이 가능하다.
② 넓은 지역을 촬영한 사진은 정사투영이다.
③ 다양한 목적에 따라 축척 변경이 용이하다.
④ 기계 조작이 간단하고 현장에서 측량이 잘못된 곳을 발견하기 쉽다.

해설 장점
㉠ 정량적, 정성적인 측량이 가능하다.
㉡ 동적인 대상물의 측량이 가능하다.
㉢ 측량의 정밀도가 균일하다.
• 표고의 경우 : $\left(\dfrac{1}{10,000}\sim\dfrac{2}{10,000}\right)\times H$ (촬영고도)
• 평면의 경우 : $10\sim30\mu\times\text{m}$(축척분모수), (단 $\mu=\dfrac{1}{1,000}\text{mm}$)
㉣ 접근하기 어려운 대상물의 측량이 가능하다.
㉤ 분업화에 의한 작업능률성이 좋다.
㉥ 축척의 변경이 용이하다.
㉦ 경제성이 좋다.
㉧ 4차원 측정이 가능하다.

 |해답| 25.③ 26.② 27.③ 28.② 29.③

30. 어떤 경사진 터널 내에서 수준측량을 실시하여 그림과 같은 결과를 얻었다. a=1.15m, b=1.56m, 경사거리(S)=31.69m, 연직각 α=+17°47′일 때 두 측점 간의 고저차는?

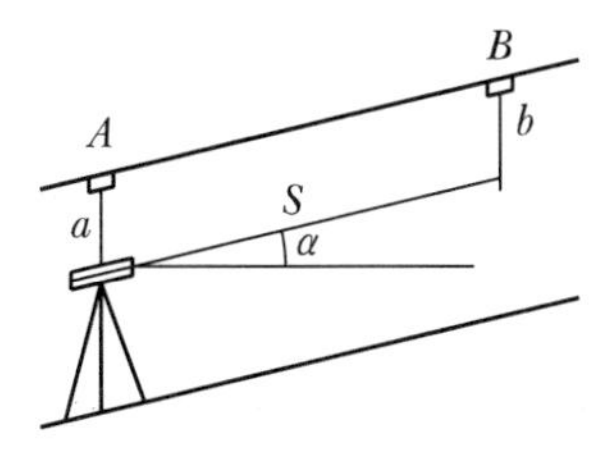

① 5.3m ② 8.04m
③ 10.09m ④ 12.43m

해설 $\Delta h = (b + S\sin\alpha) - a$
$= (1.56 + 31.69 \times \sin 17°47') - 1.15$
$= 10.088\text{m} \fallingdotseq 10.09\text{m}$

31. 축척 1 : 600으로 평판측량을 할 때 앨리데이드의 외심거리 24mm에 의하여 생기는 외심오차는?

① 0.04mm ② 0.08mm
③ 0.4mm ④ 0.8mm

해설 ㉠ 외심오차 $= \dfrac{e}{M}$
㉡ 도상 허용오차$= \dfrac{24}{600} = 0.04\text{mm}$

32. 표고 236.42m의 평탄지에서 거리 500m를 평균해면상의 값으로 보정하려고 할 때, 보정량은?(단, 지구 반지름은 6,370km로 한다.)

① −1.656cm
② −1.756cm
③ −1.856cm
④ −1.956cm

해설 평균해면상 보정
$C = -\dfrac{LH}{R} = -\dfrac{500 \times 236.42}{6370 \times 1000}$
$= -0.018557\text{m} = -1.856\text{cm}$

33. 트래버스 측량의 일반적인 순서로 옳은 것은?

① 선점 → 조표 → 수평각 및 거리 관측 → 답사 → 계산
② 선점 → 조표 → 답사 → 수평각 및 거리 관측 → 계산
③ 답사 → 선점 → 조표 → 수평각 및 거리 관측 → 계산
④ 답사 → 조표 → 선점 → 수평각 및 거리 관측 → 계산

해설 트래버스 측량순서
계획 → 답사 → 선점 → 조표 → 거리관측 → 각관측 → 거리와 각관측 정도의 평균 → 계산

34. 삼각점 C에 기계를 세울 수 없어 B에 기계를 설치하여 T'=31°15′40″를 얻었다면 T는?(단, e=2.5m, ψ=295°20′, S_1=1.5km, S_2=2.0km)

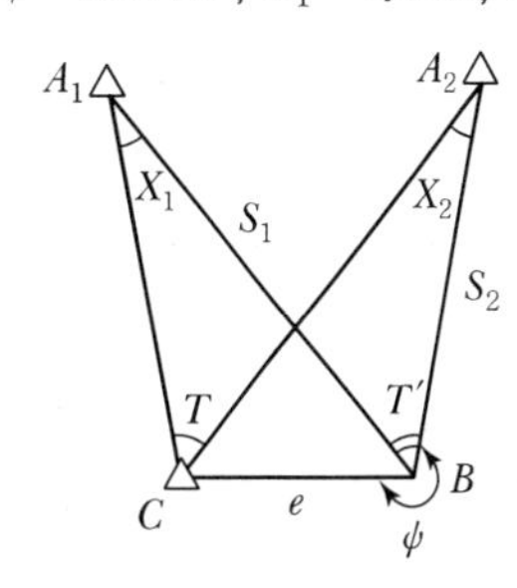

① 31°14′45″ ② 31°13′54″
③ 30°14′45″ ④ 30°07′42″

해설 $T + X_1 = T' + X_2$, $T = T' + X_2 - X_1$이므로

㉠ $\dfrac{e}{\sin X_1} = \dfrac{S_1}{\sin(360° - \phi)}$

$\dfrac{2.5}{\sin X_1} = \dfrac{1500}{\sin(360° - 295°20')}$

$\therefore X_1 = 0°05'11''$

㉡ $\dfrac{e}{\sin X_2} = \dfrac{S_2}{\sin(360° - \phi + T')}$

$\dfrac{2.5}{\sin X_2} = \dfrac{2000}{\sin(360° - 295°20' + 31°15'40'')}$

$\therefore X_2 = 0°04'16''$

㉢ $T = 31°15'40'' + 0°4'16'' - 0°5'11''$
$= 31°14'45''$

35. 지형도의 등고선 간격을 결정하는 데 고려하여야 할 사항과 거리가 먼 것은?

① 지형
② 축척
③ 측량목적
④ 측량거리

해설 등고선의 간격 결정 시 측량의 목적, 지형, 축척에 맞게 결정한다.

36. 토지의 면적계산에 사용되는 심프슨의 제1법칙은 그림과 같은 포물선 AMB의 면적(빗금 친 부분)을 사각형 $ABCD$ 면적의 얼마로 보고 유도한 공식인가?

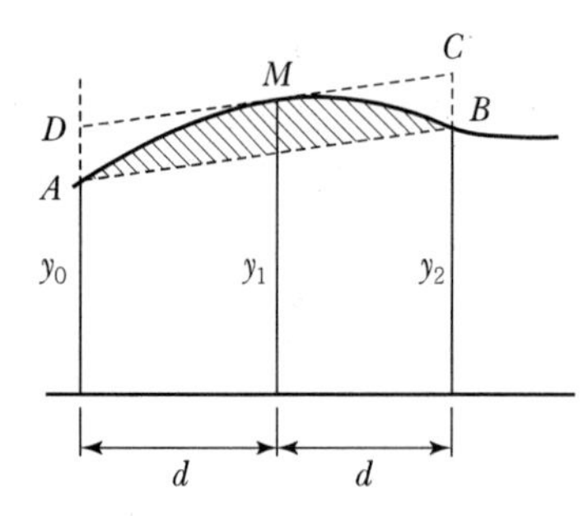

① 1/2 ② 2/3
③ 3/4 ④ 3/8

해설 경계선을 2차 포물선으로 보아 전체면적의 $\frac{2}{3}$로 본다.

37. 500m의 거리를 50m의 줄자로 관측하였다. 줄자의 1회 관측에 의한 오차가 ±0.01m라면 전체 거리 관측값의 오차는?

① ±0.03m ② ±0.05m
③ ±0.08m ④ ±0.10m

해설 $E=\pm\delta\sqrt{n}=\pm 0.01\sqrt{\frac{500}{50}}=\pm 0.03\text{m}$

38. 수준측량 용어 중 지반고를 구하려고 할 때 기지점에 세운 표척의 읽음을 의미하는 것은?

① 전시 ② 후시
③ 표고 ④ 기계고

해설 후시(B.S)
기지점에 세운 표척의 눈금을 읽는 것

39. 노선측량에서 노선을 선정할 때 유의해야 할 사항으로 옳지 않은 것은?

① 배수가 잘 되는 곳으로 한다.
② 노선 선정 시 가급적 직선이 좋다.
③ 절토 및 성토의 운반거리를 가급적 짧게 한다.
④ 가급적 성토 구간이 길고, 토공량이 많아야 한다.

해설 ㉠ 노선 선정 시 가능한 한 직선으로 하며 경사는 완만하게 한다.
㉡ 절성토량이 같고 절토의 운반거리를 짧게 한다.
㉢ 배수가 잘 되는 곳을 선정한다.

40. 우라나라의 노선측량에서 고속도로에 주로 이용되는 완화곡선은?

① 클로소이드 곡선
② 렘니스케이트 곡선
③ 2차 포물선
④ 3차 포물선

해설 ㉠ 클로소이드 곡선 : 도로
㉡ 3차 포물선 : 철도
㉢ 렘니스케이트 곡선 : 시가지 지하철
㉣ 반파장 sine 곡선 : 고속철도

 |해답| 35.④ 36.② 37.① 38.② 39.④ 40.①

제3과목 수리수문학

41. 수조 1과 수조 2를 단면적 A인 완전 수중 오리피스 2개로 연결하였다. 수조 1로부터 지속적으로 일정한 유량의 물을 수조 2로 송수할 때 두 수조의 수면차(H)는?(단, 오리피스의 유량계수는 C이고, 접근유속수두(h_a)는 무시한다.)

① $H=\left(\dfrac{Q}{A\sqrt{2g}}\right)^2$

② $H=\left(\dfrac{Q}{2A\sqrt{2g}}\right)^2$

③ $H=\left(\dfrac{Q}{2CA\sqrt{2g}}\right)^2$

④ $H=\left(\dfrac{Q}{CA\sqrt{2g}}\right)^2$

해설 완전 수중 오리피스

㉠ 완전 수중 오리피스의 유량

$Q=CA\sqrt{2gH}$

㉡ H의 산정(2개의 오리피스로 연결)

$Q=CA\sqrt{2gH}\times 2$

$\therefore\ H=\left(\dfrac{Q}{2CA\sqrt{2g}}\right)^2$

42. 폭 7.0m의 수로 중간에 폭 2.5m의 직사각형 위어를 설치하였더니 월류수심이 0.35m였다면 이때 월류량은?(단, C=0.63이며 접근유속은 무시한다.)

① $0.401\text{m}^3/\text{s}$ ② $0.439\text{m}^3/\text{s}$

③ $0.963\text{m}^3/\text{s}$ ④ $1.444\text{m}^3/\text{s}$

해설 직사각형 위어

㉠ 직사각형 위어의 월류량

$Q=\dfrac{2}{3}Cb\sqrt{2g}\,h^{\frac{3}{2}}$

여기서, C : 유량계수
b : 위어의 폭
h : 월류수심

㉡ 직사각형 위어의 월류량 계산

$Q=\dfrac{2}{3}Cb\sqrt{2g}\,h^{\frac{3}{2}}$

$=\dfrac{2}{3}\times 0.63\times 2.5\sqrt{2\times 9.8}\times 0.35^{\frac{3}{2}}$

$=0.963\text{m}^3/\text{s}$

43. 압력을 P, 물의 단위무게를 W_o라 할 때, P/W_o의 단위는?

① 시간 ② 길이

③ 질량 ④ 중량

해설 물리량의 단위

㉠ 압력[$P(\text{t/m}^2)$] : 어떤 물체의 단위면적당 누르는 힘

㉡ 단위중량[$W_o(\text{t/m}^3)$] : 어떤 물체의 단위체적당 무게

㉢ P/W_o의 단위 산정

$P/W_o=\dfrac{\text{t/m}^2}{\text{t/m}^3}=\text{m}$

∴ 길이의 단위(m)와 같다.

44. 그림과 같이 원 관이 중심축에 수평하게 놓여 있고 계기압력이 각각 1.8kg/cm^2, 2.0kg/cm^2일 때 유량은?(단, 압력계의 kg은 무게를 표시한다.)

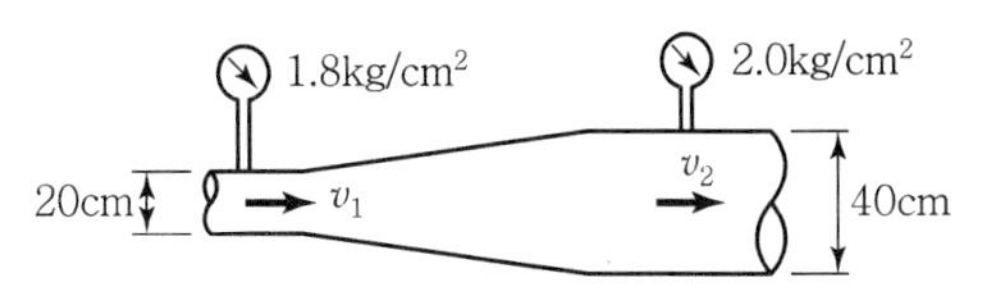

① 203L/s ② 223L/s

③ 243L/s ④ 263L/s

해설 벤투리미터

㉠ 정의 : 관 내 축소부를 두어 축소 전과 축소 후의 압력차를 측정하여 유량을 구하는 관수로 유량측정장치

$Q=\dfrac{CA_1A_2}{\sqrt{A_1^2-A_2^2}}\sqrt{2gH}$

여기서, C : 유량계수
A_1 : 축소 전의 단면적
A_2 : 축소 후의 단면적
H : 압력차(수두)

|해답| 41.③ 42.③ 43.② 44.①

㉡ 압력차의 산정

- $h_1 = \dfrac{P}{w} = \dfrac{18t/m^2}{1t/m^3} = 18m$
- $h_2 = \dfrac{P}{w} = 20\dfrac{t/m^2}{1t/m^3} = 20m$

$\therefore\ H = 20 - 18 = 2m$

㉢ 유량의 산정

- 유량계수는 1로 가정
- $A_1 = \dfrac{\pi \times 0.4^2}{4} = 0.1256m^2$
- $A_2 = \dfrac{\pi \times 0.2^2}{4} = 0.0314m^2$
- $Q = \dfrac{CA_1A_2}{\sqrt{A_1^2 - A_2^2}}\sqrt{2gH}$

$= \dfrac{1 \times 0.1256 \times 0.0314}{\sqrt{0.1256^2 - 0.0314^2}}\sqrt{2 \times 9.8 \times 2}$

$= 203L/s$

45. 지름 1m인 원형 관에 물이 가득 차서 흐른다면 이때의 경심은?

① 0.25m ② 0.5m
③ 1.0m ④ 2.0m

해설 경심

㉠ 경심(수리반경) : 경심은 면적을 윤변으로 나눈 값을 말한다.

$R = \dfrac{A}{P}$

여기서, R : 경심
A : 면적
P : 윤변

㉡ 원형관의 경심

$R = \dfrac{A}{P} = \dfrac{\frac{\pi D^2}{4}}{\pi D} = \dfrac{D}{4} = \dfrac{1}{4} = 0.25m$

46. 개수로에서 중력가속도를 g, 수심을 h로 표시할 때 장파(長波)의 전파속도는?

① $\sqrt{gh}$ ② gh
③ $\sqrt{\dfrac{h}{g}}$ ④ $\dfrac{h}{g}$

해설 장파의 전파속도와 비에너지

장파의 전파속도는 다음 식으로 구한다.

$C = \sqrt{gh}$

여기서, C : 장파의 전파속도
g : 중력가속도
h : 수심

47. 물의 점성계수의 단위는 g/cm · s이다. 동점성계수의 단위는?

① cm^3/s ② cm/s^2
③ s/cm^2 ④ cm^2/s

해설 동점성계수

㉠ 밀도(ρ)

$\rho = \dfrac{w}{g} = \dfrac{g/cm^3}{cm/sec^2} = g \cdot sec^2/cm^4$

㉡ 동점성계수(ν)

$\nu = \dfrac{\mu}{\rho}$

여기서, μ : 점성계수

㉢ 동점성계수의 단위

$\nu = \dfrac{\mu}{\rho} = \dfrac{g/cm^2 \cdot sec}{g \cdot sec^2/cm^4} = cm^2/sec$

48. 정상적인 흐름에서 한 유선 상의 유체입자에 대하여 그 속도수두 $\dfrac{V^2}{2g}$, 압력수두 $\dfrac{P}{w_o}$, 위치수두 Z라면 동수경사로 옳은 것은?

① $\dfrac{V^2}{2g} + \dfrac{P}{w_o}$ ② $\dfrac{V^2}{2g} + Z + \dfrac{P}{w_o}$
③ $\dfrac{V^2}{2g} + Z$ ④ $\dfrac{P}{w_o} + Z$

해설 동수경사선 및 에너지선

㉠ 위치수두와 압력수두의 합을 연결한 선을 동수경사선이라 하며, 일명 동수구배선, 수두경사선, 압력선 이라고도 부른다.

$\therefore$ 동수경사선은 $\dfrac{P}{w_o} + Z$를 연결한 값이다.

㉡ 총 수두(위치수두+압력수두+속도수두)를 연결한선을 에너지선이라 한다.

 |해답| 45.① 46.① 47.④ 48.④

49. 원관 내 흐름이 포물선형 유속분포를 가질 때, 관 중심선 상에서 유속이 V_o, 전단응력이 τ_o, 관 벽면에서 전단응력이 τ_s, 관 내의 평균유속이 V_m, 관 중심선에서 y만큼 떨어져 있는 곳의 유속이 V, 전단응력이 τ라 할 때 옳지 않은 것은?

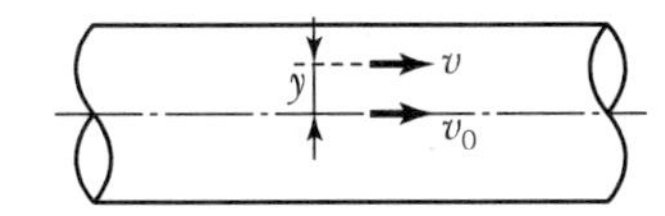

① $V_o > V$　② $V_o = 2V_m$
③ $\tau_s = 2\tau_o$　④ $\tau_s > \tau$

해설 관수로에서 유속 및 전단응력분포

㉠ 유속은 관중앙에서 최대이고 관벽에서 0인 포물선 분포를 한다.
$\therefore V_0 > V$

㉡ 관수로 최대유속은 평균유속의 2배이다.
$\therefore V_0 = 2V_m$

㉢ 전단응력분포는 관벽에서 최대이고 중앙에서 0인 직선비례를 한다.
$\tau_s > \tau$
$\therefore \tau_s = 2\tau_0$는 성립되지 않는다.

50. 개수로를 따라 흐르는 한계류에 대한 설명으로 옳지 않은 것은?

① 주어진 유량에 대하여 비에너지(Specific Energy)가 최소이다.
② 주어진 비에너지에 대하여 유량이 최대이다.
③ 프루드(Froude) 수는 1이다.
④ 일정한 유량에 대한 비력(Specific Force)이 최대이다.

해설 한계류

다음과 같은 흐름이 한계류가 되기 위한 조건이다.

- 유량이 일정하고 비에너지가 최소일 때의 흐름을 한계류라고 한다.
- 비에너지가 일정하고 유량이 최대로 흐를 때의 흐름을 한계류라고 한다.
- 유량이 일정하고 비력이 최소일 때의 흐름을 한계류라고 한다.
- Froude 수가 1일 때의 흐름을 한계류라고 한다.

51. Darcy 법칙에서 투수계수의 차원은?

① 동수경사의 차원과 같다.
② 속도수두의 차원과 같다.
③ 유속의 차원과 같다.
④ 점성계수의 차원과 같다.

해설 Darcy의 법칙

㉠ Darcy의 법칙

- $V = K \cdot I = K \cdot \dfrac{h_L}{L}$
- $Q = A \cdot V = A \cdot K \cdot I = A \cdot K \cdot \dfrac{h_L}{L}$

∴ Darcy의 법칙은 지하수 유속은 동수경사에 비례한다는 법칙이다.

㉡ 차원 : 동수경사는 무차원이므로 투수계수의 차원은 속도와 차원이 같다.

52. 2m×2m×2m인 고가수조에 관로를 통해 유입되는 물의 유입량이 0.15L/s일 때 만수가 되기까지 걸리는 시간은?(단, 현재 고가수조의 수심은 0.5m이다.)

① 5시간 20분　② 8시간 22분
③ 10시간 5분　④ 11시간 7분

해설 수조의 유량

㉠ 수조의 체적

- 총 체적 : $V = 2\times2\times2 = 8\text{m}^3$
- 물을 채워야 하는 체적
: $V = 2\times2\times1.5 = 6\text{m}^3$

㉡ 유입시간의 계산

- 유입량 : $0.15\text{L/s} = 1.5\times10^{-4}\text{m}^3/\text{s}$
$= 0.54\text{m}^3/\text{h}_\text{r}$
- 만수시간 : $t = \dfrac{6}{0.54} = 11.11h_r$ =11시간 7분

53. 개수로 흐름에서 수심이 1m, 유속이 3m/s이라면 흐름의 상태는?

① 사류(射流)　② 난류(亂流)
③ 층류(層流)　④ 상류(常流)

■해설 흐름의 상태

㉠ 상류(常流)와 사류(射流)의 구분

- $F_r = \frac{V}{C} = \frac{V}{\sqrt{gh}}$

여기서, V : 유속
C : 파의 전달속도

- $F_r < 1$: 상류(常流)
- $F_r = 1$: 한계류
- $F_r > 1$: 사류(射流)

㉡ 상류(常流)와 사류(射流)의 계산

$$F_r = \frac{V}{\sqrt{gh}} = \frac{3}{\sqrt{9.8 \times 1}} = 0.96$$

∴ 상류

54. 도수(Hydraulic Jump)현상에 관한 설명으로 옳지 않은 것은?

① 역적-운동량 방정식으로부터 유도할 수 있다.
② 상류에서 사류로 급변할 경우 발생한다.
③ 도수로 인한 에너지 손실이 발생한다.
④ 파상도수와 완전도수는 Froude 수로 구분한다.

■해설 도수

㉠ 도수 현상은 역적-운동량 방정식으로부터 유도할 수 있다.
㉡ 흐름이 사류(射流)에서 상류(常流)로 바뀔 때 수면이 뛰는 현상을 도수(hydraulic jump)라고 한다.
㉢ 도수는 큰 에너지 손실을 동반한다.
㉣ $1 < F_r < \sqrt{3}$ 을 파상도수라고 하며, $F_r > \sqrt{3}$ 을 완전도수라고 한다.

55. 그림과 같이 물속에 잠긴 원판에 작용하는 전수압은?(단, 무게 1kg=9.8N)

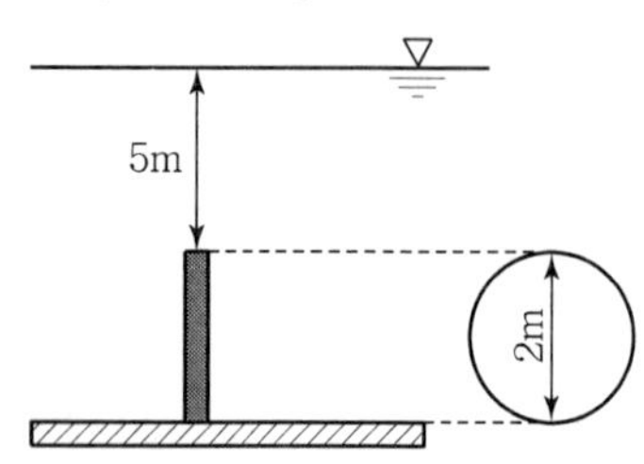

① 92.3kN ② 184.7kN
③ 369.3kN ④ 738.5kN

■해설 수면과 연직인 면이 받는 압력

㉠ 수면과 연직인 면이 받는 압력

- 전수압 : $P = wh_G A$
- 작용점의 위치 : $h_c = h_G + \frac{I}{h_G A}$

㉡ 전수압의 계산

$$P = wh_G A = 1 \times \left(5 + \frac{1}{2}\right) \times \frac{\pi \times 2^2}{4}$$
$$= 18.84t = 18.84 \times 9.8 = 184.7\text{kN}$$

56. 부체가 물 위에 떠 있을 때, 부체의 중심(G)과 부심(C)의 거리($\overline{CG}$)를 e, 부심(C)과 경심(M)의 거리($\overline{CM}$)를 a, 경심(M)에서 중심(G)까지의 거리($\overline{MG}$)를 b라 할 때, 부체의 안정조건은?

① $a > e$ ② $a < b$
③ $b < e$ ④ $b > e$

■해설 부체의 안정조건

㉠ 경심(M)을 이용하는 방법

- 경심(M)이 중심(G)보다 위에 존재 : 안정
- 경심(M)이 중심(G)보다 아래에 존재 : 불안정

㉡ 경심고($\overline{MG}$)를 이용하는 방법

- $\overline{MG} = \overline{MC} - \overline{GC}$
- $\overline{MG} > 0$: 안정
- $\overline{MG} < 0$: 불안정

㉢ 경심고 일반식을 이용하는 방법

- $\overline{MG} = \frac{I}{V} - \overline{GC}$
- $\frac{I}{V} > \overline{GC}$: 안정
- $\frac{I}{V} < \overline{GC}$: 불안정

∴ 부체가 안정되기 위해서는 $\overline{MG} > 0$을 만족해야 한다.

∴ $\overline{MG}(b) = \overline{MC}(a) - \overline{GC}(e)$

∴ $\overline{MG} > 0$을 만족하기 위해서는 a>e를 만족해야 한다.

 |해답| 54.② 55.② 56.①

57. 그림에서 판 AB에 가해지는 힘 F는?(단, ρ는 밀도이다.)

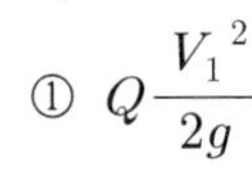

① $Q\dfrac{V_1^{\,2}}{2g}$

② $\rho Q V_1$

③ $\rho Q V_1^{\,2}$

④ $\rho Q V_2$

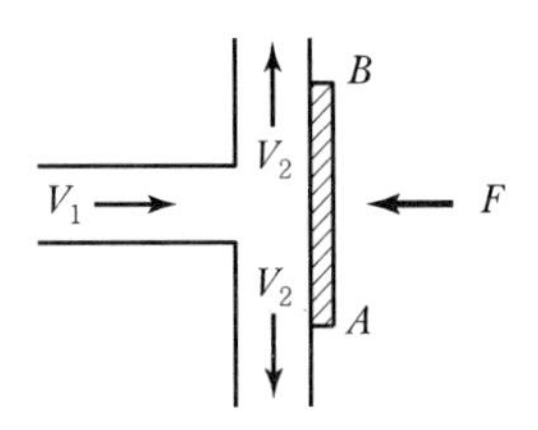

해설 운동량 방정식

㉠ 운동량 방정식

- $F=\rho Q(V_2-V_1)=\dfrac{wQ}{g}(V_2-V_1)$

  : 운동량 방정식

- $F=\rho Q(V_1-V_2)=\dfrac{wQ}{g}(V_1-V_2)$

  : 판이 받는 힘(반력)

㉡ 반력의 산정

- 유입부×방향 속도 : $V_1=V$
- 유출부×방향 속도 : $V_2=0$

∴ $F=\rho Q(V_1-V_2)=\rho Q V_1$

58. Darcy의 법칙을 지하수에 적용시킬 때 가장 잘 일치하는 흐름은?

① 층류　　② 난류

③ 사류　　④ 상류

해설 Darcy의 법칙

㉠ Darcy의 법칙

- $V=K\cdot I=K\cdot\dfrac{h_L}{L}$
- $Q=A\cdot V=A\cdot K\cdot I=A\cdot K\cdot\dfrac{h_L}{L}$

∴ Darcy의 법칙은 지하수 유속은 동수경사에 비례한다는 법칙이다.

㉡ 특징

- Darcy의 법칙은 지하수의 층류흐름에 대한 마찰저항공식이다.
- 투수계수는 물의 점성계수에 따라서도 변화한다.

  $K=D_s^2\dfrac{\rho g}{\mu}\dfrac{e^3}{1+e}C$

  여기서, μ : 점성계수

- Darcy의 법칙은 정상류흐름의 층류에만 적용된다.(특히, $R_e<4$일 때 잘 적용된다.)

59. 물의 흐름에서 단면과 유속 등 유동 특성이 시간에 따라 변하지 않는 흐름은?

① 층류　　② 난류

③ 정상류　　④ 부정류

해설 흐름의 분류

㉠ 정류와 부정류 : 시간에 따른 흐름의 특성이 변하지 않는 경우를 정류, 변하는 경우를 부정류라 한다.

- 정류 : $\dfrac{\partial v}{\partial t}=0,\ \dfrac{\partial p}{\partial t}=0,\ \dfrac{\partial \rho}{\partial t}=0$
- 부정류 : $\dfrac{\partial v}{\partial t}\neq 0,\ \dfrac{\partial p}{\partial t}\neq 0,\ \dfrac{\partial \rho}{\partial t}\neq 0$

㉡ 등류와 부등류 : 공간에 따른 흐름의 특성이 변하지 않는 경우를 등류, 변하는 경우를 부등류라 한다.

- 등류 : $\dfrac{\partial Q}{\partial l}=0,\ \dfrac{\partial v}{\partial l}=0,\ \dfrac{\partial h}{\partial l}=0$
- 부등류 : $\dfrac{\partial Q}{\partial l}\neq 0,\ \dfrac{\partial v}{\partial l}\neq 0,\ \dfrac{\partial h}{\partial l}\neq 0$

∴ 정상류는 흐름의 특성이 시간에 따라 변하지 않는 흐름을 말한다.

60. 레이놀즈(Reynolds) 수가 1,000인 관에 대한 마찰손실계수 f의 값은?

① 0.016　　② 0.022

③ 0.032　　④ 0.064

해설 마찰손실계수

㉠ 원관 내 층류($R_e<2{,}000$)

$f=\dfrac{64}{R_e}$

㉡ 불완전 층류 및 난류($R_e>2{,}000$)

- $f=\phi\left(\dfrac{1}{R_e},\dfrac{e}{D}\right)$
- 거친 관 : f는 상대조도$\left(\dfrac{e}{D}\right)$만의 함수
- 매끈한 관 : f는 레이놀즈수(R_e)만의 함수

  ($f=0.3164R_e^{-\frac{1}{4}}$)

㉢ 마찰손실계수의 계산

$f=\dfrac{64}{R_e}=\dfrac{64}{1{,}000}=0.064$

제4과목 철근콘크리트 및 강구조

61. PSC에서 프리텐션 방식의 장점이 아닌 것은?

① PS 강재를 곡선으로 배치하기 쉽다.
② 정착장치가 필요하지 않다.
③ 제품의 품질에 대한 신뢰도가 높다.
④ 대량 제조가 가능하다.

해설 프리텐션 방식은 콘크리트 타설 전에 PS 강재를 긴장하므로 PS 강재를 곡선으로 배치하기 어렵다.

62. 철근콘크리트 부재에 고정하중 30kN/m, 활하중 50kN/m가 작용한다면 소요강도(U)는?

① 73kN/m ② 116kN/m
③ 127kN/m ④ 155kN/m

해설 $U = 1.2D + 1.6L$
$= (1.2\times30) + (1.6\times50) = 116\text{kN/m}$

63. 아래 그림과 같은 단철근 직사각형 보에서 필요한 최소 철근량($A_{s,\min}$)으로 옳은 것은?(단, f_{ck} = 28MPa, f_y =400MPa)

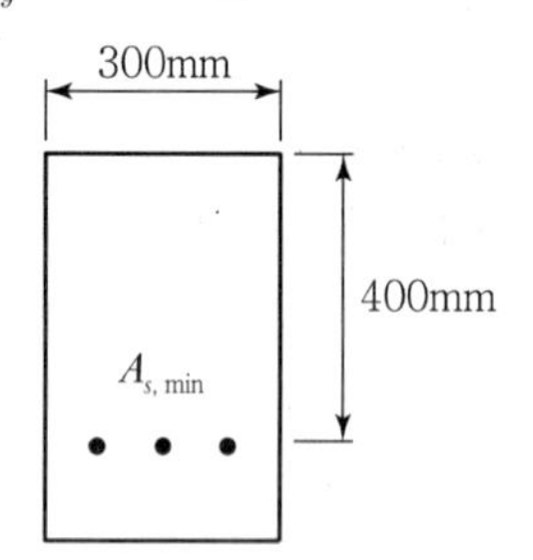

① 364mm² ② 397mm²
③ 420mm² ④ 468mm²

해설
$$\rho_1 = \frac{0.25\sqrt{f_{ck}}}{f_y} = \frac{0.25\times\sqrt{28}}{400} = 0.0033$$
$$\rho_2 = \frac{1.4}{f_y} = \frac{1.4}{400} = 0.0035$$
$$\rho_{\min} = [\rho_1,\ \rho_2]_{\max} = 0.0035$$
$$A_{s,\min} = \rho_{\min} bd = 0.0035\times300\times400 = 420\text{mm}^2$$

64. 강도설계법으로 부재를 설계할 때 사용하중에 하중계수를 곱한 하중을 무엇이라고 하는가?

① 하중조합 ② 고정하중
③ 활하중 ④ 계수하중

해설 사용하중에 하중계수를 곱한 하중을 계수하중이라 한다.

65. 철근 콘크리트보에서 스터럽을 배근하는 이유로 가장 중요한 것은?

① 보에 작용하는 사인장 응력에 의한 균열을 방지하기 위하여
② 주철근 상호의 위치를 정확하게 확보하기 위하여
③ 콘크리트의 부착을 좋게 하기 위하여
④ 압축을 받는 쪽의 좌굴을 방지하기 위하여

해설 철근 콘크리트 보에 스터럽을 배근하는 주된 이유는 사인장 응력(전단응력)에 의한 균열을 제어하기 위함이다.

66. 인장 이형철근의 정착길이는 기본 정착길이에 보정계수를 곱하여 산정한다. 이때 보정계수 중 철근배치 위치계수(α)의 값으로 옳은 것은?(단, 상부 철근으로서 정착길이 또는 겹침이음부 아래 300mm를 초과되게 굳지 않은 콘크리트를 친 수평철근인 경우)

① 1.2 ② 1.3
③ 1.4 ④ 1.5

해설 α : 철근의 위치계수
• 상부 철근 : 1.3
• 기타 : 1.0

67. 대칭 T형 보에서 경간이 12m이고, 양쪽 슬래브의 중심 간격이 1,800mm, 플랜지의 두께 120mm, 복부의 폭 300mm일 때 플랜지의 유효폭은 얼마인가?

① 1,800mm ② 2,000mm
③ 2,220mm ④ 2,600mm

 |해답| 61.① 62.② 63.③ 64.④ 65.① 66.② 67.①

■해설 T형 보(대칭 T형 보)에서 플랜지의 유효폭(b_e)

㉠ $16t_f + b_w = (16 \times 120) + 300 = 2,220\text{mm}$

㉡ 양쪽 슬래브의 중심 간 거리(l_c) = 1,800mm

㉢ 보 경간의 $\frac{1}{4}\left(\frac{l}{4}\right) = \frac{1}{4} \times (12 \times 10^3) = 3,000\text{mm}$

위 값 중에서 최소값을 취하면 $b_e = 1,800\text{mm}$이다.

68. 경간이 12m인 캔틸레버 보에서 처짐을 계산하지 않는 경우 보의 최소 두께로서 옳은 것은? (단, 보통 중량 콘크리트를 사용한 경우로서 f_{ck} =28MPa, f_y =400MPa이다.)

① 580mm ② 750mm
③ 1,200mm ④ 1,500mm

■해설 캔틸레버 보에서 처짐을 계산하지 않아도 되는 보의 최소 두께($h_{\min}$)

$$h_{\min} = \frac{l}{8} = \frac{12 \times 10^3}{8} = 1,500\text{mm}$$

69. 그림과 같은 직사각형 단면에서 등가 직사각형 응력 블록의 깊이(a)는?(단, f_{ck} =21MPa, f_y = 400MPa이다.)

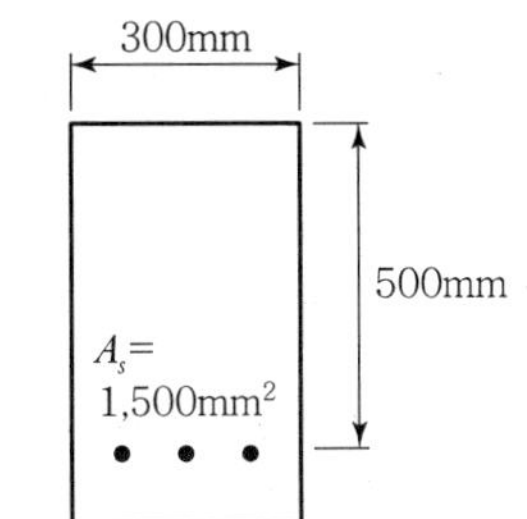

① 107mm
② 112mm
③ 118mm
④ 125mm

■해설 $$a = \frac{f_y A_s}{0.85 f_{ck} b} = \frac{400 \times 1,500}{0.85 \times 21 \times 300} = 112\text{mm}$$

70. 콘크리트의 설계기준강도 f_{ck} =35MPa, 콘크리트의 압축강도 f_c =8MPa일 때 콘크리트의 탄성변형에 의한 PS 강재의 프리스트레스 감소량은?(단, n =7)

① 40MPa ② 48MPa
③ 56MPa ④ 64MPa

■해설 $\Delta f_{pe} = n \cdot f_c = 7 \times 8 = 56\text{MPa}$

71. 강도설계법에서 f_{ck} =35MPa인 경우 β_1의 값은?

① 0.795 ② 0.801
③ 0.823 ④ 0.85

■해설 $f_{ck} > 28\text{MPa}$인 경우 β_1값

$\beta_1 = 0.85 - 0.007(f_{ck} - 28)$
$= 0.85 - 0.007(35 - 28) = 0.801$

72. 보통 콘크리트 부재의 해당 지속 하중에 대한 탄성 처짐이 30mm이었다면 크리프 및 건조 수축에 따른 추가적인 장기 처짐을 고려한 최종 총 처짐량은 몇 mm인가?(단, 하중 재하기간은 10년이고, 압축 철근비 ρ'는 0.005이다.)

① 78 ② 68
③ 58 ④ 48

■해설 $\xi = 2.0$(하중 재하기간이 5년 이상인 경우)

$$\lambda = \frac{\xi}{1 + 50\rho'} = \frac{2}{1 + (50 \times 0.005)} = 1.6$$

$\delta_L = \lambda \delta_i = 1.6 \times 30 = 48\text{mm}$

$\delta_T = \delta_i + \delta_L = 30 + 48 = 78\text{mm}$

73. 아래의 표에서 설명하고 있는 프리스트레스트 콘크리트의 개념은?

콘크리트에 프리스트레스를 도입하면 콘크리트가 탄성체로 전환된다는 생각으로서, 가장 널리 통용되고 있는 PSC의 기본적인 개념이다.

① 내력 모멘트의 개념
② 외력 모멘트의 개념
③ 균등질 보의 개념
④ 하중 평형의 개념

■해설 콘크리트에 프리스트레스를 도입하면 콘크리트가 탄성체로 전환된다는 생각으로서, 가장 널리 통용되고 있는 PSC의 기본적인 개념을 균등질 보의 개념(응력개념)이라 한다.

|해답| 68.④ 69.② 70.③ 71.② 72.① 73.③

74. 직사각형 보에서 계수 전단력 V_u =70kN을 전단철근 없이 지지하고자 할 경우 필요한 최소유효깊이 d는 약 얼마인가?(단, b_w =400mm, f_{ck} =20MPa, f_y =350Mpa)

① 426mm ② 587mm
③ 627mm ④ 751mm

■해설 $V_u \leq \frac{1}{2}\phi V_c = \frac{1}{2}\phi\left(\frac{1}{6}\sqrt{f_{ck}}bd\right)$

$d \geq \frac{12V_u}{\phi\sqrt{f_{ck}}b} = \frac{12\times(70\times10^3)}{0.75\times\sqrt{20}\times400} = 626\text{mm}$

75. b_w =300mm, d=700mm인 단철근 직사각형 보에서 균형철근량을 구하면?(단, f_{ck} =21MPa, f_y =240MPa)

① 11,219mm^2 ② 10,219mm^2
③ 9,483mm^2 ④ 9,134mm^2

■해설 β_1 =0.85($f_{ck} \leq$28MPa인 경우)

$\rho_b = 0.85\beta_1\frac{f_{ck}}{f_y}\frac{600}{600+f_y}$

$= 0.85\times0.85\times\frac{21}{240}\times\frac{600}{600+240} = 0.045156$

$A_{s,b} = \rho_b bd = 0.045\times300\times700 = 9{,}482.8\text{mm}^2$

76. 콘크리트의 부착에 관한 설명 중 틀린 것은?

① 이형 철근은 원형 철근보다 부착강도가 크다.
② 약간 녹슨 철근은 부착강도가 현저히 떨어진다.
③ 콘크리트 강도가 커지면 부착강도가 커진다.
④ 같은 철근량을 가질 경우 굵은 철근보다 가는 것을 여러 개 쓰는 것이 부착에 좋다.

■해설 부착에 영향을 주는 요인
- 고강도 콘크리트일수록 부착에 유리하다.
- 피복두께가 클수록 부착에 유리하다.
- 원형 철근보다 이형 철근이 부착에 유리하다.
- 약간 녹이 슬어 거친 표면을 갖는 철근이 부착에 유리하다.
- 블리딩(bleeding)현상 때문에 수평철근보다 수직철근이 부착에 유리하며 수평철근이라도 상부 철근보다 하부 철근이 부착에 유리하다.
- 동일한 철근비를 사용할 경우 지름이 작은 철근이 부착에 유리하다.

77. f_{ck} =24MPa, f_y =400MPa일 때 인장을 받는 이형철근 D32(d_b =31.8mm, A_b =794.2mm^2)의 기본 정착길이 l_{db}는?

① 1,275mm ② 1,326mm
③ 1,558mm ④ 1,742mm

■해설 λ=1(보통 중량의 콘크리트인 경우)

$l_{db} = \frac{0.6d_bf_y}{\lambda\sqrt{f_{ck}}} = \frac{0.6\times31.8\times400}{1\times\sqrt{24}} = 1{,}557.9\text{mm}$

78. 그림과 같은 판형(Plate Girder)의 각부 명칭으로 틀린 것은?

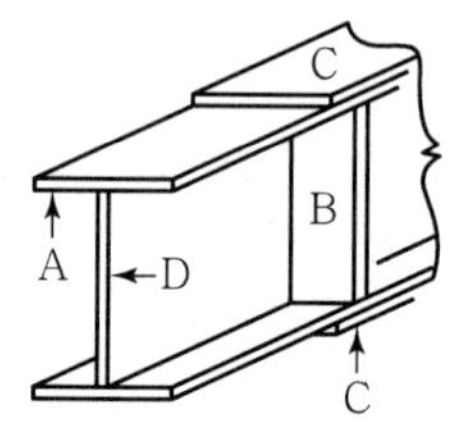

① A－상부판(Flange)
② B－보강재(Stiffener)
③ C－덮개판(Cover Plate)
④ D－횡구(Bracing)

■해설 D－복부판(Web)

79. PS 강재에 요구되는 일반적인 성질로 틀린 것은?

① 인장강도가 클 것
② 항복비가 클 것
③ 직선성이 좋을 것
④ 릴랙세이션(Relaxation)이 클 것

■해설 PS 강재에 요구되는 성질
- 인장강도가 높아야 한다.
- 항복비(항복점 응력의 인장강도에 대한 백분율)가 커야 한다.
- 릴랙세이션(Relaxation)이 작아야 한다.
- 적당한 연성과 인성이 있어야 한다.
- 응력부식에 대한 저항성이 커야 한다.
- 어느 정도의 피로강도를 가져야 한다.
- 직선성이 좋아야 한다.

 |해답| 74.③ 75.③ 76.② 77.③ 78.④ 79.④

80. 철근 콘크리트 부재에서 전단철근으로 부재축에 직각인 스터럽을 사용할 때 최대간격은 얼마이어야 하는가?(단, d는 부재의 유효깊이이며, V_s가$(\sqrt{f_{ck}}/3)b_w d$를 초과하지 않는 경우)

① d와 400mm 중 최소값 이하
② d와 600mm 중 최소값 이하
③ $0.5d$와 400mm 중 최소값 이하
④ $0.5d$와 600mm 중 최소값 이하

■해설 수직 스터럽을 전단철근으로 사용할 경우 전단철근의 간격(s)

㉠ $V_s \le \frac{1}{3}\sqrt{f_{ck}}b_w d$: $S \le \frac{d}{2}$, $S \le 600\text{mm}$

㉡ $V_s > \frac{1}{3}\sqrt{f_{ck}}b_w d$: $S \le \frac{d}{4}$, $S \le 300\text{mm}$

제5과목 토질 및 기초

81. 흙의 분류방법 중 통일분류법에 대한 설명으로 틀린 것은?

① #200(0.075mm) 체 통과율이 50%보다 작으면 조립토이다.
② 조립토 중 #4(4.75mm) 체 통과율이 50%보다 작으면 자갈이다.
③ 세립토에서 압축성의 높고 낮음을 분류할 때 사용하는 기준은 액성한계 35%이다.
④ 세립토를 여러 가지로 세분하는 데는 액성한계와 소성지수의 관계 및 범위를 나타내는 소성도표가 사용된다.

■해설 압축성의 높고 낮음을 분류할 때 사용하는 기준은 액성한계 50%이다.

- 압축성이 낮음(L) : $W_L \le 50\%$
- 압축성이 높음(H) : $W_L \ge 50\%$다.

82. 접지압의 분포가 기초의 중앙부분에 최대응력이 발생하는 기초형식과 지반은 어느 것인가?

① 연성기초, 점성지반 ② 연성기초, 사질지반
③ 강성기초, 점성지반 ④ 강성기초, 사질지반

■해설 강성기초의 접지압

점토지반	모래지반
강성 기초, 접지압	강성 기초, 접지압
기초 모서리에서 최대응력 발생	기초 중앙부에서 최대응력 발생

83. 흙댐에서 상류 측이 가장 위험하게 되는 경우는?

① 수위가 점차 상승할 때이다.
② 댐이 수위가 중간 정도 되었을 때이다.
③ 수위가 갑자기 내려갔을 때이다.
④ 댐 내의 흐름이 정상 침투일 때이다.

■해설

상류 측 (댐) 사면이 가장 위험할 때	하류 측 사면이 가장 위험할 때
• 시공 직후 • 만수된 수위가 급강하 시	• 만수위 시 • 제체 내의 흐름이정상 침투 시

84. 다음 중 흙의 투수계수에 영향을 미치는 요소가 아닌 것은?

① 흙의 입경 ② 침투액의 점성
③ 흙의 포화도 ④ 흙의 비중

■해설 투수계수$(k) = D_s^2 \cdot \frac{\gamma_w}{\mu} \cdot \frac{e^3}{1+e} \cdot C$

투수계수(k)와 영향요소의 관계

㉠ 공극비(e)가 클수록 k는 증가
㉡ 밀도가 클수록 k는 증가
㉢ 점성계수가 클수록 k는 감소
㉣ 투수계수는 모래가 점토보다 큼
㉤ k는 토립자 비중과 무관함
㉥ 포화도가 클수록 k는 증가

85. 연약 점토 지반에 말뚝재하시험을 하는 경우 말뚝을 타입한 후 20여 일이 지난 다음 재하시험을 하는 이유는?

① 말뚝 주위 흙이 압축되었기 때문
② 주면 마찰력이 작용하기 때문
③ 부 마찰력이 생겼기 때문
④ 타입 시 말뚝 주변의 흙이 교란되었기 때문

해설 말뚝재하시험을 하는 경우 말뚝을 타입하면 말뚝 주변의 흙이 교란되었기 때문에 20여 일이 지난 다음 재하시험을 한다.

86. 점토의 예민비(Sensitivity Ratio)를 구하는 데 사용되는 시험방법은?

① 일축압축시험 ② 삼축압축시험
③ 직접전단시험 ④ 베인전단시험

해설
- 예민비$(S_t) = \dfrac{q_u(\text{불교란 시료의 일축압축강도})}{q_{ur}(\text{교란 시료의 일축압축강도})}$
- 일축압축강도(q_u)로 예민비를 구한다.

87. 점토지반에 과거에 시공된 성토제방이 이미 안정된 상태에서, 홍수에 대비하기 위해 급속히 성토시공을 하고자 한다. 안정성 검토를 위해 지반의 강도정수를 구할 때, 가장 적합한 시험방법은?

① 직접전단시험 ② 압밀 배수시험
③ 압밀 비배수시험 ④ 비압밀 비배수시험

해설 압밀 비배수시험(CU 시험)
㉠ Pre-loading(압밀진행) 후 갑자기 파괴 예상 시
㉡ 제방, 흙댐에서 수위가 급강 시 안정 검토
㉢ 점토지반이 성토하중에 의해 압밀 후 급속히 파괴 예상 시

88. 다음 중 직접기초에 속하는 것은?

① 푸팅기초 ② 말뚝기초
③ 피어기초 ④ 케이슨기초

해설 기초
㉠ 얕은(직접) 기초(Footing 기초, Mat 기초)
㉡ 깊은 기초(말뚝기초, 피어 기초, 케이슨 기초)

89. 4m×6m 크기의 직사각형 기초에 10t/m²의 등분포 하중이 작용할 때 기초 아래 5m 깊이에서의 지중응력 증가량을 2 : 1 분포법으로 구한 값은?

① 1.42t/m² ② 1.82t/m²
③ 2.42t/m² ④ 2.82t/m²

해설 $\Delta\sigma_Z = \dfrac{q\cdot B\cdot L}{(B+Z)(L+Z)} = \dfrac{10\times4\times6}{(4+5)(6+5)} = 2.42\text{t/m}^2$

90. 비중이 2.65, 간극률이 40%인 모래지반의 한계 동수경사는?

① 0.99 ② 1.18
③ 1.59 ④ 1.89

해설 한계동수경사$(i_{cr}) = \dfrac{G_s-1}{1+e} = \dfrac{2.65-1}{1+0.67} = 0.99$

$\left(e = \dfrac{n}{1-n} = \dfrac{0.4}{1-0.4} = 0.67\right)$

91. 그림과 같은 옹벽에 작용하는 전체 주동토압을 구하면?

① 8.15t/m
② 7.25t/m
③ 6.55t/m
④ 5.72t/m

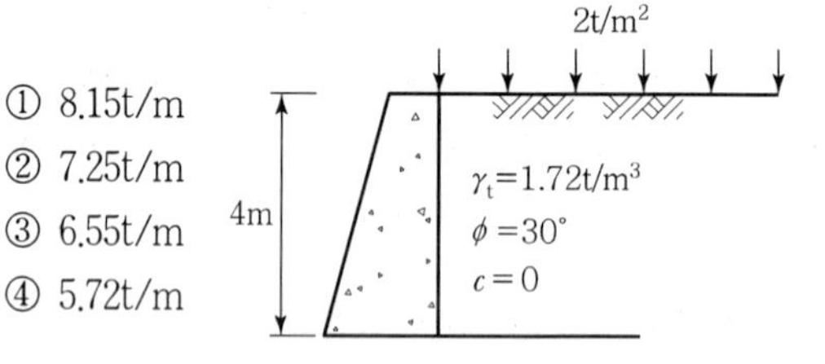

해설 $P_a = qHK_a + \gamma H^2 K_a \dfrac{1}{2}$

$= 2\times4\times0.333 + 1.72\times4^2\times0.333\times\dfrac{1}{2} = 7.25\text{t/m}$

$\left[K_a = \tan^2\left(45-\dfrac{\phi}{2}\right) = \tan^2\left(45-\dfrac{30}{2}\right) = 0.333\right]$

 |해답| 85.④ 86.① 87.③ 88.① 89.③ 90.① 91.②

92. 실내다짐시험 결과 최대건조 단위무게가 1.56 t/m³이고, 다짐도가 95%일 때 현장건조 단위무게는 얼마인가?

① 1.36t/m³ ② 1.48t/m³
③ 1.60t/m³ ④ 1.64t/m³

■ 해설
- 다짐도(RC) $= \dfrac{\gamma_d}{\gamma_{d\max}} \times 100$

$95 = \dfrac{\gamma_d}{1.56} \times 100$

$\therefore \ \gamma_d = 1.48 \text{t/m}^2$

93. 모래 지반에 30cm×30cm 크기로 재하시험을 한 결과 20t/m²의 극한 지지력을 얻었다. 3m×3m의 기초를 설치할 때 기대되는 극한 지지력은?

① 100t/m² ② 150t/m²
③ 200t/m² ④ 300t/m²

■ 해설
- 모래지반에서 지지력은 재하판 폭에 비례
- $q_{u(\text{기초})} = q_{u(\text{재하판})} \times \dfrac{B_{(\text{기초})}}{B_{(\text{재하판})}}$

$= 20 \times \dfrac{3}{0.3} = 200 \text{t/m}^2$

94. 양면배수 조건일 때 일정한 양의 압밀침하가 발생하는 데 10년이 걸린다면 일면배수 조건일 때는 같은 침하가 발생되는 데 몇 년이나 걸리겠는가?

① 5년 ② 10년
③ 30년 ④ 40년

■ 해설
- 압밀시간과 압밀층 두께의 관계 $\left(t = \dfrac{T_v \cdot H^2}{C_v}\right)$
- $t_1 : t_2 = H_1^2 : H_2^2$

$10 : t_2 = \left(\dfrac{H}{2}\right)^2 : H^2$

$\therefore \ t_2 = 40$년

95. 점토지반에서 N치로 추정할 수 있는 사항이 아닌 것은?

① 상대밀도
② 컨시스턴시
③ 일축압축강도
④ 기초지반의 허용지지력

■ 해설 상대밀도는 사질토가 느슨한 상태에 있는가, 조밀한 상태에 있는가를 나타내는 것

96. 다음 중 사운딩(Sounding)이 아닌 것은?

① 표준관입시험(Standard Penetration Test)
② 일축압축시험(Unconfined Compression Test)
③ 원추관입시험(Cone Penetrometer Test)
④ 베인시험(Vane Test)

■ 해설 사운딩
- 정적 사운딩(원추관입시험, 이스키메타, 베인전단시험)
- 동적 사운딩(표준관입시험)

97. 흐트러진 흙을 자연 상태의 흙과 비교하였을 때 잘못된 설명은?

① 투수성이 크다. ② 전단강도가 크다.
③ 간극이 크다. ④ 압축성이 크다.

■ 해설 흐트러진 흙은 전단강도가 작다.

98. 다음 중 흙의 다짐에 대한 설명으로 틀린 것은?

① 흙이 조립토에 가까울수록 최적함수비는 크다.
② 다짐에너지를 증가시키면 최적함수비는 감소한다.
③ 동일한 흙에서 다짐에너지가 클수록 다짐효과는 증대한다.
④ 최대건조단위중량은 사질토에서 크고 점성토일수록 작다.

■ 해설 흙이 조립토일수록 최적함수비는 작고 최대건조단위중량은 크다.

99. 투수계수에 관한 설명으로 잘못된 것은?

① 투수계수는 수두차에 반비례한다.
② 수온이 상승하면 투수계수는 증가한다.
③ 투수계수는 일반적으로 흙의 입자가 작을수록 작은 값을 나타낸다.
④ 같은 종류의 흙에서 간극비가 증가하면 투수계수는 작아진다.

해설 간극비가 클수록 투수계수는 증가한다.

100. $1m^3$의 포화점토를 채취하여 습윤단위무게와 함수비를 측정한 결과 각각 $1.68t/m^3$와 60%였다. 이 포화점토의 비중은 얼마가?

① 2.14　　② 2.84
③ 1.58　　④ 1.31

해설 $G_s = \dfrac{W_s}{V_s \gamma_w} = \dfrac{1.05}{0.37 \times 1} = 2.84$

㉠ W_s

$\gamma_d = \dfrac{\gamma_t}{1+\omega} = \dfrac{1.68}{1+0.6} = 1.05t/m^3$

$\therefore W_s = 1.05t$ ($1m^3$ 포화점토)

㉡ V_s

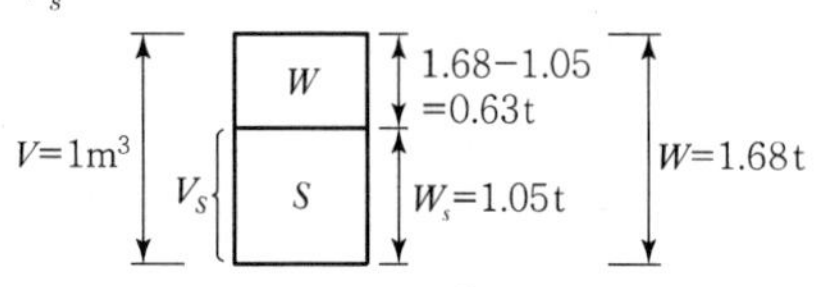

$\therefore V_s = 1 - 0.63 = 0.37m^3$

$\left(\gamma_w = \dfrac{W_w}{V_w} = 1,\ V_w = W_w\right)$

제6과목 **상하수도공학**

101. 1일 정수량이 $10,000m^3/d$인 정수장에서, 염소소독을 위하여 100kg/d를 주입한 후 잔류염소 농도를 측정하였을 때, 0.2mg/L였다면 염소요구량 농도는?

① 0.8mg/L　　② 1.2mg/L
③ 9.8mg/L　　④ 10.2mg/L

해설 염소요구량 농도

㉠ 주입염소 농도

주입량=주입농도×유량

$\therefore$ 주입농도=주입량/유량 $= \dfrac{100kg/d}{10,000m^3/d}$

$= \dfrac{100 \times 10^6 mg/d}{10,000 \times 10^3 L/d}$

$= 10mg/L$

㉡ 요구농도

유구농도=주입농도−잔류농도

$\therefore$ 요구농도=10−0.2=9.8mg/L

102. 상수처리를 위한 침전지의 침전효율을 나타내는 지표인 표면부하율에 대한 설명으로 옳지 않은 것은?

① 표면부하율은 침전지에 유입할 유량을 침전지의 표면적으로 나눈 값이다.
② 표면부하율은 이상적인 침전지에서 유입구의 최상단으로부터 유입되어 유출구 쪽에서 침전지 바닥에 침강되는 플록의 침강속도를 뜻한다.
③ 표면부하율은 일반적으로 mm/min과 같이 속도의 차원을 가진다.
④ 제거의 기준이 되는 표면부하율은 이론적으로 침전지의 수심에 직접적인 관계가 있다.

해설 수면적부하

㉠ 입자가 100% 제거되기 위한 침강속도를 수면적부하(표면부하율)라 한다.

$V_o = \dfrac{Q}{A} = \dfrac{h}{t}$

 |해답| 99.④ 100.② 101.③ 102.④

ⓛ 특징
- 표면부하율은 침전지에 유입할 유량을 침전지의 수표면적으로 나눈 값이다.
- 표면부하율은 이상적인 침전지에서 유입구 최상단으로부터 유입되어 유출구 쪽에서 침전지 바닥에 침강되는 플록의 침강속도를 말한다.
- 표면부하율은 일반적으로 mm/min과 같은 속도의 차원을 갖는다.

103. 저수지의 유효용량을 유량누가곡선도표를 이용하여 도식적으로 구하는 방법은?

① Sherman법 ② Ripple법
③ Hotter법 ④ 도식적 분법

해설 유량누가곡선법
해당 지역의 유입량누가곡선과 유출량누가곡선을 이용하여 저수지용량과 저수시작점 등을 도식적으로 해석하여 결정할 수 있는 방법으로 이론법 또는 Ripple's method이라고도 한다.

104. 배수관 내에 큰 수격작용이 일어날 경우에 배수관의 손상을 방지하기 위하여 설치하는 것으로, 큰 수격작용이 일어나기 쉬운 곳에 설치하여 첨두압력을 긴급 방출함으로써 관로나 펌프를 보호하는 것은?

① 공기밸브 ② 안전밸브
③ 역지밸브 ④ 감압밸브

해설 관로 내 밸브의 특징

종류	특징
제수밸브 (Gate Valve)	유지관리 및 사고 시 수량조절을 위해 설치, 시점, 종점, 분기점, 합류점에 설치
공기밸브 (Air Valve)	배수 시 배수의 원활을 목적으로 관의 돌출부에 설치
역지밸브 (Check Valve)	펌프압송 중 정전으로 인한 물의 역류 방지를 목적으로 설치
안전밸브 (Safety Valve)	관내 이상수압의 발생으로 인한 수격작용 방지를 목적으로 설치
니토밸브 (Drain Valve)	청소 및 정체수 배출의 목적으로 관 내 오목부에 설치

∴ 수격작용을 방지하기 위한 밸브는 안전밸브이다.

105. 하수배제방식 중 분류식과 합류식에 관한 설명으로 틀린 것은?

① 분류식은 관거오접에 대한 철저한 감시가 필요하다.
② 우천 시 합류식이 분류식보다 처리장으로 토사유입이 적다.
③ 합류식이 분류식에 비해 시공이 용이하다.
④ 분류식은 우천 시 오수를 수역으로 방류하는 일이 없으므로 수질오염 방지상 유리하다.

해설 하수의 배제방식

분류식	합류식
• 수질오염 방지 면에서 유리하다. • 청천 시에도 퇴적의 우려가 없다. • 강우 초기 노면 배수 효과가 없다. • 시공이 복잡하고 오접합의 우려가 있다. • 우천 시 수세효과를 기대할 수 없다. • 공사비가 많이 든다.	• 구배 완만, 매설깊이가 적으며 시공성이 좋다. • 초기 우수에 의한 노면배수처리가 가능하다. • 관경이 크므로 검사가 편리하고, 환기가 잘된다. • 건설비가 적게 든다. • 우천 시 수세효과가 있다. • 청천 시 관 내 침전, 효율 저하가 발생한다.

∴ 합류식은 우천 시 오수와 우수가 동시에 처리장으로 유입되어 토사유입이 분류식보다 많다.

106. 하수처리시설의 침사지에 대한 설명으로 옳지 않은 것은?

① 평균유속은 1.5m/s를 표준으로 한다.
② 체류시간은 30~60초를 표준으로 한다.
③ 수심은 유효수심에 모래퇴적부의 깊이를 더한 것으로 한다.
④ 오수침사지의 경우 표면부하율은 1,800$m^3/m^2 \cdot d$ 정도로 한다.

해설 하수처리시설 침사지
㉠ 용도
하수 중의 직경 0.2mm 이상의 비부패성 무기물 및 입자가 큰 부유물을 제거하여 방류수역의 오염 및 토사의 침전을 방지하고 또는 펌프 및 처리시설의 파손이나 폐쇄를 방지하여 펌프 및 처리시설 앞에 설치하는 시설

㉡ 구조
- 수밀성 콘크리트구조

|해답| 103.② 104.② 105.② 106.①

• 저부경사 : 1/100~2/100 정도
• 유입부는 편류를 방지하도록 한다.

㉢ 설계기준
• 평균유속 : 0.3m/s를 표준으로 한다.
• 체류시간 : 30~60초를 표준으로 한다.
• 수심은 유효수심에 모래퇴적부의 깊이를 더한 것으로 한다.
• 표면부하율은 오수침사지 1,800m/d, 우수침사지 3,600m/d 정도로 한다.

107. 도시하수가 하천으로 유입할 때 하천 내에서 발생하는 변화로 틀린 것은?

① 부유물의 증가 ② COD의 증가
③ BOD의 증가 ④ DO의 증가

해설 도시하수의 유입
도시지역의 하수 속에는 유기물이 함유되어 있으므로 하수가 자연하천으로 유입되면 수질이 나빠져서 BOD나 SS, 세균 등은 증가하고 DO는 감소된다.

108. 펌프의 공동현상을 방지하는 방법 중 옳지 않은 것은?

① 펌프의 설치위치를 가능한 한 낮춘다.
② 흡입관의 손실을 가능한 한 적게 한다.
③ 펌프의 회전속도를 낮게 선정한다.
④ 가용유효흡입수두를 필요유효흡입수두보다 작게 한다.

해설 공동현상(cavitation)
㉠ 펌프의 관 내 압력이 포화증기압 이하가 되면 기화현상이 발생되어 유체 중에 공동이 생기는데, 이를 공동현상이라 한다. 공동현상이 발생되지 않으려면 이용할 수 있는 유효흡입수두가 펌프가 필요로 하는 유효흡입수두보다 커야 하며, 그 차이 값이 1m보다 크게 하는 것이 좋다.

㉡ 악현상
• 소음, 진동 발생
• 펌프의 성능 저하
• 관 내부의 침식

㉢ 방지책
• 펌프의 설치 위치를 낮춘다.
• 펌프의 회전수를 줄인다(임펠러 속도를 적게 한다).
• 흡입관의 손실을 줄인다(직경 D를 크게 한다).
• 흡입양정의 표준을 −5m까지로 제한한다.

∴ 공동현상을 방지하려면 가용유효흡입수두가 필요유효흡입수두보다 커야 한다.

109. 어느 도시의 1인 1일 BOD 배출량이 평균 50g이고, 이 도시의 인구가 40,000명이라고 할 때 하수처리장으로 유입되는 BOD 부하량은?

① 800kg/d ② 2,000kg/d
③ 2,800kg/d ④ 3,000kg/d

해설 BOD 부하량
㉠ 하수처리장에 유입 BOD량
전체 BOD량=1인1일 BOD량×인구

㉡ BOD량의 산정
BOD량$=50\times10^{-3}\times40,000=2,000$kg/d

110. 펌프의 특성곡선은 펌프의 토출유량과 무엇의 관계를 나타낸 그래프인가?

① 양정, 비속도, 수격압력
② 양정, 효율, 축동력
③ 양정, 손실수두, 수격압력
④ 양정, 효율, 공동현상

해설 펌프특성곡선
펌프의 회전속도를 일정하게 고정하고 토출관의 밸브를 조절하여 토출량을 변화시킬 때 토출량(Q)의 변화에 따른 양정(H), 효율(η), 축동력(P)의 변화를 최대효율점에 대한 비율로 나타낸 곡선을 펌프특성곡선이라 한다.

∴ 펌프특성곡선은 유량과 양정, 효율, 축동력의 관계를 나타낸 곡선이다.

 |해답| 107.④ 108.④ 109.② 110.②

111. ( ) 안에 들어갈 수치가 순서대로 바르게 짝지어진 것은?

> 침전이나 퇴적방지를 위하여 설정하는 최소허용 유속은 도수관에서는 ( )m/s, 우수관에서는 ( )m/s, 오수관에서는 ( )m/s를 적용한다.

① 0.3, 0.3, 0.3 ② 0.3, 0.6, 0.6
③ 0.3, 0.8, 0.6 ④ 0.6, 0.8, 3.0

해설 평균유속의 한도
㉠ 도·송수관의 평균유속은 침전 및 마모방지를 위해 최소유속과 최대유속의 한도를 두고 있다. 0.3~3m/sec
㉡ 하수 관로의 유속기준
관로의 유속은 침전과 마모 방지를 위해 최소유속과 최대유속을 한정하고 있다.
- 오수 및 차집관 : 0.6~3.0m/sec
- 우수 및 합류관 : 0.8~3.0m/sec
- 이상적 유속 : 1.0~1.8m/sec

∴ 괄호에 들어갈 유속의 순서는 0.3, 0.8, 0.6의 순이다.

112. 수원을 선택할 때 갖추어야 할 구비요건에 해당되지 않는 것은?

① 수량이 풍부하여야 한다.
② 수질이 좋아야 한다.
③ 가능한 한 낮은 곳에 위치하여야 한다.
④ 상수 소비지에서 가까운 곳에 위치하여야 한다.

해설 수원의 구비요건
㉠ 수량이 풍부한 곳
㉡ 수질이 양호한 곳
㉢ 계절적으로 수량 및 수질의 변동이 적은 곳
㉣ 가능한 한 자연유하식을 이용할 수 있는 곳
㉤ 주위에 오염원이 없는 곳
㉥ 소비지로부터 가까운 곳
∴ 자연유하식이 되려면 정수장보다 가능한 한 높은 곳에 위치하여야 한다.

113. Jar-test의 시험목적으로 옳은 것은?

① 응집제 주입량 결정
② 염소 주입량 결정
③ 염소 접촉시간 결정
④ 총 수처리 시간의 결정

해설 응집교반실험
응집교반실험(Jar-test)은 적정 응집제 주입량 및 최적 pH를 결정하는 실험이다.

114. 상수의 공급과정으로 옳은 것은?

① 취수 → 도수 → 정수 → 송수 → 배수 → 급수
② 취수 → 도수 → 정수 → 배수 → 송수 → 급수
③ 취수 → 송수 → 도수 → 정수 → 배수 → 급수
④ 취수 → 송수 → 배수 → 정수 → 도수 → 급수

해설 상수도 구성요소
㉠ 수원 → 취수 → 도수(침사지) → 정수(착수정 → 약품혼화지 → 침전지 → 여과지 → 소독지 → 정수지) → 송수 → 배수(배수지, 배수탑, 고가탱크, 배수관) → 급수
㉡ 수원, 취수, 도수, 정수, 송수 등의 설계에는 계획 1일 최대급수량을 기준으로 한다.
㉢ 계획취수량은 계획 1일 최대급수량을 기준으로 5~10% 정도 여유 있게 취수한다.
㉣ 배수관과 펌프의 직경 결정 등은 계획시간 최대급수량을 기준으로 한다.

115. 하수관거 접합에 관한 설명으로 옳지 않은 것은?

① 2개의 관거가 합류하는 경우 두 관의 중심교각은 가급적 60° 이하로 한다.
② 지표의 경사가 급한 경우에는 원칙적으로 단차접합 또는 계단접합으로 한다.
③ 2개의 관거가 합류하는 경우의 접합방법은 관저접합을 원칙으로 한다.
④ 접속 관거의 계획수위를 일치시켜 접속하는 방법을 수면접합이라 한다.

|해답| 111.③ 112.③ 113.① 114.① 115.③

■해설 관거의 접합방법

㉠ 접합방법

종류	특징
수면 접합	수리학적으로 가장 좋은 방법으로 관내 수면을 일치시키는 방법이다.
관정 접합	관거의 내면 상부를 일치시키는 방법으로 굴착깊이가 증대되고, 공사비가 증가된다.
관중심 접합	관중심을 일치시키는 방법으로 별도의 수위계산이 필요 없는 방법이다.
관저 접합	관거의 내면 바닥을 일치시키는 방법으로 수리학적으로 불리한 방법이다.
단차 접합	지세가 아주 급한 경우 토공량을 줄이기 위해 사용하는 방법이다.
계단 접합	지세가 매우 급한 경우 관거의 기울기와 토공량을 줄이기 위해 사용하는 방법이다.

㉡ 접합 시 고려사항

- 2개의 관이 합류하는 경우 두 관의 중심교각은 가급적 60° 이하로 한다.
- 지표의 경사가 급한 경우에는 원칙적으로 단차접합 또는 계단접합으로 한다.
- 2개의 관거가 합류하는 경우의 접합방법은 수면접합 또는 관정접합으로 한다.
- 관거의 계획수위를 일치시켜 접합하는 방법을 수면접합이라고 한다.

116. 하수처리방법 중 생물학적 처리방법이 아닌 것은?

① 산화구법 ② 표준활성슬러지법
③ 접촉산화법 ④ 중화처리법

■해설 생물학적 하수처리방법

㉠ 활성슬러지법

- 표준활성슬러지법
- 계단식 폭기법
- 점감식 폭기법
- 산화구법
- 접촉안정법

㉡ 산화지법

㉢ 막미생물공정

- 살수여상법
- 회전원판법
- 충진상반응조

∴ 생물학적 처리방법이 아닌 것은 중화처리법으로, 이는 화학적 처리방법이다.

117. 유역면적 100ha, 유출계수 0.6, 강우강도 2mm/min인 지역의 합리식에 의한 우수량은?

① $20\text{m}^3/\text{s}$ ② $2\text{m}^3/\text{s}$
③ $33\text{m}^3/\text{s}$ ④ $3.3\text{m}^3/\text{s}$

■해설 우수유출량의 산정

㉠ 합리식의 적용 확률연수는 10~30년을 원칙으로 한다.

$$Q = \frac{1}{360}CIA$$

여기서, Q : 우수량 (m^3/sec)
C : 유출계수(무차원)
I : 강우강도(mm/hr)
A : 유역면적(ha)

㉡ 우수유출량의 산정

$$Q = \frac{1}{360}CIA = \frac{1}{360} \times 0.6 \times 120 \times 100$$
$$= 20\text{m}^3/\text{s}$$

118. 관거별 계획하수량에 대한 설명으로 옳은 것은?

① 우수관거는 계획우수량으로 한다.
② 오수관거는 계획 1일 최대오수량으로 한다.
③ 차집관거에서는 청천 시 계획오수량으로 한다.
④ 합류식 관거는 계획 1일 최대오수량에 계획우수량을 합한 것으로 한다.

■해설 계획하수량의 결정

㉠ 오수 및 우수관거

종류		계획하수량
합류식		계획시간 최대오수량에 계획우수량을 합한 수량
분류식	오수관거	계획시간 최대오수량
	우수관거	계획우수량

㉡ 차집관거

우천 시 계획오수량 또는 계획시간 최대오수량의 3배를 기준으로 설계한다.

∴ 우수관거는 계획우수량을 기준으로 설계한다.

119. 혐기성 소화에 의한 슬러지 처리법에서 발생되는 가스성분 중 가장 많은 양을 차지하는 것은? (단, 혐기성 소화가 정상적으로 일정하게 유지될 때로 가정한다.)

① 탄산가스　　② 메탄가스
③ 유화수소　　④ 황화수소

해설 혐기성 소화
㉠ 산소가 없는 상태에서 유기물이 산생성균, 메탄생성균에 의해 분해되는 공정이다.
㉡ 소화가스 발생량은 메탄(CH_4)과 이산화탄소(CO_2)가 2/3와 1/3의 비율로 생성되고, 기타 H_2S, NH_3, SO_2 등이 생성된다.
∴ 혐기성 소화에서 가장 많이 발생되는 가스는 메탄가스이다.

120. 급속여과지가 완속여과지에 비해 좋은 점이 아닌 것은?

① 많은 수량을 단기간에 처리할 수 있다.
② 부지면적을 적게 차지한다.
③ 원수의 수질 변화에 대처할 수 있다.
④ 시설이 단순하다.

해설 급속여과지
급속여과지는 완속여과지에 비하여 다음의 특징을 갖고 있다.
- 여과속도는 30~40배 빠르므로 단기간에 많은 수량을 처리할 수 있다.
- 부지면적을 적게 차지한다.
- 원수의 수질 변화에 대처가 용이하며, 처리수의 수질이 양호하다.

Industrial Engineer Civil Engineering

과년도 출제문제 및 해설 (2017년 5월 7일 시행)

제1과목 응용역학

01. 다음 그림과 같은 구조물의 부정정 차수는?

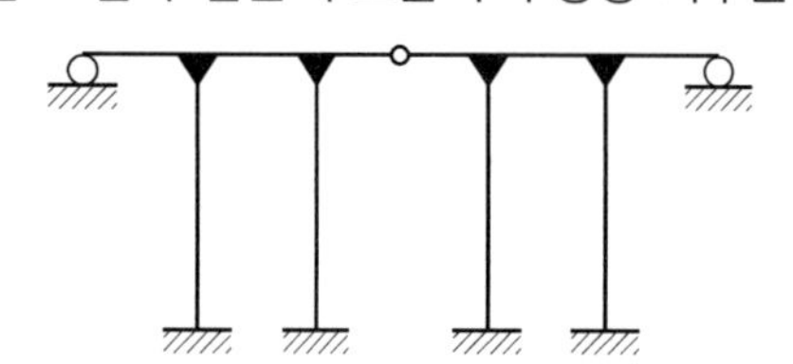

① 9차 부정정 ② 10차 부정정
③ 11차 부정정 ④ 12차 부정정

■ 해설 $N=r+m+s-2p$
$=14+10+8-2\times 11=10$차 부정정

■ 별해 라멘과 유사하게 고려하면
$N=B\times 3-j=5\times 3-5=10$차 부정정

02. 단순보의 중앙에 집중하중 P가 작용할 경우 중앙에서의 처짐에 대한 설명으로 틀린 것은?

① 탄성계수에 반비례한다.
② 하중(P)에 정비례한다.
③ 단면 2차 모멘트에 반비례한다.
④ 지간의 제곱에 반비례한다.

■ 해설
$$y_c=\frac{Pl^3}{48EI}$$

03. 다음 중 단면 1차 모멘트의 단위로서 옳은 것은?

① cm ② cm^2
③ cm^3 ④ cm^4

■ 해설 $G_x=\int_A ydA=y_0A[cm^3]$

04. 다음 그림에서 힘의 합력 R의 위치(x)는 몇 m인가?

① 4.5m
② 4.75m
③ 5.0m
④ 5.25m

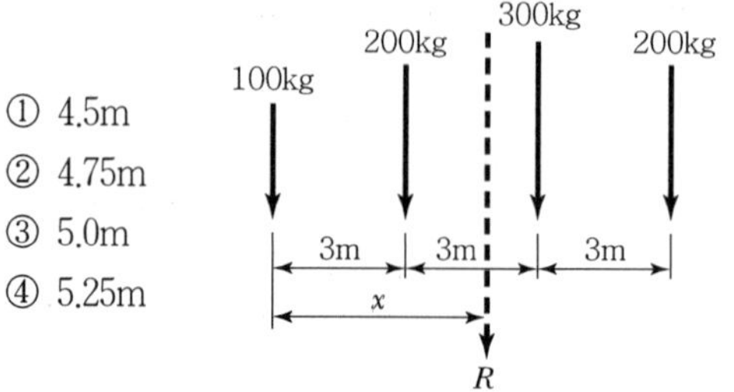

■ 해설 $\Sigma F_y(\downarrow\oplus)=100+200+300+200=R$
$R=800kg(\downarrow)$

$\Sigma M_{◎}(\curvearrowright\oplus)=100\times 0+200\times 3+300\times 6$
$+200\times 9=800\times x$

$x=5.25m(\rightarrow)$

05. 그림과 같은 빗금 친 부분의 y축 도심은 얼마인가?

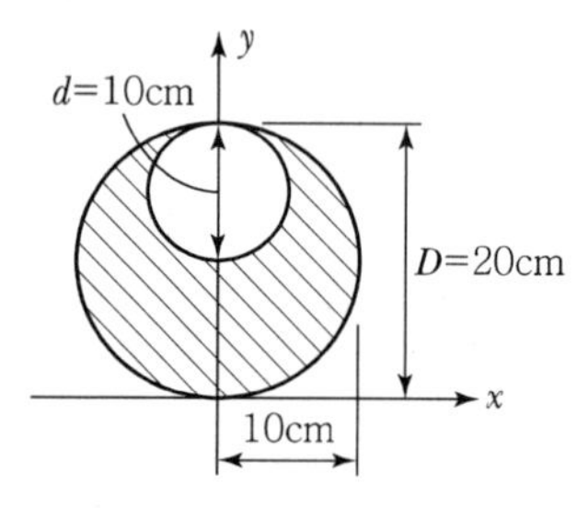

① x축에서 위로 5.43cm
② x축에서 위로 8.33cm
③ x축에서 위로 10.26cm
④ x축에서 위로 11.67cm

■ 해설
$$y=\frac{G_x}{A}$$
$$=\frac{\left\{\left(\frac{\pi\times 20^2}{4}\right)\times\left(\frac{20}{2}\right)\right\}-\left\{\left(\frac{\pi\times 10^2}{4}\right)\times\left(10+\frac{10}{2}\right)\right\}}{\left(\frac{\pi\times 20^2}{4}\right)-\left(\frac{\pi\times 10^2}{4}\right)}$$
$=8.33cm$

 |해답| 1.② 2.④ 3.③ 4.④ 5.②

06. 지름 d의 원형 단면인 장주가 있다. 길이가 4m일 때, 세장비를 100으로 하려면 적당한 지름 d는?

① 8cm ② 10cm
③ 16cm ④ 18cm

해설 $\lambda = \dfrac{l}{r_{\min}} = \dfrac{l}{\left(\dfrac{d}{4}\right)} = \dfrac{4l}{d}$

$d = \dfrac{4l}{\lambda} = \dfrac{4 \times (4 \times 10^2)}{100} = 16\text{cm}$

07. 단순보의 전 구간에 등분포하중이 작용할 때 지점의 반력이 2t이었다. 등분포 하중의 크기는?(단, 지간은 10m이다.)

① 0.1t/m ② 0.3t/m
③ 0.2t/m ④ 0.4t/m

해설 $R = \dfrac{wl}{2}$

$w = \dfrac{2R}{l} = \dfrac{2 \times 2}{10} = 0.4\text{t/m}$

08. 아래 그림과 같은 보에서 굽힘모멘트에 의한 변형에너지는?

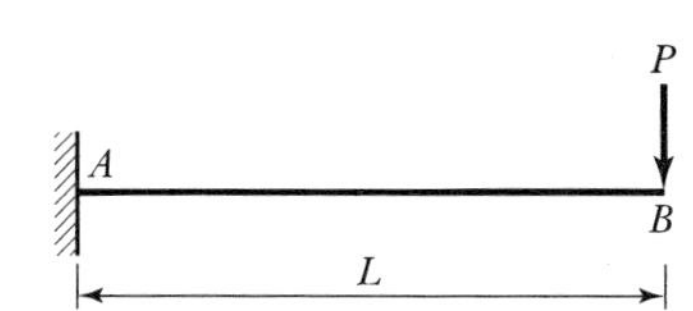

① $\dfrac{P^2L^3}{EI}$ ② $\dfrac{P^2L^3}{2EI}$
③ $\dfrac{P^2L^3}{4EI}$ ④ $\dfrac{P^2L^3}{6EI}$

해설

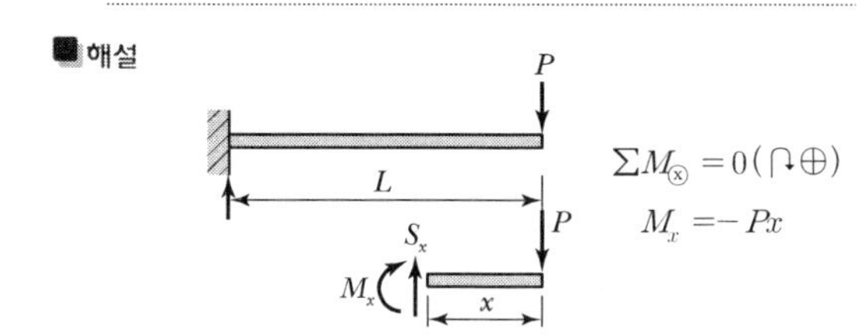

$\Sigma M_{ⓧ} = 0(\curvearrowright\oplus)$
$M_x = -Px$

$U = \dfrac{1}{2}\displaystyle\int_0^L \dfrac{{M_x}^2}{EI}dx = \dfrac{1}{2}\int_0^L \dfrac{(-Px)^2}{EI}dx$

$= \dfrac{P^2}{2EI}\left[\dfrac{1}{3} \cdot x^3\right]_0^L = \dfrac{P^2L^3}{6EI}$

09. 아래 그림과 같이 C점에 500kg이 수직으로 작용할 때 부재 AC의 부재력은?

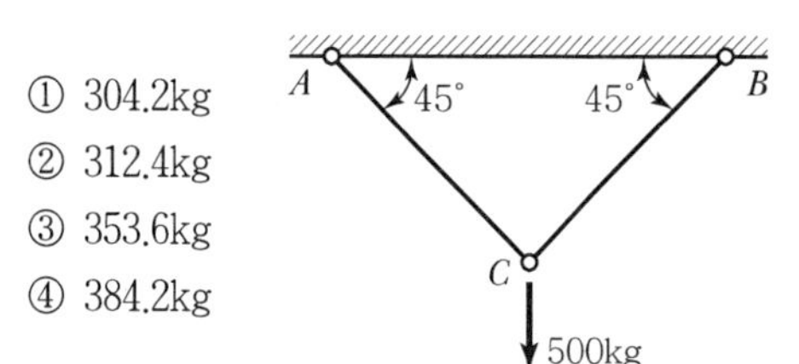

① 304.2kg
② 312.4kg
③ 353.6kg
④ 384.2kg

해설

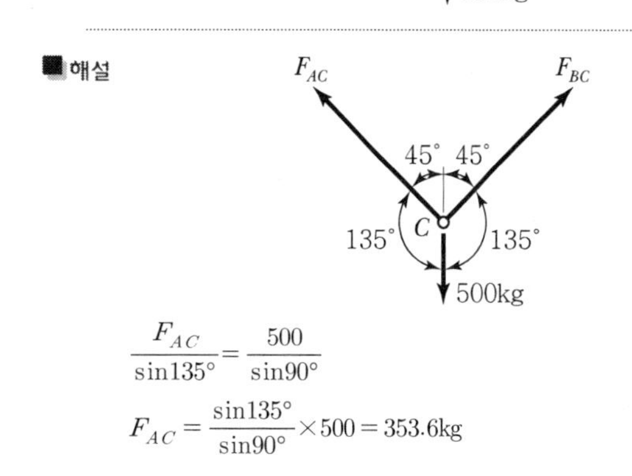

$\dfrac{F_{AC}}{\sin 135°} = \dfrac{500}{\sin 90°}$

$F_{AC} = \dfrac{\sin 135°}{\sin 90°} \times 500 = 353.6\text{kg}$

10. 그림과 같은 캔틸레버 보에서 C점에 집중하중 P가 작용할 때 보의 중앙 B점의 처짐각은 얼마인가?(단, EI는 일정)

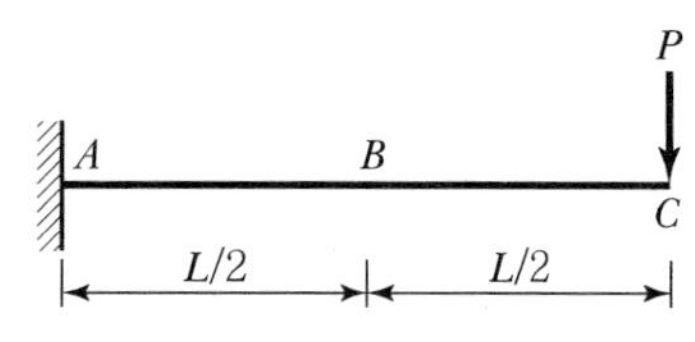

① $\dfrac{3PL^2}{8EI}$ ② $\dfrac{PL^2}{8EI}$
③ $\dfrac{PL^2}{12EI}$ ④ $\dfrac{5PL^2}{12EI}$

해설

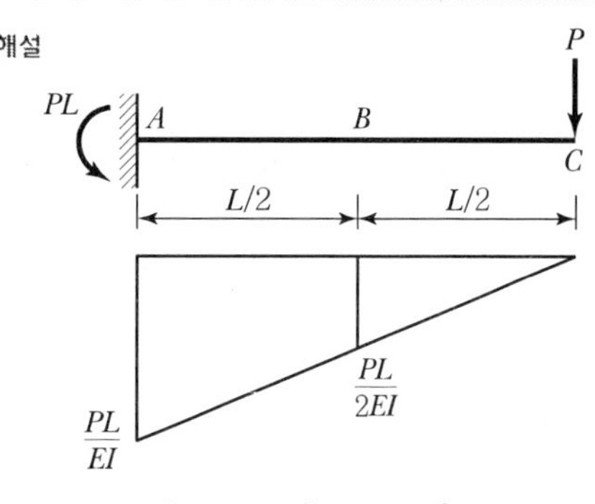

$\theta_B = \dfrac{1}{2}\left(\dfrac{PL}{EI} + \dfrac{PL}{2EI}\right)\dfrac{L}{2} = \dfrac{3PL^2}{8EI}$

11. 그림과 같은 3활절 라멘의 지점 A의 수평반력(H_A)은?

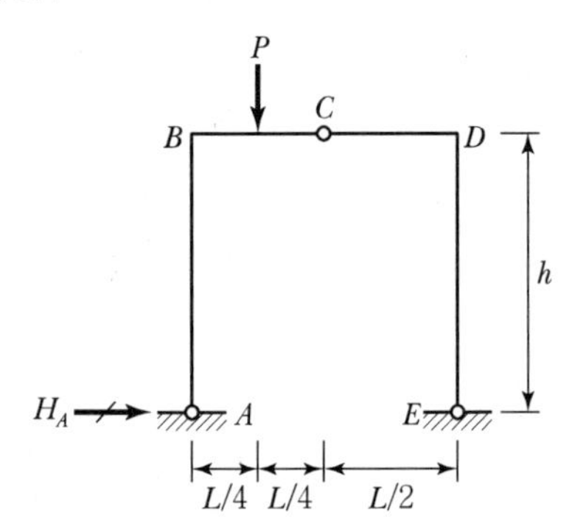

① $\dfrac{PL}{h}$ ② $\dfrac{PL}{2h}$

③ $\dfrac{PL}{4h}$ ④ $\dfrac{PL}{8h}$

해설 $\Sigma M_{Ⓔ}=0(\curvearrowright\oplus)$

$$R_{Ay}\times L-P\times\frac{3}{4}L=0$$

$$R_{Ay}=\frac{3P}{4}$$

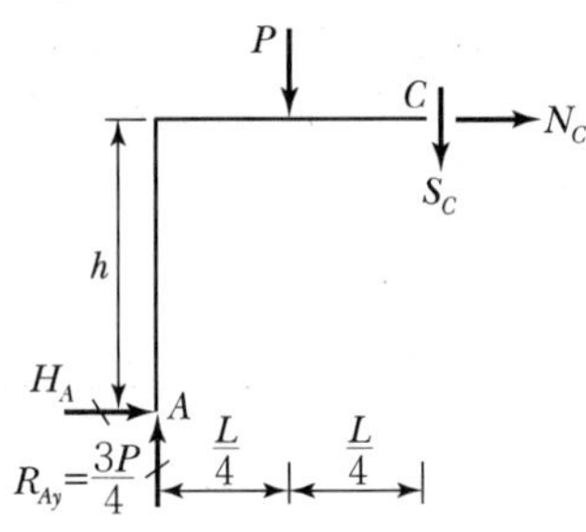

$\Sigma M_{Ⓒ}=0(\curvearrowright\oplus)$

$$\frac{3P}{4}\times\frac{L}{2}-H_A\times h-P\times\frac{L}{4}=0$$

$$H_A=\frac{PL}{8h}(\rightarrow)$$

12. 다음 그림과 같은 보에서 A점의 수직반력은?

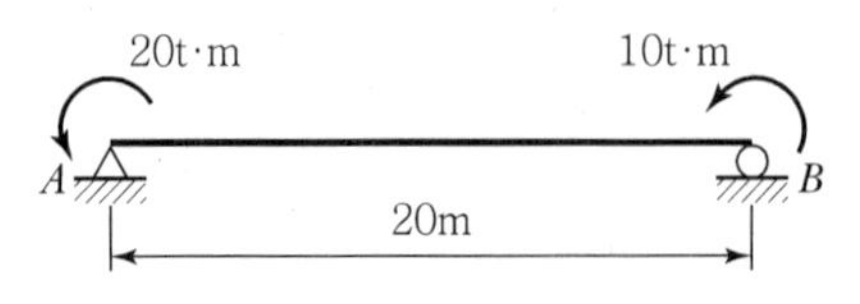

① 1.5t ② 1.8t

③ 2.0t ④ 2.3t

해설 $\Sigma M_{Ⓑ}=0(\curvearrowright\oplus)$

$$R_A\times 20-20-10=0$$

$$R_A=1.5t(\uparrow)$$

13. 탄성계수 E=2×10⁶kg/cm²이고 포아송 비 ν=0.3일 때 전단탄성계수 G는?

① 769,231kg/cm² ② 751,372kg/cm²

③ 734,563kg/cm² ④ 710,201kg/cm²

해설 $G=\dfrac{E}{2(1+\nu)}=\dfrac{2\times10^6}{2(1+0.3)}=769,231\text{kg/cm}^2$

14. 다음 단순보에서 B점의 반력(R_B)은?

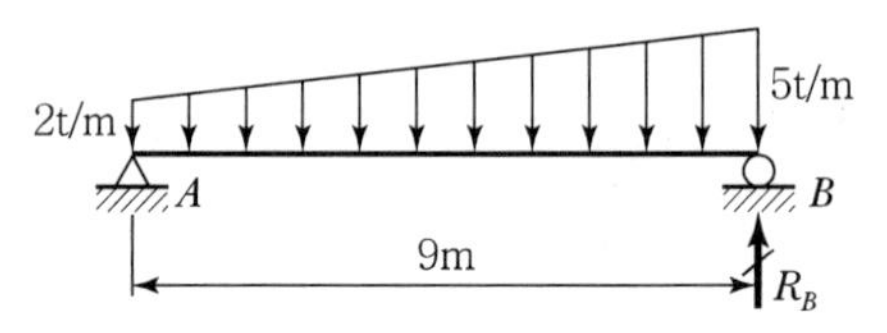

① 9t ② 13.5t

③ 18t ④ 21.5t

해설 $\Sigma M_{Ⓐ}=0(\curvearrowright\oplus)$

$$\left\{(2\times9)\times\left(\frac{9}{2}\right)\right\}+\left\{\left(\frac{1}{2}\times3\times9\right)\times\left(\frac{2}{3}\times9\right)\right\}$$

$$-R_B\times9=0$$

$$R_B=18t(\uparrow)$$

15. 다음 그림과 같은 정정 라멘의 C점에 생기는 휨모멘트는 얼마인가?

① 3t · m

② 4t · m

③ 5t · m

④ 6t · m

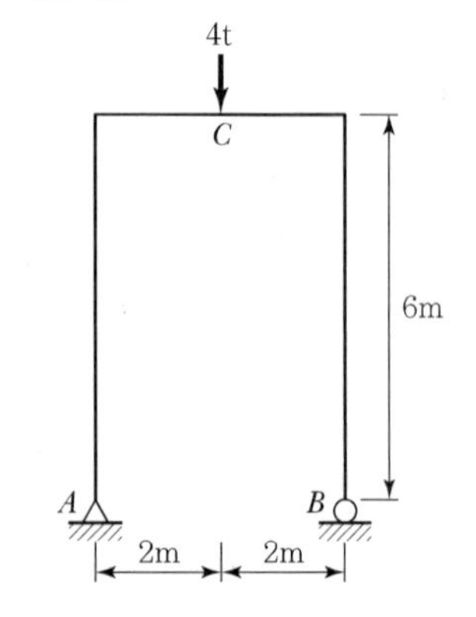

■ 해설 $\Sigma M_{Ⓐ} = 0(\curvearrowright\oplus)$

$4\times2 - R_B\times4 = 0$

$R_B = 2t(\uparrow)$

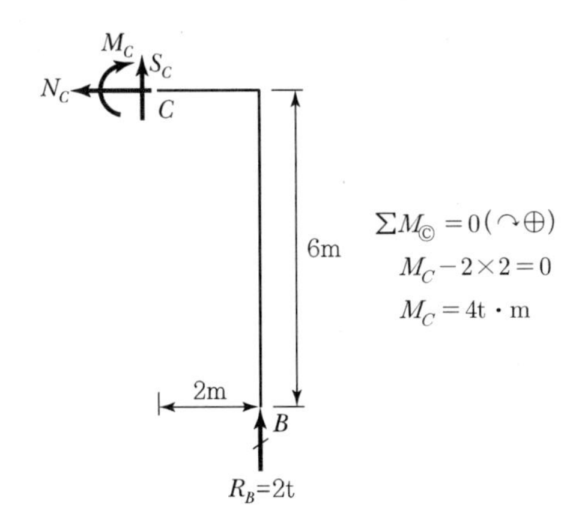

16. 다음 중 부정정 구조의 해법이 아닌 것은?

① 공액보법
② 처짐각법
③ 변위일치법
④ 모멘트 분배법

■ 해설 1. 부정정 구조물의 해법

㉠ 연성법(하중법)
- 변형일치법(변위일치법)
- 3연 모멘트법 등

㉡ 강성법(변위법)
- 처짐각법(요각법)
- 모멘트분배법 등

2. 처짐을 구하는 방법

㉠ 이중적분법
㉡ 모멘트면적법
㉢ 탄성하중법
㉣ 공액보법
㉤ 단위하중법 등

17. 그림과 같은 단순보에 등분포 하중이 작용할 때 이 보의 단면에 발생하는 최대 휨응력은?

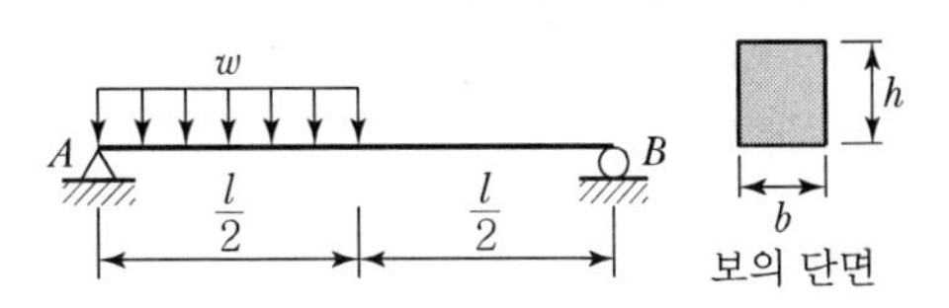

① $\frac{2wl^2}{64bh^2}$ ② $\frac{23wl^2}{64bh^2}$

③ $\frac{25wl^2}{64bh^2}$ ④ $\frac{27wl^2}{64bh^2}$

■ 해설

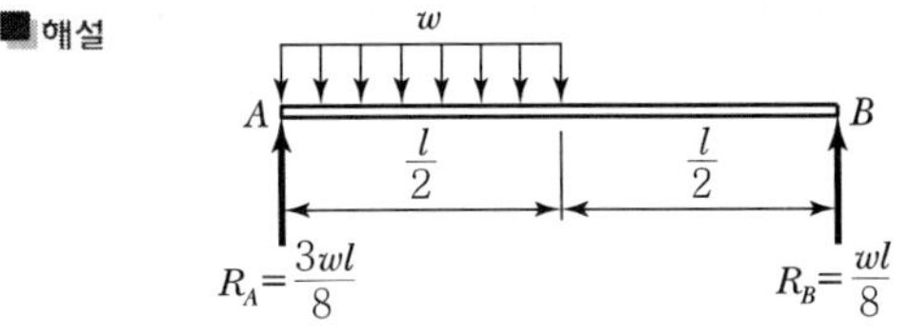

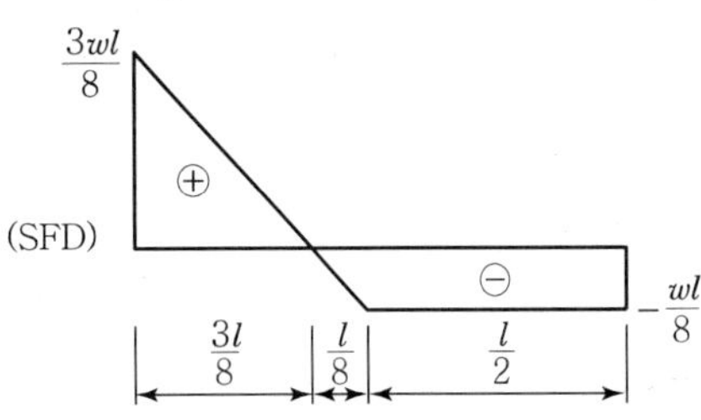

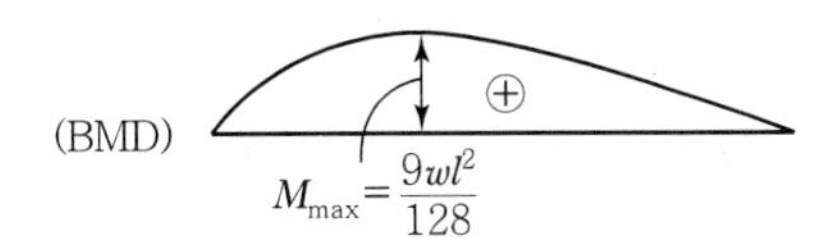

$$\sigma_{max} = \frac{M_{max}}{Z} = \frac{6}{bh^2} \cdot \frac{9wl^2}{128} = \frac{27wl^2}{64bh^2}$$

18. 지름 10cm, 길이 100cm인 재료에 인장력을 작용시켰을 때 지름은 9.98cm, 길이는 100.4cm가 되었다. 이 재료의 포아송 비(ν)는?

① 0.3 ② 0.5

③ 0.7 ④ 0.9

■ 해설 $\Delta L = L' - L = 100.4 - 100 = 0.4\text{cm}$

$\Delta D = D' - D = 9.98 - 10 = -0.02\text{cm}$

$$\nu = -\frac{\left(\frac{\Delta D}{D}\right)}{\left(\frac{\Delta L}{L}\right)} = -\frac{L \cdot \Delta D}{D \cdot \Delta L} = -\frac{100\times(-0.02)}{10\times(0.4)} = 0.5$$

19. 30cm×40cm인 단면의 보에 9t의 전단력이 작용 할 때 이 단면에 일어나는 최대 전단응력은?

① 10.25kg/cm² ② 11.25kg/cm²
③ 12.25kg/cm² ④ 13.25kg/cm²

해설 $\tau_{\max} = \alpha \frac{S}{A} = \frac{3}{2} \times \frac{(9\times10^3)}{(30\times40)} = 11.25\text{kg/cm}^2$

20. 그림 (A)와 같은 장주가 10t의 하중에 견딜 수 있다면 그림 (B)의 장주가 견딜 수 있는 하중의 크기는?(단, 기둥은 등질, 등단면이다.)

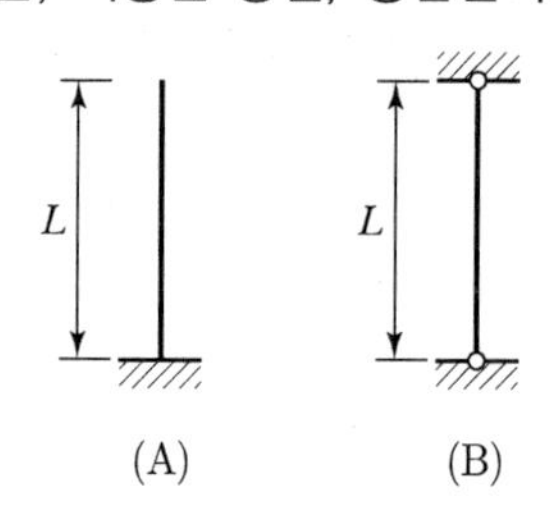

① 2.5t ② 20t
③ 40t ④ 80t

해설 $P_{cr} = \frac{\pi^2 EI}{(kL)^2} = \frac{c}{k^2}$ (여기서, $c = \frac{\pi^2 EI}{L^2}$)

$P_{cr(A)} : P_{cr(B)} = \frac{c}{2^2} : \frac{c}{1^2}$

$P_{cr(B)} = 4P_{cr(A)} = 4\times10 = 40t$

제2과목 측량학

21. 항공사진의 특수 3점이 하나로 일치되는 사진은?

① 경사사진
② 파노라마사진
③ 근사수직사진
④ 엄밀수직사진

해설 엄밀수직사진은 주점, 연직점, 등각점이 한 점에 일치되는 사진이며 경사각도가 0°이다.

22. 교호수준측량의 결과가 그림과 같을 때, A점의 표고가 55.423m라면 B점의 표고는?

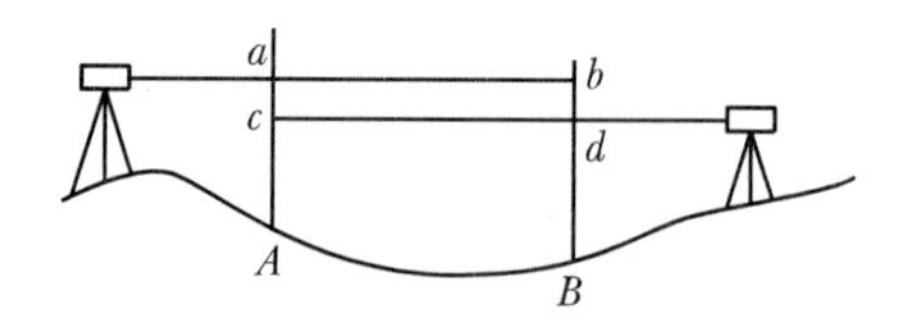

a=2.665m, b=3.965m, c=0.530m, d=1.816m

① 52.930m ② 53.281m
③ 54.130m ④ 54.137m

해설 ㉠ $\Delta H = \frac{(a_1+a_2)-(b_1+b_2)}{2}$

$= \frac{(2.665+0.530)-(3.965+1.816)}{2}$

$= -1.293\text{m}$

㉡ $H_B = H_A \pm \Delta H = 55.423 - 1.293 = 54.13\text{m}$

23. 축척 1 : 5,000 지형도(30cm×30cm)를 기초로 하여 축척이 1 : 50,000인 지형도(30cm×30cm)를 제작하기 위해 필요한 축척 1 : 5,000 지형도의 매수는?

① 50매 ② 100매
③ 150매 ④ 200매

해설 ㉠ 면적은 축척$\left(\frac{1}{m}\right)^2$에 비례한다.

㉡ 면적비$=\left(\frac{50000}{5000}\right)^2 = 100$매

24. 수준측량에서 전시와 후시의 시준거리를 같게 하여 소거할 수 있는 기계오차로 가장 적합한 것은?

① 거리의 부등에서 생기는 시준선의 대기 중 굴절에서 생긴 오차
② 기포관 축과 시준선이 평행하지 않기 때문에 생긴 오차
③ 온도 변화에 따른 기포관의 수축팽창에 의한 오차
④ 지구의 곡률에 의해서 생긴 오차

 |해답| 19.② 20.③ 21.④ 22.③ 23.② 24.②

해설 전·후시 거리를 같게 하여 소거하는 것은 시준축 오차이며 기포관 축과 시준선이 평행하지 않아 생기는 오차다.

25. 기준면으로부터 촬영고도 4,000m에서 종중복도 60%로 촬영한 사진 2장의 기선장이 99mm, 철탑의 최상단과 최하단의 시차차가 2mm이었다면 철탑의 높이는?(단, 카메라 초점거리 = 150mm)

① 80.8m ② 82.5m
③ 89.2m ④ 92.4m

해설 ㉠ $\frac{h_1}{H} = \frac{\Delta P}{b_0}$

㉡ $h_1 = \frac{\Delta P}{b_0} H = \frac{2}{99} \times 4,000 = 80.8\text{m}$

26. 다음 중 삼각점의 기준점 성과표가 제공하지 않는 성과는?

① 직각좌표 ② 경위도
③ 중력 ④ 표고

해설 기준점 성과표는 기준점의 수평위치, 표고, 인접지점 간의 방향각 및 거리 등을 기록한 표이다.

27. 클로소이드에 대한 설명으로 옳은 것은?

① 설계속도에 대한 교통량 산정곡선이다.
② 주로 고속도로에 사용되는 완화곡선이다.
③ 도로 단면에 대한 캔트의 크기를 결정하기 위한 곡선이다.
④ 곡선길이에 대한 확폭량 결정을 위한 곡선이다.

해설 ㉠ 클로소이드 곡선 : 도로
㉡ 3차 포물선 : 철도
㉢ 렘니스케이트 곡선 : 시가지 지하철
㉣ 반파장 sine 곡선 : 고속철도

28. 삼각형 세 변의 길이가 25.0m, 40.8m, 50.6m일 때 면적은?

① 431.87m² ② 495.25m²
③ 505.49m² ④ 551.27m²

해설 삼변법

㉠ $S = \frac{1}{2}(a+b+c) = \frac{1}{2}(25+40.8+50.6)$
$= 58.2\text{m}$

㉡ $A = \sqrt{S(S-a)(S-b)(S-c)}$
$= \sqrt{58.2(58.2-25)(58.2-40.8)(58.2-50.6)}$
$= 505.49\text{m}^2$

29. 50m의 줄자를 사용하여 길이 1,250m를 관측할 경우, 줄자에 의한 거리측량 오차를 50m에 대하여 ±5mm라고 가정한다면 전체 길이의 거리 측정에서 생기는 오차는?

① ±20mm ② ±25mm
③ ±30mm ④ ±35mm

해설 $E = \pm\delta\sqrt{n} = \pm 5\sqrt{\frac{1,250}{50}} = \pm 25\text{mm}$

30. 측지학에 대한 설명으로 틀린 것은?

① 평면위치의 결정이란 기준타원체의 법선이 타원체 표면과 만나는 점의 좌표, 즉 경도 및 위도를 정하는 것이다.
② 높이의 결정은 평균해수면을 기준으로 하는 것으로 직접 수준측량 또는 간접 수준측량에 의해 결정한다.
③ 천체의 고도, 방위각 및 시각을 관측하여 관측지점의 지리학적 경위도 및 방위를 구하는 것을 천문측량이라 한다.
④ 지상으로부터 발사 또는 방사된 전자파를 인공위성으로 흡수하여 해석함으로써 지구자원 및 환경을 해결할 수 있는 것을 위성측량이라 한다.

해설 원격탐측이란 대상물에서 반사 또는 방사되는 전자파를 탐지하고 이들 자료를 이용하여 지구 자원, 환경에 대한 정보를 얻어 이를 해석하는 기법이다.

|해답| 25.① 26.③ 27.② 28.③ 29.② 30.④

31. 노선의 횡단측량에서 No.1+15m 측점의 절토 단면적이 100m², No.2 측점의 절토 단면적이 40m²일 때 두 측점 사이의 절토량은?(단, 중심 말뚝 간격=20m)

① 350m³ ② 700m³
③ 1,200m³ ④ 1,400m³

해설 양단평균법$(V)=\dfrac{A_1+A_2}{2}\times L$

$=\dfrac{100+40}{2}\times 5=350\text{m}^3$

32. 원곡선을 설치하기 위한 노선측량에서 그림과 같이 장애물로 인하여 임의의 점 C, D에서 관측한 결과가 $\angle ACD$=140°, $\angle BDC$=120°, $\overline{CD}$=350m이었다면 $\overline{AC}$의 거리는?(단, 곡선반지름 R=500m, A=곡선시점)

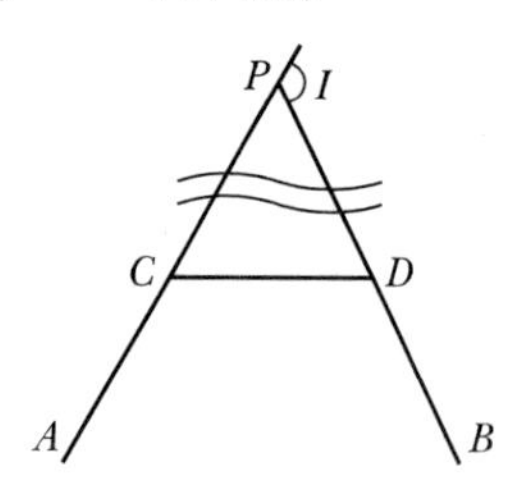

① 288.1m ② 288.8m
③ 296.2m ④ 297.8m

해설 ㉠ 교각(I)

$=\angle PCD+\angle PDC=40°+60°$

$=100°$

㉡ $\dfrac{\overline{PC}}{\sin 60°}=\dfrac{350}{\sin 80°}$, $\overline{PC}=307.78\text{m}$

㉢ 접선장(TL)

$=R\tan\dfrac{I}{2}=500\times\tan\dfrac{100°}{2}$

$=595.88\text{m}$

㉣ $\overline{AC}$거리

$=\text{TL}-\overline{\text{CP}}=595.88-307.78$

$=288.1\text{m}$

33. 클로소이드 매개변수 A=60m이고 곡선길이 L=50m인 클로소이드의 곡률반지름 R은?

① 41.7m ② 54.8m
③ 72.0m ④ 100.0m

해설 ㉠ $A^2=RL$

㉡ $R=\dfrac{A^2}{L}=\dfrac{60^2}{50}=72\text{m}$

34. 그림은 편각법에 의한 트래버스 측량 결과이다. DE 측선의 방위각은?(단, $\angle A$=48°50′40″, $\angle B$=43°30′30″, $\angle C$=46°50′00″, $\angle D$=60°12′45″)

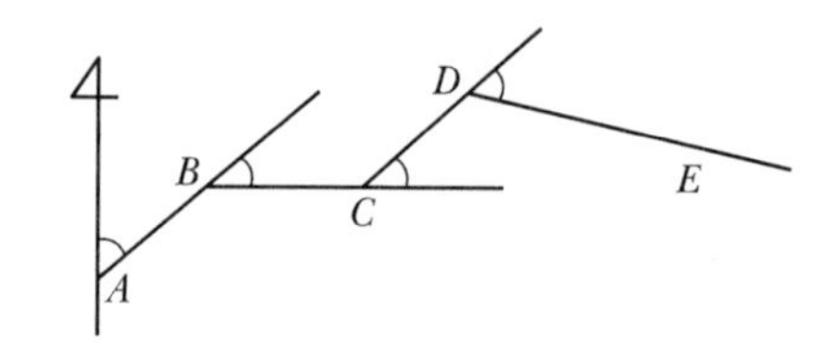

① 139°11′10″ ② 96°31′10″
③ 92°21′10″ ④ 105°43′55″

해설 편각법에 의한 방위각 계산

임의의 측선의 방위각=전측선의 방위각±편각(우회⊕, 좌회⊖)

㉠ AB 측선 방위각=48°50′40″

㉡ BC 측선 방위각=48°50′40″+43°30′30″
=92°21′10″

㉢ CD 측선 방위각=92°21′10″−46°50′00″
=45°43′10″

㉣ DE 측선 방위각=45°43′10″+60°12′45″
=105°43′55″

35. 수애선을 나타내는 수위로서 어느 기간 동안의 수위 중 이것보다 높은 수위와 낮은 수위의 관측 수가 같은 수위는?

① 평수위 ② 평균수위
③ 지정수위 ④ 평균최고수위

해설 ㉠ 평수위 : 어느 기간 동안 이 수위보다 높은 수위와 낮은 수위의 관측 횟수가 같은 수위

㉡ 평균 수위 : 어느 기간 동안 수위의 값을 누계 내 관측 수로 나눈 수위

 |해답| 31.① 32.① 33.③ 34.④ 35.①

36. 축척 1 : 200으로 평판측량을 할 때, 앨리데이드의 외심거리 30mm에 의해 생기는 도상 외심오차는?

① 0.06mm　② 0.15mm
③ 0.18mm　④ 0.30mm

해설 ㉠ 외심오차 $q=\frac{e}{M}$

㉡ $q=\frac{30}{200}=0.15\text{mm}$

37. 폐합 트래버스에서 전 측선의 길이가 900m이고 폐합비가 1/9,000일 때, 도상 폐합오차는? (단, 도면의 축척은 1 : 500)

① 0.2mm　② 0.3mm
③ 0.4mm　④ 0.5mm

해설 ㉠ 폐합비 $=\frac{\text{폐합오차}}{\text{측선의 전길이}}$

㉡ 폐합오차 $=\frac{900}{9,000}=0.1\text{m}$

㉢ $\frac{1}{m}=\frac{\text{도상거리}}{\text{실제거리}}$, $\frac{1}{500}=\frac{\text{도상거리}}{0.1}$

㉣ 도상거리 $=0.2\text{mm}$

38. 도상에 표고를 숫자로 나타내는 방법으로 하천, 항만, 해안측량 등에서 수심측량을 하여 고저를 나타내는 경우에 주로 사용되는 것은?

① 음영법　② 등고선법
③ 영선법　④ 점고법

해설 점고법
㉠ 표고를 숫자에 의해 표시
㉡ 해양, 항만, 하천 등의 지형도에 사용한다.

39. 트래버스 측량의 종류 중 가장 정확도가 높은 방법은?

① 폐합트래버스　② 개방트래버스
③ 결합트래버스　④ 종합트래버스

해설 결합트래버스 측량이 정밀도가 가장 높다.

40. 표는 도로 중심선을 따라 20m 간격으로 종단측량을 실시한 결과이다. No.1의 계획고를 52m로 하고 −2%의 기울기로 설계한다면 No.5에서의 성토고 또는 절토고는?

측점	No.1	No.2	No.3	No.4	No.5
지반고(m)	54.50	54.75	53.30	53.12	52.18

① 성토고 1.78m　② 성토고 2.18m
③ 절토고 1.78m　④ 절토고 2.18m

해설 ① No.5 계획고
$=$No.1 계획고$+$구배$\times$No.5까지의 거리
$=52-0.02\times80=50.4\text{m}$
② No.5 절토고$=$No.5 지반고$-$계획고
$=52.18-50.4=1.78\text{m}$

제3과목 수리수문학

41. 그림과 같은 사다리꼴 인공수로의 유적(A)과 동수반경(R)은?

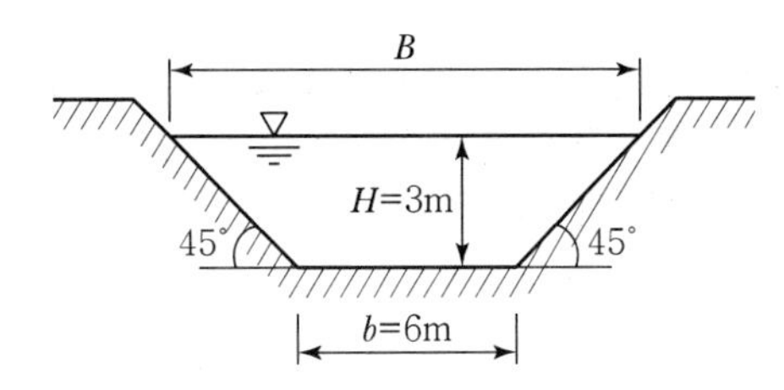

① $A=27\text{m}^2$, $R=2.64\text{m}$
② $A=27\text{m}^2$, $R=1.86\text{m}$
③ $A=18\text{m}^2$, $R=1.86\text{m}$
④ $A=18\text{m}^2$, $R=2.64\text{m}$

해설 유적과 동수반경
㉠ 유적(A) : 사다리꼴의 면적
• $A=\frac{(B+b)}{2}h=\frac{(12+6)}{2}\times3=27\text{m}^2$
• 윗변의 늘어난 길이 : $\tan45°=1$
∴ $3+3=6\text{m}$
㉡ 경심(수리반경) : 경심은 면적을 윤변으로 나눈 값을 말한다.
• $R=\frac{A}{P}=\frac{27}{6+4.24\times2}=1.86\text{m}$

• 경사길이 : $l = \sqrt{3^2+3^2} = 4.24\text{m}$

여기서, R : 경심
A : 면적
P : 윤변

42. 수심 h가 폭 b에 비해서 매우 작아 $R \fallingdotseq h$가 될 때 Chezy 평균유속계수 C는?(단, Manning의 평균유속공식 사용)

① $C = \frac{1}{n} h^{\frac{1}{3}}$
② $C = \frac{1}{n} h^{\frac{1}{4}}$
③ $C = \frac{1}{n} h^{\frac{1}{5}}$
④ $C = \frac{1}{n} h^{\frac{1}{6}}$

■해설 C와 n의 관계
㉠ C와 n의 관계

$$C = \frac{1}{n} R^{\frac{1}{6}}$$

㉡ 광폭 개수로의 경우

$R \fallingdotseq h$

$$\therefore C = \frac{1}{n} h^{\frac{1}{6}}$$

43. 초속 20m/s, 수평과의 각 45°로 사출된 분수가 도달하는 최대 연직 높이는?(단, 공기 및 기타 저항은 무시한다.)

① 10.2m
② 11.6m
③ 15.3m
④ 16.8m

■해설 사출수의 도달거리
㉠ 사출수의 도달거리

• 수평거리 : $L = \frac{V_o^2 \sin 2\theta}{g}$

• 연직거리 : $H = \frac{V_o^2 \sin^2\theta}{2g}$

㉡ 도달높이의 산정

• $H = \frac{V_o^2 \sin^2\theta}{2g} = \frac{20^2 \times (\sin 45°)^2}{2 \times 9.8} = 10.2\text{m}$

44. 비에너지(Specific Energy)에 관한 설명으로 옳지 않은 것은?

① 한계류인 경우 비에너지는 최대가 된다.
② 상류인 경우 수심의 증가에 따라 비에너지가 증가한다.
③ 사류인 경우 수심의 감소에 따라 비에너지가 증가한다.
④ 어느 수로단면의 수로 바닥을 기준으로 하여 측정한 단위 무게의 물이 가지는 흐름의 에너지이다.

■해설 비에너지
㉠ 단위무게당 물이 수로바닥면을 기준으로 갖는 흐름의 에너지 또는 수두를 비에너지라 한다.

$$h_e = h + \frac{\alpha v^2}{2g}$$

여기서, h : 수심
α : 에너지보정계수
v : 유속

㉡ 비에너지와 한계수심의 관계
• 한계류인 경우 비에너지는 최소가 된다.
• 상류인 경우 수심의 증가에 따라 비에너지는 증가한다.
• 사류인 경우 수심의 감소에 따라 비에너지가 증가한다.

45. 지하수에서의 Darcy의 법칙에 대한 설명으로 틀린 것은?

① 지하수의 유속은 동수경사에 비례한다.
② Darcy의 법칙에서 투수계수의 차원은 $[LT^{-1}]$이다.
③ Darcy의 법칙은 지하수의 흐름이 정상류라는 가정에서 성립된다.
④ Darcy의 법칙은 주로 난류로 취급했으며 레이놀즈 수 $R_e > 2{,}000$의 범위에서 주로 잘 적용된다.

■해설 Darcy의 법칙
㉠ Darcy의 법칙

• $V = K \cdot I = K \cdot \frac{h_L}{L}$

• $Q = A \cdot V = A \cdot K \cdot I = A \cdot K \cdot \frac{h_L}{L}$

∴ Darcy의 법칙은 지하수 유속은 동수경사에 비례한다는 것이다.

 |해답| 42.④ 43.① 44.① 45.④

㉡ 특징
1) 투수계수의 차원은 동수경사가 무차원이므로 속도의 차원$[LT^{-1}]$과 동일하다.
2) Darcy의 법칙은 지하수의 층류흐름에 대한 마찰저항공식이다.
3) 투수계수는 물의 점성계수에 따라서도 변화한다.

$$K = D_s^2 \frac{\rho g}{\mu} \frac{e^3}{1+e} C$$

여기서, μ : 점성계수

4) Darcy의 법칙은 정상류흐름의 층류에만 적용된다.(특히, $R_e < 4$일 때 잘 적용된다.)

46. 관 내의 흐름에서 레이놀즈수(Reynolds Number)에 대한 설명으로 옳지 않은 것은?

① 레이놀즈수는 물의 동점성 계수에 비례한다.
② 레이놀즈수가 2,000보다 작으면 층류이다.
③ 레이놀즈수가 4,000보다 크면 난류이다.
④ 레이놀즈수는 관의 내경에 비례한다.

해설 흐름의 상태
층류와 난류의 구분

$$R_e = \frac{VD}{\nu}$$

여기서, V : 유속, D : 관의 직경, ν : 동점성계수

- $R_e < 2{,}000$: 층류
- $2{,}000 < R_e < 4{,}000$: 천이영역
- $R_e > 4{,}000$: 난류

∴ 레이놀즈 수는 물의 동점성계수에 반비례한다.

47. 삼각위어(weir)에서 $\theta = 60°$일 때 월류 수심은? (단, Q : 유량, C : 유량계수, H : 위어 높이)

① $\left(\frac{Q}{1.36C}\right)^{\frac{2}{5}}$　　② $\left(\frac{Q}{1.36C}\right)^{\frac{5}{2}}$
③ $1.36CH^{\frac{5}{2}}$　　④ $1.36CH^{\frac{2}{5}}$

해설 삼각위어
㉠ 삼각형 위어 : 소규모 유량의 정확한 측정이 필요할 때 사용하는 위어이다.

$$Q = \frac{8}{15} C \tan\frac{\theta}{2} \sqrt{2g}\, H^{\frac{5}{2}}$$

㉡ 삼각위어의 수심

$$Q = \frac{8}{15} C \tan\frac{\theta}{2} \sqrt{2g}\, H^{\frac{5}{2}}$$

$$= \frac{8}{15} \times C \times \tan\frac{60}{2} \times \sqrt{2 \times 9.8} \times H^{\frac{5}{2}}$$

$$\therefore Q = 1.36CH^{\frac{5}{2}}$$

$$\therefore H = \left(\frac{Q}{1.36C}\right)^{\frac{2}{5}}$$

48. 유체에서 1차원 흐름에 대한 설명으로 옳은 것은?

① 면만으로는 정의될 수 없고 하나의 체적요소의 공간으로 정의되는 흐름
② 여러 개의 유선으로 이루어지는 유동면으로 정의되는 흐름
③ 유동 특성이 1개의 유선을 따라서만 변화하는 흐름
④ 유동 특성이 여러 개의 유선을 따라서 변화하는 흐름

해설 1차원 흐름
유체의 1차원 흐름의 유동 특성은 직각방향의 속도성분을 갖지 않고 1개의 유선을 따라 흐르는 흐름방향 속도성분만을 갖는 흐름을 말한다.

49. 오리피스에서 지름이 1cm, 수축단면(Vena Con-tracta)의 지름이 0.8cm이고 유속계수(C_V)가 0.9일 때 유량계수(C)는?

① 0.584　　② 0.720
③ 0.576　　④ 0.812

해설 오리피스의 계수
㉠ 유속계수(C_v) : 실제유속과 이론유속의 차를 보정해주는 계수로, 실제유속과 이론유속의 비로 나타낸다.
C_v = 실제유속/이론유속 ≒ 0.97~0.99

㉡ 수축계수(C_a) : 수축단면적과 오리피스단면적의 차를 보정해주는 계수로 수축단면적과 오리피스단면적의 비로 나타낸다.
- C_a = 수축 단면의 단면적/오리피스의 단면적 ≒ 0.64
- $C_a = \frac{A_0}{A} = \frac{0.8^2}{1^2} = 0.64$

ⓒ 유량계수(C) : 실제유량과 이론유량의 차를 보정해주는 계수로 실제유량과 이론유량의 비로 나타낸다.
C=실제유량/이론유량$=C_a\times C_v \fallingdotseq 0.62$

$\therefore\ C=C_a\times C_v=0.64\times0.9=0.576$

50. 최적수리단면(수리학적으로 가장 유리한 단면)에 대한 설명으로 틀린 것은?

① 동수반경(경심)이 최소일 때 유량이 최대가 된다.
② 수로의 경사, 조도계수, 단면이 일정할 때 최대 유량을 통수시키게 하는 가장 경제적인 단면이다.
③ 최적수리단면에서는 직사각형 수로 단면이나 사다리꼴 수로 단면이나 모두 동수반경이 수심의 절반이 된다.
④ 기하학적으로는 반원 단면이 최적수리단면이나 시공상의 이유로 직사각형 단면 또는 사다리꼴 단면이 주로 사용된다.

해설 수리학적으로 유리한 단면
㉠ 수로의 경사, 조도계수, 단면이 일정할 때 유량이 최대로 흐를 수 있는 단면을 수리학적으로 유리한 단면 또는 최량수리단면이라 한다.
㉡ 수리학적으로 유리한 단면은 경심(R)이 최대이거나, 윤변(P)이 최소일 때 성립된다.
$R_{\max}$ 또는 $P_{\min}$
ⓒ 직사각형 단면에서 수리학적으로 유리한 단면이 되기 위한 조건은 $B=2H$, $R=\dfrac{H}{2}$이다.
㉣ 사다리꼴 단면에서는 정삼각형 3개가 모인 단면이 가장 유리한 단면이 된다.
$\therefore\ b=l,\ \theta=60°,\ R=\dfrac{H}{2}$

51. A 저수지에서 1km 떨어진 B 저수지에 유량 8m³/s를 송수한다. 저수지의 수면차를 10m로 하기 위한 관의 지름은?(단, 마찰손실만을 고려하고 마찰손실 계수 $f=0.03$이다.)

① 2.15m ② 1.92m
③ 1.74m ④ 1.52m

해설 마찰손실수두
㉠ 마찰손실수두
$$h_L=f\frac{l}{D}\frac{V^2}{2g}$$
㉡ 직경을 산정하기 위한 공식
$$h_L=f\frac{l}{D}\frac{1}{2g}\left(\frac{Q}{A}\right)^2$$
$$\therefore\ h_L=\frac{8flQ^2}{g\pi^2D^5}$$
$$\therefore\ D=\left(\frac{8flQ^2}{g\pi^2h_L}\right)^{\frac{1}{5}}=\left(\frac{8\times0.03\times1000\times8^2}{9.8\times\pi^2\times10}\right)^{\frac{1}{5}}=1.74\text{m}$$

52. 2개의 수조를 연결하는 길이 1m의 수평관 속에 모래가 가득 차 있다. 양수조의 수위차는 0.5m이고 투수계수가 0.01cm/s이면 모래를 통과할 때의 평균 유속은?

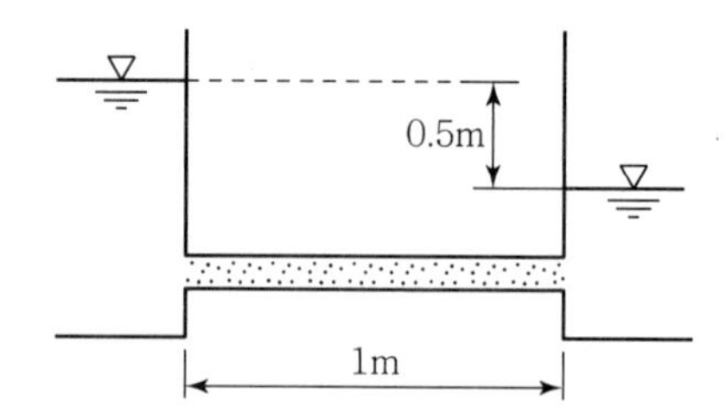

① 0.05cm/s ② 0.0025cm/s
③ 0.005cm/s ④ 0.0075cm/s

해설 Darcy의 법칙
㉠ Darcy의 법칙
• $V=K\cdot I=K\cdot\dfrac{h_L}{L}$
• $Q=A\cdot V=A\cdot K\cdot I=A\cdot K\cdot\dfrac{h_L}{L}$
㉡ 유속의 산정
$$V=K\cdot\frac{h_L}{L}=0.01\times\frac{50}{100}=0.005\text{cm/sec}$$

 |해답| 50.① 51.③ 52.③

53. 개수로의 흐름이 사류일 때를 나타내는 것은? (단, h : 수심, h_c : 한계수심, F_r : Froude 수)

① $h < h_c,\ F_r < 1$ ② $h < h_c,\ F_r > 1$
③ $h > h_c,\ F_r < 1$ ④ $h > h_c,\ F_r > 1$

해설 개수로 흐름 일반

㉠ 하류(下流)의 흐름이 상류(上流)에 영향을 주는 흐름을 상류(常流), 주지 못하는 흐름을 사류(射流)라고 한다.

㉡ 상류와 사류의 구분

구분	상류(常流)	사류(射流)
F_r	$F_r < 1$	$F_r > 1$
I_c	$I < I_c$	$I > I_c$
y_c	$y > y_c$	$y < y_c$
V_c	$V < V_c$	$V > V_c$

∴ 사류일 경우에는 $h < h_c,\ F_r > 1$일 경우이다.

54. 관로상의 유량조절 밸브나 펌프의 급조작으로 유수의 운동에너지가 압력에너지로 변환되어 관 벽에 큰 압력이 작용하게 되는 현상은?

① 난류현상 ② 수격작용
③ 공동현상 ④ 도수현상

해설 수격작용

㉠ 펌프의 급정지, 급가동 또는 밸브를 급폐쇄하면 관로 내 유속의 급격한 변화가 발생하여 관내의 물의 질량과 운동량 때문에 관 벽에 큰 힘을 가하게 되어 정상적인 동수압보다 몇 배의 큰 압력 상승이 일어난다. 이러한 현상을 수격작용이라 한다.

㉡ 방지책

- 펌프의 급정지, 급가동을 피한다.
- 부압 발생방지를 위해 조압수조(Surge Tank), 공기밸브(Air Valve)를 설치한다.
- 압력상승 방지를 위해 역지밸브(Check Valve), 안전밸브(Safety Valve), 압력수조(Air Cham-ber)를 설치한다.
- 펌프에 플라이휠(Fly Wheel)을 설치한다.
- 펌프의 토출측 관로에 급폐식 혹은 완폐식 역지밸브를 설치한다.
- 펌프 설치위치를 낮게 하고 흡입양정을 적게 한다.

55. 흐름의 상태를 나타낸 것 중 옳지 않은 것은? (단, t = 시간, l = 공간, v = 유속)

① $\dfrac{\partial v}{\partial t} = 0$ (정상류)

② $\dfrac{\partial v}{\partial t} \neq 0$ (부정류)

③ $\dfrac{\partial v}{\partial l} = 0,\ \dfrac{\partial v}{\partial t} = 0$ (정상등류)

④ $\dfrac{\partial v}{\partial t} \neq 0,\ \dfrac{\partial v}{\partial l} \neq 0$ (정상부등류)

해설 흐름의 분류

㉠ 정류와 부정류 : 시간에 따른 흐름의 특성이 변하지 않는 경우를 정류, 변하는 경우를 부정류라 한다.

- 정상류 : $\dfrac{\partial v}{\partial t} = 0,\ \dfrac{\partial p}{\partial t} = 0,\ \dfrac{\partial \rho}{\partial t} = 0$
- 부정류 : $\dfrac{\partial v}{\partial t} \neq 0,\ \dfrac{\partial p}{\partial t} \neq 0,\ \dfrac{\partial \rho}{\partial t} \neq 0$

㉡ 등류와 부등류 : 공간에 따른 흐름의 특성이 변하지 않는 경우를 등류, 변하는 경우를 부등류라 한다.

- 등류 : $\dfrac{\partial Q}{\partial l} = 0,\ \dfrac{\partial v}{\partial l} = 0,\ \dfrac{\partial h}{\partial l} = 0$
- 부등류 : $\dfrac{\partial Q}{\partial l} \neq 0,\ \dfrac{\partial v}{\partial l} \neq 0,\ \dfrac{\partial h}{\partial l} \neq 0$

∴ 흐름의 분류가 옳지 않은 것은 $\dfrac{\partial v}{\partial t} \neq 0,\ \dfrac{\partial v}{\partial l} \neq 0$ 는 부정부등류이다.

56. 그림과 같은 직사각형 평면이 연직으로 서 있을 때 그 중심의 수심을 H_G라 하면 압력의 중심 위치(작용점)를 a, b, H_G로 표현한 것으로 옳은 것은?

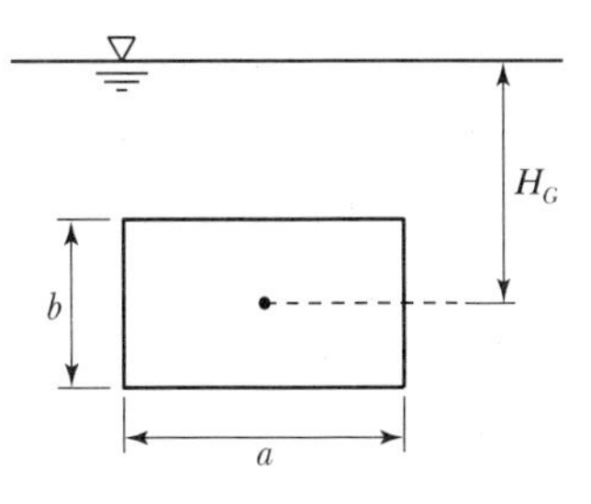

① $H_G + \dfrac{1}{H_G \cdot a \cdot b}$ ② $H_G + \dfrac{ab^2}{12}$

③ $H_G + \dfrac{b}{12 \cdot H_G}$ ④ $H_G + \dfrac{b^2}{12 \cdot H_G}$

■해설 수면과 연직인 면이 받는 압력

㉠ 수면과 연직인 면이 받는 압력

- 전수압 : $P = wh_G A$
- 작용점의 위치 : $h_c = H_G + \frac{I}{H_G A}$

㉡ 작용점의 위치

$$h_c = H_G + \frac{I}{H_G A} = H_G + \frac{\frac{ab^3}{12}}{H_G ab} = H_G + \frac{b^2}{12H_G}$$

57. 밑면이 7.5m×3m이고 깊이가 4m인 빈 상자의 무게가 4×10^5N이다. 이 상자를 물속에 완전히 가라앉히기 위하여 상자에 넣어야 할 최소 추가 무게는?(단, 물의 단위 무게=9,800N/m³)

① 340,000N ② 375,000N
③ 400,000N ④ 482,000N

■해설 부체의 평형조건

㉠ 부체의 평형조건

- W(무게) $= B$(부력)
- $w \cdot V = w_w \cdot V'$

여기서, w : 물체의 단위중량
V : 부체의 체적
w_w : 물의 단위중량
V' : 물에 잠긴 만큼의 체적

㉡ 추가 무게의 산정(추가무게 P)

- W(무게) $+ P = B$(부력)

$\therefore P = B - W = 9,800 \times (7.5 \times 3 \times 4) - 4 \times 10^5$
$= 482,000N$

58. 물의 성질에 대한 설명으로 옳지 않은 것은?

① 물의 점성계수는 수온이 높을수록 작아진다.
② 동점성계수는 수온에 따라 변하며 온도가 낮을수록 그 값은 크다.
③ 물은 일정한 체적을 갖고 있으나 온도와 압력의 변화에 따라 어느 정도 팽창 또는 수축을 한다.
④ 물의 단위중량은 0℃에서 최대이고 밀도는 4℃에서 최대이다.

■해설 물의 성질

물의 단위중량과 밀도는 온도 4℃에서 가장 무겁고 온도의 증가와 감소에 따라 가벼워진다.

59. 물의 밀도에 대한 차원으로 옳은 것은?

① $[FL^{-4}T^2]$ ② $[FL^{-1}T^2]$
③ $[FL^{-2}T]$ ④ $[FL]$

■해설 차원

㉠ 물리량의 크기를 힘[F], 질량[M], 시간[T], 길이[L]의 지수형태로 표기한 것

㉡ 밀도(ρ)

$$\rho = \frac{w}{g} = \frac{g/cm^3}{cm/sec^2} = g \cdot sec^2/cm^4$$

∴ 차원으로 바꾸면 $FL^{-4}T^2$

60. 임의로 정한 수평기준면으로부터 유선 상의 해당 지점까지의 연직거리를 의미하는 것은?

① 기준수두 ② 위치수두
③ 압력수두 ④ 속도수두

■해설 위치수두

㉠ 총 수두(H)

$$H = Z + \frac{P}{w} + \frac{V^2}{2g}$$

㉡ 해석

- 위치수두(Z) : 수평기준면에서 수로바닥까지의 높이
- 압력수두$\left(\frac{P}{w}\right)$: 수로바닥에서 수면까지의 높이(수심)
- 속도수두$\left(\frac{V^2}{2g}\right)$: 수면에서 에너지선까지의 높이

∴ 수평기준면에서 해당 지점까지의 연직거리는 위치수두이다.

제4과목 철근콘크리트 및 강구조

61. 위험단면에서 1방향 슬래브의 정모멘트 철근 및 부모멘트 철근의 중심 간격 규정으로 옳은 것은?

① 슬래브 두께의 2배 이하이어야 하고, 또한 300mm 이하로 하여야 한다.
② 슬래브 두께의 2배 이하이어야 하고, 또한 400mm 이하로 하여야 한다.
③ 슬래브 두께의 3배 이하이어야 하고, 또한 300mm 이하로 하여야 한다.
④ 슬래브 두께의 3배 이하이어야 하고, 또한 400mm 이하로 하여야 한다.

해설 1방향 슬래브의 정철근 및 부철근의 중심 간격
㉠ 최대 휨모멘트가 생기는 단면의 경우 : 슬래브 두께의 2배 이하, 300mm 이하
㉡ 기타 단면의 경우 : 슬래브 두께의 3배 이하, 450mm 이하

62. 강도설계법에서 콘크리트의 설계기준 압축강도(f_{ck})가 45MPa일 때 β_1의 값은?(단, β_1은 $a=\beta_1 c$에서 사용되는 계수)

① 0.714　　② 0.731
③ 0.747　　④ 0.761

해설 $f_{ck}>28$MPa인 경우 β_1의 값

$$\beta_1=0.85-0.007(f_{ck}-28)$$
$$=0.85-0.007(45-28)$$
$$=0.731(\beta_1\geq 0.65)$$

63. 그림과 같은 전단력 P=300kN이 작용하는 부재를 용접이음하고자 할 때 생기는 전단응력은?

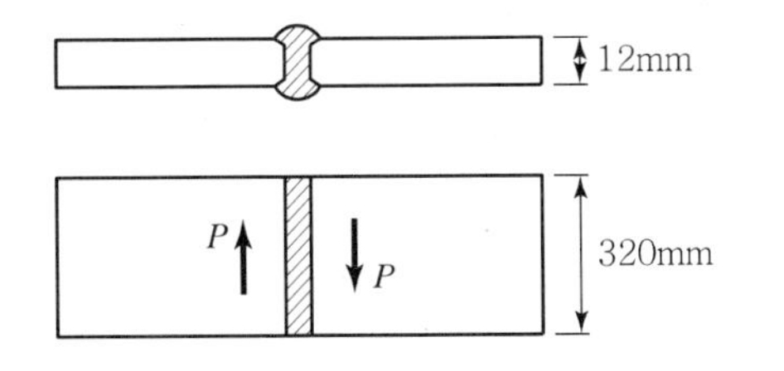

① 96.4MPa　　② 78.1MPa
③ 109.2MPa　　④ 84.3MPa

해설 $v=\dfrac{P}{A}=\dfrac{(300\times 10^3)}{12\times 320}=78.1\text{MPa}$

64. 단철근 직사각형 보에서 f_y=400MPa, f_{ck}=28 MPa일 때, 강도설계법에 의한 균형철근비(ρ_b)는?

① 0.0432　　② 0.0384
③ 0.0303　　④ 0.0242

해설 $\beta_1=0.85(f_{ck}\leq 28\text{MPa}$인 경우)

$$\rho_b=0.85\beta_1\frac{f_{ck}}{f_y}\frac{600}{600+f_y}$$
$$=0.85\times 0.85\times\frac{28}{400}\times\frac{600}{600+400}=0.0303$$

65. 옹벽의 구조해석에서 앞부벽의 설계에 대한 설명으로 옳은 것은?

① 3변 지지된 2방향 슬래브로 설계하여야 한다.
② 저판에 지지된 캔틸레버 보로 설계하여야 한다.
③ T형 보로 설계하여야 한다.
④ 직사각형 보로 설계하여야 한다.

해설 부벽식 옹벽에서 부벽의 설계
㉠ 앞부벽 : 직사각형 보로 설계
㉡ 뒷부벽 : T형 보로 설계

66. 다음 중 스터럽을 쓰는 이유로 옳은 것은?

① 보의 강성(剛性)을 높이고 사인장 응력을 받게 하기 위하여
② 콘크리트의 탄성을 높이기 위하여
③ 콘크리트가 옆으로 튀어나오는 것을 방지하기 위하여
④ 철근의 조립을 위하여

해설 철근 콘크리트 부재에 스터럽을 배근하는 주된 이유는 사인장응력(전단응력)에 의한 균열을 제어하기 위함이다.

|해답| 61.① 62.② 63.② 64.③ 65.④ 66.①

67. 정착구와 커플러의 위치에서 프리스트레스 도입직후 포스트텐션 긴장재의 응력은 얼마 이하로 하여야 하는가?(단, f_{pu} : 긴장재의 설계기준 인장강도)

① $0.4f_{pu}$　② $0.5f_{pu}$
③ $0.6f_{pu}$　④ $0.7f_{pu}$

해설 긴장재(PS 강재)의 허용응력

적용범위	허용응력
긴장할 때 긴장재의 인장응력	$0.8f_{pu}$와 $0.94f_{py}$ 중 작은 값 이하
프리스트레스 도입 직후 긴장재의 인장응력	$0.74f_{pu}$와 $0.82f_{py}$ 중 작은 값 이하
정착구와 커플러(Coupler)의 위치에서 프리스트레스 도입 직후 포스트텐션 긴장재의 인장응력	$0.7f_{pu}$ 이하

68. 아래 그림과 같은 판형에서 Stiffener(보강재)의 사용목적은?

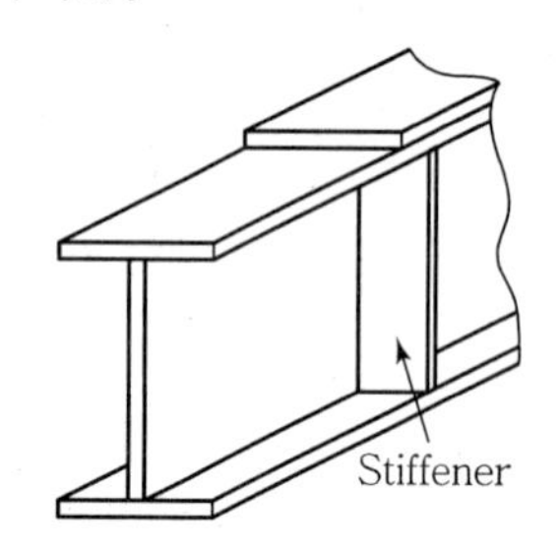

① Web Plate의 좌굴을 방지하기 위하여
② Flange Angle의 간격을 넓게 하기 위하여
③ Flange의 강성을 보강하기 위하여
④ 보 전체의 비틀림에 대한 강도를 크게 하기 위하여

해설 판형(Plate Girder)에서 수직 보강재(Stiffener) 전단력에 의해 발생하는 복부판(Web Plate)의 좌굴을 방지하기 위하여 설치한다.

69. 강도설계법에서 사용하는 용어 중 아래의 표에서 설명하는 것은?

> 강도설계법에서 부재를 설계할 때 사용하중에 하중계수를 곱한 하중

① 계수하중　② 공칭하중
③ 고정하중　④ 강도감소계수

해설 계수하중＝사용하중×하중계수

70. 아래 그림과 같은 강판에서 순폭은?(단, 강판에서의 구멍 지름(d)은 25mm이다.)

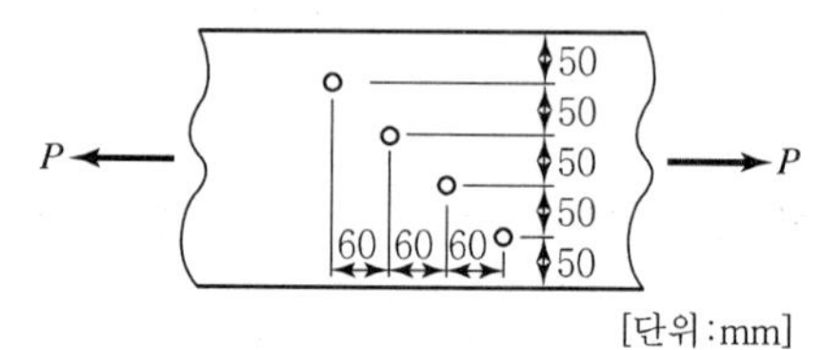

[단위:mm]

① 150mm　② 175mm
③ 204mm　④ 225mm

해설 $d=\phi+3=25\text{mm}$

$b_{n1}=bg-d=250-25=225\text{mm}$

$b_{n4}=bg-4d+3\times\frac{s^2}{4g}$

$=250-4\times25+3\times\frac{60^2}{4\times50}=204\text{mm}$

$b_n=[b_{n1},\ b_{n4}]_{\min}=204\text{mm}$

71. 보의 유효높이 600mm, 복부의 폭 320mm, 플랜지의 두께 130mm, 양쪽 슬래브의 중심 간 거리 2.5m, 보의 경간 10.4m로 설계된 대칭 T형 보가 있다. 이 보의 플랜지의 유효폭은?

① 2,080mm　② 2,400mm
③ 2,500mm　④ 2,600mm

해설 T형 보(대칭 T형 보)에서 플랜지의 유효폭(b_e)

㉠ $16t_f+bw=16\times130+320=2,400\text{mm}$

㉡ 양쪽 슬래브의 중심 간 거리 $(l_c)=2.5\times10^3\text{mm}=2,500\text{mm}$

㉢ 보 경간의 $\frac{1}{4}\left(\frac{l}{4}\right)=\frac{1}{4}\times(10.4\times10^3)=2,600\text{mm}$

위 값 중에서 최소값을 취하면 $b_e=2,400\text{mm}$이다.

|해답| 67.④ 68.① 69.① 70.③ 71.②

72. 철근콘크리트 부재에 전단철근으로 부재축에 직각으로 배치된 수직 스터럽을 사용하였다. 이때 스터럽의 간격에 대한 기준으로서 옳은 것은?(단, $V_s \le (\sqrt{f_{ck}}/3)b_w d$인 경우)

① 0.8d 이상이어야 하고, 또한 600mm 이상이어야 한다.
② 50mm 이하이어야 한다.
③ 0.5d 이하이어야 하고, 또한 600mm 이하로 하여야 한다.
④ 600mm 이상이어야 한다.

해설 수직 스터럽을 전단철근으로 사용할 경우 전단철근의 간격(s)

㉠ $V_s \le \frac{1}{3}\sqrt{f_{ck}}b_w d$: $S \le \frac{d}{2}$, $S \le 600\text{mm}$

㉡ $V_s > \frac{1}{3}\sqrt{f_{ck}}b_w d$: $S \le \frac{d}{4}$, $S \le 300\text{mm}$

73. PSC에서 콘크리트의 응력해석에서 균열 발생 전 해석상의 가정으로 옳지 않은 것은?

① 콘크리트와 PS 강재 및 보강철근을 탄성체로 본다.
② RC에 적용되는 강도이론을 그대로 적용한다.
③ 콘크리트의 전단면을 유효하다고 본다.
④ 단면의 변형률은 중립축에서의 거리에 비례한다고 본다.

해설 PSC의 응력해석에서 균열이 발생하지 않은 콘크리트는 탄성재료가 되어 탄성이론을 적용할 수 있게 된다.

74. 표준 갈고리를 갖는 인장 이형철근의 기본 정착길이(l_{hb})를 구하는 식으로 옳은 것은?(단, 보통 중량 콘크리트를 사용하고, 도막되지 않은 철근을 사용하며, d_b는 철근의 공칭 직경임)

① $\frac{0.9d_b f_y}{\sqrt{f_{ck}}}$ ② $\frac{0.6d_b f_y}{\sqrt{f_{ck}}}$

③ $\frac{0.24d_b f_y}{\sqrt{f_{ck}}}$ ④ $\frac{0.19d_b f_y}{\sqrt{f_{ck}}}$

해설 표준갈고리를 갖는 인장 이형철근의 기본 정착길이

$$l_{hb} = \frac{0.24\beta d_b f_y}{\lambda\sqrt{f_{ck}}}$$

여기서, 보통중량 콘크리트를 사용한 경우, $\lambda = 1$

도막되지 않은 철근을 사용한 경우, $\beta = 1$

$$l_{hb} = \frac{0.24d_b f_y}{\sqrt{f_{ck}}}$$

75. 전체 깊이가 900mm를 초과하는 휨부재 복부의 양 측면에 부재 축방향으로 배근하는 철근의 명칭은?

① 배력철근 ② 표피철근
③ 피복철근 ④ 연결철근

해설 보의 전체 깊이(h)가 900mm를 초과하는 경우에 보의 복부 양 측면에 부재 축방향으로 배치하는 철근을 표피철근이라 한다.

76. 그림과 같은 T형 보에서 f_{ck}=21Mpa, f_y=400 MPa, A_s=3,212mm²일 때 공칭 휨강도(M_n)는?

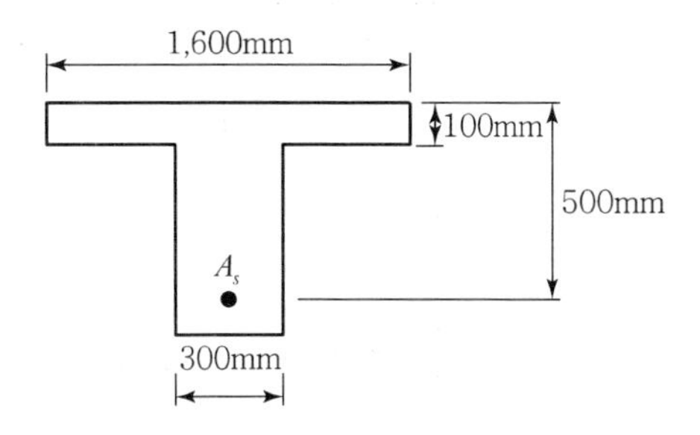

① 463.7kN · m ② 521.6kN · m
③ 578.4kN · m ④ 613.5kN · m

해설 ㉠ T형 보의 판별

b=1,600mm인 직사각형 단면보에 대한 등가사각형의 깊이(a)

$$a = \frac{A_s f_y}{0.85 f_{ck} b} = \frac{3,212 \times 400}{0.85 \times 21 \times 1,600} = 45\text{mm}$$

t_f = 100mm

$a < t_f$이므로 직사각형 단면보로 해석한다.

㉡ 공칭 휨강도(M_n)

$$M_n = A_s f_y\left(d - \frac{a}{2}\right)$$

$$= 3,212 \times 400 \times \left(500 - \frac{45}{2}\right)$$

$$= 613.5 \times 10^6 \text{N} \cdot \text{mm} = 613.5 \text{kN} \cdot \text{m}$$

77. 다음 그림과 같은 PSC 단순보에 프리스트레스 힘(P)을 4,000kN 작용했을 때 프리스트레스에 의한 상향력은?

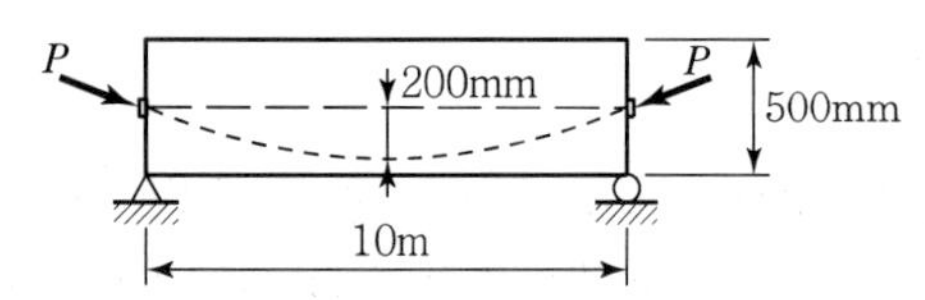

① 40kN/m ② 64kN/m
③ 80kN/m ④ 400kN/m

해설 $u = \frac{8PS}{l^2} = \frac{8 \times 400 \times 0.2}{10^2} = 64\text{kN/m}$

78. 아래 그림과 같은 단철근 직사각형 보의 압축연단에서 중립축까지의 거리(c)는?(단, f_{ck} = 21MPa, f_y = 400MPa, A_s = 2,500mm²)

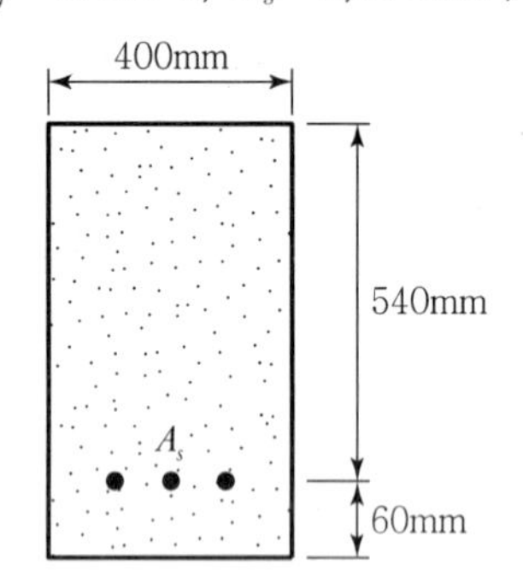

① 140.1mm ② 151.4mm
③ 157.2mm ④ 164.8mm

해설 $\beta_1 = 0.85$ ($f_{ck} \le 28\text{MPa}$인 경우)

$$c = \frac{f_y A_s}{0.85 f_{ck} b \beta_1} = \frac{400 \times 2,500}{0.85 \times 21 \times 400 \times 0.85}$$

$$= 164.8\text{mm}$$

79. 강도설계법에서 균형보의 개념을 옳게 설명한 것은?

① 콘크리트와 철근의 응력이 각각의 허용응력에 도달한 보를 말한다.
② 사용하중 상태에서 파괴형태를 고려하지 않은 보를 말한다.
③ 경제적인 단면설계를 위주로 한 보를 말한다.
④ 철근이 항복함과 동시에 콘크리트의 압축변형률이 0.003에 도달한 보를 말한다.

해설 철근이 항복함과 동시에 콘크리트의 압축변형률이 0.003에 도달한 보를 균형보라 한다.

80. 경간이 8m인 캔틸레버 보에서 처짐을 계산하지 않는 경우 보의 최소 두께로서 옳은 것은?(단, 보통중량 콘크리트를 사용한 경우로서 f_{ck} = 28MPa, f_y = 400MPa이다.)

① 1,000mm ② 800mm
③ 600mm ④ 500mm

해설 캔틸레버 보에서 처짐을 계산하지 않아도 되는 보의 최소 두께($h_{\min}$)

$$h_{\min} = \frac{l}{8} = \frac{8 \times 10^3}{8} = 1,000\text{mm}$$

제5과목 토질 및 기초

81. 다짐 에너지(Energy)에 관한 설명 중 틀린 것은?

① 다짐 에너지는 램머(Rammer)의 중량에 비례한다.
② 다짐 에너지는 다짐 층수에 반비례한다.
③ 다짐 에너지는 시료의 부피에 반비례한다.
④ 다짐 에너지는 다짐 횟수에 비례한다.

해설
- 다짐에너지(E_c) = $\frac{W_R \cdot H \cdot N_B \cdot N_L}{V}$
- $E_c \propto N_L$ (다짐층수)

82. 아래 그림과 같은 옹벽에 작용하는 전주동토압은 얼마인가?

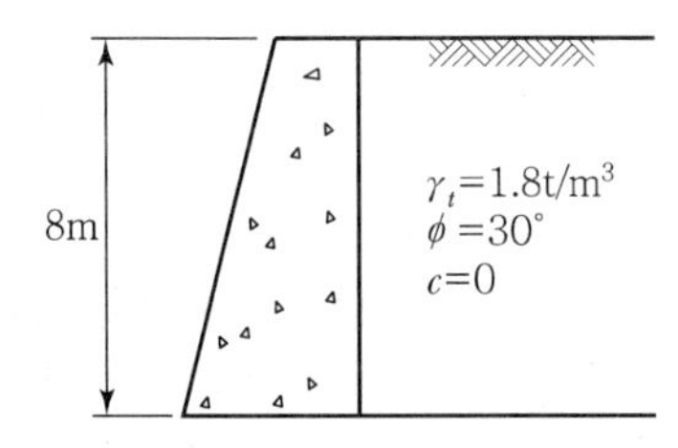

① 16.2t/m ② 17.2t/m
③ 18.2t/m ④ 19.2t/m

해설 전주동토압$(P_a) = \gamma_t \times H^2 \times K_a \times \frac{1}{2}$

$= 1.8 \times 8^2 \times 0.333 \times \frac{1}{2} = 19.2\text{t/m}$

$\left[K_a = \tan^2\left(45 - \frac{\phi}{2}\right) = \tan^2\left(45 - \frac{30°}{2}\right) = 0.333\right]$

83. Rod의 끝에 설치한 저항체를 땅속에 삽입하여 관입, 회전, 인발 등의 저항으로 토층의 성질을 탐사하는 것을 무엇이라고 하는가?

① Sounding ② Sampling
③ Boring ④ Wash boring

해설 관입, 회전, 인발 등의 저항으로 토층의 물리적 성질과 상태를 탐사하는 것을 사운딩(Sounding)이라 한다.

84. 예민비가 큰 점토란?

① 입자 모양이 둥근 점토
② 흙을 다시 이겼을 때 강도가 크게 증가하는 점토
③ 입자가 가늘고 긴 형태의 점토
④ 흙을 다시 이겼을 때 강도가 크게 감소하는 점토

해설 예민비가 큰 점토는 교란시켰을 때 강도가 많이 감소된다.

85. 유선망에 대한 설명으로 틀린 것은?

① 유선망은 유선과 등수두선(等數頭線)으로 구성되어 있다.
② 유로를 흐르는 침투수량은 같다.
③ 유선과 등수두선은 서로 직교한다.
④ 침투속도 및 동수구배는 유선망의 폭에 비례한다.

해설 $V(\text{침투속도}) = K \cdot \frac{\Delta h}{L(\text{유선망 폭})}$

$V \propto \frac{1}{L}$ (침투속도는 유선망 폭에 반비례)

86. 주동토압을 P_A, 수동토압을 P_P, 정지토압을 P_O라고 할 때 크기의 순서는?

① $P_A > P_P > P_O$ ② $P_P > P_O > P_A$
③ $P_P > P_A > P_O$ ④ $P_O > P_A > P_P$

해설
- $P_p > P_o > P_a$
- $K_p > P_o > P_a$

87. 다음 중 점성토 지반의 개량공법으로 적합하지 않은 것은?

① 샌드드레인 공법
② 치환공법
③ 바이브로플로테이션 공법
④ 프리로딩 공법

해설 바이브로 플로테이션 공법 → 사질토

88. 도로의 평판재하시험에서 1.25mm 침하량에 해당하는 하중 강도가 2.50kg/cm²일 때 지지력계수(K)는?

① 20kg/cm³ ② 25kg/cm³
③ 30kg/cm³ ④ 35kg/cm³

해설 $K = \frac{q}{y} = \frac{2.50}{0.125} = 20\text{kg/cm}^3$

|해답| 82.④ 83.① 84.④ 85.④ 86.② 87.③ 88.①

89. 간극비(void ratio)가 0.25인 모래의 간극률(porosity)은 얼마인가?

① 20%　② 25%
③ 30%　④ 35%

해설 $n=\dfrac{e}{1+e}\times 100=\left(\dfrac{0.25}{1+0.25}\right)\times 100=20\%$

90. 피어기초의 수직공을 굴착하는 공법 중에서 기계에 의한 굴착공법이 아닌 것은?

① Benoto 공법
② Chicago 공법
③ Calwelde 공법
④ Reverse circulation 공법

해설 피어기초의 분류
㉠ 인력에 의한 굴착
- Chicago 공법
- Gow 공법

㉡ 기계에 의한 굴착
- Benoto 공법
- Earth Drill(Calweld 공법)
- Reverse circulation(RCD)

91. 통일 분류법에서 실트질 자갈을 표시하는 약호는?

① GW　② GP
③ GM　④ GC

해설
- 실트(M), 자갈(G)
- 실트질 자갈 : GM

92. 다음 그림에서 X-X 단면에 작용하는 유효응력은?

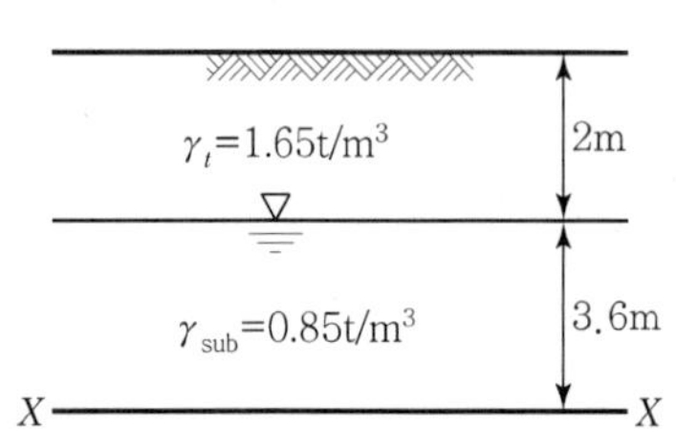

① 4.26t/m²　② 5.24t/m²
③ 6.36t/m²　④ 7.21t/m²

해설 $\sigma'=(1.65\times 2)+(0.85\times 3.6)=6.36\text{t/m}^2$

93. 어떤 시료에 대하여 일축압축시험을 실시한 결과 일축압축강도가 3t/m²이었다. 이 흙의 점착력은?(단, 이 시료는 $\phi=0°$인 점성토이다.)

① 1.0t/m²　② 1.5t/m²
③ 2.0t/m²　④ 2.5t/m²

해설 점착력$(c)=\dfrac{q_u}{2}=\dfrac{3}{2}=1.5\text{t/m}^2$

94. 다음 중 동상(凍上)현상이 가장 잘 일어날 수 있는 흙은?

① 자갈　② 모래
③ 실트　④ 점토

해설 동상현상
- 흙 속의 물이 얼어서 빙층(Ice lens)이 형성되기 때문에 지표면이 떠오르는 현상
- 동상현상이 가장 잘 일어날 수 있는 흙은 실트(Silt)

95. 두께 5m의 점토층이 있다. 압축 전의 간극비가 1.32, 압축 후의 간극비가 1.10으로 되었다면 이 토층의 압밀침하량은 약 얼마인가?

① 68cm　② 58cm
③ 52cm　④ 47cm

해설
$$\Delta H=\frac{e_1-e_2}{1+e_1}\cdot H=\left(\frac{1.32-1.10}{1+1.32}\right)\times 500=47\text{cm}$$

 |해답| 89.① 90.② 91.③ 92.③ 93.② 94.③ 95.④

96. 포화 점토지반에 대해 베인전단시험을 실시하였다. 베인의 직경은 6cm, 높이는 12cm, 흙이 전단파괴될 때 작용시킨 회전모멘트는 180kg · cm일 경우 점착력(c_u)은?

① 0.13kg/cm^2
② 0.23kg/cm^2
③ 0.32kg/cm^2
④ 0.42kg/cm^2

해설
$$c_u = \frac{M_{\max}}{\pi D^2\left(\frac{H}{2}+\frac{D}{6}\right)} = \frac{180}{\pi \times 6^2\left(\frac{12}{2}+\frac{6}{6}\right)} = 0.23\text{kg/cm}^2$$

97. 사면의 경사각을 70°로 굴착하고 있다. 흙의 점착력 1.5t/m^2, 단위체적중량을 1.8t/m^{3}로 한다면, 이 사면의 한계고는?(단, 사면의 경사각이 70°일 때 안정계수는 4.8이다.)

① 2.0m ② 4.0m
③ 6.0m ④ 8.0m

해설
$$H_c = \frac{c \cdot N_s}{\gamma} = \frac{1.5 \times 4.8}{1.8} = 4\text{m}$$

98. Terzaghi의 극한 지지력 공식 $q_{ult} = \alpha c N_c + \beta B \gamma_1 N_\gamma + D_f \gamma_2 N_q$에 대한 설명으로 틀린 것은?

① N_c, N_γ, N_q는 지지력계수로서 흙의 점착력으로부터 정해진다.
② 식 중 α, β는 형상계수이며 기초의 모양에 따라 정해진다.
③ 연속기초에서 $\alpha=1.0$이고, 원형 기초에서 $\alpha=1.3$의 값을 가진다.
④ B는 기초폭이고, D_f는 근입깊이다.

해설 N_c, N_r, N_q는 지지력계수로서 내부마찰력(ϕ)의 함수이다.

99. 점착력이 큰 지반에 강성의 기초가 놓여 있을 때 기초바닥의 응력상태를 설명한 것 중 옳은 것은?

① 기초 밑 전체가 일정하다.
② 기초 중앙에서 최대응력이 발생한다.
③ 기초 모서리 부분에서 최대응력이 발생한다.
④ 점착력으로 인해 기초바닥에 응력이 발생하지 않는다.

해설 강성 기초의 접지압

점토지반	모래지반
강성 기초, 접지압	강성 기초, 접지압
기초 모서리에서 최대응력 발생	기초 중앙부에서 최대응력 발생

100. 간극률 50%, 비중 2.50인 흙에 있어서 한계동수경사는?

① 1.25 ② 1.50
③ 0.50 ④ 0.75

해설
$$\text{한계동수경사}(i_c) = \frac{G_s - 1}{1+e} = \frac{2.50-1}{1+1} = 0.75$$
$$\left(e = \frac{n}{1-n} = \frac{0.5}{1-0.5} = 1\right)$$

제6과목 상하수도공학

101. 분류식 하수관거 계통과 비교하여 합류식 하수관거 계통의 특징에 대한 설명으로 옳지 않은 것은?

① 검사 및 관리가 비교적 용이하다.
② 청천 시 관 내에 오염물이 침전되기 쉽다.
③ 하수처리장에서 오수 처리비용이 많이 소요된다.
④ 오수와 우수를 별개의 관거 계통으로 건설하는 것보다 건설비용이 크게 소요된다.

|해답| 96.② 97.② 98.① 99.③ 100.④ 101.④

■ 해설 하수의 배제방식

분류식	합류식
• 수질오염 방지 면에서 유리하다. • 청천 시에도 퇴적의 우려가 없다. • 강우 초기 노면 배수 효과가 없다. • 시공이 복잡하고 오접합의 우려가 있다. • 우천 시 수세효과를 기대할 수 없다. • 공사비가 많이 든다.	• 구배 완만, 매설깊이가 적으며 시공성이 좋다. • 초기 우수에 의한 노면배수처리가 가능하다. • 관경이 크므로 검사가 편리하고, 환기가 잘된다. • 건설비가 적게 든다. • 우천 시 수세효과가 있다. • 청천 시 관내 침전, 효율 저하가 발생한다.

∴ 오수와 우수 별개의 관거 계통으로 건설하는 분류식이 건설비는 크게 소요된다.

102. 생물학적 처리에 주요한 역할을 하는 미생물은?

① 균류　② 박테리아
③ 원생동물　④ 조류

■ 해설 생물학적 처리
생물학적 처리의 주요 원리는 호기성 미생물에 의해서 수중의 유기물(BOD)을 제거하는 것이 핵심으로 주요 역할을 하는 미생물은 박테리아이다.

103. 오수관거 및 우수관거의 최소관경에 대한 표준으로 옳은 것은?

① 오수관거 100mm, 우수관거 150mm
② 오수관거 150mm, 우수관거 100mm
③ 오수관거 200mm, 우수관거 250mm
④ 오수관거 250mm, 우수관거 200mm

■ 해설 하수관거의 직경

구분	최소관경
오수관거	200mm
우수 및 합류관거	250mm

∴ 분류식 우수 및 합류관거의 최소관경은 250mm이다.

104. 다음과 같은 조건에서의 급속여과지 면적은?

• 계획급수인구 : 5,000인
• 1인 1일 최대급수량 : 200L
• 여과속도 : 120m/일

① 5.0m^2　② 8.33m^2
③ 12.5m^2　④ 14.58m^2

■ 해설 여과지 면적
㉠ 여과지 면적
$$A=\frac{Q}{V}$$
㉡ 유량의 산정
Q=1인 1일 최대급수량 × 인구
$=200\times10^{-3}\times5{,}000$
$=1{,}000\text{m}^3/\text{day}$
㉢ 여과지 면적의 산정
$$A=\frac{Q}{V}=\frac{1{,}000}{120}=8.33\text{m}^2$$

105. 활성슬러지 공법으로 하수를 처리할 때 포기량을 결정하기 위한 조건으로서 가장 중요한 것은?

① 하수의 중금속 농도　② 하수의 BOD 농도
③ 하수의 탁도　④ 하수의 pH

■ 해설 포기량의 결정
활성슬러지공법에서 포기량을 결정하기 위한 가장 중요한 요소는 미생물 번식에 필요한 산소량을 산정하는 것이며, 이는 유기물 농도, 즉 하수의 BOD 농도가 가장 중요한 요소이다.

106. 계획취수량의 기준이 되는 수량으로 옳은 것은?

① 계획 1일 평균급수량
② 계획 1일 최대급수량
③ 계획시간 최대급수량
④ 계획 1일 1인 평균급수량

■ 해설 상수도 구성요소
㉠ 수원 → 취수 → 도수(침사지) → 정수(착수정 → 약품혼화지 → 침전지 → 여과지 → 소독지 → 정수지) → 송수 → 배수(배수지, 배수탑, 고가탱크, 배수관) → 급수

 |해답| 102.② 103.③ 104.② 105.② 106.②

㉡ 수원, 취수, 도수, 정수, 송수 등의 설계에는 계획 1일 최대급수량을 기준으로 한다.
㉢ 계획취수량은 계획 1일 최대급수량을 기준으로 5~10% 정도 여유 있게 취수한다.
㉣ 배수관의 직경결정, 펌프의 직경결정 등은 계획시간 최대급수량을 기준으로 한다.
∴ 계획취수량은 계획 1일 최대급수량을 기준으로 한다.

107. 저수지나 배수지의 용량을 구할 때 사용하는 방법으로 옳은 것은?

① 리플법(Ripple's Method)
② 합리식 방법(Rational Method)
③ 랜니법(Ranney Method)
④ 하디-크로스법(Hardy-Cross Method)

해설 유량누가곡선법
해당 지역의 유입량누가곡선과 유출량누가곡선을 이용하여 저수지용량과 저수시작점 등을 도식적으로 해석하여 결정할 수 있는 방법으로 이론법 또는 Ripple's method이라고도 한다.

108. 지반고 50m인 지역에 하수관을 매설하려고 한다. 하수관의 지름이 300mm일 때, 최소 흙 두께를 고려한 관로 시점부의 관저고(관 하단부의 표고)는?

① 49.7m ② 49.5m
③ 49.0m ④ 48.7m

해설 하수관의 매설깊이
㉠ 관로의 구배
평탄지에서 관로의 구배는 관지름의 역수로 한다.
$\therefore \frac{1}{D} = \frac{1}{300}$
㉡ 관로의 최소 흙두께
관로의 최소 흙두께는 1m를 표준으로 한다.
㉢ 지반고 50m인 지점의 관로 시점부 관저고
50-1(최소 흙두께)-0.3(구배)=48.7m

109. 상수도 배수시설에 대한 설명으로 옳은 것은?

① 계획배수량은 해당 배수구역의 계획 1일 최대급수량을 의미한다.
② 소규모의 수도 및 배수량이 적은 지역에서는 소화용수량은 무시한다.
③ 배수지에서의 배수는 펌프가압식을 원칙으로 한다.
④ 대용량 배수지 설치보다 다수의 배수지를 분산시키는 편이 안정급수 관점에서 효과적이다.

해설 배수시설 일반사항
㉠ 상수도 계획배수량은 해당 배수구역의 계획시간 최대급수량을 기준으로 한다.
㉡ 인구 5만 미만일 경우에는 소화용수량을 고려하고, 5만 이상일 때는 소화용수량을 별도로 고려하지 않는다.
㉢ 배수지에서의 배수는 자연유하식을 원칙으로 한다.
㉣ 배수구역이 넓고 지반의 고저차가 현저할 경우에는 배수지를 분산시키는 편이 안정급수 관점에서 효과적이다.

110. 계획우수량 산정의 고려사항으로 틀린 것은?

① 최대계획우수유출량의 산정은 합리식에 의하는 것을 원칙으로 한다.
② 유출계수는 토지이용도별 기초유출계수로부터 총괄유출계수를 구하는 것을 원칙으로 한다.
③ 하수관거의 확률연수는 10~30년, 빗물펌프장의 확률연수는 30~50년을 원칙으로 한다.
④ 최상류관거의 끝으로부터 하류관거의 어떤 지점까지의 거리를 계획유량에 대응한 유속으로 나눈 것을 유달시간으로 한다.

해설 우수유출량의 산정
㉠ 합리식의 적용 확률연수는 10~30년을 원칙으로 한다.

$$Q = \frac{1}{3.6} CIA$$

여기서, Q : 우수량(m^3/sec)
C : 유출계수(무차원)
I : 강우강도(mm/hr)
A : 유역면적(km^2)

㉡ 특징
- 최대계획우수유출량의 산정은 합리식에 의해 산정하는 것을 원칙으로 한다.
- 유출계수는 토지이용도별 기초유출계수를 면적 가중치를 이용하여 총괄유출계수를 구하는 것을 원칙으로 한다.
- 하수관거의 확률연수는 10~30년, 빗물펌프장의 확률연수는 30~50년을 원칙으로 한다.
- 유역의 최원격지점에서 하수관거의 시점까지 유입하는 시간을 유입시간이라 하고, 하수관거의 시점에서 하수관거의 종점까지 유하하는 시간을 유하시간이라고 한다. 유입시간과 유하시간을 더한 것을 유달시간이라고 한다.

111. 합리식에서 사용하는 강우강도 공식에 관한 설명으로 틀린 것은?

① Talbot형 공식, Sherman형 공식 등이 이에 속한다.
② 공식 중의 정수(상수)는 지표형태에 따라 결정된다.
③ 강우지속기간의 증가에 따라 강우강도는 감소한다.
④ 임의의 지속기간에 대한 강우강도를 구하는 데 사용된다.

해설 강우강도
㉠ 정의
단위시간당 내린 비의 양을 강우강도(mm/hr)라고 한다.
㉡ 강우강도와 지속시간의 관계
- Talbot, Sherman, Japanese형 공식 등이 이에 속한다.
- 공식 중의 정수(상수)는 지표형태가 아니라 지역의 강우 특성에 따른 경험치에 의해 구한다.
- 강우지속시간의 증가에 따라 강우강도는 감소한다.
- 임의의 지속시간에 대한 강우강도를 구하는 데 사용된다.

112. 성공적인 하수슬러지 퇴비화를 위한 조사사항으로 거리가 먼 것은?

① 함유된 중금속 성분 조사
② 수요량 및 용도 조사
③ CO_2 발생량 조사
④ 슬러지 처리 공정에서의 첨가물 조사

해설 하수슬러지 퇴비화
㉠ 정의
하수슬러지의 퇴비화는 하수슬러지 중 분해가 쉬운 유기물을 호기성 상태에서 미생물에 의해서 분해시켜서 녹지, 농지로의 이용 가능한 형태로 안정화시키는 과정을 말한다.
㉡ 슬러지 퇴비화의 기본조건
- 퇴비화 시설의 규모는 퇴비의 수요량에 적합하도록 한다.
- 퇴비는 분해과정에서 65℃ 이상의 온도에서 2일 이상 경과하여야 한다.
- 퇴비의 품질목표는 슬러지 케이크의 성상, 퇴비화 방식, 시비 시의 상황, 중금속 등의 토양 축적에 대하여 법령기준 등을 감안한다.
- 퇴비화 시설은 입지조건을 충분히 고려하도록 한다.
- 투입 조건은 품질목표 이외에도 슬러지 케이크의 함수율, 퇴비의 반송률, 첨가물의 첨가율 등을 설정한다.

113. 펌프의 비교회전도(N_s)에 대한 설명으로 옳지 않은 것은?

① N_s가 클수록 높은 곳까지 양정할 수 있다.
② N_s가 클수록 유량은 많고 양정은 작은 펌프이다.
③ 유량과 양정이 동일하면 회전수가 클수록 Ns가 커진다.
④ N_s가 같으면 펌프의 크기에 관계없이 대체로 형식과 특성이 같다.

해설 비교회전도
㉠ 비교회전도란 펌프나 송풍기 등의 형식을 나타내는 지표로 펌프의 경우 1m³/min의 유량을 1m 양수하는 데 필요한 회전수(N_s)를 말한다.

$$N_s = N\frac{Q^{\frac{1}{2}}}{H^{\frac{3}{4}}}$$

 |해답| 111.② 112.③ 113.①

여기서, N : 표준회전수
Q : 토출량
H : 양정

㉡ 비교회전도의 특징
- N_s가 작아지면 양정은 크고 유량은 적은 고양정, 고효율펌프로 가격은 비싸다.
- 유량과 양정이 동일하다면 표준회전수(N)가 클수록 N_s가 커진다.
- N_s가 클수록 유량은 많고 양정은 적은 저양정, 저효율 펌프가 된다.
- 유량과 양정이 동일하면 회전수가 클수록 N_s가 커진다.
- N_s는 펌프 형식을 나타내는 지표로 N_s가 동일하면 펌프의 크고 작음에 관계없이 동일 형식의 펌프로 본다.

114. 완속여과와 급속여과에 대한 설명으로 옳지 않은 것은?

① 완속여과는 모래층과 모래층 표면에 증식하는 미생물막에 의해 수중의 불순물을 포착하여 산화분해하는 정수방법이다.
② 급속여과는 원수 중의 현탁물질을 약품침전시킨 후 분리하는 방법이다.
③ 완속여과는 유입수의 수질이 비교적 양호한 경우에 사용할 수 있다.
④ 대규모 처리 시에는 급속여과가 적당하나 완속여과에 비해 넓은 시설면적이 필요하다.

해설 완속여과와 급속여과
㉠ 완속여과는 모래층과 모래층 표면에 증식하는 미생물막에 의해 수중의 불순물을 포착하여 산화, 분해하는 정수방법이다.
㉡ 급속여과는 원수 중의 현탁물질을 약품침전시킨 후 분리하는 방법이다.
㉢ 완속여과는 유입수의 수질이 비교적 양호한 경우에 사용할 수 있다.
㉣ 대규모 처리 시에는 급속여과가 적당하며, 급속여과보다 완속여과를 실시할 경우 넓은 시설면적이 필요하다.

115. Manning 공식의 조도계수 n=0.012, 동수경사가 1/1,000이고 관경이 250mm일 때 유량은?

① $142\text{m}^3/\text{hr}$
② $92\text{m}^3/\text{hr}$
③ $73\text{m}^3/\text{hr}$
④ $53\text{m}^3/\text{hr}$

해설 유량의 산정
㉠ Manning공식

$$V=\frac{1}{n}R^{\frac{2}{3}}I^{\frac{1}{2}}$$

여기서, n : Manning의 조도계수
R : 경심
I : 동수경사

㉡ 유량의 산정

$$Q=AV$$

$$=\frac{\pi\times0.25^2}{4}\times\frac{1}{0.012}\times\left(\frac{0.25}{4}\right)^{\frac{2}{3}}\times\left(\frac{1}{1,000}\right)^{\frac{1}{2}}$$

$$=0.02\text{m}^3/\text{sec}=73\text{m}^3/\text{hr}$$

116. 배수관에서 분기하여 각 수요자에게 먹는 물을 공급하는 것을 목적으로 하는 시설은?

① 도수시설
② 취수시설
③ 급수시설
④ 배수시설

해설 상수도 구성요소
㉠ 수원 → 취수 → 도수(침사지) → 정수(착수정 → 약품혼화지 → 침전지 → 여과지 → 소독지 → 정수지) → 송수 → 배수(배수지, 배수탑, 고가탱크, 배수관) → 급수
㉡ 수원, 취수, 도수, 정수, 송수 등의 설계에는 계획 1일 최대급수량을 기준으로 한다.
㉢ 계획취수량은 계획 1일 최대급수량을 기준으로 5~10% 정도 여유 있게 취수한다.
㉣ 배수관의 직경결정, 펌프의 직경결정 등은 계획시간 최대급수량을 기준으로 한다.
∴ 배수관에서 분기하여 각 수요자에게 물을 공급하는 시설은 급수시설이다.

117. 상수도 정수처리의 응집-침전에 관한 설명으로 옳은 것은?

① 플록형성지 내의 교반강도는 하류로 갈수록 점차 증가시키는 것이 바람직하다.
② Jar Tester는 종침강속도(Terminal Velocity)를 구하는 기기이다.
③ 고분자응집제는 응집속도는 크나 pH에 의한 영향을 크게 받는다.
④ 침전지의 침전효율을 나타내는 기본적인 지표로는 표면부하율(Surface Loading)이 있다.

해설 응집-침전 일반사항
㉠ 플록형성지에서는 플록의 크기를 증가시켜야 하므로 교반강도는 하류로 갈수록 감소시키는 것이 바람직하다.
㉡ Jar-Tester는 적정 응집제의 주입량을 결정하는 기기이다.
㉢ 고분자응집제는 분말을 그대로 용해하여 사용하므로 편리하나, 순도가 높으면 점성이 커서 용해시키는 데 시간이 걸린다. 또한 정수 중에 잔류하는 아크릴아미드모너머의 농도가 기준치를 넘지 않도록 운전관리해야 한다.

118. 생활하수 내에서 존재하는 질소의 주요 형태는?

① N_2와 NO_3
② N_2와 NH_3
③ 유기성 질소화합물과 N_2
④ 유기성 질소화합물과 NH_3

해설 질소
㉠ 질소
수중에 질소의 존재 형태에 따라 분뇨나 축산폐수 등의 오염을 의심하는 지표로 활용한다.
㉡ 수중의 질소
수중에서의 질소는 최초 유기성 질소(Organic-N)나 암모니아성 질소(NH_3-N)의 형태로 존재하다가 산소 공급에 의해 아질산성 질소(NO_2-N)나 질산성 질소(NO_3-N)의 형태로 변하게 된다.

119. 집수매거(infiltration galleries)에 대한 설명으로 옳은 것은?

① 복류수를 취수하기 위하여 지중(地中)에 매설한 유공 관거 설비
② 관로의 수두를 감소시키기 위한 설비
③ 배수지의 유입수 수위조절과 양수를 위한 설비
④ 피압지하수를 취수하기 위하여 지하의 대수층까지 삽입한 관거설비

해설 집수매거
㉠ 복류수를 취수하기 위해 매설하는 다공질 유공관을 집수매거라 한다.
㉡ 집수매거는 복류수의 흐름방향에 대하여 수직으로 설치하는 것이 취수상 유리하지만, 수량이 풍부한 곳에서는 흐름방향에 대해 수평으로 설치하는 경우도 있다.
㉢ 집수매거의 경사는 1/500 이하의 완구배가 되도록 하며, 매거 내의 유속은 유출단에서 유속이 1m/sec 이하가 되도록 함이 좋다.
㉣ 집수공에서 유입속도는 토사의 침입을 방지하기 위해 3cm/sec 이하로 한다.
㉤ 집수매거는 가능한 한 직접 지표수의 영향을 받지 않도록 매설깊이는 5m 이상으로 하는 것이 바람직하다.

120. 상수원 선정 시 고려사항으로 옳지 않은 것은?

① 계획취수량은 평수기에 확보 가능한 수량으로 한다.
② 수리권이 확보될 수 있어야 한다.
③ 건설비 및 유지 관리비가 저렴하여야 한다.
④ 장래 수도시설의 확장이 가능한 곳이 바람직하다.

해설 수원 및 취수지점 선정 시 구비조건
㉠ 수리권 확보가 가능한 곳
㉡ 수도시설의 건설 및 유지관리가 용이하며 안전하고 확실한 곳
㉢ 수도시설의 건설비 및 유지 관리비가 저렴할 것
㉣ 장래의 확장을 고려할 때 유리한 곳
㉤ 장래에도 양호한 수량 및 수질을 확보할 수 있는 곳
㉥ 유심 및 유로의 변화가 적은 곳
∴ 계획취수량은 일년 중 유량이 가장 적은 갈수기에 확보 가능한 수량으로 한다.
∴ 계획취수량 ≤ 최대갈수량

 |해답| 117.④ 118.④ 119.① 120.①

Industrial Engineer Civil Engineering

과년도 출제문제 및 해설 (2017년 9월 23일 시행)

제1과목 응용역학

01. 트러스 해법상의 가정에 대한 설명으로 틀린 것은?

① 모든 부재는 직선이다.
② 모든 부재는 마찰이 없는 판으로 양단이 연결되어 있다.
③ 외력의 작용선은 트러스와 동일 평면 내에 있다.
④ 집중하중은 절점에 작용시키고, 분포하중은 부재 전체에 분포한다.

해설 트러스 해석에 있어서 모든 하중은 절점에만 작용하는 것으로 가정한다.

02. 다음 중 부정정 구조물의 해석방법이 아닌 것은?

① 처짐각법　② 단위하중법
③ 3연 모멘트법　④ 모멘트 분배법

해설 1. 부정정 구조물의 해법
㉠ 연성법(하중법)
• 변형일치법(변위일치법)
• 3연 모멘트법 등
㉡ 강성법(변위법)
• 처짐각법(요각법)
• 모멘트분배법 등

2. 처짐을 구하는 방법
㉠ 이중적분법
㉡ 모멘트면적법
㉢ 탄성하중법
㉣ 공액보법
㉤ 단위하중법 등

03. 양단이 고정되어 있는 길이 10m의 강(鋼)이 15℃에서 40℃로 온도가 상승할 때 응력은?(단, $E=2.1\times10^6\text{kg/cm}^2$, 선팽창계수 $\alpha=0.00001/℃$)

① 475kg/cm^2　② 500kg/cm^2
③ 525kg/cm^2　④ 538kg/cm^2

해설
$$\Delta T = T' - T = 40 - 15 = 25℃$$
$$\sigma_t = E\varepsilon_t = E(\alpha\cdot\Delta T) = (2.1\times10^6)\times(1\times10^{-5})\times25 = 525\text{kg/cm}^2$$

04. 반지름 R, 길이 l인 원형단면 기둥의 세장비는?

① $\dfrac{l}{2R}$　② $\dfrac{l}{R}$
③ $\dfrac{2l}{R}$　④ $\dfrac{3l}{R}$

해설
$$r_{\min} = \sqrt{\frac{I_{\min}}{A}} = \sqrt{\frac{\left(\frac{\pi D^4}{64}\right)}{\left(\frac{\pi D^2}{4}\right)}} = \frac{D}{4} = \frac{(2R)}{4} = \frac{R}{2}$$
$$\lambda = \frac{l}{r_{\min}} = \frac{l}{\left(\frac{R}{2}\right)} = \frac{2l}{R}$$

05. 직사각형 단면인 단순보의 단면계수가 $2,000\text{m}^3$이고, 200,000t·m의 휨모멘트가 작용할 때 이 보의 최대 휨응력은?

① 50t/m^2　② 70t/m^2
③ 85t/m^2　④ 100t/m^2

해설
$$\sigma_{\max} = \frac{M}{Z} = \frac{2\times10^5}{2\times10^3} = 100\text{t/m}^2$$

|해답| 1.④ 2.② 3.③ 4.③ 5.④

06. 아래의 표에서 설명하는 것은?

> 나란한 여러 힘이 작용할 때 임의의 한 점에 대한 모멘트의 합은 그 점에 대한 합력의 모멘트와 같다.

① 바리농의 정리　② 베티의 정리
③ 중첩의 원리　④ 모어원의 정리

07. 다음 그림과 같은 구조물의 부정정 차수는?

① 1차 부정정　② 3차 부정정
③ 4차 부정정　④ 6차 부정정

■해설 (보인 경우)
$N = r - 3 - j = 7 - 3 - 0 = 4$차 부정정

08. 반지름이 r인 원형 단면의 단주에서 도심에서의 핵거리 e는?

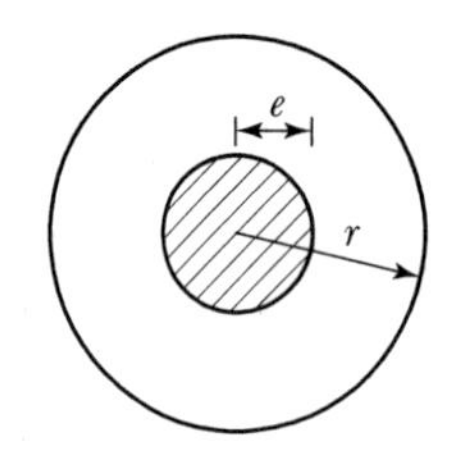

① $\frac{r}{2}$　② $\frac{r}{4}$
③ $\frac{r}{6}$　④ $\frac{r}{8}$

■해설

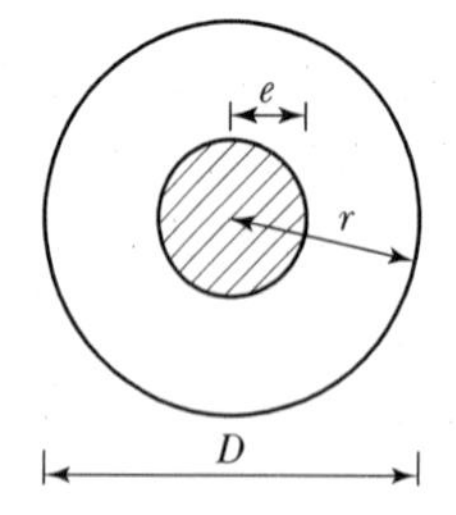

$$e = k = \frac{D}{8} = \frac{(2r)}{8} = \frac{r}{4}$$

09. 다음 그림의 캔틸레버보에서 최대 휨모멘트는 얼마인가?

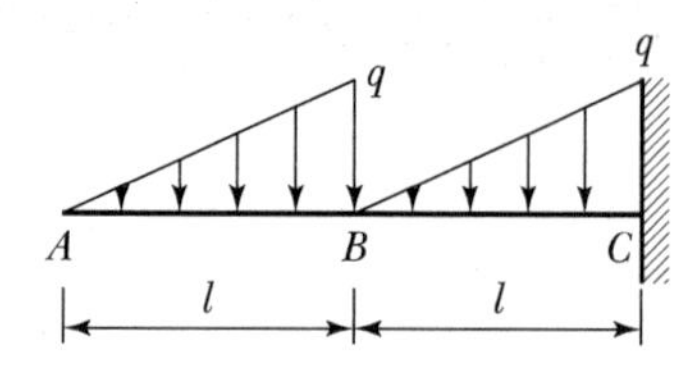

① $-\frac{1}{6}ql^2$　② $-\frac{1}{2}ql^2$
③ $-\frac{1}{3}ql^2$　④ $-\frac{5}{6}ql^2$

■해설 $\Sigma M_{Ⓒ} = 0(\curvearrowright\oplus)$

$$-\left(\frac{1}{2}ql\right)\left(\frac{l}{3}+l\right)-\left(\frac{1}{2}ql\right)\left(\frac{l}{3}\right)-M_C = 0$$

$$M_C = -\frac{5}{6}ql^2$$

10. "탄성체가 가지고 있는 탄성변형 에너지를 작용하고 있는 하중으로 편미분하면 그 하중점에서의 작용방향의 변위가 된다."는 것은 어떤 이론인가?

① 맥스웰(Maxwell)의 상반정리이다.
② 모아(Mohr)의 모멘트-면적정리이다.
③ 카스틸리아노(Castigliano)의 제2정리이다.
④ 클래페이론(Clapeyron)의 3연 모멘트법이다.

11. 아래 그림과 같이 60°의 각도를 이루는 두 힘 P_1, P_2가 작용할 때 합력 R의 크기는?

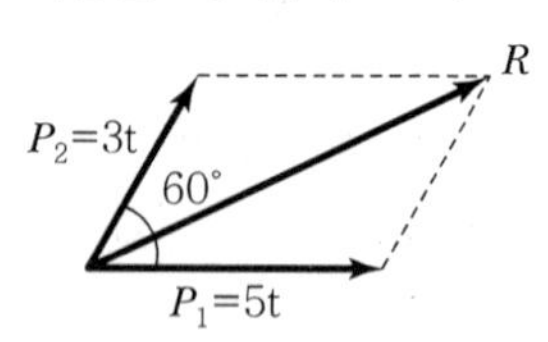

① 7t　② 8t
③ 9t　④ 10t

■해설 $R = \sqrt{P_1^2 + P_2^2 + 2P_1P_2\cos\alpha}$
$= \sqrt{5^2 + 3^2 + 2 \times 5 \times 3 \times \cos 60°} = 7t$

 |해답| 6.① 7.③ 8.② 9.④ 10.③ 11.①

12. 보의 중앙에 집중하중을 받는 단순보에서 최대 처짐에 대한 설명으로 틀린 것은?(단, 폭 b, 높이 h로 한다.)

① 탄성계수 E에 반비례한다.
② 단면의 높이 h의 3제곱에 반비례한다.
③ 지간 l의 제곱에 반비례한다.
④ 단면의 폭 b에 반비례한다.

해설
$$y_{\max} = \frac{Pl^3}{48EI} = \frac{Pl^3}{48E\left(\frac{bh^3}{12}\right)} = \frac{Pl^3}{4Ebh^3}$$

13. 그림과 같은 길이가 l인 캔틸레버보에서 최대 처짐각은?

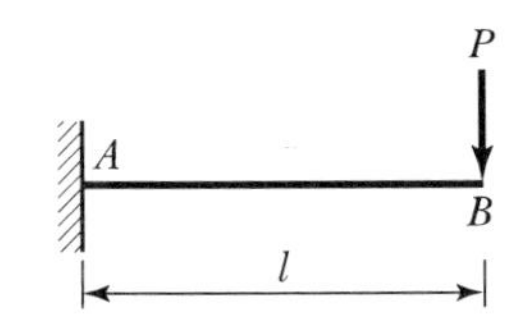

① $\theta_{\max} = \frac{Pl^2}{2EI}$　② $\theta_{\max} = \frac{Pl^3}{2EI}$
③ $\theta_{\max} = \frac{Pl^2}{3EI}$　④ $\theta_{\max} = \frac{Pl^3}{3EI}$

해설
$$\theta_{\max} = \theta_B = \frac{Pl^2}{2EI}$$

14. 다음 중 단면 1차 모멘트와 같은 차원을 갖는 것은?

① 단면 2차 모멘트
② 회전반경
③ 단면 상승 모멘트
④ 단면계수

해설 단면 1차 모멘트 : [L³]
단면 2차 모멘트 : [L⁴], 회전반경 : [L]
단면 상승 모멘트 : [L⁴], 단면계수 : [L³]

15. 그림과 같은 3-hinge 라멘의 수평반력 H_A 값은?

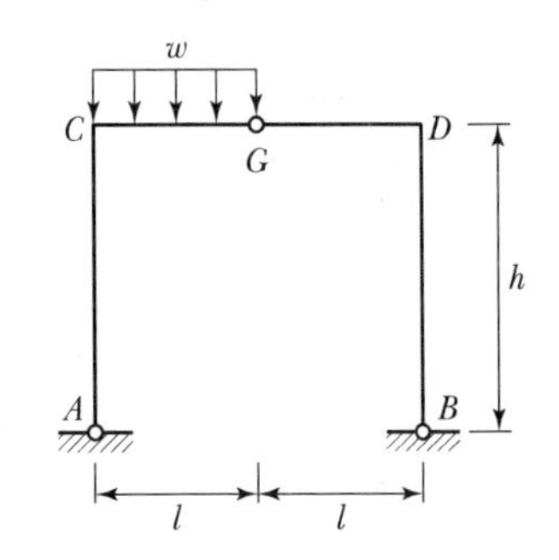

① $\frac{wl^2}{4h}$　② $\frac{wl^2}{8h}$
③ $\frac{wl^2}{16h}$　④ $\frac{wl^2}{24h}$

해설 $\Sigma M_{Ⓑ} = 0(\curvearrowright\oplus)$

$$V_A \times 2l - (w \times l) \times \left(l + \frac{l}{2}\right) = 0$$

$$V_A = \frac{3wl}{4}(\uparrow)$$

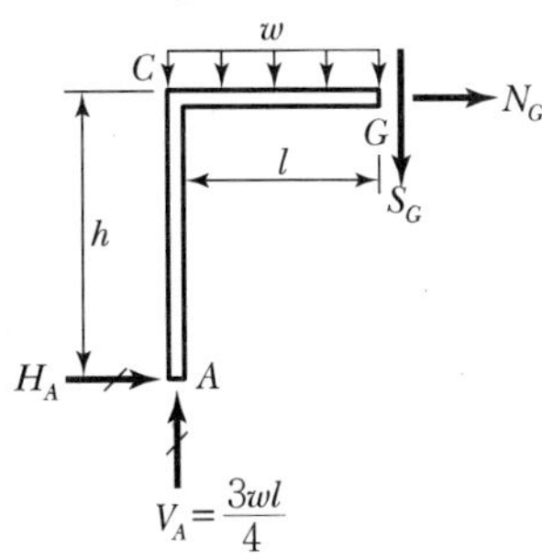

$\Sigma M_{Ⓖ} = 0(\curvearrowright\oplus)$

$$\frac{3wl}{4} \times l - (w \times l) \times \frac{l}{2} - H_A \times h = 0$$

$$H_A = \frac{wl^2}{4h}(\rightarrow)$$

16. 그림과 같은 게르버보의 C점에서의 휨모멘트 값은?

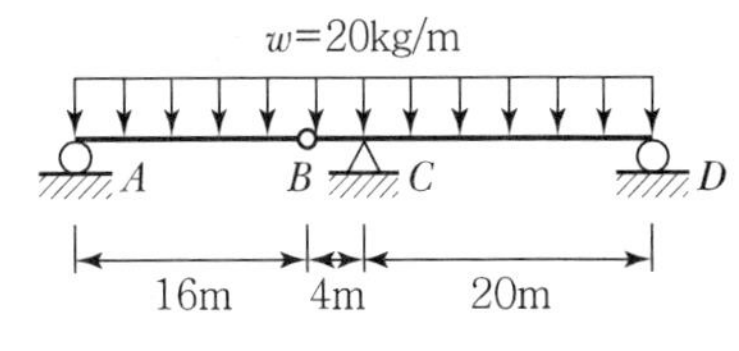

① −640kg · m　② −800kg · m
③ −960kg · m　④ −1,440kg · m

■해설

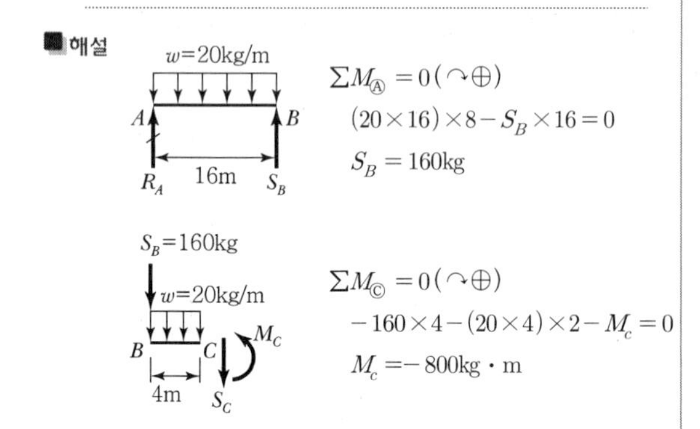

$\Sigma M_Ⓐ = 0(\curvearrowright\oplus)$

$(20\times16)\times8 - S_B\times16 = 0$

$S_B = 160\text{kg}$

$\Sigma M_Ⓒ = 0(\curvearrowright\oplus)$

$-160\times4-(20\times4)\times2-M_c=0$

$M_c = -800\text{kg}\cdot\text{m}$

17. 다음 그림과 같은 구조물에서 지점 A에서의 수직반력의 크기는?

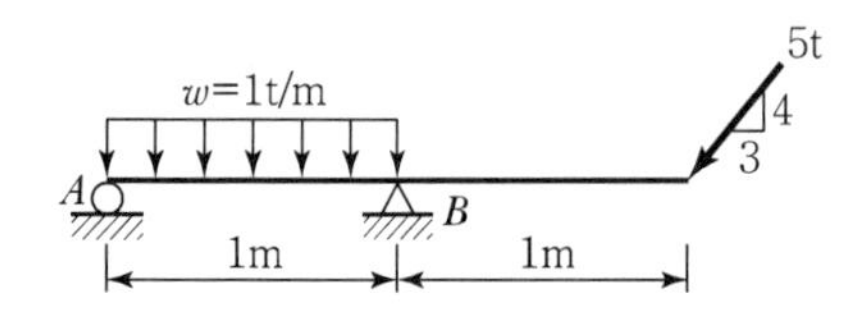

① 2t ② 2.5t
③ 3t ④ 3.5t

■해설 $\Sigma M_Ⓑ = 0(\curvearrowright\oplus)$

$R_A\times1-(1\times1)\times\frac{1}{2}+\left(5\times\frac{4}{5}\right)\times1=0$

$R_A = -3.5t(\downarrow)$

18. 단면적 10cm²인 원형 단면의 봉이 2t의 인장력을 받을 때 변형률(ε)은?(단, 탄성계수(E)=2×10⁶kg/cm²)

① 0.0001 ② 0.0002
③ 0.0003 ④ 0.0004

■해설 $\sigma = E\varepsilon = \dfrac{P}{A}$

$\varepsilon = \dfrac{P}{EA} = \dfrac{(2\times10^3)}{(2\times10^6)(10)} = 10^{-4}$

19. 다음 그림과 같은 단순보의 중앙에 집중하중이 작용할 때 단면에 생기는 최대 전단응력은 얼마인가?

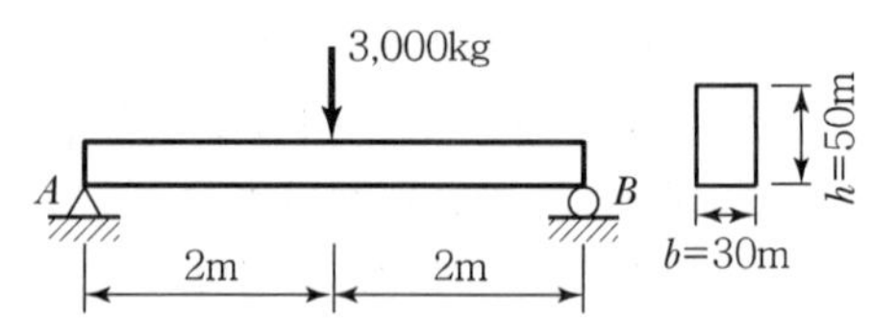

① 1.0kg/cm²
② 1.5kg/cm²
③ 2.0kg/cm²
④ 2.5kg/cm²

■해설 $S_{\max} = R_A = R_B = \dfrac{P}{2} = \dfrac{3,000}{2} = 1,500\text{kg}$

$\tau_{\max} = \alpha\dfrac{S_{\max}}{A} = \dfrac{3}{2}\times\dfrac{S_{\max}}{bh} = \dfrac{3}{2}\times\dfrac{1,500}{(30\times50)}$

$= 1.5\text{kg/cm}^2$

20. 그림에서 음영 처리된 삼각형 단면의 X축에 대한 단면 2차 모멘트는 얼마인가?

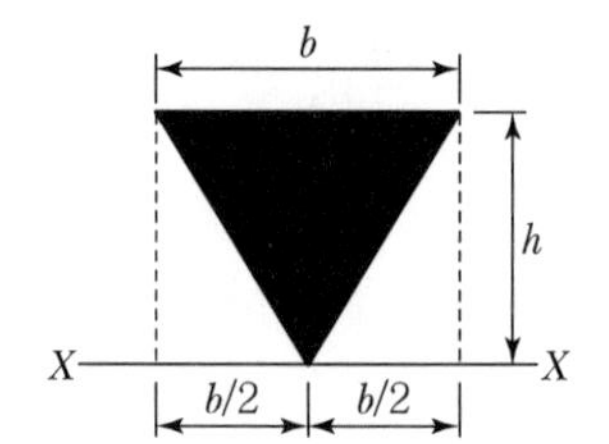

① $\dfrac{bh^3}{4}$ ② $\dfrac{bh^3}{5}$

③ $\dfrac{bh^3}{6}$ ④ $\dfrac{bh^3}{8}$

■해설 $I_x = I_{x_0} + {y_0}^2A$

$= \dfrac{bh^3}{36} + \left(\dfrac{2h}{3}\right)^2\left(\dfrac{bh}{2}\right) = \dfrac{bh^3}{4}$

 |해답| 17.④ 18.① 19.② 20.①

제2과목 측량학

21. 등고선의 특성에 대한 설명으로 틀린 것은?

① 등고선은 분수선과 직교하고 계곡선과는 평행하다.
② 동굴이나 절벽에서는 교차할 수 있다.
③ 동일 등고선 상의 모든 점은 표고가 같다.
④ 등고선은 도면 내외에서 폐합하는 폐곡선이다.

해설 등고선은 능선(분수선), 계곡선(합수선)과 직교한다.

22. 수준측량에 관한 설명으로 옳지 않은 것은?

① 전・후시의 표척 간 거리는 등거리로 하는 것이 좋다.
② 왕복관측을 대신하여 2대의 기계로 동일 표척을 관측하는 것이 좋다.
③ 왕복관측 도중에 관측자를 바꾸지 않는 것이 좋다.
④ 표척을 앞뒤로 서서히 움직여 최소 눈금을 읽는 것이 좋다.

해설 주의사항
㉠ 왕복측량을 원칙으로 한다.
㉡ 왕복측량이라도 노선거리는 다르게 한다.
㉢ 레벨 세우는 횟수는 짝수로 한다.
㉣ 읽음값은 5mm 단위로 읽는다.
㉤ 전・후시를 같게 한다.

23. 토적곡선(Mass curve)을 작성하는 목적으로 옳지 않은 것은?

① 토량의 운반거리 산출
② 토공기계 선정
③ 토량의 배분
④ 중심선 설치

해설 토적곡선은 토공에 필요하며 토량의 배분, 토공기계 선정, 토량의 운반거리 산출에 쓰인다.

24. 삼각측량을 통해 단일삼각망의 내각을 측정하여 다음과 같은 각을 얻었다. 각 내각의 최확값은?

$\angle A=32°13'29''$, $\angle B=55°32'19''$, $\angle C=92°14'30''$

① $\angle A=32°13'24''$, $\angle B=55°32'12''$, $\angle C=92°14'24''$
② $\angle A=32°13'23''$, $\angle B=55°32'12''$, $\angle C=92°14'25''$
③ $\angle A=32°13'23''$, $\angle B=55°32'13''$, $\angle C=92°14'24''$
④ $\angle A=32°13'24''$, $\angle B=55°32'13''$, $\angle C=92°14'23''$

해설 ㉠ 폐합오차$(E)=18''$
㉡ 경중률이 같으므로 등배분한다 $-\frac{18''}{3}=-6''$
㉢ $\angle A=32°13'23''$
$\angle B=55°32'13''$
$\angle C=92°14'24''$

25. 축척 1 : 50,000 지형도에서 A점에서 B점까지의 도상거리가 50mm이고, A점의 표고가 200m, B점의 표고가 10m라고 할 때 이 사면의 경사는?

① 1/18.4 ② 1/20.5
③ 1/22.3 ④ 1/13.2

해설 $경사(i)=\frac{H}{D}=\frac{200-10}{0.05\times50,000}=\frac{190}{2,500}$
$≒\frac{1}{13.2}$

26. 교점(I.P)은 도로의 기점에서 187.94m의 위치에 있고 곡선반지름 250m, 교각 43°57′20″인 단곡선의 접선길이는?

① 87.046m ② 100.894m
③ 288.834m ④ 350.447m

해설 접선장(TL)
$=R\tan\frac{I}{2}=250\times\tan\left(\frac{43°57'20''}{2}\right)$
$=100.894\text{m}$

|해답| 21.① 22.② 23.④ 24.③ 25.④ 26.②

27. 노선의 완화곡선으로서 3차 포물선이 주로 사용되는 곳은?

① 고속도로　　② 일반철도
③ 시가지전철　　④ 일반도로

해설 ㉠ 클로소이드 곡선 : 도로
㉡ 3차 포물선 : 철도
㉢ 렘니스케이트 곡선 : 시가지 지하철
㉣ 반파장 sine 곡선 : 고속철도

28. 터널 양 끝단의 기준점 A, B를 포함해서 트래버스측량 및 수준측량을 실시한 결과가 아래와 같을 때, AB 간의 경사거리는?

- 기준점 A의 $(X,\ Y,\ H)$
  (330,123.45m, 250,243.89m, 100.12m)
- 기준점 B의 $(X,\ Y,\ H)$
  (330,342.12m, 250,567.34m, 120.08m)

① 290.94m　　② 390.94m
③ 490.94m　　④ 590.94m

해설 ㉠ $\overline{AB}=\sqrt{(X_B-X_A)^2+(Y_B-Y_A)^2}$

$=\sqrt{(330,342.12-330,123.45)^2+(250,567.34-250,243.89)}$

$=390.431\text{m}$

㉡ 경사거리$=\sqrt{390,431^2+19.96^2}$

$=390.941\text{m}$

29. 장애물로 인하여 P, Q점에서 관측이 불가능하여 간접측량한 결과 AB=225.85m였다면 이때 PQ의 거리는?(단, $\angle PAB$=79°36′, $\angle QAB$=35°31′, $\angle PBA$=34°17′, $\angle QBA$=82°05′)

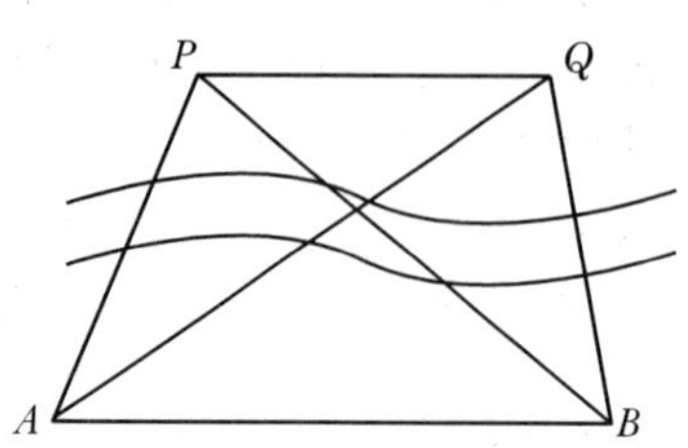

① 179.46m　　② 177.98m
③ 178.65m　　④ 180.61m

해설 sin 정리 이용

㉠ $\dfrac{\overline{AQ}}{\sin 82°05'}=\dfrac{225.85}{\sin(180°-35°31'-82°05')}$

$\overline{\text{AQ}}=252.42\text{m}$

㉡ $\dfrac{\overline{AP}}{\sin 34°17'}=\dfrac{225.85}{\sin(180°-79°36'-35°17')}$

$\overline{\text{AP}}=139.13\text{m}$

㉢ $\overline{\text{PC}}=\overline{\text{AP}}\sin(79°36'-35°31')=96.795\text{m}$

$\overline{\text{CQ}}=\overline{\text{AQ}}-\overline{\text{AP}}\cos(79°36'-35°31')$

$=152.479\text{m}$

$\overline{\text{PQ}}=\sqrt{\text{PC}^2+\text{CQ}^2}=180.608\text{m}$

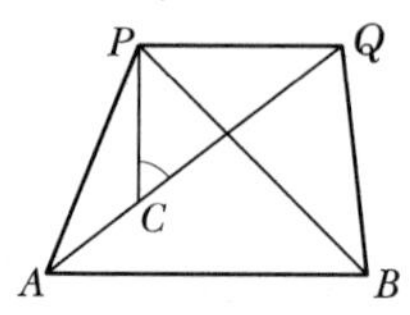

$\overline{\text{PQ}}=\sqrt{\overline{\text{AQ}}^2+\overline{\text{AP}}^2-2\cdot\overline{\text{AQ}}\cdot\overline{\text{AP}}\cdot\cos\alpha}$

$=180.61\text{m}$

30. B.M.에서 P점까지의 고저를 관측하는 데 10km인 A코스, 12km인 B코스로 각각 수준측량하여 A코스의 결과 표고는 62.324m, B코스의 결과 표고는 62.341m이었다. P점 표고의 최확값은?

① 62.341m　　② 62.338m
③ 62.332m　　④ 62.324m

해설 ㉠ 경중률은 노선거리에 반비례한다.

$P_A : P_B=\dfrac{1}{10}:\dfrac{1}{12}=6:5$

㉡ $H_P=\dfrac{P_AH_A+P_BH_B}{P_A+P_B}$

$=\dfrac{6\times 62.324+5\times 62.341}{6+5}$

$=62.332\text{m}$

31. 동일한 구역을 같은 카메라로 촬영할 때 비행고도를 1,000m에서 2,000m로 높인다고 가정하면 1,000m 촬영에서 100장의 사진이 필요하다고 할 때, 2,000m 촬영에서 필요한 사진은 약 몇 장인가?

① 400장　　② 200장
③ 50장　　④ 25장

|해답| 27.② 28.② 29.④ 30.③ 31.④

■해설 ㉠ $\left(\frac{1}{m}\right)=\left(\frac{f}{H}\right)$

㉡ $100 : x=\left(\frac{1}{1,000}\right)^2 : \left(\frac{1}{2,000}\right)^2$,

$\frac{x}{1,000^2}=\frac{100}{2,000^2}$,

$x=\left(\frac{1,000}{2,000}\right)^2\times 100=25$매

32. 지오이드에 대한 설명으로 옳은 것은?

① 육지 및 해저의 굴곡을 평균값으로 정한 면이다.
② 평균해수면을 육지 내부까지 연장했을 때의 가상적인 곡면이다.
③ 육지와 해양의 지평면을 말한다.
④ 회전타원체와 같은 것으로 지구형상이 되는 곡면이다.

■해설 평균 해수면을 육지까지 연장했을 때의 가상적 곡면

33. 도로의 노선측량에서 종단면도에 나타나지 않는 항목은?

① 각 관측점에서의 계획고
② 각 관측점의 기점으로부터의 누적거리
③ 지반고와 계획고에 대한 성토, 절토량
④ 각 관측점의 지반고

■해설 종단면도 기재사항
㉠ 측점
㉡ 거리, 누가 거리
㉢ 지반고, 계획고
㉣ 성토고, 절토고
㉤ 구매

34. 하천측량을 실시할 경우 수애선의 기준이 되는 것은?

① 고수위 ② 평수위
③ 갈수위 ④ 홍수위

■해설 수애선은 하천경계의 기준이며 평균 평수위를 기준으로 한다.

35. 시간과 경비가 많이 들고 조건식 수가 많아 조정이 복잡하지만 정확도가 높은 삼각망은?

① 단열삼각망 ② 유심삼각망
③ 사변형 삼각망 ④ 단삼각망

■해설 ㉠ 사변형 망은 정밀도가 가장 높으나 조정이 복잡하고 시간과 경비가 많이 소요된다.
㉡ 삼각망의 정밀도는 사변형 > 유심 > 단열 순이다.

36. 유속측량 장소의 선정 시 고려하여야 할 사항으로 옳지 않은 것은?

① 가급적 수위의 변화가 뚜렷한 곳이어야 한다.
② 직류부로서 흐름과 하상경사가 일정하여야 한다.
③ 수위 변화에 횡단 형상이 급변하지 않아야 한다.
④ 관측 장소의 상·하류의 유로가 일정한 단면을 갖고 있으며 관측이 편리하여야 한다.

■해설 잔류 및 역류가 없고, 수위 변화가 적은 곳이어야 한다.

37. 도로와 철도의 노선 선정 시 고려해야 할 사항에 대한 설명으로 옳지 않은 것은?

① 성토를 절토보다 많게 해야 한다.
② 가급적 급경사 노선은 피하는 것이 좋다.
③ 기존 시설물의 이전비용 등을 고려한다.
④ 건설비·유지비가 적게 드는 노선이어야 한다.

■해설 ㉠ 노선 선정 시 가능한 한 직선으로 하며 경사는 완만하게 한다.
㉡ 절성토량이 같고 절토의 운반거리를 짧게 한다.
㉢ 배수가 잘 되는 곳을 선정한다.

38. 초점길이 150mm인 카메라로 촬영고도 3,000m에서 촬영하였다. 이때의 촬영기선길이가 1,920m이라면 종중복도는?(단, 사진의 크기 23cm×23cm)

① 50% ② 58%
③ 60% ④ 65%

■해설 ㉠ $b_0=\dfrac{B}{m}=a\left(1-\dfrac{P}{100}\right)$, $\dfrac{1}{m}=\dfrac{f}{H}$

㉡ $m=20,000$, $b_0=\dfrac{1,920}{20,000}=0.096\text{m}$

㉢ $P=\left(1-\dfrac{b_0}{a}\right)\times 100$

$=\left(1-\dfrac{9.6}{23}\right)\times 100=58.2\%$

39. 그림과 같은 지역의 면적은?

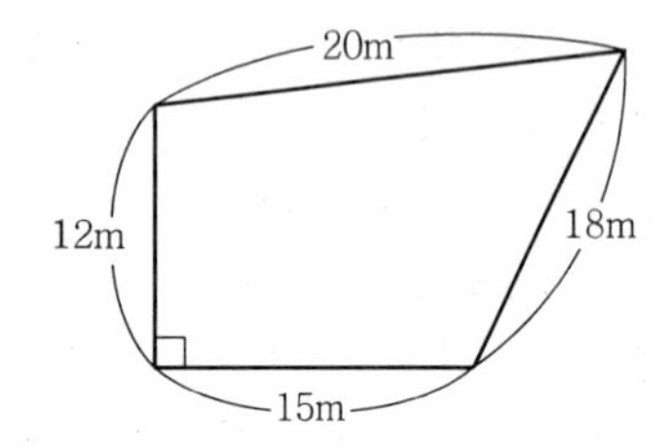

① 246.5m² ② 268.4m²
③ 275.2m² ④ 288.9m²

■해설

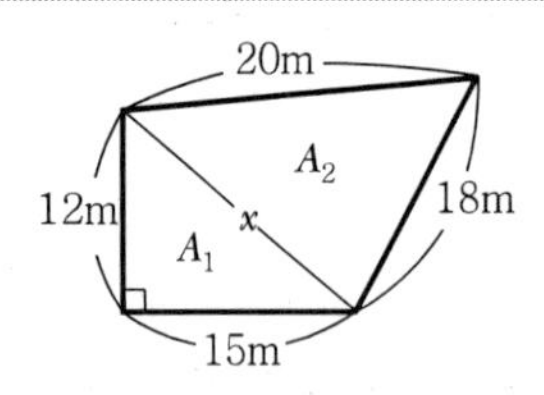

- $A_1=\dfrac{1}{2}\times 12\times 15=90\text{m}^2$
- $x=\sqrt{12^2+15^2}=19.209\text{m}\fallingdotseq 19.21\text{m}$
- A_2는 헤론의 공식 이용

$S=\dfrac{a+b+x}{2}=\dfrac{20+18+19.21}{2}$

$=28.605\text{m}$

$A_2=\sqrt{(S(S-a)(S-b)(S-x))}$

$=\sqrt{(28.605\cdot(28.605-20)\cdot(28.605-18)\cdot(28.605-19.21)}$

$=156.603\text{m}^2$

- $A=A_1+A_2=90+156.603=246.6\text{m}^2$

$\fallingdotseq 246.5\text{m}^2$

40. 1회 관측에서 ±3mm의 우연오차가 발생하였다. 10회 관측하였을 때의 우연오차는?

① ±3.3mm ② ±0.3mm
③ ±9.5mm ④ ±30.2mm

■해설 $E=\pm\delta\sqrt{n}=\pm 3\sqrt{10}=\pm 9.5\text{mm}$

제3과목 수리수문학

41. 초속 V_o의 사출수가 도달하는 수평 최대거리는?

① 최대연직높이의 1.2배이다.
② 최대연직높이의 1.5배이다.
③ 최대연직높이의 2.0배이다.
④ 최대연직높이의 3.0배이다.

■해설 사출수의 도달거리

㉠ 수평거리

$L=\dfrac{V_o^2\sin 2\theta}{g}$

㉡ 연직거리

$H=\dfrac{V_o^2\sin^2\theta}{2g}$

㉢ 최대수평거리와 최대연직거리의 관계

- 최대수평거리는 $\theta=45°$일 때이므로

$L_{\max}=\dfrac{V_o^2}{g}$

- 최대연직거리는 $\theta=90°$일 때이므로

$H_{\max}=\dfrac{V_o^2}{2g}$

$\therefore\ L_{\max}=2H_{\max}$

42. 지하대수층에서의 지하수 흐름에 대하여 Darcy 법칙을 적용하기 위한 가정으로 옳지 않은 것은?

① 수식의 속도는 지하대수층 내의 실제 흐름속도를 의미한다.
② 다공층을 구성하고 있는 물질의 특성이 균일하고 동질이라 가정한다.
③ 지하수 흐름이 정상류이며 또한 층류로 가정한다.
④ 대수층 내에 모관수대가 존재하지 않는다고 가정한다.

■해설 Darcy의 법칙

㉠ Darcy의 법칙

- $V=K\cdot I=K\cdot\dfrac{h_L}{L}$
- $Q=A\cdot V=A\cdot K\cdot I=A\cdot K\cdot\dfrac{h_L}{L}$

∴ Darcy의 법칙은 지하수 유속은 동수경사에 비례한다는 것이다.

 |해답| 39.① 40.③ 41.③ 42.①

㉡ 특징
- 수식의 평균속도는 지하대수층 내의 평균흐름속도를 의미한다.
- 다공층을 구성하고 있는 물질의 특성은 균일하고 동질이라 가정한다.
- 투수계수의 차원은 동수경사가 무차원이므로 속도의 차원[LT^{-1}]과 동일하다.
- Darcy의 법칙은 정상류흐름의 층류에만 적용된다.(특히, $R_e<4$일 때 잘 적용된다.)
- 대수층 내에서 모관수대는 존재하지 않는다고 가정한다.

43. 다음 설명 중 옳지 않은 것은?

① 유선이란 임의 순간에 각 점의 속도벡터에 접하는 곡선이다.

② 유관이란 개방된 곡선을 통과하는 유선으로 이루어진 평면을 말한다.

③ 흐름이 층류일 때 뉴턴의 점성법칙을 적용할 수 있다.

④ 정상류란 한 점에서 흐름의 특성이 시간에 따라 변하지 않는 흐름이다.

해설 유관
여러 개의 유선이 모여 만들어진 하나의 가상 관을 유관(stream tube)이라 한다.

44. 그림과 같이 단면적이 A_1, A_2인 두 관이 연결되어 있고 관 내 두 점의 수두차가 H일 때 유량을 계산하는 식은?

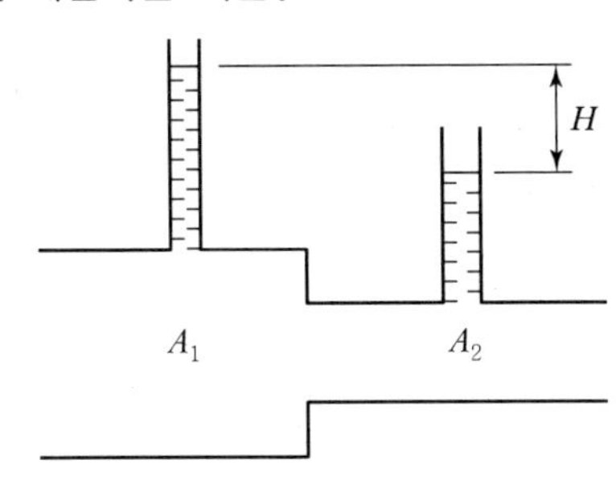

① $Q=\dfrac{A_1-A_2}{\sqrt{A_1^2-A_2^2}}\sqrt{2gH}$

② $Q=\dfrac{A_1\cdot A_2}{\sqrt{A_1^2+A_2^2}}\sqrt{2gH}$

③ $Q=\dfrac{A_1-A_2}{\sqrt{A_1^2+A_2^2}}\sqrt{2gH}$

④ $Q=\dfrac{A_1\cdot A_2}{\sqrt{A_1^2-A_2^2}}\sqrt{2gH}$

해설 벤투리미터
관 내 축소부를 두어 축소 전과 후의 압력차를 측정하여 유량을 구하는 관수로 유량측정장치

$$Q=\frac{A_1A_2}{\sqrt{A_1^2-A_2^2}}\sqrt{2gH}$$

여기서, A_1 : 축소 전의 단면적
A_2 : 축소 후의 단면적
H : 압력차(수두)

45. 관망의 유량을 계산하는 방법인 Hardy-Cross의 방법에서 가정조건이 아닌 것은?

① 분기점에서 유입하는 유량은 그 점에서 정지하지 않고 전부 유출한다.

② 각 폐합관에서 시계방향 또는 반시계방향으로 흐르는 관로의 손실수두의 합은 0이다.

③ 합류점에 유입하는 유량은 그 점에서 정지하지 않고 전부 유출한다.

④ 보정유량 ΔQ는 크기와 상관없이 균등하게 배분하여 유량을 결정한다.

해설 Hardy-Cross의 시행착오법
Hardy-Cross의 시행착오법을 적용하기 위해서 다음의 가정을 따른다.
- 각 관에 유입된 유량은 그 관에 정지하지 않고 모두 유출된다.
- 각 폐합관의 손실수두의 합은 0이다.
- 마찰 이외의 손실은 무시한다.

46. 동수경사선(hydraulic grade line)에 대한 설명으로 옳은 것은?

① 위치수두를 연결한 선이다.

② 속도수두와 위치수두를 합해 연결한 선이다.

③ 압력수두와 위치수두를 합해 연결한 선이다.

④ 전수두를 연결한 선이다.

■해설 동수경사선 및 에너지선

㉠ 위치수두와 압력수두의 합을 연결한 선을 동수경사선이라 하며, 일명 동수구배선, 수두경사선, 압력선이라고도 부른다.

∴ 동수경사선은 $\frac{P}{w_o}+Z$를 연결한 값이다.

㉡ 총 수두(위치수두+압력수두+속도수두)를 연결한선을 에너지선이라 한다.

47. 길이 130m인 관로에서 양단의 압력수두차가 8m가 되도록 하고 0.3m³/s의 물을 송수하기 위한 관의 직경은?(단, 관로의 마찰손실계수는 0.03이다.)

① 43.0cm ② 32.5cm
③ 30.3cm ④ 25.4cm

■해설 마찰손실수두

㉠ 마찰손실수두

$$h_L=f\frac{l}{D}\frac{V^2}{2g}$$

㉡ 직경을 산정하기 위한 공식

$$h_L=f\frac{l}{D}\frac{1}{2g}\left(\frac{Q}{A}\right)^2$$

$$\therefore\ h_L=\frac{8flQ^2}{g\pi^2D^5}$$

$$\therefore\ D=\left(\frac{8flQ^2}{g\pi^2h_L}\right)^{\frac{1}{5}}=\left(\frac{8\times0.03\times130\times0.3^2}{9.8\times\pi^2\times8}\right)^{\frac{1}{5}}$$

$$=0.325\text{m}=32.5\text{cm}$$

48. 그림과 같은 수중오리피스에서 오리피스 단면적이 30cm²일 때 유출량은?(단, 유량계수 $C=0.6$)

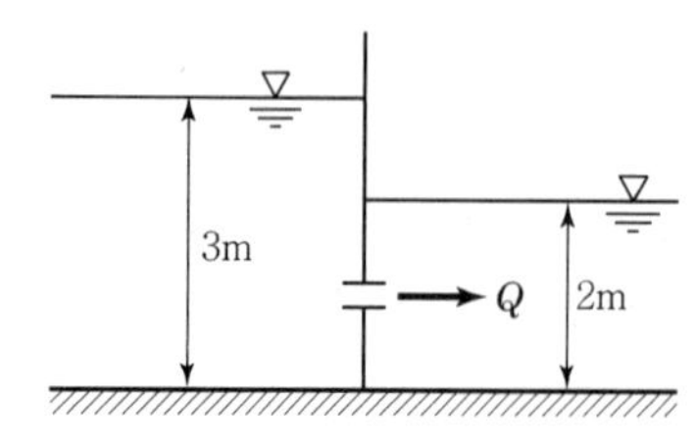

① 13.7L/s ② 12.5L/s
③ 10.2L/s ④ 8.0L/s

■해설 완전수중오리피스

㉠ 완전수중오리피스

- $Q=CA\sqrt{2gH}$
- $H=h_1-h_2$

㉡ 완전수중오리피스의 유량계산

$$Q=CA\sqrt{2gH}$$
$$=0.6\times(30\times10^{-4})\times\sqrt{2\times9.8\times(3-2)}$$
$$=8.0\times10^{-3}\text{m}^3/\text{sec}$$
$$=8\text{L/s}$$

49. 물의 점성계수(Coefficient of Viscosity)에 대한 설명 중 옳은 것은?

① 수온에서 관계없이 점성계수는 일정하다.
② 점성계수와 동점성계수는 반비례한다.
③ 수온이 낮을수록 점성계수는 크다.
④ 4℃에서의 점성계수가 가장 크다.

■해설 점성계수

㉠ 점성계수는 온도 0℃에서 최댓값을 가지며 온도가 상승하면 그 값은 작아진다.

㉡ 동점성계수 : 점성계수를 밀도로 나눈 값을 동점성계수라고 한다.

$$\nu=\frac{\mu}{\rho}$$

∴ 점성계수와 동점성계수는 비례한다.

50. 한계류에 대한 설명으로 옳은 것은?

① 유속의 허용한계를 초과하는 흐름
② 유속과 장파의 전파속도의 크기가 동일한 흐름
③ 유속이 빠르고 수심이 작은 흐름
④ 동압력이 정압력보다 큰 흐름

■해설 한계류

다음과 같은 흐름이 한계류가 되기 위한 조건이다.

- 흐름의 유속이 한계유속을 초과하는 흐름 $(V>V_c)$
- 유속과 장파의 전파속도의 크기가 동일한 흐름 $\left(F_r=\frac{V}{C}=1\right)$
- 유속이 한계유속보다 빠르고, 수심은 한계수심보다 적은 흐름

 |해답| 47.② 48.④ 49.③ 50.②

51. 다음 중 차원이 있는 것은?

① 조도계수 n ② 동수경사 I
③ 상대조도 e/D ④ 마찰손실계수 f

해설 차원
㉠ 물리량의 크기를 힘[F], 질량[M], 시간[T], 길이[L]의 지수형태로 표기한 것
㉡ 동수경사, 상대조도, 마찰손실계수는 무차원이고 조도계수는 $[TL^{-\frac{1}{3}}]$의 차원을 갖는다.

52. 유체 내부 임의의 점(x, y, z)에서의 시간 t에 대한 속도성분을 각각 u, v, w로 표시할 때 정류이며 비압축성인 유체에 대한 연속방정식으로 옳은 것은?(단, ρ는 유체의 밀도이다.)

① $\dfrac{\partial u}{\partial x}+\dfrac{\partial v}{\partial y}+\dfrac{\partial w}{\partial z}=0$
② $\dfrac{\partial \rho u}{\partial x}+\dfrac{\partial \rho v}{\partial y}+\dfrac{\partial \rho w}{\partial z}=0$
③ $\dfrac{\partial \rho}{\partial t}+\rho\left(\dfrac{\partial u}{\partial x}+\dfrac{\partial v}{\partial y}+\dfrac{\partial w}{\partial z}\right)=0$
④ $\dfrac{\partial \rho}{\partial t}+\dfrac{\partial(\rho u)}{\partial x}+\dfrac{\partial(\rho v)}{\partial y}+\dfrac{\partial(\rho w)}{\partial z}=0$

해설 3차원 연속방정식
㉠ 3차원 부정류 비압축성 유체의 연속방정식
$$\frac{\partial(\rho u)}{\partial x}+\frac{\partial(\rho v)}{\partial y}+\frac{\partial(\rho w)}{\partial z}=-\frac{\partial \rho}{\partial t}$$
㉡ 3차원 비압축성 정류의 연속방정식
- 정류 : $\dfrac{\partial \rho}{\partial t}=0$
- 비압축성 : ρ=일정(생략 가능)

$\therefore \dfrac{\partial u}{\partial x}+\dfrac{\partial v}{\partial y}+\dfrac{\partial w}{\partial z}=0$

53. 원형 관수로의 흐름에서 레이놀즈수(R_e)를 유량 Q, 지름 d 및 동점성계수 ν의 함수로 표시한 것으로 옳은 것은?

① $R_e=\dfrac{4Q}{\pi d\nu}$ ② $R_e=\dfrac{Q}{4\pi d\nu}$
③ $R_e=\dfrac{\pi\nu}{Qd}$ ④ $R_e=\dfrac{\pi d}{\nu Q}$

해설 흐름의 상태
㉠ 레이놀즈수
$$R_e=\frac{Vd}{\nu}$$
여기서, V : 유속
d : 관의 직경
ν : 동점성계수
㉡ 풀이
$$R_e=\frac{Vd}{\nu}=\frac{d}{\nu}\frac{Q}{A}=\frac{4Q}{\pi d\nu}$$

54. 개수로의 흐름에서 등류의 흐름일 때 옳은 것은?

① 유속은 점점 빨라진다.
② 유속은 점점 늦어진다.
③ 유속은 일정하게 유지된다.
④ 유속은 0이다.

해설 흐름의 분류
㉠ 정류와 부정류 : 시간에 따른 흐름의 특성이 변하지 않는 경우를 정류, 변하는 경우를 부정류라 한다.
- 정류 : $\dfrac{\partial v}{\partial t}=0,\ \dfrac{\partial p}{\partial t}=0,\ \dfrac{\partial \rho}{\partial t}=0$
- 부정류 : $\dfrac{\partial v}{\partial t}\neq 0,\ \dfrac{\partial p}{\partial t}\neq 0,\ \dfrac{\partial \rho}{\partial t}\neq 0$

㉡ 등류와 부등류 : 공간에 따른 흐름의 특성이 변하지 않는 경우를 등류, 변하는 경우를 부등류라 한다.
- 등류 : $\dfrac{\partial Q}{\partial l}=0,\ \dfrac{\partial v}{\partial l}=0,\ \dfrac{\partial h}{\partial l}=0$
- 부등류 : $\dfrac{\partial Q}{\partial l}\neq 0,\ \dfrac{\partial v}{\partial l}\neq 0,\ \dfrac{\partial h}{\partial l}\neq 0$

∴ 등류는 공간을 기준으로 유속이 일정하게 유지되는 것을 말한다.

55. 투수계수가 0.1cm/s이고 지하수위의 동수경사가 1/10인 지하수 흐름의 속도는?

① 0.005cm/s ② 0.01cm/s
③ 0.5cm/s ④ 1cm/s

|해답| 51.① 52.① 53.① 54.③ 55.②

■해설 Darcy의 법칙

㉠ Darcy의 법칙

- $V=K\cdot I=K\cdot \frac{h_L}{L}$
- $Q=A\cdot V=A\cdot K\cdot I=A\cdot K\cdot \frac{h_L}{L}$

㉡ 유속의 산정

$V=K\cdot I=0.1\times 1/10=0.01\text{cm/s}$

56. 오리피스에서 유출되는 실제 유량을 계산하기 위한 수축계수 C_a로 옳은 것은?(단, a_0 : 수축 단면의 단면적, a : 오리피스의 단면적, V : 실제 유속, V_0 : 이론유속)

① $\frac{a}{a_0}$ ② $\frac{V_0}{V}$

③ $\frac{a_0}{a}$ ④ $\frac{V}{V_0}$

■해설 오리피스의 계수

㉠ 유속계수(C_v) : 실제유속과 이론유속의 차를 보정해주는 계수로, 실제유속과 이론유속의 비로 나타낸다.

C_v = 실제유속/이론유속 ≒ 0.97 ~ 0.99

㉡ 수축계수(C_a) : 수축단면적과 오리피스단면적의 차를 보정해주는 계수로 수축단면적과 오리피스단면적의 비로 나타낸다.

C_a = 수축 단면의 단면적/오리피스의 단면적 ≒ 0.64

$\therefore C_a=\frac{a_0}{a}$

㉢ 유량계수(C) : 실제유량과 이론유량의 차를 보정해주는 계수로 실제유량과 이론유량의 비로 나타낸다.

C = 실제유량/이론유량 = $C_a\times C_v$ ≒ 0.62

57. 부체(浮體)가 불안정해지는 조건에 대한 설명으로 옳은 것은?

① 부양면에 대한 단면 1차 모멘트가 클수록
② 부양면에 대한 단면 1차 모멘트가 작을수록
③ 부양면에 대한 단면 2차 모멘트가 클수록
④ 부양면에 대한 단면 2차 모멘트가 작을수록

■해설 부체의 안정조건

㉠ 경심(M)을 이용하는 방법

- 경심(M)이 중심(G)보다 위에 존재 : 안정
- 경심(M)이 중심(G)보다 아래에 존재 : 불안정

㉡ 경심고($\overline{MG}$)를 이용하는 방법

- $\overline{MG}=\overline{MC}-\overline{GC}$
- $\overline{MG}>0$: 안정
- $\overline{MG}<0$: 불안정

㉢ 경심고 일반식을 이용하는 방법

- $\overline{MG}=\frac{I}{V}-\overline{GC}$
- $\frac{I}{V}>\overline{GC}$: 안정
- $\frac{I}{V}<\overline{GC}$: 불안정

∴ 단면 2차 모멘트가 작을수록 부체는 불안정해진다.

58. 콘크리트 직사각형 수로 폭이 8m, 수심이 6m일 때 Chezy의 공식에서 유속계수(C)의 값은?(단, Manning의 조도계수 n=0.014이다.)

① 79 ② 83

③ 87 ④ 92

■해설 C와 n의 관계

㉠ C와 n의 관계

$C=\frac{1}{n}R^{\frac{1}{6}}$

㉡ C의 산정

경심 : $R=\frac{A}{P}=\frac{8\times 6}{8+6\times 2}=2.4\text{m}$

$\therefore C=\frac{1}{n}R^{\frac{1}{6}}=\frac{1}{0.014}\times 2.4^{\frac{1}{6}}=82.64=83$

59. 수압 98kPa(1kg/cm²)을 압력수두로 환산한 값으로 옳은 것은?

① 1m ② 10m

③ 100m ④ 1,000m

 |해답| 56.③ 57.④ 58.② 59.②

■ 해설 압력수두

㉠ 정압력

$P = wh$

㉡ 수두로 환산

$P = 1\text{kg/cm}^2 = 10\text{t/m}^2$

$\therefore h = \dfrac{P}{w} = \dfrac{10\text{t/m}^2}{1\text{t/m}^3} = 10\text{m}$

60. 개수로의 수면기울기가 1/1,200이고, 경심 0.85m, Chezy의 유속계수 56일 때 평균유속은?

① 1.19m/s ② 1.29m/s
③ 1.39m/s ④ 1.49m/s

■ 해설 Chezy 평균유속공식

㉠ Chezy 공식

$V = C\sqrt{RI}$

여기서, C : Chezy 유속계수
R : 경심
I : 동수경사

㉡ 유속의 산정

$V = C\sqrt{RI} = 56 \times \sqrt{0.85 \times 1/1,200} = 1.49\text{m/s}$

제4과목 철근콘크리트 및 강구조

61. 다음 중에서 프리스트레스 감소의 원인으로 거리가 먼 것은?

① 콘크리트의 건조 수축과 크리프
② 콘크리트의 탄성 변형
③ PS 강재의 릴랙세이션
④ PS 강재의 항복점 강도

■ 해설 ㉠ 즉시손실 : 정착단 활동, 마찰, 탄성 변형
㉡ 시간손실 : 크리프, 건조 수축, 릴랙세이션

62. 그림과 같은 인장을 받는 표준 갈고리에서 정착길이란 어느 것을 말하는가?

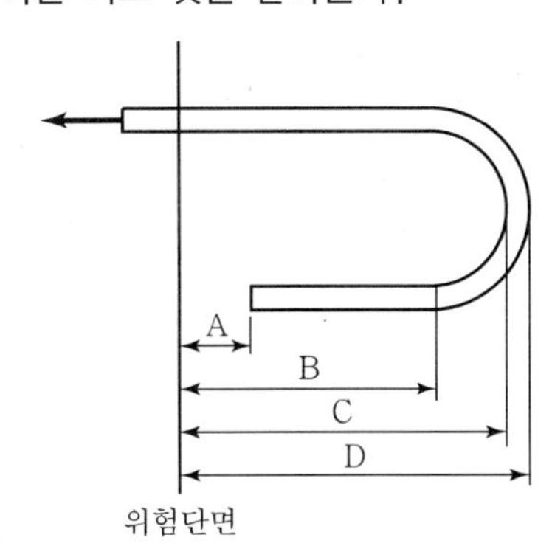

① A ② B
③ C ④ D

63. 보의 단면이 300×500mm인 직사각형이고, 1개당 100mm²의 단면적을 가지는 PS 강선 6개를 강선군의 도심과 부재단면의 도심축이 일치하도록 배치된 프리텐션 PC 보가 있다. 강선의 초긴장력이 1,000MPa일 때 콘크리트의 탄성 변형에 의한 프리스트레스의 감소량은?(단, $n=6$)

① 42MPa ② 36MPa
③ 30MPa ④ 24MPa

■ 해설

$$\Delta f_{pe} = nf_{cs} = n\frac{P_i}{A_g} = n\frac{A_p f_{pi}}{bh}$$

$$= 6 \times \frac{(6 \times 100) \times 1,000}{300 \times 500} = 24\text{MPa}$$

64. 강도설계법에서 휨모멘트 또는 휨모멘트와 축력을 동시에 받는 부재의 콘크리트 압축연단의 극한 변형률은 얼마로 가정하는가?

① 0.001 ② 0.002
③ 0.003 ④ 0.004

■ 해설 강도설계법에서 휨모멘트 또는 휨모멘트와 축력을 동시에 받는 부재의 콘크리트 압축연단의 극한 변형률은 0.003으로 가정한다.

65. 보에 작용하는 계수 전단력 V_u=50kN을 콘크리트만으로 지지할 경우 필요한 유효깊이 d의 최소값은 약 얼마인가?(단, b_w=350mm, f_{ck}=22MPa, f_y=400MPa)

① 326mm ② 488mm
③ 532mm ④ 550mm

■ 해설 $\frac{1}{2}\phi V_c \geq V_u$

$\frac{1}{2}\phi\left(\frac{1}{6}\sqrt{f_{ck}}\,b_w d\right) \geq V_u$

$d \geq \frac{12V_u}{\phi\sqrt{f_{ck}}\,b_w} = \frac{12\times(50\times10^3)}{0.75\times\sqrt{22}\times350} = 487.3\text{mm}$

66. 강도설계에서 f_{ck}=24MPa, f_y=280MPa을 사용하는 직사각형 단철근 보의 균형철근비는?

① 0.028 ② 0.034
③ 0.042 ④ 0.056

■ 해설 $\beta_1 = 0.85$($f_{ck} \leq 28$MPa인 경우)

$\rho_b = 0.85\beta_1 \frac{f_{ck}}{f_y}\frac{600}{600+f_y}$

$= 0.85\times0.85\times\frac{24}{280}\times\frac{600}{600+280} = 0.042$

67. 나선철근으로 보강된 철근콘크리트 부재의 강도감소계수(ϕ)는 얼마인가?(단, 압축지배단면인 경우)

① 0.80 ② 0.75
③ 0.70 ④ 0.65

■ 해설 압축지배단면 부재의 강도감소계수 ϕ의 값
㉠ 나선철근으로 보강된 부재의 경우, ϕ=0.70
㉡ 그 외 기타 부재의 경우, ϕ=0.65

68. 다음 중 강도설계법의 장단점을 설명한 것으로 틀린 것은?

① 파괴에 대한 안전도의 확보가 허용응력설계법보다 확실하다.
② 하중계수에 의하여 하중의 특성을 설계에 반영할 수 있다.
③ 서로 다른 재료의 특성을 설계에 합리적으로 반영할 수 있다.
④ 사용성 확보를 위해서 별도로 검토해야 하는 등 설계과정이 다소 복잡하다.

■ 해설 서로 다른 재료의 특성을 설계에 합리적으로 반영할 수 있는 것은 허용응력설계법의 장점이다.

69. 강판형의 경제적인 높이는 무엇에 의해 구해지는가?

① 지압력 ② 지간길이
③ 전단력 ④ 휨모멘트

■ 해설 강판형의 경제적인 높이는 휨모멘트에 의해서 결정된다.

70. 다음은 프리스트레스트 콘크리트에서 프리텐션 방식과 포스트텐션 방식의 장점을 열거한 것이다. 옳지 않은 것은?

① 프리텐션 방식은 일반적으로 공장에서 제조되므로 제품의 품질에 대한 신뢰도가 높다.
② 프리텐션 방식은 PS 강재를 곡선으로 배치하기가 쉬워서 대형 부재 제작에도 작합하다.
③ 프리텐션 방식은 같은 모양과 치수의 프리캐스트 부재를 대량으로 제조할 수 있다.
④ 포스트텐션 방식은 프리캐스트 PSC 부재의 결합과 조립에 편리하게 이용된다.

■ 해설 프리텐션 방식은 콘크리트 타설 전에 PS 강재를 긴장하므로 PS 강재를 곡선으로 배치하기 어렵다.

71. 아래의 표에서 설명하는 철근은?

보의 주철근을 둘러싸고 이에 직각이 되게 또는 경사지게 배치한 복부보강근으로서 전단력 및 비틀림모멘트에 저항하도록 배치한 보강철근

① 주철근 ② 온도철근
③ 배력철근 ④ 스터럽

 |해답| 65.② 66.③ 67.③ 68.③ 69.④ 70.② 71.④

72. 그림과 같이 인장력을 받는 두 강판을 볼트로 연결할 경우 발생할 수 있는 파괴모드(Failure Mode)가 아닌 것은?

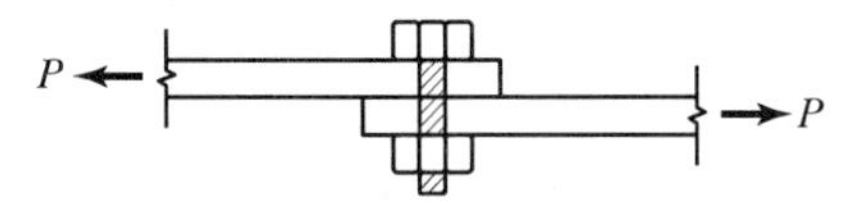

① 볼트의 전단파괴 ② 볼트의 인장파괴
③ 볼트의 지압파괴 ④ 강판의 지압파괴

해설 볼트의 파괴형태
㉠ 볼트의 전단파괴
㉡ 볼트의 지압파괴
㉢ 볼트의 할렬파괴

73. 강도설계법으로 보를 설계할 때 고정하중과 활하중이 각각 80kN/m, 100kN/m라면, 하중계수 및 하중조합을 고려한 설계하중은?

① 180kN/m ② 214kN/m
③ 256kN/m ④ 282kN/m

해설 $U=1.2D+1.6L$
$=(1.2\times80)+(1.6\times100)=256\text{kN/m}$

74. 아래 그림과 같은 리벳 이음에서 허용 전단응력이 70MPa이고, 허용 지압응력이 150MPa일 때 이 리벳의 강도는?(단, 리벳 지름 $d=22$mm, 철판 두께 $t=12$mm)

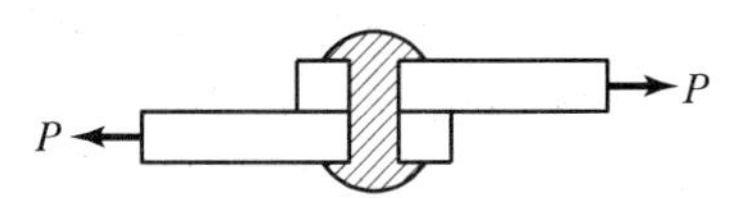

① 26.6kN ② 30.4kN
③ 39.6kN ④ 42.2kN

해설 ㉠ 허용전단력
$$P_{Rs}=v_a\cdot\left(\frac{\pi d^2}{4}\right)=70\times\left(\frac{\pi\times22^2}{4}\right)$$
$$=26.6\times10^3\text{N}=26.6\text{kN}$$
㉡ 허용지압력
$$P_{Rb}=f_{ba}(dt)=150\times(22\times12)$$
$$=39.6\times10^3\text{N}=39.6\text{kN}$$
㉢ 리벳강도
$$P_R=[P_{Rs},\ P_{Rb}]_{\min}=26.6\text{kN}$$

75. 아래 그림과 같은 띠철근 기둥에서 띠철근으로 D10(공칭지름 9.5mm) 및 축방향 철근으로 D32(공칭지름 31.8mm)의 철근을 사용할 때, 띠철근의 최대 수직간격은?

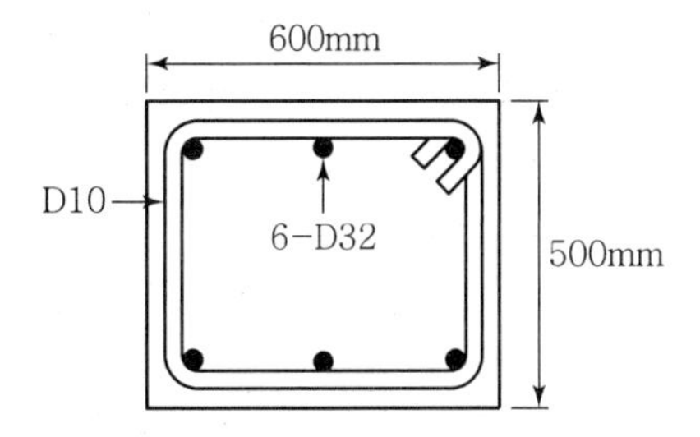

① 450mm ② 456mm
③ 500mm ④ 509mm

해설 띠철근 기둥에서 띠철근의 간격
㉠ 축방향 철근 지름의 16배 이하=31.8×16=508.8 mm 이하
㉡ 띠철근 지름의 48배 이하=9.5×48=456mm 이하
㉢ 기둥 단면의 최소 치수 이하=500mm 이하
따라서, 띠철근의 간격은 최소값인 456mm 이하라야 한다.

76. 아래 그림과 같은 T형 보에 정모멘트가 작용할 때 다음 설명 중 옳은 것은?(단, $f_{ck}=24$MPa, $f_y=400$MPa, $A_s=5{,}000\text{mm}^2$)

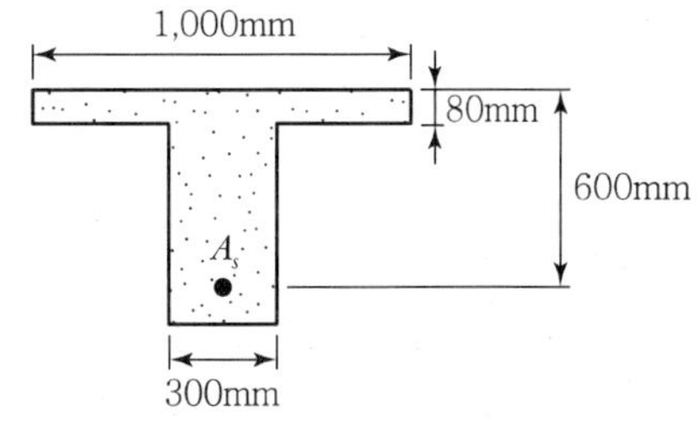

① 등가직사각형 응력블록의 깊이(a)가 80mm인 복철근보로 설계한다.
② 폭이 1,000mm인 직사각형 보로 설계한다.
③ 폭이 300mm인 직사각형 보로 설계한다.
④ T형 보로 설계한다.

해설 • 폭이 1000mm인 직사각형 단면보에 대한 등가사각형 깊이
$$a=\frac{f_yA_s}{0.85f_{ck}b}=\frac{400\times5{,}000}{0.85\times24\times1{,}000}=98\text{mm}$$

- $t_f = 80\text{mm}$
- $a > t_f$이므로 T형 보로 설계한다.

77. 철근콘크리트 부재 설계에서 강도감소계수(ϕ)를 사용하는 이유에 해당하지 않는 것은?

① 설계방정식을 적용 중 계산오차 및 오류에 대비한 여유
② 재료 강도와 치수가 변동할 수 있으므로 부재의 강도 저하 확률에 대비
③ 부정확한 설계 방정식에 대비한 여유
④ 구조물에서 차지하는 부재의 중요도 등을 반영

해설 설계방정식을 적용함에 있어서 발생하는 계산오차 및 오류에 대비하기 위하여 강도감소계수를 사용하지 않는다.

78. $b_w = 400\text{mm}$, $d = 600\text{mm}$인 단철근 직사각형 보에 $A_s = 3{,}320\text{mm}^2$인 철근을 일렬로 배치했을 때 직사각형 응력블록의 깊이(a)는?(단, $f_{ck} = 21\text{MPa}$, $f_y = 400\text{MPa}$)

① 186mm ② 194mm
③ 201mm ④ 213mm

해설 $a = \dfrac{f_y A_s}{0.85 f_{ck} b} = \dfrac{400 \times 3{,}320}{0.85 \times 21 \times 400} = 186\text{mm}$

79. 아래 그림과 같은 단순보에서 등가직사각형 응력블록의 깊이(a)가 152.94mm이었다면, 최외단 인장철근의 순인장 변형률(ε_t)은?(단, $f_{ck} = 28\text{MPa}$, $f_y = 400\text{MPa}$)

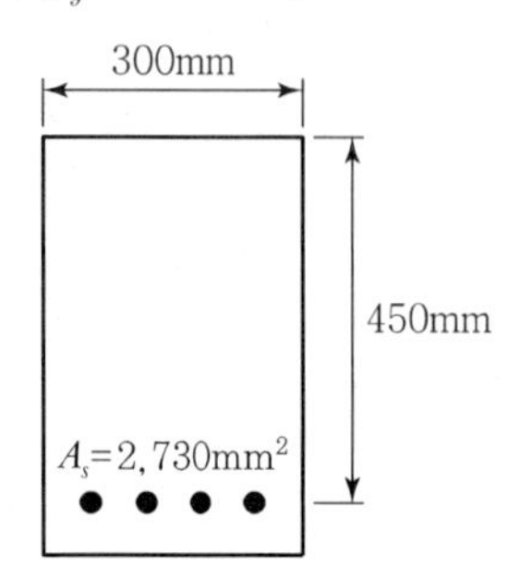

① 0.0035 ② 0.004
③ 0.0045 ④ 0.005

해설 $\beta_1 = 0.85\,(f_{ck} \le 28\text{MPa}$인 경우$)$

$$\varepsilon_t = \frac{d_t \beta_1 - a}{a}$$

$$\varepsilon_c = \frac{450 \times 0.85 - 152.94}{152.94} \times 0.003 = 0.0045$$

80. 경간 $l = 10\text{m}$인 대칭 T형 보에서 양쪽 슬래브의 중심간격 2,100mm, 플랜지의 두께 $t = 100\text{mm}$, 플랜지가 있는 부재의 복부폭 $b_w = 400\text{mm}$일 때 플랜지의 유효폭은 얼마인가?

① 2,000mm ② 2,100mm
③ 2,300mm ④ 2,500mm

해설 T형 보(대칭 T형 보)에서 플랜지의 유효폭(b_e)

㉠ $16t_f + b_w = (16 \times 100) + 400 = 2{,}000\text{mm}$
㉡ 양쪽 슬래브의 중심 간 거리(l_c) $= 2{,}100\text{mm}$
㉢ 보 경간의 $\dfrac{1}{4}\left(\dfrac{l}{4}\right) = \dfrac{1}{4} \times (10 \times 10^3) = 2{,}500\text{mm}$

위 값 중에서 최소값을 취하면 $b_e = 2{,}000\text{mm}$이다.

제5과목 토질 및 기초

81. 미세한 모래와 실트가 작은 아치를 형성한 고리모양의 구조로서 간극비가 크고, 보통의 정적 하중을 지탱할 수 있으나 무거운 하중 또는 충격하중을 받으면 흙구조가 부서지고 큰 침하가 발생되는 흙의 구조는?

① 면모구조 ② 벌집구조
③ 분산구조 ④ 단립구조

해설 벌집(봉소) 구조

㉠ 미세한 모래와 실트가 작은 아치를 형성한 고리 모양의 구조
㉡ 간극비가 크고 충격에 약함

 |해답| 77.① 78.① 79.③ 80.① 81.②

82. 다음의 토질시험 중 투수계수를 구하는 시험이 아닌 것은?

① 다짐시험 ② 변수두 투수시험
③ 압밀시험 ④ 정수두 투수시험

해설 투수계수(k) 측정
㉠ 정수위 투수시험(조립토에 적용)
㉡ 변수위 투수시험(세립토에 적용)
㉢ 압밀시험(불투수성 흙에 적용)

83. 압밀에 걸리는 시간을 구하는 데 관계가 없는 것은?

① 배수층의 길이 ② 압밀계수
③ 유효응력 ④ 시간계수

해설 $t = \frac{T_v \cdot H^2}{C_v}$

여기서, T_v : 시간계수
H : 배수거리
C_v : 압밀계수

84. 다음 중 얕은 기초는?

① Footing 기초 ② 말뚝 기초
③ Caisson 기초 ④ Pier 기초

해설 깊은 기초
㉠ 말뚝기초
㉡ 피어기초
㉢ 케이슨기초

85. 유선망을 작도하는 주된 목적은?

① 침하량의 결정 ② 전단강도의 결정
③ 침투수량의 결정 ④ 지지력의 결정

해설 유선망 작도 목적
㉠ 침투수량 결정
㉡ 간극수압 결정
㉢ 동수경사 결정

86. 절편법에 의한 사면의 안정 해석 시 가장 먼저 결정되어야 할 사항은?

① 가상활동면
② 절편의 중량
③ 활동면 상의 점착력
④ 활동면 상의 내부마찰각

해설 절편법(분할법)에 의한 사면 안정 해석 시 가장 먼저 고려해야 할 사항은 가상활동면의 결정이다.

87. 다음 중 지지력이 약한 지반에서 가장 적합한 기초형식은?

① 독립확대기초 ② 전면기초
③ 복합확대기초 ④ 연속확대기초

해설 전면(mat)기초
㉠ 건물의 전체를 한 장의 슬래브로 지지한 기초
㉡ 지지력이 가장 약한 지반에 적합

88. 랭킨 토압론의 가정으로 틀린 것은?

① 흙은 비압축성이고 균질이다.
② 지표면은 무한이 넓다.
③ 흙은 입자 간의 마찰에 의하여 평형조건을 유지한다.
④ 토압은 지표면에 수직으로 작용한다.

해설 토압은 지표면에 평행하게 작용한다.

89. 점토 지반에서 직경 30cm의 평판재하시험 결과 30t/m²의 압력이 작용할 때 침하량이 5mm라면, 직경 1.5m의 실제 기초에 30t/m²의 하중이 작용할 때 침하량의 크기는?

① 2mm ② 5mm
③ 14mm ④ 25mm

해설 점토 지반에서 침하량은 재하판 폭에 비례
$0.3\text{m} : 5\text{mm} = 1.5\text{m} : x$
$\therefore\ x = 25\text{mm}$

90. 흙을 다지면 기대되는 효과로 거리가 먼 것은?

① 강도 증가
② 투수성 감소
③ 과도한 침하 방지
④ 함수비 감소

■해설 흙의 다짐효과
- 투수성 감소
- 압축성 감소
- 흡수성 감소
- 전단강도 및 지지력 증가
- 부착력 및 밀도 증가

91. 흙의 일축압축시험에 관한 설명 중 틀린 것은?

① 내부 마찰각이 적은 점토질의 흙에 주로 적용된다.
② 축방향으로만 압축하여 흙을 파괴시키는 것이므로 $\sigma_3=0$일 때의 삼축압축시험이라고 할 수 있다.
③ 압밀비배수(CU)시험 조건이므로 시험이 비교적 간단하다.
④ 흙의 내부마찰각 ϕ는 공시체 파괴면과 최대 주응력면 사이에 이루는 각 θ를 측정하여 구한다.

■해설 일축압축시험은 전단 시 배수조건을 조절할 수 없으므로 항상 비압밀 비배수(UU) 조건에서만 적용 가능하다.

92. 다음 그림에서 점토 중앙 단면에 작용하는 유효압력은?

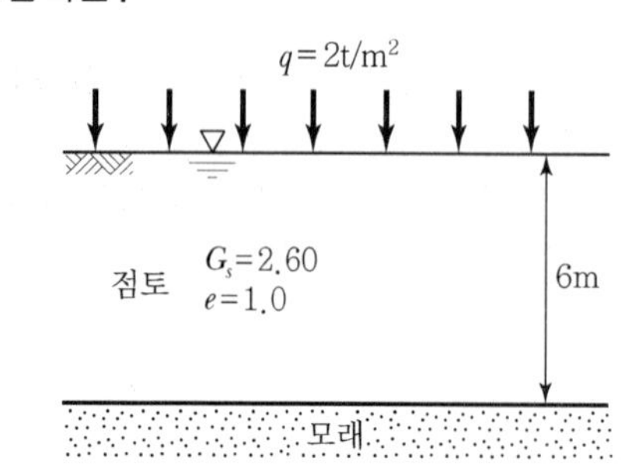

① 1.2t/m^2　② 2.5t/m^2
③ 2.8t/m^2　④ 4.4t/m^2

■해설 중앙 단면에 작용하는 유효압력

$$\sigma'=\gamma_{sub}\cdot z+q$$
$$=\left(\frac{G_s-1}{1+e}\gamma_w\right)\times z+q$$
$$=\left(\frac{2.60-1}{1+1}\times 1\right)\times\frac{6}{2}+2\Big\}$$
$$=4.4\text{t/m}^2$$

93. 얕은 기초의 근입심도를 깊게 하면 일반적으로 기초지반의 지지력은?

① 증가한다.
② 감소한다.
③ 변화가 없다.
④ 증가할 수도 있고, 감소할 수도 있다.

■해설 근입심도(D_f)가 깊으면 기초 지반의 지지력은 증가한다.

94. 전단시험법 중 간극수압을 측정하여 유효응력으로 정리하면 압밀배수시험(CD-test)과 거의 같은 전단상수를 얻을 수 있는 시험법은?

① 비압밀 비배수시험(UU-test)
② 직접전단시험
③ 압밀 비배수시험(CU-test)
④ 일축압축시험(q_u-test)

■해설 간극수압을 측정한 압밀 비배수시험

시험방법	특징
간극수압의 측정결과를 이용하여 유효응력으로 강도정수(c', ϕ')를 구함	• 전단시험 시간의 절약을 위해 CU-test에서 전단 파괴 시 시료의 간극수압을 측정한다. • 전단 파괴 시 시료에 가한 전응력을 유효응력으로 환산하면 CD-test의 효과를 얻을 수 있다.

95. 그림과 같은 지반에서 깊이 5m 지점에서의 전단강도는?(단, 내무마찰각은 35°, 점착력은 0이다.)

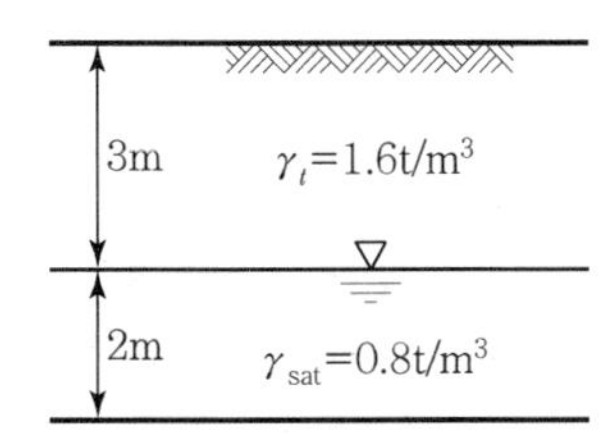

① 3.2t/m² ② 3.8t/m²
③ 4.5t/m² ④ 6.3t/m²

■해설 깊이 5m 지점에서의 전단강도(S, τ_f)

$S(\tau_f) = c + \sigma' \tan\phi$

㉠ $c = 0$

㉡ 깊이 5m에서의 유효응력(σ')

$\sigma' = (1.6\times3) + (0.8\times2) = 6.4$

$\therefore\ S(\tau_f) = c + \sigma'\tan\phi$

$= 0 + 6.4\tan35° = 4.5\text{t/m}^2$

96. 흙의 다짐에 대한 설명으로 틀린 것은?

① 사질토의 최대 건조단위중량은 점성토의 최대 건조단위중량보다 크다.
② 점성토의 최적함수비는 사질토의 최적함수비보다 크다.
③ 영공기 간극곡선은 다짐곡선과 교차할 수 없고, 항상 다짐곡선의 우측에만 위치한다.
④ 유기질 성분을 많이 포함할수록 흙의 최대 건조단위중량과 최적함수비는 감소한다.

■해설 유기질 성분을 많이 포함할수록 $\gamma_{d\max}$(최대 건조단위중량)는 증가하고 OMC(최적함수비)는 감소한다.

97. 어떤 흙의 습윤단위중량(γ_t)은 2.0t/m³이고, 함수비는 18%이다. 이 흙의 건조단위중량(γ_d)은?

① 1.61t/m³ ② 1.69t/m³
③ 1.75t/m³ ④ 1.84t/m³

■해설 $\gamma_d = \dfrac{\gamma_t}{1+\omega} = \dfrac{2.0}{1+0.18} = 1.69\text{t/m}^3$

98. 동수경사(i)의 차원은?

① 무차원이다.
② 길이의 차원을 갖는다.
③ 속도의 차원을 갖는다.
④ 면적과 같은 차원이다.

■해설 동수경사$(i) = \dfrac{h}{L}$ (차원은 무차원)

99. Rod에 붙인 어떤 저항체를 지중에 넣어 타격관입, 인발 및 회전할 때의 저항으로 흙의 전단강도 등을 측정하는 원위치 시험을 무엇이라 하는가?

① 보링(Boring)
② 사운딩(Sounding)
③ 시료채취(Sampling)
④ 비파괴 시험(NDT)

■해설 사운딩

개요	사운딩
Rod 끝에 설치한 저항체를 지중에 삽입하여 관입, 회전, 인발 등의 저항으로 토층의 물리적 성질과 상태를 탐사하는 것	• 정적 사운딩 • 동적 사운딩

100. 다음 시험 중 흐트러진 시료를 이용한 시험은?

① 전단강도시험
② 압밀시험
③ 투수시험
④ 애터버그 한계시험

■해설 흙의 애터버그 한계는 함수비로 표시하며, 흐트러진 시료를 이용한다.

제6과목 상하수도공학

101. 하천이나 호소에서 부영향화(Eutrophication)의 주된 원인 물질은?

① 질소 및 인
② 탄소 및 유황
③ 중금속
④ 염소 및 질산화물

해설 부영양화

㉠ 가정하수, 공장폐수 등이 하천이나 호수에 유입되었을 때 질소(N)나 인(P)과 같은 영양염류 농도가 증가된다. 이로 인해 조류 및 식물성 플랑크톤이 과도하게 성장하고, 물에 맛과 냄새가 유발되고 저수지의 수질이 악화되는 현상을 부영양화라 한다. 이때 성장한 조류는 바닥에 퇴적하여 죽게 되고 유입하천에서 부하된 유기물도 바닥에 퇴적하게 되는데 이 퇴적물이 분해하여 생기는 영양염류가 다시 조류의 영양소로 섭취되어 부영양화가 일어날 수 있다.

㉡ 부영양화는 수심이 낮은 곳에서 발생되며 한번 발생되면 회복이 어렵다.

㉢ 물의 투명도가 낮아지며, COD 농도가 높게 나타난다.

∴ 부영양화의 원인물질은 질소와 인이다.

102. 유량이 1,000m³/day이고 BOD가 100mg/L인 폐수를 유효용량 200m³인 포기조에서 처리할 경우 BOD 용적부하는?

① 0.5kg/m³ · day　② 5.0kg/m³ · day
③ 10.0kg/m³ · day　④ 12.5kg/m³ · day

해설 BOD 용적부하

㉠ 폭기조 단위체적당 1일 가해주는 BOD량을 BOD 용적부하라고 한다.

$$\text{BOD 용적부하} = \frac{\text{하수량} \times \text{하수의 BOD농도}}{\text{폭기조 부피}}$$

㉡ BOD 용적부하의 계산

$$\text{BOD 용적부하} = \frac{\text{하수량} \times \text{하수의 BOD농도}}{\text{폭기조 부피}} = \frac{1{,}000 \times 100 \times 10^{-3}}{200} = 0.5\text{kg/m}^3 \cdot \text{day}$$

103. 도수시설에 관한 설명으로 옳지 않은 것은?

① 수로의 형식에는 관수로식과 개수로식이 있지만, 펌프가압식에서는 관수로식을 채택한다.
② 도수관의 노선은 관로가 항상 동수경사선 이하가 되도록 설정하고 항상 정압이 되도록 계획한다.
③ 자연유하식 도수관인 경우에는 평균유속의 최소 한계를 0.3m/s로 한다.
④ 수질오염의 관점으로는 개수로가 관수로보다 더 유리하다.

해설 도수시설

㉠ 도수로의 형식에는 관수로식과 개수로식이 있지만, 펌프가압식에서는 관수로식을 채택한다.

㉡ 도수관의 노선은 관로가 항상 동수경사선 이하가 되도록 설정하고 항상 정압이 되도록 계획한다.

㉢ 자연유하식 도수관의 경우에는 평균유속의 최소한계를 0.3m/s로 하며, 최대한계는 3m/s로 한다.

㉣ 수질오염의 관점에서는 관수로가 개수로보다 유리하다.

104. 관거 접합 방법 중 다른 방법에 비해 흐름은 원활하나 하류의 굴착 깊이가 커지는 접합방법은?

① 관정접합　② 수면접합
③ 관중심접합　④ 관저접합

해설 관거의 접합방법

종류	특징
수면 접합	수리학적으로 가장 좋은 방법으로 관 내 수면을 일치시키는 방법이다.
관정 접합	관거의 내면 상부를 일치시키는 방법으로 굴착 깊이가 증대되고, 공사비가 증가된다.
관중심 접합	관중심을 일치시키는 방법으로 별도의 수위계산이 필요 없는 방법이다.
관저 접합	관거의 내면 바닥을 일치시키는 방법으로 수리학적으로 불리한 방법이다.
단차 접합	지세가 아주 급한 경우 토공량을 줄이기 위해 사용하는 방법이다.
계단 접합	지세가 매우 급한 경우 관거의 기울기와 토공량을 줄이기 위해 사용하는 방법이다.

∴ 유수의 흐름은 원활하지만 굴착깊이가 커지는 접합방법은 관정접합이다.

 |해답| 101.① 102.① 103.④ 104.①

105. 슬러지의 안정화 목적으로 거리가 먼 것은?

① 병원균의 감소
② 함수율의 감소
③ 악취의 제거
④ 부패 억제, 감소 또는 제거

해설 슬러지 처리의 기본 목적
㉠ 유기물질을 무기물질로 바꾸는 안정화
㉡ 병원균의 살균 및 제거로 안전화
㉢ 농축, 소화, 탈수 등의 공정으로 슬러지의 부피 감소(감량화)
∴ 안정화 목적과 가장 거리가 먼 것은 함수율의 감소이다.

106. 유역면적 $2km^2$, 유출계수 0.6인 어느 지역에서 2시간 동안에 70mm의 호우가 내렸다. 합리식에 의한 이 지역의 우수유출량은?

① $10.5m^3/s$ ② $11.7m^3/s$
③ $42.0m^3/s$ ④ $70.0m^3/s$

해설 우수유출량의 산정
㉠ 합리식의 적용 확률연수는 10~30년을 원칙으로 한다.

$$Q = \frac{1}{3.6}CIA$$

여기서, Q : 우수량(m^3/sec)
C : 유출계수(무차원)
I : 강우강도(mm/hr)
A : 유역면적(km^2)

㉡ 강우강도의 산정

$$I = \frac{70}{2} = 35\text{mm/hr}$$

㉢ 우수유출량의 산정

$$Q = \frac{1}{3.6}CIA = \frac{1}{3.6} \times 0.6 \times 35 \times 2 = 11.67m^3/s$$

107. 다음 중 완속여과지에 비하여 급속여과지의 장점이 아닌 것은?

① 여과속도가 빠르다.
② 부지면적이 적게 소요된다.
③ 원수가 고농도의 현탁물일 때 유리하다.
④ 주로 미생물에 의한 제거 효과가 뚜렷하다.

해설 급속여과지
급속여과지는 완속여과지에 비하여 다음의 특징을 갖고 있다.
- 비교적 수질이 양호한 경우에는 완속여과지를 사용하며, 고탁도의 경우에는 급속여과지를 사용한다.
- 세균제거율은 완속여과지가 98~99.5%이고, 급속여과지가 95~98%로 완속여과지가 효과가 크다.
- 여과속도는 30~40배 빠르므로 단기간에 많은 수량을 처리할 수 있으며, 폐색 등의 관리에 주의를 기울여야 한다.
- 부지면적을 작게 차지한다.
- 원수의 수질 변화에 대처가 용이하며, 처리수의 수질이 양호하다.

∴ 미생물 제거효과가 더 좋은 방법은 완속여과이다.

108. 상수를 처리한 후에 치아의 충치를 예방하기 위해 주입할 수 있으며 원수 중에 과량으로 존재하면 반상치(반점치) 등을 일으키므로 제거하여야 하는 물질은?

① 염소
② 불소
③ 산소
④ 비소

해설 불소
불소는 화강암지대의 우물이나 용천수 중에 다량 존재하며 광산폐수나 공장폐수에 의해 혼입되는 경우도 있다. 음료수 중에 불소가 다량 함유되어 있으면 반상치가 발생되며, 적당량 함유되어 있으면 충치가 감소된다.

109. 우수관거 및 합류관거의 최소 관경(A)과 관거의 최소 흙두께(B)로 옳게 짝지어진 것은?

① A=200mm, B=0.5m
② A=250mm, B=1m
③ A=200mm, B=1m
④ A=250mm, B=0.5m

■ 해설 하수관의 설계기준

㉠ 하수관로 내의 유속은 하류로 갈수록 빠르게 하며, 경사는 하류로 갈수록 완만하게 한다.

㉡ 하수관거의 최소관경

구분	최소관경
오수관거	200mm
우수 및 합류관거	250mm

㉢ 하수관거의 최소 흙두께는 원칙적으로 1m로 한다.

110. 그림과 같은 활성슬러지 변법은?

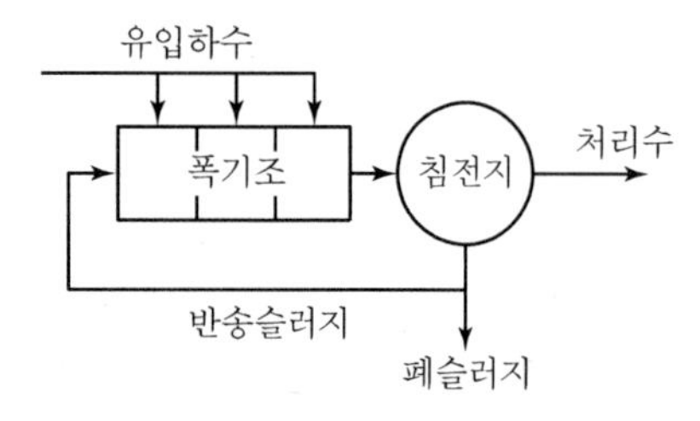

① 계단식 폭기법
② 장기폭기법
③ 접촉안정법
④ 산화구법

■ 해설 계단식 폭기법

유입수를 폭기조의 길이에 걸쳐 골고루 하수를 분할해서 유입시키는 방법으로 혼합액의 산소요구량을 균등하게 하기 위해 개발된 것으로 비록 폭기조의 앞쪽이 뒤쪽보다 산소요구량이 크지만 이것은 표준활성슬러지법에 비해서 상당히 균등한 것으로 나타났다.

111. 분류식과 합류식 하수 배제방식의 특징으로 틀린 것은?

① 일반적으로 합류식의 관경이 분류식보다 크다.
② 분류식은 우수관과 오수관으로 구분된다.
③ 합류식은 초기 우수의 일부를 처리장으로 운송하여 처리한다.
④ 분류식은 완전한 우수처리가 가능하다.

■ 해설 하수의 배제방식

분류식	합류식
• 수질오염 방지 면에서 유리하다. • 청천 시에도 퇴적의 우려가 없다. • 강우 초기 노면 배수 효과 없다. • 시공이 복잡하고 오접합의 우려가 있다. • 우천 시 수세효과를 기대할 수 없다. • 공사비가 많이 든다.	• 구배 완만, 매설깊이가 적으며 시공성이 좋다. • 초기 우수에 의한 노면배수처리가 가능하다. • 관경이 크므로 검사가 편리하고, 환기가 잘된다. • 건설비가 적게 든다. • 우천 시 수세효과가 있다. • 청천 시 관내 침전, 효율 저하가 발생한다.

∴ 분류식은 오수의 완전 처리는 가능하지만, 우수의 처리는 어렵다.

112. 다음 중 BOD값이 크게 나타나는 경우는?

① 영양염류가 풍부한 경우
② DO농도가 큰 경우
③ 유기물질이 많은 경우
④ 미생물이 활성화되어 있는 경우

■ 해설 BOD

유기물이 호기성 미생물에 의해 생화학적으로 산화할 때 소비되는 산소의 양을 BOD(생화학적 산소요구량)라 한다.

∴ BOD 값이 크다는 것은 미생물에 의해 분해할 수 있는 물질(유기물질)이 많다는 것을 의미한다.

113. 계획취수량 결정에 대한 설명으로 옳은 것은?

① 계획 1일 평균급수량에 10% 정도 증가된 수량으로 결정한다.
② 계획 1일 최대급수량에 10% 정도 증가된 수량으로 결정한다.
③ 계획 1일 평균급수량에 30% 정도 증가된 수량으로 결정한다.
④ 계획 1일 최대급수량에 30% 정도 증가된 수량으로 결정한다.

■ 해설 계획취수량

㉠ 수원 → 취수 → 도수(침사지) → 정수(착수정 → 약품혼화지 → 침전지 → 여과지 → 소독지 → 정수지) → 송수 → 배수(배수지, 배수탑, 고가탱크, 배수관) → 급수

ⓛ 수원, 취수, 도수, 정수, 송수 등의 설계에는 계획 1일 최대급수량을 기준으로 한다.
ⓒ 계획취수량은 계획 1일 최대급수량을 기준으로 5~10% 정도 여유 있게 취수한다.
ⓔ 배수관의 직경결정, 펌프의 직경결정 등은 계획시간 최대급수량을 기준으로 한다.

114. 관거별 계획하수량을 결정할 때 고려하여야 할 사항으로 틀린 것은?

① 오수관거는 계획시간최대오수량으로 한다.
② 우수관거는 계획우수량으로 한다.
③ 합류식 관거는 계획 1일 최대오수량에 계획우수량을 합한 것으로 한다.
④ 차집관거는 우천 시 계획오수량으로 한다.

해설 계획하수량의 결정
㉠ 오수 및 우수관거

종류		계획하수량
합류식		계획시간 최대오수량에 계획우수량을 합한 수량
분류식	오수관거	계획시간 최대오수량
	우수관거	계획우수량

ⓛ 차집관거
우천 시 계획오수량 또는 계획시간 최대오수량의 3배를 기준으로 설계한다.
∴ 합류식 관로는 계획시간 최대오수량에 계획우수량을 합한 수량을 기준으로 한다.

115. 펌프에 연결된 관로에서 압력강하에 따른 부압 발생을 방지하기 위한 방법이 아닌 것은?

① 펌프에 플라이휠(fly-wheel)을 붙여 펌프의 관성을 증가시켜 급격한 압력강하를 완화한다.
② 펌프 토출 측 관로에 조압수조(conventional surge tank)를 설치한다.
③ 압력수조(air-chamber)를 설치한다.
④ 관 내 유속을 크게 한다.

해설 수격작용
㉠ 펌프의 급정지, 급가동 또는 밸브를 급폐쇄하면 관로 내 유속의 급격한 변화가 발생하여 이상 압력이 발생하는 현상으로, 관로 내 물의 관성에 의해 발생한다.
ⓛ 방지책
- 펌프의 급정지, 급가동을 피한다.
- 부압 발생 방지를 위해 조압수조(Surge Tank), 공기밸브(Air Valve)를 설치한다.
- 압력 상승 방지를 위해 역지밸브(Check Valve), 안전밸브(Safety Valve), 압력수조(Air Chamber)를 설치한다.
- 펌프에 플라이휠(Fly Wheel)을 설치한다.
- 펌프의 토출 측 관로에 급폐식 혹은 완폐식 역지밸브를 설치한다.
- 펌프 설치 위치를 낮게 하고 흡입양정을 적게 한다.

∴ 압력강하에 따른 부압 발생 방지대책으로 관내 유속을 줄여줘야 한다.

116. 하수관거의 길이가 1.8km인 하수관거 내에서 우수가 1.5m/s의 유속으로 흐르고, 유입시간이 8분일 때 유달시간은?

① 18분
② 20분
③ 28분
④ 38분

해설 우수유출량의 산정
㉠ 합리식의 적용 확률연수는 10~30년을 원칙으로 한다.

$$Q = \frac{1}{3.6} CIA$$

여기서, Q : 우수량(m^3/sec), C : 유출계수(무차원)
I : 강우강도(mm/hr), A : 유역면적(km^2)

ⓛ 유달시간
- 유역의 최원격지점에서 하수관거의 시점까지 유입하는 시간을 유입시간이라 하고, 하수관거의 시점에서 하수관거의 종점까지 유하하는 시간을 유하시간이라고 하는데, 유입시간과 유하시간을 더한 것을 유달시간이라고 한다.
- $t = t_1 + \frac{l}{v} = 8\text{min} + \frac{1,800}{1.5 \times 60} = 28\text{min}$

117. 취수시설 중 취수탑에 대한 설명으로 틀린 것은?

① 큰 수위변동에 대응할 수 있다.
② 지하수를 취수하기 위한 탑 모양의 구조물이다.
③ 취수구를 상하에 설치하여 수위에 따라 좋은 수질을 선택하여 취수할 수 있다.
④ 유량이 안정된 하천에서 대량으로 취수할 때 유리하다.

해설 취수탑
취수탑은 유량이 안정된 하천에서 대량으로 취수할 때 사용하는 지표수 취수시설로 수위 변화에 대처가 용이하고, 원수의 선택적 취수가 가능한 장점을 갖고 있다.

118. BOD가 94.8mg/L인 오수 $5m^3/h$를 유량이 $50 m^3/h$인 하천에 방류한 결과 BOD가 14.1mg/L가 되었다. 오수가 유입되기 이전의 하천 BOD는?

① 2.0mg/L ② 4.0mg/L
③ 6.0mg/L ④ 8.0mg/L

해설 BOD 혼합농도 계산
㉠ BOD 혼합농도

$$C_m = \frac{Q_1 \cdot C_1 + Q_2 \cdot C_2}{Q_1 + Q_2}$$

㉡ 유입 전 하천의 BOD 농도

$$14.1 = \frac{50 \times C_1 + 5 \times 94.8}{50 + 5}$$

$\therefore \ C_m = 6.03\text{mg/L}$

119. 파괴점 염소처리(또는 불연속점 염소처리)에 대한 설명 중 틀린 것은?

① 염소를 주입하여 생성된 클로라민을 모두 파괴하고 유리잔류염소로 소독하는 방법이다.
② 파괴점(Break point)은 염소요구량이 소비되고 나서 유리잔류염소가 존재하기 시작하는 점을 말한다.
③ 유리잔류염소는 살균력이 강하여 소독효과를 충분히 달성할 수가 있다.
④ 파괴점 염소소독을 할 경우 THM 등의 소독부산물 생성을 방지할 수 있다.

해설 파괴점 염소주입법
파괴점 염소주입법은 클로라민이 모두 파괴되는 지점 이후까지 염소를 주입하여 유리잔류염소가 증가하게 하여 소독하는 방법을 말하며 가장 안전한 소독법이다. 하지만 파괴점 염소주입법을 실시한다고 하여도 THM 등의 소독부산물의 생성을 막을 수는 없다.

120. 송수관을 자연유하식으로 설계할 때, 평균유속의 허용최대한계는?

① 1.5m/s ② 2.5m/s
③ 3.0m/s ④ 5.0m/s

해설 평균유속의 한도
㉠ 도·송수관의 평균유속은 침전 및 마모방지를 위해 최소유속과 최대유속의 한도를 두고 있다.
㉡ 유속의 기준
- 최소유속 : 0.3m/s 이상
- 최대유속 : 3m/sec 이하

Industrial Engineer Civil Engineering

contents

토목산업기사 과년도 출제문제 및 해설 2018

Industrial Engineer Civil Engineering

과년도 출제문제 및 해설 (2018년 3월 4일 시행)

제1과목 응용역학

01. 그림과 같은 지름 80cm의 원에서 지름 20cm의 원을 도려낸 나머지 부분의 도심(圓心) 위치($\bar{y}$)는?

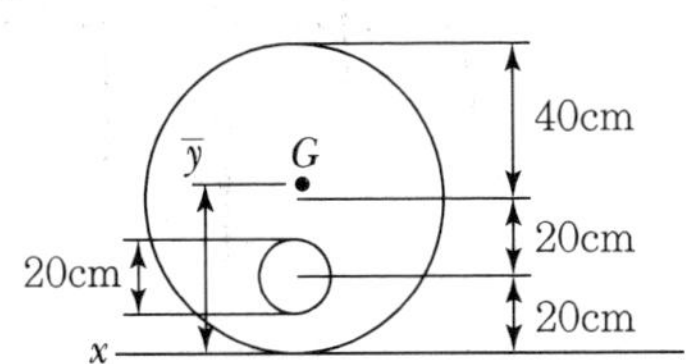

① 40.125cm ② 40.625cm
③ 41.137cm ④ 41.333cm

■해설
$$\bar{y}=\frac{G_x}{A}=\frac{\left\{\frac{\pi\times80^2}{4}\times40\right\}-\left\{\frac{\pi\times20^2}{4}\times20\right\}}{\left(\frac{\pi\times80^2}{4}\right)-\left(\frac{\pi\times20^2}{4}\right)}$$
$=41.333\text{cm}$

02. 그림과 같은 트러스에서 부재 V(중앙의 연직재)의 부재력은 얼마인가?

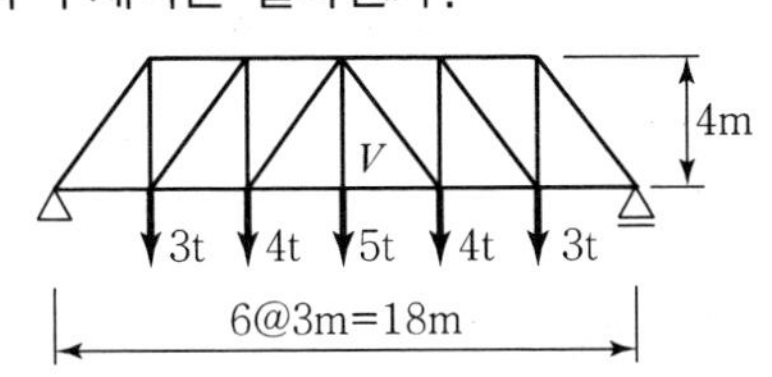

① 5t(인장)
② 5t(압축)
③ 4t(인장)
④ 4t(압축)

■해설 $\Sigma F_y=0(\uparrow\oplus)$
$V-5=0$
$V=5\text{t}$(인장)

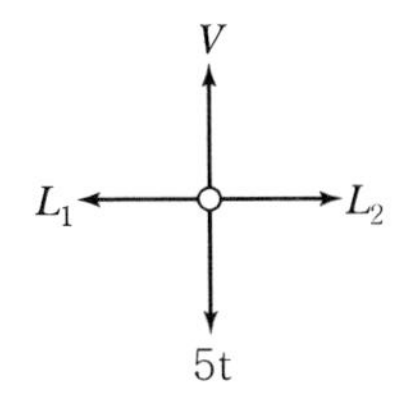

03. 그림 (A)의 양단힌지 기둥의 탄성좌굴하중이 20t이었다면, 그림 (B)기둥의 좌굴하중은?

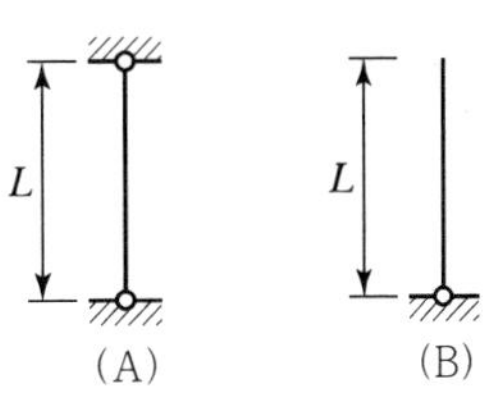

① 1.25t ② 2.5t
③ 5t ④ 10t

■해설 $P_{cr}=\frac{\pi^2EI}{(kl)^2}=\frac{C}{k^2}$ ($C=\frac{\pi^2EI}{l^2}$ 라 가정하면)

$P_{cr(A)}:P_{cr(B)}=\frac{C}{1^2}:\frac{C}{2^2}=4:1$

$P_{cr(B)}=\frac{1}{4}P_{cr(A)}=\frac{1}{4}\times20=5\text{t}$

04. 다음 중 정정구조물의 처짐 해석법이 아닌 것은?

① 모멘트 면적법
② 공액보법
③ 가상일의 원리
④ 처짐각법

■해설 (1) 처짐을 계산하는 방법
① 이중적분법
② 모멘트 면적법
③ 탄성하중법
④ 공액보법
⑤ 단위 하중법 등

(2) 부정정 구조물의 해법
① 연성법(하중법)
㉠ 변위일치법(변형일치법)
㉡ 3연 모멘트법
② 강성법(변위법)
㉠ 처짐각법
㉡ 모멘트 분배법

05. 다음의 2경간 연속보에서 지점 C에서의 수직 반력은 얼마인가?

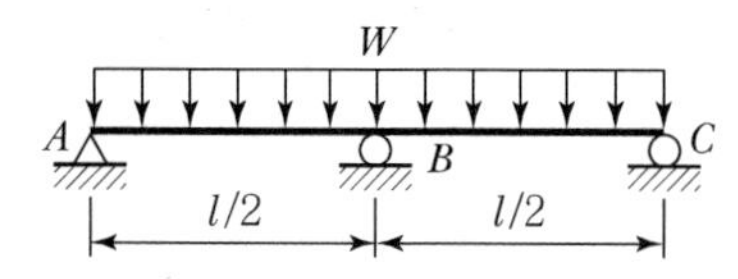

① $\frac{3wl}{32}$ ② $\frac{wl}{16}$
③ $\frac{5wl}{32}$ ④ $\frac{3wl}{16}$

해설

$$R_{cy} = \frac{3w\left(\frac{l}{2}\right)}{8} = \frac{3wl}{16}$$

06. 지름이 5cm, 길이가 200cm인 탄성체 강봉을 15mm만큼 늘어나게 하려면 얼마의 힘이 필요한가?(단, 탄성계수 $E = 2.1\times10^6$kg/cm²)

① 약 2,061t ② 약 206t
③ 약 3,091t ④ 약 309t

해설 $\delta = \frac{Pl}{EA} = \frac{Pl}{E\left(\frac{\pi D^2}{4}\right)} = \frac{4Pl}{E\pi D^2}$

$$P = \frac{\delta E\pi D^2}{4l} = \frac{1.5\times(2.1\times10^6)\times\pi\times5^2}{4\times200}$$

$= 309\times10^3$kg

$= 309$t

07. 지간 10m인 단순보에 등분포하중 20kg/m가 만재되어 있을 때 이 보에 발생하는 최대 전단력은?

① 100kg
② 125kg
③ 150kg
④ 200kg

해설 $S_{\max} = \frac{wl}{2}$

$= \frac{20\times10}{2}$

$= 100$kg

08. 다음 그림과 같은 세 힘에 대한 합력(R)의 작용점은 0점에서 얼마의 거리에 있는가?

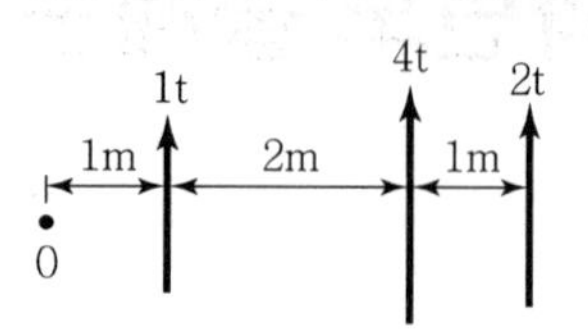

① 1m ② 2m
③ 3m ④ 4m

해설

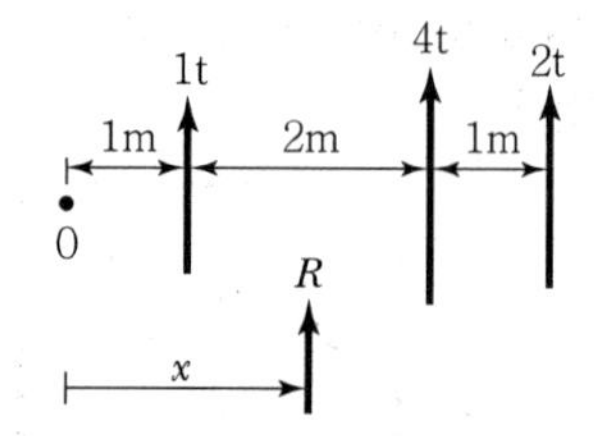

$\Sigma F_y(\uparrow\oplus)$, $1+4+2=R$

$R = 7$t$(\uparrow)$

$\Sigma M_{ⓞ}(\curvearrowleft\oplus)$, $1\times1+4\times3+2\times4 = R\cdot x$

$x = \frac{21}{R} = \frac{21}{7} = 3m(\rightarrow)$

09. 다음 부정정 구조물의 부정정 차수를 구한 값은?

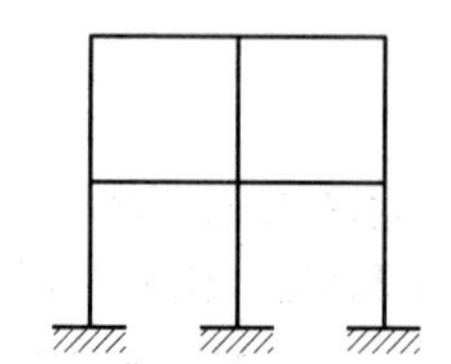

① 8 ② 12
③ 16 ④ 20

해설 (라멘인 경우)

$N = B\times3 = 4\times3 = 12$차 부정정

10. 보의 단면에서 휨모멘트로 인한 최대 휨응력이 생기는 위치는 어느 곳인가?

① 중립축
② 중립축과 상단의 중간점
③ 중립축과 하단의 중간점
④ 단면 상·하단

 |해답| 5.④ 6.④ 7.① 8.③ 9.② 10.④

■ 해설

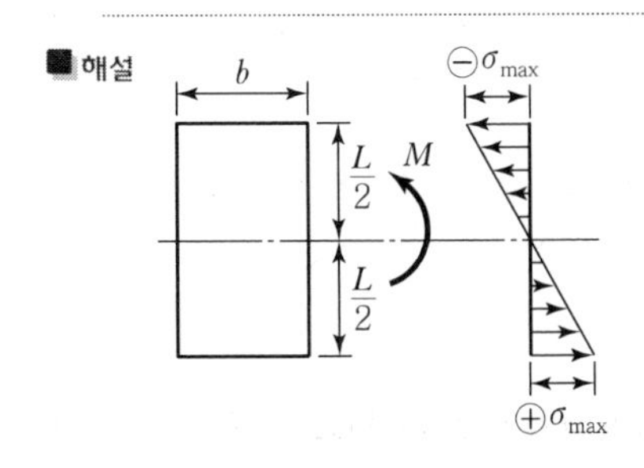

11. 그림과 같이 600kg의 힘이 A점에 작용하고 있다. 케이블 AC와 강봉 AB에 작용하는 힘의 크기는?

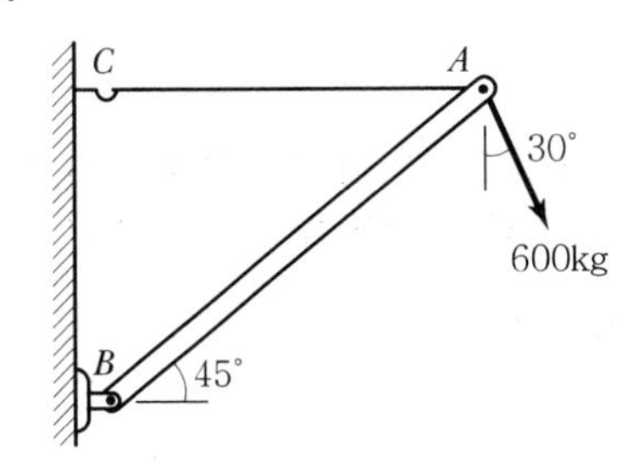

① F_{AB}=600kg, F_{AC}=0kg
② F_{AB}=734.8kg, F_{AC}=819.6kg
③ F_{AB}=819.6kg, F_{AC}=519.6kg
④ F_{AB}=155.3kg, F_{AC}=519.6kg

■ 해설

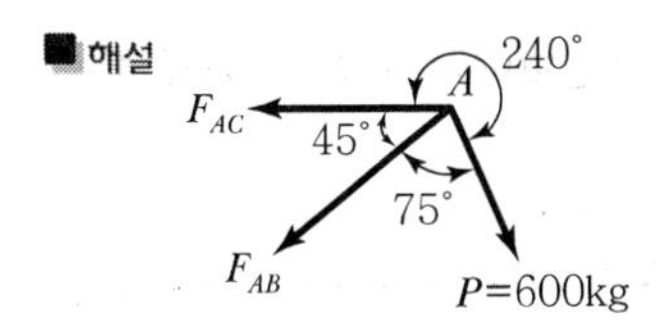

$$\frac{600}{\sin45°}=\frac{F_{AB}}{\sin240°}=\frac{F_{AC}}{\sin75°}$$

(① : 첫째·둘째 항, ② : 첫째·셋째 항)

①의 관계로부터

$$\frac{600}{\sin45°}=\frac{F_{AB}}{\sin240°}$$

$$F_{AB}=\frac{600}{\sin45°}\times\sin240°=-734.8\text{kg}(\text{압축})$$

②의 관계로부터

$$\frac{600}{\sin45°}=\frac{F_{AC}}{\sin75°}$$

$$F_{AC}=\frac{600}{\sin45°}\times\sin75°=819.6\text{kg}(\text{인장})$$

12. 다음 그림과 같은 3힌지(Hinge) 아치의 A점의 수평반력(H_A)은?

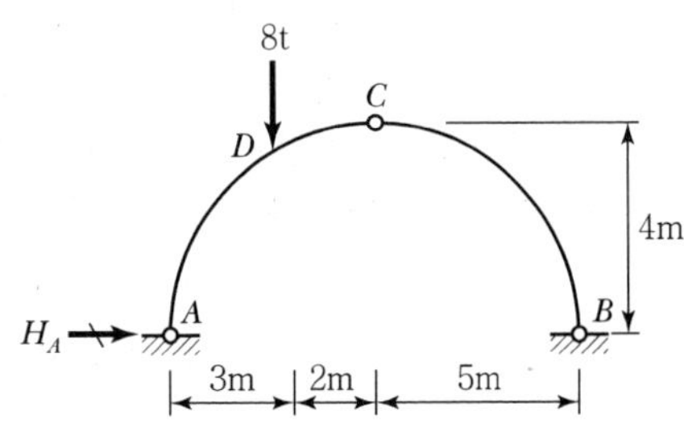

① 2t ② 3t
③ 4t ④ 5t

■ 해설 $\Sigma M_{Ⓑ}=0(\curvearrowright\oplus)$

$V_A\times10-8\times7=0$

$V_A=5.6\text{t}(\uparrow)$

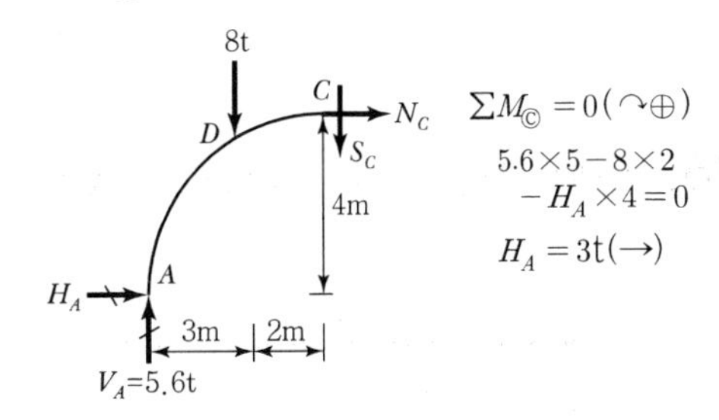

$\Sigma M_{Ⓒ}=0(\curvearrowright\oplus)$

$5.6\times5-8\times2-H_A\times4=0$

$H_A=3\text{t}(\rightarrow)$

13. 지름이 D인 원형 단면의 단주에서 핵(Core)의 지름은?

① $\frac{D}{2}$ ② $\frac{D}{3}$
③ $\frac{D}{4}$ ④ $\frac{D}{6}$

■ 해설 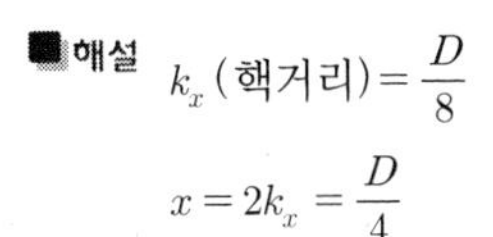

$k_x(\text{핵거리})=\frac{D}{8}$

$x=2k_x=\frac{D}{4}$

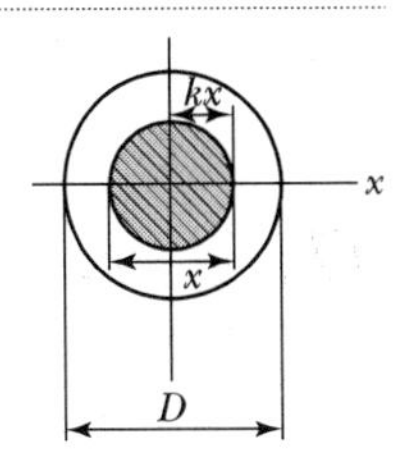

14. 단면 1차 모멘트의 단위로서 옳은 것은?

① cm ② cm^2
③ cm^3 ④ cm^4

■ 해설 $G=A\cdot x_0=[L^2][L]=[L^3]$

15. "재료가 탄성적이고 Hooke의 법칙을 따르는 구조물에서 지점침하와 온도 변화가 없을 때 한 역계 P_n에 의해 변형되는 동안에 다른 역계 P_m이 한 외적인 가상일은 P_m 역계에 의해 변형하는 동안에 P_n역계가 한 외적인 가상일과 같다"라는 것은 다음 중 어느 것인가?

① 베티의 법칙 ② 가상일의 원리
③ 최소일의 정리 ④ 카스틸리아노의 정리

■해설 베티의 정리
$P_n\delta_{nm} = P_m\delta_{mn}$

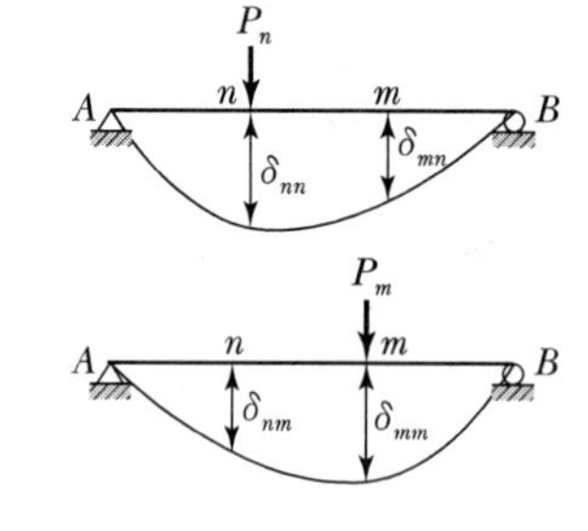

16. 아래의 정정보에서 A지점의 수직반력(R_A)은?

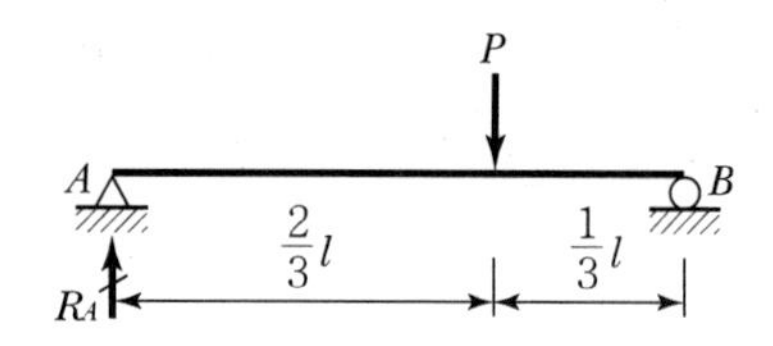

① $\frac{P}{4}$ ② $\frac{P}{3}$
③ $\frac{P}{2}$ ④ $\frac{2P}{3}$

■해설
$$R_A = \frac{P\left(\frac{1}{3}l\right)}{l} = \frac{P}{3}$$

17. 단순보에 하중이 작용할 때 다음 설명 중 옳지 않은 것은?

① 등분포하중이 만재될 때 중앙점의 처짐각이 최대가 된다.
② 등분포하중이 만재될 때 최대처짐은 중앙점에서 일어난다.
③ 중앙에 집중하중이 작용할 때의 최대처짐은 하중이 작용하는 곳에서 생긴다.
④ 중앙에 집중하중이 작용하면 양지점에서의 처짐각이 최대로 된다.

■해설 단순보에 등분포하중이 만재될 때 양지점에서의 처짐각이 최대가 된다.

18. 프아송비(ν)가 0.25인 재료의 프아송수(m)는?

① 2 ② 3
③ 4 ④ 5

■해설 $m = \frac{1}{\nu} = \frac{1}{0.25} = 4$

19. 반지름이 r인 원형단면에 전단력 S가 작용할 때 최대 전단응력($\tau_{\max}$)의 값은?

① $\frac{3S}{4\pi r^2}$ ② $\frac{4S}{3\pi r^2}$
③ $\frac{3S}{2\pi r^2}$ ④ $\frac{2S}{3\pi r^2}$

■해설 $\tau_{\max} = \alpha\frac{S}{A} = \left(\frac{4}{3}\right)\frac{S}{(\pi r^2)} = \frac{4S}{3\pi r^2}$

20. 그림과 같은 단순보에서 C점의 휨모멘트는?

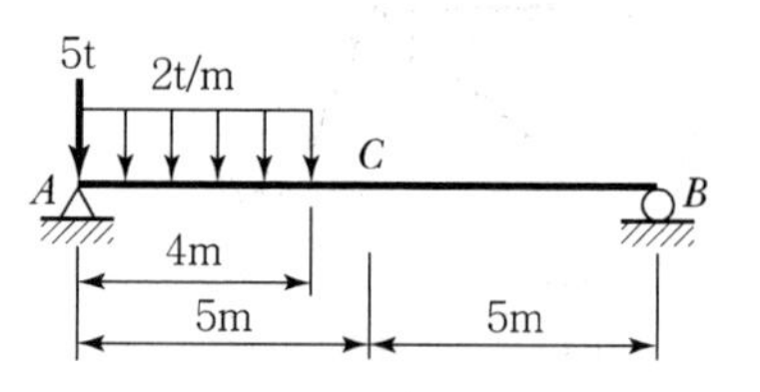

① 4t · m ② 6t · m
③ 8t · m ④ 10t · m

■해설 $\Sigma M_{Ⓐ} = 0(\curvearrowright\oplus)$
$(2\times4)\times2 - R_{By}\times10 = 0$
$R_{By} = 1.6\text{t}(\uparrow)$

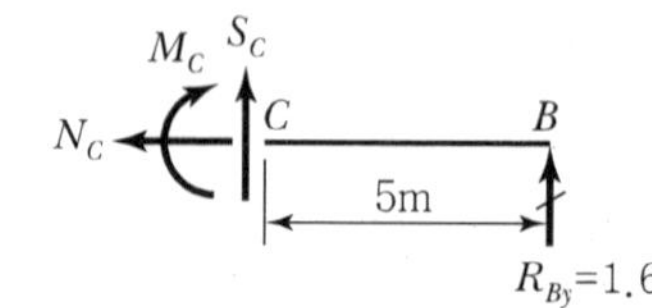

$\Sigma M_{Ⓒ} = 0(\curvearrowright\oplus)$
$M_C - 1.6\times5 = 0$
$M_C = 8\text{t}\cdot\text{m}$

 |해답| 15.① 16.② 17.① 18.③ 19.② 20.③

제2과목 측량학

21. 1 : 5,000 축척 지형도를 이용하여 1 : 25,000 축척 지형도 1매를 편집하고자 한다면, 필요한 1 : 5,000 축척 지형도의 총매수는?

① 25매 ② 20매
③ 15매 ④ 10매

해설
- 면적비는 축척비의 자승$\left(\frac{1}{M}\right)^2$에 비례한다.
- 매수$=\left(\frac{25,000}{5,000}\right)^2=25$매

22. 그림과 같이 표면 부자를 하천 수면에 띄워 A점을 출발하여 B점을 통과할 때 소요시간이 1분 40초였다면 하천의 평균 유속은?(단, 평균 유속을 구하기 위한 계수는 0.8로 한다.)

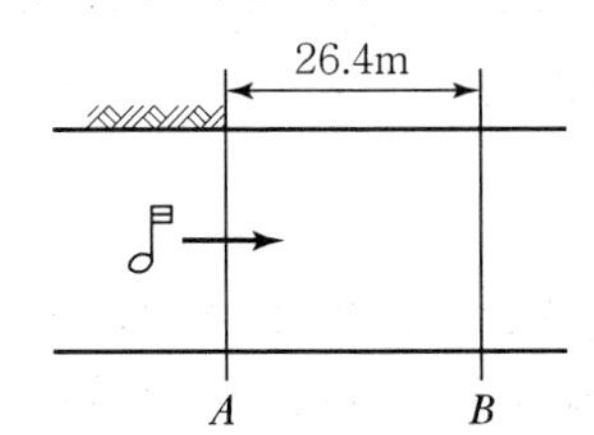

① 0.09m/sec ② 0.19m/sec
③ 0.21m/sec ④ 0.36m/sec

해설 $V_m=0.8\frac{l}{t}=0.8\times\frac{26.4}{100}=0.21\text{m/sec}$

23. 지상 100m×100m의 면적을 4cm²로 나타내기 위한 도면의 축척은?

① 1 : 250 ② 1 : 500
③ 1 : 2,500 ④ 1 : 5,000

해설
- 면적비=축척비의 자승$\left(\frac{1}{M}\right)^2$
- $\left(\frac{1}{M}\right)^2=\frac{\text{도상면적}}{\text{실제면적}}=\frac{2\times2\text{cm}}{10,000\times10,000\text{cm}}$
- $\frac{1}{M}=\frac{2}{10,000}=\frac{1}{5,000}$

24. 클로소이드 곡선에 대한 설명으로 옳은 것은?

① 곡선의 반지름 R, 곡선길이 L, 매개변수 A의 사이에는 $RL=A^2$의 관계가 성립한다.
② 곡선의 반지름에 비례하여 곡선길이가 증가하는 곡선이다.
③ 곡선길이가 일정할 때 곡선의 반지름이 크면 접선각도 커진다.
④ 곡선반지름과 곡선길이가 같은 점을 동경이라 한다.

해설
- 클로소이드 곡선의 곡률$\left(\frac{1}{R}\right)$은 곡선장에 비례
- 매개변수 $A^2=RL$
- 곡선길이가 일정할 때 곡선반지름이 크면 접선각은 작아진다.

25. 폐합다각형의 관측결과 위거오차 −0.005m, 경거오차 −0.042m, 관측길이 327m의 성과를 얻었다면 폐합비는?

① $\frac{1}{20}$ ② $\frac{1}{330}$
③ $\frac{1}{770}$ ④ $\frac{1}{7730}$

해설 폐합비$=\frac{\text{폐합오차}(E)}{\text{전측선의 길이}(\Sigma L)}$

$=\frac{\sqrt{(-0.005)^2+(-0.042)^2}}{327}\fallingdotseq\frac{1}{7,730}$

26. 토공작업을 수반하는 종단면도에 계획선을 넣을 때 고려하여야 할 사항으로 옳지 않은 것은?

① 계획선은 필요와 요구에 맞게 한다.
② 절토는 성토로 이용할 수 있도록 운반거리를 고려해야 한다.
③ 단조로움을 피하기 위하여 경사와 곡선을 병설하여 가능한 한 많이 설치한다.
④ 절토량과 성토량은 거의 같게 한다.

해설 경사와 곡선은 병설할 수 없고 제한 내에 있도록 하여야 한다.

27. 등고선의 성질에 대한 설명으로 옳지 않은 것은?

① 어느 지점의 최대경사방향은 등고선과 평행한 방향이다.
② 경사가 급한 지역은 등고선 간격이 좁다.
③ 동일 등고선 위의 지점들은 높이가 같다.
④ 계곡선(합수선)은 등고선과 직교한다.

해설 최대경사방향은 등고선과 직각방향으로 교차한다.

28. 그림과 같은 개방 트래버스에서 CD측선의 방위는?

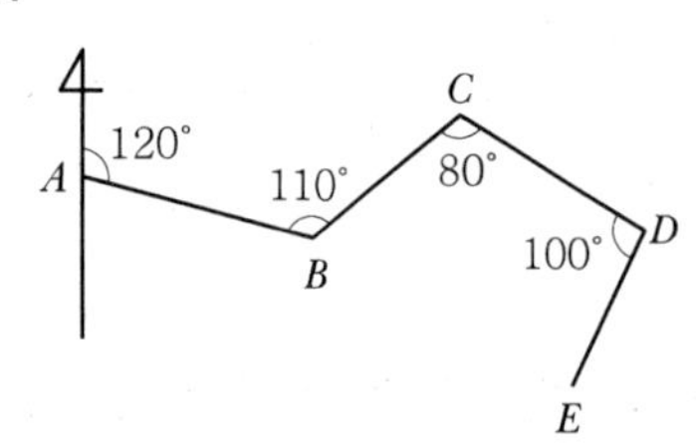

① N50°W ② S30°E
③ S50°W ④ N30°E

해설
- 임의 측선의 방위각 = 전측선의 방위각 + 180° ± 교각(우측⊖, 좌측⊕)
- AB 방위각 = 120°
  BC 방위각 = 120° + 180° + 110° = 50°
  CD 방위각 = 50° + 180° − 80° = 150°
- CD측선의 방위(150°는 2상한)
  = 180° − 150° = S30°E

29. 비행고도 3km에서 초점거리 15cm인 사진기로 항공사진을 촬영하였다면, 길이 40m 교량의 사진상 길이는?

① 0.2cm ② 0.4cm
③ 0.6cm ④ 0.8cm

해설
- 축척$\left(\frac{1}{M}\right) = \frac{f}{H} = \frac{0.15}{3,000} = \frac{1}{20,000}$
- 도상거리 = 실제거리 × 축척 = $40 \times \frac{1}{20,000}$
  $= 0.002\text{m} = 0.2\text{cm}$

30. GNSS 위성을 이용한 측위에 측점의 3차원적 위치를 구하기 위하여 수신이 필요한 최소 위성의 수는?

① 2 ② 4
③ 6 ④ 8

해설 측점의 3차원적 위치를 구하기 위해서 최소 4개 이상의 위성이 필요하다.

31. 하천 양안의 고저차를 관측할 때 교호수준측량을 하는 가장 주된 이유는?

① 개인오차를 제거하기 위하여
② 기계오차(시준축 오차)를 제거하기 위하여
③ 과실에 의한 오차를 제거하기 위하여
④ 우연오차를 제거하기 위하여

해설 교호수준측량은 시준 길이가 길어지면 발생하는 기계적 오차를 소거하고 전·후시 거리를 같게 해서 평균 고저차를 구하는 방법

32. 그림과 같은 삼각형의 꼭짓점 A, B, C의 좌표가 A(50, 20), B(20, 50), C(70, 70)일 때, A를 지나며 $\triangle ABC$의 넓이를 $m : n$ =4 : 3으로 분할하는 P점의 좌표는?(단, 좌표의 단위는 m이다.)

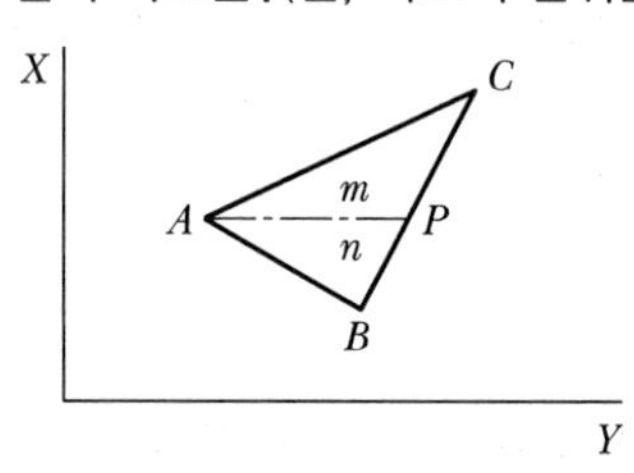

① (58.6, 41.4) ② (41.4, 58.6)
③ (50.6, 63.4) ④ (50.4, 65.6)

해설
- $\overline{AB} = \sqrt{(50-20)^2 + (50-20)^2} = 42.426$
- $\overline{BC} = \sqrt{(70-20)^2 + (70-50)^2} = 53.852$
- $\overline{AC} = \sqrt{(70-50)^2 + (70-20)^2} = 53.852$
- $\overline{PC} = \frac{4}{4+3}\overline{BC} = \frac{4}{7} \times 53.852 = 30.773$
- $\overline{PB} = \frac{3}{4+3}\overline{BC} = \frac{3}{7} \times 53.852 = 23.079$

$30.773 = \sqrt{(70-X)^2 + (70-Y)^2}$

$$23.079 = \sqrt{(X-20)^2 + (Y-50)^2}$$

$\therefore\ X = 41.4,\ Y = 58.6$

33. 그림에서 A, B 사이에 단곡선을 설치하기 위하여 $\angle ADB$의 2등분선상의 C점을 곡선의 중점으로 선택하였다면 곡선의 접선 길이는?(단, DC=20m, I=80°20′이다.)

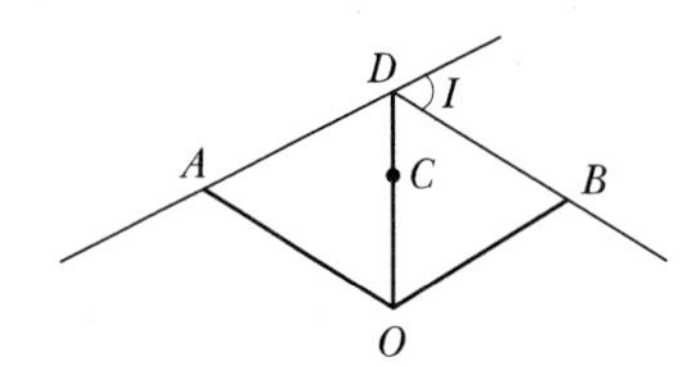

① 64.80m ② 54.70m
③ 32.40m ④ 27.34m

해설
• 외할$(E) = R\left(\sec\dfrac{I}{2} - 1\right)$

$$R = \frac{E}{\sec\frac{I}{2} - 1} = \frac{20}{\sec\frac{80°20'}{2} - 1} = 64.808$$

• 접선장(TL)

$$= R\tan\frac{I}{2} = 64.808 \times \tan\frac{80°20'}{2} = 54.70\text{m}$$

34. 30m당 ±1.0mm의 오차가 발생하는 줄자를 사용하여 480m의 기선을 측정하였다면 총오차는?

① ±3.0mm ② ±3.5mm
③ ±4.0mm ④ ±4.5mm

해설 총부정오차$(M) = \pm\delta\sqrt{n} = \pm 1\sqrt{\dfrac{480}{30}} = \pm 4.0\text{mm}$

35. 직접수준측량을 하여 그림과 같은 결과를 얻었을 때 B점의 표고는?(단, A점의 표고는 100m이고 단위는 m이다.)

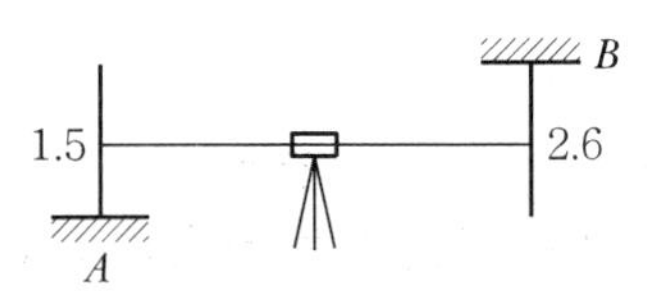

① 101.1m ② 101.5m
③ 104.1m ④ 105.2m

해설 $H_B = H_A + BS + FS = 100 + 1.5 + 2.6 = 104.1\text{m}$

36. 그림과 같이 2개의 직선구간과 1개의 원곡선 부분으로 이루어진 노선을 계획할 때, 직선구간 AB의 거리 및 방위각이 700m, 80°이고, CD의 거리 및 방위각은 1,000m, 110°이었다. 원곡선의 반지름이 500m라면, A점으로부터 D점까지의 노선거리는?

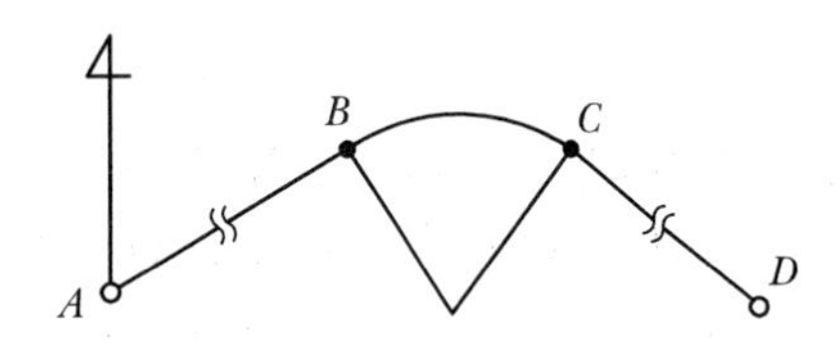

① 1,830.8m ② 1,874.4m
③ 1,961.8m ④ 2,048.9m

해설
• $\overline{CD}$의 방위각$=80° + x = 110°,\ x = 30°$
• 노선거리$= \overline{AB} + RI\dfrac{\pi}{180°} + \overline{CD}$

$$= 700 + \left(500 \times 30° \times \frac{\pi}{180°}\right) + 1{,}000$$

$$= 1{,}961.8\text{m}$$

37. 유심삼각망에 관한 설명으로 옳은 것은?

① 삼각망 중 가장 정밀도가 높다.
② 대규모 농지, 단지 등 방대한 지역의 측량에 적합하다.
③ 기선을 확대하기 위한 기선삼각망측량에 주로 사용된다.
④ 하천, 철도, 도로와 같이 측량 구역의 폭이 좁고 긴 지형에 적합하다.

해설 유심삼각망
• 넓은 지역의 측량에 적합
• 동일측점수에 비해 포함면적이 넓다.
• 정밀도는 단열보다 높고 사변형보다 낮다.

38. 수심 h인 하천의 유속측정에서 수면으로부터 0.2h, 0.6h, 0.8h의 유속이 각각 0.625m/sec, 0.564m/sec, 0.382m/sec일 때 3점법에 의한 평균유속은?

① 0.498m/sec ② 0.505m/sec
③ 0.511m/sec ④ 0.533m/sec

■해설
$$3점법(V_m) = \frac{V_{0.2} + 2V_{0.6} + V_{0.8}}{4} = \frac{0.625 + 2 \times 0.564 + 0.382}{4} = 0.533\text{m/sec}$$

39. 삼각측량을 실시하려고 할 때, 가장 정밀한 방법으로 각을 측정할 수 있는 방법은?

① 단각법 ② 배각법
③ 방향각법 ④ 각관측법

■해설 각관측법이 가장 정확한 값을 얻을 수 있는 방법으로 1등삼각측량에 이용한다.

40. 항공삼각측량에 대한 설명으로 옳은 것은?

① 항공연직사진으로 세부 측량이 기준이 될 사진망을 짜는 것을 말한다.
② 항공사진측량 중 정밀도가 높은 사진측량을 말한다.
③ 정밀도화기로 사진모델을 연결시켜 도화작업을 하는 것을 말한다.
④ 지상기준점을 기준으로 사진좌표나 모델좌표를 측정하여 측지좌표로 환산하는 측량이다.

제3과목 수리수문학

41. 프루드(Froude) 수와 한계경사 및 흐름의 상태 중 상류일 조건으로 옳은 것은?(단, F_r : 프루드 수, I : 수면경사, V : 유속, y : 수심, I_c : 한계경사, V_c : 한계유속, y_c : 한계수심)

① $V > V_c$ ② $F_r > 1$
③ $I > I_c$ ④ $y > y_c$

■해설 흐름의 상태 구분

㉠ 상류(常流)와 사류(射流) : 개수로 흐름과 같이 중력에 의해 움직이는 흐름에서는 관성력과 중력의 비가 흐름의 특성을 좌우한다. 개수로 흐름은 물의 관성력과 중력의 비인 프루드수(Froude number)를 기준으로 상류, 사류, 한계류 등으로 구분한다.
- 상류(常流) : 하류(下流)의 흐름이 상류(上流)에 영향을 미치는 흐름을 말한다.
- 사류(射流) : 하류(下流)의 흐름이 상류(上流)에 영향을 미치지 못하는 흐름을 말한다.

㉡ 흐름의 상태 구분

구분	상류(常流)	사류(射流)
F_r	$F_r < 1$	$F_r > 1$
I_c	$I < I_c$	$I > I_c$
y_c	$y > y_c$	$y < y_c$
V_c	$V < V_c$	$V > V_c$

∴ 상류조건에서는 $I < I_c$이어야 한다.

42. 연직 평면에 작용하는 전수압의 작용점 위치에 관한 설명 중 옳은 것은?

① 전수압의 작용점은 항상 도심보다 위에 있다.
② 전수압의 작용점은 항상 도심보다 아래에 있다.
③ 전수압의 작용점은 항상 도심과 일치한다.
④ 전수압의 작용점은 도심 위에 있을 때도 있고 아래에 있을 때도 있다.

■해설 수면과 연직인 면이 받는 압력
- 전수압 : $P = wh_G A$
- 작용점의 위치 : $h_c = h_G + \frac{I}{h_G A}$

여기서, h_c : 작용점의 위치, h_G : 도심

∴ 전수압의 작용점은 항상 도심보다 아래에 있다.

43. 원형 단면의 관수로에 물이 흐를 때 층류가 되는 경우는?(단, R_e는 레이놀즈(Reynolds) 수이다.)

① $R_e > 4{,}000$ ② $4{,}000 > R_e > 2{,}000$

 |해답| 38.④ 39.④ 40.④ 41.③ 42.② 43.④

③ $R_e > 2,000$ ④ $R_e < 2,000$

■해설 흐름의 상태

층류와 난류의 구분

- $R_e = \dfrac{VD}{\nu}$

여기서, V : 유속, D : 관의 직경, ν : 동점성계수

- $R_e < 2,000$: 층류
- $2,000 < R_e < 4,000$: 천이영역
- $R_e > 4,000$: 난류

44. 관수로와 개수로의 흐름에 대한 설명으로 옳지 않은 것은?

① 관수로는 자유표면이 없고 개수로는 있다.

② 관수로는 두 단면 간의 속도차로 흐르고 개수로는 두 단면 간의 압력차로 흐른다.

③ 관수로는 점성력의 영향이 크고 개수로는 중력의 영향이 크다.

④ 개수로는 프루드 수(F_r)로 상류와 사류로 구분할 수 있다.

■해설 관수로와 개수로의 일반사항

㉠ 자유수면이 존재하지 않는 흐름을 관수로, 존재하는 흐름을 개수로라고 한다.

㉡ 관수로는 두 단면의 압력차로 흐르고, 개수로는 두 단면의 경사에 의해 흐른다.

㉢ 관수로 흐름의 원동력은 압력과 점성이며, 개수로는 중력이다.

㉣ 개수로는 프루드 수(F_r)로 상류와 사류로 구분할 수 있다.

45. 동수경사선(hydraulic grade line)에 대한 설명으로 옳은 것은?

① 에너지선보다 언제나 위에 위치한다.

② 개수로 수면보다 언제나 위에 있다.

③ 에너지선보다 유속수두만큼 아래에 있다.

④ 속도수두와 위치수두의 합을 의미한다.

■해설 동수경사선 및 에너지선

㉠ 위치수두와 압력수두의 합을 연결한 선을 동수경사선이라 하며, 일명 동수구배선, 수두경사선, 압력선이라고도 부른다.

㉡ 총수두(위치수두+압력수두+속도수두)를 연결한 선을 에너지선이라 한다.

∴ 동수경사선은 에너지선에서 속도수두만큼 아래에 위치한다.

46. 지름이 0.2cm인 미끈한 원형 관 내를 유량 $0.8cm^3/s$로 물이 흐르고 있을 때, 관 1m당의 마찰손실수두는?(단, 동점성계수 $\nu = 1.12 \times 10^{-2} cm^2/s$)

① 20.20cm ② 21.30cm

③ 22.20cm ④ 23.20cm

■해설 관수로 마찰손실수두

㉠ 마찰손실수두

- $h_L = f\dfrac{l}{D}\dfrac{V^2}{2g}$
- 마찰손실계수 $f = \dfrac{64}{R_e}$
- 레이놀즈 수 $R_e = \dfrac{VD}{\nu}$

㉡ 마찰손실계수의 산정

- $V = \dfrac{Q}{A} = \dfrac{0.8}{\dfrac{\pi \times 0.2^2}{4}} = 25.48cm/s$
- $R_e = \dfrac{25.48 \times 0.2}{1.12 \times 10^{-2}} = 455$
- $f = \dfrac{64}{455} = 0.14$

㉡ 마찰손실수두의 산정

$h_L = f\dfrac{l}{D}\dfrac{V^2}{2g} = 0.14 \times \dfrac{100}{0.2} \times \dfrac{25.48^2}{2 \times 980} = 23.2cm$

47. 개수로에서 지배단면(Control Section)에 대한 설명으로 옳은 것은?

① 개수로 내에서 압력이 가장 크게 작용하는 단면이다.

② 개수로 내에서 수로경사가 항상 같은 단면을 말한다.

③ 한계수심이 생기는 단면으로서 상류에서 사류로 변하는 단면을 말한다.

④ 개수로 내에서 유속이 가장 크게 되는 단면이다.

해설 지배단면

개수로에서 흐름이 상류(常流)에서 사류(射流)로 바뀌는 지점의 단면을 지배단면(control section)이라 하고 이 지점의 수심은 한계수심이 된다.

48. 심정(깊은 우물)에서 유량(양수량)을 구하는 식은?(단, H_0 : 우물 수심, r_0 : 우물 반지름, K : 투수계수, R : 영향원 반지름, H : 지하수면 수위)

① $Q=\dfrac{\pi K(H-H_0)}{\ln(R/r_0)}$

② $Q=\dfrac{2\pi K(H-H_0)}{\ln(r_0/R)}$

③ $Q=\dfrac{2\pi K(H+H_0)^2}{\ln(R/r_0)}$

④ $Q=\dfrac{\pi K(H^2-{H_0}^2)}{\ln(R/r_0)}$

해설 우물의 양수량 공식

종류	내용
깊은 우물 (심정호)	우물의 바닥이 불투수층까지 도달한 우물을 말한다. $Q=\dfrac{\pi K(H^2-h_o^2)}{\ln(R/r_o)}=\dfrac{\pi K(H^2-h_o^2)}{2.3\log(R/r_o)}$
얕은 우물 (천정호)	우물의 바닥이 불투수층까지 도달하지 못한 우물을 말한다. $Q=4Kr_o(H-h_o)$
굴착정	피압대수층의 물을 양수하는 우물을 굴착정이라 한다. $Q=\dfrac{2\pi aK(H-h_o)}{\ln(R/r_o)}=\dfrac{2\pi aK(H-h_o)}{2.3\log(R/r_o)}$
집수암거	복류수를 취수하는 우물을 집수암거라 한다. $Q=\dfrac{Kl}{R}(H^2-h^2)$

49. 평행하게 놓여 있는 관로에서 A점의 유속이 3m/s, 압력이 294kPa이고, B점의 유속이 1m/s이라면 B점의 압력은?(단, 무게 1kg=9.8N)

① 30kPa ② 31kPa

③ 298kPa ④ 309kPa

해설 Bernoulli 정리

㉠ Bernoulli 정리

$$z_1+\frac{P_1}{w}+\frac{V_1^2}{2g}=z_2+\frac{P_2}{w}+\frac{V_2^2}{2g}$$

㉡ 평형수로에서는 위치수두는 동일하다.($z_1=z_2$)

$$\frac{P_1}{w}+\frac{V_1^2}{2g}=\frac{P_2}{w}+\frac{V_2^2}{2g}$$

㉢ 주어진 조건을 대입하여 B점의 압력을 산정

$$\frac{294}{9.8}+\frac{3^2}{19.6}=\frac{P_2}{9.8}+\frac{1^2}{19.6}$$

$\therefore\ P_2=298\text{kPa}$

50. 점성계수(μ)의 차원으로 옳은 것은?

① $[ML^{-2}T^{-2}]$ ② $[ML^{-1}T^{-1}]$

③ $[ML^{-1}T^{-2}]$ ④ $[ML^2T^{-1}]$

해설 차원

㉠ 물리량의 크기를 힘[F], 질량[M], 시간[T], 길이[L]의 지수형태로 표기한 것

㉡ 점성계수(μ)

$$\mu=\frac{\tau}{\dfrac{dv}{dy}}=\frac{\text{g/cm}^2}{1/\text{sec}}=\text{g}\cdot\text{sec/cm}^2$$

$\therefore$ 공학차원으로 바꾸면 FTL^{-2}

절대차원으로 바꾸면 $ML^{-1}T^{-1}$

51. 모세관현상에 관한 설명으로 옳은 것은?

① 모세관 내의 액체의 상승 높이는 모세관 지름의 제곱에 반비례한다.

② 모세관 내의 액체의 상승 높이는 모세관의 크기에만 관계된다.

③ 모세관의 높이는 액체의 특성과 무관하게 주위의 액체면보다 높게 상승한다.

④ 모세관 내의 액체의 상승 높이는 모세관 주위의 중력과 표면장력 등에 관계된다.

해설 모세관현상

㉠ 유체입자 간의 표면장력(입자 간의 응집력과 유체입자와 관벽 사이의 부착력)으로 인해 수면이 상승하는 현상이다.

$$h=\frac{4T\cos\theta}{wD}$$

㉡ 모세관현상은 상방향으로 작용하는 표면장력과 하방향으로 작용하는 중력 등에 관계된다.

52. 정상류의 흐름에 대한 설명으로 가장 적합한 것은?

① 모든 점에서 유동특성이 시간에 따라 변하지 않는다.
② 수로의 어느 구간을 흐르는 동안 유속이 변하지 않는다.
③ 모든 점에서 유체의 상태가 시간에 따라 일정한 비율로 변한다.
④ 유체의 입자들이 모두 열을 지어 질서 있게 흐른다.

해설 흐름의 분류

㉠ 정류와 부정류 : 시간에 따른 흐름의 특성이 변하지 않는 경우를 정류, 변하는 경우를 부정류라 한다.

- 정류 : $\frac{\partial v}{\partial t}=0,\ \frac{\partial p}{\partial t}=0,\ \frac{\partial \rho}{\partial t}=0$
- 부정류 : $\frac{\partial v}{\partial t}\neq 0,\ \frac{\partial p}{\partial t}\neq 0,\ \frac{\partial \rho}{\partial t}\neq 0$

㉡ 등류와 부등류 : 공간에 따른 흐름의 특성이 변하지 않는 경우를 등류, 변하는 경우를 부등류라 한다.

- 등류 : $\frac{\partial Q}{\partial l}=0,\ \frac{\partial v}{\partial l}=0,\ \frac{\partial h}{\partial l}=0$
- 부등류 : $\frac{\partial Q}{\partial l}\neq 0,\ \frac{\partial v}{\partial l}\neq 0,\ \frac{\partial h}{\partial l}\neq 0$

∴ 정상류는 흐름의 특성이 시간에 따라 변하지 않는 흐름을 말한다.

53. 그림에서 A점에 작용하는 정수압 P_1, P_2, P_3, P_4에 관한 사항 중 옳은 것은?

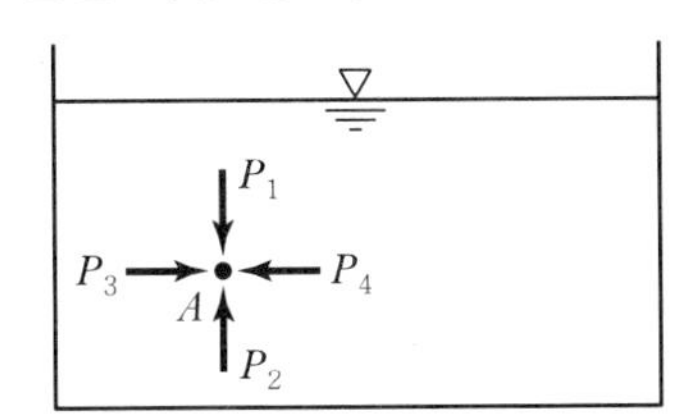

① P_1의 크기가 가장 작다.
② P_2의 크기가 가장 크다.
③ P_3의 크기가 가장 크다.
④ P_1, P_2, P_3, P_4의 크기는 같다.

해설 정수압

정수 중 한 점에 작용하는 압력은 모든 면에서 동일 크기의 힘이 직각방향으로 작용한다.

54. 그림에서 수문에 단위폭당 작용하는 힘(F)을 구하는 운동량방정식으로 옳은 것은?(단, 바닥 마찰은 무시하며, ω는 물의 단위중량, ρ는 물의 밀도, Q는 단위폭당 유량이다.)

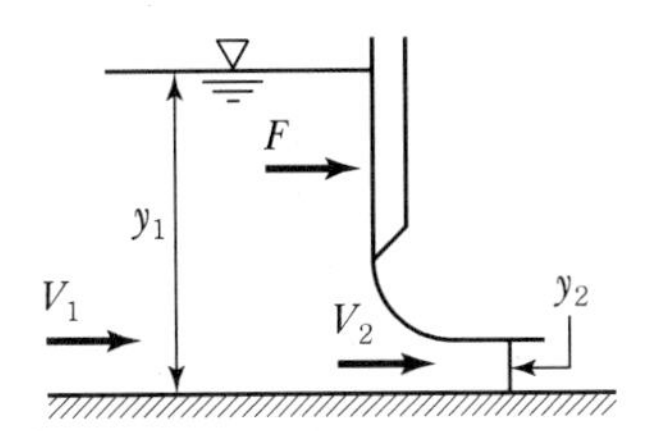

① $\frac{{y_1}^2}{2}-\frac{{y_2}^2}{2}-F=\rho Q(V_2-V_1)$

② $\frac{{y_1}^2}{2}-\frac{{y_2}^2}{2}-F=\rho Q({V_2}^2-{V_1}^2)$

③ $\frac{{\omega_1}^2}{2}-\frac{{\omega_2}^2}{2}-F=\rho Q(V_2-V_1)$

④ $\frac{{\omega_1}^2}{2}-\frac{{\omega_2}^2}{2}-F=\rho Q({V_2}^2-{V_1}^2)$

해설 운동량방정식

상류측 1번 단면에 작용하는 정수압은 왼쪽에서 오른쪽으로, 하류측 단면 2에 작용하는 정수압은 오른쪽에서 왼쪽으로 작용하게 된다. 따라서 수평하도 단위폭당 수문에 대해 x방향의 운동량방정식을 적용하면 다음과 같다.

- $P_1-P_2-F=\rho Q(V_2-V_1)$
- P_1, P_2는 정수압이므로

∴ $\frac{wy_1^2}{2}-\frac{wy_2^2}{2}-F=\rho Q(V_2-V_1)$

55. Darcy의 법칙에 대한 설명으로 틀린 것은?

① Reynolds 수가 클수록 안심하고 적용할 수 있다.
② 평균유속이 손실수두와 비례관계를 가지고 있는 흐름에 적용될 수 있다.
③ 정상류 흐름에서 적용될 수 있다.
④ 층류 흐름에서 적용 가능하다.

■ 해설 Darcy의 법칙

㉠ Darcy의 법칙

$$V = K \cdot I = K \cdot \frac{h_L}{L},$$

$$Q = A \cdot V = A \cdot K \cdot I = A \cdot K \cdot \frac{h_L}{L}$$

㉡ 특징

- Darcy의 법칙은 지하수의 층류흐름에 대한 마찰저항공식이다.
- 투수계수는 물의 점성계수에 따라서도 변화한다.

$$K = D_s^2 \frac{\rho g}{\mu} \frac{e^3}{1+e} C$$

여기서, μ : 점성계수

- Darcy의 법칙은 정상류흐름에 층류에만 적용된다.(특히, $R_e < 4$일 때 잘 적용된다.)

56. 수평 원형관 내를 물이 층류로 흐를 경우 Hagen-Poiseuille의 법칙에서 유량 Q에 대한 설명으로 옳은 것은?(여기서, w : 물의 단위중량, l : 관의 길이, h_L : 손실수두, μ : 점성계수)

① 유량과 반지름 R의 관계는 $Q = \dfrac{wh_L \pi R^4}{128\mu l}$이다.

② 유량과 압력차 ΔP의 관계는 $Q = \dfrac{\Delta P \pi R^4}{8\mu l}$이다.

③ 유량과 동수경사 I의 관계는 $Q = \dfrac{w\pi IR^4}{8\mu l}$이다.

④ 유량과 지름 D의 관계는 $Q = \dfrac{wh_L \pi D^4}{8\mu l}$이다.

■ 해설 Hagen-Poiseuille 법칙

㉠ 관수로 유량의 정의

$$Q = \frac{\pi w h_L R^4}{8\mu l}$$

㉡ 유량과 압력차 ΔP의 관계

여기서, $wh_L = \Delta P$이므로

$$\therefore Q = \frac{\Delta P \pi R^4}{8\mu l}$$

57. 개수로의 단면이 축소되는 부분의 흐름에 관한 설명으로 옳은 것은?

① 상류가 유입되면 수심이 감소하고 사류가 유입되면 수심이 증가한다.

② 상류가 유입되면 수심이 증가하고 사류가 유입되면 수심이 감소한다.

③ 유입되는 흐름의 상태(상류 또는 사류)와 무관하게 수심이 증가한다.

④ 유입되는 흐름의 상태(상류 또는 사류)와 무관하게 수심이 감소한다.

■ 해설 개수로 단면에서 수로 폭의 변화에 따른 수면곡선의 변화

㉠ 수로 폭의 축소에 따른 변화

- 상류(subcritical flow) : $y_1 > y_2$: 수위 저하
- 사류(supercritical flow) : $y_1 < y_2$: 수위 상승

㉡ 수로 폭의 확대에 따른 변화

- 상류(subcritical flow) : $y_1 < y_2$: 수위 상승
- 사류(supercritical flow) : $y_1 > y_2$: 수위 저하

58. 단면적이 1m²인 수조의 측벽에 면적 20cm²인 구멍을 내어서 물을 빼낸다. 수위가 처음의 2m에서 1m로 하강하는 데 걸리는 시간은?(단, 유량계수 $C = 0.6$)

① 25.0초 ② 108.2초

③ 155.9초 ④ 169.5초

■ 해설 수조의 배수시간

㉠ 자유유출의 경우

$$t = \frac{2A}{Ca\sqrt{2g}}(h_1^{\frac{1}{2}} - h_2^{\frac{1}{2}})$$

㉡ 수중유출의 경우

- $t = \dfrac{2A_1A_2}{Ca\sqrt{2g}(A_1+A_2)}(h_1^{\frac{1}{2}} - h_2^{\frac{1}{2}})$
- 만일, 두 수조의 수면이 같아지는 데 걸리는 시간 $h_2 = 0$일 때
- $t = \dfrac{2A_1A_2}{Ca\sqrt{2g}(A_1+A_2)}h_1^{\frac{1}{2}}$

㉢ 수조의 배수시간 계산

$$t = \frac{2A}{Ca\sqrt{2g}}(h_1^{\frac{1}{2}} - h_2^{\frac{1}{2}})$$

$$= \frac{2 \times 1}{0.6 \times 20 \times 10^{-4} \times \sqrt{2 \times 9.8}}(2^{\frac{1}{2}} - 1^{\frac{1}{2}})$$

$$= 155.9\text{sec}$$

59. 부체의 경심(M), 부심(C), 무게중심(G)에 대하여 부체가 안정되기 위한 조건은?

① $\overline{MG}>0$　② $\overline{MG}=0$
③ $\overline{MG}<0$　④ $\overline{MG}=\overline{CG}$

해설 부체의 안정조건
㉠ 경심(M)을 이용하는 방법
• 경심(M)이 중심(G)보다 위에 존재 : 안정
• 경심(M)이 중심(G)보다 아래에 존재 : 불안정
㉡ 경심고($\overline{MG}$)를 이용하는 방법
• $\overline{MG}=\overline{MC}-\overline{GC}$
• $\overline{MG}>0$: 안정
• $\overline{MG}<0$: 불안정
㉢ 경심고 일반식을 이용하는 방법
• $\overline{MG}=\dfrac{I}{V}-\overline{GC}$
• $\dfrac{I}{V}>\overline{GC}$: 안정
• $\dfrac{I}{V}<\overline{GC}$: 불안정
∴ 부체가 안정되기 위해서는 $\overline{MG}>0$ 을 만족해야 한다.

60. 그림과 같이 삼각위어의 수두를 측정한 결과 30cm이었을 때 유출량은?(단, 유량계수는 0.62이다.)

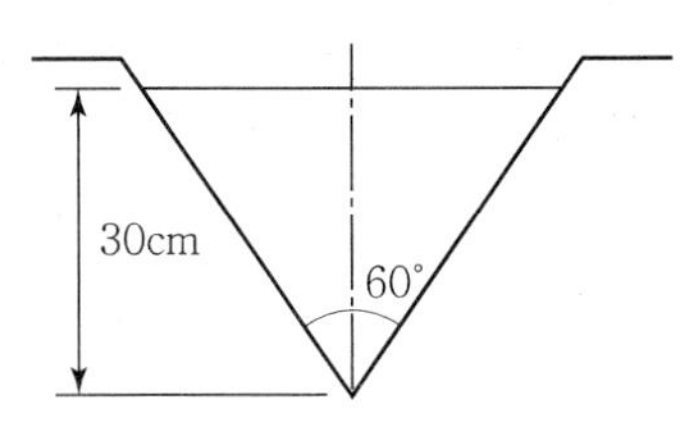

① $0.042\text{m}^3/\text{s}$　② $0.125\text{m}^3/\text{s}$
③ $0.139\text{m}^3/\text{s}$　④ $0.417\text{m}^3/\text{s}$

해설 삼각위어의 유량
㉠ 삼각형 위어 : 삼각위어는 소규모 유량의 정확한 측정이 필요할 때 사용한다.

$$Q=\frac{8}{15}C\tan\frac{\theta}{2}\sqrt{2g}\,h^{\frac{5}{2}}$$

㉡ 삼각형 위어의 유량의 산정

$$Q=\frac{8}{15}C\tan\frac{\theta}{2}\sqrt{2g}\,h^{\frac{5}{2}}$$
$$=\frac{8}{15}\times0.62\times\tan\frac{60}{2}\times\sqrt{2\times9.8}\times0.3^{\frac{5}{2}}$$
$$=0.042\text{m}^3/\text{s}$$

제4과목 철근콘크리트 및 강구조

61. 강도설계법에서 사용하는 강도감소계수의 사용목적으로 거리가 먼 것은?

① 재료 강도와 치수가 변동할 수 있으므로 부재의 강도 저하 확률에 대비한 여유를 반영하기 위해서
② 부정확한 설계 방정식에 대비한 여유를 반영하기 위해서
③ 구조물에서 차지하는 부재의 중요도 등을 반영하기 위해서
④ 구조해석할 때의 가정 및 계산의 실수로 인해 야기될지 모르는 초과하중의 영향에 대비하기 위해서

해설 구조해석할 때의 가정 및 계산의 실수로 인해 야기될지 모르는 초과하중의 영향에 대비하기 위해서 사용되는 것은 하중계수이다.

62. 단철근 직사각형보를 강도 설계법으로 설계할 때 과소철근보로 설계하는 이유로 옳은 것은?

① 처짐을 감소시키기 위해서
② 철근이 먼저 파괴되는 것을 방지하기 위해서
③ 철근을 절약해서 경제적인 설계가 되도록 하기 위해서
④ 압축력의 부족으로 인한 콘크리트의 취성파괴를 방지하기 위해서

해설 단철근 직사각형보를 강도 설계법으로 설계할 때 과소철근보로 설계하는 이유는 압축력의 부족으로 인한 콘크리트의 취성파괴를 방지하기 위한 것이다.

63. 강도설계법에 대한 기본가정 중 옳지 않은 것은?

① 평면인 단면은 변형 후에도 평면을 유지한다.
② 철근과 콘크리트의 응력과 변형률은 중립축으로부터 거리에 비례한다.
③ 압축측 연단에서 콘크리트의 최대 변형률은 0.003으로 가정한다.
④ 콘크리트의 인장강도는 휨계산에서 무시한다.

해설 강도설계법에 대한 기본가정 사항
① 철근 및 콘크리트의 변형률은 중립축으로부터의 거리에 비례한다.
② 압축측 연단에서 콘크리트의 최대 변형률은 0.003으로 가정한다.
③ f_y 이하의 철근응력은 그 변형률의 E_s배로 취한다. f_y에 해당하는 변형률보다 더 큰 변형률에 대한 철근의 응력은 변형률에 관계없이 f_y와 같다고 가정한다.
④ 극한강도상태에서 콘크리트의 응력은 변형률에 비례하지 않는다.
⑤ 콘크리트의 압축응력분포는 등가직사각형 응력분포로 가정해도 좋다.
⑥ 콘크리트의 인장응력은 무시한다.

64. 철근콘크리트 깊은 보 및 깊은 보의 전단설계에 관한 설명으로 잘못된 것은?

① 순경간(l_n)이 부재 깊이의 4배 이하이거나 하중이 받침부로부터 부재 깊이의 2배 거리 이내에 작용하는 보를 깊은 보라 한다.
② 수직전단철근의 간격은 d/5 이하 또한 300mm 이하로 하여야 한다.
③ 수평전단철근의 간격은 d/5 이하 또한 300mm 이하로 하여야 한다.
④ 깊은 보에서는 수평전단철근이 수직전단철근보다 전단보강 효과가 더 크다.

해설 깊은 보에서는 수직전단철근이 수평전단철근보다 전단보강 효과가 더 크다.

65. 합성형 교량에서 콘크리트 슬래브와 강재 보의 상부 플랜지를 일체화시키기 위해 사용하는 것은?

① 브레이싱　　② 스티프너
③ 전단 연결재　　④ 리벳

해설 합성형 교량에서 콘크리트 슬래브와 강재 보의 상부 플랜지를 일체화시키기 위해 사용하는 것은 전단 연결재(stud)이다.

66. 나선철근 또는 띠철근이 배근된 압축부재에서 축방향 철근의 순간격에 대한 설명으로 옳은 것은?

① 40mm 이상, 또한 철근 공칭지름의 1.5배 이상으로 하여야 한다.
② 50mm 이상, 또한 철근 공칭지름 이상으로 하여야 한다.
③ 50mm 이하, 또한 철근 공칭지름의 1.5배 이하로 하여야 한다.
④ 40mm 이하, 또한 철근 공칭지름 이하로 하여야 한다.

해설 철근콘크리트 기둥에서 축방향 철근의 순간격
- 40mm 이상
- 철근 공칭지름의 1.5배 이상
- 굵은 골재 최대치수의 $\frac{4}{3}$배 이상

67. 폭(b)은 300mm, 유효깊이(d)는 550mm인 직사각형 철근 콘크리트 보에 전단력과 휨만이 작용할 때 콘크리트가 받을 수 있는 설계 전단강도(ϕV_c)는 약 얼마인가?(단, $f_{ck}=27$MPa)

① 101kN　　② 107kN
③ 114kN　　④ 122kN

해설
$$\phi V_c = \phi \frac{1}{6}\lambda\sqrt{f_{ck}}\,bd$$
$$= 0.75\times\frac{1}{6}\times 1.0\times\sqrt{27}\times 300\times 550$$
$$= 107\times 10^3\text{N} = 107\text{kN}$$

68. 인장 부재의 볼트 연결부를 설계할 때 고려되지 않는 항목은?

① 지압응력　　② 볼트의 전단응력
③ 부재의 항복응력　　④ 부재의 좌굴응력

 |해답| 63.② 64.④ 65.③ 66.① 67.② 68.④

■해설 볼트 연결부의 파괴형태
1. 볼트의 파괴형태
   - 전단파괴
   - 지압파괴
2. 강판의 파괴형태
   - 인장파괴
   - 지압파괴

69. 일반 콘크리트 부재의 해당 지속 하중에 대한 탄성처짐이 30mm이었다면 크리프 및 건조수축에 따른 추가적인 장기처짐을 고려한 최종 총처짐량은?(단, 하중재하기간은 5년이고, 압축철근비 ρ'는 0.002이다.)

① 80.8mm ② 84.6mm
③ 89.4mm ④ 95.2mm

■해설 $\xi = 2.0$(하중재하기간이 5년 이상일 경우)

$$\lambda = \frac{\xi}{1+50\rho'} = \frac{2.0}{1+50\times 0.002} = 1.82$$

$$\delta_L = \lambda \cdot \delta_i = 1.82\times 30 = 54.6\text{mm}$$

$$\delta_T = \delta_i + \delta_L = 30 + 54.6 = 84.6\text{mm}$$

70. 강도설계법에서 D25(공칭직경 25.4mm)인 인장철근의 기본정착 길이는 얼마인가?(단, $f_{ck}=21$MPa, $f_y=300$MPa이고, 보통중량 콘크리트를 사용한다.)

① 800mm ② 917mm
③ 998mm ④ 1038mm

■해설 $\lambda = 1.0$(보통 중량의 콘크리트인 경우)

$$l_{db} = \frac{0.6d_b f_y}{\lambda\sqrt{f_{ck}}} = \frac{0.6\times 25.4\times 300}{1.0\times\sqrt{21}} = 997.7\text{mm}$$

71. 그림과 같은 필렛 용접에서 용접부의 목두께로 가장 적합한 것은?

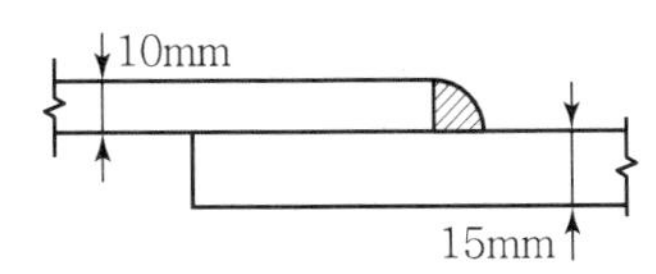

① 7.07mm ② 10.0mm
③ 12.6mm ④ 15mm

■해설 $a = 0.707S = 0.707\times 10 = 7.07\text{mm}$

72. 강도 설계법에서 휨 부재의 등가 사각형 압축응력 분포의 깊이(a)는 아래의 표와 같은 식으로 구할 수 있다. 콘크리트의 설계기준 압축강도(f_{ck})가 40MPa인 경우 β_1의 값은?

$a=\beta_1 c$

① 0.683 ② 0.712
③ 0.766 ④ 0.801

■해설 $f_{ck} > 28$MPa인 경우 β_1의 값

$$\beta_1 = 0.85 - 0.007(f_{ck}-28)$$
$$= 0.85 - 0.007(40-28) = 0.766$$

73. 그림과 같은 프리스트레스트 콘크리트의 경간 중앙점에서 강선을 꺾었을 때, 이 꺾은 점에서의 상향력(上向力) U의 값은?

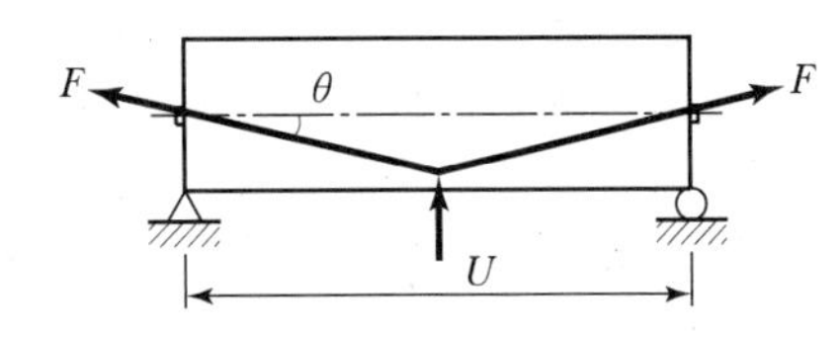

① $U=2F\cdot\tan\theta$ ② $U=F\cdot\tan\theta$
③ $U=2F\cdot\sin\theta$ ④ $U=F\cdot\sin\theta$

■해설 $U=2F\cdot\sin\theta$

74. 다음 그림과 같은 복철근 직사각형 보에서 $A_s'=1916\text{mm}^2$, $A_s=4790\text{mm}^2$이다. 등가직사각형의 응력의 깊이 a는?(단, $f_{ck}=28$MPa, $f_y=400$MPa이다.)

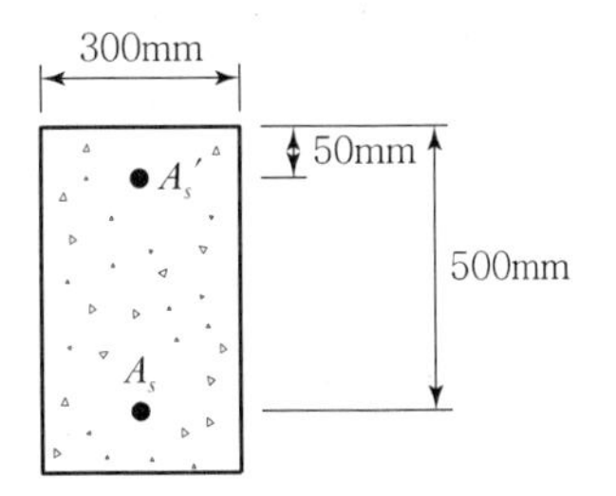

① 157mm ② 161mm
③ 173mm ④ 185mm

해설
$$a=\frac{(A_s-A_s')f_y}{0.85f_{ck}b}=\frac{(4790-1916)\times 400}{0.85\times 28\times 300}=161\text{mm}$$

75. 다음 중 집중하중을 분포시키거나 균열을 제어할 목적으로 주철근과 직각에 가까운 방향으로 배치한 보조철근은?

① 사인장철근 ② 비틀림철근
③ 배력철근 ④ 조립용철근

해설 배력철근을 배치하는 이유
- 응력을 고르게 분포시켜 균열폭 최소화
- 주철근의 위치 확보
- 건조수축이나 온도변화에 따른 콘크리트의 수축감소

76. 프리텐션 PSC 부재의 단면이 300mm×500mm이고 120mm²의 PS 강선 5개가 단면의 도심에 배치되어 있다. 초기 프리스트레스가 1000MPa이고 $n=6$일 때 콘크리트의 탄성 수축에 의한 프리스트레스 감소량은?

① 24MPa ② 27MPa
③ 32MPa ④ 35MPa

해설
$$\Delta f_{pe}=nf_{cs}=n\frac{P_i}{A_g}=n\frac{f_{pi}A_p}{bh}$$
$$=6\times\frac{1000\times(5\times 120)}{300\times 500}=24\text{MPa}$$

77. 앞부벽식 옹벽의 앞부벽에 대한 설명으로 옳은 것은?

① T형보로 설계하여야 한다.
② 전면벽에 지지된 캔틸레버로 설계하여야 한다.
③ 연속보로 설계하여야 한다.
④ 직사각형보로 설계하여야 한다.

해설 부벽식 옹벽에서 부벽의 설계
- 앞부벽 : 직사각형 보로 설계
- 뒷부벽 : T형 보로 설계

78. 다음 그림과 같은 단철근 직사각형 보의 균형철근비 ρ_b의 값은?(단, $f_{ck}=21$MPa, $f_y=280$MPa이다.)

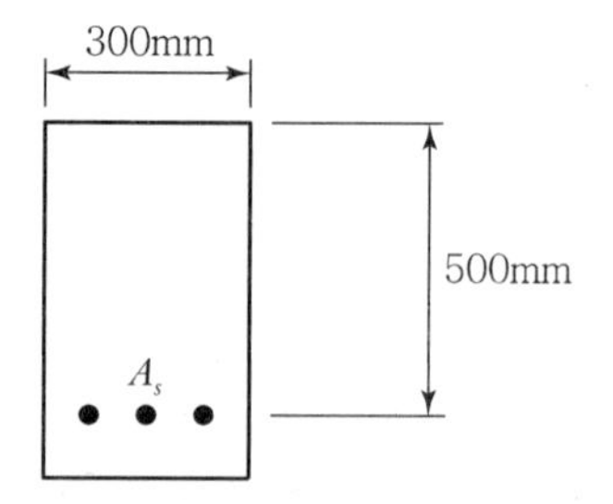

① 0.0369 ② 0.0437
③ 0.0524 ④ 0.0614

해설 $\beta_1=0.85(f_{ck}\le 28\text{MPa}$인 경우)
$$\rho_b=0.85\beta_1\frac{f_{ck}}{f_y}\frac{600}{600+f_y}$$
$$=0.85\times 0.85\times\frac{21}{280}\times\frac{600}{600+280}=0.0369$$

79. 슬래브와 보를 일체로 친 대칭 T형보의 유효폭을 결정할 때 고려해야 할 사항으로 틀린 것은?(단, b_w=플랜지가 있는 부재의 복부폭)

① (양쪽으로 각각 내민 플랜지 두께의 8배씩)+b_w
② 양쪽의 슬래브의 중심 간 거리
③ 보의 경간의 1/4
④ (인접 보와의 내측 거리의 1/2)+b_w

해설 T형보(대칭 T형보)에서 플랜지의 유효폭(b_e)
① $16t_f=b_w$
② 양쪽 슬래브의 중심 간의 거리
③ 보 경간의 $\frac{1}{4}$
위의 값 중 최소값으로 한다.

80. 프리스트레스트 콘크리트에서 포스트텐션 긴장재의 마찰손실을 구할 때 사용하는 근사식은 아래의 표와 같다. 이러한 근사식을 사용할 수 있는 조건에 대한 설명으로 옳은 것은?

 |해답| 75.③ 76.① 77.④ 78.① 79.④ 80.②

$P_{px} = P_{pj}/(1+Kl_{px}+\mu_p \alpha_{px})$
여기서, P_{px} : 임의점 x에서 긴장재의 긴장력
P_{pj} : 긴장단에서 긴장재의 긴장력
K : 긴장재의 단위길이 1m당 파상마찰계수
l_{px} : 정착단부터 임의의 지점 x까지 긴장재의 길이
μ_p : 곡선부의 곡률마찰계수
α_{px} : 긴장단부터 임의점 x까지 긴장재의 전체 회전각 변화량(라디안)

① $(Kl_{px}+\mu_p\alpha_{px})$값이 0.3 이상인 경우
② $(Kl_{px}+\mu_p\alpha_{px})$값이 0.3 이하인 경우
③ $(Kl_{px}+\mu_p\alpha_{px})$값이 0.5 이상인 경우
④ $(Kl_{px}+\mu_p\alpha_{px})$값이 0.5 이하인 경우

■해설 프리스트레스트 콘크리트에서 긴장재의 마찰손실을 구할 때 사용하는 근사식은 $(Kl_{px}+\mu_p\alpha_{px}) \le 0.3$인 경우에 사용할 수 있다.

제5과목 토질 및 기초

81. 어느 흙의 지하수면 아래의 흙의 단위중량이 1.94g/cm³이었다. 이 흙의 간극비가 0.84일 때 이 흙의 비중을 구하면?

① 1.65　② 2.65
③ 2.73　④ 3.73

■해설
$$\gamma_t = \frac{G_s + Se}{1+e}\gamma_w$$
$$1.94 = \frac{G_s + (1\times 0.84)}{1+0.84}\times 1$$
$\therefore$ 비중(G_s) =2.73

82. 응력경로(stress path)에 대한 설명으로 틀린 것은?

① 응력경로를 이용하면 시료가 받는 응력의 변화 과정을 연속적으로 파악할 수 있다.
② 응력경로에는 전응력으로 나타내는 전응력 경로와 유효응력으로 나타내는 유효응력 경로가 있다.
③ 응력경로는 Mohr의 응력원에서 전단응력이 최대인 점을 연결하여 구해진다.
④ 시료가 받는 응력상태를 응력경로로 나타내면 항상 직선으로 나타내어진다.

■해설 일반적으로 실제유효응력 경로는 곡선이며 직선인 경우는 드물다.

83. 지하수위가 지표면과 일치되며 내부마찰각이 30°, 포화단위중량(γ_{sat})이 2.0t/m³이고, 점착력이 0인 사질토로 된 반무한사면이 15°로 경사져 있다. 이때 이 사면의 안전율은?

① 1.00　② 1.08
③ 2.00　④ 2.15

■해설
$$F_s = \frac{\gamma_{sub}}{\gamma_{sat}}\times\frac{\tan\phi}{\tan i} = \frac{2-1}{2}\times\frac{\tan 30°}{\tan 15°} = 1.08$$

84. 점성토의 전단특성에 관한 설명 중 옳지 않은 것은?

① 일축압축시험 시 peak점이 생기지 않을 경우는 변형률 15%일 때를 기준으로 한다.
② 재성형한 시료를 함수비의 변화없이 그대로 방치하면 시간이 경과되면서 강도가 일부 회복하는 현상을 액상화 현상이라 한다.
③ 전단조건(압밀상태, 배수조건 등)에 따라 강도정수가 달라진다.
④ 포화점토에 있어서 비압밀 비배수 시험의 결과 전단 강도는 구속압력의 크기에 관계없이 일정하다.

■해설 점토는 되이김하면 전단강도가 현저히 감소되는데, 시간이 경과함에 따라 그 강도의 일부를 다시 찾게 되는 현상을 틱소트로피 현상이라 한다.

85. 흙의 다짐 에너지에 관한 설명으로 틀린 것은?

① 다짐 에너지는 램머(rammer)의 중량에 비례한다.
② 다짐 에너지는 램머(rammer)의 낙하고에 비례한다.
③ 다짐 에너지는 시료의 체적에 비례한다.
④ 다짐 에너지는 타격수에 비례한다.

해설 다짐에너지는 시료의 체적에 반비례한다.

86. 흙 속으로 물이 흐를 때, Darcy 법칙에 의한 유속(v)과 실제유속(v_s) 사이의 관계로 옳은 것은?

① $v_s < v$　② $v_s > v$
③ $v_s = v$　④ $v_s = 2v$

해설 실제침투유속(V_s) $= \dfrac{V}{n}$

$\therefore\ V_s > V$(실제침투유속이 평균유속보다 크다.)

87. 10m×10m의 정사각형 기초 위에 6t/m²의 등분포하중이 작용하는 경우 지표면 아래 10m에서의 수직응력을 2 : 1 분포법으로 구하면?

① 1.2t/m²　② 1.5t/m²
③ 1.88t/m²　④ 2.11t/m²

해설
$$\Delta\sigma_z = \frac{qBL}{(B+Z)(L+Z)} = \frac{6\times10\times10}{(10+10)(10+10)} = 1.5\text{t/m}^2$$

88. 유선망(流線網)에서 사용되는 용어를 설명한 것으로 틀린 것은?

① 유선 : 흙 속에서 물입자가 움직이는 경로
② 등수두선 : 유선에서 전수두가 같은 점을 연결한 선
③ 유선망 : 유선과 등수두선의 조합으로 이루어지는 그림
④ 유로 : 유선과 등수두선이 이루는 통로

해설 유로
유선과 유선이 이루는 통로

89. 어떤 흙의 입경가적곡선에서 D_{10} =0.05mm, D_{30} =0.09mm, D_{60} =0.15mm이었다. 균등 계수 C_u와 곡률계수 C_g의 값은?

① $C_u=3.0,\ C_g=1.08$
② $C_u=3.5,\ C_g=2.08$
③ $C_u=3.0,\ C_g=2.45$
④ $C_u=3.5,\ C_g=1.82$

해설
- 균등계수(C_u) $= \dfrac{D_{60}}{D_{10}} = \dfrac{0.15}{0.05} = 3$
- 곡률계수(C_g) $= \dfrac{{D_{30}}^2}{D_{10}\times D_{60}} = \dfrac{0.09^2}{0.05\times0.15} = 1.08$

90. 두께 6m의 점토층이 있다. 이 점토의 간극비(e_0)는 2.0이고 액성한계(w_l)는 70%이다. 압밀하중을 2kg/cm²에서 4kg/cm²로 증가시킬 때 예상되는 압밀침하량은?(단, 압축지수 C_c는 Skempton의 식 C_c=0.009(w_l-10)을 이용할 것)

① 0.33m　② 0.49m
③ 0.65m　④ 0.87m

해설
$$\Delta H = \frac{C_c}{1+e_1}\log\frac{P_2}{P_1}H = \frac{0.54}{1+2}\times\log\frac{40}{20}\times6 = 0.33$$
$[C_c = 0.009(\omega_\ell - 10) = 0.009(70-10) = 0.54]$

91. 어떤 흙 시료에 대하여 일축압축시험을 실시한 결과, 일축압축강도(q_u)가 3kg/cm², 파괴면과 수평면이 이루는 각은 45°이었다. 이 시료의 내부마찰각(ϕ)과 점착력(c)은?

① $\phi=0,\ c=1.5\text{kg/cm}^2$
② $\phi=0,\ c=3\text{kg/cm}^2$
③ $\phi=90°,\ c=1.5\text{kg/cm}^2$
④ $\phi=45°,\ c=0$

 |해답| 85.③ 86.② 87.② 88.④ 89.① 90.① 91.①

해설 • 내부마찰각(ϕ)

$$\theta = 45° + \frac{\phi}{2} = 45° \qquad \therefore\ \phi = 0$$

• $q_u = 2c \cdot \tan\left(45° + \frac{\phi}{2}\right)$

$$3 = 2c \cdot \tan\left(45° + \frac{0}{2}\right)$$

$$\therefore\ c = 1.5\text{kg/cm}^2$$

92. 사질토 지반에서 직경 30cm의 평판재하시험 결과 30t/m²의 압력이 작용할 때 침하량이 5mm라면, 직경 1.5m의 실제 기초에 30t/m²의 하중이 작용할 때 침하량의 크기는?

① 28mm ② 50mm
③ 14mm ④ 25mm

해설 재하시험에 의한 사질토층의 즉시 침하

$$S_{(기초)} = S_{(재하판)} \cdot \left\{\frac{2 \cdot B_{(기초)}}{B_{(기초)} + B_{(재하판)}}\right\}^2$$

$$= 5 \times \left\{\frac{2 \times 1.5}{1.5 + 0.3}\right\}^2$$

$$= 14\text{mm}$$

93. 흙 속에서 물의 흐름에 영향을 주는 주요 요소가 아닌 것은?

① 흙의 유효입경 ② 흙의 간극비
③ 흙의 상대밀도 ④ 유체의 점성계수

해설

$$k = D_s^{\,2} \cdot \frac{\gamma_w}{\mu} \cdot \frac{e^2}{1+e} \cdot C$$

• k(투수계수)는 $D_s^{\,2}$(입경)에 비례
• k(투수계수)는 μ(점성계수)에 비례
• k(투수계수)는 γ_w(물의 단위중량)에 비례
• k(투수계수)는 C(형상계수)에 비례

∴ 흙의 상대밀도는 물의 흐름에 영향을 주지 않는다.

94. 기초의 구비조건에 대한 설명으로 틀린 것은?

① 기초는 상부하중을 안전하게 지지해야 한다.
② 기초의 침하는 절대 없어야 한다.
③ 기초는 최소 동결깊이보다 깊은 곳에 설치해야 한다.
④ 기초는 시공이 가능하고 경제적으로 만족해야 한다.

해설 기초의 침하는 허용값 이내여야 한다.

95. 토압의 종류로는 주동토압, 수동토압 및 정지토압이 있다. 다음 중 그 크기의 순서로 옳은 것은?

① 주동토압 > 수동토압 > 정지토압
② 수동토압 > 정지토압 > 주동토압
③ 정지토압 > 수동토압 > 주동토압
④ 수동토압 > 주동토압 > 정지토압

해설 토압의 크기 : 수동토압 > 정지토압 > 주동토압

96. 다음의 사운딩(Sounding)방법 중에서 동적인 사운딩은?

① 이스키미터(Iskymeter)
② 베인 전단시험(Vane Shear Test)
③ 화란식 원추 관입시험(Dutch Cone Penetration)
④ 표준관입시험(Standard Penetration Test)

해설 동적인 사운딩
• 표준관입시험(SPT)
• 동적 원추관시험

97. 다음의 기초형식 중 직접기초가 아닌 것은?

① 말뚝기초 ② 독립기초
③ 연속기초 ④ 전면기초

해설 기초의 분류
㉠ 얕은(직접)기초
(1) 확대(footing)기초
• 독립확대기초
• 복합확대기초
• 연속확대기초
(2) 전면(mat)기초

㉡ 깊은기초
- 말뚝기초
- 피어(pier)기초
- 케이슨기초

98. 아래 표의 Terzaghi의 극한 지지력 공식에 대한 설명으로 틀린 것은?

$$q_u = \alpha c N_c + \beta \gamma_1 B N_\gamma + \gamma_2 D_f N_q$$

① α, β는 기초 형상 계수이다.
② 원형기초에서 B는 원의 직경이다.
③ 정사각형 기초에서 α의 값은 1.3이다.
④ N_c, N_γ, N_q는 지지력 계수로서 흙의 점착력에 의해 결정된다.

■해설 N_c, N_γ, N_q는 지지력계수로서 흙의 내부마찰각에 의해 결정된다.

99. 모래치환법에 의한 현장 흙의 단위무게시험에서 표준모래를 사용하는 이유는?

① 시료의 부피를 알기 위해서
② 시료의 무게를 알기 위해서
③ 시료의 입경을 알기 위해서
④ 시료의 함수비를 알기 위해서

■해설 들밀도시험 방법인 모래치환 방법에서 모래(표준사)는 현장에서 파낸 구멍의 체적을 알기 위해 쓰인다.

100. 다음과 같은 토질시험 중에서 현장에서 이루어지지 않는 시험은?

① 베인(Vane)전단시험
② 표준관입시험
③ 수축한계시험
④ 원추관입시험

■해설 수축한계시험은 실내시험으로서 흙의 물리적 성질을 구할 때 이용한다.

제6과목 상하수도공학

101. 상수도시설에 설치되는 펌프에 대한 설명 중 옳지 않은 것은?

① 수량변화가 큰 경우, 대소 두 종류의 펌프를 설치하거나 또는 회전속도제어 등에 의하여 토출량을 제어한다.
② 펌프는 예비기를 설치하되 펌프가 정지되더라도 급수에 지장이 없는 경우에는 생략할 수 있다.
③ 펌프는 용량이 클수록 효율이 낮으므로 가능한 한 소용량으로 한다.
④ 펌프는 가능한 한 동일 용량으로 하여 소모품이나 예비품의 호환성을 갖게 한다.

■해설 펌프 대수 결정 시 고려사항
㉠ 펌프는 가능한 한 최고효율점에서 운전하도록 대수 및 용량을 결정한다.
㉡ 대용량 고효율 펌프를 사용한다.
㉢ 펌프의 대수는 유지관리상 가능한 한 적게 하고 동일 용량의 것을 사용한다.
㉣ 예비대수는 가능한 한 적게 하고 소용량의 것으로 한다.
∴ 펌프는 용량이 클수록 고효율 펌프이므로 가능한 한 대용량의 것으로 선정한다.

102. 수원의 구비요건에 대한 설명으로 옳지 않은 것은?

① 수질이 좋아야 한다.
② 수량이 풍부해야 한다.
③ 가능한 한 낮은 곳에 위치해야 한다.
④ 상수 소비자에게 가까운 곳에 위치해야 한다.

■해설 수원의 구비요건
- 수량이 풍부한 곳
- 수질이 양호한 곳
- 계절적으로 수량 및 수질의 변동이 적은 곳
- 가능한 한 자연유하식을 이용할 수 있는 곳
- 주위에 오염원이 없는 곳
- 소비지로부터 가까운 곳

∴ 자연유하식이 되려면 수원의 위치는 가능한 한 높은 곳에 위치하여야 한다.

103. 하수관 중 가장 부식되기 쉬운 곳은?

① 관정부 ② 바닥 부분
③ 양편의 벽쪽 ④ 하수관 전체

해설 관정 부식

㉠ 정의 : 콘크리트관의 경우 하수 내에 존재하거나 유기물 분해 시 존재하는 산에 의해 관 정상부에 부식이 발생되는 것을 말한다.
㉡ 부식 진행 : 단백질, 유기물, 황화합물 등이 혐기성 상태에서 분해되어 황화수소(H_2S) 발생 → 황화수소가 호기성 미생물에 의해 아황산가스(SO_2, SO_3) 발생 → 아황산가스가 관정부의 물방울에 녹아 황산(H_2SO_4)이 된다. → 황산이 콘크리트관의 성분인 철, 칼슘, 알루미늄과 반응하여 황산염으로 변하면서 관을 부식시킨다.
㉢ 방지대책 : 유속 증가로 퇴적방지, 용존산소 농도 증가로 혐기성 상태 예방, 살균제 주입, 라이닝, 역청제 도포로 황산염의 발생 방지

104. 다음 펌프에 관한 사항 중 옳지 않은 것은?

① 펌프의 축동력은 토출량, 전양정 및 펌프효율에 의한 식으로 구한다.
② 원심펌프는 낮은 양정에만 적합하다.
③ 펌프 가동 시 담당하는 수두는 정수두와 마찰수두를 포함한 제반 손실수두의 합이다.
④ 펌프의 특성곡선이란 유량과 펌프의 양정, 효율, 축동력의 관계를 그래프로 나타낸 것이다.

해설 펌프 일반

㉠ 펌프의 축동력은 토출량, 전양정 및 펌프효율에 의한 식으로 구한다.
㉡ 원심펌프는 고양정, 축류펌프는 저양정에 적용하는 펌프이다.
㉢ 펌프의 전양정은 정수두와 마찰수두를 포함한 제반 손실수두의 합이다.
㉣ 펌프의 특성곡선이란 유량과 펌프의 양정, 효율, 축동력의 관계를 그래프로 나타낸 것이다.

105. 강우강도 $I=4,000/(t+30)$mm/hr[t : 분], 유역면적 5km^2, 유입시간 300초, 유출계수 0.8, 하수관거 길이 1.2km, 관내유속 2.0m/s인 경우 합리식에 의한 최대 우수유출량은?

① 98.77m^3/s ② 987.7m^3/s
③ 98.77m^3/hr ④ 987.7m^3/hr

해설 우수유출량의 산정

㉠ 합리식의 적용 확률연수는 10~30년을 원칙으로 한다.

우수량$(Q)=\dfrac{1}{3.6}CIA$

여기서, C : 유출계수(무차원)
I : 강우강도(mm/hr)
A : 유역면적(km^2)

㉡ 우수유출량의 산정

- 유달시간 : $t=t_1+t_2=t_1+\dfrac{l}{v}$
  $=5+\dfrac{1,200}{2\times60}=15\text{min}$
- 강우강도 : $I=\dfrac{4,000}{(t+30)}=\dfrac{4,000}{(15+30)}$
  $=88.89\text{mm/hr}$
- $Q=\dfrac{1}{3.6}CIA$
  $=\dfrac{1}{3.6}\times0.8\times88.89\times5$
  $=98.77\text{m}^3/\text{s}$

106. 송수관로를 계획할 때 고려사항에 대한 설명으로 옳지 않은 것은?

① 가급적 단거리가 되어야 한다.
② 이상수압을 받지 않도록 한다.
③ 송수방식은 반드시 자연유하식으로 해야 한다.
④ 관로의 수평 및 연직방향의 급격한 굴곡은 피한다.

해설 송수관로의 계획

㉠ 송수관로는 일반적으로 펌프압송 식을 채택하고, 가급적 단거리가 되어야 하며, 이상수압을 받지 않도록 한다.
㉡ 송수방식은 지형에 따라 채택하는데, 자연유하식을 채택하면 좋지만 대부분의 송수관로는 높은 배수지로 물을 유속시켜야 하므로 펌프압송식을 많이 채용한다.
㉢ 관로의 수평 및 연직방향의 급격한 굴곡은 피한다.

107. 우수조정지의 설치목적과 직접적으로 관련이 없는 것은?

① 하수관거의 유하능력이 부족한 곳
② 하수처리장의 처리능력이 부족한 곳
③ 하류지역의 펌프장 능력이 부족한 곳
④ 방류수역의 유하능력이 부족한 곳

해설 우수조정지

㉠ 우수조정지는 도시화나 도시지역의 확대로 기존 관로의 용량이 부족하거나 관로의 능력 저하에도 불구하고 하류의 시설 및 관로 등의 능력을 높이기 곤란한 경우에 설치하며, 크기는 합리식에 의하여 산정한다.

㉡ 방류방식 : 기본적으로 우수조정지의 방류방식은 자연유하식을 원칙으로 하며, 적당한 구배를 확보하기 곤란한 곳에는 펌프가압식을 사용하거나 이를 병용하기도 한다.

㉢ 설치장소
- 하수관거의 유하능력이 부족한 곳
- 방류수로의 유하능력이 부족한 곳
- 하류지역의 펌프장 능력이 부족한 곳

㉣ 구조형식
- 댐식
- 지하식
- 굴착식

108. 하수도계획을 하수도의 역할이 다양화되고 있는 사회적인 요구에 부응할 수 있도록 장기적인 전망을 고려하여 수립할 때 포함되어야 하는 사항이 아닌 것은?

① 침수방지 계획
② 지속발전 가능한 도시구축 계획
③ 수질보전 계획
④ 슬러지 처리 및 자원화 계획

해설 하수도계획의 수립

하수도계획은 하수도의 역할이 다양화되고 있는 사회적 요구에 부응할 수 있도록 장기적인 전망을 고려하여 수립하되 다음 사항을 포함하여야 한다.

㉠ 침수방지계획
㉡ 수질보전계획
㉢ 물관리 및 재이용계획
㉣ 슬러지 처리 및 자원화 계획

109. 합류식 배제방식의 특성과 관계없는 것은?

① 폐쇄의 염려가 없다.
② 우수에 의한 관거 내의 자연세척이 이루어진다.
③ 우천 시 월류가 없다.
④ 검사 및 수리가 비교적 용이하다.

해설 하수의 배제방식

분류식	합류식
• 수질오염 방지 면에서 유리하다. • 청천 시에도 퇴적의 우려가 없다. • 강우 초기 노면배수효과가 없다. • 시공이 복잡하고 오접합의 우려가 있다. • 우천 시 수세효과를 기대할 수 없다. • 공사비가 많이 든다.	• 구배 완만, 매설깊이가 적으며 시공성이 좋다. • 초기 우수에 의한 노면배수처리가 가능하다. • 관경이 크므로 검사가 편리하고, 환기가 잘된다. • 건설비가 적게 든다. • 우천 시 수세효과가 있다. • 청천 시 관내 침전, 효율저하가 발생한다.

∴ 합류식의 경우 우천 시 계획오수량 이상이 되면 오수의 월류가 발생된다.

110. 상수도시설 중 배수관은 급수관을 분기하는 지점에서 배수관 내의 최소동수압을 얼마 이상 확보하여야 하는가?

① 50kPa　② 150kPa
③ 500kPa　④ 710kPa

해설 배수관의 수압

㉠ 최소동수압 : 150kPa(1.53kg/cm^2)
㉡ 최대동수압 : 700kPa(7.1kg/cm^2)

111. Alum($Al_2(SO_4)_3 \cdot 18H_2O$) 25mg/L를 주입하여 탁도가 30mg/L인 원수 1,000m^3/day를 응집처리할 때 필요한 Alum 주입량은?

① 25kg/day　② 30kg/day
③ 35kg/day　④ 55kg/day

해설 응집제 주입량의 결정

㉠ 응집제 주입량=주입농도×유량
㉡ 응집제 주입량의 계산

$$\text{주입량} = 25\times10^{-3}(\text{kg/m}^3)\times1{,}000(\text{m}^3/\text{day}) = 25\text{kg/day}$$

112. 하수처리법 중 활성슬러지법에 대한 설명으로 옳은 것은?

① 세균을 제거함으로써 슬러지를 정화한다.
② 부유물을 활성화시켜 침전·부착시킨다.
③ 1가지 미생물군에 의해서만 처리가 이루어진다.
④ 호기성 미생물의 대사작용에 의하여 유기물을 제거한다.

■해설 활성슬러지법
활성슬러지법은 부유성장방식의 일종으로 호기성 미생물의 대사(분해)작용에 의해 유기물을 분해하여 제거하는 처리방법이다.

113. 장방형 침전지가 수심 3m, 길이 30m이고, 유입유량이 300m³/day일 때 수면적 부하율이 1m/day이면 침전지의 폭은?

① 2m ② 5m
③ 8m ④ 10m

■해설 수면적 부하
㉠ 입자가 100% 제거되기 위한 입자의 침강속도를 수면적 부하(표면부하율)라 한다.

$$V_0 = \frac{Q}{A} = \frac{h}{t}$$

㉡ 침전지 폭의 산정

$$V_0 = \frac{Q}{A} = \frac{Q}{bl}$$

$$\therefore\ b = \frac{Q}{V_0 l} = \frac{300}{1 \times 30} = 10\text{m}$$

114. 복류수에 대한 설명으로 옳은 것은?

① 비교적 양호한 수질을 얻을 수 있다.
② 지표수의 한 종류로 하천수보다 수질이 양호하다.
③ 정수공정에 이용 시 침전지를 반드시 확보해야 한다.
④ 조류 등의 부유 생물 농도가 높다.

■해설 복류수
㉠ 지하수의 종류에는 천층수, 심층수, 복류수, 용천수가 있다.
㉡ 복류수는 하천이나 호소 또는 연안부의 모래, 자갈층에 함유되어 있는 물을 말한다.
㉢ 복류수를 취수하기 위한 집수매거의 매설깊이는 2m 이상으로 한다.
㉣ 복류수를 수원으로 할 경우 간이정수처리 후 사용이 가능하다.(대개 침전지 생략 가능)
∴ 복류수는 비교적 양호한 수질을 얻을 수 있다.

115. 상수도 시설의 설계 시 계획취수량, 계획도수량, 계획정수량의 기준이 되는 것은?

① 계획시간최대급수량
② 계획1일최대급수량
③ 계획1일평균급수량
④ 계획1일총급수량

■해설 상수도 구성요소
㉠ 수원 → 취수 → 도수(침사지) →정수(착수정 → 약품혼화지 → 침전지 → 여과지 → 소독지 → 정수지) → 송수 → 배수(배수지, 배수탑, 고가탱크, 배수관) → 급수
㉡ 수원, 취수, 도수, 정수, 송수 등의 설계에는 계획1일최대급수량을 기준으로 한다.
㉢ 계획취수량은 계획1일최대급수량을 기준으로 5~10% 정도 여유 있게 취수한다.
㉣ 배수관의 직경 결정, 펌프의 직경 결정 등은 계획시간최대급수량을 기준으로 한다.
∴ 계획취수량, 도수량, 정수량의 기준이 되는 것은 계획1일최대급수량이다.

116. 포기조 내에서 MLSS를 일정하게 유지하기 위한 방법으로 가장 적절한 것은?

① 포기율을 조정한다.
② 하수 유입량을 조정한다.
③ 슬러지 반송률을 조정한다.
④ 슬러지를 바닥에 침전시킨다.

■해설 활성슬러지법
활성슬러지법에서는 최종침전지에서 제거된 슬러지의 일부를 폭기조로 반송한다. 이는 폭기조 내의 미생물(MLSS)의 양을 일정하게 유지하기 위함이다.

|해답| 112.④ 113.④ 114.① 115.② 116.③

117. 정수장에서 발생하는 슬러지 처리방법 중 무약품처리법에 속하지 않는 것은?

① 동결융해법 ② 열처리법
③ 분무건조법 ④ 조립탈수법

■ 해설 슬러지 처리방법
㉠ 슬러지 처리방법에서 탈수의 효율을 향상시키기 위하여 슬러지 개량을 실시한다.
㉡ 슬러지 개량의 방법에는 슬러지 세정, 약품첨가, 열처리법, 동결-융해법 등이 있다.
㉢ 개량의 방법 중에서 무약품처리법에 속하지 않는 것은 조립탈수법이다.

118. 갈수 시에도 일정 이상의 수심을 확보할 수 있으면, 연간의 수위 변화가 크더라도 하천이나 호소, 댐에서의 취수시설로서 알맞고 또한 유지관리도 비교적 용이한 취수방법은?

① 취수탑에 의한 방법
② 취수관거에 의한 방법
③ 집수매거에 의한 방법
④ 깊은 우물에 의한 방법

■ 해설 취수탑
취수탑은 유량이 안정된 하천에서 대량으로 취수할 때 사용하는 지표수 취수시설로 갈수 시에도 일정 이상의 수심을 확보할 수 있으면, 수위 변화에 대처가 용이하고, 원수의 선택적 취수가 가능한 장점을 갖고 있다.

119. 어느 종말하수처리장의 계획슬러지량은 600m³/day이고 슬러지의 함수율은 98%, 비중은 1.01이라고 한다. 슬러지 농축탱크의 고형물부하를 60kg/m² · day 기준으로 할 경우 탱크의 소요면적(S)은?

① 9.9m² ② 12.1m²
③ 202m² ④ 9898m²

■ 해설 농축탱크의 소요면적
㉠ 고형물의 양
$600\text{m}^3/\text{day} \times 0.02 = 12\text{m}^3/\text{day}$
㉡ 고형물의 질량
$12\text{m}^3/\text{day} \times 1.01 \times 10^3\text{kg/m}^3 = 12{,}120\text{kg/day}$
㉢ 농축탱크의 소요면적
$$As = \frac{12{,}120\text{kg/day}}{60\text{kg/m}^2\cdot\text{day}} = 202\text{m}^2$$

120. "BOD 값이 크다"라는 말이 의미하는 것은?

① 무기물질이 충분하다.
② 영양염류가 풍부하다.
③ 용존산소가 풍부하다.
④ 미생물 분해가 가능한 물질이 많다.

■ 해설 BOD
유기물이 호기성 미생물에 의해 생화학적으로 산화할 때 소비되는 산소의 양을 BOD(생화학적 산소요구량)라 한다. 따라서 BOD 값이 크다는 것은 미생물에 의해 분해할 수 있는 물질이 많다는 것을 의미한다.

|해답| 117.④ 118.① 119.③ 120.④

Industrial Engineer Civil Engineering

과년도 출제문제 및 해설 (2018년 4월 28일 시행)

제1과목 응용역학

01. 그림과 같은 라멘에서 C점의 휨모멘트는?

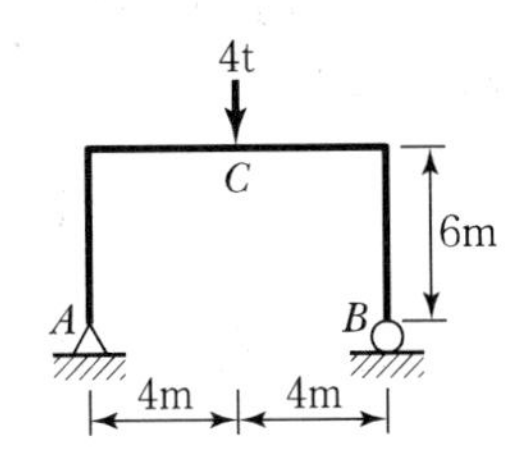

① 4t · m ② 8t · m
③ 12t · m ④ 16t · m

해설 $\Sigma M_{Ⓐ} = 0(\curvearrowright \oplus)$

$4 \times 4 - R_{By} \times 8 = 0$

$R_{By} = 2\text{t}(\uparrow)$

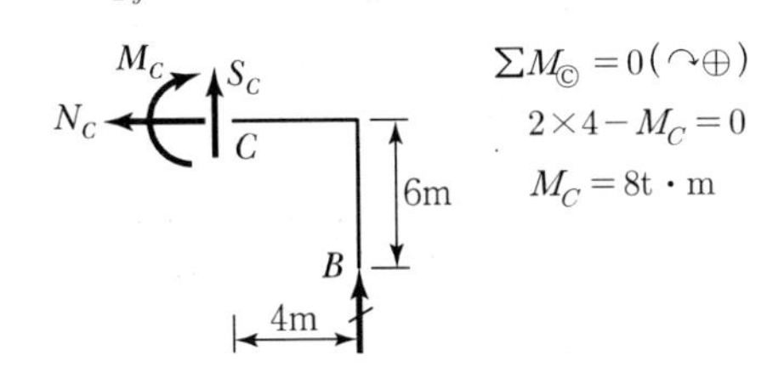

$\Sigma M_{Ⓒ} = 0(\curvearrowright \oplus)$

$2 \times 4 - M_C = 0$

$M_C = 8\text{t} \cdot \text{m}$

02. 그림과 같은 3활절 아치의 지점 A에서의 지점 반력 V_A와 H_A 값이 옳은 것은?

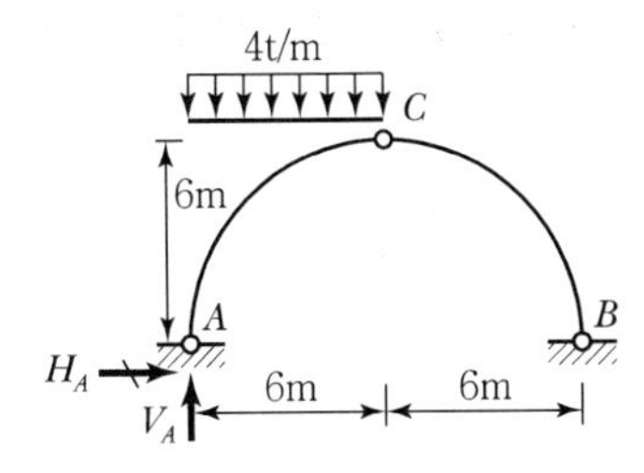

① $V_A = 18\text{t}(\uparrow)$, $H_A = 18\text{t}(\rightarrow)$
② $V_A = 18\text{t}(\uparrow)$, $H_A = 6\text{t}(\rightarrow)$
③ $V_A = 18\text{t}(\downarrow)$, $H_A = 18\text{t}(\leftarrow)$
④ $V_A = 18\text{t}(\uparrow)$, $H_A = 6\text{t}(\leftarrow)$

해설 $\Sigma M_{Ⓑ} = 0(\curvearrowright \oplus)$

$V_A \times 12 - (4 \times 6) \times 9 = 0$

$V_A = 18\text{t}(\uparrow)$

$\Sigma M_{Ⓒ} = 0(\curvearrowright \oplus)$

$18 \times 6 - (4 \times 6) \times 3 - H_A \times 6 = 0$

$H_A = 6\text{t}(\rightarrow)$

03. 다음 그림에서 지점 A의 반력이 영(零)이 되기 위해 C점에 작용시킬 집중하중의 크기(P)는?

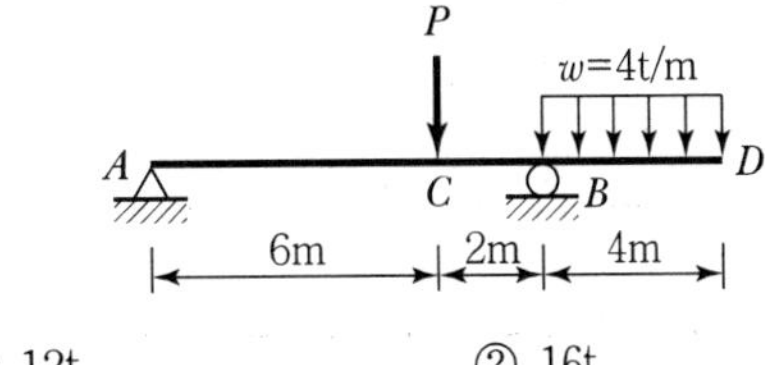

① 12t ② 16t
③ 20t ④ 24t

해설 $\Sigma M_{Ⓑ} = 0(\curvearrowright \oplus)$

$(4 \times 4) \times 2 - P \times 2 = 0$

$P = 16\text{t}$

04. 재료의 역학적 성질 중 탄성계수를 E, 전단탄성계수를 G, 프아송수를 m이라 할 때 각 성질의 상호관계식으로 옳은 것은?

① $G = \dfrac{m}{2E(m+1)}$

② $G = \dfrac{mE}{2(m+1)}$

③ $G = \dfrac{m}{2(m+E)}$

④ $G = \dfrac{E}{2(m+1)}$

|해답| 1.② 2.② 3.② 4.②

■ 해설 $G=\dfrac{E}{2(1+\nu)}=\dfrac{E}{2\left(1+\dfrac{1}{m}\right)}=\dfrac{mE}{2(m+1)}$

05. 장주에서 오일러의 좌굴하중(P)을 구하는 공식은 아래의 표와 같다. 여기서 n값이 1이 되는 기둥의 지지조건은?

$$P=\frac{n\pi^2EI}{l^2}$$

① 양단 힌지
② 1단 고정, 1단 자유
③ 1단 고정, 1단 힌지
④ 양단 고정

■ 해설 $P_{cr}=n\dfrac{\pi^2EI}{l^2}$

경계조건	n
고정－고정	4
고정－단순	2
단순－단순	1
고정－자유	$\frac{1}{4}$

06. 다음 구조물 중 부정정 차수가 가장 높은 것은?

①
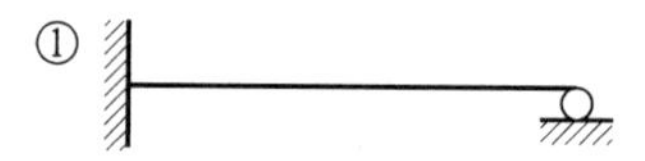

②

③

④

■ 해설 (보의 경우)
$N=r-3-j$
여기서, r : 반력수, j : 내부힌지수
- $N=4-3-0=1$차
- $N=4-3-1=0$(정정)
- $N=5-3-0=2$차
- $N=7-3-0=4$차

07. 그림과 같은 캔틸레버보에서 B점의 처짐은? (단, EI는 일정하다.)

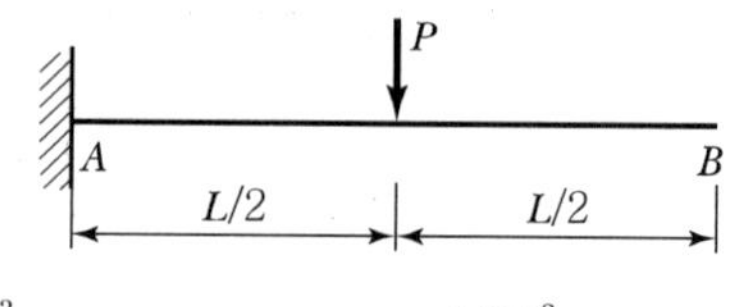

① $\dfrac{PL^3}{24EI}$　② $\dfrac{5PL^3}{24EI}$
③ $\dfrac{PL^3}{48EI}$　④ $\dfrac{5PL^3}{48EI}$

■ 해설
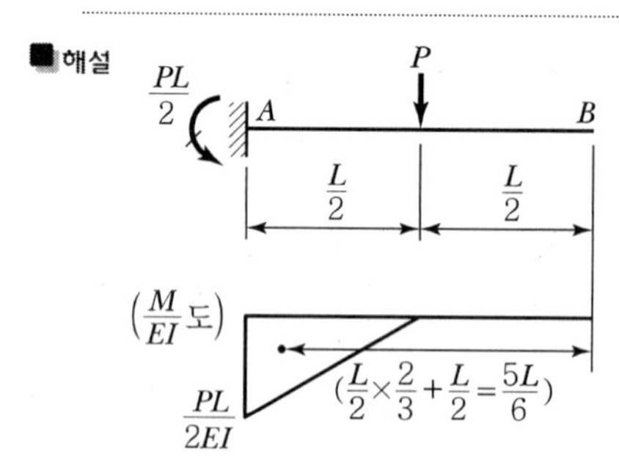

$$y_B=\left(\frac{1}{2}\times\frac{PL}{2EI}\times\frac{L}{2}\right)\times\frac{5L}{6}=\frac{5PL^3}{48EI}$$

08. 다음 중 변형에너지에 속하지 않는 것은?

① 외력의 일
② 축방향 내력의 일
③ 휨모멘트에 의한 내력의 일
④ 전단력에 의한 내력의 일

■ 해설 변형에너지는 내력(축방향력, 전단력, 휨모멘트 등)에 의한 것이다.

09. 다음 중 부정정 트러스를 해석하는 데 적합한 방법은?

① 모멘트 분배법 ② 처짐각법
③ 가상일의 원리 ④ 3연 모멘트법

해설 부정정 트러스를 해석하는 데 적합한 방법은 가상일의 원리이다.

10. 다음 그림과 같은 모멘트 하중을 받는 단순보에서 A점의 반력(R_A)은?

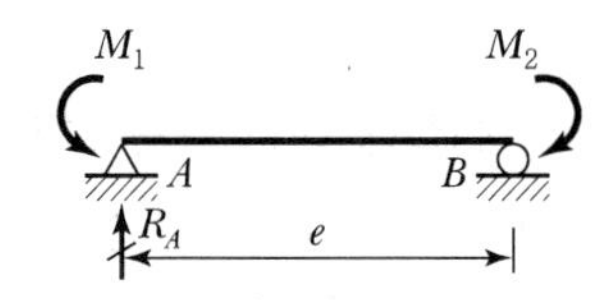

① $\dfrac{M_1}{l}$ ② $\dfrac{M_2}{l}$
③ $\dfrac{M_1+M_2}{l}$ ④ $\dfrac{M_1-M_2}{l}$

해설 $R_A\times l - M_1 + M_2 = 0$

$$R_A = \frac{M_1-M_2}{l}\ (\uparrow)$$

11. 사각형 단면에서의 최대 전단응력은 평균 전단응력의 몇 배인가?

① 1배 ② 1.5배
③ 2.0배 ④ 2.5배

해설 $$\alpha = \frac{\tau_{max}}{\tau_{ave}} = \frac{3}{2} = 1.5$$

12. 다음 그림에서 부재 AC와 BC의 단면력은?

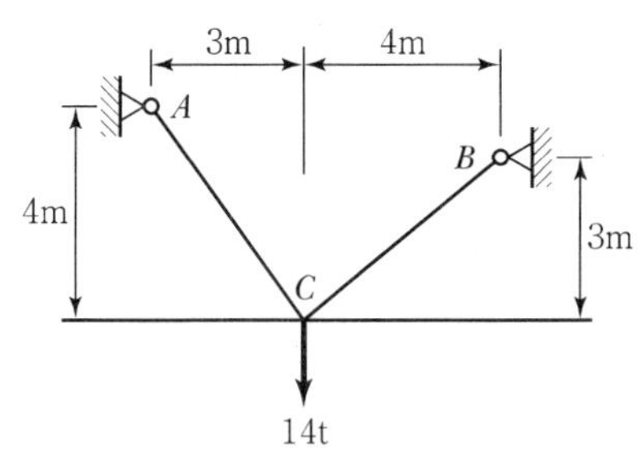

① $F_{AC}=6.0\text{t}$, $F_{BC}=8.0\text{t}$
② $F_{AC}=8.0\text{t}$, $F_{BC}=6.0\text{t}$
③ $F_{AC}=8.4\text{t}$, $F_{BC}=11.2\text{t}$
④ $F_{AC}=11.2\text{t}$, $F_{BC}=8.4\text{t}$

해설

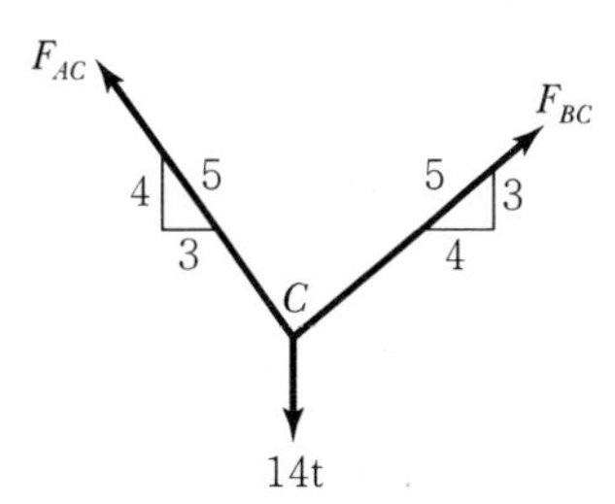

$\Sigma F_x = 0(\rightarrow\oplus)$

$$-\frac{3}{5}F_{AC} + \frac{4}{5}F_{BC} = 0$$

$$F_{BC} = \frac{3}{4}F_{AC}$$

$\Sigma F_y = 0(\uparrow\oplus)$

$$\frac{4}{5}F_{AC} + \frac{3}{5}F_{BC} - 14 = 0$$

$$\frac{4}{5}F_{AC} + \frac{3}{5}\left(\frac{3}{4}F_{AC}\right) = 14$$

$$F_{AC} = \frac{56}{5} = 11.2\text{t}$$

$$F_{BC} = \frac{3}{4}F_{AC} = \frac{3}{4}\left(\frac{56}{5}\right) = 8.4\text{t}$$

13. 등분포하중 2t/m를 받는 지간 10m의 단순보에서 발생하는 최대 휨모멘트는?(단, 등분포하중은 지간 전체에 작용한다.)

① 15t · m ② 20t · m
③ 25t · m ④ 30t · m

해설 $$M_{max} = \frac{wl^2}{8} = \frac{2\times10^2}{8} = 25\text{t}\cdot\text{m}$$

14. 다음 중 힘의 3요소가 아닌 것은?

① 크기 ② 방향
③ 작용점 ④ 모멘트

해설 힘의 3요소 : 크기, 방향, 작용점

|해답| 9.③ 10.④ 11.② 12.④ 13.③ 14.④

15. 폭이 20cm이고, 높이가 30cm인 직사각형 단면보가 최대 휨모멘트(M) 2t·m를 받을 때 최대 휨응력은?

① 33.33kg/cm²
② 44.44kg/cm²
③ 66.67kg/cm²
④ 77.78kg/cm²

해설

$$\sigma_{max} = \frac{M}{Z} = \frac{M}{\left(\frac{bh^2}{6}\right)}$$
$$= \frac{6M}{bh^2} = \frac{6\times(2\times10^5)}{20\times30^2} = 66.67\text{kg/cm}^2$$

16. 등분포하중(w)이 재하된 단순보의 최대처짐에 대한 설명 중 틀린 것은?

① 하중(w)에 비례한다.
② 탄성계수(E)에 반비례한다.
③ 지간(l)의 제곱에 반비례한다.
④ 단면 2차 모멘트(I)에 반비례한다.

해설

$$y_{max} = \frac{5wl^4}{384EI}$$

17. 다음 그림에서 사선부분의 도심축 x에 대한 단면 2차 모멘트는?

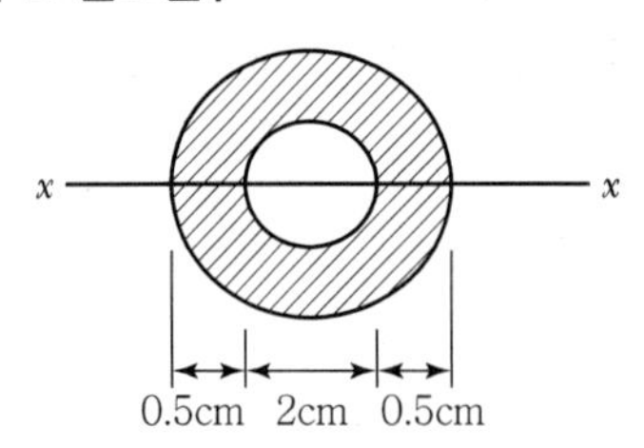

① 3.19cm⁴　　② 2.19cm⁴
③ 1.19cm⁴　　④ 0.19cm⁴

해설

$$I_x = \frac{\pi}{64}(D^4 - d^4)$$
$$= \frac{\pi}{64}(3^4 - 2^4) = 3.19\text{cm}^4$$

18. 지름 1cm, 길이 1m, 탄성계수 10,000kg/cm²의 철선에 무게 10kg의 물건을 매달았을 때 철선의 늘어나는 양은?

① 1.27mm　　② 1.60mm
③ 2.24mm　　④ 2.63mm

해설

$$\Delta l = \frac{Pl}{EA} = \frac{Pl}{E\left(\frac{\pi d^2}{4}\right)} = \frac{4Pl}{\pi E d^2}$$
$$= \frac{4\times10\times100}{\pi\times10^4\times1^2} = 0.127\text{cm} = 1.27\text{mm}$$

19. 단면의 성질에 대한 다음 설명 중 틀린 것은?

① 단면 2차 모멘트의 값은 항상 "0"보다 크다.
② 단면 2차 극모멘트의 값은 항상 극을 원점으로 하는 두 직교좌표축에 대한 단면 2차 모멘트의 합과 같다.
③ 단면 1차 모멘트의 값은 항상 "0"보다 크다.
④ 단면의 주축에 관한 단면 상승 모멘트의 값은 항상 "0"이다.

해설 단면 1차 모멘트의 값은 "0"보다 크거나 작을수 있으며, 또한 "0"일 수도 있다.

20. 다음과 같은 단주에서 편심거리 e에 P=30t이 작용할 때 단면에 인장력이 생기지 않기 위한 e의 한계는?

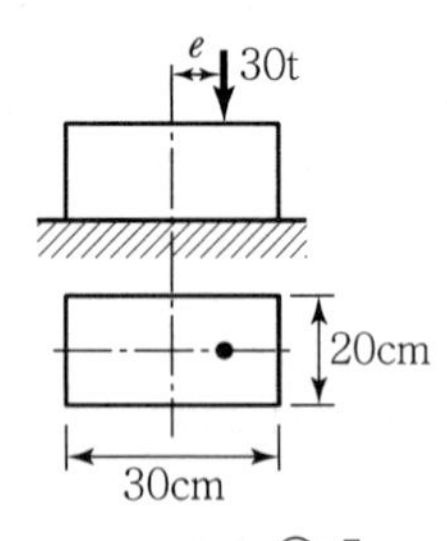

① 3.3cm　　② 5cm
③ 6.7cm　　④ 10cm

해설

$$e \le k_x = \frac{h}{6} = \frac{30}{6} = 5\text{cm}$$

 |해답| 15.③ 16.③ 17.① 18.① 19.③ 20.②

제2과목 **측량학**

21. 곡선부를 주행하는 차의 뒷바퀴가 앞바퀴보다 항상 안쪽을 지나게 되므로 직선부보다 도로폭을 크게 해주는 것은?

① 편경사 ② 길 어깨
③ 확폭 ④ 측구

해설 곡선부에서 폭이 직선부보다 넓어야 하므로 철도 궤간에서는 슬랙, 도로에서는 확폭을 한다.

22. 하천의 수위관측소의 설치장소로 적당하지 않은 것은?

① 하상과 하안이 안전한 곳
② 수위가 구조물의 영향을 받지 않는 곳
③ 홍수 시에도 수위를 쉽게 알아볼 수 있는 곳
④ 수위의 변화가 크게 발생하여 그 변화가 뚜렷한 곳

해설 잔류 및 역류가 없고, 수위 변화가 적은 곳

23. 원곡선에 의한 종곡선 설치에서 상향기울기 4.5/1,000와 하향기울기 35/1,000의 종단선형에 반지름 3,000m의 원곡선을 설치할 때, 종단곡선의 길이(L)는?

① 240.5m ② 150.2m
③ 118.5m ④ 60.2m

해설 종단곡선(L) $= R\left(\frac{m}{1,000} - \frac{n}{1,000}\right)$

$$= 3,000\left(\frac{4.5}{1,000} + \frac{35}{1,000}\right) = 118.5\text{m}$$

24. 캔트(C)인 원곡선에서 곡선반지름을 3배로 하면 변화된 캔트(C')는?

① $\frac{C}{9}$ ② $\frac{C}{3}$
③ $3C$ ④ $9C$

해설
- 캔트$(C) = \frac{SV^2}{Rg}$
- R를 3배로 하면 C는 $\frac{1}{3}$로 줄어든다.

25. 수준측량에서 사용되는 기고식 야장 기입 방법에 대한 설명으로 틀린 것은?

① 종·횡단 수준측량과 같이 후시보다 전시가 많을 때 편리하다.
② 승강식보다 기입사항이 많고 상세하여 중간점이 많을 때에는 시간이 많이 걸린다.
③ 중간시가 많은 경우 편리한 방법이나 그 점에 대한 검산을 할 수가 없다.
④ 지반고에 후시를 더하여 기계고를 얻고, 다른 점의 전시를 빼면 그 지점에 지반고를 얻는다.

해설
- 기고식 야장 기입법은 중간점이 많은 경우 사용한다.
- 승강식 야장 기입법은 정밀한 측량에 적합 중간점이 많은 경우 계산이 복잡하고 시간과 비용이 많이 소요된다.

26. 교각이 60°, 교점까지의 추가거리가 356.21m, 곡선시점까지의 추가거리가 183.00m이면 단곡선의 곡선반지름은?

① 616.97m ② 300.01m
③ 205.66m ④ 100.00m

해설
- $TL = R\tan\frac{I}{2}$, $TL = 356.21 - 183 = 173.21$
- $173.21 = R \times \tan\frac{60°}{2}$, $R = \frac{173.21}{\tan\frac{60°}{2}} = 300.01\text{m}$

27. 측지측량 용어에 대한 설명 중 옳지 않은 것은?

① 지오이드란 평균해수면을 육지부분까지 연장한 가상곡면으로 요철이 없는 미끈한 타원체이다.
② 연직선편차는 연직선과 기준타원체 법선 사이의 각을 의미한다.
③ 구과량은 구면삼각형의 면적에 비례한다.

|해답| 21.③ 22.④ 23.③ 24.② 25.② 26.② 27.①

④ 기준타원체는 수평위치를 나타내는 기준면이다.

해설 지오이드면은 불규칙한 곡면으로 준거타원체와 거의 일치한다.

28. 삼각망 중 정확도가 가장 높은 삼각망은?

① 단열삼각망 ② 단삼각망
③ 유심삼각망 ④ 사변형삼각망

해설 • 조건식수가 많아 사변형삼각망이 정밀도가 높다.
• 정밀도는 사변형 > 유심 > 단열 순이다.

29. P점의 좌표가 $X_P=-1{,}000$m, $Y_P=2{,}000$m이고 PQ의 거리가 1,500m, PQ의 방위각이 120°일 때 Q점의 좌표는?

① $X_Q=-1{,}750$m, $Y_Q=+3{,}299$m
② $X_Q=+1{,}750$m, $Y_Q=+3{,}299$m
③ $X_Q=+1{,}750$m, $Y_Q=-3{,}299$m
④ $X_Q=-1{,}750$m, $Y_Q=-3{,}299$m

해설 • $X_Q=X_P+PQ\cos 120°$
$=-1{,}000+1{,}500\times\cos 120°=-1{,}750\text{m}$
• $Y_Q=Y_P+PQ\sin 120°$
$=2{,}000+1{,}500\times\sin 120°=3{,}299\text{m}$

30. 그림과 같은 지역을 표고 190m 높이로 성토하여 정지하려 한다. 양단면평균법에 의한 토공량은?(단, 160m 이하의 부피는 생략한다.)

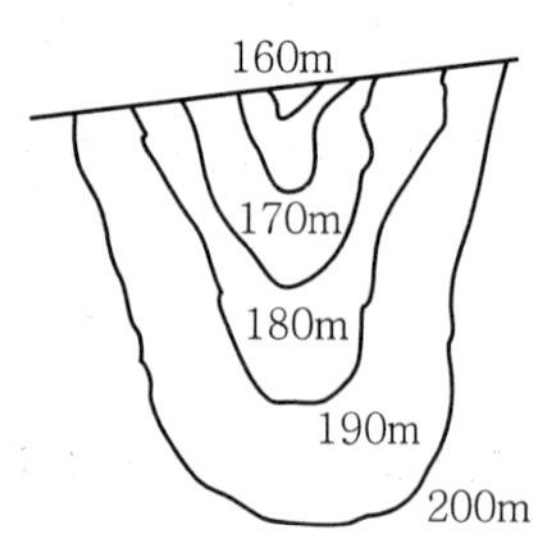

160m : 300m^2	170m : 900m^2
180m : 1,800m^2	190m : 3,500m^2
200m : 8,000m^2	

① 103,500m^3 ② 74,000m^3
③ 46,000m^3 ④ 29,000m^3

해설 $V=\frac{10}{2}((300+900)+(900+1{,}800)$
$+(1{,}800+3{,}500))$
$=46{,}000\text{m}^3$

31. 삼각점 A에 기계를 세웠을 때, 삼각점 B가 보이지 않아 P를 관측하여 $T'=65°42'39''$의 결과를 얻었다면 $T=\angle DAB$는?(단, S=2km, e=40cm, ϕ=256°40′)

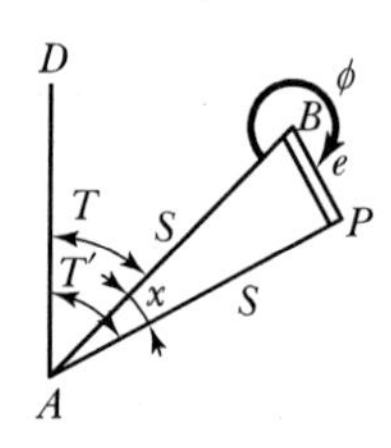

① 65°39′58″ ② 65°40′20″
③ 65°41′59″ ④ 65°42′20″

해설 • $\frac{e}{\sin x}=\frac{S}{\sin(360°-\phi)}$
$x=\sin^{-1}\left(\frac{e}{S}\times\sin(360°-\phi)\right)$
$=\sin^{-1}\left(\frac{0.4}{2{,}000}\times\sin(360°-256°40')\right)$
$=40''$
• $T=T'-x=65°42'39''-40''=65°41'59''$

32. 초점거리 153mm의 카메라로 고도 800m에서 촬영한 수직사진 1장에 찍히는 실제면적은?(단, 사진의 크기는 23cm×23cm이다.)

① 1.446km^2 ② 1.840km^2
③ 5.228km^2 ④ 5.290km^2

해설 • $\frac{1}{m}=\frac{f}{H}=\frac{0.153}{800}=\frac{1}{5{,}229}$
• $A=(ma)^2=(0.23\times 5{,}229)^2$
$=1{,}446{,}415\text{m}=1{,}446\text{km}$

 |해답| 28.④ 29.① 30.③ 31.③ 32.①

33. $1km^2$의 면적이 도면상에서 $4cm^2$일 때의 축척은?

① 1 : 2,500　② 1 : 5,000
③ 1 : 25,000　④ 1 : 50,000

해설
• 면적비 = 축척비의 자승$\left(\frac{1}{M}\right)^2$
• $\left(\frac{1}{M}\right)^2 = \frac{도상면적}{실제면적} = \frac{2 \times 2cm}{100,000 \times 100,000cm}$
• $\frac{1}{M} = \frac{2}{100,000} = \frac{1}{50,000}$

34. 항공사진의 중복도에 대한 설명으로 옳지 않은 것은?

① 종중복도는 동일 촬영경로에서 30% 이하로 동일할 경우 허용될 수 있다.
② 중복도는 입체시를 위하여 촬영 진행방향으로 60%를 표준으로 한다.
③ 촬영 경로 사이의 인접코스 간 중복도는 30%를 표준으로 한다.
④ 필요에 따라 촬영 진행 방향으로 80%, 인접코스 중복을 50%까지 중복하여 촬영할 수 있다.

해설
• 동일코스 내의 일반사진 간의 종중복(P)을 일반적으로 60% 준다.
• 동일코스 내의 일반사진 간의 횡중복(q)을 일반적으로 30% 준다.
• 산악지역, 시가지의 경우 사각지역을 없애기 위해 중복도를 10~20% 정도 높인다.

35. 1 : 25,000 지형도에서 표고 621.5m와 417.5m 사이에 주곡선 간격의 등고선 수는?

① 5　② 11
③ 15　④ 21

해설
• $\frac{1}{25,000}$ 도면 주곡선 간격 10m
• $\Delta H = 621.5 - 417.5 = 204m$
• 주곡선수 $= \frac{204}{10} = 20.4 \fallingdotseq 21$개
• 420부터 620까지 10간격으로 21개

36. 거리관측의 정밀도와 각관측의 정밀도가 같다고 할 때 거리관측의 허용오차를 1/3,000로 하면 각관측의 허용오차는?

① 4″　② 41″
③ 1′9″　④ 1′23″

해설
• $\frac{\Delta l}{L} = \frac{\theta''}{\rho''}$
• $\theta'' = \frac{1}{3,000} \times 206,265'' = 1'9''$

37. A점은 30m 등고선상에 있고 B점은 40m 등고선상에 있다. AB의 경사가 25%일 때 AB 경사면의 수평거리는?

① 10m　② 20m
③ 30m　④ 40m

해설
• $i = \frac{H}{D} \times 100$
• $D = \frac{H}{i} \times 100 = \frac{10}{25} \times 100 = 40m$

38. 교호수준측량을 하는 주된 이유로 옳은 것은?

① 작업속도가 빠르다.
② 관측인원을 최소화할 수 있다.
③ 전시, 후시의 거리차를 크게 둘 수 있다.
④ 굴절 오차 및 시준축 오차를 제거할 수 있다.

해설 교호수준측량은 시준 길이가 길어지면 발생하는 기계적 오차를 소거하고 전·후시 거리를 같게 해서 평균 고저차를 구하는 방법

39. 하천의 연직선 내의 평균유속을 구하기 위한 2점법의 관측 위치로 옳은 것은?

① 수면으로부터 수심의 10%, 90% 지점
② 수면으로부터 수심의 20%, 80% 지점
③ 수면으로부터 수심이 30%, 70% 지점
④ 수면으로부터 수심의 40%, 60% 지점

해설 2점법$(V_m) = \frac{V_{0.2} + V_{0.8}}{2}$

40. 두 지점의 거리($\overline{AB}$)를 관측하는데, 갑은 4회 관측하고, 을은 5회 관측한 후 경중률을 고려하여 최확값을 계산할 때, 갑과 을의 경중률(갑 : 을)은?

① 4 : 5　　② 5 : 4
③ 16 : 25　　④ 25 : 16

해설 경중률(P)은 측정횟수(n)에 비례한다.
$P_{갑} : P_{을} = 4 : 5$

제3과목 **수리수문학**

41. 그림과 같이 안지름 10cm의 연직관 속에 1.2m 만큼의 모래가 들어있다. 모래면 위의 수위를 일정하게 하여 유량을 측정하였더니 유량이 4L/hr이었다면 모래의 투수계수 k는?

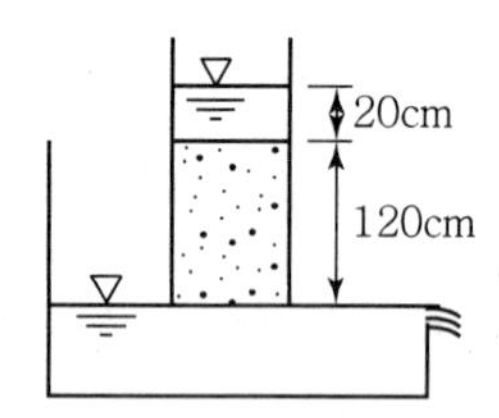

① 0.012cm/s　　② 0.024cm/s
③ 0.033cm/s　　④ 0.044cm/s

해설 Darcy의 법칙
㉠ Darcy의 법칙

$$V = K \cdot I = K \cdot \frac{h_L}{L},$$

$$Q = A \cdot V = A \cdot K \cdot I = A \cdot K \cdot \frac{h_L}{L}$$

∴ Darcy의 법칙은 지하수 유속은 동수경사에 비례한다는 것이다.

㉡ 투수계수의 계산

$$K = \frac{Q}{AI} = \frac{Q}{A\frac{h_L}{l}} = \frac{\frac{4,000}{3,600}}{\frac{\pi \times 10^2}{4} \times \frac{140}{120}}$$
$$= 0.012\text{cm/s}$$

42. 원관 내를 흐르고 있는 층류에 대한 설명으로 옳지 않은 것은?

① 유량은 관의 반지름의 4제곱에 비례한다.
② 유량은 단위길이당 압력강하량에 반비례한다.
③ 유속은 점성계수에 반비례한다.
④ 평균유속은 최대유속의 $\frac{1}{2}$이다.

해설 원관 내 흐름
㉠ 관수로 유량의 정의

$$Q = \frac{\pi w h_L R^4}{8\mu l}$$

∴ 유량은 관의 반지름의 4제곱에 비례한다.

㉡ 유량과 압력차 ΔP의 관계
여기서, $wh_L = \Delta P$이므로

$$\therefore\ Q = \frac{\Delta P \pi R^4}{8\mu l}$$

∴ 유량은 단위길이당 압력강하량에 비례한다.

㉢ 관수로 유속

$$V_{max} = \frac{w h_L R^2}{4\mu l}$$

∴ 유속은 점성계수에 반비례한다.

㉣ 평균유속과 최대유속의 관계

$$V_m = \frac{w h_L R^2}{8\mu l}$$

$$\therefore\ V_{max} = 2V_m$$

43. 유량 147.6 L/s를 송수하기 위하여 내경 0.4m의 관을 700m 설치하였을 때의 관로 경사는? (단, 조도계수 $n = 0.012$, Manning 공식 적용)

① $\frac{2}{700}$　　② $\frac{2}{500}$
③ $\frac{3}{700}$　　④ $\frac{3}{500}$

해설 Manning 공식
㉠ Manning 공식
• $V = \frac{1}{n} R^{\frac{2}{3}} I^{\frac{1}{2}}$
• $Q = AV$

㉡ 경사의 산정

$$\bullet\ I=\left(\frac{Q}{A\frac{1}{n}R^{\frac{2}{3}}}\right)^2=\left(\frac{0.1476}{0.1256\times\frac{1}{0.012}\times\frac{0.4}{4^{\frac{2}{3}}}}\right)^2$$

$$=\frac{1}{233.4}=\frac{3}{700}$$

$$\bullet\ A=\frac{\pi D^2}{4}=\frac{\pi\times0.4^2}{4}=0.1256\text{m}^2$$

44. 수심 2m, 폭 4m인 직사각형 단면 개수로에서 Manning의 평균유속공식에 의한 유량은?(단, 수로의 조도계수 $n=0.025$, 수로경사 $I=1/100$)

① $32\text{m}^3/\text{s}$　② $64\text{m}^3/\text{s}$
③ $128\text{m}^3/\text{s}$　④ $160\text{m}^3/\text{s}$

해설 Manning 공식

㉠ Manning 공식

- $V=\frac{1}{n}R^{\frac{2}{3}}I^{\frac{1}{2}}$
- $Q=AV$

㉡ 유량의 산정

$$Q=A\frac{1}{n}R^{\frac{2}{3}}I^{\frac{1}{2}}$$

$$=(4\times2)\times\frac{1}{0.025}\times\left(\frac{4\times2}{4+2\times2}\right)^{\frac{2}{3}}\times\left(\frac{1}{100}\right)^{\frac{1}{2}}$$

$$=32\text{m}^3/\text{s}$$

45. 수면의 높이가 일정한 저수지의 일부에 길이(B) 30m의 월류 위어를 만들어 $40\text{m}^3/\text{s}$의 물을 취수하기 위한 위어 마루부로부터의 상류측 수심(H)은?(단, $C=1.0$이고, 접근 유속은 무시한다.)

① 0.70m　② 0.75m
③ 0.80m　④ 0.85m

해설 광정위어

㉠ 광정위어

$$Q=1.7CBH^{\frac{3}{2}}$$

㉡ 수심의 산정

$$H=\left(\frac{Q}{1.7CB}\right)^{\frac{2}{3}}=\left(\frac{40}{1.7\times1\times30}\right)^{\frac{2}{3}}=0.85\text{m}$$

46. 베르누이의 정리에 관한 설명으로 옳지 않은 것은?

① 베르누이의 정리는 (운동에너지) + (위치에너지)가 일정함을 표시한다.
② 베르누이의 정리는 에너지(energy) 불변의 법칙을 유수의 운동에 응용한 것이다.
③ 베르누이의 정리는 (속도수두) + (위치수두) + (압력수두)가 일정함을 표시한다.
④ 베르누이의 정리는 이상유체에 대하여 유도되었다.

해설 Bernoulli 정리

㉠ Bernoulli 정리

$$z_1+\frac{P_1}{w}+\frac{V_1^2}{2g}=z_2+\frac{P_2}{w}+\frac{V_2^2}{2g}$$

여기서, z : 위치수두, $\frac{P}{w}$: 압력수두, $\frac{V^2}{2g}$: 속도수두

㉡ 해석

- Bernoulli 정리는 에너지보존법칙에 의해 유도되었다.
- 위치수두+압력수두+속도수두가 일정함을 표시한다.
- 이상유체, 정상류 흐름에 대하여 유도되었다.

47. 단면이 일정한 긴 관에서 마찰손실만이 발생하는 경우 에너지선과 동수경사선은?

① 일치한다.
② 교차한다.
③ 서로 나란하다.
④ 관의 두께에 따라 다르다.

해설 동수경사선 및 에너지선

㉠ 위치수두와 압력수두의 합을 연결한 선을 동수경사선이라 하며, 일명 동수구배선, 수두경사선, 압력선이라고도 부른다.
㉡ 총수두(위치수두+압력수두+속도수두)를 연결한 선을 에너지선이라 한다.
㉢ 관수로에서 마찰손실이 일어난 경우에는 에너지선이 손실수두만큼 내려오므로 동수경사선과 서로 나란하다.

48. 단면적 2.5cm^2, 길이 2m인 원형 강철봉의 무게가 대기 중에서 27.5N이었다면 단위무게가 10kN/m^3인 수중에서의 무게는?

① 22.5N ② 25.5N
③ 27.5N ④ 28.5N

■해설 수중 물체의 무게

㉠ 수중에서 물체의 무게(W')

$W' = W(\text{공기 중 무게}) - B(\text{부력}) = W - w_w \cdot V$

㉡ 수중무게의 산정

$W' = (2.75\times10^{-3}) - (1\times2.5\times10^{-4}\times2)$

$= 2.25\times10^{-3}t$

$= 2.25\text{kg} = 22.5\text{N}$

49. 모세혈관현상에서 액체기둥의 상승 또는 하강 높이의 크기를 결정하는 힘은?

① 응집력 ② 부착력
③ 마찰력 ④ 표면장력

■해설 모세관현상

㉠ 유체입자 간의 표면장력(입자 간의 응집력과 유체입자와 관벽 사이의 부착력)으로 인해 수면이 상승하는 현상을 말한다.

$$h = \frac{4T\cos\theta}{wD}$$

㉡ 모세관현상은 상방향으로 작용하는 표면장력과 하방향으로 작용하는 중력 등에 관계된다. 액체의 상승과 하강 높이의 크기를 결정하는 힘은 표면장력이다.

50. 1차원 정상류 흐름에서 질량 m인 유체가 유속이 v_1인 단면 1에서 유속이 v_2인 단면 2로 흘러가는 데 짧은 시간 Δt가 소요된다면 이 경우의 운동량방정식으로 옳은 것은?

① $F \cdot m = \Delta t(v_1 - v_2)$
② $F \cdot m = (v_1 - v_2)/\Delta t$
③ $F \cdot \Delta t = m(v_2 - v_1)$
④ $F \cdot \Delta t = (v_2 - v_1)/m$

■해설 운동량방정식

㉠ 운동량방정식

$F = ma$

여기서, m : 질량, a : 가속도$\left(=\frac{V_2 - V_1}{\Delta t}\right)$

㉡ 짧은 시간에서 운동량방정식($\Delta t = 1$)

$$F = m\left(\frac{V_2 - V_1}{\Delta t}\right) = m(V_2 - V_1)$$

51. 저수지로부터 30m 위쪽에 위치한 수조탱크에 $0.35\text{m}^3/\text{s}$의 물을 양수하고자 할 때 펌프에 공급되어야 하는 동력은?(단, 손실수두는 무시하고 펌프의 효율은 75%이다.)

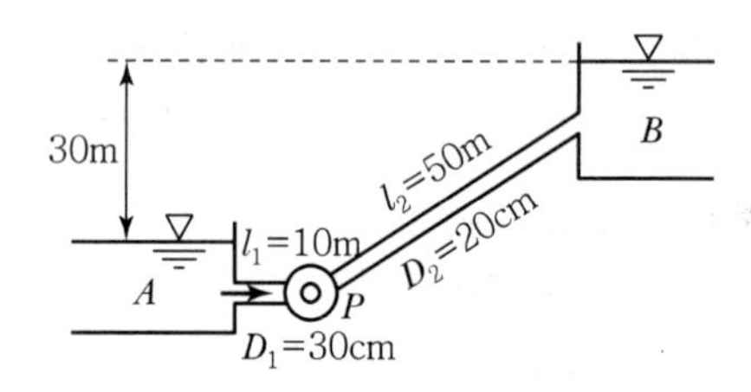

① 77.2 kW ② 102.9 kW
③ 120.1 kW ④ 137.2 kW

■해설 동력의 산정

㉠ 양수에 필요한 동력($H_e = h + \Sigma h_L$)

• $P = \dfrac{9.8QH_e}{\eta}$(kW)

• $P = \dfrac{13.3QH_e}{\eta}$(HP)

㉡ 소요동력의 산정

동력의 산정 : $P = \dfrac{9.8QH_e}{\eta}$

$= \dfrac{9.8\times0.35\times30}{0.75}$

$= 137.2\text{kW}$

52. 폭 1.5m인 직사각형 수로에 유량 $1.8\text{m}^3/\text{s}$의 물이 항상 수심 1m로 흐르는 경우 이 흐름의 상태는?(단, 에너지보정계수 $\alpha = 1.1$)

① 한계류 ② 부정류
③ 사류 ④ 상류

■해설 흐름의 상태

㉠ 상류(常流)와 사류(射流)의 구분

 |해답| 48.① 49.④ 50.③ 51.④ 52.④

- $F_r = \frac{V}{C} = \frac{V}{\sqrt{gh}}$

  여기서, V : 유속, C : 파의 전달속도

- $F_r < 1$: 상류(常流)
- $F_r = 1$: 한계류
- $F_r > 1$: 사류(射流)

㉡ 상류(常流)와 사류(射流)의 계산

$$F_r = \frac{V}{\sqrt{gh}} = \frac{\frac{1.8}{1.5\times1}}{\sqrt{9.8\times1}} = 0.38$$

∴ 상류

53. 개수로의 지배단면(control section)에 대한 설명으로 옳은 것은?

① 홍수 시 하천흐름이 부정류인 경우에 발생한다.
② 급경사의 흐름에서 배수곡선이 나타나면 발생한다.
③ 상류흐름에서 사류흐름으로 변화할 때 발생한다.
④ 사류흐름에서 상류흐름으로 변화하면서 도수가 발생할 때 나타난다.

해설 지배단면
개수로의 흐름이 상류(常流)에서 사류(射流)로 바뀌는 지점의 단면을 지배단면(control section)이라 하고 이 지점의 수심을 한계수심이라 한다.

54. 수로폭이 B이고 수심이 H인 직사각형 수로에서 수리학상 유리한 단면은?

① $B=H^2$　② $B=0.3H^2$
③ $B=0.5H$　④ $B=2H$

해설 수리학적으로 유리한 단면
㉠ 수로의 경사, 조도계수, 단면이 일정할 때 유량이 최대로 흐를 수 있는 단면을 수리학적으로 유리한 단면 또는 최량수리단면이라 한다.
㉡ 수리학적 유리한 단면은 경심(R)이 최대이거나 윤변(P)이 최소일 때 성립된다.
R_{max} 또는 P_{min}
㉢ 직사각형 단면에서 수리학적 유리한 단면이 되기 위한 조건은 $B=2H$, $R=\frac{H}{2}$이다.

55. 부력과 부체 안정에 관한 설명 중에서 옳지 않은 것은?

① 부체의 무게중심과 경심의 거리를 경심고라 한다.
② 부체가 수면에 의하여 절단되는 가상면을 부양면이라 한다.
③ 부력의 작용선과 물체 중심축의 교점을 부심이라 한다.
④ 수면에서 부체의 최심부까지의 거리를 흘수라 한다.

해설 부력 용어
㉠ 부체의 무게중심(G)과 경심(M)의 거리를 경심고($\overline{MG}$)라고 한다.
㉡ 부체가 수면에 의해 절단되는 가상면을 부양면이라고 한다.
㉢ 부력의 작용선과 물체 중심축의 교점을 경심(M)이라 한다.
㉣ 부양면(수면)에서 부체 최심부까지의 거리를 흘수라 한다.

56. 오리피스에서 에너지 손실을 보정한 실제유속을 구하는 방법은?

① 이론유속에 유량계수를 곱한다.
② 이론유속에 유속계수를 곱한다.
③ 이론유속에 동점성계수를 곱한다.
④ 이론유속에 항력계수를 곱한다.

해설 에너지 손실
㉠ 이론유속과 실제유속의 에너지 차이를 보정해 주는 계수를 에너지 보정계수라 한다.
㉡ 에너지 손실을 실제유속에 반영하기 위하여 이론유속에 유속계수를 곱한다.
C_v = 실제유속/이론유속
∴ 실제유속 = C_v × 이론유속

57. 하나의 유관 내의 흐름이 정류일 때, 미소거리 dl만큼 떨어진 1, 2 단면에서 단면적 및 평균유속을 각각 A_1, A_2 및 V_1, V_2라 하면, 이상유체에 대한 연속방정식으로 옳은 것은?

① $A_1V_1 = A_2V_2$

② $d(A_1V_1 - A_2V_2)/dl =$ 일정(一定)

③ $d(A_1V_1 + A_2V_2)/dl =$ 일정(一定)

④ $A_1V_2 = A_2V_1$

■해설 연속방정식

㉠ 질량보존의 법칙에 의해 만들어진 방정식이다.

㉡ 검사구간에서 도중에 질량의 유입이나 유출이 없다고 하면 구간 내 어느 곳에서나 질량유량은 같다.

$Q = A_1V_1 = A_2V_2$ (체적유량)

58. 다음 물리량에 대한 차원을 설명한 것 중 옳지 않은 것은?

① 압력 : $[ML^{-1}T^{-2}]$

② 밀도 : $[ML^{-2}]$

③ 점성계수 : $[ML^{-1}T^{-1}]$

④ 표면장력 : $[MT^{-2}]$

■해설 차원

㉠ 물리량의 크기를 힘[F], 질량[M], 시간[T], 길이[L]의 지수형태로 표기한 것

㉡ 차원해석

물리량	FLT	MLT
압력	FL^{-2}	$ML^{-1}T^{-2}$
밀도	$FL^{-4}T^2$	ML^{-3}
점성계수	$FL^{-2}T$	$ML^{-1}T^{-1}$
표면장력	FL^{-1}	MT^{-2}

59. 지하수 흐름의 기본방정식으로 이용되는 법칙은?

① Chezy의 법칙
② Darcy의 법칙
③ Manning의 법칙
④ Reynolds의 법칙

■해설 Darcy의 법칙

Darcy의 법칙은 지하수 흐름의 기본방정식으로 이용되고 있다.

• $V = K \cdot I = K \cdot \frac{h_L}{L}$

• $Q = A \cdot V = A \cdot K \cdot I = A \cdot K \cdot \frac{h_L}{L}$

60. 그림과 같이 직경 8cm인 분류가 35m/s의 속도로 vane에 부딪친 후 최초의 흐름방향에서 150° 수평방향 변화를 하였다. vane이 최초의 흐름방향으로 10m/s의 속도로 이동하고 있을 때, vane에 작용하는 힘의 크기는?(단, 무게 1kg = 9.8N)

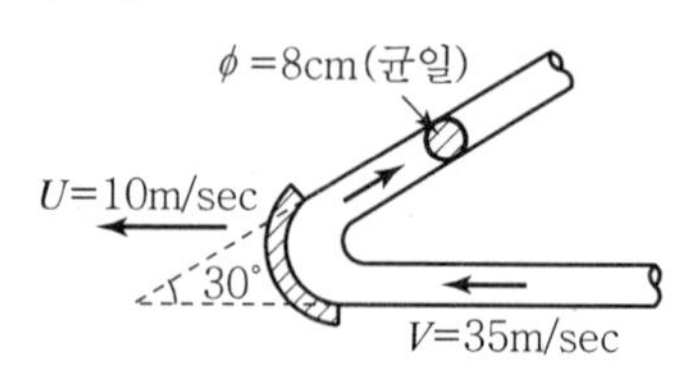

① 3.6kN
② 5.4kN
③ 6.1kN
④ 8.5kN

■해설 운동량방정식

㉠ vane에 작용하는 운동량방정식

$$F = \frac{w}{g}A(V_1 - U)^2(1-\cos\theta)$$

㉡ vane에 작용하는 힘의 산정

$$F = \frac{w}{g}A(V_1 - U)^2(1-\cos\theta)$$
$$= \frac{1}{9.8} \times \frac{\pi \times 0.08^2}{4} \times (35-10)^2(1-\cos 150)$$
$$= 0.6t = 5.9\text{kN}$$

제4과목 철근콘크리트 및 강구조

61. 보통콘크리트 부재의 해당 지속 하중에 대한 탄성처짐이 30mm이었다면 크리프 및 건조수축에 따른 추가적인 장기처짐을 고려한 최종 총 처짐량은 얼마인가?(단, 하중재하기간은 10년이고, 압축철근비 ρ'는 0.005이다.)

① 78mm
② 68mm
③ 58mm
④ 48mm

■해설 $\xi = 2.0$(하중재하기간이 5년 이상인 경우)

$$\lambda = \frac{\xi}{1+50\rho'} = \frac{2.0}{1+50 \times 0.005} = 1.6$$

$\delta_L = \lambda \cdot \delta_i = 1.6 \times 30 = 48\text{mm}$

$\delta_T = \delta_i + \delta_L = 30 + 48 = 78\text{mm}$

62. 다음 그림은 필렛(Fillet) 용접한 것이다. 목두께 a를 표시한 것으로 옳은 것은?

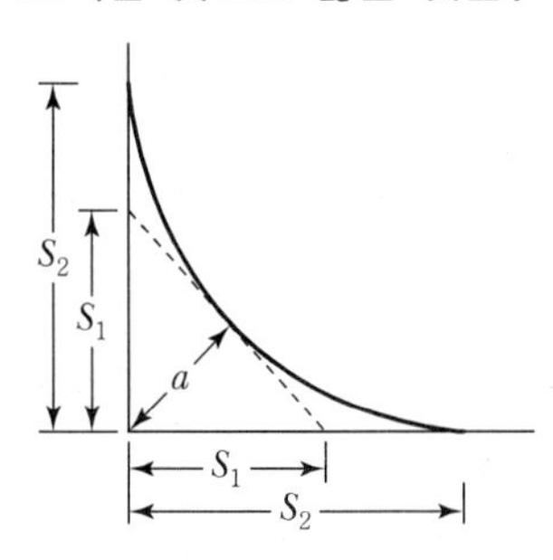

① $a = S_2 \times 0.707$ ② $a = S_1 \times 0.707$
③ $a = S_2 \times 0.606$ ④ $a = S_1 \times 0.606$

■ 해설 $a = S_1 \times \dfrac{\sqrt{2}}{2} = S_1 \times 0.707$

63. 강도설계법에서 단철근 직사각형 보가 $f_{ck} = 24\text{MPa}$, $f_y = 400\text{MPa}$일 때 균형철근비는?

① 0.01658 ② 0.01842
③ 0.02124 ④ 0.02601

■ 해설 $\beta_1 = 0.85(f_{ck} \le 28\text{MPa}$인 경우)

$$\rho_b = 0.85\beta_1 \frac{f_{ck}}{f_y} \frac{600}{600+f_y}$$
$$= 0.85 \times 0.85 \times \frac{24}{400} \times \frac{600}{600+400} = 0.02601$$

64. 복철근 단면의 보에 대한 설명으로 틀린 것은?

① 보의 단면이 제한될 때, 특히 유효깊이에 제한이 있을 때 사용한다.
② 복철근보의 압축철근은 보의 강성을 증가시키며, 급속파괴의 가능성을 감소시킨다.
③ 복철근보의 압축철근은 콘크리트의 크리프와 건조수축에 의한 보의 처짐을 감소시킨다.
④ 정(+), 부(−)의 휨모멘트를 겸해서 받는 경우에는 복철근보의 효과가 없다.

■ 해설 복철근 직사각형 단면보를 사용하는 경우
① 크리프, 건조수축 등으로 인하여 발생되는 장기처짐을 최소화하기 위한 경우
② 파괴시 압축응력의 깊이를 감소시켜 연성을 증대시키기 위한 경우
③ 철근의 조립을 쉽게 하기 위한 경우
④ 정(+), 부(−) 모멘트를 번갈아 받는 경우
⑤ 보의 단면높이가 제한되어 단철근 직사각형 단면보의 설계휨강도가 계수 휨하중보다 작은 경우

65. 강도설계법의 가정으로 틀린 것은?

① 철근과 콘크리트의 변형률은 중립축으로부터의 거리에 비례한다.
② 압축측 연단에서 콘크리트의 극한 변형률은 0.003으로 가정한다.
③ 휨응력 계산에서 콘크리트의 인장강도는 무시한다.
④ 극한강도 상태에서 콘크리트의 응력은 그 변형률에 비례한다.

■ 해설 강도설계법에 대한 기본가정 사항
① 철근 및 콘크리트의 변형률은 중립축으로부터의 거리에 비례한다.
② 압축측 연단에서 콘크리트의 최대 변형률은 0.003으로 가정한다.
③ f_y 이하의 철근 응력은 그 변형률의 E_s배로 취한다. f_y에 해당하는 변형률보다 더 큰 변형률에 대한 철근의 응력은 변형률에 관계없이 f_y와 같다고 가정한다.
④ 극한강도상태에서 콘크리트의 응력은 변형률에 비례하지 않는다.
⑤ 콘크리트의 압축응력분포는 등가직사각형 응력분포로 가정해도 좋다.
⑥ 콘크리트의 인장응력은 무시한다.

66. 원형 띠철근으로 둘러싸인 압축부재의 축방향 주철근의 최소 개수는?

① 3개 ② 4개
③ 5개 ④ 6개

■ 해설 철근콘크리트 기둥에서 축방향철근의 최소 개수

기둥 종류	단면 모양	축방향철근의 최소 개수
띠철근 기둥	삼각형	3개
	사각형, 원형	4개
나선철근 기둥	원형	6개

67. 철근콘크리트 보에 발생하는 장기처짐에 대한 설명으로 틀린 것은?

① 장기처짐은 지속하중에 의한 건조수축이나 크리프에 의해 일어난다.
② 장기처짐은 시간의 경과와 더불어 진행되는 처짐이다.
③ 장기처짐은 그 요인이 복잡하므로 실험에 의해 추정하게 된다.
④ 장기처짐은 부재가 탄성거동을 한다고 가정하고 역학적으로 계산하여 구한다.

■ 해설 부재가 탄성거동을 한다고 가정하고 역학적으로 계산하여 구하는 처짐은 탄성처짐(즉시처짐)이다.

68. 강도 설계법에서 1방향 슬래브(slab)의 구조 상세에 관한 사항 중 틀린 것은?

① 1방향 슬래브의 두께는 최소 100mm 이상이어야 한다.
② 슬래브의 정모멘트 철근 및 부모멘트 철근의 중심 간격은 위험단면에서는 슬래브 두께의 2배 이하이어야 하고, 또한 300mm 이하로 하여야 한다.
③ 슬래브의 정모멘트 철근 및 부모멘트 철근의 중심 간격은 위험단면 이외의 단면에서는 슬래브 두께의 4배 이하이어야 하고, 또한 600mm 이하로 하여야 한다.
④ 1방향 슬래브에서는 정모멘트 철근 및 부모멘트 철근에 직각방향으로 수축·온도철근을 배치하여야 한다.

■ 해설 1방향 슬래브의 정철근 및 부철근의 중심간격
① 최대 휨모멘트가 생기는 단면의 경우
- 슬래브 두께의 2배 이하, 300mm 이하
② 기타 단면의 경우
- 슬래브 두께의 3배 이하, 450mm 이하

69. 그림과 같은 맞대기용접이음에서 이음의 응력을 구한 값은?

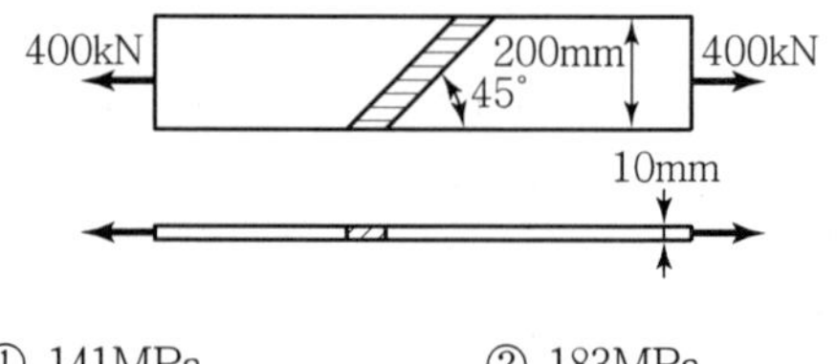

① 141MPa ② 183MPa
③ 200MPa ④ 283MPa

■ 해설 $f=\dfrac{P}{A}=\dfrac{400\times10^3}{200\times10}=200\text{N/mm}^2=200\text{MPa}$

70. 고장력 볼트를 사용한 이음의 종류가 아닌 것은?

① 압축이음 ② 마찰이음
③ 지압이음 ④ 인장이음

■ 해설 고장력 볼트이음은 마찰이음, 지압이음, 인장이음이 있다.

71. 프리스트레스의 손실 원인 중 프리스트레스를 도입할 때 즉시 손실의 원인이 되는 것은?

① 콘크리트의 크리프
② PS강재와 쉬스 사이의 마찰
③ PS강재의 릴랙세이션
④ 콘크리트의 건조수축

■ 해설 ① 프리스트레스 도입시 손실(즉시손실)
㉠ 콘크리트의 탄성수축
㉡ PS강재와 쉬스 사이의 마찰
㉢ 정착장치의 활동
② 프리스트레스 도입후 손실(시간손실)
㉠ PS강재의 릴랙세이션
㉡ 콘크리트의 크리프
㉢ 콘크리트의 건조수축

 |해답| 67.④ 68.③ 69.③ 70.① 71.②

72. 인장을 받는 이형철근의 기본정착길이(l_{db})를 계산하기 위해 필요한 요소가 아닌 것은?

① 철근의 공칭지름
② 철근의 설계기준 항복강도
③ 전단철근의 간격
④ 콘크리트의 설계기준 압축강도

해설 인장 이형철근의 기본정착길이(l_{db})

$$l_{db} = \frac{0.6 d_b f_y}{\lambda \sqrt{f_{ck}}}$$

따라서, 인장 이형철근의 기본정착길이(l_{db})는 철근의 공칭지름(d_b)과 항복강도(f_y), 콘크리트의 설계기준강도(f_{ck}) 그리고 경량골재콘크리트 계수(λ)에 의하여 결정된다.

73. 프리스트레스트 콘크리트의 강도개념을 설명한 것으로 옳은 것은?

① PSC보를 RC보처럼 생각하여 콘크리트는 압축력을 받고 긴장재는 인장력을 받게 하여 두 힘의 우력 모멘트로 외력에 의한 휨모멘트에 저항시킨다는 개념
② 프리스트레스가 도입되면 콘크리트 부재에 대한 해석이 탄성이론으로 가능하다는 개념
③ 프리스트레싱에 의한 작용과 부재에 작용하는 하중을 평형이 되도록 하자는 개념
④ 선형탄성이론에 의한 개념이며 콘크리트와 긴장재의 계산된 응력이 허용응력 이하로 되도록 설계하는 개념

해설 PSC보를 RC보처럼 생각하여 콘크리트는 압축력을 받고 긴장재는 인장력을 받게 하여 두 힘의 우력 모멘트로 외력에 의한 휨모멘트에 저항시킨다는 개념을 강도개념 또는 내력모멘트 개념이라 한다.

74. 강도설계법에서 등가직사각형 응력블록의 깊이(a)는 아래 표와 같은 식으로 구할 수 있다. 여기서 f_{ck}가 38MPa인 경우 β_1의 값은?

$$a = \beta_1 c$$

① 0.74　② 0.76
③ 0.78　④ 0.80

해설 $f_{ck} > 28\text{MPa}$일 경우 β_1의 값

$\beta_1 = 0.85 - 0.007(f_{ck} - 28)$
$= 0.85 - 0.007(38 - 28) = 0.78$

75. 파셜 프리스트레스트 보(partially prestressed beam)란 어떤 보인가?

① 사용하중하에서 인장응력이 일어나지 않도록 설계된 보
② 사용하중하에서 얼마간의 인장응력이 일어나도록 설계된 보
③ 계수하중하에서 인장응력이 일어나지 않도록 설계된 보
④ 부분적으로 철근 보강된 보

해설 ① 파셜 프리스트레스트 보
사용하중 작용시 콘크리트 단면 일부에 어느 정도의 인장응력이 발생하는 것을 허용하도록 설계된 보
② 풀 프리스트레스트 보
사용하중 작용시 콘크리트의 전단면에 인장응력이 발생하지 않도록 설계된 보

76. 다음 그림과 같은 단철근 직사각형 단면보의 설계휨강도 ϕM_n을 구하면?(단, $A_s = 2000\text{mm}^2$, $f_{ck} = 24\text{MPa}$, $f_y = 400\text{MPa}$, 이 단면은 인장지배단면이다.)

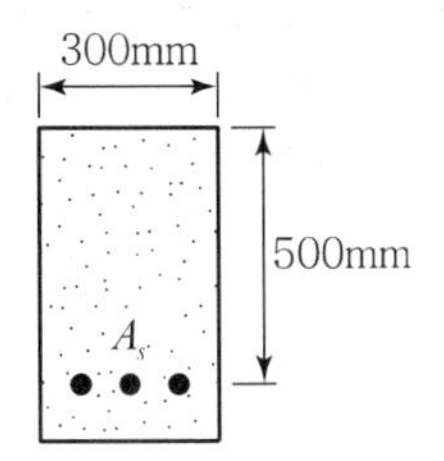

① 243.8kN · m　② 274.1kN · m
③ 295.6kN · m　④ 324.7kN · m

해설 $a = \dfrac{f_y A_s}{0.85 f_{ck} b} = \dfrac{400 \times 2000}{0.85 \times 24 \times 300} = 130.7\text{mm}$

$\phi = 0.85$(인장지배단면인 경우)

$$\phi M_n = \phi f_y A_s\left(d - \frac{a}{2}\right)$$
$$= 0.85 \times 400 \times 2000\left(500 - \frac{130.7}{2}\right)$$
$$= 295.6 \times 10^6 \text{N} \cdot \text{mm} = 295.6 \text{kN} \cdot \text{m}$$

77. 구조물의 부재, 부재 간의 연결부 및 각 부재 단면의 휨모멘트, 축력, 전단력, 비틀림 모멘트에 대한 설계강도는 공칭강도에 강도감소계수 ϕ를 곱한 값으로 한다. 무근콘크리트의 휨모멘트, 압축력, 전단력, 지압력에 대한 강도감소계수는?

① 0.55　　② 0.65
③ 0.7　　④ 0.75

■해설 무근콘크리트의 휨모멘트, 압축력, 전단력, 지압력에 대한 강도감소계수는 0.55이다.

78. 부벽식옹벽에서 뒷부벽의 설계에 대한 설명으로 옳은 것은?

① 직사각형보로 설계한다.
② T형보로 설계하여야 한다.
③ 저판에 지지된 캔틸레버로 설계할 수 있다.
④ 3변 지지된 2방향 슬래브로 설계할 수 있다.

■해설 부벽식 옹벽에서 부벽의 설계
- 앞부벽식 옹벽에서 앞부벽 : 직사각형보로 설계
- 뒷부벽식 옹벽에서 뒷부벽 : T형보로 설계

79. 철근 콘크리트 보에 전단력과 휨만 작용할 때 콘크리트가 받을 수 있는 설계 전단 강도(ϕV_c)는 약 얼마인가?(단, b_w=350mm, d=600mm, f_{ck}=28MPa, f_y=400MPa)

① 87.6kN　　② 129.6kN
③ 138.9kN　　④ 148.2kN

■해설 $\lambda = 1.0$(보통중량의 콘크리트인 경우)

$$\phi V_c = \phi\left(\frac{1}{6}\lambda\sqrt{f_{ck}}\,b_w d\right)$$
$$= 0.75 \times \frac{1}{6} \times 1.0 \times \sqrt{28} \times 350 \times 600$$
$$= 138.9 \times 10^3 \text{N} = 138.9 \text{kN}$$

80. 전단철근으로 사용될 수 있는 것이 아닌 것은?

① 스터럽과 굽힘철근의 조합
② 부재축에 직각인 스터럽
③ 보재축에 직각으로 배치된 용접철망
④ 주인장 철근에 15°의 각도로 구부린 굽힘철근

■해설 전단철근의 종류
① 주인장 철근에 수직으로 배치한 스터럽
② 주인장 철근에 45° 이상의 경사로 배치한 스터럽
③ 주인장 철근에 30° 이상의 경사로 구부린 굽힘철근
④ 스터럽과 굽힘철근의 병용(①과 ③의 병용 또는 ②와 ③의 병용)
⑤ 나선철근 또는 용접철망

제5과목 토질 및 기초

81. 말뚝재하실험 시 연약점토지반인 경우는 pile의 타입 후 20여 일이 지난 다음 말뚝재하실험을 한다. 그 이유로 가장 타당한 것은?

① 주면 마찰력이 너무 크게 작용하기 때문에
② 부마찰력이 생겼기 때문에
③ 타입시 주변이 교란되었기 때문에
④ 주위가 압축되었기 때문에

■해설 말뚝재하시험(평판재하시험) 시 파일 타입 후 즉시 재하시험을 실시하지 않는 이유는 말뚝 주변이 교란되었기 때문이다.

82. 다음의 흙 중 암석이 풍화되어 원래의 위치에서 토층이 형성된 흙은?

① 충적토　　② 이탄
③ 퇴적토　　④ 잔적토

■해설 잔적토
풍화작용에 의해 생성된 흙이 운반되지 않고 원래 암반상에 남아서 토층을 형성하고 있는 흙

 |해답| 77.① 78.② 79.③ 80.④ 81.③ 82.④

83. 어느 흙의 액성한계는 35%, 소성한계가 22%일 때 소성지수는 얼마인가?

① 12
② 13
③ 15
④ 17

해설 소성지수(I_p) = 액성한계 - 소성한계
= 35 - 22 = 13

84. 다음 중 사면 안정 해석법과 관계가 없는 것은?

① 비숍(Bishop)의 방법
② 마찰원법
③ 펠레니우스(Fellenius)의 방법
④ 뷰지네스크(Boussinesq)의 이론

해설 사면 안정해석
㉠ 질량법(마찰원법)
㉡ 절편법(분할법)
- Fellenius법
- Bishop법
- Spencer법

85. 노상토의 지지력을 나타내는 CBR값의 단위는?

① kg/cm^2　② kg/cm
③ kg/cm^3　④ %

해설 • CBR 단위 : %
• $CBR(\%) = \frac{시험(전)하중}{표준(전)하중} \times 100$

86. 압밀시험에서 시간-침하곡선으로부터 직접 구할 수 있는 사항은?

① 선행압밀압력
② 점성보정계수
③ 압밀계수
④ 압축지수

해설 압밀시험에 따른 성과표

시간-침하곡선	간극비 하중($e-\log P$)곡선
• 체적변화계수(m_v)	• 압축계수(a_v)
• 투수계수(k)	• 압축지수(C_c)
• 압밀계수(C_v)	• 선행압밀하중(P_c)
• 1차 압밀비	• 공극비(e)

87. 그림과 같은 지반에서 포화토 $A-A$면에서의 유효응력은?

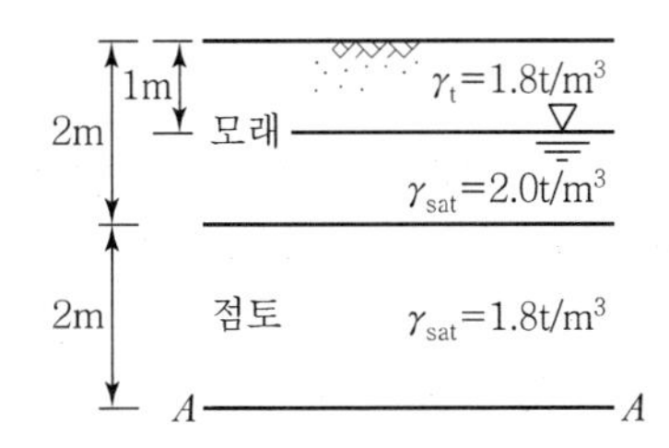

① $2.4t/m^2$　② $4.4t/m^2$
③ $5.6t/m^2$　④ $7.2t/m^2$

해설 $\sigma' = (1.8\times1) + [(2-1)\times1] + [(1.8-1)\times2]$
$= 4.4t/m^2$

88. 다음 중 사운딩(sounding)이 아닌 것은?

① 표준관입시험　② 일축압축시험
③ 원추관입시험　④ 베인시험

해설

구분	내용
정적 사운딩	• 휴대용 콘(원추)관입시험(연약한 점토) • 화란식 콘(원추)관입시험(일반 흙) • 스웨덴식 관입시험(자갈 이외의 흙) • 이스키미터(연약한 점토, 인발) • 베인전단시험(연약한 점토, 회전)
동적 사운딩	• 동적 원추관 시험 : 자갈 이외의 흙 • 표준관입시험(S.P.T) : 사질토 적합, 성토 가능

89. 다음 중 얕은 기초에 속하지 않는 것은?

① 피어기초
② 전면기초
③ 독립확대기초
④ 복합확대기초

|해답| 83.② 84.④ 85.④ 86.③ 87.② 88.② 89.①

해설 기초의 분류

㉠ 얕은(직접)기초

(1) 확대(footing)기초
- 독립확대기초
- 복합확대기초
- 연속확대기초

(2) 전면(Mat)기초

㉡ 깊은기초
- 말뚝기초
- 피어(pier)기초
- 케이슨기초

90. 어느 흙에 대하여 직접 전단시험을 하여 수직응력이 3.0kg/cm²일 때 2.0kg/cm²의 전단강도를 얻었다. 이 흙의 점착력이 1.0kg/cm²이면 내부마찰각은 약 얼마인가?

① 15.2° ② 18.4°
③ 21.3° ④ 24.6°

해설 $S = c + \sigma' \tan\phi$

$2 = 1 + 3\tan\phi$

$\therefore \phi = 18.4°$

91. 그림과 같은 모래 지반에서 흙의 단위중량이 1.8t/m³이다. 정지토압 계수가 0.5이면 깊이 5m 지점에서의 수평응력은 얼마인가?

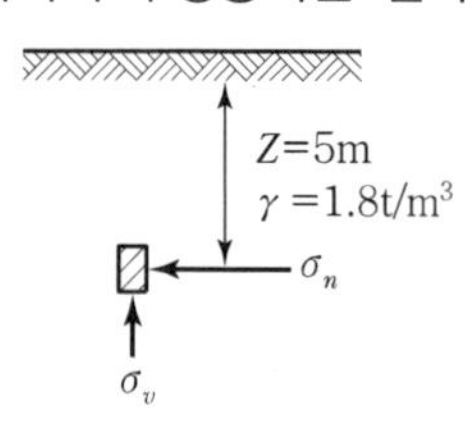

① 4.5t/m²
② 8.0t/m²
③ 13.5t/m²
④ 15.0t/m²

해설 $\sigma_h = \sigma_v \cdot k$

$= (1.8 \times 5) \times 0.5 = 4.5\text{t/m}^2$

92. 다음 그림과 같은 다층지반에서 연직방향의 등가투수계수는?

두께	투수계수
1m	$K_1 = 5.0 \times 10^{-2}$cm/sec
2m	$K_2 = 4.0 \times 10^{-3}$cm/sec
1.5m	$K_3 = 2.0 \times 10^{-2}$cm/sec

① 5.8×10^{-3}cm/sec ② 6.4×10^{-3}cm/sec
③ 7.6×10^{-3}cm/sec ④ 1.4×10^{-2}cm/sec

해설

$$K_v = \frac{H_1 + H_2 + H_3}{\frac{H_1}{K_1} + \frac{H_2}{K_2} + \frac{H_3}{K_3}}$$

$$= \frac{1 + 2 + 1.5}{\frac{1}{5 \times 10^{-2}} + \frac{2}{4 \times 10^{-3}} + \frac{1.5}{2 \times 10^{-2}}}$$

$= 7.6 \times 10^{-3}$cm/sec

93. 다음 중 느슨한 모래의 전단변위와 시료의 부피 변화 관계곡선으로 옳은 것은?

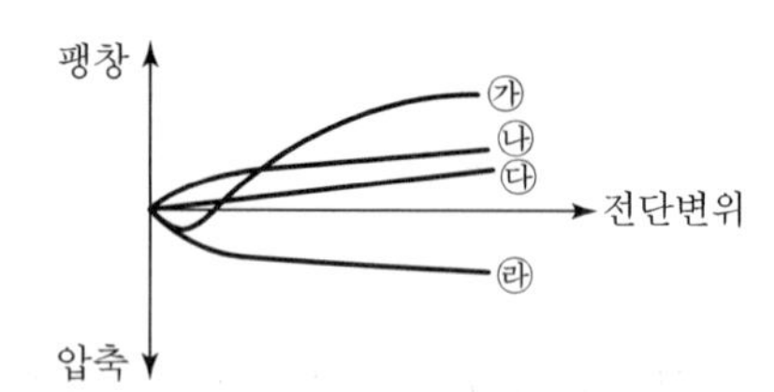

① ㉮ ② ㉯
③ ㉰ ④ ㉱

해설 느슨한 모래는 전단파괴에 도달하기 전에 체적이 감소하고, 조밀한 모래는 체적이 증가한다.

94. 비중이 2.60이고 간극비가 0.60인 모래지반의 한계 동수 경사는?

① 1.0 ② 2.25
③ 4.0 ④ 9.0

해설 $i_c = \frac{h}{L} = \frac{G_s - 1}{1 + e} = \frac{2.60 - 1}{1 + 0.6} = 1$

95. 점토질 지반에서 강성기초의 접지압 분포에 관한 다음 설명 중 옳은 것은?

① 기초의 중앙 부분에서 최대의 응력이 발생한다.
② 기초의 모서리 부분에서 최대의 응력이 발생한다.
③ 기초부분의 응력은 어느 부분이나 동일하다.
④ 기초 밑면에서의 응력은 토질에 관계없이 일정하다.

해설 강성기초의 접지압

점토지반	모래지반
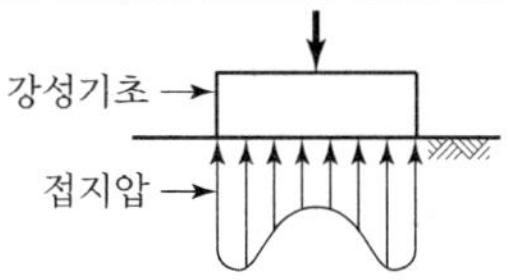	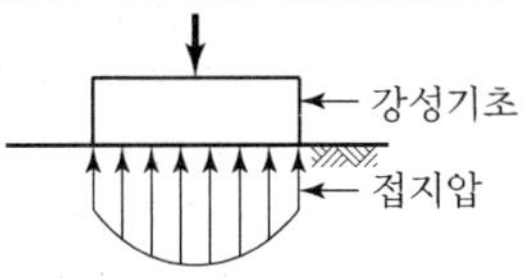
기초 모서리에서 최대 응력 발생	기초 중앙부에서 최대 응력 발생

96. 포화점토의 일축압축 시험 결과 자연상태 점토의 일축압축 강도와 흐트러진 상태의 일축압축 강도가 각각 1.8kg/cm², 0.4kg/cm²였다. 이 점토의 예민비는?

① 0.72 ② 0.22
③ 4.5 ④ 6.4

해설 예민비$=\dfrac{q_u}{q_{ur}}=\dfrac{1.8}{0.4}=4.5$

97. 평판재하시험이 끝나는 조건에 대한 설명으로 틀린 것은?

① 침하량이 15mm에 달할 때
② 하중 강도가 현장에서 예상되는 최대 접지 압력을 초과할 때
③ 하중 강도가 그 지반의 항복점을 넘을 때
④ 흙의 함수비가 소성한계에 달할 때

해설 평판재하시험이 끝나는 조건
- 침하량이 15mm에 달할 때
- 하중강도가 예상되는 최대 접지압력을 초과할 때
- 하중강도가 그 지반의 항복점을 넘을 때

98. 어떤 모래의 입경가적곡선에서 유효입경 D_{10}= 0.01mm이었다. Hazen공식에 의한 투수계수는?(단, 상수(C)는 100을 적용한다.)

① 1×10^{-4}cm/sec ② 2×10^{-6}cm/sec
③ 5×10^{-4}cm/sec ④ 5×10^{-6}cm/sec

해설 $K=C\cdot {D_{10}}^2=100\times(0.001)^2=1\times10^{-4}$cm/sec

99. 다음 연약지반 처리공법 중 일시적인 공법은?

① 웰 포인트 공법 ② 치환 공법
③ 콤포저 공법 ④ 샌드 드레인 공법

해설 일시적 지반개량 공법
- Well point 공법
- 동결 공법
- 대기압 공법(진공압밀 공법)

100. A방법에 의해 흙의 다짐시험을 수행하였을 때 다짐에너지(E_c)는?

[A방법의 조건]
- 몰드의 부피(V) : 1000cm³
- 래머의 무게(W) : 2.5kg
- 래머의 낙하높이(h) : 30cm
- 다짐 층수(N_l) : 3층
- 각 층당 다짐횟수(N_b) : 25회

① 4.625kg · cm/cm³
② 5.625kg · cm/cm³
③ 6.625kg · cm/cm³
④ 7.625kg · cm/cm³

해설 다짐에너지

$$E_c=\frac{W_R H N_B N_L}{V}=\frac{2.5\times30\times25\times3}{1{,}000}=5.63\text{kg}\cdot\text{cm/cm}^3$$

|해답| 95.② 96.③ 97.④ 98.① 99.① 100.②

제6과목 상하수도공학

101. 하수의 염소요구량이 9.2mg/L일 때 0.5mg/L의 잔류염소량을 유지하기 위하여 2,500m^3/day의 하수에 1일 주입하여야 할 염소량은?

① 23.0kg/day ② 1.25kg/day
③ 21.75kg/day ④ 24.25kg/day

해설 염소요구량 농도
㉠ 주입염소 농도
요구농도=주입농도－잔류농도
∴ 주입농도=요구농도＋잔류농도
=9.2＋0.5=9.7mg/L
㉡ 주입량=주입농도×유량
$=9.7\times10^{-3}\times2,500=24.2$kg/d

102. 하수도시설 중 펌프장시설의 침사지에 대한 설명 중 틀린 것은?

① 일반적으로 직경이 큰 무기질, 비부패성 무기물 및 입자가 큰 부유물을 제거하기 위한 것이다.
② 침사지의 지수는 단일지수를 원칙으로 한다.
③ 펌프 및 처리시설의 파손을 방지하도록 펌프 및 처리시설의 앞에 설치한다.
④ 침사지방식은 중력식, 포기식, 기계식 등이 있다.

해설 펌프장시설 침사지
하수도시설 중 펌프장시설의 침사지는 2지 이상을 원칙으로 한다.

103. 수원의 종류를 구분할 때 지표수에 해당하지 않는 것은?

① 용천수 ② 하천수
③ 호소수 ④ 저수지수

해설 수원의 종류
㉠ 천수 : 비, 눈, 우박 등
㉡ 지표수 : 하천수, 호소수, 저수지수
㉢ 지하수 : 천층수, 심층수, 복류수, 용천수
∴ 지표수의 종류가 아닌 것은 용천수이다.

104. 명반(Alum)을 사용하여 상수를 침전 처리하는 경우 약품 주입 후 응집조에서 완속교반을 하는 이유는?

① 명반을 용해시키기 위하여
② 플록(floc)을 공기와 접촉시키기 위하여
③ 플록(floc)이 잘 부서지도록 하기 위하여
④ 플록(floc)의 크기를 증가시키기 위하여

해설 응집지
㉠ 응집지는 약품혼화지와 플록형성지로 나누어져 있다.
㉡ 응집지가 2지로 나누어진 이유는 교반속도 차이 때문이다.
㉢ 약품혼화지는 응집제가 잘 섞이도록 급속교반을 실시한다.
㉣ 플록형성지는 플록의 크기를 증가시키기 위해 완속교반을 실시한다.

105. 하수처리장의 위치 선정과 관련하여 고려할 사항으로 거리가 먼 것은?

① 가능한 한 하수가 자연유하로 유입될 수 있는 곳
② 홍수 시 침수되지 않고 방류선이 확보되는 곳
③ 현재 및 장래에 토지이용계획상 문제점이 없을 것
④ 하수를 배출하는 지역에 가까이 있을 것

해설 하수처리장 위치 선정 시 고려사항
㉠ 가능한 자연유하로 유입될 수 있는 곳으로 한다.
㉡ 홍수 시 침수되지 않고 방류선이 확보되는 곳으로 한다.
㉢ 현재 및 장래에 토지이용계획상 문제점이 없는 곳으로 한다.
㉣ 하수를 배출하는 지역과 떨어져 있는 곳으로 한다.

106. 염소살균의 특징에 대한 설명으로 옳지 않은 것은?

① 살균력이 뛰어나다.
② 설비 및 주입방법이 비교적 간단하다.
③ THMs의 생성을 방지할 수 있다.
④ 비용이 비교적 저렴하다.

 |해답| 101.④ 102.② 103.① 104.④ 105.④ 106.③

■ 해설 염소소독의 특징
- 가격이 저렴하다.
- 설비 및 주입방법이 비교적 간단하다.
- 산화제로도 이용이 가능하며, 살균력이 매우 강하다.
- 지속성이 있다.
- THMs 생성 가능성이 있다.

107. 그림에서와 같은 하수관의 접합방식은?

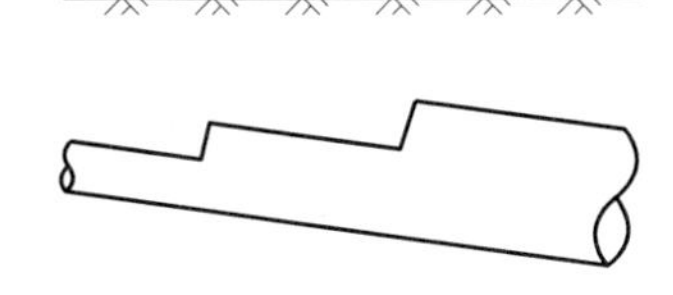

① 관정접합 ② 관저접합
③ 수면접합 ④ 중심접합

■ 해설 관거의 접합방법

종류	특징
수면접합	수리학적으로 가장 좋은 방법으로 관내 수면을 일치시키는 방법
관정접합	관거의 내면 상부를 일치시키는 방법으로 굴착깊이가 증대되고, 공사비가 증가된다.
관중심접합	관중심을 일치시키는 방법으로 별도의 수위계산이 필요 없는 방법이다.
관저접합	관거의 내면 바닥을 일치시키는 방법으로 수리학적으로 불리한 방법이다.
단차접합	지세가 아주 급한 경우 토공량을 줄이기 위해 사용하는 방법이다.
계단접합	지세가 매우 급한 경우 관거의 기울기와 토공량을 줄이기 위해 사용하는 방법이다.

∴ 그림은 관거 내면 바닥을 일치시키는 방법으로 관저접합에 해당한다.

108. 암모니아성 질소(NH_3-N) 1mg/L를 질산성 질소($NO^{-3}-N$)로 산화하는 데 필요한 산소량은?

① 1.71mg/L ② 3.42mg/L
③ 4.57mg/L ④ 5.14mg/L

■ 해설 질산화

㉠ 질산화 반응은 Nitrosomonas에 의하여 NH_4를 NO_2로 전환하는 1단계 반응과 Nitrobactor에 의해서 NO_2를 NO_3로 전환하는 2단계 반응으로 구성한다.

㉡ $NH_4^+ + 1.5O_2 \rightarrow NO_2^- + H_2O + 2H^+$ … [1단계]
$NO_2^- + 0.5O_2 \rightarrow NO_3^-$ … [2단계]
∴ $NH_4^+ + 2O_2 \rightarrow NO_3^- + H_2O + 2H^+$ [질산화]

㉢ 위 식에서 ($NH_4-N : 2O_2 = 14 : 64$) 1g의 NH_4-N을 산화시키기 위해서는 4.6g의 산소가 필요하며 7.1g의 알칼리($NH_4-N \rightarrow 2H = 14 : 100$)가 소모된다.

∴ 암모니아성 질소 1mg/L를 질산성 질소로 산화하는 데는 약 4.6mg/L의 산소가 필요하다.

109. 용존산소(DO)에 대한 설명으로 옳지 않은 것은?

① 오염된 물은 용존산소량이 적다.
② BOD가 큰 물은 용존산소량이 많다.
③ 용존산소량이 적은 물은 혐기성 분해가 일어나기 쉽다.
④ 용존산소가 극히 적은 물은 어류의 생존에 적합하지 않다.

■ 해설 용존산소

㉠ 물의 오염상태를 나타내는 하나의 지표로서 물에 녹아있는 유리산소량(O_2)을 말한다.

㉡ 특징
- 온도가 낮을수록 DO 농도는 증가한다.
- 오염된 물은 DO 농도가 낮다.
- 기압이 낮을수록 DO 농도가 감소한다.
- BOD가 클수록 DO 농도가 감소한다.
- 용존산소가 적은 물에서는 혐기성 분해가 일어나기 쉽다.
- 용존산소가 적은 물은 생명체의 생존에 적합하지 않다.

∴ BOD가 클수록 용존산소는 적다.

110. 합류식 하수도에 대한 설명으로 틀린 것은?

① 관로의 단면적이 커서 폐쇄될 가능성이 적다.
② 우천 시 오수가 월류할 수 있다.
③ 관로 오접합 문제가 발생할 수 있다.
④ 강우 시 수세효과가 있다.

|해답| 107.② 108.③ 109.② 110.③

■해설 하수의 배제방식

분류식	합류식
• 수질오염 방지 면에서 유리하다. • 청천 시에도 퇴적의 우려가 없다. • 강우 초기 노면배수효과가 없다. • 시공이 복잡하고 오접합의 우려가 있다. • 우천 시 수세효과를 기대할 수 없다. • 공사비가 많이 든다.	• 구배 완만, 매설깊이가 적으며 시공성이 좋다. • 초기 우수에 의한 노면배수처리가 가능하다. • 관경이 크므로 검사가 편리하고, 환기가 잘된다. • 건설비가 적게 든다. • 우천 시 수세효과가 있다. • 청천 시 관내 침전, 효율저하가 발생한다.

∴ 합류식 하수도는 오수와 우수를 하나의 관으로 처리하는 방식으로 오접합의 문제는 발생하지 않는다.

111. 다음 중 하수의 살균에 사용되지 않는 것은?

① 염소　② 오존
③ 적외선　④ 자외선

■해설 소독

㉠ 소독은 바이러스, 세균, 원생동물 등 인간에게 감염을 일으킬 수 있는 병원성 미생물을 사멸시키는 공정이다.
㉡ 1900년대 초 염소소독이 실시된 이후 여러 가지 소독방법에 대한 연구가 진행되고 있다.
㉢ 염소소독을 대체할 방법으로 상수에서는 오존, 이산화염소, 자외선, 할로겐원소, 은화합물 등이 있으며, 하수에서는 오존, 이산화염소, 차아염소산나트륨, 자외선, 방사선 등이 있다.

112. 수질검사에서 대장균을 검사하는 이유는?

① 대장균이 병원체이기 때문이다.
② 물을 부패시키는 세균이기 때문이다.
③ 수질오염을 가져오는 대표적인 세균이기 때문이다.
④ 대장균을 이용하여 다른 병원체의 존재를 추정할 수 있기 때문이다.

■해설 대장균군

㉠ 대장균군은 gram음성 · 무아포성 · 간균으로 유당을 분해해서 산과 가스를 생성하는 모든 호기성 또는 혐기성 균을 말한다.
㉡ 대장균군의 특징
- 인체에 무해한 균이다.
- 수인성 전염병균과 같이 존재하므로 이의 존재 가능성을 추정한다.
- 병원균보다 검출이 용이하고 검출속도가 빠르기 때문에 적합하다.
- 추정시험 소요시간은 24시간, 확정시험 소요시간은 48시간으로 시험이 간편하고 정확성이 보장된다.

∴ 수질검사에서 대장균을 검사하는 이유는 병원성 세균의 존재 추정이 가능하기 때문이다.

113. 관로 유속의 급격한 변화로 인하여 관내 압력이 급상승 또는 급강하하는 현상은?

① 공동현상　② 수격현상
③ 진공현상　④ 부압현상

■해설 수격작용

㉠ 펌프의 급정지, 급가동 또는 밸브를 급폐쇄하면 관로 내 유속의 급격한 변화로 이상 압력이 발생하는 현상을 수격작용이라 한다. 수격작용은 관로 내 물의 관성에 의해 발생한다.
㉡ 방지책
- 펌프의 급정지, 급가동을 피한다.
- 부압 발생 방지를 위해 조압수조(surge tank), 공기밸브(air valve)를 설치한다.
- 압력 상승 방지를 위해 역지밸브(check valve), 안전밸브(safety valve), 압력수조(air chamber)를 설치한다.
- 펌프에 플라이휠(fly wheel)을 설치한다.
- 펌프의 토출 측 관로에 급폐식 혹은 완폐식 역지밸브를 설치한다.
- 펌프 설치위치를 낮게 하고 흡입양정을 적게 한다.

114. 갈수 시에도 일정 이상의 수심을 확보할 수 있으면 연간의 수위 변화가 크더라도 하천이나 호소, 댐에서의 취수시설로서 알맞고 또한 유지관리도 비교적 용이한 취수방법은?

① 취수틀에 의한 방법
② 취수문에 의한 방법
③ 취수탑에 의한 방법
④ 취수관거에 의한 방법

■해설 취수탑

취수탑은 유량이 안정된 하천에서 대량으로 취수할 때 사용하는 지표수 취수시설로 수위 변화에 대처가 용이하고, 원수의 선택적 취수가 가능한 장점을 갖고 있다.

115. 관로의 위치가 동수경사선보다 높게 되는 것을 피할 수 없는 경우가 발생할 때 부분적으로 동수경사선을 상승시키는 방법으로 옳은 것은?

① 부압이 생기는 장소의 전체 관경을 줄여준다.
② 부압이 생기는 장소의 전체 관경을 늘려준다.
③ 부압이 생기는 장소의 상류 측 관경을 크게 하고 하류 측 관경을 작게 한다.
④ 부압이 생기는 장소의 상류 측 관경을 작게 하고 하류 측 관경을 크게 한다.

■해설 도수 및 송수관의 경사

㉠ 도·송수관의 노선은 동수구배선 이하로 하는 것이 원칙이다.
㉡ 동수경사는 최소동수구배선을 기준으로 하며, 최소동수구배선은 시점의 최저 수위와 종점의 최고 수위를 기준으로 한다.
㉢ 관로가 최소동수구배선 위에 있을 경우에는 상류 측 관경을 크게 하거나 하류 측 관경을 작게 하면 동수구배선 상승의 효과가 있다.
㉣ 동수구배선을 인위적으로 상승시킬 경우 관내 압력 경감을 목적으로 접합정을 설치한다.

116. 하수처리장 2차침전지에서 슬러지 부상이 일어날 경우 관계되는 작용은?

① 질산화반응 ② 탈질반응
③ 핀플록반응 ④ 프라즈마반응

■해설 슬러지 부상

㉠ 유입하수의 질소성분이 폭기조에서 폭기에 의해 질산화가 일어난다.
㉡ 최종침전지(2차 침전지)에서 용존산소 부족으로 인해 탈질산화가 일어난다.
㉢ 이때 발생되는 질소가스에 의해 슬러지 부상을 발생시킨다.

∴ 2차 침전지에서는 탈질반응에 의해 발생되는 질소가스에 의해 슬러지 부상이 일어난다.

117. 슬러지 반송비가 0.4, 반송슬러지의 농도가 1%일 때 포기조 내의 MLSS 농도는?

① 1,234mg/L ② 2,857mg/L
③ 3,325mg/L ④ 4,023mg/L

■해설 슬러지 반송률

㉠ 슬러지 반송률

$$R=\frac{Q_r}{Q}=\frac{X}{X_w-X}$$

여기서, X : 포기조 내의 MLSS 농도
X_w : 반송슬러지 농도

㉡ MLSS 농도의 산정

- 반송슬러지 농도 1%=10,000mg/L
- $X=\frac{RX_w}{1+R}=\frac{0.4\times10,000}{1+0.4}=2857.14\text{mg/L}$

118. 급수방식에 대한 설명으로 옳지 않은 것은?

① 급수방식에는 직결식, 저수조식 및 직결·저수조 병용식이 있다.
② 직결식에는 직결직압식과 직결가압식이 있다.
③ 급수관으로부터 수돗물을 일단 저수조에 받아서 급수하는 방식을 저수조식이라 한다.
④ 수도의 단수 시에도 물을 반드시 확보해야 하는 경우에는 직결식을 적용하는 것이 바람직하다.

■해설 급수방식

㉠ 직결식
- 배수관의 수압이 충분히 확보된 경우에 사용한다.
- 소규모 저층건물에 사용한다.
- 수압조절이 불가능하다.

㉡ 탱크식(저수조식)
- 배수관의 소요압이 부족한 곳에 설치한다.
- 일시에 많은 수량이 필요한 곳에 설치한다.
- 항상 일정수량이 필요한 곳에 설치한다.
- 단수 시에도 급수가 지속되어야 하는 곳에 설치한다.

∴ 재해나 사고 등에 의한 단수 시에도 급수가 지속되어야 하는 방법은 저수조식이다.

119. 하수처리계획 및 재이용계획의 계획오수량을 정할 때, 1인1일최대오수량의 20% 이하로 하며, 지역실태에 따라 필요 시 하수관로 내구연수 경과 또는 관로의 노후도 등을 고려하여 결정하는 것은?

① 지하수량 ② 생활오수량
③ 공장폐수량 ④ 재활용수량

해설 지하수량

㉠ 지하수량은 1인1일최대오수량의 10~20%로 한다.

㉡ 분류식의 오수관거에서 지하수의 유입은 바람직하지 않으므로 설계 및 시공 시에 그 양을 최소한으로 억제하도록 노력한다. 그러나 완전히 방지한다는 것은 기술적으로 거의 불가능한 실정이다.

㉢ 그 양은 관거연장 1m당 또는 배수면적 1ha당의 양(m^3)으로 표시하나 토질, 지하수위, 관거의 연결 및 공법 등에 따라 다르므로 표준치는 정해져 있지 않지만, 경험적으로 1인1일최대오수량의 10~20%로 하는 것이 바람직하다.

120. 상수도시설의 설계유량에 대한 설명으로 틀린 것은?

① 계획배수량은 원칙적으로 해당 배수구역의 계획1일최대배수량으로 한다.
② 계획취수량은 계획1일최대급수량을 기준으로 하며, 기타 필요한 작업용수를 포함한 손실수량 등을 고려한다.
③ 계획정수량은 계획1일최대급수량을 기준으로 하고, 여기에 정수장 내 사용되는 작업용수와 기타 용수를 합산 고려하여 결정한다.
④ 송수시설의 계획송수량은 원칙적으로 계획1일최대급수량을 기준으로 한다.

해설 상수도 구성요소

㉠ 수원 → 취수 → 도수(침사지) →정수(착수정 → 약품혼화지 → 침전지 → 여과지 → 소독지 → 정수지) → 송수 → 배수(배수지, 배수탑, 고가탱크, 배수관) → 급수

㉡ 수원, 취수, 도수, 정수, 송수 등의 설계에는 계획1일최대급수량을 기준으로 한다.

㉢ 계획취수량은 계획1일최대급수량을 기준으로 5~10% 정도 여유 있게 취수한다.

㉣ 배수관의 직경 결정, 펌프의 직경 결정 등의 계획배수량은 계획시간최대급수량을 기준으로 한다.

Industrial Engineer Civil Engineering

과년도 출제문제 및 해설 (2018년 9월 15일 시행)

제1과목 응용역학

01. 가로방향의 변형률이 0.0022이고 세로방향의 변형률이 0.0083인 재료의 프와송 수는?

① 2.8 ② 3.2
③ 3.8 ④ 4.2

해설 $\nu = \dfrac{\text{횡방향 변형률}}{\text{종방향 변형률}} = \dfrac{0.0022}{0.0083} = 0.265$

$m = \dfrac{1}{\nu} = \dfrac{1}{0.265} = 3.8$

02. 아래 그림과 같은 내민보에서 지점 A의 수직반력은 얼마인가?

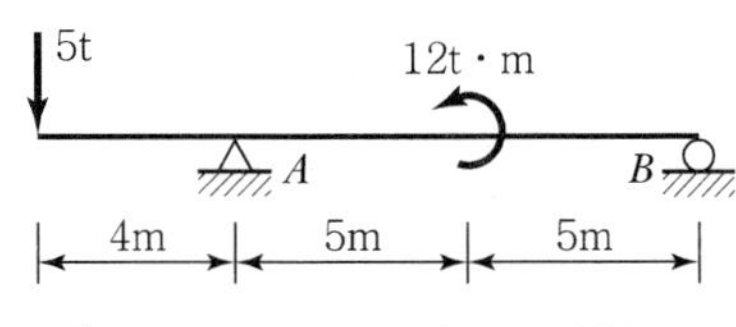

① 3.2t(↑) ② 5.0t(↑)
③ 5.8t(↑) ④ 8.2t(↑)

해설 $\Sigma M_{Ⓑ} = 0(\curvearrowright\oplus)$

$R_A \times 10 - 5 \times 14 - 12 = 0$

$R_A = 8.2\text{t}(\uparrow)$

03. 그림과 같은 구조물에서 부재 AC가 받는 힘의 크기는?

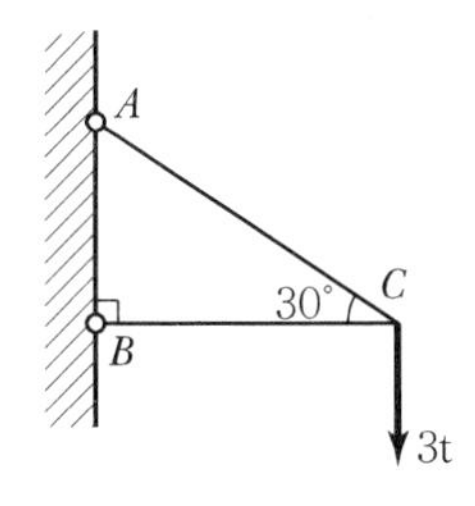

① 2t ② 4t
③ 6t ④ 8t

해설

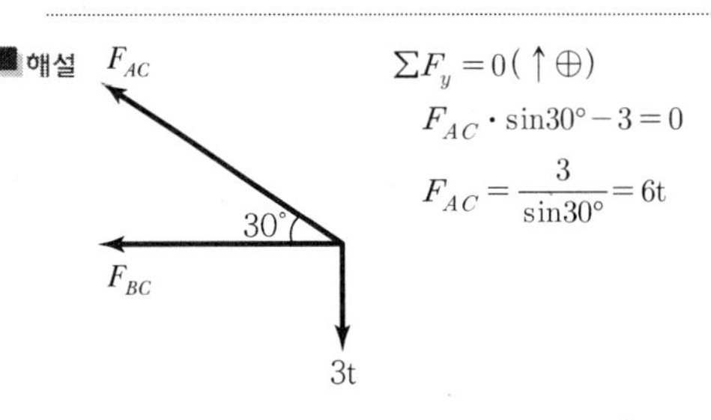

$\Sigma F_y = 0(\uparrow\oplus)$

$F_{AC} \cdot \sin 30° - 3 = 0$

$F_{AC} = \dfrac{3}{\sin 30°} = 6\text{t}$

04. 그림과 같은 구조물은 몇 차 부정정 구조물인가?

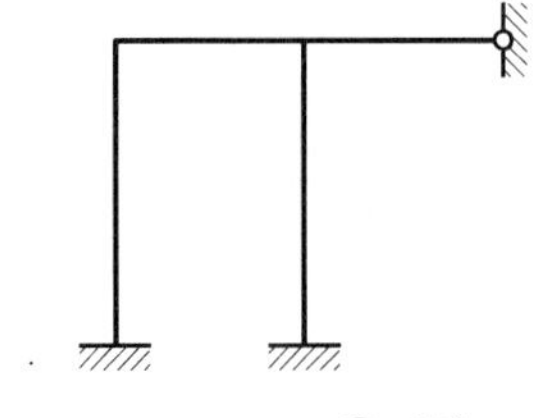

① 3차 ② 4차
③ 5차 ④ 6차

해설 (일반적인 경우)

$N = r + m + s - 2P$

$= 8+4+3-2\times5 = 5$차

(라멘인 경우)

$N = B\times3 - j$

$= 2\times3-1 = 5$차

05. 그림과 같이 단순보에서 B점에 모멘트 하중이 작용할 때 A점과 B점의 처짐각 비($\theta_A : \theta_B$)는?

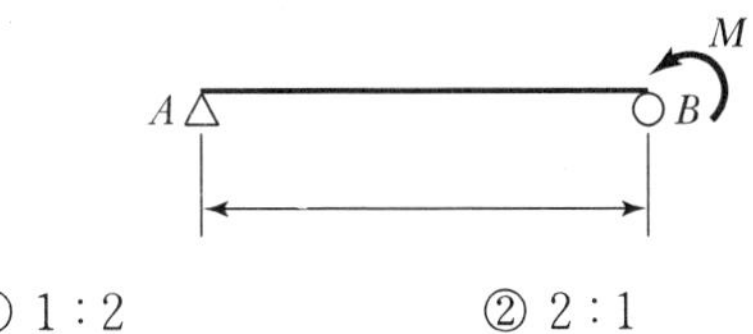

① 1 : 2 ② 2 : 1
③ 1 : 3 ④ 3 : 1

■해설 $\theta_A = \frac{L}{6EI}(2M_A + M_B) = \frac{L}{6EI}(0+M) = \frac{ML}{6EI}$

$\theta_B = \frac{L}{6EI}(2M_B + M_A) = \frac{L}{6EI}(2M+0) = \frac{2ML}{6EI}$

$\theta_A : \theta_B = 1 : 2$

06. 변형에너지(strain energy)에 속하지 않는 것은?

① 외력의 일(external work)
② 축방향 내력의 일
③ 휨모멘트에 의한 내력의 일
④ 전단력에 의한 내력의 일

■해설 변형에너지는 내력(축방향력, 전단력, 휨모멘트 등)에 의한 것이다.

07. 아래 그림과 같은 보에서 C점에서의 휨모멘트는?

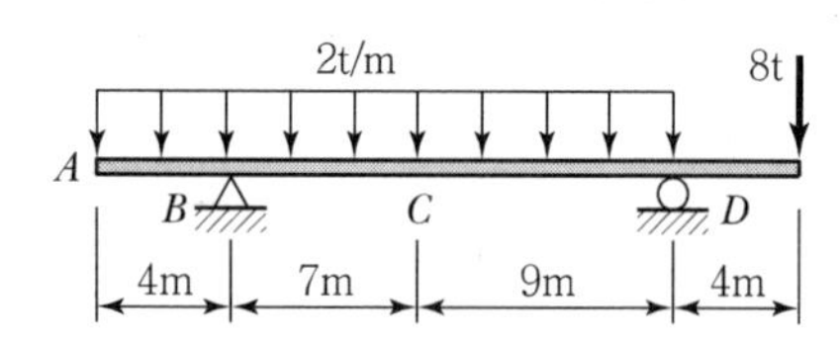

① 16t · m　　② 20t · m
③ 32t · m　　④ 40t · m

■해설 $\Sigma M_{Ⓑ} = 0(\curvearrowright\oplus)$

$(2\times20)\times6+8\times20-R_D\times16=0$

$R_D = 25\text{t}(\uparrow)$

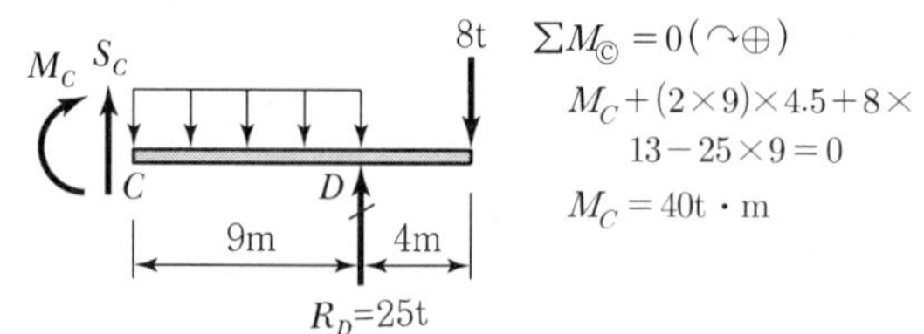

$\Sigma M_{Ⓒ} = 0(\curvearrowright\oplus)$

$M_C+(2\times9)\times4.5+8\times13-25\times9=0$

$M_C = 40\text{t}\cdot\text{m}$

08. 다음 그림과 같은 3-hinge 아치에 등분포 하중이 작용하고 있다. A점의 수평 반력은?

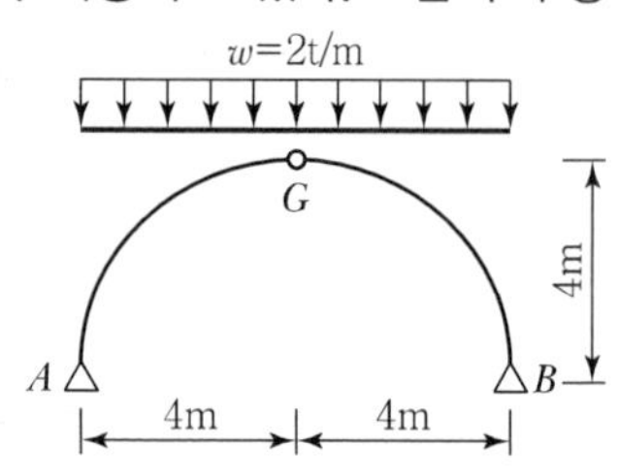

① 3t　　② 4t
③ 5t　　④ 6t

■해설 $\Sigma M_{Ⓑ} = 0(\curvearrowright\oplus)$

$V_A\times8-(2\times8)\times4=0$

$V_A = 8\text{t}(\uparrow)$

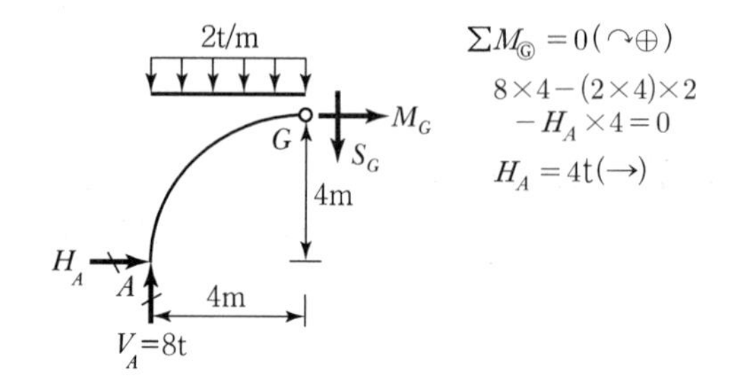

$\Sigma M_{Ⓖ} = 0(\curvearrowright\oplus)$

$8\times4-(2\times4)\times2-H_A\times4=0$

$H_A = 4\text{t}(\rightarrow)$

09. 다음 중 부정정보의 해석방법은?

① 변위일치법　　② 모멘트 면적법
③ 탄성하중법　　④ 공액보법

■해설 (1) 부정정 구조물의 해법
① 연성법(하중법)
㉠ 변형일치법(변위일치법)
㉡ 3연 모멘트법 등
② 강성법(변위법)
㉠ 처짐각법(요각법)
㉡ 모멘트 분배법 등

(2) 처짐을 구하는 방법
① 이중적분법
② 모멘트 면적법
③ 탄성하중법
④ 공액보법
⑤ 단위 하중법 등

10. 반지름 r인 원형 단면에서 도심축에 대한 단면 2차 모멘트는?

① $\frac{\pi r^4}{4}$　　② $\frac{\pi r^4}{16}$
③ $\frac{\pi r^4}{32}$　　④ $\frac{\pi r^4}{64}$

■해설 $I_x = \frac{\pi r^4}{4}$

 |해답| 6.① 7.④ 8.② 9.① 10.①

11. 기둥(장주)의 좌굴에 대한 설명으로 틀린 것은?

① 좌굴하중은 단면 2차 모멘트(I)에 비례한다.
② 좌굴하중은 기둥의 길이(l)에 비례한다.
③ 좌굴응력은 세장비(λ)의 제곱에 반비례한다.
④ 좌굴응력은 탄성계수(E)에 비례한다.

해설 $P_{cr}=\dfrac{\pi^2 EI_{\min}}{(kl)^2}$

장주에서 좌굴하중은 탄성계수(E), 최소 단면 2차 모멘트($I_{\min}$)에 비례하고, 기둥길이(l)의 제곱에 반비례한다.

12. 폭이 20cm이고 높이가 30cm인 사각형 단면의 목재보가 있다. 이 보에 작용하는 최대 휨모멘트가 1.8t·m일 때 최대 휨응력은?

① 30kg/cm^2
② 40kg/cm^2
③ 50kg/cm^2
④ 60kg/cm^2

해설 $\sigma_{\max}=\dfrac{M}{Z}=\dfrac{M}{\left(\dfrac{bh^2}{6}\right)}=\dfrac{6M}{bh^2}$

$=\dfrac{6\times(1.8\times10^5)}{20\times30^2}$

$=60\text{kg/cm}^2$

13. 지름이 D인 원형 단면의 단주에서 핵(core)의 면적으로 옳은 것은?

① $\dfrac{\pi D^2}{4}$　② $\dfrac{\pi D^2}{16}$
③ $\dfrac{\pi D^2}{32}$　④ $\dfrac{\pi D^2}{64}$

해설 $D_{core}=2k=2\times\left(\dfrac{D}{8}\right)=\dfrac{D}{4}$

$A_{core}=\dfrac{\pi {D_{core}}^2}{4}=\dfrac{\pi\left(\dfrac{D}{4}\right)^2}{4}=\dfrac{\pi D^2}{64}$

14. 아래 그림과 같이 지름 1cm인 강철봉에 10t의 물체를 매달면 강철봉의 길이 변화량은?(단, 강철봉의 탄성계수 $E=2.1\times10^6\text{kg/cm}^2$)

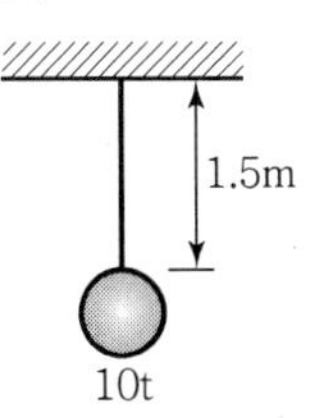

① 0.74cm　② 0.91cm
③ 1.07cm　④ 1.18cm

해설 $\Delta l=\dfrac{Pl}{EA}=\dfrac{Pl}{E\left(\dfrac{\pi d^2}{4}\right)}=\dfrac{4Pl}{\pi Ed^2}$

$=\dfrac{4\times(10\times10^3)\times(1.5\times10^2)}{\pi\times(2.1\times10^6)\times1^2}=0.91\text{cm}$

15. 다음 그림과 같이 O점에 P_1, P_2, P_3의 3힘이 작용하고 있을 때 점 A를 중심으로 한 모멘트의 크기는?

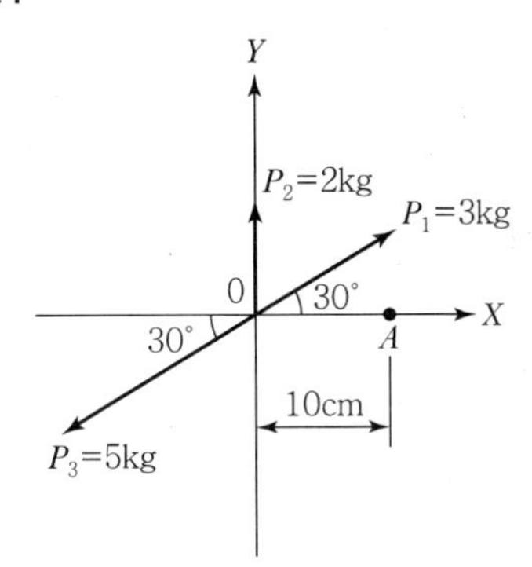

① 8kg · cm
② 10kg · cm
③ 15kg · cm
④ 18kg · cm

해설 $\Sigma M_{Ⓐ}(\curvearrowright\oplus)=P_{1y}\times10+P_2\times10-P_{3y}\times10$

$=(3\times\sin30°+2-5\times\sin30°)\times10$

$=10\text{kg}\cdot\text{cm}$

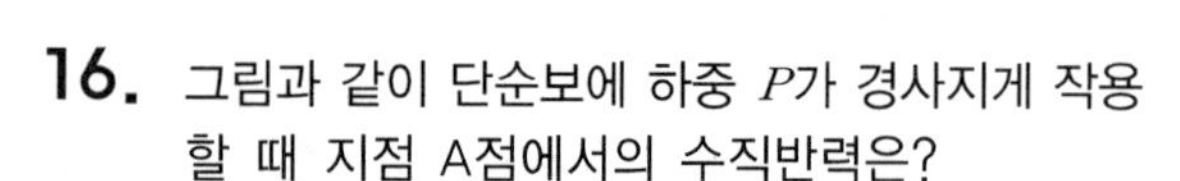

16. 그림과 같이 단순보에 하중 P가 경사지게 작용할 때 지점 A점에서의 수직반력은?

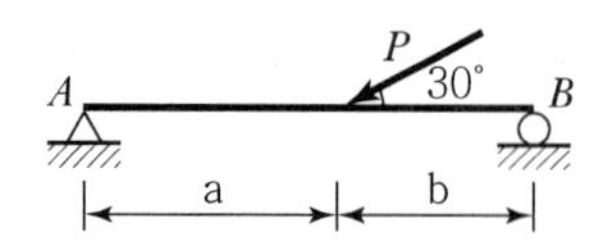

① $\dfrac{Pb}{(a+b)}$　② $\dfrac{Pa}{2(a+b)}$

③ $\dfrac{Pa}{(a+b)}$　④ $\dfrac{Pb}{2(a+b)}$

■ 해설 $\Sigma M_{Ⓑ}=0(\curvearrowright\oplus)$

$V_A(a+b)-(P\cdot\sin30°)b=0$

$V_A=\dfrac{Pb}{2(a+b)}(\uparrow)$

17. 아래 그림과 같이 단순보의 중앙에 하중 $3P$가 작용할 때 이 보의 최대 처짐은?

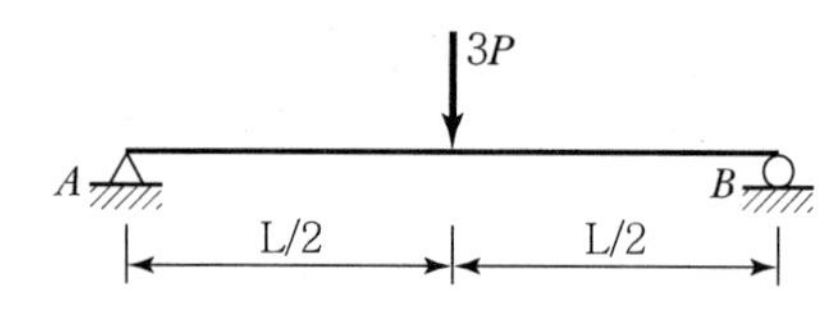

① $\dfrac{PL^3}{4EI}$　② $\dfrac{PL^3}{8EI}$

③ $\dfrac{PL^3}{16EI}$　④ $\dfrac{PL^3}{24EI}$

■ 해설 $y_{\max}=\dfrac{(3P)L^3}{48EI}=\dfrac{PL^3}{16EI}$

18. 다음 트러스에서 부재 U_1의 부재력은?

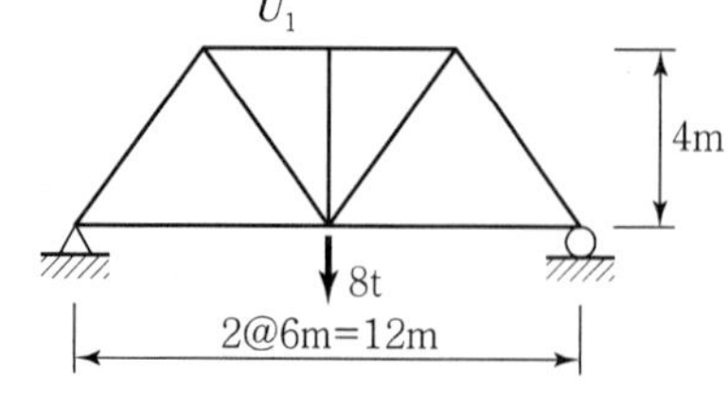

① 6t(압축)　② 6t(인장)

③ 5t(압축)　④ 5t(인장)

■ 해설

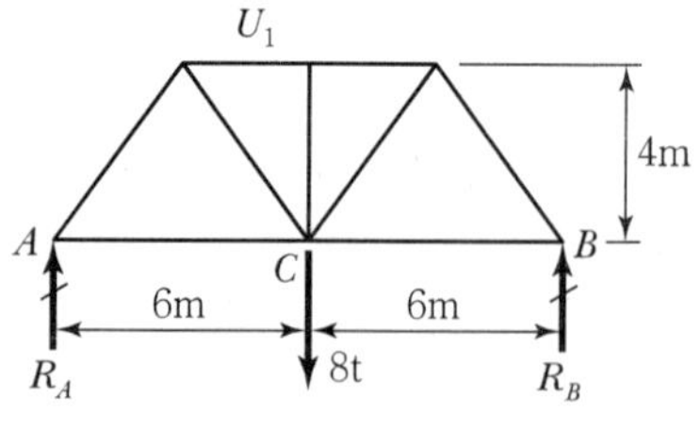

$\Sigma M_{Ⓑ}=0(\curvearrowright\oplus)$

$R_A\times12-8\times6=0$

$R_A=4\text{t}(\uparrow)$

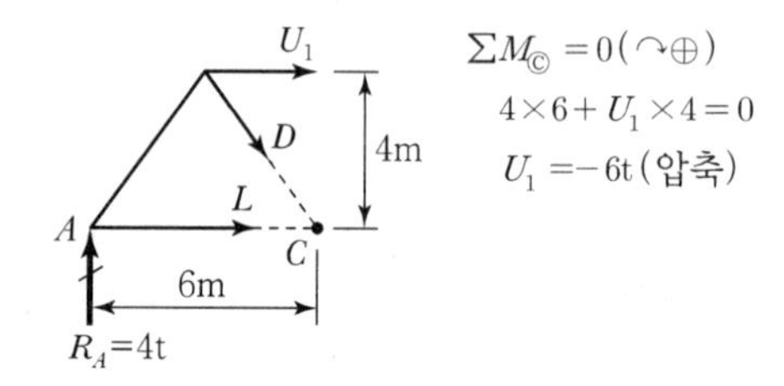

$\Sigma M_{Ⓒ}=0(\curvearrowright\oplus)$

$4\times6+U_1\times4=0$

$U_1=-6\text{t}$(압축)

19. 다음 사다리꼴 도심의 위치(y_0)는?

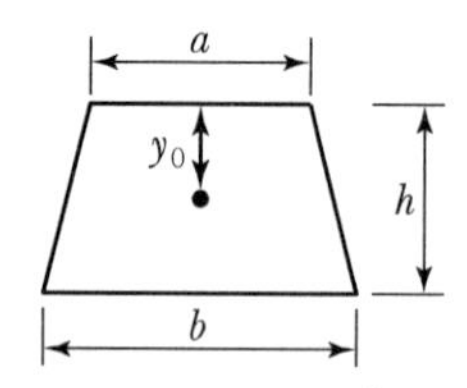

① $y_0=\dfrac{h}{3}\cdot\dfrac{2a+b}{a+b}$

② $y_0=\dfrac{h}{3}\cdot\dfrac{a+2b}{a+b}$

③ $y_0=\dfrac{h}{3}\cdot\dfrac{a+b}{2a+b}$

④ $y_0=\dfrac{h}{3}\cdot\dfrac{a+b}{a+2b}$

■ 해설 G_x(상변축)$=Ay_0=A_{(□)}y_{(□)}+A_{(△)}y_{(△)}$

$$y_0=\frac{A_{(□)}y_{(□)}+A_{(△)}y_{(△)}}{A}$$

$$=\frac{(ah)\times\frac{h}{2}+\left\{\frac{1}{2}(b-a)h\right\}\times\frac{2}{3}h}{\left\{ah+\frac{1}{2}(b-a)h\right\}}$$

$$=\frac{h}{3}\cdot\frac{a+2b}{a+b}$$

20. 아래 그림과 같은 단순보에 발생하는 최대 전단응력($\tau_{\max}$)은?

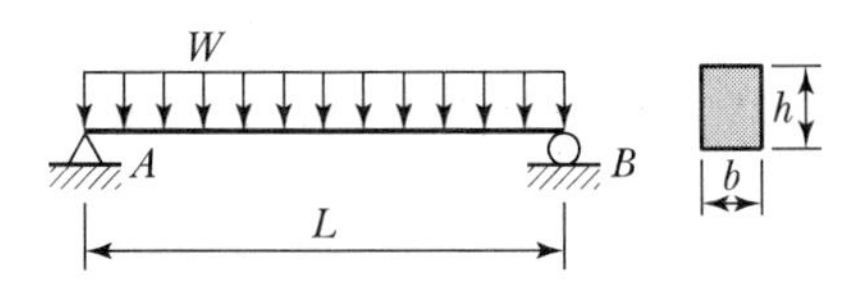

① $\frac{4wL}{9bh}$ ② $\frac{wL}{2bh}$
③ $\frac{9wL}{16bh}$ ④ $\frac{3wL}{4bh}$

■ 해설

$$\tau_{\max} = \alpha\frac{S_{\max}}{A} = \left(\frac{3}{2}\right)\frac{\left(\frac{wL}{2}\right)}{(bh)} = \frac{3wL}{4bh}$$

제2과목 측량학

21. 거리의 정확도 1/10,000을 요구하는 100m 거리측량에 사거리를 측정해도 수평거리로 허용되는 두 점간의 고저차 한계는?

① 0.707m ② 1.414m
③ 2.121m ④ 2.828m

■ 해설

• $정도 = \frac{오차}{거리} = \frac{\frac{h^2}{2L}}{L} = \frac{h^2}{2L^2} = \frac{1}{10,000}$

• $h = \sqrt{\frac{2\times 100^2}{10,000}} = 1.414\text{m}$

22. 삼각측량에서 사용되는 대표적인 삼각망의 종류가 아닌 것은?

① 단열삼각망 ② 귀심삼각망
③ 사변형망 ④ 유심다각망

■ 해설 삼각측량에서는 단열삼각망, 유심삼각망, 사변형망이 사용된다.

23. 완화곡선에 대한 설명으로 틀린 것은?

① 곡률반지름이 큰 곡선에서 작은 곡선으로의 완화구간 확보를 위하여 설치한다.
② 완화곡선에 연한 곡선반지름의 감소율은 캔트의 증가율과 동일하다.
③ 캔트를 완화곡선의 횡거에 비례하여 증가시킨 완화곡선은 클로소이드이다.
④ 완화곡선의 반지름은 시점에서 무한대이고 종점에서 원곡선의 반지름과 같아진다.

■ 해설 곡률이 곡선장에 비례하는 곡선을 클로소이드 곡선이라 한다.

24. 측선 AB의 방위가 N50°E일 때 측선 BC의 방위는?(단, 내각 ABC=120°이다.)

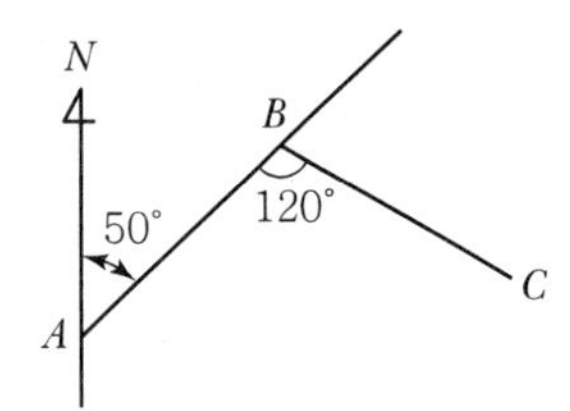

① S70°E ② N110°E
③ S60°W ④ E20°S

■ 해설 • 임의의 측선의 방위각
 = 전측선의 방위각 + 180° ± 교각(우측⊖, 좌측⊕)
• $\overline{AB}$ 방위각 = 50°
 $\overline{BC}$ 방위각 = 50° + 180° − 120° = 110°
• $\overline{BC}$의 방위(2상한) = 180° − 110 = S70°E

25. 수위표의 설치장소로 적합하지 않은 곳은?

① 상·하류 최소 300m 정도 곡선인 장소
② 교각이나 기타 구조물에 의한 수위변동이 없는 장소
③ 홍수 시 유실 또는 이동이 없는 장소
④ 지천의 합류점에서 상당히 상류에 위치한 장소

■ 해설 상·하류 약 100m 정도 직선이고 유속이 크지 않아야 한다.

26. 수심 H인 하천의 유속측정에서 평균유속을 구하기 위한 1점의 관측위치로 가장 적당한 수면으로부터 깊이는?

① 0.2H ② 0.4H
③ 0.6H ④ 0.8H

■해설 1점법(V_m) = $V_{0.6}$

27. 그림과 같이 O점에서 같은 정확도로 각 x_1, x_2, x_3를 관측하여 $x_3-(x_1+x_2)=+45''$의 결과를 얻었다면 보정값으로 옳은 것은?

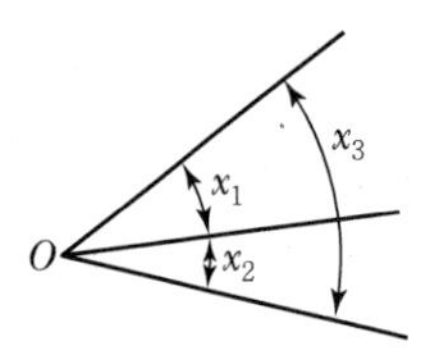

① $x_1=+15''$, $x_2=+15''$, $x_3=+15''$
② $x_1=-15''$, $x_2=-15''$, $x_3=+15''$
③ $x_1=+15''$, $x_2=+15''$, $x_3=-15''$
④ $x_1=-10''$, $x_2=-10''$, $x_3=-10''$

■해설
- 조건식 $x_3-(x_1+x_2)=+45''$
- x_3는 크므로 (−), x_1, x_2는 작으므로 (+)
- 보정량 $=\dfrac{45''}{3}=15''$
- 큰 각 $x_3=-15''$, 작은 각 x_1, $x_2=+15''$씩 보정

28. 표와 같은 횡단수준측량 성과에서 우측 12m 지점의 지반고는?(단, 측점 No.10의 지반고는 100.00m이다.)

좌(m)		No	우(m)	
2.50	3.40	No.10	2.40	1.50
12.00	6.00	·	6.00	12.00

① 101.50m ② 102.40m
③ 102.50m ④ 103.40m

■해설 우측 12m 지반고
=No.10+우측(12m 지점)
=100+1.50=101.50m

29. 노선측량에서 원곡선에 의한 종단곡선을 상향기울기 5%, 하향기울기 2%인 구간에 설치하고자 할 때, 원곡선의 반지름은?(단, 곡선시점에서 곡선종점까지의 거리=30m)

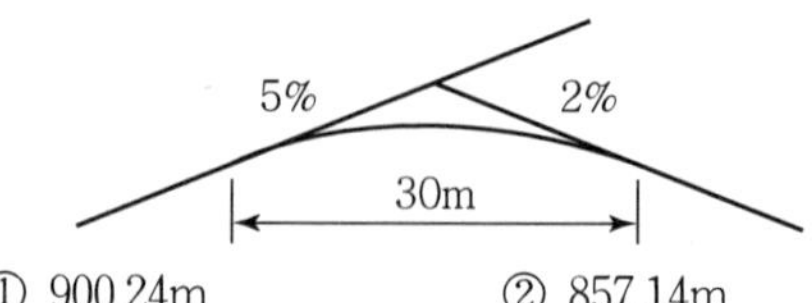

① 900.24m ② 857.14m
③ 775.20m ④ 428.57m

■해설
- 종단길이$(L)=R\left(\dfrac{m}{100}-\dfrac{n}{100}\right)$
- $30=R\left(\dfrac{5}{100}+\dfrac{2}{100}\right)$,

$\therefore\ R=\dfrac{30}{\left(\dfrac{5}{100}+\dfrac{2}{100}\right)}=428.57\text{m}$

30. 축척 1 : 5,000의 등경사지에 위치한 A, B점의 수평거리가 270m이고, A점의 표고가 39m, B점의 표고가 27m이었다. 35m 표고의 등고선과 A점간의 도상 거리는?

① 18mm ② 20mm
③ 22mm ④ 24mm

■해설

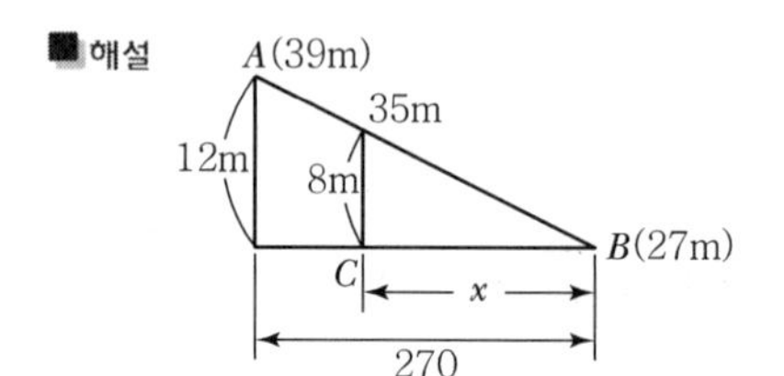

- $D : H=x : h$ $(270 : 12=x : 8)$

$x=\dfrac{8}{12}\times 270=180\text{m}$

- AC 수평거리 $=D-x=270-180=90\text{m}$
- AC 도상거리 $=\dfrac{\text{실제거리}}{M}=\dfrac{90}{5{,}000}$

$=0.018\text{m}=18\text{mm}$

31. 종단면도를 이용하여 유토곡선(mass curve)을 작성하는 목적과 가장 거리가 먼 것은?

① 토량의 운반거리 산출
② 토공장비의 선정
③ 토량의 배분
④ 교통로 확보

해설 토적곡선은 토공에 필요하며 토량의 배분, 토공기계선정, 토량운반거리산출에 쓰인다.

32. 완화곡선 중 곡률이 곡선길이에 비례하는 곡선은?

① 3차 포물선
② 클로소이드(clothoid) 곡선
③ 반파장 싸인(sine) 체감곡선
④ 렘니스케이트(lemniscate) 곡선

해설 클로소이드 곡선의 곡률은 곡선장에 비례한다.

33. 각측량 시 방향각에 6″의 오차가 발생한다면 3km 떨어진 측점의 거리오차는?

① 5.6cm　　② 8.7cm
③ 10.8cm　　④ 12.6cm

해설 • $\frac{\Delta L}{L} = \frac{\theta''}{\rho''}$

• $\Delta L = L\frac{\theta''}{\rho''} = 3{,}000 \times \frac{6''}{206{,}265''} = 0.087\text{m} = 8.7\text{cm}$

34. 항공사진의 특수3점이 아닌 것은?

① 표정점　　② 주점
③ 연직점　　④ 등각점

해설 특수3점(주점, 연직점, 등각점)

35. 접선과 현이 이루는 각을 이용하여 곡선을 설치하는 방법으로 정확도가 비교적 높은 단곡선 설치법은?

① 현편거법　　② 지거설치법
③ 중앙종거법　　④ 편각설치법

해설 편각설치법은 접선과 현이 이루는 편각을 이용하여 곡선을 설치하며 정확도가 높아 신규도로, 철도 곡선 설치 등에 사용한다.

36. 축척 1 : 5000인 도면상에서 택지개발지구의 면적을 구하였더니 34.98cm²이었다면 실제면적은?

① 1,749m²　　② 87,450m²
③ 174,900m²　　④ 8,745,000m²

해설 • $\left(\frac{1}{M}\right)^2 = \frac{\text{도상면적}}{\text{실제면적}}$

• 실제면적 $= M^2 \times$ 도상면적

$= 5{,}000^2 \times 34.98 = 874{,}500{,}000\text{cm}^2$

$= 87{,}450\text{m}^2$

37. 다음 중 위성에 탑재된 센서의 종류가 아닌 것은?

① 초분광센서(Hyper Spectral Sensor)
② 다중분광센서(Multispectral Sensor)
③ SAR(Synthetic Aperture Rader)
④ IFOV(Instantaneous Field Of View)

해설 SAR는 공중에서 지상 및 해양을 관찰하는 레이더이다. 주로 군용 정찰 장비로 개발되기 시작하여, 제트기, 헬리콥터, 무인정찰기와 인공위성에도 장착되고 있다.

38. 삼각측량에서 내각을 60°에 가깝도록 정하는 것을 원칙으로 하는 이유로 가장 타당한 것은?

① 시각적으로 보기 좋게 배열하기 위하여
② 각 점이 잘 보이도록 하기 위하여
③ 측각의 오차가 변의 길이에 미치는 영향을 최소화하기 위하여
④ 선점 작업의 효율성을 위하여

해설 측각, 거리 오차를 최소화하기 위하여 정삼각형(내각이 60°)에 가깝게 한다.

|해답| 31.④ 32.② 33.② 34.① 35.④ 36.② 37.④ 38.③

39. 우리나라의 축척 1 : 50,000 지형도에서 주곡선의 간격은?

① 5m ② 10m
③ 20m ④ 25m

■해설 등고선 간격

구분	1 : 5,000	1 : 10,000	1 : 25,000	1 : 50,000
주곡선	5m	5m	10m	20m
계곡선	25m	25m	50m	100m
간곡선	2.5m	2.5m	5m	10m
조곡선	1.25m	1.25m	2.5m	5m

40. 기포관의 기포를 중앙에 있게 하여 100m 떨어져 있는 곳의 표척 높이를 읽고 기포를 중앙에서 5눈금 이동하여 표척의 눈금을 읽은 결과 그 차가 0.05m이었다면 감도는?

① 19.6″ ② 20.6″
③ 21.6″ ④ 22.6″

■해설 $감도(\theta'') = \frac{L}{nD}\rho'' = \frac{0.05}{5\times100}\times206265'' = 20.6''$

제3과목 수리수문학

41. 개수로의 특성에 대한 설명으로 옳지 않은 것은?

① 배수곡선은 완경사 흐름의 하천에서 장애물에 의해 발생한다.
② 상류에서 사류로 바뀔 때 한계수심이 생기는 단면을 지배단면이라 한다.
③ 사류에서 상류로 바뀌어도 흐름의 에너지선은 변하지 않는다.
④ 한계수심으로 흐를 때의 경사를 한계경사라 한다.

■해설 개수로의 특성
㉠ 배수곡선은 완경사 흐름의 하천에서 댐 등의 장애물에 의해 발생한다.
㉡ 상류에서 사류로 바뀌는 지점의 단면을 지배단면이라 하고, 이때 한계수심이 발생한다.
㉢ 사류에서 상류로 바뀔 때 수면이 뛰는 현상을 도수라고 하며, 이때 에너지손실이 발생한다.
㉣ 한계수심이 발생하는 곳의 유속을 한계유속, 경사를 한계경사라고 한다.

42. 폭이 b인 직사각형 위어에서 양단수축이 생길 경우 유효폭 b_0은?(단, Francis 공식 적용)

① $b_0 = b - \frac{h}{10}$ ② $b_0 = b - \frac{h}{5}$
③ $b_0 = 2b - \frac{h}{10}$ ④ $b_0 = 2b - \frac{h}{5}$

■해설 Francis 공식
㉠ Francis 공식

$$Q = 1.84\, b_0\, h^{\frac{3}{2}}$$

여기서, $b_0 = b - 0.1nh$(n=2 : 양단수축, n=1 : 일단수축, n=0 : 수축이 없는 경우)

㉡ 유효폭의 산정

$$b_o = b - 0.1\times2\times h = b - \frac{2h}{10} = b - \frac{h}{5}$$

43. 수심이 3m, 폭이 2m인 직사각형 수로를 연직으로 가로막을 때 연직판에 작용하는 전수압의 작용점($\bar{y}$) 위치는?(단, $\bar{y}$는 수면으로부터의 거리)

① 2m ② 2.5m
③ 3m ④ 6m

■해설 수면과 연직인 면이 받는 압력
수면과 연직인 면이 받는 압력은 다음 식으로 구한다.
• 전수압 : $P = wh_G A$
• 작용점의 위치 : $h_c = h_G + \frac{I}{h_G A}$

여기서, h_c : 작용점의 위치, h_G : 도심

$$h_c = h_G + \frac{I}{h_G A}$$

$$= 1.5 + \frac{\frac{2\times3^3}{12}}{1.5\times(2\times3)} = 2m$$

44. 관수로에서 Darcy－Weisbach 공식의 마찰손실계수 f가 0.04일 때 Chezy의 평균유속공식 $V=C\sqrt{RI}$에서 C는?

① 25.5　② 44.3
③ 51.1　④ 62.4

해설 유속계수의 산정
Chezy 유속계수와 마찰손실계수의 관계로부터 C의 산정

$$C=\sqrt{\frac{8g}{f}}=\sqrt{\frac{8\times 9.8}{0.04}}=44.3$$

45. 관수로 내의 흐름에서 가장 큰 손실수두는?

① 마찰 손실수두
② 유출 손실수두
③ 유입 손실수두
④ 급확대 손실수두

해설 손실의 분류
㉠ 대손실(major loss) : 마찰손실수두
㉡ 소손실(minor loss) : 마찰 이외의 모든 손실

∴ 관수로의 가장 큰 손실은 마찰손실수두이다.

46. 다음 중 점성계수의 차원으로 옳은 것은?

① L^2T^{-1}　② $ML^{-1}T^{-1}$
③ MLT^{-1}　④ $ML^{-3}ML^{-3}$

해설 차원
㉠ 물리량의 크기를 힘[F], 질량[M], 시간[T], 길이[L]의 지수형태로 표기한 것
㉡ 점성계수(μ)

$$\mu=\frac{\tau}{\frac{dv}{dy}}=\frac{\text{g/cm}^2}{1/\text{sec}}=\text{g}\cdot\text{sec/cm}^2$$

∴ 공학차원으로 바꾸면 FTL^{-2}
절대차원으로 바꾸면 $ML^{-1}T^{-1}$

47. 모세관현상에 대한 설명으로 옳지 않은 것은?

① 모세관현상은 액체와 벽면 사이의 부착력과 액체분자 간 응집력의 상대적인 크기에 의해 영향을 받는다.
② 물과 같이 부착력이 응집력보다 클 경우 세관 내의 물은 물 표면보다 위로 올라간다.
③ 액체와 고체 벽면이 이루는 접촉각은 액체의 종류와 관계없이 동일하다.
④ 수은과 같이 응집력이 부착력보다 크면 세관 내의 수은은 수은 표면보다 아래로 내려간다.

해설 모세관현상
㉠ 유체입자 간의 표면장력(입자 간의 응집력과 유체입자와 관벽 사이의 부착력)으로 인해 수면이 상승하는 현상을 말한다.

$$h=\frac{4T\cos\theta}{wD}$$

㉡ 해석
- 모세관현상은 액체 사이의 응집력과 액체와 관 벽 사이의 부착력에 영향을 받는다.
- 부착력이 응집력보다 클 경우 액체는 관 벽을 타고 상승한다.
- 액체와 고체 벽면이 이루는 접촉각은 액체의 비중에 따라서 다르다.
- 응집력이 부착력보다 큰 경우에는 액체가 표면보다 내려간다.

48. 지하수에 대한 설명으로 옳은 것은?

① 지하수의 연직분포는 지하수위 상부층인 포화대, 지하수위, 하부층인 통기대로 구분된다.
② 지표면의 물이 지하로 침투되어 투수성이 높은 암석 또는 흙에 포함되어 있는 포화상태의 물을 지하수라 한다.
③ 지하수면이 대기압의 영향을 받고 자유수면을 갖는 지하수를 피압지하수라 한다.
④ 상하의 불투수층 사이에 낀 대수층 내에 포함되어 있는 지하수를 비피압지하수라 한다.

해설 지하수
㉠ 지하의 연직분포는 지하수위 상층부인 통기대와 지하수위 하층부인 포화대로 나뉜다.
㉡ 지표면의 물이 지하로 침투하여 투수성 암석이나 흙에 포화되어 있는 물을 지하수라고 한다.
㉢ 자유수면을 갖는 지하수를 자유면지하수라고 한다.
㉣ 상하의 불투수층 사이에 낀 대수층 내에 포함되어 있는 지하수를 피압면 지하수라고 한다.

49. 개수로의 흐름에서 상류의 조건으로 옳은 것은?(단, h_c : 한계수심, V_c : 한계유속, I_c : 한계경사, h : 수심, V : 유속, I : 경사)

① $F_r > 1$ ② $h < h_c$
③ $V > V_c$ ④ $I < I_c$

해설 흐름의 상태 구분

㉠ 상류(常流)와 사류(射流) : 개수로 흐름과 같이 중력에 의해 움직이는 흐름에서는 관성력과 중력의 비가 흐름의 특성을 좌우한다. 개수로 흐름은 물의 관성력과 중력의 비인 프루드수(Froude number)를 기준으로 상류, 사류, 한계류 등으로 구분한다.

- 상류(常流) : 하류(下流)의 흐름이 상류(上流)에 영향을 미치는 흐름을 말한다.
- 사류(射流) : 하류(下流)의 흐름이 상류(上流)에 영향을 미치지 못하는 흐름을 말한다.

㉡ 흐름의 상태 구분

구분	상류(常流)	사류(射流)
F_r	$F_r < 1$	$F_r > 1$
I_c	$I < I_c$	$I > I_c$
y_c	$y > y_c$	$y < y_c$
V_c	$V < V_c$	$V > V_c$

∴ 상류조건에서는 $I < I_c$이어야 한다.

50. 정상적인 흐름 내 하나의 유선 상에서 유체 입자에 대하여 속도수두가 $\frac{V^2}{2g}$, 압력수두가 $\frac{P}{W_0}$, 위치수두가 Z라고 할 때 동수경사선은?

① $\frac{V^2}{2g}+Z$ ② $\frac{V^2}{2g}+\frac{P}{W_0}$
③ $\frac{P}{W_0}+Z$ ④ $\frac{V^2}{2g}+\frac{P}{W_0}+Z$

해설 동수경사선 및 에너지선

㉠ 위치수두와 압력수두의 합을 연결한 선을 동수경사선이라 하며, 일명 동수구배선, 수두경사선, 압력선이라고 부른다.

∴ 동수경사선은 $\frac{P}{w_o}+Z$를 연결한 값이다.

㉡ 총수두(위치수두+압력수두+속도수두)를 연결한 선을 에너지선이라 한다.

51. 그림과 같이 단면 ①에서 단면적 A_1=10cm², 유속 V_1=2m/s이고, 단면 ②에서 단면적 A_2=20cm²일 때 단면 ②의 유속(V_2)과 유량(Q)은?

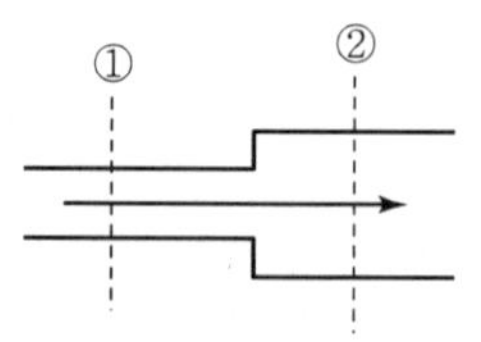

① V_2=200cm/s, Q=2,000cm³/s
② V_2=100cm/s, Q=1,500cm³/s
③ V_2=100cm/s, Q=2,000cm³/s
④ V_2=200cm/s, Q=1,000cm³/s

해설 연속방정식

㉠ 검사구간 도중에 질량의 유입이나 유출이 없다고 하면 구간 내 어느 곳에서나 질량유량은 같다.

$Q=A_1V_1=A_2V_2$(체적유량)

㉡ 유속과 유량의 산정

- $V_2=\frac{A_1}{A_2}V_1=\frac{10}{20}\times 200=100\text{cm/s}$
- $Q=A_2V_2=20\times 100=2{,}000\text{cm}^3/\text{s}$

52. 그림과 같이 1/4원의 벽면에 접하여 유량 Q=0.05m³/s이 면적 200cm²으로 일정한 단면을 따라 흐를 때 벽면에 작용하는 힘은?(단, 무게 1kg=9.8N)

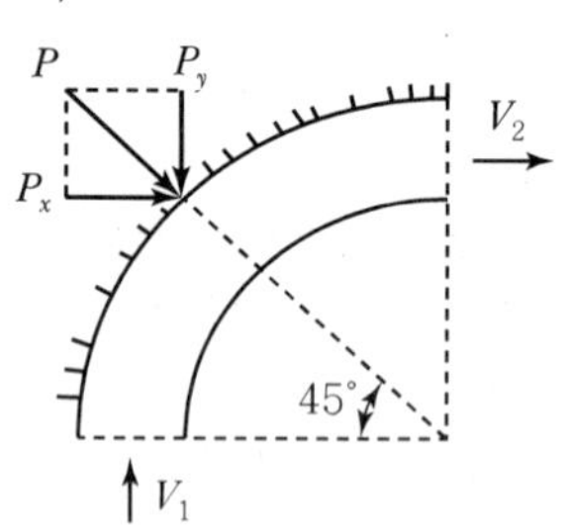

① 117.6N ② 176.4N
③ 1176N ④ 1764N

해설 운동량방정식

㉠ 운동량방정식

- $F=\rho Q(V_2-V_1)$: 운동량방정식
- $F=\rho Q(V_1-V_2)$: 판이 받는 힘(반력)

㉡ 유속의 산정

$V = \frac{Q}{A} = \frac{0.05}{200 \times 10^{-4}} = 2.5\text{m/s}$

㉢ 벽면에 작용하는 힘의 계산

• $F_x = \frac{wQ}{g}(V_1 - V_2) = \frac{1 \times 0.05}{9.8} \times (0 - 2.5)$
$= -0.01276t$

• $F_y = \frac{wQ}{g}(V_1 - V_2) = \frac{1 \times 0.05}{9.8} \times (2.5 - 0)$
$= 0.01276t$

$\therefore\ F = \sqrt{F_x^2 + F_y^2} = \sqrt{(-0.01276)^2 + 0.01276^2}$
$= 0.018t = 18.04\text{kg} \times 9.8$
$= 176.8N$

53. 오리피스에서의 실제 유속을 구하기 위하여 에너지 손실을 고려하는 방법으로 옳은 것은?

① 이론 유속에 유속계수를 곱한다.
② 이론 유속에 유량계수를 곱한다.
③ 이론 유속에 수축계수를 곱한다.
④ 이론 유속에 모형계수를 곱한다.

■해설 에너지 손실
㉠ 이론유속과 실제유속의 에너지 차이를 보정해 주는 계수를 에너지 보정계수라 한다.
㉡ 에너지 손실을 실제유속에 반영하기 위하여 이론유속에 유속계수를 곱한다.
C_v = 실제유속/이론유속
∴ 실제유속 = C_v × 이론유속

54. 수리학적으로 유리한 단면(best hydraulic section)에 대한 설명으로 옳은 것은?

① 동수반경이 최소가 되는 단면이다.
② 유량을 최소로 하여 주는 단면이다.
③ 윤변을 최대로 하여 주는 단면이다.
④ 주어진 유량에 대하여 단면적을 최소로 하는 단면이다.

■해설 수리학적 유리한 단면
㉠ 수로의 경사, 조도계수, 단면이 일정할 때 유량이 최대로 흐를 수 있는 단면을 수리학적 유리한 단면 또는 최량수리단면이라 한다.
㉡ 수리학적 유리한 단면은 경심(R)이 최대이거나 윤변(P)이 최소일 때 성립된다.
R_{max} 또는 P_{min}
∴ 수리학적 유리한 단면은 주어진 유량에 대하여 단면적을 최소로 하는 단면이다.

55. 부체에 관한 설명 중 틀린 것은?

① 수면으로부터 부체의 최심부(가장 깊은 곳)까지의 수심을 흘수라 한다.
② 경심은 물체 중심선과 부력 작용선의 교점이다.
③ 수중에 있는 물체는 그 물체가 배제한 배수량만큼 가벼워진다.
④ 수면에 떠 있는 물체의 경우 경심이 중심보다 위에 있을 때는 불안정한 상태이다.

■해설 부력
㉠ 수면으로부터 부체 최심부까지의 수심을 흘수라고 한다.
㉡ 부체의 중심선상과 부력의 작용선상과의 교차점을 경심이라고 한다.
㉢ 수중에서 물체는 그 물체가 배제한 배수량만큼 가벼워진다.
㉣ 수면에 떠 있는 물체는 경심이 중심보다 위에 있을 때는 안정상태이다.

56. Darcy－Weisbach의 마찰손실계수 $f = \frac{64}{Re}$이고, 지름 0.2cm인 유리관 속을 0.8cm³/s의 물이 흐를 때 관의 길이 1.0m에 대한 손실수두는?(단, 레이놀즈수는 500이다.)

① 1.1cm ② 2.1cm
③ 11.3cm ④ 21.2cm

■해설 관수로 마찰손실수두
㉠ 마찰손실수두

• $h_L = f\frac{l}{D}\frac{V^2}{2g}$

• 마찰손실계수 $f = \frac{64}{R_e}$

㉡ 마찰손실계수의 산정

• $V = \frac{Q}{A} = \frac{0.8}{\frac{\pi \times 0.2^2}{4}} = 25.48\text{cm/s}$

• $f = \frac{64}{500} = 0.128$

|해답| 53.① 54.④ 55.④ 56.④

㉢ 마찰손실수두의 산정

$$h_L = f\frac{l}{D}\frac{V^2}{2g} = 0.128\times\frac{100}{0.2}\times\frac{25.48^2}{2\times980} = 21.2\text{cm}$$

57. 아래 식과 같이 표현되는 것은?

$$(\Sigma F)dt = m(V_2 - V_1)$$

① 역적-운동량 방정식 ② Bernoulli 방정식
③ 연속방정식 ④ 공선조건식

해설 운동량방정식

㉠ 운동량방정식은 관수로 및 개수로 흐름이 다양한 경우에 적용할 수 있으며, 일반적인 경우가 유량과 압력이 주어진 상태에서 관의 만곡부, 터빈 및 수리구조물에 작용하는 힘을 구하는 것이다.

㉡ 운동량방정식은 흐름이 정상류이며, 유속은 단면 내에서 균일한 경우 입구부와 출구부 유속만으로 흐름을 해석할 수 있는 방정식이다.

$$F = ma = m\frac{(v_2 - v_1)}{\Delta t} = m\frac{\Delta v}{\Delta t}$$

$$\therefore\ F\Delta t = m(v_2 - v_1)$$

58. 폭이 1.5m인 직사각형 단면 수로에 유량 Q=0.5m³/s의 물이 흐르고 있다. 수심 h=1m인 경우 이 흐름의 상태는?

① 상류 ② 사류
③ 한계류 ④ 층류

해설 흐름의 상태

㉠ 상류(常流)와 사류(射流)의 구분

- $F_r = \frac{V}{C} = \frac{V}{\sqrt{gh}}$

여기서, V : 유속
C : 파의 전달속도

- $F_r < 1$: 상류(常流)
- $F_r = 1$: 한계류
- $F_r > 1$: 사류(射流)

㉡ 상류(常流)와 사류(射流)의 계산

$$F_r = \frac{V}{\sqrt{gh}} = \frac{\frac{0.5}{1.5\times1}}{\sqrt{9.8\times1}} = 0.11$$

∴ 상류

59. 직사각형 광폭 수로에서 한계류의 특징이 아닌 것은?

① 주어진 유량에 대해 비에너지가 최소이다.
② 주어진 비에너지에 대해 유량이 최대이다.
③ 한계수심은 비에너지의 2/3이다.
④ 주어진 유량에 대해 비력이 최대이다.

해설 한계류

㉠ 한계수심을 통과할 때의 흐름을 한계류라고 한다.

㉡ 한계수심의 정의

- 유량이 일정하고 비에너지가 최소일 때의 수심을 한계수심이라 한다.
- 비에너지가 일정하고 유량이 최대로 흐를 때의 수심을 한계수심이라 한다.
- 직사각형 단면에서의 한계수심은 비에너지의 2/3이다.
- 유량이 일정하고 비력이 최소일 때의 수심을 한계수심이라 한다.

60. 지하수의 흐름에서 Darcy 공식에 관한 설명으로 옳지 않은 것은?(단, dh : 수두 차, ds : 흐름의 길이)

① Darcy 공식은 물의 흐름이 층류인 경우에만 적용할 수 있다.
② 투수계수 K의 차원은 $[LT^{-1}]$이다.
③ 투수계수는 흙입자의 크기에만 관계된다.
④ 동수경사는 $I = -\frac{dh}{ds}$로 표현할 수 있다.

해설 Darcy의 법칙

㉠ Darcy의 법칙

- $V = K\cdot I = K\cdot\frac{h_L}{L}$

$Q = A\cdot V = A\cdot K\cdot I = A\cdot K\cdot\frac{h_L}{L}$

- 동수경사 $I = -\frac{dh}{ds}$로 표현할 수 있다.

㉡ 특징
- Darcy의 법칙은 지하수의 층류흐름에 대한 마찰저항공식이다.
- 투수계수는 속도의 차원[LT^{-1}]이다.
- 투수계수는 흙입자의 직경, 단위중량, 점성계수, 간극비, 형상계수 등에 영향을 받는다.
- $K = D_s^2 \frac{\rho g}{\mu} \frac{e^3}{1+e} C$

여기서, μ : 점성계수

㉢ Darcy의 법칙은 정상류흐름의 층류에만 적용된다.(특히, $R_e < 4$일 때 잘 적용된다.)

제4과목 철근콘크리트 및 강구조

61. 건조수축 또는 온도변화에 의하여 콘크리트에 발생하는 균열을 방지하기 위한 목적으로 배치되는 철근을 무엇이라고 하는가?

① 수축·온도철근 ② 비틀림 철근
③ 복부보강근 ④ 배력철근

해설 건조수축 또는 온도변화에 의하여 콘크리트에 발생하는 균열을 방지하기 위한 목적으로 배치되는 철근은 수축·온도철근이다.

62. 그림과 같은 띠철근 기둥이 받을 수 있는 설계 축강도(ϕP_n)는?(단, f_{ck}=20MPa, f_y=300MPa, A_{st}=4,000mm²이며 압축지배단면이다.)

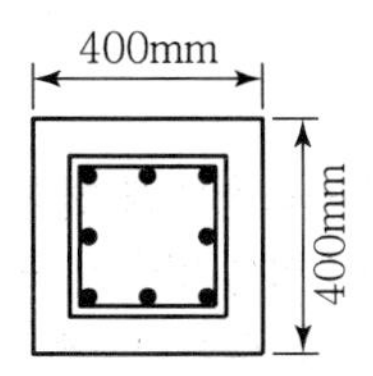

① 2,655kN ② 2,406kN
③ 2,157kN ④ 2,003kN

해설 $\phi P_n = \phi\alpha\{0.85 f_{ck}(A_g - A_{st}) + f_y A_{st}\}$
$= 0.8 \times 0.65 \times \{0.85 \times 20 \times (400^2 - 4{,}000) + 300 \times 4{,}000\}$
$= 2{,}003 \times 10^3 \text{N} = 2{,}003\text{kN}$

63. 강재의 연결 시 주의사항에 대한 설명으로 틀린 것은?

① 잔류응력이나 2차응력을 일으키지 않아야 한다.
② 각 재편에 가급적 편심이 없어야 한다.
③ 여러 가지의 연결 방법을 병용하도록 한다.
④ 응력집중이 없어야 한다.

해설 강재 연결부의 요구사항
① 부재 사이에 응력 전달이 확실해야 한다.
② 가급적 편심이 발생하지 않도록 연결한다.
③ 연결부에서 응력집중이 없어야 한다.
④ 부재의 변형에 따른 영향을 고려하여야 한다.
⑤ 잔류응력이나 2차응력을 일으키지 않아야 한다.

64. 직사각형 단면의 철근콘크리트 보에 전단력과 휨만이 작용할 때 콘크리트가 받을 수 있는 설계 전단 강도(ϕV_c)는 약 얼마인가?(단, b=300mm, d=500mm, f_{ck}=28MPa)

① 99.2kN ② 124.1kN
③ 132.3kN ④ 143.5kN

해설 $\lambda = 1.0$(보통중량의 콘크리트인 경우)
$\phi V_c = \phi\left(\frac{1}{6}\lambda\sqrt{f_{ck}}\,bd\right)$
$= 0.75 \times \frac{1}{6} \times 1 \times \sqrt{28} \times 300 \times 500$
$= 99.2 \times 10^3 \text{N} = 99.2\text{kN}$

65. 아래의 표에서 설명하는 것은?

철근콘크리트 부재가 사용성과 안전성을 만족할 수 있도록 요구되는 단면의 단면력

① 설계기준강도 ② 배합강도
③ 공칭강도 ④ 소요강도

해설 철근콘크리트 부재가 사용성과 안전성을 만족할 수 있도록 요구되는 단면의 단면력을 소요강도라 한다.

66. 콘크리트에 초기 프리스트레스(P_i)=600kN을 도입한 후 여러 가지 원인에 의하여 100kN의 프리스트레스가 손실되었을 때의 유효율은?

① 80%　② 83%
③ 86%　④ 89%

해설 $P_e = P_i - \Delta P = 600 - 100 = 500\text{kN}$

$$R = \frac{P_e}{P_i} \times 100(\%) = \frac{500}{600} \times 100(\%) = 83\%$$

67. 다음 중 풀 프리스트레싱(Full Prestressing)에 대한 설명으로 옳은 것은?

① 설계하중 작용 시 단면의 일부에 인장응력이 발생하도록 한 방법
② 설계하중 작용 시 단면의 어느 부위에도 인장응력이 발생하지 않도록 한 방법
③ 외적으로 반력을 조절해서 프리스트레스를 도입하는 방법
④ 콘크리트가 경화한 뒤에 PS 강재를 긴장하는 방법

해설 ① 완전 프리스트레싱(Full Prestressing) : 부재 단면에 인장응력이 발생하지 않는다.
② 부분 프리스트레싱(Partial Prestressing) : 부재 단면의 일부에 인장응력이 발생한다.

68. 옹벽의 안정조건에 대한 설명으로 틀린 것은?

① 활동에 대한 저항력은 옹벽에 작용하는 수평력의 1.5배 이상이어야 한다.
② 전도에 대한 저항휨모멘트는 횡토압에 의한 전도모멘트의 2.0배 이상이어야 한다.
③ 전도 및 활동에 대한 안정조건은 만족하지만, 지반지지력에 대한 안정조건만을 만족하지 못할 경우에는 횡방향 앵커를 설치하여 지반지지력을 증대시킬 수 있다.
④ 지반에 유발되는 최대 지반반력은 지반의 허용지지력을 초과할 수 없다.

해설 횡방향 앵커는 활동에 대한 저항력을 증가시키기 위하여 설치하는 것이다.

69. 그림과 같이 400mm×12mm의 강판을 홈 용접하려 한다. 500kN의 인장력이 작용하면 용접부에 일어나는 응력은 얼마인가?(단, 전단면을 유효길이로 한다.)

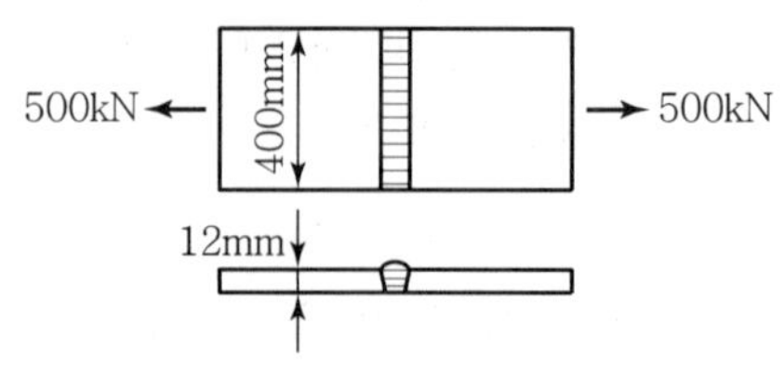

① 92.2MPa　② 98.2MPa
③ 101.2MPa　④ 104.2MPa

해설 $$f = \frac{P}{A} = \frac{500 \times 10^3}{400 \times 12} = 104.2\text{MPa}$$

70. 강도감소계수(ϕ)의 사용 목적에 대한 설명으로 틀린 것은?

① 재료 강도와 치수가 변동할 수 있으므로 부재의 강도 저하 확률에 대비한 여유를 반영하기 위해서
② 초과하중 및 구조물의 용도변경에 따른 여유를 반영하기 위해서
③ 구조물에서 차지하는 부재의 중요도 등을 반영하기 위해서
④ 부정확한 설계 방정식에 대비한 여유를 반영하기 위해서

해설 초과하중 및 구조물의 용도변경에 따른 여유를 반영하기 위해서 사용하는 것은 하중계수이다.

71. 단철근 직사각형보에 하중이 작용하여 10mm의 탄성처짐이 발생하였다. 모든 하중이 5년 이상의 장기하중으로 작용한다면 총처짐량은 얼마인가?

① 20mm　② 30mm
③ 35mm　④ 45mm

해설 $\xi = 2.0$(하중재하기간이 5년 이상인 경우)

$$\lambda = \frac{\xi}{1+50\rho'} = \frac{2.0}{1+50\times 0} = 2$$

$$\delta_L = \lambda \delta_i = 2 \times 10 = 20\text{mm}$$

$$\delta_T = \delta_i + \delta_L = 10 + 20 = 30\text{mm}$$

 |해답| 66.② 67.② 68.③ 69.④ 70.② 71.②

72. 철근콘크리트 구조물의 전단철근에 대한 설명 중 틀린 것은?

① 주인장 철근에 30° 이상의 각도로 구부린 굽힘 철근은 전단철근으로 사용할 수 있다.
② 스터럽과 굽힘철근을 조합하여 전단철근으로 사용할 수 있다.
③ 주인장 철근에 45° 이상의 각도로 설치되는 스터럽은 전단철근으로 사용할 수 있다.
④ 용접 이형철망을 제외한 일반적인 전단철근의 설계기준항복강도는 600MPa을 초과할 수 없다.

해설 용접 이형철망을 제외한 일반적인 전단철근의 설계기준항복강도는 500MPa을 초과할 수 없다.

73. 아래 그림과 같은 T형보가 있다. 이 보의 등가 직사각형 응력블록의 깊이(a)는?(단, $f_{ck}=$ 24MPa, $f_y=$400MPa, $A_s=$3,970mm²)

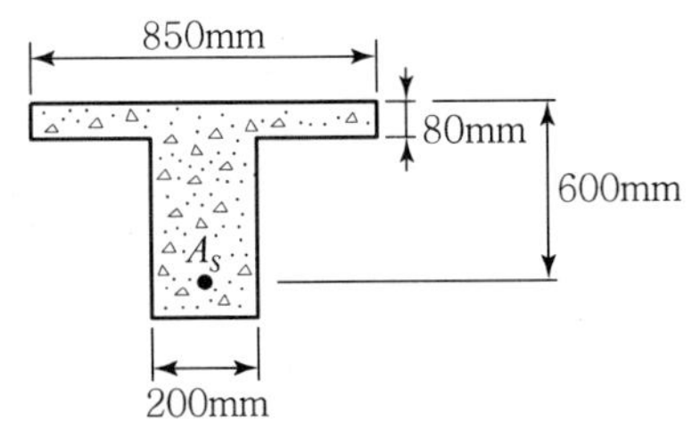

① 76.52mm ② 102.83mm
③ 129.22mm ④ 143.37mm

해설 1. T형보의 판별
- 폭이 $b=850$mm인 직사각형 단면보의 등가사각형 깊이

$$a=\frac{f_y A_s}{0.85 f_{ck} b}=\frac{400\times3,970}{0.85\times24\times850}=91.58$$

- $a(=91.58\text{mm})>t_f(=80\text{mm})$이므로 T형보로 해석

2. T형보의 등가사각형 깊이(a)
- $$A_{sf}=\frac{0.85f_{ck}(b-b_w)t_f}{f_y}=\frac{0.85\times24\times(850\times200)\times80}{400}=2,652\text{mm}^2$$
- $$a=\frac{f_y(A_s-A_{sf})}{0.85f_{ck}b_w}=\frac{400\times(3,970-2,652)}{0.85\times24\times200}=129.22\text{mm}$$

74. 인장이형철근의 정착길이에 대한 설명으로 틀린 것은?

① 인장이형철근의 정착길이(l_d)는 기본 정착길이(l_{db})에 보정계수를 고려하여 구할 수 있다.
② 인장이형철근의 정착길이는 철근의 항복강도(f_y)에 비례한다.
③ 인장이형철근의 정착길이는 콘크리트의 설계기준 압축강도(f_{ck})의 제곱근에 반비례한다.
④ 인장이형철근의 정착길이는(l_d)는 항상 500mm 이상이어야 한다.

해설 인장이형철근의 정착길이는(l_d)는 항상 300mm 이상이어야 한다.

75. 다음 중 강도설계법에서 적용되는 부재별 강도감소계수가 잘못된 것은?

① 인장지배단면 : 0.85
② 압축지배단면 중 나선철근으로 보강된 철근콘크리트 부재 : 0.70
③ 무근콘크리트의 휨모멘트, 압축력, 전단력, 지압력을 받는 부재 : 0.55
④ 콘크리트의 지압력을 받는 부재 : 0.80

해설 콘크리트의 지압력에 대한 강도감소계수(ϕ)는 0.65이다.

76. 지름 30mm인 고력볼트를 사용하여 강판을 연결하고자 할 때 강판에 뚫어야 할 구멍의 지름은?(단 표준적인 경우)

① 27mm ② 30mm
③ 33mm ④ 35mm

해설 고력볼트의 표준구멍지름(d_h)
1. 고력볼트의 지름(d)이 22mm 이하인 경우
$d_h=d+2$(mm)
2. 고력볼트의 지름(d)이 24mm 이상인 경우
$d_h=d+3$(mm)

따라서, 지름이 30mm인 고력볼트의 표준구멍 지름은 다음과 같이 구할 수 있다.
$d(=30\text{mm})\geq 24$mm인 경우이므로
$d_h=d+3=30+3=33$mm

|해답| 72.④ 73.③ 74.④ 75.④ 76.③

77. 다음 그림과 같은 단철근 직사각형 보에서 인장철근비(ρ)는?(단, A_s = 2,382mm², f_{ck} = 28MPa, f_y = 400MPa)

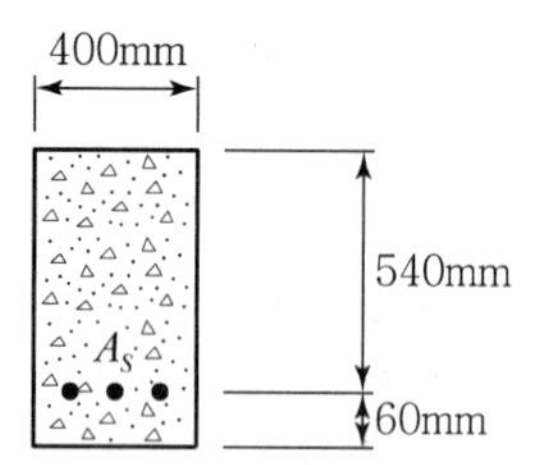

① 0.01103 ② 0.00993
③ 0.00821 ④ 0.00627

해설 $\rho = \frac{A_s}{bd} = \frac{2382}{400 \times 540} = 0.01103$

78. 그림과 같은 PSC보의 지간 중앙점에서 강선을 꺾었을 때 이 중앙점에서 상향력 U의 값은?

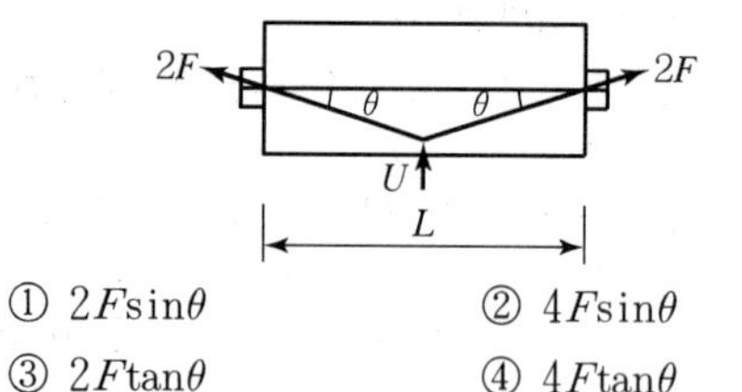

① $2F\sin\theta$ ② $4F\sin\theta$
③ $2F\tan\theta$ ④ $4F\tan\theta$

해설 $U = 2P\sin\theta = 2(2F)\sin\theta = 4F\sin\theta$

79. 강도설계법을 적용하기 위한 기본가정에서 압축측 연단에서 콘크리트의 극한변형률은 얼마로 가정하는가?

① 0.003 ② 0.004
③ 0.005 ④ 0.006

해설 강도설계법을 적용하기 위한 기본가정에서 압축측 연단에서 콘크리트의 극한변형률은 0.003으로 가정한다.

80. 강도설계법에서 보에 대한 등가직사각형 응력블록의 깊이(a)는 아래 표와 같은 공식에 의해 구할 수 있다. 이때 f_{ck} = 68MPa인 경우 β_1의 값은?

$$a = \beta_1 c$$

① 0.51 ② 0.57
③ 0.65 ④ 0.71

해설 $f_{ck} > 28$MPa인 경우 β_1의 값

$\beta_1 = 0.85 - 0.007(f_{ck} - 28)$
$= 0.85 - 0.007(68 - 28) = 0.57$

그러나 $\beta_1 \geq 0.65$이어야 하므로 $\beta_1 = 0.65$이다.

제5과목 토질 및 기초

81. 저항체를 땅 속에 삽입해서 관입, 회전, 인발 등의 저항을 측정하여 토층의 상태를 탐사하는 원위치 시험을 무엇이라 하는가?

① 오거보링 ② 테스트 피트
③ 샘플러 ④ 사운딩

해설 사운딩(sounding) 분류

정적 사운딩	• 휴대용 콘(원추)관입시험(연약한 점토) • 화란식 콘(원추)관입시험(일반 흙) • 스웨덴식 관입시험(자갈 이외의 흙) • 이스키미터 (연약한 점토, 인발) • 베인전단시험(연약한 점토, 회전)
동적 사운딩	• 동적 원추관 시험 : 자갈 이외의 흙 • 표준관입시험(S.P.T) : 사질토 적합, 성토 가능

82. 흙의 전단특성에서 교란된 흙이 시간이 지남에 따라 손실된 강도의 일부를 회복하는 현상을 무엇이라 하는가?

① Dilatancy ② Thixotropy
③ Sensitivity ④ Liquefaction

해설 thixotropy(틱소트로피)현상
점토는 되이김(remolding)하면 전단강도가 현저히 감소하는데, 시간이 경과함에 따라 그 강도의 일부를 다시 찾게 되는 현상

 |해답| 77.① 78.② 79.① 80.③ 81.④ 82.②

83. 다짐에 대한 설명으로 틀린 것은?

① 점토를 최적함수비보다 작은 함수비로 다지면 분산구조를 갖는다.
② 투수계수는 최적함수비 근처에서 거의 최솟값을 나타낸다.
③ 다짐에너지가 클수록 최대건조단위중량은 커진다.
④ 다짐에너지가 클수록 최적함수비는 작아진다.

해설 점토를 최적함수비보다 작은 함수비(건조 측)로 다지면 면모구조를 갖는다.

84. 다음 중 표준관입시험으로부터 추정하기 어려운 항목은?

① 극한지지력　② 상대밀도
③ 점성토의 연경도　④ 투수성

해설 N값으로 추정할 수 있는 사항

사질지반	점토지반
• 상대밀도 • 내부마찰각 • 지지력계수	• 연경도(Consistency) • 일축압축강도 • 허용지지력 및 비배수점착력

85. 포화 점토층의 두께가 0.6m이고 점토층 위와 아래는 모래층이다. 이 점토층이 최종 압밀 침하량의 70%를 일으키는 데 걸리는 기간은?(단, 압밀계수(C_v)=3.6×10^{-3}cm^2/s이고, 압밀도 70%에 대한 시간계수(T_v)=0.403이다.)

① 116.6일　② 342일
③ 233.2일　④ 466.4일

해설

$$t_{70}=\frac{T_v\cdot H^2}{C_v}=\frac{0.403\times\left(\frac{600}{2}\right)^2}{3.6\times10^{-3}}$$

=10,075,000초
=116.6일

86. 모래 치환법에 의한 현장 흙의 단위무게 실험결과가 아래와 같다. 현장 흙의 건조단위무게는?

- 실험구멍에서 파낸 흙의 중량 : 1,600g
- 실험구멍에서 파낸 흙의 함수비 : 20%
- 실험구멍에 채워진 표준모래의 중량 : 1,350g
- 실험구멍에 채워진 표준모래의 단위중량 : 1.35g/cm^3

① 0.93g/cm^3　② 1.13g/cm^3
③ 1.33g/cm^3　④ 1.53g/cm^3

해설 • 표준모래의 단위중량

$\gamma=\frac{W'}{V}$ 에서, $1.35=\frac{1,350}{V}$

∴ 실험구멍의 체적 V=1,000cm^3

• 현장 흙의 습윤단위중량

$$\gamma_t=\frac{W}{V}=\frac{1,600}{1,000}=1.6\text{g/cm}^3$$

따라서 현장 흙의 건조단위중량

$$\gamma_d=\frac{\gamma_t}{1+\omega}=\frac{1.6}{1+0.2}=1.33\text{g/cm}^3$$

87. 안지름이 0.6mm인 유리관을 15℃의 정수 중에 세웠을 때 모관상승고(h_c)는?(단, 접촉각 α는 0°, 표면장력은 0.075g/cm)

① 6cm　② 5cm
③ 4cm　④ 3cm

해설 모관상승고(h_c)$=\frac{4T\cos\alpha}{\gamma_w D}$

$$=\frac{4\times0.075\times\cos0°}{1\times0.06}=5\text{cm}$$

88. 다음 중 흙의 투수계수와 관계가 없는 것은?

① 간극비
② 흙의 비중
③ 포화도
④ 흙의 입도

해설 투수계수는 흙의 비중과 상관없다.

89. 점토의 자연시료에 대한 일축압축 강도가 0.38MPa이고, 이 흙을 되비볐을 때의 일축압축 강도가 0.22MPa이었다. 이 흙의 점착력과 예민비는 얼마인가?(단, 내부마찰각 $\phi=0$이다.)

① 점착력 : 0.19MPa, 예민비 : 1.73
② 점착력 : 1.9MPa, 예민비 : 1.73
③ 점착력 : 0.19MPa, 예민비 : 0.58
④ 점착력 : 1.9MPa, 예민비 : 0.58

■해설
- 점착력$(c)=\frac{q_u}{2}=\frac{0.38}{2}=0.19$MPa
- 예민비$=\frac{q_u}{q_{ur}}=\frac{0.38}{0.22}=1.73$

90. 어떤 흙의 간극비(e)가 0.52이고, 흙 속에 흐르는 물의 이론 침투속도(v)가 0.214cm/s일 때 실제의 침투유속(v_s)은?

① 0.424cm/s ② 0.525cm/s
③ 0.626cm/s ④ 0.727cm/s

■해설 실제침투유속$(v_s)=\frac{v}{n}$
- 평균유속$(v)=0.214$cm/sec
- 간극률$(n)=\frac{e}{1+e}=\frac{0.52}{1+0.52}=0.342$

$\therefore\ v_s=\frac{v}{n}=\frac{0.214}{0.342}=0.626$

91. 다음 중 사면의 안정해석방법이 아닌 것은?

① 마찰원법 ② Bishop의 간편법
③ 응력경로법 ④ Fellenius 방법

■해설 사면의 안정해석
- 질량법(마찰원법)
- 절편법(분할법) : Fellenius법, Bishop법, Spencer법

92. 흙의 액성한계 · 소성한계 시험에 사용하는 흙 시료는 몇 mm체를 통과한 흙을 사용하는가?

① 4.75mm체 ② 2.0mm체
③ 0.425mm체 ④ 0.075mm체

■해설 흙의 연경도시험은 No.40체(0.425mm)를 통과한 흙을 사용한다.

93. 기초가 갖추어야 할 조건으로 가장 거리가 먼 것은?

① 동결, 세굴 등에 안전하도록 최소의 근입깊이를 가져야 한다.
② 기초의 시공이 가능하고 침하량이 허용치를 넘지 않아야 한다.
③ 상부로부터 오는 하중을 안전하게 지지하고 기초지반에 전달하여야 한다.
④ 미관상 아름답고 주변에서 쉽게 구득할 수 있고 값싼 재료로 설계되어야 한다.

■해설 기초 구비조건
- 최소한의 근입깊이를 가질 것(동결깊이 이하)
- 지지력에 대해 안정할 것
- 침하에 대해 안정할 것(침하량이 허용침하량 이내일 것)
- 기초공 시공이 가능할 것
- 사용성 · 경제성이 좋을 것

94. 연약지반 개량공법으로 압밀의 원리를 이용한 공법이 아닌 것은?

① 프리로딩 공법
② 바이브로 플로테이션 공법
③ 대기압 공법
④ 페이퍼 드레인 공법

■해설 압밀배수 원리를 이용한 점성토 개량공법
- 샌드 드레인 공법(Sand drain)
- 페이퍼 드레인 공법(Paper drain)
- 팩 드레인 공법(Pack drain)
- 프리로딩 공법

 |해답| 89.① 90.③ 91.③ 92.③ 93.④ 94.②

95. 자연함수비가 액성한계보다 큰 흙은 어떤 상태인가?

① 고체상태이다. ② 반고체 상태이다.
③ 소성상태이다. ④ 액체상태이다.

■해설 자연함수비가 액성한계보다 크면 액체상태이다.

96. 다음 말뚝의 지지력 공식 중 정역학적 방법에 의한 공식은?

① Hiley 공식
② Engineering－News 공식
③ Sander 공식
④ Meyerhof의 공식

■해설 말뚝의 지지력 산정방법

정역학적 공식	동역학적 공식(항타공식)
• Terzaghi 공식 • Meyerhof 공식 • Dörr 공식 • Dunham 공식	• Sander 공식 • Engineering News 공식 • Hiley 공식 • Weisbach 공식

97. 다음 중 순수한 모래의 전단강도(τ)를 구하는 식으로 옳은 것은?(단, c는 점착력, ϕ는 내부마찰각, σ는 수직응력이다.)

① $\tau=\sigma\cdot\tan\phi$ ② $\tau=c$
③ $\tau=c\cdot\tan\phi$ ④ $\tau=\tan\phi$

■해설

모아－쿨롱의 파괴규준	흙의 전단강도 식
τ, 쿨롱의 파괴포락선, ϕ, c, o, σ c : 점착력 ϕ : 내부마찰각(전단저항각)	$S(\tau_f)=c+\sigma'\tan\phi$
	전응력(σ)과 간극수압(u)이 발생할 때
	$S(\tau_f)=c+(\sigma-u)\tan\phi$

98. 흙의 비중(G_s)이 2.80, 함수비(w)가 50%인 포화토에 있어서 한계동수경사(i_c)는?

① 0.65 ② 0.75
③ 0.85 ④ 0.95

■해설 한계동수경사

$$i_c=\frac{\gamma_{sub}}{\gamma_w}=\frac{G_s-1}{1+e}=\frac{2.5-1}{1+1}=0.75$$

(여기서, $S\cdot e=G_s\cdot\omega$에서 $1\times e=2.5\times0.4$ $\therefore e=1$)

99. 다음의 지반개량공법 중 모래질 지반을 개량하는 데 적합한 공법은?

① 다짐모래말뚝 공법
② 페이퍼 드레인 공법
③ 프리로딩 공법
④ 생석회 말뚝 공법

■해설 사질토 개량공법

다짐공법	배수공법	고결
• 다짐말뚝 공법 • compozer 공법 • vibro flotation 공법 • 전기충격식 공법 • 폭파다짐 공법	Well point 공법	약액주입 공법

100. 점착력(c)이 0.4t/m^2, 내부마찰각(ϕ)이 30°, 흙의 단위중량(γ)이 1.6t/m^{3}인 흙에서 인장균열이 발생하는 깊이(z_0)는?

① 1.73m
② 1.28m
③ 0.87m
④ 0.29m

■해설 인장균열 깊이

$$Z_o=\frac{2c}{\gamma}\tan\left(45°+\frac{\phi}{2}\right)$$
$$=\frac{2\times0.4}{1.6}\tan\left(45°+\frac{30°}{2}\right)=0.87\text{m}$$

제6과목 상하수도공학

101. 상수도 침전지의 제거율을 향상시키기 위한 방안으로 틀린 것은?

① 침전지의 침강면적(A)을 크게 한다.
② 플록의 침강속도(V)를 크게 한다.
③ 유량(Q)을 적게 한다.
④ 침전지의 수심(H)을 크게 한다.

해설 침전지 제거효율

$$E=\frac{V_s}{V_o}=\frac{V_s A}{Q}=\frac{V_s t}{h}$$

여기서, V_s : 입자의 침강속도
V_o : 수면적부하
A : 침강면적
Q : 유량
t : 체류시간
h : 수심

∴ 침전지의 수심(h)을 크게 하면 침전지 제거효율은 감소한다.

102. 하수처리장의 계획에 있어서 일반적으로 처리시설의 계획에 기준이 되는 것은?

① 계획1일최대오수량
② 계획1일평균오수량
③ 계획시간최대오수량
④ 계획시간평균오수량

해설 오수량의 산정

종류	내용
계획오수량	계획오수량은 생활오수량, 공장폐수량, 지하수량으로 구분할 수 있다.
지하수량	지하수량은 1인1일최대오수량의 10~20%를 기준으로 한다.
계획1일 최대오수량	• 1인1일최대오수량×계획급수인구+(공장폐수량, 지하수량, 기타 배수량) • 하수처리장 시설의 용량 결정의 기준이 되는 수량
계획1일 평균오수량	• 계획1일 최대오수량의 70(중·소도시)~80%(대·공업도시) • 하수처리장 유입하수의 수질을 추정하는 데 사용되는 수량
계획시간 최대오수량	• 계획1일 최대오수량의 1시간당 수량에 1.3~1.8배를 표준으로 한다. • 오수관거 및 펌프설비 등의 크기를 결정하는 데 사용되는 수량

∴ 하수처리장 시설기준이 되는 것은 계획1일최대급수량이다.

103. 어느 하수의 최종 BOD가 250mg/L이고 탈산소계수 K_1(상용대수) 값이 0.2/day라면 BOD_5는?

① 225mg/L ② 210mg/L
③ 190mg/L ④ 180mg/L

해설 BOD 소모량

$$E=L_a(1-10^{-kt})$$

여기서, L_a : 최종 BOD
k : 탈산소계수
t : 시간(day)

$$E=L_a(1-10^{-kt})=250\times(1-10^{-0.2\times5})$$
$$=225\text{mg/L}$$

104. 펌프에 대한 설명으로 틀린 것은?

① 수격현상은 주로 펌프의 급정지 시 발생한다.
② 손실수두가 작을수록 실양정은 전양정과 비슷해진다.
③ 비속도(비교회전도)가 클수록 같은 시간에 많은 물을 송수할 수 있다.
④ 흡입구경은 토출량과 흡입구의 유속에 의해 결정된다.

해설 펌프 일반사항

㉠ 펌프의 급정지, 급가동으로 인해 압력이 급상승, 급하강하는 현상을 수격작용이라고 한다.
㉡ 전양정은 실양정에 손실수두를 더한 값으로 손실수두가 작을수록 실양정과 전양정은 비슷해진다.

$$H=h+\Sigma h_L$$

여기서, H : 전양정
h : 실양정
Σh_L : 손실수두의 합

㉢ 비교회전도가 큰 펌프는 가격이 저렴한 저양정 펌프로 동일 시간을 운전할 경우 유량을 많이 송수한다는 의미는 아니다.

$$\text{비교회전도}(N_s)=N\frac{Q^{\frac{1}{2}}}{H^{\frac{3}{4}}}$$

여기서, N : 표준회전수
Q : 토출량
H : 양정

 |해답| 101.④ 102.① 103.① 104.③

㉣ 흡입구경은 토출량과 흡입구 유속에 의해 결정된다.

$$흡입구경(D) = 146\sqrt{\frac{Q}{V}}$$

여기서, Q : 토출량
V : 흡입구 유속

105. 응집침전에서 무기계 응집제로서 주로 사용되는 것은?

① 황산알루미늄 ② 암모늄명반
③ 황산제2철 ④ 염화제2철

해설 응집제
㉠ 정의 : 응집제는 응집 대상 물질인 콜로이드의 하전을 중화시키거나 상호 결합시키는 역할을 한다.
㉡ 무기계 응집제
- 황산알루미늄
- 염화제2철
㉢ 유기계 응집제
- 응집폴리머(polymer)
- 양이온계
- 음이온계

→ 정수에는 사용불가
→ 하수슬러지의 응집제로 사용

106. 호소수, 저수지수의 취수시설로 부적합한 것은?

① 취수탑 ② 취수문
③ 취수틀 ④ 집수매거

해설 지표수 취수시설

종류	특징
취수관	• 수중에 관을 매설하여 취수하는 방식 • 수위와 하상변동에 영향을 많이 받는 방법으로 수위와 하상이 안정적인 곳에 적합
취수문	• 하안에 콘크리트 암거구조로 직접 설치하는 방식 • 취수문은 양질의 견고한 지반에 설치한다. • 수위와 하상변동에 영향을 많이 받는 방법으로 수위와 하상이 안정적인 곳에 적합 • 수문의 크기는 모래의 유입을 작게 하도록 설계하며, 수문에서의 유입속도는 1m/sec 이하로 한다.
취수탑	• 대량 취수의 목적으로 취수탑에 여러 개의 취수구를 설치하여 취수하는 방식 • 최소 수심이 2m 이상인 장소에 설치한다. • 연간 하천의 수위변화가 큰 지점에서도 안정적인 취수를 할 수 있다.
취수보	• 수위 변화가 큰 취수지 등에서도 취수량을 안정하게 취수할 수 있다. • 대량 취수가 적합하며, 안정한 취수가 가능하다.

∴ 지표수 취수시설이 아닌 것은 집수매거이다.

107. 하수관로에 대한 설명 중 적합하지 않은 것은?

① 우수관로 및 합류식 관로는 계획우수량에 대하여 유속을 최소 0.8m/s, 최대 3.0m/s로 한다.
② 우수관로 및 합류식 관로의 최소관경은 250mm를 표준으로 한다.
③ 관로의 최소 흙두께는 원칙적으로 1m로 한다.
④ 관로경사는 하류로 갈수록 증가시켜야 한다.

해설 하수관로 일반사항
㉠ 오수관의 적정유속의 범위는 0.3~3m/s, 우수 및 합류관로의 적정유속의 범위는 0.8~3.0m/s이다.
㉡ 오수관의 최소관경은 200mm, 우수 및 합류관로의 최소관경은 250mm를 표준으로 한다.
㉢ 관로의 최소 흙 두께는 원칙적으로 1m를 표준으로 하며, 관의 종류, 동결심도 등을 고려한다.
㉣ 하류로 갈수록 유속은 빠르게, 경사는 완만하게 설치한다.

108. 배수지의 용량에 대한 설명으로 옳은 것은?

① 계획1일최대급수량의 6시간분 이상을 표준으로 한다.
② 계획1일최대급수량의 12시간분 이상을 표준으로 한다.
③ 계획1일최대급수량의 18시간분 이상을 표준으로 한다.
④ 계획1일최대급수량의 24시간분 이상을 표준으로 한다.

해설 배수지 용량
배수지의 유효용량은 시간변동 조정용량과 비상대처용량을 합하여 급수구역의 계획1일최대급수량의 12시간분 이상을 표준으로 하여야 하며 지역특성과 상수도시설의 안정성 등을 고려하여 결정한다.

109. 관로의 관경이 변화하는 경우 또는 2개의 관로가 합류하는 경우에 원칙적으로 적용할 수 있는 관로의 접합방법은?

① 관중심접합 ② 관저접합
③ 수면접합 ④ 단차접합

해설 관거의 접합방법

㉠ 접합방법

종류	특징
수면접합	수리학적으로 가장 좋은 방법으로 관내 수면을 일치시키는 방법
관정접합	관거의 내면 상부를 일치시키는 방법으로 굴착깊이가 증대되고, 공사비가 증가된다.
관중심접합	관중심을 일치시키는 방법으로 별도의 수위계산이 필요 없는 방법이다.
관저접합	관거의 내면 바닥을 일치시키는 방법으로 수리학적으로 불리한 방법이다.
단차접합	지세가 아주 급한 경우 토공량을 줄이기 위해 사용하는 방법이다.
계단접합	지세가 매우 급한 경우 관거의 기울기와 토공량을 줄이기 위해 사용하는 방법이다.

㉡ 접합 시 고려사항
- 2개의 관이 합류하는 경우 두 관의 중심교각은 가급적 60° 이하로 한다.
- 지표의 경사가 급한 경우에는 원칙적으로 단차접합 또는 계단접합으로 한다.
- 2개의 관거가 합류하는 경우의 접합방법은 수면접합 또는 관정접합으로 한다.
- 관거의 계획수위를 일치시켜 접합하는 방법을 수면접합이라고 한다.

∴ 관경이 변하거나 2개의 관이 합류하는 경우에는 수면접합을 표준으로 한다.

110. 정수시설의 계획정수량을 결정하는 기준이 되는 것은?

① 계획시간최대급수량
② 계획1일최대급수량
③ 계획시간평균급수량
④ 계획1일평균급수량

해설 상수도 구성요소

㉠ 수원 → 취수 → 도수(침사지) →정수(착수정 → 약품혼화지 → 침전지 → 여과지 → 소독지 → 정수지) → 송수 → 배수(배수지, 배수탑, 고가탱크, 배수관) → 급수

㉡ 수원, 취수, 도수, 정수, 송수 등의 설계에는 계획1일최대급수량을 기준으로 한다.

㉢ 계획취수량은 계획1일최대급수량을 기준으로 5~10% 정도 여유 있게 취수한다.

㉣ 배수관의 직경 결정, 펌프의 직경 결정 등의 계획배수량은 계획시간최대급수량을 기준으로 한다.

∴ 정수시설에서 계획정수량은 계획1일최대급수량을 기준으로 하고 있다.

111. BOD 200mg/L, 유량 70,000m³/day의 오수가 하천에 방류될 때 합류지점의 BOD 농도는? (단, 오수와 하천수는 완전 혼합된다고 가정하고, 오수 유입 전 하천수의 BOD = 30mg/L, 유량 = 3.6m³/s이다.)

① 43.6mg/L ② 57.3mg/L
③ 61.2mg/L ④ 79.3mg/L

해설 BOD 혼합농도

㉠ BOD 혼합농도

$$C_m = \frac{Q_1 \cdot C_1 + Q_2 \cdot C_2}{Q_1 + Q_2}$$

여기서, Q_1, C_1 : 하천수의 유량, BOD 농도
Q_2, C_2 : 오수의 유량, BOD 농도

㉡ BOD 혼합농도의 계산
- $Q_2 = 70,000\text{m}^3/\text{day} = \frac{70,000}{24 \times 3,600} = 0.81\text{m}^3/\text{s}$
- $C_m = \frac{Q_1 \cdot C_1 + Q_2 \cdot C_2}{Q_1 + Q_2} = \frac{3.6 \times 30 + 0.81 \times 200}{3.6 + 0.81} = 61.2\text{mg/L}$

112. 정수처리의 단위공정으로 오존처리법이 다른 처리법에 비하여 우수한 점으로 옳지 않은 것은?

① 맛・냄새물질과 색도 제거의 효과가 우수하다.
② 염소에 비하여 높은 살균력을 가지고 있다.
③ 염소살균에 비해서 잔류효과가 크다.
④ 철・망간의 산화능력이 크다.

해설 염소살균 및 오존살균의 특징

㉠ 염소살균의 특징
- 가격이 저렴하고, 조작이 간단하다.

 |해답| 109.③ 110.② 111.③ 112.③

- 산화제로도 이용이 가능하며, 살균력이 매우 강하다.
- 지속성이 있다.
- THMs 생성 가능성이 있다.

㉡ 오존살균의 특징

장점	단점
• 살균효과가 염소보다 뛰어나다. • 유기물질의 생분해성을 증가시킨다. • 맛, 냄새물질과 색도 제거의 효과가 우수하다. • 철, 망간의 제거능력이 크다.	• 고가이다. • 잔류효과가 없다. • 자극성이 강해 취급에 주의를 요한다.

∴ 오존살균은 염소살균에 비하여 잔류성이 약하다.

113. 다음 중 염소소독 시 소독력에 가장 큰 영향을 미치는 수질인자는?

① pH ② 탁도
③ 총 경도 ④ 맛과 냄새

해설 염소의 살균력

㉠ 염소의 살균력은 HOCl > OCl^- > 클로라민 순이다.

㉡ 염소와 암모니아성 질소가 결합하면 클로라민이 생성된다.

㉢ 낮은 pH에서는 HOCl 생성이 많고 높은 pH에서는 OCl^- 생성이 많으므로, 살균력은 온도가 높고 낮은 pH에서 강하다.

∴ 소독력이 커지려면 HOCl의 생성이 많아야 하고, HOCl의 생성이 많아지려면 pH가 낮아야 한다.

∴ 소독력에 가장 큰 영향을 미치는 인자는 pH이다.

114. 슬러지 처리 및 이용계획에 대한 설명으로 옳은 것은?

① 슬러지 안정화 및 감량화보다 매립을 권장한다.
② 슬러지를 녹지 및 농지에 이용하는 것은 배제한다.
③ 병원균 및 중금속 검사는 슬러지 이용 관점에서 중요하지 않다.
④ 슬러지를 건설자재로 이용하는 것이 권장된다.

해설 슬러지 처리 및 이용계획

㉠ 슬러지 처리의 기본 목적
- 유기물질을 무기물질로 바꾸는 안정화
- 병원균의 살균 및 제거로 안전화
- 농축, 소화, 탈수 등의 공정으로 슬러지의 부피 감소(감량화)

㉡ 최근 추세
종래에 이용했던 위생매립이나 해양투기 같은 방법은 슬러지를 대량으로 처분할 수는 있으나 단순히 오염물질을 격리, 분산시키는 기능만을 갖고 있으며 2차오염의 문제가 해결되지 않는다. 따라서 슬러지가 갖고 있는 자원적 특성을 활용하지 못하므로 최근 들어 건설자재 등 다양한 재활용방안이 시도되고 있다.

115. A도시는 하수의 배제방식으로서 분류식을 선택하였다. 하수처리장의 가동 후 계획된 오수량에 비해 유입오수량이 적으며 공공수역의 오염이 해결되지 않았다면, 다음 중 이 문제에 대한 가장 큰 원인으로 생각할 수 있는 것은?

① 우수관의 잘못된 관종 선택
② 우수관의 지하수 침투
③ 오수관의 우수관으로의 오접
④ 하수배제지역의 강우 빈발

해설 교차연결(cross connection)

㉠ 정의 : 음용수로 사용할 수 없는 물이 물리적 연결을 통해 공공상수도에 유입이 가능하게 되는 현상을 말한다.

㉡ 방지책
- 상수도관과 공업용수도관 또는 하수관을 한 곳에 매설하지 않는다.
- 상수도관의 진공발생 방지를 위해 공기밸브를 설치한다.
- 오염된 물의 유출구를 상수관보다 낮게 설치한다.
- 물의 역류방지를 위해 역지밸브를 설치한다.

∴ 계획오수량에 비해 유입오수량이 적으며, 공공수역의 오염이 해결되지 않았음은 오접합을 의심해볼 수 있다.

116. 포기조에 유입하수량이 4,000m³/day, 유입 BOD가 150mg/L, 미생물의 농도(MLSS)가 2,000mg/L일 때, 유기물질 부하율 0.6kgBOD/m³·day로 설계하는 활성슬러지 공정의 F/M비는?(단, F/M비의 단위 : kg－BOD/kg－MLSS · day)

① 0.3　　② 0.6
③ 1.0　　④ 1.5

■해설 BOD 슬러지부하(F/M비)

㉠ MLSS 단위무게당 1일 가해지는 BOD 양을 BOD 슬러지부하라고 한다.

$$F/M=\frac{1\text{일}BOD\text{량}}{MLSS\text{ 무게}}=\frac{BOD\text{ 농도}\times Q}{MLSS\text{ 농도}\times V}$$

㉡ 포기조 단위체적당 1일 가해지는 BOD 양을 BOD 용적부하라고 한다.

$$BOD\text{ 용적부하}=\frac{1\text{일}BOD\text{량}}{\text{포기조 체적}}=\frac{BOD\text{ 농도}\times Q}{V}$$

㉢ 포기조 체적의 계산

$$\text{포기조 체적}(V)=\frac{BOD\text{ 농도}\times Q}{BOD\text{ 용적부하}}=\frac{150\times10^{-3}\times4{,}000}{0.6}=1{,}000\text{m}^3$$

㉣ F/M비의 계산

$$F/M=\frac{BOD\text{ 농도}\times Q}{MLSS\text{ 농도}\times V}=\frac{150\times4{,}000}{2{,}000\times1{,}000}=0.3\text{kgBOD/kgMLSS}\cdot\text{day}$$

117. 하수도계획의 목표 연도는 원칙적으로 몇 년을 기준으로 하는가?

① 5년　　② 10년
③ 20년　　④ 30년

■해설 하수도 목표 연도
하수도 계획의 목표연도는 시설의 내용연수, 건설기간 등을 고려하여 20년을 원칙으로 한다.

118. 하수관거가 갖추어야 할 특성에 대한 설명으로 옳지 않은 것은?

① 관 내의 조도계수가 클 것
② 경제성이 있도록 가격이 저렴할 것
③ 산 · 알칼리에 대한 내구성이 양호할 것
④ 외압에 대한 강도가 높고 파괴에 대한 저항력이 클 것

■해설 하수관거 결정 시 고려사항
㉠ 외압에 대한 강도가 충분하고 파괴에 대한 저항이 클 것
㉡ 관거의 내면이 매끈하고 조도계수가 작을 것
㉢ 유량변동에 따라 유속변동이 적은 수리특성을 가진 단면일 것.
㉣ 이음 및 시공성이 좋고, 수밀성과 신축성이 좋을 것

119. 활성슬러지 공법에 대한 설명으로 옳은 것은?

① F/M비가 낮을수록 잉여슬러지 발생량은 증가된다.
② F/M비가 낮을수록 잉여슬러지 발생량은 감소된다.
③ F/M비가 낮을수록 잉여슬러지 발생량은 초기 감소된 후 다시 증가된다.
④ F/M비와 잉여슬러지는 상관관계가 없다.

■해설 활성슬러지 공법
㉠ $F/M=\frac{1\text{일}BOD\text{량}}{MLSS\text{ 무게}}=\frac{BOD\text{ 농도}\times Q}{MLSS\text{ 농도}\times V}$
㉡ 해석
F/M비가 낮으면 $MLSS$의 농도가 증가하게 되고, 미생물의 활동으로 잉여슬러지 발생량은 감소하게 된다.

120. 상수도시설 중 침사지에 대한 설명으로 옳지 않은 것은?

① 침사지의 길이는 폭의 3~8배를 표준으로 한다.

② 침사지 내에서의 평균유속은 20~30cm/s를 표준으로 한다.

③ 침사지의 위치는 가능한 취수구에 가까워야 한다.

④ 유입 및 유출구에는 제수밸브 혹은 슬루스 게이트를 설치한다.

해설 침사지

㉠ 원수와 함께 유입한 모래를 침강, 제거하기 위하여 취수구에 근접한 제내지에 설치하는 시설을 침사지라고 한다.

㉡ 형상은 직사각형이나 정사각형 등으로 하고 침사지의 지수는 2지 이상으로 하며 수밀성 있는 철근콘크리트 구조로 한다.

㉢ 유입부는 편류를 방지하도록 점차 확대, 축소를 고려하며 길이가 폭의 3~8배를 표준으로 한다.

㉣ 체류시간은 계획취수량의 10~20분

㉤ 침사지의 유효수심은 3~4m

㉥ 침사지 내의 평균유속은 2~7cm/sec

Industrial Engineer Civil Engineering

contents

토목산업기사
과년도 출제문제 및 해설

2019

Industrial Engineer Civil Engineering

과년도 출제문제 및 해설 (2019년 3월 3일 시행)

제1과목 응용역학

01. 그림과 같은 내민보에서 A지점에서 5m 떨어진 C점의 전단력 V_C와 휨모멘트 M_C는?

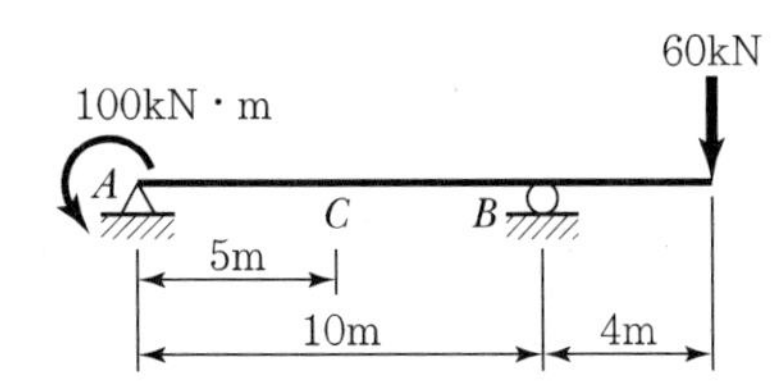

① $V_c=-14\text{kN}$, $M_c=-170\text{kN}\cdot\text{m}$
② $V_c=-18\text{kN}$, $M_c=-240\text{kN}\cdot\text{m}$
③ $V_c=14\text{kN}$, $M_c=-240\text{kN}\cdot\text{m}$
④ $V_c=18\text{kN}$, $M_c=-170\text{kN}\cdot\text{m}$

해설 $\Sigma M_{Ⓑ}=0(\curvearrowright\oplus)$

$R_A\times 10-100+60\times 4=0$

$R_A=-14\text{kN}(\downarrow)$

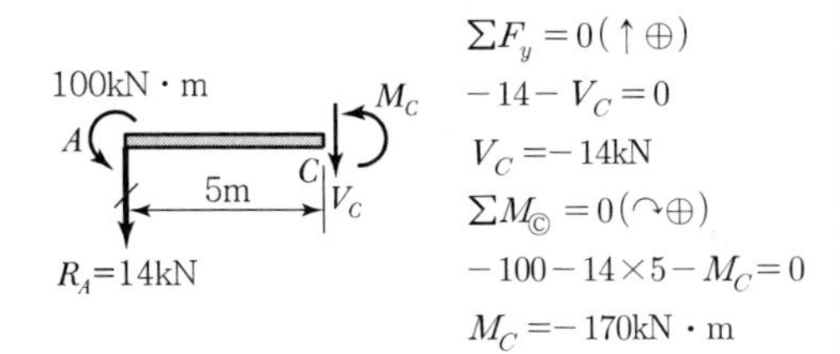

$\Sigma F_y=0(\uparrow\oplus)$

$-14-V_C=0$

$V_C=-14\text{kN}$

$\Sigma M_{Ⓒ}=0(\curvearrowright\oplus)$

$-100-14\times 5-M_C=0$

$M_C=-170\text{kN}\cdot\text{m}$

02. "동일 평면에서 한 점에 여러 개의 힘이 작용하고 있을 때, 평면의 임의 점에서의 모멘트 총합은 동일점에 대한 이들 힘의 합력 모멘트와 같다"는 정리는?

① Mohr의 정리
② Lami의 정리
③ Castigliano의 정리
④ Varignon의 정리

03. 그림과 같은 내민보에서 B점의 휨모멘트는?

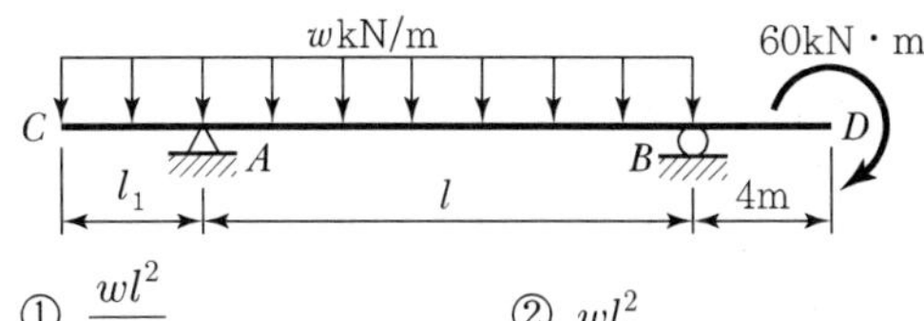

① $\dfrac{wl^2}{2}$　② wl^2
③ $-60\text{kN}\cdot\text{m}$　④ $-24\text{kN}\cdot\text{m}$

해설

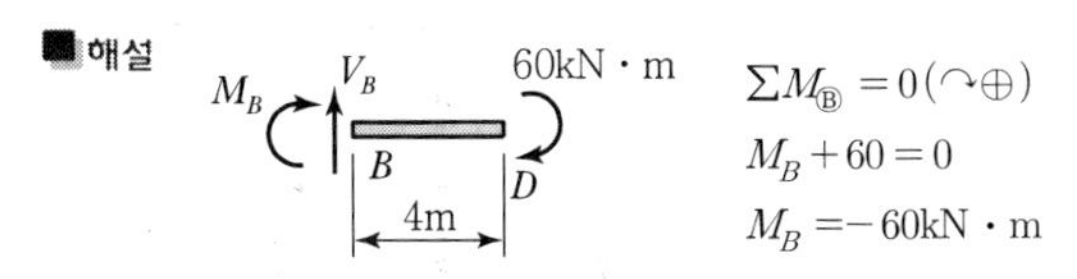

$\Sigma M_{Ⓑ}=0(\curvearrowright\oplus)$

$M_B+60=0$

$M_B=-60\text{kN}\cdot\text{m}$

04. 지름 D인 원형 단면의 단주 기둥에서 핵거리는?

① $\dfrac{1}{2}D$　② $\dfrac{1}{4}D$
③ $\dfrac{1}{8}D$　④ $\dfrac{1}{16}D$

해설 $k=\dfrac{D}{8}$

05. 트러스 해법에 대한 가정 중 틀린 것은?

① 각 부재는 마찰이 없는 힌지로 연결되어 있다.
② 절점을 잇는 직선은 부재축과 일치한다.
③ 모든 외력은 절점에만 작용한다.
④ 각 부재는 곡선재와 직선재로 되어 있다.

해설 트러스의 모든 부재는 직선재이다.

06. 직사각형 단면보에 발생하는 전단응력 τ와 보에 작용하는 전단력 S, 단면1차모멘트 G, 단면2차모멘트 I, 단면의 폭 b의 관계로 옳은 것은?

① $\tau = \dfrac{GI}{Sb}$ ② $\tau = \dfrac{Sb}{GI}$

③ $\tau = \dfrac{SG}{Ib}$ ④ $\tau = \dfrac{Gb}{SI}$

■ 해설 $\tau = \dfrac{SG}{Ib}$

07. 그림과 같은 세 개의 힘이 평형상태에 있다면 C점에서 작용하는 힘 P와 BC 사이의 거리 x는?

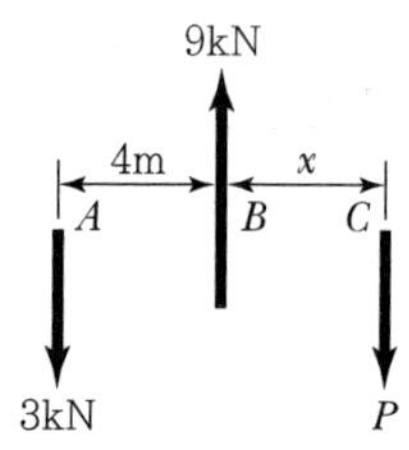

① P=4kN, x=3m

② P=6kN, x=3m

③ P=4kN, x=2m

④ P=6kN, x=2m

■ 해설 $\Sigma F_y = 0(\uparrow \oplus)$

$-3+9-P=0,\ P=6\text{kN}$

$\Sigma M_{Ⓑ} = 0(\curvearrowright \oplus)$

$P \cdot x - 3\times 4 = 0,\ x = \dfrac{12}{P} = \dfrac{12}{6} = 2\text{m}$

08. 길이 1m, 지름 1cm의 강봉을 80kN으로 당길 때 강봉이 늘어난 길이는?(단, 강봉의 탄성계수는 2.1×10^5MPa이다.)

① 4.26mm ② 4.85mm

③ 5.14mm ④ 5.72mm

■ 해설 $\Delta l = \dfrac{Pl}{EA} = \dfrac{Pl}{E\left(\dfrac{\pi d^2}{4}\right)} = \dfrac{4Pl}{E\pi d^2}$

$= \dfrac{4\times(80\times 10^3)\times(1\times 10^3)}{(2.1\times 10^5)\times\pi\times(1\times 10)^2} = 4.85\text{mm}$

09. 길이 2m, 지름 20mm인 봉에 20kN의 인장력을 작용시켰더니 길이가 2.10m, 지름이 19.8mm로 되었다면 푸아송 비는?

① 0.1 ② 0.2

③ 0.3 ④ 0.4

■ 해설 $\Delta l = l' - l = 2.1 - 2 = 0.1\text{m}$

$\Delta D = D' - D = 19.8 - 20 = -0.2\text{mm}$

$\nu = -\dfrac{\left(\dfrac{\Delta D}{D}\right)}{\left(\dfrac{\Delta l}{l}\right)} = -\dfrac{l\cdot \Delta D}{D\cdot \Delta l} = -\dfrac{2\times(-0.2)}{20\times 0.1} = 0.2$

10. 그림과 같은 라멘에서 C점의 휨모멘트는?

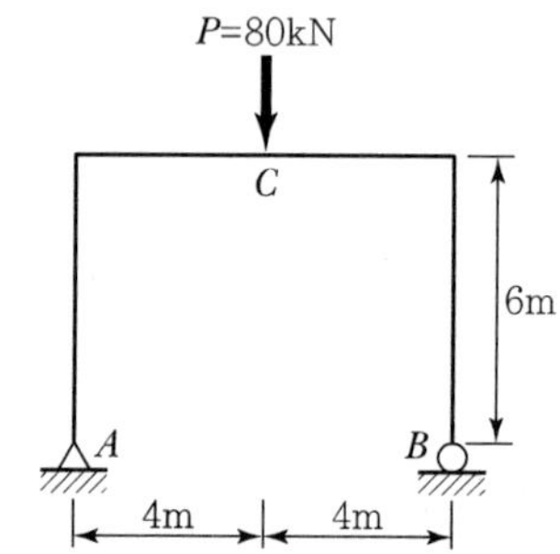

① 120kN · m

② 160kN · m

③ 240kN · m

④ 320kN · m

■ 해설 $\Sigma M_{Ⓐ} = 0(\curvearrowright \oplus)$

$80\times 4 - R_B\times 8 = 0,\ R_B = 40\text{kN}$

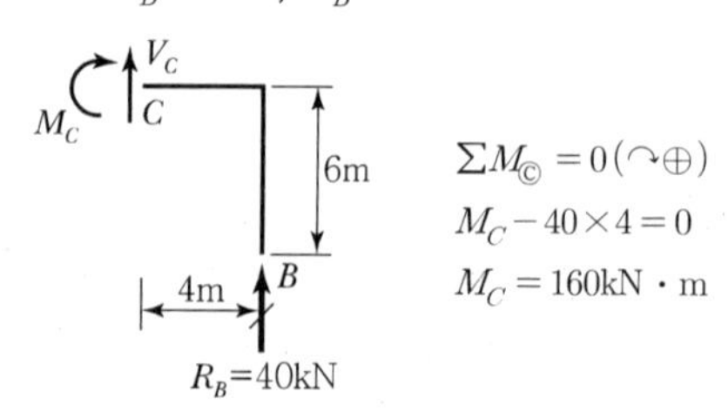

$\Sigma M_{Ⓒ} = 0(\curvearrowright \oplus)$

$M_C - 40\times 4 = 0$

$M_C = 160\text{kN}\cdot\text{m}$

11. 그림과 같은 단면의 도심 $\bar{y}$는?

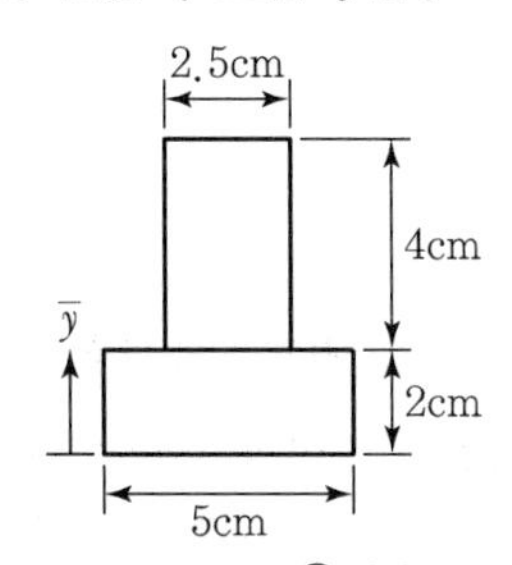

① 2.5cm ② 2.0cm
③ 1.5cm ④ 1.0cm

■ 해설 $\bar{y}=\dfrac{G_x}{A}=\dfrac{(5\times2)\times1+(2.5\times4)\times4}{(5\times2)+(2.5\times4)}=2.5\text{cm}$

12. 그림과 같은 구조물에서 부재 AB가 받는 힘은?

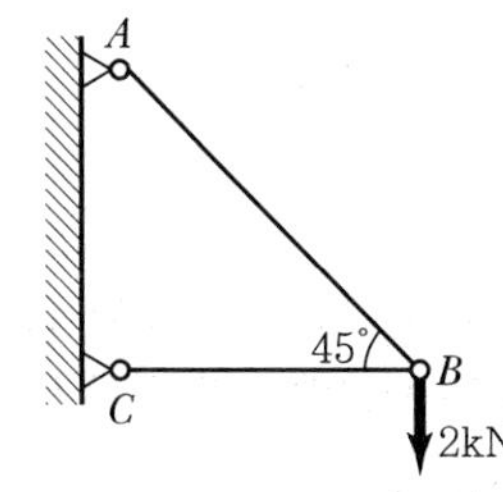

① 2.00kN ② 2.15kN
③ 2.35kN ④ 2.83kN

■ 해설 F_{AB}, 45°, F_{BC}, B, $P=2\text{kN}$

$\Sigma F_y=0(\uparrow\oplus)$

$F_{AB}\cdot\sin45°-2=0$

$F_{AB}=\dfrac{2}{\sin45°}=\dfrac{2}{\left(\dfrac{\sqrt{2}}{2}\right)}$

$=2\sqrt{2}=2.828\text{kN}$

13. 지간 길이 l인 단순보에 등분포 하중 w가 만재되어 있을 때 지간 중앙점에서의 처짐각은?(단, EI는 일정하다.)

① 0 ② $\dfrac{wl^3}{24EI}$

③ $\dfrac{5wl^3}{384EI}$ ④ $\dfrac{7wl^3}{384EI}$

■ 해설 대칭구조물에 하중이 대칭으로 작용할 경우 부재 중앙의 전단력과 처짐각은 '0'이다.

14. 지름 D인 원형 단면보에 휨모멘트 M이 작용할 때 휨응력은?

① $\dfrac{16M}{\pi D^3}$ ② $\dfrac{6M}{\pi D^3}$

③ $\dfrac{32M}{\pi D^3}$ ④ $\dfrac{64M}{\pi D^3}$

■ 해설

$$Z=\frac{I}{y_1}=\frac{\left(\dfrac{\pi D^4}{64}\right)}{\left(\dfrac{D}{2}\right)}=\frac{\pi D^3}{32}$$

$$\sigma_{\max}=\frac{M}{Z}=\frac{M}{\left(\dfrac{\pi D^3}{32}\right)}=\frac{32M}{\pi D^3}$$

15. 그림과 같은 단순보의 지점 A에서 수직반력은?

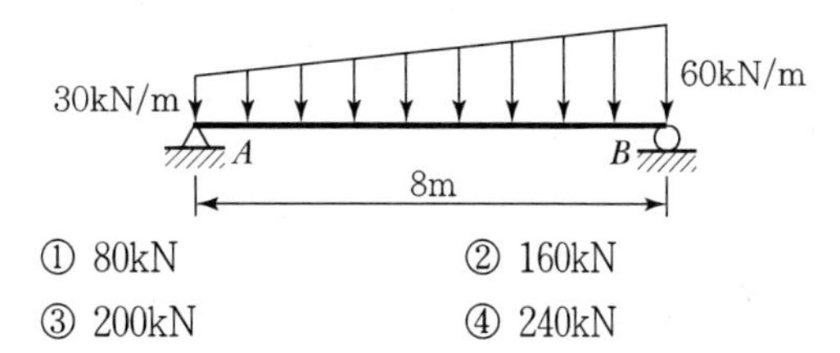

① 80kN ② 160kN
③ 200kN ④ 240kN

■ 해설

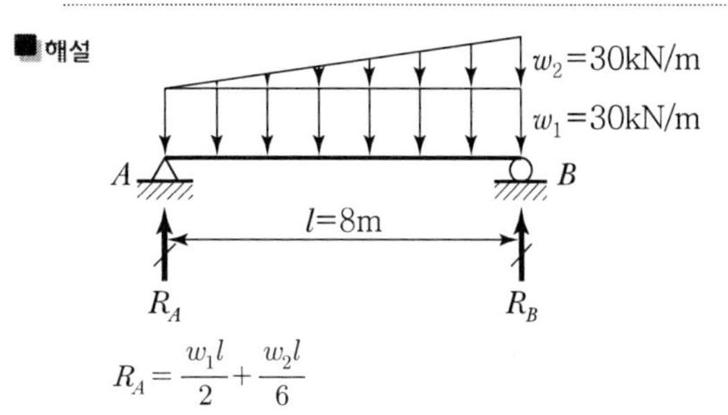

$$R_A=\frac{w_1 l}{2}+\frac{w_2 l}{6}$$

$$=\frac{30\times8}{2}+\frac{30\times8}{6}=160\text{kN}$$

16. 등분포하중을 받는 직사각형 단면 단순보에서 최대 처짐에 대한 설명으로 옳은 것은?

① 보의 폭에 비례한다.
② 지간의 3제곱에 반비례한다.
③ 탄성계수에 반비례한다.
④ 보 높이의 제곱에 비례한다.

■해설 $\delta_{\max} = \dfrac{5wl^4}{384EI} = \dfrac{5wl^4}{384E\left(\dfrac{bh^3}{12}\right)} = \dfrac{5wl^4}{32Ebh^3}$

17. 그림과 같은 직사각형 단면에 전단력 45kN이 작용할 때 중립축에서 5cm 떨어진 $a-a$면의 전단응력은?

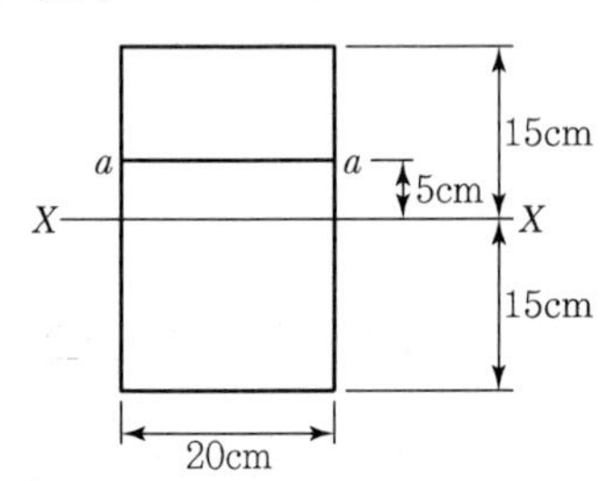

① 100kPa ② 700kPa
③ 1MPa ④ 1GPa

■해설 $b_a = 20\text{cm}$

$G_a = (20\times10)\times\left(5+\dfrac{10}{2}\right) = 2\times10^3\text{cm}^3$

$I_X = \dfrac{20\times30^3}{12} = 45\times10^3\text{cm}^4$

$Z_a = \dfrac{SG_a}{I_X b_a}$

$= \dfrac{45\times(2\times10^3)}{(45\times10^3)\times20} = 0.1\text{kN/cm}^2$

$= 0.1\times10\text{N/mm}^2 = 1\text{N/mm}^2 = 1\text{MPa}$

18. 지름 D, 길이 l인 원형 기둥의 세장비는?

① $\dfrac{4l}{D}$ ② $\dfrac{8l}{D}$
③ $\dfrac{4D}{l}$ ④ $\dfrac{8D}{l}$

■해설 $\lambda = \dfrac{l}{\gamma} = \dfrac{l}{\left(\dfrac{D}{4}\right)} = \dfrac{4l}{D}$

19. 구조물의 단면계수에 대한 설명으로 틀린 것은?

① 차원은 길이의 3제곱이다.
② 반지름이 r인 원형 단면의 단면계수는 1개이다.
③ 비대칭 삼각형의 도심을 통과하는 x축에 대한 단면계수의 값은 2개이다.
④ 도심축에 대한 단면2차모멘트와 면적을 곱한 값이다.

■해설

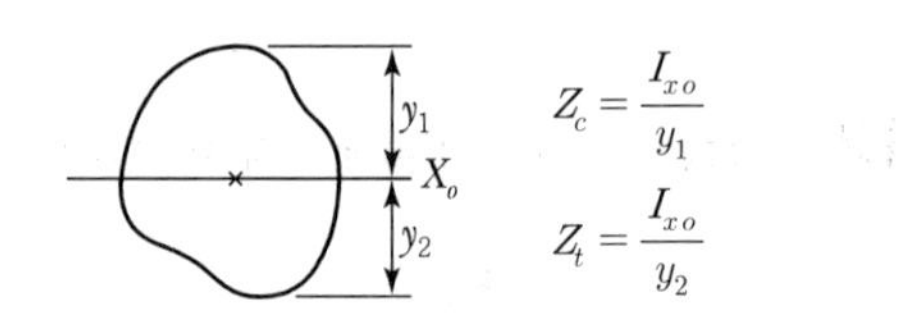

20. 밑변 12cm, 높이 15cm인 삼각형의 밑변에 대한 단면2차모멘트의 값은?

① 2,160cm⁴ ② 3,375cm⁴
③ 6,750cm⁴ ④ 10,125cm⁴

■해설 $I = \dfrac{bh^3}{12} = \dfrac{12\times15^3}{12} = 3{,}375\text{cm}^4$

제2과목 측량학

21. 반지름 500m인 단곡선에서 시단현 15m에 대한 편각은?

① 0°51′34″ ② 1°4′27″
③ 1°13′33″ ④ 1°17′42″

■해설 편각$(S) = \dfrac{L_1}{R}\times\dfrac{90°}{\pi} = \dfrac{15}{500}\times\dfrac{90°}{\pi} = 0°51'34''$

 |해답| 16.③ 17.③ 18.① 19.④ 20.② 21.①

22. 다음 중 기지의 삼각점을 이용한 삼각측량의 순서로 옳은 것은?

㉠ 도상계획	㉡ 답사 및 선점
㉢ 계산 및 성과표 작성	㉣ 각관측
㉤ 조표	

① ㉠ → ㉡ → ㉤ → ㉣ → ㉢
② ㉠ → ㉤ → ㉡ → ㉣ → ㉢
③ ㉡ → ㉠ → ㉤ → ㉣ → ㉢
④ ㉡ → ㉤ → ㉠ → ㉣ → ㉢

해설 계획 → 답사 → 선점 → 조표 → 각관측 → 삼각점 전개 → 계산 및 성과표 작성

23. 지구자전축과 연직선을 기준으로 천체를 관측하여 경위도와 방위각을 결정하는 측량은?

① 지형측량
② 평판측량
③ 천문측량
④ 스타디아 측량

해설 천문측량의 목적
- 경위도 원점 결정
- 독립된 지역의 위치 결정
- 측지측량망의 방위각 조정
- 연직선 편차 결정

24. A점의 표고가 179.45m이고 B점의 표고가 223.57m이면, 축척 1 : 5,000의 국가기본도에서 두 점 사이에 표시되는 주곡선 간격의 등고선 수는?

① 7개 ② 8개
③ 9개 ④ 10개

해설
- $\frac{1}{5,000}$ 지형도상 주곡선 간격 5m
- 주곡선 수 $= \frac{\text{표고차}}{\text{주곡선 간격}} = \frac{223.57-179.45}{5}$
  $= 8.82 = 9$개
- 176~220까지 5m 간격으로 9개

25. 평면직교좌표계에서 P점의 좌표가 X=500m, Y=1,000m이다. P점에서 Q점까지의 거리가 1,500m이고 PQ측선의 방위각이 240°라면 Q점의 좌표는?

① $X=-750$m, $Y=-1,299$m
② $X=-750$m, $Y=-299$m
③ $X=-250$m, $Y=-1,299$m
④ $X=-250$m, $Y=-299$m

해설
- Q의 위거(X_Q)
  $= X_P + l\cos\theta = 500 + 1,500 \times \cos 240°$
  $= -250$m
- Q의 경거(Y_Q)
  $= Y_P + l\sin\theta = 1,000 + 1,500 \times \sin 240°$
  $= -299$m

26. 고속도로의 노선설계에 많이 이용되는 완화곡선은?

① 클로소이드 곡선
② 3차 포물선
③ 렘니스케이트 곡선
④ 반파장 sine 곡선

해설 ① 클로소이드 곡선 : 도로
② 3차 포물선 : 철도
③ 렘니스케이트 곡선 : 시가지 지하철
④ 반파장 sine 곡선 : 고속철도

27. 하천의 수위표 설치 장소로 적당하지 않은 곳은?

① 수위가 교각 등의 영향을 받지 않는 곳
② 홍수 시 쉽게 양수표가 유실되지 않는 곳
③ 상 · 하류가 곡선으로 연결되어 유속이 크지 않은 곳
④ 하상과 하안이 세굴이나 퇴적이 되지 않는 곳

해설 상 · 하류의 약 100m 정도는 직선이고 유속의 크기가 크지 않아야 한다.

28. 그림과 같은 교호수준측량의 결과에서 B점의 표고는?(단, A점의 표고는 60m이고 관측결과의 단위는 m이다.)

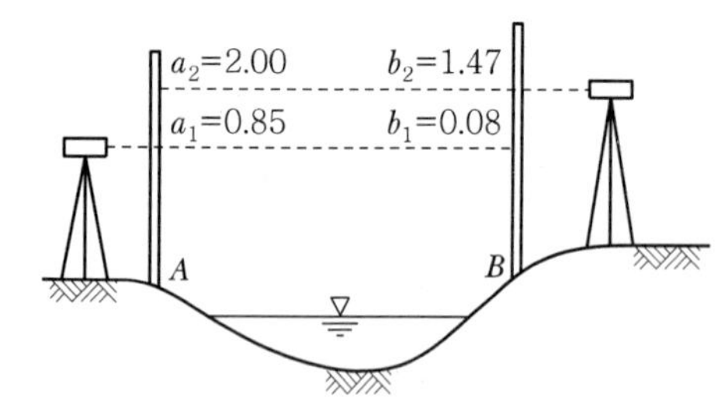

① 59.35m ② 60.65m
③ 61.82m ④ 61.27m

■ 해설
- $\Delta H = \dfrac{(a_1 - b_1) + (a_2 - b_2)}{2}$
  $= \dfrac{(0.85 - 0.08) + (2.0 - 1.47)}{2} = 0.65$
- $H_B = H_A + \Delta H = 60 + 0.65 = 60.65\text{m}$

29. 수준측량의 야장 기입법 중 중간점(IP)이 많을 경우 가장 편리한 방법은?

① 승강식 ② 기고식
③ 횡단식 ④ 고차식

■ 해설
- 기고식 : 중간점이 많고 길고 좁은 지형
- 승강식 : 정밀한 측정을 요할 때

30. 다각측량(Traverse Survey)의 특징에 대한 설명으로 옳지 않은 것은?

① 좁고 긴 선로측량에 편리하다.
② 다각측량을 통해 3차원(x, y, z) 정밀 위치를 결정한다.
③ 세부측량의 기준이 되는 기준점을 추가 설치할 경우에 편리하다.
④ 삼각측량에 비하여 복잡한 시가지 및 지형기복이 심해 시준이 어려운 지역의 측량에 적합하다.

■ 해설 트래버스측량의 용도 및 특징
- 높은 정확도를 요하지 않는 골조측량
- 산림지대, 시가지 등 삼각측량이 불리한 지역의 기준점 설치
- 도로, 수로, 철도 등과 같이 좁고 긴 지형의 기준점 설치
- 환경, 산림, 노선, 지적측량의 골조측량에 사용된다.
- 거리와 각을 관측하여 도식해법에 의해 모든 점의 위치를 결정할 경우 편리하다.
- 기본 삼각점이 멀리 배치되어 있어 좁은 지역의 세부측량의 기준이 되는 점을 추가 설치할 경우 편리하다.

31. 삼각측량의 삼각점에서 행해지는 각관측 및 조정에 대한 설명으로 옳지 않은 것은?

① 한 측점의 둘레에 있는 모든 각의 합은 360°가 되어야 한다.
② 삼각망 중 어느 한 변의 길이는 계산순서에 관계없이 동일해야 한다.
③ 삼각형 내각의 합은 180°가 되어야 한다.
④ 각관측 방법은 단측법을 사용하여야 한다.

■ 해설 삼각측량 시 각관측 방법은 각관측법이다.

32. 축척 1 : 1,200 지형도상의 지역을 축척 1 : 1,000으로 잘못 보고 면적을 계산하여 10.0m²를 얻었다면 실제면적은?

① 12.5m² ② 13.3m²
③ 13.8m² ④ 14.4m²

■ 해설
- 면적은 $\left(\dfrac{1}{m}\right)^2$에 비례
- $A_1 : A_2 = \left(\dfrac{1}{m_1}\right)^2 : \left(\dfrac{1}{m_2}\right)^2$
- $A_2 = \left(\dfrac{m_2}{m_1}\right)^2 \times A_1 = \left(\dfrac{1,200}{1,000}\right)^2 \times 10 = 14.4\text{m}^2$

33. 노선의 종단측량 결과는 종단면도에 표시하고 그 내용을 기록해야 한다. 이때 종단면도에 포함되지 않는 내용은?

① 지반고와 계획고의 차 ② 측점의 추가거리
③ 계획선의 경사 ④ 용지 폭

 |해답| 28.② 29.② 30.② 31.④ 32.④ 33.④

■ 해설 종단면도 기재 사항
- 측점
- 거리, 누가거리
- 지반고, 계획고
- 성토고, 절토고
- 구배

34. 레벨의 조정이 불완전할 경우 오차를 소거하기 위한 가장 좋은 방법은?

① 시준 거리를 길게 한다.
② 왕복측량하여 평균을 취한다.
③ 가능한 한 거리를 짧게 측량한다.
④ 전시와 후시의 거리를 같도록 측량한다.

■ 해설 전·후시 거리를 같게 하여 소거하는 것은 시준축 오차이며, 기포관 축과 시준선이 평행하지 않아 생기는 오차이다.

35. 원격탐사(Remote Sensing)의 정의로 가장 적합한 것은?

① 지상에서 대상물체의 전파를 발생시켜 그 반사파를 이용하여 관측하는 것
② 센서를 이용하여 지표의 대상물에서 반사 또는 방사된 전자스펙트럼을 관측하고 이들의 자료를 이용하여 대상물이나 현상에 관한 정보를 얻는 기법
③ 물체의 고유스펙트럼을 이용하여 각각의 구성성분을 지상의 레이더망으로 수집하여 처리하는 방법
④ 지상에서 찍은 중복사진을 이용하여 항공사진측량의 처리와 같은 방법으로 판독하는 작업

■ 해설 원격탐사는 센서를 이용하여 지표대상물에서 방사, 반사하는 전자파를 측정하여 정량적·정성적 해석을 하는 탐사이다.

36. 양 단면의 면적이 $A_1 = 80\text{m}^2$, $A_2 = 40\text{m}^2$, 중간 단면적 $A_m = 70\text{m}^2$이다. A_1, A_2 단면 사이의 거리가 30m이면 체적은?(단, 각주공식을 사용한다.)

① $2{,}000\text{m}^3$ ② $2{,}060\text{m}^3$
③ $2{,}460\text{m}^3$ ④ $2{,}640\text{m}^3$

■ 해설 각주공식$(V) = \frac{L}{6}(A_1 + 4A_m + A_2)$

$$= \frac{30}{6}(80 + 4 \times 70 + 40) = 2{,}000\text{m}^3$$

37. 클로소이드의 기본식은 $A^2 = R \cdot L$이다. 이때 매개변수(Parameter) A값을 A^2으로 쓰는 이유는?

① 클로소이드의 나선형을 2차 곡선 형태로 구성하기 위하여
② 도로에서의 완화곡선(클로소이드)은 2차원이기 때문에
③ 양변의 차원(Dimension)을 일치시키기 위하여
④ A값의 단위가 2차원이기 때문에

■ 해설 매개변수 A값을 A^2로 하는 이유는 양변의 차원을 일치시키기 위함이다.

38. 어떤 거리를 같은 조건으로 5회 관측한 결과가 아래와 같다면 최확값은?

- 121.573m
- 121.575m
- 121.572m
- 121.574m
- 121.571m

① 121.572m
② 121.573m
③ 121.574m
④ 121.575m

■ 해설 산술평균(L_0)

$$= \frac{121.573 + 121.575 + 121.572 + 121.574 + 121.571}{5}$$

$$= 121.573\text{m}$$

39. 그림은 레벨을 이용한 등고선 측량도이다. (a)에 알맞은 등고선의 높이는?

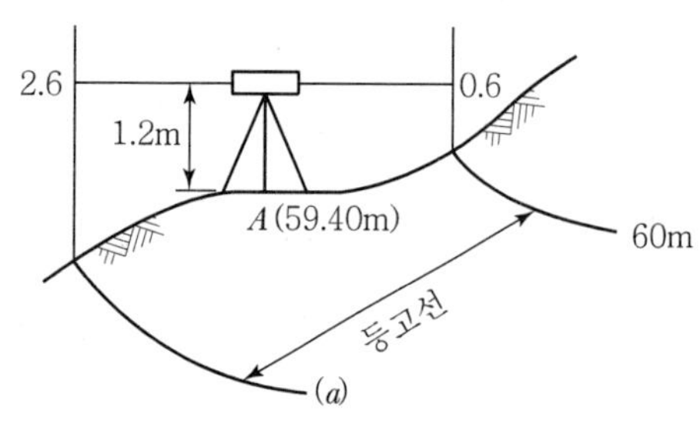

① 55m ② 57m
③ 58m ④ 59m

■해설 $H_a = H_{b0} + 0.6 - 2.6 = 60 + 0.6 - 2.6 = 58\text{m}$

40. 트래버스 측량에서는 각관측의 정도와 거리관측의 정도가 서로 같은 정밀도로 되어야 이상적이다. 이때 각이 30″의 정밀도로 관측되었다면 각관측과 같은 정도의 거리관측 정밀도는?

① 약 1/12,500 ② 약 1/10,000
③ 약 1/8,200 ④ 약 1/6,800

■해설
- $\dfrac{\Delta L}{L} = \dfrac{\theta''}{\rho''}$
- $\dfrac{\Delta L}{L} = \dfrac{30''}{206,265''} = \dfrac{1}{6,875.5} \fallingdotseq \dfrac{1}{6,800}$

제3과목 **수리수문학**

41. 깊은 우물(심정호)에 대한 설명으로 옳은 것은?

① 불투수층에서 50m 이상 도달한 우물
② 집수 우물 바닥이 불투수층까지 도달한 우물
③ 집수 깊이가 100m 이상인 우물
④ 집수 우물 바닥이 불투수층을 통과하여 새로운 대수층에 도달한 우물

■해설 우물의 양수량

종류	내용
깊은 우물 (심정호)	우물의 바닥이 불투수층까지 도달한 우물을 말한다. $Q = \dfrac{\pi K(H^2 - {h_o}^2)}{\ln(R/r_o)} = \dfrac{\pi K(H^2 - {h_o}^2)}{2.3\log(R/r_o)}$
얕은 우물 (천정호)	우물의 바닥이 불투수층까지 도달하지 못한 우물을 말한다. $Q = 4Kr_o(H - h_o)$
굴착정	피압대수층의 물을 양수하는 우물을 굴착정이라 한다. $Q = \dfrac{2\pi aK(H - h_o)}{\ln(R/r_o)} = \dfrac{2\pi aK(H - h_o)}{2.3\log(R/r_o)}$
집수암거	복류수를 취수하는 우물을 집수암거라 한다. $Q = \dfrac{Kl}{R}(H^2 - h^2)$

∴ 깊은 우물은 우물의 바닥이 불투수층까지 도달한 우물을 말한다.

42. 초속 25m/s, 수평면과의 각 60°로 사출된 분수가 도달하는 최대 연직 높이는?(단, 공기 등 기타 저항은 무시한다.)

① 23.9m ② 20.8m
③ 27.6m ④ 15.8m

■해설 사출수의 도달거리
㉠ 사출수의 도달거리
- 수평거리 : $L = \dfrac{{V_o}^2 \sin 2\theta}{g}$
- 연직거리 : $H = \dfrac{{V_o}^2 \sin^2\theta}{2g}$

㉡ 도달높이의 산정
$$H = \frac{{V_o}^2 \sin^2\theta}{2g} = \frac{25^2 \times (\sin 60°)^2}{2 \times 9.8} = 23.9\text{m}$$

43. 정수압의 성질에 대한 설명으로 옳지 않은 것은?

① 정수압은 수중의 가상면에 항상 수직으로 작용한다.
② 정수압의 강도는 전 수심에 걸쳐 균일하게 작용한다.
③ 정수 중의 한 점에 작용하는 수압의 크기는 모든 방향에서 동일한 크기를 갖는다.
④ 정수압의 강도는 단위 면적에 작용하는 힘의 크기를 표시한다.

 |해답| 39.③ 40.④ 41.② 42.① 43.②

해설 정수압의 성질

㉠ 정수압은 수중의 가상면에 항상 직각으로 작용한다.
㉡ 정수압의 강도는 수심에 비례하여 증가한다.
㉢ 정수 중의 한 점에 작용하는 수압의 크기는 모든 방향에서 동일한 크기를 갖는다.
㉣ 정수압 강도는 단위 면적에 작용하는 힘의 크기를 말한다.

44. 모세관 현상에 관한 설명으로 옳지 않은 것은?

① 모세관의 상승높이는 액체의 응집력과 액체와 관벽의 부착력에 의해 좌우된다.
② 액체의 응집력이 관벽과의 부착력보다 크면 관내의 액체 높이는 관 밖의 액체보다 낮게 된다.
③ 모세관의 상승높이는 모세관의 지름 d에 반비례한다.
④ 모세관의 상승높이는 액체의 단위중량에 비례한다.

해설 모세관 현상

㉠ 유체입자 간의 응집력과 유체입자와 관벽 사이의 부착력으로 인해 수면이 상승하는 현상을 모세관 현상이라 한다.

$$h = \frac{4T\cos\theta}{wD}$$

㉡ 특징
- 모세관의 상승높이는 액체의 응집력과 액체와 관벽의 부착력에 의해 좌우된다.
- 액체의 응집력이 관벽과의 부착력보다 크면 모관상승고는 하강한다.
- 모세관의 상승높이는 모세관의 지름 d에 반비례한다.
- 모세관의 상승높이는 액체의 단위중량에 반비례한다.

45. 관수로에서 레이놀즈(Reynolds, R_e) 수에 대한 설명으로 옳지 않은 것은?(단, V : 평균유속, D : 관의 지름, ν : 유체의 동점성계수)

① 레이놀즈 수는 $\frac{VD}{\nu}$로 구할 수 있다.
② $R_e > 4{,}000$이면 층류이다.
③ 레이놀즈 수에 따라 흐름상태(난류와 층류)를 알 수 있다.
④ R_e는 무차원의 수이다.

해설 흐름의 상태

층류와 난류의 구분

$$R_e = \frac{VD}{\nu}$$

여기서, V : 유속
D : 관의 직경
ν : 동점성계수

- $R_e < 2{,}000$: 층류
- $2{,}000 < R_e < 4{,}000$: 천이영역
- $R_e > 4{,}000$: 난류

46. 폭이 10m인 직사각형 수로에서 유량 $10\text{m}^3/\text{s}$가 1m의 수심으로 흐를 때 한계 유속은?(단, 에너지 보정계수 $\alpha = 1.1$)

① 3.96m/s
② 2.87m/s
③ 2.07m/s
④ 1.89m/s

해설 한계유속

㉠ 한계유속

한계수심을 통과할 때의 유속을 한계유속이라고 하며, 직사각형 단면의 한계유속은 다음과 같다.

$$V_c = \sqrt{\frac{gh_c}{\alpha}}$$

여기서, V_c : 한계유속
g : 중력가속도
h_c : 한계수심
α : 에너지 보정계수

㉡ 한계수심의 산정

$$h_c = \left(\frac{\alpha Q^2}{gb^2}\right)^{\frac{1}{3}} = \left(\frac{1.1\times10^2}{9.8\times10^2}\right)^{\frac{1}{3}} = 0.482\text{m}$$

㉢ 한계유속의 산정

$$V_c = \sqrt{\frac{gh_c}{\alpha}} = \sqrt{\frac{9.8\times0.482}{1.1}} = 2.07\text{m/s}$$

47. Darcy-Weisbach의 마찰손실 공식으로부터 Chezy의 평균유속 공식을 유도한 것으로 옳은 것은?

① $V=\dfrac{124.5}{D^{1/3}}\cdot\sqrt{RI}$

② $V=\sqrt{\dfrac{8g}{D^{1/3}}}\cdot\sqrt{RI}$

③ $V=\sqrt{\dfrac{f}{8}}\cdot\sqrt{RI}$

④ $V=\sqrt{\dfrac{8g}{f}}\cdot\sqrt{RI}$

■해설 Chezy의 평균유속 공식

㉠ Chezy 평균유속공식

$V=C\sqrt{RI}$

여기서, C : Chezy 유속계수

R : 경심

I : 동수경사

㉡ C와 f의 관계

$C=\sqrt{\dfrac{8g}{f}}$

여기서, f : 마찰손실계수

㉢ Chezy 평균유속공식

$V=\sqrt{\dfrac{8g}{f}}\cdot\sqrt{RI}$

48. 부체(浮體)의 성질에 대한 설명으로 옳지 않은 것은?

① 부양면의 단면 2차 모멘트가 가장 작은 축으로 기울어지기 쉽다.

② 부체가 평행상태일 때는 부체의 중심과 부심이 동일 직선상에 있다.

③ 경심고가 클수록 부체는 불안정하다.

④ 우력이 영(0)일 때를 중립이라 한다.

■해설 부체의 성질

㉠ 부양면의 단면 2차 모멘트가 작은 축으로 기울어지기 쉽다.

$\dfrac{I}{V}<\overline{GC}$: 불안정

㉡ 부체의 중심과 부심이 동일 직선상에 있을 때 부체는 평형하다.

㉢ 경심고가 0보다 크면 부체는 안정하다.

$\overline{MG}>0$: 안정

㉣ 우력이 0이면 중립이다.

49. 관수로에서 발생하는 손실수두 중 가장 큰 것은?

① 유입손실 ② 유출손실

③ 만곡손실 ④ 마찰손실

■해설 손실의 분류

㉠ 마찰손실수두를 대손실(major loss)이라고 한다.

㉡ 마찰 이외의 모든 손실을 소손실(minor loss)이라고 한다.

∴ 손실수두가 가장 큰 것은 대손실인 마찰손실이다.

50. 개수로의 흐름에서 도수 전의 Froude 수가 Fr_1일 때, 완전도수가 발생하는 조건은?

① $Fr_1<0.5$ ② $Fr_1=1.0$

③ $Fr_1=1.5$ ④ $Fr_1>\sqrt{3.0}$

■해설 도수

㉠ 도수 현상은 역적-운동량 방정식으로부터 유도할 수 있다.

㉡ 흐름이 사류(射流)에서 상류(常流)로 바뀔 때 수면이 뛰는 현상을 도수(hydraulic jump)라고 한다.

㉢ 도수는 큰 에너지 손실을 동반한다.

㉣ $1<F_r<\sqrt{3}$을 파상도수라고 하며, $F_r>\sqrt{3}$을 완전도수라고 한다.

51. 오리피스의 지름이 5cm이고, 수면에서 오리피스의 중심까지가 4m인 예연 원형 오리피스를 통하여 분출되는 유량은?(단, 유속계수 C_v=0.98, 수축계수 C_c=0.62)

① 1.056L/s ② 2.860L/s

③ 10.56L/s ④ 28.60L/s

■해설 오리피스의 유량

㉠ 오리피스의 유량

$Q=Ca\sqrt{2gh}$

여기서, C : 유량계수

a : 오리피스의 단면적

g : 중력가속도

h : 오리피스 중심까지의 수심

 |해답| 47.④ 48.③ 49.④ 50.④ 51.③

ⓛ 유량계수(C)

C=실제유량/이론유량$= C_a \times C_v \fallingdotseq 0.62$

$\therefore\ C = C_a \times C_v = 0.62 \times 0.98 = 0.61$

ⓒ 유량의 산정

$$Q = Ca\sqrt{2gh}$$
$$= 0.61 \times \frac{\pi \times 0.05^2}{4} \times \sqrt{2 \times 9.8 \times 4}$$
$$= 0.0106\text{m}^3/\text{sec} = 10.6\text{L/s}$$

52. M, L, T가 각각 질량, 길이, 시간의 차원을 나타낼 때, 운동량의 차원으로 옳은 것은?

① $[MLT^{-1}]$ ② $[MLT]$
③ $[MLT^2]$ ④ $[ML^2T]$

해설 차원

㉠ 물리량의 크기를 힘$[F]$, 질량$[M]$, 시간$[T]$, 길이$[L]$의 지수형태로 표기한 것

ⓛ 운동량의 차원

- FLT계 차원 : FT
- MLT계 차원 : MLT^{-1}

$\because\ F = MLT^{-2}$

53. 개수로에서 한계 수심에 대한 설명으로 옳은 것은?

① 상류로 흐를 때의 수심
② 사류로 흐를 때의 수심
③ 최대 비에너지에 대한 수심
④ 최소 비에너지에 대한 수심

해설 한계수심

㉠ 유량이 일정하고 비에너지가 최소일 때의 수심을 한계수심이라 한다.

ⓛ 비에너지가 일정하고 유량이 최대로 흐를 때의 수심을 한계수심이라 한다.

ⓒ 유량이 일정하고 비력이 최소일 때의 수심을 한계수심이라 한다.

㉣ 흐름이 상류(常流)에서 사류(射流)로 바뀌는 지점의 수심을 한계수심이라 한다.

54. 개수로 구간에 댐을 설치했을 때 수심 h가 상류로 갈수록 등류수심 h_0에 접근하는 수면곡선을 무엇이라 하는가?

① 저하곡선 ② 배수곡선
③ 문곡선 ④ 수면곡선

해설 부등류의 수면형

㉠ $dx/dy>0$이면 수심이 흐름방향으로 증가함을 뜻하며 이 유형의 곡선을 배수곡선(backwater curve)이라 하고, 댐 상류부에서 볼 수 있는 곡선이다.

ⓛ $dx/dy<0$이면 수심이 흐름방향으로 감소함을 뜻하며 이 유형의 곡선을 저하곡선(dropdown curve)이라 하고, 위어 등에서 볼 수 있는 곡선이다.

∴ 댐 상류부 등에서 볼 수 있고 수심 h가 상류(上流)로 갈수록 등류수심 h_0에 접근하는 수면곡선을 배수곡선이라고 한다.

55. 그림과 같이 지름 5cm의 분류가 30m/s의 속도로 판에 수직으로 충돌하였을 때 판에 작용하는 힘은?

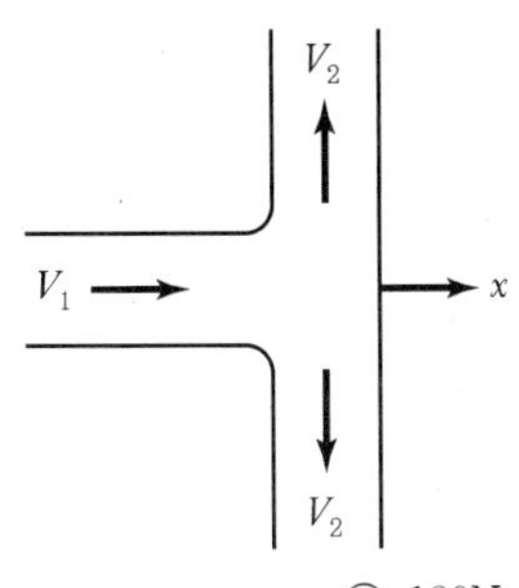

① 90N ② 180N
③ 720N ④ 1.81kN

해설 운동량 방정식

㉠ 운동량 방정식

- 운동량 방정식

$$F = \rho Q(V_2 - V_1) = \frac{wQ}{g}(V_2 - V_1)$$

- 판이 받는 힘(반력)

$$F = \rho Q(V_1 - V_2) = \frac{wQ}{g}(V_1 - V_2)$$

ⓛ 반력의 산정

- 유입부 x방향 속도 : $V_1 = V$
- 유출부 x방향 속도 : $V_2 = 0$

㉢ 판에 작용하는 힘의 산정

$$F = \frac{wQ}{g}(V_1 - V_2)$$

$$= \frac{1\times(\frac{\pi\times0.05^2}{4}\times30)}{9.8}(30-0)$$

$$= 0.18\text{t} = 1.8\text{kN}$$

$\because$ 1kg = 9.8N

56. 베르누이 정리에 관한 설명으로 옳지 않은 것은?

① $z+\frac{P}{w}+\frac{V^2}{2g}$의 수두가 일정하다.

② 정상류이어야 하며 마찰에 의한 에너지 손실이 없는 경우에 적용된다.

③ 동수경사선이 에너지선보다 항상 위에 있다.

④ 경사선과 에너지선을 설명할 수 있다.

해설 Bernoulli 정리

㉠ Bernoulli 정리

$$z+\frac{p}{w}+\frac{v^2}{2g} = H(\text{일정})$$

㉡ 성립가정

- 하나의 유선에서만 성립된다.
- 정상류 흐름이다.
- 이상유체에 적용된다.

㉢ 동수경사선과 에너지선

- 위치수두(z)와 압력수두($\frac{p}{w}$)를 합한 점을 연결한 선을 동수경사선이라고 한다.
- 동수경사선에서 속도수두($\frac{v^2}{2g}$)만큼 위에 있는 선을 에너지선이라고 한다.

57. 폭이 넓은 직사각형 수로에서 폭 1m당 0.5m³/s의 유량이 80cm의 수심으로 흐르는 경우에 이 흐름은?(단, 이때 동점성계수는 0.012cm²/s이고 한계수심은 29.4cm이다.)

① 층류이며 상류 ② 층류이며 사류

③ 난류이며 상류 ④ 난류이며 사류

해설 흐름의 상태

㉠ 층류와 난류

$$R_e = \frac{VD}{\nu}$$

여기서, V : 유속

D : 관의 직경

ν : 동점성계수

- $R_e < 2{,}000$: 층류
- $2{,}000 < R_e < 4{,}000$: 천이영역
- $R_e > 4{,}000$: 난류

㉡ 상류(常流)와 사류(射流)

$$F_r = \frac{V}{C} = \frac{V}{\sqrt{gh}}$$

여기서, V : 유속

C : 파의 전달속도

- $F_r < 1$: 상류(常流)
- $F_r > 1$: 사류(射流)
- $F_r = 1$: 한계류

㉢ 층류와 난류의 계산

$$V = \frac{Q}{A} = \frac{0.5}{1\times0.8} = 0.625\text{m/s}$$

$$R_e = \frac{VD}{\nu} = \frac{0.625\times0.8}{0.012\times10^{-4}} = 416{,}667$$

$\therefore$ 난류

㉣ 상류(常流)와 사류(射流)의 계산

$$F_r = \frac{V}{\sqrt{gh}} = \frac{0.625}{\sqrt{9.8\times0.8}} = 0.223$$

$\therefore$ 상류(常流)

58. 부피가 5.8m³인 액체의 중량이 62.2N일 때, 이 액체의 비중은?

① 0.951 ② 1.094

③ 1.117 ④ 1.195

해설 유체의 물리적 성질

㉠ 단위중량

어떤 유체의 단위체적당 무게(중량)를 단위중량이라고 한다.

$$w = \frac{W}{V} = \frac{6.35}{5.8} = 1.09\text{kg/m}^3$$

$$= 1.09\times10^{-3}\text{t/m}^3$$

㉡ 비중

어떤 유체의 단위중량을 물의 단위중량으로 나눈 값을 비중이라고 한다.

$$S = \frac{w}{w_w} = \frac{1.09\times10^{-3}}{1} = 1.09\times10^{-3}$$

 |해답| 56.③ 57.③ 58.②

59. 흐름의 연속방정식은 어떤 법칙을 기초로 하여 만들어진 것인가?

① 질량 보존의 법칙
② 에너지 보존의 법칙
③ 운동량 보존의 법칙
④ 마찰력 불변의 법칙

해설 연속방정식
㉠ 질량보존의 법칙에 의해 만들어진 방정식이다.
㉡ 검사구간에서의 도중에 질량의 유입이나 유출이 없다고 하면 구간 내 어느 곳에서나 질량유량은 같다.
$Q=\rho_1 A_1 V_1=\rho_2 A_2 V_2$ (질량유량)
㉢ 비압축성 유체로 가정하면 밀도(ρ)가 일정해져서 생략이 가능하다.
$Q=A_1 V_1=A_2 V_2$ (체적유량)

60. 지하수의 투수계수와 관계가 없는 것은?

① 토사의 입경 ② 물의 단위중량
③ 지하수의 온도 ④ 토사의 단위중량

해설 Darcy의 법칙
㉠ Darcy의 법칙
$$V=K\cdot I=K\cdot\frac{h_L}{L}$$
$$Q=A\cdot V=A\cdot K\cdot I=A\cdot K\cdot\frac{h_L}{L}$$
㉡ 특징
- 투수계수의 차원은 동수경사가 무차원이므로 속도의 차원$[LT^{-1}]$과 동일하다.
- Darcy의 법칙은 지하수의 층류흐름에 대한 마찰저항공식이다.
- Darcy의 법칙은 정상류흐름의 층류에만 적용된다.(특히, $R_e<4$일 때 잘 적용된다.)
- 투수계수는 물의 점성계수에 따라서도 변화한다.

$$K=D_s{}^2\frac{\rho g}{\mu}\frac{e^3}{1+e}C$$
여기서, D_s : 입자의 직경
ρg : 물의 단위중량
μ : 점성계수
e : 간극비
C : 형상계수

∴ 투수계수와 관련이 없는 것은 토사의 단위중량이다.

제4과목 철근콘크리트 및 강구조

61. 단면계수가 1,200cm³인 I형강에 102kN·m의 휨모멘트가 작용할 때 하연에 작용하는 휨응력은?

① 85MPa ② 92MPa
③ 102MPa ④ 120MPa

해설 $f_b=\frac{M}{Z}=\frac{102\times10^6}{1,200\times10^3}=85\text{N/mm}^2=85\text{MPa}$

62. 강도설계법에 의해 휨설계를 할 경우 $f_{ck}=40$ MPa인 경우 β_1의 값은?

① 0.85 ② 0.812
③ 0.766 ④ 0.65

해설 $f_{ck}>28$MPa인 경우 β_1의 값
$\beta_1=0.85-0.007(f_{ck}-28)$
$=0.85-0.007(40-28)$
$=0.766(\beta_1\geq0.65-\text{O.K})$

63. 그림과 같이 PS강선을 포물선으로 배치했을 때 PS강선의 편심은 중앙점에서 100mm이고 양지점에서는 0이었다. PS강선을 3,000kN으로 인장할 때 생기는 등분포 상향력은?

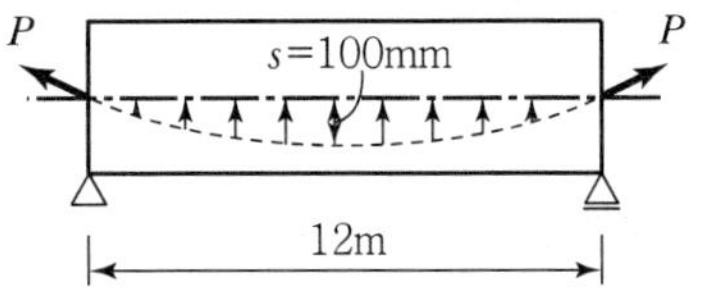

① 1.13kN/m
② 1.67kN/m
③ 13.3kN/m
④ 16.7kN/m

해설 $u=\frac{8Ps}{l^2}=\frac{8\times300\times0.1}{12^2}=16.7\text{kN/m}$

64. 강도설계법에서 단철근 직사각형 보의 균형단면 중립축 위치(c)를 구하는 식으로 옳은 것은? (단, f_y : 철근의 설계기준항복강도, f_s : 철근의 응력, d : 보의 유효깊이)

① $c=\dfrac{600}{600+f_y}d$

② $c=\dfrac{600}{600-f_y}d$

③ $c=\dfrac{600}{600+f_s}d$

④ $c=\dfrac{600}{600-f_s}d$

■ 해설 $c_b=\dfrac{600}{600+f_y}d$

65. 단철근 직사각형 단면의 균형 철근비(ρ_b)를 이용하여 균형철근량(A_s)을 구하는 식은?(단, b = 폭, d = 유효깊이)

① $A_s=\rho_b bd$　　② $A_s=\dfrac{\rho_b}{bd}$

③ $A_s=\dfrac{\rho_b}{b-d}$　　④ $A_s=\dfrac{\rho_b-b}{d}$

■ 해설 $\rho_b=0.85\beta_1\dfrac{f_{ck}}{f_y}\cdot\dfrac{600}{600+f_y}$

$A_{s.b}=\rho_b\cdot b\cdot d$

66. 그림과 같이 용접이음을 했을 경우 전단응력은?

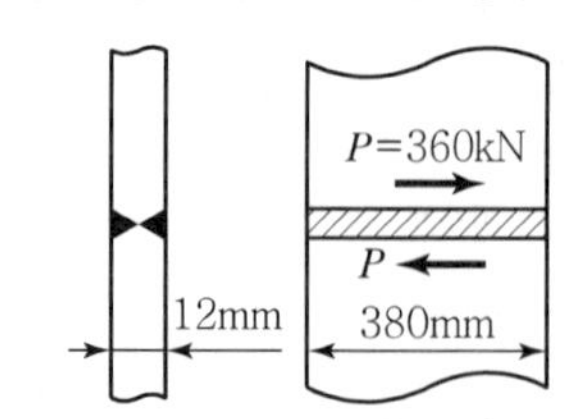

① 78.9MPa　　② 67.5MPa

③ 57.5MPa　　④ 45.9MPa

■ 해설 $v=\dfrac{P}{bt}=\dfrac{360\times10^3}{380\times12}=78.9\text{N/mm}^2=78.9\text{MPa}$

67. 강도설계법에 의한 휨부재 설계의 기본가정으로 옳지 않은 것은?

① 콘크리트의 압축연단에서 최대 변형률은 0.003으로 가정한다.

② 철근의 응력이 설계기준항복강도 f_y 이하일 때 철근의 응력은 그 변형률에 철근의 탄성계수(E_s)를 곱한 값으로 한다.

③ 콘크리트의 압축응력분포는 일반적으로 삼각형으로 가정한다.

④ 철근과 콘크리트의 변형률은 중립축에서의 거리에 직선 비례한다.

■ 해설 콘크리트의 압축응력분포는 일반적으로 직사각형으로 가정한다.

68. 프리스트레스트 콘크리트(PSC)에 의한 교량 가설공법 중 교대 후방의 작업장에서 교량 상부구조를 10~30m의 블록(Block)으로 제작한 후, 미리 가설된 교각의 교축방향으로 밀어내고 다음 블록을 다시 제작하고 연결하여 연속적으로 밀어내며 시공하는 공법은?

① 이동식 지보공법(MSS)

② 캔틸레버공법(FCM)

③ 동바리공법(FSM)

④ 압출공법(ILM)

■ 해설 PSC 교량 가설공법

㉠ MSS(Movable Scaffolding System, 이동식 지보공법)
MSS는 매단 지보공과 거푸집을 사용하여 1경간씩 현장타설로 시공하고 탈형과 지보공의 이동이 기계적으로 이루어지는 가설공법이다.

㉡ FCM(Free Cantilever Method, 캔틸레버공법)
FCM은 동바리 없이 교각 위에서 양쪽의 교축방향으로 한 블록씩 콘크리트를 쳐서 프리스트레스를 도입하고, 이 부분을 지점으로 하여 순차적으로 한 블록씩 이어나가는 가설공법이다.

㉢ FSM(Full Staging Method, 동바리공법)
FSM은 콘크리트를 타설하는 경간 전체에 동바리를 설치하여 타설된 콘크리트가 일정한 강도에 도달할 때까지 콘크리트의 하중 및 거푸집, 작업대 등의 무게를 동바리가 지지하도록 하는 공법이다.

 |해답| 64.① 65.① 66.① 67.③ 68.④

㉣ ILM(Incremental Launching Method, 압출공법)
ILM은 교대 배후에 거더(Girder) 제작장소를 설치하고, 10~30m의 블록으로 분할하여 콘크리트를 이어 쳐서 교량거더를 제작하여 이를 잭(jack)으로 밀어내는 가설공법이다.

69. 콘크리트구조 철근상세 설계기준에 따르면 압축부재의 축방향 철근이 D32일 때 사용할 수 있는 띠철근에 대한 설명으로 옳은 것은?

① D6 이상의 띠철근으로 둘러싸야 한다.
② D10 이상의 띠철근으로 둘러싸야 한다.
③ D13 이상의 띠철근으로 둘러싸야 한다.
④ D16 이상의 띠철근으로 둘러싸야 한다.

해설 철근콘크리트 압축부재에서 띠철근의 지름

축방향 철근의 지름	띠철근의 지름
D32 이하인 경우	D10 이상
D35 이상인 경우	D13 이상

70. 판형에서 보강재(stiffener)의 사용목적은?

① 보 전체의 비틀림에 대한 강도를 크게 하기 위함이다.
② 복부판의 전단에 대한 강도를 높이기 위함이다.
③ flange angle의 간격을 넓게 하기 위함이다.
④ 복부판의 좌굴을 방지하기 위함이다.

해설 판형에서 보강재를 사용하는 목적은 복부판의 좌굴을 방지하기 위함이다.

71. 그림과 같은 단철근보의 공칭전단강도(V_n)는? (단, 철근 D13을 수직 스터럽으로 사용하며, 스터럽 간격은 300mm, 철근 D13 1본의 단면적은 127mm², $f_{ck}=24$MPa, $f_y=400$MPa이다.)

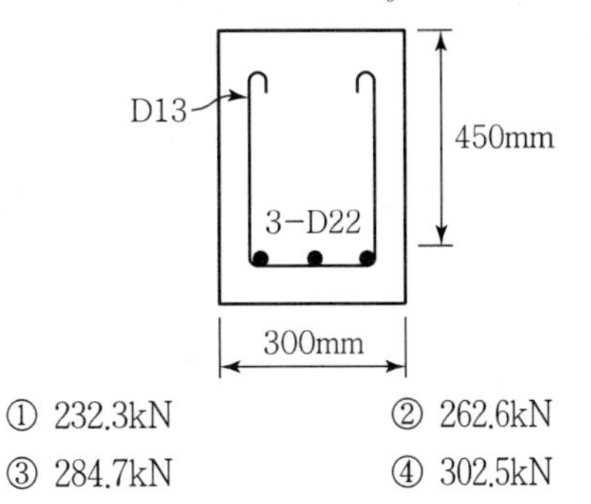

① 232.3kN ② 262.6kN
③ 284.7kN ④ 302.5kN

해설 $\lambda=1$(보통 중량의 콘크리트인 경우)

$$V_n=\frac{1}{6}\lambda\sqrt{f_{ck}}\,bd+\frac{A_v f_y d}{s}$$
$$=\frac{1}{6}\times1\times\sqrt{24}\times300\times450+\frac{(2\times127)\times400\times450}{300}$$
$$=262.6\times10^3\text{N}=262.6\text{kN}$$

72. 전단철근으로 보강된 보에 사인장 균열이 발생한 후, 전단철근이 항복에 이르는 동안에 단면의 내부에서 발생하는 내력의 종류가 아닌 것은?

① 사인장 균열이 발생한 부분의 콘크리트가 부담하는 전단력
② 균열면과 교차된 면의 전단철근이 부담하는 전단력
③ 인장 휨철근의 다우웰 작용(dowel action)에 의한 수직 내력
④ 거친 균열면의 상호 맞물림(interlocking)에 의한 내력의 수직 분력

해설 전단철근이 항복에 이르는 동안에 단면의 내부에서 발생하는 내력의 종류
- V_c : 사인장 균열이 발생하지 않은 부분의 콘크리트가 부담하는 전단력
- V_s : 균열면과 교차된 면의 전단철근이 부담하는 전단력
- V_d : 인장 휨철근의 다우웰 작용(Dowel Action)에 의한 수직 내력

- V_{iy} : 거친 균열면의 상호 맞물림(Interlocking)에 의한 수직 내력

73. 철근콘크리트 1방향 슬래브에 대한 설명으로 틀린 것은?

① 1방향 슬래브에서는 정모멘트 철근 및 부모멘트 철근에 직각방향으로 수축 · 온도철근을 배치하여야 한다.
② 4변에 의해 지지되는 2방향 슬래브 중에서 단변에 대한 장변의 비가 2배를 넘으면 1방향 슬래브로 해석하며, 이 경우 일반적으로 슬래브의 장변방향을 경간으로 사용한다.
③ 슬래브의 두께는 최소 100mm 이상으로 하여야 한다.
④ 슬래브의 정모멘트 철근 및 부모멘트 철근의 중심 간격은 위험단면에서 슬래브 두께의 2배 이하이어야 하고, 또한 300mm 이하로 하여야 한다.

■ 해설 4변에 의해 지지되는 2방향 슬래브 중에서 단변에 대한 장변의 비가 2배를 넘으면 1방향 슬래브로 해석하며, 이 경우 일반적으로 슬래브의 단변방향을 경간으로 사용한다.

74. 철근콘크리트의 특징에 대한 설명으로 옳지 않은 것은?

① 콘크리트는 납품 시 습식재료인 상태이므로 완성된 상태의 품질 확인이 쉽지 않다.
② 숙련공에 의해 콘크리트의 배합이나 타설이 이루어지지 않으면 요구되는 품질의 콘크리트를 얻기 어렵다.
③ 보통 재령 28일의 강도로 품질을 확보하므로 28일 후에 소정의 강도가 나타나지 않을 때 경제적, 시간적 손실을 입기 쉽다.
④ 복잡한 여러 구조를 일체적인 하나의 구조로 만드는 것이 거의 불가능하다.

■ 해설 복잡한 여러 구조를 일체적인 하나의 구조로 만드는 것이 용이하다.

75. 그림과 같은 T형 단면의 보에서 등가직사각형 응력블록의 깊이(a)는?(단, f_{ck}=28MPa, f_y=400MPa, A_s=3,855mm²)

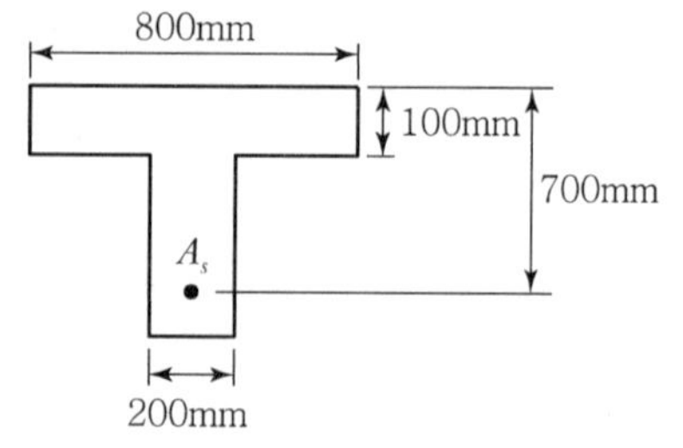

① 81mm ② 98mm
③ 108mm ④ 116mm

■ 해설 T형 보의 판별
폭 b=800mm인 직사각형 단면보에 대한 등가사각형 깊이(a)

$$a=\frac{f_y A_s}{0.85 f_{ck} b}=\frac{400\times 3,855}{0.85\times 28\times 800}=81\text{mm}$$

a(=81mm) < t_f(=100mm)이므로 폭이 800mm인 직사각형 단면보로 해석한다.
따라서 등가사각형 깊이 a=81mm이다.

76. 표준갈고리를 갖는 인장 이형철근의 정착길이를 구하기 위하여 기본정착길이에 곱하는 것은?

① 갈고리 철근의 단면적
② 갈고리 철근의 간격
③ 보정계수
④ 형상계수

■ 해설 정착길이=기본정착길이×보정계수

77. 철근콘크리트 부재의 장기처짐 계산 시 지속하중의 재하기간 12개월에 적용되는 시간경과계수(ξ)는?

① 1.0 ② 1.2
③ 1.4 ④ 2.0

 |해답| 73.② 74.④ 75.① 76.③ 77.③

■해설 지속하중의 재하기간에 따른 계수(ξ)

시간	1개월	3개월	6개월	1년	2년	3년	5년 이상
ξ	0.5	1.0	1.2	1.4	1.7	1.8	2.0

78. 기초 위에 돌출된 압축부재로서 단면의 평균최소치수에 대한 높이의 비율이 3 이하인 부재를 무엇이라 하는가?

① 단주　② 주각
③ 장주　④ 기둥

■해설 기초 위에 돌출된 압축부재로서 단면의 평균최소치수에 대한 높이의 비율이 3 이하인 부재를 주각이라 한다.

79. 프리스트레싱 긴장재 한 가닥만을 배치하여 1회의 긴장작업으로 프리스트레스의 도입이 끝나는 포스트텐션 방식의 프리스트레스트 콘크리트 부재에는 발생하지 않는 손실은?

① 긴장재의 마찰
② 정착장치의 활동
③ 콘크리트의 탄성수축
④ 긴장재 응력의 릴랙세이션

■해설 1회의 긴장작업으로 프리스트레스를 도입할 경우 포스트텐션 공법에서 탄성변형에 의한 프리스트레스 손실은 발생하지 않는다.

80. 연직하중 1,800kN을 받는 독립확대기초를 정사각형으로 설계하고자 한다. 지반의 허용지지력이 200kN/m²라면 독립확대기초 1변의 길이는?

① 2m　② 2.5m
③ 3m　④ 3.5m

■해설

$$q_a \geq q = \frac{P}{A} = \frac{P}{l^2}$$

$$l \geq \sqrt{\frac{P}{q_a}} = \sqrt{\frac{1,800}{200}} = 3\text{m}$$

제5과목 토질 및 기초

81. 다음 중 동해가 가장 심하게 발생하는 토질은?

① 실트　② 점토
③ 모래　④ 콜로이드

■해설 동해가 심한 순서
실트 > 점토 > 모래 > 자갈

82. Hazen이 제안한 균등계수가 5 이하인 균등한 모래의 투수계수(k)를 구할 수 있는 경험식으로 옳은 것은?(단, C는 상수이고, D_{10}은 유효입경이다.)

① $k = CD_{10}$(cm/s)　② $k = CD_{10}^{\ 2}$(cm/s)
③ $k = CD_{10}^{\ 3}$(cm/s)　④ $k = CD_{10}^{\ 4}$(cm/s)

■해설 Hazen의 경험식

식	내용
$k = CD_{10}^{\ 2}$	k : 투수계수(cm/sec) D_{10} : 유효입경(cm) C : 100~150/cm·sec (둥근 입자인 경우 C= 150)

83. 포화단위중량이 1.8t/m³인 모래지반이 있다. 이 포화 모래지반에 침투수압의 작용으로 모래가 분출하고 있다면 한계동수경사는?

① 0.8　② 1.0
③ 1.8　④ 2.0

■해설

$$i_c = \frac{h}{L} = \frac{\gamma_{sub}}{\gamma_w} = \frac{0.8}{1} = 0.8$$

84. 연약점토지반($\phi = 0$)의 단위중량이 1.6t/m³, 점착력이 2t/m²이다. 이 지반을 연직으로 2m 굴착하였을 때 연직사면의 안전율은?

① 1.5　② 2.0
③ 2.5　④ 3.0

|해답| 78.② 79.③ 80.③ 81.① 82.② 83.① 84.③

■ 해설 $F_s = \frac{H_c}{H} = \frac{5}{2} = 2.5$

- $H_c = \frac{4c}{\gamma}\tan\left(45 + \frac{\phi}{2}\right)$
  $= \frac{4 \times 2}{1.6}\tan\left(45 + \frac{0}{2}\right) = 5\text{m}$
- $H = 2\text{m}$

85. 점토의 예민비(sensitivity ratio)는 다음 시험 중 어떤 방법으로 구하는가?

① 삼축압축시험 ② 일축압축시험
③ 직접전단시험 ④ 베인시험

■ 해설 예민비

- 예민성은 일축압축시험을 실시하면 강도가 감소되는 성질이다.
- 예민비는 교란에 의해 감소되는 강도의 예민성을 나타내는 지표이다.(일축압축시험 결과로 얻는 일축압축강도를 이용하여 예민비를 구한다.)
- 예민비가 크면 진동이나 교란 등에 민감하여 강도가 크게 저하되므로 공학적 성질이 불량하다.(안전율을 크게 한다.)

$S_t = \frac{q_u}{q_{ur}} = \frac{\text{불교란시료의 일축압축강도(자연상태)}}{\text{교란시료의 일축압축강도(흐트러진 상태)}}$

86. 다음은 불교란 흙 시료를 채취하기 위한 샘플러 선단의 그림이다. 면적비(A_r)를 구하는 식으로 옳은 것은?

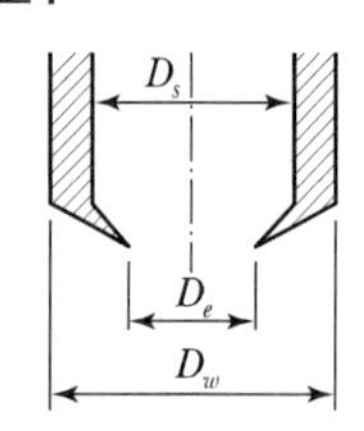

① $A_r = \frac{D_s^2 - D_e^2}{D_e^2} \times 100(\%)$

② $A_r = \frac{D_w^2 - D_e^2}{D_e^2} \times 100(\%)$

③ $A_r = \frac{D_s^2 - D_e^2}{D_w^2} \times 100(\%)$

④ $A_r = \frac{D_s^2 - D_e^2}{D_s^2} \times 100(\%)$

■ 해설

샘플러 모식도	면적비
D_w, D_s, D_e	$A_R = \frac{D_w^2 - D_e^2}{D_e^2} \times 100(\%)$
	• D_w : sampler의 외경
	• D_e sampler의 선단(날끝) 내경

87. 다음 그림과 같은 높이가 10m인 옹벽이 점착력이 0인 건조한 모래를 지지하고 있다. 모래의 마찰각이 36°, 단위중량이 1.6t/m³일 때 전 주동토압은?

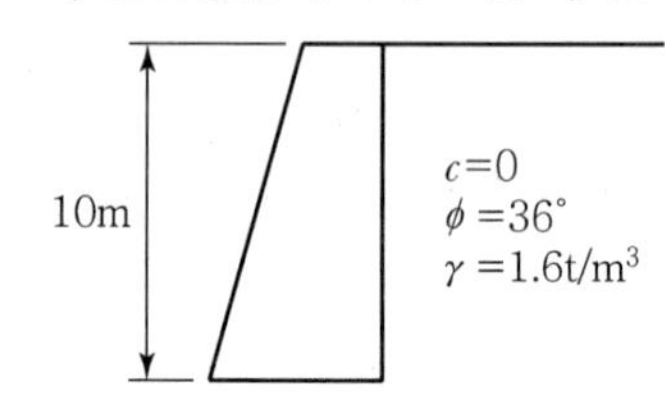

① 20.8t/m ② 24.3t/m
③ 33.2t/m ④ 39.5t/m

■ 해설 $P_a = \frac{1}{2}\gamma_t H^2 K_a(\text{t/m})$

$\left(K_a = \frac{1-\sin\theta}{1+\sin\theta} = \frac{1-\sin 36°}{1+\sin 36°} = 0.26\right)$

$= \frac{1}{2} \times 1.6 \times 10^2 \times 0.26$

$= 20.8\text{t/m}$

88. 사질지반에 40cm×40cm 재하판으로 재하 시험한 결과 16t/m²의 극한지지력을 얻었다. 2m×2m의 기초를 설치하면 이론상 지지력은 얼마나 되겠는가?

① 16t/m² ② 32t/m²
③ 40t/m² ④ 80t/m²

■ 해설 $q_u(\text{기초}) = q_u(\text{재하판}) \times \frac{B(\text{기초})}{B(\text{재하판})}$

$= 16 \times \frac{2}{0.4} = 80\text{t/m}^2$

 |해답| 85.② 86.② 87.① 88.④

89. 입도분포곡선에서 통과율 10%에 해당하는 입경(D_{10})이 0.005mm이고, 통과율 60%에 해당하는 입경(D_{60})이 0.025mm일 때 균등계수(C_u)는?

① 1 ② 3
③ 5 ④ 7

■해설 $C_u = \dfrac{D_{60}}{D_{10}} = \dfrac{0.025}{0.005} = 5$

90. 간극비(e) 0.65, 함수비(w) 20.5%, 비중(G_s) 2.69인 사질점토의 습윤단위중량(γ_t)은?

① 1.02g/cm³ ② 1.35g/cm³
③ 1.63g/cm³ ④ 1.96g/cm³

■해설 $\gamma_t = \dfrac{W}{V} = \dfrac{G_s + S_e}{1+e} \cdot \gamma_w = \dfrac{2.69 + (0.848 \times 0.65)}{1+0.65}$
$= 1.96\text{g/cm}^3$
$\left(G_w = S_e,\ S = \dfrac{G_w}{e} = \dfrac{2.69 \times 0.205}{0.65} = 0.848\right)$

91. 진동이나 충격과 같은 동적외력의 작용으로 모래의 간극비가 감소하며 이로 인하여 간극수압이 상승하여 흙의 전단강도가 급격히 소실되어 현탁액과 같은 상태로 되는 현상은?

① 액상화 현상
② 동상 현상
③ 다일러탠시 현상
④ 틱소트로피 현상

■해설

액상화 현상	틱소트로피
포화된 사질지반에 지진이나 진동 등 동적하중이 작용하면 지반에서 일시적으로 전단강도를 상실하는 현상	교란된 점토지반이 시간이 지남에 따라 강도의 일부를 회복하는 현상

92. 압밀계수가 0.5×10^{-2}cm²/s이고, 일면배수 상태의 5m 두께 점토층에서 90% 압밀이 일어나는 데 소요되는 시간은?(단, 90% 압밀도에서 시간계수(T)는 0.848이다.)

① 2.12×10^7초 ② 4.24×10^7초
③ 6.36×10^7초 ④ 8.48×10^7초

■해설 $T_v = \dfrac{C_v \cdot t}{H^2}$
$\therefore\ t = \dfrac{T_v \cdot H^2}{C_v} = \dfrac{0.848 \times 500^2}{0.5 \times 10^{-2}}$
$= 4.24 \times 10^7$초

93. 모래치환법에 의한 흙의 밀도 시험에서 모래(표준사)는 무엇을 구하기 위해 사용되는가?

① 흙의 중량 ② 시험구멍의 부피
③ 흙의 함수비 ④ 지반의 지지력

■해설 모래(표준사)의 용도
시험구멍의 체적을 구하기 위해 사용한다(No.10체를 통과하고 No. 200체에 남은 모래를 사용).

94. 흙의 다짐시험에서 다짐에너지를 증가시킬 때 일어나는 변화로 옳은 것은?

① 최적함수비와 최대 건조밀도가 모두 증가한다.
② 최적함수비와 최대 건조밀도가 모두 감소한다.
③ 최적함수비는 증가하고 최대 건조밀도는 감소한다.
④ 최적함수비는 감소하고 최대 건조밀도는 증가한다.

■해설 다짐에너지 증가 시 변화
- $\gamma_{d\max}$가 증가한다.
- OMC(최적함수비)는 작아진다.

95. 유선망을 이용하여 구할 수 없는 것은?

① 간극수압 ② 침투수량
③ 동수경사 ④ 투수계수

해설 유선망의 작도 목적
- 침투유량(수량) 결정
- 간극수압 결정
- 동수경사 결정

96. 그림과 같은 모래지반에서 $X-X$면의 전단강도는?(단, $\phi=30°$, $c=0$)

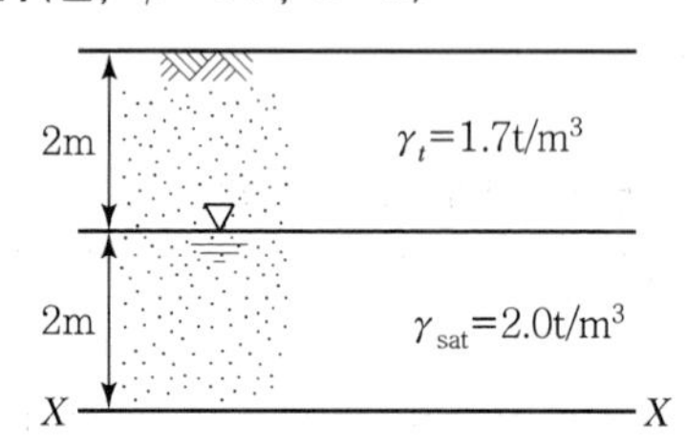

① 1.56t/m² ② 2.14t/m²
③ 3.12t/m² ④ 4.27t/m²

해설 $S(\tau_f)=C+\sigma'\tan\phi$

$\sigma'=1.7\times2+1\times2=5.4$

$\therefore\ S(\tau_f)=0+5.4\tan30°=3.12\text{t/m}^2$

97. 점성토 지반에 사용하는 연약지반 개량공법이 아닌 것은?

① Sand drain 공법
② 침투압 공법
③ Vibro flotation 공법
④ 생석회 말뚝 공법

해설 사질토 개량공법

다짐공법	배수공법	고결
• 다짐말뚝 공법 • compozer 공법 • virbro flotation 공법 • 전기충격식 공법 • 폭파다짐 공법	Well point 공법	약액주입공법

98. 다음 중 말뚝의 정역학적 지지력공식은?

① Sander 공식
② Terzaghi 공식
③ Engineering News 공식
④ Hiley 공식

해설 말뚝의 지지력 산정방법

정역학적 공식	동역학적 공식(항타공식)
• Terzaghi 공식 • Meyerhof 공식 • Dörr 공식 • Dunham 공식	• Sander 공식 • Engineering News 공식 • Hiley 공식 • Weisbach 공식

99. 다음 그림과 같은 접지압 분포를 나타내는 조건으로 옳은 것은?

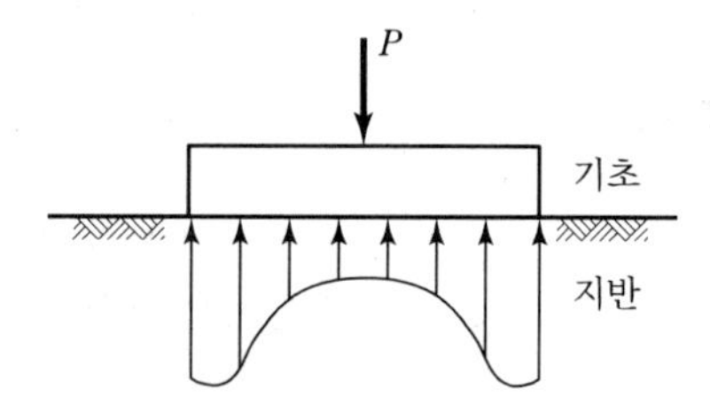

① 점토지반, 강성기초
② 점토지반, 연성기초
③ 모래지반, 강성기초
④ 모래지반, 연성기초

해설 강성 기초의 접지압

점토지반	모래지반
강성기초 접지압	강성기초 접지압
기초 모서리에서 최대응력 발생	기초 중앙부에서 최대응력 발생

100. 어떤 포화점토의 일축압축강도(q_u)가 3.0kg/cm² 이었다. 이 흙의 점착력(c)은?

① 3.0kg/cm² ② 2.5kg/cm²
③ 2.0kg/cm² ④ 1.5kg/cm²

 |해답| 95.④ 96.③ 97.③ 98.② 99.① 100.④

■해설 $q_u = 2c\tan\left(45 + \frac{\phi}{2}\right)$

$\therefore\ c = \frac{q_u}{2}(\phi = 0) = \frac{3}{2} = 1.5\text{kg/cm}^2$

제6과목 상하수도공학

101. 하수처리에 관한 설명으로 옳지 않은 것은?

① 하수처리 방법은 물리적, 화학적, 생물학적 공정으로 대별할 수 있다.
② 보통침전은 응집제를 사용하는 화학적 처리 공정이다.
③ 소독은 화학적 처리공정이라 할 수 있다.
④ 생물학적 처리공정은 호기성 분해와 혐기성 분해로 대별할 수 있다.

■해설 하수처리 일반사항
㉠ 하수처리 방법은 물리적, 화학적, 생물학적 공정으로 대별할 수 있다.
㉡ 보통침전은 응집제를 사용하지 않고, 약품침전은 응집제를 사용하는 방법이다.
㉢ 소독은 화학적 처리공정이라 할 수 있다.
㉣ 생물학적 처리공정은 미생물의 종류에 따라 호기성 처리와 혐기성 처리로 대별할 수 있다.

102. 하천을 수원으로 하는 경우에 하천에 직접 설치할 수 있는 취수시설과 가장 거리가 먼 것은?

① 취수탑　② 취수틀
③ 집수매거　④ 취수문

■해설 하천수 취수시설
㉠ 하천수의 취수시설은 취수관, 취수틀, 취수보, 취수문, 취수탑 등이 있다.
㉡ 집수매거는 복류수를 취수하기 위해 지중에 매설하는 유공관거 설비이다.
∴ 집수매거는 지하수 취수시설이다.

103. 우수관로 및 합류관로의 계획우수량에 대한 유속 기준은?

① 최소 0.8m/s, 최대 3.0m/s
② 최소 0.6m/s, 최대 5.0m/s
③ 최소 0.5m/s, 최대 7.0m/s
④ 최소 0.7m/s, 최대 8.0m/s

■해설 하수관의 유속 및 경사
㉠ 하수관로 내의 유속은 하류로 갈수록 빠르게, 경사는 하류로 갈수록 완만하게 해야 한다.
㉡ 관로의 유속기준
관로의 유속은 침전과 마모 방지를 위해 최소 유속과 대유속을 한정하고 있다.
- 오수 및 차집관 : 0.6~3.0m/sec
- 우수 및 합류관 : 0.8~3.0m/sec
- 이상적 유속 : 1.0~1.8m/sec

104. 어느 도시의 총인구가 5만 명이고, 급수인구는 4만 명일 때 1년간 총급수량이 200만 m^3이었다. 이 도시의 급수보급률과 1인 1일 평균급수량은?

① 125%, 0.110m^3/인 · 일
② 125%, 0.137m^3/인 · 일
③ 80%, 0.110m^3/인 · 일
④ 80%, 0.137m^3/인 · 일

■해설 상수도 시설계획
㉠ 급수보급률
해당 구역의 총인구에 대한 급수인구의 비를 급수보급률이라고 한다.
급수보급률 = 급수인구/총인구×100%
= 40,000/50,000×100%
= 80%
㉡ 1인 1일 평균급수량
1인 1일 평균급수량 = 연간급수량/(365×급수인구)
$= \frac{2,000,000}{365 \times 40,000}$
= 0.137m^3/인 · 일

105. 1인 1일 평균급수량의 도시조건에 따른 일반적인 경향에 대한 설명으로 옳지 않은 것은?

① 도시규모가 클수록 수량이 크다.
② 도시의 생활수준이 낮을수록 수량이 크다.
③ 기온이 높은 지방은 추운 지방보다 수량이 크다.
④ 정액급수의 수도는 계량급수의 수도보다 수량이 크다.

해설 1인 1일 평균급수량
㉠ 1인 1일 평균급수량은 1명당 하루에 사용하는 평균급수량을 의미한다.
㉡ 특징
- 도시규모가 클수록 수량이 크다.
- 도시의 생활수준이 높을수록 수량이 크다.
- 기온이 높은 지방이 추운지방보다 수량이 크다.
- 정액급수의 수도는 계량급수의 수도보다 수량이 크다.

106. 신축자재가 아닌 노출되는 관로 등에 신축이음관을 설치할 때, 몇 m마다 설치하여야 하는가?

① 5~10m ② 20~30m
③ 50~60m ④ 100~110m

해설 신축이음
㉠ 신축이음의 설치목적은 온도변화에 따른 관로의 신축에 대응하기 위해 설치한다.
㉡ 신축이음의 설치간격

신축이 되지 않는 보통이음의 노출부	20~30m마다
매설한 원심력 철근콘크리트관	20~30m마다
지반이 다른 장소	4~6m마다

107. 자연유하식 관로를 설치할 때, 수두를 분할하여 수압을 조절하기 위한 목적으로 설치하는 부대설비는?

① 양수정 ② 분수전
③ 수로교 ④ 접합정

해설 접합정
접합정은 관로의 분지, 합류, 개수로에서 관수로로 변하는 지점에 수로의 수압이나 유속을 감소시킬 목적으로 설치하는 시설이다.

108. 강우강도(intensity of rainfall)공식의 형태 중 탈보트(Talbot) 형은?(단, t는 지속기간(min)이고, a, b, m, n은 지역에 따라 다른 값을 갖는 상수이다.)

① $I=\dfrac{a}{t^m}$ ② $I=\dfrac{a}{\sqrt{t}+b}$
③ $I=\dfrac{a}{t+b}$ ④ $I=\dfrac{a}{t^m+b}$

해설 강우강도
㉠ 단위시간당 내린 비의 양을 강우강도라고 한다.
㉡ Talbot의 강우강도 공식

$$I=\frac{a}{t+b}$$

여기서, t : 지속시간(min)
a, b : 지역적, 경험적 상수

109. 하수도계획에서 수질 환경기준에 준하는 배제방식, 처리방법, 시설의 위치 결정에 활용하기 위하여 필요한 조사는?

① 상수도급수현황
② 음용수의 수질기준
③ 방류수역의 허용부하량
④ 공업용수도의 현황

해설 방류수역의 허용부하량
하수도 계획에서 수질 환경기준에 준하는 배제방식, 처리방법, 시설의 위치 결정 시 방류수역의 허용부하량을 활용한다.

110. 염소의 살균능력이 큰 것부터 순서대로 나열된 것은?

① Chloramines > OCl^- > HOCl
② Chloramines > HOCl > OCl^-
③ HOCl > Chloramines > OCl^-
④ HOCl > OCl^- > Chloramines

 |해답| 105.② 106.② 107.④ 108.③ 109.③ 110.④

■해설 염소의 살균력

㉠ 낮은 pH에서는 HOCl생성이 많고, 높은 pH에서는 OCl^- 생성이 많다.

㉡ 살균력의 크기는 HOCl>OCl^->클로라민의 순이다.

㉢ 온도가 높을수록, 접촉시간이 길수록, pH가 낮을수록 살균력은 크다.

111. 하수도 계획 대상유역에서 분할된 각 구역별 유출계수가 표와 같을 때 전체 유역의 유출계수는?

구역	면적(km^2)	토지상태	유출계수
1	0.05	콘크리트 포장	0.90
2	0.50	교외주택지역	0.35
3	0.03	아파트지역	0.60

① 0.350　② 0.410
③ 0.447　④ 0.534

■해설 유출계수

㉠ 유역 내의 총우량에 대한 우수유출량의 비를 유출계수라고 한다.

㉡ 유역 내의 평균 유출계수

$$C=\frac{\sum C_i \cdot A_i}{\sum A_i}$$

여기서, C_i : 각 지역의 유출계수
A_i : 각 지역의 면적

㉢ 평균 유출계수의 산정

$$C=\frac{\sum C_i \cdot A_i}{\sum A_i}=\frac{0.9\times0.05+0.35\times0.5+0.6\times0.03}{0.05+0.5+0.03}=0.410$$

112. 활성슬러지 공정의 2차 침전지를 설계하는 데 다음과 같은 기준을 사용하였다. 이 침전지의 수리학적 체류시간은?(단, 수심=5.4m, 유입수량=5,000m^3/d, 표면부하율=30$m^3/m^2 \cdot d$)

① 2.8시간　② 3.5시간
③ 4.3시간　④ 5.2시간

■해설 수면적부하

㉠ 입자가 100% 제거되기 위한 입자의 침강속도를 수면적부하(표면부하율)라 한다.

$$V_o=\frac{Q}{A}=\frac{h}{t}$$

㉡ 체류시간의 산정

$$t=\frac{h}{V_o}=\frac{5.4}{\frac{30}{24}}=4.32\text{hr}$$

113. 하수도시설의 목적(역할)과 거리가 먼 것은?

① 공공수역의 확대　② 생활환경의 개선
③ 수질보전 가능　④ 침수피해 방지

■해설 하수도의 설치목적

㉠ 하수의 배제와 이에 따른 생활환경의 개선

㉡ 침수방지

㉢ 공공수역의 수질보전과 건전한 물순환의 회복

㉣ 지속발전 가능한 도시 구축에 기여

114. 반송슬러지 농도를 X_R, 슬러지 반송비를 R이라고 할 때, 반응조 내의 MLSS 농도 X를 구하는 식은?(단, 유입수의 SS는 무시한다.)

① $X=\frac{X_R}{(1-R)}$

② $X=\frac{R\times X_R}{(1+R)}$

③ $X=R\times(X_R+1)$

④ $X=\frac{R\times X_R}{(1-R)}$

■해설 슬러지 반송률

㉠ 슬러지 반송률

$$R=\frac{X}{X_R-X}$$

㉡ MLSS 농도의 산정
X에 관해서 정리하면

$$X=\frac{R\times X_R}{(1+R)}$$

|해답| 111.② 112.③ 113.① 114.②

115. 침전지의 침전효율 E와 부유물 침강속도 v_o, 유입유량 Q, 침전지의 표면적 A와의 관계식을 옳게 나타낸 것은?

① $E=\dfrac{Q}{v_o/A}$ ② $E=\dfrac{v_o}{Q/A}$

③ $E=\dfrac{Q}{v_o \times A}$ ④ $E=\dfrac{v_o}{Q \times A}$

■해설 침전지 제거효율

침전지 제거효율은 다음 식에 의해 구한다.

$$E=\frac{V_s}{V_o}=\frac{V_s}{\frac{Q}{A}}=\frac{V_sA}{Q}$$

116. 맨홀의 설치장소로 적합하지 않은 곳은?

① 관로의 방향이 바뀌는 곳
② 관로의 관경이 변하는 곳
③ 관로의 단차가 발생하는 곳
④ 관로의 수량변화가 적은 곳

■해설 맨홀의 설치장소

㉠ 관거의 기점, 방향, 경사, 관경이 변하는 곳
㉡ 단차가 발생하고 관거가 합류하는 곳
㉢ 관거의 유지관리상 필요한 곳

117. 상수도의 급수계통으로 알맞은 것은?

① 취수 - 도수 - 정수 - 배수 - 송수 - 급수
② 취수 - 도수 - 송수 - 정수 - 배수 - 급수
③ 취수 - 송수 - 정수 - 배수 - 도수 - 급수
④ 취수 - 도수 - 정수 - 송수 - 배수 - 급수

■해설 상수도 구성요소

㉠ 수원 → 취수 → 도수(침사지) → 정수(착수정 → 약품혼화지 → 침전지 → 여과지 → 소독지 → 정수지) → 송수 → 배수(배수지, 배수탑, 고가탱크, 배수관) → 급수
㉡ 수원, 취수, 도수, 정수, 송수 등의 설계에는 계획 1일 최대급수량을 기준으로 한다.
㉢ 계획취수량은 계획 1일 최대급수량을 기준으로 5~10% 정도 여유 있게 취수한다.
㉣ 배수관의 직경 결정, 펌프의 직경 결정 등은 계획 시간 최대급수량을 기준으로 한다.

118. 일반적인 정수처리공정과 비교할 때 침전공정이 생략된 방식으로 통상적으로 수질변화가 적고 비교적 양호한 수질에서는 일반정수처리공정에 비해 설치비 및 운영비가 적게 소요되는 여과방식은?

① 직접여과 ② 내부여과
③ 급속여과 ④ 표면여과

■해설 직접여과

정밀여과법의 하나로서 일반적인 정수처리공정과 비교할 때 침전공정이 생략된 방식으로 수질변화가 적고 비교적 양호한 수질에서 사용되는 방식이다.

119. 송수시설에 관한 설명으로 옳지 않은 것은?

① 계획송수량은 원칙적으로 계획 1일 최대급수량을 기준으로 한다.
② 송수는 관수로로 하는 것을 원칙으로 하되 개수로로 할 경우에는 터널 또는 수밀성의 암거로 한다.
③ 송수방식에는 정수시설 · 배수시설과의 수위관계, 정수장과 배수지 사이의 지형과 지세에 따라 자연유하식, 펌프가압식 및 병용식이 있다.
④ 송수관의 유속은 자연유하식인 경우에 허용 최대한도를 5.0m/s로 한다.

■해설 송수시설 일반사항

㉠ 계획송수량은 원칙적으로 계획 1일 최대급수량을 기준으로 한다.
㉡ 송수는 관수로로 하는 것을 원칙으로 하되 개수로로 할 경우에는 외부로부터 오염물질의 유입을 차단하기 위하여 터널 또는 수밀성의 암거로 한다.
㉢ 송수방식에는 자연유하식, 펌프가압식, 병용식이 있다.
㉣ 송수관로의 평균유속은 0.3~3m/s를 표준으로 한다.

 |해답| 115.② 116.④ 117.④ 118.① 119.④

120. 합류식과 분류식 하수관로의 특징에 관한 설명으로 옳지 않은 것은?

① 분류식은 합류식에 비해 오접합의 우려가 적다.
② 합류식은 분류식에 비해 우천 시 처리장으로 다량의 토사유입이 있을 수 있다.
③ 합류식은 분류식에 비해 청소, 검사 등이 유리하다.
④ 분류식은 합류식에 비해 수세효과를 기대할 수 없다.

해설 하수의 배제방식

분류식	합류식
• 수질오염 방지 면에서 유리하다. • 청천 시에도 퇴적의 우려가 없다. • 강우 초기 노면 배수 효과가 없다. • 시공이 복잡하고 오접합의 우려가 있다. • 우천 시 수세효과가 없다. • 공사비가 많이 든다.	• 구배 완만, 매설깊이가 적으며 시공성이 좋다. • 초기 우수에 의한 노면배수처리가 가능하다. • 관경이 크므로 검사가 편리하고, 환기가 잘된다. • 청천 시 관 내 침전이 발생하고 효율이 저하된다. • 우천 시 수세효과가 있다. • 건설비가 적게 든다.

∴ 2계통으로 건설하는 분류식이 합류식에 비해 건설비가 많이 소요된다.

Industrial Engineer Civil Engineering

과년도 출제문제 및 해설 (2019년 4월 27일 시행)

제1과목 응용역학

01. 지름 1cm인 강철봉에 80kN의 물체를 매달 때 강철봉의 길이 변화량은?(단, 강철봉의 길이는 1.5m이고, 탄성계수 $E=2.1\times10^5$MPa이다.)

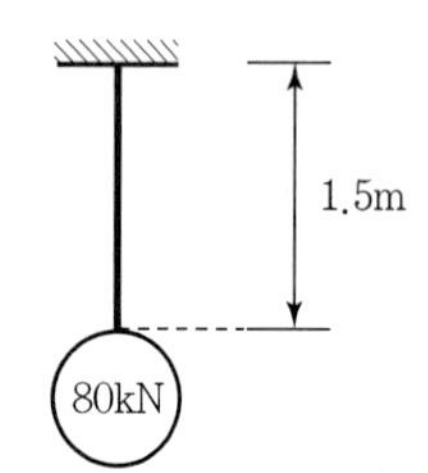

① 7.3mm ② 8.5mm
③ 9.7mm ④ 10.9mm

해설 $\Delta l=\dfrac{Pl}{EA}=\dfrac{Pl}{E\left(\dfrac{\pi d^2}{4}\right)}=\dfrac{4Pl}{E\pi d^2}$

$=\dfrac{4\times(80\times10^3)\times(1.5\times10^3)}{(2.1\times10^5)\times\pi\times(1\times10)^2}=7.3\text{mm}$

02. 그림과 같은 단면을 갖는 보에서 중립축에 대한 휨(bending)에 가장 강한 형상은?(단, 모두 동일한 재료이며 단면적이 같다.)

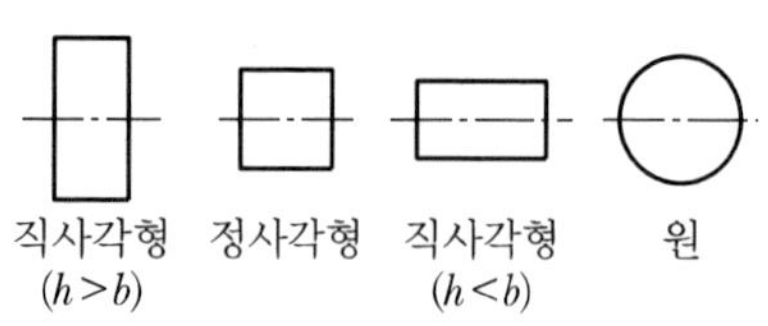

① 직사각형($h>b$) ② 정사각형
③ 직사각형($h<b$) ④ 원

해설 동일한 재료로 제작된 보의 휨강도는 단면계수가 클수록 크고, 단면적이 동일할 경우 단면계수는 단면의 높이가 클수록 크다. 따라서, 동일한 재료와 단면적을 갖는 보의 휨강도는 단면의 높이가 클수록 커진다.

03. 다음 그림과 같은 트러스에서 D 부재에 일어나는 부재내력은?

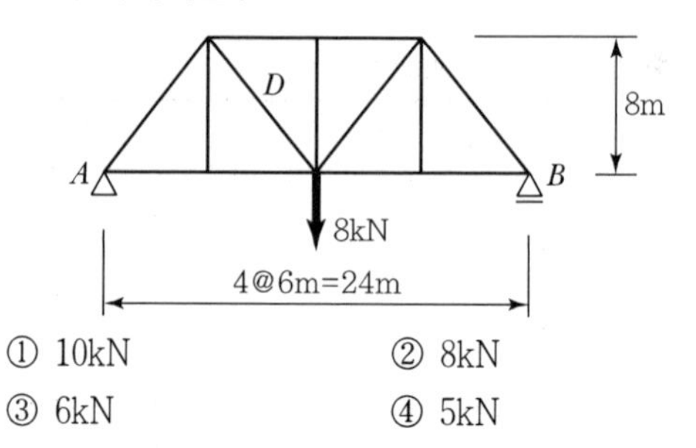

① 10kN ② 8kN
③ 6kN ④ 5kN

해설 $\Sigma M_{Ⓑ}=0(\curvearrowright\oplus)$

$R_A\times24-8\times12=0,\ R_A=4\text{kN}(\uparrow)$

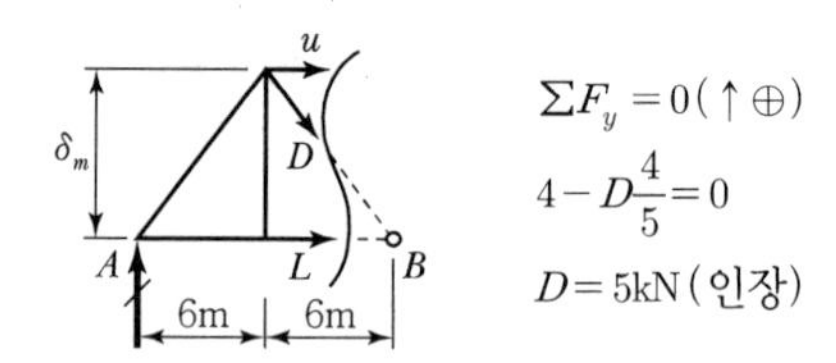

$\Sigma F_y=0(\uparrow\oplus)$

$4-D\dfrac{4}{5}=0$

$D=5\text{kN}$(인장)

04. 원형 단면인 보에서 최대 전단응력은 평균 전단응력의 몇 배인가?

① $\dfrac{1}{2}$ ② $\dfrac{3}{2}$
③ $\dfrac{4}{3}$ ④ $\dfrac{5}{3}$

해설 $Z_{\max}=\alpha\dfrac{S}{A}$

- α의 값
  - 직사각형 단면, 삼각형 단면 : $\alpha=\dfrac{3}{2}$
  - 원형 단면 : $\alpha=\dfrac{4}{3}$

05. 단면적 $A=20\text{cm}^2$, 길이 $L=0.5\text{m}$인 강봉에 인장력 $P=80\text{kN}$을 가하였더니 길이가 0.1mm 늘어났다. 이 강봉의 푸아송 수 $m=3$이라면 전단탄성계수 G는 얼마인가?

① 75,000MPa ② 7,500MPa
③ 25,000MPa ④ 2,500MPa

■ 해설 $E=\dfrac{Pl}{\delta A}=\dfrac{(80\times10^3)\times(0.5\times10^3)}{(0.1)\times(20\times10^2)}=2\times10^5\text{MPa}$

$G=\dfrac{E}{2(1+\nu)}=\dfrac{E}{2(1+\dfrac{1}{m})}=\dfrac{2\times10^5}{2(1+\dfrac{1}{3})}$

$=75,000\text{MPa}$

06. 그림과 같이 D점에 하중 P를 작용하였을 때, C점에 $\Delta_C=0.2\text{cm}$의 처짐이 발생하였다. 만약 D점의 P를 C점에 작용시켰을 경우 D점에 생기는 처짐 Δ_D의 값은?

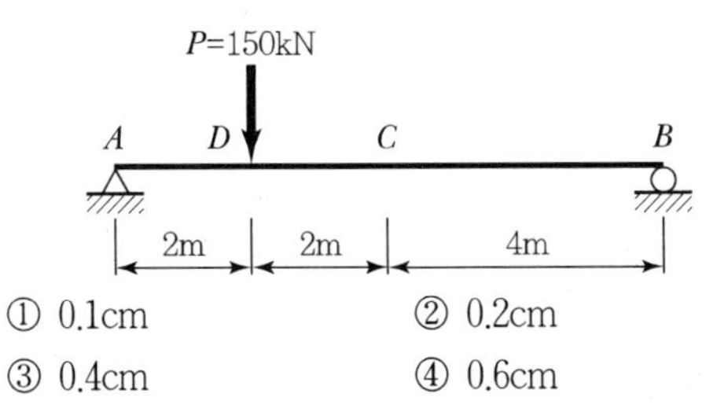

① 0.1cm ② 0.2cm
③ 0.4cm ④ 0.6cm

■ 해설 $\Delta_D(=\delta_{DC})=\Delta_C(=\delta_{CD})=0.2\text{cm}$

07. 그림과 같이 50kN의 힘을 왼쪽으로 10m, 오른쪽으로 15m 떨어진 두 지점에 나란히 분배하였을 때 두 힘 P_1, P_2의 값으로 옳은 것은?

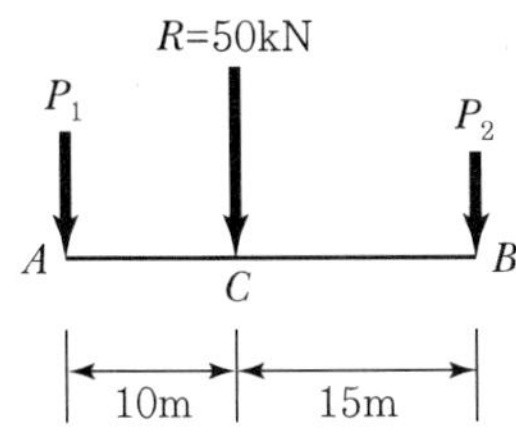

① $P_1=10\text{kN}$, $P_2=40\text{kN}$
② $P_1=20\text{kN}$, $P_2=30\text{kN}$
③ $P_1=30\text{kN}$, $P_2=20\text{kN}$
④ $P_1=40\text{kN}$, $P_2=10\text{kN}$

■ 해설 $\Sigma M_{Ⓑ}(\curvearrowleft\oplus)=P_1\times25=50\times15$, $P_1=30\text{kN}$
$\Sigma F_y(\downarrow\oplus)=30+P_2=50$, $P_2=20\text{kN}$

08. 그림과 같은 도형(빗금친 부분)의 X축에 대한 단면1차모멘트는?

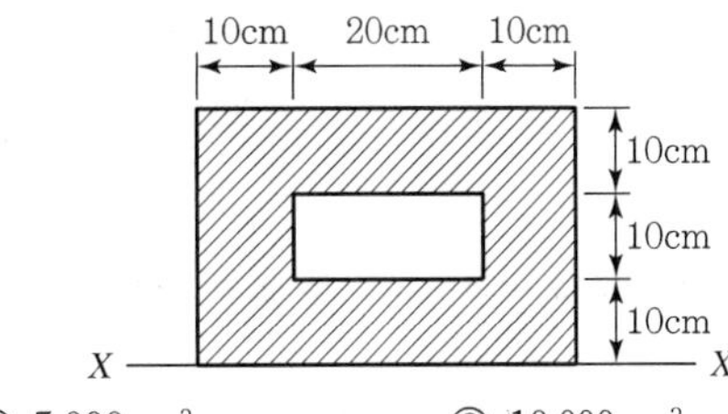

① $5,000\text{cm}^3$ ② $10,000\text{cm}^3$
③ $15,000\text{cm}^3$ ④ $20,000\text{cm}^3$

■ 해설 $G_X=(40\times30)\times15-(20\times10)\times15$
$=15,000\text{cm}^3$

09. 그림과 같은 아치에서 AB 부재가 받는 힘은?

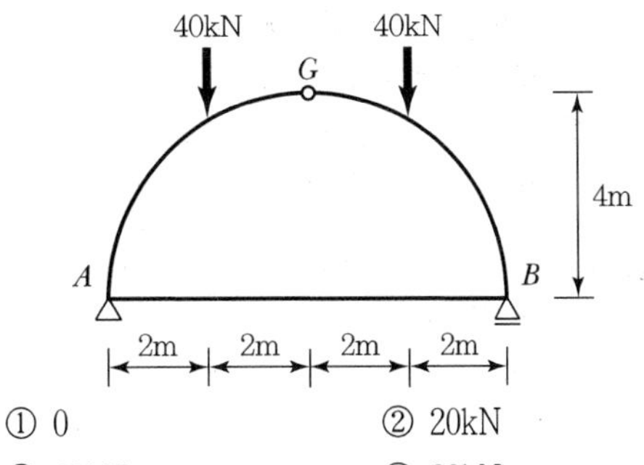

① 0 ② 20kN
③ 40kN ④ 80kN

■ 해설 $\Sigma M_{Ⓐ}=0(\curvearrowright\oplus)$
$40\times2+40\times6-R_B\times8=0$, $R_B=40\text{kN}(\uparrow)$

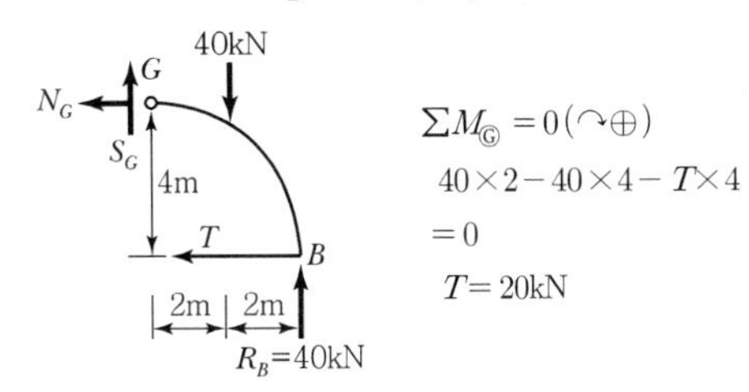

$\Sigma M_{Ⓖ}=0(\curvearrowright\oplus)$
$40\times2-40\times4-T\times4$
$=0$
$T=20\text{kN}$

10. 그림과 같은 힘의 O점에 대한 모멘트는?

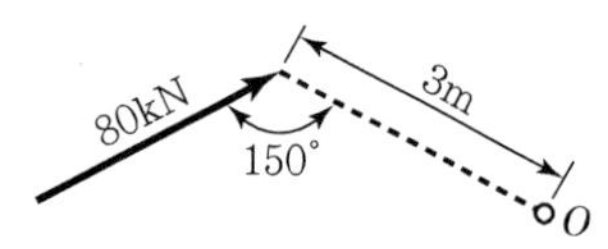

① 240kN · m ② 120kN · m
③ 80kN · m ④ 60kN · m

$M_o = F \cdot l \cdot \sin\theta$
$= 80 \times 3 \times \sin 150° = 120\text{kN} \cdot \text{m}$

11. 그림에서 AB, BC 부재의 내력은?

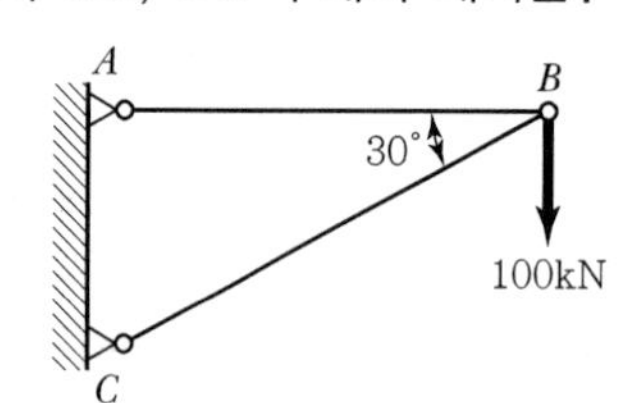

① AB 부재 : 인장 $100\sqrt{3}$ kN
BC 부재 : 압축 200kN
② AB 부재 : 인장 100kN
BC 부재 : 인장 100kN
③ AB 부재 : 인장 100kN
BC 부재 : 압축 100kN
④ AB 부재 : 압축 $100\sqrt{2}$ kN
BC 부재 : 인장 $100\sqrt{2}$ kN

■해설

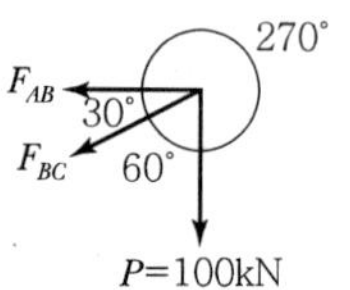

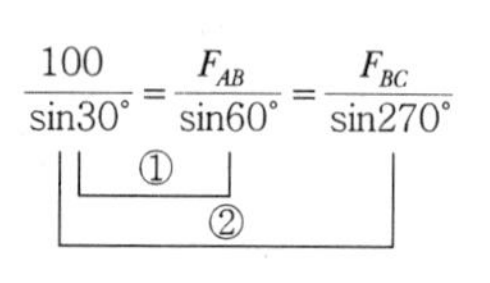

①의 관계로부터

$F_{AB} = \dfrac{\sin 60°}{\sin 30°} \times 100 = 100\sqrt{3}$ kN (인장)

②의 관계로부터

$F_{BC} = \dfrac{\sin 270°}{\sin 30°} \times 100 = -200$kN (압축)

12. 길이 10m, 단면 30cm×40cm인 단순보가 중앙에 120kN의 집중하중을 받고 있다. 이 보의 최대 휨응력은?(단, 보의 자중은 무시한다.)

① 55MPa ② 52.5MPa
③ 45MPa ④ 37.5MPa

■해설

$$\sigma_{\max} = \frac{M_{\max}}{Z} = \frac{\left(\dfrac{Pl}{4}\right)}{\left(\dfrac{bh^2}{6}\right)} = \frac{3Pl}{2bh^2}$$

$$= \frac{3 \times (120 \times 10^3) \times (10 \times 10^3)}{2 \times (30 \times 10) \times (40 \times 10)^2}$$

$$= 37.5\text{N/mm}^2 = 37.5\text{MPa}$$

13. 그림과 같은 단순보에서 최대 휨응력은?

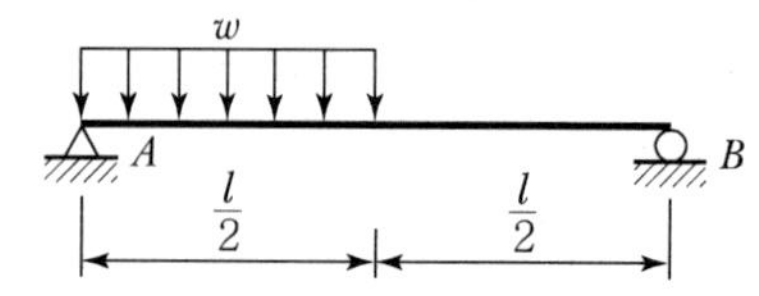

① $\dfrac{3wl^2}{4bh}$ ② $\dfrac{3wl^2}{8bh}$

③ $\dfrac{27wl^2}{32bh^2}$ ④ $\dfrac{27wl^2}{64bh^2}$

■해설 $\Sigma M_{Ⓑ} = 0 (\curvearrowright \oplus)$

$$R_A \times l - \left(w \times \frac{l}{2}\right) \times \frac{3l}{4} = 0$$

$$R_A = \frac{3wl}{8} (\uparrow)$$

최대 휨모멘트 발생위치(x)

$$x = \frac{R_A}{w} = \frac{\left(\dfrac{3wl}{8}\right)}{w} = \frac{3l}{8}$$

최대 휨모멘트($M_{\max}$)

$$M_{\max} = \frac{1}{2} R_A \cdot x = \frac{1}{2}\left(\frac{3wl}{8}\right)\left(\frac{3l}{8}\right) = \frac{9wl^2}{128}$$

최대 휨응력($\sigma_{\max}$)

$$\sigma_{\max} = \frac{M_{\max}}{Z} = \frac{\left(\dfrac{9wl^2}{128}\right)}{\left(\dfrac{bh^2}{6}\right)} = \frac{27wl^2}{64bh^2}$$

14. 그림과 같이 $a \times 2a$의 단면을 갖는 기둥에 편심거리 a/2만큼 떨어져서 P가 작용할 때 기둥에 발생할 수 있는 최대 압축응력은?(단, 기둥은 단주이다.)

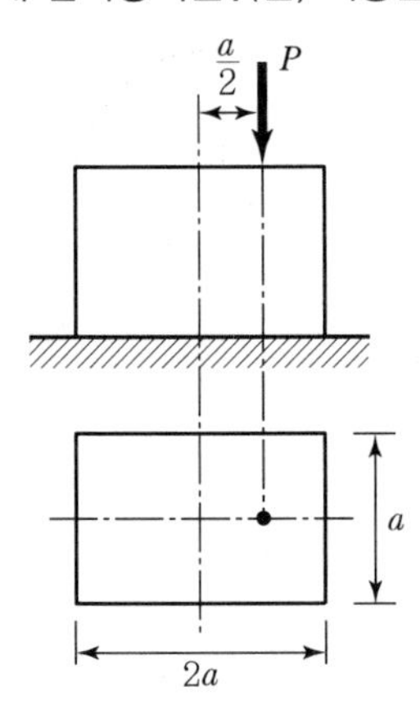

① $\dfrac{4P}{7a^2}$　② $\dfrac{7P}{8a^2}$

③ $\dfrac{13P}{2a^2}$　④ $\dfrac{5P}{4a^2}$

해설

$$\sigma_{\max} = -\frac{P}{A}\left(1+\frac{e_x}{k_x}\right)$$

$$= -\frac{P}{A}\left(1+\frac{6e_x}{h}\right)$$

$$= -\frac{P}{(a\times 2a)}\left(1+\frac{6\times\frac{a}{2}}{2a}\right) = -\frac{5P}{4a^2}$$

15. 그림과 같은 장주의 강도를 옳게 관계시킨 것은?(단, 동질의 동단면으로 한다.)

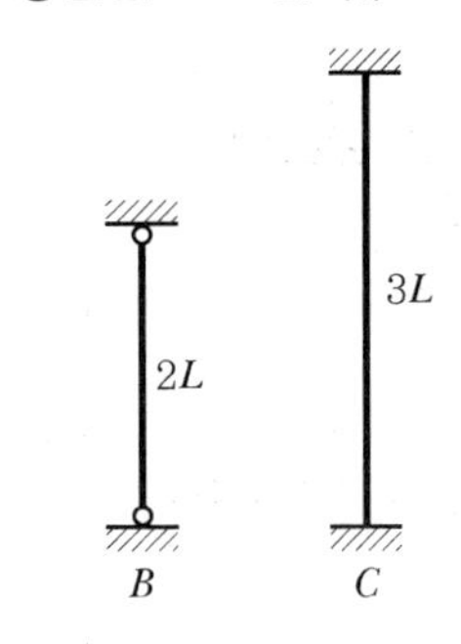

① $A > B > C$

② $A > B = C$

③ $A = B = C$

④ $A = B < C$

해설

$$P_{cr} = \frac{c}{(kl)^2} \ (c = \pi^2 EI\text{라 두면})$$

$$P_{cr,A} : P_{cr,B} : P_{cr,C}$$

$$= \frac{c}{(2\times L)^2} : \frac{c}{(1\times 2L)^2} : \frac{c}{(0.5\times 3L)^2}$$

$$= 1 : 1 : 1.78$$

$$P_{cr,A} = P_{cr,B} < P_{cr,C}$$

16. 그림과 같은 단순보에 모멘트하중 M_1과 M_2가 작용할 경우 C점의 휨모멘트를 구하는 식은?(단, $M_1 > M_2$)

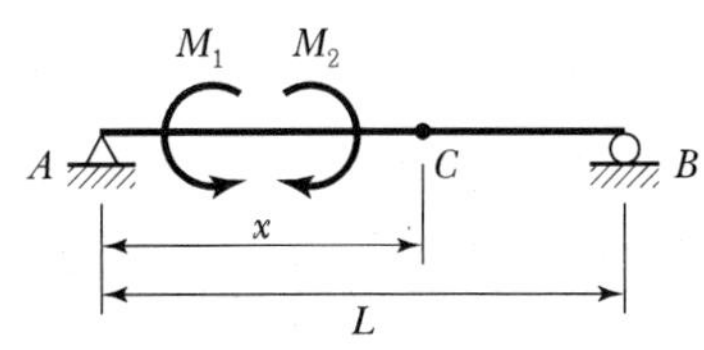

① $\left(\dfrac{M_1 - M_2}{L}\right)x + M_1 - M_2$

② $\left(\dfrac{M_2 - M_1}{L}\right)x - M_1 + M_2$

③ $\left(\dfrac{M_1 + M_2}{L}\right)x + M_1 - M_2$

④ $\left(\dfrac{M_1 - M_2}{L}\right)x - M_1 + M_2$

해설 $\Sigma M_{Ⓑ} = 0(\curvearrowright \oplus)$

$$R_A \times l - M_1 + M_2 = 0$$

$$R_A = \frac{M_1 - M_2}{l}\ (\uparrow)$$

$$R_A = \frac{M_1 - M_2}{l}$$

$\Sigma M_{Ⓒ} = 0(\curvearrowright \oplus)$

$$\left(\frac{M_1 - M_2}{l}\right)x - M_1 + M_2 - M_C = 0$$

$$M_C = \left(\frac{M_1 - M_2}{l}\right)x - M_1 + M_2$$

17. 보의 단면이 그림과 같고 지간이 같은 단순보에서 중앙에 집중하중 P가 작용할 경우에 처짐 y_1은 y_2의 몇 배인가?(단, 동일한 재료이며 단면치수만 다르다.)

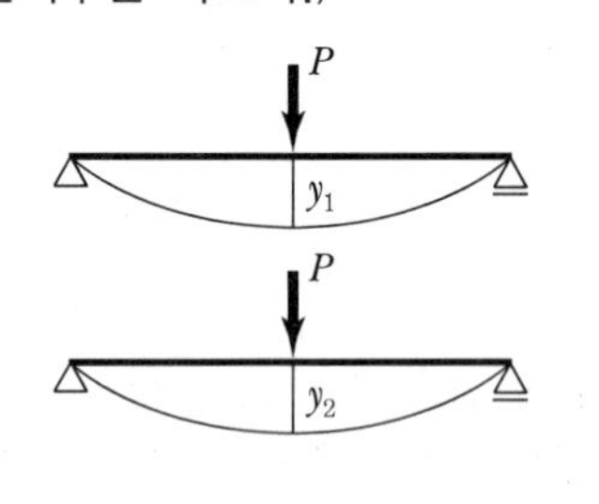

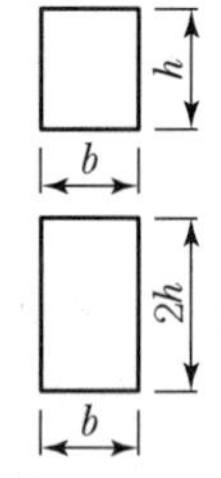

① 2배 ② 4배
③ 8배 ④ 16배

■ 해설

$$y_1=\frac{Pl^3}{48EI_1}=\frac{Pl^3}{48E\left(\frac{bh^3}{12}\right)}=\frac{Pl^3}{4Ebh^3}$$

$$y_2=\frac{Pl^3}{48EI_2}=\frac{Pl^3}{48E\left(\frac{b(2h)^3}{12}\right)}=\frac{1}{8}\frac{Pl^3}{4Ebh^3}=\frac{y_1}{8}$$

$$\left(\frac{y_1}{y_2}\right)=\frac{(y_1)}{\left(\frac{y_1}{8}\right)}=8$$

18. 그림에 표시한 것은 단순보에 대한 전단력도이다. 이 보의 C점에 발생하는 휨모멘트는?(단, 단순보에는 회전모멘트하중이 작용하지 않는다.)

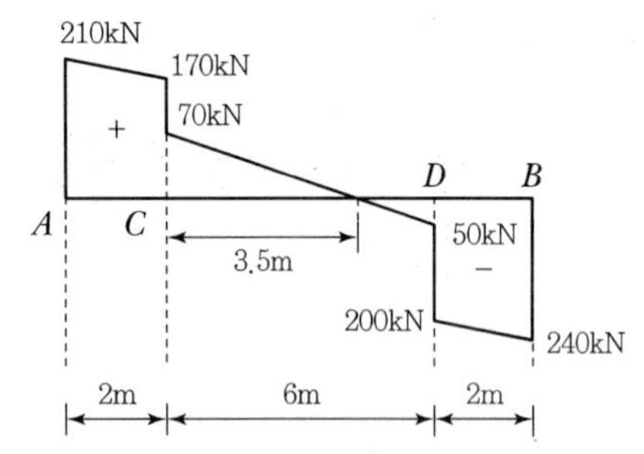

① +420kN · m ② +380kN · m
③ +210kN · m ④ +100kN · m

■ 해설

$$M_C=\int_A^C Sdx$$

$$=\left(\frac{210+170}{2}\right)\times 2=380\text{kN}\cdot\text{m}$$

19. 그림과 같은 1/4원에서 x축에 대한 단면1차모멘트의 크기는?

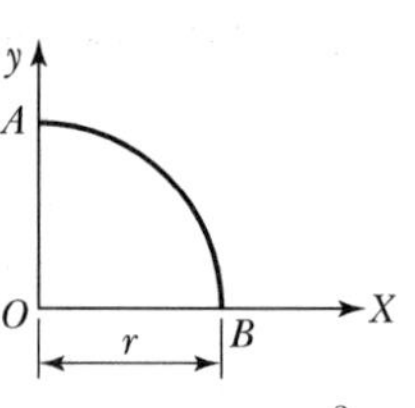

① $\dfrac{r^3}{2}$ ② $\dfrac{r^3}{3}$

③ $\dfrac{r^3}{4}$ ④ $\dfrac{r^3}{5}$

■ 해설 $G_x=A\cdot y_o$

$$=\left(\frac{\pi r^2}{4}\right)\times\left(\frac{4r}{3\pi}\right)=\frac{r^3}{3}$$

20. 그림과 같이 등분포하중을 받는 단순보에서 C점과 B점의 휨모멘트비$\left(\dfrac{M_C}{M_B}\right)$는?

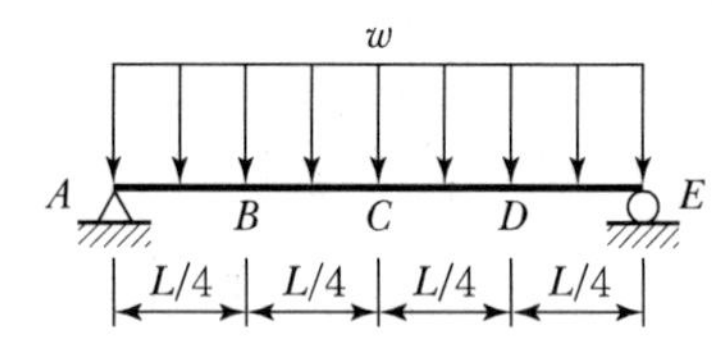

① $\dfrac{4}{3}$ ② $\dfrac{3}{2}$

③ 2 ④ $\dfrac{5}{2}$

■ 해설

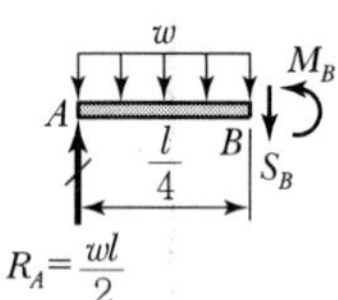

$$\Sigma M_{Ⓑ}=0(\curvearrowright\oplus)$$

$$\frac{wl}{2}\times\frac{l}{4}-\left(w\times\frac{l}{4}\right)\times\frac{l}{8}-M_B=0$$

$$M_B=\frac{3wl^2}{32}$$

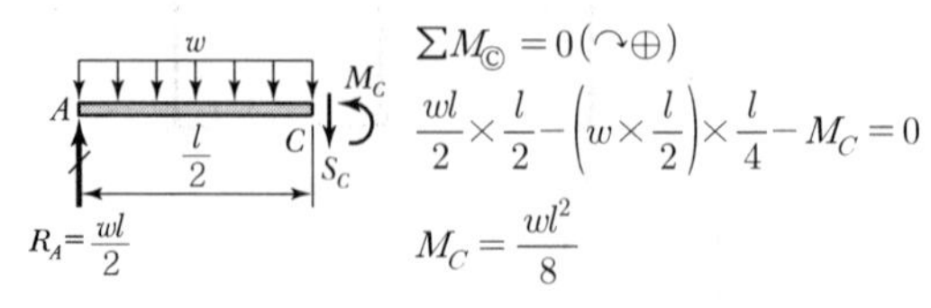

$$\Sigma M_{Ⓒ}=0(\curvearrowright\oplus)$$

$$\frac{wl}{2}\times\frac{l}{2}-\left(w\times\frac{l}{2}\right)\times\frac{l}{4}-M_C=0$$

$$M_C=\frac{wl^2}{8}$$

$$\left(\frac{M_C}{M_B}\right)=\frac{\left(\frac{wl^2}{8}\right)}{\left(\frac{3wl^2}{32}\right)}=\frac{4}{3}$$

 |해답| 17.③ 18.② 19.② 20.①

제2과목 측량학

21. 캔트(Cant) 계산에서 속도 및 반지름을 모두 2배로 하면 캔트는?

① 1/2로 감소한다.
② 2배로 증가한다.
③ 4배로 증가한다.
④ 8배로 증가한다.

해설
- 캔트$(C) = \frac{SV^2}{Rg}$
- 속도, 반지름을 모두 2배로 하면 캔트(C)는 2배

22. 도로 선형계획 시 교각 25°, 반지름 300m인 원곡선과 교각 20°, 반지름 400m인 원곡선의 외선 길이(E)의 차이는?

① 6.284m ② 7.284m
③ 2.113m ④ 1.113m

해설
- $E = R(\sec\frac{I}{2} - 1)$
- $E_1 = 300(\sec\frac{25°}{2} - 1) = 7.2838\text{m}$
- $E_2 = 400(\sec\frac{20°}{2} - 1) = 6.1706\text{m}$
- $E_1 - E_2 = 1.113\text{m}$

23. 두 점 간의 고저차를 레벨에 의하여 직접 관측할 때 정확도를 향상시키는 방법이 아닌 것은?

① 표척을 수직으로 유지한다.
② 전시와 후시의 거리를 같게 한다.
③ 시준거리를 짧게 하여 레벨의 설치 횟수를 늘린다.
④ 기계가 침하되거나 교통에 방해가 되지 않는 견고한 지반을 택한다.

해설 수준측량오차는 측정횟수의 제곱근에 비례한다.

24. 두 변이 각각 82m와 73m이며, 그 사이에 낀 각이 67°인 삼각형의 면적은?

① 1,169m² ② 2,339m²
③ 2,755m² ④ 5,510m²

해설 면적$(E) = \frac{1}{2}ab\sin\alpha = \frac{1}{2} \times 82 \times 73 \times \sin 67°$
$= 2,755\text{m}^2$

25. 반지름 150m의 단곡선을 설치하기 위하여 교각을 측정한 값이 57°36′일 때 접선장과 곡선장은?

① 접선장=82.46m, 곡선장=150.80m
② 접선장=82.46m, 곡선장=75.40m
③ 접선장=236.36m, 곡선장=75.40m
④ 접선장=236.36m, 곡선장=150.80m

해설
- 접선장$(T.L) = R\tan\frac{I}{2}$
$= 150 \times \tan\frac{57°36'}{2} = 82.46\text{m}$
- 곡선장$(C.L) = RI\frac{\pi}{180°}$
$= 150 \times 57°36' \times \frac{\pi}{180°} = 150.796\text{m}$

26. 다각측량에서는 측각의 정도와 거리의 정도가 균형을 이루어야 한다. 거리 100m에 대한 오차가 ±2mm일 때 이에 균형을 이루기 위한 측각의 최대 오차는?

① ±1″ ② ±4″
③ ±8″ ④ ±10″

해설
- $\frac{\Delta l}{l} = \frac{\theta''}{\rho''}$
- $\theta'' = \frac{\Delta l}{l}\rho'' = \pm\frac{0.002}{100} \times 206,265'' = \pm 4''$

27. GNSS 관측오차 중 주변의 구조물에 위성 신호가 반사되어 수신되는 오차를 무엇이라고 하는가?

① 다중경로 오차 ② 사이클슬립 오차
③ 수신기시계 오차 ④ 대류권 오차

해설 다중경로 오차는 바다표면이나 빌딩과 같은 곳으로부터 반사신호에 의한 직접신호의 간섭으로 발생한다.

28. 축척 1 : 5,000의 지형도에서 두 점 A, B 간의 도상거리가 24mm이었다. A점의 표고가 115m, B점의 표고가 145m이며, 두 점 간은 등경사라 할 때 120m 등고선이 통과하는 지점과 A점 간의 지상 수평거리는?

① 5m ② 20m
③ 60m ④ 100m

해설

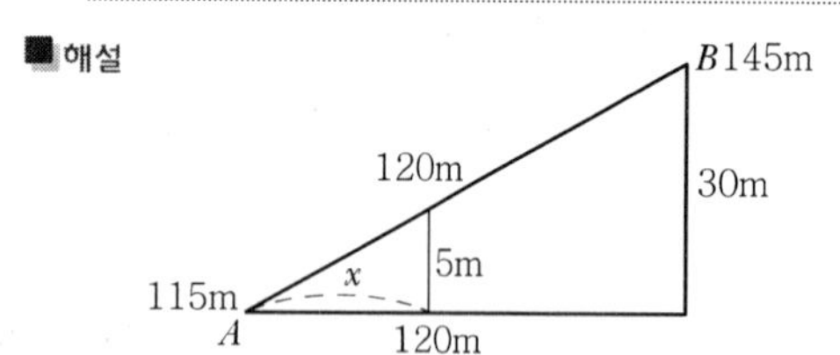

• A, B점 간 거리=도상거리×축적

$= 24 \times 5,000 = 120,000\text{mm} = 120\text{m}$

• $D : H = x : h$, $120 : 30 = x : 5$

$x = \frac{120 \times 5}{30} = 20\text{m}$

29. 측지학을 물리학적 측지학과 기하학적 측지학으로 구분할 때, 물리학적 측지학에 속하는 것은?

① 면적의 산정 ② 체적의 산정
③ 수평위치의 산정 ④ 지자기 측정

해설 물리학적 측지학은 지구의 형상 및 운동과 내부의 특성을 해석한다.

30. 지구의 반지름이 6,370km이며 삼각형의 구과량이 20″일 때 구면삼각형의 면적은?

① 1,934km² ② 2,934km²
③ 3,934km² ④ 4,934km²

해설 • 구과량$(\epsilon'') = \frac{E}{\gamma^2}\rho''$

• 면적$(E) = \gamma^2 \times \frac{\epsilon''}{\rho''}$

$= 6,370^2 \times \frac{20''}{206,265} = 3,934\text{km}^2$

31. 노선측량의 완화곡선에 대한 설명 중 옳지 않은 것은?

① 완화곡선의 접선은 시점에서 원호에, 종점에서 직선에 접한다.
② 완화곡선의 반지름은 시점에서 무한대, 종점에서 원곡선의 반지름(R)으로 된다.
③ 클로소이드의 조합형식에는 S형, 복합형, 기본형 등이 있다.
④ 모든 클로소이드는 닮은꼴이며, 클로소이드 요소는 길이의 단위를 가진 것과 단위가 없는 것이 있다.

해설 완화곡선의 접선은 시점에서 직선에, 종점에서 원호에 접한다.

32. 하천측량의 고저측량에 해당하지 않는 것은?

① 종단측량 ② 유량관측
③ 횡단측량 ④ 심천측량

해설 • 고저측량 : 종단, 횡단, 심천측량
• 유량측량 : 수위, 유속관측, 유량측정

33. 지형도상의 등고선에 대한 설명으로 틀린 것은?

① 등고선의 간격이 일정하면 경사가 일정한 지면을 의미한다.
② 높이가 다른 두 등고선은 절벽이나 동굴의 지형에서 교차하거나 만날 수 있다.
③ 지표면의 최대경사의 방향은 등고선에 수직인 방향이다.
④ 등고선은 어느 경우라도 도면 내에서 항상 폐합된다.

해설 등고선은 도면 내·외에서 폐합한다.

 |해답| 27.① 28.② 29.④ 30.③ 31.① 32.② 33.④

34. 삼각측량 시 삼각망 조정의 세 가지 조건이 아닌 것은?

① 각 조건 ② 변 조건
③ 측점 조건 ④ 구과량 조건

해설 구과량은 구면삼각형 내각의 합이 180° 이상의 차를 말한다.
$\epsilon'' = [\angle A + \angle B + \angle C] - 180°$

35. 삼각형 면적을 계산하기 위해 변길이를 관측한 결과가 그림과 같을 때, 이 삼각형의 면적은?

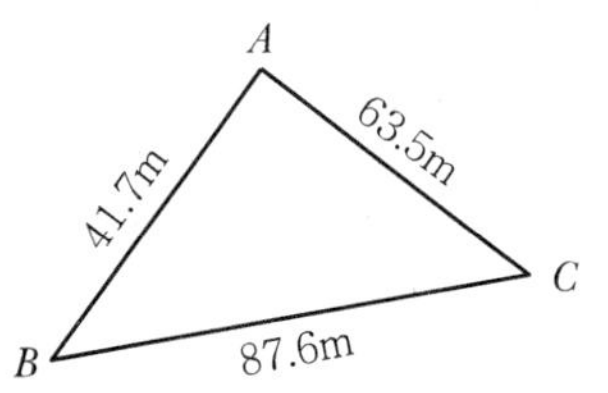

① 1,072.7m² ② 1,235.6m²
③ 1,357.9m² ④ 1,435.6m²

해설 삼변법

- $S = \frac{1}{2}(a+b+c)$
  $= \frac{1}{2}(27.6 + 63.5 + 41.7) = 96.4\text{m}$
- $A = \sqrt{S(S-a)(S-b)(S-c)}$
  $= \sqrt{96.4 \times (96.4 - 87.6) \times (96.4 - 63.5) \times (96.4 - 41.7)} = 1{,}235.6\text{m}^2$

36. 다각측량의 특징에 대한 설명으로 옳지 않은 것은?

① 삼각측량에 비하여 복잡한 시가지나 지형의 기복이 심해 시준이 어려운 지역의 측량에 적합하다.
② 도로, 수로, 철도와 같이 폭이 좁고 긴 지역의 측량에 편리하다.
③ 국가평면기준점 결정에 이용되는 측량방법이다.
④ 거리와 각을 관측하여 측점의 위치를 결정하는 측량이다.

해설 트래버스측량의 용도 및 특징

- 높은 정확도를 요하지 않는 골조측량
- 산림지대, 시가지 등 삼각측량이 불리한 지역의 기준점 설치
- 도로, 수로, 철도 등과 같이 좁고 긴 지형의 기준점 설치
- 환경, 산림, 노선, 지적측량의 골조측량에 사용된다.
- 거리와 각을 관측하여 도식해법에 의해 모든 점의 위치를 결정할 경우 편리하다.
- 기본 삼각점이 멀리 배치되어 있어 좁은 지역의 세부측량의 기준이 되는 점을 추가 설치할 경우 편리하다.

37. 항공사진측량에서 관측되는 지형지물의 투영원리로 옳은 것은?

① 정사투영 ② 평행투영
③ 등적투영 ④ 중심투영

해설 항공사진은 중심투영, 지도는 정사투영

38. 어떤 노선을 수준측량한 결과가 표와 같을 때, 측점 1, 2, 3, 4의 지반고 값으로 틀린 것은?(단위 : m)

측점	후시	전시		기계고	지반고
		이기점	중간점		
0	3.121			126.688	123.567
1			2.586		
2	2.428	4.065			
3			0.664		
4		2.321			

① 측점 1 : 124.102m
② 측점 2 : 122.623m
③ 측점 3 : 124.374m
④ 측점 4 : 122.730m

해설
- 측점 1 = 126.688 − 2.586 = 124.102m
- 측점 2 = 126.688 − 4.065 = 122.623m
- 측점 3 = 125.051 − 0.664 = 124.387m
- 측점 4 = 125.051 − 2.321 = 122.730m

39. C점의 표고를 구하기 위해 A코스에서 관측한 표고가 83.324m, B코스에서 관측한 표고가 83.341m였다면 C점의 표고는?

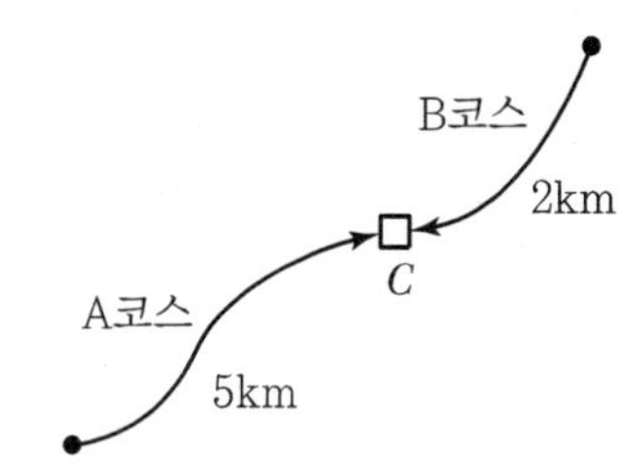

① 83.341m ② 83.336m
③ 83.333m ④ 83.324m

해설 • 경중률(P)은 노선거리에 반비례한다.

$P_A : P_B = \frac{1}{S_A} : \frac{1}{S_B} = \frac{1}{5} : \frac{1}{2} = 2:5$

• $H_C = \frac{P_A H_A + P_B H_B}{P_A + P_B} = \frac{2\times 83.324 + 5\times 83.341}{2+5}$

$= 83.336\text{m}$

40. A점에서 출발하여 다시 A점으로 되돌아오는 다각측량을 실시하여 위거오차 20cm, 경거오차 30cm가 발생하였고, 전 측선 길이가 800m라면 다각측량의 정밀도는?

① 1/1,000 ② 1/1,730
③ 1/2,220 ④ 1/2,630

해설 폐합비 $= \frac{\text{폐합오차}}{\text{전 측선의 길이}}$

$= \frac{E}{\Sigma L} = \frac{\sqrt{0.2^2 + 0.3^2}}{800} = \frac{1}{2,219}$

제3과목 수리수문학

41. 다음 표의 ( ) 안에 들어갈 알맞은 용어를 순서대로 짝지은 것은?

> 흐름이 사류에서 상류를 바뀔 때에는 (㉠)을 거치고, 상류에서 사류로 바뀔 때에는 (㉡)을 거친다.

① ㉠ : 도수현상, ㉡ : 대응수심
② ㉠ : 대응수심, ㉡ : 공액수심
③ ㉠ : 도수현상, ㉡ : 지배단면
④ ㉠ : 지배단면, ㉡ : 공액수심

해설 개수로 일반

㉠ 흐름이 사류(射流)에서 상류(常流)로 바뀔 때 수면이 뛰는 현상을 도수(hydraulic jump)라고 한다.

㉡ 흐름이 상류(常流)에서 사류(射流)로 바뀌는 지점의 단면을 지배단면(control section)이라고 한다.

42. 수면으로부터 3m 깊이에 한 변의 길이가 1m이고 유량계수가 0.62인 정사각형 오리피스가 설치되어 있다. 현재의 오리피스를 유량계수가 0.60이고 지름 1m인 원형 오리피스로 교체한다면, 같은 유량이 유출되기 위하여 수면을 어느 정도로 유지하여야 하는가?

① 현재의 수면과 똑같이 유지하여야 한다.
② 현재의 수면보다 1.2m 낮게 유지하여야 한다.
③ 현재의 수면보다 1.2m 높게 유지하여야 한다.
④ 현재의 수면보다 2.2m 높게 유지하여야 한다.

해설 오리피스의 유량

㉠ 오리피스의 유량

$Q = Ca\sqrt{2gh}$

여기서, C : 유량계수
a : 오리피스의 단면적
g : 중력가속도
h : 오리피스 중심까지의 수심

㉡ 수심의 산정

$Q_1 = Q_2$

$0.62 \times 1^2 \times \sqrt{2\times 9.8\times 3}$

$= 0.6 \times \frac{\pi \times 1^2}{4} \times \sqrt{2 \times 9.8 \times h}$

∴ $h = 5.2\text{m}$

∴ 현재의 수심 3m보다 2.2m 높게 유지하여야 한다.

43. 그림과 같은 역사이폰의 A, B, C, D점에서 압력수두를 각각 P_A, P_B, P_C, P_D라 할 때 다음 사항 중 옳지 않은 것은?(단, 점선은 동수경사선으로 가정한다.)

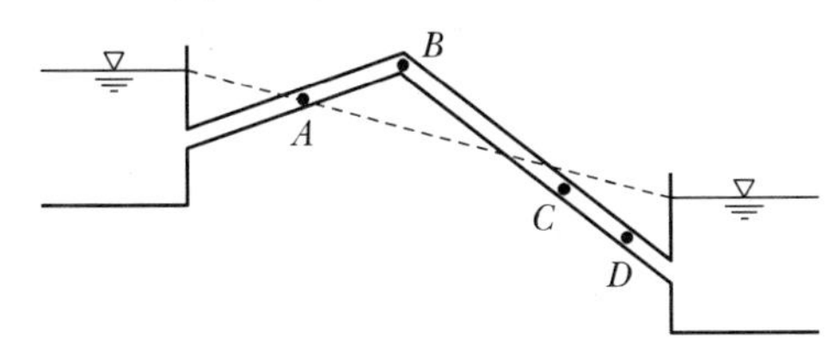

① $P_B < 0$　② $P_C > P_D$
③ $P_C > 0$　④ $P_A = 0$

■해설 사이폰
㉠ 관로의 일부가 동수경사선 위로 돌출되어 부압을 갖는 관의 형태를 사이폰이라고 한다.
㉡ 그림에서 동수경사선 아래쪽은 정압을 받으므로 수심이 더 깊은 D점의 압력이 C점의 압력보다 크다.
∴ $P_C < P_D$

44. 개수로에서 발생되는 흐름 중 상류와 사류를 구분하는 기준이 되는 것은?

① Mach 수　② Froude 수
③ Manning 수　④ Reynolds 수

■해설 흐름의 상태
㉠ 상류와 사류의 정의
- 상류(常流) : 하류(下流)의 흐름이 상류(上流)에 영향을 줄 수 있는 흐름
- 사류(射流) : 하류(下流)의 흐름이 상류(上流)에 영향을 줄 수 없는 흐름

㉡ 상류와 사류의 구분

$F_r = \frac{V}{C} = \frac{V}{\sqrt{gh}}$

여기서, V : 유속
C : 파의 전달속도

- $F_r < 1$: 상류(常流)
- $F_r > 1$: 사류(射流)
- $F_r = 1$: 한계류

∴ 흐름을 상류와 사류로 나누는 기준은 Froude 수이다.

45. 유량 1.5m³/s, 낙차 100m인 지점에서 발전할 때 이론수력은?

① 1,470kW　② 1,995kW
③ 2,000kW　④ 2,470kW

■해설 동력의 산정
㉠ 수차의 출력($H_e = h - \Sigma h_L$)
- $P = 9.8QH_e\eta(\text{kW})$
- $P = 13.3QH_e\eta(\text{HP})$

㉡ 양수에 필요한 동력($H_e = h + \Sigma h_L$)
- $P = \frac{9.8QH_e}{\eta}(\text{kW})$
- $P = \frac{13.3QH_e}{\eta}(\text{HP})$

㉢ 소요출력의 산정
$P = 9.8QH_e\eta = 9.8 \times 1.5 \times 100 = 1,470\text{kW}$

46. 그림에서 단면 ①, ②에서의 단면적, 평균유속, 압력강도를 각각 $A_1, V_1, P_1, A_2, V_2, P_2$라 하고, 물의 단위중량을 w_0라 할 때, 다음 중 옳지 않은 것은?(단, $Z_1 = Z_2$이다.)

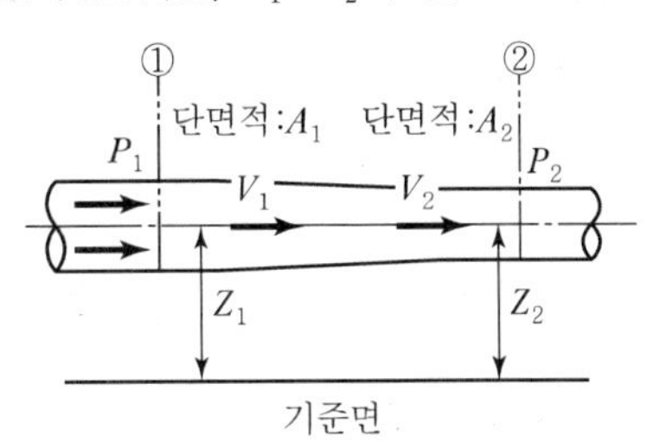

① $V_1 < V_2$
② $P_1 > P_2$
③ $A_1 \cdot V_1 = A_2 \cdot V_2$
④ $\frac{{V_1}^2}{2g} + \frac{P_1}{w_0} < \frac{{V_2}^2}{2g} + \frac{P_2}{w_0}$

■해설 흐름의 기본방정식

㉠ 연속방정식

$Q = A_1 V_1 = A_2 V_2$(체적유량)

그림에서 $A_1 > A_2$이므로 $V_1 < V_2$

㉡ Bernoulli 정리

$$z_1 + \frac{p_1}{w} + \frac{{v_1}^2}{2g} = z_2 + \frac{p_2}{w} + \frac{{v_2}^2}{2g}$$

그림에서 수평수로이므로 $z_1 = z_2$

$$\therefore \frac{p_1}{w} + \frac{{v_1}^2}{2g} = \frac{p_2}{w} + \frac{{v_2}^2}{2g}$$

∴ 위 연속방정식에서 $V_1 < V_2$이므로 $P_1 > P_2$이다.

47. 지하수의 유량을 구하는 Darcy의 법칙으로 옳은 것은?(단, Q : 유량, k : 투수계수, I : 동수경사, A : 투과단면적, C : 유출계수)

① $Q = CIA$ ② $Q = kIA$

③ $Q = C^2IA$ ④ $Q = k^2IA$

■해설 Darcy의 법칙

$$V = K \cdot I = K \cdot \frac{h_L}{L}$$

$$Q = A \cdot V = A \cdot K \cdot I = A \cdot K \cdot \frac{h_L}{L}$$

∴ Darcy의 법칙은 지하수 유속은 동수경사에 비례한다는 법칙이다.

48. 그림과 같은 피토관에서 A점의 유속을 구하는 식으로 옳은 것은?

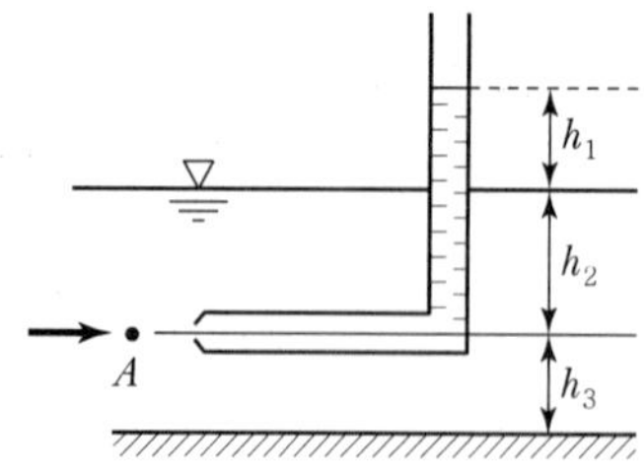

① $V = \sqrt{2gh_1}$

② $V = \sqrt{2gh_2}$

③ $V = \sqrt{2gh_3}$

④ $V = \sqrt{2g(h_1 + h_2)}$

■해설 피토관 방정식

베르누이 정리를 이용하여 임의 단면의 유속을 산정할 수 있는 피토관 방정식을 유도한다.

$V = \sqrt{2gh_1}$

49. 그림과 같은 불투수층에 도달하는 집수암거의 집수량은?(단, 투수계수는 k, 암거의 길이는 l이며, 양쪽 측면에서 유입된다.)

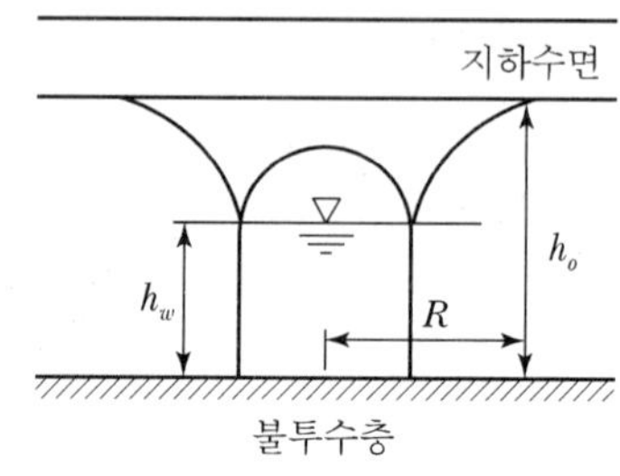

① $\frac{kl}{R}({h_0}^2 - {h_w}^2)$

② $\frac{kl}{2R}({h_0}^2 - {h_w}^2)$

③ $\frac{\pi k({h_0}^2 - {h_w}^2)}{2.3\log R}$

④ $\frac{2\pi k({h_0}^2 - {h_w}^2)}{2.3\log R}$

■해설 우물의 양수량

종류	내용
깊은 우물(심정호)	우물의 바닥이 불투수층까지 도달한 우물을 말한다. $Q = \frac{\pi K(H^2 - {h_o}^2)}{\ln(R/r_o)} = \frac{\pi K(H^2 - {h_o}^2)}{2.3\log(R/r_o)}$
얕은 우물(천정호)	우물의 바닥이 불투수층까지 도달하지 못한 우물을 말한다. $Q = 4Kr_o(H - h_o)$
굴착정	피압대수층의 물을 양수하는 우물을 굴착정이라 한다. $Q = \frac{2\pi aK(H - h_o)}{\ln(R/r_o)} = \frac{2\pi aK(H - h_o)}{2.3\log(R/r_o)}$
집수암거	복류수를 취수하는 우물을 집수암거라 한다. $Q = \frac{Kl}{R}(H^2 - h^2)$

∴ 집수암거의 집수량 공식은

$$Q = \frac{Kl}{R}({h_0}^2 - {h_w}^2)$$

50. 지름 20cm인 원형 오리피스로 0.1m³/s의 유량을 유출시키려 할 때 필요한 수심은?(단, 수심은 오리피스 중심으로부터 수면까지의 높이이며, 유량계수 C=0.6이다.)

① 1.24m ② 1.44m
③ 1.56m ④ 2.00m

해설 오리피스의 유량

㉠ 오리피스의 유량

$$Q = Ca\sqrt{2gh}$$

여기서, C : 유량계수
a : 오리피스의 단면적
g : 중력가속도
h : 오리피스 중심까지의 수심

㉡ 수심의 산정

$$h = \frac{Q^2}{C^2a^2 2g}$$

$$= \frac{0.1^2}{0.6^2 \times (\frac{3.14 \times 0.2^2}{4})^2 \times 2 \times 9.8} = 1.44\text{m}$$

51. 내경이 300mm이고 두께가 5mm인 강관이 견딜 수 있는 최대 압력수두는?(단, 강관의 허용인장응력은 1,500kg/cm²이다.)

① 300m ② 400m
③ 500m ④ 600m

해설 강관의 두께

㉠ 강관의 두께

$$t = \frac{PD}{2\sigma_{ta}}$$

여기서, t : 강관의 두께
P : 압력
D : 관의 직경
σ_{ta} : 허용인장응력

㉡ 압력의 산정

$$P = \frac{2\sigma_{ta}t}{D} = \frac{2 \times 1{,}500 \times 0.5}{30}$$

$$= 50\text{kg/cm}^2 = 500\text{t/m}^2$$

㉢ 압력수두의 산정

$$P = wh$$

$$h = \frac{P}{w} = \frac{500}{1} = 500\text{m}$$

52. Darcy-Weisbach의 마찰손실수두 공식에 관한 내용으로 틀린 것은?

① 관의 조도에 비례한다.
② 관의 직경에 비례한다.
③ 관로의 길이에 비례한다.
④ 유속의 제곱에 비례한다.

해설 Darcy-Weisbach의 마찰손실수두

$$h_L = f\frac{l}{D}\frac{V^2}{2g}$$

∴ 관의 직경(D)에 반비례한다.

53. 정상적인 흐름 내의 1개의 유선상에서 각 단면의 위치수두와 압력수두를 합한 수두를 연결한 선은?

① 총수두(Total Head)
② 에너지선(Energy Line)
③ 유압곡선(Pressure Curve)
④ 동수경사선(Hydraulic Grade Line)

해설 동수경사선과 에너지선

㉠ 동수경사선

위치수두(z)와 압력수두($\frac{p}{w}$)를 합한 점을 연결한 선을 동수경사선이라고 한다.

㉡ 에너지선

위치수두(z), 압력수두($\frac{p}{w}$), 속도수두($\frac{v^2}{2g}$)를 합한 점을 연결한 선을 에너지선이라고 한다.

54. 양정이 6m일 때 4.2마력의 펌프로 0.03m³/s를 양수했다면 이 펌프의 효율은?

① 42% ② 57%
③ 72% ④ 90%

해설 동력의 산정

㉠ 수차의 출력($H_e = h - \Sigma h_L$)

- $P = 9.8QH_e\eta$(kW)
- $P = 13.3QH_e\eta$(HP)

㉡ 양수에 필요한 동력($H_e = h + \Sigma h_L$)

- $P = \frac{9.8QH_e}{\eta}$(kW)
- $P = \frac{13.3QH_e}{\eta}$(HP)

㉢ 펌프 효율의 산정

$$\eta = \frac{13.3QH_e}{P} = \frac{13.3\times0.03\times6}{4.2}$$
$$= 0.57 = 57\%$$

55. 유체의 기본성질에 대한 설명으로 틀린 것은?

① 압축률과 체적탄성계수는 비례관계에 있다.
② 압력변화량과 체적변화율의 비를 체적탄성계수라 한다.
③ 액체와 기체의 경계면에 작용하는 분자인력을 표면장력이라 한다.
④ 액체 내부에서 유체분자가 상대적인 운동을 할 때 이에 저항하는 전단력이 작용하는데, 이 성질을 점성이라 한다.

해설 유체의 기본성질

㉠ 체적탄성계수
압력변화량과 체적변화율의 비를 체적탄성계수라고 하며, 체적탄성계수의 역수를 압축률이라고 한다.

- 체적탄성계수 : $E = \dfrac{\Delta P}{\dfrac{\Delta V}{V}}$
- 압축률 : $C = \dfrac{1}{E}$

∴ 체적탄성계수와 압축률은 반비례관계에 있다.

㉡ 액체와 기체의 경계면에 작용하는 분자인력을 표면장력이라고 한다.
㉢ 유체입자의 상대적인 속도차로 인해 전단응력을 일으키는 물의 성질을 점성이라고 한다.

56. 액체표면에서 150cm 깊이의 점에서 압력강도가 14.25kN/m²이면 이 액체의 단위중량은?

① 9.5kN/m³　② 10kN/m³
③ 12kN/m³　④ 16kN/m³

해설 정수압

정수 중 한 점이 받는 압력은 다음의 식으로 구할 수 있다.

$P = wh$

$\therefore w = \dfrac{P}{h} = \dfrac{14.25}{1.5} = 9.5\text{kN/m}^3$

57. 완전유체일 때 에너지선과 기준수평선의 관계는?

① 서로 평행하다.
② 압력에 따라 변한다.
③ 위치에 따라 변한다.
④ 흐름에 따라 변한다.

해설 완전유체

㉠ 비점성, 비압축성 유체를 완전유체 또는 이상유체라고 한다.
㉡ 완전유체에서는 점성과 압축성을 무시하므로 손실이 없다. 따라서 에너지선과 기준수평면은 서로 평행하게 된다.

58. 밀도의 차원을 공학단위[FLT]로 올바르게 표시한 것은?

① $[FL^{-3}]$　② $[FL^4T^2]$
③ $[FL^4T^{-2}]$　④ $[FL^{-4}T^2]$

해설 차원

㉠ 물리량의 크기를 힘[F], 질량[M], 시간[T], 길이[L]의 지수형태로 표기한 것
㉡ 밀도(ρ)

$$\rho = \frac{w}{g} = \frac{\text{g/cm}^3}{\text{cm/sec}^2} = \text{g}\cdot\text{sec}^2/\text{cm}^4$$

∴ 차원으로 바꾸면 FT^2L^{-4}

59. 그림과 같은 단선관수로에서 200m 떨어진 곳에 내경 20cm 관으로 0.0628m³의 물을 송수하려고 한다. 두 저수지의 수면차(H)를 얼마로 유지하여야 하는가?(단, 마찰손실계수 f = 0.035, 급확대에 의한 손실계수 f_{se} = 1.0, 급축소에 의한 손실계수 f_{sc} = 0.5이다.)

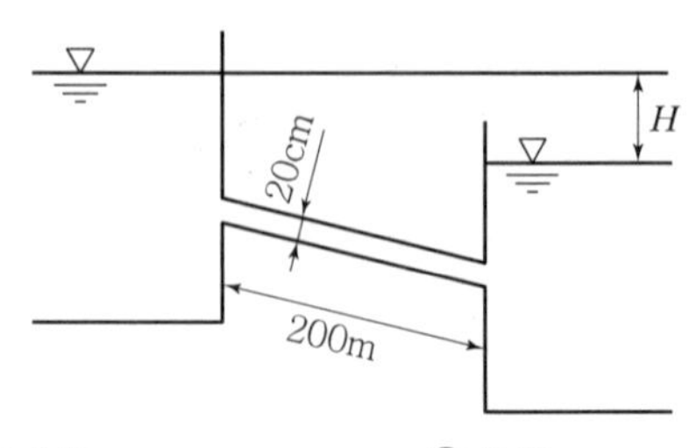

① 6.45m　② 5.45m
③ 7.45m　④ 8.27m

 |해답| 55.① 56.① 57.① 58.④ 59.③

해설 단일관수로의 유량

㉠ 단일관수로의 유량

$$Q = A\sqrt{\frac{2gH}{f_{sc}+f_{se}+f\frac{l}{D}}}$$

㉡ 수위차의 계산

$$A = \frac{\pi \times 0.2^2}{4} = 0.0314\text{m}^2$$

$$H = \frac{Q^2(f_{sc}+f_{se}+f\frac{l}{D})}{2gA^2}$$

$$= \frac{0.0628^2 \times (0.5+1.0+0.035\times\frac{200}{0.2})}{2\times 9.8\times 0.0314^2}$$

$$= 7.55\text{m}$$

60. 그림과 같은 용기에 물을 넣고 연직하향방향으로 가속도 α를 중력가속도만큼 작용했을 때 용기 내의 물에 작용하는 압력 P는?

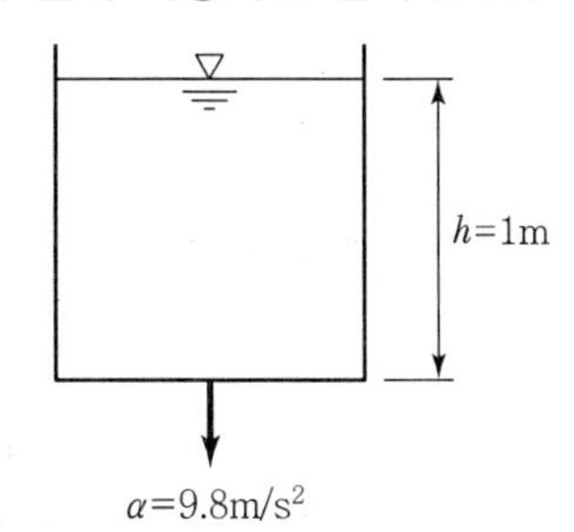

① 0 ② 1t/m^2
③ 2t/m^2 ④ 3t/m^2

해설 연직가속도를 받는 경우

㉠ 연직가속도를 받는 경우

- 연직 상방향 : $P = wh(1+\frac{\alpha}{g})$
- 연직 하방향 : $P = wh(1-\frac{\alpha}{g})$

㉡ 압력의 산정

$$P = wh(1-\frac{\alpha}{g}) = 1\times 1(1-\frac{9.8}{9.8}) = 0$$

제4과목 철근콘크리트 및 강구조

61. 강도설계법에 의해 콘크리트 구조물을 설계할 때 안전을 위해 사용하는 강도감소계수 ϕ의 값으로 옳지 않은 것은?

① 인장지배단면 : 0.85
② 포스트텐션 정착구역 : 0.85
③ 압축지배단면으로서 나선철근으로 보강된 철근콘크리트 부재 : 0.65
④ 전단력과 비틀림모멘트를 받는 부재 : 0.75

해설 압축지배단면으로서 나선철근으로 보강된 철근콘크리트 부재의 강도감소계수는 0.70이다.

62. 철근콘크리트의 특징에 대한 설명으로 옳지 않은 것은?

① 내구성, 내화성이 크다.
② 형상이나 치수에 제한을 받지 않는다.
③ 보수나 개조가 용이하다.
④ 유지 관리비가 적게 든다.

해설 철근콘크리트 구조물은 보수나 개조가 어렵다.

63. 그림과 같은 L형강에서 단면의 순단면을 구하기 위하여 전개한 총폭(b_g)은 얼마인가?

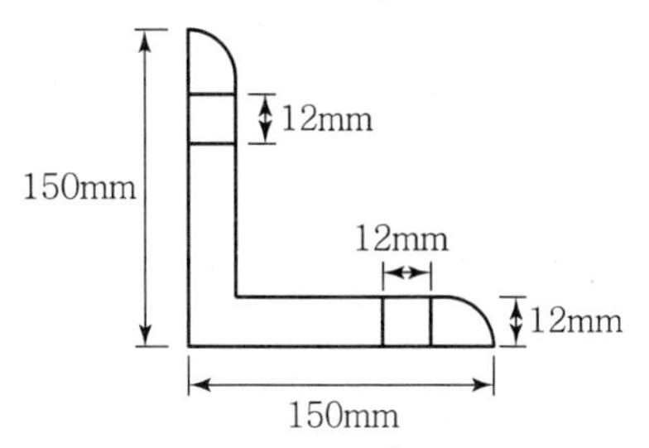

① 250mm ② 264mm
③ 288mm ④ 300mm

해설 $b_g = b_1 + b_2 - t = 150 + 150 - 12 = 288\text{mm}$

64. 보 또는 1방향 슬래브는 휨균열을 제어하기 위하여 콘크리트 인장연단에 가장 가까이 배치되는 철근의 중심 간격 s를 제한하고 있다. 철근의 응력(f_s)이 210MPa이며, 휨철근의 표면과 콘크리트 표면 사이의 최소 두께(c_c)가 40mm로 설계된 휨철근의 중심 간격 s는 얼마 이하여야 하는가?(단, 건조환경에 노출되는 경우는 제외한다.)

① 275mm ② 300mm
③ 325mm ④ 350mm

해설 $k_{cr}=210$(건조환경이 아닌 경우)

$$s_1=375\left(\frac{k_{cr}}{f_s}\right)-2.5c_c$$
$$=375\left(\frac{210}{210}\right)-2.5\times40=275\text{mm}$$
$$s_2=300\left(\frac{k_{cr}}{f_s}\right)=300\left(\frac{210}{210}\right)=300\text{mm}$$
$$s=[s_1,\ s_2]_{\min}=[275\text{mm},\ 300\text{mm}]_{\min}=275\text{mm}$$

65. 휨부재 단면에서 인장철근에 대한 최소 철근량을 규정한 이유로 가장 옳은 것은?

① 부재의 취성파괴를 유도하기 위하여
② 사용 철근량을 줄이기 위하여
③ 콘크리트 단면을 최소화하기 위하여
④ 부재의 급작스런 파괴를 방지하기 위하여

해설 철근콘크리트 휨부재에서 인장철근에 대한 최소 철근량을 규정하는 이유는 부재의 급작스런 파괴, 즉 취성파괴를 방지하기 위해서이다.

66. 다음 그림에서 인장력 $P=400$kN이 작용할 때 용접이음부의 응력은 얼마인가?

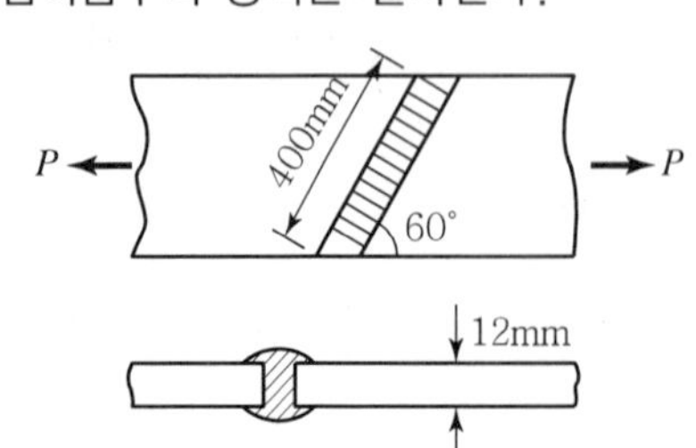

① 96.2MPa ② 101.2MPa
③ 105.3MPa ④ 108.6MPa

해설
$$f=\frac{P}{bt}=\frac{P}{(l\sin\theta)t}$$
$$=\frac{(400\times10^3)}{(400\times\sin60°)\times12}$$
$$=96.2\text{N/mm}^2=96.2\text{MPa}$$

67. 프리스트레스 손실 원인 중 프리스트레스를 도입할 때 즉시 손실의 원인이 되는 것은?

① 콘크리트 건조수축
② PS강재의 릴랙세이션
③ 콘크리트 크리프
④ 정착장치의 활동

해설 프리스트레스의 손실의 원인

㉠ 프리스트레스 도입시 손실(즉시손실)
- 정착장치의 활동에 의한 손실
- PS강재와 쉬스 사이의 마찰에 의한 손실
- 콘크리트의 탄성변형에 의한 손실

㉡ 프리스트레스 도입후 손실(시간손실)
- 콘크리트의 크리프에 의한 손실
- 콘크리트의 건조수축에 의한 손실
- PS강재의 릴랙세이션에 의한 손실

68. $b_w=300$mm, $d=400$mm, $A_s=2{,}400\text{mm}^2$, $A_s'=1{,}200\text{mm}^2$인 복철근 직사각형 단면의 보에서 하중이 작용할 경우 탄성 처짐량이 1.5mm이었다. 5년 후 총처짐량은 얼마인가?

① 2.0mm ② 2.5mm
③ 3.0mm ④ 3.5mm

해설 $\xi=2.0$(하중재하기간이 5년 이상인 경우)

$$\rho'=\frac{A_s'}{bd}=\frac{1200}{300\times400}=0.01$$
$$\lambda=\frac{\xi}{1+50\rho'}=\frac{2.0}{1+50\times0.01}=1.33$$
$$\delta_L=\lambda\cdot\delta_i=1.33\times1.5=2\text{mm}$$
$$\delta_T=\delta_i+\delta_L=1.5+2=3.5\text{mm}$$

 |해답| 64.① 65.④ 66.① 67.④ 68.④

69. 그림과 같이 단순 지지된 2방향 슬래브에 집중하중 P가 작용할 때, ab 방향에 분배되는 하중은 얼마인가?

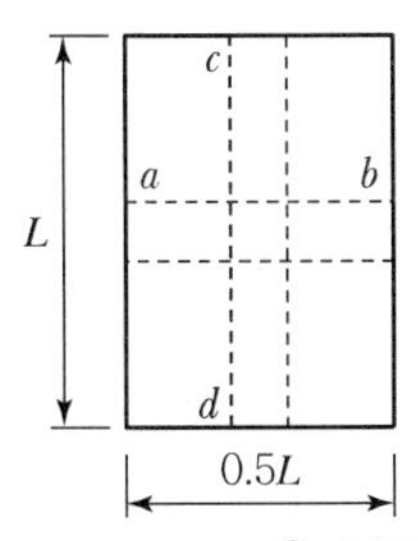

① $0.059P$ ② $0.111P$
③ $0.667P$ ④ $0.889P$

해설 $w_{ab} = \dfrac{L^3}{L^3 + (0.5L)^3} P = 0.889P$

70. 그림과 같은 띠철근 기둥의 공칭축강도(P_n)는 얼마인가?(단, f_{ck} = 24MPa, f_y = 300MPa, 종방향 철근의 전체 단면적 A_{st} = 2,027mm²이다.)

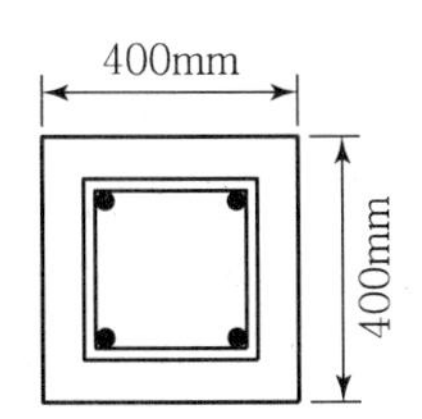

① 2,145.7kN ② 2,279.2kN
③ 3,064.6kN ④ 3,492.2kN

해설 $P_n = \alpha\{0.85 f_{ck}(A_g - A_{st}) + f_y A_{st}\}$
$= 0.8\{0.85 \times 24 \times (400^2 - 2,027) + 300 \times 2,027\}$
$= 3,064.6 \times 10^3 \text{N} = 3,064.6\text{kN}$

71. 콘크리트의 크리프에 영향을 미치는 요인들에 대한 설명으로 틀린 것은?

① 물－시멘트 비가 클수록 크리프가 크게 일어난다.
② 단위 시멘트량이 많을수록 크리프가 증가한다.
③ 습도가 높을수록 크리프가 증가한다.
④ 온도가 높을수록 크리프가 증가한다.

해설 콘크리트의 크리프에 영향을 주는 요인
① 물－시멘트 비가 클수록 크리프가 크게 일어난다.
② 단위 시멘트량이 많을수록 크리프가 증가한다.
③ 습도가 낮을수록 크리프가 증가한다.
④ 온도가 높을수록 크리프가 증가한다.

72. f_y = 350MPa, d = 500mm인 단철근 직사각형 균형보가 있다. 강도설계법에 의해 보의 압축연단에서 중립축까지의 거리는?

① 258mm ② 291mm
③ 316mm ④ 332mm

해설 $C_b = \dfrac{600}{600 + f_y} d$
$= \dfrac{600}{600 + 350} \times 500 = 316\text{mm}$

73. 폭이 400mm, 유효깊이가 600mm인 직사각형 보에서 콘크리트가 부담할 수 있는 전단강도 V_c는 얼마인가?(단, 보통중량 콘크리트이며 f_{ck}는 24MPa임)

① 196kN ② 248kN
③ 326kN ④ 392kN

해설 $\lambda = 1$(보통 중량의 콘크리트인 경우)
$V_c = \dfrac{1}{6} \lambda \sqrt{f_{ck}}\, bd$
$= \dfrac{1}{6} \times 1 \times \sqrt{24} \times 400 \times 600$
$= 196 \times 10^3 \text{N} = 196\text{kN}$

74. PS 콘크리트에서 강선에 긴장을 할 때 긴장재의 허용응력은 얼마 이하여야 하는가?(단, 긴장재의 설계기준인장강도(f_{pu}) = 1,900MPa, 긴장재의 설계기준항복강도(f_{py}) = 1,600MPa)

① 1,440MPa ② 1,504MPa
③ 1,520MPa ④ 1,580MPa

|해답| 69.④ 70.③ 71.③ 72.③ 73.① 74.②

■해설 긴장할 때 긴장재의 허용응력(f_{pa})

$f_{pa1} = 0.8f_{pu} = 0.8 \times 1,900 = 1,520\text{MPa}$

$f_{pa2} = 0.94f_{py} = 0.94 \times 1,600 = 1,504\text{MPa}$

$f_{pa} = [f_{pa1},\ f_{pa2}]_{\min}$

$= [1,520\text{MPa},\ 1,504\text{MPa}]_{\min}$

$= 1,504\text{MPa}$

75. PSC의 해석의 기본개념 중 아래의 보기에서 설명하는 개념은?

> 프리스트레싱의 작용과 부재에 작용하는 하중을 비기도록 하자는 데 목적을 둔 개념으로 등가하중의 개념이라고도 한다.

① 균등질 보의 개념　② 내력 모멘트의 개념
③ 하중평형의 개념　④ 변형률의 개념

■해설 하중평형 개념이란 프리스트레싱의 작용과 부재에 작용하는 하중을 비기도록 하자는 데 목적을 둔 개념으로 등가하중 개념이라고도 한다.

76. 그림과 같은 판형(Plate Girder)의 각부 명칭으로 틀린 것은?

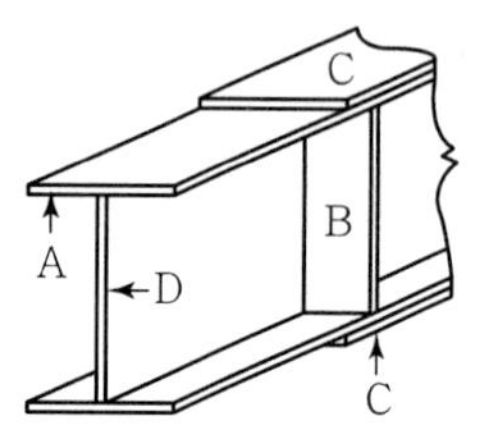

① A－상부판(Flange)
② B－보강재(Stiffener)
③ C－덮개판(Cover plate)
④ D－횡구(Bracing)

■해설 D－복부판(Web)

77. 강도설계법에서 그림과 같은 T형보의 사선 친 플랜지 단면에 작용하는 압축력과 균형을 이루는 가상 압축철근의 단면적은 얼마인가?(단, $f_{ck} = 21\text{MPa}$, $f_y = 380\text{MPa}$임)

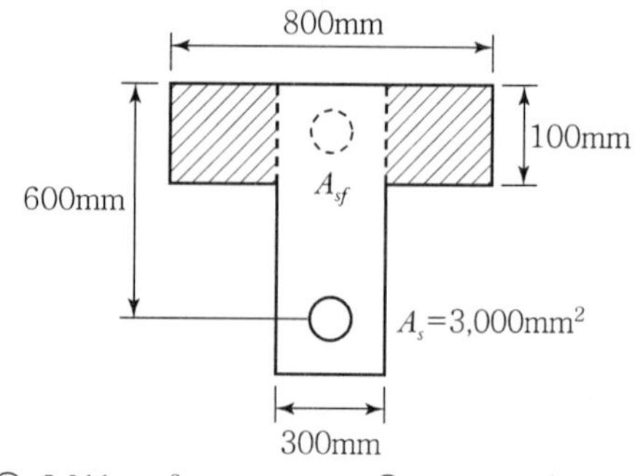

① 2,011mm²　② 2,349mm²
③ 3,525mm²　④ 4,021mm²

■해설 $A_{sf} = \dfrac{0.85f_{ck}(b-b_w)t_f}{f_y}$

$= \dfrac{0.85 \times 21 \times (800-300) \times 100}{380}$

$= 2,349\text{mm}^2$

78. 흙에 접하거나 옥외의 공기에 직접 노출되는 현장치기 콘크리트로 D25 이하 철근을 사용하는 경우 최소피복두께는 얼마인가?

① 20mm　② 40mm
③ 50mm　④ 60mm

■해설 흙에 접하거나 옥외의 공기에 직접 노출되는 현장치기 콘크리트로 D25 이하의 철근을 사용하는 경우 최소피복두께는 50mm이다.

79. 강도설계법에서 보에 대한 등가깊이 a에 대하여 $a = \beta_1 c$인데 f_{ck}가 45MPa일 경우 β_1의 값은?

① 0.85　② 0.731
③ 0.653　④ 0.631

■해설 $f_{ck} > 28\text{MPa}$인 경우 β_1의 값

$\beta_1 = 0.85 - 0.007(f_{ck} - 28)$

$= 0.85 - 0.007(45 - 28)$

$= 0.731\ (\beta_1 \geq 0.65 - \text{O.K})$

 |해답| 75.③ 76.④ 77.② 78.③ 79.②

80. 철근콘크리트 구조물의 전단철근 상세에 대한 설명으로 틀린 것은?

① 스터럽의 간격은 어떠한 경우이든 400mm 이하로 하여야 한다.
② 주인장철근에 45도 이상의 각도로 설치되는 스터럽은 전단철근으로 사용할 수 있다.
③ 전단철근의 설계기준항복강도는 500MPa을 초과할 수 없다.
④ 전단철근으로 사용하는 스터럽과 기타 철근 또는 철선은 콘크리트 압축연단부터 거리 d만큼 연장하여야 한다.

■해설 스터럽의 간격은 어떠한 경우이든 600mm 이하로 하여야 한다.

제5과목 토질 및 기초

81. 사면의 안정해석 방법에 관한 설명 중 옳지 않은 것은?

① 마찰원법은 균일한 토질지반에 적용된다.
② Fellenius 방법은 절편의 양측에 작용하는 힘의 합력은 0이라고 가정한다.
③ Bishop 방법은 흙의 장기안정 해석에 유효하게 쓰인다.
④ Fellenius 방법은 간극수압을 고려한 $\phi=0$ 해석법이다.

■해설

Fellenius 방법의 특징	Bishop 간편법의 특징
• 전응력 해석법(간극수압을 고려하지 않음) • 사면의 단기 안정문제 해석 • 계산은 간단 • 포화 점토 지반의 비배수 강도만 고려 • $\phi=0$ 해석법 • 절편의 양쪽에(수평, 연직) 작용하는 힘들의 합은 0이라고 가정	• 유효응력 해석법(간극수압 고려) • 사면의 장기 안정문제 해석 • 계산이 복잡하여 전산기 이용(많이 적용) • $c-\phi$ 해석법 • 절편에 작용하는 연직방향의 힘의 합력은 0이다.

82. 흙의 2면 전단시험에서 전단응력을 구하려면 다음 중 어느 식이 적용되어야 하는가?(단, τ=전단응력, A=단면적, S=전단력)

① $\tau=\dfrac{S}{A}$　② $\tau=\dfrac{S}{2A}$
③ $\tau=\dfrac{2A}{S}$　④ $\tau=\dfrac{2S}{A}$

■해설 1면 · 2면 전단시험 비교

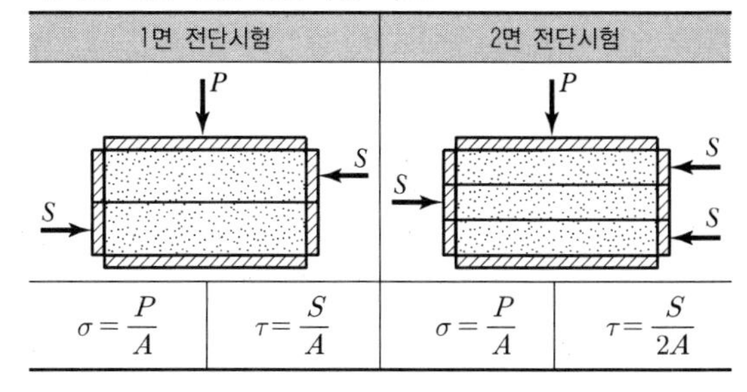

1면 전단시험		2면 전단시험	
$\sigma=\dfrac{P}{A}$	$\tau=\dfrac{S}{A}$	$\sigma=\dfrac{P}{A}$	$\tau=\dfrac{S}{2A}$

83. 연약한 점토지반의 전단강도를 구하는 현장 시험방법은?

① 평판재하 시험　② 현장 CBR 시험
③ 접전단 시험　④ 현장 베인 시험

■해설 Vane test의 특징
- 연약한 점토층에 실시하는 시험
- 점착력 산정 기능
- 지반의 비배수 전단강도(c_u)를 측정
- 비배수조건($\phi=0$)에서 사면의 안정해석

84. 말뚝의 부마찰력에 관한 설명 중 옳지 않은 것은?

① 말뚝이 연약지반을 관통하여 견고한 지반에 박혔을 때 발생한다.
② 지반에 성토나 하중을 가할 때 발생한다.
③ 말뚝의 타입 시 항상 발생하며 그 방향은 상향이다.
④ 지하수위 저하로 발생한다.

■해설 부마찰력의 방향은 하향이다.

85. 어떤 점토의 압밀 시험에서 압밀계수(C_v)가 2.0×10^{-3}cm^2/s라면 두께 2cm인 공시체가 압밀도 90%에 소요되는 시간은?(단, 양면배수 조건이다.)

① 5.02분 ② 7.07분
③ 9.02분 ④ 14.07분

해설

$$t_{90} = \frac{T_v \cdot H^2}{C_v} = \frac{0.848 \times \left(\frac{2}{2}\right)}{2 \times 10^{-3}}$$

$=424$초$=7.07$분

86. 어떤 흙의 전단시험 결과 $c=1.8$kg/cm², $\phi=35°$, 토립자에 작용하는 수직응력이 $\sigma=3.6$kg/cm²일 때 전단강도는?

① 3.86kg/cm²
② 4.32kg/cm²
③ 4.89kg/cm²
④ 6.33kg/cm²

해설 $S(\tau_f) = C + \sigma' \tan\phi$
$= 1.8 + 3.6\tan 35°$
$= 4.32$kg/cm²

87. 흙의 동상을 방지하기 위한 대책으로 옳지 않은 것은?

① 배수구를 설치하여 지하수위를 저하시킨다.
② 지표의 흙을 화약약품으로 처리한다.
③ 포장하부에 단열층을 시공한다.
④ 모관수를 차단하기 위해 세립토층을 지하수면 위에 설치한다.

해설 모관수의 상승을 차단하기 위해 조립의 차단층을 지하수위보다 높은 위치에 설치한다.

88. 표준관입시험에 관한 설명으로 옳지 않은 것은?

① 시험의 결과로 N치를 얻는다.
② (63.5±0.5)kg 해머를 (76±1)cm 낙하시켜 샘플러를 지반에 30cm 관입시킨다.
③ 시험결과로부터 흙의 내부마찰각 등의 공학적 성질을 추정할 수 있다.
④ 이 시험은 사질토보다 점성토에서 더 유리하게 이용된다.

해설 표준관입시험은 동적인 사운딩으로 사질토, 점성토 모두 적용 가능하지만 주로 사질토 지반의 특성을 잘 반영한다.

89. 모래치환에 의한 흙의 밀도 시험 결과 파낸 구멍의 부피가 1,980cm³이었고 이 구멍에서 파낸 흙 무게가 3,420g이었다. 이 흙의 토질시험 결과 함수비가 10%, 비중이 2.7, 최대 건조단위중량이 1.65g/cm³이었을 때 이 현장의 다짐도는?

① 약 85% ② 약 87%
③ 약 91% ④ 약 95%

해설

다짐도$(RC) = \frac{\gamma_d}{\gamma_{d\max}} \times 100$

- $\gamma_t = \frac{W}{V} = \frac{3,420}{1,980} = 1.73\text{g/cm}^3$
- $\gamma_d = \frac{\gamma_t}{1+w} = \frac{1.73}{1+0.1} = 1.57\text{g/cm}^3$

$\therefore RC = \frac{1.57}{1.65} \times 100 = 95\%$

90. 어떤 유선망에서 상하류면의 수두 차가 4m, 등수두면의 수가 13개, 유로의 수가 7개일 때 단위 폭 1m당 1일 침투수량은 얼마인가?(단, 투수층의 투수계수 $K=2.0 \times 10^{-4}$cm/s이다.)

① 9.62×10^{-1}m³/day ② 8.0×10^{-1}m³/day
③ 3.72×10^{-1}m³/day ④ 1.83×10^{-1}m³/day

해설

$$Q = K \cdot H \cdot \frac{N_f}{N_d}$$
$$= \left(2 \times 10^{-4} \times \frac{86,400}{100}\right) \times 4 \times \frac{7}{13}$$
$$= 0.372\text{m}^3/\text{day} = 3.72 \times 10^{-1}\text{m}^3/\text{day}$$

 |해답| 85.② 86.② 87.④ 88.④ 89.④ 90.③

91. 점성토 지반의 개량공법으로 적합하지 않은 것은?

① 샌드 드레인 공법
② 바이브로 플로테이션 공법
③ 치환 공법
④ 프리로딩 공법

해설 바이브로 플로테이션 공법은 사질토 지반개량 공법이다.

92. 비중이 2.5인 흙에 있어서 간극비가 0.5이고 포화도가 50%이면 흙의 함수비는 얼마인가?

① 10%　　② 25%
③ 40%　　④ 62.5%

해설 $G_w = S_e$

$w = \frac{S_e}{G} = \frac{0.5 \times 0.5}{2.5}$

$= 0.1 = 10\%$

93. 그림에서 모래층에 분사현상이 발생되는 경우는 수두 h가 몇 cm 이상일 때 일어나는가?(단, $G_s = 2.68$, $n = 60\%$이다.)

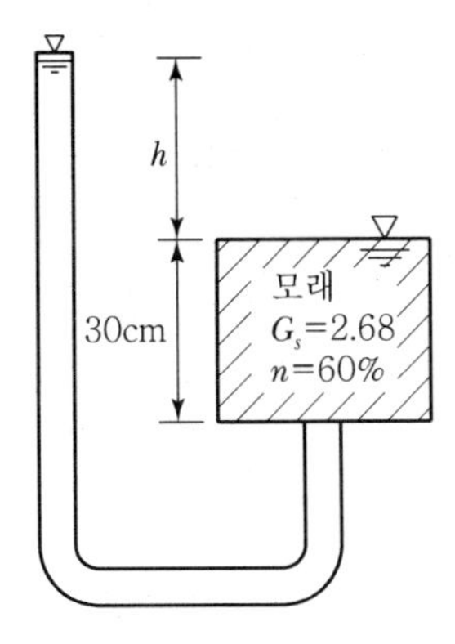

① 20.16cm　　② 18.05cm
③ 13.73cm　　④ 10.52cm

해설 • $i_c \le i$(분사현상 발생)

• $\frac{G_s - 1}{1+e} \le \frac{h}{L}$

$\left(\frac{2.68-1}{1+1.5}\right) \times 30 = h$

$e = \frac{n}{1-n} = \frac{0.6}{1-0.6} = 1.5$

$\therefore\ h = 20.16\text{cm}$

94. 해머의 낙하고 2m, 해머의 중량 4t, 말뚝의 최종 침하량이 2cm일 때 Sander 공식을 이용하여 말뚝의 허용지지력을 구하면?

① 50t　　② 80t
③ 100t　　④ 160t

해설 $Q_a = \frac{W_h \cdot H}{8S} = \frac{4 \times 200}{8 \times 2} = 50\text{t}$

95. 흙의 다짐에 관한 설명 중 옳지 않은 것은?

① 최적 함수비로 다질 때 건조단위중량은 최대가 된다.
② 세립토의 함유율이 증가할수록 최적 함수비는 증대된다.
③ 다짐에너지가 클수록 최적 함수비는 커진다.
④ 점성토는 조립토에 비하여 다짐곡선의 모양이 완만하다.

해설 다짐에너지가 커지면 $\gamma_{d\max}$는 증가하고, OMC는 감소한다.

96. 흙 지반의 투수계수에 영향을 미치는 요소로 옳지 않은 것은?

① 물의 점성
② 유효 입경
③ 간극비
④ 흙의 비중

해설 흙의 비중은 투수계수와 무관하다.

|해답| 91.② 92.① 93.① 94.① 95.③ 96.④

97. 그림에서 주동토압의 크기를 구한 값은?(단, 흙의 단위중량은 1.8t/m³이고 내부마찰각은 30°이다.)

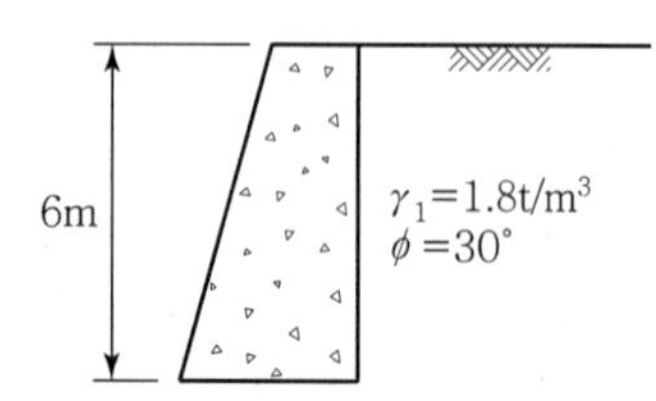

① 5.6t/m ② 10.8t/m
③ 15.8t/m ④ 23.6t/m

해설
• $K_a = \dfrac{1-\sin\phi}{1+\sin\phi} = \dfrac{1-\sin30°}{1+\sin30°} = 0.33$

$\therefore\ P_a = \dfrac{1}{2}\gamma_t H^2 K_a$

$= \dfrac{1}{2} \times 1.8 \times 6^2 \times 0.33 \fallingdotseq 10.8\text{t/m}$

98. 다음 중 얕은 기초는 어느 것인가?

① 말뚝 기초 ② 피어 기초
③ 확대 기초 ④ 케이슨 기초

해설 깊은 기초의 분류
• 말뚝 기초
• 피어 기초
• 케이슨 기초

99. 느슨하고 포화된 사질토에 지진이나 폭파, 기타 진동으로 인한 충격을 받았을 때 전단강도가 급격히 감소하는 현상은?

① 액상화 현상
② 분사 현상
③ 보일링 현상
④ 다일러탠시 현상

해설 액상화 현상(Liguefaction)
포화된 사질지반에 지진이나 진동 등 동적하중이 작용하면 지반에서 일시적으로 전단강도를 상실하는 현상이다.

100. 예민비가 큰 점토란 다음 중 어떠한 것을 의미하는가?

① 점토를 교란시켰을 때 수축비가 작은 시료
② 점토를 교란시켰을 때 수축비가 큰 시료
③ 점토를 교란시켰을 때 강도가 많이 감소하는 시료
④ 점토를 교란시켰을 때 강도가 증가하는 시료

해설 예민비가 큰 점토는 공학적으로 불량하며 흙을 다시 이겼을 때 강도가 감소한다.

제6과목 상하수도공학

101. 응집침전에 주로 사용되는 응집제가 아닌 것은?

① 벤토나이트(bentonite)
② 염화제2철(ferric chloride)
③ 황산제1철(ferrous sulfate)
④ 황산알루미늄(aluminium sulfate)

해설 응집제
㉠ 정의
응집제는 응집대상 물질인 콜로이드의 하전을 중화시키거나 상호 결합시키는 역할을 한다.
㉡ 응집제의 종류는 Al, Fe 계열로 이루어져 있다.
• 황산알루미늄
• 폴리염화알루미늄
• 알루민산나트륨
• 황산제1철, 황산제2철
• 염화제1철, 염화제2철
∴ 응집제가 아닌 것은 벤토나이트이다.

102. 관로의 접합에 대한 설명으로 틀린 것은?

① 2개의 관로가 합류하는 경우의 중심교각은 장애물이 있을 때에는 60° 이하로 한다.
② 2개의 관로가 곡선을 갖고 합류하는 경우의 곡률반경은 내경의 3배 이하로 한다.
③ 관로의 관경이 변화하는 경우 또는 2개의 관로가 합류하는 경우의 접합방법은 원칙적으로 수면접합 또는 관정접합으로 한다.

 |해답| 97.② 98.③ 99.① 100.③ 101.① 102.②

④ 지표의 경사가 급한 경우에는 관경변화에 대한 유무에 관계없이 원칙적으로 지표의 경사에 따라서 단차접합 또는 계단접합으로 한다.

해설 관거의 접합 시 고려사항
㉠ 2개의 관이 합류하는 경우에는 중심교각은 60° 이하로 하는 것을 원칙으로 한다.
㉡ 2개의 관로가 곡선을 갖고 합류하는 경우의 곡률반경은 내경의 5배 이상으로 한다.
㉢ 관경이 변하거나 2개의 관로가 합류하는 경우에는 원칙적으로 수리학적으로 유리한 수면접합이나 관정접합을 한다.
㉣ 지세가 급한 경우에는 관경변화와 관계없이 원칙적으로 단차접합 또는 계단접합을 한다.

103. 활성슬러지법의 변법 중 미생물에 의한 유기물 흡수와 흡수된 유기물의 산화가 별도의 처리조에서 수행되는 것은?

① 산화구법 ② 접촉안정법
③ 장기 포기법 ④ 계단식 포기법

해설 접촉안정법
㉠ 접촉조에서 하수와 활성슬러지를 반응시켜 유기물을 흡수, 흡착에 의해 제거한다.
㉡ 안정조에서 포기에 의한 새로운 미생물을 생성시킨다.
㉢ 도시하수처리에 적합한 처리방식이다.

104. 슬러지 소각에 대한 설명으로 틀린 것은?

① 부패성이 없다.
② 위생적으로 안전하다.
③ 슬러지용적이 1/50~1/100로 감소한다.
④ 타 처리방법에 비하여 소요부지면적이 크다.

해설 슬러지 소각
㉠ 대기오염물질의 발생 및 경제적 측면을 제외하면 감량화, 안정화, 재이용 등의 목적을 달성할 수 있는 가장 이상적인 방법으로 소각이 이용된다.
㉡ 특징
- 위생적으로 안전하다.
- 부패성이 없다.
- 슬러지 용적이 1/50~1/100로 감소한다.
- 다른 처리법에 비해 소요부지면적이 적다.
- 대기오염방지를 위한 대책이 필요하다.
- 유지관리비가 많이 든다.

105. 수원에 관한 설명 중 틀린 것은?

① 심층수는 대수층 주위의 지질에 따른 고유의 특징이 있다.
② 복류수는 어느 정도 여과된 것이므로 지표수에 비해 수질이 양호하다.
③ 천층수는 지표면에서 깊지 않은 곳에 위치하므로 지표수의 영향을 받기 쉽다.
④ 용천수는 지하수가 자연적으로 지표로 솟아나온 것으로 그 성질은 지표수와 비슷하다.

해설 용천수
용천수는 피압대수층에 존재하는 지하수가 지반의 약한 곳을 뚫고 지표로 솟아나온 물로 성질은 심층지하수와 유사하다.

106. 하수배제 방식 중 합류식 하수관거에 대한 설명으로 옳지 않은 것은?

① 일정량 이상이 되면 우천 시 오수가 월류한다.
② 기존의 측구를 폐지할 경우 도로폭을 유효하게 이용할 수 있다.
③ 하수처리장에 유입하는 하수의 수질변동이 비교적 작다.
④ 대구경 관로가 되면 좁은 도로에서의 매설에 어려움이 있다.

해설 하수의 배제방식

분류식	합류식
• 수질오염 방지 면에서 유리하다. • 청천 시에도 퇴적의 우려가 없다. • 강우 초기 노면 배수 효과가 없다. • 시공이 복잡하고 오접합의 우려가 있다. • 우천 시 수세효과가 없다. • 공사비가 많이 든다.	• 구배 완만, 매설깊이가 적으며 시공성이 좋다. • 초기 우수에 의한 노면배수처리가 가능하다. • 관경이 크므로 검사가 편리하고, 환기가 잘된다. • 청천 시 관 내 침전이 발생하고 효율이 저하된다. • 우천 시 수세효과가 있다. • 건설비가 적게 든다.

∴ 합류식은 오수와 우수가 동시에 유입되므로 유입 하수의 수질변동이 크다.

107. 유역면적이 100ha이고 유출계수가 0.70인 지역의 우수유출량은?(단, 강우강도는 3mm/min이다.)

① $0.35m^3/s$　② $0.58m^3/s$
③ $35m^3/s$　④ $58m^3/s$

해설 우수유출량의 산정

㉠ 합리식의 적용 확률년수는 10~30년을 원칙으로 한다.

$$Q = \frac{1}{360}CIA$$

여기서, Q : 우수량(m^3/sec)
C : 유출계수(무차원)
I : 강우강도(mm/hr)
A : 유역면적(ha)

㉡ 우수유출량의 산정

$$I = 3mm/min \times 60 = 180mm/hr$$

$$Q = \frac{1}{360}CIA = \frac{1}{360} \times 0.7 \times 180 \times 100 = 35m^3/s$$

108. 급수방식의 종류가 아닌 것은?

① 역류식　② 저수조식
③ 직결가압식　④ 직결직압식

해설 급수방식

급수방식은 직결식과 탱크식(저수조식) 및 이들 양 방식을 병용한 병용식으로 나누어진다.

109. 배수면적 $0.35km^2$, 강우강도 $I = \frac{5,200}{t+40}$mm/h, 유입시간 7분, 유출계수 C=0.7, 하수관 내 유속 1m/s, 하수관길이 500m인 경우 우수관의 통수단면적은?(단, t의 단위는 [분]이고, 계획우수량은 합리식에 의한다.)

① $4.2m^2$　② $5.1m^2$
③ $6.4m^2$　④ $8.5m^2$

해설 통수 단면적의 산정

㉠ 합리식의 적용 확률년수는 10~30년을 원칙으로 한다.

$$Q = \frac{1}{3.6}CIA$$

여기서, Q : 우수량(m^3/sec)
C : 유출계수(무차원)
I : 강우강도(mm/hr)
A : 유역면적(km^2)

㉡ 우수유출량의 산정

$$t = t_1 + \frac{l}{v} = 7min + \frac{500}{1 \times 60} = 15.33min$$

$$I = \frac{5,200}{t+40} = \frac{5,200}{15.33+40} = 93.98mm/hr$$

$$Q = \frac{1}{3.6}CIA = \frac{1}{3.6} \times 0.7 \times 93.98 \times 0.35 = 6.38m^3/s$$

㉢ 통수 단면적의 산정

$$Q = AV$$

$$\therefore A = \frac{Q}{V} = \frac{6.38}{1} = 6.38m^2$$

110. 2,000t/day의 하수를 처리할 수 있는 원형방사류식 침전지에서 체류시간은?(단, 평균수심 3m, 지름 8m)

① 1.6시간　② 1.7시간
③ 1.8시간　④ 1.9시간

해설 수리학적 체류시간

㉠ 수리학적 체류시간(HRT)

$$HRT = \frac{V}{Q}$$

여기서, V : 침전지 체적
Q : 하수량

㉡ 침전지 부피의 산정

$$V = A \times h = \frac{\pi \times 8^2}{4} \times 3 = 150.72m^3$$

㉢ 체류시간의 산정

$$HRT = \frac{V}{Q} = \frac{150.72}{2,000} = 0.075day = 1.8hr$$

111. 침전지의 침전효율을 높이기 위한 사항으로 틀린 것은?

① 침전지의 표면적을 크게 한다.
② 침전지 내 유속을 크게 한다.
③ 유입부에 정류벽을 설치한다.
④ 지(池)의 길이에 비하여 폭을 좁게 한다.

 |해답| 107.③ 108.① 109.③ 110.③ 111.②

■해설 침전지 제거효율

㉠ 침전지 제거효율

$$E = \frac{V_s}{V_o} = \frac{V_s}{\frac{Q}{A}} = \frac{V_s A}{Q}$$

㉡ 제거효율을 높이기 위한 사항
- 침전지의 표면적을 크게 한다.
- 침전지 내 수평유속을 작게 한다.
- 유입부에 정류벽을 설치하여 편류를 방지한다.
- 길이에 비해서 폭을 좁게 설치하여 침전을 돕는다.

112. 마을 전체의 수압을 안정시키기 위해서는 급수탑 바로 밑의 관로 계기수압이 4.0kg/cm²가 되어야 한다. 이를 만족시키기 위하여 급수탑은 관로로부터 몇 m 높이에 수위를 유지하여야 하는가?

① 25m　② 30m
③ 35m　④ 40m

■해설 수두의 산정

㉠ 압력

$P = wh$

$\therefore h = \frac{P}{w}$

㉡ 수두의 산정

$P = 4.0\text{kg/cm}^2 = 40\text{t/m}^2$

$h = \frac{P}{w} = \frac{40\text{t/m}^2}{1\text{t/m}^3} = 40\text{m}$

113. 상수의 공급과정으로 옳은 것은?

① 취수 → 도수 → 정수 → 송수 → 배수 → 급수
② 취수 → 도수 → 정수 → 배수 → 송수 → 급수
③ 취수 → 송수 → 도수 → 정수 → 배수 → 급수
④ 취수 → 송수 → 배수 → 정수 → 도수 → 급수

■해설 상수도 구성요소

㉠ 수원 → 취수 → 도수(침사지) → 정수(착수정 → 약품혼화지 → 침전지 → 여과지 → 소독지 → 정수지) → 송수 → 배수(배수지, 배수탑, 고가탱크, 배수관) → 급수

㉡ 수원, 취수, 도수, 정수, 송수 등의 설계에는 계획 1일 최대급수량을 기준으로 한다.

㉢ 계획취수량은 계획 1일 최대급수량을 기준으로 5~10%정도 여유 있게 취수한다.

㉣ 배수관의 직경 결정, 펌프의 직경 결정 등은 계획 시간 최대급수량을 기준으로 한다.

114. 관로별 계획 하수량에 대한 설명으로 옳은 것은?

① 우수관로는 계획우수량으로 한다.
② 오수관로는 계획 1일 최대오수량으로 한다.
③ 차집관로에서는 청천 시 계획오수량으로 한다.
④ 합류식 관로는 계획 1일 최대오수량에 계획우수량을 합한 것으로 한다.

■해설 관로의 계획하수량

㉠ 오수 및 우수관거

종류		계획하수량
합류식		계획 시간 최대오수량에 계획 우수량을 합한 수량
분류식	오수관거	계획 시간 최대오수량
	우수관거	계획우수량

㉡ 차집관거

우천 시 계획오수량 또는 계획 시간 최대오수량의 3배를 기준으로 설계한다.

115. 폭 10m, 길이 25m인 장방형 침전조에 면적 100m²인 경사판 1개를 침전조 바닥에 대하여 15°의 경사로 설치하였다면, 이 침전조의 제거효율은 이론적으로 몇 % 증가하겠는가?

① 약 10.0%　② 약 20.0%
③ 약 28.6%　④ 약 38.6%

■해설 경사판 침전지의 제거효율

㉠ 경사판의 소요침강면적(A)

$$A = \frac{Q}{V_o}$$

여기서, Q : 유량

V_o : 입자의 침강속도

㉡ 유효침강면적(a)

$a = S\cos\theta = 100 \times \cos 15° = 96.59\text{m}^2$

여기서, S : 경사판 1매의 표면적

θ : 경사각

㉢ 효율의 산정

$$E = \frac{a}{A} = \frac{96.59}{10 \times 25} \times 100 = 38.6\%$$

∴ 약 38.6% 증가하였다.

116. 토지이용도별 기초유출계수의 표준값으로 옳지 않은 것은?

① 수면 : 1.0

② 도로 : 0.65~0.75

③ 지붕 : 0.85~0.95

④ 공지 : 0.10~0.30

■해설 토지이용도별 기초유출계수의 표준값

표면형태	유출계수	표면형태	유출계수
지붕	0.85~0.95	공지	0.10~0.30
도로	0.80~0.90	잔디, 수목이 많은 공원	0.05~0.25
기타 불투수면	0.75~0.85	경사가 완만한 산지	0.20~0.40
수면	1.0	경사가 급한 산지	0.40~0.60

117. 펌프를 선택할 때 고려해야 할 사항으로 가장 거리가 먼 것은?

① 동력 ② 양정

③ 펌프의 무게 ④ 펌프의 특성

■해설 펌프 선정 시 고려사항

펌프 선정 시에는 펌프의 특성, 펌프의 효율, 펌프의 동력, 양정 등을 고려하여 결정한다.

118. 하수관로 시설에서 분류식에 대한 설명으로 옳지 않은 것은?

① 매설비용을 절약할 수 있다.

② 안정적인 하수처리를 실시할 수 있다.

③ 모든 오수를 처리할 수 있으므로 수질개선에 효과적이다.

④ 분류식의 오수관은 유속이 빠르므로 관 내에 침전물이 적게 발생한다.

■해설 하수의 배제방식

분류식	합류식
• 수질오염 방지 면에서 유리하다. • 청천 시에도 퇴적의 우려가 없다. • 강우 초기 노면 배수 효과가 없다. • 시공이 복잡하고 오접합의 우려가 있다. • 우천 시 수세효과가 없다. • 공사비가 많이 든다.	• 구배 완만, 매설깊이가 적으며 시공성이 좋다. • 초기 우수에 의한 노면배수처리가 가능하다. • 관경이 크므로 검사가 편리하고, 환기가 잘된다. • 청천 시 관 내 침전이 발생하고 효율이 저하된다. • 우천 시 수세효과가 있다. • 건설비가 적게 든다.

∴ 2계통으로 건설하는 분류식이 합류식에 비해 건설비가 많이 소요된다.

119. 인구 20만 도시에 계획 1인 1일 최대급수량 500L, 급수보급률 85%를 기준으로 상수도시설을 계획할 때 도시의 계획 1일 최대급수량은?

① 85,000m³/일 ② 100,000m³/일

③ 120,000m³/일 ④ 170,000m³/일

■해설 급수량의 산정

계획 1일 최대급수량

=계획 1인 1일 최대급수량×인구×급수보급률

$= 500 \times 10^{-3} \times 200{,}000 \times 0.85$

$= 85{,}000\text{m}^3/\text{day}$

120. 취수탑에 대한 설명으로 옳지 않은 것은?

① 부대설비인 관리교, 조명설비, 유목제거기, 협잡물제거설비 및 피뢰침을 설치한다.

② 하천의 경우 토사유입을 적게 하기 위하여 유입속도 15~30cm/s를 표준으로 한다.

③ 취수구 시설에 스크린, 수문 또는 수위조절판을 설치하여 일체가 되어 작동한다.

④ 취수탑의 설치 위치에서 갈수수심이 최소 2m 이상이 아니면, 계획취수량의 취수에 필요한 취수구의 설치가 곤란하다.

해설 취수탑

㉠ 취수탑에는 부대시설로 관리교, 조명설비, 유목제거기, 협잡물제거설비 및 피뢰침을 설치한다.

㉡ 취수구의 유입속도가 크면 취수구의 단면적은 작아지지만 부유물, 토사 등의 유입이 많아진다. 이것을 적게 하기 위하여 하천인 경우에는 원칙적으로 유입속도를 15~30cm/s, 호소나 댐인 경우에는 1~2m/s를 표준으로 하고 있다.

㉢ 취수구 시설로는 전면에 협잡물을 제거하기 위해 스크린을 설치하고, 취수탑의 내측이나 외측에 슬루스게이트(제수문), 버터플라이밸브 또는 제수밸브 등을 설치한다.

㉣ 취수탑은 탑의 설치위치에서 갈수수심이 최소 2m 이상이 아니면, 계획취수량의 취수에 필요한 취수구의 설치가 곤란하다.

Industrial Engineer Civil Engineering

과년도 출제문제 및 해설 (2019년 9월 21일 시행)

제1과목 응용역학

01. 그림과 같은 3힌지 아치의 수평반력 H_A는?

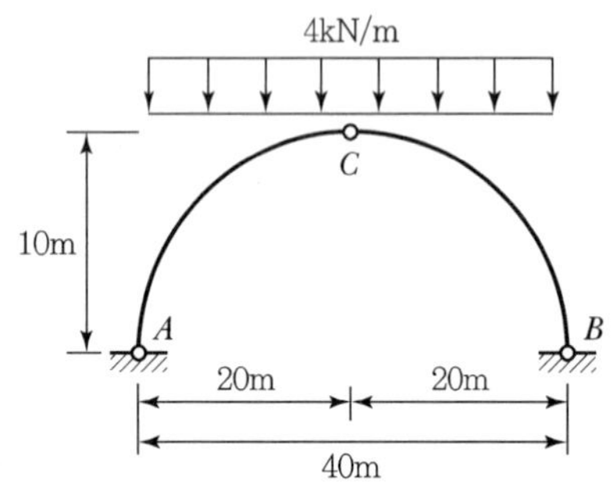

① 60kN ② 80kN

③ 100kN ④ 120kN

■해설 $V_A = \frac{wl}{2} = \frac{4\times 40}{2} = 80\text{kN}(\uparrow)$

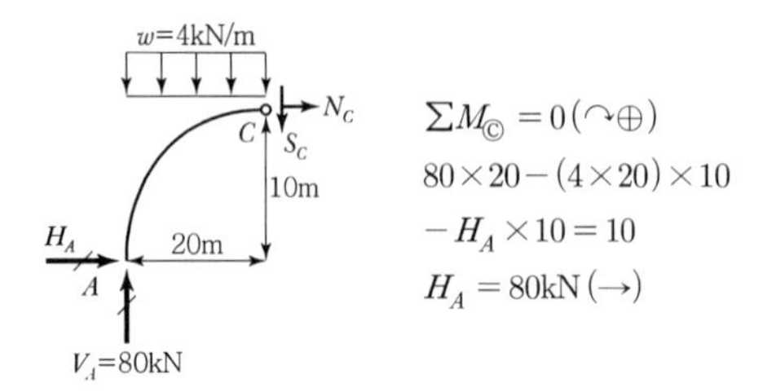

$\Sigma M_{©} = 0(\curvearrowright\oplus)$

$80\times 20 - (4\times 20)\times 10$

$-H_A \times 10 = 10$

$H_A = 80\text{kN}(\rightarrow)$

02. 그림과 같이 지름이 d인 원형단면의 $B-B$축에 대한 단면2차모멘트는?

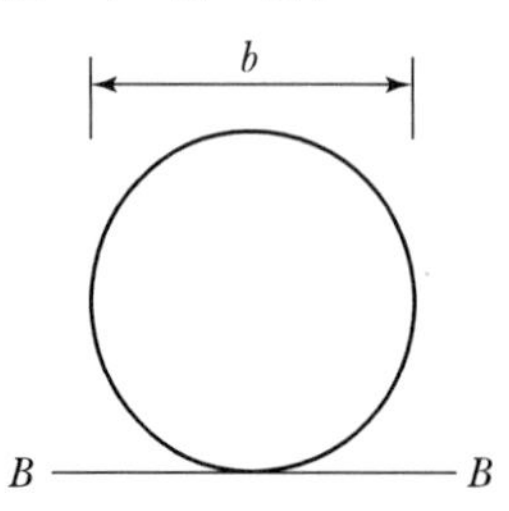

① $\frac{3\pi d^4}{64}$ ② $\frac{5\pi d^4}{64}$

③ $\frac{7\pi d^4}{64}$ ④ $\frac{9\pi d^4}{64}$

■해설 $I_B = I_o + y_o^2 A$

$$= \frac{\pi d^4}{64} + \left(\frac{d}{2}\right)^2\left(\frac{\pi d^2}{4}\right) = \frac{5\pi d^4}{64}$$

03. 다음 값 중 경우에 따라서는 부(−)의 값을 갖기도 하는 것은?

① 단면계수

② 단면2차반지름

③ 단면2차극모멘트

④ 단면2차상승모멘트

■해설 $I_{xy} = \int_A xy\,dA = I_{xy} + x_o y_o A$

단면상승모멘트는 주어진 단면에 대한 설정축의 위치에 따라 정(+)의 값과 부(−)의 값이 모두 존재할 수 있다.

04. 그림과 같은 단순보에 발생하는 최대 처짐은?

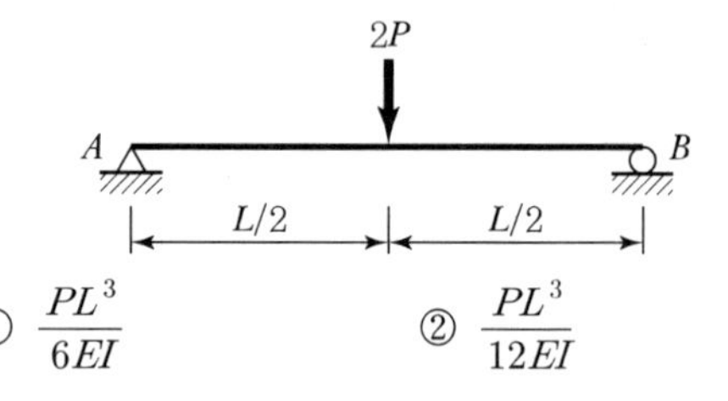

① $\frac{PL^3}{6EI}$ ② $\frac{PL^3}{12EI}$

③ $\frac{PL^3}{24EI}$ ④ $\frac{PL^3}{48EI}$

■해설 $\delta_{\max} = \frac{(2P)L^3}{48EI} = \frac{PL^3}{24EI}$

05. 그림과 같은 단순보에서 B점의 수직반력 R_B가 50kN까지의 힘을 받을 수 있다면 하중 80kN은 A점에서 몇 m까지 이동할 수 있는가?

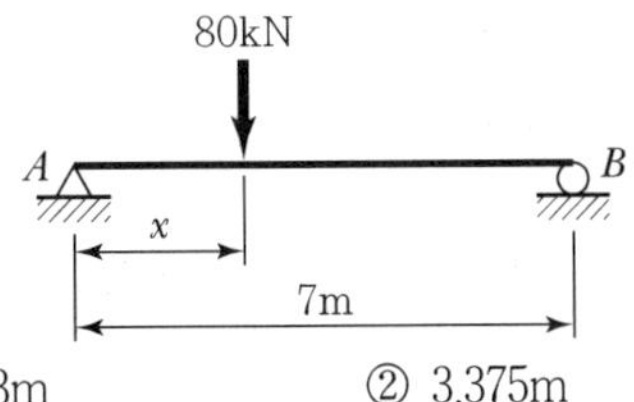

① 2.823m ② 3.375m
③ 3.823m ④ 4.375m

해설 $\Sigma M_{Ⓐ}=0(\curvearrowright\oplus)$

$80x-50\times7=0$

$x=4.375\text{m}$

06. 지점 A에서의 수직반력의 크기는?

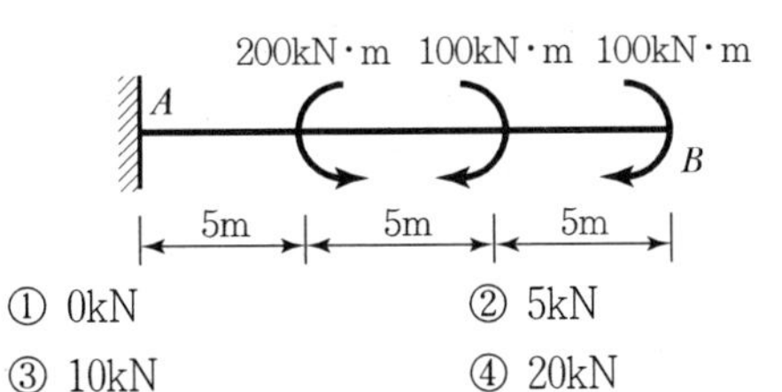

① 0kN ② 5kN
③ 10kN ④ 20kN

해설 $\Sigma M_{Ⓐ}=0(\curvearrowright\oplus)$

$M_A-200+100+100=0$

$M_A=0$

07. 그림과 같이 세 개의 평행력이 작용하고 있을 때 A점으로부터 합력(R)의 위치까지의 거리 x는 얼마인가?

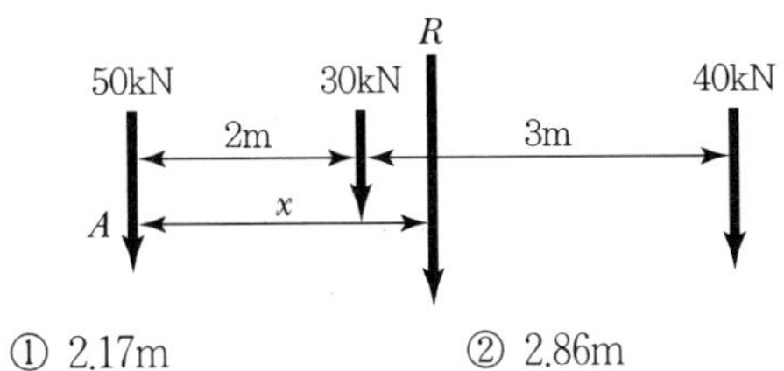

① 2.17m ② 2.86m
③ 3.24m ④ 3.96m

해설 $\Sigma F_y(\downarrow\oplus)=50+30+40=R,\ R=120\text{kN}$

$\Sigma M_{Ⓐ}(\curvearrowright\oplus)=30\times2+40\times5=Rx$

$x=\dfrac{260}{R}=\dfrac{260}{120}=2.17\text{m}$

08. 그림과 같은 원형 단면의 단순보가 중앙에 200kN 하중을 받을 때 최대 전단력에 의한 최대 전단응력은?(단, 보의 자중은 무시한다.)

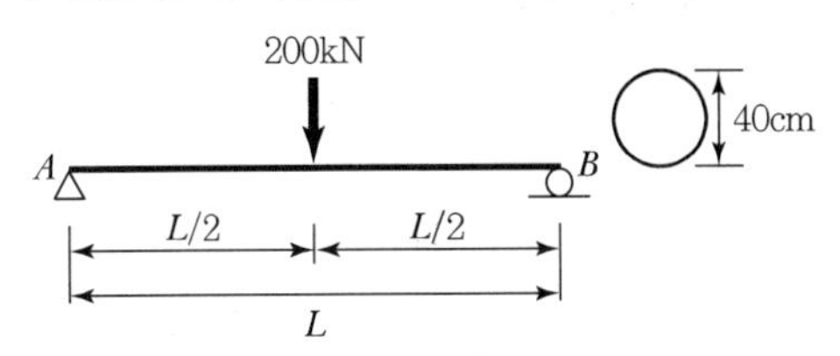

① 1.06MPa ② 1.19MPa
③ 4.25MPa ④ 4.78MPa

해설

$$Z_{\max}=\alpha\frac{S_{\max}}{A}=\frac{4}{3}\cdot\frac{\left(\frac{P}{2}\right)}{\left(\frac{\pi D^2}{4}\right)}=\frac{P}{3\pi D^2}$$

$$=\frac{8\times(200\times10^3)}{3\times\pi\times(40\times10)^2}=1.06\text{N/mm}^2$$

$$=1.06\text{MPa}$$

09. 그림에서 두 힘($P_1=50\text{kN}$, $P_2=40\text{kN}$)에 대한 합력(R)의 크기와 방향(θ) 값은?

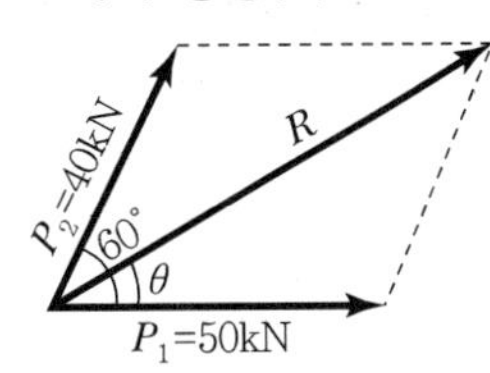

① $R=78.10\text{kN},\ \theta=26.3°$
② $R=78.10\text{kN},\ \theta=28.5°$
③ $R=86.97\text{kN},\ \theta=26.3°$
④ $R=86.97\text{kN},\ \theta=28.5°$

해설 $R_x=P_1+P_2\cos\alpha$

$=50+40\times\cos60°=70\text{kN}$

$R_y=P_2\sin\alpha$

$=40\times\sin60°=20\sqrt{3}\text{kN}$

$$R=\sqrt{{R_x}^2+{R_y}^2}$$
$$=\sqrt{(70)^2+(20\sqrt{3})^2}=78.10\text{kN}$$
$$\theta=\tan^{-1}\left(\frac{R_y}{R_x}\right)$$
$$=\tan^{-1}\left(\frac{20\sqrt{3}}{70}\right)=26.33°$$

10. 그림과 같은 양단고정인 기둥의 이론적인 유효 세장비(λ_e)는 약 얼마인가?

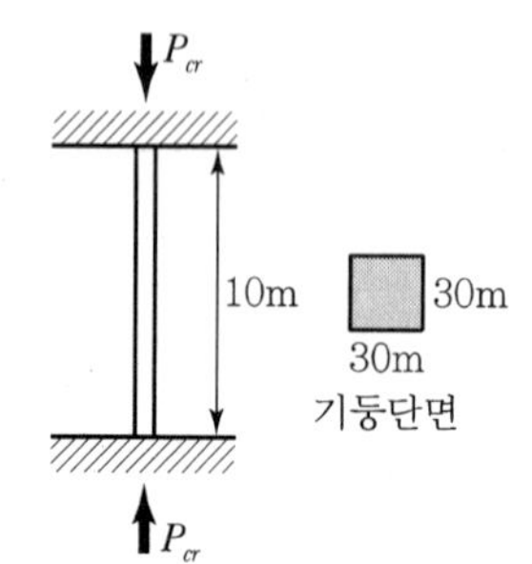

① 38 ② 48
③ 58 ④ 68

해설
$$\lambda_e=\frac{kl}{\gamma_{\min}}=\frac{kl}{\left(\frac{b}{2\sqrt{3}}\right)}=\frac{2\sqrt{3}\,kl}{b}$$
$$=\frac{2\sqrt{3}\times0.5\times(10\times10^2)}{30}=57.7$$

11. 그림과 같이 단순보의 양단에 모멘트하중 M이 작용할 경우, 이 보의 최대 처짐은?(단, EI는 일정하다.)

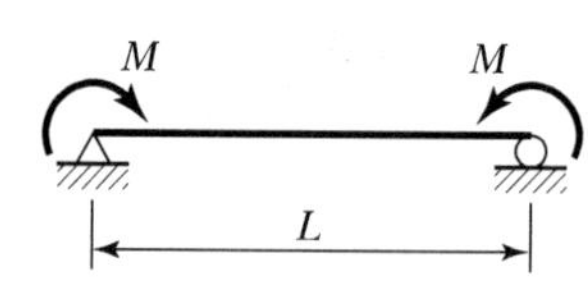

① $\frac{ML^2}{4EI}$ ② $\frac{ML^2}{8EI}$
③ $\frac{ML}{4EI}$ ④ $\frac{ML}{8EI}$

해설
$$\delta_{\max}=\frac{L^2}{16EI}(M_A+M_B)$$
$$=\frac{L^2}{16EI}(M+M)=\frac{ML^2}{8EI}$$

12. 트러스(Truss)를 해석하기 위한 가정 중 틀린 것은?

① 모든 하중은 절점에만 작용한다.
② 작용하중에 의한 트러스의 변형은 무시한다.
③ 부재들은 마찰이 없는 힌지로 연결되어 있다.
④ 각 부재는 직선재이며, 절점의 중심을 연결하는 직선은 부재축과 일치하지 않는다.

해설 트러스의 각 부재는 직선재이며, 절점의 중심을 연결하는 직선은 부재축과 일치한다.

13. 그림과 같은 음영 부분의 단면적이 A인 단면에서 도심 y를 구한 값은?

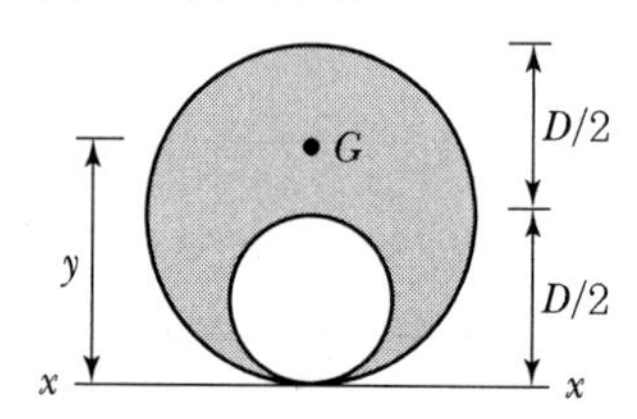

① $\frac{5D}{12}$

② $\frac{6D}{12}$

③ $\frac{7D}{12}$

④ $\frac{8D}{12}$

해설
$$y=\frac{G_x}{A}$$
$$=\frac{\left(\frac{\pi D^2}{4}\right)\left(\frac{D}{2}\right)\left(1-\left(\frac{1}{2}\right)^3\right)}{\left(\frac{\pi D^2}{4}\right)\left(1-\left(\frac{1}{2}\right)^2\right)}=\frac{7D}{12}$$

14. 균질한 균일 단면봉이 그림과 같이 P_1, P_2, P_3의 하중을 B, C, D점에서 받고 있다. 각 구간의 거리 a=1.0m, b=0.4m, c=0.6m이고 P_2=100kN, P_3=50kN의 하중이 작용할 때 D점에서의 수직방향 변위가 일어나지 않기 위한 하중 P_1은 얼마인가?

 |해답| 10.③ 11.② 12.④ 13.③ 14.①

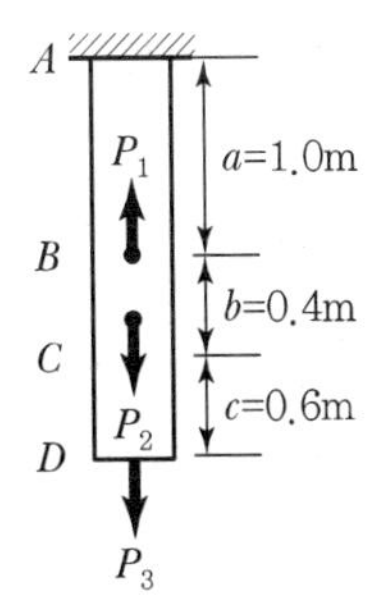

① 240kN　　② 200kN
③ 160kN　　④ 130kN

해설

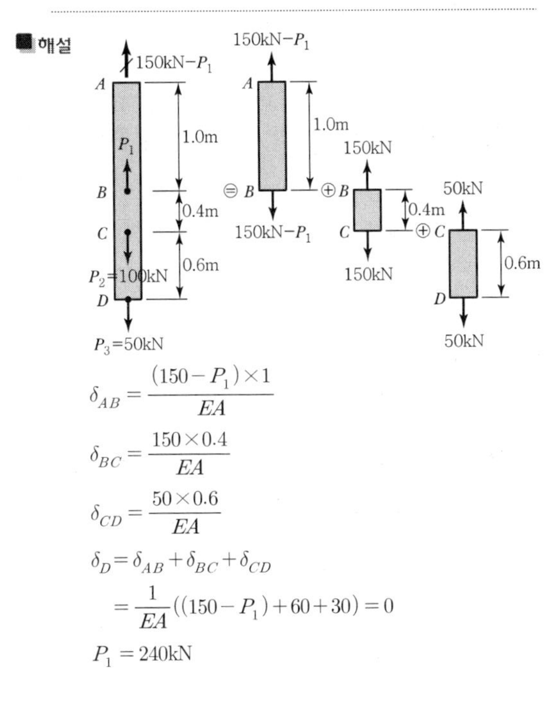

$\delta_{AB} = \dfrac{(150 - P_1) \times 1}{EA}$

$\delta_{BC} = \dfrac{150 \times 0.4}{EA}$

$\delta_{CD} = \dfrac{50 \times 0.6}{EA}$

$\delta_D = \delta_{AB} + \delta_{BC} + \delta_{CD}$

$= \dfrac{1}{EA}((150 - P_1) + 60 + 30) = 0$

$P_1 = 240\text{kN}$

15. 지지조건이 양단 힌지인 장주의 좌굴하중이 1,000kN인 경우 지점조건이 일단 힌지, 타단 고정으로 변경되면 이때의 좌굴하중은?(단, 재료성질 및 기하학적 형상은 동일하다.)

① 500kN　　② 1,000kN
③ 2,000kN　　④ 4,000kN

해설 $P_{cr} = \dfrac{c}{k^2}$ $\left(c = \dfrac{\pi^2 EI}{l^2}\right.$라 두면$\left.\right)$

$P_{cr(힌지-힌지)} : P_{cr(힌지-고정)} = \dfrac{c}{1^2} : \dfrac{c}{0.7^2}$

$= 1 : 2$

$P_{cr(힌지-고정)} = 2 \cdot P_{cr(힌지-힌지)}$

$= 2 \times 1,000 = 2,000\text{kN}$

16. 어떤 재료의 탄성계수가 E, 푸아송 비가 ν일 때 이 재료의 전단탄성계수(G)는?

① $\dfrac{E}{1+\nu}$　　② $\dfrac{E}{1-\nu}$
③ $\dfrac{E}{2(1+\nu)}$　　④ $\dfrac{E}{2(1-\nu)}$

해설 $G = \dfrac{E}{2(1+\nu)}$

17. 외력을 받으면 구조물의 일부나 전체의 위치가 이동될 수 있는 상태를 무엇이라 하는가?

① 안정　　② 불안정
③ 정정　　④ 부정정

해설 외력을 받으면 구조물의 일부나 전체의 위치가 이동될 수 있는 상태를 불안정상태라 한다.

18. 직사각형 단면의 최대 전단응력은 평균 전단응력의 몇 배인가?

① 1.5　　② 2.0
③ 2.5　　④ 3.0

해설 $Z_{\max} = \alpha \dfrac{S}{A}$

- α의 값
  - 직사각형 단면, 삼각형 단면 : $\alpha = \dfrac{3}{2}$
  - 원형 단면 : $\alpha = \dfrac{4}{3}$

19. 경간(L)이 10m인 단순보에 그림과 같은 방향으로 이동하중이 작용할 때 절대 최대 휨모멘트는?(단, 보의 자중은 무시한다.)

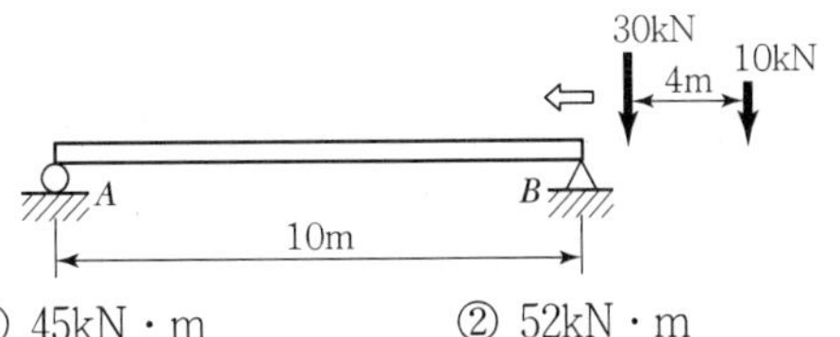

① 45kN · m　　② 52kN · m
③ 68kN · m　　④ 81kN · m

■ 해설

$\Sigma F_y(\downarrow \oplus) = 30 + 10 = R$

$R = 40\text{kN}$

$\Sigma M_{©}(\curvearrowright \oplus) = 10 \times 4 = R \cdot x$

$x = \dfrac{40}{R} = \dfrac{40}{40} = 1\text{kN}$

$$M_{abs\,max} = \frac{R}{l}\left(\frac{l-x}{2}\right)^2 = \frac{40}{10}\left(\frac{10-1}{2}\right)^2 = 81\text{kN}\cdot\text{m}$$

20. 전단력을 S, 단면2차모멘트를 I, 단면1차모멘트를 Q, 단면의 폭을 b라 할 때 전단응력도의 크기를 나타낸 식으로 옳은 것은?(단, 단면의 형상은 직사각형이다.)

① $\dfrac{Q\times S}{I\times b}$　　② $\dfrac{I\times S}{Q\times b}$

③ $\dfrac{I\times b}{Q\times S}$　　④ $\dfrac{Q\times b}{I\times S}$

■ 해설 $Z = \dfrac{SQ}{Ib}$

제2과목 측량학

21. 삼각점 표석에서 반석과 주석에 관한 내용 중 틀린 것은?

① 반석과 주석의 재질은 주로 금속을 이용한다.
② 반석과 주석의 십자선 중심은 동일 연직선상에 있다.
③ 반석과 주석의 설치를 위해 인조점을 설치한다.
④ 반석과 주석의 두부상면은 서로 수평이 되도록 설치한다.

■ 해설 표석은 석재로 삼각점이나 수준점을 표시한 것을 말한다. 주석 또는 주석과 반석으로 구분된다.

22. 수준측량에서 전시와 후시의 시준거리를 같게 하여 소거할 수 있는 오차는?

① 표척의 눈금읽기 오차
② 표척의 침하에 의한 오차
③ 표척의 눈금 조정 부정확에 의한 오차
④ 시준선과 기포관축이 평행하지 않기 때문에 발생되는 오차

■ 해설 전·후거리를 같게 하면 제거되는 오차
- 시준축 오차
- 양차(기차, 구차)

23. 다음 조건에 따른 C점의 높이 최확값은?

- A점에서 관측한 C점의 높이 : 243.43m
- B점에서 관측한 C점의 높이 : 243.31m
- $A \sim C$의 거리 : 5km
- $B \sim C$의 거리 : 10km

① 243.35m　　② 243.37m
③ 243.39m　　④ 243.41m

■ 해설
- 경중률(P)은 노선거리에 반비례한다.

$$P_A : P_B = \frac{1}{S_A} : \frac{1}{S_B} = \frac{1}{5} : \frac{1}{10} = 2 : 1$$

- 최확값(h_0)

$$= \frac{P_A \cdot H_A + P_B \cdot H_B}{P_A + P_B} = \frac{2\times 243.43 + 1\times 243.31}{2+1}$$

$= 243.39\text{m}$

24. 축척 1 : 1,000에서의 면적을 측정하였더니 도상면적이 3cm²이었다. 그런데 이 도면 전체가 가로, 세로 모두 1%씩 수축되어 있었다면 실제면적은?

① 29.4m²　　② 30.6m²
③ 294m²　　④ 306m²

■ 해설 실제 면적(A_0) = m^2×측정면적(A)

$$= (1{,}000)^2 \times 3 \times \left(1 + \frac{1}{100}\right)^2$$

$= 3{,}060{,}300\text{cm}^2 = 306\text{m}^2$

25. 편각법에 의하여 원곡선을 설치하고자 한다. 곡선 반지름이 500m, 시단현이 12.3m일 때 시단현의 편각은?

① 36′27″ ② 39′42″
③ 42′17″ ④ 43′43″

해설 시단편각$(S_1) = \frac{L_1}{R} \times \frac{90°}{\pi} = \frac{12.3}{500} \times \frac{90°}{\pi} = 42'17''$

26. 하천의 평균유속을 구할 때 횡단면의 연직선 내에서 일점법으로 가장 적합한 관측 위치는?

① 수면에서 수심의 2/10 되는 곳
② 수면에서 수심의 4/10 되는 곳
③ 수면에서 수심의 6/10 되는 곳
④ 수면에서 수심의 8/10 되는 곳

해설
- 1점법 $V_m = V_{0.6}$
- 2점법 $V_m = \frac{1}{2}(V_{0.2} + V_{0.8})$
- 3점법 $V_m = \frac{1}{4}(V_{0.2} + 2V_{0.6} + V_{0.8})$

27. 지형도를 작성할 때 지형 표현을 위한 원칙과 거리가 먼 것은?

① 기복을 알기 쉽게 할 것
② 표현을 간결하게 할 것
③ 정량적 계획을 엄밀하게 할 것
④ 기호 및 도식은 많이 넣어 세밀하게 할 것

해설 지형도는 지표면상의 자연 및 인공적인 지물 지모의 상호위치관계를 수평적, 수직적으로 관측하여 일정한 축척과 도식으로 표현한 지도이다.

28. 그림의 등고선에서 AB의 수평거리가 40m일 때 AB의 기울기는?

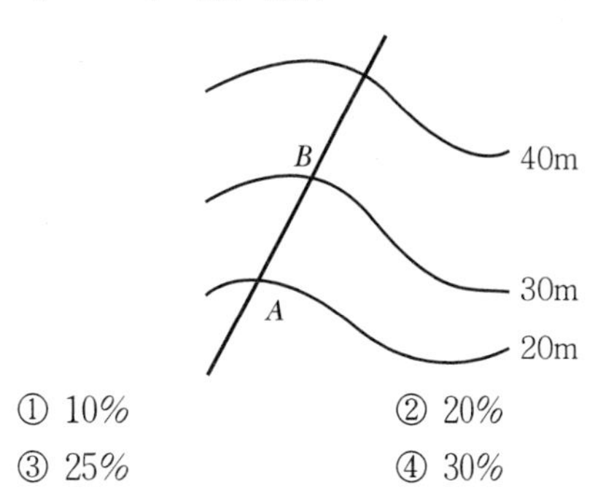

① 10% ② 20%
③ 25% ④ 30%

해설 경사$(i) = \frac{H}{D} \times 100 = \frac{10}{40} \times 100 = 25\%$

29. 지구전체를 경도는 6°씩 60개로 나누고, 위도는 8°씩 20개(남위 80°~북위 84°)로 나누어 나타내는 좌표계는?

① UPS 좌표계 ② UTM 좌표계
③ 평면직각 좌표계 ④ WGS 84 좌표계

해설
- UTM 경도 : 경도 6°마다 61지대로 구분
- UTM 위도 : 남위 80°~북위 80°까지 8°씩 20등분

30. 그림과 같은 도로의 횡단면도에서 AB의 수평거리는?

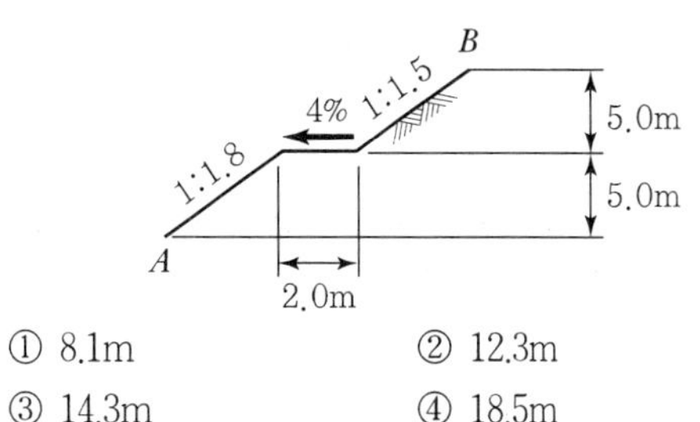

① 8.1m ② 12.3m
③ 14.3m ④ 18.5m

해설 $\overline{AB} = (1.8 \times 5) + 2 + (1.5 \times 5) = 18.5$m

31. 어느 지역의 측량 결과가 그림과 같다면 이 지역의 전체 토량은?(단, 각 구역의 크기는 같다.)

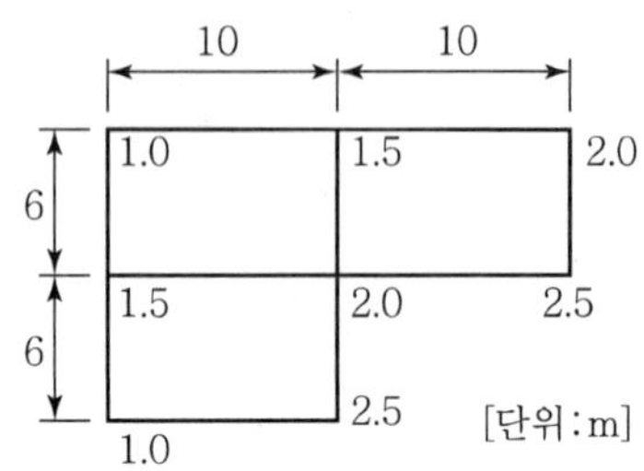

① 200m³ ② 253m³
③ 315m³ ④ 353m³

해설 $V=\frac{A}{4}(\Sigma h_1+2\Sigma h_2+3\Sigma h_3+4\Sigma h_4)$

- $\Sigma h_1=1.0+2.0+2.5+2.5+1.0=9$
- $\Sigma h_2=1.5+1.5=3$
- $\Sigma h_3=2.0=2$
- $V=\frac{6\times10}{4}(9+2\times3+3\times2)=315\text{m}^3$

32. 표고 100m인 촬영기준면을 초점거리 150mm 카메라로 사진축척 1 : 20,000의 사진을 얻기 위한 촬영비행고도는?

① 1,333m ② 2,900m
③ 3,000m ④ 3,100m

해설
- $\frac{1}{m}=\frac{f}{H\pm h}$, $\frac{1}{20,000}=\frac{0.15}{H-100}$
- $H=0.15\times20,000+100=3,100\text{m}$

33. 위성의 배치상태에 따른 GNSS의 오차 중 단독측위(독립측위)와 관련이 없는 것은?

① GDOP ② RDOP
③ PDOP ④ TDOP

해설
- GDOP : 기하학적 정밀도 저하율
- PDOP : 위치 정밀도 저하율(3차원위치)
- HDOP : 수평 정밀도 저하율(수평위치)
- VDOP : 수직 정밀도 저하율(높이)
- RDOP : 상대 정밀도 저하율
- TDOP : 시간 정밀도 저하율

34. 매개변수 $A=100$m인 클로소이드 곡선길이 $L=50$m에 대한 반지름은?

① 20m ② 150m
③ 200m ④ 500m

해설
- $A^2=R\cdot L$
- $R=\frac{A^2}{L}=\frac{100^2}{50}=200\text{m}$

35. 수준측량에서 도로의 종단측량과 같이 중간시가 많은 경우에 현장에서 주로 사용하는 야장기입법은?

① 기고식 ② 고차식
③ 승강식 ④ 회귀식

해설
- 기고식 : 중간점이 많고 길고 좁은 지형
- 승강식 : 정밀한 측정을 요할 때

36. 측량지역의 대소에 의한 측량의 분류에 있어서 지구의 곡률로부터 거리오차에 따른 정확도를 $1/10^7$까지 허용한다면 반지름 몇 km 이내를 평면으로 간주하여 측량할 수 있는가?(단, 지구의 곡률반지름은 6,372km이다.)

① 3.49km ② 6.98km
③ 11.03km ④ 22.07km

해설
- 정도 $\frac{\Delta L}{L}=\frac{L^2}{12R^2}$

$$\frac{1}{10,000,000}=\frac{L^2}{12\times6,372^2}$$

- $L=\sqrt{\frac{12\times6,372^2}{10,000,000}}=6.98\text{m}$ (직경)
- 반경은 3.49m

 |해답| 31.③ 32.④ 33.② 34.③ 35.① 36.①

37. 그림과 같은 관측값을 보정한 $\angle AOC$는?

- $\angle AOB$=23°45′30″(1회 관측)
- $\angle BOC$=46°33′20″(2회 관측)
- $\angle AOC$=70°19′11″(4회 관측)

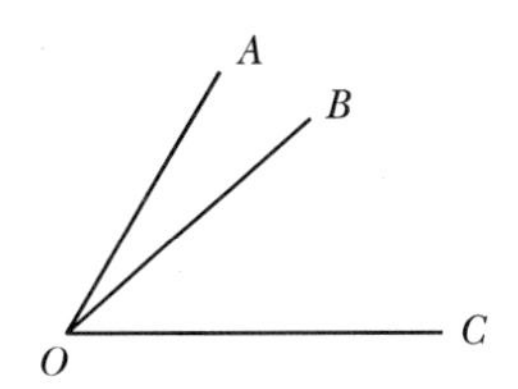

① 70°19′08″ ② 70°19′10″
③ 70°19′11″ ④ 70°19′18″

해설
- 폐합오차(E)=21″
- 경중률은 관측횟수에 반비례한다.
  $P_1 : P_2 : P_3 = \frac{1}{1} : \frac{1}{2} : \frac{1}{4} = 4 : 2 : 1$
- $\angle AOC$의 조정량(d)
  $= \frac{\text{오차}}{\text{경중률의 합}} \times \text{경중률} = \frac{21''}{7} \times 1 = 3''$
- $\angle AOC = 70°19'11'' - 3'' = 70°19'08''$

38. 산지에서 동일한 각관측의 정확도로 폐합트래버스를 관측한 결과, 관측점수(n)가 11개, 각관측 오차가 1′15″이었다면 오차의 배분방법으로 옳은 것은?(단, 산지의 오차한계는 $\pm 90''\sqrt{n}$을 적용한다.)

① 오차가 오차한계보다 크므로 재관측하여야 한다.
② 각의 크기에 상관없이 등분하여 배분한다.
③ 각의 크기에 반비례하여 배분한다.
④ 각의 크기에 비례하여 배분한다.

해설
- 허용범위$= \pm 90''\sqrt{n} = \pm 90''\sqrt{11} = 4'59''$
- 허용범위 이내이므로 등배분한다.

39. $\overline{AB}$ 측선의 방위각이 50°30′이고 그림과 같이 각관측을 실시하였다. $\overline{CD}$ 측선의 방위각은?

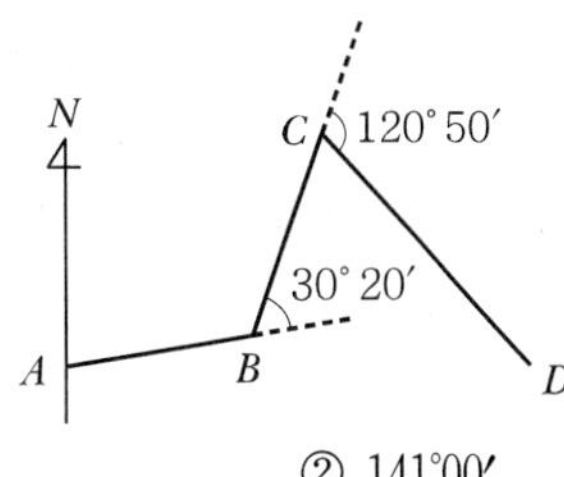

① 139°00′ ② 141°00′
③ 151°40′ ④ 201°40′

해설 편각측정 시
- 임의 측선의 방위각=전측선의 방위각±편각
  (우편각 ⊕, 좌편각 ⊖)
- $\overline{AB}$방위각=50°30′
  $\overline{BC}$방위각=50°30′−30°20′=20°10′
  $\overline{CD}$방위각=20°10′+120°50′=141°00′

40. 종단 및 횡단측량에 대한 설명으로 옳은 것은?

① 종단도의 종축척과 횡축척은 일반적으로 같게 한다.
② 노선의 경사도 형태를 알려면 종단도를 보면 된다.
③ 횡단측량은 종단측량보다 높은 정확도가 요구된다.
④ 노선의 횡단측량을 종단측량보다 먼저 실시하여 횡단도를 작성한다.

해설 종단면도 기재 사항
- 측점
- 거리, 누가거리
- 지반고, 계획고
- 성토고, 절토고
- 구배

제3과목 수리수문학

41. 지하수의 유수 이동에 적용되는 Darcy의 법칙은?(단, v : 유속, k : 투수계수, I : 동수경사, h : 수심, R : 동수반경, C : 유속계수)

① $v=-kI$ ② $v=-kh$
③ $v=-kCI$ ④ $v=C\sqrt{RI}$

해설 Darcy의 법칙
Darcy의 법칙은 지하수 유속은 동수경사에 비례한다는 법칙이다.

- $V=K\cdot I=K\cdot\dfrac{h_L}{L}$
- $Q=A\cdot V=A\cdot K\cdot I=A\cdot K\cdot\dfrac{h_L}{L}$

$\therefore\ V=-KI$

42. 반지름 1.5m의 강관에 압력수두 100m의 물이 흐른다. 강재의 허용응력이 147MPa일 때 강관의 최소 두께는?

① 0.5cm ② 0.8cm
③ 1.0cm ④ 10cm

해설 강관의 두께
㉠ 강관의 두께
$$t=\frac{PD}{2\sigma_{ta}}$$
여기서, t : 강관의 두께
P : 압력
D : 관의 직경
σ_{ta} : 허용인장응력
㉡ 두께의 산정
$$t=\frac{PD}{2\sigma_{ta}}=\frac{10\times300}{2\times1,499}=1.0\text{cm}$$
$P=wh=1\times100=100\text{t/m}^2=10\text{kg/cm}^2$
$1\text{MPa}=10.197\text{kg/cm}^2$
$\therefore\ 147\text{MPa}=1,499\text{kg/cm}^2$

43. 관수로 내의 흐름을 지배하는 주된 힘은?

① 인력 ② 중력
③ 자기력 ④ 점성력

해설 관수로
㉠ 자유수면이 존재하지 않으면서 물이 충만되어 흐르는 흐름을 관수로라고 한다.
㉡ 관수로 흐름의 원동력은 압력과 점성력이다.

44. 에너지선에 대한 설명으로 옳은 것은?

① 유체의 흐름방향을 결정한다.
② 이상유체 흐름에서는 수평기준면과 평행하다.
③ 유량이 일정한 흐름에서는 동수경사선과 평행하다.
④ 유선상의 각 점에서의 압력수두와 위치수두의 합을 연결한 선이다.

해설 동수경사선과 에너지선
㉠ 동수경사선
위치수두(z)와 압력수두($\frac{p}{w}$)를 합한 점을 연결한 선을 동수경사선이라고 한다.
㉡ 에너지선
- 위치수두(z), 압력수두($\frac{p}{w}$), 속도수두($\frac{v^2}{2g}$)를 합한 점을 연결한 선을 에너지선이라고 한다.
- 이상유체의 흐름은 손실이 없으므로 에너지선과 수평기준면이 평행하게 된다.

45. 위어(weir) 중에서 수두변화에 따른 유량 변화가 가장 예민하여 유량이 적은 실험용 소규모 수로에 주로 사용하며, 비교적 정확한 유량측정이 필요할 경우 사용하는 것은?

① 원형 위어
② 삼각 위어
③ 사다리꼴 위어
④ 직사각형 위어

해설 삼각위어의 유량
삼각위어는 소규모 유량의 정확한 측정이 필요할 때 사용하는 위어이다.

$$Q=\frac{8}{15}C\tan\frac{\theta}{2}\sqrt{2g}\,h^{\frac{5}{2}}$$

46. 그림과 같이 단면적이 200cm²인 90° 굽어진 관(1/4원의 형태)을 따라 유량 Q=0.05m³/s의 물이 흐르고 있다. 이 굽어진 면에 작용하는 힘(P)은?

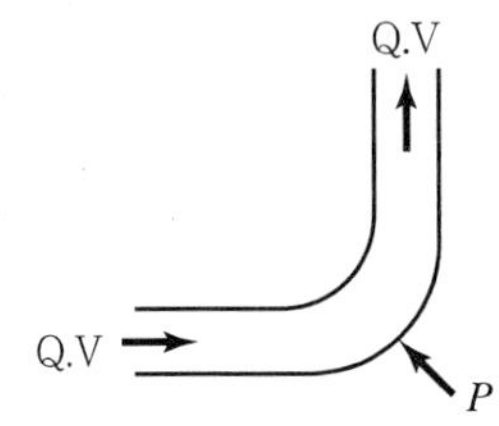

① 157N ② 177N
③ 1,570N ④ 1,770N

해설 운동량 방정식
㉠ 운동량 방정식
- $F=\rho Q(V_2-V_1)$: 운동량 방정식
- $F=\rho Q(V_1-V_2)$: 판이 받는 힘(반력)

㉡ 유속의 산정

$$V=\frac{Q}{A}=\frac{0.05}{200\times10^{-4}}=2.5\text{m/s}$$

㉢ x방향 분력

$$F_x=\frac{wQ}{g}(V_1-V_2)=\frac{1\times0.05}{9.8}\times(2.5-0)=0.013\text{t}$$

㉣ y방향 분력

$$F_y=\frac{wQ}{g}(V_1-V_2)=\frac{1\times0.05}{9.8}\times(0-2.5)=-0.013\text{t}$$

㉤ 합력의 산정

$$F=\sqrt{F_x^{\ 2}+F_y^{\ 2}}=\sqrt{0.013^2+(-0.013)^2}=0.018\text{t}=18\text{kg}=176.4\text{N}$$

47. 지름 0.3cm인 작은 물방울에 표면장력 T_{15}=0.00075N/cm가 작용할 때 물방울 내부와 외부의 압력차는?

① 30Pa ② 50Pa
③ 80Pa ④ 100Pa

해설 표면장력
㉠ 유체입자 간의 응집력으로 인해 그 표면적을 최소화시키려는 힘을 표면장력이라 한다.

$$T=\frac{PD}{4}$$

㉡ 압력차의 산정

$$P=\frac{4T}{D}=\frac{4\times0.00075}{0.3}=0.01\text{N/cm}^2=100\text{N/m}^2=100\text{Pa}$$

$\because$ 1Pa = 1N/m²

48. 정수(靜水) 중의 한 점에 작용하는 정수압의 크기가 방향에 관계없이 일정한 이유로 옳은 것은?

① 물의 단위중량이 9.81kN/m³으로 일정하기 때문이다.
② 정수면은 수평이고 표면장력이 작용하기 때문이다.
③ 수심이 일정하여 정수압의 크기가 수심에 반비례하기 때문이다.
④ 정수압은 면에 수직으로 작용하고, 정역학적 평형방정식에 의해 모든 방향에서 크기가 같기 때문이다.

해설 정수압의 성질
정수 중의 한 점에 작용하는 정수압의 크기는 방향에 관계없이 일정하다. 그 이유는 정수압은 모든 면에 수직으로 작용하고, 정역학적 평형방정식에 의해 모든 방향에서 크기가 같기 때문이다.

49. 개수로에서 도수로 인한 에너지 손실을 구하는 식으로 옳은 것은?(단, h_1 : 도수 전의 수심, h_2 : 도수 후의 수심)

① $H_e=\dfrac{(h_2-h_1)^3}{h_1h_2}$

② $H_e=\dfrac{(h_2-h_1)^3}{2h_1h_2}$

③ $H_e=\dfrac{(h_2-h_1)^3}{3h_1h_2}$

④ $H_e=\dfrac{(h_2-h_1)^3}{4h_1h_2}$

■해설 도수

㉠ 흐름이 사류(射流)에서 상류(常流)로 바뀔 때 수면이 뛰는 현상을 도수(hydraulic jump)라고 한다.

㉡ 도수로 인한 에너지 손실

$$\Delta E = \frac{(h_2 - h_1)^3}{4h_1h_2}$$

50. 그림과 같이 단면 ①에서 관의 지름이 0.5m, 유속이 2m/s이고, 단면 ②에서 관의 지름이 0.2m일 때 단면 ②에서의 유속은?

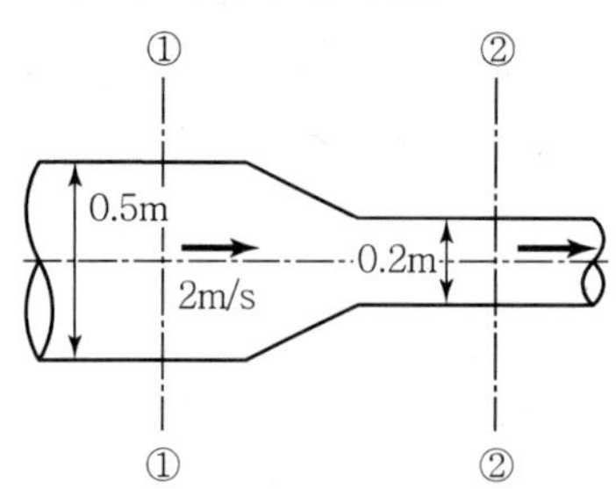

① 10.5m/s ② 11.5m/s
③ 12.5m/s ④ 13.5m/s

■해설 연속방정식

㉠ 질량보존의 법칙에 의해 만들어진 방정식이다.
$Q = A_1V_1 = A_2V_2$ (체적유량)

㉡ 유속의 산정

$$V_2 = \frac{A_1}{A_2}V_1 = \frac{\frac{\pi \times 0.5^2}{4}}{\frac{\pi \times 0.2^2}{4}} \times 2 = 12.5\text{m/s}$$

51. 흐름 중 상류(常流)에 대한 수식으로 옳지 않은 것은?(단, H_c : 한계수심, I_c : 한계경사, V_c : 한계유속, H : 수심, I : 수로경사, V : 유속)

① $H_c < H$

② $I_c > I$

③ $\frac{V}{\sqrt{gH}} > 1$

④ $V_c > V$

■해설 흐름의 상태 구분

㉠ 상류(常流)와 사류(射流)
개수로 흐름과 같이 중력에 의해 움직이는 흐름에서는 관성력과 중력의 비가 흐름의 특성을 좌우한다. 개수로 흐름은 물의 관성력과 중력의 비인 프루드 수(Froude number)를 기준으로 상류, 사류, 한계류 등으로 구분한다.

㉡ 여러 가지 조건으로 흐름의 상태 구분

구분	상류(常流)	사류(射流)
F_r	$F_r < 1$	$F_r > 1$
I_c	$I < I_c$	$I > I_c$
y_c	$y > y_c$	$y < y_c$
V_c	$V < V_c$	$V > V_c$

∴ 상류조건에 맞지 않는 것은 $F_r = \frac{V}{\sqrt{gH}} > 1$ 이다.

52. 10m 깊이의 해수 중에서 작업하는 잠수부가 받는 계기압력은?(단, 해수의 비중은 1.025이다.)

① 약 1기압 ② 약 2기압
③ 약 3기압 ④ 약 4기압

■해설 잠수부가 받는 압력

㉠ 대기압(1기압)
$P_a = w_s h = 13.6 \times 76 = 1{,}033.6\text{g/cm}^2$
$= 1.0336\text{kg/cm}^2 = 10.336\text{t/m}^2$

㉡ 수중 10m의 계기압력
$P = wh = 1.025 \times 10 = 10.25\text{t/m}^2 \fallingdotseq$ 1기압

53. Darcy의 법칙을 지하수에 적용시킬 수 있는 경우는?

① 난류인 경우 ② 사류인 경우
③ 상류인 경우 ④ 층류인 경우

■해설 Darcy의 법칙

㉠ Darcy의 법칙

- $V = K \cdot I = K \cdot \frac{h_L}{L}$
- $Q = A \cdot V = A \cdot K \cdot I = A \cdot K \cdot \frac{h_L}{L}$

 |해답| 50.③ 51.③ 52.① 53.④

㉡ 특징
- 투수계수의 차원은 동수경사가 무차원이므로 속도의 차원$[LT^{-1}]$과 동일하다.
- Darcy의 법칙은 지하수의 층류흐름에 대한 마찰저항공식이다.
- Darcy의 법칙은 정상류흐름의 층류에만 적용된다.(특히, $R_e<4$일 때 잘 적용된다.)

∴ Darcy의 법칙은 층류에만 적용된다.
- 투수계수는 물의 점성계수에 따라서도 변화한다.

$$K=D_s{}^2\frac{\rho g}{\mu}\frac{e^3}{1+e}C$$

여기서, D_s : 입자의 직경
ρg : 물의 단위중량
μ : 점성계수
e : 간극비
C : 형상계수

54. 수축계수 0.45, 유속계수 0.92인 오리피스의 유량계수는?

① 0.414 ② 0.489
③ 0.643 ④ 2.044

해설 오리피스의 계수
㉠ 유속계수(C_v) : 실제유속과 이론유속의 차를 보정해주는 계수로, 실제유속과 이론유속의 비로 나타낸다.
C_v = 실제유속/이론유속≒0.97~0.99
㉡ 수축계수(C_a) : 수축 단면적과 오리피스 단면적의 차를 보정해주는 계수로 수축 단면적과 오리피스 단면적의 비로 나타낸다.
C_a = 수축 단면의 단면적/오리피스의 단면적 ≒ 0.64
$$\therefore\ C_a=\frac{a_0}{a}$$
㉢ 유량계수(C) : 실제유량과 이론유량의 차를 보정해주는 계수로 실제유량과 이론유량의 비로 나타낸다.
C = 실제유량/이론유량
$=C_a\times C_v=0.92\times0.45$
$=0.414$

55. 유체의 점성(viscosity)에 대한 설명으로 옳은 것은?

① 유체의 비중을 알 수 있는 척도이다.
② 동점성계수는 점성계수에 밀도를 곱한 값이다.
③ 액체의 경우 온도가 상승하면 점성도 함께 커진다.
④ 점성계수는 전단응력(τ)을 속도 경사$\left(\frac{\partial v}{\partial y}\right)$로 나눈 값이다.

해설 점성
유체입자의 상대적인 속도 차이로 전단응력을 발생시키는 물의 성질을 점성이라고 한다.
$$\tau=\mu\frac{dv}{dy}$$
$$\therefore\ \mu=\frac{\tau}{\frac{dv}{dy}}$$

56. 그림과 같이 지름 3m, 길이 8m인 수문에 작용하는 수평분력의 작용점까지 수심(h_c)은?

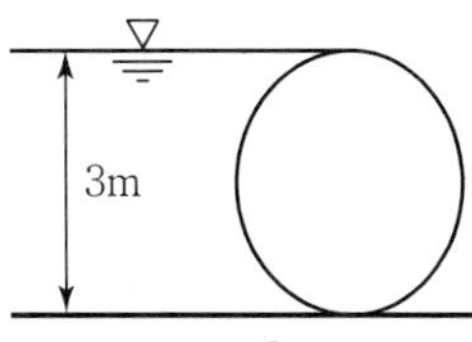

① 2.00m ② 2.12m
③ 2.34m ④ 2.43m

해설 곡면에 작용하는 전수압
곡면에 작용하는 전수압은 수평분력과 연직분력으로 나누어 해석한다.
㉠ 수평분력
$P_H=wh_GA$(투영면적)
㉡ 연직분력
곡면을 밑면으로 하는 물기둥의 체적의 무게와 같다.
$P_V=W$(물기둥 체적의 무게)$=wV$
㉢ 합력의 계산
$P=\sqrt{P_H{}^2+P_V{}^2}$
㉣ 수평분력의 작용점
$h_c=\frac{2}{3}h=\frac{2}{3}\times3=2\text{m}$

57. 사다리꼴 단면인 개수로에서 수리학적으로 가장 유리한 단면의 조건은?(단, R : 경심, B : 수면 폭, h : 수심)

① $B=\frac{h}{2}$ ② $B=h$

③ $R=\frac{h}{2}$ ④ $R=h$

해설 수리학적으로 유리한 단면

㉠ 수로의 경사, 조도계수, 단면이 일정할 때 유량이 최대로 흐를 수 있는 단면을 수리학적으로 유리한 단면 또는 최량수리단면이라 한다.

㉡ 수리학적으로 유리한 단면이 되기 위해서는 경심(R)이 최대이거나, 윤변(P)이 최소일 때 성립된다.

R_{max} 또는 P_{min}

㉢ 직사각형 단면에서 수리학적으로 유리한 단면이 되기 위한 조건은 $B=2H$, $R=\frac{H}{2}$이다.

㉣ 사다리꼴 단면에서는 정삼각형 3개가 모인 단면이 가장 유리한 단면이 된다.

$\therefore\ b=l,\ \theta=60°,\ R=\frac{H}{2}$

58. 관수로의 관망설계에서 각 분기점 또는 합류점에 유입하는 유량은 그 점에서 정지하지 않고 전부 유출하는 것으로 가정하여 관망을 해석하는 방법은?

① Manning 방법

② Hardy-Cross 방법

③ Darcy-Weisbach 방법

④ Ganguillet-Kutter 방법

해설 관망의 해석

㉠ 관수로 관망을 해석하는 방법에는 Hardy-Cross의 시행착오법과 등치관법이 있다.

㉡ Hardy-Cross의 시행착오법을 적용하기 위해서 다음의 가정을 따른다.

- 각 관에 유입된 유량은 그 관에 정지하지 않고 모두 유출된다.
- 각 폐합관의 손실수두의 합은 0이다.
- 마찰 이외의 손실은 무시한다.

59. 개수로에서 파상도수가 일어나는 범위는?(단, Fr_1 : 도수 전의 Froude number)

① $Fr_1=\sqrt{3}$

② $1<Fr_1<\sqrt{3}$

③ $2>Fr_1>\sqrt{3}$

④ $\sqrt{2}<Fr_1<\sqrt{3}$

해설 도수

㉠ 도수 현상은 역적-운동량 방정식으로부터 유도할 수 있다.

㉡ 흐름이 사류(射流)에서 상류(常流)로 바뀔 때 수면이 뛰는 현상을 도수(hydraulic jump)라고 한다.

㉢ 도수는 큰 에너지 손실을 동반한다.

㉣ $1<F_r<\sqrt{3}$을 파상도수라고 하며, $F_r>\sqrt{3}$을 완전도수라고 한다.

60. 마찰손실계수(f)가 0.03일 때 Chezy의 평균유속계수(C, $m^{1/2}$/s)는?(단, Chezy의 평균유속 $V=C\sqrt{RI}$이다.)

① 48.1 ② 51.1

③ 53.4 ④ 57.4

해설 마찰손실계수

㉠ 레이놀즈 수(R_e)와의 관계

- 원관 내 층류 : $f=\frac{64}{R_e}$
- 불완전 층류 및 난류의 매끈한 관
  : $f=0.3164R_e^{-\frac{1}{4}}$

㉡ 조도계수 n과의 관계

$$f=\frac{124.5n^2}{D^{\frac{1}{3}}}=124.5n^2D^{-\frac{1}{3}}$$

㉢ Chezy 유속계수 C와의 관계

$$f=\frac{8g}{C^2}$$

$$\therefore\ C=\sqrt{\frac{8g}{f}}=\sqrt{\frac{8\times9.8}{0.03}}=51.1$$

제4과목 철근콘크리트 및 강구조

61. 콘크리트의 설계기준강도가 25MPa, 철근의 항복강도가 300MPa로 설계된 부재에서 공칭지름이 25mm인 인장 이형철근의 기본정착길이는?(단, 경량콘크리트 계수 : λ=1)

① 300mm ② 600mm
③ 900mm ④ 1,200mm

해설 $l_{db}=\dfrac{0.6d_bf_y}{\lambda\sqrt{f_{ck}}}$

$=\dfrac{0.6\times25\times300}{1\times\sqrt{25}}=900\text{mm}$

62. 그림과 같은 고장력 볼트 마찰이음에서 필요한 볼트 수는 몇 개 인가?(단, 볼트는 M24(=ϕ 24mm), F10T를 사용하며, 마찰이음의 허용력은 56kN이다.)

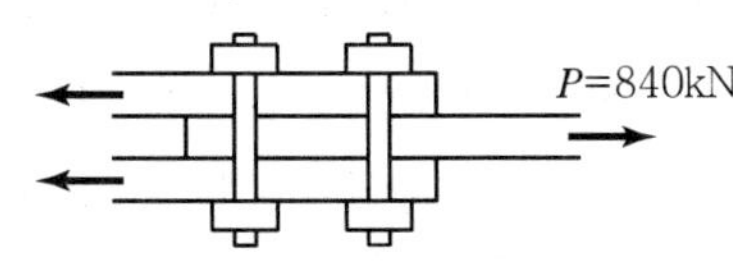

① 5개 ② 6개
③ 7개 ④ 8개

해설 $P_s=2\times56=112\text{kN}$

$n=\dfrac{P}{P_s}=\dfrac{840}{112}=7.5=8$개(올림에 의하여)

63. 보통중량 콘크리트(m_c=2,300kg/m³)와 설계기준 항복강도 400MPa인 철근을 사용한 길이 10m의 단순 지지 보에서 처짐을 계산하지 않는 경우의 최소 두께는?

① 545mm ② 560mm
③ 625mm ④ 750mm

해설 단순지지 보에서 처짐을 계산하지 않아도 되는 최소 두께($h_{\min}$)

$h_{\min}=\dfrac{l}{16}=\dfrac{10\times10^3}{16}=625\text{mm}$

64. 그림과 같은 직사각형 단면의 보에서 등가직사각형 응력블록의 깊이(a)는?(단, A_s=2,382mm², f_y=400MPa, f_{ck}=28MPa)

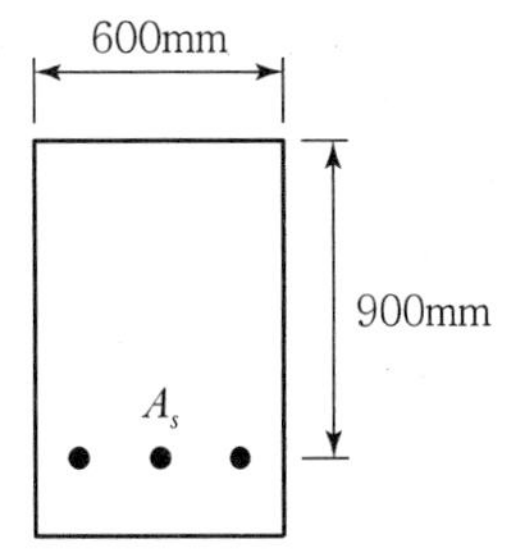

① 58.4mm ② 62.3mm
③ 66.7mm ④ 72.8mm

해설 $a=\dfrac{f_yA_s}{0.85f_{ck}b}$

$=\dfrac{400\times2,382}{0.85\times28\times600}=66.7\text{mm}$

65. f_{ck}=28MPa, f_y=400MPa인 단철근 직사각형 보의 균형철근비는?

① 0.02148 ② 0.02516
③ 0.02874 ④ 0.03035

해설 $\beta_1=0.85$($f_{ck}\le$28MPa인 경우)

$\rho_b=0.85\beta_1\dfrac{f_{ck}}{f_y}\cdot\dfrac{600}{600+f_y}$

$=0.85\times0.85\times\dfrac{28}{400}\cdot\dfrac{600}{600+400}$

$=0.03035$

66. 프리스트레스 도입 시의 프리스트레스 손실원인이 아닌 것은?

① 정착장치의 활동
② 콘크리트의 탄성수축
③ 긴장재와 덕트 사이의 마찰
④ 콘크리트의 크리프와 건조수축

|해답| 61.③ 62.④ 63.③ 64.③ 65.④ 66.④

■해설 프리스트레스의 손실 원인
㉠ 프리스트레스 도입시 손실(즉시손실)
- 정착장치의 활동에 의한 손실
- PS강재와 쉬스 사이의 마찰에 의한 손실
- 콘크리트의 탄성변형에 의한 손실

㉡ 프리스트레스 도입후 손실(시간손실)
- 콘크리트의 크리프에 의한 손실
- 콘크리트의 건조수축에 의한 손실
- PS강재의 릴랙세이션에 의한 손실

67. 프리스트레스트 콘크리트의 원리를 설명할 수 있는 기본개념으로 옳지 않은 것은?

① 응력개념 ② 변형도개념
③ 강도개념 ④ 하중평형개념

■해설 PSC 구조물의 해석상 기본개념
- 균등질 보의 개념(응력개념)
- 내력모멘트의 개념(강도개념)
- 하중평형개념(등가하중개념)

68. 다음 중 용접이음을 한 경우 용접부의 결함을 나타내는 용어가 아닌 것은?

① 필렛(fillet) ② 크랙(crack)
③ 언더컷(under cut) ④ 오버랩(over lap)

■해설 용접부의 결함 종류
- 균열(크랙)
- 언더컷
- 오버랩

69. 단철근 직사각형 보에서 인장철근량이 증가하고 다른 조건은 동일할 경우 중립축의 위치는 어떻게 변하는가?

① 인장철근 쪽으로 중립축이 내려간다.
② 중립축의 위치는 철근량과는 무관하다.
③ 압축부 콘크리트 쪽으로 중립축이 올라간다.
④ 증가된 철근량에 따라 중립축이 위 또는 아래로 움직인다.

■해설 단철근 직사각형 보에서 인장철근량이 증가하고 다른 조건은 동일할 경우 중립축의 위치는 인장철근 쪽으로 중립축이 내려간다.

70. 경간 10m 대칭 T형 보에서 양쪽 슬래브의 중심 간 거리가 2,100mm, 플랜지 두께는 100mm, 복부의 폭(b_w)은 400mm일 때 플랜지의 유효폭은?

① 2,500mm ② 2,250mm
③ 2,100mm ④ 2,000mm

■해설 T형 보(대칭 T형 보)에서 플랜지의 유효폭(b_e)
- $16t_f + b_w = (16\times100) + 400 = 2{,}000\text{mm}$
- 양쪽 슬래브의 중심 간 거리=2,100mm
- 보 경간의 $\frac{1}{4} = \frac{10\times10^3}{4} = 2{,}500\text{mm}$

위 값 중에서 최솟값을 취하면 b_e =2,000mm이다.

71. 1방향 슬래브의 구조에 대한 설명으로 틀린 것은?

① 슬래브의 정모멘트 철근 및 부모멘트 철근의 중심 간격은 위험단면에서는 슬래브 두께의 2배 이하이어야 하고, 또한 300mm 이하로 하여야 한다.
② 1방향 슬래브에서는 정모멘트 철근 및 부모멘트 철근에 직각방향으로 수축·온도 철근을 배치하여야 한다.
③ 슬래브 끝의 단순받침부에서도 내민슬래브에 의하여 부모멘트가 일어나는 경우에는 이에 상응하는 철근을 배치하여야 한다.
④ 1방향 슬래브의 두께는 최소 150mm 이상으로 하여야 한다.

■해설 1방향 슬래브의 두께는 최소 100mm 이상으로 하여야 한다.

72. 그림과 같은 보에서 전단력과 휨모멘트만을 받는 경우 보통중량 콘크리트가 받을 수 있는 전단강도 V_c는 얼마인가?(단, f_{ck} = 28MPa, f_y = 400MPa)

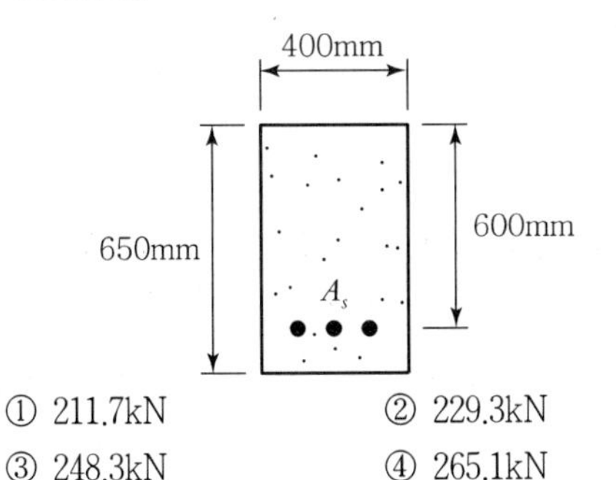

① 211.7kN ② 229.3kN
③ 248.3kN ④ 265.1kN

해설 $\lambda = 1$(보통중량의 콘크리트인 경우)

$$V_c = \frac{1}{6}\lambda\sqrt{f_{ck}}\,bd$$
$$= \frac{1}{6}\times 1\times\sqrt{28}\times 400\times 600$$
$$= 211.7\times 10^3\text{N} = 211.7\text{kN}$$

73. 옹벽에 대한 설명으로 틀린 것은?

① 옹벽의 앞부벽은 직사각형 보로 설계하여야 한다.
② 옹벽의 뒷부벽은 T형 보로 설계하여야 한다.
③ 옹벽의 안정조건으로서 활동에 대한 저항력은 옹벽에 작용하는 수평력의 3배 이상이어야 한다.
④ 전도 및 지반지지력에 대한 안정조건은 만족하지만, 활동에 대한 안정조건만을 만족하지 못할 경우에는 활동방지벽 등을 설치하여 활동저항력을 증대시킬 수 있다.

해설 옹벽의 안정조건으로서 활동에 대한 저항력은 옹벽에 작용하는 수평력의 1.5배 이상이어야 한다.

74. 폭 250mm, 유효깊이 500mm, 압축연단에서 중립축까지의 거리(c)가 200mm, 콘크리트의 설계기준압축강도(f_{ck})가 24MPa인 단철근 직사각형 균형보에서 공칭휨강도(M_n)는?

① 305.8kN · m ② 359.8kN · m
③ 364.3kN · m ④ 423.3kN · m

해설 $\beta_1 = 0.85$($f_{ck} \le 28$MPa인 경우)

$$a = \beta_1 c = 0.85\times 200 = 170\text{mm}$$
$$M_n = C\cdot Z$$
$$= (0.85 f_{ck} ab)\left(d - \frac{a}{2}\right)$$
$$= (0.85\times 24\times 170\times 250)\times\left(500 - \frac{170}{2}\right)$$
$$= 359.8\times 10^6\text{N}\cdot\text{mm} = 359.8\text{kN}\cdot\text{m}$$

75. 철근과 콘크리트가 구조체로서 일체 거동을 하기 위한 조건으로 틀린 것은?

① 철근과 콘크리트와의 부착력이 크다.
② 철근과 콘크리트의 탄성계수가 거의 같다.
③ 철근과 콘크리트의 열팽창계수가 거의 같다.
④ 철근은 콘크리트 속에서 녹이 슬지 않는다.

해설 철근콘크리트의 성립 이유
- 철근과 콘크리트 사이의 부착력이 크다.
- 철근과 콘크리트의 열팽창계수가 거의 같다.
- 철근은 콘크리트 속에서 녹이 슬지 않는다.

76. 아래의 표에서 설명하고 있는 철근은?

전체 깊이가 900mm를 초과하는 휨부재 복부의 양 측면에 부재 축방향으로 배치하는 철근

① 표피철근 ② 전단철근
③ 휨철근 ④ 배력철근

해설 보의 전체 깊이가 900mm를 초과하는 경우에 보의 복부 양 측면에 부재 축방향으로 표피철근을 배치해야 한다.

77. 강판을 리벳 이음할 때 불규칙 배치(엇모배치)할 경우 재편의 순폭은 최초의 리벳구멍에 대하여 그 지름(d)을 빼고 다음 것에 대하여는 다음 중 어느 식을 사용하여 빼주는가?(단, g : 리벳선 간 거리, p : 리벳의 피치)

① $d - \dfrac{g^2}{4p}$ ② $d - \dfrac{4p^2}{g}$
③ $d - \dfrac{p^2}{4g}$ ④ $d - \dfrac{4g}{p}$

|해답| 72.① 73.③ 74.② 75.② 76.① 77.③

■ 해설

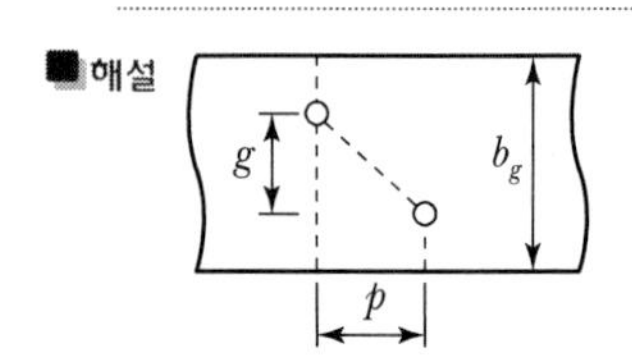

강판의 순폭(b_n)

- $d \le \dfrac{p^2}{4g}$ 인 경우 : $b_n = b_g - d$
- $d > \dfrac{p^2}{4g}$ 인 경우 : $b_n = b_g - d - \left(d - \dfrac{p^2}{4g}\right)$

78. 그림과 같은 단순보에서 자중을 포함하여 계수하중이 20kN/m 작용하고 있다. 이 보의 전단위험단면에서의 전단력은?

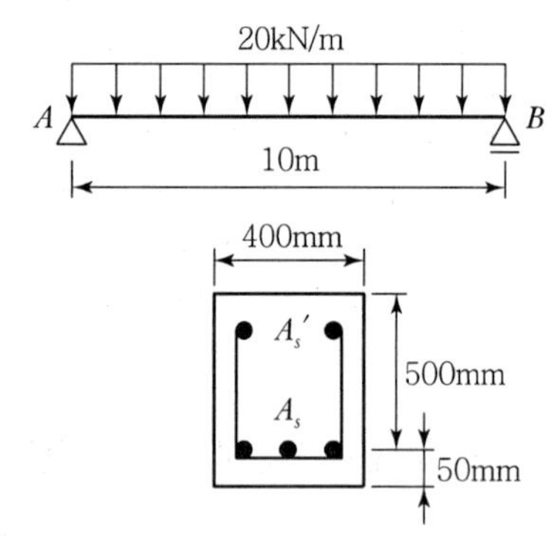

① 100kN ② 90kN
③ 80kN ④ 70kN

■ 해설

$$V_u = w_u\left(\frac{l}{2} - d\right)$$
$$= 20\left(\frac{10}{2} - 0.5\right) = 90\text{kN}$$

79. 직사각형 단면 300mm×400mm인 프리텐션 부재의 550mm²의 단면적을 가진 PS강선을 단면도심에 배치하고 1,350MPa의 인장응력을 가하였다. 콘크리트의 탄성변형에 따라 실제로 부재에 작용하는 유효 프리스트레스는 약 얼마인가?(단, 탄성계수비 n=6이다.)

① 1,313MPa ② 1,432MPa
③ 1,512MPa ④ 1,618MPa

■ 해설

$$\Delta f_{pe} = nf_{cs} = n\frac{P_i}{A_g} = n\frac{f_{pi}A_p}{bh}$$
$$= 6 \times \frac{1,350 \times 550}{300 \times 400} = 37.125\text{MPa}$$
$$f_{pe} = f_{pi} - \Delta f_{pe}$$
$$= 1,350 - 37.125 = 1,312.875\text{MPa}$$

80. 아래의 표와 같은 조건에서 하중재하기간이 5년이 넘은 경우 추가 장기처짐량은?

- 해당 지속하중에 의해 생긴 순간처짐량 : 30mm
- 단순보로서 중앙단면의 압축철근비 : 0.02

① 20mm ② 30mm
③ 40mm ④ 50mm

■ 해설 $\xi = 2.0$(하중재하기간이 5년 이상일 경우)

$$\lambda = \frac{\xi}{1 + 50\rho'} = \frac{2.0}{1 + 50 \times 0.02} = 1$$
$$\delta_L = \lambda \cdot \delta_i = 1 \times 30 = 30\text{mm}$$

제5과목 토질 및 기초

81. 점토층에서 채취한 시료의 압축지수(C_c)는 0.39, 간극비(e)는 1.26이다. 이 점토층 위에 구조물이 축조되었다. 축조되기 이전의 유효압력은 80kN/m², 축조된 후에 증가된 유효압력은 60kN/m²이다. 점토층의 두께가 3m일 때 압밀침하량은 얼마인가?

① 12.6cm ② 9.1cm
③ 4.6cm ④ 1.3cm

■ 해설

$$\Delta H = \frac{C_c}{1 + e_1} \cdot \log\frac{P_2}{P_1} H$$
$$= \frac{0.39}{1 + 1.26} \times \log\frac{80 + 60}{80} \times 3$$
$$= 0.126\text{m} = 12.6\text{cm}$$

82. 포화도가 100%인 시료의 체적이 1,000cm³이었다. 노건조 후에 측정한 결과, 물의 질량이 400g이었다면 이 시료의 간극률(n)은 얼마인가?

① 15% ② 20%
③ 40% ④ 60%

■해설 $n=\dfrac{V_v}{V}=\dfrac{W_w}{V}$ ($S=1$일 때)

$=\dfrac{400}{1,000}=0.4(40\%)$

83. Dunham의 공식으로, 모래의 내부마찰각(ϕ)과 관입저항치(N)와의 관계식으로 옳은 것은? (단, 토질은 입도배합이 좋고 둥근 입자이다.)

① $\phi=\sqrt{12N}+15$
② $\phi=\sqrt{12N}+20$
③ $\phi=\sqrt{12N}+25$
④ $\phi=\sqrt{12N}+30$

■해설 N치와 내부 마찰력과의 관계

토립자 둥글고 입도 불량 (입도 균등)	$\phi=\sqrt{12N}+15$
토립자 둥글고 입도 양호 토립자 모나고 입도 불량 (입도 균등)	$\phi=\sqrt{12N}+20$
토립자 모나고 입도 양호	$\phi=\sqrt{12N}+25$

84. 기존 건물에 인접한 장소에 새로운 깊은 기초를 시공하고자 한다. 이때 기존 건물의 기초가 얕아 보강하는 공법 중 적당한 것은?

① 압성토 공법
② 언더피닝 공법
③ 프리로딩 공법
④ 치환 공법

■해설 언더피닝 공법
기존 구조물이 얕은 기초에 인접하고 있어 새로이 깊은 기초를 축조할 때 구 기초를 보강할 필요가 있는 보강공법이다.

85. 예민비가 큰 점토란 무엇을 의미하는가?

① 다시 반죽했을 때 강도가 증가하는 점토
② 다시 반죽했을 때 강도가 감소하는 점토
③ 입자의 모양이 날카로운 점토
④ 입자가 가늘고 긴 형태의 점토

■해설 예민비가 큰 점토는 교란시켰을 때 강도가 많이 감소된다.

86. 일축압축강도가 32kN/m², 흙의 단위중량이 16kN/m³이고, ϕ=0인 점토지반을 연직굴착할 때 한계고는 얼마인가?

① 2.3m ② 3.2m
③ 4.0m ④ 5.2m

■해설 $H_c=2Z_c=2\times\dfrac{2c}{\gamma_t}\tan\left(45°+\dfrac{\phi}{2}\right)$

$=\dfrac{2\cdot q_u}{\gamma_t}=\dfrac{2\times32}{16}=4\text{m}$

87. 동해의 정도는 흙의 종류에 따라 다르다. 다음 중 우리나라에서 가장 동해가 심한 것은?

① 실트 ② 점토
③ 모래 ④ 자갈

■해설 동해 현상이 가장 잘 일어날 수 있는 흙은 실트이다.

88. 모래치환법에 의한 흙의 밀도 시험에서 모래를 사용하는 목적은 무엇을 알기 위해서인가?

① 시험구멍의 부피
② 시험구멍의 밑면의 지지력
③ 시험구멍에서 파낸 흙의 중량
④ 시험구멍에서 파낸 흙의 함수상태

■해설 모래(표준사)의 용도
No.10체를 통과하고 No.200체에 남은 모래를 사용하며 시험구멍의 체적을 구하기 위해 사용한다.

|해답| 82.③ 83.② 84.② 85.② 86.③ 87.① 88.①

89. 어느 흙 시료의 액성한계 시험결과 낙하횟수 40일 때 함수비가 48%, 낙하횟수 4일 때 함수비가 73%였다. 이때 유동지수는?

① 24.21%　② 25.00%
③ 26.23%　④ 27.00%

■해설 유동지수$=\dfrac{w_1-w_2}{\log N_2-\log N_1}$

$=\dfrac{73-48}{\log 40-\log 4}=25\%$

90. 파이핑(Piping) 현상을 일으키지 않는 동수경사(i)와 한계 동수경사(i_c)의 관계로 옳은 것은?

① $\dfrac{h}{L}>\dfrac{G_s-1}{1+e}$

② $\dfrac{h}{L}<\dfrac{G_s-1}{1+e}$

③ $\dfrac{h}{L}>\dfrac{G_s-1}{1+e}\cdot\gamma_w$

④ $\dfrac{h}{L}<\dfrac{G_s-1}{1+e}\cdot\gamma_w$

■해설 분사현상이 일어나지 않을 조건

$i_c>i\rightarrow\dfrac{G_s-1}{1+e}>\dfrac{h}{L}$

91. 평판재하시험에서 재하판과 실제기초의 크기에 따른 영향, 즉 Scale effect에 대한 설명 중 옳지 않은 것은?

① 모래지반의 지지력은 재하판의 크기에 비례한다.
② 점토지반의 지지력은 재하판의 크기와는 무관하다.
③ 모래지반의 침하량은 재하판의 크기가 커지면 어느 정도 증가하지만 비례적으로 증가하지는 않는다.
④ 점토지반의 침하량은 재하판의 크기와는 무관하다.

■해설 점토지반의 침하량은 재하판 폭에 비례한다.

92. 도로공사 현장에서 다짐도 95%에 대한 다음 설명으로 옳은 것은?

① 포화도 95%에 대한 건조밀도를 말한다.
② 최적함수비의 95%로 다진 건조밀도를 말한다.
③ 롤러로 다진 최대 건조밀도 100%에 대한 95%를 말한다.
④ 실내 표준다짐 시험의 최대 건조밀도의 95%의 현장시공 밀도를 말한다.

■해설 현장다짐도 95%
실내다짐 최대 건조밀도에 대한 95% 밀도를 말한다.

93. 압축작용(pressure action)과 반죽작용(kneading action)을 함께 가지고 있는 롤러는?

① 평활 롤러(Smooth wheel roller)
② 양족 롤러(Sheep's foot roller)
③ 진동 롤러(Vibratory roller)
④ 타이어 롤러(Tire roller)

■해설 압축작용과 반죽작용을 함께 가지고 있는 것은 타이어 롤러이다.

94. 아래 그림과 같은 정수위 투수시험에서 시료의 길이는 L, 단면적은 A, t시간 동안 메스실린더에 개량된 물의 양이 Q, 수위차는 h로 일정할 때 이 시료의 투수계수는?

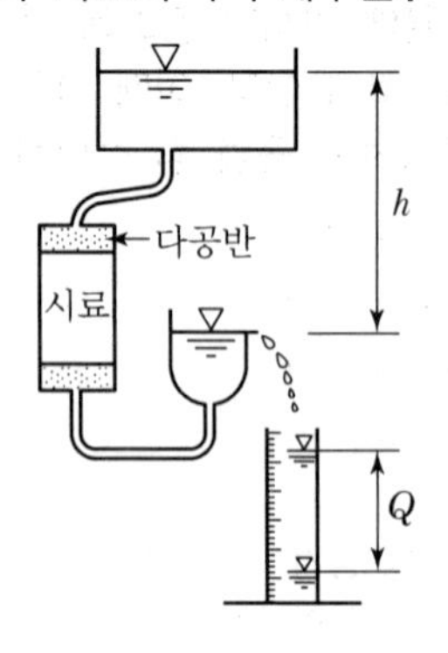

① $\dfrac{QL}{Aht}$　② $\dfrac{Qh}{ALt}$

③ $\dfrac{Qt}{Aht}$　④ $\dfrac{QA}{Lht}$

 |해답| 89.② 90.② 91.④ 92.④ 93.④ 94.①

■해설 정수위 투수시험$(k)=\frac{QL}{hAt}$

95. 다음 중 사질토 지반의 개량공법에 속하지 않는 것은?

① 폭파다짐공법
② 생석회 말뚝공법
③ 모래다짐 말뚝공법
④ 바이브로 플로테이션 공법

■해설 생석회 말뚝공법은 점성토 개량공법에 속한다.

96. 다음 중 흙 속의 전단강도를 감소시키는 요인이 아닌 것은?

① 공극수압의 증가
② 흙 다짐의 불충분
③ 수분 증가에 따른 점토의 팽창
④ 지반에 약액 등의 고결제 주입

■해설 지반에 약액 등의 고결제를 주입하면 전단응력이 증가된다.

97. 일반적인 기초의 필요조건으로 거리가 먼 것은?

① 지지력에 대해 안정할 것
② 시공성, 경제성이 좋을 것
③ 침하가 전혀 발생하지 않을 것
④ 동해를 받지 않는 최소한의 근입깊이를 가질 것

■해설 침하량이 허용침하량 이내이어야 한다.

98. 다음 중 투수계수를 좌우하는 요인과 관계가 먼 것은?

① 포화도
② 토립자의 크기
③ 토립자의 비중
④ 토립자의 형상과 배열

■해설 토립자의 비중은 투수계수와 무관하다.

99. 그림과 같은 옹벽에서 전주동 토압(P_a)과 작용점의 위치(y)는 얼마인가?

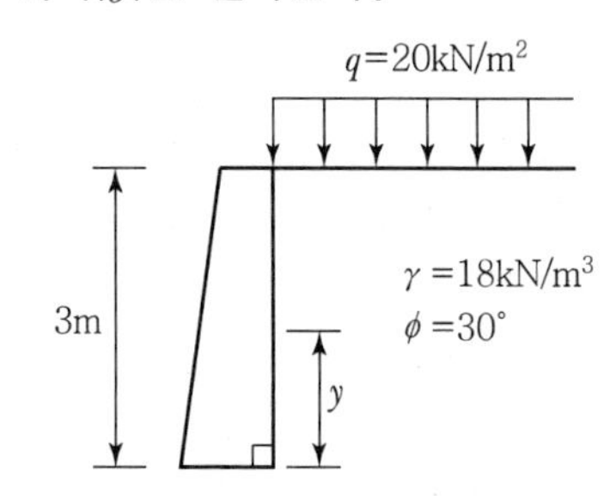

① $P_a=37\text{kN/m},\ y=1.21\text{m}$
② $P_a=47\text{kN/m},\ y=1.79\text{m}$
③ $P_a=47\text{kN/m},\ y=1.21\text{m}$
④ $P_a=54\text{kN/m},\ y=1.79\text{m}$

■해설
- $K_a=\tan^2\left(45°-\frac{\phi}{2}\right)=\tan^2\left(45-\frac{30°}{2}\right)=0.333$
- $P_a=P_{a1}+P_{a2}=q\cdot H\cdot K_a+\frac{1}{2}\gamma H^2K_a$

  $=20\times3\times0.333+\frac{1}{2}\times18\times3^2\times0.333$

  $=47\text{kN/m}$(전주동 토압)
- $h=\dfrac{P_{a1}\times\frac{H}{2}+P_{a2}\times\frac{H}{3}}{P_a}$

  $=\dfrac{19.98\times\frac{3}{2}+26.97\times\frac{3}{3}}{47}$

  $=1.21\text{m}$(작용점 위치)

100. 다음 중 전단강도와 직접적으로 관련이 없는 것은?

① 흙의 점착력
② 흙의 내부마찰각
③ Barron의 이론
④ Mohr-Coulomb의 파괴이론

■해설 Barron의 이론은 압밀과 관계있다.

제6과목 상하수도공학

101. 유입하수량 3,000m^3/day, 유입 BOD 200mg/L, 유입 SS 150mg/L이고, BOD 제거율이 95%, SS 제거율이 90%일 경우, 유출 BOD의 농도(㉠)와 유출 SS의 농도(㉡)는?

① ㉠ : 10mg/L, ㉡ : 15mg/L
② ㉠ : 10mg/L, ㉡ : 30mg/L
③ ㉠ : 16mg/L, ㉡ : 15mg/L
④ ㉠ : 16mg/L, ㉡ : 30mg/L

해설 BOD, SS 제거율
㉠ BOD 제거율(제거율 95%)
- 유입 BOD : 200mg/L
- 제거된 BOD : 190mg/L (∵ 200×0.95=190mg/L)
- 유출 BOD : 200－190=10mg/L

㉡ SS 제거율(제거율 90%)
- 유입 SS : 150mg/L
- 제거된 SS : 135mg/L(∵ 150×0.9=135mg/L)
- 유출 SS : 150－135=15mg/L

102. 하천에 오수가 유입될 때 하천의 자정작용 중 최초의 분해지대에서 BOD가 감소하는 주요 원인은?

① 온도의 변화 ② 탁도의 증가
③ 미생물의 번식 ④ 유기물의 침전

해설 자정작용
분해지대에서는 다량 번식한 미생물의 대사작용으로 인해 BOD가 감소하게 된다.

103. 하수도계획의 목표년도는 원칙적으로 몇 년을 기준으로 하는가?

① 5년 ② 10년
③ 15년 ④ 20년

해설 하수도 목표년도
하수도 계획의 목표년도는 각 시설의 내용년수, 시설의 단계적 정비계획, 투자효율 등을 고려하여 일반적으로 20년 후를 목표로 한다.

104. 계획 1인 1일 최대급수량 400L/(인 · day), 급수보급률 95%, 인구 15만 명의 도시에 급수계획을 하고자 할 때, 이 도시의 계획 1일 최대급수량은?

① 48,450m^3/day
② 57,000m^3/day
③ 65,550m^3/day
④ 72,900m^3/day

해설 급수량의 산정
계획 1일 최대급수량
=계획 1인 1일 최대급수량×인구×급수보급률
$= 400 \times 10^{-3} \times 150,000 \times 0.95 = 57,000\text{m}^3/\text{day}$

105. 취수탑에 대한 설명으로 옳지 않은 것은?

① 최소수심이 2m 이상은 확보되어야 한다.
② 연중 수위변화의 폭이 큰 지점에는 부적합하다.
③ 취수탑의 취수구 전면에는 스크린을 설치한다.
④ 취수탑은 하천, 호소, 댐 내에 설치된 탑모양의 구조물이다.

해설 취수탑
㉠ 취수탑은 하천, 호소, 댐 내에 설치된 탑모양의 구조물로 수위변화에 대처가 용이하고, 원수의 선택적 취수가 가능한 시설이다.
㉡ 취수구의 유입속도가 크면 취수구의 단면적은 작아지지만 부유물, 토사 등의 유입이 많아진다. 이것을 적게 하기 위하여 하천인 경우에는 원칙적으로 유입속도를 15~30cm/s, 호소나 댐인 경우에는 1~2m/s를 표준으로 하고 있다.
㉢ 취수구 시설로는 전면에 협잡물을 제거하기 위해 스크린을 설치하고, 취수탑의 내측이나 외측에 슬루스게이트(제수문), 버터플라이밸브 또는 제수밸브 등을 설치한다.
㉣ 취수탑은 탑의 설치위치에서 갈수수심이 최소 2m 이상이 아니면, 계획취수량의 취수에 필요한 취수구의 설치가 곤란하다.

106. 하수 관정부식(crown corrosion)의 원인이 되는 물질은?

① NH_4 ② H_2S
③ PO_4 ④ SS

 |해답| 101.① 102.③ 103.④ 104.② 105.② 106.②

■해설 관정부식

㉠ 정의 : 콘크리트관의 경우 하수 내에 존재하거나 유기물 분해 시 존재하는 산에 의해 관 정상부에 부식이 발생되는 것을 말한다.

㉡ 부식진행 : 단백질, 유기물, 황화합물 등이 혐기성 상태에서 분해되어 황화수소(H_2S) 발생 → 황화수소가 호기성 미생물에 의해 아황산가스(SO_2, SO_3) 발생 → 아황산가스가 관정부의 물방울에 녹아 황산(H_2SO_4)이 된다. → 황산이 콘크리트관의 성분인 철, 칼슘, 알루미늄과 반응하여 황산염으로 변하면서 관을 부식시킨다.

㉢ 방지대책 : 유속 증가로 퇴적방지, 용존산소 농도 증가로 혐기성 상태 예방, 살균제 주입, 라이닝, 역청제 도포로 황산염의 발생 방지

∴ 관정부식의 주된 원인물질은 황(S)화합물인 황화수소(H_2S)이다.

107. 하수처리장의 반응조에서 미생물의 고형물 체류시간(SRT)을 구할 때 무시될 수 있는 항목은?

① 생물반응조 용량
② 유출수 내 SS 농도
③ 잉여찌꺼기(슬러지)량
④ 생물반응조 MLSS 농도

■해설 고형물 체류시간(SRT)

㉠ 최종 침전지에서 분리된 고형물의 일부는 다시 폐기되고, 일부는 다시 반송되어 슬러지는 폭기시간보다 긴 체류시간 동안 폭기조에서 체류하게 된다. 이를 슬러지 일령, 공형물 체류시간이라 한다.

㉡ 설계공식

$$SRT = \frac{X \cdot V}{X_r \cdot Q_w + (Q - Q_w) X_e} = \frac{X \cdot V}{X_r \cdot Q_w}$$

여기서, X_r : 반송슬러지의 SS 농도(mg/L)
X_e : 유출수 내의 SS 농도(mg/L)
Q_w : 잉여슬러지량(m^3/day)
X : 폭기조 내의 MLSS 농도 (mg/L)

∴ SRT를 구할 때 무시되는 항목은 유출수 내의 SS 농도(X_e)이다.

108. 상수도관 내의 수격현상(water hammer)을 경감시키는 방안으로 적합하지 않은 것은?

① 펌프의 급정지를 피한다.
② 에어챔버(air chamber)를 설치한다.
③ 운전 중 관 내 유속을 최대로 유지한다.
④ 관로에 압력 조절 탱크(surge tank)를 설치한다.

■해설 수격작용

㉠ 펌프의 급정지, 급가동 또는 밸브를 급폐쇄하면 관로 내 유속의 급격한 변화가 발생하여 이상압력이 발생하는 현상을 수격작용이라 한다. 수격작용은 관로 내 물의 관성에 의해 발생한다.

㉡ 방지책

- 펌프의 급정지, 급가동을 피한다.
- 부압 발생 방지를 위해 조압수조(surge tank), 공기밸브(air valve)를 설치한다.
- 압력 상승 방지를 위해 역지밸브(check valve), 안전밸브(safety valve), 압력수조(air chamber)를 설치한다.
- 펌프에 플라이휠(fly wheel)을 설치한다.
- 펌프의 토출 측 관로에 급폐식 혹은 완폐식 역지밸브를 설치한다.
- 펌프 설치위치를 낮게 하고 흡입양정을 적게 한다.

∴ 운전 중 관 내 유속을 최대로 유지하는 것은 수격작용 경감에 효과가 없다.

109. 펌프의 임펠러 입구에서 정압이 그 수온에 상당하는 포화증기압 이하가 되면 그 부분에 증기가 발생하거나 흡입관으로부터 공기가 흡입되어 기포가 생기는 현상은?

① Cavitation
② Positive Head
③ Specific Speed
④ Characteristic Curves

■해설 공동현상(cavitation)

㉠ 펌프의 관 내 압력이 포화증기압 이하가 되면 기화현상이 발생되어 유체 중에 공동이 생기는 현상을 공동현상이라 한다. 공동현상이 발생되지 않으려면 이용할 수 있는 유효흡입수두가 펌프가 필요로 하는 유효흡입수두보다 커야 하며, 그 차이 값이 1m보다 크도록 하는 것이 좋다.

㉡ 악현상
- 소음, 진동 발생
- 펌프의 성능 저하
- 관 내부의 침식

㉢ 방지책
- 펌프의 설치 위치를 낮춘다.
- 펌프의 회전수를 줄인다.(임펠러 속도를 적게 한다.)
- 흡입관의 손실을 줄인다.(직경 D를 크게 한다.)
- 흡입양정의 표준을 −5m까지로 제한한다.

110. 침전시설과 여과시설 등을 거친 정수장의 배출수는 최종적으로 적절한 배출수 처리설비를 거쳐 방류된다. 배출수 처리에 대한 설명으로 옳지 않은 것은?

① 발생 슬러지는 위해하므로 주로 매립하고, 재활용은 제한한다.
② 재순환되는 세척배출수의 목표수질은 평균적인 원수수질과 같거나 더 양호해야 한다.
③ 슬러지처리시설은 정수처리시설에서 발생하는 슬러지를 처리하고 처분하는 데 충분한 기능과 능력을 갖추어야 한다.
④ 세척배출수에서 발생된 슬러지와 정수공정의 침전슬러지는 배출수처리시설의 농축조에서 농축처리하며 그 상징수는 정수공정으로 반송하지 않는다.

해설 배출수 처리시설
㉠ 정수처리 과정에서 발생되는 슬러지를 적절하게 처리 및 처분하기 위한 시설이다.
㉡ 배출되는 여과지 세척수와 침전지에서 배출된 배출수, 상등수는 착수정으로 회수되어 재사용되고 슬러지는 농축 탈수되어 처분된다.
㉢ 발생된 슬러지는 케이크는 매립지까지 운반하여 매립 처분하며, 일부는 건설자재나 에너지로 재이용된다.

111. 상수의 소독방법 중 염소처리와 오존처리에 대한 설명으로 옳지 않은 것은?

① 오존의 살균력은 염소보다 우수하다.
② 오존처리는 배오존처리설비가 필요하다.
③ 오존처리는 염소처리에 비하여 잔류성이 강하다.
④ 염소처리는 트리할로메탄(THM)을 생성시킬 가능성이 있다.

해설 염소살균 및 오존살균의 특징
㉠ 염소살균의 특징
- 가격이 저렴하고, 조작이 간단하다.
- 산화제로도 이용이 가능하며, 살균력이 매우 강하다.
- 지속성이 있다.
- THM 생성 가능성이 있다.

㉡ 오존살균의 특징

장점	단점
• 살균효과가 염소보다 뛰어나다. • 유기물질의 생분해성을 증가시킨다. • 맛, 냄새물질과 색도 제거의 효과가 우수하다. • 철, 망간의 제거능력이 크다.	• 고가이다. • 잔류효과가 없다. • 자극성이 강해 취급에 주의를 요한다.

∴ 오존처리는 잔류효과가 없다.

112. 대장균군이 오염지표로 널리 사용되는 이유로 옳은 것은?

① 검출이 어렵다.
② 검사방법이 용이하다.
③ 인체의 배설물 중에 존재하지 않는다.
④ 소화기계 병원균보다 저항력이 약하다.

해설 병원성 미생물 검출 대신 분원성 오염 지표미생물(대장균군)을 사용하는 이유
㉠ 장내 병원균의 직접 분리방법이 개발되지 않아 검사가 어렵다.
㉡ 병원균의 종류가 너무 많아 모든 병원균의 분리가 어렵다.
㉢ 병원균의 수가 평상시에 낮아 감지하기 어렵다.
㉣ 병원균의 상시검사를 위한 비용이 너무 많이 든다.
∴ 비교적 검사방법이 용이한 대장균군을 이용한다.

113. 현재 인구가 20만 명이고 연평균 인구증가율이 4.5%인 도시의 10년 후 추정 인구는?(단, 등비급수법에 의한다.)

① 226,202명 ② 290,000명
③ 310,594명 ④ 324,571명

 |해답| 110.① 111.③ 112.② 113.③

■해설 등비급수법

㉠ 연평균 인구증가율이 일정하다고 보고 계산하며 성장단계에 있는 도시에 적용하는 방법이다.

$P_n = P_o(1+r)^n$

여기서, P_n : 추정인구

P_o : 기준년 인구

$r = \left(\frac{P_0}{P_t}\right)^{\frac{1}{t}} - 1$: 연평균 인구 증가율

㉡ 인구추정

$P_n = P_o(1+r)^n = 200,000(1+0.045)^{10}$

$= 310,594$명

114. 정수시설 중 혼화지와 침전지 사이에 위치하는 설비로서 완속교반을 행하는 설비를 무엇이라고 하는가?

① 여과지 ② 침사지
③ 소독설비 ④ 플록형성지

■해설 floc 형성지

정수시설에서 응집지는 약품혼화지와 floc 형성지로 나뉜다. 약품혼화지는 응집제 주입 후 급속교반을 통해 응집제를 섞어주고, floc 형성지는 완속교반을 통해 floc의 크기를 증가시킬 목적으로 설치한다.

115. 하수관로의 경사와 유속에 대한 설명으로 옳지 않은 것은?

① 관로의 경사는 하류로 갈수록 감소시켜야 한다.
② 유속이 너무 크면 관로를 손상시키고 내용연수를 줄어들게 한다.
③ 오수관로의 최대유속은 계획 시간 최대오수량에 대하여 1.0m/s로 한다.
④ 유속을 너무 크게 하면 경사가 급하게 되어 굴착 깊이가 점차 깊어져서 시공이 곤란하고 공사비용이 증대된다.

■해설 하수관의 유속 및 경사

㉠ 하수관로 내의 유속은 하류로 갈수록 빠르게, 경사는 하류로 갈수록 완만하게 해야 한다.

㉡ 관로의 유속기준

관로의 유속은 침전과 마모 방지를 위해 최소유속과 최대유속을 한정하고 있다.

- 오수 및 차집관 : 0.6~3.0m/sec
- 우수 및 합류관 : 0.8~3.0m/sec
- 이상적 유속 : 1.0~1.8m/sec

∴ 오수관의 최대유속은 3.0m/sec를 표준으로 한다.

116. 계획배수량의 기준으로 옳은 것은?

① 배수구역의 계획 1일 평균배수량
② 배수구역의 계획 1일 최대배수량
③ 배수구역의 계획 시간 평균배수량
④ 배수구역의 계획 시간 최대배수량

■해설 상수도 구성요소

㉠ 수원 → 취수 → 도수(침사지) → 정수(착수정 → 약품혼화지 → 침전지 → 여과지 → 소독지 → 정수지) → 송수 → 배수(배수지, 배수탑, 고가탱크, 배수관) → 급수

㉡ 수원, 취수, 도수, 정수, 송수 등의 설계에는 계획 1일 최대급수량을 기준으로 한다.

㉢ 계획취수량은 계획 1일 최대급수량을 기준으로 5~10% 정도 여유 있게 취수한다.

㉣ 배수관의 직경 결정, 펌프의 직경 결정 등은 계획 시간 최대급수량(계획 시간 최대배수량)을 기준으로 한다.

117. 하수배제방식 중 분류식과 비교하여 합류식이 갖는 특징으로 옳지 않은 것은?

① 폐쇄될 염려가 적다.
② 검사 및 수리가 비교적 쉽다.
③ 관로의 접합, 연결 등 시공이 복잡하다.
④ 강우 시 초기우수의 처리대책이 필요하다.

■해설 하수의 배제방식

분류식	합류식
• 수질오염 방지 면에서 유리하다. • 청천 시에도 퇴적의 우려가 없다. • 강우 초기 노면 배수 효과가 없다. • 시공이 복잡하고 오접합의 우려가 있다. • 우천 시 수세효과가 없다. • 공사비가 많이 든다.	• 구배 완만, 매설깊이가 적으며 시공성이 좋다. • 초기 우수에 의한 노면배수처리가 가능하다. • 관경이 크므로 검사가 편리하고, 환기가 잘된다. • 청천 시 관 내 침전이 발생하고 효율이 저하된다. • 우천 시 수세효과가 있다. • 건설비가 적게 든다.

∴ 2계통으로 건설하는 분류식이 관로의 접합, 연결 등 시공이 복잡하다.

118. 분류식에서 사용되는 중계 펌프장 시설의 계획 하수량은?

① 계획 1일 최대오수량
② 계획 1일 평균오수량
③ 우천 시 평균오수량
④ 계획 시간 최대오수량

해설 하수도 펌프장의 계획수량

㉠ 우수펌프는 계획우수량을 기준으로 한다.
㉡ 오수펌프
- 분류식 : 계획 시간 최대오수량을 기준으로 한다.
- 합류식 : 우천 시 계획 오수량(계획 시간 최대오수량의 3배 정도)을 기준으로 한다.

119. 계획오수량 산정에서 고려되는 것이 아닌 것은?

① 지하수량 ② 공장폐수량
③ 생활오수량 ④ 차집하수량

해설 오수량의 산정

종류	내용
계획오수량	계획오수량은 생활오수량, 공장폐수량, 지하수량으로 구분할 수 있다.
지하수량	지하수량은 1인 1일 최대오수량의 10~20%를 기준으로 한다.
계획 1일 최대오수량	• 1인 1일 최대오수량×계획급수인구+(공장폐수량, 지하수량, 기타 배수량) • 하수처리 시설의 용량 결정의 기준이 되는 수량
계획 1일 평균오수량	• 계획 1일 최대오수량의 70(중·소도시)~80%(대·공업도시) • 하수처리장 유입하수의 수질을 추정하는 데 사용되는 수량
계획 시간 최대오수량	• 계획 1일 최대오수량의 1시간당 수량의 1.3~1.8배를 표준으로 한다. • 오수관거 및 펌프설비 등의 크기를 결정하는 데 사용되는 수량

∴ 계획오수량 산정에 포함되지 않는 것은 차집하수량이다.

120. 호기성 소화와 혐기성 소화를 비교할 때, 혐기성 소화에 대한 설명으로 틀린 것은?

① 처리 후 슬러지 생성량이 적다.
② 유효한 자원인 메탄이 생성된다.
③ 높은 온도를 필요로 하지 않는다.
④ 공정 영향인자에는 체류시간, 온도, pH, 독성물질, 알칼리도 등이 있다.

해설 호기성 소화와 혐기성 소화의 비교

호기성 소화	혐기성 소화
• 시설비가 적게 든다. • 운전이 용이하다. • 시료가치가 크다. • 동력이 소요된다. • 소규모 활성슬러지 처리에 적합하다. • 처리수 수질이 양호하다.	• 시설비가 많이 든다. • 온도, 부하량 변화에 적응 시간이 길다. • 병원균을 죽이거나 통제할 수 있다. • 영양소 소비가 적다. • 슬러지 생산이 적다. • CH_4과 같은 유용한 가스를 얻는다.

∴ 혐기성 소화는 중온소화와 고온소화로 나뉘며 고온소화는 온도를 55℃까지 높여야 한다.

Industrial Engineer Civil Engineering

contents

토목산업기사 과년도 출제문제 및 해설 2020

Industrial Engineer Civil Engineering

과년도 출제문제 및 해설 (2020년 6월 14일 시행)

제1과목 응용역학

01. 어떤 재료의 탄성계수(E)가 210,000MPa, 푸아송 비(ν)가 0.25, 전단변형률(γ)이 0.1이라면 전단응력(τ)은?

① 8,400MPa ② 4,200MPa
③ 2,400MPa ④ 1,680MPa

해설 $G=\dfrac{E}{2(1+\nu)}=\dfrac{(2.1\times10^5)}{2(1+0.25)}=8.4\times10^4\text{MPa}$

$\tau=G\gamma=(8.4\times10^4)\times(0.1)$
$=8,400\text{MPa}$

02. 반지름 r인 원형 단면의 단주에서 핵반경 e는?

① $\dfrac{r}{2}$ ② $\dfrac{r}{3}$
③ $\dfrac{r}{4}$ ④ $\dfrac{r}{5}$

해설 $e=\dfrac{D}{8}=\dfrac{(2r)}{8}=\dfrac{r}{4}$

03. 아래 그림과 같은 단순보에서 최대 처짐은?(단, EI는 일정하다.)

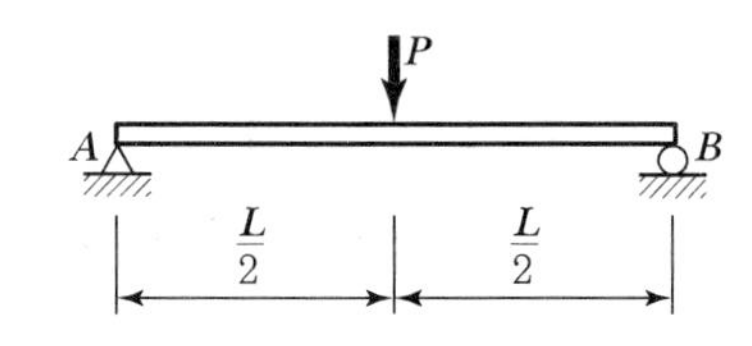

① $\dfrac{PL^2}{24EI}$ ② $\dfrac{PL^2}{36EI}$
③ $\dfrac{PL^3}{12EI}$ ④ $\dfrac{PL^3}{48EI}$

해설 $\delta_{\max}=\dfrac{PL^3}{48EI}$

04. 아래 그림에서 단면적이 A인 임의의 부재 단면이 있다. 도심축으로부터 y_1 떨어진 축을 기준으로 한 단면2차모멘트의 크기가 I_{x_1}일 때, 도심축으로부터 $3y_1$ 떨어진 축을 기준으로 한 단면2차모멘트의 크기는?

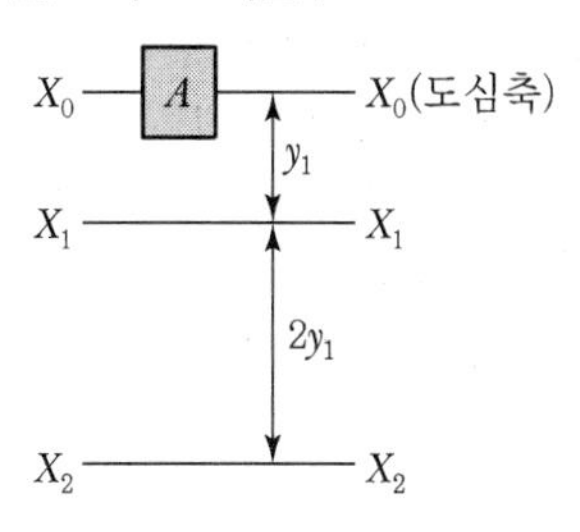

① $I_{X_1}+2Ay_1^2$ ② $I_{X_1}+3Ay_1^2$
③ $I_{X_1}+4Ay_1^2$ ④ $I_{X_1}+8Ay_1^2$

해설 $I_{X_0}=I_{X_1}-Ay_1^2$

$I_{X_2}=I_{X_0}+A(3y_1)^2$
$=(I_{X_1}-Ay_1^2)+A(9y_1^2)$
$=I_{X_1}+8Ay_1^2$

05. 그림에서 C점에 얼마의 힘(P)으로 당겼더니 부재 BC에 200kN의 장력이 발생하였다면 AC에 발생하는 장력은?

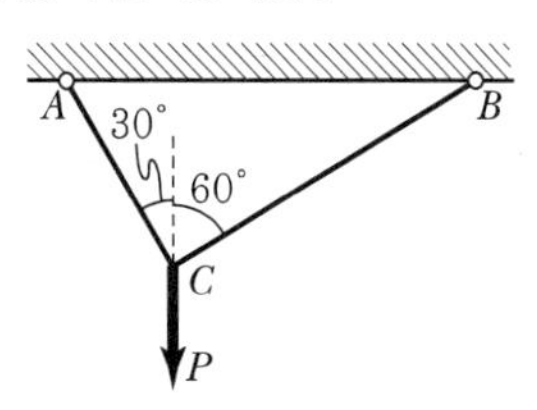

① 86.6kN ② 115.5kN
③ 346.4kN ④ 400.0kN

|해답| 1.① 2.③ 3.④ 4.④ 5.③

■ 해설

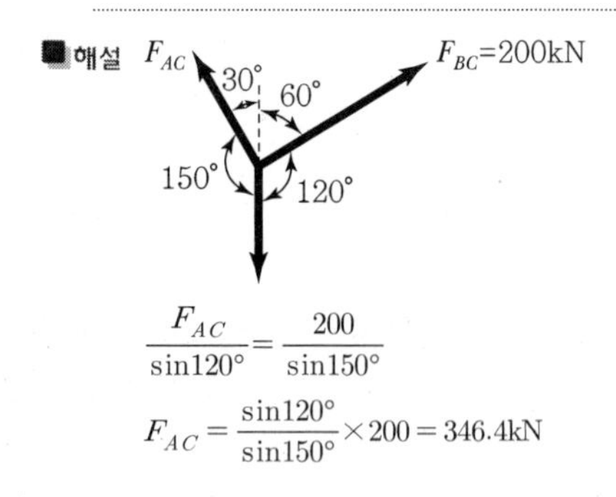

$$\frac{F_{AC}}{\sin 120°} = \frac{200}{\sin 150°}$$

$$F_{AC} = \frac{\sin 120°}{\sin 150°} \times 200 = 346.4\text{kN}$$

06. 그림과 같은 단면에서 직사각형 단면의 최대 전단응력은 원형 단면의 최대 전단응력의 몇 배인가?(단, 두 단면적과 작용하는 전단력의 크기는 동일하다.)

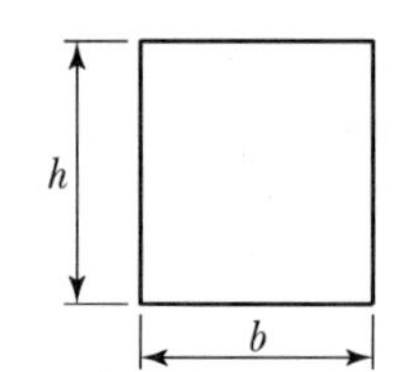

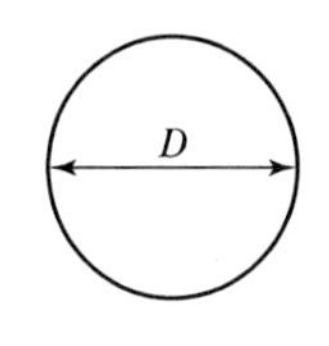

① $\frac{6}{5}$배 ② $\frac{7}{6}$배

③ $\frac{8}{7}$배 ④ $\frac{9}{8}$배

■ 해설

$$\frac{\tau_{\max(\square)}}{\tau_{\max(\bigcirc)}} = \frac{\left(\frac{3}{2} \cdot \frac{S}{A}\right)}{\left(\frac{4}{3} \cdot \frac{S}{A}\right)} = \frac{9}{8}$$

07. 다음 3힌지 아치에서 B점의 수평반력은?

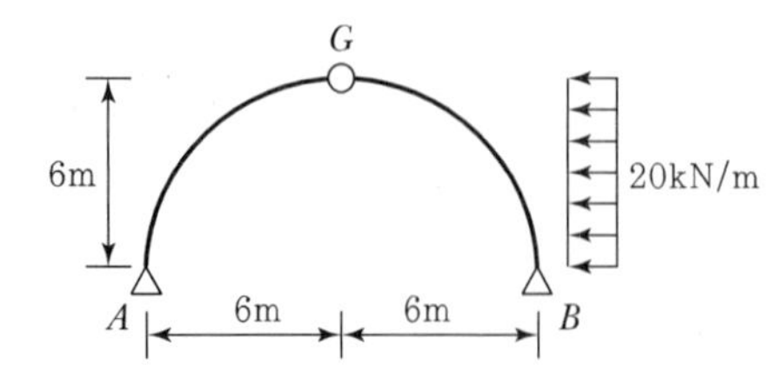

① 50kN(→) ② 70kN(→)

③ 90kN(→) ④ 110kN(→)

■ 해설 $\Sigma M_{Ⓐ} = 0(\frown \oplus)$

$$V_B \times 12 - (20 \times 6) \times \frac{6}{2} = 0$$

$$V_B = 30\text{kN}(\downarrow)$$

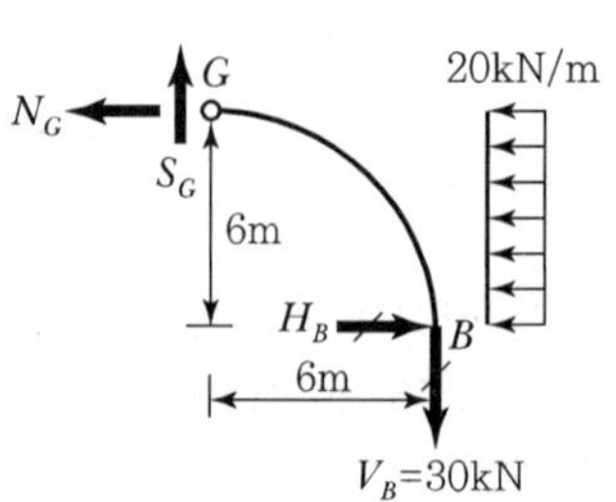

$\Sigma M_{Ⓖ} = 0(\frown \oplus)$

$$30 \times 6 + (20 \times 6) \times \frac{6}{2} - H_B \times 6 = 0$$

$$H_B = 90\text{kN}(\rightarrow)$$

08. "여러 힘이 작용할 때 임의의 한 점에 대한 모멘트의 합은 그 점에 대한 합력의 모멘트와 같다." 라는 것은 무슨 정리인가?

① Lami의 정리

② Castigliano의 정리

③ Varignon의 정리

④ Mohr의 정리

09. 그림과 같은 단면 도형의 x, y 축에 대한 단면 상승모멘트(I_{xy})는?

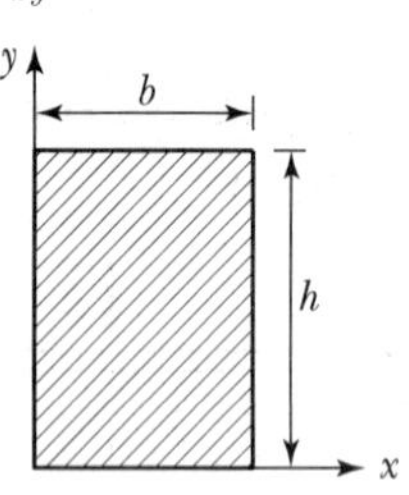

① $\frac{by^3}{3}$ ② $\frac{b^3h}{3}$

③ $\frac{b^2h^2}{4}$ ④ $\frac{bh^3+b^3h}{3}$

■ 해설 $I_{xy} = A \cdot x_0 \cdot y_0$

$$= (bh)\left(\frac{b}{2}\right)\left(\frac{h}{2}\right) = \frac{b^2h^2}{4}$$

 |해답| 6.④ 7.③ 8.③ 9.③

10. 단순보에 아래 그림과 같이 집중하중 P와 등분포하중 w가 작용할 때 중앙점에서의 휨모멘트는?

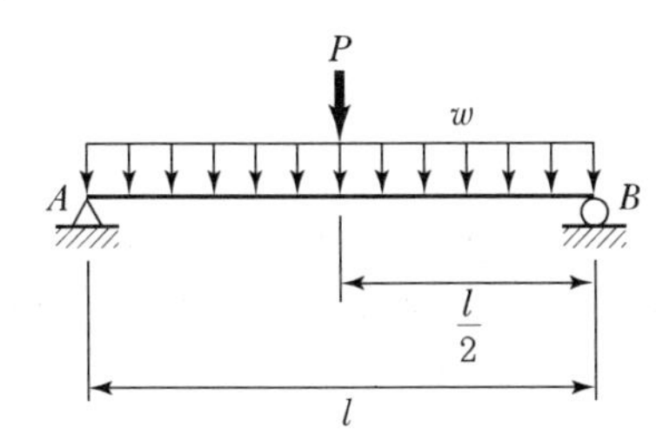

① $\frac{Pl}{4}+\frac{wl^2}{4}$　② $\frac{Pl}{4}+\frac{wl^2}{8}$

③ $\frac{Pl}{8}+\frac{wl^2}{8}$　④ $\frac{Pl}{8}+\frac{wl^2}{2}$

해설 $M_{(center)}=\frac{Pl}{4}+\frac{wl^2}{8}$

11. 지름이 6cm, 길이가 100cm의 둥근 막대가 인장력을 받아서 0.5cm 늘어나고 동시에 지름이 0.006cm만큼 줄었을 때 이 재료의 푸아송비(ν)는?

① 0.2　② 0.5

③ 2.0　④ 5.0

해설

$$\nu=-\frac{\left(\frac{\Delta d}{d}\right)}{\left(\frac{\Delta l}{l}\right)}=-\frac{l\cdot\Delta d}{d\cdot\Delta l}$$

$$=-\frac{100\times(-0.006)}{6\times0.5}=0.2$$

12. 정사각형(한 변의 길이 h)의 균일한 단면을 가진 길이 L의 기둥이 견딜 수 있는 축방향 하중을 P로 할 때 다음 중 옳은 것은?(단, EI는 일정하다.)

① P는 E에 비례, h^3에 비례, L에 반비례한다.

② P는 E에 비례, h^3에 비례, L^2에 비례한다.

③ P는 E에 비례, h^4에 비례, L에 비례한다.

④ P는 E에 비례, h^4에 비례, L^2에 반비례한다.

해설 $P_{cr}=\frac{\pi^2EI_{\min}}{(kL)^2}=\frac{\pi^2E}{(kL)^2}\left(\frac{h^4}{12}\right)=\frac{\pi^2Eh^4}{12k^2L^2}$

13. 지름 D인 원형 단면보에 휨모멘트 M이 작용할 때 최대 휨응력은?

① $\frac{6M}{\pi D^3}$　② $\frac{16M}{\pi D^3}$

③ $\frac{32M}{\pi D^3}$　④ $\frac{64M}{\pi D^3}$

해설

$$Z=\frac{I}{y_1}=\frac{\left(\frac{\pi D^4}{64}\right)}{\left(\frac{D}{2}\right)}=\frac{\pi D^3}{32}$$

$$\sigma_{\max}=\frac{M}{Z}=\frac{M}{\left(\frac{\pi D^3}{32}\right)}=\frac{32M}{\pi D^3}$$

14. 아래 그림에서 A점으로부터 합력(R)의 작용위치(C점)까지의 거리(x)는?

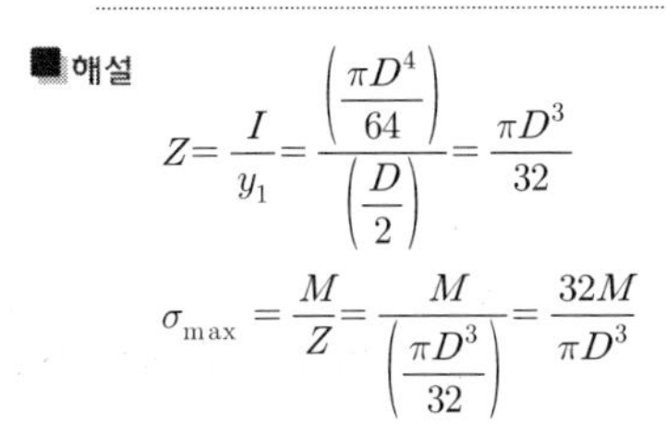
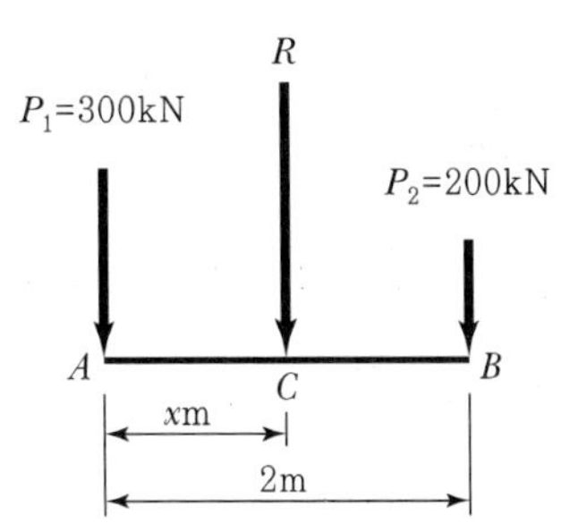

① 0.8m　② 0.6m

③ 0.4m　④ 0.2m

해설 $\Sigma F_y\,(\downarrow\oplus)$

$300+200=R$

$R=500\text{kN}$

$\Sigma M_{Ⓐ}\,(\curvearrowright\oplus)$

$200\times2=R\times x$

$x=\frac{400}{R}=\frac{400}{500}=0.8\text{m}$

15. 아래 그림에서 지점 C의 반력이 영(零)이 되기 위해 B점에 작용시킬 집중하중(P)의 크기는?

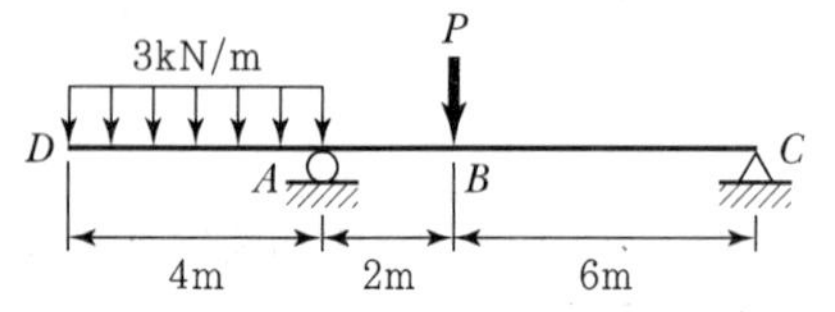

① 8kN　　② 10kN
③ 12kN　　④ 14kN

해설 $\Sigma M_{Ⓐ}=0(\curvearrowright\oplus)$

$-(3\times4)\times\frac{4}{2}+P\times2=0$

$P=12\text{kN}$

16. 다음과 같은 단순보에서 최대 휨응력은?(단, 단면은 폭 300mm, 높이 400mm의 직사각형이다.)

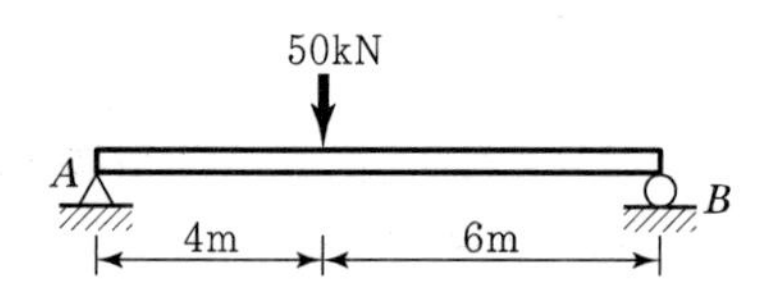

① 15MPa　　② 18MPa
③ 22MPa　　④ 26MPa

해설 $M_{\max}=\frac{Pab}{l}=\frac{50\times4\times6}{10}=120\text{kN}\cdot\text{m}$

$Z=\frac{bh^2}{6}=\frac{300\times400^2}{6}=8\times10^6\text{mm}^3$

$\sigma_{\max}=\frac{M_{\max}}{Z}=\frac{120\times10^6}{8\times10^6}=15\text{MPa}$

17. 지간이 8m, 높이가 300mm, 폭이 200mm인 단면을 갖는 단순보에 등분포하중(w)이 4kN/m가 만재하여 있을 때 최대 처짐은?[단, 탄성계수(E)는 10,000MPa이다.]

① 47.4mm　　② 21.0mm
③ 9.0mm　　④ 0.09mm

해설 $I=\frac{bh^3}{12}=\frac{200\times300^3}{12}=4.5\times10^8\text{mm}^4$

$\delta_{\max}=\frac{5wl^4}{384EI}$

$=\frac{5\times4\times(8\times10^3)^4}{384\times(10^4)\times(4.5\times10^8)}$

$=47.4\text{mm}$

18. 그림과 같은 단순보의 B지점에 모멘트가 50kN·m가 작용할 때 C점의 휨모멘트는?

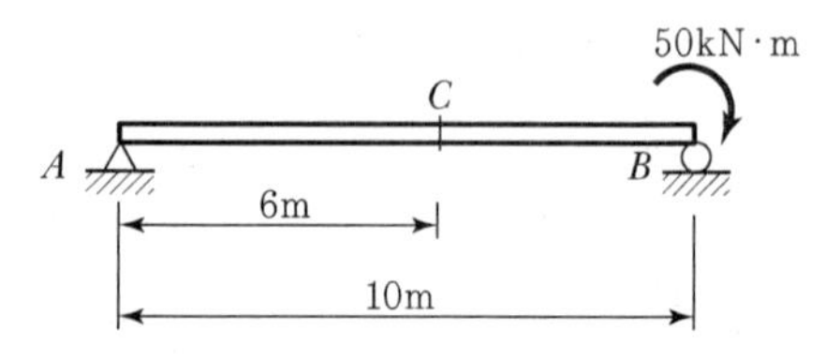

① -20kN·m　　② $+20$kN·m
③ -30kN·m　　④ $+30$kN·m

해설 $\Sigma M_{Ⓑ}=0(\curvearrowright\oplus)$

$-R_A\times10+50=0$

$R_A=5\text{kN}(\downarrow)$

M_C, C, A, 6m, S_C, $R_A=5\text{kN}$

$\Sigma M_{Ⓒ}=0(\curvearrowright\oplus)$

$-5\times6-M_C=0$

$M_C=-30\text{kN}\cdot\text{m}$

19. 지름이 D인 원목을 직사각형 단면으로 제재하고자 한다. 휨모멘트에 대한 저항을 크게 하기 위해 최대 단면계수를 갖는 직사각형 단면을 얻으려면 적당한 폭 b는?

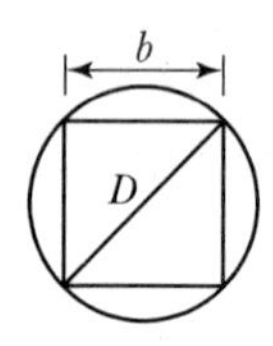

① $b=\frac{1}{2}D$　　② $b=\frac{1}{\sqrt{3}}D$
③ $b=\frac{\sqrt{3}}{2}D$　　④ $b=\sqrt{\frac{2}{3}}D$

■ 해설 $h^2 = D^2 - b^2$

$$Z = \frac{bh^2}{6} = \frac{1}{6}b(D^2 - b^2) = \frac{1}{6}(D^2b - b^3)$$

$$\frac{dZ}{db} = \frac{1}{6}(D^2 - 3b^2) = 0$$

$$b = \frac{1}{\sqrt{3}}D$$

20. 다음 트러스에서 경사재인 A부재의 부재력은?

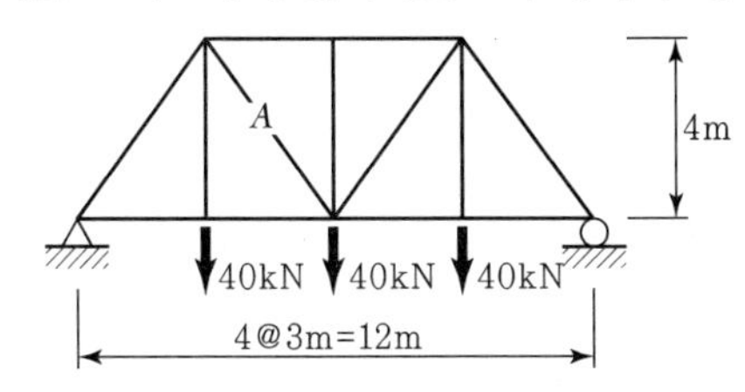

① 25kN(압축) ② 25kN(인장)
③ 20kN(압축) ④ 20kN(인장)

■ 해설 대칭구조물에 하중이 대칭으로 작용하므로 두 지점의 수직반력(R)은 전체 작용하중의 $\frac{1}{2}$로 동일하다.

$$R = \frac{40 \times 3}{2} = 60\text{kN}(\uparrow)$$

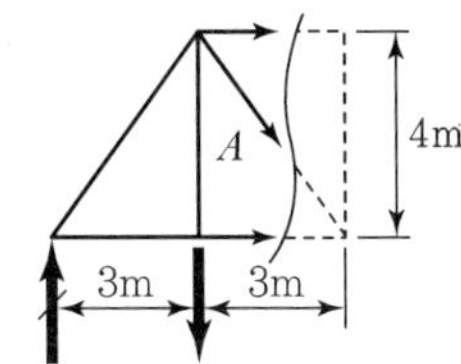

$\Sigma F_y = 0(\uparrow \oplus)$

$$60 - 40 - A \cdot \frac{4}{5} = 0$$

$A = 25\text{kN}$(인장)

제2과목 측량학

21. 경사가 일정한 경사지에서 두 점 간의 경사거리를 관측하여 150m를 얻었다. 두 점 간의 고저차가 20m이었다면 수평거리는?

① 148.3m ② 148.5m
③ 148.7m ④ 148.9m

■ 해설
- 경사보정$(C_g) = -\frac{h^2}{2L} = \frac{20^2}{2 \times 150} = 1.33$
- $L_0 = L - C_g = 150 - 1.33 \fallingdotseq 148.7\text{m}$

22. 폐합 트래버스 측량을 실시하여 각 측선의 경거, 위거를 계산한 결과, 측선 34의 자료가 없었다. 측선 34의 방위각은?(단, 폐합오차는 없는 것으로 가정한다.)

측선	위거(m)		경거(m)	
	N	S	E	W
12		2.33		8.55
23	17.87			7.03
34				
41		30.19	5.97	

① 64°10′44″ ② 33°15′50″
③ 244°10′44″ ④ 115°49′14″

■ 해설

측선	위거(m)		경거(m)	
	N	S	E	W
12		2.33		8.55
23	17.87			7.03
34	14.65		9.61	
41		30.19	5.97	

- 위거, 경거의 총합은 0이 되어야 한다.
- 34의 방위각

$$\tan\theta = \frac{\text{경거}(D)}{\text{위거}(L)}$$

$$\theta = \tan^{-1}\left(\frac{D}{L}\right) = \tan^{-1}\left(\frac{9.61}{14.65}\right) = 33°15'50''$$

23. 50m에 대해 20mm 늘어나 있는 줄자로 정사각형의 토지를 측량한 결과, 면적이 62,500m²이었다면 실제면적은?

① 62,450m²
② 62,475m²
③ 62,525m²
④ 62,550m²

■해설 실제면적$(A_0)=\left(\frac{L+\Delta L}{L}\right)^2\times A$

$=\left(\frac{50+0.02}{50}\right)^2\times 62,500$

$=62,550\text{m}^2$

24. 측선 AB를 기준으로 하여 C 방향의 협각을 관측하였더니 257°36′37″이었다. 그런데 B점에 편위가 있어 그림과 같이 실제 관측한 점이 B'이었다면 정확한 협각은?(단, $\overline{BB'}$ =20cm, $\angle B'BA$ =150°, $\overline{AB'}$ =2km)

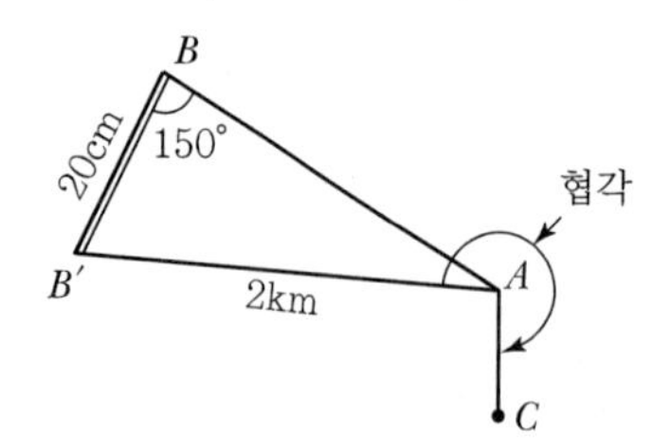

① 257°36′17″
② 257°36′27″
③ 257°36′37″
④ 257°36′47″

■해설 • $\angle BAB'$이 x일 때

$\frac{2,000}{\sin 150°}=\frac{0.2}{\sin x}$

$\sin x=\frac{0.2}{2,000}\times\sin 150°$

$x=\sin^{-1}\left(\frac{0.2}{2,000}\times\sin 150°\right)=0°0'10.31''$

• 정확한 협각=관측한 협각$-x$

$=257°36'37''-0°0'10.31''$

$≒257°36'27''$

25. 하천의 종단측량에서 4km 왕복측량에 대한 허용오차가 C라고 하면 8km 왕복측량의 허용오차는?

① $\frac{C}{2}$
② $\sqrt{2}\,C$
③ $2C$
④ $4C$

■해설 직접수준측량 시 오차와 거리의 관계

• $m_1 : m_2=\sqrt{L_1} : \sqrt{L_2}$

• $m_2=\frac{\sqrt{8}}{\sqrt{4}}C=\sqrt{2}\,C$

26. 최소제곱법의 원리를 이용하여 처리할 수 있는 오차는?

① 정오차
② 우연오차
③ 착오
④ 물리적 오차

■해설 부정(우연)오차는 최소제곱법으로 소거한다.

27. 그림과 같이 원곡선을 설치할 때 교점(P)에 장애물이 있어 $\angle ACD$=150°, $\angle CDB$=90° 및 CD의 거리 400m를 관측하였다. C점으로부터 곡선시점(A)까지의 거리는?(단, 곡선의 반지름은 500m이다.)

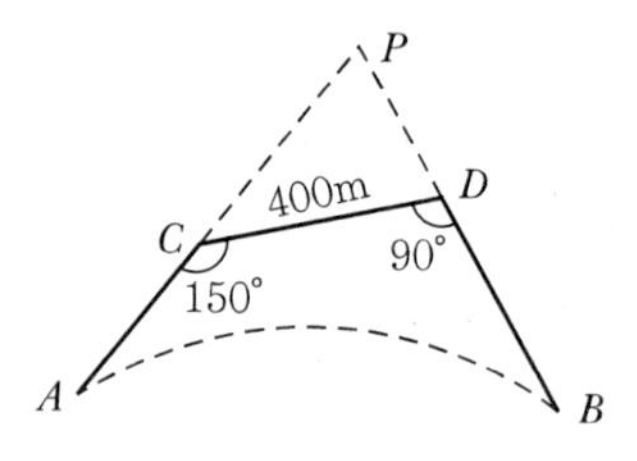

① 404.15m
② 425.88m
③ 453.15m
④ 461.88m

■해설 • 교각$(I)=\angle PCD+\angle PDC=30°+90°=120°$

• $\frac{\overline{CP}}{\sin 90°}=\frac{400}{\sin 60°}$, $\overline{CP}=461.88\text{m}$

• 접선장$(TL)=R\tan\frac{I}{2}$

$=500\times\tan\frac{120°}{2}=866.03\text{m}$

• $\overline{AC}$ 거리$=TL-\overline{CP}=866.03-461.88=404.15\text{m}$

 |해답| 23.④ 24.② 25.② 26.② 27.①

28. 수준측량의 오차 최소화 방법으로 틀린 것은?

① 표척의 영점오차는 기계의 설치 횟수를 짝수로 세워 오차를 최소화한다.
② 시차는 망원경의 접안경 및 대물경을 명확히 조절한다.
③ 눈금오차는 기준자와 비교하여 보정값을 정하고 온도에 대한 온도보정도 실시한다.
④ 표척 기울기에 대한 오차는 표척을 앞뒤로 흔들 때의 최댓값을 읽음으로 최소화한다.

해설 표척 기울기에 대한 오차는 표척을 앞뒤로 흔들 때의 최솟값을 읽음으로 최소화한다.

29. 원곡선의 설치에서 교각이 35°, 원곡선 반지름이 500m일 때 도로 기점으로부터 곡선시점까지의 거리가 315.45m이면 도로 기점으로부터 곡선종점까지의 거리는?

① 593.38m
② 596.88m
③ 620.88m
④ 625.36m

해설
- $CL(\text{곡선장}) = \dfrac{\pi}{180}RI$
  $= \dfrac{\pi}{180} \times 500 \times 35 = 305.43\text{m}$
- EC 거리 $= BC$ 거리 $+ CL$
  $= 315.45 + 305.43 = 620.88\text{m}$

30. 매개변수(A)가 90m인 클로소이드 곡선에서 곡선길이(L)가 30m일 때 곡선의 반지름(R)은?

① 120m
② 150m
③ 270m
④ 300m

해설 $A^2 = R \cdot L$

$R = \dfrac{A^2}{L} = \dfrac{90^2}{30} = 270\text{m}$

31. 삼각점으로부터 출발하여 다른 삼각점에 결합시키는 형태로서 측량결과의 검사가 가능하며 높은 정확도의 다각측량이 가능한 트래버스의 형태는?

① 결합 트래버스
② 개방 트래버스
③ 폐합 트래버스
④ 기지 트래버스

해설 결합 트래버스
- 기지점에서 출발하여 다른 기지점에 연결한다.
- 정확도가 가장 높다.
- 대규모 측량에 사용한다.

32. 삼각점을 선점할 때의 유의사항에 대한 설명으로 틀린 것은?

① 정삼각형에 가깝도록 할 것
② 영구 보존할 수 있는 지점을 택할 것
③ 지반은 가급적 연약한 곳으로 선정할 것
④ 후속작업에 편리한 지점일 것

해설 지반은 견고하고 침하가 없는 곳을 선정한다.

33. 수심 H인 하천에서 수면으로부터 수심이 $0.2H$, $0.4H$, $0.6H$, $0.8H$인 지점의 유속이 각각 0.562m/s, 0.497m/s, 0.429m/s, 0.364m/s일 때 평균유속을 구한 것이 0.463m/s이었다면 평균유속을 구한 방법으로 옳은 것은?

① 1점법
② 2점법
③ 3점법
④ 4점법

해설 2점법의 $V_m = \dfrac{V_{0.2} + V_{0.8}}{2}$
$= \dfrac{0.562 + 0.364}{2}$
$= 0.463\text{m/s}$

34. 측량결과 그림과 같은 지역의 면적은?

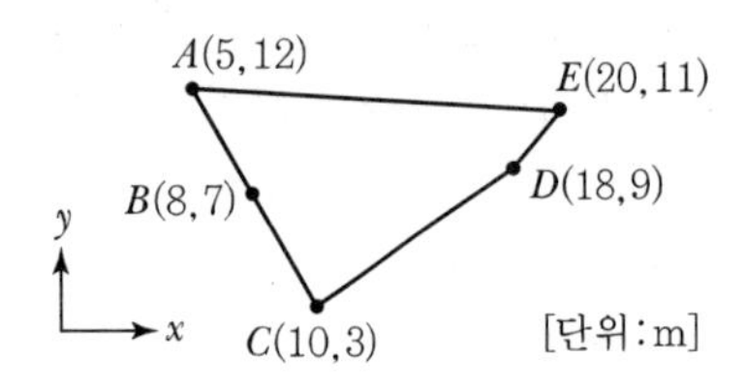

① 66m² ② 80m²
③ 132m² ④ 160m²

■해설

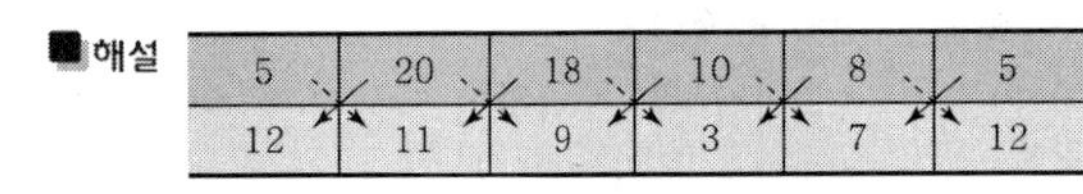

5	20	18	10	8	5
12	11	9	3	7	12

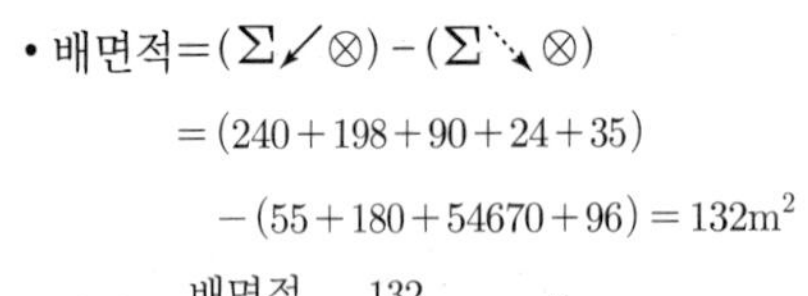

• 배면적 $=(\Sigma\swarrow\otimes)-(\Sigma\searrow\otimes)$

$=(240+198+90+24+35)$

$-(55+180+54670+96)=132\text{m}^2$

• 면적 $=\dfrac{\text{배면적}}{2}=\dfrac{132}{2}=66\text{m}^2$

35. 어느 측선의 방위가 S60°W이고, 측선길이가 200m일 때 경거는?

① 173.2m ② 100m
③ −100m ④ −173.20m

■해설 • 3상한이므로 위거와 경거의 부호는 '−'이다.
• 경거 $=L\times\sin\theta=200\times\sin(-60°)=-173.2\text{m}$

36. 갑, 을 두 사람이 A, B 두 점 간의 고저차를 구하기 위하여 왕복 수준 측량한 결과가 갑은 38.994m±0.008m, 을은 39.003m±0.004m일 때, 두 점 간 고저차의 최확값은?

① 38.995m ② 38.999m
③ 39.001m ④ 39.003m

■해설 • 경중률은 오차 제곱에 반비례

$$P_A : P_B=\frac{1}{8^2} : \frac{1}{4^2}=1 : 4$$

• $h_0=\dfrac{1\times38.994+4\times39.003}{1+4}=39.001\text{m}$

37. 30m 줄자의 길이를 표준자와 비교하여 검증하였더니 30.03m이었다면 이 줄자를 사용하여 관측 후 계산한 면적의 정밀도는?

① $\dfrac{1}{50}$

② $\dfrac{1}{100}$

③ $\dfrac{1}{500}$

④ $\dfrac{1}{1{,}000}$

■해설 거리의 정도와 면적의 정도의 관계

$$\frac{\Delta A}{A}=2\frac{\Delta L}{L}=2\times\frac{0.03}{30}=\frac{1}{500}$$

38. 초점길이가 210mm인 카메라를 사용하여 비고 600m인 지점을 사진축척 1 : 20,000으로 촬영한 수직사진의 촬영고도는?

① 1,200m
② 2,400m
③ 3,600m
④ 4,800m

■해설 $\dfrac{1}{m}=\dfrac{f}{H\pm h}$

$\dfrac{1}{20{,}000}=\dfrac{0.21}{H-600}$

$H=0.21\times20{,}000+600=4{,}800\text{m}$

39. 노선측량에서 노선 선정을 할 때 가장 중요한 요소는?

① 곡선의 대소(大小)
② 수송량 및 경제성
③ 곡선 설치의 난이도
④ 공사기일

■해설 수송량, 경제성을 고려하여 방향, 기울기, 노선폭을 정한다.

 |해답| 34.① 35.④ 36.③ 37.③ 38.④ 39.②

40. 지형을 보다 자세하게 표현하기 위해 다양한 크기의 삼각망을 이용하여 수치지형을 표현하는 모델은?

① TIN ② DEM
③ DSM ④ DTM

해설 TIN(Triangular Irregular Network)
DTM의 구성 방법 중 하나이며 표고점들을 선택적으로 연결하여 형성된 불규칙 삼각망을 말하며, 삼각망 형성 방법에 따라 같은 표본점에서도 다양한 삼각망이 구축될 수 있다.

제3과목 수리수문학

41. Darcy의 법칙을 층류에만 적용하여야 하는 이유는?

① 레이놀즈수가 크기 때문이다.
② 투수계수의 물리적 특성 때문이다.
③ 유속과 손실수두가 비례하기 때문이다.
④ 지하수 흐름은 항상 층류이기 때문이다.

해설 Darcy의 법칙
㉠ Darcy의 법칙
- $V = K \cdot I = K \cdot \dfrac{h_L}{L}$
- $Q = A \cdot V = A \cdot K \cdot I = A \cdot K \cdot \dfrac{h_L}{L}$

로 구할 수 있다.
㉡ 특징
- 지하수의 유속은 동수경사(I)에 비례한다.
- 동수경사(I)는 무차원이므로 투수계수는 유속과 동일 차원을 갖는다.
- Darcy의 법칙은 정상류흐름에 층류에만 적용된다.
- 다공층의 매질은 균일하며 동질이다.
- 대수층 내에는 모관수대가 존재하지 않는다.
- 투수계수는 흙입자의 직경, 지하수의 단위중량, 점성, 간극비, 형상계수 등에 관련이 있다.

∴ Darcy의 법칙은 동수경사($I = \dfrac{h_L}{l}$)에 비례하므로 손실수두에 비례한다.

42. 수면경사가 1/500인 직사각형 수로에 유량이 $50\text{m}^3/\text{s}$로 흐를 때 수리상 유리한 단면의 수심(h)은?(단, Manning 공식을 이용하며, $n = 0.023$)

① 0.8m ② 1.1m
③ 2.0m ④ 3.1m

해설 수리학적 유리한 단면
㉠ 수로의 경사, 조도계수, 단면이 일정할 때 유량이 최대로 흐를 수 있는 단면을 수리학적 유리한 단면 또는 최량수리단면이라 한다.
㉡ 직사각형 단면에서 수리학적 유리한 단면이 되기 위한 조건은 $B = 2H$, $R = \dfrac{H}{2}$이다.
㉢ Manning 공식에 의한 유량

$$Q = AV = A\frac{1}{n}R^{\frac{2}{3}}I^{\frac{1}{2}} = (BH) \times \frac{1}{n}R^{\frac{2}{3}}I^{\frac{1}{2}}$$

→ 수리학적 유리한 단면이 되기 위한 조건인 $B = 2H$, $R = \dfrac{H}{2}$를 대입하고 정리
㉣ 수심(H)의 산정

$$H = \left(\frac{2^{\frac{2}{3}}nQ}{2I^{\frac{1}{2}}}\right)^{\frac{3}{8}} = \left(\frac{2^{\frac{2}{3}} \times 0.023 \times 50}{2 \times (1/500)^{\frac{1}{2}}}\right)^{\frac{3}{8}} = 3.098\text{m}$$

43. 위어에 있어서 수맥의 수축에 대한 일반적인 설명으로 옳지 않은 것은?

① 정수축은 광정위어에서 생기는 수축현상이다.
② 연직수축이란 면수축과 정수축을 합한 것이다.
③ 단수축은 위어의 측벽에 의해 월류폭이 수축하는 현상이다.
④ 면수축은 물의 위치에너지가 운동에너지로 변화하기 때문에 생긴다.

해설 수맥의 수축
㉠ 정수축은 위어의 선단이 날카로워서 생기는 수축을 말한다.
㉡ 면수축은 상류(上流)에서 시작하여 하류(下流)까지 이어지는 수맥의 강하를 말한다.
㉢ 단수축은 위어의 측벽이 날카로워서 생기는 수축을 말한다.
∴ 정수축은 예연위어에서 발생하며, 광정위어에서 발생하는 수축은 면수축이다.

44. 동수경사선에 관한 설명으로 옳지 않은 것은?

① 항상 에너지선과 평행하다.
② 개수로 수면이 동수경사선이 된다.
③ 에너지선보다 속도수두만큼 아래에 있다.
④ 압력수두와 위치수두의 합을 연결한 선이다.

해설 개수로 일반사항
- 동수경사선은 에너지선에서 속도수두만큼 아래에 있다.
- 동수경사선은 자유표면과 일치한다.
- 등류일 경우에만 동수경사선과 에너지선이 평행하다.

45. 물이 흐르고 있는 벤투리미터(Venturi Meter)의 관부와 수축부에 수은을 넣은 U자형 액주계를 연결하여 수은주의 높이차 h_m=10cm를 읽었다. 관부와 수축부의 압력수두의 차는?(단, 수은의 비중은 13.6이다.)

① 1.26m ② 1.36m
③ 12.35m ④ 13.35m

해설 벤투리미터
㉠ 관내에 축소부를 두어 축소 전과 축소 후의 압력차를 측정하여 관수로의 유량을 측정하는 기구를 말한다.
㉡ 벤투리미터의 유량

$$Q=\frac{C\cdot A_1\cdot A_2}{\sqrt{A_1^2-A_2^2}}\sqrt{2gH}$$

㉢ 수은주의 사용

$$P_1-P_2=w_sH-w_wH=w_wH\left(\frac{w_s}{w_w}-1\right)$$
$$=w_wH(s-1)$$

∴ 압력수두의 차

$$P_1-P_2=w_wH(s-1)$$
$$=1\times0.1\times(13.6-1)=1.26\text{m}$$

46. 어느 하천에서 H_m되는 곳까지 양수하려고 한다. 양수량을 Qm³/sec, 모든 손실수두의 합을 Σh_e, 펌프와 모터의 효율을 각각 η_1, η_2라 할 때, 펌프의 동력을 구하는 식은?

① $\dfrac{9.8Q(H+\Sigma h_e)}{75\eta_1\eta_2}$ kW
② $\dfrac{9.8Q(H+\Sigma h_e)}{\eta_1\eta_2}$ kW
③ $\dfrac{9.8Q(H-\Sigma h_e)}{75\eta_1\eta_2}$ kW
④ $\dfrac{13.33Q(H-\Sigma h_e)}{\eta_1\eta_2}$ kW

해설 동력의 산정
양수에 필요한 동력($H_e=h+\Sigma h_L$)
- $P=\dfrac{9.8QH_e}{\eta_1\eta_2}$ (kW)
- $P=\dfrac{13.3QH_e}{\eta_1\eta_2}$ (HP)

47. 원통형의 용기에 깊이 1.5m까지는 비중이 1.35인 액체를 넣고 그 위에 2.5m의 깊이로 비중이 0.95인 액체를 넣었을 때, 밑바닥이 받는 총 압력은?(단, 물의 단위중량은 9.81kN/m³이며, 밑바닥의 지름은 2m이다.)

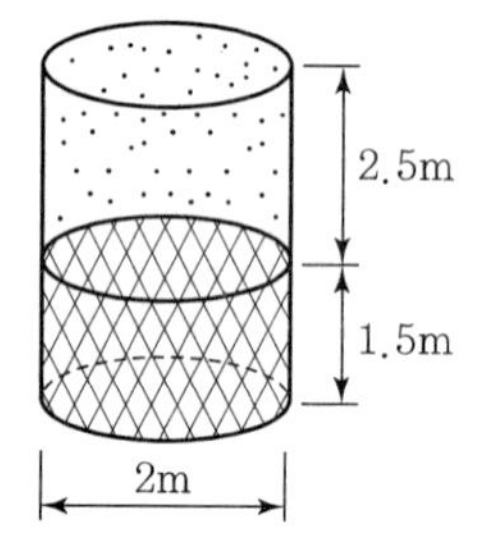

① 125.5kN ② 135.6kN
③ 145.5kN ④ 155.6kN

해설 수면과 평형인 면이 받는 압력
㉠ 수면과 평형인 면
$P=whA$
㉡ 압력의 산정

$$P=P_1+P_2=w_1h_1A_1+w_2h_2A_2$$
$$=0.95\times2.5\times\frac{3.14\times2^2}{4}+1.35\times1.5\times\frac{3.14\times2^2}{4}$$
$$=13.816\text{t}=135.6\text{kN}$$

 |해답| 44.① 45.① 46.② 47.②

48. 지름 7cm의 연직관에 높이 1m만큼 모래를 넣었다. 이 모래 위에 물을 20cm만큼 일정하게 유지하여 투수량(透水量) Q=5.0L/h를 얻었다. 모래의 투수계수(k)를 구한 값은?

① 6.495m/h ② 649.5m/h
③ 1.083m/h ④ 108.3m/h

해설 Darcy의 법칙
㉠ Darcy의 법칙

$$V=K\cdot I=K\cdot \frac{h_L}{L}$$

$$Q=A\cdot V=A\cdot K\cdot I=A\cdot K\cdot \frac{h_L}{L}$$

㉡ 투수계수의 산정

$$K=\frac{Q}{AI}=\frac{Q}{A\frac{h}{l}}=\frac{5\times 10^{-3}}{\frac{\pi\times 0.07^2}{4}\times\frac{0.2}{1}}$$

$= 1.083\text{m/hr}$

49. 물의 성질에 대한 설명으로 옳지 않은 것은?

① 물의 점성계수는 수온이 높을수록 그 값이 커진다.
② 공기에 접촉하는 물의 표면장력은 온도가 상승하면 감소한다.
③ 내부마찰력이 큰 것은 내부마찰력이 작은 것보다 그 점성계수의 값이 크다.
④ 압력이 증가하면 물의 압축계수(C_W)는 감소하고 체적탄성계수(E_W)는 증가한다.

해설 물의 성질
㉠ 물의 점성계수는 온도 0℃에서 최대이며 온도가 상승하면 그 값은 작아진다.
㉡ 물의 표면장력은 온도가 상승하면 감소한다.
㉢ 내부마찰력이 큰 것은 내부마찰력이 작은 것보다 그 점성계수의 값이 크다.
㉣ 압력이 증가하면 물의 압축계수는 감소하고 체적탄성계수는 증가한다.

50. 단위시간에 있어서 속도변화가 V_1에서 V_2로 되며 이때 질량 m인 유체의 밀도를 ρ라 할 때 운동량 방정식은?(단, Q : 유량, ω : 유체의 단위중량, g : 중력가속도)

① $F=\frac{\omega Q}{\rho}(V_2-V_1)$ ② $F=\omega Q(V_2-V_1)$
③ $F=\frac{Qg}{\omega}(V_2-V_1)$ ④ $F=\frac{\omega}{g}Q(V_2-V_1)$

해설 운동량방정식
㉠ 운동량방정식

$$F=\rho Q(V_2-V_1)=\frac{wQ}{g}(V_2-V_1)$$

㉡ 판이 받는힘(반력)

$$F=\rho Q(V_1-V_2)=\frac{wQ}{g}(V_1-V_2)$$

51. 밑면적 A, 높이 H인 원주형 물체의 흘수가 h라면 물체의 단위중량 ω_m은? (단, 물의 단위중량은 ω_0이다.)

① $\omega_m=\omega_0\times\frac{H}{h}$ ② $\omega_m=\omega_0\times\frac{h}{H}$
③ $\omega_m=\omega_0\times\frac{H-h}{h}$ ④ $\omega_m=\omega_0\times\frac{H-h}{H}$

해설 부체의 평형조건
㉠ 부체의 평형조건
W(무게) $= B$(부력) $\rightarrow w_m V=w_0 V'$
여기서, w_m : 부체의 단위중량
w_0 : 물의 단위중량
V : 부체의 총체적
V' : 물에 잠긴 만큼의 체적
㉡ 물체의 단위중량의 산정
$w_m V=w_0 V'$

$$\therefore\ w_m=w_0\frac{V'}{V}=w_0\frac{h}{H}$$

52. 다음 중 베르누이의 정리를 응용한 것이 아닌 것은?

① Pitot Tube ② Venturimeter
③ Pascal의 원리 ④ Torricelli의 정리

해설 베르누이정리의 응용
토리첼리정리, 피토관방정식, 벤투리미터는 모두 베르누이정리를 응용하여 유도하였으며 파스칼의 원리는 베르누이정리와 무관하다.

53. 모세관 현상에 대한 설명으로 옳지 않은 것은?

① 모세관의 상승높이는 액체의 단위중량에 비례한다.
② 모세관의 상승높이는 모세관의 지름에 반비례한다.
③ 모세관의 상승 여부는 액체의 응집력과 액체와 관 벽의 부착력에 의해 좌우된다.
④ 액체의 응집력이 관 벽과의 부착력보다 크면 관 내 액체의 높이는 관 밖보다 낮아진다.

■해설 모세관현상
유체입자 간의 응집력과 유체입자와 관벽 사이의 부착력으로 인해 수면이 상승하는 현상을 모세관 현상이라 한다.

$$h=\frac{4T\cos\theta}{\omega D}$$

∴ 모세관의 상승높이는 액체의 단위중량에 반비례한다.

54. 한계수심에 관한 설명으로 옳은 것은?

① 유량이 최소이다.
② 비에너지가 최소이다.
③ Reynolds 수가 1이다.
④ Froude 수가 1보다 크다.

■해설 한계수심
한계수심의 정의는 다음과 같다.
㉠ 유량이 일정할 때 비에너지가 최소일 때의 수심을 한계수심이라 한다.
㉡ 비에너지가 일정할 때 유량이 최대로 흐를 때의 수심을 한계수심이라 한다.
㉢ 유량이 일정할 때 비력 최소일 때의 수심을 한계수심이라 한다.
㉣ 흐름이 상류(常流)에서 사류(射流)로 바뀌는 지점의 수심을 말한다.
∴ 비에너지가 최소일 때의 수심을 한계수심이라고 한다.

55. 경심에 대한 설명으로 옳은 것은?

① 물이 흐르는 수로
② 물이 차서 흐르는 횡단면적
③ 유수단면적을 윤변으로 나눈 값
④ 횡단면적과 물이 접촉하는 수로벽면 및 바닥길이

■해설 경심(수리반경)

$R=\frac{A}{P}$: 운동량 방정식

여기서, R : 경심, A : 유수단면적, P : 윤변
∴ 경심은 유수단면적을 윤변으로 나눈 값을 말한다.

56. 수두(水頭)가 2m인 오리피스에서의 유량은? (단, 오리피스의 지름 10cm, 유량계수 0.76)

① $0.017\text{m}^3/\text{s}$ ② $0.027\text{m}^3/\text{s}$
③ $0.037\text{m}^3/\text{s}$ ④ $0.047\text{m}^3/\text{s}$

■해설 오리피스의 유량
㉠ 오리피스의 유량

$Q=Ca\sqrt{2gh}$

여기서, C : 유량계수
a : 오리피스의 단면적
g : 중력가속도
h : 오리피스 중심까지의 수심

㉡ 유량의 산정

$$Q=Ca\sqrt{2gh}=0.76\times\frac{3.14\times0.1^2}{4}\times\sqrt{2\times9.8\times2}=0.037\text{m}^3/\text{s}$$

57. 관망 문제해석에서 손실수두를 유량의 함수로 표시하여 사용할 경우 지름 D인 원형단면관에 대하여 $h_L=kQ^2$으로 표시할 수 있다. 관의 특성 제원에 따라 결정되는 상수 k의 값은?(단, f는 마찰손실계수, L은 관의 길이이며 다른 손실은 무시한다.)

① $\frac{0.0827f\cdot L}{D^3}$ ② $\frac{0.0827L\cdot D}{f}$
③ $\frac{0.0827f\cdot D}{L^2}$ ④ $\frac{0.0827f\cdot L}{D^5}$

■ 해설 마찰손실수두

㉠ Darcy-Weisbach의 마찰손실수두

$$h_L = f\frac{l}{D}\frac{V^2}{2g}$$

㉡ 상수 k의 결정

$$h_L = f\frac{L}{D}\frac{V^2}{2g} = f\frac{L}{D}\frac{1}{2g}\left(\frac{Q}{\frac{3.14\times D^2}{4}}\right)^2$$

$$= \frac{8fLQ^2}{3.14^2\times 9.8\times D^5} = kQ^2$$

$$\therefore\ k = \frac{0.0827fL}{D^5}$$

58. 폭 20m인 직사각형 단면수로에 30.6m³/s의 유량이 0.8m의 수심으로 흐를 때 Froude 수(㉠)와 흐름 상태(㉡)는?

① ㉠ : 0.683, ㉡ : 상류
② ㉠ : 0.683, ㉡ : 사류
③ ㉠ : 1.464, ㉡ : 상류
④ ㉠ : 1.464, ㉡ : 사류

■ 해설 흐름의 상태

㉠ 상류(常流)와 사류(射流)

$$F_r = \frac{V}{C} = \frac{V}{\sqrt{gh}}$$

여기서, V : 유속, C : 파의 전달속도

- $F_r < 1$: 상류
- $F_r > 1$: 사류
- $F_r = 1$: 한계류

㉡ 상류와 사류의 계산

- $F_r = \frac{V}{\sqrt{gh}} = \frac{1.9125}{\sqrt{9.8\times 0.8}} = 0.683$
- $V = \frac{Q}{A} = \frac{30.6}{20\times 0.8} = 1.9125\text{m/s}$

∴ 상류

59. 관의 단면적이 4m²인 관수로에서 물이 정지하고 있을 때 압력을 측정하니 500kPa이었고 물을 흐르게 했을 때 압력을 측정하니 420kPa이었다면, 이때 유속(V)은?(단, 물의 단위중량은 9.81kN/m³이다.)

① 10.05m/s
② 11.16m/s
③ 12.65m/s
④ 15.22m/s

■ 해설 속도수두

㉠ 속도수두

$$h = \frac{V^2}{2g}$$

㉡ 압력차의 산정

$500 - 420 = 80\text{kPa}$

$P = wh$

$$\therefore\ h = \frac{P}{w} = \frac{80}{9.81} = 8.16\text{m}$$

㉢ 유속의 산정

$$h = \frac{V^2}{2g}$$

$$\therefore\ V = \sqrt{2gh} = \sqrt{2\times 9.8\times 8.16} = 12.65\text{m/s}$$

60. 개수로 내의 한 단면에 있어서 평균유속을 V, 수심을 h라 할 때, 비에너지를 표시한 것은?

① $H_e = h + \left(\frac{Q}{A}\right)$

② $H_e = \frac{V^2}{2g} + \frac{Q}{A}$

③ $H_e = h + \alpha\frac{V^2}{2g}$

④ $H_e = \frac{h}{b} + \alpha 2gV^2$

■ 해설 비에너지

단위무게당의 물이 수로바닥면을 기준으로 갖는 흐름의 에너지 또는 수두를 비에너지라 한다.

$$h_e = h + \frac{\alpha v^2}{2g}$$

여기서, h : 수심
α : 에너지보정계수
v : 유속

제4과목 철근콘크리트 및 강구조

61. b=300mm, d=500mm인 단철근 직사각형 보에서 균형철근비(ρ_b)가 0.0285일 때, 이 보를 균형철근비로 설계한다면 철근량(A_s)은?

① 2,820mm²
② 3,210mm²
③ 4,225mm²
④ 4,275mm²

해설 $A_{s.b}=\rho_b \cdot bd=0.0285\times300\times500=4,275\text{mm}^2$

62. 깊은 보(Deep beam)에 대한 설명으로 옳은 것은?

① 순경간(l_n)이 부재 깊이의 3배 이하이거나 하중이 받침부로부터 부재 깊이의 3배 거리 이내에 작용하는 보
② 순경간(l_n)이 부재 깊이의 4배 이하이거나 하중이 받침부로부터 부재 깊이의 2배 거리 이내에 작용하는 보
③ 순경간(l_n)이 부재 깊이의 5배 이하이거나 하중이 받침부로부터 부재 깊이의 4배 거리 이내에 작용하는 보
④ 순경간(l_n)이 부재 깊이의 6배 이하이거나 하중이 받침부로부터 부재 깊이의 3배 거리 이내에 작용하는 보

해설 깊은 보(Deep Beam)
순경간(l_n)이 부재 깊이의 4배 이하이거나 하중이 받침부로부터 부재 깊이의 2배 거리 이내에 작용하는 보

63. PS강재에 요구되는 일반적인 성질로 틀린 것은?

① 인장강도가 클 것
② 릴랙세이션이 작을 것
③ 늘음과 인성이 없을 것
④ 응력부식에 대한 저항성이 클 것

해설 PS강재에 요구되는 성질
① 인장강도가 높아야 한다.
② 항복비(항복점 응력의 인장강도에 대한 백분율)가 커야 한다.
③ 릴랙세이션(Relaxation)이 작아야 한다.
④ 적당한 연성과 인성이 있어야 한다.
⑤ 응력부식에 대한 저항성이 커야 한다.
⑥ 어느 정도의 피로강도를 가져야 한다.
⑦ 직선성이 좋아야 한다.

64. 그림과 같은 리벳 이음에서 허용전단응력이 70MPa이고, 허용지압응력이 150MPa일 때 이 리벳의 강도는?(단, 리벳지름 d=22mm, 철판 두께 t=12mm이다.)

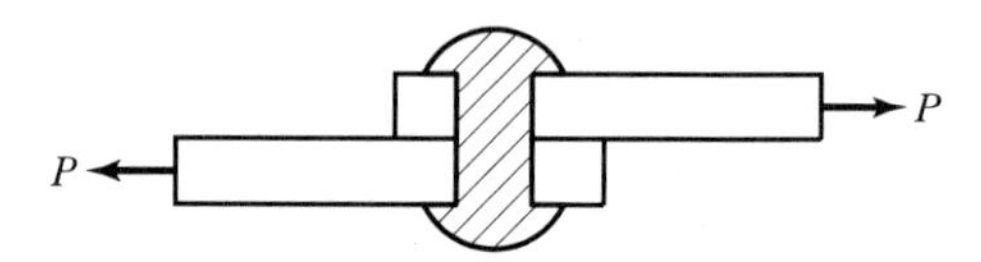

① 26.6kN
② 30.4kN
③ 39.6kN
④ 42.2kN

해설 ① 허용전단력

$$P_{Rs}=v_a\cdot\left(\frac{\pi d^2}{4}\right)=70\times\left(\frac{\pi\times22^2}{4}\right)$$
$$=26.6\times10^3\text{N}=26.6\text{kN}$$

② 허용지압력

$$P_{Rb}=f_{ba}(dt)=150\times(22\times12)$$
$$=39.6\times10^3\text{N}=39.6\text{kN}$$

③ 리벳강도

$$P_R=[P_{Rs},\ P_{Rb}]_{\min}=26.6\text{kN}$$

65. 처짐을 계산하지 않는 경우 단순지지로 길이 l인 1방향 슬래브의 최소 두께(h)로 옳은 것은?(단, 보통콘크리트(m_c=2,300kg/m³)와 설계기준항복강도 400MPa의 철근을 사용한 부재이다.)

① $\dfrac{l}{20}$
② $\dfrac{l}{24}$
③ $\dfrac{l}{28}$
④ $\dfrac{l}{34}$

■ 해설 처짐을 고려하지 않아도 되는 부재의 최소 두께(h)

부재	캔틸레버	단순지지	일단연속	양단연속
보	$l/8$	$l/16$	$l/18.5$	$l/21$
1방향 Slab	$l/10$	$l/20$	$l/24$	$l/28$

위 표에서 l은 경간으로서 단위는 mm, $f_y \neq 400$MPa이면 $\left(0.43+\frac{f_y}{700}\right)$를 곱해준다.

66. 아래 그림과 같은 판형에서 Stiffener(보강재)의 사용 목적은?

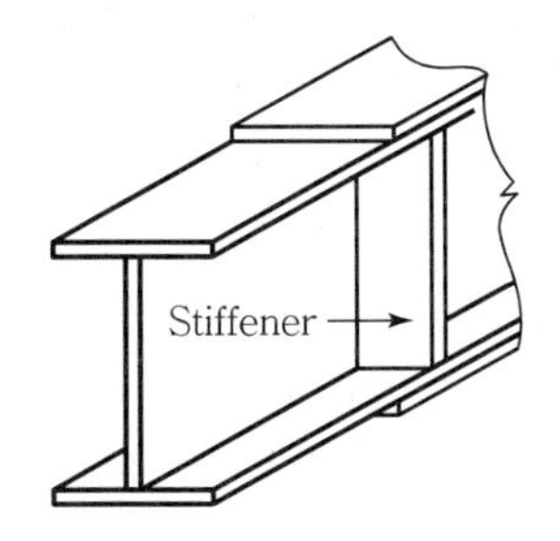

① Web Plate의 좌굴을 방지하기 위하여
② Flange Angle의 간격을 넓게 하기 위하여
③ Flange의 강성을 보강하기 위하여
④ 보 전체의 비틀림에 대한 강도를 크게 하기 위하여

■ 해설 판형(Plate Girder)에서 수직 보강재(Stiffener)는 전단력에 의해 발생하는 복부판(Web Plate)의 좌굴을 방지하기 위하여 설치한다.

67. 상부철근(정착길이 아래 300mm를 초과되게 굳지 않은 콘크리트를 친 수평철근)으로 사용되는 인장이형철근의 정착길이를 구하려고 한다. f_{ck}=21MPa, f_y=300MPa을 사용한다면 상부철근으로서의 보정계수만을 사용할 때 정착길이는 얼마 이상이어야 하는가?(단, D29 철근으로 공칭지름은 28.6mm, 공칭단면적은 642mm^{2}이고, 보통중량콘크리트이다.)

① 1,461mm ② 1,123mm
③ 987mm ④ 865mm

■ 해설 • 인장이형철근의 기본 정착길이

$$l_{db}=\frac{0.6d_bf_y}{\sqrt{f_{ck}}}=\frac{0.6\times28.6\times300}{\sqrt{21}}=1,123.4\text{mm}$$

• 보정계수
상부철근 : $\alpha=1.3$

• 인장이형철근의 정착길이

$$l_d=l_{db}\times\alpha=1,123.4\times1.3$$
$$=1,460.42\text{mm}\ (l_d\geq300\text{mm}-\text{O.K.})$$

68. 강도설계법에서 콘크리트가 부담하는 공칭전단강도를 구하는 식은?(단, 전단력과 휨모멘트만을 받는 부재이다.)

① $V_c=\frac{1}{6}\lambda\sqrt{f_{ck}}b_wd$ ② $V_c=\frac{1}{2}\lambda\sqrt{f_{ck}}b_wd$
③ $V_c=\frac{2}{3}\lambda\sqrt{f_{ck}}b_wd$ ④ $V_c=3.5\lambda\sqrt{f_{ck}}b_wd$

■ 해설 콘크리트가 부담하는 공칭전단강도(V_C)

$$V_C=\frac{1}{6}\lambda\sqrt{f_{ck}}b_wd$$

69. 프리스트레스트 콘크리트 부재의 제작과정 중 프리텐션 공법에서 필요하지 않는 것은?

① 콘크리트 치기 작업
② PS강재에 인장력을 주는 작업
③ PS강재에 준 인장력을 콘크리트 부재에 전달시키는 작업
④ PS강재와 콘크리트를 부착시키는 그라우팅 작업

■ 해설 PS강재와 콘크리트를 부착시키는 그라우팅 작업을 포스트텐션 공법에서 필요한 작업이다.

70. 강도설계법에서 설계기준압축강도(f_{ck})가 35MPa인 경우 계수 β_1의 값은?(단, 등가 직사각형 응력블록의 깊이 $a=\beta_1c$이다.)

① 0.795 ② 0.801
③ 0.823 ④ 0.850

|해답| 66.① 67.① 68.① 69.④ 70.②

■ 해설 $f_{ck} > 28\text{MPa}$인 경우 β_1의 값

$$\beta_1 = 0.85 - 0.007(f_{ck} - 28)$$
$$= 0.85 - 0.007(35 - 28)$$
$$= 0.801\ (\beta_1 \geq 0.65 - \text{O.K.})$$

71. 전단철근에 대한 설명으로 틀린 것은?

① 철근콘크리트 부재의 경우 주인장철근에 45° 이상의 각도로 설치되는 스트럽을 전단철근으로 사용할 수 있다.
② 철근콘크리트 부재의 경우 주인장철근에 30° 이상의 각도로 구부린 굽힘철근을 전단철근으로 사용할 수 있다.
③ 전단철근의 설계기준항복강도는 500MPa를 초과할 수 없다.
④ 전단철근으로 사용하는 스터럽과 기타 철근 또는 철선은 콘크리트 압축연단부터 거리 $d/2$만큼 연장하여야 한다.

■ 해설 전단철근으로 사용하는 스트럽과 기타 철근 또는 철선은 콘크리트 압축연단부터 거리 d만큼 연장하여야 한다.

72. 아래 그림과 같은 강도설계법에 의해 설계된 복철근 보에서 콘크리트의 최대 변형률이 0.003에 도달했을 때 압축철근이 항복하는 경우의 변형률($\varepsilon_s{}'$)은?

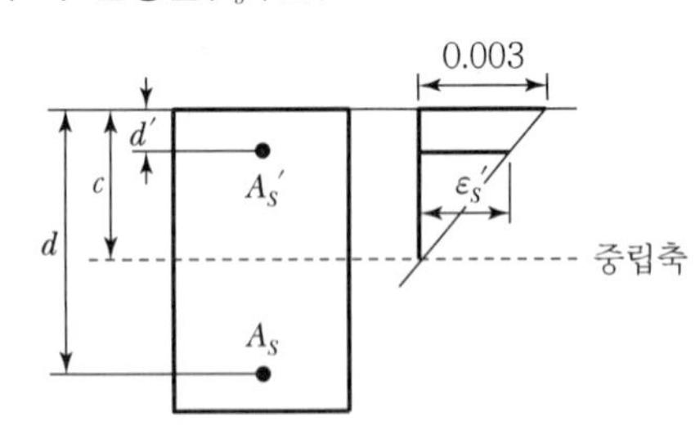

① 0.85×0.003
② $\frac{1}{3} \times 0.003$
③ $0.003\left(\frac{c+d}{c}\right)$
④ $0.003\left(\frac{c-d'}{c}\right)$

■ 해설 $c : 0.003 = (c-d) : \varepsilon_s{}'$

$$\varepsilon_s{}' = 0.003\left(\frac{c-d'}{c}\right)$$

73. 프리스트레스트 콘크리트에서 콘크리트의 건조수축변형률이 19×10^{-5}일 때 긴장재 인장응력의 감소량은?(단, 긴장재의 탄성계수는 2.0×10^5MPa이다.)

① 38MPa
② 41MPa
③ 42MPa
④ 45MPa

■ 해설 $\Delta f_{ps} = E_p \varepsilon_{sh} = (2 \times 10^5) \times (19 \times 10^{-5}) = 38\text{MPa}$

74. 최소철근량보다 많고 균형철근량보다 적은 인장철근량을 가진 철근콘크리트 보가 휨에 의해 파괴되는 경우에 대한 설명으로 옳은 것은?

① 연성파괴를 한다.
② 취성파괴를 한다.
③ 사용철근량이 균형철근량 보다 적은 경우는 보로서 의미가 없다.
④ 중립축이 인장 측으로 내려오면서 철근이 먼저 항복한다.

■ 해설 최소철근량보다 많고 균형철근량보다 적은 인장철근량을 가진 과소철근 보의 휨파괴 유형은 콘크리트의 압축연단 변형률이 극한 변형률에 도달하기 전에 인장철근이 먼저 항복하는 연성파괴이다.

75. 옹벽의 안정조건에 대한 설명으로 틀린 것은?

① 활동에 대한 저항력은 옹벽에 작용하는 수평력의 1.5배 이상이어야 한다.
② 지반에 유발되는 최대 지반반력이 지반의 허용지지력의 1.5배 이상이어야 한다.
③ 전도에 대한 저항휨모멘트는 횡토압에 의한 전도휨모멘트의 2.0배 이상이어야 한다.
④ 전두 및 지반지지력에 대한 안정조건은 만족하지만, 활동에 대한 안정조건만을 만족하지 못할 경우에는 활동방지벽 혹은 횡방향 앵커 등을 설치하여 활동저항력을 증대시킬 수 있다.

■ 해설 지반에 유발되는 최대 지반반력은 지반의 허용지지력 이하라야 한다.

|해답| 71.④ 72.④ 73.① 74.① 75.②

76. 철근콘크리트가 하나의 구조체로서 성립하는 이유로서 틀린 것은?

① 콘크리트 속에 묻힌 철근은 녹슬지 않는다.
② 철근과 콘크리트 사이의 부착강도가 크다.
③ 철근과 콘크리트의 열에 대한 팽창계수는 거의 비슷하다.
④ 철근과 콘크리트의 탄성계수는 거의 비슷하다.

해설 철근콘크리트의 성립 요건
① 콘크리트와 철근 사이의 부착강도가 크다.
② 콘크리트와 철근의 열팽창계수가 거의 같다.
$\alpha_c = (1.0 \sim 1.3) \times 10^{-5}/℃$
$\alpha_s = 1.2 \times 10^{-5}/℃$
③ 콘크리트 속에 묻힌 철근은 부식되지 않는다.

77. 강도설계법에서 사용되는 강도감소계수에 대한 설명으로 틀린 것은?

① 인장지배단면에 대한 강도감소계수는 0.85이다.
② 전단력에 대한 강도감소계수는 0.75이다.
③ 무근콘크리트의 휨모멘트에 대한 강도감소계수는 0.55이다.
④ 압축지배단면 중 나선철근으로 보강된 철근콘크리트 부재의 강도감소계수는 0.65이다.

해설 압축지배단면 중 나선철근으로 보강된 철근콘크리트 부재의 강도감소계수는 0.7이다.

78. 아래 그림과 같은 맞대기 용접의 용접부에 생기는 인장응력은?

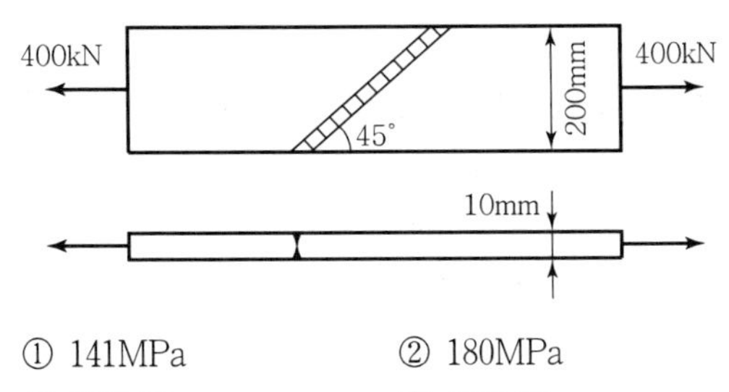

① 141MPa ② 180MPa
③ 200MPa ④ 223MPa

해설 $f = \dfrac{P}{A} = \dfrac{400 \times 10^3}{10 \times 200} = 200\text{MPa}$
맞대기 용접부(홈 용접부)의 인장응력은 용접부의 경사각도와 관계없고, 다만 하중과 하중이 재하된 수직단면과 관계있다.

79. 보통중량골재를 사용한 콘크리트의 단위 질량을 2,300kg/m³로 할 때 콘크리트의 탄성계수를 구하는 식은?(단, f_{cu} : 재령 28일에서 콘크리트의 평균압축강도이다.)

① $E_c = 8{,}500\sqrt[3]{f_{cu}}$
② $E_c = 8{,}500\sqrt{f_{cu}}$
③ $E_c = 10{,}000\sqrt[3]{f_{cu}}$
④ $E_c = 10{,}000\sqrt{f_{cu}}$

해설 콘크리트의 탄성계수(E_c)
1) $1{,}450\text{kg/m}^3 \le m_c \le 2{,}500\text{kg/m}^3$ 인 경우
$E_c = 0.077 m_c^{\frac{3}{2}} \sqrt[3]{f_{cu}}$
(m_c =콘크리트의 단위 질량)
2) $m_c = 2{,}300\text{kg/m}^3$ 인 경우(보통골재를 사용한 경우)
$E_c = 8{,}500\sqrt[3]{f_{cu}}$

80. M_u=170kN·m의 계수모멘트를 받는 단철근 직사각형 보에서 필요한 철근량(A_s)은 약 얼마인가?(단, 보의 폭은 300m, 유효깊이는 450mm, f_{ck}=28MPa, f_y=400MPa이고, ϕ=0.85를 적용한다.)

① 1,100mm² ② 1,200mm²
③ 1,300mm² ④ 1,400mm²

해설 1. $M_u = \phi M_n = \phi f_y A_s \left(d - \dfrac{a}{2}\right)$
$= \phi f_y b d^2 \rho \left(1 - 0.59 \dfrac{f_y}{f_{ck}} \rho\right)$
$0.59\phi \dfrac{f_y}{f_{ck}} b d^2 \rho^2 - \phi f_y b d^2 \rho + M_u = 0$
$\left(0.59 \times 0.85 \times \dfrac{400^2}{28} \times 300 \times 450^2\right)\rho^2$
$-(0.85 \times 400 \times 300 \times 450^2)\rho + (170 \times 10^6) = 0$
$\rho_1 = 0.0088982,\ \rho_2 = 0.1097418$ ··············· ①

2. $\phi=0.85$를 사용하기 위해서는 $\varepsilon_t \geq \varepsilon_{t.l}$이어야 한다.

$\rho \leq \rho_{t.l}$ ($\varepsilon_t \geq \varepsilon_{t.l}$을 만족하기 위한 조건)

$\beta_1=0.85$ ($f_{ck} \leq 28\text{MPa}$인 경우)

$\varepsilon_{t.l}=0.005$ ($f_y \leq 400\text{MPa}$인 경우)

$$\rho_{t.l}=0.85\beta_1\frac{f_{ck}}{f_y}\frac{0.003}{0.003+\varepsilon_{t.l}}$$

$$=0.85\times0.85\times\frac{28}{350}\times\frac{0.003}{0.003+0.005}$$

$$=0.021675$$

$\rho \leq 0.021675$ ··························· ②

3. 따라서, ①과 ②의 결과로부터

$\rho=\rho_1=0.0088982$이다.

$$A_s=\rho_1 bd$$

$$=0.0088982\times300\times450$$

$$=1,201\text{mm}^2$$

제5과목 토질 및 기초

81. 점토 덩어리는 재차 물을 흡수하면 고체-반고체-소성-액성의 단계를 거치지 않고 물을 흡착함과 동시에 흙 입자 간의 결합력이 감소되어 액성상태로 붕괴한다. 이러한 현상을 무엇이라 하는가?

① 비화작용(Slaking)
② 팽창작용(Bulking)
③ 수화작용(Hydration)
④ 윤활작용(Lubrication)

해설 비화작용(Slaking)에 대한 설명이다.

82. 흙 속에서의 물의 흐름 중 연직유효응력의 증가를 가져오는 것은?

① 정수압상태 ② 상향흐름
③ 하향흐름 ④ 수평흐름

해설 물 하향침투-침투수압만큼 유효응력은 증가

83. 말뚝기초의 지지력에 관한 설명으로 틀린 것은?

① 부마찰력은 아래 방향으로 작용한다.
② 말뚝선단부의 지지력과 말뚝주변 마찰력의 합이 말뚝의 지지력이 된다.
③ 점성토 지반에는 동역학적 지지력 공식이 잘 맞는다.
④ 재하시험 결과를 이용하는 것이 신뢰도가 큰 편이다.

해설 동역학적 지지력 공식은 사질토 지반에 잘 맞는다.

84. 채취된 시료의 교란 정도는 면적비를 계산하여 통상 면적비가 몇 %보다 작으면 여잉토의 혼입이 불가능한 것으로 보고 흐트러지지 않는 시료로 간주하는가?

① 10% ② 13%
③ 15% ④ 20%

해설
- 교란시료 : $A_r > 10\%$
- 불교란시료 : $A_r \leq 10\%$

85. 평균 기온에 따른 동결지수가 520°C · days였다. 이 지방의 정수(C)가 4일 때 동결깊이는? (단, 데라다 공식을 이용한다.)

① 130.2cm ② 102.4cm
③ 91.2cm ④ 22.8cm

해설 $Z=C\sqrt{F}=4\sqrt{520}=91.2\text{cm}$

86. 다음 기초의 형식 중 얕은 기초인 것은?

① 확대기초
② 우물통 기초
③ 공기 케이슨 기초
④ 철근콘크리트 말뚝기초

해설 직접(얕은) 기초는 푸팅(확대) 기초이다.

 |해답| 81.① 82.③ 83.③ 84.① 85.③ 86.①

87. 포화점토의 비압밀 비배수 시험에 대한 설명으로 틀린 것은?

① 시공 직후의 안정 해석에 적용된다.
② 구속압력을 증대시키면 유효응력은 커진다.
③ 구속압력을 증대한 만큼 간극수압은 증대한다.
④ 구속압력의 크기에 관계없이 전단강도는 일정하다.

해설 비배수 상태에서 구속압을 증가시키면 유효응력은 변화가 없다(동일한 크기의 모어원).

88. 수직 응력이 60kN/m²이고 흙의 내부 마찰각이 45°일 때 모래의 전단강도는?(단, 점착력(c)은 0이다.)

① 24kN/m²
② 36kN/m²
③ 48kN/m²
④ 60kN/m²

해설 $s(\tau_f) = c + \sigma' \tan\phi = 0 + 60\tan 45 = 60\text{kN/m}^2$

89. 가로 2m, 세로 4m의 직사각형 케이슨이 지중 16m까지 관입되었다. 단위면적당 마찰력 $f = 0.2\text{kN/m}^2$일 때 케이슨에 작용하는 주면마찰력(Skin Friction)은 얼마인가?

① 38.4kN ② 27.5kN
③ 19.2kN ④ 12.8kN

해설 $Q_f = f_n \cdot A_s = 0.2 \times (2+4)2 \times 16 = 38.4\text{kN}$

90. 아래 기호를 이용하여 현장밀도시험의 결과로부터 건조밀도(ρ_d)를 구하는 식으로 옳은 것은?

- ρ_d : 흙의 건조밀도(g/cm³)
- V : 시험구멍의 부피(cm³)
- m : 시험구멍에서 파낸 흙의 습윤 질량(g)
- w : 시험구멍에서 파낸 흙의 함수비(%)

① $\rho_d = \dfrac{1}{V} \times \left(\dfrac{m}{1 + \dfrac{w}{100}} \right)$

② $\rho_d = m \times \left(\dfrac{V}{1 + \dfrac{w}{100}} \right)$

③ $\rho_d = \dfrac{1}{m} \times \left(\dfrac{V}{1 + \dfrac{w}{100}} \right)$

④ $\rho_d = V \times \left(\dfrac{w}{1 + \dfrac{m}{100}} \right)$

해설 $\gamma_d = \dfrac{\gamma_t}{1+w}$, $\gamma_t = \dfrac{W(m)}{V}$

$\therefore \ \gamma_d = \dfrac{1}{V} \times \left(\dfrac{W(m)}{1 + \dfrac{w}{100}} \right)$

91. 비교란 점토($\phi = 0$)에 대한 일축압축강도(q_u)가 36kN/m²이고 이 흙을 되비빔을 했을 때의 일축압축강도(q_{ur})가 12kN/m²이었다. 이 흙의 점착력(c_u)과 예민비(S_t)는 얼마인가?

① $c_u = 24\text{kN/m}^2$, $S_t = 0.3$
② $c_u = 24\text{kN/m}^2$, $S_t = 3.0$
③ $c_u = 18\text{kN/m}^2$, $S_t = 0.3$
④ $c_u = 18\text{kN/m}^2$, $S_t = 3.0$

해설
- c_u

$q_u = 2c\tan\left(45 + \dfrac{\phi}{2}\right)$

$36 = 2c, \quad \therefore \ c = 18$

- $S_t = \dfrac{q_u(\text{불교란})}{q_u(\text{교란})} = \dfrac{36}{12} = 3$

92. 아래 그림의 투수층에서 피에조미터를 꽂은 두 지점 사이의 동수경사(i)는 얼마인가?(단, 두 지점 간의 수평거리는 50m이다.)

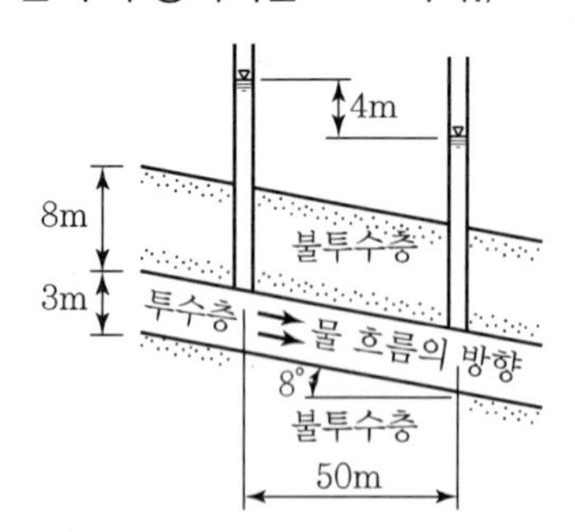

① 0.063 ② 0.079
③ 0.126 ④ 0.162

■해설 동수경사$(i) = \frac{\Delta h}{L} = \frac{4}{50/\cos 8°} = 0.079$

93. 그림에서 분사현상에 대한 안전율은 얼마인가?(단, 모래의 비중은 2.65, 간극비는 0.6이다.)

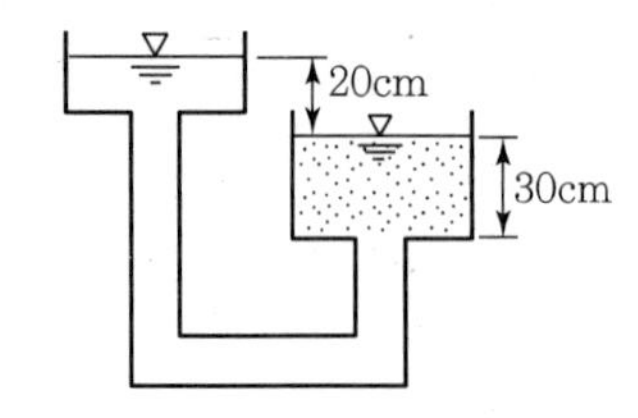

① 1.01 ② 1.55
③ 1.86 ④ 2.44

■해설

$$F_s = \frac{i_c}{i} = \frac{\frac{G-1}{1+e}}{\frac{\Delta h}{L}} = \frac{\frac{2.65-1}{1+0.6}}{\frac{20}{30}} = 1.55$$

94. 주동토압계수를 K_a, 수동토압계수를 K_p, 정지토압계수를 K_o라 할 때 토압계수 크기의 비교로 옳은 것은?

① $K_o > K_p > K_a$
② $K_o > K_a > K_p$
③ $K_p > K_o > K_a$
④ $K_a > K_o > K_p$

■해설 수동토압계수(K_p) > 정지토압계수(K_o) > 주동토압계수(K_a)

95. 풍화작용에 의하여 분해되어 원 위치에서 이동하지 않고 모암의 광물질을 덮고 있는 상태의 흙은?

① 호성토(Lacustrine Soil)
② 충적토(Alluvial Soil)
③ 빙적토(Glacial Soil)
④ 잔적토(Residual Soil)

■해설 잔적토에 대한 설명이다.

96. 절편법에 의한 사면의 안정해석 시 가장 먼저 결정되어야 할 사항은?

① 절편의 중량
② 가상파괴 활동면
③ 활동면상의 점착력
④ 활동면상의 내부마찰각

■해설 절편법에 의한 사면 안정 해석 시 가상파괴 활동면을 가장 먼저 결정해야 한다.

97. 실내다짐시험 결과 최대건조단위중량이 15.6 kN/m³이고, 다짐도가 95%일 때 현장의 건조단위중량은 얼마인가?

① 13.62kN/m³ ② 14.82kN/m³
③ 16.01kN/m³ ④ 17.43kN/m³

■해설 다짐도 $= \frac{\text{현장 건조단위중량}}{\text{실내 건조단위중량}}$

$0.95 = \frac{\gamma_{d(\text{현장})}}{15.6}$

$\therefore \gamma_{d(\text{현장})} = 14.82\text{kN/m}^3$

 |해답| 92.② 93.② 94.③ 95.④ 96.② 97.②

98. Sand Drain 공법에서 U_v(연직방향의 압밀도)=0.9, U_h(수평방향의 압밀도)=0.15인 경우, 수직 및 수평방향을 고려한 압밀도(U_{vh})는 얼마인가?

① 99.15%　② 96.85%
③ 94.5%　④ 91.5%

해설 $U=1-(1-U_h)(1-U_v)$
$=1-(1-0.9)(1-0.15)=0.915$
∴ 압밀도는 91.5%이다.

99. 흙의 다짐에 대한 설명으로 틀린 것은?

① 건조밀도-함수비 곡선에서 최적함수비와 최대건조밀도를 구할 수 있다.
② 사질토는 점성토에 비해 흙의 건조밀도-함수비 곡선의 경사가 완만하다.
③ 최대건조밀도는 사질토일수록 크고, 점성토일수록 작다.
④ 모래질 흙은 진동 또는 진동을 동반하는 다짐 방법이 유효하다.

해설 사질토는 점성토에 비해 흙의 건조밀도-함수비 곡선의 경사가 급하다.

100. 10개의 무리 말뚝기초에 있어서 효율이 0.8, 단항으로 계산한 말뚝 1개의 허용지지력이 100kN일 때 군항의 허용지지력은?

① 500kN
② 800kN
③ 1,000kN
④ 1,250kN

해설 $Q_{ag}=Q_a \times N \times E$
$=100 \times 10 \times 0.8$
$=800\text{kN}$

제6과목 상하수도공학

101. 우수조정지를 설치하는 목적으로 옳지 않은 것은?

① 유달시간의 증대　② 유출계수의 증대
③ 첨두유량의 감소　④ 시가지의 침수방지

해설 우수조정지
㉠ 우수조정지
도시화나 도시지역의 확대로 기존 관로의 용량이 부족하거나 관로의 능력 저하에도 불구하고 하류의 시설 및 관로 등의 능력을 높이기 곤란한 경우에 우수조정지를 설치하며, 우수조정지의 크기는 합리식에 의하여 산정한다.
㉡ 설치장소
- 하수관거의 용량이 부족한 곳
- 방류수로의 유하능력이 부족한 곳
- 하류지역의 펌프장 능력이 부족한 곳

㉢ 설치목적
- 시가지 침수방지
- 하수의 유량조절
- 하수도 및 기타 배수시설 보호
- 유달시간의 증대 및 첨두유량의 감소

102. 오수관로 설계 시 계획시간최대오수량에 대한 최소유속(㉠)과 최대유속(㉡)으로 옳은 것은?

① ㉠ : 0.1m/s, ㉡ : 0.5m/s
② ㉠ : 0.6m/s, ㉡ : 0.8m/s
③ ㉠ : 0.1m/s, ㉡ : 1.0m/s
④ ㉠ : 0.6m/s, ㉡ : 3.0m/s

해설 하수관의 유속 및 경사
㉠ 하수관로 내의 유속은 하류로 갈수록 빠르게, 경사는 하류로 갈수록 완만하게 해야 한다.
㉡ 관로의 유속기준
관로의 유속은 침전과 마모방지를 위해 최소유속과 최대유속을 한정하고 있다.
- 오수 및 차집관 : 0.6~3.0m/sec
- 우수 및 합류관 : 0.8~3.0m/sec
- 이상적 유속 : 1.0~1.8m/sec

103. 수원의 구비조건으로 옳지 않은 것은?

① 수질이 양호해야 한다.
② 최대갈수기에도 계획수량의 확보가 가능해야 한다.
③ 오염 회피를 위하여 도심에서 멀리 떨어진 곳일수록 좋다.
④ 수리권의 획득이 용이하고, 건설비 및 유지관리가 경제적이어야 한다.

해설 수원의 구비조건
㉠ 수량이 풍부한 곳
㉡ 수질이 양호한 곳
㉢ 계절적으로 수량 및 수질의 변동이 적은 곳
㉣ 가능한 한 자연유하식을 이용할 수 있는 곳
㉤ 주위에 오염원이 없는 곳
㉥ 소비지로부터 가까운 곳
∴ 건설비 측면에서 소비지로부터 가까운 곳이 유리하다.

104. 수리학적 체류시간이 4시간, 유효수심이 3.5m인 침전지의 표면부하율은?

① $8.75\text{m}^3/\text{m}^2 \cdot \text{day}$
② $17.5\text{m}^3/\text{m}^2 \cdot \text{day}$
③ $21.0\text{m}^3/\text{m}^2 \cdot \text{day}$
④ $24.5\text{m}^3/\text{m}^2 \cdot \text{day}$

해설 수면적부하
㉠ 입자가 100% 제거되기 위한 입자의 침강속도를 수면적부하(표면부하율)라 한다.
$$V_o = \frac{Q}{A} = \frac{h}{t}$$
㉡ 표면부하율의 산정
$$V_o = \frac{h}{t} = \frac{3.5}{4} = 0.875\text{m}^3/\text{m}^2 \cdot \text{hr} \times 24$$
$$= 21\text{m}^3/\text{m}^2 \cdot \text{day}$$

105. 취수장에서부터 가정에 이르는 상수도계통을 올바르게 나열한 것은?

① 취수시설 → 정수시설 → 도수시설 → 송수시설 → 배수시설 → 급수시설
② 취수시설 → 도수시설 → 송수시설 → 정수시설 → 배수시설 → 급수시설
③ 취수시설 → 도수시설 → 정수시설 → 송수시설 → 배수시설 → 급수시설
④ 취수시설 → 도수시설 → 송수시설 → 배수시설 → 정수시설 → 급수시설

해설 상수도 구성요소
㉠ 수원 → 취수 → 도수(침사지) → 정수(착수정 → 약품혼화지 → 침전지 → 여과지 → 소독지 → 정수지) → 송수 → 배수(배수지, 배수탑, 고가탱크, 배수관) → 급수
㉡ 수원, 취수, 도수, 정수, 송수 등의 설계에는 계획 1일 최대급수량을 기준으로 한다.
㉢ 계획취수량은 계획 1일 최대급수량을 기준으로 5~10% 정도 여유 있게 취수한다.
㉣ 배수관의 직경결정, 펌프의 직경결정 등은 계획 시간 최대급수량을 기준으로 한다.

106. 염소요구량(A), 필요잔류염소량(B), 염소주입량(C)과의 관계로 옳은 것은?

① $A=B+C$ ② $C=A+B$
③ $A=B-C$ ④ $C=A\times B$

해설 염소요구량
염소요구량의 산정은 다음과 같다.
- 염소요구량 = 요구농도 × 유량
- 염소요구농도 = 주입농도 − 잔류농도

∴ 염소주입량(C)
= 염소요구량(A) + 필요잔류염소량(B)

107. 송수시설의 계획송수량의 원칙적 기준이 되는 것은?

① 계획 1일 평균급수량
② 계획 1일 최대급수량
③ 계획시간 평균급수량
④ 계획시간 최대급수량

해설 계획도수량 및 송수량
㉠ 계획도수량 : 계획취수량을 기준으로 한다.
㉡ 계획송수량 : 계획 1일 최대급수량을 기준으로 설계한다.

|해답| 103.③ 104.③ 105.③ 106.② 107.②

108. 다음과 같은 수질을 가진 공장폐수를 생물학적 처리 중심으로 처리하는 경우 어떤 순서로 조합하는 것이 가장 적정한가?

- 공장폐수 수질 : pH 3.0
- SS : 3,000mg/L
- BOD : 300mg/L
- COD : 900mg/L
- 질소 : 40mg/L
- 인 : 8mg/L

① 중화 → 침전 → 생물학적 처리
② 침전 → 생물학적 처리 → 중화
③ Screening → 생물학적 처리 → 침전
④ 생물학적 처리 → Screening → 중화

해설 하수처리의 일반적 계통
공장폐수의 유입은 많은 화학물질을 함유하고 있기 때문에 1차적으로 이를 중화시킨 후, 물리적 침전공정과 미생물을 이용하는 생물학적 공정을 거쳐 처리한다.
∴ 중화 → 침전 → 생물학적 처리의 순이다.

109. 하수처리 과정 중 3차 처리의 주 제거대상이 되는 것은?

① 발암물질　② 부유물질
③ 영양염류　④ 유기물질

해설 3차 처리
3차 처리시설을 고도처리라 하며, 주 제거대상물질은 1차 처리 및 2차 처리에서 제거되지 않은 영양염류인 질소와 인을 제거하는 시설이다.

110. 수두 60m의 수압을 가진 수압관의 내경이 1,000mm일 때, 강관의 최소 두께는?(단, 관의 허용응력 σ_{ta}=1,300kgf/cm²이다.)

① 0.12cm　② 0.15cm
③ 0.23cm　④ 0.30cm

해설 강관의 두께
㉠ 강관의 두께

$$t=\frac{PD}{2\sigma_{ta}}$$

여기서, P : 강관에 작용하는 압력
D : 강관의 내경
σ_{ta} : 허용인장응력

㉡ 두께의 산정

$$t=\frac{PD}{2\sigma_{ta}}=\frac{6\times 100}{2\times 1{,}300}=0.23\text{cm}$$

111. 상수 원수의 수질을 검사한 결과가 다음과 같을 때, 경도(Hardness)를 $CaCO_3$ 농도로 표시하면 몇 mg/L인가?(단, 분자량은 Ca : 40, Cl : 35.5, HCO_3 : 61, Mg : 24, Na : 23, SO_4 : 96, $CaCO_3$: 100)

- Na^+ : 71mg/h
- Ca^{++} : 98mg/L
- Mg^{++} : 22mg/L
- Cl^- : 89mg/L
- HCO_3^- : 317mg/L
- SO_4^{2-} : 25mg/L

① 336.7mg/L　② 340.1mg/L
③ 352.5mg/L　④ 370.4mg/L

해설 경도의 $CaCO_3$ 농도
㉠ 경도는 Ca과 Mg을 농도로 표시한다.
㉡ 분자량의 계산

- Ca^{++} 1당량 $=\frac{40}{2}=20$
- Mg^{++} 1당량 $=\frac{24}{2}=12$
- $CaCO_3$ 1당량 $=\frac{100}{2}=50$

㉢ 농도계산

- $Ca^{++}=\frac{98}{20}=4.9\text{mg/L}$
- $Mg^{++}=\frac{22}{12}=1.8333\text{mg/L}$
- $Ca^{++}+Mg^{++}=4.9+1.8=6.7333\text{mg/L}$

∴ $CaCO_3=6.7333\text{mg/L}\times 50=336.7\text{mg/L}$

112. 하수도계획의 자연적 조건에 관한 조사 중 하천 및 수계현황에 관하여 조사하여야 하는 사항에 포함되는 것은?

① 지질도
② 지형도
③ 지하수위와 지반침하상황
④ 하천 및 수로의 종 · 횡단면도

해설 하수도계획의 자연적 조건

㉠ 지역 연혁 및 개황
- 지역연혁
- 위치, 면적, 지세
- 지형도, 지질도 및 토질조사자료
- 지하수위 및 지반침하상황 등

㉡ 하천 및 수계현황
- 조사지역 내 수역의 유량 및 수위 등의 현황
- 하천 및 기존배수로의 상황
- 하천 및 수로의 종 · 횡단면도
- 호소, 해역 등 수저의 지형, 이용상황, 유량 등

㉢ 기상개황 및 재해현황
- 강우, 침수의 기록 및 침수피해상황
- 펌프장 및 처리장 예정위치 부근에서의 풍향
- 기온
- 지진발생 현황 등

∴ 하천 및 수계현황에 포함되는 것은 하천 및 수로의 종 · 횡단면도이다.

113. 하수도시설의 계획우수량 산정 시 고려사항 및 이에 대한 설명으로 옳은 것은?

① 도달시간 : 유입시간과 유하시간을 합한 것이다.
② 우수유출량의 산정식 : Hazen－Williams 식에 의한다.
③ 확률연수 : 원칙적으로 20년을 원칙으로 하되, 이를 넘지 않도록 한다.
④ 하상계수 : 토지이용도별 기초계수로 지역의 총괄계수를 구하는 것이 원칙이다.

해설 계획우수량 산정의 일반사항

㉠ 유입시간과 유하시간을 합한 것을 도달시간 또는 유달시간이라 한다.
㉡ 우수유출량의 산정은 합리식을 이용한다.
㉢ 확률연수는 10~30년을 원칙으로 한다.
㉣ 하상계수는 하천의 대표지점에서 최대유량과 최소유량의 비를 말한다.

114. 계획 1일 평균급수량이 400L, 시간최대급수량이 25L일 때 계획1일최대급수량이 500L라면 계획 첨두율은?

① 1.2 ② 1.25
③ 1.50 ④ 20.0

해설 첨두율

㉠ 첨두부하율은 일최대급수량을 결정하기 위한 요소로 일최대급수량을 일평균급수량으로 나눈 값이다.
- 첨두부하율$=\dfrac{\text{일최대급수량}}{\text{일평균급수량}}$

$$=\frac{500}{400}=1.25$$

㉡ 첨두부하는 해당 지자체의 과거 3년 이상의 일일 공급량을 분석하여 산출하고, 또한 첨두부하는 해마다 그 당시의 기온, 가뭄상황 등에 따라 다르게 나타날 수 있으므로 해당 지역의 과거 자료를 이용하여 첨두부하를 결정한다.

115. 관로의 접합방법에 관한 설명으로 옳지 않은 것은?

① 관정접합 : 유수는 원활한 흐름이 되지만 굴착깊이가 증가되어 공사비가 증대된다.
② 관중심접합 : 수면접합과 관저접합의 중간적인 방법이나 보통 수면접합에 준용된다.
③ 수면접합 : 수리학적으로 대개 계획수위를 일치시켜 접합시키는 것으로서 양호한 방법이다.
④ 관저접합 : 수위상승을 방지하고 양정고를 줄일 수 있으나 굴착깊이가 증가되어 공사비가 증대된다.

해설 관거의 접합방법

종류	특징
수면접합	수리학적으로 가장 좋은 방법으로 관내 수면을 일치시키는 방법
관정접합	관거의 내면 상부를 일치시키는 방법으로 굴착깊이가 증대되고, 공사비가 증가된다.
관중심접합	관중심을 일치시키는 방법으로 별도의 수위계산이 필요 없는 방법이다.
관저접합	관거의 내면 바닥을 일치시키는 방법으로 수리학적으로 불리한 방법이다.
단차접합	지세가 아주 급한 경우 토공량을 줄이기 위해 사용하는 방법이다.
계단접합	지세가 매우 급한 경우 관거의 기울기와 토공량을 줄이기 위해 사용하는 방법이다.

∴ 관저접합은 굴착깊이는 얕아지고 공사비는 감소하지만, 동수경사선의 상승 우려가 있어 수리학적으로는 불리한 방법이다.

 |해답| 113.① 114.② 115.④

116. 다음의 소독방법 중 발암물질인 THM 발생 가능성이 가장 높은 것은?

① 염소소독 ② 오존소독
③ 자외선소독 ④ 이산화염소소독

해설 트리할로메탄(THM)
염소소독을 실시하면 THM의 생성 가능성이 존재한다. THM은 응집침전과 활성탄 흡착으로 어느 정도 제거가 가능하며 현재 THM은 수도법상 발암물질로 규정되어 있다.

117. 하천이나 호소 또는 연안부의 모래 · 자갈층에 함유되는 지하수로 대체로 양호한 수질을 얻을 수 있어 그대로 수원으로 사용되기도 하는 것은?

① 복류수 ② 심층수
③ 용천수 ④ 천층수

해설 복류수
㉠ 지하수의 종류에는 천층수, 심층수, 복류수, 용천수가 있다.
㉡ 복류수는 하천이나 호소 또는 연안부의 모래, 자갈층에 함유되어 있는 물을 말한다.
㉢ 복류수를 취수하기 위한 집수매거의 매설깊이는 2m 이상으로 한다.
㉣ 복류수를 수원으로 할 경우 간이정수처리 후 사용이 가능하다.(대개 침전지 생략 가능)

118. 찌꺼기(슬러지)처리에 관한 일반적인 내용으로 옳지 않은 것은?

① 호기성 소화는 찌꺼기(슬러지)의 소화방법이 아니다.
② 하수 찌꺼기(슬러지)는 매우 높은 함수율과 부패성을 갖고 있다.
③ 찌꺼기(슬러지)의 기계탈수 종류로는 가압탈수기, 원심탈수기, 벨트프레스 탈수기 등이 있다.
④ 찌꺼기(슬러지)의 농축은 찌꺼기(슬러지)의 부피 감소 과정으로 찌꺼기(슬러지) 소화의 전단계 공정이다.

해설 슬러지처리
㉠ 높은 함수율과 부패성을 갖고 있는 슬러지를 미생물에 의해 분해하는 공정을 소화라고 한다.
㉡ 소화에는 혐기성 소화와 호기성 소화가 있다.

119. 송수관로를 계획할 때에 고려 사항에 대한 설명으로 옳지 않은 것은?

① 가급적 단거리가 되어야 한다.
② 이상수압을 받지 않도록 한다.
③ 송수방식은 반드시 자연유하식으로 해야 한다.
④ 관로의 수평 및 연직방향의 급격한 굴곡은 피한다.

해설 도수 및 송수관로 결정 시 고려사항
㉠ 가급적 최단거리로 결정한다.
㉡ 관로의 수평 및 연직방향의 급격한 굴곡은 피한다.
㉢ 이상수압을 받지 않도록 한다.
㉣ 마찰손실수두가 최소가 되도록 한다.
㉤ 노선은 가급적 공공도로 및 수도용지를 이용한다.

120. 가정하수, 공장폐수 및 우수를 혼합해서 수송하는 하수관로는?

① 우수관로(Storm Sewer)
② 가정하수관로(Sanitary Sewer)
③ 분류식 하수관로(Separate Sewer)
④ 합류식 하수관로(Combined Sewer)

해설 하수의 배제방식

분류식	합류식
• 수질오염 방지 면에서 유리하다. • 청천 시에도 퇴적의 우려가 없다. • 강우 초기 노면 배수 효과가 없다. • 시공이 복잡하고 오접합의 우려가 있다. • 우천 시 수세효과를 기대할 수 없다. • 공사비가 많이 든다.	• 구배 완만, 매설깊이가 적으며 시공성이 좋다. • 초기 우수에 의한 노면 배수처리가 가능하다. • 관경이 크므로 검사가 편리하고, 환기가 잘된다. • 건설비가 적게 든다. • 우천 시 수세효과가 있다. • 청천 시 관내 침전, 효율이 저하된다.

∴ 오수 및 우수를 혼합해서 하나의 관로로 처리하는 방식을 합류식이라고 한다.

|해답| 116.① 117.① 118.① 119.③ 120.④

Industrial Engineer Civil Engineering

과년도 출제문제 및 해설 (2020년 8월 23일 시행)

제1과목 응용역학

01. 아래 그림과 같은 캔틸레버보에서 C점의 휨모멘트는?

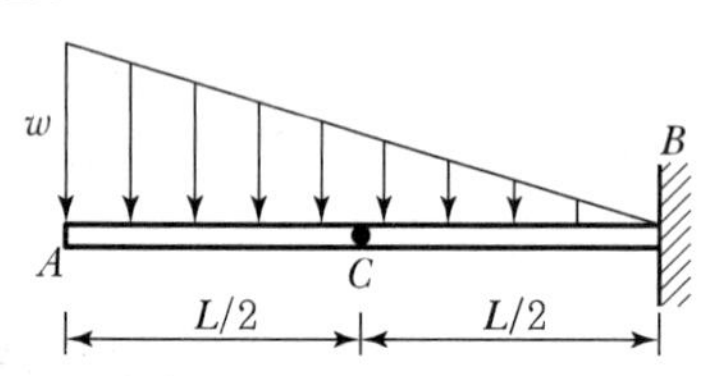

① $-\dfrac{wL^2}{8}$

② $-\dfrac{5wL^2}{12}$

③ $-\dfrac{5wL^2}{24}$

④ $-\dfrac{5wL^2}{48}$

■ 해설

$$L : w = \frac{L}{2} : w_C, \quad w_C = \frac{w}{2}$$

$\Sigma M_{ⓒ} = 0(\curvearrowright\oplus)$

$$-\left\{\left(\frac{w}{2}\times\frac{L}{2}\right)\times\left(\frac{L}{2}\times\frac{1}{2}\right)+\left(\frac{1}{2}\times\frac{w}{2}\times\frac{L}{2}\right)\times\left(\frac{L}{3}\times\frac{2}{3}\right)\right\}+M_c=0$$

$$M_c = -\frac{5wL^2}{48}$$

02. P=120kN의 무게를 매단 그림과 같은 구조물에서 T_1이 받는 힘은?

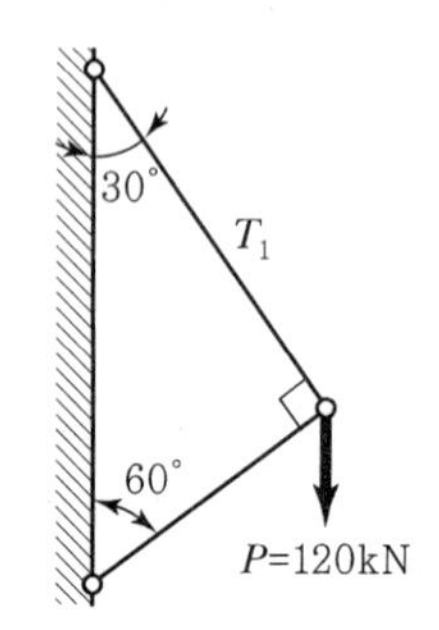

① 103.9kN(인장)　② 103.9kN(압축)
② 60kN(인장)　④ 60kN(압축)

■ 해설

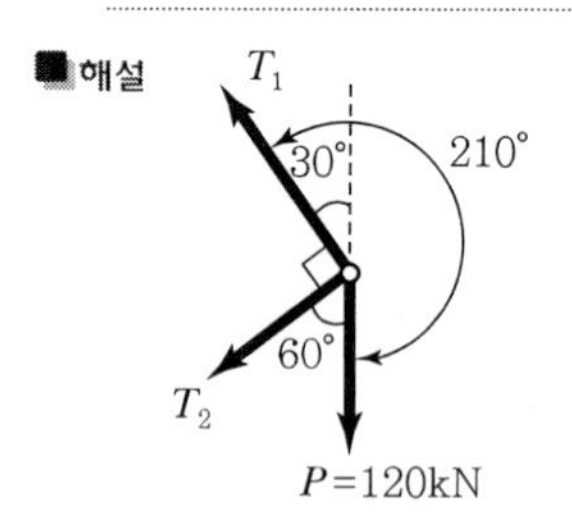

$$\frac{T_1}{\sin 60°} = \frac{120}{\sin 90°}$$

$$T_1 = \frac{120}{\sin 90°}\times\sin 60° = 103.9\text{kN(인장)}$$

03. 다음 중 단면계수의 단위로서 옳은 것은?

① cm　② cm^2
③ cm^3　④ cm^4

■ 해설 $Z = \dfrac{I}{y_1} = \dfrac{L^4}{L} = L^3 \Rightarrow cm^3$

 |해답| 1.④ 2.① 3.③

04. 지름 200mm의 통나무에 자중과 하중에 의한 9 kN·m의 외력모멘트가 작용한다면 최대 휨 응력은?

① 11.5MPa ② 15.4MPa
③ 20.0MPa ④ 21.9MPa

■해설

$$Z=\frac{I}{y_1}=\frac{\left(\frac{\pi D^4}{64}\right)}{\left(\frac{D}{2}\right)}=\frac{\pi D^3}{32}$$

$$\sigma_{\max}=\frac{M}{Z}=\frac{M}{\left(\frac{\pi D^3}{32}\right)}=\frac{32M}{\pi D^3}=\frac{32\times(9\times10^6)}{\pi\times200^3}$$

$$=11.5\text{MPa}$$

05. 단면이 150mm×150mm인 정사각형이고, 길이가 1m인 강재에 120kN의 압축력을 가했더니 1mm가 줄어들었다. 이 강재의 탄성계수는?

① 5,333.3MPa ② 5,333.3kPa
③ 8,333.3MPa ④ 8,333.3kPa

■해설 $E=\frac{Pl}{A\Delta l}=\frac{(-120\times10^3)\times(1\times10^3)}{150^2\times(-1)}$

$=5,333.3\text{MPa}$

06. 그림에서 최대 전단응력은?

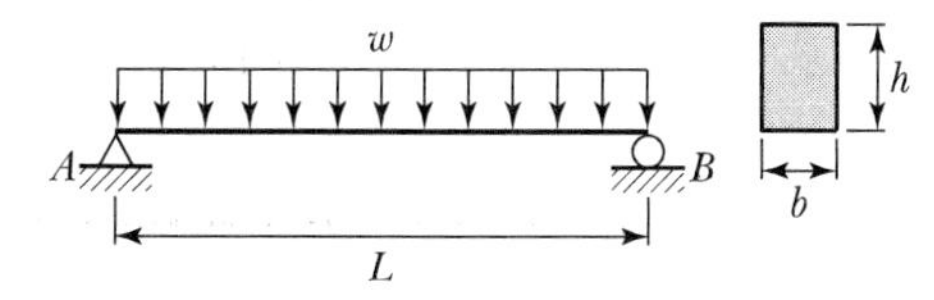

① $\tau=\frac{3wL}{2bh}$ ② $\tau=\frac{2wL}{3bh}$
③ $\tau=\frac{4wL}{3bh}$ ④ $\tau=\frac{3wL}{4bh}$

■해설

$$\tau_{\max}=\alpha\frac{S_{\max}}{A}=\left(\frac{3}{2}\right)\cdot\frac{\left(\frac{wL}{2}\right)}{(bh)}=\frac{3wL}{4bh}$$

07. 그림과 같은 캔틸레버보에서 보의 B점에 집중하중 P와 모멘트 M_o가 작용하고 있다. B점에서의 처짐각(θ_b)은 얼마인가?(단, 보의 EI는 일정하다.)

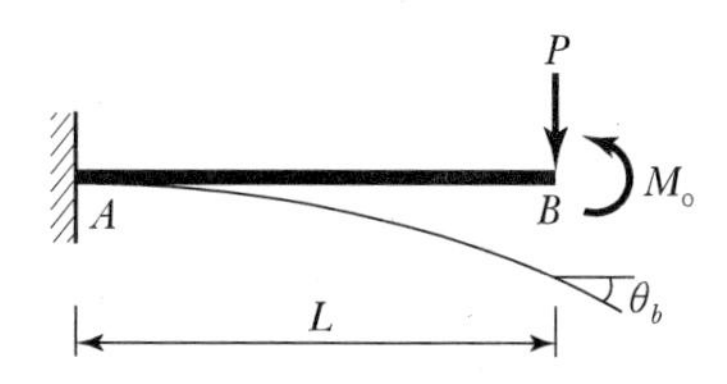

① $\theta_b=\frac{PL^2}{EI}-\frac{M_oL}{2EI}$ ② $\theta_b=\frac{PL^2}{2EI}-\frac{M_oL}{EI}$
③ $\theta_b=\frac{PL^2}{EI}-\frac{M_oL}{4EI}$ ④ $\theta_b=\frac{PL^2}{4EI}-\frac{M_oL}{EI}$

■해설 $\theta_b=\frac{PL^2}{2EI}-\frac{M_oL}{EI}$

08. 기둥의 해석에 사용되는 단주와 장주의 구분에 사용되는 세장비에 대한 설명으로 옳은 것은?

① 기둥단면의 최소 폭을 부재의 길이로 나눈 값이다.
② 기둥단면의 단면2차모멘트를 부재의 길이로 나눈 값이다.
③ 기둥부재의 길이를 단면의 최소 회전반경으로 나눈 값이다.
④ 기둥단면의 길이를 단면2차모멘트로 나눈 값이다.

■해설 $\lambda=\frac{l}{r_{\min}}$

09. 지름이 D인 원형 단면의 도심축에 대한 단면2차극모멘트는?

① $\frac{\pi D^4}{64}$ ② $\frac{\pi D^4}{32}$
③ $\frac{\pi D^4}{4}$ ④ $\frac{\pi D^4}{2}$

■해설 $I_p=2I_x=2\left(\frac{\pi D^4}{64}\right)=\frac{\pi D^4}{32}$

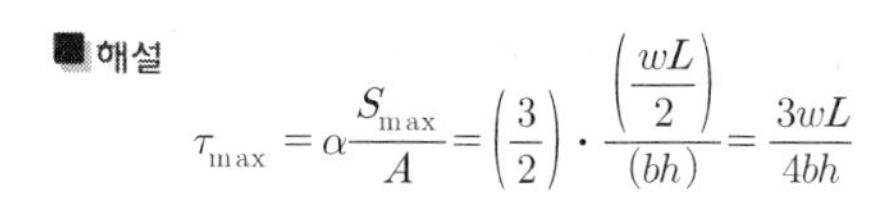

10. 아래 그림과 같은 단면에서 도심의 위치($\bar{y}$)는?

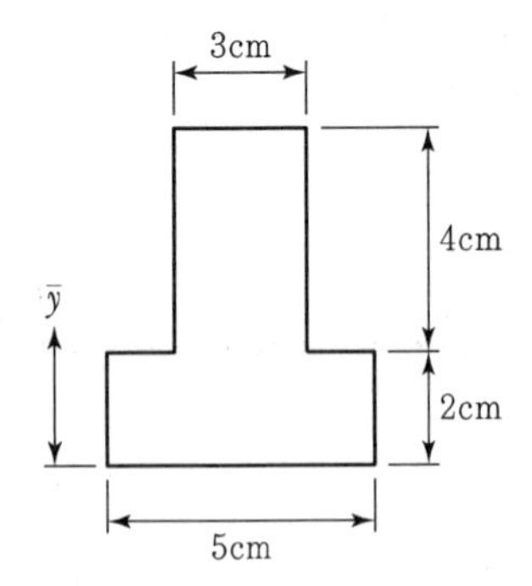

① 2.21cm　② 2.64cm
③ 2.96cm　④ 3.21cm

해설 $\bar{y} = \dfrac{G}{A} = \dfrac{(5\times2)\times1+(3\times4)\times4}{(5\times2)+(3\times4)} = 2.64\text{cm}$

11. 그림과 같은 30° 경사진 언덕에 40kN의 물체를 밀어 올릴 때 필요한 힘 P는 최소 얼마 이상이어야 하는가?(단, 마찰계수는 0.3이다.)

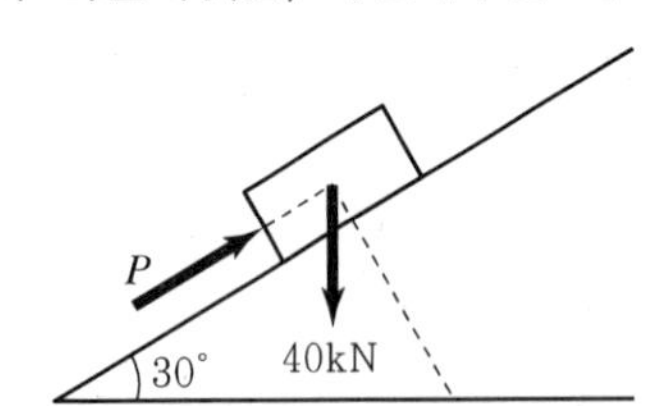

① 20.0kN　② 30.4kN
③ 34.6kN　④ 35.0kN

해설

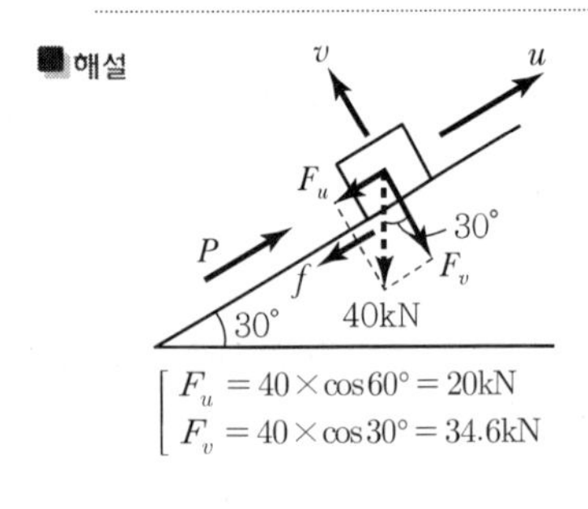

$F_u = 40\times\cos60° = 20\text{kN}$
$F_v = 40\times\cos30° = 34.6\text{kN}$

$\Sigma F_u = 0(\nearrow\oplus)$

$P - F_u - f = 0$

$P = F_u + f$

$= F_u + \mu \cdot F_v$

$= 20 + 0.3\times34.6 = 30.4\text{kN}$

12. 그림과 같은 역계에서 합력 R의 위치 x의 값은?

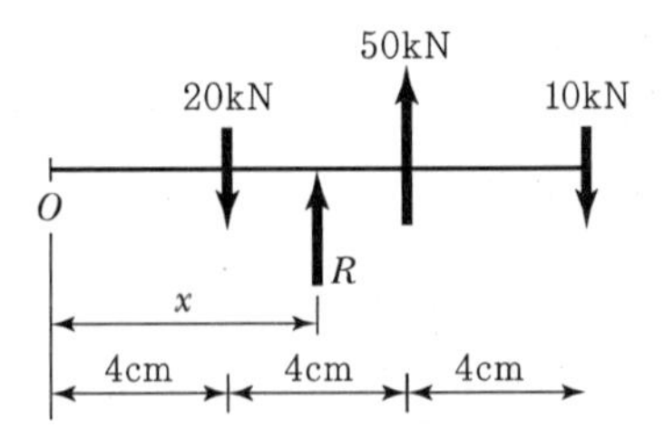

① 6cm　② 8cm
③ 10cm　④ 12cm

해설 $\Sigma F_y(\uparrow\oplus)$

$-20+50-10=R,\quad R=20\text{kN}$

$\Sigma M_{ⓒ}(\curvearrowleft\oplus)$

$-20\times4+50\times8-10\times12 = R\cdot x$

$x = \dfrac{200}{R} = \dfrac{200}{20} = 10\text{cm}$

13. 아래 그림에서 연행 하중으로 인한 A점의 최대 수직반력(V_A)은?

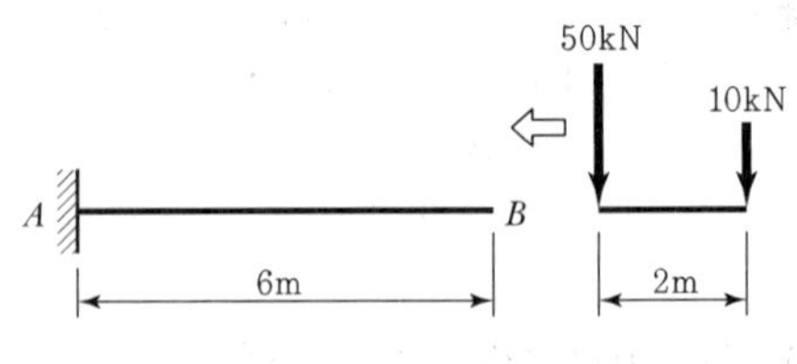

① 60kN　② 50kN
③ 30kN　④ 10kN

해설

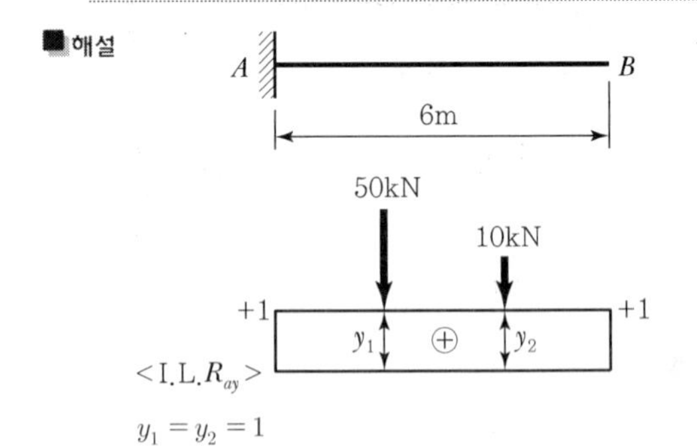

$y_1 = y_2 = 1$

$R_{Ay_1\max} = 50\times1+10\times1 = 60\text{kN}$

14. 그림과 같은 트러스에서 사재(斜材) D의 부재력은?

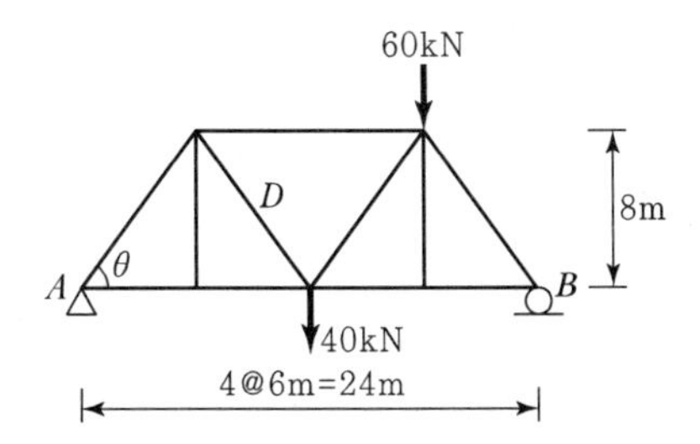

① 31.12kN ② 43.75kN
③ 54.65kN ④ 65.22kN

해설 $\Sigma M_{Ⓑ} = 0(\curvearrowright\oplus)$

$R_A \times 24 - 40 \times 12 - 60 \times 6 = 0$

$R_A = 35\text{kN}(\uparrow)$

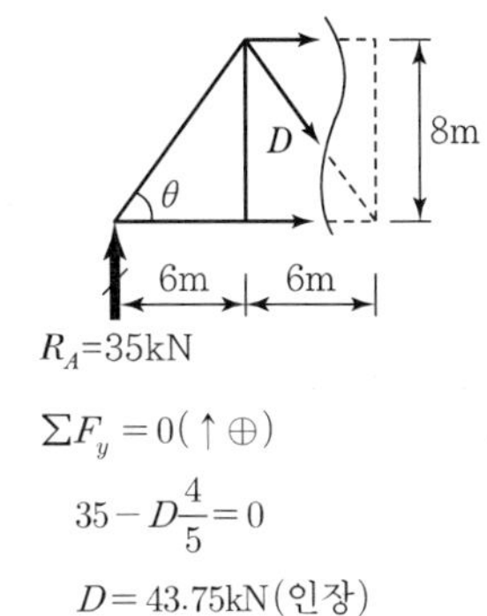

$\Sigma F_y = 0(\uparrow\oplus)$

$35 - D\dfrac{4}{5} = 0$

$D = 43.75\text{kN}$(인장)

15. 1방향 편심을 갖는 한 변이 30cm인 정사각형 단주에서 100kN의 편심하중이 작용할 때, 단면의 인장력이 생기지 않기 위한 편심(e)의 한계는 기둥의 중심에서 얼마나 떨어진 곳인가?

① 5.0cm ② 6.7cm
③ 7.7cm ④ 8.0cm

해설 $e \le \dfrac{h}{6} = \dfrac{30}{6} = 5\text{cm}$

16. 그림과 같은 단순보에서 각 지점의 반력을 계산한 값으로 옳은 것은?

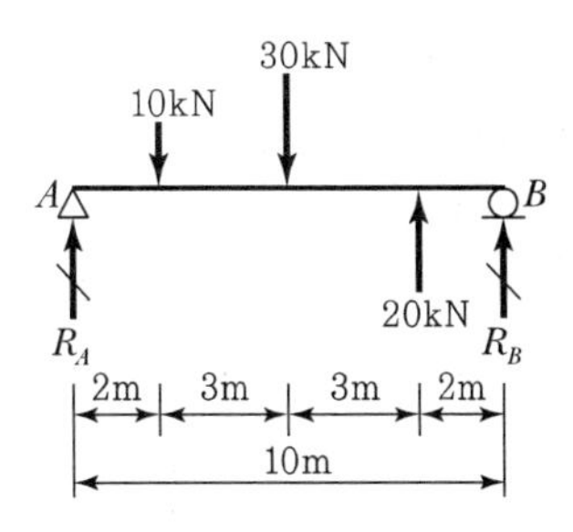

① $R_A = 10\text{kN},\ R_B = 10\text{kN}$

② $R_A = 14\text{kN},\ R_B = 6\text{kN}$

③ $R_A = 1\text{kN},\ R_B = 19\text{kN}$

④ $R_A = 19\text{kN},\ R_B = 1\text{kN}$

해설 $\Sigma M_{Ⓑ} = 0(\curvearrowright\oplus)$

$R_A \times 10 - 10 \times 8 - 30 \times 5 + 20 \times 2 = 0$

$R_A = 19\text{kN}(\uparrow)$

$\Sigma F_y = 0(\uparrow\oplus)$

$R_A - 10 - 30 + 20 + R_B = 0$

$R_B = 20 - R_A = 20 - (19) = 1\text{kN}(\uparrow)$

17. 그림과 같은 게르버보의 A의 전단력은?

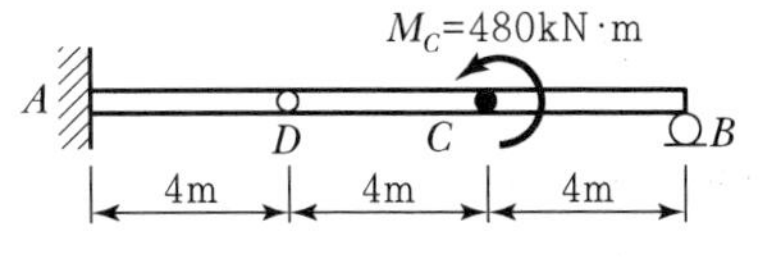

① 40kN ② 60kN
③ 120kN ④ 240kN

해설

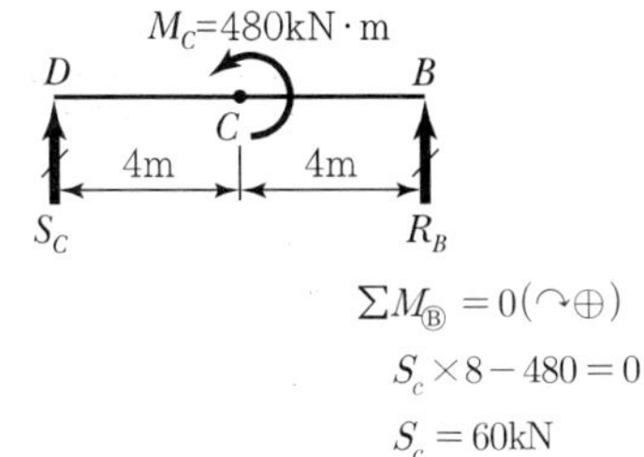

$\Sigma M_{Ⓑ} = 0(\curvearrowright\oplus)$

$S_c \times 8 - 480 = 0$

$S_c = 60\text{kN}$

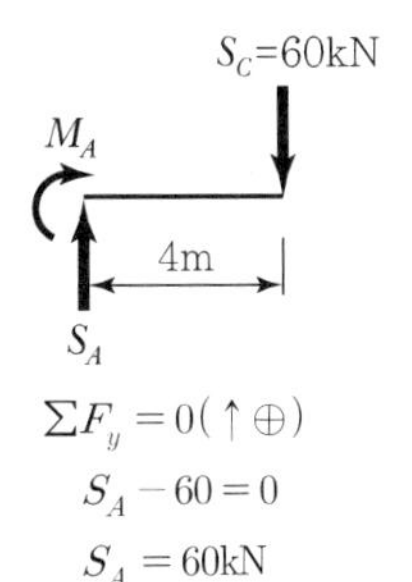

$\Sigma F_y = 0(\uparrow\oplus)$

$S_A - 60 = 0$

$S_A = 60\text{kN}$

18. 양단이 고정되어 있는 길이 10m의 강(鋼)이 15℃에서 40℃로 온도가 상승할 때 응력은?(단, E=2.1×10^5MPa, 선팽창계수 $\alpha=0.00001$/℃)

① 47.5MPa ② 50.0MPa
③ 52.5MPa ④ 53.8MPa

해설 $\Delta T=40-15=25°$

$\sigma_t=E\cdot\alpha\cdot\Delta T$

$=(2.1\times10^5)\times(1\times10^{-5})\times25=52.5\text{MPa}$

19. 그림과 같은 3힌지 라멘에 등분포하중이 작용할 경우 A점의 수평반력은?

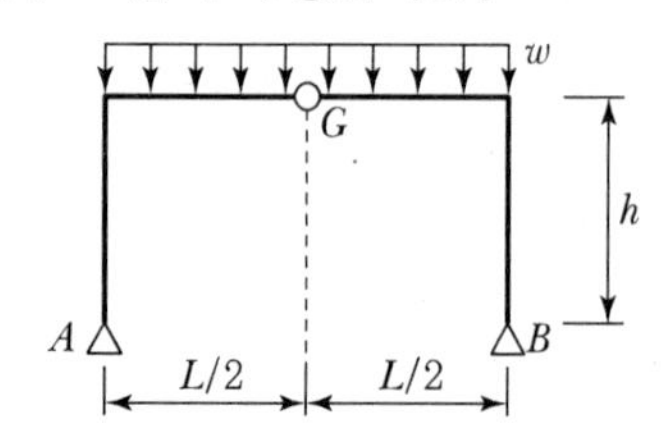

① 0 ② $\frac{wL^2}{8}(\rightarrow)$
③ $\frac{wL^2}{4h}(\rightarrow)$ ④ $\frac{wL^2}{8h}(\rightarrow)$

해설 $\Sigma M_{Ⓐ}=0(\curvearrowright\oplus)$

$V_A\times L-(w\times L)\times\frac{L}{2}=0$

$V_A=\frac{wL}{2}(\uparrow)$

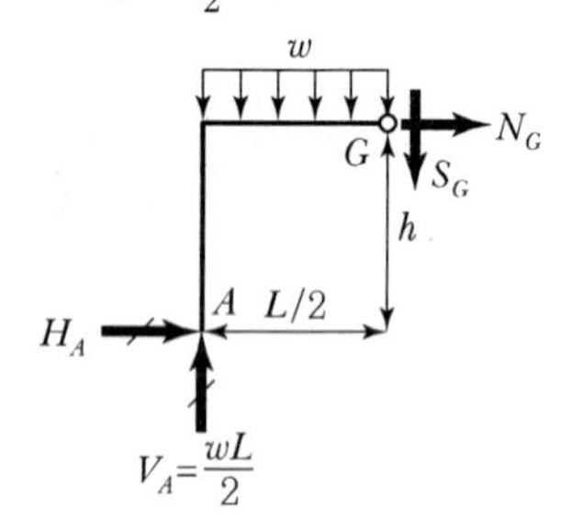

$\Sigma M_{Ⓖ}=0(\curvearrowright\oplus)$

$\frac{wL}{2}\times\frac{L}{2}-\left(w\times\frac{L}{2}\right)\times\frac{L}{4}-H_A\times h=0$

$H_A=\frac{wL^2}{8h}(\rightarrow)$

20. 길이 L인 단순보에 등분포하중(w)이 만재되었을 때 최대 처짐각은 얼마인가?(단, 보의 EI는 일정하다.)

① $\frac{wL^2}{24EI}$ ② $\frac{wL^3}{24EI}$
③ $\frac{wL^2}{48EI}$ ④ $\frac{wL^3}{48EI}$

해설

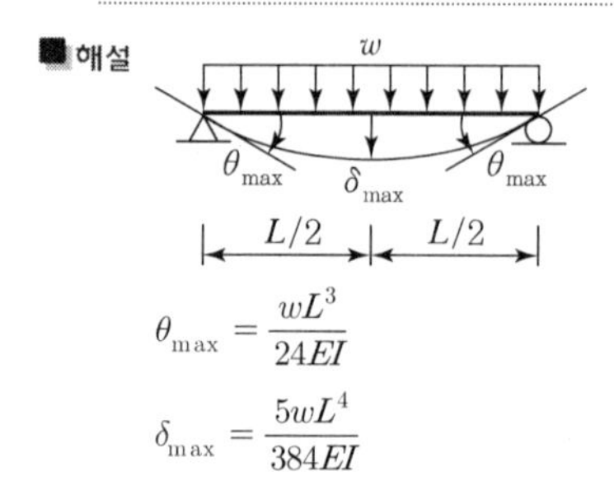

$\theta_{\max}=\frac{wL^3}{24EI}$

$\delta_{\max}=\frac{5wL^4}{384EI}$

제2과목 **측량학**

21. 수평각 측정법 중에서 가장 정확한 값을 얻을 수 있는 방법은?

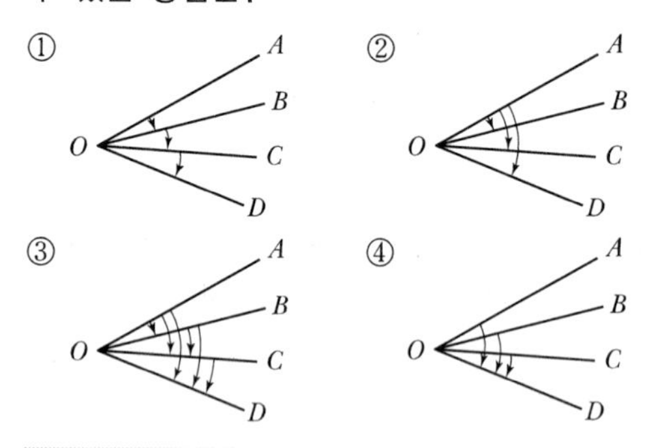

해설 1등 삼각측량은 가장 정확한 각관측법을 사용한다.

22. 수준측량 장비인 레벨의 기포관이 구비해야 할 조건으로 가장 거리가 먼 것은?

① 유리관의 질은 오랜 시간이 흘러도 내부 액체의 영향을 받지 않을 것
② 유리관의 곡률반지름이 중앙 부위로 갈수록 작아질 것
③ 동일 경사에 대해서는 기포의 이동이 동일할 것
④ 기포의 이동이 민감할 것

해설 관의 곡률이 일정하고 관의 내면이 매끈해야 한다.

23. 완화곡선에 대한 설명으로 옳지 않은 것은?

① 완화곡선의 곡선반지름(R)은 시점에서 무한대이다.
② 완화곡선의 접선은 시점에서 직선에 접한다.
③ 완화곡선의 종점에 있는 캔트(Cant)는 원곡선의 캔트(Cant)와 같다.
④ 완화곡선의 길이(L)는 도로폭에 따라 결정된다.

해설 완화곡선의 길이는 캔트(C)에 N배 비례한다.

24. 우리나라의 노선측량에서 고속도로에 주로 이용되는 완화곡선은?

① 렘니스케이트 곡선
② 클로소이드 곡선
③ 2차 포물선
④ 3차 포물선

해설
- 클로소이드 곡선 : 도로
- 3차 포물선 : 철도
- 렘니스케이트 곡선 : 시가지 지하철
- 반파장 sine 곡선 : 고속철도

25. 지상고도 2,000m의 비행기 위에서 초점거리 152.7mm의 사진기로 촬영한 수직항공사진에서 길이 50m인 교량의 사진상의 길이는?

① 2.6mm ② 3.8mm
③ 26mm ④ 38mm

해설
- 축척$\left(\frac{1}{M}\right)=\frac{f}{H}=\frac{0.1527}{2,000}≒\frac{1}{13,000}$
- $\frac{1}{M}=\frac{\text{도상길이}}{\text{실제길이}}$

$\therefore$ 도상길이$=\frac{50}{13,000}=0.0038\text{m}=3.8\text{mm}$

26. 항공사진측량의 특징에 대한 설명으로 틀린 것은?

① 분업에 의해 작업하므로 능률적이다.
② 정밀도가 대체로 균일하며 상대오차가 양호하다.
③ 축척 변경이 용이하다.
④ 대축척 측량일수록 경제적이다.

해설 대축척일 때 사진 매수가 증가하므로 비경제적이다.

27. 노선의 횡단측량에서 No.1+15m 측점의 절토 단면적이 100m², No.2 측점의 절토 단면적이 40m²일 때 두 측점 사이의 절토량은?(단, 중심 말뚝 간격=20m)

① 350m^3 ② 700m^3
③ $1,200\text{m}^3$ ④ $1,400\text{m}^3$

해설 양단평균법의 $V=\frac{A_1+A_2}{2}\cdot L$
$=\frac{100+40}{2}\times 5=350\text{m}^3$

28. 교점(IP)의 위치가 기점으로부터 200.12m, 곡선반지름 200m, 교각 45°00′인 단곡선의 시단현의 길이는?(단, 측점 간 거리는 20m로 한다.)

① 2.72m ② 2.84m
③ 17.16m ④ 17.28m

해설
- $TL=R\tan\frac{I}{2}=200\times\frac{\tan45°}{2}=82.84\text{m}$
- BC 거리$=IP$ 거리$-TL$
$=200.12-82.84=117.28\text{m}$
- 시단현 길이$(l_1)=20-17.28\text{m}=2.72\text{m}$

|해답| 22.② 23.④ 24.② 25.② 26.④ 27.① 28.①

29. 기지점 A로부터 기지점 B에 결합하는 트래버스 측량을 실시하여 X좌표의 결합오차 +0.15m, Y좌표의 결합오차 +0.20m를 얻었다면 이 측량의 결합비는?(단, 전체 노선거리는 2,750m 이다.)

① $\frac{1}{18,330}$ ② $\frac{1}{13,750}$
③ $\frac{1}{12,000}$ ④ $\frac{1}{11,000}$

■ 해설 $\text{폐합비} = \frac{\text{폐합오차}}{\text{전측선의 길이}}$
$$= \frac{E}{\Sigma L} = \frac{\sqrt{0.15^2 + 0.2^2}}{2,750}$$
$$= \frac{0.25}{2,750} = \frac{1}{11,000}$$

30. 등고선의 성질에 대한 설명으로 틀린 것은?

① 등고선은 도면 내·외에서 반드시 폐합한다.
② 최대 경사방향은 등고선과 직각방향으로 교차한다.
③ 등고선은 급경사지에서는 간격이 넓어지며, 완경사지에서는 간격이 좁아진다.
④ 등고선은 경사가 같은 곳에서는 간격이 같다.

■ 해설 등고선은 급경사에서 간격이 좁고, 완경사에서 간격이 넓다.

31. 폐합 트래버스 측량에서 각관측의 정밀도가 거리관측의 정밀도보다 높을 때 오차를 배분하는 방법으로 옳은 것은?

① 해당 측선길이에 비례하여 배분한다.
② 해당 측선길이에 반비례하여 배분한다.
③ 해당 측선의 위거와 경거의 크기에 비례하여 배분한다.
④ 해당 측선의 위거와 경거의 크기에 반비례하여 배분한다.

32. 측선 $\overline{AB}$의 관측거리가 100m일 때, 다음 중 B점의 $X(N)$ 좌푯값이 가장 큰 경우는?(단, A의 좌표 X_A=0m, Y_A=0m)

① $\overline{AB}$의 방위각(α)=30°
② $\overline{AB}$의 방위각(α)=60°
③ $\overline{AB}$의 방위각(α)=90°
④ $\overline{AB}$의 방위각(α)=120°

■ 해설
- $X_n = X_A + l\cos\theta$
- $X_{30} = 0 + 100 \times \cos 30° = 86.6$
  $X_{60} = 0 + 100 \times \cos 60° = 50$
  $X_{90} = 0 + 100 \times \cos 90° = 0$
  $X_{120} = 0 + 100 \times \cos 120° = -50$
- 30°일 때 가장 크다.

33. 축척 1 : 50,000 지도상에서 4cm²인 영역의 지상에서 실제면적은?

① 1km² ② 2km²
③ 100km² ④ 200km²

■ 해설 실제면적 = 도상면적 × M^2
$$= 4 \times 50,000^2 = 1 \times 10^{10}\text{cm}^2$$
$$= 1\text{km}^2$$

34. 그림과 같이 A점에서 편심점 B'점을 시준하여 T_B'를 관측했을 때 B점의 방향각 T_B를 구하기 위한 보정량 x의 크기를 구하는 식으로 옳은 것은?

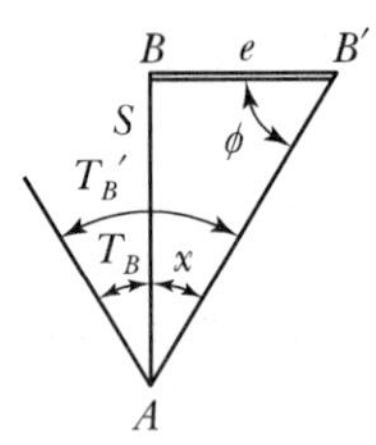

① $\rho''\frac{e\sin\phi}{S}$ ② $\rho''\frac{e\cos\phi}{S}$
③ $\rho''\frac{S\sin\phi}{e}$ ④ $\rho''\frac{S\cos\phi}{e}$

■ 해설 $\frac{e}{\sin x} = \frac{S}{\sin\phi}$

$\sin x = \frac{e}{S}\sin\phi$

$x = \sin^{-1}\left(\frac{e\sin\phi}{S}\right) = \rho''\left(\frac{e\sin\phi}{S}\right)$

 |해답| 29. ④ 30.③ 31.③ 32.① 33.① 34.①

35. 축척 1 : 5,000 지형도(30cm×30cm)를 기초로 하여 축척이 1 : 50,000인 지형도(30cm×30cm)를 제작하기 위해 필요한 1 : 5,000 지형도의 수는?

① 50장 ② 100장
③ 150장 ④ 200장

해설
- 면적비는 축척$\left(\frac{1}{M}\right)^2$에 비례한다.
- 면적비$=\left(\frac{50,000}{5,000}\right)^2=100$장

36. 기하학적 측지학에 속하지 않는 것은?

① 측지학적 3차원 위치의 결정
② 면적 및 체적의 산정
③ 길이 및 시(時)의 결정
④ 지구의 극운동과 자전운동

해설 지구의 극운동과 자전운동은 물리학적 측지학이다.

37. 교호수준측량에서 A점의 표고가 60.00m일 때, $a_1=0.75$m, $b_1=0.55$m, $a_2=1.45$m, $b_2=1.24$m이면 B점의 표고는?

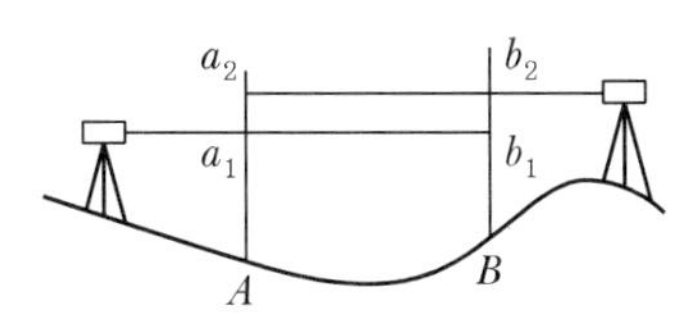

① 60.205m ② 60.210m
③ 60.215m ④ 60.200m

해설
- $\Delta H=\frac{(a_1+a_2)-(b_1+b_2)}{2}$
  $=\frac{(0.75+1.45)-(0.55+1.24)}{2}$
  $=0.205\text{m}$
- $H_P=H_A\pm\Delta H=60+0.205=60.205\text{m}$

38. 곡선반지름이 200m인 단곡선을 설치하기 위하여 그림과 같이 교각 I를 관측할 수 없어 $\angle AA'B'$, $\angle BB'A'$의 두 각을 관측하여 각각 141° 40′과 90° 20′의 값을 얻었다. 교각 I는?(단, A : 곡선시점, B : 곡선종점)

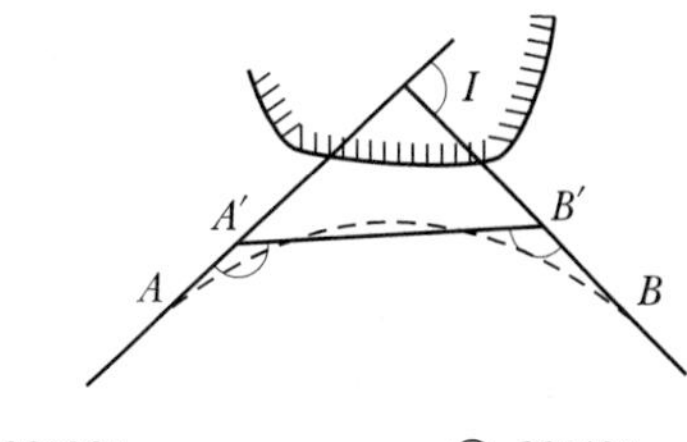

① 38°20′ ② 38°40′
③ 89°40′ ④ 128°00′

해설 $I=(180°-141°40')+(180-90°20')=128°$

39. 거리측량의 허용정밀도를 $\frac{1}{10^5}$이라 할 때, 반지름 몇 km까지를 평면으로 볼 수 있는가?(단, 지구반지름 r=6,400km이다.)

① 11km ② 22km
③ 35km ④ 70km

해설
- 정도$\left(\frac{\Delta L}{L}\right)=\frac{L^2}{12R^2}$
- $\frac{1}{10^5}=\frac{L^2}{12\times6,400^2}$
  $\therefore L=\sqrt{\frac{12\times6,400^2}{10^5}}=70.1\text{km}$(직경)
- 반경$=\frac{L}{2}=\frac{70.1}{2}=35\text{km}$

40. 수준측량에서 전시와 후시의 시준거리를 같게 하여 소거할 수 있는 오차는?

① 표척 눈금의 오독으로 발생하는 오차
② 표척을 연직방향으로 세우지 않아 발생하는 오차
③ 시준축이 기포관축과 평행하지 않기 때문에 발생하는 오차
④ 시차(조준의 불완전)에 의해 발생하는 오차

|해답| 35.② 36.④ 37.① 38.④ 39.③ 40.③

■해설 전·후거리를 같게 하면 제거되는 오차
- 시준축 오차
- 양차(기차, 구차)

제3과목 수리수문학

41. 유량 Q, 유속 V, 단면적 A, 도심거리 h_G라 할 때 충력치(M)의 값은?(단, 충력치는 비력이라고도 하며, η : 운동량 보정계수, g : 중력가속도, W : 물의 중량, w : 물의 단위중량)

① $\eta\frac{Q}{g}+Wh_GA$　② $\eta\frac{Q}{g}V+h_GA$
③ $\eta\frac{g}{Q}V+h_GA$　④ $\eta\frac{Q}{g}V+\frac{1}{2}w^2$

■해설 충력치(비력)
충력치는 개수로 어떤 단면에서 수로바닥을 기준으로 한 물의 단위시간, 단위중량당의 운동량(동수압과 정수압의 합)을 말한다.
$M=\eta\frac{Q}{g}V+h_GA$

42. 지하수의 유속공식 $V=KI$에서 K의 크기와 관계가 없는 것은?

① 지하수위　② 흙의 입경
③ 흙의 공극률　④ 물의 점성계수

■해설 Darcy의 법칙
㉠ Darcy의 법칙
$$V=K\cdot I=K\cdot\frac{h_L}{L}$$
$$Q=A\cdot V=A\cdot K\cdot I=A\cdot K\cdot\frac{h_L}{L}$$
㉡ 특징
- 투수계수의 차원은 동수경사가 무차원이므로 속도의 차원(LT^{-1})과 동일하다.
- Darcy의 법칙은 지하수의 층류흐름에 대한 마찰저항공식이다.
- Darcy의 법칙은 정상류흐름에 층류에만 적용된다.(특히, $R_e<4$일 때 잘 적용된다.)
- 투수계수는 물의 점성계수에 따라서도 변화한다.

$$K=D_s^2\frac{\rho g}{\mu}\frac{e^3}{1+e}C$$
여기서, D_s : 입자의 직경
ρg : 물의 단위중량
μ : 점성계수
e : 간극비
C : 형상계수
∴ 투수계수와 관련이 없는 것은 지하수위이다.

43. 뉴턴 유체(Newtonian Fluids)에 대한 설명으로 옳은 것은?

① 물이나 공기 등 보통의 유체는 비뉴턴 유체이다.
② 각 변형률($\frac{dv}{dy}$)의 크기에 따라 선형으로 점도가 변한다.
③ 전단응력(τ)과 각 변형률($\frac{dv}{dy}$)의 관계는 원점을 지나는 직선이다.
④ 유체가 압력의 변화에 따라 밀도의 변화를 무시할 수 없는 상태가 된 유체를 의미한다.

■해설 뉴턴 유체
각 변형률($\frac{dv}{dy}$)의 크기에 관계없이 일정한 점도를 나타내는 유체를 뉴턴(Newton)유체라고 하며, 전단응력과 각 변형률의 관계는 원점을 지나는 직선이 된다.

44. Chezy 공식의 평균유속계수 C와 Manning 공식의 조도계수 n 사이의 관계는?

① $C=nR^{\frac{1}{3}}$　② $C=nR^{\frac{1}{6}}$
③ $C=\frac{1}{n}R^{\frac{1}{3}}$　④ $C=\frac{1}{n}R^{\frac{1}{6}}$

■해설 Chezy식과 Manning식의 관계
Chezy식과 Manning식의 관계는 다음과 같다.
$$C\sqrt{RI}=\frac{1}{n}R^{\frac{2}{3}}I^{\frac{1}{2}}$$
$$\rightarrow C\sqrt{RI}=\frac{1}{n}R^{\frac{1}{6}}R^{\frac{1}{2}}I^{\frac{1}{2}}$$
$$\therefore C=\frac{1}{n}R^{\frac{1}{6}}$$

 |해답| 41.② 42.① 43.③ 44.④

45. 관내를 유속 V로 물이 흐르고 있을 때 밸브 등의 급격한 폐쇄 등에 의하여 유속이 줄어들면 이에 따라 관내의 압력 변화가 생기는데 이것을 무엇이라 하는가?

① 정압 ② 수격압
③ 동압력 ④ 정체압력

해설 수격작용

㉠ 펌프의 급정지, 급가동 또는 밸브를 급폐쇄하면 관로 내 유속의 급격한 변화가 발생하여 관내의 물의 질량과 운동량 때문에 관벽에 큰 힘을 가하게 되어 정상적인 동수압보다 몇 배의 큰 압력 상승이 일어난다. 이러한 현상을 수격작용이라 한다.

㉡ 방지책
- 펌프의 급정지, 급가동을 피한다.
- 부압 발생방지를 위해 조압수조(Surge Tank), 공기밸브(Air Valve)를 설치한다.
- 압력상승 방지를 위해 역지밸브(Check Valve), 안전밸브(Safety Valve), 압력수조(Air Chamber)를 설치한다.
- 펌프에 플라이휠(Fly Wheel)을 설치한다.
- 펌프의 토출 측 관로에 급폐식 혹은 완폐식 역지밸브를 설치한다.
- 펌프 설치위치를 낮게 하고 흡입양정을 적게 한다.

46. 보통 정도의 정밀도를 필요로 하는 관수로 계산에서 마찰 이외의 손실을 무시할 수 있는 L/D의 값으로 옳은 것은?(단, L : 관의 길이, D : 관의 지름)

① 500 이상 ② 1,000 이상
③ 2,000 이상 ④ 3,000 이상

해설 관수로 설계기준

㉠ $\frac{l}{D} > 3{,}000$: 장관 → 마찰손실만 고려

㉡ $\frac{l}{D} < 3{,}000$: 단관 → 모든 손실 고려

47. 레이놀즈의 실험으로 얻은 Reynolds 수에 의해서 구별할 수 있는 흐름은?

① 층류와 난류 ② 정류와 부정류
③ 상류와 사류 ④ 등류와 부등류

해설 흐름의 상태

층류와 난류의 구분
- $R_e = \frac{VD}{\nu}$

  여기서, V : 유속, D : 관의 직경
  ν : 동점성계수
- $R_e < 2{,}000$: 층류
- $2{,}000 < R_e < 4{,}000$: 천이영역
- $R_e > 4{,}000$: 난류

∴ Reynolds 수로 구별할 수 있는 흐름은 층류와 난류이다.

48. $10m^3/sec$의 유량을 흐르게 할 수리학적으로 가장 유리한 직사각형 개수로 단면을 설계할 때 개수로의 폭은?(단, Manning 공식을 이용하며, 수로경사 $i=0.001$, 조도계수 $n=0.020$이다.)

① 2.66m ② 3.16m
③ 3.66m ④ 4.16m

해설 수리학적 유리한 단면

㉠ 일정한 단면적에 유량이 최대로 흐를 수 있는 단면을 수리학적 유리한 단면이라 한다.
- 경심(R)이 최대이거나 윤변(P)이 최소인 단면
- 직사각형의 경우 $B=2H$, $R=\frac{H}{2}$이다.

㉡ 단면의 결정

$$Q = AV = (BH)\frac{1}{n}R^{\frac{2}{3}}I^{\frac{1}{2}}$$

$$= 2H^2 \times \frac{1}{n} \times \left(\frac{H}{2}\right)^{\frac{2}{3}} \times I^{\frac{1}{2}}$$

$$\therefore\ 10 = 2H^2 \times \frac{1}{0.020} \times \left(\frac{H}{2}\right)^{\frac{2}{3}} \times 0.001^{\frac{1}{2}}$$

$$\therefore\ H = 1.83,\ B = 3.66$$

49. 물의 체적 탄성계수 $E=2\times10^4$kg/cm²일 때 물의 체적을 1% 감소시키기 위해 가해야 할 압력은?

① 2×10kg/m² ② 2×10kg/cm²
③ 2×10^2kg/m² ④ 2×10^2kg/cm²

■해설 압축성
㉠ 체적탄성계수

$$E_b=\frac{\Delta p}{\frac{\Delta V}{V}}$$

㉡ 압력의 산정

$$E_b=\frac{\Delta p}{\frac{\Delta V}{V}}$$

$$\therefore\ \Delta p=E_b\times\frac{\Delta V}{V}=2\times10^4\times0.01=2\times10^2\text{kg/cm}^2$$

50. 집중호우로 인한 홍수 발생 시 지표수의 흐름은?

① 등류이고 정상류이다.
② 등류이고, 비정상류이다.
③ 부등류이고, 정상류이다.
④ 부등류이고, 비정상류이다.

■해설 홍수 시의 흐름
집중호우로 인한 홍수 발생 시에는 홍수파가 발생되고, 이때의 흐름은 부정부등류의 흐름이 발생된다.

51. 그림과 같은 폭 2m의 직사각형 판에 작용하는 수압 분포도는 삼각형 분포도를 얻었는데, 이 물체에 작용하는 전수압(㉠)과 작용점의 위치(㉡)로 옳은 것은?(단, 물의 단위중량은 9.81kN/m³이며, 작용의 위치는 수면을 기준으로 한다.)

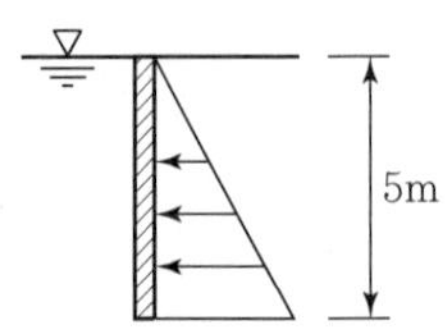

① ㉠ 100.25kN, ㉡ : 1.7m
② ㉠ 145.25kN, ㉡ : 3.3m
③ ㉠ 200.25kN, ㉡ : 1.7m
④ ㉠ 245.25kN, ㉡ : 3.3m

■해설 수면과 연직인 면이 받는 압력
㉠ 수면과 연직인 면이 받는 압력
- 전수압 : $P=wh_GA$
- 작용점의 위치 : $h_c=\frac{2}{3}h$

㉡ 전수압의 계산

$$P=wh_GA=1\times\frac{5}{2}\times2\times5$$
$$=25\text{t}\times9.81=245.25\text{kN}$$

㉢ 작용점의 위치 계산

$$h_c=\frac{2}{3}h=\frac{2}{3}\times5=3.33\text{m}$$

52. 투수계수 0.5m/sec, 제외지 수위 6m, 제내지 수위 2m, 침투수가 통하는 길이 50m일 때 하천 제방단면 1m당 누수량은?

① 0.16m³/sec ② 0.32m³/sec
③ 0.96m³/sec ④ 1.28m³/sec

■해설 제방의 침투유량
㉠ Dupuit의 침윤선 공식

$$q=\frac{k}{2l}(h_1^2-h_2^2)$$

여기서, q : 제방의 침투유량, k : 투수계수
l : 제방의 길이, h_1 : 제외지 수심
h_2 : 제내지 수심

㉡ 침투유량의 산정

$$q=\frac{k}{2l}(h_1^2-h_2^2)=\frac{0.5}{2\times50}\times(6^2-2^2)$$
$$=0.16\text{m}^3/\text{sec}$$

53. 베르누이 정리를 압력의 항으로 표시할 때, 동압력(Dynamic Pressure) 항에 해당되는 것은?

① P ② $\frac{1}{2}\rho V^2$
③ ρgz ④ $\frac{V^2}{2g}$

■해설 Bernoulli 정리
㉠ Bernoulli 정리

$$z+\frac{p}{w}+\frac{v^2}{2g}=H(\text{일정})$$

㉡ Bernoulli 정리를 압력의 항으로 표시
- 각 항에 ρg를 곱한다.

 |해답| 49.④ 50.④ 51.④ 52.① 53.②

- $\rho gz + p + \frac{\rho v^2}{2} = H$(일정)

  여기서, ρgz : 위치압력

  p : 정압력

  $\frac{\rho v^2}{2}$: 동압력

54. 사이폰의 이론 중 동수경사선에서 정점부까지의 이론적 높이(㉠)와 실제 설계 시 적용하는 높이의 범위(㉡)로 옳은 것은?

① ㉠ : 7.0m, ㉡ : 5.6~6.0m
② ㉠ : 8.0m, ㉡ : 6.4~6.8m
③ ㉠ : 9.0m, ㉡ : 6.5~7.0m
④ ㉠ : 10.3m, ㉡ : 8.0~8.5m

해설 사이폰

관로의 일부가 동수경사선 위로 돌출되어 부압을 갖는 관의 형태를 사이폰이라고 하며, 사이폰 작용이 발생하기 위한 이론적 높이는 1기압의 크기인 10.33m지만 손실을 고려한 실제높이는 약 8m 정도이다.

55. 지름 D인 관을 배관할 때 마찰손실이 Elbow에 의한 손실과 같도록 직선 관을 배관한다면 직선 관의 길이는?(단, 관의 마찰손실계수 f=0.025, Elbow에 의한 미소손실계수 K=0.9)

① $4D$　② $8D$
③ $36D$　④ $42D$

해설 손실수두

㉠ 마찰손실수두

$$h_L = f\frac{l}{D}\frac{V^2}{2g}$$

㉡ 엘보손실수두

$$h_e = k\frac{V^2}{2g}$$

㉢ 손실수두의 관계

$$f\frac{l}{D}\frac{V^2}{2g} = k\frac{V^2}{2g}$$

$$0.025\frac{l}{D}\frac{V^2}{2g} = 0.9\frac{V^2}{2g}$$

$\frac{l}{D} = 36$배이다.

$\therefore l = 36D$

56. 그림과 같은 작은 오리피스에서 유속은?(단, 유속계수 C_v=0.9이다.)

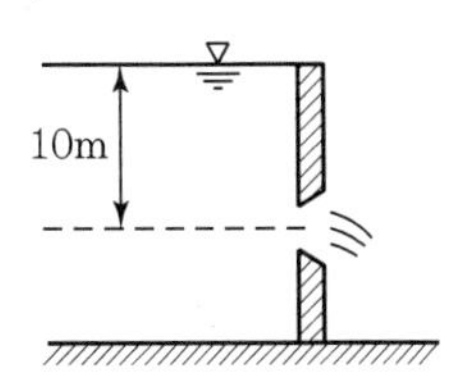

① 8.9m/s　② 9.9m/s
③ 12.6m/s　④ 14.0m/s

해설 오리피스의 유속

㉠ 작은 오리피스

$V = C_v\sqrt{2gh}$

여기서, C_v : 유속계수

g : 중력가속도

h : 오리피스 중심까지의 수심

㉡ 유속의 산정

$V = C_v\sqrt{2gh} = 0.9 \times \sqrt{2 \times 9.8 \times 10} = 12.6\text{m/s}$

57. 수면 아래 20m 지점의 수압으로 옳은 것은?(단, 물의 단위중량은 9.81kN/m^{3}이다.)

① 0.1MPa
② 0.2MPa
③ 1.0MPa
④ 20MPa

해설 정수압의 산정

$P = wh$

여기서, w : 액체의 단위중량, h : 수심

$= 1 \times 20$

$= 20\text{t/m}^2 \times 9.81$

$= 196.2\text{kPa} = 0.2\text{MPa}$

58. 수로 폭 4m, 수심 1.5m인 직사각형 단면에서 유량이 24m^3/sec일 때 Froude 수(F_r)는?

① 0.74　② 0.85
③ 1.04　④ 1.08

|해답| 54.④ 55.③ 56.③ 57.② 58.③

■해설 흐름의 상태

㉠ 상류(常流)와 사류(射流)

• $F_r = \frac{V}{C} = \frac{V}{\sqrt{gh}}$

여기서, V : 유속, C : 파의 전달속도

• $F_r < 1$: 상류

• $F_r > 1$: 사류

• $F_r = 1$: 한계류

㉡ 상류와 사류의 계산

• $V = \frac{Q}{A} = \frac{24}{4 \times 1.5} = 4\text{m/s}$

• $F_r = \frac{V}{\sqrt{gh}} = \frac{4}{\sqrt{9.8 \times 1.5}} = 1.04$

∴ 사류

59. 모세관 현상에서 모세관고(h)와 관의 지름(D)의 관계로 옳은 것은?

① h는 D에 비례한다.

② h는 D^2에 비례한다.

③ h는 D^{-1}에 비례한다.

④ h는 D^{-2}에 비례한다.

■해설 모세관 현상

유체입자 간의 응집력과 유체입자와 관벽 사이의 부착력으로 인해 수면이 상승하는 현상을 모세관 현상이라 한다.

$h = \frac{4T\cos\theta}{\omega D}$

∴ 모세관의 상승높이 h는 D^{-1}에 비례한다.

60. 수축단면에 관한 설명으로 옳은 것은?

① 오리피스의 유출수맥에서 발생한다.

② 상류에서 사류로 변화할 때 발생한다.

③ 사류에서 상류로 변화할 때 발생한다.

④ 수축단면에서의 유속을 오리피스의 평균유속이라 한다.

■해설 수축단면

오리피스를 통과할 때 유출수맥에서 발생되는 것으로, 최대로 수축되는 단면적을 수축단면이라 한다.

제4과목 철근콘크리트 및 강구조

61. 그림에 나타난 단철근 직사각형 보가 공칭 휨강도(M_n)에 도달할 때 압축 측 콘크리트가 부담하는 압축력은 약 얼마인가?(단, 철근 D22 4본의 단면적은 1,548mm², f_{ck}=28MPa, f_y=350MPa이다.)

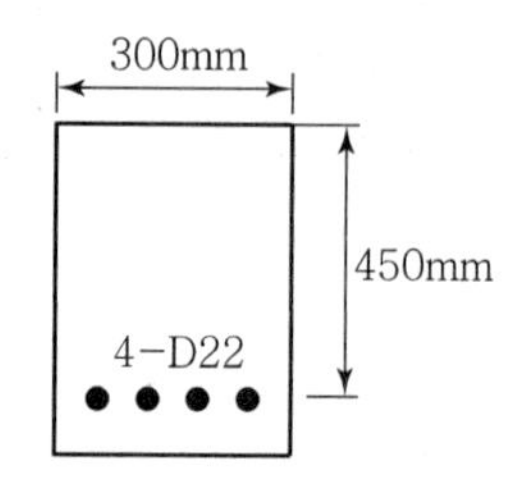

① 542kN ② 637kN

③ 724kN ④ 833kN

■해설 $C = T = f_y A_s = 350 \times 1{,}548$

$= 541.8 \times 10^3\text{N} = 541.8\text{kN}$

62. 일단 정착의 포스트텐션 부재에서 정착부 활동량이 3mm 생겼다. PS강재의 길이가 40m, 초기 인장응력이 1,000MPa일 때 PS강재의 프리스트레스의 감소량(Δf_p)은?(단, PS강재의 탄성계수 $E_p = 2.0 \times 10^5$MPa이다.)

① 15MPa ② 30MPa

③ 45MPa ④ 60MPa

■해설 $\Delta f_{pa} = E_p \varepsilon_p = E_p \frac{\Delta l}{l}$

$= (2 \times 10^5) \times \frac{3}{(40 \times 10^3)} = 15\text{MPa}$

63. 강도설계법으로 부재를 설계할 때 사용하중에 하중계수를 곱한 하중을 무엇이라 하는가?

① 작용하중 ② 기준하중

③ 지속하중 ④ 계수하중

■해설 (계수하중) = (사용하중) × (하중계수)

64. 그림과 같은 단철근 직사각형 단면 보에서 등가 직사각형 응력블록의 깊이(a)는?(단, f_{ck}=28Mpa, f_y=350MPa이다.)

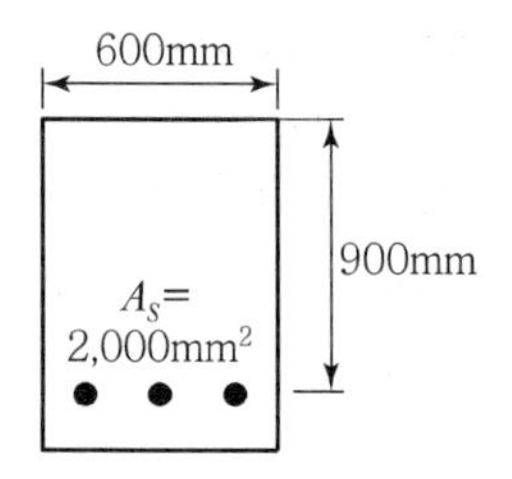

① 42mm ② 49mm
③ 52mm ④ 59mm

■해설 $a=\dfrac{f_yA_s}{0.85f_{ck}b}=\dfrac{350\times 2,000}{0.85\times 28\times 600}=49\text{mm}$

65. 철근콘크리트 1방향 슬래브에 대한 설명으로 틀린 것은?

① 슬래브의 두께는 최소 50mm 이상으로 하여야 한다.
② 슬래브의 정모멘트 철근 및 부모멘트 철근의 중심 간격은 위험단면에서는 슬래브 두께의 2배 이하여야 하고, 또한 300mm 이하로 하여야 한다.
③ 4변에 의해 지지되는 2방향 슬래브 중에서 단변에 대한 장변의 비가 2배를 넘으면 1방향 슬래브로서 해석한다.
④ 1방향 슬래브에서는 정모멘트 철근 및 부모멘트 철근에 직각 방향으로 수축·온도철근을 배치하여야 한다.

■해설 1방향 슬래브의 두께는 최소 100mm 이상이어야 한다.

66. P=400kN의 인장력이 작용하는 판 두께 10mm인 철판에 ϕ19mm인 리벳을 사용하여 접합할 때 소요 리벳 수는?(단, 허용전단응력(τ_a)은 72MPa, 허용지압응력(σ_b)은 150MPa이다.)

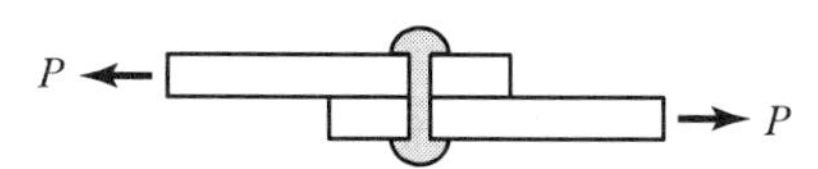

① 15개 ② 17개
③ 19개 ④ 21개

■해설 1. 허용전단력(P_{RS})

$$P_{RS}=\tau_a\left(\frac{\pi\phi^2}{4}\right)=75\times\left(\frac{\pi\times 19^2}{4}\right)$$
$$=21.264\times 10^3\text{N}=21.264\text{kN}$$

2. 허용지압력(P_{Rb})

$$P_{Rb}=\sigma_b(\phi t)=150\times(19\times 10)$$
$$=28.5\times 10^3\text{N}=28.5\text{kN}$$

3. 리벳강도(P_R)

$$P_R=[P_{RS},\ P_{Rb}]_{\min}$$
$$=[21.264\text{kN},\ 28.5\text{kN}]_{\min}$$
$$=21.264\text{kN}$$

4. 리벳수(n)

$$n=\frac{P}{P_R}=\frac{400}{21.264}=18.8\text{개}$$
$=19$개(올림에 의하여)

67. 프리스트레스의 손실 중 시간의 경과에 의해 발생하는 것은?

① 정착장치의 활동
② 콘크리트의 탄성수축
③ 긴장재 응력의 릴랙세이션
④ 포스트텐션 긴장재와 덕트 사이의 마찰

■해설 ① 즉시손실 : 정착단 활동, 마찰, 탄성변형
② 시간손실 : 크리프, 건조수축, 릴랙세이션

68. 콘크리트구조 강도설계법에서 콘크리트의 설계기준압축강도(f_{ck})가 45MPa일 때, β_1의 값은?(단, β_1은 $a=\beta_1 c$에서 사용되는 계수이다.)

① 0.714 ② 0.731
③ 0.747 ④ 0.761

■해설 $f_{ck}\geq$ 28MPa인 경우 β_1의 값

$$\beta_1=0.85-0.007(f_{ck}-28)$$
$$=0.85-0.007(45-28)$$
$$=0.731\ (\beta_1\geq 0.65-\text{O.K.})$$

69. 강도설계법에 의한 나설철근 압축부재의 공칭 축강도(P_n)의 값은?(단, A_g=160,000mm², A_{st}=6－D32=4,765mm², f_{ck}=22MPa, f_y=350MPa 이다.)

① 3,567kN ② 3,885kN
③ 4,428kN ④ 4,967kN

해설 $P_h = \alpha[0.85f_{ck}(A_g - A_{st}) + f_y A_{st}]$
$= 0.85[0.85 \times 22 \times (160,000 - 4,765) + 350 \times 4,765]$
$= 3,885 \times 10^3\text{N} = 3,885\text{kN}$

70. 리벳의 허용강도를 결정하는 방법으로 옳은 것은?

① 전단강도와 압축강도로 각각 결정한다.
② 전단강도와 압축강도의 평균값으로 결정한다.
③ 전단강도와 지압강도 중 큰 값으로 한다.
④ 전단강도와 지압강도 중 작은 값으로 한다.

해설 리벳의 허용강도는 전단강도와 지압강도 중 작은 값으로 한다.

71. 그림과 같은 경간 8m인 직사각형 단순보에 등분포하중(자중 포함) w=30kN/m가 작용하며 PS강재는 단면 도심에 배치되어 있다. 부재의 연단에 인장응력이 발생하지 않게 하려 할 때, PS강재에 도입되어야 할 최소한의 긴장력(P)은?

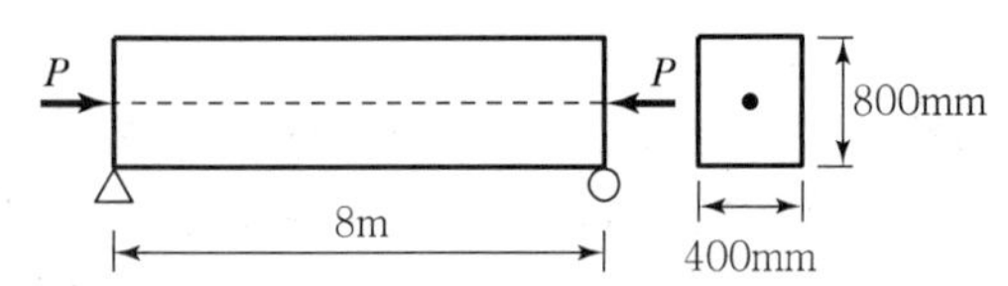

① 1,800kN ② 2,400kN
③ 2,600kN ④ 3,100kN

해설 $f_b = \frac{P}{A} - \frac{M}{Z} = \frac{P}{bh} - \frac{3wl^2}{4bh^2} = 0$

$P = \frac{3wl^2}{4h} = \frac{3 \times 30 \times 8^2}{4 \times 0.8} = 1,800\text{kN}$

72. 전단철근이 부담하는 전단력 V_s=200kN일 때, D13 철근을 사용하여 수직 스터럽으로 전단 보강하는 경우 배치간격은 최대 얼마 이하로 하여야 하는가?(단, D13의 단면적은 127mm², f_{ck}=28MPa, f_y=400MPa, b_w=400mm, d=600mm, 보통중량 콘크리트이다.)

① 600mm ② 300mm
③ 255mm ④ 175mm

해설
- $\frac{1}{3}\sqrt{f_{ck}}b_\omega d = \frac{1}{3}\sqrt{28} \times 400 \times 600$
$= 423.3 \times 10^3\text{N} = 423.3\text{kN}$
- $V_s = 200\text{kN}$
- $V_s \le \frac{1}{3}\sqrt{f_{ck}}b_\omega d$이므로 전단철근 간격($s$)은 다음 값 이하라야 한다.

① $s \le \frac{d}{2} = \frac{600}{2} = 300\text{mm}$
② $s \le 600\text{mm}$
③ $s \le \frac{A_v f_y d}{V_s} = \frac{(2 \times 127) \times 400 \times 600}{(200 \times 10^3)}$
$= 304.8\text{mm}$

따라서, 전단철근 간격(s)은 최소값인 300mm 이하라야 한다.

73. 옹벽의 설계에 대한 일반적인 설명으로 틀린 것은?

① 활동에 대한 저항력은 옹벽에 작용하는 수평력의 1.5배 이상이어야 한다.
② 전도에 대한 저항휨모멘트는 횡토압에 의한 전도모멘트의 2.0배 이상이어야 한다.
③ 캔틸레버식 옹벽의 전면벽은 저판에 지지된 캔틸레버로 설계할 수 있다.
④ 뒷부벽은 직사각형 보로 설계하여야 한다.

해설 부벽식 옹벽에서 부벽의 설계
① 앞부벽 : 직사각형 보로 설계
② 뒷부벽 : T형 보로 설계

 |해답| 69.② 70.④ 71.① 72.② 73.④

74. 프리스트레스하지 않는 현장치기 콘크리트에서 옥외의 공기나 흙에 직접 접하지 않는 콘크리트 벽체에서 D35 초과하는 철근의 최소 피복두께는 얼마인가?

① 20mm ② 40mm
③ 50mm ④ 60mm

해설 프리스트레스 하지 않은 현장치기 콘크리트에서 옥외의 공기나 흙에 직접 접하지 않는 콘크리트 벽체에서 D35를 초과하는 철근의 최소 피복두께는 40mm이다.

75. 콘크리트 구조설계기준에 따른 '단면의 유효깊이'를 설명하는 것은?

① 콘크리트의 압축연단에서부터 최외단 인장철근의 도심까지의 거리
② 콘크리트의 압축연단에서부터 다단 배근된 인장철근 중 최외단 철근 도심까지의 거리
③ 콘크리트의 압축연단에서부터 모든 인장철근군의 도심까지의 거리
④ 콘크리트의 압축연단에서부터 모든 철근군의 도심까지의 거리

해설 콘크리트 단면의 유효깊이는 콘크리트의 압축연단에서부터 모든 인장철근군의 도심까지의 거리이다.

76. 아래 그림과 같은 강판에서 순폭은?(단, 강판에서의 구멍 지름(d)은 25mm이다.)

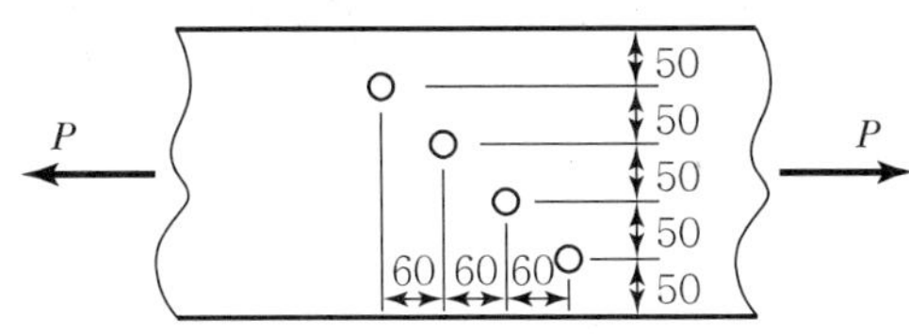

(단위 : mm)

① 150mm ② 175mm
③ 204mm ④ 225mm

해설 $b_{n1} = b_g - d_h = 250 - 25 = 225\text{mm}$

$$b_{n_2} = b_g - 2d_h + \frac{s^2}{4g}$$

$$= 250 - 2\times 25 + \frac{60^2}{4\times 50} = 218\text{mm}$$

$$b_{n3} = b_g - 3d_h + 2\times\frac{s^2}{4g}$$

$$= 250 - 3\times 25 + 2\times\frac{60^2}{4\times 50} = 211\text{mm}$$

$$b_{n4} = b_g - 4d_h + 3\times\frac{s^2}{4g}$$

$$= 250 - 4\times 25 + 3\times\frac{60^2}{4\times 50} = 204\text{mm}$$

$$b_n = [b_{n1},\ b_{n2},\ b_{n3},\ b_{n4}]_{\min} = 204\text{mm}$$

77. 강도감수계수(ϕ)에 대한 설명으로 틀린 것은?

① 설계 및 시공상의 오차를 고려한 값이다.
② 하중의 종류와 조합에 따라 값이 달라진다.
③ 인장지배단면에 대한 강도감수계수는 0.85이다.
④ 전단력과 비틀림모멘트에 대한 강도감소계수는 0.75이다.

해설 하중의 종류와 조합에 따라 값이 달라지는 것은 하중계수이다.

78. 상하 기둥 연결부에서 단면 치수가 변하는 경우에 배치되는 구부린 주철근을 무엇이라고 하는가?

① 옵셋굽힘철근
② 종방향 철근
③ 횡방향 철근
④ 연결철근

해설 상하 기둥 연결부에서 단면 치수가 변하는 경우에 배치되는 구부린 주철근을 옵셋굽힘철근이라 한다.

79. 철근콘크리트 부재에서 전단철근으로 사용할 수 없는 것은?

① 주인장 철근에 45°의 각도로 구부린 굽힘철근
② 주인장 철근에 45°의 각도로 설치되는 스터럽
③ 주인장 철근에 30°의 각도로 구부린 굽힘철근
④ 주인장 철근에 30°의 각도로 설치되는 스터럽

해설 전단철근의 종류
① 주인장 철근에 수직으로 설치하는 스터럽
② 주인장 철근에 45° 또는 그 이상 경사로 설치하는 스터럽
③ 주인장 철근에 30° 또는 그 이상의 경사로 구부리는 굽힘철근
④ ①과 ③ 또는 ②와 ③을 병용하는 경우
⑤ 나선철근 또는 용접철망

80. 강도설계법에서 단철근 직사각형 보의 균형철근비(ρ_b)는?(단, f_{ck}=25MPa, f_y=400MPa이다.)

① 0.027　② 0.030
③ 0.033　④ 0.036

해설 $\beta_1 = 0.85\ (f_{ck} \le 28\text{MPa}$인 경우)

$$\rho_b = 0.85\beta_1 \frac{f_{ck}}{f_y} \frac{600}{600+f_y}$$
$$= 0.85 \times 0.85 \times \frac{25}{400} \times \frac{600}{600+400}$$
$$= 0.027$$

제5과목 토질 및 기초

81. 말뚝의 재하시험 시 연약점토지반인 경우는 말뚝 타입 후 소정의 시간이 경과한 후 말뚝재하시험을 한다. 그 이유로 옳은 것은?

① 부마찰력이 생겼기 때문이다.
② 타입된 말뚝에 의해 흙이 팽창되었기 때문이다.
③ 타입 시 말뚝 주변의 흙이 교란되었기 때문이다.
④ 주면 마찰력이 너무 크게 작용하였기 때문이다.

해설 타입 시 말뚝 주변의 흙이 교란되기 때문에 말뚝 타입 후 소정의 시간이 경과한 후 말뚝 재하시험을 한다.

82. 연약지반 개량공법에서 Sand Drain 공법과 비교한 Paper Drain 공법의 특징이 아닌 것은?

① 공사비가 비싸다.
② 시공속도가 빠르다.
③ 타입 시 주변 지반 교란이 적다.
④ Drain 단면이 깊이방향에 대해 일정하다.

해설

구분	Sand Drain	Paper Drain
재료	모래	Paper
공사비	높다.	낮다.
공사속도	낮다.	높다.

83. 두께 6m의 점토층에서 시료를 채취하여 압밀시험한 결과 하중강도가 200kN/m²에서 400kN/m²로 증가되고 간극비는 2.0에서 1.8로 감소하였다. 이 시료의 압축계수(a_v)는?

① 0.001m²/kN　② 0.003m²/kN
③ 0.006m²/kN　④ 0.008m²/kN

해설 $$a_v = \frac{e_1 - e_2}{P_2 - P_1} = \frac{2-1.8}{400-200} = 0.001\text{m}^2/\text{kN}$$

84. 주동토압을 P_A, 정지토압을 P_o, 수동토압을 P_P라 할 때 크기의 비교로 옳은 것은?

① $P_A > P_o > P_P$
② $P_P > P_A > P_o$
③ $P_o > P_A > P_P$
④ $P_P > P_o > P_A$

해설 토압의 대소 비교
수동토압(P_P) > 정지토압(P_o) > 주동토압(P_A)

85. 흙의 연경도에 대한 설명 중 틀린 것은?

① 액성한계는 유동곡선에서 낙하횟수 25회에 대한 함수비를 말한다.
② 수축한계 시험에서 수은을 이용하여 건조토의 무게를 정한다.
③ 흙의 액성한계 · 소성한계시험은 425μm체를 통과한 시료를 사용한다.
④ 소성한계는 시료를 실 모양으로 늘렸을 때, 시료가 3mm의 굵기에서 끊어질 때의 함수비를 말한다.

해설 수축한계시험에서 수은을 이용하여 건조토의 부피를 정한다.

86. 흙 속의 물이 얼어서 빙층(Ice Lens)이 형성되기 때문에 지표면이 떠오르는 현상은?

① 연화현상 ② 동상현상
③ 분사현상 ④ 다일러턴시

해설 동상현상의 설명이다.

87. 말뚝기초에서 부주면마찰력(Negative Skin Friction)에 대한 설명으로 틀린 것은?

① 지하수위 저하로 지반이 침하할 때 발생한다.
② 지반이 압밀진행 중인 연약점토지반인 경우에 발생한다.
③ 발생이 예상되면 대책으로 말뚝 주면에 역청 등으로 코팅하는 것이 좋다.
④ 말뚝 주면에 상방향으로 작용하는 마찰력이다.

해설 부주면마찰력은 하방향으로 작용하는 마찰력이다.

88. 2면 직접전단시험에서 전단력이 300N, 시료의 단면적이 10cm^{2}일 때의 전단응력은?

① 75kN/m^2 ② 150kN/m^2
③ 300kN/m^2 ④ 600kN/m^2

해설

$$\tau = \frac{s}{2p} = \frac{300 \times 10^3\text{kN}}{2 \times 10^3 \times \dfrac{1}{100^3}\text{m}^3} = 150\text{kN/m}^2$$

89. 어느 모래층의 간극률이 20%, 비중이 2.65이다. 이 모래의 한계 동수경사는?

① 1.28 ② 1.32
③ 1.38 ④ 1.42

해설

$$i = \frac{G_s - 1}{1+e} = \frac{2.65-1}{1+0.25} = 1.32$$

$$\left(e = \frac{n}{1-n} = \frac{0.2}{1-0.2} = 0.25\right)$$

90. 통일분류법에서 실트질 자갈을 표시하는 기호는?

① GW ② GP
③ GM ④ GC

해설
- GW : 입도가 양호한 자갈
- GP : 입도가 불량한 자갈
- GM : 실트질의 자갈

91. 흙의 전단강도에 대한 설명으로 틀린 것은?

① 흙의 전단강도와 압축강도는 밀접한 관계에 있다.
② 흙의 전단강도는 입자 간의 내부마찰각과 점착력으로부터 주어진다.
③ 외력이 증가하면 전단응력에 의해서 내부의 어느 면을 따라 활동이 일어나 파괴된다.
④ 일반적으로 사질토는 내부마찰각이 작고 점성토는 점착력이 작다.

해설
- 사질토 : $c=0$, $\phi \neq 0$
- 점성토 : $c \neq 0$, $\phi = 0$

|해답| 85.② 86.② 87.④ 88.② 89.② 90.③ 91.④

92. 흙의 다짐 특성에 대한 설명으로 옳은 것은?

① 다짐에 의하여 흙의 밀도와 압축성은 증가된다.
② 세립토가 조립토에 비하여 최대건조밀도가 큰 편이다.
③ 점성토를 최적함수비보다 습윤 측으로 다지면 이산구조를 가진다.
④ 세립토는 조립토에 비하여 다짐 곡선의 기울기가 급하다.

해설
- 다짐 후 압축성은 감소된다.
- 세립토가 조립토에 비해 최적함수비(OMC)가 크다.

93. 어떤 퇴적지반의 수평방향 투수계수가 4.0×10^{-3} cm/s, 수직방향 투수계수가 3.0×10^{-3}cm/s일 때 이 지반의 등가 등방성 투수계수는 얼마인가?

① 3.46×10^{-3}cm/s
② 5.0×10^{-3}cm/s
③ 6.0×10^{-3}cm/s
④ 6.93×10^{-3}cm/s

해설 $K=\sqrt{k_h\cdot k_v}=\sqrt{(4\times10^{-3})\times(3\times10^{-3})}$
$=3.46\times10^{-3}\text{cm/s}$

94. 흙의 다짐에너지에 대한 설명으로 틀린 것은?

① 다짐에너지는 램머(Rammer)의 중량에 비례한다.
② 다짐에너지는 램머(Rammer)의 낙하고에 비례한다.
③ 다짐에너지는 시료의 체적에 비례한다.
④ 다짐에너지는 타격 수에 비례한다.

해설 다짐 에너지는 시료의 체적에 반비례한다. 에 반비례한다.

95. 포화점토에 대해 베인전단시험을 실시하였다. 베인의 지름과 높이는 각각 75mm와 150mm이고 시험 중 사용한 최대 회전 모멘트는 30N · m이다. 점성토의 비배수 전단강도(c_u)는?

① 1.62N/m^2 ② 1.94N/m^2
③ 16.2kN/m^2 ④ 19.4kN/m^2

해설
$$c_u=\frac{M_{\max}}{\pi D^2\left(\frac{H}{2}+\frac{D}{6}\right)}=\frac{300}{\pi\cdot75^2\left(\frac{15}{2}+\frac{7.5}{6}\right)}$$
$$=1.94\text{N/cm}^2$$
$$\therefore\ 1.94\times10^{-3}\text{kN}\times100^2\text{m}^2=19.4\text{kN/m}^2$$

96. 그림과 같은 파괴 포락선 중 완전 포화된 점성토에 대해 비압밀 비배수 삼축압축(UU)시험을 했을 때 생기는 파괴포락선은 어느 것인가?

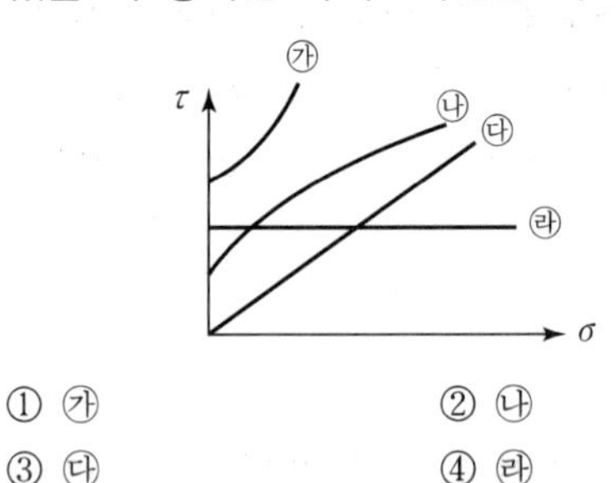

① ㉮ ② ㉯
③ ㉰ ④ ㉱

해설

τ
$\phi=0$
σ

97. 분할법으로 사면안정 해석 시에 가장 먼저 결정되어야 할 사항은?

① 가상파괴 활동면
② 분할 세편의 중량
③ 활동면상의 마찰력
④ 각 세편의 간극수압

해설 분할법으로 사면안정 해석 시 가장 먼저 결정되어야 할 사항은 가상파괴 활동면이다.

 |해답| 92.③ 93.① 94.③ 95.④ 96.④ 97.①

98. 흙의 투수계수에 대한 설명으로 틀린 것은?

① 투수계수는 온도와는 관계가 없다.
② 투수계수는 물의 점성과 관계가 있다.
③ 흙의 투수계수는 보통 Darcy 법칙에 의하여 정해진다.
④ 모래의 투수계수는 간극비나 흙의 형상과 관계가 있다.

해설 온도가 높으면 점성계수는 작아지며 투수계수는 커진다.

99. 사질토 지반에 있어서 강성기초의 접지압분포에 대한 설명으로 옳은 것은?

① 기초 밑면에서의 응력은 불규칙하다.
② 기초의 중앙부에서 최대응력이 발생한다.
③ 기초의 밑면에서는 어느 부분이나 응력이 동일하다.
④ 기초의 모서리 부분에서 최대응력이 발생한다.

해설 강성기초의 접지압

점토지반	모래지반
강성기초, 접지압	강성기초, 접지압
기초 모서리에서 최대응력 발생	기초 중앙부에서 최대응력 발생

100. 도로의 평판재하시험(KS F 2310)에서 변위계 지지대의 지지 다리 위치는 재하판 및 지지력 장치의 지지점에서 몇 m 이상 떨어져 설치하여야 하는가?

① 0.25m　② 0.50m
③ 0.75m　④ 1.00m

해설 평판재하시험(KS F 2310)에서 변위계 지지대의 다리 위치는 지지력 장치 지점에서 1m 이상 떨어져 설치해야 한다.

제6과목 상하수도공학

101. 유역면적 100ha, 유출계수 0.6, 강우강도 2mm/min인 지역의 합리식에 의한 우수량은?

① $2m^3/s$　② $3.3m^3/s$
③ $20m^3/s$　④ $33m^3/s$

해설 우수유출량의 산정

㉠ 합리식의 적용 확률연수는 10~30년을 원칙으로 한다.

$$Q = \frac{1}{360}CIA$$

여기서, Q : 우수량(m^3/sec)
C : 유출계수(무차원)
I : 강우강도(mm/hr)
A : 유역면적(ha)

㉡ 우수유출량의 산정

$I = 2 \times 60 = 120\text{mm/hr}$

$$Q = \frac{1}{360}CIA = \frac{1}{360} \times 0.6 \times 120 \times 100 = 20\text{m}^3/\text{s}$$

102. 첨두율에 관한 설명으로 옳은 것은?

① 실제 하수량을 평균하수량으로 나눈 값이다.
② 평균하수량을 최대하수량으로 나눈 값이다.
③ 지선 하수관로보다 간선 하수관로가 첨두율이 크다.
④ 인구가 많은 대도시일수록 첨두율이 커진다.

해설 첨두율

㉠ 첨두부하율은 일최대급수량을 결정하기 위한 요소로 일최대급수량을 일평균급수량으로 나눈 값이다.

• 첨두부하율 $= \dfrac{\text{일최대급수량}}{\text{일평균급수량}}$

㉡ 첨두부하는 해당 지자체의 과거 3년 이상의 일일 공급량을 분석하여 산출하고, 또한 첨두부하는 해마다 그 당시의 기온, 가뭄상황 등에 따라 다르게 나타날 수 있으므로 해당 지역의 과거 자료를 이용하여 첨두부하를 결정한다.

㉢ 첨두율은 소도시가 대도시보다 크게 나타난다.

103. 호소의 부영양화에 관한 설명으로 틀린 것은?

① 수심이 얕은 호소에서도 발생할 수 있다.
② 수심에 따른 수온 변화가 가장 큰 원인이다.
③ 수표면에 조류가 많이 번식하여 깊은 곳에서는 DO 농도가 낮다.
④ 부영양화를 방지하기 위해서는 질소와 인 성분의 유입을 차단해야 한다.

해설 부영양화

㉠ 가정하수, 공장폐수 등이 하천이나 호수에 유입되었을 때 질소(N)나 인(P)과 같은 영양염류농도가 증가된다. 이로 인해 조류 및 식물성 플랑크톤의 과도한 성장을 일으키고, 물에 맛과 냄새가 유발되며 저수지의 수질이 악화되는 현상을 부영양화 현상이라 한다. 이때 성장한 조류는 바닥에 퇴적하여 죽게 되고 유입하천에서 부하된 유기물도 바닥에 퇴적하게 되는데, 이 퇴적물의 분해로 인해 생기는 영양염류가 다시 조류의 영양소로 섭취되어 부영양화가 일어날 수 있다.
㉡ 부영양화는 수심이 낮은 곳에서 발생되며 한 번 발생되면 회복이 어렵다.
㉢ 물의 투명도가 낮아지며, COD 농도가 높게 나타난다.
㉣ 조류제거 약품으로는 일반적으로 황산동($CuSO_4$)을 사용한다.
∴ 부영양화의 가장 큰 원인은 영양염류인 질소와 인의 유입이다.

104. 오수관로 설계 시 기준이 되는 수량은?

① 계획오수량
② 계획 1일 최대오수량
③ 계획 1일 평균오수량
④ 계획시간 최대오수량

해설 관로의 계획하수량

㉠ 오수 및 우수관거의 계획하수량

종류		계획하수량
합류식		계획시간 최대오수량에 계획우수량을 합한 수량
분류식	오수관거	계획시간 최대오수량
	우수관거	계획우수량

㉡ 차집관거
우천 시 계획오수량 또는 계획시간 최대오수량의 3배를 기준으로 설계한다.

105. 도시하수가 하천으로 유입할 때 하천 내에서 발생하는 변화로 틀린 것은?

① DO의 증가　② BOD의 증가
③ COD의 증가　④ 부유물의 증가

해설 도시하수의 유입
도시지역의 하수 속에는 유기물이 함유되어 있으므로 BOD, COD가 증가되고, 수질이 나빠져서 부유물질이 증가하며 DO는 감소한다.

106. 저수조식(탱크식) 급수방식의 적용이 바람직한 경우로 옳지 않은 것은?

① 일시에 많은 수량을 사용할 경우
② 상시 일정한 급수량을 필요로 할 경우
③ 배수관의 수압이 소요압력에 비해 부족할 경우
④ 역류에 의하여 배수관의 수질을 오염시킬 우려가 없는 경우

해설 급수방식

㉠ 직결식
- 배수관의 수압이 충분히 확보된 경우에 사용한다.
- 소규모 저층건물에 사용한다.
- 수압조절이 불가능하다.

㉡ 탱크식(저수조식)
- 배수관의 수압이 소요압에 비해 부족한 곳에 설치한다.
- 일시에 많은 수량이 필요한 곳에 설치한다.
- 항상 일정수량이 필요한 곳에 설치한다.
- 단수 시에도 급수가 지속되어야 하는 곳에 설치한다.

107. 정수처리에 관한 설명으로 옳지 않은 것은?

① 부유물질의 제거는 일반적으로 스크린을 이용한다.
② 세균의 제거에는 침전과 여과를 통해 거의 이루어지며 소독을 통해 완전히 처리된다.
③ 용해성물질 중에서 일부는 흡착제로 사용되는 활성탄이나 제오라이트 등으로 제거한다.
④ 용해성물질은 일반적인 여과와 침전으로 제거되지 않으므로 이를 불용해성으로 변화시켜 제거한다.

 |해답| 103.② 104.④ 105.① 106.④ 107.①

■ 해설 정수처리 일반사항
정수장에서 부유물질의 제거에는 침사지와 침전지를 이용하여 제거한다.

108. 강우강도 $I=\frac{3,500}{t+10}$ mm/hr, 유역면적 2km^2, 유입시간 5분, 유출계수 0.7, 하수관 내 유속 1m/s일 때 관 길이 600m인 하수관에 유출되는 우수량은?

① 27.2m^3/s ② 54.4m^3/s
③ 272.2m^3/s ④ 544.4m^3/s

■ 해설 합리식
㉠ 합리식의 적용 확률연수는 10~30년을 원칙으로 한다.

$$Q=\frac{1}{3.6}CIA$$

여기서, Q : 우수량(m^3/sec)
C : 유출계수(무차원)
I : 강우강도(mm/hr)
A : 유역면적(km^2)

㉡ 우수유출량의 산정
- $t=t_1+\frac{l}{v}=5\text{min}+\frac{600}{1\times60}=15\text{min}$
- $I=\frac{3,500}{t+10}==\frac{3,500}{15+10}=140\text{mm/hr}$
- $Q=\frac{1}{3.6}CIA=\frac{1}{3.6}\times0.7\times140\times2$
$=54.44\text{m}^3/\text{s}$

109. 취수시설 중 취수탑에 대한 설명으로 틀린 것은?

① 큰 수위변동에 대응할 수 있다.
② 지하수를 취수하기 위한 탑 모양의 구조물이다.
③ 유량이 안정된 하천에서 대량으로 취수할 때 유리하다.
④ 취수구를 상하에 설치하여 수위에 따라 좋은 수질을 선택하여 취수할 수 있다.

■ 해설 취수탑
㉠ 지표수를 취수하기 위해 하천이나 호소 내에 설치하는 탑형의 구조물이다.
㉡ 연간 수위변화가 큰 하천이나 호소, 저수지에 적합하다.
㉢ 대량취수와 원수의 선택적 취수가 가능하다.
㉣ 제내의 지형적 영향을 받지 않으며, 최소 취수수심 2m 이상인 곳이 바람직하다.

110. 정수장에서 배수지로 공급하는 시설로 옳은 것은?

① 급수시설
② 도수시설
③ 배수시설
④ 송수시설

■ 해설 상수도 구성요소
㉠ 수원 → 취수 → 도수(침사지) → 정수(착수정 → 약품혼화지 → 침전지 → 여과지 → 소독지 → 정수지) → 송수 → 배수(배수지, 배수탑, 고가탱크, 배수관) → 급수
㉡ 수원, 취수, 도수, 정수, 송수 등의 설계에는 계획 1일 최대급수량을 기준으로 한다.
㉢ 계획취수량은 계획 1일 최대급수량을 기준으로 5~10% 정도 여유 있게 취수한다.
㉣ 배수관의 직경결정, 펌프의 직경결정 등은 계획시간 최대급수량을 기준으로 한다.
∴ 정수장에서 배수지로 공급하는 시설은 송수시설이다.

111. 함수율 98%인 슬러지를 농축하여 함수율 96%로 낮추었다. 이때 슬러지의 부피감소율은? (단, 슬러지 비중은 1.0으로 가정한다.)

① 40% ② 50%
③ 60% ④ 70%

■ 해설 농축 후의 슬러지 부피
㉠ 슬러지 부피
$V_1(100-P_1)=V_2(100-P_2)$
여기서, V_1, P_1 : 농축 전의 함수율, 부피
V_2, P_2 : 농축 후의 함수율, 부피
㉡ 함수율 산출
$$V_2=\frac{(100-P_1)}{(100-P_2)}V_1=\frac{(100-98)}{(100-96)}V_1=0.5V_1$$
∴ 부피감소율은 50%이다.

112. 하수도설계기준의 관로시설 설계기준에 따른 관로의 최소관경으로 옳은 것은?

① 오수관로 200mm, 우수관로 및 합류관로 250mm
② 유수관로 200mm, 우수관로 및 합류관로 400mm
③ 오수관로 300mm, 우수관로 및 합류관로 350mm
④ 오수관로 350mm, 우수관로 및 합류관로 400mm

■해설 하수관거의 직경
하수관거의 직경은 다음과 같다.

구분	최소 관경
오수관거	200mm
우수 및 합류관거	250mm

113. 하수의 배수계통(排水系統)으로 옳지 않은 것은?

① 방사식 ② 연결식
③ 직각식 ④ 차집식

■해설 하수관거의 배치방식

종류	특징
직각식	하수의 배제가 가장 신속하고 경제적인 방식이다.
차집식	직각식의 토구수가 많아지는 단점을 보완한 방식이다.
선형식	지형이 한쪽 방향으로 경사져서 나뭇가지 형상으로 배치된 방식으로 소도시에 적합하다.
방사식	지역이 광대해서 하수를 한 장소에 모으기 곤란할 때 배수지역을 여러 개로 구분하여 방사형으로 배치하는 방식으로 대도시에 적합하다.
평형식	고지대와 저지대가 공존하는 경우에 유리하며, 대도시에 적합하다.
집중식	여러 곳에서 한 지점을 향해 집중시킨 후 펌프 압송하는 방식이다.

∴ 관거의 배치방식이 아닌 것은 연결식이다.

114. 완속여과방식으로 제거할 수 없는 물질은?

① 냄새 ② 맛
③ 색도 ④ 철

■해설 색도 제거
색도는 전염소 처리, 오존 처리, 활성탄 처리 또는 알루미늄염, 철염을 첨가하여 응집 침전으로 제거한다.

115. 취수지점의 선정 시 고려하여야 할 사항으로 옳지 않은 것은?

① 구조상의 안정을 확보할 수 있어야 한다.
② 강 하구로서 염수의 혼합이 충분하여야 한다.
③ 장래에도 양호한 수질을 확보할 수 있어야 한다.
④ 계획취수량을 안정적으로 취수할 수 있어야 한다.

■해설 취수지점 선정 시 고려사항
㉠ 수리권 확보가 가능한 곳
㉡ 수도시설의 건설 및 유지관리가 용이하며 안전하고 확실한 곳
㉢ 수도시설의 건설비 및 유지관리비가 저렴한 곳
㉣ 장래의 확장을 고려할 때 유리한 곳
∴ 강 하구의 염수가 혼합되면 상수원 취수에는 부적합하다.

116. 급속여과에 대한 설명으로 틀린 것은?

① 여과속도는 120~150m/d를 표준으로 한다.
② 여과지 1지의 여과면적은 250m² 이상으로 한다.
③ 급속여과지의 형식에는 중력식과 압력식이 있다.
④ 탁질의 제거가 완속여과보다 우수하여 탁한 원수의 여과에 적합하다.

■해설 완속여과지와 급속여과지
㉠ 완속여과는 원수의 수질상태가 비교적 양호한 경우에 사용하며 응집제를 사용하지 않는 보통침전 후 수행하는 여과방법으로 비교적 넓은 부지면적을 필요로 한다.
㉡ 완속여과지와 급속여과지의 비교

항목	완속여과 모래	급속여과 모래
여과속도	4~5m/day	120~150m/day
유효경	0.3~0.45mm	0.45~1.0mm
균등계수	2.0 이하	1.7 이하
모래층 두께	70~90cm	60~120cm
최대경	2mm 이하	2mm 이내
최소경		0.3mm 이상
세균 제거율	98~99.5%	95~98%
비중	2.55~2.65	

∴ 급속여과의 여과지 1지의 여과면적은 150m² 이하로 하는 것이 바람직하다.

117. 유효수심이 3.2m, 체류시간이 2.7시간인 침전지의 수면적부하는?

① $11.19m^3/m^2 \cdot d$　② $20.25m^3/m^2 \cdot d$
③ $28.44m^3/m^2 \cdot d$　④ $31.22m^3/m^2 \cdot d$

해설 수면적부하

㉠ 입자가 100% 제거되기 위한 입자의 침강속도를 수면적부하(표면부하율)라 한다.

$$V_o = \frac{Q}{A} = \frac{h}{t}$$

㉡ 표면부하율의 산정

$$V_o = \frac{h}{t} = \frac{3.2}{2.7} = 1.19m^3/m^2 \cdot hr \times 24$$
$$= 28.44m^3/m^2 \cdot day$$

118. 활성슬러지법에 의한 폐수처리 시 BOD 제거기능에 대하여 가장 영향이 작은 것은?

① pH　② 온도
③ 대장균수　④ BOD 농도

해설 활성슬러지법

하수에 공기를 불어넣고 교반시키면 각종 미생물이 하수 중의 유기물을 이용하여 증식하고 응집성의 플록을 형성한다. 이것이 활성슬러지 Floc이며 2차 침전지에서 응집성에 의하여 유기물을 제거한다. 활성슬러지법의 BOD 제거에는 pH, 온도, BOD 농도 등이 영향을 미친다.

119. 도수관에 설치되는 공기밸브에 대한 설명으로 틀린 것은?

① 공기밸브에는 보수용의 제수밸브를 설치한다.
② 매설관에 설치하는 공기밸브에는 밸브실을 설치한다.
③ 관로의 종단도상에서 상향 돌출부의 상단에 설치한다.
④ 제수밸브의 중간에 상향 돌출부가 없는 경우 낮은 쪽의 제수밸브 바로 뒤에 설치한다.

해설 도수관의 공기밸브

㉠ 관로의 종단도상에서 상향 돌출부의 상단에 설치해야 하지만 제수밸브의 중간에 상향 돌출부가 없는 경우에는 높은 쪽의 제수밸브 바로 앞에 설치한다.

㉡ 관경 400mm 이상의 관에는 반드시 급속공기밸브 또는 쌍구공기밸브를 설치하고, 관경 350mm 이하의 관에 대해서는 급속공기밸브 또는 단구공기밸브를 설치한다.

㉢ 공기밸브에는 보수용의 제수밸브를 설치한다.

㉣ 매설관에 설치하는 공기밸브에는 밸브실을 설치하며, 밸브실의 구조는 견고하고 밸브를 관리하기 용이한 구조로 한다.

㉤ 한랭지에서는 적절한 동결방지대책을 강구한다.

120. 송수관을 자연유하식으로 설계할 때, 평균유속의 허용최대한계는?

① 1.5m/s　② 2.5m/s
③ 3.0m/s　④ 5.0m/s

해설 평균유속의 한도

㉠ 도·송수관의 평균유속의 한도는 침전 및 마모방지를 위해 최소유속과 최대유속의 한도를 두고 있다.

㉡ 적정유속의 범위 : 0.3~3m/sec

∴ 최대유속의 한계는 3.0m/s 이하이다.

|해답| 118.③ 119.④ 120.③

토목산업기사 필기 과년도

발행일	2013. 2. 10	초판 발행
	2014. 2. 20	개정 1판1쇄
	2015. 2. 10	개정 2판1쇄
	2016. 1. 30	개정 3판1쇄
	2017. 1. 30	개정 4판1쇄
	2018. 1. 30	개정 5판1쇄
	2019. 1. 20	개정 6판1쇄
	2020. 2. 10	개정 7판1쇄
	2021. 2. 10	개정 8판1쇄
	2022. 2. 10	개정 9판1쇄
	2023. 3. 30	개정10판1쇄

저　자 | 채수하 · 김영균 · 진성덕 · 조준호
발행인 | 정용수
발행처 | 예문사

주　소 | 경기도 파주시 직지길 460(출판도시) 도서출판 예문사
TEL | 031) 955－0550
FAX | 031) 955－0660
등록번호 | 11－76호

정가 : 25,000원

ISBN 978-89-274-5009-2 13530